Gesamtverzeichnis des deutschsprachigen Schrifttums (GV) 1700 – 1910

Bearbeitet unter der Leitung von
Hilmar Schmuck und Willi Gorzny

Bibliographische und redaktionelle Beratung:
Hans Popst und Rainer Schöller

126

Schim - Schl

K · G · Saur München · New York · London · Paris 1984

CIP-Kurztitelaufnahme der Deutschen Bibliothek

Gesamtverzeichnis des deutschsprachigen Schrifttums :
(GV). – München, New York, London, Paris : Saur.
Bd. 1 – 6 bearb. unter d. Leitung von Peter Geils
u. Willi Gorzny.
ISBN 3-598-30000-X

1700 – 1910 / bearb. unter d. Leitung von Hilmar
Schmuck u. Willi Gorzny. Bibliograph. u. red.
Beratung: Hans Popst u. Rainer Schöller

NE: Schmuck, Hilmar [Bearb.]

126. Schim - Schl. - 1984.

Techn. Realisierung und Druck: Norbert Gärtner, Mainz-Kastel
Binden: Karl Schaumann, Darmstadt
Printed in the Federal Republic of Germany
ISBN 3-598-30000-X (Gesamtwerk)

Schima, Carl. s. Schima, Karl

Schima, Frz., Studien u. Erfahrungen im Eisenbahnwesen. I. Ueber die Beförderung der Züge. gr. 8. (98 S.) Prag 878. Dominicus. n. 2. 40

Schima, Frz., Studien und Erfahrungen im Eisenbahnwesen. I. Ueber die Beförderung der Züge. gr. 8. (98 S.) Prag 878, (Rziwnatz.) *

Schima, Frz., Studien und Erfahrungen im Eisenbahnwesen. II. Ueber die Ausgaben des Eisenbahnbetriebes. III. Ueber Umladevorrichtungen der Eisenbahnen. gr. 8. (288 S.) Prag 881, Dominicus. *

Schima, Frz., Studien u. Erfahrungen im Eisenbahnwesen. IV. Ueber die vortheilhafteste Ausführg. u. Einrichtg. der Eisenbahnanlagen. gr. 8. (259 S.) Prag 885. (Řivnáč). n. 7. 20 (I—IV.: n. 14. 80)

—— über Umladevorrichtungen der Eisenbahnen und ihren Einfluss auf den Transport und auf die Preise der Materialien, speciell des Getreides, im Zusammenhange mit anderen einschlüg. Factoren. Vortrag, gehalten in der Wochenversammlung des Architekten- und Ingenieurvereines in Böhmen am 4. Jänner 1882 in Prag. gr. 8. (30 S. mit eingedr. Fig.) Prag 884, Rziwnatz. *

Schima, Joh.: Bibliothekskatalog. 43 S. Prachatitz. St. G., Progr. 1897

Schima, Karl

Schima, Carl, üb. die neueste Entwickelung des Markenschutzwesens in Oesterreich. [Aus: „Jurist. Blätter".] gr. 8. (65 S.) Wien 893. Manz. n. 1. 80

SCHIMA, Karl
Die Vorschätzung von Gebäuden, Maschinen und Einrichtungen für Feuerversicherungszwecke von Karl Schima. Wien. Pest. Leipzig. 1899. Hartleben. Gr.-8°. 64 S. fl. 1.—

Schima, M., s. Wochenblatt. Znaimer.

Schimak, der Raubmörder Anton. Ausführliche Schilderg. seines Vorlebens u. authent. Bericht üb. die Hauptverhandlg. gegen denselben vor dem Schwurgerichtshofe zu Neutitschein. 1.—3. Aufl. Mit 8 Illustr. u. 1 Karte. gr. 8. (128 S.) Neutitschein 887. Hosch. n. — 64

Schimák, Jos., Dienstinstruction für Wirthschafts- und Forstbeamte und sonstige Bedienstete auf Großgrundbesitzungen. 2. Aufl. A. u. d. T.: Archiv für Landwirthschaft. [Beilage zur „Wiener landwirthschaftl. Zeitung".] Hrsg. von Hugo H. Hitschmann. II. 8. (XV, 379 S.) Wien 883, (Gerold's Sohn.) *
1. Aufl. war nicht im Handel.

Schimák, Jos., das Rechnungswesen in Doppelposten, die Ertragsbilanzirung im Ganzen und der einzelnen Ertragszweige, die Revision und die Ertragsprojectirung auf Großgrundbesitzungen. gr. 8. (VIII, 119 S.) Prag 885, Calve'sche Hof- und Universitäts-Buchh. *

Schimák, J., die Registratur auf Großgütern. Die Einrichtg. u. die Behandlung der Registraturen auf Großgrundbesitzgn. [Archiv f. Landwirthschaft XIII.] 8. (21 S.) Wien 890. (Gerold's Sohn.) n. — 60

Schimák, Jos., die Registratur auf Großgütern, 2. Aufl., s.: Diebl, E.

Schimamura, Tetsutaro, prakt. Arzt aus Okayama (Japan): Aus d. Universitäts-Augenklinik in Rostock (Prof. Axenfeld). Giebt es eine endogene toxische Wundentzündung am Auge? *Freiburg i. B.: Speyer & Kaerner 1901.* (52 S.) 8°
Rostock, Med. Diss. v. [30. Dez.] 1901

Schimanko Alois: Die Beziehungen König Wladislaws von Böhmen zu den Habsburgern bis zum Preßburger Vertrage.
II. 1906 PN 2108 Diss. Wien, Univ. 944

Schimann, Jos. Gf.

— s. Eifersucht u. Muthwille.

- s. Juliette.

Schimann, Jos. Gf., († d. 8. Febr. 1784.) die Weiber, oder was thut die Liebe nicht. Lstspl. 8. Prag 777. Gerle. 5 gr.

Schimanski, Ernst: Die algebraischen Invarianten der projektiven Gruppen der Ebene und die geometrische Charakterisierung dieser Gruppen. Königsberg i. P. 1910: Hartung. 90 S. 8°
Königsberg, Phil. Diss. v. 9. März 1910, Ref. Meyer
[Geb. 27. Juni 86 Tilsit; Wohnort: Königsberg i. P.; Staatsangeh.: Preußen; Vorbildung: Realgymn. Tilsit Reife O. 05; Studium: Königsberg 2, Göttingen 1, Berlin 1, Göttingen 1, Königsberg 5 S.; Rig. 15. Dez. 09.] [U 10. 2023

Schimanski, Franz, Referendar in Deutsch-Eylau (Westpr.): Die Ansprüche aus früherem Besitze. Die actio in rem Publiciana, Die preuß. Klage aus besserem Rechte zum Besitze u. § 1007 d. Bürgerl. Gesetzbuchs. *Greifswald 1903: J. Abel.* (72 S.) 8° [F. u. Ant.]
Greifswald, Jur. Diss. v. [8. Mai] 1903

Schimmer, H. R.: De delirio tremente. D. 8°. 31 S. Berolini. 1838.

Schimauschek, W., Andeutungen über den Gehalt, die Anwendung und den Nutzen des Vieh- und Dungsalzes, bei Eröffnung des Verschleißes derselben in den k. k. österreich. Salinen im J. 1850. 8. (56 S.) Budweis 851, Zdarsa's Erben und Comp. Thlr.

Schimauschek, W., Andeutungen über den Gehalt, die Anwendung u. den Nutzen des Vieh- u. Dungsalzes, bei Eröffnung des Verschleißes derselben in den k. k. österreich. Salinen im J. 1850. 8. (56 S.) Budweis 852, Zdarsa's Erben & Co. 9 ngr

Schimberg, Adolph

Schimberg, Ad., Analecta Aristarchea. Diss. 1878. 36 S.

Schimberg, Adph., Analecta Aristarchea. gr. 8. (36 S.) Leipzig 879, (Teubner.)

Schimberg, Adolf: Über den Einfluß Holbergs und Destouches' auf Lessings Jugenddramen. 16 S. **Progr.** G. *Görlitz:* 1883.

Schimberg, A. Scholia Didymi. 1891—92. Siehe unter **Didymus.**

Schimberg, *Carl* Adolf: Scholia in Homeri Iliadem vulgata e codicibus aucta et emendata edidit A. Sch. A 1—50. 4 (S. 65—79)
Festschrift z. 100jähr. Jubelfeier Kgl. Friedrich-Wilhelms-G. *Berlin* 1897.
Nicht im Tauschverkehr
Progr.

Schimberg, Adolf [Dr.]: Zur handschriftlichen Ueberlieferung der scholia Didymi. II. Th. (Th. I in: Philologus XLIX. N. F. III, 3. 1891.) Göttingen, Druck d. Dieterich'schen Univ.-Buchdr., 1891; 41 S. 8°
Ratibor, k. Ev. G, OP 1891 (200)

Schimberg, Adolf [Dr.]: Zur handschriftlichen Ueberlieferung der scholia Didymi. III. Th. (I in: Philologus XLIX (N. F. III) 1891. — II: P-Beil. 1891. — III erschien 1892 in Dieterich's Verl., Götting.) Göttingen, Druck d. Dieterich'schen Univ.-Buchdr., 1892; 35 S. 8.
Ratibor, k. Ev. G, OP 1892 (202)

Schimberg, A. Die handschriftliche Ueberlieferung der scholia Vulgata genannt Didymi. gr. 8. (S. 422–456; 41; 35 S.) Gött. 892, Dieterich's Verlag. * 3 —
Zum Tl. aus: Philologus, besonders abgedruckt.

Schimbergbad. Das Sch' im Entlebuch. Notizen und Mittheilungen über diese Kuranstalt und die Trinkquellen, zunächst für Aerzte. 8. Luzern, Frühjahr 1862.

Schimbergbad. Das Sch'-Bad im Entlebuch. Notizen, chemische Analyse und ärztliche Beobachtungen, zunächst für Aerzte. 8. Luzern 1864.

Schimbergbad. Das Sch'-Bad im Entlebuch. Notizen, chemische Analyse und ärztliche Beobachtungen, zunächst für Aerzte. 8. Luzern 1869.

Schimbergbad. Das Sch'-Bad im Entlebuch.... Mit der Ansicht des Kurhauses [Tafel] und einem Panorama vom obern Scheimberg aus. 8. Luzern 1888.

Schimbergbad. Das Sch'-Bad im Entlebuch.... Mit der Ansicht des Sch'-Kurhauses [Tafel]. 8. Luzern 1890.

Schimbergbad. Das Sch'-Bad im Entlebuch.... Mit der Ansicht des Sch'-Kurhauses [Tafel.] 8. Luzern 1894.

Schimek, Ueber die Echtheit des platonischen Dialogs Lysis. Pr. 1874. 18 S. 4°.

Schimek Fridolin: Die Jugendformen einiger Papaveraceen, Ranunculaceen und Campanulaceen. (26). Smichow 92.
Progr.

Schimek Fridolin: Ein Rückblick auf das erste Vierteljahrh. des k. k. St. G. mit deutscher U. Spr. in Smichow. 24. Smichow 99.
Progr.

Schimek Joh.: Beitrag zum Studium der allgemeinen Theorie der Flächen, insb. der windschiefen Regelflächen. (18). Prag II. St. R 93.
Progr.

Schimek, Maximilian

Schimek, Max., († d. 7. Juni 1798.) polit. Geschichte d. Königreich Bosnien u. Rama v. J. 867 — 1741. Mit 2 Kpft. gr. 8. Wien 787. (Beck). 1 ß 8 gl

— Handbuch für Lehrer d. böhm. Literatur. gr. 8. Wien 785. (Beck). 10 gl

Schimek, M. Oesterreichisch-russisch-türkischer Kriegsatlas, hrsg. v. F. A. Schrämbl. Wien 1788.

— s. Spolutschentky, Religion d. Russen.

Schimert, Gustav, a. Reußmarkt (Siebenbürgen-Ungarn): Aus der medizinischen Universitätsklinik, Greifswald. Über Leukaemie nach Traumen. Greifswald 1907: H. Adler. (45 S.) 8°
Greifswald, Med. Fak., Ref. Minkowski, Diss. v. 4. Juli 1907
[Geb. 29. Mai 77 Reußmarkt in Siebenbürgen; Wohnort: Greifswald; Staatsangeh.: Ungarn; Vorbildung: Gymn. Ofenpest Reife Sommer 96; Studium: Wien 1, Freiburg i. B. 1, Graz 2, Bonn 1, Greifswald 8 S.; Rig. 29. Mai 07.]

Schimetschek, Leopold: Über die Kondensation von Diphenylazeton mit p-Nitrobenzaldehyd, p-Oxybenzaldehyd, p-Chlorbenzaldehyd und O-Nitrobenzaldehyd
Diss., Prag 1905/1906

Schimik, Karl, d. evang. Gemeinde A. C. Böcklabruck v. d. Reformationszeit bis auf d. Gegenwart. E. Bild aus d. oberösterreich. Diaspora. Zur Feier d. 25jähr. Jubiläums der gegenwärt. Gemeinde am 23. Juni 1895. M. 3 Abb. in Lichtdr. gr. 8. (IV, 116 S.) Böcklabruck 895. (Darmstadt, C. F. Winter'sche Buchdr.) 1. 50

Schimkewitsch, W. s.a.
Šimkevič, Vladimir Michajlovič

Schimkewitsch, W., Lehrbuch der vergleichenden Anatomie der Wirbeltiere. Mit Genehmigg. des Verf. nach dessen neurev. u. verm. russ. Ausg. ins Deutsche übertr. u. bearb. v. H. N. Maier u. B. W. Sukatschoff. Mit 635 zum grossen Tl. farb. Textabbildgn. in 971 Einzeldarstellgn. (XI, 652 S.) Lex. 8. Stuttgart 910. E. Schweizerbart. 18.—; geb. 19.50

— Zur Pantopoden-Fauna des sibirischen Eismeeres. (10 S. m. 1 Taf.) 33,5×25,5 cm. St.-Pétersbourg 907. (Leipzig, Voss' Sort.) 1.—
Sonderabdr. a.: „Mémoires de l'acad. imp. des sciences de St.-Pétersbourg".

Schimko, Frdr. Dan., das kirchlich-religiöse Leben im constitutionellen Staate mit besond. Rücksicht auf die österreich. Monarchie. Nebst einem Anh., enthalt.: eine Abhandlung üb. vollständ. Judenemancipation vom christl.-theolog. Standpunkte; eine kurze Charakteristik d. Jesuiten u. Liguorianer; Entwürfe zur Kirchenverfassung u. Vorschläge zur Herbeischaffung kirchl. Fonde. gr. 8. (VI u. 280 S.) Wien 850, Gerold. 1 ß 24 ngr

Schimko, Frid. Dan., Commentatio de numis biblicis. Ps. I. 4maj. (3½ B.) Vindobonae 835, (Heubner's Verl.) *

Schimko, J. Th., s. Schimko, Johann Gottlieb

Schimko, Immanuel Wilhelm

Schimko, J. W., evangelisches Andachtsbuch in Gesängen. Ein Confirmanden-Geschenk und ein Beitrag zur häusl. Erbauung. 8. (201 S.) Pressburg 861, [Harms.]

Schimko, Imman. Wilh., evangelisches Andachtsbuch in Gesängen. Ein Confirmanden-Geschenk und ein Beitrag zur häuslichen Erbauung. Preßburg 861. (Harms.) 8. (IV, 206 S.) n. 10 ngr

Schimko, Jh. Gli., Beiträge zur Numismatik, besonders zur Erkenntniß der Echtheit der alten Münzen u. a. Gegenstände von Metall, nebst einigen numismat. Epigrammen. gr. 4. Olmütz 841. (Wien, Gerold.) n. ⅓ ß

—— pathogenet. Beschreibung u. zweckmäßigste Behandl. d. asiat. Cholera. gr. 8. (6½ B.) Olmütz 837. (Wien, Beck'sche Univ.-Buchh. *

—Systematicus officiorum Medici conspectus. 8maj. Wien 817. Wimmer. 12 gl

Schimko: Über ein pannonisch-norisches Gewicht im k. k. Münz- und Antiken-Kabinette (mit 2 Taf.) S. 11. [illegible] . . . . ngr.
Separatabdruck

Schimko, J. G., Handbuch der Diätetik nebst Beiträgen zur praktischen Heilkunde. Mit einer Biographie des Verf. Wien 866. (Braumüller.) gr. 8. (IV, 200 S.) n. 1 ß 10 ngr

Schimko, J. G., Handbuch der Diätetik nebst Beiträgen zur praktischen Heilkunde. Mit der Biographie des Verfassers. 1858. gr. 8. (198 S.) Wien, Braumüller in Comm. 2 fl.

—— die homöopath. Heilmethode in mathemat. u. chem.-geolog. Hinsicht betrachtet u. widerlegt. 2., verm. Aufl. 8. (4 B. u. 1 Tab.) Teschen 829. (Wien, Gerold.)

[Das hahnemannische System.] Die homöopathische Heilmethode in mathematischer und chemisch-geologischer Hinsicht betrachtet und widerlegt. Von Joh[ann] Gottl[ieb] Schimko. 2.,verm.Aufl. Teschen 1829: Prochaska. X S.,S.12-60. 8°

Schimko, Joh. Glieb., die Planetenbewohner, und ihre aus mathemat., naturwissenschaftl. und psycholog. Gründen abgeleitete verschiedene geistige Vollkommenheit, mit besonderer Rücksicht auf des Menschen phys. und geistigen Zustand. Für gebildete Leser aus allen Ständen verfaßte Fortsetzung der. u. d. T. Weltenbau erschienenen astronom. Schrift. Im Anhang Verbesserungen und Zusätze zum Weltenbau und ein Inhaltsverzeichniß. Lex.-8. (68 S.) Olmütz 855(56). (Wien, Gerold's Sohn.) *

Schimko, Joh. Gottlieb — Die Planetenbewohner, und ihre aus mathematischen, naturwissenschaftlichen und psychologischen Gründen abgeleitete verschiedene geistige Vollkommenheit, mit besonderer Rücksicht auf des Menschen physischen und geistigen Zustand. Für gebildete Leser aus allen Ständen verfaßte Fortsetzung der unter dem Titel Weltenbau erschienenen astronomischen Schrift des — —. Im Anhange Verbesserungen und Zusätze zum Weltenbau und ein Inhaltsverzeichniß. Olmütz, 1856. Gedr. bei Franz Slawik. (VI. 66 S. 8.)

—— die Reduktion d. Goldes aus d. Farbeflüssigkeit der Goldarbeiter. Fol. (1 B.) Znaim 832, (Haberler.)

—— die phys. Restauration d. civilis. Völker, od. d. Nothwendigste üb. Gesundheit, Nahrungsmittel, Getränke, phys. u. geist. Kraft. 8. (3 B.) Olmütz 836. (Wien, Gerold's Vrlgh.) *

Schimko, Joh(ann) Gottl(ieb Stephan): Das Hahnemannische System in mathematischer und chemisch-geologischer Hinsicht betrachtet und widerlegt. 48 S., gbd.

Teschen: typ.Prochaska 1828

JB 2.603

Schimko, J. G., das Hahnemannsche System (die homöopathische Heilmethode) in mathemat. u. chemisch-geolog. Hinsicht betrachtet u. widerlegt. 8. Wien 828. (Gerold). 11 gr. 2e Aufl. 8. Teschen 829. (Ebd.) 11 gr.

Schimko, Joh. Gtli., das Hahnemannische System in mathemat. u. chem.-geolog. Hinsicht betrachtet u. widerlegt. 8. (3 B. u. 1 Tab.) Wien 829, (Gerold.)

— le Système de Hahnemann, considéré et examiné sous le point de vue mathematique et chimico-geologique. Petersb., Brieff. 2 Rub. 50 Kop.

— tabula exhibens diagnosin et Therapiam praecipuorum statu in morbosor. generalium. 2 Bl. in gr. Fol. Pressb. 822. Landes. 10 gr.

Schimko, Joh. Glieb., der Weltenbau, seine Entstehung und wunderbaren Harmonien. Populär dargest. Inbegriff der vorzüglichsten astronom. Entdeckungen. gr. 8. (130 S. und 1 Stnt.) Wien 847, (Gerold, Verlag.) *

Schimko, Josef — Leichenrede, gehalten in der Bielitzer evangelischen Kirche nach der Beerdigung der Frau Johanna Josefa Zipser am 17. Juli 1855 von — —. Wien, 1855. Druck von L. C. Zamarski. (13 S. 8.)

Schimkowsky, Julius

Schimkowsky, J., s. Formularien f. Verträge.

Schimkowski, Jul., Formularien über alle Zweige des österreichischen Civilrechtes. Ein Handbuch für Advokaten u. Notare. Wien 870. Manz' Verl. gr. 8. (XXIV, 536 S.) n. 3 ℳ

Schimkowsky, Jul., Formularien über alle Zweige des österr. Civilrechtes, neue Aufl., s.a. Formularien für Verträge u. f. Eingaben im nicht streitigen Verfahren.

Schimkowsky, Jul., Formularien über alle Zweige des österreichischen Civilrechtes. Ein Handbuch für Advokaten und Notare. 2., nach dem gegenwärt. Stande der Gesetzgebung richtig gestellte und vielfach verm. Aufl. gr. 8. (XXIV, 556 S.) Wien 878, Manz'sche Hofbuchh. *

Schimkowsky, J., Formularien üb. alle Zweige des österreichischen Civilrechtes. Ein Handbuch f. Advocaten und Notare. 3., nach dem gegenwärt. Stande der Gesetzgebg. richtig gestellte und vielfach verm. Aufl. Mit e. Anh., enth. Tabellen zur Berechng. der Vermögensübertragungs- u. Eintragungs-Gebühren u. die Stempel-Scalen. gr. 8. (XXXVIII, 606 S.) Wien 888. Manz. n. 8. —

— die Gesetze über die Freiheit des Verkehrs mit Grund u. Boden u. die Zusammenlegung (Arrondirung) der Grundstücke in Mähren, besprochen u. erläutert. Brünn 869. Karafiat. 8. (48 S.) 8 ngr.
Erschien auch in böhm. Sprache zu gleichem Preise.

Schimkowsky, Jul., das allgem. Grundbuchsgesetz vom 25. Juli 1871. Erläutert u. m. Formularien versehen. gr. 8. (VIII, 140 S.) Wien 872. Manz. n. 3. 20

Schimkowsky, Jul., das allgemeine Grundbuchsgesetz vom 25. Juli 1871, sammt der Instruction zum Vollzuge dieses Gesetzes und den übrigen das Grundbuch betreffenden Gesetzen. Erläutert und mit Formularien versehen. 2. vollständig umgearb. Aufl., besorgt von Karl Frühwald. gr. 8. (XII, 292 S.) Wien 882, Manz'sche Hofverlagsh. *

Schimkowsky, Dr. Julius, Das allgemeine Grundbuchsgesetz vom 25. Juli 1871 sammt der Instruction zum Vollzuge dieses Gesetzes und den übrigen das Grundbuch betreffenden Gesetzen. 3. Aufl. besorgt v. Dr. Karl Frühwald. gr. 8. (XII u. 292 S.) geh. 2 fl. 40 kr. In Leinwand geb. 3 fl. Wien: Manz 1881?

— Handbuch zur neuen österreichischen Notariatsordnung m. Formularien versehen. 2 Abthlgn. gr. 8. Ebend. 871. n. 4. —
1. Historischer u. vergleichender Theil. (80 S.) n. 1. 60
2. Das Gesetz, betr. die notarielle Einrichtg. einiger Rechtsgeschäfte u. die Notariatsordnung. (S. 81—246.) n. 2. 40

Schimkowsky, Jul., das Notariat. Ein Beitrag zur Geschichte und Revision desselben. gr. 8. (VI und 64 S.) Jägerndorf 862. (Troppau, Schüler's Buchh.) *

— die neuen Ortsgerichte. Gemeinfaßlich dargestellt. Temesvar 860. (Sellheim.) gr. 8. (IV, 32 S.) 5 ngr.

Schimkowsky, J. U. Dr. Julius: Die Rechtsgrundsätze der Entscheidungen des k. k. obersten Gerichtshofes zu allgemeinen österreichischen bürgerlichen Gesetzbuche. 1. Heft. Graz: Kienreich 1868. (160 S.) 8°
(Das Werk erscheint in 4 Heften.)

— die Rechtsgrundsätze der Entscheidungen des k. k. obersten Gerichtshofes zur allgemeinen Wechselordnung. Wien 869. Manz' Verl. gr. 16. (XVI, 188 S.) n. 24 ngr.

— s.a Rechtssprechung, die, d. k. k. österr. obersten Gerichtshofes.

— — Die Rechtsprechung des k. k. österreichischen obersten Gerichtshofes in allen Zweigen der Civil- und Strafgesetzgebung. Jahrbuch für österreichische Juristen. 1. Jahrgang. 1868. gr. 8. (326 S.) Wien. 3 fl.

— alphabetischer Stempel- u. Gebühren-Tarif nebst den noch geltenden Taxvorschriften u. dem Gesetze üb. Verwahrungsgebühren. gr. 8. (116 S.) Wien 872. Manz. n. 1. 60

—— alphabetischer Stämpel- und Gebühren-Tarif, nebst den Taxvorschriften und den Vorschriften über die Verwahrungsgebühren. 2. verm. und nach dem jetzigen Stande der Gesetzgebung bearb. Aufl. gr. 8. (168 S.) Ebendas. 882. *

Schiml, Franz Josef

Schiml, F. J., Über die Berichungsgeschichte Jesu. Regensburg, (Stadtamhof), 1851, 4°, 8 S., Programm.

Schiml, F., die merkwürdigsten messianischen Weissagungen, s.a **Weissagungen**.

Schiml, Fr., Die merkwürdigsten messianischen Weissagungen. Nach dem Urtexte u. der Vulgata zum Gebrauche für Vorlesungen zusammengestellt u. mit einem hebräischen Wortverzeichnisse versehen. Regensburg, Manz, jetzt Verl.-Anst., 1855, gr. 8°, 78 S., 1,70 M

Schimmack, Rud., über die Gestaltung des mathemat. Unterrichts im Sinne der neueren Reformideen. Bericht üb. e. Vortrag v. O. Behrendsen beim Göttinger Ferienkurs Ostern 1908 u. üb. die anschliess. Diskussion. Mit 10 Fig. im Text u. auf 2 dreifarb. Taf. (S. 513–527.) Lex. 8. Leipzig 908. B. G. Teubner. -- 80
Sonderabdruck aus:
„Ztschr. f. mathemat. u. naturwiss. Unterr.“

— Axiomatische Untersuchungen üb. die Vektoraddition, s.a **Acta, nova, academiae etc. naturae curiosorum. 90, 1.**

Schimmack, Rudolf: Axiomatische Untersuchungen über die Vektoraddition. Halle a. S. 1908: **Karras. 106 S. 4°**
(Aus: Nova Acta. Abh. der Kaiserl. Leop.-Carol. Deutschen Akad. d. Naturf. Bd 90, Nr 1.)
Göttingen, Phil. Diss. v. 25. Dez. 1908, Ref. Klein
[Geb. 22. Febr. 81 Münster i. W.; Wohnort: Göttingen; Staatsangeh.: Preußen; Vorbildung: Gymn. Verden Reife O. 99; Studium: Freiburg i. B. 1, München 2, Berlin 1, Göttingen 10 S.; Rig. 19. Febr. 08.] [U 09. 1399

Vorträge üb. den mathematischen Unterricht an höheren Schulen, s.: **Vorlesungen**, mathemat., an d. Universität Göttingen. (Klein, Fel.)

Schimmel & Co: Arbeitsstätten der Firma. Miltitz b. Leipzig (1907)

Schimmel & Co. (Inhaber Gebr. Fritzsche): Bericht der Fabrik aetherischer Oele, Essenzen und chemischer Präparate. Leipzig, seit Oktober 1901: Miltitz bei Leipzig
Jg. 1894 ff.
Gesamt-Reg. 1900–1904; 1905–1909; 1910–1914; 1915–1919

Schimmel & Co's Works, Miltitz near Leipzig. (Dedicated to our friends.) — (Miltitz 1908: Schimmel.) 44 S., 15 Taf. 8°

Schimmel & Co.: Praktische Notizen über neuere Riechstoffe und Aromata. Leipzig-Miltitz 1902

Schimmel & Co. (Fritzsche Brothers): Semi-annual report. Leipzig and New York. 1890

Schimmel & Co.: Praktische Vorschriften zur Bereitung von Liqueuren, Branntweinen, Punsch-Essenzen, Arac, Cognac, Rum, Frucht- und Limonaden-Syrupen usw. auf kaltem Wege. Miltitz b. Leipzig 1904

Schimmel, Adalb., Standrede am Sarge des Fürsten Alexis Friedrich zu Bentheim-Steinfurt, geb. 20. Janr. 1781, seit dem 12. Novbr. 1865 Wittwer von Wilhelmine Caroline Marie Friederike, Fürstin zu Bentheim, Prinzessin zu Solms-Braunfels, gest. 3. Novbr. 1866, gehalten am 9. Novbr. 1866. Burgsteinfurt 866. Falkenberg'sche Verlagsh. gr. 8. (9 S.) $2\frac{1}{2}$ ngr.

Schimmel, C., Altenberg bei Cöln, s. **Altenberg**.

Schimmel, Carl, s. Schimmel, Karl

Schimmel, Clemens, s. Schimmel, Klemens

Schimmel, Cornelius, s. Schimmel, Kornelius

Schimmel, Felix: Beitrag zur Molluskenfauna der Umgebung von Kreuzburg O.-S. Kreuzburg O.-S. 1908: Thielmann. 16 S. 8°
Kreuzburg O.-S., k. G OP 1908 (257) [S 08. 408

Schimmel, Felix, prakt. Arzt aus Strausberg: **Ein Fall von Tabes syphilitica. (Ein Beitrag zur Ätiologie von Tabes dorsalis.)** *Leipzig (1898): A. Edelmann.* (33 S.) 8°
Leipzig, Med. Diss. v. 10. Dez. 1898
(Nur in beschränkter Zahl für den Austausch)

Schimmel, Friedr., Compendium des kleinen Krieges für Infanterie- und Cavallerie-Offiziere. Ein Taschenbuch zum Gebrauche im Felde, bei Truppen-Uebungen und bei Anfertigung der darüber einzureichenden Relationen ꝛc. Mit 1 (lith.) Croquis der Gegend bei Drevenack, östlich von Wesel (in 4.). 1. u. 2. Aufl. Düsseldorf 854. Kaulen. 8. (VII, 216 S.) n. 20 ngr

Schimmel, F., die percussionirten Schuß-Waffen der preuß. Kavallerie. Ein Leitfaden zur Unterweisung in d. Einrichtung, der Behandlung u. dem Gebrauche des Carabiners, der Büchse u. der Pistole. Nach den bezügl. älteren u. neuesten Verordnungen zusammengestellt. 16. (IV u. 44 S.) Düsseldorf 851, Stahl. 3 ngr

Schimmel, G. L. Ueber die Auflösung der kubischen Gleichungen mittelst der kardanischen Regel. 10 S. . . . .
Glatz. Progr. 1839

Schimmel, H. J., durch eigene Kraft, s.: Bentlage, C.

Schimmel, H. J., Staats- u. Liebes-Intriguen. Historischer Roman aus der Zeit König Karl's II. von England. Nach dem Holländ. frei bearb. von C. Seuben. 5 Bde. Berlin 870. Deutsches Verl.-Institut. 8. (224, 239, 210, 216 u. 267 S.) n. 5 ℳ

Schimmel, Joh., Schule der Schwimmkunst. Mit 109 Figuren im Texte. 8. (VII, 152 S.) 1.40
Wien: Braumüller 1895.

Schimmel, Karl

Schimmel, Carl [aus Buttstädt]: **Ueber die Einwirkung** von **Methylenchlorid auf Pyridin.** . . . *Buttstädt, Druck v. Fr. Kahn* (1889); 32 S. + 1 Bl. 8°
Jena, Phil. Fak., Inaug.-Diss. v. 1889

Schimmel, Carl, üb. die Einwirkung v. Methylenchlorid auf Pyridin. Diss. gr. 8. (32 S.) Buttstädt 891. (Rudolstadt, Dabis.) n. — 60

Schimmel, Carl, de Joanne Sigismundo electore Brandenburgico e lutheria ecclesia ad reformatam transgresso. Oratio. gr. 8. (45 S.) Jena 880, (Neuenhahn.) *

Schimmel, Carl, Referendar: Der Ort der Begehung einer unerlaubten Handlung und seine rechtliche Bedeutung für das bürgerliche Recht und den Zivilprozeß. Borna-Leipzig 1908: Noske. 91 S. 8°
Rostock, Jur. Diss. v. 20. Okt. 1908, Ref. Wachenfeld
[Geb. 21. Mai 82 Bütow; Wohnort: Berlin; Staatsangeh.: Preußen; Vorbildung: Leibniz-Gymn. Berlin Reife O. 00; Studium: Berlin 7 S.; Rig. 22. Juli 07.] [U 09. 3693

Schimmel, Klemens

Schimmel, Clemens (geb. Nottuln in Westf. 2. 5. 1850): Ueber die Einwirkung des Tabaks auf den Menschen. Berlin (1873). (31 S.) 8°
Berlin, Med. Diss. v. 10. Febr. 1873

Schimmel, Kornelius

Schimmel, Cornelius. Die Cistercienser-Abtei Altenberg bei Cöln. Münster 1832. Fol.

Schimmel, Cornelius. Westphalen's Denkmäler deutscher Baukunst. (Text fehlt.) Münster. Fol. 1826.

Schimmel & Co., Osc., Beschreibung des Schimmel'schen Patent-Streichgarnselfactors m. 2 Spindelgeschwindigkeiten u. direct angetriebener Wagen-Auszug- u. Führungswelle. gr. 8. (46 u. 57 S. m. Abbildgn.) Chemnitz 894. (Berlin, J. Springer.) n. 4. —

— dasselbe m. 3 Spindelgeschwindigkeiten. gr. 8. (48 u. 59 S. m. Abbildgn.) Ebd. 894. n. 4. —

Schimmel, O., & Co.: Schimmel's Desinfectoren zum Desinficiren von Kleidungsstücken usw. Chemnitz 1892

Schimmel, O: Complete Einrichtungen von Dampf-Waschanstalten. Chemnitz 1889

Schimmel, O: Complete Einrichtungen von Desinfections-Anstalten für Kleidungsstücke, Wäsche, Betten, Matratzen, Polstermöbel etc. Chemnitz 1889

Schimmelbusch, Carl Ludwig,
s. Schimmelbusch, Karl Ludwig

Schimmelbusch, Curt, s. Schimmelbusch, Kurt

Schimmelbusch, E. W., im Geiste Richard Wagners. Studien u. Kritiken zur Ethik u. Aesthetik deutscher Gegenwart. II. gr. 8. Würzburg 893. Ballhorn & Cramer. n. 1. —
Dichter u. Dichtung des Musikdramas Kunihild. Studien u. Kritiken v. Geo. Beck, Herm. Ritter, Bernh. Vornhecke u. dem Hrsg. (63 S.) n. 1. —
Der I. Tl. erscheint später.

[J.] Zur Würdigung Gerh. Tersteegens als Dichters. E. Vortr. m. bes. Berücks. d. Nelle'schen Schrift „G. Tersteegens Geistl. Lieder" v. E. W. Schimmelbusch. *Düsseldorf: C. Schaffnit 1897.* (32 S.) 1 Bd 8.
[58 1673]

Schimmelbusch, Karl Ludwig

Schimmelbusch, Carl Ludwig, Referendar bei d. Kgl. Staatsanwaltschaft in Düsseldorf: Die sogenannte Begehung durch Unterlassung, wann ist sie nach deutschem Reichsrecht strafbar? *Rostock 1903: C. Hinstorff.* (108 S.) 8°
Würzburg, Jur. Diss. v. 1903

Schimmelbusch, Carl Ludwig, Gerichtsass.: Die Handelsbeziehungen zwischen Deutschland und den Vereinigten Staaten von Amerika. (Kap. 1.) Bonn: Georgi 1910. 31 S. 8°
Heidelberg, Phil. Diss. v. 2. März 1910, Ref. Gothein
[Geb. 11. Aug. 79 Gescke; Wohnort: Düsseldorf; Staatsangeh.: Preußen; Vorbildung: Städt. Gymn. Düsseldorf Reife O. 98; Studium: Lausanne 2, Bonn 1, München 1, Freiburg i. B. 1, Bonn 1 S.; Rig. 4. März 09.] [U 10. 2166

Schimmelbusch, Kurt

Schimmelbusch, C., Anleitung zur aseptischen Wundbehandlung. Mit e. Vorwort v. E. v. Bergmann. 8. (VIII, 199 S. m. 28 Textfig.) Berlin 892. A. Hirschwald. Geb. in Leinw. n. 4. —

— dasselbe. 2. Aufl. 8. (VIII, 210 S. m. 36 Fig.) Ebd. 893. Geb. in Leinw. n. 4. —

Schimmelbusch, C., der Bacillus der Frettchenseuche, } s.: Eberth, J. C.

Schimmelbusch, C., üb. Desinfection septisch inficirter Wunden. gr. 8. (16 S.) Berlin 895. Fischer's medicin. Buchh. n. — 75

—— Dyskrasie und Thrombose, s. Eberth, J. C.

— über grünen Eiter u. die pathogene Bedeutung d. Bacillus pyocyaneus, s.: Sammlung klinischer Vorträge.

—— die Thrombose, s.a. Eberth, J.C.

Schimmelbusch, Curt: Ueber Trombose im gerinnungsunfähigen Blute . . . . Halle a. S., Hof-Buchdr. v. C. A. Kaemmerer & Co., 1880; 30 S. 8°.
Halle, Med. Fak., Inaug.-Diss. v. 17. Jul. 1880.

Schimmelbusch, Walth., der „Fall v. Hutten". „Eine Familiengeschichte eigener Art". Vom rechtl. u. menschl. Standpunkte aus beleuchtet. gr. 8. (41 S.) Würzburg 892. A. Stuber's Verl. n. 1. —

– s. Herder, Joh. Gfr. von. Denkmal Ulrichs v. Hutten.

Schimmelfennig, Friedrich Gustav, s. Schimmelpfennig.

Schimmelfennig, K., wie ist der geographische Unterricht in der Volksschule zu gestalten, damit er sowohl dem Zwecke der Schule, als auch den Bedürfnissen des praktischen Lebens entspreche? Vortrag auf der Seminarkonferenz vom 15. Aug. 1887. 8. (28 S.) Neuwied 888, Heuser's Verlag.
Aus: „Rhein. Schulmann", besonders abgedruckt.

SCHIMMELFENNIG, Rudolf: Die forstliche Ausstellung bei der internationalen landwirthschaftlichen Ausstellung zu Bremen 1874 vom 13. -21. Juni. - Hannover 1874. 43 S.

Schimmelpfennig, Bericht üb. Forstwirthschaft u. Jagd. s.: Berichte üb. die internationale landwirthschaftliche Ausstellung.

Schimmelfennig, Siegfried, Arzt: Ueber Blutgeschwülste in den oberen Luftwegen. Königsberg i. Pr. 1904: O. Kümmel. (39 S.) 8°
Königsberg, Med. Fak., Ref. Garrè, Diss. v. 13. Okt. 1904
[Geb. 8. Jan. 73 Memel; Wohnort: Hohensalza (Inowrazlaw); Staatsangeh.: Preußen; Vorbildung: Kgl. Luisen-Gymn. Memel Reife M. 92; Studium: Königsberg 9 S.; Coll. 11. Okt. 04; Approb. 11. Dez. 97.]

Rede, gehalten am 13. April 1861 bei Gelegenheit der Provinzial-Trauer-Loge zu Königsberg von [Gust. Ferd?] Schimmelfennig v. d. Oye. Königsberg [1861]: Dalkowski. 11 S. 8° [Umschlagtit.]
Üb. den Tod.

SCHIMMELHUBER, Laura (ps.). Jungferntrost Hieroglyphisch-typischer Stoßseufzer über das ††† gröbere Geschlecht. Ergrübelt von —. Mit TVign. u. vielen kleinen Holzschn. (im Texte) in Rothdruck. O. O. u. J. (1883. 8°.
16 S., auf der letzten blattgr. Holzschnitt. Titel in Roth u. Schwarzdruck. Die Jahrzahl nennt Weller's Lex. Ps. p. 505

Schimmelmann, Adeline Gräfin v.

Gedichte v. Adeline Gräfin **Schimmelmann.** o. O. [1894.] 8°

Spruch- und Geburtstagsbuch für alle Tage im Jahr nach Dr. Martin Luther v. Adeline Gräfin **Schimmelmann.** Berlin. [1910.] 8°

Schimmelmann, Gräfin Ad., Streiflichter aus meinem Leben am deutschen Hofe, unter balt. Fischern u. Berliner Socialisten u. im Gefängnis, einschließl. „Ein Daheim in d. Fremde" v. Otto Funcke. schmal gr. 8. (XVII, 103 S.) Barmen 898. (Elim, Buchh. d. blauen Kreuzes.) Geb. in Leinw. n. 2. —

[F.] Gräfin Ad[eline] **Schimmelmann.** Streiflichter aus meinem Leben am deutschen Hofe, unter baltischen Fischern u. Berliner Socialisten u. im Gefängnis, einschliessl. 'Ein Daheim in der Fremde' v. Otto Funke. Mit Ill. . . . *Barmen: Selbstv.; Dr. v. Montanus & Ehrenstein [1898?].* (XVI, 100 S., 1 Taf., 1 Bl.) 1 Bd 8. 98. 10494 B.

Schimmelmann, Gräfin A.: Streiflichter aus meinem Leben am deutschen Hofe, unter baltischen Fischern und Berliner Sozialisten und im Gefängnis, einschließlich „Ein Daheim in der Fremde", von Otto Funcke. XVI u. 103 S. Barmen. 1899.

Schimmelmann, Adeline Gräfin, Streiflichter aus meinem Leben am deutschen Hofe, unter baltischen Fischern u. Berliner Sozialisten u. im Gefängnis, einschließlich „Ein Daheim in der Fremde" v. Otto Funke. (Neue Ausg.) 8. (121 S. m. Abbildgn. u. Bildnis.) Elberfeld 901. (Barmen, Deutsche China-Allianz-Mission.) Kart. n. 1. —

Adeline Gräfin **Schimmelmann.** Streiflichter aus meinem Leben am deutschen Hofe, unter baltischen Fischern u. Berliner Sozialisten u. im Gefängnis, einschliessl. 'Ein Daheim in d. Fremde' von Otto Funke. Mit Ill. *Elberfeld: Selbstverl. 1901.* (120 S.) 8° [F.]

Adeline Gräfin **Schimmelmann.** Streiflichter aus meinem Leben am deutschen Hofe, unter baltischen Fischern u. Berliner Sozialisten u. im Gefängnis, einschliesslich 'Ein Daheim in d. Fremde' von Otto Funke. Mit Ill. 61.—65. Taus. (Berlin): Selbstverl. [1906]. (124 S.) 8° [F.] 07. 18316 11

Schimmelmann, Adeline Gräfin, Streiflichter aus meinem Leben am deutschen Hofe, unter baltischen Fischern u. Berliner Sozialisten u. im Gefängnis, einschließlich „Ein Daheim in der Fremde" v. Otto Funke. 61.—65. Taus. (125 S. m. Abbildgn.) 8. Berlin (906). Verlag „Gräfin Ad. Schimmelmann's internat. Mission". 1. —

Aus dem Tagebuch der Gräfin Adeline **Schimmelmann.** — Rostock 1896: Hinstorff. 74 S. 8°

Schimmelmann, Adeline Gräfin, vogelfrei. Illustriert. 1.—5. Taus. (70 S.) kl. 8. Berlin, Gräfin A. Schimmelmann's internat. Mission. — 30

Schimmelmann, Adeline Gräfin, sechs Vorträge. Oktbr. 1901. 8. (108 S.) Stuttgart 901. (Barmen, Elim, Buchh. des Blauen Kreuzes.) Kart. n. 1. —

Sechs Vorträge der Gräfin (Adeline) **Schimmelmann.** Okt. 1901. . . . *Barmen: Selbstv.; . . . Komm. [1902]* . . . 8° [F.] . . . 5

v. Schimmelmann, Adf., üb. die ministeriellen Entwürfe zur Ausgleichung der Grundsteuer u. Einführung einer progressiven Einkommensteuer, sowie üb. das jetzige Wahlgesetz. gr. 8. (30 S.) Berlin 849, Schneider & Co. n. 1/6 ℛ

Schimmelmann, Adolf Baron v.

Geschichte des Infanterie-Regiments Herzog Ferdinand v. Braunschweig (8. Westfäl.) Nr. 57. Auf Grund d. im J. 1882 vom Premierlt. A[dolf] Bn v. **Schimmelmann** I bearb. Geschichte im Auftr. d. Regiments neu bearb. von [Richard] Feiber. Mit 7 Karten, 8 Lichtdrucktaf. u. 30 Abb. *Berlin: E. S. Mittler & Sohn 1901.* (VIII, 279, 11 S.) 8° [F.]

Schimmelmann I., A. Baron v., Geschichte des 8. westf. Infanterie-Regiments Nr. 57, neue Bearbeitg., s. Feiber, Geschichte des Infanterie-Regiments Herzog Ferdinand v. Braunschweig (8. westf.) Nr. 57.

Schimmelmann I., A. v., Geschichte d. 8. westfälischen Infanterie-Regiments Nr. 57. 1860—1882. Im Auftrage d. Regiments bearb. Mit e. Titelbild (in Lichtdr.) u. 4 Karten in Steindr. gr. 8. (V, 325 S.) Berlin 883. Mittler & Sohn. n. 7. —

Schimmelmann, Baron v., ein neuer Wahlmodus für Preußen. 8. (30 S.) Berlin 860. Vogel und Comp. [Leipzig, Mittler.] *

Schimmelmann, Hugo, Energie! Nervenkraft! Gesundheit! Charakterstärke! Erfolg! (24 S.) 8. Lorch 908. K. Rohm. — 30

Schimmelmann, Jak., († d. 23. Jan. 1778.) Abhandl., abgefaßt in e. Schreiben an e. Gelehrten von d. alten isländ. Edda rc. 4. Halle u. Leipz. 774.

— s. auch Edda.

Schimmelmann, Comtesse Isa, auf Nebenwegen. E. Rundreise durch Bohuslän u. Dalsland. 8. (108 S.) Hamburg 895. W. Mauke Söhne. n. 1. 60

Schimmelpennig van der Oye, Vinz. Freih. v.: Auflösung quadratischer, kubischer und biquadratischer Gleichungen Wien III. R. (Rainer) 92. **Progr.**

— Elektricität als Arbeitskraft. 17). Böhm. Leipa R. 91. **Progr.**

Schimmelpenning van der Oye, Vinz. Freiherr v.: Theoretische Erläuterungen über den Erdmagnetismus. Wien III. R. (Rainer) 91. **Progr.**

Schimmelpenning van der Oye, Vinz. Freih. v.: Zur Theorie der Doppelbrechung. 29 23. Brünn St. R. 03. 04. **Progr.**

Schimmelpfeng A. Rokoko-Blumen. (5 T.) 4° [VS] Leipzig 1892

Schimmelpfeng, Adolf

Die kurhessische Armeedivision im Jahre 1866. Beleuchtung d. gleichnam. Schrift d. Gen.Lt. a. D., ehemal. hess. Hauptm., Julius v. Schmidt von Adolf **Schimmelpfeng,** Cabinetsrat a. D. Melsungen: W. Hopf 1892. (92 S.) 8° [F.] 98. 1813

Schimmelpfeng, Adf., Kurfürst Friedrich Wilhelm I. v. Hessen u. seine Politik im J. 1866. 8. (31 S.) Melsungen 890. (Hannover u. Celle, Schulbuchhandlg.) — 30

Schimmelpfeng, A., Kritik der Quintessenz des Sozialismus von Schäffle. 8°. Bielefeld 1878.

— Zur Lösung der socialen Frage. 8°. Cassel 1878.

v. Congress d. Deutschen Rechtspartei. **Recht und Frieden an der Wende** des Jahrhunderts mit besond. Berücks. Oesterreichs u. d. Haager Congresses. Vortrag von A[dolf] **Schimmelpfeng.** Kurfürstl. hess. Cabinetsrat a. D. *Melsungen: W. Hopf 1899.* (46 S.) 8° [F.]

Schimmelpfeng, Adf., der wahre Reichsgedanke und der neudeutsche Particularismus. gr. 8. (46 S.) Hannover 881, (Schulbuchhandlung.) * *

—— Vortrag über „Hrn. Rud. v. Bennigsen und die hannoversche Frage", gehalten am 31. Juli 1880 im Ballhofe zu Hannover. Hrsg. vom Vortragenden. gr. 8. (16 S.) (Ebendas.) 880. *

Schimmelpfeng, C., De diis in conspectum hominum venientibus apud Homerum. Diss. 1815. 44 S. 1.20

Schimmelpfeng, G. De Brasidae Spartani robus gestis et ingenio. (49) 8. Marburgi 1867.

Schimmelpfeng. Georgius [Marpurgensis]: Orationes quae sunt in Macartatum (XLIII.) et in Olympiodorum (XLVIII.) et in Lacriti exceptionem (XXXV.) sub Demosthenis nomine traditae num unius eiusdemque oratoris esse iudicandae sint .... Marpurgi Cattorum, typ. Friderici typogr. acad., 1887; 68 S. 8°.
Marburg, Phil. Fak., Inaug.-Diss. v. [4. Mai] 1887.

Schimmelpfeng, Geo., orationes quae sunt in Macartatum [XLIII.] et in Olympiodorum [XLVIII.] et in Lacriti exceptionem [XXXV.] sub Demosthenis nomine traditae num unius eiusdemque oratoris esse iudicandae sint. Dissertatio inauguralis. gr. 8. (68 S.) Marpurgi Cattorum 887. (Leipzig, Fock.) *

[Umschlagt.:] **Schimmelpfeng,** Gustav [Dir. Prof. Dr.]: Bericht über die Jubelfeier der Anstalt vom 2.—4. Juli 1896. Nordhausen, Druck v. C. Kirchner's Buchdr., 1897; 1—23 S. 4.
Ilfeld, k. Kloster-S, OP 1897 (321)

Schimmelpfeng, Gustav: Almae Matri Ilfeldensi. Carmen saeculare. *Nordhausen, C. Kirchners Buchdr., 1896;* 1—2 S. 8.
Ilfeld, k. Kloster-S, Festschr. 1896

Schimmelpfeng, *Gustav* [Dir. Prof. Dr.]: *Die Feier der Erinnerung an verstorbene Zöglinge und Angehörige der Anstalt am 23. Nov. 1895.* Nordhausen, Druck v. C. Kirchner's Buchdr., 1896; 12—13 S. 4.
Ilfeld, k. Kloster-S, OP 1896 (316)

Schimmelpfeng, Gustav [Dir. Prof. Dr.]: *Die Feier der Erinnerung an verstorbene Zöglinge und Angehörige der Anstalt am 21. Nov. 1896.* Nordhausen, Druck v. C. Kirchner's Buchdr., 1897; S. 30. 4.
Ilfeld, k. Kloster-S, OP 1897 (321)

Schimmelpfeng, [Gustav]: [Die Feier der Erinnerung an verstorbene Zöglinge und Angehörige der Anstalt am 20. November 1897.] *Nordhausen 1898: C. Kirchner.* (S. 30.) 4°
Ilfeld, k. Kloster-S, OP 1898 (326)

Schimmelpfeng, Gustav [Dir. Prof. Dr.]: Erziehliche Horazlektüre. Nordhausen, Druck v. C. Kirchner's Buchdr., 1892; 1—32 S. 4.
Ilfeld, k. Kloster-S, OP 1892 (308)

Schimmelpfeng, Gust., erzieherische Horazlektüre. 2. erweit. Aufl. gr. 8. (62 S.) Berlin 899. Weidmann. n. 1.20

Schimmelpfeng, Gust., über Internats-Erziehung, s.: Handbuch der Erziehungs- u. Unterrichtslehre f. höh. Schulen, II. 2.

Schimmelpfeng, Gust., die griechische Lektüre in der Prima des Gymnasiums dargestellt. 4. (48 S.) Berlin 881, (Weidmann'sche Bchh.) *

Schimmelpfeng, G.: J. R. Schimmelpenningk. Ratspensionar von Holland. 28 S. Ilfeld. Paed.. Progr. 1871.

Schimmelpfeng, Gust., Rütger Jean Schimmelpenningk. Eine biograph. Skizze. gr. 4. (28 S.) Berlin 871. Calvary & Co. in Comm. n. 1 —

Schimmelpfeng, Gust., Schulreden, geh. in der Klosterschule Ilfeld. 8. (140 S.) Leipzig 876. Teubner. n. 2. —

Schimmelpfeng, G. Die gruppirende Unterrichtsmethode. Marburg, G., 1865. 36 S. 4. Progr.

Schimmelpfeng, Gust., zur Wuerdigung von Xenophons Anabasis. Berlin 870. (Calvary & Co.) gr. 4. (60 S.) n. 20 ngr.

Schimmelpfeng, Hans, frohe Jungen. Ein Kloster-Sang. (VII, 176 S. m. 3 Taf.) 8. Hannover 906. Hahn. Geb. n. 3. 50

Schimmelpfeng, Th., die Gewährleistung beim Viehhandel nach gemeinem und kurhessischem Rechte dargestellt. gr. 8. (IV und 126 S.) Kassel 864, Freyschmidt. *

Schimmelpfeng, Thdr., Hommel redivivus oder Nachweisung der bei den vorzüglichsten älteren und neueren Civilisten vorkommenden Erklärungen einzelner Stellen des Corpus juris civilis. 1—8. Liefg. Cassel 858. Fischer. gr. 8. (1. Bd.: XXVIII, 597 S.; 2. Bd.: S. 1—384.) Jede Liefg. n. 15 ngr.

— Hommel redivivus oder Nachweisung der bei den vorzüglichsten älteren und neueren Civilisten vorkommenden Erklärungen einzelner Stellen des Corpus juris civilis. 9—14. (letzte) Liefg. Cassel 859. Fischer. gr. 8. (2. Bd.: S. 385—722; 3. Bd.: 455 S.) Jede Liefg. Subscr.-Pr. n. 15 ngr.; Ladenpr. complet 8 ℛ 15 ngr.

Schimmelpfeng, W., die Auskunft u. ihre Gegner. gr. 8. (31 S.) Berlin 891. Puttkammer & Mühlbrecht. n. — 80

Schimmelpfeng, W., d. Auskunft u. ihre Gegner. II. Thl. 8. (4 S.) Berlin (W, Charlottenstr. 23) 895. Selbstverlag. Kostenlos.

— d. Auskunftei, begründet 1872, in Wort u. Bild. gr. 8. (23 S.) Ebd. 891. Kostenlos.

Auskunftei W. Schimmelpfeng. 8.
Hauptinstitut in Berlin, Bureaus *u. a.* Zürich *und (seit 1901)* Basel.
Bericht (für 1900). Januar 1901. IV + 36 S. [Zürich, Art. Institut Orell Füssli.]
Bericht (für 1901). Januar 1902. [Illustriert.] II + 28 S.
Bericht (für 1902). Januar 1903. IV + 24 S. (Zürich, Jean Frey.)

Institut (= Auskunftei) W. Schimmelpfeng. 8.
Rapport (en 1900). Janvier 1901. IV + 24 p. (Paris-Montrouge, Paul Schmidt.)
Rapport (en 1901). Janvier 1902. [Illustré.] IV + 24 p. (Montrouge, F. Schmidt Fils.)

Institute (= Auskunftei) W. Schimmelpfeng. Report (for 1902). January, 1903. II + 19 p. 8.

Auskunftei W. **Schimmelpfeng.** (Berlin 1907.) (24 S.) 8° [Umschlagt.]
[Enth. Abschiedswort d. bisherigen Inhabers W. Schimmelpfeng u. Bericht über d. Abschiedsfeier.] 07. 9148

– Ein gedruckter Brief betr. das Auskunftswesen. Berlin (1893)

Schimmelpfeng, W.: Ein Briefwechsel, s. Mey, E.

Schimmelpfeng, W., Jean Baptiste Colbert und seine Verdienste um nationalen Wohlstand. Ein Spiegelbild für unsere Zeit. Vortrag. gr. 8. (III, 16 S.) Berlin 879, Puttkammer und Mühlbrecht. *

Diskretion und Haftpflicht bei der kaufmännischen Auskunft. (Vf.: W[ilh.] Schimmelpfeng.) *(Berlin): Selbstv. (1894).* (1 Bl., 12 S.) 1 Bd 8. 96. 374

– 3 Eingaben an die Handels- und Gewerbekammern in Österreich und Deutschland, das Auskunftswesen betreffend. 4° Berlin (1893)

— kaufmännische Erkundigung. Vortrag. gr. 8 (32 S.) Ebd. 895. Kostenlos.

— Jahresberichte 1882-89 u Bericht v. Januar 1900. Berlin 1882-89 u 1900

Schimmelpfeng W, die organisierte Krediterkundigung unter vereinmässiger Beteiligung. Berlin 1887

— und A. Schimmelpfeng, der Nothstand des deutschen Handels. Ein Beitrag zu seiner Beseitigung. Zwei Vorträge. 1. und 2. Aufl. gr. 8. (III, 66 S.) Ebendas. 878. *

Schimmelpfeng, W., das Problem der Credit-Versicherung. 1. u. 2. Aufl. gr. 8. (52 S.) Berlin 887. Puttkammer & Mühlbrecht. n. 1. —

— prakt. Rechtskunde f. d. Handelsverkehr im In- u. Auslande. 1. u. 2. Hft. gr. 8. Berlin, Puttkammer & Mühlbrecht. à n. 1. —
1. Vertretung im Concursverfahren. (18 S.) 895.
2. Wechselrecht. (70 S.) 896.

— zum Schlagwort: „Reform d. Auskunftswesens". Eine Denkschrift. Fol. (32 S.) Berlin (w, Charlottenstr. 23) 895. Selbstverlag. Kostenlos.

— zur Sicherung des Creditverkehrs. Betrachtungen u. Anträge, den verehrl. Handelskammern u. kaufmännischen Corporationen gewidmet. Kleine Ausg. gr. 8. (64 S.) Ebend. 878. n. — 50

Schimmelpfeng, W., warum soll man Aufschluss üb. s. Geschäftsverhältnisse d. Auskunftei W. Schimmelpfeng geben? 16. (5 S.) Berlin (w, Charlotten-str. 23) 894 Selbstverlag. Kostenlos.

Schimmelpfenig. Friedrich Gustav. s. Schimmelpfennig

Schimmelpfening, Hofrath. Beschreibung des k. k. Lotto-Gefälles. 2 Thle. 4°. Wien 1810.

Schimmelpfennig, Schweidnitzer Chronisten des XVI. Jahrh., s. Scriptores rerum silesiacarum.

SCHIMMELPFENNIG. Ein Stück Geschichte der naturforschenden Gesellschaft zu Danzig. Geschrieben zu ihrem 125sten Stiftungsfeste am 2. Januar 1868. Separat-Abdruck aus der Altpreuss. Monatsschrift Bd. VI. Hft. 1. Danzig 1869. Selbstverlag der naturforschenden Gesellschaft zu Danzig. 8°.

Schimmelpfennig: Zur Würdigung von Xenophons Anabasis. 60 S. — Pforta. Progr. 1870.

Schimmelpfennig. [illegible]

Schimmelpfennig, Arth., Beiträge zur Geschichte d. Kriminalromans. Ein Wegweiser durch die Kriminalliteratur der Vergangenheit u. Gegenwart. (16 S.) kl. 8. Dresden (908). Moewig & Höffner. - 30

Schimmelpfennig, C. A., die evangelische Kirche Schlesiens im XVI. Jahrh. Ein geschichtlicher Vortrag. 8. (45 S.) Strehlen 877. Gemeinhardt. n. — 75

Schimmelpfennig, C. A., die evangelische Kirche Schlesiens im 16. Jahrh. 8. Strehlen 877. Breslau, Woywod. *

Schimmelpfennig. Carl v.. s. Schimmelpfennig. Karl v.

Schimmelpfennig. Carl Adolf.
s. Schimmelpfennig. Karl Adolf

Schimmelpfennig. Christian Friedrich Anton.
s. Schimmelpfennig. Anton

Schimmelpfennig, Christoph Ludwig (Bartenstein)
A. S. 765/18

Disputatio juridica, de homicidio ob alapam, Von dem Todtschlag wegen einer gegebenen Maulschelle. Präs. Balthasar Tilesius. Königsberg/Pr. (Reusner) IX. 1706. 28 S. 30484

Schimmelpfennig, Christoph Ludwig (Bartenstein)
A. S. 203/33

Disputatio juridica, de homicidio ob alapam, Von dem Todtschlag wegen einer gegebenen Maulschelle. Präs. Balthasar Tilesius. Königsberg (Reusner) 1712. 28 S.

Diss. IX. 1706. 30485

Schimmelpfennig. Emil

Adventsbüchlein. Liturg. Andachten f. d. Adventszeit u. d. heil. Christabend. Unter Anlehnung an d. Agende f. d. Ev. Landeskirche von 1895. [Verf.: E. Schimmelpfennig.] 4. Aufl. *Königsberg i. Pr.: E. Rautenberg 1899.* (32 S.) 8° [F.] [illegible] 10

Schimmelpfennig. E.: Liturgische Andacht am Jahresschluss. (Agende f. d. Ev. Landeskirche von 1895.) [Verf.: E. Schimmelpfennig.] (Königberg i. Pr.: E. Rautenberg 1900.) (1 Bl.) 8° [F.] [Kopft.]

Schimmelpfennig. E.: Liturgische Andachten am Abend der Totenfeier. (Agende f. d. Ev. Landeskirche von 1895.) [Verf.: E. Schimmelpfennig.] (Königberg i. Pr.: E. Rautenberg [1900].) (1 Bl.) 8° [F.] [Kopft.]

Schimmelpfennig, E., die Geschichte ohnegleichen. 7 Passionsansprachen. gr. 8. (V, 63 S.) Königsberg 899. E. Rautenberg. n. 1. —

Jesus unsre Seligkeit. Ein Jahrg. Predigten über d. zweiten (Eisenacher) Evangelien von E. Schimmelpfennig *Königsberg i. Pr.: E. Rautenberg 1902.* (VII, 450 S.) 8° [F.] 93-193

Schimmelpfennig. E.: Passionsbüchlein. Liturg. Andachten f. d. Passionszeit u. d. Karfreitag-Nachmittag. Im Anschl. an d. erneuerte Agende f. d. Ev. Landeskirche von 1895. [Verf.: E. Schimmelpfennig.] 5. Aufl. Königsberg i. Pr.: E. Rautenberg 1900. (52 S.) 8°

Passionsbüchlein. Liturg. Andachten f. d. Passionszeit u. d. Karfreitag-Nachmittag. Im Anschl. an d. erneuerte Agende f. d. Ev. Landeskirche von 1895. [Verf.: Emil Schimmelpfennig.] 7. Aufl. *Königsberg i. Pr.: E. Rautenberg 1902.* (52 S.) 8° [F.] [03. 6. 7] 10

Schimmelpfennig, F. G., Handbuch zur Kenntniß der Längen-, Flächen-, Körper- u. Hohlmaaße u. d. Gewichte in den preuß. Provinzen links der Elbe, oder Darstellung ihrer Grundverhältnisse zum neuen d. d. königl. Edict vom 16. Mey 1816 eingeführten Maaße u. Gewichte, nebst einem Anhange über die gleichartigen Systeme benachbarter Staaten. 8. Trier, Linz. 820.

Schimmelpfennig. Friedrich Gustav

Schimmelpfennig, F. G. Die Grundsteuerverfassungen in den preussischen Staaten nach dem Stande der Gesetzgebung vom J. 1858. gr. 8°. Berlin 1859.

Schimmelfennig, Frdr. Gust., Handbuch für den materiellen Inhalt des Preußischen Militair-Wochenblattes von 1816 bis 1859. Berlin 860. Mittler & Sohn in Comm. Lex.-8. (2 Bl., 307 S.) n. 2 ℛ 5 ngr.

Schimmelfennig, Friedr. Gust., **Handbuch zur Uebereinkunft**, geschlossen zu Hannover am 7. Novbr. 1856, wegen Annahme des metrischen Gewichts-Systems für die Staaten: Hannover, Braunschweig, Oldenburg, Schaumburg-Lippe, Bremen, Hamburg; nebst Vergleichungsberechnungen und Tafeln über das Verhältniß des metrischen Gewichtes zu den bisherigen Gewichtsgattungen in den genannten Staaten u. über die Verhältnisse der Letzteren zu dem metrischen Gewichte. Zum Gebrauche beim Handels- u. Gewerbs-Verkehr; desgleichen für Aerzte, Apotheker u. Juweliere; sowie für Verfertiger von Wiege-Instrumenten. Bremen 857. Kühtmann u. Co. gr. 8. (VIII, 72 S.) n. 20 ngr.

— die Kommunalabgaben in Städten und Landgemeinden der preußischen Staaten. Nach offiziellen Quellen bearb. gr. 8. (IV und 116 S.) Berlin 859, Janke.

Schimmelfennig, Friedr. Gust., das preußische allgemeine Landesgewicht nach dem Gesetze vom 17. Mai 1856 nebst ausführlichen Vergleichungs-Tabellen gegen die seitherigen Gewichts-Gattungen und umgekehrt, und Tabellen zu Werths-Bestimmungen für gewisse Gewichtsmengen nach gegebenen Preisen. Zum Gebrauche für Steuerbehörden und für den Handels- und Gewerbs-Verkehr im Allgemeinen ꝛc. gr. 8. (IV und 87 S.) Berlin 856(57,) Riegel's Verlag. *

— der Lotterie-Spieler, s. Lotterie-Spieler, der.

Schimmelfennig, v., Namens- u. Ortsverzeichnis, s.: Boetticher, Adf., Die Bau- u. Kunstdenkmäler der Prov. Ostpreußen. IX.

— Polizei-Verordnungen für den Regierungs-Bezirk Frankfurt, s. Polizei-Verordnungen.

— Polizei-Verordnungen für den Regierungs-Bezirk Frankfurt der Provinz Brandenburg, bis zum Schlusse des Jahres 1858. Geordnet und herausg. Berlin 859. — Frankfurt a. O., Harnecker & Co. gr. 8. (X, 309 S.) n. 1 ℛ 10 ngr.

— die für den Regierungs Bezirk Koeslin bestehenden u. bis zum Schluße des Jahres 1854 ergangenen Polizei-Verordnungen. Geordnet u. herausg. Stettin 855. (Coeslin, Velger.) 8. (VIII, 238 S.) n. 28 ngr.

— die für den Regierungs-Bezirk Stettin bestehenden u. bis zum Schlusse des Jahres 1852 ergangenen Polizei-Verordnungen. Geordnet u. herausg. Stettin 854. Saunier in Comm. 8. (X, 302 S.) nn. 1 ℛ. 6 ngr.

— die für den Regierungs Bezirk Stralsund bestehenden u. bis zum Schluße des Jahres 1854 ergangenen Polizei-Verordnungen. Geordnet u. herausg. Stralsund 855. Leffler. (Hingst.) 8. (VIII, 210 S.) 1 ℛ. 5 ngr.

— Polizei-Verordnungen, die für den Regierungs-Bezirk Stralsund und Köslin bestehenden, s. Polizei-Verordnungen.

— s. Samml. d. königl. preuß. Gesetze üb. Taufen u. Trauungen.

F. G. Schimmelfennig, Sammlung der Gesetze und Verordnungen wegen der Klassensteuer und der Gewerbesteuer bis zum Schluße des J. 1841. 3. Aufl. Potsdam, 1843. 4.

Schimmelpfennig, Sammlung der Polizei-Verordnungen der königl. Regierung zu Coblenz, nebst e. Auswahl der hauptsächlichsten, das Gebiet d. Polizeistrafrechts umfass. Gesetze u. der zu deren Erläuterg. dien. Rescripte, Erkenntnisse ꝛc. bis zum Schlusse d. J. 1886. gr. 8. (IV, 528 S.) Neuwied 887. Strüder. n. 6. —; geb. n. 7. —

— die preußischen Stempelsteuer-Gesetze im J. 1857. Praktisches Handbuch für Staats-, Kommunal- und Korporations-Behörden und Beamte; desgl. für Bankiers, Kaufleute, Mäkler und Gewerbetreibende. Nebst ausführl. Rechnungs-Tafeln für die in Procentsätzen zu entrichtende Stempelsteuer u. s. w. Nach offiziellen Quellen bearb. gr. 8. (XVI und 231 S.) Berlin 858, (Logier.) *

Schimmelpfennig, F. G., die Preuß. direkten Steuern. 1. Thl. — A. u. d. T.: Histor. Darstellung d. Grundsteuer-Verfassungen in d. Preuß. Staaten. Ein Versuch. gr. 8. ($32\frac{1}{4}$ B.) Berlin 831, (Logier.)

— dass. 2. Thl. — A. u. d. T.: Samml. d. Gesetze u. Verordn. wegen d. Klassen- u. Gewerbe-Steuern. 2 Abthln. 2. Ausg., umfass. d. Zeitraum v. 30. Mai 1820 bis dahin 1830. gr. 8. (25 B.) Ebds. 831.

— dass. 3. Thl. Od.: 1. Supplementbd., enth. d. Gesetze u. Verwaltungsvorschriften üb. Grundsteuer, Classensteuer u. Gewerbesteuer bis z. Schlusse d. J. 1834. gr. 8. ($11\frac{1}{2}$ B.) Ebds. 835.

Schimmelfennig, F. G., die preuß. directen Steuern. 2 Thle. 4. ($120\frac{1}{2}$ B.) Potsdam 843, Riegel's Vrlgsh. *

Thl. 1. Historisch-pragmatische Darstellung der Grundsteuer-Verfassungen. 2., umgearb. u. verm. Aufl.
- 2. Sammlung der Gesetze u. Verordnungen wegen der Klassensteuer u. der Gewerbesteuer bis z. Schlusse d. J. 1841. 3. Aufl.

— die Preußischen direkten Steuern 1. Thl. 3. Aufl. — 2. Thl. 4. Aufl. Berlin 859. Janke. gr. 4. (XVII, 1468 Sp.; XVI, 1116 Sp.) n. 8 ℛ

Inhalt: 1. Thl.: Die Grundsteuer-Verfassungen in den Preuß. Staaten, in historisch-pragmatischer Darstellung nach dem Standpunkte der Gesetzgebung und Verwaltung in Mitte des J. 1858. Unter Benutzung der Akten des Königlichen Finanz-Ministeriums. — 2. Thl.: Gesetze und Verordnungen über die Preuß. direkten Steuern (ausschließlich der Grundsteuer) bis zur Mitte des J. 1858. Aus offiziellen Quellen und aus den Akten des Königl. Finanz-Ministeriums zusammengetragen und geordnet.

— die Preuß. indirekten Steuern, od. die auf Produktion, Fabrikation u. Konsumtion ruhenden Abgaben im Innern d. Preuß. Staaten. Eine systematisch geordnete Zusammenstellung der darauf Bezug habenden Gesetze und Verordnungen bis zum Schlusse d. Jahres 1835. gr. 4. Potsdam 837. Riegel. n. $2\frac{5}{6}$ ℛ — 2r Thl. gr. 4. Ebd. 840. n. $1\frac{2}{3}$ ℛ

Schimmelfennig, Friedr. Gust., die Preußischen indirekten Steuern oder die auf Produktion, Fabrikation und Konsumtion ruhenden Abgaben im Innern der Preußischen Staaten. Eine systematisch geordnete Zusammenstellung der darauf Bezug habenden, amtlichen Quellen entnommenen Gesetze, Verordnungen, Dienst-Anweisungen ꝛc. Mit höherer Genehmigung herausg. 2. umgearb. und erweiterte Ausg. 855. n. 4 ℛ. 20 ngr. — 3. unveränd. (Titel-)Ausg. Berlin 858. F. Riegel. gr. 4. (XXVIII, 1086 Sp.) n. 3 ℛ. 10 ngr.

Schimmelfennig, F. G. An die Urwähler. Druck von F. Rietack. 1 Bl. 4.
Flugblatt. Berlin. 31. Dez. 1848.

— die preuß. Zoll-Gesetzgebung d. J. 1818 u. 1838, nebst d. ergänz. u. erläut. Gesetzen, Verordnn. u. Ministerial-Reskripten. Systemat. geordnet. 7 Lfgn. Nebst alphab. Sach- u. Namen-Register. gr. 4. ($47\frac{1}{2}$ B.) Potsdam 837, 38, (Riegel's Vrlgsh.)

Schimmelpfennig, F[riedrich] K[arl] v.: Der schwere Diebstahl des § 243, 2 RStG. Greifswald 1905: J. Abel. (77 S.) 8°

Greifswald, Jur. Fak., Ref. Weismann, Diss. v. 8. Dez. 1905

[Geb. 29. Mai 66 Gumbinnen; Wohnort: Potsdam; Staatsangeh.: Preußen; Vorbildung: Friedrichs-Gymn. Berlin Reife O. 87; Studium: Berlin 6 S.; Rig. 30. Mai 97.]

Schimmelpfennig, Gustav. Ueber Ascaris megalocephala. Beiträge zur Biologie und physiologischen Chemie derselben. Diss. Vet.-Med. Bern. (Sonder-Abdruck aus dem Archiv für wissensch. u. prakt. Thierheilkunde. Bd. 29. H. 3 u. 4. 1903.) 49 S. 8. Berlin, L. Schumacher, 1902.

Schimmelpfennig, J., Leitfaden für das Rechnen in der Volksschule. Oder: praktische Anleitung zur Erlernung des bürgerlichen Rechnens und der beim gemeinen Feldmessen unentbehrlichsten Rechenkünste. Für Volks- u. Fortbildungsschulen, sowie für Präparanden-Anstalten u. zum Selbstunterrichte bearb. Quedlinburg 853. Basse. 8. (XII, 163 S.) 12½ ngr.

Schimmelpfennig, Karl

Schimmelpfennig, Carl v., die Hesselholms. Roman. (337 S.) 8. Berlin (910). F. Fontane & Co. 4.—; geb. 5.—

— Der Pfarrer v. Wetterberg. Roman. (265 S.) 8. Ebd. 908. 3.—; geb. 5.-

— Wolf Sa ß. Roman. (259 S.) 8. Ebd. 908. 3.—; geb. 4.—

Schimmelpfennig, Karl Adolf

Schimmelpfennig, Carolus Adolphus [illegible]: Gregorii Nazianzeni carmen LIV. [illegible]. Vratislaviae 1862. 43 S. 8

Breslau, Phil. Diss. v. 7. Aug. 1862

Schimmelpfennig, Ludwig

Zur Klagesache des Bundes-Directoriums der Grossen National-Mutterloge zu den 3 Weltkugeln in Berlin gegen Br. Harmening. [Unterz.: Ludw.] **Schimmelpfennig.** Jena 1892: Vopelius. 23 S. 8⁰ [Umschlagtit.]

[Schreiben von Ludw. **Schimmelpfennig** an Edu. Zinkeisen.] [Dat.:] Jena 1888. 2 Bl. 8⁰

Betr. die Differenzen der Loge Karl August zu den drei Rosen mit der Grloge von Hamburg.

Schimmelpfennig, Paul [aus Erfurt]: Ueber postvaccinale Hautausschläge. . . . Halle a. S., Hofbuchdr. v. C. A. Kaemmerer & Co., 1889; 84 S. + 1 Bl. 8⁰

Halle, Med. Fak., Inaug.-Diss. v. 23. Nov. 1889

Schimmelpfennig. Rudolf. s. Schimmelfennig. Rudolf

Schimmelpfennig, *Walther* [app. Arzt]: '[Aus d. Augenklinik zu Jena.]' Über einen Fall von infantiler Conjunctivalxerose mit Keratomalacie ... M. 1 Taf. (Aus: v. Graefe's Arch. f. Ophthalmol., Bd XLIII Abth. 1.) Leipzig, W. Engelmann, 1896; 17 S., 1 Taf. 8.

Jena, Med. Fak., Inaug.-Diss. v. [24. Nov.] 1896

Schimmelpfennig, Wilhelm [aus Lauenburg i. P.]: Beitrag zur Pathologie und Casuistik des primären Oesophaguskrebses ... Danzig, Druck v. A. W. Kafemann, *1891*; 24 S., 1 Tab. 8.

Erlangen, Med. Fak., Inaug.-Diss. v. Juli 1890

Schimmer. Carl August. s. Schimmer. Karl August

Schimmer, Fritz: ⟨Aus d. Zool. Inst. d. Univ. Leipzig.⟩ Beitrag zu einer Monographie der Gryllodeengattung Myrmecophila Latr. Mit 26 Fig. im Text u. 3 Taf. Leipzig: W. Engelmann 1909. S. 410—534. 8° ¶ (Aus: Zeitschr. f. wissensch. Zool. Bd 93, H. 3.)

Leipzig, Phil. Diss. v. 25. Juni 1909, Ref. Chun, Pfeffer

[Geb. 2. Dez 83 Dresden; Wohnort: Leipzig; Staatsangeh.: Sachsen; Vorbildung: Realgymn Döbeln Reife O. 04; Studium: Freiburg i. B. 1, Leipzig 9 S.; Rig. 23 Febr. 09.] [U 09. 3057

Schimmer, G., s. Schimmer, Gustav Adolf

Schimmer, Georg

Schimmer, Geo., ruhiges Christenherz üb. den 73sten Psalm. 8. Wittenberg, Zimmermann. 707.

— Erklärung der Klagelieder Jeremiä. 4. Frankfurt. 708.

— geistliche Erquickstunden. 8. Nürnb. 727.

— bibl. Seelenkleinod, oder vollst. Gebetbuch. gr. 8. Königsb. 740.

— — dasselbe 12. Ebend. 719.

— geistl. Zion. 8. Wittenb. Zimmermann. 798.

Schimmer, Johann Friedrich (Wittenberg)
A. S. 1157/20

Dissertatio inauguralis medica. Calculi in vesica fellea generatio. Präs. Abraham Vater. Wittenberg (Gerdes) 28. IV. 1722. 20 S. 30487

Schimmer, Gust. Adf., die Bevölkerung v. Wien u. seiner Umgebung nach dem Berufe u. der Beschäftigung. Auf Grundlage der jüngsten Volkszählg. bearb. Hrsg. v. der k. k. statist. Central-Commission. 1. Thl. Geschlecht, Civilstand, Wohnverhältnisse, Arbeits- u. Dienstverhältnisse. gr. 8. (IV, 180 S.) Wien 874. (Gerold's Sohn.) n. 3. 60

Schimmer, Gust. Adf., Biotik der k. k. österreichischen Armee im Frieden. Nach den amtl. Vorlagen der k. k. Feld-Superiorate über die jährlich in der Armee vorfallenden Trauungen, Geburten und Sterbefälle. gr. 8. (IV und 72 S. mit 2 lithogr. Tab. in gr. 4. und 3 Tab. in gr. 4. und qu. Fol.) Wien 863, Braumüller. *

Schimmer, G.
D. Ergebnisse d. Bevölkerungsbewegung i. Nied.-Österreich, Tirol u. Vorarlberg i. J. 1885. S.-A., Wien 1887

Schimmer, G. A., Erhebungen üb. die Farbe der Augen, der Haare u. der Haut bei den Schulkindern Oesterreichs, s. a. Mittheilungen der Anthropologischen Gesellschaft in Wien, Suppl. I. 1884.

Schimmer, Gustav Adolf, Erhebungen über d. Farbe d. Augen, d. Haare u. d. Haut b. d. Schulkind. Oesterreichs. Im Auftrage d Anthropolog. Gesellsch. in Wien bearb. (Mittheil. d. Anthropolog. Gesellsch. in Wien. Suppl. I. 1884.) 4. (XXIV u. 42 S. m. 2 Kart.) Wien, *Alfred Hölder. 2 fl [illegible].

— über den Buchdrucker Ulrich Han aus Wien, und das Jahr, in welchem die Säcularfeier der Wiener Buchdruckerkunst mit geschichtlicher Begründung begangen werden kann. Wien 862. Pichler. (Leipzig, Liebeskind.) gr. 8. (18 S.) n. 4 ngr.

Schimmer, G. A., die Juden in Oesterreich nach der Zählung vom 31. Decbr. 1880. gr. 8. (17 S.) Wien 881. Hölder. n. — 60

—— Mortalität und Vitalität der im Reichsrathe vertretenen Königreiche und Länder der österreich. Monarchie, s. Mittheilungen aus dem Gebiete der Statistik.

—— die Reichsraths-Wahlen vom J. 1879 in Oesterreich, s. Neumann-Spallart, F. X. v.

FUCHSMUNDUS der Jüngere *(G. A. Schimmer)*, Der Wiener Spassmacher oder Heiterkeit und Frohsinn in allen Gestalten. Gedichtet, gesammelt u. hrsg. von —. 3 Bdchn. Wien 1847. 8⁰. (Bdchn. 2—3 in Hannover, Stadtbibl.).
Weller, Lex. Ps. p. 217; Karajan's Bibl. II. no. 4903.

— Statistik d. **Judenthums in den im Reichsrathe vertretenen Königreichen u. Ländern nach den vom k. k. Ministerium d. Innern angeordneten Erhebgn. u. nach sonst. Quellen bearb. Hrsg. v. der k. k. statist. Central-Commission. gr. 4. (71 S.) Ebend. 873.** n. 2. —

Schimmer, Gust. Adph., Statistik der Lehranstalten d. österreich. Kaiserstaates, s. Mittheilungen aus dem Gebiete der Statistik.

Schimmer, Gustav Adolf, Hof-Secretär der k. k. Direction der administrativen Statistik. Statistik der öffentlichen und Privat-Volksschulen in den im Reichsrathe vertretenen Königreichen und Ländern. Nach den von den Bezirks-Schulbehörden für das Schuljahr 1870—1871 vorgelegten Erhebungen bearbeitet. Herausgegeben von der k. k. statistischen Central-Commission. Mit 3 Karten.
4. Wien 1873.

— **Statistik der öffentlichen u. Privat-Volksschulen in den im Reichsrathe vertretenen Königreichen u. Ländern. Nach den v. den Bezirks-Schulbehörden f. d. Schulj. 1875 vorgelegten Erhebgn. bearb. Hrsg. v. der k. k. statist. Central-Commission. Mit 3 (chromolith.) Karten (in Imp.-Fol.) Fol. (XXX, 129 S.) Ebend. 876.** n. 6. —

Schimmer, G., österreichische Vaterlandskunde, s.: Gindely, A.

Schimmer, Gust. Adph., das alte Wien. Darstellung der alten Plätze und merkwürdigsten jetzt größtentheils verschwundenen Gebäude Wien's nach den seltensten gleichzeitigen Originalen. Mit einem erläuternden Texte aus den bewährtesten Geschichtsquellen. 1. und 2. Heft. gr. 4. (IV und 50 S. mit 8 Kpfrt. und Stnt. in qu. Fol.) Wien 853, [Zamarski.] [1. Heft. 24 Ngr.; 2. Heft 15 Ngr.]

Schimmer, Gustav Adolph. Das alte Wien. Darstellung der alten Plätze und merkwürdigsten jetzt größtentheils verschwundenen Gebäude Wiens nach den seltesten gleichzeitigen Originalen. Mit einem erläuternden Texte aus den bewährtesten Geschichtsquellen, von —. 1. Heft. (23 S. 4 Tafeln.) 4. Wien, J. P. Sollinger's Witwe 1853.

Schimmer, Gustav Adolph —. Das alte Wien. Darstellung der alten Plätze und merkwürdigsten jetzt größtentheils verschwundenen Gebäude Wiens nach den seltensten gleichzeitigen Originalen. Mit einem erläuternden Texte aus den berühmtesten Geschichtquellen 2. und 3. Heft. (21 und 23 S. und 8 Tafeln) 4. Wien 1853 und 1854, Druck u. Verlag von J. P. Sollingers Witwe. (2239.)
Inhalt: 2 Heft. Der innere Burgplatz. — Der Graben. — Das Nonnenkloster zur Himmelspförtnerin und das alte Amts- und Gerichtshaus in der Rauhensteingasse. — Der hohe Markt. 3. Heft: Der rothe Thurm mit seiner nächsten Umgebung. — Die Häuser vor der Stephanskirche. — Die Premenade auf der Burgbastei — Kirche und Klost r zu St. Lorenz auf dem alten Fleischmarkte.

Schimmer, Gustav Adolph —. Das alte Wien. Darstellung der alten Plätze und merkwürdigsten jetzt größtentheils verschwundenen Gebäude Wiens. nach den seltensten gleichzeitigen Originalen. Mit einem erläuternden Texte aus den bewährtesten Geschichtsquellen von — —. 4. 5. Heft (30 S. und 24 S. und 7 Taf (n.) 4. Wien. 1854. Druck und Verlag von J. P. Sollinger's Witwe.
Enthält Abbildungen: Heft 4. Die Geaend vom Stubenthor mit der alten Dominikanerkirche. — Das alte Nonnenkloster von St. Jakob auf der Hülben in Wien. — Die Freiung oder der Schottenplatz. — Die Allerh iligenkirche im Bürgerspital und das alte Kärnthnerthor-Theater. — Heft 5. Ansicht der Stadt Wien gegen das Kärnthnerthor. — Der alte Schweinmarkt, jetzt Lobkowitzplatz. — Die Seiler-Spinnstatt. (3117/1853.)

Schimmer, Gustav Adolf —. Das alte Wien. Darstellung der alten Plätze und merkwürdigsten, jetzt größtentheils verschwundenen Gebäude Wiens nach den seltensten gleichzeitigen Originalien. Mit einem erläuternden Texte, aus den bewährtesten Geschichtsquellen von — —. VI. Heft. (I. Abtheil. 24 S. und 4 Taf.) Schluß der I. Abtheil. 4. Wien. Druck und Verlag von L. C. Zamarski. 1854. (1596.)
Die Abbildungen enthalten: Das Innere des alten Zwetelhofes. — Ansicht des Schönbrunnerhauses. — Ansicht der Kirche zu St. Michael. — Ansicht vom Glacis gegen die Alservorstadt.

Schimmer, Gustav Adolph —. Das alte Wien. Darstellung der alten Plätze und merkwürdigsten, jetzt größtentheils verschwundenen Gebaude Wiens nach den seltensten gleichzeitigen Originalien. Mit einem erläuternden Texte aus den bewährtesten Geschichtsquellen, von — —. 7. Heft. II. Abtheilung. Wien. 1855. Druck und Verlag von L. C. Zamarski. (S. 1—22, 4. und 4 Taf. Fol.) geh.

Schimmer, Gustav Adolf —. Das alte Wien. Darstellung der alten Plätze und merkwürdigsten, jetzt größtentheils verschwundenen Gebäude Wien's nach den seltensten gleichzeitigen Originalien. Mit einem erläuternden Texte aus den bewährtesten Geschichtsquellen von — —. 8. Heft. II. Abtheil. Wien. 1855. Druck u. Verlag von L. C. Zamarski. (24 S. 1 Bl. und 4 Abbildg. 4.)

Schimmer, Gustav Adolph. — Das alte Wien. Darstellung der alten Plätze und merkwurdigsten jetzt größtentheils verschwundenen Gebäude Wiens nach den seltensten gleichzeitigen Originalien. Mit einem erlauternden Texte aus den bewahrtesten Geschichtsquellen von — —. 9. Heft. Wien, 1855. Druck und Verlag von L. C. Zamarski. (26 S. und 3 Abbildungen. 4.)

Schimmer, Gustav Adolph — Das alte Wien. Darstellung der alten Plätze und merkwürdigsten jetzt größtentheils verschwundenen Gebäude Wien's nach den seltensten gleichzeitigen Originalen. Mit einem erläuternden Texte aus den bewährtesten Geschichtsquellen von — —. 10tes Heft. Wien, 1856. Druck und Verlag von C. L. Zamarski. (18 S. und 3 Abbild. 4.)

Schimmer, Gustav Adolph — Das alte Wien. Darstellung der alten Plätze und merkwürdigsten jetzt größtentheils verschwundenen Gebäude Wien's nach den seltensten gleichzeitigen Originalen. Mit einem erläuterndem Texte aus den bewährtesten Geschichtsquellen von — —. 11. und 12. Heft. (Schluß.) Wien, 1856. Druck und Verlag von L. C. Zamarski. (40 S. und 8 Abbild. 4.)

Schimmer, Karl August

— Wien's Belagerungen durch die Türken, u. ihre Einfälle in Ungarn u. Oesterreich. Mit 2 Plänen. gr. 12. Wien 845, Heubner. 1 ℛ — 2. verm. Ausg. Mit 2 Plänen. 12. Ebend. 846. 2/3 ℛ

— Wiens Belagerungen durch die Türken, u. ihre Einfälle in Ungarn u. Oesterreich. Mit einer kurzen aber vollständ. Geschichte der Osmanen. 2. verm. Ausg. Mit 1 Titelb. u. 2 Plänen (in gr. 4.) 12. (XVI u. 477 S.) Wien 847, Heubner. 2/3 ℛ

Schimmer, Carl A(ug.), Bilder aus der Heimath, s. a. Bilder.

Schimmer K. A. Bilder aus der Heimath. Oesterreichische Volksschrift für vaterländische Geschichte, Topographie und Statistik. 2. Ausgabe. Mit 12 Abbildungen. gr. 8. (382 S.) Wien, A. Pichler's Witwe u. Sohn 1853.

Schimmer, Carl Aug., Ferdinand I., Kaiser von Oesterreich; dessen Leben u. Wirken bis zu seiner Thronentsagung. Nach authent. Quellen u. Mittheilungen. Mit dem Portr. des Kaisers in Stahlst. u. dem Facsimile seiner Handschrift. Lex. 8. (VIII u. 123 S.) Wien 849, Keck & Sohn. 1 ℛ

Schimmer, Carl Aug., neuestes Gemälde v. Wien, in topograph., statist., commerz., industr. u. artistic. Beziehung. Nach eigenen Forschungen u. d. bewährtesten Quellen ganz neu bearb. 8. (17 3/4 B. u. 1 Grundr., Fol.) Wien 837, Sollinger. Mit 3 Kpfrn.

— Geschichte der Wildensteiner Ritterschaft zur blauen Erde auf Burg Sebenstein. Aus Originalurkunden u. Documenten. Mit dem vollständ. Ritter-Verzeichnisse u. einer (lith.) Ansicht der alten Burg Sebenstein. 8. (140 S.) Wien 851, Sollinger's Wwe. 3/4 ℛ

Schimmer, Carl Aug., Geschichte von Wien von der ältesten bis auf die gegenwärt. Zeit. Lex.-8. (23 1/8 B. u. lith. Ttl.) Wien 844, Sollinger.

Schimmer, C. A., s. a. Geschichts- u. Erinnerungskalender.

Schimmer, C. Aug., Geschichts- u. Erinnerungs-Kalender auf d. J. 1833. Ein nützl. Tagebuch f. alle Stände, besond. aber f. Freunde d. vaterländ. Geschichte. Mit Beiträgen v. Jos. Wlad. Fischer. gr. 4. (26 B. u. Ttlkpfr. qu. gr. Fol.) Wien 832, Sollinger.

— die französ. Invasionen in Oesterreich u. die Franzosen in Wien in den Jahren 1805 u. 1809. Nach den besten Quellen bearb. Mit einer bildl. Darstellung von Wiens Belagerung. 12. Wien 846, Dirnböck. 1 ℛ

Schimmer, Karl August. Die französischen Invasionen in Oesterreich und die Franzosen in Wien in den Jahren 1805 und 1809. Nach den besten und verläßlichsten Quellen bearbeitet von — —. 2. Ausgabe. Mit einer bildlichen Darstellung von Wiens Belagerung. 8. (XII. und 268 S.) Wien, Gedruckt bei A. Pichler's Witwe und Sohn, Verlag von Jak. Dirnböck, 1854.

—— Kaiser Joseph. Biograph. Skizzen von der Geburt bis zum Tode Joseph II.; Characterzüge, Vorfälle u. Ereignisse rc. 2., verm. Aufl. 12. (8 1/3 B. u. J's Portr.) Wien 815, Dirnböck.

— Kaiser Joseph. Biograph. Skizzen von der Geburt bis zum Tode Joseph II.; Characterzüge, Vorfälle und Ereignisse rc. Mit des Kaisers Portrait. 2. um mehr als d. Hälfte verm. Aufl. 12. Ebend. 845. 1/2 ℛ

Schimmer, K(arl) A(ugust): Kaiser Joseph der Zweite. Das Leben und Wirken, Merkwürdigkeiten, Charakterzüge, Ereignisse, Briefe und Actenstücke von diesem großen und unvergeßlichen Monarchen. 3...verm.Aufl. 292 S., gbd., Abb.

Leipzig: Dirnböck 1847

JB 5.684

— Kaiser Joseph II. Das Leben u. Wirken, Merkwürdigkeiten, Charakterzüge, Ereignisse, Briefe u. Actenstücke von diesem großen u. unvergeßlichen Monarchen. Mit einer Ansicht der Josephs-Statue. 3., außerordentl. verm. Aufl. gr. 8. (XII u. 292 S. m. 1 Stahlst. in qu. 4.) Wien 848, Dirnböck. 1 ℛ — 4. m. bis jetzt noch ungedruckten höchst wichtigen Urkunden bedeutend verm. Aufl. gr. 8. (XII u. 372 S. m. 1 Lith.) Ebd. 850. 1 ℛ

— das Leben u. Wirken des Erzherzogs Johann v. Oesterreich, nach Originalquellen u. Urkunden geschildert. gr. 8. (IV u. 131 S.) Mainz 849, Kunze. 16 ngr

Schimmer, C. A. Die grosse Maria Theresia, das Leben und Wirken dieser unvergleichlichen Monarchin. 2 Bde. (17 1/2 B.) 8. Wien 1844—45. 3,00.

— die große Maria Theresia. Das Leben u. Wirken dieser unvergeßlichen Monarchin, in Verbindung mit der Zeit- u. Kriegsgeschichte während ihrer ruhmvollen Regierung. 2 Thle. Mit den Bildn. der Kaiserin Maria Theresia u. der Kaiserin Elisabeth. gr. 16. Wien 845, Dirnböck. 1 ℛ

Schimmer, Karl August. Die große Maria Theresia. Das Leben und Wirken dieser unvergeßlichen Monarchin, in Verbindung mit der Zeit- und Kriegsgeschichte, während ihrer ruhmvollen Regierung. Zweite Ausgabe. 2 Theile in 1 Band. 8. (VI. 128 und 138 S.) Wien, Jakob Dirnböck, Druck von A. Pichler's Witwe und Sohn 1854.

Schimmer, Carl Aug., die große Maria Theresia. Das Leben und Wirken dieser unvergeßl. Monarchin, in Verbindung mit der Zeit- und Kriegsgeschichte während ihrer ruhmvollen Regierung. Nach den bewährtesten Quellen und Aktenstücken geschildert. 2 Thle. 3. (Titel-)Aufl. br. 8. (XX und 270 S. mit den lithogr. Bildn. der Kaiserin und ihrer Mutter.) Wien (845)62, Dirnböck's Buchh.

Schimmer, Karl Aug., das Kaiserthum Oesterreich, in seinen merkwürdigsten Städten, Badeorten, seinen Domen, Kirchen und sonstigen ausgezeichneten Baudenkmälern alter und neuer Zeit, historisch-topographisch dargest. Mit 108 Stahlstichen von den ausgezeichnetsten Künstlern unserer Zeit. Nach Originalzeichnungen der Architekten M. Bayer u. Joh. Poppel. Nr. 1—13. (33 Stahlstiche.) Lex.-8. Darmstadt 840. Lange. (à n. 1/4 ℛ) 3 1/4 ℛ

—— das Kaiserthum Oesterreich, in seinen merkwürdigsten Städten, Badeorten, seinen Domen, Kirchen u. sonst. ausgezeichn. Baudenkmälern alter u. neuer Zeit, histor.-topographisch dargestellt. Mit Stahlst. von d. ausgezeichn. Künstlern unserer Zeit. Nach Originalzeichn. v. M. Bayer u. Joh. Poppel. Nr. 28—67. gr. 8. (22 B. u. 103 Stahlst.) Darmstadt 843—47, Lange. à Nr. * 7 1/2 Ngr. *

—— das Kaiserthum Oesterreich historisch-topographisch dargestellt rc. Nr. 68—81. Lex.-8. (à Nr. 8 S. Text und 3 Stahlst.) Darmstadt 848—52, Leske. à Nr. * 7 1/2 Ngr. *

—— dass. — Suppl.-Heft: Frankfurt a. M. geschildert von J. W. Appell. Lex.-8. (4 Stahlst. und 16 S. Text.) Ebds. 849. *

—— das Kaiserthum Oesterreich, historisch-topographisch dargestellt. Nr. 82—90. (Schluß.) Lex.-8. (167 S. Text mit 25 Stahlst. und gest. Ttl.) Darmstadt 853—56, Lange. à Nr. * 7½ Ngr.

— J. G. Sommer, J. Hunfalvy u. A., das Kaiserthum Oesterreich in seinen merkwürdigsten Städten, Badeorten, seinen Domen, Kirchen ꝛc. historisch-topographisch dargestellt. Mit Stahlst. von den ausgezeichnetsten Künstlern unserer Zeit. Nach Original-Zeichngn. ꝛc. 3. Bd. Ungarn u. Siebenbürgen. Nr. 1—4. Darmstadt (858.) Lange. Lex.-8. (1. Abth.: Ungarn. 1. Thl. S. 1—32.) Jede Liefg. mit 3 Stahlst. n. 7½ ngr.

—— die franz. Revolution u. ihre Folgen. Geschichte d. 23jähr. Kampfes geg. Frankreichs Gewaltherrschaft, verbunden mit e. Lebensbeschreib. Napoleons, e. biograph. Skizze üb. d. Herzog v. Reichstadt u. mit erläut. Anmerkn. über merkwürd. Personen, u. geschichtl. Denkwürdigkeiten. Nach d bewährtesten Quellen bearb. Lex.-8. (12¾ B.) Wien 838, Sollinger.

— die französische Revolution u. ihre Folgen. Geschichte des 23jähr. Kampfes gegen Frankreichs Gewaltherrschaft, verbunden mit einer Lebensbeschreibung Napoleons, des Herzogs v. Reichstadt u. s. w. 2. verb. u. verm. Aufl. Mit einem Titelb. gr. 8. (VIII u. 255 S.) Leipzig 847, (Wien) Dirnböck. ⅔ ℛ︀

Schimmer, K. A. Die französische Revolution und ihre Folgen. Geschichte des dreiundzwanzigjährigen Kampfes gegen Frankreichs Gewaltherrschaft, verbunden mit einer Lebensbeschreibung Napoleon's, einer biographischen Skizze über den Herzog von Reichstadt und mit Anmerkungen über merkwürdige Personen und geschichtliche Denkwürdigkeiten. Nach den bewährtesten Quellen bearbeitet. 3. verbesserte und vermehrte Ausgabe. Mit 1 Kupfer. 8. (VI. und 256 S.) Wien, Gedruckt bei A. Pichler's Witwe und Sohn. Verlag von Jak. Dirnböck, 1854.

— s. Sonntags-Magazin.

SCHIMMER, K. A., Wien seit sechs Jahrhunderten. Chronolog. Reihenfolge von Thatsachen, Begebenheiten u. Vorfallen in Wien von 1200 bis auf die neuere Zeit, mit einer quellengetreuen Darstellung des öffentlichen u. geselligen Lebens in dem alten Wien u. Nachrichten über die aufgehobenen Klöster u. verschwundenen Gebäude in der Stadt u. den Vorstädten. 2 Bde. Mit 1 Titelkupfer u. 1 Ansicht der Stefanskirche im J. 1563. Wien 1847. 8⁰. Vergriffen! (10 Kr. Victor Eytelhuber, Wien, 1905.)

— — Wien seit sechs Jahrhunderten. Tatsachen, Begebenheiten und Vorfälle in Wien von 1200 bis auf die neuere Zeit mit einer Darstellung des öffentl. u. geselligen Lebens in dem alten Wien. 2 Thle. Mit 2 Kupf. Wien 1847. 8⁰. (5 Kr., Hlwd., die Vorigen, 1909.)

Schimmer, Karl Eduard, Alt- u. Neu-Wien. Geschichte der österreich. Kaiserstadt. 2., vollkommen neu bearb. Aufl. des gleichnamigen Werkes v. Mor. Bermann Mit üb. 600 Illustr., Ansichten, Porträten u. Plänen. 2 Bde. (VII, 744 u. VII, 688 S.) gr. 8. Wien (903. 904). A. Hartleben. n. 18.—; geb. in Leinw. n. 20.—

— Anleitung zur Dichtkunst, s.: Müller, Otto.

— allgemeines Fremdwörterbuch, s. a. Kunst, die, der Polyglottie.

(F) **Schimmer**, K. E., **Allgemeines Fremdwörterbuch.** [Die Kunst der Polyglottie. 89. Teil.] 8⁰. (216 S.) **geb. K 2.20**
Wien: Hartleben 1906.

SCHIMMER, **Karl Eduard**
Illustrirter Führer durch die Sammlungen von Wien. Von **Karl Eduard Schimmer. Nebst einer genauen Nachweisung der Besuchszeit, eventuellen Eintrittspreise und anderen Bedingungen** der **Besichtigung. Mit 18 Illustrationen. Wien. Pest. Leipzig. 1902. Hartleben. 8⁰. VIII, 102 S. Geb. K 2.—**

— die gesellschaftliche Konversation. Anleitg. zur Anknüpfg. u. Führg. inhaltreicher u. der guten Lebensart gemäßer Gespräche f. Besuche, Zusammenkünfte an öffentl. Orten, Soireen, im Theater u. Konzert, auf Bällen u. bei anderen Anlässen des gesell. u. sonstigen Verkehrs unserer Zeit. In üb. 150 Beispielen u. e. Nachtrag v. 300 einleit. Sätzen zur Konversation dargestellt. (XVI, 270 S.) 8. Wien 907. A. Hartleben. Geb. n. 2. 25

— Wien in Wort u. Bild. Illustrierter Führer durch Wien, seine Sehenswürdigkeiten u. Umgebgn. Nach den neuesten Daten bearb. Mit 25 Illustr. u. e. color. Plan. 12. (179 S.) Wien 900. Th. Daberkow.
Geb. in Leinw. n. 2.—

SCHIMMER, M. Georg
(F) M. Georg Schimmer's tägliche Morgen- und Abend-Andachten auf alle Tage in der Woche nebst dem Zittauer-Anhang, worin in allem Kreuz und Anliegen auserlesene Gebete zum Gebrauche für Protestanten enthalten sind. Klagenfurt. [1899.] Bertschinger. 16⁰. 194 S. Geb. fl. —.60

Schimmer's, M. Geo., tägliche Morgen- u. Abend-Andachten auf alle Tage in der Woche, nebst dem Zittauer Anh., worin in allem Kreuz u. Anliegen auserlesene Gebete zum Gebrauche f. Protestanten enthalten sind. 12. (198 S.) Klagenfurt 899. (J. Heyn.)
Geb. in Halbleinw. n. 1. 20

Schimming, Über die Ansteckungsfähigkeit des Rotzblutes. **Dorpat 75.** Karow. **M. 1.—**

Die technische Entwicklung der Berliner Städtischen Gaswerke in den letzten 10 Jahren. Von G. Schimming. -- (München & Berlin: Oldenbourg 1909.) 35 S., 10 Taf 8" Aus: Journal f. Gasbeleuchtung u. verw. Beleuchtungsarten . . . 52, 2.

Schimming, Geo., die Beurtheilung der Dampfkessel. Grundlagen f. prakt. Untersuchgn. Mit 45 Abbildgn. gr. 8. (VII, 158 S.) Leipzig 886. Felix. n. 5. 50

Schimming, K. W., Beschreibung d. Dampfmaschine, welche im J. 1831 an e. Soolbrunnen zu Halle errichtet worden; nebst e. kurzen Nachricht v. Ursprunge u. Fortgange d. Halleschen Salzwerkes. gr. 8. (6¼ B. u. 4 Stnt. gr. 4. u. qu. gr. Fol.) Halle 832, Schimmelpfennig.

—— Künstlers Ruhestunden, s. Ruhestunden.

—— einige Worte üb. artes. Brunnen u. deren Erbohrung. Zur Belehr. f. diejen., welche dergl. einfache u. nützl. Springbrunnen auf ihren Grundstücken anzulegen wünschen. gr. 8. (5 B. u. 2 Stnt. gr. 4.) Halle 831, Schimmelpfennig.
Aus dess. „Künstlers Ruhestunden," besond. abgedruckt.

Schimmler, Ludwig, Referendar in Bremen: Die Grenzen **der Haftung des** Tierhalters **aus § 833** B.G.B. Borna-**Leipzig 1907: R. Noske. (X, 79 S.) 8⁰ [F.]**
Leipzig, Jur. Fak., Diss. v. 30. Juli 1907
[Geb. 23. Aug. 83 Bremen; Wohnort: Bremen; Staatsangeh.: Bremen; Vorbildung: Gymn. Bremen Reife O. 03; Studium: Marburg 3, Berlin 1, Marburg 1, Kiel 2 S.; Rig. 30. Juli 07.]

Schimon, Adb., das österreichische Gebürenäquivalent. gr. 8. (IV, 124 S.) Wien 900. Manz. n. 2.20; kart. n. 2. 40

Schimon, Ant., Sammlung der geistlichen Gesetze, s. Sammlung.

Schimon, Ant., Sammlung der sämmtlichen, seit dem 1. Jan. 1826 bis Ende Dezbr. 1855 für Böhmen ergangenen geistlichen Gesetze u. Verordnungen als Fortsetzung des Pet. K. Jacksch'schen Gesetzlexikons. Prag 856, 57. (Credner.) gr. 8. (4 Bl., 734 S.) n. 3 ℛ.

Schimon, Anton — Sammlung der sämmtlichen, seit dem 1. Jänner 1826 bis Ende Dezember 1855 für Böhmen ergangenen geistlichen Gesetze und Verordnungen als Fortsetzung des Peter Karl Jaksch'schen Gesetzlexikons. Herausgegeben von — —. 1. Heft. Prag, 1856. Druck von Friedrich Rohlicek. (3 Bl. S. 1—128. 8.)

Schimon, Anton — Sammlung der sämmtlichen, seit dem 1ten Jänner 1826 bis Ende Dezember 1855 für Böhmen ergangenen geistlichen Gesetze und Verordnungen als Fortsetzung des Peter Karl Jaksch'schen Gesetzlexikons, herausgegeben von — —. 2. 3. Heft. Prag, 1856. Druck von Fr. Rohlicek. (S. 129 - 384 8.)

Schimon, Anton — Sammlung der sämmtlichen, seit dem 1. Jänner 1826 bis Ende Dez. 1855 für Böhmen ergangenen geistlichen Gesetze und Verordnungen, als Fortsetzung des Peter Karl Jaksch'schen Gesetzlexikons. Herausgegeben von — — 5. Heft. Prag, 1857. Dr. von Fr. Rohliček im fürsterzbischöfl. Seminar. (S. 513—640. 8.)

Schimon, Anton, *k. k. Statthlt.-Offiz.* Sammlung der sämmtlichen, seit dem 1. Jänner 1826 bis Ende Dezember 1855 für Böhmen ergangenen geistlichen Gesetze und Verordnungen als Fortsetzung des *Peter Karl Jaksch'schen* Gesetzlexicons. *Prag* 1857. Druck von *Fr. Rohliček.* 734 S. 8°.

Schimper's, Karl, Leben, s. Volger gen. Senckenberg, G. H. Otto.

Schimper, Andreas Franz Wilhelm

Schimper, A. F. W., Anleitung zur mikroskopischen Untersuchung der Nahrungs- u. Genussmittel. Mit 79 Holzschn. gr. 8. (VIII, 140 S.) Jena 886. Fischer. n. 3. —

Schimper, A. F. W., Anleitung zur mikroskop. Untersuchung der vegetabilischen Nahrungs- u. Genussmittel. 2. umgearb. Aufl. gr. 8. (VIII, 158 S. m. Abb.) Jena 900. G. Fischer. n. 4. —; geb. n. 5. —

Schimper, A. F. W., Beiträge zur Kenntnis d. Vegetation der Canarischen Inseln, s.: Ergebnisse, wissenschaftl., der deutschen Tiefsee-Expedition. II, 1. II. (Schenk, H.)

Schimper, Dr.: Berichte aus und über Abyssinien. S. S. 25 . . . . — 34
Separatabdruck

— Lehrbuch der Botanik, s.: Strasburger, Ed.

— s.: Mitteilungen, botanische, aus den Tropen.

— Paléophytologie, s.: Zittel, Karl A., traité de Paléontologie.

— Pflanzen-Geographie auf physiolog. Grundlage. M. 502 als Taf. od. in d. Text gedr. Abb. in Autotypie, 5 Taf. in Lichtdr. u. 4 geograph. Karten. gr. 8. (XVIII, 876 S.) Jena 898. G. Fischer. n. 27. —; geb. n. 30. —

— Pflanzen-Geographie auf physiologischer Grundlage. Mit 502 als Taf. od. in den Text gedr. Abbildgn. in Autotyp., 5 Taf. in Lichtdr. u. 4 geograph. Karten. 2. unveränd. Aufl. (XVIII, 876 S.) Lex. 8. Jena 908. G. Fischer. 27. —; geb. 30. —

Schimper (A. F. W.). Proteinkrystalloide der Pflanzen. Strassb. 1878. 8°.

— Repetitorium der pflanzlichen Pharmacognosie u. officinellen Botanik. 2., umgearb. Aufl. 12. (100 S.) Strassburg i/E. 893. J. H. E. Heitz. n. 2. —

Schimper, A[ndreas] F[ranz] W[ilhelm]. Repetitorium der pflanzlichen Pharmacognosie und officinellen Botanik von Dr. A. F. W. Schimper, o. Professor der Botanik an der Universität Basel. 3. verbesserte Aufl. 100 S. 8. Strassburg, J. H. Ed. Heitz, 1901. [M. 2. —]
Durchschossen.

— Rhizophoraceae, s.: Engler, A., u. K. Prantl, die natürlichen Pflanzenfamilien.

— die indomalayische Strandflora, s.a. Mittheilungen, botanische, aus den Tropen.

Die indo-malayische Strandflora. Von A[ndreas] F[ranz] W[ilhelm] Schimper. Mit 7 Textfig., 1 Karte u. 7 Taf. Jena: G. Fischer 1891. (XII, 204 S.) 8°
= Mitteilungen, Botanische, aus d. Tropen. H. 3. [illegible]

Schimper, A. F. W., Syllabus der Vorlesungen üb. pflanzliche Pharmacognosie. 12. (83 S.) Strassburg 887. Heitz. n. 1. —

— Taschenbuch der medicinisch-pharmaceutischen Botanik u. pflanzlichen Drogenkunde. 8. (VII, 214 S.) Strassburg 886. Heitz. geb. n. 3. —

Schimper, A. F. W. Untersuchungen über die Entstehung der Samenkörner. 1881

Schimper, A. F. W., Untersuchungen über die Proteinkrystalloide der Pflanzen. Inaugural-Dissertation. gr. 8. (67 S.) Strassburg 878. Trübner. n. 1. —

Schimper, A. F. W. Untersuchungen über das Wachsthum der Stärkekörner. 1880.

— die epiphytische Vegetation Amerika's, s.a. Mittheilungen, botanische, aus den Tropen.

Die epiphytische Vegetation Amerikas. Von A[ndreas] F[ranz] W[ilhelm] Schimper. Mit 4 Taf. in Lichtdr. u. 2 lithogr. Taf. Jena: G. Fischer 1888. (VIII, 162 S.) 8°
= Mitteilungen, Botanische, aus d. Tropen. H. 2. [illegible]

Schimper, A. F. W., die Vegetationsorgane von Prosopanche Burmeisteri. gr. 4. (27 S. mit 2 lithogr. Taf.) Halle 880, Niemeyer.
Aus: Abhandlungen der naturforschenden Gesellschaft zu Halle, besonders abgedruckt.

— die Wechselbeziehungen zwischen Pflanzen u. Ameisen im tropischen Amerika, s.a. Mittheilungen, Botanische, aus den Tropen

Die Wechselbeziehungen zwischen Pflanzen und Ameisen im tropischen Amerika. Von A[ndreas] F[ranz] W[ilhelm] Schimper. (Mit 1 Taf. in Lichtdr. u. 2 lithogr. Taf.) Jena: G. Fischer 1888. (95 S.) 8°
= Mitteilungen, Botanische, aus d. Tropen. H. 1. [illegible]

Schimper, Ih. Konr., Anweis. z. Kleebau. 4. Zweybr. 781. (Brönner in Frankf.) 3 gr.

Schimper, Johann Konrad, Zweibrücken. Dissertatio inauguralis medica de signis graviditatis verae et cautelis exinde cognosibilibus. Basel; med. Diss. 1750

Schimper, Karl, Gedichte. gr. 8. Erlangen 840. Ferd. Enke. n. 1 2/3 ß

Schimper, Karl, Gedichte. 1840—1846. 8. Mannheim 847, (846,) Hoff. n. 1 ß 6 ngl

Schimper, Karl, Gedichte. 2. Sammlung. 1840—1846. Neue (Titel-) Ausg. 8. (352 S.) Stuttgart (847) 850, Frz. Köhler. 3/4 ß

Schimper, Karl Friedrich

Schimper, K. Fr., Beschreibung des Symphytum Zeyheri und seiner zwei deutschen verwandten der S. bulbosum Schimper und S. tuberosum Jacq. (Aus Geigers Magazin für Pharmacie abgedr.) Mit 6 Steintafeln. gr. 8. Heidelberg 835. Winter. 5/6 ß

KARL FRIEDRICH SCHIMPER, Blick auf die Naturwissenschaften als Festgabe zur vierzehnten Stiftungsfeier des Mannheimer Vereins für Naturkunde am 8. November 1846. Besonderer Abdruck aus der kürzlich bei Heinrich Hoff in Mannheim erschienenen Gedichtsammlung (der zweiten) des Verfassers. Mannheim. Gedruckt bei Heinrich Hoff. 8°.

KARL FR. SCHIMPER's Letzte Mittheilungen. Auf seinen Wunsch herausgegeben vom Freien Deutschen Hochstifte. ib. 1868. Verlag des Freien Deutschen Hochstiftes. 4°.

Schimper, W. P., Berichte aus u. über Abyssinien. [Aus den Sitzungsberichten 1852 der k. Akad. d. Wiss.] Lex. 8. (15 S.) Wien 852. (Braumüller.) n. 4 ngl

—— Bryologia europaea, s. a. Bruch, Ph.

SCHIMPER (W. P.). Bryologia europaea . . . Stuttgartiae, 1836-55. 6 vols. 4°.

Schimper, W. Ph., corollarium bryologiae Europaeae, conspectum diagnosticum, familiarum, generum et specierum, adnotationes novas atque emendationes complectens. Stuttgartiae 856. Schweizerbart. gr. 4. (140 S.) n. 2 ß. 15 ngr.

Schimper, W. Ph., Euptychium muscorum neocaledonicorum genus novum et genus spiridens revisum specieque nova auctum exposuit. Dresden 866. (Jena, Fr. Frommann.) gr. 4. (10 S. mit 3 Kpfrtaff.) n. 1 ß

Schimper, W. Ph.: Handbuch der Palaentologie. s. Zittel, Karl A.

Schimper, W. Ph., icones morphologicae atque organographicae introductionem Synopsi Muscorum europaeorum praemissam illustrantes. Ad naturam vivam delin. et explic. Tabulae lapidi incisae XI. Stuttgart 860. Schweizerbart. gr. 4. (26 S.) n. 3 ß 6 ngr.

— et A. Mougeot, Monographie des plantes fossiles du grès bigarré de la chaîne des Vosges. 1re Partie. — Conifères et Cycadées. Avec XVIII planches. Imp.-4. Strasbourg et Paris 840. (Treuttel et Würtz.) n. 4 ß

— et A. Mougeot, Monographie des plantes fossiles du grès bigarré de la chaine des Vosges. Avec XL planches imprimées en couleur. Imp.-4. Leipzig 844, Engelmann. baar 11 ß

— Musci europaei novi vel bryologiae europaeae supplementum. (In 10 Fasc.) Fasc. 1—4. Stuttgart 864,66. Schweizerbart'sche Verlagsh. gr. 4. (40 Steintaff. u. 58 S. Text.) Jedes Fasc. n. 2 ß 15 ngr

—— Nachtrag zu der Gattung Spiridens. gr. 4. (6 S. mit 1 Stnt. in qu. 4.) Dresden 867. (Jena, Fr. Frommann.) *

Schimper, W. Ph. Paléophytologie, s. Zittel, Karl A. Traité de Paléontologie.

— recherches anatomiques et morphologiques sur les mousses. Thèse de botanique. (Extrait des mémoires de la soc. d'histoire naturelle de Strasbourg.) Avec 9 planches (lith.) gr. 4. (IV u. 92 S.) Strasbourg 848. (Treuttel & Würtz.) baar n. 3 1/3 ß

—— Synopsis Muscorum europaeorum praemissa introductione de elementis bryologicis tractante. Accedunt tabulae VIII (lithogr.) typos genericos exhibentes, et mappa bryogeographica (chromolithogr. in qu. gr. Fol.) gr. 8. (CLIX und 735 S. und 9 S. Tab. in qu. gr. 4.) Stuttgart 860, Schweizerbart'sche Verlagsh. *

Schimper, W. Ph., synopsis muscorum europaeorum, praemissa introductione de elementis bryologicis tractante. Ed. II. valde aucta et emendata. 2 voll. gr. 8. (CXXXVI, 886 S. m. 8 Steintaf.) Stuttgart 876. Schweizerbart. n. 28. —

—— Versuch einer Entwickelungs-Geschichte der Torfmoose (Sphagnum) und einer Monographie der in Europa vorkommenden Arten dieser Gattung. Fol. (III und 97 S. mit 27 Kpfrt. in Fol. und qu. gr. Fol.) Stuttgart 858, Schweizerbart'sche Verlagsh. *
ill. *

—— s. Zittel, K. A., Handbuch der Palaeontologie.

Schimper, Wilh., Reise nach Algier, s. a. Schriften d. Würtemberg. natur-histor. Reisevereins rc., 1. Thl.

SCHIMPER (W.). Reise nach Algier . . . Stuttg. 1834. 8°. Bemerk. ueber Botanik, pp. 193-200.

Schimper, Wilhelm. Reise nach Algier in den Jahren 1831 und 32 . . . Stuttgart 1834. H: *Hochstetter, Christian Friedrich & Ernst Gottlieb Steudel.* (BrMm)

Schimpf

— u. Ernst. Eine Wochenschrift des schweizer. Sammlers für 1780. 4 Quartale. gr. 8. Zürich, Ziegler. (Steiner in Winterthur). 2 ß

Schimpf und Ernst².
Goed. I, 404.
Schimpf vñ | Ernst | heiset | das Buch mit namē | durchlaufft es d' welt handlung mit | ernstlichen vnd kurtzweiligen exem | plen, parabolen vnd hystorien | nützlich vnd gůt zů Besse | rung der menschen.

1771,* gedruckt zu Freystadt, 8°.
Lappenberg Nr. 49.
Straßburg Cd 144.801.

1780,* Berlin, Friedrich Himburg, 8°.
Reichards Bibliothek der Romane, Bd. VI, S. 65-82, nach dem Frankfurter Drucke 1550, Christian Egenolff (?).

1790,* Riga, im Hartknochschen Verlage, 8°. 9 Erzähl.
Reichhards Bibl. der Romane, Bd. XVII, S. 115—126.

1822, Leipzig, 8°.
Sinnreiche und unterhaltende Geschichten aus Frater Johannes Paulis Schimpf und Ernst, hrsg. von Gustav Jördens.

1839, Wien, 8°.
Ueber den Barfüßer Joh. Pauli und das von ihm verfaßte Volksbuch Schimpf und Ernst. Nebst 46 Proben aus demselben von K. Veith.

1856, Marburg, Elwert, 8°.
Hrsg. von G. Th. Dithmar.

1866, Stuttgart, 8°.
Bibl. des lit. Vereins in Stuttgart, Bd. 85. Nach dem Drucke von 1522 hrsg. von Hermann Oesterley. Verzeichnis der Ausgaben, berichtigt und vervollständigt Lappenbergs Angaben.

1876,* Heilbronn, Gebr. Henninger, 8°.
Hrsg. von K. Simrock, als Zugabe zu den Volksbüchern.

o. J.,* Berlin u. Stuttgart, W. Spemann, 8°.
Hrsg. von Felix Bobertag. In Kürschners Deutsche Nationalliteratur, Bd. 24, S. 1—154.

SCHIMPF und Ernſt oder Wochenblätter des Schweizeriſchen Sammlers. 4 Quartale (1.—52. Stück) in 2 Bänden. Zürich und Winterthur, Füeßli & Steiner, 1780. 8°. 5 Bl., 832 S.

Schimpf u. Ernſt, altdeutſcher, s.a. **Quinteſſenz** aus Abr. a Santa Cl. Wirken.

Schimpf und Ernst, Altdeutscher. Berlin 1795. 3. Aufl. Leipz. 1822—23. H: *Stengel, Chn Ludw.* (EE) (Ky) (MGT)

Schimpf u. Ernſt nach Johannes Pauli. Als Zugabe zu den Volksbüchern erneut u. ausgewählt v. K. Simrock. 8. (VIII, 319 S.) Heilbronn 876. Henninger. n. 5. —

Schimpf. Coup d'œil sur le développement de la langue française jusqu' à l'époque du roman du nord au point de vue historique. Glauchau, R., 1875. 11 S. 4. Progr.

Schimpf, A. F., Rede beim Feldgottesdienſt mit dem 3. Bataillon des 31. Landwehr-Regiments am 8. September 1844 bei Sangerhauſen gehalten. gr. 8. Sangerhauſen 844. (Eisleben, Reichardt.) n. 1/12 ℛß

Schimpf, Anna
Der blonde Eckbert. Erzählung. Von Moritz Horst [d.i. Anna Schimpf]. Stuttgart 1861.
In: Hausblätter. Bd 2.

Schimpf, Anna
Spätes Erkennen. Erzählung. Von Moritz Horst [d.i. Anna Schimpf]. Stuttgart 1864.
In: Hausblätter. Bd 3.

Schimpf, Anna
In der Fremde verirrt. Erzählung. Von Moritz Horst [d.i. Anna Schimpf]. 1863.
In: Hausblätter. Bd 3.

Schimpf, Carl, s. Schimpf, Karl

Schimpf, E., die seit 1870 neu erbauten Schulhäuser Basels. 9 Ansichten in Lichtdr., nebst Grundrissen, Situationen u. erläut. Text. Mit Bewilligg. d. Baudepartements hrsg. qu. Fol. (24 S.) Basel 887. [Schneider.] Geering. In Mappe. n. 12. —

Schimpf, Ernst: Zur Definition der Konvergenz der unendlichen Reihen und der unendlichen Produkte. — Mehrfache Grenzgleichungen. — Grenzgleichungen periodischer Reihen. *Bochum 1898: W. Stumpf.* (30 S.) 4°
Bochum, st. G, P 1898 (364)

Schimpf, Ernst, zur Definition der Konvergenz der unendl. Reihen u. d. unendl. Produkte. — Mehrfache Grenzgleichungen. — Grenzgleichgn. period. Reihen. Progr. 4. (III, 30 S.) Bochum 898. (Berlin, Mayer & Müller.) n. 1. —

Schimpf, Ernst [Dr.]: Eine Theorie der Konvergenz unendlicher Reihen. Bochum, Druck v. W. Stumpf, 1895; 2 Bl., 56 S. 4.
Bochum, st. G, P 1895 (353)

Schimpf, Ernst Untersuchungen aus der Infinitesimalrechnung.
51 S. Progr. G. *Bochum* 1885.

Schimpf, Ernestus: Eine Verallgemeinerung des Pendelproblems. Halis Saxonum 1882: Ploetz. 32 S. 8°
Halle-Wittenberg, Phil. Diss. v. 9. Jan. 1882
Geb. Halle a. d. S. 18. 3. 1855. V.

***Schimpf*, F. A., Specimen interpretationis epistol. ad Hebraeos. 8maj. Chemnitz, (Starcke). 6 gl.**

Schimpf, Georg von, Oberst z. D. Prinz Georg von Sachsen. (Mit Abbildungen.) 8. Dresden **1899.**

Schimpf, H., Kanzlei-Schrift. Übungsheft f. Schulen u. zum Selbſtunterricht. qu. hoch 4. (36 S.) Leipzig (899). (A. Hahn.) n. — 80

Schimpf, H., Rundschrift. 2 Hfte. qu. 4. Leipzig 898. (A. Hahn.) n.n. — 65
1. Übungsheft f. Schulen u. z. Selbstunterricht. 4., verm. u. verb. Aufl. (32 S.) n.n. — 50
2. Übungsheft m. Liniatur f. Soennecken-Federn. Nr. 1, 2 u. 10. (16 S.) n.n. — 15

— Rundschrift. Übungsheft f. Schulen u. zum Selbstunterricht. 1. Hft. 6. verm. u. verb. Aufl. qu. 4. (32 S.) Ebd. (900). n.n. — 50

Schimpf, Heinr., mit Modellierholz, Schere und Kreide, s.: Löffler, Aug.

Schimpf, Heinr., Parle u. Patterle. Heitere Erzählgn. in vogtländ. Mundart. (47 S.) 8. Leipzig (903). (Auerbach, P. G. Caspari) n. — 80; geb. n. 1. —

— Die Praxis des heimatkundlichen Unterrichts, s.: Hänsch, Rud.

— ä wing Zwiefel u. klääne Rute. Heitere Erzählgn. in vogtländ. Mundart m. einigen Bildern. (55 S.) kl. 8. Leipzig (Beethovenſtr. 17), 903. Selbſtverlag. n. — 50

Schimpf, Karl

Schimpf, Carl, Hänschen in den Kinderſchuhen. Ein Bilderbuch für brave Kinder. 4. (6 Chromolithogr. mit eingedr. Text.) Wien 885, Edm. Schmid. geb. *

— neues Märchenbuch f. die Kinderwelt. 4. (6 Chromolith. m. eingedr. Text.) Ebend. 885. geb. n. 2. 40

— zum Scherz u. für's Herz. Ein Bilderbuch f. brave Kinder. 4. (6 Chromolith. m. eingedr. Text.) Ebend. 885. geb. n. 2. 40

Schimpff, Deutsch-slowenisches Taschenwörterbuch. 8°. (XIV, 481 S.) Triest: Schimpff 1907. geb. K 4.—

Schimpff's deutſch-ſloveniſches Taſchen-Wörterbuch. (XV, 481 S.) 16. **Görz** (908). **G. Paternolli.** 2. 50

Schimpff, Slowenisch-deutsches Taschenwörterbuch. 8°. (510 S.) Görz: Paternolli 1909.

Schimpff, Arwed von, Referendar am Kgl. Amtsgericht Pirna: Der Minderjährige als selbständiger Gewerbsmann. Borna-Leipzig 1907: R. Noske. (VIII, 40 S.) 8°
Leipzig, Jur. Fak., Diss. v. 17. Dez. 1907
[Geb. 2. Sept. 82 Rochlitz; Wohnort: Pirna; Staatsangeh.: Sachsen; Vorbildung: Friedrichs-Gymn. Dessau Reife O. 03; Studium: Straßburg 3, Kiel 1, München 2, Leipzig 3 S.; Rig. 4. Juli 06.]

Schimpff, Georg

Schimpff, Geo. v., 1813. Napoleon in Sachsen. Nach des Kaisers Korrespondenz bearb. gr. 8. (VII, 278 S. m. 2 Kartenskizzen.) Dresden 894. W. Baensch. 6. —; geb. 7. —

— König Albert fünfzig Jahre Soldat. Gedenkbuch zum 50jähr. Dienstjubiläum Sr. Maj. des Königs. 1.—4. Aufl. gr. 8. (VII, 531 S. m. 4 rad. Porträts, 10 Karten u. 35 Beilagen.) Ebd. 893. 9. —; geb. in Leinw. m. Goldschn. 10. —

Schimpff, v., König Albert u. d. edle Waidwerk. 2. Aufl. gr. 8. (V, 335 S. m. 1 Bildn.) Dresden 895. W. Baensch. n. 6. 50; geb. in Leinw. m. Goldschn. 7. 50

Prinz Georg von Sachsen von Georg v. **Schimpff**, Oberst z. D. *Dresden: C. Höckner 1899.* (148 S.) 4°(8°) [F.] [... 6778

Schimpff, Geo. v., Geschichte des Kgl. Sächs. Garde-Reiter-Regiments. Im Auftrage des Regiments zusammengestellt. gr. 8. (VIII, 684 S.) Dresden 880, Baensch. * geb. *

Schimpff v.: Geschichte des 2. Königl. Sächs. Ulanen-Regiments Nr. 18. (Verf.: Rittm. v. Schimpff.) Als Ms gedr. Leipzig 1892: A. Edelmann. (IV, 149 S.) 8°

Geschichte der beiden Kgl. sächsischen Grenadier-Regimenter: Erstes <Leib->Grenadier-Regiment Nr. 100 u. zweites Grenadier-Regiment Nr. 101 „Kaiser Wilhelm, König von Preußen". Von H. v. Schimpff. 2. umgearb. Aufl. Dresden 1877. 244 S.

— das XII. Korps im Kriege 1870/71. I—III. gr. 8. Ebd. Geb. in Leinw. à n. 3. —
I. Saint Privat la Montagne. (IX, 170 S. m. 3 Karten.) 901.
II. Der Sedanfeldzug. (IV, 236 S. m. 4 Karten.) 901.
III. Paris. (IV, 273 S. m. 2 Karten.) 902.

Schimpff, v., das XII. Korps im Kriege 1870/71. IV. Die Kavalleriedivision im Norden v. Paris. (IV, 212 S. m. 3 Karten.) gr. 8. Dresden 905. C. Damm. In Leinw. kart. n. 3. —

— der Krieg 1870/71. Kurz, f. Jedermann, nach den besten Quellen u. aus eig. Anschaug. gr. 8. (116 S. m. 1 Karte.) Dresden 896. W. Baensch. n. 1. —

— aus dem Leben d. Königin Carola v. Sachsen, zur 25jähr. Regierungs-Jubelfeier Sr. Maj. d. Königs u. Ihrer Maj. d. Königin zusammengest. 1. u. 2. Aufl. gr. 8. (IV, 219 S.) Leipzig 898. J. C. Hinrichs' Verl. n. 4. —; geb. in Leinw. n.n. 5. 40

— die ersten kursächsischen Leibwachen, s.a. Minckwitz, Aug. v.

Schimpff, G. v. Die ersten kursächsischen Leibwachen zu Roß u. zu Fuß. Dresden 1894. 125 S.

Hamburg und sein Ortsverkehr. Die städt. Verkehrsmittel, ihre bisherige Entwicklung u. künftige Gestaltung. Von Gustav **Schimpff**, Reg.-Baum. in Altona. Mit 11 Abb. u. 4 Taf. *Berlin: J. Springer; Hamburg: O. Meißner 1903.* (48 S.) 4°(8°)
Aus: Mitteilungen d. Vereins Deutscher Straßenbahn- u. Kleinbahn-Verw. ⟨Beilage z. Zeitschrift f. Kleinbahnen⟩ 1903, H. 4—6. [...

— die Strassenbahnen in den Vereinigten Staaten v. Amerika. (VIII, 196 S. m. 224 Abbildgn. u. 2 Taf.) Lex.-8. Berlin 908. J. Springer. n. 6. —
Sonderabdruck aus: „Ztschr. f. Kleinbahnen".

— Träger-Tabelle. Zusammenstellung der Hauptwerte der v. deutschen Walzwerken hergestellten I- u. [-Eisen. Nebst e. Anh.: Die engl. u. amerikan. Normalprofile. (VIII, 59 S. m. 2 Fig.) qu. kl. 8. München 905. R. Oldenbourg. Kart. n. 2. —

— Zusammenstellung aller v. deutschen Walzwerken hergestellten I- u. [-Eisen, s.: Oldenbourg's techn. Handbibliothek. 4.Bd.

Schimpff, Hermann: Ueber die Phosphor-Vergiftung und die Wirkung des Terpenthins als Gegengift. Halle (1870): Plötz. 43 S. 8°
Halle-Wittenberg, Med. Diss. v. 19. Dez. 1870
Geb. Sangerhausen 24. 12. 1848. V.

Schimpff, Hermann: Über die Wärmekapazität von Metallen und Metallverbindungen. Mit 8 Fig. im Text. Leipzig: W. Engelmann 1909. 48 S. 8° ¶(Aus: Zeitschrift f. physik. Chemie. Bd 71, H. 3.)
Göttingen, Phil. Diss. v. 13. Jan. 1910, Ref. Tammann
[Geb. 14. März 83 Brandenburg a. H.; Wohnort: Brandenburg; Staatsangeh.: Preußen; Vorbildung: Realgymn. Brandenburg Reife O. 03; Studium: Berlin Med. 1, Phil. 1, Göttingen 11 S.; Rig. 1. Dez. 09.] [U 10. 1462

Schimpff, W., Jahres-Bericht d. chem. Untersuchungsamtes der Stadt Breslau, s.: Fischer, Bernh.

Schimpff, Wilhelm: Ueber Kondensationsprodukte der Tetronsäure und Anhydrotetronsäure mit Aldehyden, Ketonen und Ketonsäuren. *Jena 1898: G. Neuenhahn.* (49 S.) 8°
Jena, Phil. Diss. v. [15. Mai] 1897

Schimpfky, Rich., Deutschlands wichtigste Giftgewächse in Wort u. Bild, nebst e. Abhandlg. üb. Pflanzengifte, f. den Schulgebrauch u. Selbstunterricht bearb. 4 Lfgn. gr. 8. (24 S. m. 27 farb. Taf. u. 30 Bl. Text.) Gera 893. F. E. Köhler. n. 2. 25; geb. n. 2. 75

SCHIMPFKY, Richard: Unsere Heilpflanzen in Bild und Wort für Jedermann. Ihr Nutzen und ihre Anwendung in Haus und Familie. - Gera o. J.

— unsere Heilpflanzen in Bild u. Wort f. jedermann. Ihr Nutzen u. ihre Anwendg. in Haus u. Familie. 1.—17. Lfg. gr. 8. (137 farb. Taf. m. Text XV, XXXII S. u. 145 Bl.) Ebd. 893. 894. à n. — 50

Schimpfky, Rich., unsere Heilpflanzen in Bild u. Wort f. jedermann. Ihr Nutzen u. ihre Anwendg. in Haus u. Familie. (In 2 Bdn.) 1. Bd. Mit 92 Pflanzenbildern in Farbendr. 2. verb. Aufl. (III, II, 8 u. 193 S.) 8. Gera (905). F. v. Zezschwitz. Geb. in Leinw. n. 6. 50

SCHIMPFLE, Peter (Reinhardshausen): De morbis ventriculi.- Monachii: Giesser 1834. 24 S. 23.12.1833 - Urk; F 61
Diss. Ingolst.-Landsh.-Mchn.

Schimpflexikon. liberales. enth. ein ganzes Tausend „fortschrittlicher" Schmähworte gegen Alles, was katholisch ist, u. darum auch gegen die *patriot. Bayern* u. das *bayer. Landvolk*. Zusammengestellt von *R. von der Donau*. Mit 1 Vorw. von *Jos. Lukas* (Zollparlaments- u. bayr. Landtags-Abg.). 2. Aufl. München 1870. Exped. d. „Bayer. Vaterland". Gr. 8°. Cart.
Tit., II—57 S. — Originelles Opus, sehr jocos! Auf d. Titelbl. Motto aus Shakespeare's Heinrich VI: „O Gott, wie ras't der Menschen krankes Hirn!" (Darunter m. Blaustift geschrieb. „Peccatur intra & extra, d. i. Es ist Einer wie der Andere".)

Schimpf- und Glimpfreden. Zusammengeschrieben 1651—52. Zürich 1890. H: *Baechtold, Jacob.* (BGE VII², 168)

SCHIMPFWÖRTER. — 160 Nürnberger Schimpfwörter . . . bildlich dargestellt und in Kupfer radirt von A. Gabler. NÜRNBERG. Verlag von J. L. Lotzbeck [um 1795]. Qu.-4°. (18 Kr. Gilhofer & Ranschburg, Wien, 1909.) Bibl. Lipperheide no. 3523.)
Umschlagtit., 16 bez. Taf. in Radirung. — Rar!
— — Dasselbe. Nürnberg, o. J. (c. 1850). 16 in Kupfer radirte Tafeln. Qu.-Fol. (8 Mk. v. Zahn & Jaensch, Dresden, 1909.)

— — Dasselbe, tit.: Nürnberger Schimpfwörter in Bildern. 16 lithographirte Tafeln. 4°. Orig.-Umschlag. Frühe Lithographien, originelle Volkstypen darstellend.
C. G. Boerner, Lpz., Febr.-Auct. 1909, no. 1445.

Schimpfwörterbuch, deutsches, oder die Schimpfwörter der Deutschen. Zum allgemeinen Nutzen gesammelt und alphabetisch geordnet, nebst einer Vor- u. Nachrede von Mir. Selbst. 16. Arnstadt 839. Meinhardt. 3/8 ß

Schimpke, Adolph: Ueber angeborene Herzfehler. *Berlin (1898): E. Ebering.* (33 S.) 8°
Berlin, Med. Diss. v. 15. Febr. 1898

Schimpke, Emil, Gedichte. (56 S. m. Bildnis.) 8. Leipzig 909. Dieterich. Geb. in Leinw. 1.50

Schimrigk, F[riedrich]: Die Wendelpolstreuung und ihre Berechnung auf Grund experimenteller Untersuchung. Berlin: Springer 1909. 41 S. 8° ¶ Auch in: Arbeiten aus d. Elektrotechn. Institut d. Großherzogl. Technischen Hochschule Fridericiana zu Karlsruhe 1908—1909. 1909 [Nr 2012].
Karlsruhe, Dr.-Ing.-Diss. v. 10. 11. 1908

Schimrigk, W., das Infanterie-Regiment v. Boyen (5. ostpreußisches) Nr. 41. Auf Befehl des Regiments bearb. (VI, 316 S. m. eingedr. Kartenskizzen, 4 Bildnissen, 1 Taf. u. 14 [8 farb.] Karten.) Lex. 8. Berlin 910. E. S. Mittler & Sohn. 10.—; geb. n 11.50

Schimschelewitz, Berka, a. Lubza, Rußland: Über die Einwirkung von Jod auf Kaliumchlorat, Natriumchlorat und Baryumchlorat. Königsberg i. Pr. 1905: H. Jaeger. (29 S.) 8°
Königsberg, Phil. Fak., Ref. Klinger, Diss. v. 15. März 1905
[Geb. 10. Aug. 69 Lubza, Gouv. Minsk, Rußland; Wohnort: Königsberg i. Pr.; Staatsangeh.: Rußland; Vorbildung: Privatunterricht in Wilna; Studium: Königsberg 9 S.; Rig. 21. Febr. 05.]

Schi Nai Ngan, wie Lo-Ta unter die Rebellen kam, s.: Universal-Bibliothek.

Schinck, s.a. Schink.

Schinck, Emil (Bearb.), s. Aristophanes: Die Acharner.

Schinck, Emil (Bearb.), s. Aristophanes: Die Frösche.

Schinck, Emil (Bearb.), s. Aristophanes: Die Vögel.

Schinck, Emil Quaestiones aristophaneae. 10 S. *Neuhaldensleben* 1877.
Progr.

Schinck, Aemil., de duplici **Aristophanis ranarum** recensione, s.: **Friedel,** O., de Hippiae sophistae studiis Homericis.

Schinck, Emil De ὡς particulae usu aristophaneo. VIII S.
Progr. *Neuhaldensleben* 1880.

Schinck, Aemilius: De interiectionum epiphonematumque apud Aristophanem vi atque usu. Halis Saxonum (1873): Karras. 38 S. 8°
Halle-Wittenberg, Phil. Diss. v. 9. Aug. 1873
Geb. Merseburg 12. 11. [1849]. V.
Im Buchhandel Halle: Lippert 1873. Auch in: Dissertationes philologicae Halenses. Vol. 1. Halis 1873. S. 189—226.

— de **interjectionum** ephiphonematumque vi atque usu apud Aristophanem. gr. 8. (38 S.) Halle 873. Lippert'sche Buchh. n. 1. 20

Schinck, Gust., Freiheit u. Liebe. Schauspiel in 3 Akten. (108 S.) 8. Strassburg 909. J. Singer 2.50

Schinck, *Hermann: Ansprache an die abgehenden Schülerinnen über Psalm 23.* Berlin, Druck v. A. Haack, 1892; 15—18 S. 4.
Berlin, Charlotten-S, OP 1892**

Schinck, Herm., welche Anhaltepunkte bietet die Grammatik dem Schüler hinsichtlich d. Betonung des Sprachstoffes? Progr. 4. (37 S.) Berlin 900. [R. Gaertner.] Weidmann. n. 1.—

Schincke, Johann Christian Gotthelf

– s. W. Albert, welche Zeit ist's in d. evangel. Kirche?

Schincke, Jh. Chr. Gotth., biblische Alterthumskunde in alphabet. Folge. Ein Handbuch alles Wissenswürdigen aus den Hülfswissenschaften der Bibelerklärung für gebild. Lehrer und Bibelfreunde, und Ergänzungsband zu Dr. Dinter's Schullehrer-Bibel. Mit 1 alterthümlich ausgestatt. Karte von Palästina. 16—56 Heft. Lex.-8. Neustadt 836—40. Wagner. Subscr.-Pr. à n. 1/3 ß

– s. G. F. Dinter, Ansichten.

Schincke, Joh. Chrstn. Gthe., evangel. Geschichten u. Reden in frommen Dichtergaben. Zur Erbauung denk. Verehrer Jesu gesamm., mit Einleitn. u. Anmerkn. begl. — Anh. zu: „Jesus Christus, od. das Evangelium ꝛc. gr. 12. (12 B.) Neustadt a. d. O. 831, Wagner.
Dess. „Jesus Christus, od. d. Evangelium in frommen Gaben ausgezeichn. deutsch. Dichter ꝛc." 8. Halle, Gebauer. 1826. 1 Thlr. 12 Gr.

—— Handbuch d. Geschichte d. griech. Litteratur, f. d. Gymnasial- u. Selbstunterr. Mit besond. Rücksicht auf L. Schaaff's Encyklopädie d. class. Alterthumskunde. 4. Ausg. 1. Bd. 1. Abth. Gesch. d. griech. Litteratur. gr. 8. (51 3/4 B.) Magdeburg 838, Heinrichshofen. *

— Jesus Christus, od. d. Evangelium, in frommen Gaben ausgezeichn. Dichter. Ein Erbauungsbuch für denkende Verehrer Jesu. 8. Halle 826. Gebauer. 1 ß 12 gr.

— Leben u. Tod, od. die Schicksals-Göttinnen im Lichte alterthümlicher, vorzüglich griech. Lehre u. Kunst. Mit 1 lithograph. genauen Darstellung des von Humboldischen Parzenmarmors. gr. 8. Leipz. 825. Hartmann.

— Leben u. Tod, od. die Schicksals-Göttinnen im Lichte alterthümlicher, vorzügl. griech. Lehre u. Kunst. Mit e. lithogr. genauen Darstellung des v. Humboldtischen Parzenmarmors. gr. 8. Leipz. 825. (Lehnhold). 18 gr.

— **Palästina** nach den jüngsten Forschungen berichtigt, in die alten israelit. Stammgebiete und in die neuern jüdischen Provinzen getheilt, mit den Wegen Jesu einfach bezeichnet u. mit 5 Ansichten, 1 Plane vom alten Jerusalem, 1 Grundrisse des herodian. Tempels u. 12 alterthüml. Darstellungen ausgestattet. Gez. von Jul. Naumann, gestochen von W. Müller. 1 Blatt in Rov.-Fol. Nebst drei Beilagen zur Erläuterung u. Erleichterung beim Gebrauche dieser Karte. Lex.-8. Neustadt 835. Wagner. 5/8 ß

Schincke, Joh. Chr. Gthe., Sammlung von auserlesenen Gebeten. Ein Erbauungsbuch. 12. (25 2/3 B.) Halle 843. [Berlin, Gebauer'sche Buchh.] *

Schincke, (J. Ch. G.,) vollständige u. geordnete Sammlung bibl. Denksprüche f. Confirmanden, ein Mittel, den Confirmationsact feierlicher u. segenreicher zu machen. Mit der Archäologie d. Confirmation begleitet. 8. Halle 825, Gebauer.

— Zacharias u. Elisabeth. Wie soll das Kindlein heißen? oder unsere Taufnamen mit ihrer Bedeutung alphabetisch geordnet. gr. 12. Halle 827. Gebauer. 18 gr.

Schinck, Johann Christoph (Auerbach/Vl.)
A. S. 144/23

Dissertatio juridica de fundamento judicialis pecuniae depositionis in processu cambiali jure electorali Saxonico admittendae.
Präs. Johann Gottlieb Siegel.
Leipzig (Schedius) 23. II. 1725. 31 S. 30488

(MAX SCHINCKEL.) Handelsverträge oder Zollkriege (Ohne bes. Titelbl.) fol. (Hamburg 1901. H. O. Persiehl.

Schinckel, Max., Reichsbank u. Giro-Verkehr. gr. 8. (16 S.) Hamburg 898. Verlagsanstalt u. Druckerei. — 60

Schindammer, J. S. Die Seeschlacht bei Lepanto. 4. Regensburg 1862

Schindehütte, Georg

Schindehütte, G., die Tertiärflora des Basalttuffes vom Eichelskopf bei Homberg (Bez. Kassel), s. a. Abhandlungen der königl. preuß. geolog. Landesanstalt. 54. Heft.

Schindehütte, Georg, a. Cassel: **Die Tertiärflora des Basalttuffs des Eichelskopfes bei Homberg a. d. E.** Marburg 1906: J. Hamel. (68 S.) 8° ¶(Erscheint vollst. m. zahlr. Tafeln in den „Veröffentlichungen der Königl. Preuß. Geologischen Landesanstalt".)
Marburg, Phil. Fak., Ref. Kayser-Mayer, Diss. v. 7. Dez. 1906
[Geb. 22. Febr. 83 Cassel; Wohnort: Marburg; Staatsangeh.: Preußen; Vorbildung: Oberrealsch. Cassel Reife O. 02; Studium: Göttingen 4, Leipzig 1, Marburg 3 S.; Rig. 11. Juli 06.]

Schindehütte, G.: Die Tertiärflora des Basalttuffes vom Eichelskopf bei Homberg (Bez. Kassel). Von –. Mit 13 Taf. Berlin: Geol. Landesanst. 1907. 81 S. 4°(8°)
[Ein T. erschien als Inaug.-Diss. Marburg 1906.]
(Abhandlungen d. K. Preuß. Geol. Landesanstalt. N. F. H. 54.)

Schindel, Karl Wilhelm Otto August v.

Schindel, C. W. O. A. v., erläuternde Anmerkungen ꝛc. s. Tasso.

— Anmerkk. zu Tasso's befreiten Jerusalem, s. Tasso.

v. Schindel u. Dromsdorf, Karl Wlh. Otto Aug., Kranz d. Ahnfrauen, s. Char. Et. Wlh. v. Gersdorf.

— s. Leben Jh. Fr. Neumann.

— die deutschen Schriftstellerinnen d. 19n Jahrhunderts. 3 Thlr. gr. 12. Lpz. 822—25. Brockhaus. 5 ./ 16 gl

Schindel, Carl Wilhelm Otto August v.: Die deutschen Schriftstellerinnen des neunzehnten Jahrhunderts. Th. 1-3. — Leipzig: Brockhaus 1823-25. 8°
1. A-L. 1823.
2. M-Z. 1825.
3. Nachträge u. Berichtigungen. 1825.

s. Tasso's nachgel. Klagen.

Schindele, Stephan: **Beiträge zur Metaphysik des Wilhelm von Auvergne.** [T. 1.] *München 1900: Kastner & Lossen.* (V, 69 S.) 8° ¶(Die Forts. erscheint an anderer Stelle.)
München, Phil. Diss. v. 1900

Schindele, St[ephan], Dr.: **Zur Geschichte der Unterscheidung von Wesenheit und Dasein in der Scholastik.** (T. 1.) *München 1900: Kastner & Lossen.* (35 S.) 8°
München, Phil. Hab.-Schr. v. 1900
(Nicht für den Austausch)

Schindele, St[ephan]: Reste deutschen Volkstumes südlich der Alpen. Eine Studie über d. dt. Sprachinseln in Südtirol u. Oberitalien. Köln '04. 136 S. (Görres-Ges. z. Pflege d. Wiss. Vereinsschrift. 1904, 3).

Schindele, St., Reste deutschen Volkstumes südlich der Alpen. Eine Studie üb. die deutschen Sprachinseln in Südtirol u. Oberitalien. Mit e. Uebersichtskarte der verschied. Sprachgebiete. (136 S.) gr. 8. Köln 904. (J. P. Bachem.) n. 2. —

Schindeler. Aufklärende Mittheilungen über die Schlacht bei Minden, 1. August 1759. Minden 1847.

Schindelhauer, Emma, Sozialismus u. ewiger Frieden. E. gegen d. Friedensvereine gericht. zeitgem. Abhandlg. gr. 8. (28 S.) Leipzig 897. W. Friedrich. n. — 50

[J.] **Schindelhauer**, Gustav [aus Berlin]: **Ueber das Nachindossament der Allgemeinen Deutschen Wechselordnung . . .** *Hirschberg i. Schl., Buchdr. General-Anz.*, 1896; 3 Bl., 61 S., 2 Bl. 8.
Erlangen, Jur. Fak., Inaug.-Diss. v. 1896

Schindelka, Hugo, Hautkrankheiten, s. a. Handbuch d. thierärztlichen Chirurgie u. Geburtshilfe. VI.

Hautkrankheiten von Prof. Dr. Hugo Schindelka. Mit 65 Abb. u. 6 Taf. *Wien & Leipzig: W. Braumüller 1903.* (X, 507 S.) 8°
— Handbuch d. thierärztl. Chirurgie u. Geburtshilfe. Bd 6.

Schindelka, Hugo, Hautkrankheiten bei Haustieren, s. a. Handbuch der tierärztl. Chirurgie u. Geburtshilfe. VI.

Schindelka, H., Hautkrankheiten bei Haustieren. 2. Aufl. [Handbuch der tierärztlichen Chirurgie und Geburtshilfe. VI. Bd.] Gr.-8°. (ill. XV, 572 S. mit 8 Tafeln) Wien: Braumüller 1908.

Schindelmeisser, F., ein Wort über meine Musik-Unterrichts-Anstalt. 8. Berlin 840. Voß. n. 1/3 ß

Schindelmeisser, Henr. E. Balth. (geb. Wien 1809) De aneurysmate arteriae popliteae. Berolini (1831). (30 S.) 8°
Berlin, Med. Diss. v. 26. Aug. 1831

Das Habsburg-Oesterreichische Stamm-Paar **Adelreich und Bersuinde**, zum etc. Nahmens-Tag Carls VI. etc. den 4. Nov. 1729 in einem Schau-Spiele auf dem Kön. Briegischen Gymnasio vorgestellet von **Joh. Christ. Schindeln.** Brieg. 8o.
Fehlt bei Gottsched.

Schindelwick, Karl

[J.] Kunigunde vom Kynast oder Das bezechte Fahrrad oder Die Rache d. Geister. Grausiges Radler- u. Ritter-Schauspiel aus d. Riesengebirge. Einakter nebst Vor- u. Nachspiel v. Dr. C. Schindelwick. *Hirschberg i. Schl.: H. F. Grabow [1898].* (47 S.) 1 Bd 8.

Schindelwick, C., Kunigunde vom Kynast od. d. bezechte Fahrrad od. d. Rache d. Geister. Grausiges Radler- u. Ritter-Schausp. aus dem Riesengebirge. Einakter nebst Vor- u. Nachspiel. 12. (47 S.) Hirschberg i/Schl. 898. Hirschberger Tageblatt-Buchdruckerei. — 60

Schindelwick, Karl [aus Breslau]: **Die Politik der Reichsstädte des früheren Schwäbischen Städtebundes seit dem Egerer Landfrieden bis zur Anerkennung König Ruprechts. (1389–1401).** . Breslau, Otto Gutsmann's Buchdr., 1888; 2 Bl. + 76 S. + 1 Bl. 8°
Breslau, Phil. Fak., Inaug.-Diss. v. 3. Mai 1888

Schindelwick, K., die Politik der Reichsstädte des früheren Schwäbischen Städtebundes seit dem Egerer Landfrieden bis zur Anerkennung König Ruprecht's. [1389—1401.] Inaug.-Dissertation. gr. 8. (76 S.) Breslau 888. (Leipzig, Fock.) n. 1. 20

Schindelwick, Karl, was ich v. Reisen heimgebracht. Scherzgedichte. (80 S.) 8. Leipzig 906. Modernes Verlagsbureau. n. 1. —

Schinderberg — Der — in Umgebung vom Bade Kreuth. Nach der Natur modellirt von H. Stolz, Ing. Geogr. 1853. 25.000. Mit Erklärung und Höhenkarte.

Schinderhannes (Räuber-Anführer, hiess eigentl. *Joh. Bückler*, in s. 24. Lebensjahre d. 21. Novbr. 1803 mit 19 Mitschuldigen guillotinirt). — *Schinderhannes u. seine Bande*, od. Joh. Bücklers u. seiner Gesellen merkw. Geschichte, Verbrechen, Verurtheilung u. Hinrichtung. Aus den Kriminalakten gezogen u. der Wahrheit gemäss erzählt. Mit (color.) Portr. Neue verbess. Aufl. Stuttgart, bey Joh. Frdr. Steinkopf, 1804. 8°. Ppb., saub. Expl.
Portr. u. 60 S. — Ueber diesen gefährl. Verbrecher s. Deutsche Justiz- und Polizey-Fama. Hrsg. v. Dr. Th. K. Hartleben. Bd. 2. Sulzbach etc. 1802. 4°. Nr. 106, S. 873—88, ferner Ave-Lallemant I, p. 101. 104. 217. — Fehlt bei Wagner.

— s. auch Buckler.

Schinderhannes, Bückler genannt, der berühmte Räuberhauptmann. Erfurt 1802. V: *Arnold, Ignaz Ferdinand (Theodor Ferdin. Cajetan).* (MGT) »1803« (Ky)

Schinderhannes, Bückler genannt, der berühmte Räuberhauptmann, (v. Th. Fr. K. Arnold). 2 Thle. 8. Erfurt (u. Gotha) 803. Hennings. 2 ₰ 8 ₰

— d. **Meisterstück** a. s. ganzen Lebensgeschichte ꝛc. 8. Bamberg, Lachmüller. 804.

Schinderhannes, der größte Räuberhauptmann d. 19. Jahrh., sein u. seiner Gefährten Leben u. Treiben zwischen Rhein, Mosel u. Main. 150 Hefte. gr. 8. (à Heft 24 S. m. 1 Illustr.-Taf.) Berl. 891,92, [Grosse.] Verlagshaus f. Volkslitteratur u. Kunst. à Heft — 10; 15 —

Schinderhannes, der größte Räuberhauptmann d. 19. Jahrh., sein u. seiner Gefährten Leben u. Treiben zwischen Rhein, Mosel u. Main. 150 Hfte. gr. 8. (3600 S. m. je 1 Illustr.-Taf.) Berlin 893. Verlagshaus f. Volkslitteratur u. Kunst. à — 10

— s.: Volksbücher, Münchener.

Schindermayr, J. B., Violinschule. 4. Linz, Akad. (Eurich) 808.

Schindersknechte, für die, 8. Berl. Schmidt. 803.

Schindewolf, H., Heimatskunde des Kreises Eschwege, s.: Bierwirth, H.

Schindewolf, Julius, Assistenzarzt am Bürgerspital zu Beauregard: Aus dem Bürgerspital Beauregard bei Diedenhofen. Ueber isolierte Verletzungen des Mesenteriums bei indirekten Gewalteinwirkungen. Marburg 1905: J. A. Koch. (26 S.) 8°
Marburg, Med. Fak., Ref. Küster, Diss. v. 21. März 1905
[Geb. 12. Dez. 77 Kerspenhausen, Hessen; Wohnort: Diedenhofen-Beauregard; Staatsangeh.: Preußen; Vorbildung: Gymn. Marburg Reife O. 97; Studium: Marburg 8 S.; Coll. 29. Dez. 04; Approb. 8. Juli 04.]

Schindewolf, Karl, approb. Arzt aus Marburg: Aus d. Kgl. pathol. Institut zu Marburg. Ein Fall von Herzbeuteldefekt. (Mit 1 Abb.) *Marburg 1900: C. L. Pfeil.* (31 S.) 8°
Marburg, Med. Diss. v. 27. Aug. 1900

Schindhelm, Abhandlung über Hamlet von Shakespeare. Coburg 866. (Riemann'sche Hofbuchh.) 4. (19 S.) 7½ ngr.

Schindhelm. Ueber Hamlet von Shakespeare. Coburg, R., 1866. 19 S. 4. Progr.

SCHINDHELM, Christof (Weissenbrunn): Ein Beitrag zur Lehre von der Wirkung des Ergotins.- München: Cradinger 1883. 1 Bl.,34 S.
13.8.1883 - Urk (Titel: De ergotini vi et effectu.); Chr 1883/84,13
Diss.Ingolst.-Landsh.-Mchn.

Schindl J.: Der erziehende Unterricht der Religionslehre in der Mittelschule. Sein Einfluss auf die geistige Entwicklung und insbesondere auf die sittliche Bildung der Jugend. 19, 10. Waidhofen a. Th. 78. 79. Progr.

Schindl, Rud., Andreas Hofer und seine Kampfgenossen vom J. 1809, s. a. Bibliothek, historische, für die Jugend.

Schindl. Rud. Andreas Hofer und seine Kampfgenossen vom Jahre 1809. (VI. 134) 8. Wien 1879. 1.30.

—— Lehrbuch der Geschichte des Altertums für die unteren Klassen der Mittelschulen. gr. 8. (IV, 164 S. mit 15 in den Text gedr. Holzschn.) Wien 876, Pichler's Wwe. und Sohn.

Schindl, Rud., Lehrbuch der Geschichte des Alterthums für die unteren Classen der Mittelschulen. Mit 13 in den Text gedr. Holzschn. 2. Aufl. (IV, 143 S.) 1878; 3. Aufl. Nach der neuen Orthogr. verb., sonst unveränd. Abdr. der 2. Aufl. gr. 8. (XII, 163 S.) Wien 884, Pichler's Wwe. und Sohn. *

—— Lehrbuch der Geschichte des Mittelalters für die unteren Classen österreichischer Mittelschulen. Mit 19 in den Text gedr. Holzschn. (X, 104 S.) 1881; 2. verb. Aufl. gr. 8. (VII, 103 S.) Ebendas. 882. *

—— Lehrbuch der Geschichte der Neuzeit für die unteren Classen österreichischer Mittelschulen. gr. 8. (VIII, 127 S. mit 15 in den Text gedr. Holzschn.) Ebendas. 883. *

Schindlauer, F. J., Erzählungen aus dem Leben. Ein Prüfungsgeschenk für fleißige Schulkinder. A. u. d. T.: Der Sohn des Goldschmids oder die Folgen ungezügelter Einbildungskraft. Sehr angenehme und höchst nützliche Erzählungen für die gebildete Jugend. Aus dem Jugendfreunde. Wien 851. Grund. 8. (2 Bl., 36 S. u. 1 Kpfr.) 5½ ngr.

Schindlauer, Josef

— Licht um Licht, s.: Schul- u. Vereinsbühne, christliche.

(F) **Schindlauer,** J., Maria von der immerwährenden Hilfe. Spiel in zwei Aufzügen. [Christliche Schul- und Vereinsbühne. Nr. 29.] 8°. (20 S.) Linz: Pressverein 1904. K —.24

Schindlauer, Jos., St. Germana od. Die Blume der Provence, s.: Schul- u. Vereinsbühne, christliche.

(F) **Schindlauer,** J., St. Germana oder die Blume der Provence. Spiel in 4 Aufzügen. [Christliche Schul- und Vereinsbühne. Bd. 101.] 8°. (23 S.) Linz-Urfahr: Verlag des Katholischen Pressvereins 1910

Schindlauer, Jos.: s.: Schul- u. Vereinsbühne, christliche.

Schindlbeck, Ludwig: Erbunwürdigkeit nach dem bürgerlichen Gesetzbuche unter Hinweis auf das bisher geltende Recht. *Landshut 1898: J. F. Rietsch.* (73 S.) 8°
Erlangen, Jur. Diss. v. 11. Juli 1898

Schindler, Josef, als Nachfolger von Vinzenz Priessnitz in Gräfenberg. Erinnerungen v. Philo vom Walde. Mit Schindlers Portrait u. Totenmaske. gr. 8. (V, 117 S.) Berl. 891, [Issleib.] Schuhr. * 2 50; geb. 3 50

Schindler (Resp.): De nervorum actione ex collisione, s. B o s e, Em. Gtts. (Praes.)

Schindler, ..., Anweis., Obstbäume zu erziehen. 8. Bresl. 807. Gehr. 2 ₰

Schindler. Anweis., Obstbäume v. Samen an bis z. ihrer Tragbarkeit z. erziehen u. z. behandeln. 8. Breslau, 1807. (Korn.) — 2½

Schindler: Bestimmung der Seitenfläche des schiefen Kegels mit elliptischer Basis. 19 S. – Elbing, Progr. 1866.

Schindler, ..., s. W. A. E. **Lampadius**, drei Abhandll. üb. die Preisfrage: Worin der Unterschied zwischen Roheisen aus hohen Oefen ꝛc.

Schindler, Reise-Eindrücke aus Schweden u. Norwegen nach Tagebuchaufzeichnungen während e. vierwöch. Aufenthaltes daselbst im Sommer 1907. (III, 62 S.) 8. Oldenburg (907). G. Stalling's Verl. — 50

Schindler: Untersuchung über die Fehler, die bei der Berechnung eines ebenen Dreiecks entstehen können. 12 S. Prag Kl., Progr. 1858.

Schindler. Wertschwankungen des Papiergeldes. Austria, Wien Bd. 3, 1859.

Schindler, woher wird den mittlern und kleinern Städten Hülfe kommen? 8. Berlin, Dieterici. 808.

Schindler, Wörterbuch zu Alphouse Daudet, Ausgewählte Erzählungen. [Freytags Sammlung französischer und englischer Schriftsteller.] 8°. (32, 21 S.) Wien: Tempsky 1905. K —.50

Schindler, A: Ein geschichtlicher Rückblick auf einen 35 jährigen Kampf im Gebiet des Wasserbaues. Basel 1905

— **ein geschichtlicher Rückblick auf e. 35-jährigen Kampf im Gebiet des Wasserbaues. 2. Aufl. (46 S.) 8. Ascona 906. C. v. Schmidtz. n. 1.—**

— hygienischer Universal-Schreibstuhl Patent A. Sch. A. f. Bureaux, Kanzleien, Redaktionen, B. f. Schulen. Sattelförmiger Stehsitz, Reitsitz, Ruhesitz, nach den anatom. Gesetzen d. Körperbaues u. den Erfordernissen der Gesundheit construirt. Mit 4 Lichtdr.-Taf. u. Holzschn. gr. 8. (16 S.) Ebd. 890. n. — 80

Schindler, A.: Die Ursachen der Hochwasser und die Mittel ihrer Bekämpfung. Basel 1878

— die moderne Volksschule vom Standpunkt d. realen Lebens. gr. 8. (36 S.) Basel 890. Geering. n. — 40

Schindler, A., der Wasserbau u. die Bundesfinanzen od. Wie können Millionen erspart werden? Ein techn. Ultimatum. gr. 8. (VII, 52 S.) Basel 899. C. F. Lendorff. n. 1.—

Schindler, Wie muss ein für Quarta bestimmtes Uebungsbuch zum Uebersetzen aus d. Deutschen ins Latein. beschaffen sein, wenn es den Forderungen d. preuss. Lehrpläne von 1892 entsprechen soll? Pr. 1897. 59 S. —.75

Schindler, A., wie soll der Mensch sitzen? Darlegung u. Begründg. e. neuen Sitzvorrichtg. am Schreib- u. Schultisch. Mit 3 lith. Abbildgn. Patent A. Sch. gr. 8. (16 S.) Basel 891. (A. Geering.) n. — 40; französ. Ausg. (15 S.) n. — 40

Schindler, A., die Wildbach- u. Fluss- Verbauung nach den Gesetzen der Natur, m. 37 Clichés im Text, 18 Taf. u. 1 Titelbild. gr. 8. (81 S.) Zürich 888. Hofer & Burger. n. 3. 40

Schindler, A. A., entweder es giebt einen lebendigen persönlichen Gott, oder es giebt keinen! Ein Aufruf zur Entschiedenheit. Leipzig 857. G. Wigand. 8. (X, 381 S.) 24 ngr.

Schindler, A. H., Gedichte, s. Gedichte.

SCHINDLER, Alexander: De supremo ethicae christianae principio. — (1853) 66 S. 8° (Handschr.) Diss. 95

Diss. Wien, Univ.

Schindler, Alexander Julius

Schindler, A. J., s. a. Traun, J. v. der.

Schindler, Alex. Jul., eines Bürgers Recht. Ein Trauerspiel mit einer Vorrede. 8. (XXII u. 106 S.) Steyr 849, Haas. ⅔ ₰ (Salzburg, Mayr. n. n. 24 ngr)

JULIUS von der Traun (d. i.: *Alex. Julius Schindler*). Südfrüchte. Novellen. 2 Bde. Leipzig 1848. 8°.
Gmähle's Münchner Leihbibl. no. 18,517—18. — Bd. 1 enthält: Der Liebe Müh' umsonst. — Die schöne Helene von Malchin. — Jakob Stainer, der Geigenmacher. Bd. 2: Der grüne Student. — Jaleo de Xeres. — Die Heimkehrenden. — Vier Jahreszeiten eines Herzens. — Götterdämmerung und heiterer Abend.

Schindler, Alfred. Derivate des Tetraaethylthionins. Diss. Phil. [II.] Univ. Zürich. [Mit 1 Figur.] 37 S. 8. Zürich-Selnau, Gebr. Leem(a)nn & Co., 1906.

(**Schindler**, Alfred sen.) Morgarten – Mörgarten – Mœrengarten –... Mohrgarten – Morgartt. (Woher stammt der Name Morgarten? Seewen, 15. Wintermonat 1907.) 6 S. 8. [Murten, P. M. Strüby.]

(**Schindler**, Alfr[ed] sen.) (Beat Fidelis Anton von) Zurlauben am Morgarten. (Seewen, Bundesfeier 1908.) II + 8 S. 8. [Murten, P. M. Strüby.]

Schindler, Amad., der Hauslehrer, ob. Beitr. zum Privatunterricht in d. nöthigsten Lehrgegenständen. gr. 8. Prag 778. Normalschule. 18 gl

(SCHINDLER Amand). Trostung fur den Burger. Ein Projekt ... (von –) Normalschulbucherverlag, Prag 1782. 1 vol. 6 Bl. + 122 S.

Schindler, Ant., Beethoven in Paris. Nebst anderen den unsterblichen Tondichter betreff. Mittheilungen. Ein Nachtrag z. Biographie Beethoven's. gr. 8. (12 B. u. B's. Facsim.) Münster 842, Aschendorff'sche Buchh.

Schindler's, Ant., Beethoven-Biographie. Neudr. Hrsg. v. Alfr. Chr. Kalischer. (Biographie v. Ludwig van Beethoven. 3., neu bearb. u. verm. Aufl. Münster 1860.) (VIII, 736 S. m. 1 Bildnis u. 3 Faksms.) 8. Berlin 909. Schuster & Loeffler. 12.—; geb. 14.—

Schindler, Ant., Biographie v. Ludw. van Beethoven. gr. 8. (19 B., B's. Portr. u. 2 Facsim.) Münster 840, Aschendorff'sche Buchh.

—— Biographie von Ludwig van Beethoven. 2., mit 2 Nachträgen verm. Ausg. gr. 8. (30¾ B., B's. Portr. u. 3 Facsim.) Münster 845, Aschendorff'sche Buchh.

Schindler, Ant., Biographie von Ludwig van Beethoven. 3., neu bearb. u. verm. Aufl. 2 Thle. Mit dem Portr. Beethovens (in Stahlst.) u. 4 Facsim. (10 lith. S. in 8. u. 4.) Münster 860. Aschendorff. gr. 8. (XXIX, 645 S.) 3 ₰

Schindler, Ant., Leitfaden f. den Unterricht in der praktischen Geometrie an der k. u. k. technischen Militär-Akademie. Im Auftrage des k. u. k. Reichskriegsministeriums verf. 1. Tl.: Einleitung. — Instrumentenlehre. Lex.-8. (XI, 162 S. m. Fig. u. 8 Taf.) Wien 902. L. W. Seidel & Sohn. Geb. in Leinw. n. 9.—

Schindler, Ant., Leitfaden für den Unterricht in der prakt. Geometrie an der k. u. k. technischen Militär-Akademie. Im Auftrage des k. u. k. Reichskriegsministeriums verf. 2. Tl.: Feldmeßkunst. — Höhenmeßkunst. — Besondere Meßverfahren. — Anh. (V, 153 S.) Lex. 8. Wien 907. L. W. Seidel & Sohn. Geb. in Leinw. 7. 50

Schindler, Anton K., aus Bremen: Die Abtrennung der Hippuridaceen von den Halorrhagaceen. Leipzig 1904: W. Engelmann. (79 S.) 8° ¶ (Aus: Botan. Jahrbücher Bd 34 H. 3.)

Erlangen, Phil. Fak., Ref. Solereder, Diss. v. 14. Apr. 1904

[Geb. 15. Aug. 79 Bremen; Staatsangeh.: Bremen u. Preußen; Vorbildung: Gymn. Bremen Reife 98; Studium: Göttingen 3, Straßburg 3, Halle 6 S.; Rig. 14. Apr. 04.]

Schindler, Ant. K., Halorrhagaceae, s.a. **Pflanzenreich, das.**

Halorrhagaceae, mit 196 Einzelbildern in 30 Fig. von Anton K. Schindler. Leipzig: W. Engelmann 1905. (133 S.) 8°
= **Pflanzenreich**, Das. H. 23. (IV, 225.) (c. 15960

Schindler, A[rnold]. «Erste» und «Letzte». Separatabdruck aus [Jahrg. 49, Nr. 7 u. 8] der «Berner Volkszeitung.» II + 16 S. 8. Askona ‹Tessin›, C. von Schmi[d]tz, [1906]. (fr. —. 25)

— die Gefahren in der Kirche od. Stimmen aus der Kirche üb. die Kirche. 2. [Titel-]Aufl. (VII, 210 S.) 8. Ebd. [900] (905). n. 2. 40

Schindler, A[rnold]. Die Gefahren in der Kirche oder Stimmen aus der K' über die K'. 2. [Titel-]Aufl. VIII + 210 S. 8. Ascona, C. v. Schmidtz, [1905]. [fr. 3. —]

[**Schindler, Arnold.**] Geistliche Grundregeln des hlg. Laurentie. 6 S. 8. Basel, A. Schindler [Buchdr. Kreis, 1905]. [fr. —. 15]

[**Schindler, Arnold.**] Johanna von Cambry, geb. 15. Nov. 1581. Ein Brieflein. 3 S. 8. [Basel, A. Schindler, Buchdr. Kreis. 1905.] [fr. —. 10]

Schindler, A., d. evangelische Kirche u. d. Heilsarmee nach ihrem inn. Verhältniß. E. soziale u. religiöse Frage d. Gegenwart. gr. 8. (V, 130 S.) Basel 894. (Reber.) n. 1. 20

Schindler, A., die evangelische Kirche u. die Heilsarmee nach ihrem innern Verhältnis. Eine soziale u. religiöse Frage der Gegenwart. 2. Aufl. gr. 8. (VIII, 138 S.) Basel 900. A. Schindler. n. 1. 50

Schindler, A[rnold]. Die Evangelische Kirche und die Heilsarmee nach ihrem innern Verhältnis. Eine soziale und religiöse Frage der Gegenwart. 3. Aufl. VIII + 138 S. 8. Ascona, C. v. Schmidtz, 1905. [fr. 1. 80]

[**Schindler, Arnold.**] Aus dem Leben der hlg. Hildegardis und der hlg. Mechtildis. Stimmen aus der Kirche des 11ten Jahrhunderts. 11 S. 8. Basel, A. Schindler [Buchdr. Kreis, 1905]. [fr. —. 15]

[**Schindler, Arnold.**] Aus dem Leben der hlg. Catharina von Siena. Eine Stimme aus der Kirche des 14ten Jahrhunderts. 16 S. 8. Basel, A. Schindler [Buchdr. Kreis, 1905]. [fr. —. 15]

Schindler, A[rnold]. 1. Der Mensch und seine Unruhe. — 2. Der Mensch und seine Ruhe. 32 S. gr.-8. [Basel, Kreis,] 1903. [fr. —. 75]

Schindler, A[rnold]. 1. Der Mensch und seine Unruhe. — 2. Der M' und seine Ruhe. 2. [Titel-]Aufl. 32 S. 8. Ascona, C. v. Schmidtz, [1905]. [fr. —. 80]

— I. Der Mensch u. seine Unruhe. II. Der Mensch u. seine Ruhe. 2. Aufl. (32 S.) gr. 8. Ebd. (906). n. — 75

Schindler, A[rnold]. Die soziale Not unserer Zeit und die Heilsarmee. 8. Basel, Emil Birkhäuser, 1902.
[*Ausg. A*:] 40 S. [fr. —. 25]
[*Ausg. B*: Mit illustriertem Umschlag.] 40 S. [fr. —. 50]

Die soziale Not unserer Zeit und die Heilsarmee. A. **Schindler**. *Basel 1902: E. Birkhäuser; [Berlin: Heilsarmee in Komm.].* (40 S.) 8° [J.] (c. ...

— die soziale Not unserer Zeit u. die Heilsarmee. (40 S.) kl. 8. Basel 902. Ascona, C. v. Schmidtz. n. — 80

Schindler, A[rnold]. Reich und Arm. Separatabdruck aus «Basler Vorwärts». 32 S. 8. Basel, Emil Birkhäuser, (1901). fr. —. 35

Schindler, A[rnold]. Ein Geschichtlicher Rückblick auf einen 35jährigen Kampf im Gebiet des Wasserbaues. 46 S. 8. Basel, Lendorff. 1905. [fr. 1. —]

Schindler, A[rnold]. Heilige Schroffheit. 5. Aufl. 15 S. 8. Ascona, Carl von Schmidtz, 1905. [fr. —. 30]
1. Aufl., 1904; *2. u. 3. u. 4. Aufl.*, 1905.

— Stimmen aus der Kirche über die Kirche od. die Gefahren in der Kirche. II. Tl. der Schrift: „Die evangel. Kirche u. die Heilsarmee" 1894. gr. 8. (VII, 210 S.) Ebd. 900. n. 2. 40

Schindler, A[rnold]. Die Ursachen der Schwäche und die Quelle der Kraft der evangelischen Kirche. Vortrag gehalten im Münsterverein der Positiven am 14. Febr. 1887. Als 2. Aufl. gedruckt März 1904. II + 32 S. 8. Basel, Kreis. [fr. 1. —]

Schindler, A[rnold]. Die Ursachen der Schwäche und die Quelle der Kraft der evangelischen Kirche. Vortrag gehalten im Münsterverein der Positiven [zu Basel] am 14. Februar 1887. 3. Aufl. 32 S. 8. Ascona, C. v. Schmidtz, [1905]. [fr. —. 50]

— die Ursachen der Schwäche u. die Quelle der Kraft der evangel. Kirche. Vortrag, geh. im Münsterverein der Positiven am 14. II. 1887. 3. Aufl. (32 S.) 8. Ebd. (906). n. — 60

Schindler, A., wie überwindet man die Sünde? Ein Wort an Fragende. 8. (62 S.) Basel 888. (Spittler.) n. — 60

Schindler, A[rnold]. Die Zeichen der Zeit oder das Erkalten der Liebe. 1904. 41 S. 8. Basel, Kreis, 1904. [fr. 1. —]

Schindler, Arth., Gesamt-Register, s.: **Juristen-Zeitung**, deutsche.

Schindler, Arth., die Jahreszeiten. Ein Weihnachtsmärchen in dramat. Form m. Gesang u. Reigen. 8. (33 S.) Leipzig 896. (Leipzig-Reudnitz, H. Krüger.) n. — 80

Schindler, August., Ansichten üb. die durch das höchste Finanzpatent geänderte Lage des Olmützer Wittwen- u. Waisen-Versorgungs-Instituts. Verbunden mit d. Aeußerungen d. Stifters hrn. Franz Eberl. 8. Brünn 811.

Schindler, Bruno: De pityriasi versicolori. Halis Saxonum (1851): Ploetz 10 S., 1 Taf. 4°
Halle-Wittenberg, Med. Diss. v. 24. Okt. 1851
Geb. Greifenberg (Schlesien) 8. 8. 1825. V.

Schindler, C., s.a. **Schindler**, Johann Karl Gottlob

Schindler, C., Choix de poésies françaises. (44 S.) 8. Bern 911. A. Francke. — 70

Schindler, C.: **Drainage**. Zürich 1854.

Schindler, C., die Landwirthschaft in Schottland in ihren neuesten Fortschritten beobachtet während eines längeren Aufenthaltes daselbst. gr. 8. (III und 151 S. mit vielen eingedr. Holzschn.) Wien 852, Braumüller.

Schindler, C.: L e h r p l a n für den deutschen und mathematischen Unterricht, s. K e s s e m e i e r, Theodor

. SCHINDLER, C. Eugen: Darstellung d. Colonen- u. Contadinen-Wesens im Ragnser Kreise. Aus der Zeitschrift f. österreich. Rechtsgelehrsamkeit u. s. w. besonders abgedr. *Wien*, (v. Mösle u. Braumüller.) 837. gr. 8. (16 Gr.)

Schindler, C. F., über den Begriff des Guten und Nützlichen bei Spinoza. Inaugural-Dissertation. gr. 8. (42 S.) Jena 885, (Neuenhahn.) *

Schindler, C. F. k. k. Rechnungs-Revident K a t e c h i s m u s der V e r r e c h n u n g s w i s s e n s c h a f t (Cameralistik und Doppik) und der österr. Staatsrechnungswissenschaft in Fragen und Antworten
8. Graz 1901.

Schindler, C. F., die Cavallerie Deutschlands. 24 (lith. u.) color. Abbildgn., betr. die Uniformirg. u. Ausrüstg., sowie die Abzeichen der verschiedenen deutschen Regimenter. Mit wohlwoll. Unterstützg. vieler Herren Offiziere, den neuesten Bestimmugn. gemäß zusammengestellt, gezeichnet u. lith. 4 Lfgn. gr. 4. (à 6 Bl.) Steglitz b/Berlin 883. 84. C. F. Schindler. à n. 12. —; Leinw.-Mappe dazu n. 5.

Schindler, C. F. Militar-Album des Königl. Preussischen Heeres nach der neuesten Organisation, Uniformirung u. Bewaffnung aller Truppentheile. (50 Taf.) fol. Berlin 186[illegible]. 150,00.

—— s. P r e u ß e n s Heer.

S c h i n d l e r, C. F., metallische Probirkunst. 8. Dresden, 727.

S c h i n d l e r, F., die Uniformirung der k. preuß. Armee im Jahre 1874. 50 Blätter. Berlin. fol.

Schindler, C. S., die Reductionscur zur Verhütung u. Heilung der Fettleibigkeit u. Fettsucht sowie ihrer Folgekrankheiten mit Bezugnahme auf Marienbad. Populär-medicinisch dargestellt. Wien 868. Braumüller. 8. (96 S.) n. 20 ngr.

Schindler, C. S., Traitement curatif et préservatif de l'Obésité et de ses suites aux eaux de Marienbad. Traduit de l'allemand par le Docteur Labat. gr. 8. XV u. 40 S.; Wien, Braumüller in Comm. [illegible] 1 fl.

– V a d e m e c u m. Führer für Curgäste in Marienbad. Mit einer photographischer Ansicht von Marienbad. 64. (88 S.) Ebds. in Comm. 1868.

Schindler, C. S., die Verfettungs-Krankheiten. Klinisch dargestellt. gr. 8. (VII, 141 S.) Wien 876. Braumüller. n.n. 3. —

Schindler, Carl, s. S c h i n d l e r, Karl

Schindler, Carl Eugen, s. S c h i n d l e r, Karl Eugen

SCHINDLER, CH. C.
Der geheimbde Müntz-Guardein und Bergprobirer, welche zeiget und an den Tag giebet alle geheime Handgriffe, so bisshero sind verschwiegen und zurück gehalten worden. Franckfurth, 1705. 8vo.

Schindler, Christian Friedrich [Praes.], s. B r ü c k n e r, Christoph: De επιχαιρεκακια

Schindler, Conrad, s. S c h i n d l e r, Konrad

Schindler, D. A., Cura Salutis concreditae sibi probaticae. 8. Augsb. Doll et Wolf. 749.

Schindler, Dav. Henr., Super nervorum actione ex collisione. 28 pp. Lps. 4°.
1762

Schindler, Dietrich

Schindler, D., Chronik der schweizerischen Artillerie von 1899—1906, s. a. N e u j a h r s b l a t t, 102., der Feuerwerker-Gesellschaft in Zürich.

Schindler, D[ietrich]. Chronik der schweizerischen Artillerie (mit Notizen über die hauptsächlichsten Vorkommnisse in der schweiz. Armee) von 1899—1906 ⟨Fortsetzung des Neujahrsblattes von 1900⟩, zusammengestellt von Oberstleut. D. Sch'. S. 1 + 37—54. 4. Zürich, Komm. Fäsi & Beer, Druckerei der Neuen Zürcher Zeitung.

In: 102. N e u j a h r s b l a t t der Feuerwerker-Gesellschaft ... in Zürich auf das Jahr 1907.

Schindler, Dr. phil. Dietrich. [aus Mollis, Kt. Glarus]: Über das Erfinderrecht der Arbeiter, Angestellten, Beamten und Gesellschafter nach schweizerischem Recht. Zür. Zürcher u. Furrer Dr. [u. Verl.] 1895. VIII, 107 S. 8°.

Zürich, Jur. Diss. [v. 6. Juli 1895].

Schindler, Dietrich: Vocalismus der Mundart von Hornetan .... Leipzig, Druck v. J. B. Hirschfeld, 1897; IV + 81 S. 8°
Leipzig, Phil. Fak., Inaug.-Diss. v. 28. Dez. 1897

Schindler E.: Über den Anbau englischer, amerikanischer und deutscher Weizenvarietäten in Mähren. 18. Neutitschein L.-A. 88.
Progr.

S c h i n d l e r, E., die Elemente der Planimetrie in ihrer organischen Entwickelung. Lehrbuch für jede Schule. In 4 Stufen. gr. 8. (Mit eingedr. Fig.) Berlin 883, Springer. cart. *

Inhalt:

Stufe 1. Die wirkliche Größe der Grund-Gebilde der Planimetrie. (XVI, 71 S.) * M 1,20.
" 2. Die wirkliche Größe der Umfänge der Figuren. (VII, 63 S.) * M 1.
" 3. Die scheinbare Größe der ebenen Gebilde. Die Fläche der Figuren. (VIII, 132 S.) * M 1,80.
" 4. Die meßbaren Beziehungen der Figuren. Die Entwickelung der Analyse. (IX, 173 S.) * M 2,40.

Schindler, E., Theorie d. Modellbaues od. Feststellg. der Beziehgn. zwischen Modell u. der, in e. bestimmten Verhältniss vergrösserten Maschine. gr. 8. (VIII, 112 S. m. eingedr. Holzschn.) Weimar 872. B. F. Voigt. 2. 70

Schindler, E. J., Landschaften. (Mit Einleitg. v. A. Spier.) qu. Fol. (18 Photograv. nebst III. 7 S. Text.) München 894. F. Hanfstaengl. In Leinw.-Mappe. 36. –

S c h i n d l e r, E[duard]. Les revendications des employés de commerce relatives à la réglementation du louage de travail par le futur Code fédéral des obligations. D'après une conférence de E. Sch'.... Annexe au Rapport du Comité central sur l'activité de la Société suisse des C o m m e r ç a n t s pendant l'exercice 1909/10. 32 p. 8. Zurich, [J. Leemann,] 1910.

S c h i n d l e r, E[duard]. Was erwarten die Handelsgehülfen vom zukünftigen Obligationenrecht bezüglich der Ordnung der Anstellungsverhältnisse? Nach einem Vortrag von E. Sch'.... Anhang zum Jahresbericht des Centralkomitees des Schweizerischen K a u f m ä n n i s c h e n Vereins für 1909/10. 32 S. 8. (Zürich, Verlag des Schweiz. K' V', 1910.)

S c h i n d l e r, E[lisa, geb. Rochat], und S c h i n d l e r, A[rnold]. Die Zeichen der Zeit oder das Erkalten der Liebe. von E. und A. Sch'.... 2. Aufl. 41 S. 8. Ascona, C. v. Schmidtz, [1905]. [fr. —. 75]
1. Aufl. 1904 s. S c h i n d l e r, A[rnold]. Die Z' der Z....

Schindler, E., u. A. **Schindler,** die Zeichen der Zeit od. das Erkalten der Liebe. 2. Aufl. (41 S.) 8. Ascona (906). C. v. Schmidtz. n. — 60

Schindler, Emil. Beiträge zur Kenntniss der Malpighi'schen Gefässe der Insekten. Leipzig 1878.

Schindler, Emil, cand. jur. a. Troppau: Beiträge zu § 63 des österreichischen allgemeinen bürgerl. Gesetzbuches. Erlangen 1906: E. Th. Jacob. (99 S.) 8°

Erlangen, Jur. Fak., Ref. Sehling, Diss. v. 27. Okt. 1906

[Geb. 5. Juli 80 Troppau; Wohnort: Troppau; Staatsangeh.: Österreich; Vorbildung: Gymn. Troppau Reife Juli 01; Studium: München 6, Erlangen 2 S.; Rig. 28. Juli 06.]

Schindler, Erasmus Friedr., Tabelle zur schnellen und genauen Berechnung der Geldbeträge von Stempelpapier. Wiederholt durchgesehen und frei von jedem arithmet. und Druckfehler. Zwickau 854. (Bautzen, Helfer.) 4. (35 S.) n. 15 ngr.

Schindler, Erich, Nahrungsmittel-Chemiker a. Arnswalde N. M.: Überführung von aromatischen Azinen in Chinoxaline. Erlangen 1907: Junge & Sohn. (47 S.) 8°

Erlangen, Phil. Fak., Ref. Fischer-Paal, Diss. v. 22. Aug. 1907

[Geb. 5. Juni 80 Arnswalde; Wohnort: Berlin; Staatsangeh.: Preußen; Vorbildung: Luisenstädt. Realgymn. Berlin Reife f. Obersekunda Nov. 96; Studium: Berlin 1, Rostock 1, Erlangen 7 S.; Rig. 25. Juli 07.]

Schindler, Ernst

— Gedenktafel der Verstorbenen. 4 (1 Bl. der Schuln.)
Progr. Joachimsthalsch. G. *Berlin* 1890 (59)

Schindler, Ernst, d. gewerbsmässige Heiratsvermittlung, s.a. Studien, rechts- u. staatswissenschaftl. 12.

Schindler, Ernst, aus Brieg, Kammergerichtsref.: Die gewerbsmässige Heiratsvermittlung. Ihre Geschichte, Dogmatik u. Behandlung im Deutschen Reichsrecht. *Berlin [1901]: E. Ebering.* (90 S.) 8°

Erlangen, Jur. Diss. v. 15. Dez. 1900
(Nicht für den Austausch)

Die gewerbsmässige **Heiratsvermittlung**. Ihre Gesch., Dogmatik u. Behandlung im Deutschen Reichsrecht. Von Dr. Ernst **Schindler**. *Berlin: E. Ebering 1901.* (90 S.) 8°
— **Studien**, Rechts- u. Staatswissenschaftliche. II. 12. [01. 3378 10

Schindler. *Ernst Carl Schaper* †. 4 (S. 20—23 d. Schuln.)
Progr. Joachimsthalsch. G. *Berlin* 1887 (52)

Schindler, Ernst, das natürliche System der Elemente der Geometrie, d. Normalunterrichtsgegenstand f. unsere höh. Schulen. gr. 8. (27 S.) Leipzig 898. Dürr'sche Buchh. n. — 60

Schindler, F., s.a. Schindler, C. F.

Schindler, F. v., die gesetzlichen Bestimmungen über das Jagdwesen u. den Ersatz des Wildschadens im Königr. Württemberg. Nach dem neuesten Stand der Gesetzgebg. dargestellt u. erläutert. Mit e. Anh., enth. die gesetzl. Vorschriften üb. die Fischerei u. e. alphabet. Sachregister. gr. 8. (VII, 87 S.) Stuttgart 901. W. Kohlhammer. n. — 50

Schindler, Ferd., Erziehungslehre. 2 Tle. gr. 8. Troppau 910. O. Gollmann. à 1. 20
I. Einführung in die Seelenlehre unter Berücksicht. neuerer Forschgn. u. ihrer Ergebnisse f. Erziehg. u. Unterricht. (65 S.)
II. Allgemeine Erziehung u. Schulzucht. (69 S.)

Schindler, Flor., Lehrbuch der allgemeinen Arithmetik u. Algebra. gr. 8. (IX, 366 S.) Wien 872. Braumüller. n. 6. —

Schindler, Frz., erstes allgemeines ungarisches Adressen-Buch f. Handel, Gewerbe u. Industrie. Red.: Handels-Kammer-Secratariat in Oedenburg. 8. (XXXIV, 719 S.) Oedenburg 873. (Leipzig, Findel.) geb. n. 12. —

Schindler, F., d. Armee d. Njegus Njegost Menelik II. u. Einiges üb. militär. Operationen in Abessinien. gr. 8. (VI, 51 S. m. 16 Abb., 1 Bildnis u. 1 Karte.) Troppau 898. (Leipzig, M. Ruhl.) n. 1. 60

Schindler F v, neue allgemeine Bauordnung für Württemberg. Handausgabe mit Erläuterungen. (517 S) Stuttgart 1896

Schindler, Franz: Bernhard Bolzano. Ein Beitrag zur Kenntnis des Vormärz.
Diss., Prag 1908/1909

Schindler, Frz., die Flachsbau- u. Flachshandels-Verhältnisse in Russland m. besond. Rücksicht auf die baltischen Gouvernements. gr. 8. (V, 47 S.) Wien 894. A. Hölder. n. 1. 20

Schindler, Frz., der Getreidebau auf wissenschaftlicher und praktischer Grundlage. (XII, 466 S. m. 80 Abbildgn.) gr. 8. Berlin 909. P. Parey. Geb. in Leinw. 12. —

Schindler, Frz., die Lehre vom Pflanzenbau auf physiolog. Grundlage. Zum Gebrauche an landwirtschaftl. Hochschulen, sow. zum Selbststudium. Allgem. Thl. gr. 8. (XVI, 372 S. m. 15 Abb.) Wien 896. C. Fromme. n. 6. —

Schindler, Franz, Naturlehre für Volksschulen. Mit 102 Abbildungen. Wien und Prag 1893, F. Tempsky. Leipzig, G. Freytag. (Min.-Erl. v. 7. Juni 1893, Z. 11938.) Geheftet 80 h
Gebunden 1 K 10 h

Schindler, Franz, Naturlehre für Volksschulen. Nach den Lehrplänen für die Oberclassen 4—6-classiger Volksschulen. Mit 103 Abbildungen. 2. verbesserte Auflage. Wien und Prag 1891. F. Tempsky. Leipzig. G. Freytag. (Min.-Erl. v. 1. März 1894, Z. 2071.) Gebunden 1 K 10 h

Schindler, Frz., Naturlehre f. Volksschulen. Nach den Lehrplänen f. die Oberclassen 4- bis 6 class. Volksschulen bearb. 3. Aufl. gr. 8. (IV, 104 S. m. 103 Abb.) Wien 900. F. Tempsky. Geb. in Leinw. n. 1. 10

Schindler's (Frz.) Naturlehre für Volksschulen, unter Mitwirkg. des Emil Gerischer bearb. v. Rob. Neumann. 4. Aufl. (Der Neumannschen Bearbeitg. 1. Aufl.) (120 S. m. 137 Abbildgn.) gr. 8. Wien 907. F. Tempsky. Geb. nn 1. 30

Schindlers Naturlehre für Volksschulen. Unter Mitwirkung Emil Gerischers bearbeitet von Robert Neumann. Mit 137 Abbildungen. 4. Auflage. (Der Neumann'schen Bearbeitung erste Auflage.) Wien 1907. F. Tempsky. Geb. K 1.30.

Schindler, Frz., Physik u. Chemie für Bürgerschulen. In 3 concentr. Lehrstufen. 1. u. 2. Stufe. Mit je 94 Abbildgn. gr. 8. (VII, 96 u. IV, 128 S.) Prag 885. Tempsky. à n. — 80; Einbd. à n.n. — 20

Schindler, F., Physik u. Chemie f. Bürgerschulen. In 3 concentr. Lehrstufen. 2., unter Mitwirkg. v. J. Mich umgearb. Aufl. gr. 8. Prag 889. Tempsky. — Leipzig, Freytag. à n. — 60; geb. à n.n. — 80
I. (IV, 90 S. m. 94 Abbildgn.) — II. (IV, 107 S. m. 85 Abbildgn.) — III. (IV, 124 S. m. 72 Abbildgn.)

Schindler, Franz, Physik und Chemie für Bürgerschulen, in drei concentrischen Lehrstufen. I. Stufe mit 87 Abbildungen. Dritte verbesserte Auflage. F. Tempsky, Wien u. Prag. G. Freytag, Leipzig 1891. (Min.-Erl. 21. April 1891. Z. 6923.) Geheftet —.30, cartonnirt —.40, gebunden —.45

Schindler, Frz., Physik u. Chemie f. Bürgerschulen. In 3 concentr. Lehrstufen. 1. u. 3. Stufe. gr. 8. Prag u. Wien, F. Tempsky. — Leipzig, G. Freytag. n. 1.50; geb. n. 2.20
1. 4., verb. Aufl. (IV, 84 S. m. 86 Abb.) 893. n. —60 geb. n. 1.—
3. 3., verb. Aufl. (IV, 120 S. m. 72 Abb.) 892. n. —90 geb. n. 1.20

Schindler, Franz, Physik und Chemie für Bürgerschulen. In drei concentrischen Lehrstufen. Zweite Stufe. Mit 87 Abbildungen. 4. umgearbeitete Auflage. Wien und Prag, F. Tempsky. Leipzig, G. Freytag. 1895. (Min.-Erl. v. 26. Mai 1895, Z. 11064.) Geb. —.60

— Physik u. Chemie f. Bürgerschulen. In 3 concentr. Lehrstufen. gr. 8. Ebd. Geb. in Leinw. n. 3.50
1. Mit 91 Abbildgn. 6., verb. Aufl. (IV, 82 S.) 898. n. 1.—
2. Mit 94 Abbildgn. 5., verb. Aufl. (IV, 116 S.) 897. n. 1.30
3. Mit 72 Abbildgn. 4., verb. Aufl. (IV, 122 S.) 896. n. 1.20

— dasselbe. Bearb. v. Rob. Neumann. Eintheilige Ausg. (2. Abdr.) gr. 8. (VII, 214 S. m. 195 Abbildgn.) Ebd. 900. Geb. in Leinw. n. 2.10

Schindler, Physik und Chemie für Bürgerschulen. Bearbeitet von Robert Neumann. Einteilige Ausgabe. 2., revidierte Auflage. Wien 1902. F. Tempsky. Preis, gebunden 2 K 10 h.

Schindler, Physik und Chemie für Bürgerschulen. In 3 konzentrischen Lehrstufen. Neubearbeitet von Robert Neumann. I. Stufe. 7., umgearbeitete Auflage. Wien 1902. F. Tempsky. Preis, gebunden 1 K

Schindler's, Frz., Physik u. Chemie f. Bürgerschulen. Bearb. v. Rob. Neumann. Einteilige Ausg. 3. Aufl. Unveränd. Abdr. der 2. Aufl. (VI, 198 S. m. 215 Abbildgn.) 8. Wien 904. F. Tempsky. Geb. n. 2.10

— dasselbe. In 3 konzentr. Lehrstufen. Neu bearb. v. Rob. Neumann. I. u. II. Stufe. 8. Ebd. Geb. n. 2.30
I. 8. Aufl. (2. Aufl. der Neumannschen Bearbeitg.) Unveränd. Abdr. der 7. Aufl. (70 S. m. 119 Abbildgn.) 904. n. 1.—
II. 6., umgearb. Aufl. (1. Aufl. der Neumannschen Bearbeitg.) (92 S. m. 116 Abbildgn.) 904. n. 1.30

Schindlers Physik und Chemie für Bürgerschulen. In 3 konzentrischen Lehrstoffen. Neu bearbeitet von Robert Neumann. III. Stufe. Mit 105 Abbildungen. 5., umgearbeitete Auflage (1. Auflage der Neumannschen Bearbeitung). Wien 1905. F. Tempsky. Geb. K 1.20.

— Physik u. Chemie für Bürgerschulen. Bearb. v. Rob. Neumann. Einteilige Ausg. 4., nach dem Normallehrplane vom 15. VII. 1907, Z. 2368, umgearb. Aufl. (194 S. m. 240 Abbildgn.) 8. Ebd. 908. Geb. 2.20

Schindlers Physik und Chemie für Bürgerschulen. In drei konzentrischen Lehrstufen neu bearbeitet von Robert Neumann. III. Stufe. Mit 72 Abbildungen. 6., nach dem neuen Normallehrplane umgearbeitete Auflage. (2. Auflage der Neumann'schen Bearbeitung.) Wien 1910. F. Tempsky. Geb. K 1.20.

Schindler, Frz. Quid viri docti de prosodia latina egerint et quid in his studiis profecerint. S. 29—41. 8. **Progr.** *Brody* 1883.

— der Weizen in seinen Beziehungen zum Klima u. das Gesetz der Korrelation. Ein Beitrag zur wissenschaftl. Begründg. der Pflanzenbaulehre. gr. 8. (XII, 175 S. m. 1 Taf.) Berlin 893. P. Parey. n. 4.—

— u. Eman. Ritter v. **Proskowetz** jun., welche Bedeutung haben die sogenannten Correlationserscheinungen bei dem Weizen u. der Zuckerrübe f. die Theorie u. Praxis des Pflanzenbaues? (Internationaler land- u. forstwirthschaftl. Congress zu Wien 1890, 38. Hft.) gr. 8. (51 S.) Wien 890. (Frick.) n. 1.20

Schindler, F., welche Erfahrungen liegen vor über das Variiren der Pflanzen aus gleichem Samen unter verschiedenen Anbau- u. Wachsthumsbedingungen, u. wie sind vergleich. Anbauversuche, sowie Analysen der landwirthschaftlich wichtigsten Samen u. Körner durchzuführen? (Internationaler land- u. forstwirthschaftl. Congress zu Wien 1890, 39. Hft.) gr. 8. (8 S.) Wien 890. (Frick.) n. —80

— welches Werthverhältniss besteht zwischen den Landrassen landwirthschaftlicher Culturpflanzen u. den sogenannten Züchtungsrassen, s.: Proskowetz jun., Eman. Ritter v.

Schindler, Prof. Dr. Franz M., Die besonderen Aufgaben der christlichen Charitas in der Jetztzeit. (Soziale Vorträge, geh. bei dem Wiener sozialen Vortragscurse 1894.) gr. 8°. Wien 1895.

SCHINDLER, Franciscus Martinus: De catechumenatu inde a tempore apostolorum usque ad tempora Caroli Magni inclusive. — (1877) 192 S. 4° (Handschr.) Diss. 348
Diss. Wien, Univ.

(F) **Schindler,** F. M., Die soziale Frage der Gegenwart vom Standpunkte des Christentums. Gr.-8°. (IV, 191 S.) K 3.60
Wien: Opitz 1905.

Schindler, Frz. M., die soziale Frage der Gegenwart, vom Standpunkte des Christentums beleuchtet. 2. Aufl. (VI, 191 S.) gr. 8. Wien 906. Buchh. „Reichspost". n. 3.60

— Die soziale Frage d. Gegenwart, vom Standpunkte des Christentums beleuchtet. 3. u. 4. Aufl. (VIII, 237 S.) gr. 8. Ebd. 908. 4.40

Schindler, Frz. M., s.: Jahrbuch der Leo-Gesellschaft.

Schindler, Frz. M., Lehrbuch der Moraltheologie. 2. Bde. (VIII, 311 u. VIII, VII, 825 S.) gr. 8. Wien 907–10. A. Opitz Nachf. 22.—

— **die Stellung der theologischen Fakultät im Organismus der Universität. Inaugurationsrede, geh. am 14. X. 1904. (35 S.) Lex.-8. Wien 904. W. Braumüller. n. —70**

Schindler, Frz. M., s.: Studien, theologische, der Leo-Gesellschaft.

— s.: Vorträge, sociale.

— s. a. Wirken, das sociale, der kathol. Kirche in Oesterreich.

Schindler, Prof. Dr. Franz M., Das sociale Wirken der katholischen Kirche in Oesterreich. II. Band: Diöcese Seckau (Herzogthum Steiermark) von Alois Stradner. Gr.-8. (X, 264 S.) 2.50
Wien: Mayer 1897.

Schindler, Fridolin, von Mollis [Kt. Glarus]: Ueber das Rücktrittsrecht bei zweiseitigen Schuldverträgen nach Art. 122–125 des eidgenössischen Obligationen-Rechtes. Zür. Orell Füssli Cie Dr. 1886. 25 S., 1 Bl. Thesen. 8.
Zürich, Jur. Diss. [v. 22. Mai 1886].

Schindler, Frdr. v., neue allgem. Bauordnung f. das Königr. Württemberg m. d. Vollziehungsverfüggn. u. d. weit. auf die Baupolizei sich bezieh. gesetzl. Vorschriften Handausg. m. Erläuterungen. gr. 8. (VIII, 517 S. Stuttgart 896. W. Kohlhammer. n. 7. 50; geb. n. 8. 50

Schindler, Fidr., kritischer Wegweiser durch die Litteratur des Konfirmandenunterrichts u. der öffentl. Christenlehre, sowie durch die einschläg. Litteratur des Religionsunterrichts auf der Oberstufe der Volksschule (1879–1898). gr. 8. (XVI, 82 S.) Stuttgart 899. Greiner & Pfeiffer. n. 2.—

Schindler, Fritz = Bern, Adolphe [Autorname].

Schindler, Fritz. Lied der Eidgenossen. ⟨[Gedicht von] R[obert] Seidel.⟩ Für 4 stimmigen Männerchor komponiert von F' Sch'. Op. 13. Partitur. 7 S. gr.-8. Basel, Max Pohl-Wohnlich, 1902. Partitur fr. 1. 25, Stimmen —. 75
Andere Opp. s. u. d. Autornamen Adolphe Bern.

Schindler, Fritz. Sänger-Festmarsch. Offizieller Marsch für das Bernische Kantonal Gesangfest in Biel 1902 componirt. Op. 12. [Titel illustriert.] 5 S. 4. Biel-⟨Bienne⟩ Schweiz, Ed. von Kaenel; Leipzig *etc.* [M.] 1.20, fr. 1. 50

Schindler, Fritz [App. Arzt aus Katscher i. Schl.]: Über die Ursache u. Bedeutung der verschiedenen Zartheit unseres Schlachtviehs ... *Würzburg, Buchdr. v. B. Alt, 1896;* 17 S., 1 Bl. 8.
Würzburg, Med. Fak., Inaug.-Diss. v. 1896

Schindler, George Louis, neueste Distanzenkarte verbunden mit einer Höhen-Karte von Vorarlberg. 1:250,000. [Distanzen Karte 11. Aufl.; Höhen-Karte 2. Aufl.] 2 Bl. Chromolithogr. Fol. Bregenz 880, Teutsch. *
Jede Karte einzeln à *

Schindler, G. L.: Distanzenkarte von Vorarlberg. 1 Blatt. 1:250.000. 13. Aufl. Teutsch: Bregenz 1886.

Schindler, G. L.: Distanzkarte von Vorarlberg. Original-Ausgabe. 15. Aufl. Lithogr.. gefalzt. Bregenz: Teutsch. fl. 1887.

Schindler, Distanzenkarte von Vorarlberg. 16. Aufl. Bregenz 888, Teutsch. *

— — Distanzen-Karte von Vorarlberg. Zwanzigste Auflage. Kl.-Fol. Chromolithographie. Gefalzt Bregenz: Teutsch 1895. —.30

Schindler, G. L.: Höhenkarte von Vorarlberg. 1 Blatt. 1:250.000. 6. Auflage. Ebd. 1886. Gefalzt fl.

Schindler, G. L., Höhenkarte von Vorarlberg. Original-Ausgab. 7. Aufl., Lithogr., gefalzt. Ebd. fl. —.30. 1883

—— Höhenkarte von Vorarlberg. 8. Aufl. Ebendas. 888. *

Schindler, G. L., Höhen-Karte von Vorarlberg. 11. Aufl. Kl.-Fol. Chromolithographie. Gefalzt Bregenz: Teutsch 1895. —.30

Schindler, G. L., Vorarlberg. Notizen für Touristen. 4., verm. Aufl. Mit einer (chromolith.) Distanzen- u. Eisenbahnkarte. gr. 16. (IV, 156 S.) Bregenz 879. Teutsch. cart. n. 2. —

Schindler, G[ottfried]. Der Ausbau der schweizerischen Festungsanlagen. Preisarbeit der Sch' Offiziersgesellschaft 1907: Empfiehlt sich die Weiterentwicklung unserer F', eventuell in welchem Sinne hat dies zu geschehen? 15 S. 8. Zürich, Arnold Bopp, 1907.

[Schindler, Gottfried.] Zur Ausbildung des Infanteristen. Anregungen zur Vervollkommnung des Unterrichtes. Von Hauptmann X. Neumann. 30 S. 8. Zürich, Arnold Bopp, [1906]. fr. —. 60

Schindler, H., König Albert. Ein Lebensbild. gr. 8. (32 S. m. 6 Abbildgn.) Dresden 902. A. Huhle. n. — 25

— kleine Bibelkunde. gr. 8. (16 S). Ebd. 902. n. — 15

— Bilder aus der Kirchengeschichte. gr. 8. (16 S.) Ebd. 902. n. — 15

— **König Friedrich August III.** (II, 32 S. m. 2 Bildnissen.) 8. Dresden (906). H. Burdach. n. — 40; Geschenkausg. auf Velinpap., geb. in Leinw. m. Goldschnitt n. 1. 60

— König Friedrich August III. 2. Aufl. (32 S. m. 2 Bildnissen u. 1 Abb.) 8. Dresden (909). A. Huhle. — 50

— König Georg. Ein Lebensbild. gr. 8. (16 S. m. 4 Abbildgn.) Ebd. 902. n. — 20

— **unser Kaiserpaar. Gedenkschrift zur Silberhochzeit am 27. II. 1906. (16 S. m. Abbildgn.) 8. Dresden (906). Verbandsbuchh. (E. Zacharias). n. — 15**

— der kleine Katechismus Dr. Martin Luthers m. Erläuterungen: Fragen u. Antworten, Bibelsprüchen, bibl. Geschichten, Kirchenliedern, Denksprüchen u. Sprichwörtern. Mit 3 Anhängen: „Bibelkunde", „Bilder aus der Kirchengeschichte" u. „Unterscheidungslehren". gr. 8. (16 S.) Ebd. (902). n. 1. —; kart. n. 1. 20

— **Lieder u. Gesänge zu Königs Geburtstagsfeier. Für Schulen u. Vereine. (30 S.) gr. 8. Dresden 903. H. Huhle. n. — 25**

Schindler, H., poetische Musterstücke, s.: Baron, M.

—— die Muttersprache, s. Berthelt, Aug.

— **Proben aus den Werken neuerer Dichter, s.: Baron, M.**

— Schulgebetbuch. Für evang. Schulen. gr. 8. (136 S.) Dresden 898. J. Naumann. n. 1. 60

— Schulgebetbuch. Für evangel. Schulen. 3., verm. Aufl. gr. 8. (171 S.) Dresden 901. A. Huhle. n. 1. 60; kart. n. 1. 80

— **deutsche Sprachlehre, s.: Baron, M.**

Schindler, H., deutsche Sprachschule in Uebungsbeispielen, s. Baron, M.

— Unterscheidungslehren der evangel. u. römisch-katholischen Kirche. Für jedermann, besonders f. Konfirmanden. gr. 8. (16 S.) Dresden 902. A. Huhle. n. — 15

— warum ist e. Erklärungskatechismus notwendig, wie soll er beschaffen sein, u. wie soll er gebraucht werden? Zugleich Begleitwort zum Erklärungskatechismus d. Verf. gr. 8. (64 S.) Ebd. 902. n. 1. —

Schindler, H., was sollst du vom Bier u. Branntwein wissen? 2. Aufl. (32 S.) gr. 8. Dresden 903. A. Huhle. n. — 25

Schindler, H., was sollst du vom Bier, Wein u. Branntwein wissen? 6. Aufl. (32 S.) 8. Berlin 910. Mäßigkeits-Verlag. — 25

Schindler, H., welche Mittel würden sich am geeignetsten erweisen, die Melkschafzucht zu heben, um auch dem kleinen Manne e. Ersatz f. die vielfach schädliche Ziege zu liefern? (Internationaler land- u. forstwirthschaftl. Congress zu Wien 1890, 62. Hft.) gr. 8. (7 S.) Wien 890. (Frick.) n. — 60

— Zeichensetzung in Regeln und Beispielen für Oberklassen der Bürgerschulen u. Unterklassen der Handels-, gewerblichen Fach- und Fortbildungsschulen u. höheren Lehranstalten. (32 S.) 8. Dresden 910. A. Huhle. — 20

— Graf Zeppelin. Sein Leben und sein Werk. 3. Aufl. (II, 16 S. m. 1 Abbildg. u. 1 eingedr. Bildnis.) gr. 8. Dresden (910). A. Huhle. p — 15

Schindler, H.Karl (Mitarb.). s. A b h a n d l u n g e n , Drei. über die Preisfrage: worin besteht der Unterschied . . .

Schindler, Hans, a. Hamburg: Über tabische Augenstörungen. Straßburg i. E. 1905: J. Singer. (70 S.) 8°
Straßburg, Med. Fak., Ref. Laqueur, Diss. v. 2. Aug. 1905
[Geb. 13. Dez. 81 Berlin; Wohnort: Straßburg; Staatsangeh.: Preußen; Vorbildung: Wilhelms-Gymn. Hamburg Reife O. 00; Studium: Freiburg i. B. 1, Berlin 3, München 2, Berlin 1, Straßburg 2 S.; Coll. 18. Mai 05; Approb. 25. Jan. 05.]

Schindler, Hans, über tabische Augenstörungen. Diss. (70 S.) 8. Strassburg 905. J. Singer. n. 1. 50

Schindler, Hans, Rechtskandidat a. Gleiwitz (Schles.): Über die verschiedene rechtliche Natur des Laienpatronats und geistlichen Patronats. Gleiwitz [1905]: Neumanns Stadtbuchdruckerei. (69 S.) 8° [J.]
Tübingen, Jur. Fak., Ref. Rietschel, Diss. v. 27. Nov. 1904
[Geb. 20. Sept. 77 Gleiwitz, Ob.-Schles.; Wohnort: Gleiwitz; Staatsangeh.: Preußen; Vorbildung: Gymn. Gleiwitz Reife O. 98; Studium: Breslau 6 S.; Coll. 26. Jan. 05.]

Schindler, Hans, Präparationen zu den Institutiones Justiniani. Zur Einführg. in die röm. Rechtssprache f. Studierende übers. u. erläutert. I. u. II. Buch. Lex.-8. Leipzig [C. L. Hirschfeld.] Tübingen, J. C. B. Mohr. n. 4. 30; geb. n.n. 5. 30
I. (V, 73 S.) 905. n. 1. 50; geb. n.n. 2. —
II. (VII, 138 S.) 906. n. 2. 80; geb. n.n. 3. 30

Schindler, Hanns, a. München: Propylthiopyrin und Metallverbindungen des Thiopyrins. Rostock 1900: C. Hinstorff. (57 S.) 8°
Rostock, Phil. Fak., Ref. Michaelis, Diss. v. 20. Nov. 1905
[Geb. 5. Okt. 71 München; Wohnort: München; Staatsangeh.: Preußen; Vorbildung: Ludwigsgymn. München Prima-Reife M. 87; Studium: München 2, Rostock 8 S.; Rig. 13. Nov. 05.]

Schindler, Heinrich: De Diodori Siculi et Strabonis enuntiationum relativarum attractione. P. 1. De admissa attractione. Frankenstein i. Schl. 1909: (Frankensteiner Zeitungs- u. Druckereiges.) 26 S. 4°
Frankenstein, kath. G P 1909 (260) [S 09. 399

Schindler, Heinr., hippologische Fragen u. Antworten zum Gebrauche f. Equitationen u. Einjährig-Freiwilligen-Schulen. 2., verb. u. verm. Aufl. 8. (V, 48 S.) Wien 896. (L. W. Seidel & Sohn.) n. 1. 20

Schindler, Heinr., hippologische Fragen u. Antworten zum Gebrauche f. Equitationen u. Einjährig-Freiwilligen-Schulen. 4., verb. u. verm. Aufl. 8. (V, 48 S.) Wien 901. (L. W. Seidel & Sohn.) n. 1. 20

Schindler, Heinr., Hippologische Fragen u. Antworten. Leicht fassl. Unterrichts- u. Lernbehelf zum Gebrauche f. Militär-Bildungsanstalten, Equitationen u. Einjährig-Freiwilligen-Schulen. 5., verb. u. verm. Aufl., m. 1 Titelbild u. 90 Illustr. (89 S.) gr. 8. Wiener-Neustadt 903. (Wien, L. W. Seidel & Sohn.) n. 2. 30

Schindler, Heinr., hippologische Fragen u. Antworten. 6., verb. u. verm. Aufl. m. 2 Titelbildern u. 90 Illustr. (108 S.) 8. Wiener-Neustadt 907. (Wien, L. W. Seidel & Sohn.) nn 2. 30

Schindler, H., Liederbuch. Enthaltend 36 ausgewählte Lieder. Kornenburg: Kühkopf 1894. —.15

Schindler, Heinr., Liederbuch, enth. 39 ausgew. Lieder. gr. 16. (III, 64 S.) Korneuburg 895. Kühkopf & Habel. — 30

Schindler, Heinrich, Liederbuch, enthaltend 39 ausgewählte Lieder. Korneuburg 1897 Druck und Verlag von Julius Kühkopf in Korneuburg. (Min.-Erl. v. 14. Juni 1897, Z. 15344) —.15

Schindler, Heinr., Liederbuch, enth. 53 ausgewählte Lieder. 2. Aufl. (III, 80 S.) 12. Korneuburg 903. J. Kühkopf. n. — 36

Schindler, Henricus [Gliwitiensis:] De attractionis pronominum rel. usu Aristotelico ... Vratislaviae, ex offic. soc. typogr., 1892; 2 Bl., 95 S., 1 Bl. 8.
Breslau, Phil. Fak., Inaug.-Diss. v. 27. Aug. 1892

Schindler, Heinr., de attractionis pronominum rel. usu Aristotelico. Diss. gr. 8. (95 S.) Breslau 892. (L. Koehler.) n. 1. —

Schindler, Heinr. Bruno, der Aberglaube des Mittelalters. Ein Beitrag zur Culturgeschichte. Breslau 858. Korn. gr. 8. (XXIV, 359 S.) n. 1 ℛ︎. 10 ngr.

— das magische Geistesleben. Ein Beitrag zur Psychologie. Breslau 857. Korn. gr. 8. (XVI, 356 S.) n. 1 ℛ︎. 10 ngr.

Schindler, Henricus Bruno *(geb Lauban 22.8.1797)*: De iritide chronica. Vratislaviae (1819). (52 S.) 4° *[Im Buchhandel 1819 bei Holäufer in Breslau.]*
Breslau. Med. Diss. v. 20. Aug. 1819

Schindler, H. B., comment. ophthalmiatrica de iritide chronica ex ceratonyxide suborta. 4maj. Vratislaviae, Holäufer. 819.

Schindler, Heinr. Bruno, die Lehre von den unblutigen Operationen. Abaemraturgia. Ein Handbuch f. prakt. Aerzte u. Wundärzte. 2 Bde. (à 2 Abthlgn.) Lex.-8. (79¾ B.) Leipzig 844, Otto Wigand. Thlr. *

Schindler, H. B., die idiopath., chron. Schlafsucht. Durch Krankheitsfälle erläutert. gr. 8. (24 B.) Hirschberg 829, Krahn.

Schindler, Hnr. Karl Cph., († 1816.) Versuch in geistl. Gedichten. 8. Schwabach 779.

Schindler, Hermann

Beitrag zur Kenntnis der Niederschlagsverhältnisse Mährens und Schlesiens. Mit 1 Karte. Von Hermann Schindler. Hrsg. v. naturforsch. Ver. in Brünn. Brünn: Naturforsch. Ver. 1904. (13 S.) quer-4° [illegible] 4

Schindler, Herm., Beitrag zur Kenntnis der Niederschlagsverhältnisse Mährens u. Schlesiens. Hrsg. vom naturforsch. Vereine in Brünn. (13 S. m. 1 farb. Karte.) qu. gr. 8. Brünn 904. (C. Winiker.) n. 1. 50

Schindler, [Hermann]. Jetteli-Mazurka für Piano von Sch'. [3 S.] 4. Basel, Max Pohl, [1904]. fr. —. 50
Schweizerische Musik-Bibliothek ... = Bibliothèque Musicale Suisse... Nº 20, 21.
Auch in: Neues Schweizer Tanz-Album. Basel ... (1904): Nº 3104 [Nº 5].

Schindler, Hermann [Oberl.]: Die Kreuzzüge in der altprovenzalischen und mittelhochdeutschen Lyrik. Dresden, Druck v. B. G. Teubner, 1889; S. 1–49; 4°
Dresden-Altstadt, Annen-S (RG), OP 1889 (526)

Schindler, Herm., die Kreuzzüge in der altprovenzalischen u. mittelhochdeutschen Lyrik. 4. (49 S.) Leipzig 891. (G. Fock.) n. 1. —

Schindler, Hermannus: Observationes criticae et historicae in Terentium. Halis Saxonum 1881: Trowitzsch in Frankfurt a. O. 53 S. 8°
Halle-Wittenberg, Phil. Diss. v. [20. Jan. 1882]
Geb. Frankfurt a. d. O. 18. 8. 1858. V.
Im Buchhandel Halis Sax. (Leipzig: Fock) 1881.

Schindler, Herm., Observationes criticae et historicae in Terentium. Dissertatio inauguralis philologica. gr. 8. (53 S.) Halis Sax. 881. (Leipzig, Fock.) *

Schindler, Hermann: Die Sortenfrage und die Anbaugebiete für die wichtigsten landwirtschaftlichen Kulturpflanzen in Deutschland. Berlin: Parey 1909. VII, 75 S. 8° (Ersch. auch als Buch ebd.)
Gießen, Phil. Diss. v. 21. Sept. 1909, Ref. Gisevius
[Geb. 20. Jan. 84 Betzdorf; Wohnort: Gießen; Staatsangeh.: Preußen; Vorbildung: Realgymn. Gießen Reife O. 02; Studium: Gießen 10 S.; Rig. 31. Juli 08.] [U 10. 1301

Schindler, Herm., die Sortenfragen u. d. Anbaugebiete f. die wichtigsten landwirtschaftl. Kulturpflanzen in Deutschland. (VIII, 75 S.) Lex. 8. Berlin 909. P. Parey. 3. —

Schindler, Hermann, Übungsbuch z. Übersetzen aus d. Deutschen ins Latein. f. Quarta. Nach d. Bestimmgn. d. preuß. Lehrpläne v 1892 u. im Anschluß an d. Text des Nepos bearb. 8. (VIII, 120 S.) Berlin 897. R. Gaertner. Kart. n. 1. 20

Schindler, Hermann [Dr.]: Wie muss ein für Quarta bestimmtes Übungsbuch zum Übersetzen aus dem Deutschen ins Lateinische beschaffen sein, wenn es den Forderungen der preussischen Lehrpläne von 1892 entsprechen ([Umschlagt.:] voll entsprechen) soll? Dazu einige Probestücke. *Spandau, Hopf'sche Verl.-Buchdr., 1897;* v, 39 S. 8.
Spandau, k. G u. VS, P 1897 (87)

Schindler, Horst: Die Syntax in der Hystore de Julius Cesar von Jehan de Tuim. Borna-Leipzig 1909: Noske. 92 S. 8°
Leipzig, Phil. Diss. v. 24. April 1909, Ref. Birch-Hirschfeld, Wülker
[Geb. 2. Juli 85 Dresden; Wohnort: Dresden; Staatsangeh.: Sachsen; Vorbildung: Wettiner-Gymn. Dresden Reife O. 04; Studium: Leipzig 2, Paris 1, Leipzig 6 S.; Rig. 15./16. Dez. 08.] [U 09. 3058

Schindler, J., vollständ. Blumenzeichnungs-Schule. 20 Bl. mit deutsch. u. französ. Text. 4. u. qu. Fol. Wien 823—826. Lith. Institut. (Hartmann in Lpz.) 6 Thlr. 16 Gr. Schwarz. 5 Thlr. 8 Gr.

Schindler, J., die Jagd nach e. Fracke, s.: Vereinsbühne. I.

— vollständ. Landschafts-Zeichnungsschule. 16—116 Hft. 4. u. qu. Fol. Wien 823. Lithograph. Inst. (Hartmann in Leipz.) (à 14 Gr.) 6 Thlr. 10 Gr.

— vollständ. Ornamenten-Zeichnungsschule. 16—36 Hft. 4. Wien 823. Lithogr. Inst. (Hartmann in Leipz.) (à 12 Gr.) 1 Thlr. 12 Gr.

— Pot-Pourri, e. kleines Geschenk f. junge Zeichner. N. 1—3. 16. Wien 825. (Hartmann in Leipz.) 1 Thlr. 12 Gr.

— Staffagen-Zeichnungen. 5 Hfte 4. Wien 823. Lithogr. Inst. (Hartmann in Leipz.) 2 Thlr.

— Studien d. menschl. Figur. 5 Hfte. Wien 823. Lithogr. Inst. (Hartmann in Leipz.) 2 Thlr. 6 Gr.

— Thier-Studien. 8 Hfte. Wien 823. Lithogr. Inst. (Hartmann in Leipz.) 4 Thlr. 10 Gr.

— neueste allgem. theoret.-prakt. Zeichnenschule. Anfangsgründe d. Geometrie, mit 5 Tabb., deutsch. u. französ. Texte. Wien 826. Lithogr. Inst. 1 Thlr. 16 Gr.

Schindler, J. A., Pyramis colossica honoris Lambergaci. Passavii 1723. fol.

Schindler, J. G., de dignitate episcopi in primitiva ecclesia. Viteb. 1770. 4.

Schindler, J. W. F., ausführlicher biblischer Katechismus zum evangelisch-christl. Religionsunterricht und zur Vorbereitung dazu, wie zur Erinnerung an denselben. 8. Neu-Ruppin 834. Oehmigke u. Riemschneider. 3/8 Thlr.

Schindler, J. W. F., biblischer Katechismus zum evangel.-christl. Confirmandenunterricht u. zur Erinnerung an denselben. 2. umgearb. Aufl. gr. 8. Neu-Ruppin 844, Oehmigke u. Riemschneider. 1/4 Thlr.

Schindler, Jacques. Über die senile Maculaerkrankung und ihre Häufigkeit. Diss. Med. Univ. Zürich. *Kopftitel:* Aus der Augenklinik der Universität Zürich. 21 S. 8. Winterthur, Geschwister Ziegler, 1901.

Schindler, Joh. v., das Brennen der Erde, als bewährt. Düngungsmaterials u. Mittels zur Abstellung der Brache, wie solches, mit Vermeid. aller künstlich gemauert. Oefen, auf d. einfachste u. wohlf. Art bewerkstelligt werden könne. Nach erprobt. 3jähr. Erfahr. gr. 8. (1½ B. u 1 lith. Plane.) Wien 832, Wallishausser. Thlr.

SCHINDLER, Johann (Regenstauf): Drei Fälle plötzlicher Erblindung beobachtet in der Rothmund'schen Augenheilanstalt zu München.- München: Mühlthaler 1870. 18 S.
7.8.1869 - Urk (Titel: Tres casus repentinae amaurosees.): F 72; Chr 1869/70,12
Diss. Ingolst.-Landsh.-Mchn.

Schindler, Joh., Mitteilgn. aus alten u. neuen Büchern üb. Aussig. (19 S.) gr. 8. Aussig 907. (A. Grohmann.) 1. —

v. Schindler, Jh., Uebersicht, wie die gewöhnlichen Gemüsepflanzen zu erziehen u. zu behandeln sind, um ihrer Vollkommenheit zu entsprechen. Fol. Wien 834. Wallishausser. 1/8 Thlr.

Das Urkundenbuch der Stadt Aussig in geschichtl. u. kulturgeschichtl. Hinsicht. Von Prof. Johann **Schindler**, Aussig. Aussig: Selbstverl. 1908. (145 S.) 8° [F.] [08. 13624

Schindler, Jh. Fr., über einige Fehler auf Gymnasien. 8. Hamm 791.

— Moral, oder Anleit. zur Vollkommenheit d. menschl. Natur, nach d. Lehre Jesu. 8. Hamm 801.

— Religionsunterricht f. die obern Abtheilungen d. Gymnasiums zu Hamm. 16—46 Stck. 8. Hamm 793—99.

Schindler, Joh. Frdr., Prediger und Gemeinde. Synodal-Predigt über 1. Corinther IV, 1. 2., gehalten am 3. October 1864 in der St. Anna-Kirche zu Augsburg. Augsburg, v. Jenisch & Stage. gr. 8. (16 S.) 2 ngr.

Schindler, Joh. Geo., das evangelische Kirchenjahr. Ausg. A. (8 S.) 8. Rothenburg o/T. (902). J. P. Peter. n. — 10

— dasselbe. Ausg. B. m. den altkirchl., thomasian. u. Eisenacher Perikopen. (36 S.) 8. Ebd. 902. n. — 25

Schindler, Jh. Gf., s. 1) J. G. Schinly. 2) Wiederherstell. d. Jesuitenordens.

Schindler, Johann Karl Gottlob

– s.a. Karl Hülle.

— gründl. Anweisung zum Schönschreiben, sowohl f. Lehrer als dem Selbstunterricht. 8. Leipzig, Bruder. 812.

— gründl. Anweis. zum Schönschreiben, sowohl f. Lehrer als den Selbstunterricht. 8. Leipz. 812. (Joachim). 4 gr.

– s.a. Eduard u. Charlotte.

– Eduard

— — und Charlotte, oder Liebe, Pflicht und Täuschung. Ein interessantes Familiengemälde (von *Joh. Carl Gottlob Schindler*). Leipzig, Lauffer. 1811. 8⁰. (2/3 Rthl.) 272 S. Zahmen Inhalts.

Schindler, Jh. Karl Glo., die Feier des Friedens. Dramat. Gedicht. 8. Leipz. 801. ...

— der Gesellschafter auf der Reise durch das Leben, od. Roberts Vermächtniß an seinen Sohn. 8. Camburg 803. (Petersen in Altenb.) 16 gr.

Schindler, K., d. Gesellschafter a. d. Reise d. Lebens. 8. Camburg, Rößler. (Petersen in Altenburg.) 803.

– s.a. Gräber, die einsamen, gemord. Tugenden, u. setze hinzu: (v. J. K. G. Schindler).

SCHINDLER, Carl (Vf. des „finstern Mannes"). Die einsamen Gräber gemordeter Tugenden. Mit Titelkpf. Leipzig, v. Kleefeld, 1801. 8⁰. (1 Rthlr.) 312 S. Sehr selten!

Goedeke VII, 62, 4. — Tiefergreifender, stellenw. etwas freier Roman.

Schindler, C., Herleitung der Current-, Canzley- u. lateinischen Schriftzüge. 4. Leipzig, Magazin für Industrie. 819.

— Herleitung der Current-, Canzlei- u. Latein. Schriftzüge. 4. Leipz. 819. N. A. 827. Engelmann. 14 gr. Hbg. Pr. 8 gr.

– s.a. Mann, der finstere.

HÜLLE, Carl (d. i. *Joh. Carl Gottlob Schindler*), 1779—1821). Der finstre Mann. Einige Pröbchen aus der Musterkarte der Liebe. Leipzig. In der Schäferischen Buchhandlung, 1799. 8⁰. 296 S. (30 Mk. E. Frensdorff, 1906.)

„Von grösster Seltenheit! Sotadicum. Der Autor war erst 20 Jahre alt, als er dies Opus schrieb." — Goedeke VII, 293, 62, 2 hat „2 Thle."

MANN, Der finstere (von *Carl Schindler*). (Leipzig 1801.) Anon.-Lex. III. p. 111 (nach Meusel).

– s.a. Robert, oder der Mann wie er nicht sein sollte.

ROBERT, oder der Mann, wie er nicht seyn sollte (von *Joh. Carl Gottlob Schindler*). Ein Gegenstück zu dem Robert, oder der Mann, wie er seyn sollte (s. vorigen Tit.). 3 Bdchn. Mit TKpfrn. Leipzig, bei Joh. Glo. Schladebach, 1800, 1801, 1804. 8⁰.

I: 260 S. II: VI, 1 leeres Bl. u. 256 SS. III: 260 SS. Zahm. — Anon.-Lex. III. p. 387 (nach Kayser, Meusel, Goedeke).

— — neues Leipziger Schreibebuch, für Schulen und zum Privatgebrauche. 4. Ebend. 819.

Schindler, (C.,) neues Leipziger Schreibebuch f. Schulen u. z. Privatgebrauch. 3 Hefte. 4. Leipz. 827, (Engelmann.) à 8 gr

Schindler, Jh. Karl Glo., die Vereinten im Hafen der Ruhe. 2 Thle. 8. Naumb. 802. Rößler. 1 rf 20 gr

— Roberts Vermächtniß an seinen Sohn; Seitenstück zu Elisa's Vermächtniß an ihre Tochter. 8. Camburg 803. (Petersen in Altenb.) 12 gr

— Vorlegeblätter f. Bürger- u. Landschulen. 4. Leipz. 810. N. A. 827. Engelmann. 8 gr

Schindler, Jh. Karl Glo., († d. 16. Oct. 1821.) größere Vorschriften für das bürgerl. Leben, nebst gründl. Anweis. zum Schönschreiben, Leipz., Verfasser. 2 rf

Schindler, Johann Nepomuk

Schindler, J. N., Geschichte und Beschreibung d. Bürgermilitz in Grätz m. lit. Abbild. 4. Grätz, Ferstl.

Schindler, Jh. Nep., militärisches Handbuch zum Gebrauche der in den sämmtl. k. k. Staaten bestehenden Bürgermilizen. gr. 8. Grätz 807. Kienreich. 1/2 rf

Schindler, Johannes, u. Steglitz: Die Reservefonds der Aktien-Gesellschaften. Greifswald 1909: Abel. 54 S. 8⁰ Greifswald, Jur. Diss. v. 22. März 1909, Ref. Frommhold

[Geb. 29. Juni 76 Schöneberg b. Berlin; Wohnort: Hamburg; Staatsangeh.: Preußen; Vorbildung: Gymn. Steglitz Reife O. 98; Studium: Berlin 7 S.; Rig. 16. Juni 03.] [U 09. 1469

Schindler, Jos., Anleitung zur Behandlung der Cholera m. kaltem Wasser nach Vinc. Prießnitz's System. 12. (8 S.) Freiwaldau 892. B. Titze. — 15

Schindler, Josef —. Erfindung einer nichts kostenden Kraft in jeder Dimension Mit 2 Lithographien von — —. Znaim. 1855. Schnellpressendruck von M. Hofmann. (12 S. u. 2 Taf. 8)

Schindler, Josef — Heilverfahren mit kaltem Wasser bei der Cholera. Von — —. Freiwaldau, 1855. Druck von Ernest Titze. (14 S. 8.)

Schindler, Jos., Johannes Hus. 8. (131 S.) Prag 872, (Hunger.) [Kosmack und Neugebauer.] *

Schindler, Jos., Johannes Hus. 8. (131 S.) Prag 872. Kosmack & Neugebauer in Comm. n. — 80

Schindler, J., Das religiös-sittliche Moment der alten Innungen von Böhmens Glasindustrie und Glashandel. 8⁰. Linz 1883.

Schindler, Jos., die Reliquien des heil. Martyrers Adalbert Bischofs von Prag, mit besond. Berücksicht. ihrer Aechtheit. Anläßlich ihrer Auffindung in Prag am 15. März 1880. gr. 8. (36 S. mit 1 Holzschntaf.) Prag 880, [Kosmack und Neugebauer.] Neugebauer.

Aus: Theologisch-praktische Quartalschrift, besonders abgedruckt.

Schindler, Jos., St. Joseph, dargestellt nach der Heil. Schrift. Akademische Vorträge. 8. (XVI, 125 S.) Freiburg i/B. 893. Herder. n. 1.20

— wie Vincenz Prießnitz in der Umgegend v. Gräfenberg-Freiwaldau die Cholera kurirte. (Mit einigen hydrotherapeut. Notizen v. e. alten Gräfenberger als Einleitg.) Neue Aufl. 8. (16 S.) Breslau 892. J. Max & Co. — 30

Schindler, Jos., das sociale Wirken der katholischen Kirche in der Prager Erzdiöcese, s.a. Wirken, das sociale, der kathol. Kirche in Oesterreich. 10.

Schindler, Josef: Das sociale Wirken d. katholischen Kirche in d. Prager Erzdiöcese. ⟨Kgr. Böhmen.⟩ Vom Hofr. Univ.-Prof. Dr. Josef Schindler, Prälat, Prag. Wien: Mayer & Co. in Comm. 1902. (XI, 544 S.) 8°
= Wirken, Das Sociale, d. kathol. Kirche in Oesterreich. Bd 10.

Schindler, Jos., der heilige Wolfgang in seinem Leben und Wirken. Quellenmäßig dargestellt. gr. 8. (VIII, 204 S.) Prag 885, Rohlicek und Sievers.

Schindler, Julius [approb. Arzt aus Kork in Baden]: Beitrag zur Entwickelung maligner Tumoren aus Narben .... Strassburg, Univ.-Buchdr. v. J. H. Ed. Heitz (Heitz & Mündel Nachf.), 1886; 30 S. 8°.
Strassburg, Med. Fak., Inaug.-Diss. v. 1886.

Schindler, Julius, Referendar in Lautenburg Wpr.: Über das Chikaneverbot nach früherem und modernem Rechte, insbesondere nach dem Rechte des BGB. Greifswald 1907: J. Abel. (41 S.) 8°
Greifswald, Jur. Fak., Ref. Jung, Diss. v. 17. Juni 1907
[Geb. 28. Febr. 85 Lautenburg, Kr. Strasburg W.-Pr.; Wohnort: Lautenburg; Staatsangeh.: Preußen; Vorbildung: Gymn. Strasburg W.-Pr. Reife O. 03; Studium: Heidelberg 1, Berlin 3, Greifswald 2 S.; Rig. 8. Nov. 06.]

Schindler, Karl, s.a. Schindler, Johann Karl Gottlob

Schindler, Karl, appr. Arzt, München: Ueber subphrenische Abscesse. ⟨Aus d. k. chirurg. Klinik zu München.⟩ *München 1901: Kastner & Lossen.* (36 S.) 8°
München, Med. Diss. v. 1901

Schindler, Karl: Die venerische Ansteckung der Hebammen im Beruf u. die Notwendigkeit eines Hebammen-Versicherungsgesetzes f. d. dt. Reich. ⟨Als Ms. gedr.⟩ — (Berlin 1907: Schumacher.) 38 S. 8°

Schindler, Carl, mathematische Aufgaben nebst ihren Lösungen. Zum Gebrauche auf Forst-, Berg-, landwirthschaftl. u. anderen techn. Academien, so wie zum Selbstunterrichte. Wien 865. Braumüller. gr. 8. (XIII, 343 S.) n. 2 ℛ 10 ngr.

Schindler, Carl, Referendar: Der Begriff des guten Glaubens beim Erwerb eines Wechsels. Göttingen 1909: Dieterich. VIII, 54 S. 8°
Göttingen, Jur. Diss. v. 10. Aug. 1909, Ref. Ehrenberg
[Geb. 6. Jan. 86 Hannover; Wohnort: Hannover; Staatsangeh.: Preußen; Vorbildung: Gymn. Hannover Reife O. 04; Studium: Leipzig 4, Göttingen 3 S.; Rig. 10. Juni 09.] [U 09. 1288

von Schindler, Carl Ritter: Geognostische Bemerkungen über die Karpathischen Gebirge in dem Königreiche Galizien und Lodomerien, und die Art, nach welcher die an diesen Gebirgen liegenden verschiedenen Mineralien am leichtesten und zuverlässigsten aufgefunden werden können. Nach mehrjährigen Erfahrungen bearbeitet und herausgegeben. Mit einer Karte. Wien 1815. VIII. 58 S. 8°.

Schindler, C. von, geognostische Bemerkungen üb. die Karpatischen Gebirge in dem Königr. Galizien, m. 1 Charte. 8. Wien, Camesina. 815.

Schindler, C. v., Bemerkungen über die karpathischen Gebirge in d. Königr. Galizien u. Lodomerien. gr. 8. Wien. 815. Jetzt Volke.

v. Schindler, Ritter Karl, geognost. Bemerkk. üb. die Karpathischen Gebirge in d. Königr. Galizien. Mit e. Vorrede v. M. A. Diesing. Mit 1 Karte. 8. Wien 815. (Volke). 18 g.

— Eisenkonstruktion im Hochbau, s.a. Sammlung Göschen.

Schindler, Karl: Eisenkonstruktionen im Hochbau. Kurzgef. Handbuch m. Beispielen f. d. prakt. Gebrauch. Von –. 115 Fig. Leipzig: Göschen 1907. 127 S. 8°
(Sammlung Göschen. 322.)

Schindler, K., der Erdschluss elektr. Anlagen, seine Entstehg., Wirkg., Folgen, Aufsuchg., Beseitigg. u. seine Beziehgn. zum Kurzschluss. (VI, 75 S. m. 20 Fig.) 8. Leipzig 905. O. Leiner. n. 1.50

Schindler, Karl, Finanzwesen u. Bevölkerung d. Stadt Bern im 15. Jahrh. gr. 8. (51 S.) Bern 900. A. Francke. n. 1.60
Sonderabdruck aus: „Zeitschrift f. schweizer. Statistik".

Schindler, Karl, die Forste der in Verwaltung d. k. k. Ackerbau-Ministeriums stehenden Staats- u. Fondsgüter. Im Auftrage Sr. Exc. d. Hrn. k. k. Ackerbau-Ministers Jul. Grafen v. Falkenhayn dargestellt. Hrsg. vom k. k. Ackerbau-Ministerium. 1. Thl. Mit e. Atlas, enth. 41 Karten (Fol. in Mappe.). Lex.-8. (VI, 487 S.) Wien 885. Hof- u. Staatsdruckerei. n. 60. —

Schindler, K., die Forste der in Verwaltung des k. k. Ackerbau-Ministeriums stehenden Staats- u. Fondsgüter. Hrsg. vom k. k. Ackerbau-Ministerium. 2. Thl. Lex.-8. (VIII, 743 S.) Wien 889. Hof- u. Staatsdruckerei. n. 16. — (1. u. 2.: n. 76. —)

— die Forst- u. Jagdgesetze der österreichischen Monarchie. Ebend. 866. gr. 8. (XI, 465 S.) n. 2 ℛ 10 ngr.

—— die k. k. Forstlehranstalt zu Mariabrunn. Eine geschichtlich-statist. Darstellung seit ihrer Entstehung bis auf die Gegenwart. Eine Festgabe zu der am 12. Oktbr. 1863 stattfind. 50jähr. Jubelfeier. Auf Veranlassung des Fest-Comité's zusammengestellt. gr. 8. (VI und 178 S. mit 1 Holzschntaf.) Wien 863, Braumüller. *

Schindler, Karl, die im Eisenhochbau gebräuchlichsten Konstruktionen schmiedeeiserner Säulen. Ein Handbuch für Ingenieure, Architekten, Techniker u. Bauführer. Mit 100 Text-Abbildgn., zahlreichen Tab. u. Rechnungsbeispielen. (VII, 111 S.) gr. 8. Wien 908. A. Hartleben. 4.—; geb. n 5. —

Schindler, K., Leitfaden der deutschen Sprachlehre f. höhere Mädchenschulen, Lyzeen u. Studienanstalten. Nach den Bestimmgn. vom 18. VIII. 1908 bearb. 4 Tle. u. Anh. 8. Breslau, H. Handel. 4.05
I. Für die Unterstufe der höheren Mädchenschulen (u. d. Vorschule aller höheren Lehranstalten). (52 S.) 909. — 40
II. Mittelstufe. (IV, 86 S.) 910. Geb. — 80
III. Oberstufe. (IV, 92 S.) Geb. — 80
IV. Für Lyzeen u. Studienanstalten. Lautlehre. Geschichte der deutschen Sprache. Mundarten. Geschichte des Fremdworts. Bedeutungswandel. Mit 1 farb. Karte der deutschen Mundarten u. Abb. zur Lautlehre. (VIII, 115 S.) 910. Geb. 1.80
Anh.: Die Wortbildungslehre. (24 S.) (910.) — 25

Schindler, Carl [pr. Arzt]: Die Methylenblaubehandlung der Neuralgieen nach Beobachtgn in d. inneren Abteilg d. Dir. Dr. P. Guttmann im städt. Krankenhause Moabit zu Berlin ... Breslau, Druck v. L. Freund, 1892; 2 Bl., 16 S., 1 Tab. 8.
Breslau, Med. Fak., Inaug.-Diss. v. 8. Jan. 1892

Schindler, Karl, Portefeuille f. Forstwirthe, Ingenieure, Baumeister etc. enth. die wichtigsten Taf. aus dem Gebiete der Forstkunde, nach dem neuesten Standpunkte der Wissenschaft u. Erfahrg. 8. (XII, 320 S.) Wien 872. Faesy & Frick. n. 5. 40

Schindler, Karl, Portefeuille für Forstwirthe, Taxatoren, Ingenieure, Oekonomen etc., enth. die wichtigsten Tafeln aus dem Gebiete der Forstkunde, nach dem neuesten Standpunkte der Wissenschaft und Erfahrung. 2. für das Metermass umgearb. und verm. Aufl. 8. (VIII, 413 S.) Wien 876, [Faesy und Frick.] Faesy. *

— das Rebhuhn in s. Aufzucht u. Lebensart. gr. 8. (47 S. m. 1 Abb.) Harsleben-Halberstadt (895). J. Brieſt. n. — 50

Schindler, Carl, Schematismus und Statistik der Staatsforste, der forstlichen Lehranstalten und Vereine des österreichischen Kaiserthums. 1. Jahrg. gr. 8. (IX und 214 S.) Wien 864, Braumüller. *

Schindler, Karl, Baron Albert v. Seld, e. treuer Königs- u. wahrer Volksfreund. Ein Lebensbild. 8. (VII, 293 S. m. Bildnis.) Basel 894. Jaeger & Kober. n. 2. —; geb. in Leinw. n. 3. —

Schindler, Carolus (Felix) *(geb. Oppeln 5. 3. 1852)*: De Sophocle verborum inventore. Part. I: De nominum compositione. Vratislaviae (1877). (108 S.) 8° *[Im Buchhandel 1877 bei Koebner in Breslau.]*
Breslau, Phil. Diss. v. 9. Aug. 1877

Deutsche Sprachlehre für Lehrerbildungsanstalten. Nach d. Lehrplan v. 1. Juli 1901 bearb. von Prof. Dr. K. **Schindler**, Oberl. a. D., u. A. Volkmer, Seminarl. T. 1. 2. Breslau: H. Handel 1903–04. 2 Bde 8° [F.]
1. Für Präparandenanstalten. 1903.
2. Für Lehrerseminare u. z. Selbstunterricht. 1904. [07. 15641

Deutsche Sprachlehre für Lehrerbildungsanstalten. Nach d. Lehrplan v. 1. Juli 1901 bearb. von Prof. Dr. K[arl] **Schindler**, Oberl. a. D., u. A. Volkmer, Präparandenanstaltsvorst. (2: Unter Mitw. von W. Stein, Seminarl.) 2. verb. Aufl. T. 1. 2. Breslau: H. Handel 1905–07. 2 Bde 8° [F.]
1. Für Präparandenanst. 1905. 2. Für Seminare. 1907. [08. 4084 2

Deutsche Sprachlehre für Lehrerbildungsanstalten. Nach d. Lehrplan v. 1. Juli 1901 bearb. von Prof. Dr. K[arl] **Schindler** u. † A. Volkmer. 3. verb. Aufl. T. 1. Breslau: H. Handel 1907. 8° [F.] [08. 6998 2

— u. A. Volkmer, deutsche Sprachlehre f. Lehrerbildungsanstalten. Nach dem Lehrplan vom 1. VII. 1901 bearb. 2 Tle. 8. Ebd. 909. Geb. à nn 1: 70
I. Für Präparandenanstalten. 4., durchgeseh. Aufl. (X, 165 S.)
II. Für Seminare. Unter Mitwirkg. von Sem.-Lehr. W. Stein. Mit 1 farb. Karte der deutschen Mundarten u. Abbildgn. zur Lautlehre (auf 3 Taf.). 3., verb. Aufl. (VIII, 123 S.)

—— Vademecum. Führer für Curgäste in Marienbad. 32. (88 S. mit 1 Photogr.) Wien 867, (Braumüller.) *

Schindler, Karl Aug., Geschichte d. Stadt Schweidnitz für ihre Bürger. 8. Striegau, ohne Jahrz.

Schindler, Karl Eug., die Association der Geldkräfte sammt Vorschlägen für Gewerbe- und Gewerken-Banken und für landwirthschaftliche Geld-Vereine. Wien 853. Greß. 8. (2 Bl., 107 S.) 28 ngr.

Schindler, Carl Eugen, Darstellung d. Colonen- u. Contadinen-Wesens im ragusaner Kreise. gr. 8. (2½ B.) Wien 837, (Braumüller u. Seidel.)
Aus: Zeitschr. f. österr. Rechtsgelehrsamkeit u. polit. Gesetzkunde, besond. abgedruckt.

— über das Ende des Silber-Agio's. Ein finanzwissenschaftl. Versuch. 8. (40 S.) Wien 852, Greß. n. 12 ngr

— das österreichische Holz- und Weiderecht-Ablösungsgesetz vom 5. Juli 1853, besprochen vom staatsökonomischen und rechtslegislativen Standpuncte. Mit einem Vorworte über den Geist der Stein-Hardenberg'schen Verwaltungs-Epoche. Abdr. aus Haimerl's Magazin für Rechts- u. Staatswissenschaft. Wien 854. Manz. gr. 8. (25 S.) n. 7 ngr

Schindler, Carl (Eug.), die Landwirthschaft in Schottland in ihren neuesten Fortschritten beobachtet während eines längeren Aufenthaltes daselbst. Mit vielen (eingedr.) Holzschn. gr. 8. (IV u. 151 S.) Wien 852, Braumüller. n. 1 ß

Schindler, Car. Ludov. Eduard. (geb. Landsberg a. W. 22. 10. 1810): De abscessu urinoso. Berolini (1837). (32 S.) 8°
Berlin, Med. Diss. v. 12. Apr. 1837

Schindler, Konrad

Schindler, Konrad, Glarus. Specimen inaugurale medicum de caseo Glaronensium rasili, viridi.
Basel, Med. Diss. 1755

Schindler, Conrad. Untersuchungen über das Auftreten der Myelocyten im Blute. Zugleich ein Beitrag zur Hämatologie infectiöser und anderer Krankheitszustände. Diss. Med. Bern. [Mit Figuren. Sep.-Abdr. aus: Zeitschrift für klinische Medicin. Bd. 54, Heft 5/6, 1904.] IV + 64 S. 8. Berlin, L. Schumacher, 1904.

Schindler, Ludw., die österreichische Bürgerschule. Ein Beitrag zur Würdigung und Förderung derselben. gr. 8. (VI, 154 S.) Wien 879, Gerold's Sohn. *

Schindler, Ludw., theoretisch-praktisches Handbuch f. den ersten Schulunterricht. 1. [theoret.] Thl. gr. 8. (VIII, 320 S.) Leipzig 876. Brandstetter. 5. —

— theoretisch-praktisches Handbuch für den ersten Schulunterricht. 2. [prakt.] Thl. gr. 8. (VIII, 335 S.) Leipzig 877. Brandstetter. 5. — (cplt.: n. 10. —)

Schindler, Ludw., das Kindergarten- und Kleinkinder-Schulwesen in Oesterreich und Deutschland, s. Erziehung, Unterricht, Schulwesen.

— das Kindergarten- u. Kleinkinder-Schulwesen in Oesterreich u. Deutschland. Vergleichende Studien auf Grundlage unmittelbarer Anschauung während einer Sommerreise im Jahre 1877. Mit 10 lith. Taf. gr. 8. (64 S.) Wien 878. Graeser. n. 1. 20

—— erstes Schulbuch zum Schreiblesеunterricht. gr. 8. (IV, 80 S. mit 4 Stnt.) Wien 876, [Sallmayer und Comp.] Graeser. **

Schindler, Mch., Commentatio med. sistens observat. circa usum conii maculati et mali citrei in scorbuto, aliisque morbis etc. 4. Ulm 791. Wohler. 2 gl.

Schindler, O., die Jagd im Hause, s.: Kühling's, A., Album f. Liebhaber-Bühnen.

Schindler, O., s.: Jahrbuch der Arbeiterversicherung.

Schindler, Otto, praktischer Leitfaden zur Durchführung von Kommassationen [Zusammenlegung der Grundstücke], zur Theilung der Gemeindegründe und Regelung gemeinschaftl. Nutzungsrechte, sammt Beispielen von Formularien. Hrsgbr.: Ant. Schweitzer. gr. 8. (XVI, 176 S.) Wien 878, (Frick.) *

Schindler, Otto, eine Obstbaustudienreise nach Tirol u. Steiermark, s. a. Arbeiten der Landwirtschaftskammer f. die Prov. Sachsen.

Eine Obstbaustudienreise nach Tirol und Steiermark von Otto **Schindler**. Halle a. S.: Landwirtschaftskammer 1908. (38 S.) 8° [F.]
= **Arbeiten** d. Landwirtschaftskammer f. d. Prov. Sachsen. H. 12. [08. 10939 3

Schindler, P., s.: Jahrbuch der Arbeiterversicherung.

Schindler, P., s.: Sammelbuch der Bescheinigungen üb. die Endzahlen 2c. zur Invalidenversicherung.

— s.: Taschen-Kalender zum Gebrauche bei Handhabung der Arbeiterversicherungsgesetze.

Schindler, Paul, aus Breslau (Prausnitz): **Ueber die Einwirkung von Thionylchlorid auf einige tertiäre und sekundäre Amine.** *Rostock 1899: C. Boldt.* (43 S.) 8°
Rostock, Phil. Diss. v. [26. Nov.] 1898

Schindler, Paul, O. S. B., geistliches Morgenbrot f. christl. Seelen, s.: Perrot, Claudius.

Schindler, Ph. W., Meditationes et observ. jurid. ad Persii satyras. 8maj. Leipz. 797. Göthe. 6 gr

— s. A. Fl. Persius, Satyren.

Schindler, R. (II.), s.a. Shindler, R.

Schindler, R., e. Fürst unter den Predigern. Leben u. Wirken v. C. H. Spurgeon. Mit Vorwort v. G. Kawerau. 8. (VIII, 210 S. m. Abbildgn. u. Bildnis.) Hamburg 892. J. G. Oncken Nachf. n. 1. 50; geb. 2. 40

Schindler, R., Spurgeon. Sein Leben u. Wirken. Eine Biographie d. Fürsten unt. d. Predigern. M. Vorwort v. G. Kawerau. Nebst 8 Ansprachen v. C. H. Spurgeon. Deutsch v. A. Steen. 2. Aufl. 10. Taus. 8. (V, 176 S. m. Abb. u. Bildn.) Hamburg 898. Cassel, Verlagshaus d. deutschen Baptisten J. G. Oncken Nachf. 1. —

Schindler, R., **über instrumentelle Uterusperforation bei Abortusausräumung.** (Demonstration im steiermärk. Ärzteverein am 18. II. 1910.) (Aus der Universitäts-Frauenklinik in Graz. Vorstand: E. Knauer.) (7 S.) gr. 8. Leipzig 910. B. Konegen. 1. —
Sonderabdruck aus: „Der Frauenarzt".

Schindler, Rud., das gewerbl. Fortbildungsschulwesen in Oesterreich. (XII, 264 S.) gr. 8. Wien 904. A. Hölder. n. 3. 50; geb. in Leinw. n. 4. —

Schindler Dr. Rudolf, Lehrbuch der Gesetzkunde für gewerbliche Unterrichtsanstalten. Wien 1904. K. k. Schulbücherverlag. Preis, gebunden 1 K.

Schindler, Dr. Rudolf, Lehrbuch der allgemeinen Gewerbevorschriften für gewerbliche Unterrichtsanstalten. 2. Auflage. Wien 1907. Schulbücherverlag. Geb. K —.80.

Schindler, R., Lehrbuch der allgemeinen Gewerbevorschriften. III. Aufl. 8°. (117 S.) Wien: Schulbücherverlag 1909.

Schindler, Th.: Mehrpunktige Berührung eines Kreises mit Kegelschnitten. 1882. 8°
Diss. Marburg

Schindler, Titus

— Über die Einwirkungen von Schwefelsäure auf β-Trimethyläthylidenmilchsäure. S. 101. II b. 526 . . . . vgr.
Separatabdruck

Schindler Titus: Über das Krotonaldoxim. S. 100. II b. 561 . . . . vgr.
Separatabdruck

— Notiz über Krotonaldoxim und Allylevanid. S. 100. II b. 609 . . . . vgr.
Separatabdruck

Schindler, Vinzenz, Leitfaden f. die Erteilg. des Klavierunterrichtes im Elisabethinum in Olmütz. (22 S. m. 1 Fig.) kl. 8. Olmütz 904. (F. Grosse.) n.n. — 50

Schindler Vinzenz: Papst Nicolaus III. 1277—1280.
II. 1903 PN 1590 **Diss** Wien. Univ. 862

Schindler, Wilh., sächsische Dorfgeschichten, s.a. Kürschner's, Jos., Bücherschatz.

Sächsische Dorfgeschichten. Von Wilhelm Schindler. Mit Ill. von W. Roegge. *Berlin, Eisenach, Leipzig: H. Hillger [1903].* (109 S.) 8° [F.]
= **Bücherschatz**, Kürschner's. No 349. [04. 974

Schindler, Wilh., Dorfleute, s.: Universal-Bibliothek.

— **der Gemeinderat zu Steinhübel. Heitere Dorfepisode in 1 Akt.** (24 S.) 8. Leipzig (905). R. Maeder. n. — 60

Schindler, Wilh., der Gemeinderat zu Steinhübel. Heitere Dorfepisode in 1 Akt. (24 S.) 8. Leipzig (906). R. Maeder. — 60

Schindler, Guillelmus [!]: * (Quae Stephanus Paschasius sive Pasquierius „Etienne Pasquier" de poesi francogallica senserit exponuntur et examinantur.) 147 S. 4° (2°)
Halle-Wittenberg, Phil. Diss. v. 10. Juli 1865
Geb. Lauterbach (Kr. Habelschwerdt) 15. 12. 1831. V.

— Skizzen aus dem Elbsandsteingebirge, s.: Meyer's Volksbücher.

— **Wanderung durch Dresden u. die sächs. Schweiz.** (20 farb. Taf. m. 8 S. Text.) qu. 8. Leipzig (905). Oetzsch-Gautzsch, Wanderer-Verlag. In Leinw.-Mappe 10. —

Schindler, Willy (Hrsg.), s. Blätter für Bibliophilen.

Schindler, Willy, das erotische Element in Literatur u. Kunst, s.a. Beiträge zur Geschichte des menschlichen Sexuallebens. 1.

SCHINDLER, Willy, Das erotische Element in Literatur und Kunst. Ein Beitrag zur Erotologie. (Publication der „Vereinigung deutscher u. oesterreich. Bibliophilen".) Berlin 1907. 8°. 132 S. (Mk. 2—.)
Ein sehr instruktives Werkchen, das namentlich über die in den letzten Jahren in deutscher Sprache ersch. Privatdrucke erotischen Charakters orientirt.

Das erotische Element in Literatur und Kunst. Ein Beitrag z. Erotologie von Willy **Schindler**. 1. Aufl. Berlin: W. Schindler 1907. (132 S.) 8°
= **Beiträge** z. Geschichte d. menschl. Sexuallebens. Bd 1. [07. 11388

WERTHER, Richard (d. i. *Willy Schindler*, damals in Berlin), Freudenmädchen. Die Geschichte einer Bordelldirne. Privatdruck (c. 1908). 8°. 177 S. (Br. Mk. 17—, gebd. 20—.)

Schindler-Barnay, die Verfettungs-Krankheiten. 2., umgearb. Aufl. 8. (VI, 83 S.) Wien 882. Braumüller. n. 1.60

Schindler-Barnay, d. Verfettungs-Krankheiten. 3. Aufl. gr. 8. (VII, 84 S.) Wien 883. Perles. n. 2. —

Schindler-Barnay, die Verfettungs-Krankheiten. Die Reductionskur f. Fettleibige. 4., umgearb. Aufl. gr. 8. (71 S.) Berlin 893. Cassirer & Danziger. n. 2. —

Schindler-Escher, C., „Klein, aber Mein". 7 Projekte für einzeln stehende Häuschen mit Stall im Werthe von 4 bis 5000 Franken [den im Juni 1885 prämiirten Arbeiten entnommen]. Mit einer Abhandlung „Ueber die Wahl der Baustelle" von El. Landolt und „Ueber den Anbau eines Gemüsegartens und ein Stück Pflanzlandes" von Lutz. 1. Heft. 2. und 3. Aufl. gr. 4. (31 S. mit 13 Taf.) Zürich 886, (Meyer und Zeller.) **

—— daſſ. — 2. Heft: Bericht über 3 bei Zürich gebaute Familienhäuschen mit Grundriſſen und Perſpektiven. Mit einer Abhandlung über „häusliche Geſundheitspflege" von Guſt. Cuſter und von Fritz Rödiger über „den Werth der Ziege für Haus und Familie". gr. 4. (35 S. mit eingedr. Fig. und 4 Taf.) (Ebendaſ.) 887. *

Schindler-Eſcher, C. „Klein aber mein!" Sieben Projekte f. einzelnſteh. Häuschen m. Stall u. Bericht üb. drei bei Zürich gebaute Familienhäuschen. 4. u. 5. Aufl. gr. 4. (30 S. m. 16 Taf.) Zür. 891, Meyer u. Zeller. * 3 —

Schindler-Eſcher, C., „Klein, aber mein". 7 Projekte für einzelnſteh. Häuschen m. Stall u. Bericht über 3 bei Zürich gebaute Familienhäuschen. Mit 8 Plänen u. 8 Lichtdr. nach Zeichngn. v. Ernſt Gladbach. 6. Aufl. gr. 4. (32 S.) Zürich 899. A. Rauſtein. n. 2. 40

Schindler-Escher, C. Ueber Serbien u. dessen Feldzug im Sommer 1876. 8. M. 2 Krtn. Frauenfeld 1877.

Schindler-Huber, D., Zur Frage der Arbeitslosenversicherung. 8°. Zürich 1895.

Schindler-Huber, D[ietrich]. Die Trusts in den Vereinigten Staaten von Amerika. Hrg. von der Zürcher Handelskammer. IV + 43 S. 4. Zürich, Druckerei der Neuen Zürcher Zeitung, März 1902.

Schindling, A. v., richtigere Gedanken über Freyheit und Gleichheit, als deren heutigen Revolutioniſten. 8. München, Lindauer. 790.

v. Schindling, A., richtigere Gedanken üb. Freiheit u. Gleichheit, als deren heutigen Revolutionſten. 8. Münch. 793. J. Lindauer. 4 g.

Schindling, Bernhard

Schindling, B., d. Murbacher Glossen, s. Untersuchungen zur deutschen Sprachgeschichte. 1. Heft.

Schindling, Bernhard, a. Hattersheim bei Frankfurt a. M.: Die Marbacher Glossen. Ein Beitrag zur ältesten Sprachgeschichte des Oberrheins. Straßburg i. E. 1906: C. & J. Goeller. (80 S.) 8° ¶(Erscheint demnächst vollst.)

Straßburg, Phil. Fak., Ref. Henning, Diss. v. 1. Aug. 1904

[Geb. 3. März 80 Hattersheim; Wohnort: Hattersheim; Staatsangeh.: Preußen; Vorbildung: Gymn. Montabaur Reife 99; Studium: Freiburg i. B. 3, München 2, Münster 1, Paris 1, Straßburg 5 S.; Rig. 1. Aug. 04.]

Schindling, B.: Die Murbacher Glossen. Ein Beitrag z. ältesten Sprachgeschichte d. Oberrheins von Dr. –. Strassburg: Trübner 1908. 186 S. 8°
(Untersuchungen z. deutschen Sprachgeschichte. H. 1.)

Schindowski, Hans Otto, pract. Arzt aus Königsberg i. Pr.: Ein Beitrag zur Frage über die Enteisenung eisenhaltigen Grundwassers. *Leipzig 1900: B. Georgi.* (15 S.) 8°
Leipzig, Med. Diss. v. (13. Dez.) 1900

Schindowski, Rob., die Blumenzucht im Zimmer. Anleitung zur Zucht u. Pflege der Zimmerpflanzen. 16. (61 S.) Danzig 885. Axt. n. — 50

Schindowski, Rob., die Blumenzucht im Zimmer. Anleitung zur Zucht u. Pflege der Zimmerpflanzen. 2., verm. Aufl. 12. (70 S.) Danzig 893. F. Axt. n. — 50

—— der Gemüſegarten. Kurze Anleitung zur Anlage und Einrichtung deſſelben, ſowie zur Erziehung der verſchiedenen Küchenkräuter und Gemüſearten. gr. 8. (47 S.) Ebendaſ. 885. *

Schinemann, Georg Theodor (Königsberg/P.)
A. S. 106/4

Specimen iurisprudentiae Anteiustinianeae ex A. Augustino Hipponensi episcopo.
Präs. Justus Henning Boehmer.
Halle (Grunert) 26. V. 1742. 58 S.

Gew.: Jur. Fakultät Königsberg.
W. v.: Präs., Daniel von Hoogveld. 30493

Schinemann, Georg Theodor (Königsberg/P-) G. B. 824

Dissertatio iuridica, de statutis civitatis Regiomontanae, Germ. von der Willkühr der Stadt Königsberg.
Präs. Reinh. Friedrich Sahme.
Königsberg (Hartung) 9. V. 1741. 88 S.

Gew.: Stadt Königsberg.
W. v.: Präs. 30492

Schinemann, J. Fr., Diss. de vera forma imperii Romani sub-regibus. Regiom. 738. 4. (72 S.)

Schiner, Hans, ſ.: Beiträge zur Schwachſinnigen-Fürſorge.

— u. Hans Bösbauer, Fibel f. abnorme Kinder (Hilfsſchulenfibel). 2 Tle. gr. 8. Leipzig, B. G. Teubner. Kart. n. 1. 70
1. (56 S. m. Abbildgen.) 903. — 80
2. Hrsg. unter Mitarbeit von Leop. Miklas. (64 S.) 905. — 90

Schiner, Hans, Handbuch der Schwachsinnigenfürsorge, s.: Bösbauer, Hans.

Schiner, J. Rud., catalogus systematicus Dipterorum Europae. Wien 864. (Leipzig, Brockhaus.) gr. 8. (XII, 115 S.) n. 24 ngr.

—— Diptera, s. Reise der oesterreich. Fregatte Novara. Zoologischer Theil.

— fauna austriaca. Die Fliegen. [Diptera.] Nach der analytischen Methode bearb., mit der Charakteristik sämmtlicher europaischer Gattungen, der Beschreibung aller in Deutschland vorkommenden Arten und der Aufzahlung aller bisher beschriebenen europäischen Arten. 2 Thle. (In 14 Heften.) Wien 860—64. Gerold. Lex.-8. (LXXX, 674 S.; XXXII, 658 S. u. 2 lith. Taf.) n. 14 ᵴ

—— Fauna austriaca. Die Fliegen. (Diptera.) Nach der analyt. Methode bearb., mit der Charakteristik sämmtl. europ. Gattungen, der Beschreibung aller in Deutschland vorkomm. Arten und der Aufzählung aller bisher beschrieb. europ. Arten. 11.—14. (Schluss-)Heft. Lex.-8. (2. Thl. XXXII und S. 289—658.) Wien 864, Gerold's Sohn. à Heft * 1 Thlr. *
1.—10. Heft. Ebendas. 1860,61. * 10 Thlr.

Schiner, J. R. Revision der von österreich. Entomologen aufgeführten Dipteren. 1856.

Schiner, M., **Description du Département de Simplon, ou de la ci-devant République du Valais. gr. 8. Aarau, Sauerländer. 813.**

Schiner, R. J., s. Schiner, J. Rud.

Schingnitz, Paul, aus Lehesten (S.-M.): **Inwieweit ist zur Erfüllung einer Obligation die Mitwirkung des Gläubigers erforderlich?** *Coburg 1899: A. Rossteutscher.* (32 S.) 8° [F.]
Erlangen, Jur. Diss. v. 2. Dez. 1898

Schings, Jos. Vide: Arbeitsrecht.

— — Blätter (Christl.-soziale).

Schings, Jos., die christlich-sociale Partei in ihren Bestrebungen dargestellt in dem Entwurfe zu einem christlichen Arbeiter-Katechismus u. dem Berichte über die 1. Generalversammlung der christlich-socialen Vereine Rheinlands u. Westfalens zu Elberfeld am 6., 7. u. 8. März 1870. Aachen 870. (Benrath & Vogelgesang.) gr. 8. (31 S.) n. 2 ngr.

Schinhammer, Cl., Führer durch Amberg m. (farb.) Stadtplan. 12. (62 S.) Amberg (899). C. Mayr. n. —60

Schinhofen, Pierre, „Andreas Hofer", der Held von Passeier, s. A. Heidelmann's, A., Theater-Bibliothek 150. Heft.

'Andreas Hofer' Der Held vom Passeier. Hist. Drama mit Gesang in 5 Akten von Pierre **Schinhofen.** Bonn: A. Heidelmann [1905]. (86 S.) 8° [F. u. Ant.]
— **Theaterbibliothek**, A. Heidelmann's. H. 150.

Schink, s.a. Schinck.

Schink, Cajetan (Hrsg.), s. Blumenlese der Musen.

Schink, Carl, s. Schink, Karl

Schink, Friedrich Christian Gotthilf (Freiberg)
A. S. 127/5

Specimen continens caput iuris controversum metallarii de pecunia recessuali seu canone treimestri de metalli fodinis solvendo vulgo vom Quatember oder Recess=Geld. Präs. Christian Heinrich Breuning. Leipzig (Langenheim) 4. X. 1766. 24 S.

Gew.; Friedrich Anton von Heinitz, Friedrich Wilhelm von Oppel, Adam Friedrich von Ponikau. 30494

Schink, Geo. Fr., Gedichte. 1r Thl. 8. Erfurt 793.

Schink, Johann Friedrich

— Adelsten und Röschen. Trspl. mit Gesang. 8. Berl. 776. Himburg. 3 gr.

Schink, Jh. Fr., (richtiger Jh. Gf.,) Ausstellungen. 8. Wien 788. (Schaumburg u. C.) 1 rℓ 4 gr.

SCHINK, Joh. Friedr. (1755—1835), Ausstellungen. Mit gestoch. Titel u. Vignette von Malvieux. Wien, bei Stahel 1788. 8°. (1 1/6 Rthlr.) 9 Bll., 383 S. (In Berlin: Magistratsbibl.) (10 Mk. 50 Pfg., etwas stockfl., sonst schönes, ganz unbeschn. Expl. auf starkem Pap., Max Perl's Berliner Octob.-Auct. 1907, no. 819.)
Inh.: Gedichte. — Erziehungsszenen nicht, wie sie seyn sollen, sondern wie sie leider! sind. — Magische Abentheuer des Herrn Aloysius von Schwindel und seiner Familie. Bruchstücke aus einem grösseren Roman. — Das Todesgastmahl. Trauerspiel. Szenen des ersten Akts. — Kritische Briefe (darunter Dreizehnter—Siebzehnter Brief: Ueber Goethe's Iphigenie in Tauris).

— — Satans Bastard eine Reihe von dramatischen Scenen aus der Zeitgeschichte 1812 bis 1814. Berlin 1816. 8°. 12 u. 308 S. Orig.-Umschl.
Goedeke VII, 353, 18. Erste Ausgabe. — Max Perl's Berliner Juni-Auct. 1912.

— Satans Bastard. Eine Reihe dramat. Scenen. 8. Berl. 816. 2r Abdr. 821. Rücker. 1 rℓ 12 gr.

— zum Behuf d. deutschen Theaters. 1r Bd. (Enth.: Lina und Waller. — Die Nebenbuhlerin. — Geßner d. Zweite. — Der neue Faust.) 8. Grätz 782. (Mayr in Salzb.) 1 rℓ 2 gr.

— s. Beitr. zu d. nörd. Wissenschaften.

s. Brockmann's Hamlet.

— Charakteristik G. E. Lessings. Mit Portr. u. Kupf. (Aus d. Pantheon d. Deutschen.) gr. 8. Leipz. 817. (Auc in Altona). 1 rℓ Velinp. 1 rℓ 12 gr.

Schink, J. Fr., Charakteristik G. E. Lessings. Mit Portr. u. Kupfern. (Aus dem Pantheon der Deutschen.) gr. 8. Leipzig, Jacobäer. 817. Druckp. Rthlr. Velinp.

— Coriolan. Trspl. in 5 A. 8. Grätz 790. (Leipz., Reinicke). 6 gr.

— — Romantische Darstellungen. Altenburg, Verlag von Christian Hahn. 1822. — *A. E.:* Altenburg, gedr. in der Hofbuchdruckerei. 8°. (1 Rthlr.) (7 Mk. 50 Pfg. Max Jaeckel, Potsdam, 1908.)
Tit., 3 Bll. poet. Widm. („An Ihro Durchlaucht die Frau Herzogin Johanna Aczerenza-Pignatelli", dat. Lobichau im Trauermonde 1821), 1 Bl. Inh., 345 S. — 1. Der gefährliche Bund. 2. Schuld und Reue. 3. Dichter- und Liebeszauber. 4. Gefahren der Schwärmerei. (Forts. des vorigen.) 5. Der Fürstenpflegling.

— romant. Darstellungen. 8. Altenb. 822. Hahn. 1 rℓ 12 gr. (Lehnhold in Leipz.) Hbg. Pr. 1 rℓ

Schink, (J. Fr.,) romantische Darstellungen. 8. Leipz. 822, Hartmann, sorst 1 Rthl. 12 gr., ist der Pr.

— Dichtermanuscripte. 8. Wien, Gräffer. (Sommer in Leipz.)

— — Dichter-Manuscripte. Herausgegeben von Schink. Erste (einz.) Sammlung. Wien, 1781 bey Rud. Graffern 8°. (1/3 Rthlr.)
Magaz. d. Buch- u. Kunst-Handels. Jahrg. 1781. Lpz. gr. 8°. S. 356. — Sehr selten!

— Dichtermanuscripte. 8. Wien 781 (W. Nauck in Leipz.) 12 gr.

— moral. Dichtungen. 2 Bde. 8. Berlin, Nicolai. 799–800. (I. 1 Rthlr. 8 gr. II. 1 Rthlr. 12 gr.)

* — — Eigenkraft oder der Schwärmer für Wahrheit und Recht. Feenmärchen. Razeburg 1797. auf Kosten des Verfassers. 8°. (2/3 Rthlr.) XXII—215 S. (In Berlin: Yw 4621.) (9 Mk., schönes unbeschn. Expl. auf starkem Pap., Max Perl's Oct.-Auct. 1907, no. 820; 18 Mk. Emil Hirsch, München, 1907.)
Poet. Widmung an fünf junge adel. Damen, dat. 1797. Vorr. dat. Razeburg im März 1798 (so!). Mit vielen eingestreuten Gedichten. S. 176—190: Bitt' und Warnung an Frau Gertrude Klatsche. (Launiges satyrisches Gedicht.) — S. 195—215: Anhang. Ergiessungen der Phantasie und des Herzens zu Razeburg. (Gedichte.)

Schink, Jh. Fr., Eigenkraft, od. der Schwärmer für Wahrheit u. Recht. 8. Hamb. 798. (Campe). 16 gr.

— — Erzählungen, Romantische. Mit 1 Kpfr. Hamburg 1804. 8°. (1 1/3 Rthlr.)
Citirt Engelmann.

— romant. Erzählungen. 8. Hamb. 804. Schmidt. 1 rℓ 12 gr.

— Jh. Faust, dramatische Phantasie. 2 Thle. 8. Berl. 804. Sander. 2 rℓ 6 gr.

— dramat. Fragmente. 4 Bde. 8. Grätz 781—84. Tusch. 3 ꝑ

— — Litterarische Fragmente. 2 Bde. (à 3 Stücke.) Mit 2 Kpfrn. u. 2 Titelvignetten. Graz, mit v. Widmansstättenschen Schriften 1784—85. 8°. Selten! (5 Mk. Carl Uebelen, München. 1892; jetzt theurer!)

Darin u. a.: Die schöne Wittwe von Ephesus, nach dem Petron; über Friedel's Briefe aus Wien; Gedichte und Fabeln; Dramaturgisches, Kunstnachrichten etc.; Abderitisches Theater (2 Artikel); Jenny Lille. E. Geschichte aus den Zeiten Jakob II., Königs v. England (a. d. Französ.); Gedichte v. Deurer u. Andern; Urtheil e. Schottländers über den Karakter des Hamlet etc.

— literar. Fragmente. 2 Bde. 8. Wien 786. (Mayr in Salzb.) 2 ꝑ — Dies. 2 Bde. 8. Grätz 784. Tusch. 1 ꝑ 12 gl

— Frauenhuldigung; in 3 dramat. Dichtungen. 8. Halle 819. Renger. 1 ꝑ 6 gl

— die Fügungen. Eine dialekt-dramat. Dichtung. 8. Berl. 818. Nicolai. 1 ꝑ

— der gute Fürst, od. d. Geburtsfest. Vorspiel. 8. Berl. 776.

Schink, Joh. Frdr., s. a. Gallerie v. teutschen Schauspielern u. Schauspielerinnen.

— — Gallerie von teutschen Schauspielern und Schauspielerinnen älterer und neuerer Zeit. Wien 1783. 8°.

Bibl. Tieck. no. 1243. — Als Verfasser wird auch *Vulpius* genannt.

— Gedächtnißfeier der verewigten Frau Herzogin Anna Dorothea v. Curland u. Sagan. gr. 8. Altenb. 822. (Schnuphase). 12 gl Velinp. 18 gl

— vernünftig-christl. Gedichte. 8. Berl. 788. Nicolai. 9 gl

— Gesänge d. Religion. 8. Berl. ... 2e Aufl. 818, 3e A. 823. Th. Enslin. 1 ꝑ

Schink, (J. F.,) Gesänge der Religion. 3e Aufl. mit einer Musikbeil. 8. Berlin 823, Enslin.

Schink, Jh. Fr., ein Grab mit der Geliebten. Romant. Trauerspiel in 5 Abthll. 8. Leipzig 821. (Melzer.) 1/2 ꝑ

— ein Grab mit der Geliebten. Romant. Trspl. in 5 A. 8. Berl. 821. Lür. f. Lit. 12 gl (Leipz., Wolbrecht). Hbg. Pr. 6 gl

— Hartherzigkeit u. Reue; ein Schspl. in 4 Aufz. 8. Augsb. 794. v. Jenisch u. St. 5 gl

— Catharina Jacquet; e. dramat. Skizze. 8. Wien 786.

— Fr. Schillers Don Karlos, Wallenstein, Maria Stuart, d. Jungfrau v. Orleans, die Braut v. Messina u. W. Tell, ästhetisch, kritisch u. psychologisch entwickelt. gr. 8. Dresd. u. Leipz. 827, Arnold.

— — Kinder der Phantasie. Drei Erzählungen. Mit 1 Kpfr. Altona, Hammerich, 1805. 8°. (1 5/6 Rthlr.)

Citirt Engelmann.

— Kinderkomödien, s. Löper.

— — Kolibri, Der, eine der Unterhaltung gewidmete Quartalsschrift von Karl Müchler u. Joh. Frdr. Schink. 2 Stücke. Berlin, Rücker, 1817. 8°. (2 Rthlr.)

Ersch. IV. 2. 1837. Sp. 65 no. 428. — Sehr rar!

— Comödienprobe, od. der Impressor in tausend Aengsten. Lstspl. 8. Wien 783. Kurzböck. 2 gl

— s. König, der, in der Einbildung.

— — Laune, Spott u. Ernst. Eine Wochenschrift von *Schinck* (sic!). 4 Bde. Hamburg 1793. 8°. (2½ Rthl.)

Citirt Prof. Dr. Karl Jacoby in: Die ersten moralischen Wochenschriften Hamburgs .... Ebd. 1888. Gr. 4°. S. 48, unter Nr. 98 des Verz. der (99) in Hamb. im XVIII. Jhdt. ersch. Wochenschriften. — Engelmann hat „Altona, Hammerich".

s.a. Launen, Phantasien u. Schilderungen.

* — — Launen, Phantasieen und Schilderungen aus dem Tagebuche eines reisenden Engländers. Mit 1 hübschen Titelkpfr. von Nauwerck. Arnstadt u. Rudolstadt bei Langbein u. Klüger 1801. 8°. 323, VI S. u. 2 Bl. (3/4 Rthl.) (In Berlin: Yw 4636.) (9 Mk., schönes Expl. auf starkem Pap., Max Perl's Oct.-Auct. 1907.) Zahm.

Auch u. d. Tit.: „Kleine Streifereien in der Literatur der Ausländer für Damenbibliotheken". 2 Bdchn.

— Launen, Spott u. Ernst. 4. Bde. 8. Altona 793. Hammerich 2 ꝑ 12 gl

Gotthold Ephr. Lessing's Leben. Neu bearb. verbunden mit einer Charakteristik Lessing's als Dichter und Schriftsteller von Joh. Friedr. Schink. [Berlin: Voss 1825.] XII, 234 S. 8°

S. 67 gibt Nachricht üb. Lessing als Frmr, S. 203—206 handelt von „Ernst u. Falk".

— die Leidenschaften. Trspl. 8. Grätz 790. (Leipz., Reinicke). 6 gl

— Lina u. Waller; ein Trspl. in 3 Aufz. 8. Berl. 778. Himburg.

— Louise, Preußens Schutzgeist. gr. 8. Berl. 817. Albanus. 8 gl

Schink, Jh. Fr., Lustspiele. (Enth.: Jedem sein Recht. — Die heimliche Heirath. — Das Angebinde.) 8. Halle 821. Renger. 1 ꝑ 4 gl

s.a. Marionettentheater.

§ * **MARIONETTENTHEATER** (von *Joh. Friedr. Schink*, 1755—1835). (Burleske Kupfer-Vignette, unsign., oben die Worte „nugæ theatri".) Wien, Berlin und Weimar (Himburg in Berlin) 1778. 8°. 195 S. (incl. Titel). (In München: P. o. germ. 1289; auch im British Museum und in Zürich.) (8 Mk. List & Francke; 10 Mk. Baer & Co.; 10 Mk., schönes Expl., Friedr. Klüber; 61 Mk., breitrand. saub. Expl., Auction Runze-Zolling, Novbr. 1904, no. 1768.)

— s. Missionen-Gräuel in Frankreich.

— s. Momus u. sein Guckkasten.

— dramaturg. Monate. 4 Bde, od. Jan. bis Decbr. 1790. 8. Schwerin, Bödner. 4 ꝑ

— Gianetta Montaldi. Trspl. in 5 Aufz. 8. Leipz. 784. (W. Vogel). 8. Hamb. 795. (Hannov., Hahn). 4 gl

— — Oldar und Kätchen. (In: Romanzen der Deutschen. Zwote Abthlg. Leipzig, Hertel, 1778. 8°. Nr. 17.)

— die Opferer, oder das Fest d. Musen; ein Schspl. mit Gesang in 1 Aufz. 8. Grätz 783.

– s. Reise, empfindsame, durch Italien.

* — — Empfindsame Reisen durch Italien, die Schweiz u. Frankreich. Ein Nachtrag zu den Yorikschen. Aus u. nach dem Englischen. Mit Titelvign. (W. Arndt sc., D. Chodowiecki del.). Hamburg, 1794. bei Benj. Gottlieb Hoffmann. Kl. 8⁰. 2 Bll., VIII—272 S., 1 Bl. Druckf. (In Berlin: Yw 4616; auch in Hamburg, Stadtbibl.) (2 Mk. Brockhaus, 1890: 10 Mk., Prachtexpl., Oskar Rauthe, Berlin, 1909.) Zahm.

— Rosalia. Nachspl. mit Arien. 8. Gotha 776. Ettinger. 2 gr.

s. Rougemont, die Missionnäre in Frankreich.

— der Schatzgräber um Mittag. Lstspl. 8. Grätz 794. Ferstl. 4 gr.

SCH—EREIEN, Kleine oder poetische, erstes und zweites Häufchen (von *Joh. Frdr. Schink*). O. O. 1778. 8⁰.

Ungemein rare Parodie auf K. W. Brumbey's Minerva, erstes u. zweites Opfer. Halle 1778—79. 8⁰. (Letzteres Werk in Berlin.)

— dramat. Scherflein für die Bühne. (Drei Lustspiele. Enth.: 1) Die Schriftstellerin. 2) Die selige Frau. 3) Der Orang-Outang, oder die Preisfragen.) 8. Lüneb. 810. Herold u. W. 1 Rthlr.

— Schutz u. Strafe, oder die Ruinen von Paluzzi. Eine dramat. Dichtung mit Gesang in 3 Abtheil. Mit 1 Vign. 8. Sorau 826. Julien. 20 gr.

— — Die schöne Schwärmerin. Mit Titelkpfr. Rudolstadt 1800. 8⁰. (3/4 Rthl.) (4 Mk. 50 Pfg. A. Buchholz, München, 1908; 8 Mk. F. Waldau, Fürstenwalde, 1909.)

— die schöne Schwärmerin. 8. Rudolst. 800. (Hildebrand in Arnst.) 1 Rthlr. 8 gr. Hbg. Pr. 18 gr.

— — Dramatische und andere Skizzen nebst Briefen über das Theaterwesen in Wien. Wien, Hörling. 1783. 8⁰. (1/4 Rthl.) Rar!

— dramatische und andere Skizzen nebst Brief. über das Theater zu Wien. 8. Wien, Hörling. 785.

— der verlorne Sohn. 8. Wien 794. Wallishausser. 6 gr.

GRILLENGROLL, Fritz (d. i. *Joh. Friedrich Schink*, Prof. u. Bibliothekar der Herzogin von Sagan, geb. am 29. April 1755 (nicht 1775) zu Magdeburg, † am 10. Febr. 1835). Die fröhlichen Sommerabende auf dem Lande, oder Schwänke, Launen und Schnurren, erzählt von —, einem fröhlichen Mitgenossen. Mit 1 Titelkpf. (figurenreiches Costümbild, W. Jury inv. et fec.). Hamburg. 1797, bei Benj. Gottlob Hoffmann. 8⁰. (12 Mk. Max Jaeckel. Potsdam, 1907.)

2 Bll., 344 S. Mit eingestreuten Versen.

— — Spiegelbilder aus dem Leben in Erzählungen. Berlin, 1820. In der Schlesingerschen Buchhandlung. 8⁰. (2 Rthl.) 2 Bll., 368 S. u. 1 Bl.

Inh.: Philosophenschau. Frauenedelmuth. Der ruchlose Eid. Situationen aus dem Leben des Freiherrn von Dorsen. Geniestreiche.

— Spiele der Laune u. d. Satyre. 8. Rudolst. 801. (Hildebrandt in Arnst.) 1 Rthlr. 8 gr.

— — Spiele der Laune, des Witzes und der Satyre. (Versifizirte Schnurren: Weiberrache. Frau Gertrude Klatsche. Unverhofft kommt oft. Scherz u. Laune. Hexenabentheuer.). Arnstadt 1801. 8⁰. (1½ Rthl.) (6 Mk. Ernst Carlebach, Heidelberg, 189?. Selten!

Schink, Johann Friedrich
Spiele der Laune, des Wizzes und der Satyre.
Arnstadt, Rudolstadt: Langbein & Klüger 1801. 283 S. 8⁰

Schink, J. F., Spott- u. Jubelalmanach f. Deutsche. 8. Hamb. Bohn. 814.

— — Spott- u. Jubelalmanach für Deutsche. Mit TKpf. (von Rosmäsler jun.). Hamburg 1815, in der Bohnschen Buchhdlg. 8⁰. (1 Rthl.) (In Berlin, Magistratsbibl.)

Tit., 1 Bl. Widm. („dem edlen Hanfft" in Hamburg), 21 Bll. histor. Kalender (gute Uebersicht), XXVIII—192 S., 1 Bl. Err.

Den Spott- u. Jubelliedern Schink's aus d. Jahren 1812—14 (Einiges in poet. Prosa) geht voraus: Kalender wichtiger Welt- u. Zeitereignisse in den letzten (!) Jahrzehenden, von des Corsen erstem Emporkommen an bis zu seinem Sturze. — Starke Ausfälle auf Napoleon.

Schink (Joh. Frdr., 1755—1835), Spott- u. Jubelalmanach für Deutsche. Mit interessantem Titelkpfr. (von Rosmässler). Hamburg 1815, in der Bohn'schen Buchhdlg. 8⁰. 21 Bll. Kalender, 24 S. Vorerinnerung, 1 Bl. Inh., 198 S. Text. (7 Mk. Hans Lommer, Gotha, 1912.)

— Spott- u. Jubelalmanach f. Deutsche. 8. Hamb. 815. Bohn. (Taubert in Leipz.) 1 Rthlr.

s. a. Peter Strohkopf.

STROHKOPF, Peter (ein satyrisch-komischer Roman), vom Vf. des Marionetten-Trauerspiels: Hamlet (*Joh. Friedr. Schink*). 3 Thle. Mit 1 schönen Titelkpfr. (nach L. Nauwerck von Riepenhausen gest.). Göttingen, H. Dieterich, 1801. 8⁰. (3²/₃ Rthl.) (5 Mk. W. H. Kühl, Berlin, c. 1882; jetzt theurer!)

Die Bemerkg. „ein satyr.-kom. Roman" steht nur auf Tit. von 2 u. 3. — 1: Titelkpf., XVI—407 S. Stellenw. cynisch, u. a.: Peter Strohkopfs Zeugung; Peter Strohkopfs Abentheuer im Sacke; Treiben im väterl. Hause etc. 2: VI—386 S. P. St. geifert gegen den Adel u. wird ein Sanskülott; jakobinisirt den litterar. Klubb zu Schilda; kömmmt zu einer trostlosen Wittwe etc. III: VIII—546 S., 1 Bl. Für P. St. wird ein Netz gespannt (von der verwittw. schönen Bürgermeisterin v. Schilda); lauft in das Netz: Liebeswehen u. Vorlesungen üb. den weibl. Geschlechtstrieb etc. —) Selten cplt.!

Schink's auf d. Titel erwähnter „Hamlet" erschien zuerst in: „Momus u. sein Guckkasten. Berlin: Himburg, 1799." 8⁰. (S. 1—206), dann apart m. d. Bemerkg. „2te verbess. Aufl." Ebd. 1800. 8⁰. 2 Bll. u. 206 S.

Anon.-Lex. IV p. 128 (nach Havn, Kayser, Schröder, dem Neuen Nekrolog u. Lübker-Schröder).

— — Das Theater zu Abdera. Bd. 1—2. (Mehr nicht erschienen.) Berlin u. Liebau, bey Lagarde u. Friedrich. 1787. 8⁰. (2½ Rthl.) Sehr selten! (8 Mk. Carl Uebelen, München, 1892, 60 Mk. [!] Oskar Rauthe, Friedenau-Berlin, 1908.) Sehr selten!

Derb-satyr. Theater-Roman, stellenweise frei.

I (Buch 1—2): Titel mit Vignette (auch Drucke ohne diese giebt es), VIII S. Vorr. (dat. Wien, im Jan. 1787) u. 372 S.

II (Buch 3—4): VIII S. (incl. Tit.) u. 446 S. Vorr. dat. Wien im Jan. 1789.

Zu diesem gesuchten Werke erschien auch eine Serie von 13 z. Th. erotischen Kpfrn, die sich auch in andern Büchern finden, z. B. in „Potpourri des dames. Auswahl vorzüglicher Aufsätze aus Taschenbüchern für 180.."

— Theater v. Abdera. 2 Thle. 8. Berlin. (Friedrich in Liebau.) 787—89. (1r 1 Rthlr. 2r. 1 Rthlr. 4 gr.)

s. Theateralmanach für 1782.

— Grätzer Theaterchronik. 1s Hft. 8. Grätz 783.

— Theaterstücke. 8. Leipz. 789. (Fr. Fleischer). 16 gr.

— Hamburg. Theaterzeitung f. 1792. 4 Quart. 8. Hamburg, Bachmann. 792. (à 12 gr.)

s. Titania.

— Trauerspiele. (1. Laura Sciotto. 2. Zanga.) 8. Halle 820. Renger. 1 Rthlr.

s. Wiederbellerin, die bezähmte.

—Zusätze u. Berichtigungen zu d. Gallerie d. deutschen Schauspieler u. Schauspielerinnen. 8. Wien 783. Hörling. 8 gl

— — — —Zusätze und Berichtigungen zu der Gallerie der teutschen Schauspieler und Schauspielerinnen. Von *Schink.* (Vignette.) Wien, verlegt in der Sonnleithnerischen Buchhandlung. 1783. XIV. 135 u. 3 S. 8°.
Goedeke IV, 350, 18, 14.

Schink, Jos., 34 Singtafeln, s.: Kothe, Bernh.

Schink, Karl

Schink, Carl (geb. Essen 26. 7. 1857): Ueber die Exstirpation des ganzen Uterus. Berlin (1879). (30 S.) 8°
Berlin, Med. Diss. v. 9. Aug. 1879

Schink, Karl, prakt. Arzt, Assist. am St. Josefskrankenh. zu Breslau: Aus d. St. Josefskrankenhause zu Breslau. ⟨Prof. Dr. Kolaczek.⟩ Die Nierenexstirpation in ihrer Entwickelung nebst Beiträgen. *Breslau 1902: Schles. Volkszeitungs-Buchdr.* (32 S.) 8°
Breslau, Med. Diss. v. 10. März 1902

Schink, Reinhold, appr. Arzt: 75 Myomfälle aus der Universitäts-Frauenklinik zu Jena. Jena-Ziegenhain 1907: Thür. Verlagsdruckerei. (41 S.) 8°
Jena, Med. Fak., Ref. Franz, Diss. v. 30. Sept. 1907
[Geb. 10. Febr. 79 Bischofsburg; Wohnort: Bischofsburg; Staatsangeh.: Preußen; Vorbildung: Herzog-Albrecht-Gymn. Rastenburg Reife O. 01; Studium: Königsberg 8, Jena 3 S.; Coll. 28. Juni 07; Approb. 9. Febr. 07.]

Schinke, Aloys, approb. Arzt aus Weitzenberg i. Schl.: Aus d. Psychiatr. u. Nervenklinik zu Kiel. Casuistischer Beitrag zur Chorea chronica progressiva. ⟨Huntington'sche Chorea.⟩ *Kiel 1903: Schmidt & Klaunig.* (23 S.) 8°
Kiel, Med. Diss. v. [4. März] 1903

Schinke, E., encyclopäd. Handbuch d. kath. Liturgie, s. Handbuch.

Schinke, Joseph [aus Schlesien]: Über Fremdkörper in der Krystalllinse ... Strassburg i. E., Buchdr. W. Friedrich, 1895; 31 S. 8.
Strassburg, Med. Fak., Inaug.-Diss. v. 1895

Schinke, Karl

— die rationelle Aufzucht der Truthühner od. Puter. gr. 8. (78 S.) Ebd. 894. n. 1. 50

Schinke, C., die Fasanenzucht in ihrem ganzen Umfange. gr. 8. (71 S.) Hamburg 894. Verlagsanstalt u. Druckerei. n. 1. 50

Schinke, Karl, praktische Fischzucht u. Teichwirtschaft. 8. (III, 100 S.) Stettin (902). Herrcke & Lebeling. n. 1. —

Praktische Fischzucht und Teichwirtschaft. Von Karl Schinke. *Stettin: Herrcke & Lebeling [1903].* (100 S.) 8° [F.]
[04. 1193 9

Schinke, Carl, Fütterung u. Aufzucht d. Stubenvögel, s.: Universal-Bibliothek f. Thierfreunde.

Schinke, Karl, Geschichte des Kreises Neustadt O.-Schl. Handbuch m. Chronik der Städte Neustadt, Ober-Glogau, Zülz, Steinau u. Klein-Strehlitz, sowie aller Kreisortschaften. 2. Aufl. 8. (168 S.) Neustadt O.-Schl. 890. Frz. Heinisch. n. — 50; m. Karte n. — 60

Schinke, Carl [pract. Arzt aus Ellguth in Oberschlesien]: Zur Casuistik der Leberkrankheiten .... Greifswald, Druck v. Julius Abel, 1887; 40 S. 8°.
Greifswald, Med. Fak., Inaug.-Diss. v. 23. März 1887.

SCHINKE, Carl: Das Rebhuhn in seiner Aufzucht und Lebensart. - Harsleben, Halberstadt 1895. 47 S., 1 Zeichn.

[F.] Das Rebhuhn in seiner Aufzucht und Lebensart. Von Carl Schinke. *Halberstadt: Verl. d. 'Landw. Ztg. f. d. Provinz Sachsen etc.' [1897.]* (47 S.) 1 Bd 8.
[97. 2366

Schinke, Carl. Der Schriftsteller. Ratgeber f. die Mitarbeiter d. literar. Zeitungs- u. Zeitschriften-Verkehrs. Ein Handbuch f. Schriftsteller, solche die es werden wollen u. Litteraturfreunde. 8. (94 S.) Zür. 892, Schröter. 1 50

Schinke, Carl, rationelle Steigerung der Ernte-Erträge im Feldfrucht- u. Ackerbau. (IV, 68 S.) 8. Delitzsch 904. C. A. Walter. n. — 75

— praktischer Wiesenfutterbau, Wiesenpflege u. rationelle Heuwerbung. Eine unentbehrl. Ratgeber zur Gewinng. sicherer u. hoher Heuernten. (IV, 74 S.) 8. Ebd. 905. n. — 90

Schinkel, Carl Friedrich, s. Schinkel, Karl Friedrich

Schinkel, G., kleine Geographie, in Verbindung mit Naturgeschichte und Technologie, zum Gebrauch beim Unterrichte, zunächst für das Königl. Taubstummen-Institut zu Schleswig. 2. bericht. rc. Aufl. Schleswig 854. Bruhn. (Linnich.) 8. (VIII, 175 S.) n. 12 ngr.

Schinkel, J. F., Predigt am Dank-Erndt-Feste, d. 30. Sept. in Neu-Ruppin gehalten. gr. 8. Berl. 788. Mylius. 2 gl.

Schinkel, Julius: Quaestiones Silianae. Lipsiae [1883]: Baer & Hermann 77 S. 8°
Halle-Wittenberg, Phil. Diss. v. [28. Juli 1883]
Geb. Obergurig bei Bautzen (Lausitz) 2. 6. 1858. V.
Im Buchhandel Leipzig: Fock 1884. — Verf. erlebte die Diplomerneuerung 1933 als Gymnasial-Professor in Leipzig, vgl. Anh. Nr. 759.

Schinkel, Jul., Quaestiones Silianae. Dissertatio inauguralis. gr. 8. (77 S.) Leipzig 884, (Fock.) *

Schinkel, Karl Friedrich

Schinkel, Carl Friedr., s. Adler, F.

Schinkel's [Karl Friedr.], Bauten und Entwürfe in wohlfeiler Volks- und Schülerausg. 1. Heft. gr. 4. (12 zinkogr. Taf.) [Leipzig 881, Knapp.] Karlsruhe, J. Bielefeld's Verlag. *
Nicht weiter erschienen.

Schinkel, (Carl Friedr.,) Decorationen auf dem k. Hof-Theater in Berlin. (32 Kpfr.-Taf. mit Text, in 4 Lfgn.) Neue revid. Ausg. gr. Fol. Potsdam 849, Riegel's Vrlgsh. *

Schinkel, Carl Frdr., Dekorationen innerer Räume. Hersg. von Martin Gropius. 1. Heft. 4 (chromolith.) Bll. Berlin 869. Ernst & Korn. Imp.-Fol. (1 Bl. Text.) In Mappe. n. 3 ₰ 10 ngr.

Schinkel, C. Fr., Decorationen innerer Räume. Herausgegeb. von M. Gropius. 1 Blatt Vorwort und 8 Blatt Zeichnungen. Berlin 1872. Imp. Fol.

Schinkel, Karl Friedrich. Decorationen auf den beiden Kgl. Theatern in Berlin unter der General-Intendantur des Hrn Grafen von Brühl. Nach Zeichnungen von K. F. Schinkel u. A. Berlin 1819. Fol.

Schinkel, Karl Friedr., s. Dohme, Rob.

Schinkel (Carl Friedr.), Entwurf zu einem Königspalast auf der Akropolis zu Athen. Für die Ausführung erfunden. 2., verb. Aufl. qu. Imp.-Fol. (7 Kpfrt., wovon 2 in Farbendr., 4 lithochrom. Taf. und 1 Bl. Text.) Berlin 854, Riegel's Verlag. *

Schinkel, Carl Friedr., Entwurf zu einem Königspalast auf der Akropolis zu Athen. Für die Ausführung erfunden. 2. verb. Aufl. Berlin (856.) F. Riegel. qu. Imp.-Fol. (11 lith. u. Kpfrtaf., wovon 6 in Farbendr., u. 1 Bl. Text.) n. 6 ℛ.

—— Entwurf zu dem kaiserl. Palast Orianda in der Krimm. Für die Ausführung erfunden. 2., verb. Aufl. 1. Lfg. Imp.-Fol. (7 lithochrom. und in Kpfr. gest. Bl.) Berlin 855, Riegel's Verlag. *

— Entwurf zu dem kaiserl. Palast Orianda in der Krimm. Für die Ausführung erfunden. 2. verb. Aufl. 1. Liefg. Berlin (856.) F. Riegel. gr. Fol. (7 lith. u. in Kpfr. gest. Bl., theilw. in Farbendr.) n. 15 ℛ.

Schinkel, Carl Friedr., Entwurf zu dem kaiserlichen Palast Orianda in der Krimm. Neue Ausg. gr. Fol. (15 Kpfrt. in Farbendr.) Berlin 872, Ernst und Korn.

—— architektonische Entwürfe. Auswahl. 60 (in Kpfr. gest. und lithogr.) Taf. mit (8 S.) Text. Neue, verb. Aufl. qu. gr. Fol. Potsdam 853, Riegel's Verlag. *

— und Persius, Glienicke. Sommer-Residenz S. k. H. des Prinzen Carl von Preussen. 10 (in Kpfr. gest. u. lith.) Bl. (theilw. in Farbendr.) mit (1 Bl.) Text. (Neue Ausg.) Berlin (854.) F. Riegel. Imp.-Fol. n. 3 ℛ. 10 ngr.

Schinkel, (Karl Friedr.,) Grundlage d. prakt. Baukunst, s. Grundlage.

Schinkel, (Carl Friedr.,) Möbel-Entwürfe, welche bei Einrichtung prinzl. Wohnungen in d. letzten 10 Jahren ausgeführt wurden, hrsg. v. Ludw. Lohde. 1—4. Hft. (13 Bl., zum Theil in farb. Lith. u. 1 Bl.: Vorwort.) Roy.-Fol. Berlin 835—37, Duncker u. Humblot. à *

Schinkel, C. F. Originalzeichnungen. (150 Photographien.) 2 Bde. Fol.

Photographien nach Handzeichnungen von C. F. Schinkel. 148 Blatt. Berlin 1858. Fol.

Schinkel, [illegible] der [illegible] St. Petri-kirche in Berlin. Berlin 1811. Fol. (2 Ex.)

Schinkel, C. F.: Pracht-Werke der höheren Baukunst. Zwei Abtheilungen, enthaltend:
Den Entwurf zu dem Kaiserlichen Palaste Orianda in der Krimm. 15 große Tafeln. Potsdam. 1848.
Den Entwurf eines Palastes auf der Akropolis bei Athen. 10 große Tafeln. (2. wohlfeile Aufl. 1850.)

Schinkel, Restauration des Tuscum und Laurentinum des Plinius. (7. Heft des Archit. Album's.) Potsdam 1841. 7 Blatt Text und 6 Blatt Tfln. Fol.

Schinkel u. Berger, Samml. architektonischer Entwürfe, enth. theils Werke, welche ausgeführt sind, theils Gegenstände, deren Ausführung beabsichtigt wurde. 1s Hft. gr. Fol. Berlin, Wittich. 820.

Schinkel, Samml. architekton. Entwürfe. 2s — 11s Heft. herausg. v. Schinkel u. Berger. Mit Kupf. gr. Fol. Berl. 823—27, Wittich. à 3 Rthl.

— dass. 2n Heftes, 2e Folge. Mit 3 Kpf. u. 1 Bgn. Text. qu. Fol. Ebd. 827, Ebd.

—— Sammlung architecton. Entwürfe, enthalt. theils Werke, welche ausgeführt sind, theils Gegenstände, deren Ausführ. beabsichtigt wurde. 12—18. Hft. (No. 73—114.) gr. Fol. (à 6 Kpfrt. u. 1 B. Text.) Berlin 828—31, Wittich. à II.

Hft. 12. Das neue Schauspielhaus in Hamburg. — Das Casino-Gebäude in Potsdam.
- 13. Die Kirche auf d. Werder'schen Markt in Berlin.
- 14. Kirche zu Straubitz in d. Niederlausitz. — Entwurf zu e. Kirche in d. Oranienburger Vorstadt bei Berlin. — 2. Entwurf zu e. Kirche in d. Oranienb. Vorst. b. Berlin.
- 15. 3. u. 4. Entw. zu e. Kirche in d. Oranienb. Vorst. b. Berl.
- 16. 5. Entw. zu e. Kirche in d. Oranienb. Vorst. b. Berl. — Gesellschaftshaus in Friedrich-Wilhelms-Garten bei Magdeburg.
- 17. Das Museum in Berlin.
- 18. Charlottenburg b. Potsdam. — Das Haus d. Ofenfabrikanten Feilner in Berlin.

1—11 Hft. 1820—27. à 3 Thlr., u. 2. Hft. 1. u. 2 Folge. (No. 1—72.) 1825, 27. à 2 Thlr. Ebendas. — Die ersten 12 Hfte. mit d. 1. u. 2. Folge bilden den 1. Bd. Der Text ist fortlaufend, u. auch in franz. Sprache zu haben.

—— dass. 19—23. Hft. (No. 115—144.) gr. Fol. (à 6 Kpfrt. u. 1 B. Text.) Berlin 833—35, Duncker u. Humblot. à II.

Hft. 19. 6 Entwürfe zu e. Denkmale f. Friedrich d. Gr.
- 20. 6 Entwürfe zu d. allgem. Bauschule.
- 21. Entwürfe zu d. neuen Packhofsgebäude in Berlin. — Entwürfe zu d. Kapelle im kaiserl. Garten zu Peterhof bei Petersburg.
- 22. 4 Entwürfe zu d. St. Nicolai-Kirche in Potsdam. — Entwürfe zu d. Kirchen vor d. Rosenthaler-Thor zu Berlin u. in Moabit b. Berlin. — Entwürfe zu d. Kirchen auf d. Wedding u. auf d. Gesundbrunnen bei Berlin.
- 23. 4 Entwürfe zu d. Schloss Kurnik im Grossh. Posen. — Entwürfe zu d. Palais d. Grafen Redern in Berlin. — Entwürfe zu d. neuen Wachthaus in Dresden.

—— Sammlung architecton. Entwürfe, enth. theils Werke, welche ausgeführt sind, theils Gegenstände, deren Ausführung beabsichtigt wurde. 24. Hft. (Nr. 145—150.) gr. Fol. (6 Bl. Kpfrst. u. 1 B. Text.) Berlin 835, Duncker u. Humblot. *

Inh.: Perspectiven u. Grundriss v. Gärtnerhause in Charlottenhof bei Potsdam. — Perspectiv. Ansicht d. Innern d. Kirche in Moabit bei Berlin. — Perspective d. Inneren d. Kirche vor d. rosenthaler Thore bei Berlin.

—— dass. 25—28. Hft. od. neueste Folge 1—4. Hft. (Nr. 151—174.) gr. Fol. (à 6 Bl. Kpfrst. u. 1 Bl. deutsch., engl. u. franz. Text.) Berlin, (Gropius'sche Buchh.) à *

Hft. 25. Entwürfe zu d. allgem. Bauschule, zu d. neuen Sternwarte, u. zu d. neuen Thore in Berlin. 836.
26. Entwurf f. ein. Pallast d. Prinzen Wilhelm, am pariser Platz u. am Opern-Platz. (3 Bl.) — Entwurf f. d. Landhaus desselb. Prinzen, auf d. Babelsberge bei Potsdam. (3 Bl.) 839.
27. Entwurf zu d. St. Johannis-Kirche in Zittau. (4 Bl.) — Entwurf zu d. Rathhause in Zittau. (2 Bl.) 840.
28. Entwurf f. d. Landhaus d. Prinzen Carl in Glienicke bei Potsdam. (4 Bl.) — Entwurf z. Anlage ein. Landhauses unweit d. Wohngebäude in Charlottenhof bei Potsdam, d. Kronprinzen gehörig. (2 Bl.) 840.

— dass. Neue Ausg. 1—4. Lfg. gr. Fol. Potsdam, [Riegel's Vrlsh.] à *

Lfg. 1. Nr. 1—6. Charlottenhof bei Potsdam. (3 Bl.) — Das Casino-Gebäude zu Potsdam. (3 Bl.) 841.
2. - 7—12. Das neue Museum in Berlin. (1—6. Bl.) 841.

Schinkel, (Carl Friedr.,) Samml. architect. Entwürfe. etc.

Lfg. 3. Nr. 13—18. Dasselbe. (7—12. Bl.) 842.
- 4. - 19—24. Die Kirche auf dem Werderschen Markt zu Berlin. (4 Bl.) — Perspectiv. Ansicht d. leipziger Thores v. der aeusseren Seite. — Ansicht d. leipziger Thores vom leipziger Platz gesehen. 842.

Schinkel, Carl Friedr., Sammlung architektonischer Entwürfe. Neue Ausg. 5—24. Lfg. (Schluss.) gr. Fol. (...B. Text u. 126 Kpfrt.) Potsdam 843, Riegel's Vrlgsh. *

—— dass. XXVI Supplement-Blätter. Neue Ausg. qu. gr. Fol. (2 B. Text.) Potsdam 845, Riegel's Vrlgsh. *

—— Sammlung architektonischer Entwürfe. 21—24. Lfg. (Neue Aufl.) gr. Fol. (22 Bl. in Kpfrst. und 2 lithogr. Bl. in Tondr.) Potsdam 850, Riegel's Verlag.

—— dass. — 20—28. Lfg. Neue, verb. Aufl. gr. Fol. (31 Kpfr.- und 1 Stnt. mit 3 Bl. Text.) Ebds. 852. *

Schinkel, Carl Friedr., Sammlung architektonischer Entwürfe. Enthaltend theils Werke, welche ausgeführt sind, theils Gegenstände, deren Ausführung beabsichtigt wurde. Vollständige neue Aufl. in 174 Bl. mit Text. 1—22. Lfg. qu. Imp.-Fol. (174 Kpfrt. mit 11 Blatt Text.) Berlin 858. 59, Ernst und Korn. [Lfg. 1—21. à * 1 Thlr. 10 Ngr., Lfg. 22. * 1 Thlr.] *
In Mappe *

Schinkel, Carl Friedr., Sammlung architektonischer Entwürfe. Enthaltend theils Werke, welche ausgeführt sind, theils Gegenstände, deren Ausführung beabsichtigt wurde. 5. Ausg. 22 Lfgn. Imp.-Fol. (174 Kpfrt. mit Text.) Berlin 866, Ernst und Korn. In Mappe. *

Schinkel, Karl Frdr., Sammlung architektonischer Entwürfe, enth. theils Werke, welche ausgeführt sind, theils Gegenstände, deren Ausführung beabsichtigt wurde. Auswahl in 80 Taf. (in Kpfrst.) Mit Text in Imp. 4. (23 S.) Imp.-Fol. Berlin 873. Ernst & Korn. geb. n. 80. —

—— Sammlung von Möbel-Entwürfen. Hrsg. von L. Lohde. Neue, verb. Aufl. Pracht-Ausg. 5 Lfgn. Imp.-Fol. (16 lithochrom. Taf.) Potsdam 852, Riegel's Verlag. à Lfg. * 2 Thlr. *

—— dass. — Neue, verb. Aufl. Wohlf. Ausg. 4 Lfgn. gr. Fol. (16 lithochrom. Taf. und 2 Bl. Text.) Ebds. 852. à Lfg. * 1 Thlr. 10 Ngr. *

Schinkel. [Karl-Friedrich]. Sammlung von Theater-Decorationen Erfunden von Schinkel. Vollständig auf 32 Tafeln dargestellt. Neue verbesserte Auflage Potsdam. Ferdinand Riegel (1847—)1849.
Tit. 2 Bl. 32 Taf gest von Jügel u Thiele nach Zeichn von Schinkel 2°
1. Ausg in 5 Heften Berlin 1819 ff
3 u 4 Ausg Berlin 1861 u. 1874

—— Sammlung von Theater-Decorationen. Neue, verb. Aufl. 1. Lfg. gr. Fol. (8 Bl. in Aquatinta.) Potsdam 852, Riegel's Verlag. *

—— Sammlung von Theater-Decorationen. (Neue Ausg.) (In 4 Lfgn.) 1. Lfg. qu. Imp.-Fol. (8 Kpfrt.) Berlin (861)62, Ernst und Korn. *

—— Wandgemälde in der Treppenhalle des königl. Museums zu Berlin. Mit Genehmigung der Direction der königl. Bauacademie nach den im königl. Beuth-Schinkel-Museum zu Berlin aufbewahrten Aquarellzeichnungen Schinkel's photographirt. Text von Hugo Frhrn. v. Blomberg. gr. Fol. (18 Bl. mit 4 S. Text.) Berlin 863, Bette. In Mappe.
Einzelne Blatt *

Schinkel, C. F. Werke der höheren Baukunst, für die Ausführung erfunden Potsdam 1840-48
2 Bde quer-fol. [3 Ex., davon 1 Ex. in 1 Bde.]
1. Entwurf zu einem Königspalast auf der Akropolis zu Athen.
2. Entwurf zu d. Kaiserl. Palast Orianda in d. Krimm.

— Werke der höheren Baukunst. Für die Ausführung erfunden u. dargestellt. 2. Abtheil. enthalt. den Entwurf zu dem Kaiserl. Palaste Orlanda in d. Krimm auf 15 Taf. (In 5 Liefg.) 1. Liefg. Adler-Format. (3 lith. Taf. in Farbendr.) Ebend. 845. n. 8 ₰

—— Werke der höheren Baukunst. Für d. Ausführung erfunden u. dargestellt. 2. Abthl. enth.: den Entwurf zu dem kaiserl. Palaste Orianda in d. Krimm auf 15 Taf. (In 5 Lfgn.) 1—3. Lfg. Adler-Format. (9 Stnt. in Farbendr.) Potsdam 846, Riegel's Vrlgsh. à L. *

—— Werke der höheren Baukunst. Für die Ausführung erfunden. II. Abthl. enth. den Entwurf zu dem kaiserl. Palaste Orianda in der Krimm. 4. und 5. (letzte) Lfg. Imp.-Fol. (6 lithochrom. Taf.) Potsdam 849, Riegel's Verlag. à Lfg. * 8 Thlr. *
Vgl. 10. Bd. 2. Abthl. S. 221.

— Werke der höheren Baukunst für die Ausführung erfunden. 1. Abth. (Die Akropolis.) 2. verb. Aufl. Imp. Fol. (6 Bl. in Kupferst. wovon 1 in Buntdr., 3 lith. u. 1 lithochrom. Bl.) Ebd. 850. n. 8 ₰

— dass. II. Abth. enthaltend den Entwurf zu dem kaiserl. Palaste Orianda in der Krimm. III—V. Lfg. Imp. Fol. (9 lithochrom. Taf.) Ebd. 847. 49. à n. 8 ₰ (5 Lfgn. n. 40 ₰)

— Zeichnungen. (156 Bl Phot.) in 6 Bdn Bd 1: Theater-Dekorationen. (21 Bl) fol

Schinkel, Max, der elektrische Schiffszug, s. a. Mitteilungen der Gesellschaft f. wirtschaftliche Ausbildung.

Der elektrische Schiffszug. Eine techn. u. wirtschaftl. Untersuchung über d. Möglichkeit bezw. Zweckmäßigkeit e. Erhöhung d. Fahrgeschwindigkeit auf verkehrsreichen Kanälen. Von Dr. Max **Schinkel**, Reg.-Bauführer. Mit 7 Kurventaf. Jena: G. Fischer 1906. (VII, 112 S.) 8°
— **Mitteilungen** d. Gesellschaft f. wirtschaftl. Ausbildung. N.F. H. 1. [06. 13174

Schinkel, Otto (Eduard.) (geb. Havelberg 30. 4. 1822): De morbis duodeni. Berolini (1846). (32 S.) 8°
Berlin, Med. Diss. v. 25. März 1846

SCHINKEL, P[T.] N[IC.] E[RICH] T[HEOD.], Andachts-Büchlein, enthaltend 1) Morgen- und Abend-Betrachtungen, 2) Morgen-Andachten, 3) die Sacramente. Husum. 1834.

— Ein kleiner Beitrag das Wort Gottes der Jugend verständlich und lieb zu machen nach den Sonn- und Festtagsevangelien. Husum. 1838.

Geistlicher Lieder-Kranz. Eine kleine Sammlung von Fest-Gesängen und einigen andern christlichen Gedichten v. Peter Nicolaus Erich Theodor Schinkel. 2. Aufl. Flensburg. 1842. 8°.

Schinkel, P. N. E. Th., geistlicher Liederkranz. Eine kleine Sammlung von Fest-Gesängen u. einigen andern christl. Gedichten. 2. Aufl. 8. Flensburg 843. (Kiel, Bünsow.) 7/12 ₰

Schinkel, P. N. E. Th., geistlicher Liederkranz. Eine kleine Sammlung von Fest-Gesängen u. einigen andern christl. Gedichten. 2. Aufl. 8. (6½ B.) Flensburg 843. (Kiel, Nack.)

Schinkel-Album. Eine Auswahl der im königl. Beuth-Schinkel-Museum zu Berlin aufbewahrten Handzeichnungen Schinkel's. 150 Photogr. Berlin 862. Bette. Fol. n.r. 66 ₰ 20 ngr
30 Blatt 15 ₰; einzelne Blatt 20 ngr

Schinkenberger, G., Handbuch der Berechnungen von Anleihen und Annuitäten und der Cours- und Rentabilitätswerthe von Obligationen. Auf Grundlage von 32 Tilgungsplänen mit verschiedenen Tilgungsweisen, ohne algebraische Zeichen und Symbole, ausführlich für die Praxis bearb. gr. 8. (X, 491 S.) Frankfurt a. M. 888, Diesterweg. geb. *

Schinkenberger, G., Handbuch der Berechnungen v. Anleihen u. Annuitäten u. der Cours- u. Rentabilitätswerthe v. Obligationen. Auf Grundlage v. 32 Tilgungsplänen m. verschiedenen Tilgungsweisen, ohne algebr. Zeichen u. Symbole, ausführlich f. die Praxis bearb. (Anastat. Neudr.) (X, 498 S.) gr. 8. Frankfurt a/M. 888 (908). M. Diesterweg. Geb. in Halbfrz. 30. —

Schinker, Th., Adresse und Petition der Tagelöhner in Mecklenburg, s. a. Adresse.

Schinker, Th., Adresse und Petition der Taglöhner in den ritterschaftlichen Gütern des Grossherzogth. Mecklenburg an die hohe Abgeordnetenkammer in Schwerin. 8°. 1849.

Schinkoch, ..., s. Dorfkirmse, die.

Schinly, J. Gf., was ist den größten Fürsten zu rathen, um d. Wohl und Glück d. Länder z. beförd.? 8. Wien. (Gräff in Leipz.) 788.

Schinly, J. Gf., (J. Gf. Schindler,) was ist den größten Fürsten zu rathen, um das Wohl u. Glück der Länder zu befördern? 8. Wien 788. (Wienbrack in Leipz.) 8 gr

Schinmeier, Jh. Ad., († d. 3. Mai 1796.) allgem. Betrachtt. üb. Religion, Offenbarung u. Bibel. 8. Hamb. 785. (Ernst in Quedlinb.) 14 gr

— 10 einzelne Gelegenheitspredigten. 8. Lübeck 782—92. (Aschenfeldt). 8 gr

— 10 einz. Gelegenheits-Predigten. 8. Lübeck, Donatius. (Niemann u. C.) 782—92.

— Lebensbeschreibung d. 3 schwed. Reformatoren, Andersen, Peterson und Lorenz Peterson rc. gr. 4. Lübeck, Donatius. (Niemann u. C.) 783.

— Predigt in Gegenwart d. Königs v. Schweden gehalten. 8. Lübeck, Donatius. 780.

— — e. Predigten. gr. 8. Itzehoe, Müller. 771.

— Predigten üb. den Charakter Jesu in seinem Leben u. Leiden. gr. 8. Flensb. 774—776. (Hammerich in Altona). 2 ℛ 16 gr

— Predigten üb. d. Charakt. Jesu in s. Leben u. Leiden. gr. 8. Flensb. Korte. (Christiani in Schleswig.) 774—76.

— Predigten üb. das Göttliche, Schöne u. Beruhigende d. Christenheit. gr. 8. Flensb. 773. (Hammerich in Altona). 1 ℛ 4 gr

— Predigten über den Katechismus Lutheri. 2 Sammll. gr. 8. Lübeck 789. (Aschenfeldt). 1 ℛ

— Predigten üb. d. Katechism. Lutheri. 2 Samml. gr. 8. Lübeck, Donatius. (Niemann u. C.) 789.

— Rede b. Einweih. e. neuen Schulgeb. in Stockholm. gr. 4. Flensb. Korte. (Christiani in Schlesw.) 777.

— Rede bei Einweihung eines neuen Schulgebäudes in Stockholm. gr. 4. Stockh. 777. (Altona, Hammerich). 3 gr

— neue Samml. einiger Predigten. 1r Thl. gr. 8. Leipz. 771. Müller. 10 gr

— Samml. e. Predigten. gr. 8. Stettin, Drevenstedt. 766.

— Samml. einig. Reden. gr. 8. Stettin 766. Drevenstedt. 16 gr

— Commentatio. Theologus sapienter liberalis. 4. Lübeck 781. Iversen. 4 gr

SCHINMEIER, JOH. ADOLPH, Versuch einer vollständigen Geschichte der schwedischen Bibel-Uebersetzungen und Ausgaben mit Anzeige und Beurtheilung ihres Werths. 1—4. St. Flensburg und Lpz. 1777—82. 4. (St. 4 har Titelbl. med Betegnelsen 1—2. Beylage).

— Versuch e. vollständ. Geschichte d. schwedisch. Bibelübersetzung u. Ausgabe. Mit Kpf. u. Beill. 4 Stcke u. 1e u. 2e Beilage. gr. 4. Flensb. 777—82. (Hammerich in Altona). 3 ℛ 16 gr

— Vers. e. vollst. Geschichte d. schwed. Bibelübersetzung und Ausg. m. K. und Beylag. 4 Thle. gr. 4. Flensb. Korte. (Christiani in Schleswig.) 777—82.

Schinmeier, Johann Christoph

— Abhandl. des Rechts der Wiedervergeltung. 8. Flensb. 757. (Hammerich in Altona). 5 gr

Schinmeyer, J. C., Geschichte der schwedischen Bibelübersetzungen. 4 Thle. gr. 4. Flensb. 777—782. Jetzt Hammerich in Altona.
vgl. Schinmeier, Johann Adolf

— Gespräch einiger Hofleute, von d. Möglichkeit eines thätigen Christenthums. 8. Schleswig 736; auch 759. Röhß u. K. 2 gr

Schinmeier, Joh. Chrph., Kumm mit [Vademecum]. Biblisches Spruch- und Schatzkästlein, worinnen über 400 Sprüche der heil. Schrift in den geistreichsten und nachdrücklichsten Worten des sel. Lutheri erkläret worden. Zu allgemeiner Erbauung zusammengetragen. Neue Ausg. 1. und 2. Aufl. 16. (VI, 410 S.) Hermannsburg 881, Missionshausdruckerei. *

Schinmeier, Joh. Chrph., kumm mit [Vademecum]. Biblisches Spruch- u. Schatzkästlein, worinnen über 400 Sprüche der heil. Schrift m. den geistreichsten u. nachdrücklichsten Worten d. sel. Lutheri erkläret worden. Zu allgemeiner Erbaug. zusammen getragen. Neue Ausg. 3. Aufl. 16. (VI, 410 S.) Hermannsburg 885. Missionshausdruckerei. n. 1. —

— — Predigten über den Charakter Jesu. 2 Thle. gr. 8. Ebend. 774. Jetzt Ebend.
vgl. Schinmeier, Johann Adolf

— — Predigten über das Göttlich-Beruhigende d. Christenthums. gr. 8. Ebend. 773. Jetzt Ebend.
vgl. Schinmeier, Johann Adolf

Schinmeier, Joh. Chr., sämmtl. Schriften enth. Miscellanpredigten. 2 Thle. 8. Kopenh. Preuß. 740.

Schinmeier, Jh. Cph., († ...) bibl. Spruch- u. Schatzkästlein aus Luthers Schriften, worinnen üb. 400 Sprüche d. heil. Schrift erklärt worden. 2 Thle. qu. 12. Kopenh. 739, 40. Neue Aufl. 12. Flensb. 770. (Hammerich in Altona). 8 gr N. A. 2 Thle. qu. 12. Hmb. 819. Perthes u. B. 9 gr — Dass. 3 Thle. qu. 12. (Leipz.) 746—55. Weidmann. 18 gr

— bibl. Spruch- und Schatzkästlein, worin üb. 400 Sprüche erkläret sind. 3 Thle. 12. Leipz. Weidmann. 746—56.

— bibl. Spruch- und Schatzkästlein aus Luthers Schriften. 2 Theile. 12. Flensb. Korte. (Christiani in Schleswig.) 770.

Schinmeyer, J. C., s. Schinmeier, Johann Christoph

SCHINN, FERDINAND: Zur Feyer des hohen Namensfestes . . . des Reichs-Primas Joseph Kopácsy Traum und Erfüllung. Allegorisches Festspiel in Versen nebst einer Declamation von Ferdinand Schinn. Gran 1842. Mit Jos. Beimel'schen Schriften. 7 S. - 8°

SCHINN, FERD(INAND): Fest Poesie. Sr. Eminenz dem Hochw. . . Herrn Cardinal-Fürsten-Primas von Ungarn . . . Joh. Bapt. Scitovszky von Nagy-Kér, zum beglückenden Priester-Jubiläum am 6. November 1859. Gran 1859. Gedr. bei Ägidius Horák. 8 S. - gr. 8°

Schinnagl, Maurus, practische Anwendung der lateinischen Sprachlehre in einzelnen Sätzen und zusammenhäng. Aufgaben. Zum Privat-Gebrauche f. Schüler d. unteren Grammatikal-Classen an den österr. Gymnasien. — Erste Grammatikal-Classe. 1. u. 2. Semester. gr. 8. Wien 842, Fr. Beck. 1 ℛ — 1. Semester. 2. Aufl. gr. 8. Ebend. 846. 5/12 ℛ

— dass. Zweite Grammatikal-Classe. 1. u. 2. Semester. gr. 8. Ebend. 842. 1 ℛ

Schinnagl, Maurus, practische Anwendung der lateinischen Sprachlehre in einzelnen Sätzen und zusammenhängenden Aufgaben. Zum Privat-Gebrauche für Schüler der unteren Grammatical-Classen an den österreich. Gymnasien. 2. Grammatical-Classe. 1. Semester. 2., verb. Aufl. gr. 8. (152 S.) Wien 848, Beck'sche Universitäts-Buchh.

—— dass. — 2. Grammatical-Classe. 2. Semester. 2., verb. Aufl. gr. 8. (III und 128 S.) Ebds. 848.
1. Grammatical-Classe. (2. Sem. 2. Aufl.) Ebendas. 1846—47. 1 Thlr.

Schinnagl, Maurus, praktische Anwendung der lateinischen Sprachlehre in einzelnen Sätzen und zusammenhängenden Aufgaben. Zum Gebrauche für Schüler der 1. und 2. Gymnasial-Classe. 1. Gymn.-Classe. 1. Semester. 3. Aufl. gr. 8. (VIII und 117 S.) Wien 863, Beck's Verlag.

Schinnagl, Maur.: Bemerkungen über die beiden Hauptdeclinationen der Lateiner, nach Dr. Krügers l. Gr.; Bopp's vgl. Gr. des Sskr., Zend, Griech., Lat., Litthauischen, Goth. und Deutschen; Hartung's Casus- und Schneider's Formenlehre. 16 S. —
Wien Sch., Progr. 1855.

—— theoretisch-praktisches lateinisches Elementarbuch für die erste Gymnasial-Klasse. gr. 8. (XIV und 218 S.) Wien 850, Beck'sche Universitäts-Buchh.

Schinnagl, Maurus, theoretisch-praktisches lateinisches Elementarbuch für die erste Gymnasial-Klasse. 2., verb. Aufl. gr. 8. (XIII und 157 S.) Wien 855, Beck'sche Universitäts-Buchh.

Schinnagl Maurus, *Priester des Bened. Stift. zu den Schotten in Wien und Prof.* Theoretisch-praktisches lateinisches Elementarbuch für die erste Gymnasial-Klasse Von —. III. verb. Aufl. *Wien* 1857. *Fr. Beck's* Univers.-Buchh. Druck v. *A. Pichler's Witwe & S.* XIV, 157. S. 8°. 40 kr.

— theoretisch-praktisches lateinisches Elementarbuch für die erste Gymnasial-Classe. 4. Aufl. 859. — 5. verb. Aufl. Ebend. 864. gr. 8. (VIII, 159 S.) 15 ngr.

Schinnagl, Maurus, theoretisch-praktisches lateinisches Elementarbuch für die erste Gymnasial-Klasse. 6., verb. Aufl. Wien 866. Beck's Verlag. gr. 8. (VIII, 159 S.) 15 ngr.

Schinnagl, Maurus, theoretisch-praktisches lateinisches Elementarbuch f. die erste Gymnasial-Klasse. 8. verb. Aufl., durchgeseh. u. hrsg. v. Heinr. Maschek. gr. 8. (IV. 158 S.) Wien 873. Fr. Beck's Verl. n. 1. 40

Schinnagl's, M., theoretisch-praktisches lateinisches Elementarbuch für die 1. Gymnasial-Classe. 10., verb. Aufl., hrsg. von Heinr. Maschek. gr. 8. (IV, 172 S.) Wien 878. F. Beck. n. 1. 40

— lateinische Elementar-Grammatik für die zwei unteren Gymnasialclassen, mit zahlreichen lateinischen u. deutschen Uebersetzungsaufgaben. 7. verm. u. verb. Aufl. des latein. Elementarbuchs. Ebend. 869. gr. 8. (X, 240 S.) n. 20 ngr.

Schinnagl, Maurus, ausführl. latein. Grammatik, zum Privatgebrauche f. Schüler d. unteren u. oberen Grammatikal-Classen an den österr. Gymnasien. Nach d. besten, neueren Grammat. bearb. gr. 8. Wien 845, Fr. Beck. 1 7/8 ℛ

— lateinische Grammatik für Gymnasien. Neue, durchaus verb. u. zum Gebrauche auch der oberen Gymnasialklassen vervollständ. Ausg. der latein. Schulgrammatik. Wien 858. Beck. gr. 8. (X, 460 S.) 1 ℛ. 9 ngr.

—— lateinische Grammatik für Gymnasien. Neue, durchaus verb. Aufl. 1858. und 3., verb. und verm. Aufl. gr. 8. (IX und 488 S.) Wien (861)62, Beck'sche Universitäts-Buchh.

—— practischer Leitfaden beim Unterrichte in der latein. Formen- und Satzlehre. Zum Gebrauch für den Unterricht in der 1. und 2. Grammatical-Classe. gr. 8. (59 S.) Wien 848, Beck'sche Universitäts-Buchh.

—— Leitfaden beim Unterricht in der deutschen Formen- und Satzlehre für die unteren Schulen an den österreich. Gymnasien, nach Heyse's Leitfaden, Wurst's prakt. Sprachdenklehre und Mager's deutschem Sprachbuche bearb. gr. 8. (VI und 238 S.) Wien 849, Beck'sche Universitäts-Buchh.

Schinnagl Maurus. Leitfaden beim Unterrichte in der Deutschen Formen- und Satzlehre. Wien, Fr. Beck 1852. 8.

Schinnagel Maurus — Leitfaden beim Unterrichte in der deutschen Formen- und Satzlehre für die untern Schulen an den österreichischen Gymnasien, nach den neuesten deutschen Sprachbüchern bearbeitet von — — Vierte verbesserte Auflage. Wien, 1856. Fr. Beck's Universitäts-Buchhandlung. Gedruckt bei A. Pichlers Witwe & Sohn. (XII. 166 S. 8)

—— Leitfaden beim Unterrichte in der deutschen Formen- und Satzlehre für die unteren Schulen an den österreich. Gymnasien, nach den neuesten deutschen Sprachbüchern bearb. 5., verb. Aufl. gr. 8. (XIV und 166 S.) Wien 859, Beck'sche Universitäts-Buchh. Thlr. —

—— Leitfaden beim Unterrichte in der deutschen Formen- und Satzlehre für die unteren Classen der Gymnasien und Realschulen, nach den neuesten deutschen Sprachbüchern bearb. 5. Aufl. 1864. 15 Ngr. und 6., durchaus umgearb. Aufl. gr. 8. (VIII und 170 S.) Wien 865, Beck's Verlag.

—— lateinisches Lesebuch für die zweite Gymnasial-Klasse. Als Vorübung zur Lectüre des Cornelius Nepos nach Putsche's latein. Grammatik geordnet und bearb. gr. 8. (XIV und 242 S.) Wien 851, Beck'sche Universitäts-Buchh.

— lateinisches Lesebuch für die zweite Gymnasial-Klasse. Als Vorübung zur Lectüre des Cornelius Nepos nach Putsche's lateinischer Grammatik geordnet u. bearb. 2., verb. Aufl. Wien 853. Beck. gr. 8. (XVI, 239 S.) 24 ngr.

Schinnagl, Maurus — Lateinisches Lesebuch für die zweite Gymnasialklasse. Als Vorübung zur Lektüre des Cornelius Nepos nach Putsche's lateinischer Grammatik geordnet und bearbeitet von — —. Dritte Auflage. Wien, 1856. Druck von A. Pichler's Witwe und Sohn. Fr. Beck's Universitäts-Buchhandlung. (XVI. 239 S. 8.)

Schinnagl, Maurus, lateinisches Lesebuch für die zweite Gymnasial-Klasse. Als Vorübung zur Lectüre des Cornelius Nepos nach Putsche's latein. Grammatik geordnet und bearb. 4. Aufl. gr. 8. (XXIII und 232 S.) Wien 859, Beck'sche Universitäts-Buchh.

—— lateinisches Lese- und Uebungsbuch für die 2. Gymnasial-Klasse. 5. Aufl. gr. 8. (XXII und 232 S.) Wien 866, Beck's Verlag.

— lateinisches Lese- u. Uebungsbuch f. die 2. Gymnasial-Klasse. 7. verb. Aufl. Hrsg. v. Heinr. Maschek. gr. 8. (VI, 230 S.) Ebend. 873. n. 1. 90

Schinnagl's, M., lateinisches Lese- und Uebungsbuch für die zweite Gymnasial-Classe. 8. verb. Aufl., hrsg. von Heinr. Maschek. gr. 8. (VII, 198 S.) Ebendas. 877. *

— Libro di lettura latina per la seconda classe ginnasiale. Ridotto ad uso dei ginnasii italiani della monarchia di Ant. Zoncada. 2. ediz. Wien 868. Gerold's Sohn. gr. 8. (XII, 284 S.) n. 12 ngr.

— libro die lettura latina per la seconda classe ginnasiale. Ridotto ad uso dei ginnasi italiani della monarchia di Ant. Zoncada. 3. Ed. 8. (X, 254 S.) Wien 871. (Gerold's Sohn.) n. 1. 40

Schinnagl, Maurus —. Lateinische Schulgrammatik für die zweite, dritte und vierte Klasse des Untergymnasiums von — —. 8. (X, 180 S.) Wien. Gedruckt bei A. Pichler's Witwe und Sohn. Friedrich Beck's Universitäts-Buchhandlung. 1853.

Schinnagl Maurus, *Priester des Benedikt. St. zu d. Schotten* etc. Lateinische Schulgrammatik für sämmtliche Gymnasial-Klassen von —. I. Abth.: Formenlehre. *Wien* 1858. *Fried. Beck's* Univers.-Buchhandlung. Druck von *A. Pichler's Wwe. & S.* 228 S. 8°.

Schinne [Schlagwort]

Schinne, s.: Preussen. Messtischblätter.

Schinner, Johann (Ackerbaulehrer) „Ueber die Nothwendigkeit des landwirthschaftlichen Unterrichts, die Organisation der Ackerbauschulen, und die Art und Weise des Unterrichts daselbst" pg 3 10 1" J B v Zahuesnig
Landshut, Progr. 1858/59

Schinnerer, Adf. Ferd., die Reise des jungen Tobias. (15 Radiergn. u. Titelbl.) 35×45 cm. Tennenlohe b. Eltersdorf in Mittelfranken (906). Selbstverlag. In Mappe 300. —

— Spielereien m. der Schneidnadel. (8 Radiergn. u. Titelbl.) 40,5×50 cm. Ebd. (905). In Mappe 150. —

— Zeichnungen eines Verliebten. (9 Radiergn. u. Titelbl. m. 1 Bl. Text.) 39,5×51,5 cm. Ebd. (903). In Mappe 200. —

Schinnerer, Fridericus: De epitaphiis Graecorum veterum ....
Erlangae, typis E. Th. Jacobi, 1886; 53 S. 8°.
Erlangen, Phil. Fak., Inaug.-Diss. v. 1886.

Schinnerer, Fridericus, de epitaphiis Graecorum veterum. Diss. Erlangen 1886, Th. Blaesing. 8°. 53 S.

Schinnerer, Friedr., Confirmandenstunden. Grundzüge des evangelisch-luther. Confirmanden-Unterrichts nach den Grundsätzen eines zusammenhängenden Schriftbeweises bearb. 8. (IV, 52 S.) Erlangen 878, Deichert. cart. *

Schinnerer, Joh. Friedrich [Dr.]: Über Senecas Schrift an Marcia.
Hof, Druck d. Mintzel'schen Buchdr. H. Hörmann, 1889; 19 S. 8°
Hof, k. StA, P 1889 •

Schinnerer, Johannes: Die kirchliche Glasmalerei zur Zeit der Spätgotik und Frührenaissance in Nürnberg. München 1908: J. Gotteswinter. (59 S.) 8° ¶ (Soll vollst. erscheinen in: Mitteilungen d. Vereins f. Gesch. d. St. Nürnberg.)
München, Phil. Fak., Ref. Riehl, Diss. v. 16. Juli 1907
[Geb. 11. Dez. 83 Abornberg (Oberfranken); Wohnort: Abornberg; Staatsangeh.: Bayern; Vorbildung: Gymn. Erlangen Reife Juli 02; Studium: Erlangen 1, München 2, Berlin 1, München 6 S.; Rig. 16. Juli 07.]

Schinnerer, Johannes; Katalog der Glasgemälde des Bayerischen Nationalmuseums. Verf. von —. (Mit 40 Kunstdr.-Taf.) München: National-Museum 1908. 96 S. 4° (8°)
(Katalog d. Bayerischen National-Museums in München. Bd 9.)

Schinnerer, Luise. Antike Handarbeiten ... Mit einer historischen Einleitung ... von Alois Riegl. Wien. Verlag von R. v. Waldheim (1895).
Tit., 25 S. m. 32 Abb. 4°.

— die Kunst d. Weiss-Stickerei. gr. 4. (69 S. m. 430 Fig.) Wien 896. Gesellschaft f. graph. Industrie. In Mappe n. 5. —

Schinnerer, Louise, Die Kunst der Weißstickerei. Wien, Leipzig, Berlin, Stuttgart 1896. Verlag der „Wiener Mode". (Min.-Erl. v. 15. Jan. 1897, Z. 31411 ex 1896.) In Mappe 3.—

Schinnerer, Luise, Lehrgänge f. Weißstickerei u. Knüpfarbeit, nebst e. Anh. stilvoller Handarbeiten. 8. (VII, 152 S. m. Abbildgn.) Stuttgart 893. Deutsche Verlags-Anstalt. Geb. in Leinw. n. 2. 50

Schinnerl, Mart., das Zeichnen als Veranschaulichungsmittel beim Volksschulunterricht, s.: Englеder, Frz.

v. Schinnern, C. R. R., ein Dutzend mathemat. Betrachtt. 8. Wien 806. (Gerold), 6 gl Hbg. Pr. 4 ℔

Schinschky (G.). Anleitung zur Anfertigung und Vervielfältigung von Zeichnungen vornehmlich für technische Zwecke. Liebenwerda 1899. 8.

Schinschky, G., Zusammenstellung der Bestimmungen f. die Ausführung v. Leistungen (Arbeiten u. Lieferungen) bei den Bauten im Bereich der königl. preuß. Heeresverwaltung. gr. 8. (VII, 94 S.) Königsberg 899. (Hartung.) Kart. n. 3. —

Schinschky, G.: Zusammenstellung der Bestimmungen für die Ausführung von Leistungen (Arbeiten u. Lieferungen) bei den Bauten im Bereich der Königl. Preuss. Heersverwaltung. Zsgest. von G. Schinschky, Festungsbauwart (Königsb.) Königsberg i. Pr.: Selbstverl. (auf d. Umschl. aufgestemp.: Hartung) 1899. (VII, 94 S.) 8°

Schintgen, Bernard

Schintgen, B., Bilder-Fibel für den Sprech-, Schreib- u. Lese-Unterricht, nebst Schul- u. Hausaufgaben. 2 Thle. Mit eingedr. Holzschn. 8. Luxemburg 876. 77. Brück in Comm. n. — 60
1. 5. Aufl. (40 S.) n. — 20
2. 3. verm. Aufl. (88 S.) geb. n. — 40

Schintgen, Bernard: Bilder-Fibel für den Sprech-, Schreib- und Lese-Unterricht, nebst Schul- und Hausaufgaben. Genehmigt von der Königl.-Grossherzoglichen Unterrichts-Commission. 2. Theil. 4. Auflage. Luxemburg: J. Joris 1877. 88 S. 8°

– Dass. 7. Auflage. Ebd. 1880. 96 S. 8°

– Dass. 10. Auflage. Ebd. 1882. 96 S. 8°

– Dass. 11. Auflage. Ebd. 1883. 96 S. 8°

– Dass. [Andere Ausgabe.] 11., gänzlich umgearbeitete Auflage. Ebd. 1883. 72 S. 8°

Schintgen, Bernard: B i l d e r - F i b e l für den Sprech-, Schreib-, und Lese-Unterricht nach der neuen deutschen Rechtschreibung. Neue gänzlich umgearbeitete Auflage. 1. Teil. Genehmigt von der Königl.-Großherzogl. Unterrichts-Commission, den 29. Sept. 1883. Luxemburg: Jos. Beffort 1884. 48 S. 8°

– Dass. Zweite Auflage. Ebd. 1885. 48 S. 8°

Schintgen, Bernard: Moralische und biblische E r z ä h l u n g e n , nach dem Anschauungsunterrichte, nebst einem Anhange kindlicher Räthsel. Prämienbüchlein für die Unterstufe unserer Primärschulen herausgegeben. (Durchgesehen von einem Priester.) Luxemburg: Jos. Beffort 1882. 60, 2 S. 8°

Schintgen, Bernard: F i b e l für den französischen Lese- und Schreibunterricht. Genehmigt von der Königlich-Grossherzoglichen Unterrichts-Commission. 1. Heft. Dritte Auflage. Luxemburg: Gebr. Heintzé [1864]. 44 S. 12°

Schintgen, Bernard: F i b e l für den französischen Lese- und Schreibunterricht zum Gebrauche der Anfänger. Genehmigt von der Königlich-Grossherzoglichen Unterrichts-Commission. 2. Heft. Luxemburg: Gebr. Heintzé 1864. 48 S. 12°

Schintgen, B., Fibel für den Schreib-Lese-Unterricht im ersten Schuljahre. Luxemburg 864. Heintze. 12. (58 S.) 4 ngr.

Schintgen, Bernard: F i b e l für den Schreib-Lese-Unterricht im ersten Schuljahr. Genehmigt von der Königlich-Grossherzoglichen Unterrichts-Commission. Sechste Auflage. Luxemburg: Gebr. Heintzé 1873. 36 S. 12°

– — im zweiten Schuljahre. Ebend. 864. 12. (60 S.) 3½ ngr.

Schintgen, Bernard: F i b e l für den Schreib-Lese-Unterricht im zweiten Schuljahr. Genehmigt von der Königlich-Grossherzoglichen Unterrichts-Commission. Ebd. 1864. 76 S. 12°

– Dass. Dritte Auflage. Ebd. 1872. 76 S. 12°

– Dass. Vierte Auflage. Ebd. 1873. 76 S. 12°

Schintgen, B., F i b e l f. den Sprach-, Schreib- u. Lese-Unterricht nebst orthograph. Aufgaben. 1. Thl. 8. (40 S m. eingedr. Holzschn.) Luxemburg 873. Brück in Comm. n. — 20

Schintgen, Bernard: F i b e l für den Sprech-, Schreib- und Leseunterricht, nach der neuen Rechtschreibung. II. Schuljahr. Genehmigt von der Königlich-Grossherzoglichen Unterrichts-Kommission, den 24. Juni 1884. Luxemburg: Jos. Beffort 1884. 112 S. 8°

Schintgen, Bernard: Unsere G e s u n d h e i t . Prämienbüchlein für Mittel- und Oberklassen unserer Primärschulen, frei übersetzt aus dem Holländischen. (Durchgesehen von einem katholischen Priester.) Luxemburg: Jos. Beffort 1882. 60, 1 S. 8°

Schintgen, B., katholisches Lehr- u. Lesebuch für Primärschulen. Nach dem Anschauungsunterrichte geordnet. Nebst einem praktischen Theile zu Haus- u. Schulaufgaben. Luxemburg 865. Schamburger. 8. (XI, 250 S.) cart. n. 10 ngr.

— Lehr- u. L e s e b u c h nach dem Anschauungsunterricht f. Stadt- u. Landschulen. 1. u. 2. Theil. gr. 8. Ebend. 870 n. 2. 20

1. Für Mittelklassen. (151 S.) geb. n. 1. —
2. Für Oberklassen. (272 S.) geb. n. 1. 20

Schintgen, Bernard: L e h r - und Lese b u c h nach dem Anschauungsunterricht für Stadt- und Landschulen. Erster Theil für Mittelklassen. Mit Approbation der Königlich-Grossherzoglichen Unterrichts-Commission. Luxemburg: J. Joris 1872. 156 S. 8°

Schintgen, Bernard: L e h r - und Lese b u c h (mit Bildern) nach dem Anschauungsunterrichte für Stadt- und Landschulen. Erster Theil für Mittelklassen. 2. Auflage. Mit Approbation der Königlich-Grossherzoglichen Unterrichts-Commission. Ebd. 1872. 190 S. 8°

– Dass. 3. Auflage. Ebd. 1873. 191 S. 8°

Schintgen, Bernard: L e h r - und Lese b u c h nach dem Anschauungsunterrichte für Stadt- und Landschulen. Zweiter Theil für Oberklassen. Mit Approbation der Königlich-Grossherzoglichen Unterrichts-Commission. Luxemburg: J. Joris 1872. 272 S. 8°

Schintgen, Bernard: Katholisches L e h r - und Lese b u c h für Primärschulen. Nach dem Anschauungsunterrichte geordnet. Nebst einem praktischen Theile zu Haus- und Schulaufgaben. Genehmigt von der Königlich-Grossherzoglichen Unterrichts-Commission. Leipzig 1863. X, 1, 250 S. 8°

Schintgen, Bernard: L e h r v e r f a h r e n bei den Vorübungen der Schreiblesemethode. Das Taktirschreiben. Lehrgang bei der Schreiblesemethode. Luxemburg: J. Joris 1871. 28 S. 8°

Schintgen, Bernard: Der neue französische L e s e s c h ü l e r zunächst für die Primärschulen des Großherzogthums Luxemburg. Genehmigt von der Königlich-Großherzoglichen Unterrichts-Commission. 1. Heft. Luxemburg: V. Bück 1852. 24 S. 12°

– Dass. Achte Auflage. Ebd. 1860. 24 S. 12° [Erschien in insgesamt 11 Auflagen.]

Schintgen, Bernard: Der neue französische L e s e s c h ü l e r zunächst für die Primärschulen des Großherzogthums Luxemburg. Genehmigt von der Königlich-Großherzoglichen Unterrichts-Commission. 2. Heft. Luxemburg: V. Bück 1853. 36 S. 12°

– Dass. Neunte Auflage. Ebd. 1861. 48 S. 12° [Erschien in insgesamt 14 Auflagen.]

Schintgen, Bernard: L e s e - T a b e l l e n als Vorübung und Hülfsmittel zur Gebrauchsweise der „Fibel" für den Schreib-Lese-Unterricht im ersten Schuljahre. [Blum, Bibl. lux.]

Schintgen, Bernard: Moralische R e c e p t e für Kinder. Prämienbüchlein für die Oberstufe unserer Primärschulen. (Durchgesehen von einem Priester.) Luxemburg: Jos. Beffort 1882. 65, 1 S. 8°

Schintgen, Bernard: Der biblische S c h a u p l a t z nebst kurzen Abrissen aus der Kirchengeschichte. Prämienbüchlein für Schüler & Schülerinnen der Oberstufe unserer Primärschulen. Luxemburg: Jos. Beffort 1882. 4, 95 S. 8°

Schintgen, Bernard: Französische S c h r e i b l e s e - F i b e l , nach einer rationellen Methode, für die Unterstufe der Primärschulen. (Drittes Schuljahr.) Luxemburg: Jos. Beffort 1883. 46 S. 8°

Schintgen, Bernard: Französische S c h r e i b l e s e - F i b e l , nach einer rationellen Methode, für die Unterstufe der Primärschulen. Drittes Schuljahr. Genehmigt von der Königl.-Grossherzl. Unterrichts-Commission, den 24. Juni 1884. Luxemburg: Jos. Beffort 1884. 64 S. 8°

– Begleit- und Vorwort zu der neuen gänzlich umgearbeiteten Bilder-Fibel. Luxemburg: Jos. Beffort 1884. 8 S. 8°

Schintgen, Bernard: Der neue französische S c h r e i b - L e s e - S c h ü l e r . Erstes Heft. Zwölfte gänzlich umgearbeitete Auflage. Genehmigt von der Königlich-Grossherzoglichen Unterrichts-Commission. Luxemburg: V. Bück 1864. 24 S. 12°

– Dass. Dreizehnte Auflage. Ebd. 1868. 24 S. 12°

Schintgen, Bernard: Der neue französische Schreib-Lese-Schüler nebst orthographischen Aufgaben. Erstes Heft. Fünfzehnte, umgearbeitete Auflage. Genehmigt von der Königlich-Grossherzoglichen Unterrichts-Commission. Ebd. 1872. 24 S. 12°

Schintgen, Bernard: Der neue französische Schreib-Lese-Schüler nebst orthographischen Aufgaben und Eléments de conversation et de grammaire. Sechzehnte zweckmässiger eingerichtete Auflage. Luxemburg: J. Joris 1876. 56 S. 8°

– Dass. Zweites Heft. Zwölfte gänzlich umgearbeitete Auflage. Genehmigt von der Königlich-Grossherzoglichen Unterrichts-Commission. Luxemburg: V. Bück 1864. 48 S. 12°

Schintgen, Bernard: Der neue französische Schreib-Lese-Schüler nebst Sprech- und Schreibübungen. Zweites Heft. Vierzehnte Auflage. Genehmigt von der Königlich-Grossherzoglichen Unterrichts-Commission. Ebd. 1871. 50 S. 12°

Schintgen, Bernard: Der neue französische Schreib-Lese-Schüler, nebst orthographischen Aufgaben und éléments de conversation et de grammaire. Zwanzigste Auflage. Genehmigt von der Königlich-Grossherzoglichen Unterrichts-Commission. Luxemburg: Jos. Beffort 1882. 56 S. 12°

Schintgen, Bernard: Praktische Schul- und Haus aufgaben zu Lehr- und Lesebuch. Luxemburg: J. Joris 1872. 2, 99, 1 S. 8°

— praktische Schul- u. Haus-Aufgaben zu Lehr- u. Lesebuch. gr. 8. (II, 99 S.) Ebend. 873. — 60

Schintgen, Bernard: Wanderungen in die freie Natur. Prämienbüchlein für Mittel- und Oberklassen unserer Primärschulen. Aus dem Holländischen übersetzt. (Durchgesehen von einem Professor.) Luxemburg: Jos. Beffort 1882. 82, 1 S. 8°

Schintgen, Bernard: Luxemburger Wegweiser, nebst einer kurzen Beschreibung der J. P. Pescatore'schen Bilder-Galerie. Luxemburg: Friedr. Beffort 1873. 145. 11 S. 12°

Schintling, Alois v.: Etwas

— — Weniges von den Bedürfnissen unserer Zeiten, hauptsächl. vom Hauswesen der Besoldeten, Ehestandskandidaten vor der Hochzeit aufgetischt, und mit tabellar. Berechnungen beleuchtet. Von *A. von S.* (d. i. *Alois* Reichsedler *v. Schintling*). (Kl. Hlzschn.-Vign.) München, gedr. bey Joseph Zängl, Stadtbuchdr., 1795. 8°.

Culturgeschichtl. interessant, auch wegen der damaligen Preise, 3 Bll., 47 S. u. 12 Tabell. auf 11 nicht num. S. Name d. Vf. unter der Zuschrift (an die Herzogin Amalia v. Zweybrücken, geb. Prinzessin v. Sachsen etc.). Selten! Fehlt im Anon.-Lex.

Schintling, Herm. v., die Terrainaufnahme rationell aus der Lehmann'schen Theorie der Terraindarstellung entwickelt. Mit 1 lith. Taf. (in Fol.). München 855. Franz in Comm. gr. 8. (X, 196 S.) n. 1 ₰.

SCHINTZ, Karl Eugen (Zürich): De vulneribus sclopetariis. (Titel nach der Urkunde) 21.8.1833 – Urk; F 61
Diss.Ingolst.-Landsh.-Mchn.

Schintzinger, Alb. Das Reservelazareth Schwetzingen im Kriege 1870 u. 1871. (101) 8. Freiburg i. Br. 1873. 2.40

(Schinz. Pfarrer [Hans] Rudolf Sch', 1745–[1790].) Njbl. s.a. [Schinz, Heinrich Rudolf].

Schinz, Hans Rudolph. [Zürich 1867.] V: *Schinz, Matthias.* (Cat. der Stadtbibl. Zürich. Zürich 1864—97.)

Schinz, Pfr. Heinrich. [Zürich 1823.] V: *Pestalozzi, Joh.* (Cat. d. Stadtbibl. Zürich. Zürich 1864—97.)

(Schinz. Heinrich Rudolf Schinz, 1777–1861.) Njbl. s. [Locher, Balber, Hans].

(Schinz. Johann Heinrich Schinz, Pfarrer. Geb: 1764. gest: 1822). Njbl. s. [Pestalozzi, Johannes I].

(Schinz. Johann Rudolf Schinz. 1762–1829.) Njbl. s. [Schinz, Mathias].

Schinz, Rudolf Heinrich. [Zürich 1863.] V: *Locher, Hans.* (Cat. d. Stadtbibl. Zürich. Zürich 1864—97.)

(Schinz. Salomon Schinz. M. D., 1734–1784.) Njbl. s.a. [Schinz, Christoph Salomon].

Schinz, Salomon, Dr. med. [Zürich 1802.] V: *Schinz, Chph Salomon.* (Cat. d. Stadtbibl. Zürich. Zürich 1864—97.)

Schinz, Bauernfängerei und deren Folgen. Zürich, S. Höhr. 1876. 1.50

Schinz, Denkschrift für den großen Rath, für die Regierung, für die Gemeinden, für die begüterten Einwohner und für die Auswanderungslustigen und Auswanderungsbedürftigen des Kantons Zürich. 8. (48 S.) Zürich 848, (Höhr.) *

Schinz, A., die Sittlichkeit des Kindes, s.: Beiträge zur Kinderforschg., Hft. 1.

Schinz, Albert. Anti-Pragmatism. An examination into the respective rights of intellectual aristocracy and social democracy. 317 p. 8. London, Leipsic, T. Fisher Unwin, 1910. ([cloth] £—/6/6)

Schinz, Carl, s. Schinz, Karl

Schinz, Christoph Salomon, s.a. Schinz, Salomon

— s. Jh. Gesner, tabulae phytographicae etc.

Schinz, Cph. Sal., prakt. Commentar zu Jh. Geßners phytograph. Tafeln. 18 Hft. Tab. I—II. (11 Tabb. u. 11 Kpft.) gr. Fol. Zürich 801. Orell. 2 ₰ 16 gr.

— Rektoratsrede an die Zürich'sche Schuljugend, bei d. 3n Säcularfeier 1819. 8. Zürich 819. Orell. 4 gr.

[Schinz, Christoph Salomon.] (Salomon Schinz, M. D., 1734–1784. [Mit 1 Porträt-Tafel.]) Njbl. [Chorh.] Zürich 1802. 4. [Zürich.]

— Diss. inaug. de cauto sectionum cadaverum usu ad dijudicandas morborum caussas. 8. Götting. 784. Brose. 5 gr.

Schinz, Christoph Salomon: Tractatio de cauto sectionum cadaverum usu ad dijudicandas morborum causas. 48 S., gbd.

Goettingae: Brose 1787

JB 696

Schinz. Emil. Die Aufhängung der Kirchenglocken. 1863.

Schinz. Emil. Übersichtliche Darstellung der 1857 in Bern ausgestellten Producte der schweiz. Industrie. Bern 1857.

Schinz, Emil. Über den Einfluss d. Windes auf d. Richtung d. Signalscheiben. 1863.

Schinz, Emil. Curs der Physik. Aut. 4.

Schinz, Em., Dr., Die Niveau-Differenz des atlantischen und des Mittelmeeres längs den französischen Kusten, vorgetragen am 5. Marz 1864 in der Sitzung der Bernerischen Naturforsch. Ges. (Abgedruckt aus den Mittheilungen der Berner. Naturf. Ges.

Schinz, Emil. Über das Polar-Planimeter von Amsler. 1857.

Schinz, Em., **Untersuchungen über die Veranderung der Rotations-Geschwindigkeit der Himmelskörper, und deren Zusammenhang mit der Oberflachen-Gestaltung bei unserer Erde.** Abdr. aus d. Verhandlungen der schweizer. naturforsch. Gesellsch. in St. Gallen. St. Gallen 855. Scheitlin u. Zollikofer. 8. (52 S.) n. 10 *ngr.*

Schinz, Emil. Über die Veränderung der Rotationsgeschwindigkeit der Himmelskörper. St. Gallen 1855.

— **Würdigung des Tychonischen Weltsystems aus dem Standpunkte des 16. Jahrh.** Halle (858.) (Schmidt.) gr. 8. (15 S.) n. 5 *ngr.*

Schinz, H., s.a. Schinz, Johann Heinrich

Schinz, H., etwas üb. ansteckende Krankheiten überhaupt u. üb. das Nervenfieber insbesondere. 8. Zürich, Orell, Füßli u. Comp. 814.

Schinz, H. W., s. Psalter, der.

Schinz, Hans, schweizerische Afrika-Reisende u. der Anteil der Schweiz an der Erschliessung u. Erforschung Afrikas überhaupt, s.a. Neujahrsblatt, hrsg. v. der naturforschenden Gesellschaft in Zürich. 106.

Schinz, Hans. Schweizerische Afrika-Reisende und der Anteil der Schweiz an der Erschliessung und Erforschung Afrikas überhaupt. Mit einer Karte. IV + 51 S. 4. Zürich, Zürcher & Furrer, Komm. Fäsi & Beer, (1904). [fr. 3.60]

Neujahrsblatt der Naturforschenden Gesellschaft in Zürich auf das Jahr 1904. Stück 106.

Schinz, H., Amarantaceae, s.: Engler, A., u. K. Prantl, die natürlichen Pflanzenfamilien.

Schinz, Hans, s.a. Beiträge z. Kenntnis d. afrikan. Flora.

Schinz, Hans: Beiträge zur Kenntnis der Flora von Deutsch-Südwest-Afrika und der angrenzenden Gebiete. 1—4. ([S.-A.] Verhandlungen des Botanischen Vereins der Provinz Brandenburg. Bd. 29. S. 44—64. Bd. 30. S. 137—186, 229—276. Bd. 31. S. 179—230.) (Berlin 1890.) 1 Bd. 21, 30, 48, 52 S. 8°.

Schinz, Hans, s.: Berichte der schweizer. botanischen Gesellschaft.

— conspectus florae Africae, s.: Durand, Th.

Schinz, Hans. **Deutsch-Südwest-Afrika.** Forschungsreisen durch d. deutschen Schutzgebiete Gross-Nama- u. Hereroland, nach dem Kunene, dem Ngami-See u. der Kalaxari. 1884—1887. Mit 1 Karte, 18 Vollbildern u. vielen Holzschn. gr. 8. (XVI, 568 S.) Oldenb. 891, Schulzesche Hofbuchh. * 18 —; geb. * 20 —

— u. Rob. Keller, **Flora der Schweiz. Zum Gebrauche auf Exkursionen, in Schulen u. beim Selbstunterricht.** 8. (VI, 628 S. m. Abbildgn.) Zürich 900. A. Raustein. Geb. in Leinw. n. 6. —

Schinz, Hans, und Keller, Robert. **Flora der Schweiz.** Zum Gebrauche auf Exkursionen, in Schulen und beim Selbstunterricht. Bearb. von Prof. Dr. H' Sch'... und Dr. R' K'.... Mit Figuren. 2., vollständig umgearbeitete und stark vermehrte Aufl. 2 Teile. 8. Zürich, Albert Raustein, 1905.

Teil 1: Exkursionsflora. XVI + 586 S. [geb. fr. 6. 70, auf Büttenpapier 8. —]
Teil 2: Kritische Flora. XII + 400 S. [geb. fr. 6. 20, *resp.* 7. 20]

Schinz, Hans, und Keller, Robert. **Flora der Schweiz.** Zum Gebrauche auf Exkursionen, in Schulen und beim Selbstunterricht. Mit Figuren. 3., stark vermehrte Aufl. Teil 1: Exkursionsflora. XXXII + 648 S. 8. Zürich, Albert Raustein, 1909. [geb. fr. 6. 80]

Schinz, Hans. Forschungsreisen in Deutsch-Süd-West-Afrika. Oldenburg 1891.

(Schinz, Hans.) **Führer durch den Botanischen Garten der Universität Zürich.** Separatabdruck aus der «Schweiz. Pädag. Zeitschrift», Heft 3, Jahrg. 1902. 28 S. 8. Zürich, Art. Institut Orell Füssli, 1902.

(Schinz, Hans.) **Führer durch den Botanischen Garten der Universität Zürich.** [Illustriert.] II + 44 S. 8. Zürich, Orell Füssli (*Auf-druck:* Comm. Albert Raustein), 1908. [fr. —. 80]

Mitteilungen aus dem botanischen Museum der Universität Zürich. [Heft] 39.

Schinz, Hans: Die deutsche Interessensphäre in Südwest-Afrika ([S.-A.] Fernschau. Jahrbuch der Mittelschweizerischen Geographisch-Commerciellen Gesellschaft in Aarau. Bd. 4.) Aarau 1890. 42 S. 8°

Schinz, Hans. **Karte v. Deutsch-Südwest-Afrika.** Entworfen nach den Karten von Th. Hahn, Juta u. eigenen Forschungsresultaten. 1 : 2,534,000. Farbendr. 54×54 cm. Oldenb. 891, Schulzesche Hofbuchh. * 2 —

Schinz, Hans, zur Kenntnis der Flora der Aldabra-Inseln. [Aus: „Abhandlgn. d. Senckenberg. naturforsch. Gesellsch.", 21. Bd.] gr. 4. (15 S.) Frankfurt a. M. 897. (M. Diesterweg.) n. 1. —

Schinz, Hans, und Junod, Henri. **Zur Kenntnis der Pflanzenwelt der Delagoa-Bay.** (Erster Nachtrag.) ⟨Extrait du Bulletin de l'Herbier Boissier, tome 3, 2me série, 1903 (N° 8).⟩ 8.

Mitteilungen aus dem Botanischen Museum der Universität Zürich. [Heft] 20. [N°] 1.... Genève, Impr. Romet, 1903. S. 654—662.

— d. Leben d. Meeres, s.: Keller, Conr.

Schinz, Hans. **Die Myxomyceten oder Schleimpilze der Schweiz.** [Mit 45 Figuren.] Separatabdruck aus den Mitteilungen der Naturwissenschaftlichen Gesellschaft in Winterthur, Heft 6., 1906. 129 S. 8. Winterthur, Geschwister Ziegler, 1906.

Mitteilungen aus dem Botanischen Museum der Universität Zürich. [Heft] 31.

— die Pflanzenwelt Deutsch-Südwest-Afrikas, s.: Mémoires de l'herbier Boissier. Nr. 1.

Schinz, Hans: Plantae Menyharthianae. Ein Beitrag zur Kenntnis der Flora des unteren Sambesi. D. S. 357 . . . . K 4.80
Separatabdruck

— **Plantae Menyharthianae. Ein Beitrag zur Kenntnis der Flora des unteren Sambesi.** (79 S.) 4. Wien 905. (A. Hölder.) n. 4. 80
Sonderabdruck aus: „Denkschr. d. k. Akad. d. Wiss."

Schinz, H. Potamogeton javanicus Hassk. und dessen Synonyme. In-8°. (S. 52—61). Basel, Genf, Lyon, Comm.-Verlag von H. Georg. 1891. — 60
Für's Ausland Mk. — 60

*** Extrait du „Bulletin de la Société botanique suisse. Livr. 1."

Schinz, Hans. **Referate über die Publikationen, welche auf die schweizerische Flora Bezug haben.** Fortschritte der schweizerischen Floristik. [1.] Myxomycetes (1904—1906). Referent: H' Sch', Zürich. Separatabdruck aus den Berichten der schweizerischen botanischen Gesellschaft. Heft 17. 1907. 3 S. 8. [Bern, K. J. Wyss.]

Schinz, Hans, aus Zürich: Untersuchungen über den Mechanismus des Aufspringens der Sporangien und Pollensäcke. Zür. Zürcher u. Furrer Dr. 1883. 47 S., 3 Taf. 8°.
Zürich, Phil. Diss. [v. 10. Dec. 1883].

Schinz, Hans. Versuch einer monographischen Übersicht der Gattung Sebaea R. Br. (Teil) 1: Die Sektion Eusebaea Griseb. Von Hans Schinz, Zürich. Aus den Mitteilungen der Geographischen Gesellschaft in Lübeck. Heft 17, 1903. II + 55 S. gr.-8. [Lübeck, Lübcke & Nöhring.]

— s.: Zentralblatt, botanisches.

Schinz, H[an]s Rudolf. Beyträge zur nähern Kenntniß des Schweizerlandes. 6 Hefte. 8. Zürich (*Heft 6:* und Leipzig) 1783-1791.

Heft 1. [Mit 2 Tafeln.] 1783. — Heft 2. [Mit 2 Tafeln.] 1784.
Heft 3. 1784. — Heft 4. [Mit 2 Karten.] 1786.
Heft 5. [Mit 2 Tafeln.] 1787.
Heft 6. Nach dem Tode des Herrn Pfarrer H. R. Schinz fortgesetzt von H. von Orell.... [Mit 1 Figur.] — *A. u. d. T.:* Neue Beytr' zur nähern K' des Schw'. Von H[einrich] von Orell.... 1. [einziges] Heft. 1791.

Schinz, H. Rud., Beschreibung und Abbildung der Eyer und künstlichen Nester der Vögel, welche in der Schweiz, in Deutschland und den angränzenden nördlichen Ländern bauen. Heft 1—13. Mit ill. Kupfern. Zürich 1818—29. Fol.
[Text auch französ.]
—, — (Neue Ausg.) Ebda 1830. gr. 4.

S[chinz], H[ans] R[udolf]. Elogium sacerdotis Jacobi Pancratii Bustelli († 1771).... Auctore J. R. S.... 8. Turici 1773.

Schinz, Heinrich A. S. 1344/27

Dissertatio physico-mathematica de effectibus, qui a virium compositione producuntur. Präs. Johann Gesner. Zürich (Gessner) II. 1747. 1 Taf., 22 S.

7 Resp. 30495

— einige Gedanken üb. die bürgerl. Rechte u. Pflichten d. Religionsdiener u. öffentl. Volkslehrer in Helvetien. 8. ... 799.

Schinz, Hnr. I., († d. 29. Aug. 1822.) Kanzelvorträge, zur Belehr. üb. die schweizer. neue bürgerl. Verfassung u. zur Beruhigung über unsere gegenwärt. Lage; hrsgg. v. J. J. Heß. 2 Thle. 8. Zürich 800. Orell. 2 ₰

Schinz, Hnr. II., vollständ. Wechseltabellen od. Vergleichungszahlen f. d. Wechselcurse aller Handelsplätze; z. Erleichter. u. Abkürz. d. Cursberechnungen. gr. 8. Zürich 821. (Orell). 5 ₰ 12 ℊ — Dass. französ. 5 ₰ 20 ℊ

Schinz, Heinr. Rud., Abbildungen aus d. Naturgeschichte f. d. Schul- u. Privat-Unterr. bearb. 2., verb. u. verm. Aufl. IV Abthln. à 2 Lfgn. gr. Fol. (42 Stnt. u. 29 B.) Zürich 840, Schulthess. 6 Thlr. 15 Gr., col. Thlr. *

[Schinz, Heinrich Rudolf.] (Drei neue Arten von Mäusen aus den Alpen der Schweiz. [Mit 1 Tafel.]) Njbl. Naturf. Ges. Zürich 1844. 4. [Zürich.]

[Schinz, Heinrich Rudolf.] (Der Bär. [Mit 1 Tafel.]) Njbl. Naturf. Ges. Zürich 1823. 4. [Zürich.]

Schinz, H[einrich] R[udolf]. Bemerkungen über die Arten der wilden Ziegen, besonders mit Beziehung auf den sibirischen Steinbock, den St' der Alpen und den St' der Pyrenæen. [Mit 4 Tafeln.] (N. Denkschr. Schweizer. Ges. für Naturwiss. Band 2.) 4. (Neuchâtel 1838.)

Schinz, Heinr. Rud., Bericht über die durch den Gewerbs-Verein in St. Gallen veranstaltete schweizerische Gewerbs- u. Industrie-Ausstellung 1843. 8. (8½ B.) St. Gallen 843, Scheitlin u. Zollikofer.

— Beschreib. u. Abbild. der künstl. Nester u. Eier der Vögel, welche in d. Schweiz, in Deutschland u. den angränz. Ländern brüten. (13 Hfte). Mit illum. Kpf. gr. 4. Zürich 819—829. Orell. 34 ₰ 16 ℊ — Dass. französ. 34 ₰ 16 ℊ

Schinz, Heinr. Rud., Beschreibung u. Abbild. d. künstl. Nester u. Eyer der Vögel, welche in d. Schweiz, in Deutschland u. den angrenz. Ländern brüten. (Neue Ausg.) M. (73) ill. Kpfr. gr. 4. (16¾ B.) Zürich 830, Orell, Füßli u. Comp.

— über technische Bildung, e. Rede, s. Ueber.

— s. Cuvier, d. Thierreich.

(Schinz, [Heinrich] R[udolf].) Friederich v(on) Dürler (1804–[1840]). [Necrolog. A.] 8. [Fribourg 1841.]

[Schinz, Heinrich Rudolf.] (Einleitung zur Geschichte der schweizerischen zoologischen Sammlungen. [Mit Anhang und 1 Tafel:] Der Alpenhase.) Njbl. Naturf. Ges. Zürich 1834. 4. [Zürich.]

[Schinz, Heinrich Rudolf.] Die neuesten Entdeckungsreisen nach Neuholland. [Mit 1 Abbildung und 1 Tafel.] Njbl. Naturf. Ges. Zürich 1817. 4. [Zürich.]

[Schinz, Heinrich Rudolf.] (Die Eulen. [Mit 1 Tafel.]) Njbl. Naturf. Ges. Zürich 1828. 4. [Zürich.]

— europä. Fauna, od. Verzeichniß d. Wirbelthiere Europa's. 2 Bde. gr. 8. Stuttgart 840, Schweizerbart'sche Buchh.
Bd. 1. Säugethiere u. Vögel. (29¼ B.) 1 Thlr. 18 Gr.
" 2. Reptilien u. Fische. (34 B.) 2 Thlr. 3 Gr.

[Schinz, Heinrich Rudolf.] Die Fische unserer Gewässer. [Mit 1 Tafel.] Njbl. Naturf. Ges. Zürich 1848. 4. [Zürich.]

[Schinz, Heinrich Rudolf.] Ueber die Fische unserer Seen und Flüsse. [Mit 1 Tafel.] Njbl. Naturf. Ges. Zürich 1847. 4. [Zürich.]

[Schinz, Heinrich Rudolf.] (Die Gemse. [Mit 1 Tafel.]) Njbl. Naturf. Ges. Zürich 1821. 4. [Zürich.]

[Schinz, Heinrich Rudolf.] (Geyer und Adler. [Mit 1 Tafel.]) Njbl. Naturf. Ges. Zürich 1826. 4. [Zürich.]

— Handbuch der Naturgeschichte f. Schulen. Verm. u. veränd. Aufl. gr. 8. (21 B.) Zürich 834, Ziegler u. Söhne.

[Schinz, Heinrich Rudolf.] (Der Kukuk. [Mit 1 Tafel.]) Njbl. Naturf. Ges. Zürich 1829. 4. [Zürich.]

[Schinz, Heinrich Rudolf.] (Der Lämmergeyer. [Mit 1 Tafel.]) Njbl. Naturf. Ges. Zürich 1805. 4. [Zürich.]

— Lehrbuch d. Naturgeschichte f. Schulen u. zum Selbstunterr. gr. 8. Zürich 828. Trachsler. 1 ₰ Mit 6 illum Kpft. gr. 8. Ebd. 1 ₰ 18 ℊ Die Kpftaf. mit Erklär. apart. 15 ℊ

— Lehrbuch d. Naturgeschichte f. Schulen u. zum Selbstunterr. gr. 8. (20½ B.) Zürich 829, Trachsler. (?)

— dass. m. 6 ill. Kpfrt. gr. 8. (20½ B.) Ebds. 829. (?)
Die 6 ill. Kpfrt. mit Erklärung apart, 15 Gr.

[Schinz, Heinrich Rudolf.] (Der Luchs. [Mit 1 Tafel.]) Njbl. Naturf. Ges. Zürich 1822. 4. [Zürich.]

[Schinz, Heinrich Rudolf.] (Die Mäuse und Ratten. [Mit 1 Tafel.]) Njbl. Naturf. Ges. Zürich 1835. 4. [Zürich.]

Schinz, Heinrich Rudolf *s.* Meisner, Friedrich, und Schinz, Heinrich Rudolf

— Monographie des Kartoffelbaues, od. Anleitung zur Saat, Pflege, Einsammlung, Aufbewahrung u. Verwendung d. Kartoffeln od. Erdäpfel nebst Schilderung d. Wachsthums u. d. Krankheit dieser Knollenpflanze. gr. 8. (6 B.) Aarau 846, Christen. *

—— Monographien der Säugethiere. Mit Abbild. nach der Natur u. den vorzügl. naturwissenschaftl. Werken, gez. v. J. Kull. 1—17. Hft. gr. 4. (16⅝ B. 98 ill. u. 6 schw. Stnt.) Zürich 843—46, Meyer u. Zeller. à * 1 Thlr. 7½ Ngr. *

Schinz, Heinr. Rud., Monographien der Säugethiere. Mit Abbildungen von J. Kull. 18—29. Heft. gr. 4. (41 S. Text, 73 ill. und 4 schw. Stnt.) Zürich 848—52, Meyer und Comp. à Heft * 1 Thlr. 7½ Ngr. *

Schinz, H. R., Monographien der Saugethiere. Mit Abbildungen nach der Natur u. den vorzüglichsten naturwissenschaftlichen Werken gezeichnet von J. Kull. 30. u. 31. Heft. Zürich (853.) (Meyer u. Zeller.) gr. 4. (S. 21—30 u. 12 lith. u. color. Taf.) Jedes Heft n. 1 ℛ. 7½ ngr.

[Schinz, Heinrich Rudolf.] (Das Murmelthier. [Mit 1 Abbildung und 1 Tafel.]) Njbl. Naturf. Ges. Zürich 1808. 4. [Zürich].

[Schinz, Heinrich Rudolf.] (Die Nattern. [Mit 1 Tafel und Einleitung:] Sagen über Drachen in der Schweiz.) Njbl. Naturf. Ges. Zürich 1832. 4. [Zürich.]

— Naturgeschichte und Abbildungen der Fische. Nach den neuesten Systemen zum gemeinschaftlichen Gebrauche entworfen u. mit Berücksichtigung für den Unterricht der Jugend bearbeitet. Nach der Natur und den vorzüglichsten Originalien gezeichnet und lithogr. von K. J. Brodtmann. 1s—16s Heft. Mit 90 Tafeln. Fol. Leipzig 836—38. Weidmann'sche B. à n. 5/6 ℛ — Illum. à n. 1½ ℛ — Fein ausgemalt à n. 2⅔ ℛ

Schinz, Hnr. Rud., Naturgesch. u. Abbildd. d. Reptilien. Nach d. neuesten Systemen zum gemeinnütz. Gebrauche entworfen und mit Berücksichtigung für den Unterricht der Jugend bearbeitet. Nach der Natur und den vorzügl. Originalien gezeichnet und lithographirt von K. J. Brodtmann. 17 Hefte. Mit 102 Tafeln. Fol. Leipzig 833—35. Weidmann'sche Buchh. à Heft n. 5/6 ℛ — Ill. à n. 1½ ℛ — Fein ausgemalt à n. 2⅔ ℛ

— dass. Neue Ausg. 12 Hefte. Mit 84 Tafeln. Fol. Ebd. 835, 36. (à Heft n. 5/6 ℛ) 16 ℛ — Illum. (à n. 1½ ℛ) 36 ℛ — Fein ausgemalt (à n. 2⅔ ℛ) 64 ℛ

— Naturgeschichte u. Abbildd. d. Säugethiere. Nach den neuesten Systemen zum gemeinnütz. Gebrauche entworfen, u. mit Berücksichtigung für d. Unterricht d. Jugend bearb. Nach d. Natur u. d. vorzügl. Originalien gezeichnet u. lithographirt v. K. J. Brodtmann. 1s — 21s Heft. Fol. Zürich 824 — 27. (Leipz., G. Fleischer.)

—— Naturgeschichte u. Abbildn. d. Säugethiere. Nach d. neuest. Systemen zum gemeinnütz. Gebr. entworfen. Nach d. Natur u. den vorzügl. Originalien gezeich. u. lithogr. v. K. J. Brodtmann. 2., verb. Aufl. 14 Hfte. Fol. (85 B. u. 169 Taf.) Leipzig 831, 32, G. Fleischer. (Frohberger.) à

— Naturgeschichte und Abbildungen der Vögel. Nach den neuesten Systemen bearbeitet. Nach der Natur und den vorzügl. Originalien gezeichnet u. lithogr. von K. J. Brodtmann. 21s —24s (letztes) Heft. Mit 24 Tafeln. Fol. Leipzig 832, 33. Weidmann. à n. 5/6 ℛ — Sauber ausgemalt à n. 2⅔ ℛ (Alle 24 Hefte kosten n. 20 ℛ — Ausgemalt n. 64 ℛ)

— dass. Wohlf. Ausg. mit illum. Abbildd. 11s—24s Heft. Mit 84 Tafeln. Fol. Ebd. 833. n. 21 ℛ (1s—24s Heft 36 ℛ)

—— Naturgeschichte u. Abbildn. d. Vögel. Nach d. neuest. Systemen bearb. Nach d. Natur u. den vorzügl. Originalien gez. u. lithogr. v. K. J. Brodtmann. 24 Hfte. 1. Aufl. 831—33. u. neue Ausg. Fol. (à Aufl. 120 B. u. 144 Taf.) Leipzig 835, 36, Weidmann. à H. 20 Gr., ill. 1 Thlr. 12 Gr., f. gemalt

—— dass. wohlf. Ausg. mit ill. Abbild. 24 Hfte. Fol. (99½ B. u. 144 Taf.) Ebds. 832, 33.
Einzelne Hefte werden von dieser Ausg. nicht abgegeben.

—— Naturgeschichte der Vögel. Mit Abbild. nach der Natur u. den vorzügl. naturwissenschaftl. Werken gez. v. J. Kull. Neueste verm. Ausg. 1—6. Hft. Fol. (18½ B. u. 34 ill. u. 2 schwarze Stnt.) Zürich 846, 47, Meyer u. Zeller. à * 2 Thlr. *

— Naturgeschichte der Vögel. Mit color. Abbildungen nach der Natur u. den vorzüglichsten naturwissenschaftlichen Werken gezeichnet. Neueste umgearb. u. sehr verm. Ausg. 7—14. Hft. Imp. 4. (S. 69—156 m. 48 lith. u. col. Taf.) Zürich 849 —52, Hanke. 7: n. 2 ℛ 8—14: à n. 1 ℛ 18 ngr (1—14: n. 25 ℛ 6 ngr)

—— Naturgeschichte der Vögel. Mit kolor. Abbildungen nach der Natur und den vorzüglichsten naturwissenschaftl. Werken gezeichnet. Neueste, umgearb. und verm. Ausg. 7—14. Heft. Imp.-4. (S. 69—156 und 48 ill. Stnt.) Zürich 851—52, Hanke. [7. Heft. * 2 Thlr., 8—14. Heft. à * 1 Thlr. 18 Ngr.] *
1—6. Heft. Ebendas. 1846—47. * 12 Thlr.

—— Naturgeschichte der Vögel. Mit sorgfältig kolor. Abbildungen nach der Natur und den vorzüglichsten naturwissenschaftlichen Werken gezeichnet. 2., umgearb. und verm. Aufl. 15—21. (Schluß.) Heft. Imp.-4. (III und S. 157—253 mit 42 ill. Stnt.) Zürich 853, Hanke. à Heft * 1 Thlr. 18 Ngr. *
[1—14. Heft. Ebendas. 1846—52. * 22 Thlr. 12 Ngr. — Die Preisangabe im 11. Bde. ist hiernach zu berichtigen.]

Schinz. Heinr. Rud., Heinr. Pestalozzi und Joh. Conr. Pestalozzi-Hirzel. Über technische Bildung und insbesondere über das technische Institut in Zürich. Zürich 1832.

— s. Römer, Johann Jacob und Schinz, Heinrich Rudolf

[Schinz, Heinrich Rudolf.] Die zoologische Sammlung (in Zurich). [3 Theile, je Mit 1 Tafel.] Njbl. Naturf. Ges. Zürich 1841—1843. 4. [Zurich.]

[Schinz, Heinrich Rudolf.] (Pfarrer [Hans] Rudolf Schinz, 1745—1790. Von seinem] Sohn. [Mit 2 Tafeln.]) Njbl. Naturf. Ges. Zürich 1801. 4. [Zurich.]

[Schinz, Heinrich Rudolf.] (Die Schwalben. [Mit 1 Tafel.]) Njbl. Naturf. Ges. Zürich 1831. 4. [Zürich.]

[Schinz, Heinrich Rudolf.] (Seeadler und Aasvogel. [Mit 1 Tafel.]) Njbl. Naturf. Ges. Zürich 1827. 4. [Zürich.]

[Schinz, Heinrich Rudolf.] (Der Steinbock. [Mit 1 Portrat und 1 Tafel.) Njbl. Naturf. Ges. Zürich 1820. 4. [Zürich.]

[Schinz, Heinrich Rudolf.] (Der Storch. [Mit 1 Tafel.]) Njbl. Naturf. Ges. Zürich 1830. 4. [Zürich.]

[Schinz, Heinrich Rudolf.] (Ueberreste von Elephanten in der Schweiz. [Mit 1 Tafel.]) Njbl. Naturf. Ges. Zürich 1825. 4. [Zürich.]

(Schinz, H[einrich] R[udolf].) Ueber die Ueberreste organischer Wesen, welche in den Kohlengruben des Cantons Zürich bisher aufgefunden wurden. [Mit 2 Tafeln.] (Denkschr. Schweizer. Ges. für Naturwiss. Band 1. Abtheilung 2.) 4. (Zürich 1833.)

Schinz, R. H. Ueber die Ueberreste organischer Wesen, welche in der Kohlengrube des Kantons Zürich bisher aufgefunden wurden (Aus der Schweizer Denksch.) Zürich. 1863. 4.

—— die landwirthschaftl. Vereine, deren Einrichtung u. Wirksamkeit in der Schweiz. Eine kl. Abhandlung. gr. 8. (1½ B.) Winterthur 846, Literar. Comptoir v. Hegner, älter.

Schinz, Heinr. Rud., systemat. Verzeichniß aller bis jetzt bekannten Säugethiere od. Synopsis Mammalium nach d. Cuvier'schen System. 2 Bde. (Nebst Nachträgen z. ersten Bde.) gr. 8. Solothurn, Jent u. Gaßmann. [1. (37¾ B.) 844., 2. (39½ B.) 45. à * 2 Thlr. 25 Ngr.] Thlr. *

—— Verzeichniß der in d. Schweiz vorkommenden Wirbelthiere, s. a. Fauna helvetica, 1. Thl.

Schinz, H[einrich] R[udolf]. Verzeichniss der in der Schweiz vorkommenden Wirbelthiere, als Erster Theil der ... Fauna helvetica. [Mit 1 Tafel.] (N. Denkschr. Schweizer. Ges. für Naturwiss. Band 1.) 4. (Neuchâtel 1837.)

[Schinz, Heinrich Rudolf.] (Die Vipern. [Mit 1 Tafel.]) Njbl. Naturf. Ges. Zürich 1833. 4. [Zürich.]

[Schinz, Heinrich Rudolf.] (Die Gattung Wiesel. [Mit 1 Tafel.]) Njbl. Naturf. Ges. Zürich 1836. 4. [Zürich.]

[Schinz, Heinrich Rudolf.] (Der Wolf. [Mit 1 Tafel.]) Njbl. Naturf. Ges. Zürich 1824. 4. [Zürich.]

—— der Kanton Zürich in naturgeschichtl. u. landwirthschaftlicher Beziehung dargestellt. Ein Handbuch f. Schulen, so wie z. Belehrung u. Unterhaltung f. jedes Alter. gr. 8. (25½ B.) Zürich 842, Meyer u. Zeller.

Schinz, Jakob A.S.1359/11

De hydroscopiis constantis mensurae disquisitiones physico-mathematicae. Präs. Johann Gesner. Zürich (Gessner) 21.II.1754. 14 S., 1 Taf.

7 Resp. 30496

Schinz, Joh. Heinr., aus den eigenhändigen Aufzeichnungen v. Sch., hrsg. durch Gerold Meyer v. Knonau, s.a. Neujahrsblatt, hrsg. v. der Stadtbibliothek Zürich. 263.

Aus den eigenhändigen Aufzeichnungen von Johann Heinrich Schinz. Als Erg. z. Neujahrsbl. No 259 hrsg. durch Gerold Meyer v. Knonau. [Zürich]: Fäsi & Beer 1907. (33 S.) 8° [F.]
— Neujahrsblatt hrsg. von d. Stadtbibliothek Zürich. 1907. No 263. (07. 3040

Schinz, Jh. Hnr., († d. 8. April 1800.) Beschreib. des Gewichts u. Maaßen der Stadt u. Landschaft Zürich. 8. Zürich 765. Orell. 2 ℊ

Schinz, Joh. Heinr. (Kantonsfürsprech). Denkschrift Namens des Comites des Auswanderungsvereins. Zürich 1848.

Schinz, (H.), Denkschrift f. den Großen Rath, f. die Regierung, f. die Gemeinden, f. die begüterten Einwohner u. f. die Auswanderungslustigen u. Auswanderungsbedürftigen des Kantons Zürich. 8. (48 S.) Zürich 848. (Höhr.) n. 4 ngl

[Schinz, Johann Heinrich I: 1761–1825.] (Aus der Jugendgeschichte Rudolf Collins, 1499[–1578. Mit 1 Tafel].) Njbl. Chorh. Zürich 1792. 4. [Zürich.]

—s.a. Versuch e. Geschichte der Handelschaft der Stadt Zürich.

Schinz, J. H., Versuch e. Gesch. d. Handelschaft der Stadt Zurich. gr. 8. Zürich, Orell, F. u. Comp. 763. Rthlr.

[Schinz, Johann Heinrich II: 1764–1822.] ([Ulrich] Zwingli und die Verbreitung der Bibel. [Mit 1 Tafel.]) Njbl. Chorh. Zürich 1816. 4. [Zürich.]

Schinz, Jh. Rud., († im Jan. 1790.) Beitrr. zur nähern Kenntniß des Schweizerlandes, nach d. Verf. Tode fortges. v. Konr. v. Orell. 6 Hfte. Mit Kpf. gr. 8. Zürich 783—791. Ziegler. 2 ℛ 6 ℊ (6s Hft. A. u. d. T.: neue Beitrr. rc. 1s Hft. v. K. v. Orell.)

Schinz, Karl

Schinz, Carl, Anleitung zur Erbauung und Benutzung der Gemeindebacköfen, Obstdarren, Waschanstalten und and. Feuerungsanlagen für land- und hauswirthschaftl. Zwecke und Erreichung der höchstmögl. Ersparniß an Brennmaterial. gr. 8. (92 S. und 5 Stnt. in 4.) Ulm 848, Ebner.

Schinz, C., Dokumente betr. den Hohofen zur Darstellung von Roheisen. Lex.-8. (XII, 131 S. mit eingedr. Holzschn. und 4 Stnt. in qu. 4.) Berlin 868, Ernst und Korn. *

— üb. die Errichtung landwirthschaftl. Schulen, in Beziehung zu der Landwirthschaft u. z. Erziehungswesen. Herausgeg. durch die landwirthschaftl. Gesellschaft vom Aargau. gr. 8. Aarau 845, Christen. n. 1/6 ℛ

Schinz, Karl, über verschiedene Heizmethoden, die dabei anzubringenden Ersparnisse an Brennmaterialien und Anleitung zur Konstruktion verschied. Apparate, nebst e. Anhange über Ventilation. Mit 1 lith. Taf. (Aus d. schweizer. Gewerbsblatt III. J. abgedr.) gr. 8. Solothurn 843, Jent u. Gaßmann. n. ½ ℛ

Schinz, C., die Heizung und Ventilation in Fabrikgebäuden, s.a. Mäcken's, C., technische Handbibliothek.

Schinz, C., die Heizung u. Ventilation in Fabrikgebäuden u. die Einrichtung von Trocknungs-Apparaten. Zum prakt. Gebrauche für Fabrikanten, Architekten, Werkmeister rc. 2., wohlf. (Titel-)Ausg. Stuttgart (861)868. Mäcken. gr. 8. (VIII, 395 S. mit Atlas, enthltd. 18 Steintaff. in qu. Fol.) 1 ℛ 15 ngr

Schinz, C: Die Heizung und Ventilation in Fabrikgebäuden und die Einrichtung von Trocknungs-Apparaten. 3. Ausg. Mit Atlas. Stuttgart 1882

Schinz, C., Compendium zu: Die Wärme-Meßkunst und deren Anwendung zur Construction von Apparaten für die Industrie und für häusl. Bedürfnisse. Enthaltend: Zahlen-Resultate und Formeln für den prakt. Gebrauch. qu. Lex.-8. (VII und 98 S.) Stuttgart 858, Mäcken.

— Studien über den Hohofen zur Darstellung von Roheisen. Nachtrag zu den Dokumenten etc. (Besonderer Abdruck aus Dingler's polytechnischem Journal Bd. 201 und 202. 1871.) Augsburg 1871. 8°.

—— Studien über den Hohofen zur Darstellung von Roheisen. Nachtrag zu des Verf. „Documenten betr. den Hohofen". gr. 8. (III, 112 S. mit 23 Tab. in 4.) Stuttgart 871, Cotta'sche Buchh. *
Aus: Dingler's polytechn. Journal, besonders abgedruckt.

Schinz, C., Studien üb. den Hohofen zur Darstellg. v. Roheisen. Nachtrag zu d. Verf. „Documenten betr. den Hohofen." [Aus „Dingler's polytechn. Journal."] gr. 8. (III, 112 S. m. 23 Tabellen in 4.) Augsburg 873. Cotta. n. 1. 80

Schinz, C., die Wärme-Meßkunst und deren Anwendung zur Construktion von Apparaten für die Industrie u. für häusliche Bedürfnisse. Ein Leitfaden zum Unterrichte u. zur Selbstbelehrung für Ingenieure, Fabrikanten, Architekten rc. Mit einem Compendium von Zahlenresultaten u. Formeln für den prakt. Gebrauch (4 Bl., 50 Tab.) u. 1 Atlas enthltd. 35 grav. Taf. in gr. Fol. Stuttgart 858. Mäcken. Lex.-8. (XXIV, 572 S.) 7 ℛ;
das Compendium allein 1 ℛ.

Schinz, C., die Wärme-Meßkunst u. deren Anwendung zur Construction v. Apparaten f. die Industrie u. f. häusliche Bedürfnisse. Mit e. Compendium v. Zahlenresultaten u. Formeln f. den prakt. Gebrauch), u. e. Atlas, enth. 35 lith. Taf. Neue wohlf. (Titel-)Ausg. gr. 8. (XXIV, 572 u. Compendium V, 90 S.) Leipzig 887. [Baumgärtner.] Mendelssohn. n. 8.—

(Schinz, Mathias.] ...das Leben des Kunstmahlers Johann Kaspar Schinz, von Zürich (1798–1832). [Mit 2 Tafeln.] Njbl. (Künstlerges. Zürich 1834). 4. [Zürich.]

[Schinz, Mathias.] (Johann Rudolf Schinz, 1762–1829. [Mit 1 Tafel.]) Njbl. Hülfsges. Zürich 1867. 4. [Zürich.]

Schinz, Max. Die Moralphilosophie von (Johann Nikolas) Tetens. VI + 152 S. 8. Leipzig, B. G. Teubner, 1906.
Ausg. A: Diss. Phil. I. Univ. Zürich ... von M' Sch' von Zürich.

Ausg. B: Zugleich eine Einführung in das Studium der Ethik. Von Dr. phil. M' Sch', Pfarrer in Affoltern bei Zürich. [M. 4.–]

Schinz, Max. Predigt, gehalten an der Glockenweihe in Affoltern b. H. den 19. Mai 1895 über den 150. Psalm. 8. Zürich 1895.

Schinz, Max, Cyprien Vignes. Der Mann Gottes in den Cevennen. Persönlich empfang. Eindrücke. 4. Aufl. gr. 8. (56 S.) Zürich 896. Fäsi & Beer. n. — 80

Schinz, Max, Cyprien Vignes. Der Mann Gottes in den Cevennen. Persönlich empfangene Eindrücke. 5. Aufl. gr. 8. (56 S.) Zürich 896. Fäsi & Beer. n. — 80

Schinz, Max. Die Wahrheit der Religion nach den neuesten Vertretern der Religionsphilosophie. 8. Zürich. Gebr. Leemann & Co., 1908.
Ausg. A: Habilitationsschr. Phil. Univ. Zürich..., vorgelegt im Februar 1907 von Dr. M' Sch'. X + 307 S.
Ausg. B: Dargestellt und beurteilt von Dr. M' Sch'.... XII + 307 S. [fr. 6.50]

— der Weltenrichter. Vortrag, geh. in d. Fraumünsterkirche in Zürich am 18. Dezbr. 1895. 8. (36 S.) Zürich 896. Depot d. Evang. Gesellschaft. n. — 50

Schinz, R. H., s. Schinz, Heinrich Rudolf

Schinz, Salomon, s.a. Schinz, Christoph Salomon

— s. auch Gosi. Schinz.

— Abhandl. von dem Nutzen d. Naturwissenschaft. gr. 8. Zürich 780. Ziegler. 5 gr

— Anleit. in d. Pflanzenkenntniß u. derselben nützl. Anwendung. Mit 102 ill. Taf. Fol. Zürich 774. Ziegler. 12 ß

— ein Beitr. zur näheren Kenntniß unseres Volkes u. sr. Lage u. Bedürfnisse, in e. Synodalrede vorgetragen im J. 1827. 8. Zürich 828. Schultheß. 4 gr

— Diss. de calce terrarum et lapidum claricorum. Cum fig. aen. 4. Leyd. 756.

Schinz, S. Einleitung zu einigen Abhandlungen über den Nutzen, welchen ein Geistlicher ... aus der Naturwissenschaft ziehen kann ... Zürich u. Winterthur 1780. Ü: *Ziegler, Johann Heinrich* [?]. (BrMm)

Schinz, Sal., De electricitate cum supplem., de dirigendis viribus physicis ad conservationem vitae. Tur. 4°.
1777

Schinz, Sal., Pfarrer (1772—1849). Das höhere Gebirg des Kantons Zürich und ökonomisch-moralischer Zustand der Bewohner. Synodal-Rede 1817.

Schinz, S., das höhere Gebirge des Kantons Zürich und ökonom. moral. Zustand d. Bewohner, mit Vorschlägen der Hülfe und Auskunft für die bey mangelnder Fabrikarbeit brodlose Uebervölkerung. 8. Zürich. (Leipzig, Fr. Fleischer in Comm.) 818.

Schinz, Sal. H., u. Jo. Schultheß, das höhere Gebirge des Kantons Zürich u. ökonom.-moral. Zustand d. Bewohner, mit Vorschlägen der Hülfe u. Auskunft f. die bei mangelnder Fabrikarbeit brodlose Uebervölkerung. 8. Zürich 818. Schultheß. 7 gr

— abgekürzte Geschichte d. Einpfropfung d. Kinderblattern in Zürich, von d. J. 1760 bis zu Ende Mai 1768. 8. Zürich 769.

— dissertationes physicae de Itineribus p. Helvetiam c. fructu faciendis. 3 Ptes. 4. Zürich, Ziegler. 781—83.

— primae lineae botanicae, od. erster Grundriß der Kräuterwissenschaft. Deutsch u. latein. Mit ill. Kpf. Fol. Zürich 775. Ziegler. 1 ℔ 20 gr

— die Reise auf den Ketliberg im Juni 1774. 8. Zürich 775.

[Schinz, Salomon.] Die Reise auf den Uetliberg. Im Junius 1774. 8. Zürich 1775.

Schinz, Salomon: Sendschreiben an Hrn. Anton von Störck...ueber die Einpropfung der Kindsblattern. 77 S., gbd.

Zürich: Orell, Geßner & Füeßlin 1773

JB 4.891

— Diss. de stanno, ejus miscellae cum plumbo, in re oeconomica usu. 4. Zürich 770.

Schinz, (Christoph) Salomon (Übers.):

s.: Störck, Anton (Freiherr von): Abhandlung von dem sicheren Gebrauch und der Nutzbarkeit des Stechapfels, des Bilsenkrauts und des Eisenhütleins. (Libellus, quo demonstratur stramonium, hyosciamum, aconitum... Dt.) Zürich: 1793

JB 1.550

Schinz, Sal., resp. Jac. **Steinerus,** Fel. **Sulzerus,** J. **Hegnerus,** Fr. **Paulet,** L. **Mourier,** De utilitate scientiae physicae et de scientia physiognomica ejusque recto usu. 35 pp. Turici. 4°.
1780

Schinz, Wilhelm A. S. 1349/40

Phytographiae sacrae generalis pars practica prior.
Präs. Johann Gesner.
Zürich (Gessner) II. 1760. 56 S.

12 Resp. 30497

Schinz, Wilh. Heinr., die christl. Gemeinde zu Philippi. Ein exeget. Versuch. 8. (6 B.) Zürich 833, Orell, Füssli u. Comp. Thlr.

[Schinz, Wilhelm Heinrich.] Nizza und die Meeralpen. Geschildert von einem Schweizer. Mit einer Ansicht von N' [Tafel] und einer Karte. 8. Zürich 1842.

Schinze, Wilhelm Karl, prakt. Arzt aus Grossdalzig b. Pegau: Beitrag zur congenitalen Lungensyphilis. *Leipzig 1902: B. Georgi.* (46 S.) 8°
Leipzig, Med. Diss. v. (14. Jun.) 1902

Schinz & Baer: Nouveau bélier hydraulique brévété. Zürich 1891

Schinz-Geßner, Heinr., die rationelle Landwirthschaft und die Agrikulturchemie. Eine Ehrenrettung für die älteren Grundsätze der Agronomie. Zürich 858. Meyer u. Zeller. gr. 8. (37 S.) n. 10 ngr.

— über Praxis und Theorie in der Landwirthschaft. Eine Wiederlegung der von Freih. Dr. Justus v. Liebig aufgestellten Grundsätze der Agronomie. (1. Heft.) Zürich 857. Höhr. 8. (VIII, 142 S.) n. 27 ngr.

— — 2. u. 3. Heft. Zürich 857. Meyer u. Zeller. 8. n. 1 Thlr. 28 ngr.
2. Heft: Beleuchtung der von Hrn. Prof. Dr. E. Wolff verfaßten naturgesetzlichen Grundlagen des Ackerbaues. Besprechung der von Hrn. Dir. Walz neu redigirten Thesen des Freih. J. v. Liebig. (XIII, 176 S.) n. 1 Thlr. 6 ngr.
3. Heft: Versuch einer Darstellung der naturgesetzlichen Grundsätze der Agronomie nach dem dermaligen Stand des Wissens in der Landwirthschaft. (XXXII, 84 S.) n. 22 ngr.

Schinz-Gessner H.: Der Torf, seine Entstehung, Natur u. Benutzung ... Zürich 1856. 45 S. P.

— der Torf seine Entstehung Natur und Benutzung nebst Aufforderung durch Verarbeitung desselben einen zu weitem Transport und zu jeder Art von Feuerung geeigneten Brennstoff darzustellen. Zürich 857. Höhr. 8. (VII, 43 S.) n. 9 ngr.

Schinzel, H. R., 70 geistliche liebliche Lieder mit rhythmischen Weisen für die häusliche Andacht dargeboten. Leipzig 864. Bredt. 4. (XII, 80 S.) n. 15 ngr.

Schinzel, Jos., seelsorgliches Wirken in Industrieorten der Gegenwart. Ein Beitrag zur Pastoraltheologie. (X, 168 S.) gr. 8. Wien 907, A. Opitz Nachf. 2. 40

Schinzinger, Albert, Zur Diagnose und Behandlung der Kräze. Habilitations-Schrift. gr. 8. (55 S.) Freiburg im Br. 853, Diernfellner. Thlr. *

Schinzinger, die Jodoformbehandlung. gr. 8. (43 S.) Stuttgart 883. Enke. n. 1. 20

Schinzinger, Alb., die complicirten Luxationen. gr. 8. (IV und 53 S.) Lahr 858, Schauenburg und Comp. *

Mittheilungen aus dem Gebiete der Luxationen und Fracturen v. Prof. Dr. [Albert] **Schinzinger** in Freiburg i. B. M. 7 Abb. *Freiburg i. B.: Herder 1896.* (40 S., 1 Taf.) 1 Bd 8. [96. 6511

Schinzinger, Alb., das Reserve-Lazareth Schwetzingen im Kriege 1870 und 1871. gr. 8. (101 S.) Freiburg i. Br. 873, Wagner'sche Buchh. *
vgl. Schinzinger, Otto

Schinzinger, Fridolin, die Lazarette der Befreiungskriege 1813—1815 im Breisgau, m. besond. Darstellung des Lazaretts in der früheren Abtei Thennenbach bei Emmendingen. Mit 2 Bildern der Abtei Themmenbach u. 1 Bild der evang. Ludwigskirche in Freiburg. (84 S.) 8. Freiburg i/B. 907. (Caritas-Verlag.) 1. —

Schinzinger, Jos. Ant.: Diss. histor.-pastoralis de revalidatione matrimonii invalide contracti. Friburgi Brisg. 1780.

Schinzinger, Otto, Bericht üb. die chirurgische Privatklinik in dem Mutterhause der Barmherzigen Schwestern zu Freiburg vom Jan. 1872 bis Juli 1875. gr. 8. (53 S.) Freiburg i/Br. 875. Herder. n. — 80

— das Reserve-Lazareth Schwetzingen im Kriege 1870 u. 1871. gr. 8. (101 S.) Freiburg i. B. 873. Wagner. n. 2. 40
vgl. Schinzinger, Albert

[F.] **Schinzinger,** Reginald [Dr., Revieramtsassist. in Calmbach]: Inwieweit soll die Waldwirthschaft Veränderungen, welche sich im Verbrauche ihrer Erzeugnisse ergeben, bei der Wahl der Holz- und Betriebsarten, sowie der Umtriebszeit berücksichtigen? M. bes. Berücks. d. Verhältnisse d. Württemb. Schwarzwaldes ... Darmstadt, G. Otto's Hof-Buchdr., 1891; 2 Bl., 19 S. 4.
Tübingen, Staatswiss. Fak., Inaug.-Diss. v. 1891
(Nur in beschränkter Zahl für den Austausch)

Schinzlein, J. W., von d. allgem. Heiligkeit d. christl. Glaubensbekenntnisse. gr. 8. Nürnb. Riegel u. Wießner. 815.

Schinznach. Bad Sch' genannt Habsburgerbad .... Zürich s.d. [Amsler, Gerold].

Schinznach, Bad, genannt Habsburgerbad (Schweiz). Schwefeltherme. Zürich 1900. V: *Amsler, Gerold.* (BSchwLk III, 2)

Schinznach-les-Bains (Suisse). Zurich s.a. [Amsler. Gerold].

Schinznach-les-Bains. Vue et Plan de l'Etablissement et des environs. Guide des Excursions. 8. Zurich *s. d.* [1870 90].
Texte français et allemand.

Schio, Almerico

— — Appendix ad inscriptionis Cuficae Venetiis in marmorea templi Patriarchalis S. Petri cathedra conspicuae interpretationem. Rostochii 1790.

— — Explicatio Cuficae inscriptionis quae in columna lapidea Musei Societatis Antiquariorum Londinensis conspicitur. Adiecta est marmoris Messanensis interpretatio. [Mit 1 Tafel.] Rostochii 1789.

v. Schjödt, S., Skandinavien, enthaltend Abbild. der malerischsten u. merkwürdigsten Gegenden. — La Scandinavie, ou recueil des contrées le plus pittoresques et des plus curieuses de cette presqu'île. I. Bd. Liefg. I u. II. qu. 4. (à 2 Ansichten und Text in deutscher und französ. Sprache.) Berlin 842. (Logier.) à n. 1/4 Thlr.

Schiödte, Immanuel

Die Nordsee-Insel Föhr und ihr Seebad. Eine kurzgefasste medicinisch-topographische Beschreibung zum Gebrauch für Badegäste v. Immanuel Schiödte. Kopenhagen. 1861. 8°.

Schiödte, Imman., die Nordsee-Insel Föhr u. ihr Seebad. Eine kurzgefaßte medicinisch-topographische Beschreibung zum Gebrauch für Badegäste. Hamburg 866. O. Meißner. br. 8. (III, 101 S. mit 3 lith. Bildern in Tondr.) 15 ngr.

Schjörring, Johanne

Schjörring, J., Esthers Geschichte, s. Bibliothek der Gesamt-Litteratur des In- und Auslandes. Nr. 284 und 285.

Schjörring, Johanne, Melitta, s.a. Kürschner's Bücherschatz.

[F.] **Melitta.** Roman v. Johanne **Schjörring.** Autoris. Uebs. a. d. Dänischen v. M[athilde] Mann. M. 25 Ill. v. A. v. Schrötter. *Berlin, Eisenach, Leipzig: H. Hillger [1897].* (127 S.) 1 Bd 8.
= **Bücherschatz, Kürschners.** No 27. [97. 6199

Schjörring, Johanne, verwandte Seelen, s.a. Kürschner's, Jos., Bücherschatz.

Schjörring, Johanne: Verwandte Seelen. Roman von —. Autor. Uebers. aus d. Dän. von Mathilde Mann. Mit Ill. von A. v. Schrötter. Berlin, Eisenach, Leipzig: H. Hillger [1900]. (127 S.) 8°
= Bücherschatz, Kürschners. No 221.

Schjörring, J., die Tochter d. Meeres, s.: Engelhorn's allgemeine Roman-Bibliothek.

— die Tochter des Meeres, s.: Fischer's Roman-Bibliothek.

Schierring, V., Kopenhagen. (Ein Buch f. Touristen.) (104 S. m. Abbildgn. u. 1 Plan.) kl. 8. Kopenhagen 906. (Berlin, Touristen-Magazin H. Mues.) Geb. n. 1. 50

Schlott, Fr., s.: Testamentum, novum, graece.

Schjøtt, Peter Olrog

König Alexander und die Macedonier von P[eter] O[lrog] Schjøtt. Christiania: J. Dybwad in Komm. 1907. (27 S.) 4°(8°)
— **Skrifter** udg. af Videnskabs-Selskabet i Christiania. 2. Hist.-Filos. Kl. 1907, No 6. [08. 13630

Schjøtt, P. O., König Alexander u. die Macedonier. (Videnskabs-selskabets skrifter. II. Historisk-filosofisk klasse. 1907. No. 6.) Udgivet for Fridtjof Nansens fond. (27 S. m. 1 Abbildg.) Lex. 8. Christiania 907. (J. Dybwad.) nn 1. —

— Die Athenische Aristokratie. Ak. 1906. 29 S.

Schjott, P. O., Det athenienaiske Demokrati. S.-A. 1902. 28 S.

Schjött, P. O., Zur Erklärung des Polybius 6, 20. Gel. 1878. 20 S.

Die römische Geschichte im Licht der neuesten Forschungen. Von P[eter] O[lrog] Schjøtt. Christiania: J. Dybwad in Komm. 1906. (31 S.) 4°(8°)
= **Skrifter** udg. af Videnskabs-Selskabet i Christiania. 1906. II. Hist.-fil. Kl. No 1. [07. 13232

— Die Herkunft der Etrusker u. ihre Einwanderung in Italien. Udgivet for Fridtjof Nansens fond. (29 S.) Lex. 8. Ebd. 910. nn 1. —
Sonderabdr. aus: „Videnskabs-selskabs skrifter".

Studien zur alten Geschichte. Von P[eter] O[lrog] Schjøtt. (1/2.) 3. Christiania: Dybwad in Comm. 1903-09. 4°(8°)
(1./2.) 1903. 3. Von Drakon bis Kleisthenes. 1909.
(Skrifter udg. af Videnskabs-Selskabet i Christiania. II. Hist.-filos. Kl. 1903, Nr 2. 1909, Nr 2.) [11. 11029

— Studien zur alten Geschichte. II u. III. Lex. 8. Ebd. nn 2. 30
II. Die Athenische Aristokratie. (Videnskabs-selskabets skrifter. II. Historisk-filosofisk klasse. 1906. No. 9.) Udgivet for Fridtjof Nansens fond. (29 S.) 906. nn 1. —
III. Von Drakon bis Kleisthenes. (Videnskabs-selskabets skrifter. II. Historisk-filosofisk klasse. 1909. No. 2.) Udgivet for Fridtjof Nansens fond. (37 S.) 909. nn 1. 30

For Frimurer-Orden! För Frimurarorden! Dem Freimaurerorden! To the Order of freemasonry! Tekst af J. P. Aastrup, sat i Musik af Valdemar **Schiött.** 2. Opl. Köbenhavn: Simonsen 1898. 3 S. 2° [Lithogr.] [Umschlagtit.]
Mit Noten. Text in 4 Sprachen: „En Skaal for Ordenen, der mild og stor . . ."
Prof. Archenhold, Berlin.

Schiotte, D., die Bienenzucht; aus d. Dän. 8. Kopenh. 756. Proft. 8 gr.

Schiötz, Oscar Emil

Schiötz, O. E., ein. Bemerkgn. üb. d. Schlüsse, welche man aus d. durch Ballone ausgef. Beobachtgn. üb. d. Luftelektricität ziehen kann. [Aus: „Videnskabs-selskabets skrifter".] gr. 8. (13 S.) Christiania 898. (J. Dybwad.) n. — 55

Schiötz, O. E., über die Reflexion longitudineller Wellen v. e. rigid unendlichen, ebenen Fläche. [Aus: „Christiania Videnskabs-Selskabs Forhandlinger".] gr. 8. (37 S.) Christiania 893. (J. Dybwad.) n. 1. —

Resultate der im Sommer 1894 in dem südlichsten Theile Norwegens ausgeführten Pendelbeobachtungen. Von O[skar] E[mil] Schiötz. *Kristiania: In Comm. b. J. Dybwad; A. W. Bröggers Buchdr. 1895.* (16 S.) 4.(8.)
= **Skrifter** udg. af Videnskabsselskabet i Christiania. 1895. I. Mathem.-naturv. Kl. No 4. [96. 10848

Schiøtz, O. E. Das Schmelzen des Binneneises. gr. 8. (22 S.) Christiania 891, (Dybwad). ** — 65
Aus: Christiania Videnskabs-Selskabs Forhandlinger, besonders abgedruckt.

Schiøtz, Oskar Emil: Über die Schwerkraft auf dem Meere längs dem Abfall der Kontinente gegen die Tiefe. Von —. Christiania: Dybwad in Komm. 1907. 28 S. 4° (8°)
(Skrifter udg. af Videnskabsselskabet i Christiania. 1907. I. Math.-naturv. Kl., Nr 6.)

Schiötz, O. E., üb. das Spektrum der Kathodenstrahlen. [Aus: „Christiania videnskabs-selskabs forhandlinger".] gr. 8. (6 S.) Ebd. 898 n. — 35

Schip, dat nye, van Narragonien. Die jüngere niederdeutsche Bearbeitg. von Sebastian Brants Narrenschiff [Rostock 1519]. Hrsg. von Carl Schröder. gr. 8. (6, CCCLV, 135 S.) Schwerin 892, Bärensprung'sche Hofbuchdr. * 7 50

Schipa M., La migrazione del nome Calabria. S.-A. 1895. 27 S. —.90

Schipek, Eman., Gesetz üb. das Verfahren bei Verlassenschafts-Abhandlungen, dann in Vormundschafts- u. Curatel-Angelegenheiten vom 28. Juni 1850 Nr. 255 in 139 Fragen m. Antworten gefaßt; nach Schlagwörtern in alphabet. Ordnung zusammengestellt, mit allen alten u. neuen hierauf bezügl. Gesetzen verbunden, mit jurid. Ansichten, mit Beispielen u. einem Register versehen. gr. 8. (X u. 94 S.) Wien 851. (Gerold.) n. 16 ngr

Schipek, Eman., Jurisdiktions-Norm vom 18. Juni 1850 Nr. 237, in einem alphabet. Register zusammengestellt. gr. 8. (52 S.) Wien 850. (Gerold.) n. 8 ngr

Schipfer, Aug., betrogene Betrüger. Schauspiel in 4 Acten. gr. 8. (100 S.) Mainz 883, Diemer. *

Schipfer, A., preussisch-deutsche Eisenbahnfragen insbesondere die Reform des Personenverkehrs, s.a Zeitfragen, volkswirtschaftliche. 209. Hft.

Preußisch-deutsche Eisenbahnfragen, insbes. d. Reform d. Personenverkehrs. Von A[ugust] Schipfer. Berlin: L. Simion Nachf. 1905. (43 S.) 8°
= Zeitfragen, Volkswirtschaftliche. H. 209. [05. 8419 3

Schipfer, Aug. Wider den Partikularismus! Grundzüge f. den Ausbau d. Reiches. gr. 8. (61 S.) Berl. 892, Walther. * 1 —

[J.] Die Reichssteuerreform und das soziale Finanzsystem. Von August Schipfer. *Berlin: H. Walther 1893.* (40 S.) 1 Bd 8. [96. 2118

Schipfer, Aug., Sedan. Schauspiel in 4 Acten. gr. 8. (III, 89 S.) Berlin 887, Ißleib. *

Schiphorst, Hendrik Willem, aus Alkmaar, Holland: Die Bekämpfung der Druse mittels Serums. Jena, G. Fischer, 1918. Frommannsche Buchdruckerei (Hermann Pohle) in Jena. 30 S. 8°. [27. III. 17.]
Bern. Vet.-med. Diss. 1917/18. [109]

Schipke, Aug., Grundlagen für den Unterricht in der Orthographie. Ein Uebungsbuch für Schüler. 8. (VIII und 48 S.) Posen 867, (Heine.) *

Schipke, Aug., Grundlagen für den Unterricht in der Orthographie. Für die Hand der Schüler bearb. 2. verb. Aufl. 8. (VIII, 39 S.) Posen 869, (Heine.) *

—— dass. — Beispiele und Aufgaben für die Hand der Schüler bearb. — Zugleich als Anh. zu jedem Lesebuche zu benutzen. — 3. verb. und verm. Aufl. 8. (VIII, 46 S.) Posen 872, Jolowicz. *

Schipke, Aug., Grundlagen f. den Unterricht in der Orthographie als Anhang zum Lesebuch. In Beispielen u. Aufgaben f. die Hand der Schüler. 5. unveränd. Aufl. 8. (VIII, 46 S.) Posen 877. Jolowicz. n. — 40

Schipke, Aug., Grundlagen für den Unterricht in der Orthographie als Anhang zum Lesebuch. In Beispielen u. Aufgaben für die Hand der Schüler bearb. 7., bericht. u. erweit. Aufl. Berichtigt nach den im Auftrage des königl. Ministeriums des Unterrichts hrsg.: Regeln nebst Wörterverzeichnis für die deutsche Rechtschreibung zum Gebrauche in den preußischen Schulen. Erweitert durch eine im Anhang enthaltene: Zusammenstellung der eingeführten Neuerungen in der deutschen Rechtschreibung nebst Wörterverzeichnis. 8. (56 S.) Posen 880. Jolowicz. n. — 50

Schipke, Aug., Grundlagen für den Unterricht in der Orthographie als Anhang zum Lesebuch. In Beispielen und Aufgaben für die Hand der Schüler bearb. 9. Aufl. Mit den eingeführten Neuerungen und einem Wörterverzeichnis. 8. (55 S.) Posen 887, Jolowicz. *

Schipke, Aug., Grundlagen f. den Unterricht in der Rechtschreibg. als Anhang zum Lesebuch. In Beispielen u. Aufgaben f. die Hand der Schüler bearb. 11. Aufl. 8. (56 S.) Posen 894. J. Jolowicz. n. — 50

Schipke, Aug., Grundlagen f. den Unterricht in der Rechtschreibung als Anh. zum Lesebuch. In Beispielen u. Aufgaben f. die Hand der Schüler bearb. 12. Aufl. gr. 8. (56 S.) Posen 894. J. Jolowicz. n. — 50

Schipke, Aug., Grundlagen f. den Unterricht in der Rechtschreibung. In Beispielen u. Aufgaben f. die Hand der Schüler. 14., völlig umgearb. Aufl. von H. Schwochow. (69 S.) 8. Posen 904. J. Jolowicz. n. — 40; kart. n. — 50

Schipke, Aug., Grundlagen f. den Unterricht in der Rechtschreibung. In Beispielen u. Aufgaben f. die Hand der Schüler bearb. 15., völlig umgearb. Aufl. v. H. Schwochow. (62 u. 11 S.) 8. Posen 910. J. Jolowicz. — 40

—— der erste Rechenunterricht. Drei Hefte für die Hand der Schüler. Auf Grund des Kopfrechnens in veranschaulichten und leicht faßl. Uebungen dargestellt. Mit Anmerkungen und Erläuterungen zur Verständigung mit der Schule und mit dem Elternhause. 1. Heft. 8. (24 S.) Ebendas. 878. *
Nicht weiter erschienen.

Schipke, Karl, Charakteristik der wichtigsten Schriften über Kinderpsychologie usw., s.a. Greßler's pädagog. Blätter. 2. Hft.

Charakteristik der wichtigsten Schriften über Kinderpsychologie u. Anregungen, welche d. Lehrer aus denselben erhält. Von Karl **Schipke**, Rektor. Langensalza: F. G. L. Gressler 1906. (31 S.) 8° [F.]
= **Blätter**, Gresslers pädagogische. H. 2. [06. 13136 S

Sechs dreistimmige Gesänge (Original-Kompositionen u. Arrangements) zu Dichtungen Friedrich Schillers für Schulchöre von Max **Schipke**. Berlin: M. Schnetter [1904]. (8 S.) 8° [Umschlagt. F.] [05. 1165]

Schipke, Max, Gesanglehre nach den Bestimmungen des Grundlehrplanes der Berliner Gemeindeschule. 7 Hefte. 8. Berlin 905. Schnetter & Dr. Lindemeyer. n.n. — 80
1. (Klasse 8/7.) (16 S.) — 10. — 2. (Klasse 6.) (16 S.) — 10.
3. (Klasse 5.) (16 S.) — 10. — 4. (Klasse 4.) (16 S.) — 10.
5. (Klasse 3.) (16 S.) — 10. — 6. (Klasse 2.) (32 S.) — 20.
7. (Klasse 1.) (16 S.) — 10.

— Leitfaden f. den Unterricht im Schulgesang, für die Hand des Schülers bearb. Heft I, II a—c. u. III. a—c. gr. 8. Berlin, C. Habel. n.n. 2. 40
I. (12 S.) 903. — 15. — II a. (16 S.) 903. — 20.
II b. Lieder u. Choräle f. evang. Schulen. (16 S.) 903. — 20
II c. Lieder u. Choräle f. kathol. Schulen. (16 S.) 903. — 20
III a. (35 S.) 904. — 45
III b. Lieder u. Choräle f. evang. Schulen. (47 S.) 904. — 60
III c. Lieder u. Choräle f. kathol. Schulen. (47 S.) 904. — 60

— Notenschreibheft zum 1. Heft des „Schulgesang" m. Anh. f. das 2. u. 3. Heft. (8 S.) 4. Ebd. (903). n.n. — 15

Die Technik des tonalen Treffens für Chordirigenten, Gesang- u. Musiklehrer unter bes. Berücks. d. Gesang-Unterrichts an öffentl. Lehranst. systemat.-method. dargest. von **Max Schipke**. *Berlin: C. Habel 1903.* (63 S.) 8° [03. 8483

Schiplock, Hedw., s. Märchen, japanische.

Schipmann, Georg, aus Berlin: **Das Receptum cauponum und die Haftpflicht der Gastwirte nach dem Rechte des Bürgerlichen Gesetzbuchs.** *Berlin [1901]: Schultze & Wienners.* (49 S.) 8°
Leipzig, Jur. Diss. v. 1901

Schipmann, John, Kammergerichtsref. aus Stockholm: **Die rechtliche Behandlung des Zwanges bei Testamenten.** *Berlin 1898: Vogel.* (95 S.) 8°
Erlangen, Jur. Diss. v. 31. Okt. 1898

Schipmann, W., aus der Praxis e. Glashüttenfachmannes, s.a. Bibliothek der gesamten Technik.

Schipmann, W., Aus der Praxis eines Glashüttenfachmannes. 2 T. Hannover, 1907—1908.
[T. 1. Hafenöfen.] 1907. 75 S. mit 27 Abb.
T. 2. Wannen. 1908. 99 S. mit 22 Abb. u. 8 Taf.

Aus der Praxis eines Glashüttenfachmanns. T. [1.] 2. Von W. **Schipmann**, Glashüttendir. Hannover: M. Jänecke 1907—08. 2 Bde 8°
1. 1907. — 2. 'Wannen'. Unter Mitw. von Hanns Schipmann. 1908.
= **Bibliothek** d. gesamten Technik. Bd 47. 75. [08. ...7

Aus der Praxis eines Glashüttenfachmannes von W. **Schipmann**, Glashüttendir. Hannover: Jänecke [1910]. 99 S. 8°
(Bibliothek d. gesamten Technik. Bd 149.) [11. 11737

Schipp, Carl. s. Schipp, Karl

(Schipp, J. C.,) histor.-topograph. Beschreib. d. Bresl. k. k. Diöcesantheiles 2c., s. Beschreibung.

Schipp, Karl

Schipp, Carl, appr. Tierarzt a. Biebrich: **Aus dem veterinär-pathologischen Institut zu Gießen. Direktor: Prof. Dr. Olt. Ueber den Einfluss steriler tierischer Fäulnisprodukte auf Milzbrandbazillen.** Hannover 1906: A. Eberlein. (39 S.) 8°
Gießen, Veterinär-Med. Koll., Ref. Olt, Diss. v. 23. Aug. 1906
[Geb. 20. Mai 81 Biebrich; Wohnort: Gießen; Staatsangeh.: Preußen; Vorbildung: Realgymn. Wiesbaden Reife O. 00; Studium: Tierärztl. Hochsch. Berlin 7 S.; Rig. 13. Juli 05.]

Schipp, Thdr., moderne Dokorations-Malereien. Enth. Decken- u. Wandmalereien f. d. Praxis. hoch 4. (40 z. Tl. farb. Taf. m. 15 S. Text.) Ravensburg 897. O. Maier. In Mappe n. 12.50
Erschien auch in 12 Lfgn. à n. 1.20.

Schipp, Thdr., der Zimmermaler der Neuzeit. Leicht ausführbare Decken- u. Wandmalereien im modernen Stil. 10 Lfgn. hoch 4. (40 Taf. m. 8 S. Text.) Ravensburg (900. 901). O. Maier. à n. 1.20; Mappe dazu — 50

Schippan & Co. A. auf welchem Wege ist der ausländischen, billigeren Produktion mit Erfolg zu begegnen? Freiberg 1892

Schippan, Bernhard Josef, Referendar: Wirkungen und Wesen der Anfechtung im Bürgerlichen Recht. Leobschütz 1908: Witke. XII, 37 S. 8° ¶(Enth. nur Kap. 1 von 11 Kapiteln. Ersch. vollst. als Buch.)
Breslau, Jur. Diss. v. 7. Sept. 1908, Ref. Meyer-Schott
[Geb. 10. Sept. 81 Neiße; Wohnort: Leobschütz; Staatsangeh.: Preußen; Vorbildung: Gymn. Neiße Reife O. 02; Studium: Breslau 6 S.; Rig. 28. Juli 08.]
[U 09. 517

Schippan, E. L., über d. künstl. Frühgeburt. Inaugural-Abhandl., der medicin. Facultät zu Würzburg vorgelegt. Nebst 2 Tab. Stndr. (Fol.) gr. 8. (10½ B.) Würzburg 851. (Leipzig, Voss.)

Schippan, H. Ad., geograph.-bergmänn. Karte der Umgegend v. Freiberg im königl. Sächs. Erzgebirge, gestoch. von F. Hajeck u. F. E. Müller. Imp.-Fol. Dresd. 824. Arnold. 3 ⁄

Schippan (H. A.), Quer- und Längen-Durchschnittsriss einer in Sachsen gefundenen und bis jetzt noch unbekannten Art versteinerter Palme. Freyberg 1824. 4. Mit 4 Tafeln.

Schippan, H. Ad., Vorlegeblätter zur Belehr. im Situationzeichnen u. als Vorbereit. zum Aufnehmen nach der von d. Kgl. Sächs. Ingenieur-Corps in d. 1780. Jahren erfund. u. v. etc. Lehmann u. Becker auf mathemat. u. physikal. richt. Grundsätze basirten Lehrart. Zum Gebr. d. Unterr. an Militair-, Berg- u. Forstacademien, so wie auch an polytechn. Instituten bearb. Nebst e. Nachtr. gr. 4. (28 Kpfr.- u. Stnt. u. 3 B. Text.) Freiberg 829, Craz u. Gerlach.
4 zu den Zeichnungen gehörige Bergmodelle, 2 Thlr. 6 Gr. — 5 Bergmodelle ohne Zeichnungen, als Uebungsaufgaben, 2 Thlr. 16 Gr.

Schippang, Bruno, Claus Meyer. S. 201—216 m. Abbildgn. u. 6 Taf.) 36,5×27 cm. München (909). F. Hanfstaengl. 4. —
Sonderabdruck aus: „Die Kunst uns. Zeit".

Friedrich Schippang

De Aneurysmate in genere. Berolini (1826:) Petsch.
Berlin, Med. Diss. v. 27. Apr. 1826

Schippang, M. Le lutrin von Boileau. Mülhausen i. Th., H. B., 1871. 21 S. 4. Progr.

Schippang, Mauritius: Quaestiones Apollonianae.
Halle-Wittenberg, Phil. Diss. v. 18. Jan. 1859
Geb. [Torgau 1. 3. 1835]
Ms. fehlt.

Schippel, Der geehrten Schwester, der Gattin unseres ehrwerten dep. Mstrs. v. St. [Valentin Schippel]. Chemnitz 1883. »Im schönsten unsrer Lieder« . . . V: *Geidel, Friedrich Hermann.* (wolfstieg I, 918)

„Georg Frei; oder Beispiel, wie viel Gutes ein verständiger Mann in einer Gemeinde zu stiften vermag. Dem Landwirthe überhaupt, insbesondere aber dem lieben Bauernstande zum Nutzen aufgestellt von A. Schippel. Verfaßt und herausgegeben von der K. K. ökonomisch-patriotischen Gesellschaft in Böhmen. Mit vielen Holzschnitten", Prag 1837 (Haase).

Schippel, Elisabeth, die drei Gaben. Romantisches Gedicht in 9 Gesängen. gr. 16. (IV, 64 S.) Marburg 879, Ehrhardt's Universitäts-Buchh. cart. mit Goldschn. *

Schippel, Elise, Lieder der Zeit. 2. Aufl. 16. (VIII, 79 S.) Marburg 872. Elwert's Verl. n. 1.

Schippel, Erhard Georg, Referendar: Die Stellung der Schutzgebietsgerichte in der deutschen Rechtspflegeordnung. Borna-Leipzig 1909: Noske. X, 65 S. 8°
Leipzig, Jur. Diss. v. 18. Dez. 1909
[Geb. 15. Sept. 84 Meißen; Wohnort: Zwenkau; Staatsangeh.: Sachsen; Vorbildung: Fürstensch. Meißen Reife O. 04; Studium: Lausanne 1, Berlin 2, Leipzig 5 S.; Rig. 27. Jan. 09.] [U 10. 2862

Schippel, Hans: Die neueste Entwicklung des Silberhandels und sein Verhältnis zur mexikanischen Währungsreform. Leipzig 1909. X, 46 S. 8° ¶(Ersch. vollst. u. d. T.: Die mexikan. Währungsreform u. ihre Beziehungen z. Silberhandel.)
Bonn, Phil. Diss. v. 24. Okt. 1908, Ref. Schumacher
[Geb. 22. Okt. 80 Potsdam; Wohnort: Stuttgart; Staatsangeh.: Preußen; Vorbildung: Gymn. Bunzlau Reife O. 00; Studium: Leipzig 2, Berlin 1, Bonn 6 S.; Rig. 3. Juni 08.] [U 09. 431

Schippel, Max, Amerika u. die Handelsvertragspolitik. Eine polit. Studie. (183 S.) gr. 8. Berlin 906. Verlag der sozialist. Monatshefte. n. 2. 50

Schippel, Max, die deutschen Arbeiter u. das Gewerbegerichts-Gesetz, s.a. Arbeiter-Bibliothek, Berliner.

Schippel, Max,
Die deutschen Arbeiter u. das Gewerbegerichtsgesetz. (Berliner Arbeiterbibliothek, Ser. 2, Heft 4.) 8⁰. Berlin 1890.

Schippel, Max, s. Arbeiterbibliothek, Berliner.

Schippel, M., Die Arbeiterklassen und die Landtagswahlen in Preussen. gr. 8⁰. Berlin 1888.

Schippel, M., das moderne Elend und die moderne Uebervölkerung, s.a. Bibliothek, internationale.

— dasselbe, s.a. Wirth, M., Bismarck, Wagner, Rodbertus.

Schippel, Max, das moderne Elend u. die moderne Uebervölkerung. Ein Wort gegen Kolonien. gr. 8. (110 S.) Leipzig 883. F. Duncker. n. 1. 20

— fort m. dem Dreiklassen-Wahlsystem in Preußen, s.a. Arbeiter-Bibliothek, Berliner.

— Fort mit dem Dreiklassen-Wahlsystem in Preussen. 2. Aufl. 8⁰. Berlin, „Arbeiterbibliothek", 1890. (Berliner Arbeiterbibliothek, Serie 2, Heft 8.)

[F.] Gewerkschaften und Koalitionsrecht der Arbeiter. Von Max Schippel. *Berlin: Vorwärts 1899.* (48 S.) 1 Bd 8. [99. 1137

Schippel, Max, d. Gewerkschaften, ihr Nutzen u. ihre Bedeutg. f. d. Arbeiterbewegg., s.a. Arbeiter-Bibliothek, Berliner, I, 2.

— Die Gewerkschaften, ihr Nutzen und ihre Bedeutung für die Arbeiterbewegung. Nach der Rede von M. Schippel. Geh. vor den Berliner Maurern im Sanssouci am 6. Jan. 1889. (Neudr.) (Berliner Arbeiterbibliothek, Serie 1, Heft 1.) 8°. Berlin 1889.

Grundzüge der Handelspolitik. Zur Orientierung in d. wirtschaftl. Kämpfen. Von Max Schippel. Mitgl. d. Reichstags. *Berlin, Bern: J. Edelheim 1902.* (352 S.) 8° [01. 1173

Schippel, Max, Grundzüge der Handelspolitik. Zur Orientierg. in den wirtschaftl. Kämpfen. gr. 8. (352 S.) Berlin 902. Verlag d. socialist. Monatshefte. n. 5.—; geb. in Halbfrz. n.n. 7.50

Schippel, Max, Hochkonjunktur u. Wirtschaftskrisis. (71 S.) 8. Berlin 908. Buchh. Vorwärts. 1.—

— staatliche Lohnregulirung u. die sozialreformatorischen Bestrebungen der Gegenwart, s.: Zeitfragen, soziale.

Sozialdemokratisches Reichstags-Handbuch. Ein Führer durch d. Zeit- u. Streitfragen d. Reichspolitik. Von Max Schippel, Mitgl. d. Reichstags. H. 1. *Berlin: Vorwärts [1901].* 8° [Umschlagt. 3.] [01. 1174

— sozialdemokrat. Reichstags-Handbuch. Ein Führer durch die Zeit- u. Streitfragen der Reichsgesetzgebung. gr. 8. (X, 1174 S.) Berlin (902). Buchh. Vorwärts. n. 7.—; geb. in Leinw. n. 9.—
Erschien auch in 25 Hftn. à n. —20.

— technisch-wirthschaftl. Revolutionen der Gegenwart, s.a. Arbeiter-Bibliothek. Berliner

— **Technisch-wirtschaftliche Revolutionen der Gegenwart. Nach D. A. Wells „Recent economic changes". (Berliner Arbeiterbibliothek, Ser. 3. Heft 2.) 8°. Berlin 1891.**

— d. Sozialdemokratie u. d. Währungsfrage, s.: Arendt, Otto.

Schippel, Max: [Hebr.] M. Sipp'el [Max Schippel]: Die ekonomische Überkehrenischen un die Entwicklung von der Sozialdemokratie [Die wirtschaftl. Umwälzungen u. d. Entwickelung d. Sozialdemokratie. jüd.-deutsch]. Arausgegeben von allgem. idischen Arbeiterbund. (Genève 1904: Impr. israelite.) 31 S. 8°

— die wirthschaftl. Umwälzgn. u. d. Entwicklg. d. Sozialdemokratie, s.a. Arbeiter-Bibliothek, Berliner, 1, 8.

— **Die wirthschaftlichen Umwälzungen und die Entwickelung der Sozialdemokratie. (Berliner Arbeiterbibliothek, Serie 1, Heft 8.) 8°. Berlin 1889.**

— die Währungs-Frage u. d. Sozialdemokratie. Eine gemeinfaßl. Darstellung der währungspolit. Zustände u. Kämpfe. gr. 8. (64 S.) Berlin 896. Buchh. Vorwärts. n. 1.—

Schippel, Max, Der Zentralverband der Scharfmacher und die Sozialpolitik Deutschlands. 8°. Berlin, Buchhandlg. Vorwärts, 1899.

— die deutsche Zuckerindustrie u. ihre Subventionirten, s.a. Arbeiter-Bibliothek Berliner.

Schippel, Max, Die [deutsche] Zuckerindustrie und ihre Subventionirten. E. Beitr. z. [illegible] Berlin 1891. 8°.
[illegible] Max Schippel [illegible]

— **Zuckerproduktion u. Zuckerprämien bis zur Brüsseler Konvention 1902. Eine wirtschaftsgeschichtl. u. handelspolit. Darstellg. (VIII, 419 S.) gr. 8. Stuttgart 903. J. H. W. Dietz Nachf. n. 6.—; geb. n. 7.50**

Schippenbeil [Schlagwort]

Schippenbeil, s.: Geologische Karten (Preussen).

SCHIPPER, Benedikt (Brückenau): Beitrag zur Lehre von den Kopfwunden. – München: Schurich 1853. 16 S.
11.8.1846 – Urk (Titel: De operatione radicali varicoceles.); F 66
Diss. Ingolst.-Landsh.-Mchn.

Kurze Ansprachen für die Tafelloge. Bearb. u. hrsg. von Georg **Schipper.** Leipzig: Findel 1908. 48, 8 S. 8°
Recens: Bbl. 23 (1909) S. 72 (G. Diercks). cf. FZ. 63 (1909) S. 55 (R. Bachmann); V. 3 (1908—1909) S. 236 (W. H. Denier v. d. Gon); Z. 39 (1908—1909) S. 188 (H. Glücksmann); BstF. 18 (1909) S. 144 (A. Feld); L. 32 (1909) S. 16 (P. Fischer); Brh. 6 (1909) S. 23.
Im Anh. ein Verzeichnis frmrischer Bücher.

Schipper, Geo., die Bremerhavener Lesezirkel-Vereinigung, ihre Entstehung u. Geschäftsführung. (30 S.) gr. 8. Bremerhaven (903). Schipper, Mocker & Co. n.n.n. — 75

Schipper, Gustav Ferdinand, appr. Arzt a. Bochum: Aus d. Königl. Universitäts-Frauenklinik zu Bonn. Beitrag zur Kasuistik der Struma ovarii. Bonn 1907: E. Eisele. (45 S.) 8°
Bonn, Med. Fak., Ref. Fritsch, Diss. v. 14. Dez. 1907
[Geb. 18. Febr. 81 Bochum; Wohnort: Bochum; Staatsangeh.: Preußen; Vorbildung: Gymn. Leer Reife M. 01; Studium: Bonn 2, Freiburg i. B. 3, München 2, Bonn 3 S.; Coll. 19. Dez. 06; Approb. 30. Nov. 07.]

Schipper, Jakob

Schipper, J., englische Alexiuslegenden aus dem XIV. und XV. Jahrh., s. Quellen und Forschungen zur Sprach- und Culturgeschichte der germanischen Völker.

Schipper, Jac., s.: Alfred's, König, Übersetzung v. Bodas Kirchengeschichte.

Ansprachen gehalten auf dem 8. allgemeinen deutschen Neuphilologentage von J[akob] **Schipper**. Hannover (1898): A. Grimpe. (26 S.) 8°
Aus: Verhandlungen d. 8. allg. deutschen Neuphilologentages. [06. 1014 4

Der Bacon-Bacillus. Zur Beleuchtg des Shakspere-Bacon-Unsinns älteren und neuesten Datums. Nebst e. kurzen, d. wichtigsten histor. Zeugnisse f. d. Autorschaft d. Dichters enthaltenden Biographie Shaksperes v. Dr. J[acob] **Schipper**, o. Prof. . . . in Wien. *Wien & Leipzig: W. Braumüller 1896.* (Z. Th. SA. aus d. Neuen Freien Presse 1895.) (VII, 56 S.) 1 B i 8.

Schipper, J[akob]. Beiträge und Studien zur Englischen Kultur- und Literaturgeschichte. Wien u. Leipzig 1908. 8°.

Beiträge und Studien zur Englischen Kultur- und Literaturgeschichte. Von J[akob] Schipper. Wien & Leipzig: C.W. Stern 1908. (371 S.) 8° (08.6370)

— s.: Beiträge, Wiener, zur englischen Philologie.

SCHIPPER, Jakob
Alte Bildung und moderne Cultur. Ein Beitrag zur Frage der Gymnasialreform. Inaugurationsrede, gehalten von Dr. Jakob Schipper. Wien und Leipzig. 1901. Braumüller. Lex.-8°. 55 S. K 1.20

Schipper, J., s. a. Dunbar, William, poems.

Schipper, J., William Dunbar. Sein Leben u. seine Gedichte in Analysen u. ausgewählten Uebersetzgn., nebst e. Abriss der altschott. Poesie. Ein Beitrag zur schottisch engl. Literatur- u. Culturgeschichte. gr. 8. (XVIII, 412 S.) Berlin 884. Oppenheim. n. 7. —; geb. n. 8. —

Schipper, J. William Dunbar. gr. 8. Berl. 884. Straßb., Trübner Verlag. * 7 —

— s.: Festschrift zum VIII. allgem. deutschen Neuphilologentage.

— Gedenkrede auf Robert Burns. Vortrag, gehalten in der feierlichen Sitzung der kaiserlichen Akademie der Wissenschaften am 3. Juni 1896. F. S. 1896 . . . . . .
Separatabdruck

— Gedenkrede auf Robert Burns, geh. in der feierl. Sitzung d. kaiserl. Akademie d. Wissenschaften am 3. Juni 1896. 8. (59 S.) Wien 896. (C. Gerold's Sohn.) n. 1. 20

— Die Geschichte und der gegenwärtige Stand der Forschung über König Alfreds Übersetzung von Bedas Kirchengeschichte. S 138 7 . . . .
Separatabdruck

— d. Geschichte u. d. gegenwärt. Stand d. Forschung üb. König Alfreds Uebersetzg. v. Bedas Kirchengeschichte. [Aus: „Sitzungsber. d. k. Akad. d. Wiss."] gr. 8. (13 S.) Ebd. 898. n — 50

— Grundriss der engl. Metrik, s.: Beiträge, Wiener, zur englischen Philologie. II.

— s.: Kennedy, Walt., the poems.

Schipper, J., zur Kritik der Shakspere-Bacon-Frage. 8. (IV, 99 S.) Wien 889. Hölder. n. 2. 20

Alt- u. mittelenglisches Lesebuch, s.: Zupitza, Jul.

—— englische Metrik, in historischer und systematischer Entwickelung dargestellt. 1. Thl. A. u. d. T.: Altenglische Metrik. gr. 8. (XXVII, 563 S.) Bonn 881, Strauss. *

— englische Metrik, in historischer u. systematischer Entwickelung dargestellt. 2. Thl.: Neuenglische Metrik. 2 Hälften. gr. 8. Bonn 888. Strauss. n. 20. 60
(cplt.: n. 34. 10)
1. Hälfte: Verslehre. (XXVI u. S. 1—464.) n. 9. 60
2. Hälfte: Strophenbau. (XVIII u. S. 465—1064.) n. 11. —

— Anonymous Early Scottish Poems, forming a supplement to the Poems of William Dunbar, edited with introductions, various readings and notes. I Part. D 43/1 . . . . vgr.
Separatabdruck

Schipper, J., Ph. D., LL. D., Anonymous early schottish poems. Forming a supplement to the poems of William Dunbar edited with introductions various readings, and notes. Fifth part. 4. (134 S.) Wien: Tempsky 1894. 3.50

— The Poems of William Dunbar, edited with introductions, various readings and notes. I. Part. D 40/2 . . . . vgr.
— — II. Part. D 40,4 . . . . „ 5.60
— — III. Part. D 41/4 . . . . vgr.
— — IV. Part. D 42/4 . . . . vgr.
Separatabdruck

Schipper, J. Ph. D., The poems of William Dunbar edited with introductions, varions readings and notes. Third part. 4. (S. 199 bis 301) Wien: Tempsky 1892. 2.80

— The Poems of Walter Kennedy, edited with introductions, various readings and notes. D 48/1 . . . . „
Separatabdruck

SCHIPPER, J.
The poems of Walter Kennedy edited with introductions, various readings, and notes by J. Schipper. Vienna. 1901. In Comm. Gerold's Sohn. 4°. 91 S. K 5.50

— König Alfreds Übersetzung von Bedas Kirchengeschichte. Bibliothek angelsächsischer Prosa, begründet von Christian W. M. Grein, fortgesetzt unter Mitwirkung mehrerer Fachgenossen von Richard Paul Wülker. Band IV. Leipzig, 1899. G. H. Wigand . . . .

— alt- u. mittelengl. Übungsbuch, s.: Zupitza, Jul.

Schipper Jakob, Dr.: Die zweite Version der mittelenglischen Alexiuslegenden. S. 114. 73 . . . .
Separatabdruck

Schipper, Prof. Dr. J., die 2. Version der mittelenglischen Alexiuslegenden. [Aus: „Sitzungsberichte der k. Akademie der Wissenschaften".] Lex.-8°. (78 S.) Wien, Gerold's Sohn. In Comm. fl. —.60. 1887

— die 2. Version der mittelenglischen Alexiuslegenden. [Aus: „Sitzungsber. d. k. Akad. d. Wiss."] Lex.-8. (78 S.) Wien 887. (Tempsky.) n. 1. 20

Schipper, Iacobvs (geb. am 19 Juli 1842 in Middoge Oldenb.): De versv Marlovii ... Bonnae, typ. C. Georgi (1867). 2 Bl., 43 S., 1 Bl. 8.
Bonn, Phil. Fak., Diss. v. 12 Jan. 1867

Schipper, Ign., Anfänge des Kapitalismus bei den abendländischen Juden im früheren Mittelalter (bis zum Ausg. des XII. Jahrh.). (66 S.) Lex. 8. Wien 907. W. Braumüller. 1. 80
Sonderabdruck aus: „Ztschr. f. Volkswirtsch."

Schipper, Leop., Auswahl vollständiger Stücke französischer Klassiker [traités, discours, poèmes lyriques, Athalie] nebst einer kurzen Geschichte der französ. Literatur. Für die obersten Klassen höherer Bildungsanstalten hrsg. 2. veränd. Aufl. 8. (136 S.) Münster 873, Brunn's Verlag. *

Schipper, Leop., Auswahl vollständiger Werke französischer Klassiker (Prosa u. Poesie) nebst einer kurzen Geschichte der französ. Literatur. Für die obersten Klassen höherer Bildungsanstalten herausg. Münster 856. Cazin. 8. (XX, 271 S.) 22½ ngr.

Schipper: Die Autonomie bei den alten Griechen. 14 S. –Münster, Progr. 1862

Schipper, Leop., die Gauenautonomie bei den alten Griechen. Ursprung, Geltung und Folgen derselben. Lex.-8. (14 S.) Münster 862, (Mitsdörffer.) *

Schipper, Leop., französische Grammatik für höhere Unterrichtsanstalten. 2 Abthlgn. (Die Formenlehre nebst der Herleitung des Französischen aus dem Latein. — Die Syntax nebst der Verslehre.) 2., gänzlich umgearb. Aufl. gr. 8. (IV und 104, II und 132 S.) Münster 853, Theissingsche Buchh. [1. Abthl. 7½ Ngr., 2. Abthl. 10 Ngr.]

Schipper, L., Latein. Grammatik f. die untern u. mittlern Klassen der Gymnasien u. f. ähnliche höhere Bildungsanstalten. 8. (IV u. 332 S.) Münster 848, Deiters. ⅓ ℛ

Schipper, L., vollständ. französ. Grammatik, enthaltend zugleich Abhandlungen über die Accente, die Wortbildung und den Vers, nebst deutschen u. französ. Uebungsbeispielen und Eigenthümlichkeiten, für höhere Bildungsanstalten u. z. Privatgebrauch. gr. 8. Münster 842, Theissing'sche B. 1 ₰

—— Shakspeare's Hamlet. Aesthetische Erläuterung des Hamlet nebst Widerlegung der Göthe'schen und Gervinus'schen Ansicht über die Idee und den Haupthelden des Stückes. gr. 8. (III und 84 S.) Münster 862, (Regensberg.) *

Schipper, Leop(oldus): • Commentatio de Infinitivo apud Gallos. 53 S. 8°
Halle-Wittenberg, Phil. Diss. v. 15. Sept. 1840
Geb. Recklinghausen (Westf.) [2. 7.] 1810. V.

—— französ. Lesebuch nebst einem Memorirstoff zu e. neuen von den Behörden empfohlenen Memorirmethode f. Gymnasien, höhere Bürgerschulen u. z. Privatgebrauch. 8. (11½ B.) Münster 843, Theissingsche Buchh.

—— l'Orateur moderne, s. Orateur. — Orator, the modern, s. Orator.

— kleine französische Satzlehre nebst Aufgaben zur Einübung der Formenlehre und der Satzlehre für die untere Abtheilung höherer Unterrichtsanstalten. Münster 853. Theissing. gr. 8. (60 S.) 5 ngr.

—— kleine französische Satzlehre nebst Aufgaben zur Einübung der Formenlehre und der Satzlehre für die untere Abtheilung höherer Unterrichtsanstalten. gr. 8. (60 S.) Münster 856, Theissingsche Buchh.

Schipper, L., Shakespeare u. dessen Gegner, namentl. Appleton Morgan, Mrs. Pott u. Donnelly. W. Shakespeare, e. hervorrag. Dichter. Francis Bakon, e. großer Prosaiker, aber kein Dichter. gr. 8. (64 S.) Münster 895. Theissing. n. 1. 20

— französische Sprachlehre für höhere Unterrichtsanstalten. 1. Abth.: Vollständige Formenlehre nebst kleiner Syntax für den ersten Unterricht. 3. verb. Aufl. Münster 858. Theissing. gr. 8. (IV, 128 S.) 10 ngr.

— französische Sprachlehre für höhere Unterrichtsanstalten. 2. Abth.: Vollständige Syntax nebst der Herleitung des Französischen aus dem Latein. und der Verslehre. 3. verb. Aufl. Münster 858. Theissing. gr. 8. (IV, 137 S.) n. 12 ngr.

Schipper, Leop. Hervorragende Staatsverfassungen des klassischen Altertums. 16 S. **Progr.** G. Münster 1881

— französisches Uebungsbuch in zusammenhangenden Stücken nebst Wörterbuch für den ersten Unterricht an höheren Bildungsanstalten. Paderborn 857. Schöningh. gr. 8. (II, 130 S.) n. 9 ngr.

— französisches Uebungsbuch in zusammenhangenden Stücken für den ersten Unterricht an höheren Bildungsanstalten. 2. verb. Aufl. Paderborn 859. Schöningh. gr. 8. (IV, 135 S.) n. 9 ngr.

—— französisches Uebungsbuch in zusammenhangenden Stücken für den ersten Unterricht an höheren Bildungsanstalten. 3., verb. und bedeutend verm. Aufl. gr. 8. (154 S.) Paderborn 866, Schöningh. *

—— französisches Uebungsbuch in zusammenhängenden Stücken für den ersten Unterricht an höheren Bildungsanstalten. 4. verb. und verm. Aufl. gr. 8. (IV, 157 S.) Paderborn 869, Schöningh. *

—— Irlands Verhältniß zu England geschichtlich entwickelt, u. O'Connell's Leben u. Wirken. gr. 8. (8¼ B.) Soest 844, Nasse'sche Buchh. 15 Ngr. Hrbgzs. Pr. *

Schippers, August, Abendunterhaltungen über den Syllabus. Mainz, Kirchheim, 1880. 8°. 183 S., 1,50 Mk.
Zuerst als Artikelserie in der Neuß-Grevenbroicher Zeitung 1878—9. Gründliche populärwiss. Belehrung über den Syllabus in Dialogenform. Vgl. Stimmen a. M.-Laach Bd. 19 (1880), S. 455.

Schippers, Max [aus Godesberg bei Bonn]: Aus d. geburtshülfl.-gynäkolog. Klinik zu Bonn. Die neueren Theorien über Placenta praevia ... Bonn, Buchdr. v. A. Henry, 1896; 26 S., 2 Bl. 8.
Bonn, Med. Fak., Inaug.-Diss. v. [6. Mai] 1896

Schippers, S. W., s. *Livius*, eclogae.

Schippers, W., das Eulennest. Erzählung. Einzig berecht. Uebersetzg. aus dem Holl. v. P. Kaltschmidt-Gruber. 175 S.) 8. Barmen (910). E. Biermann. Geb. in Leinw. 2. —

Schippers, Walther Arthur, Gerichtsref. aus Braubach a. Rh.: In wie weit ist der Erbe befugt, Erbschaftssachen zu vindizieren, welche der gutgläubige Besitzer der Erbschaft veräussert hat? (Nach Gemeinem Rechte u. d. Bürgerl. Gesetzbuche.) *Leipzig-Reudnitz 1898: A. Hoffmann.* (39 S.) 8° [J.]
Erlangen, Jur. Diss. v. 16. Okt. 1898

Schippert, A., et F. G. Moessmer, Dux devotionis spiritualis, s. Moessmer, F. G.

Schippert, G. A. F., praktische Anleitung zur Erlernung der französ. Sprache, enthaltend Uebungs-Aufgaben zum Uebersetzen aus dem Französ. in's Deutsche u. aus dem Deutschen in's Französische, anfangs mit wörtl. Interlinear-Uebersetzung. gr. 8. Reutlingen 842, Mäcken jun. ½ ₰

Schippke, A., De vi atque indole rhythmorum quid veteres iudicaverint. Diss. 1886. 53 S.

Schippke, Emil

Schippke, (Albertus) Aemilius (Hugo) *(geb. Königsberg i. Pr. 19. 2. 1856)*: De speculis Etruscis quaestionum part. I. Vratislaviae (1881). (45 S.) 8° *[Im Buchhandel 1881 bei Köhler in Breslau; Forts. ist d. Progr. d. Wilh.-Gymn. zu Breslau v. 1888: „Die pränestinischen Spiegel".]*
Breslau, Phil. Diss. v. 13. Aug. 1881

Schippke, Aemil., de speculis etruscis quaestionum particula I. Dissertatio inauguralis philologica. gr. 8. (45 S.) Breslau 881, (Köhler.) *

Schippke, Emil. Die pränestinischen Spiegel. (18 S. 3—11.) **Progr.** König-Wilhelms-G. Breslau 1888 (167)

Schips, Entwurf e. mittleren leichtfaßlichen biblischen Geschichte. Hrsg. in Verbindg. m. den Lehrschwestern der Erziehungsanstalt f. geistesschwache Kinder in Schloß Neresheim. 2 Tle. in 1 Bde. (IX, 103 S.) kl. 8. Ellwangen 909. Schloß Neresheim (Württ.), Erziehungsanstalt f. geistesschwache Kinder. — 50

Schips, K., Führer üb. das Härdtsfeld. Hrsg. zur Eröffnung der Härdtsfeld-Eisenbahn. Mit 1 Ansicht v. Stadt u. Schloß Neresheim. 8. (82 S. m. 1 Karte.) Stuttgart 901. W. Kohlhammer. n. 1. —

Schips, K., mit d. Hertsfeldbahn vom Kocher zur Donau. Zur Eröffng. der Teilstrecke Ballmertshofen-Dillingen hrsg. (80 S.) 8. Dillingen 906. (J. Keller.) n.n. 1. —

— Kinderschutz im Gewerbebetrieb nach Reichsrecht u. württembergischem Landesrecht. Reichsgesetz vom 30. III. 1903 betr. die Kinderarbeit in gewerbl. Betrieben m. den württemberg. Ausführungsbestimmgn. Textausg. (48 S.) 12. Ellwangen 904. Stuttgart, J. Heß. n. — 30

Schir Haschirim. gr. 8. Königsberg 845. (Leipzig, C. L. Fritzsche.) n. ⅙ ₰

Schir Tehila. Ode an den Kaiser, überreicht von den jüdischen Einwohnern des Königsreichs Polen. Berl. 1815. V: *Auerbach, Isaac Levin.* (Hitzig)

Schirach oder der entlarvte Jacobiner. Frankf. u. Leipz. 1794. V: *Stephani, Hnr.* (Bruun, Bibl. Danica III, 1431.) »ein Jacobiner. Erlangen 1795.« (MGT) (Ky)

Schirach, od. d. entlarvte Jacobiner. 8. Erlang. Breuning. 794.

Schirach, od. der entlarvte Jacobiner, (v. H. Stephani). 8. Erlang. 794. (Heyder). 3 ggr.

Schirach, Adam Gottlob (Hrsg.), s. Abhandlungen und Erfahrungen der ökonom. Bienengesellschaft i.d. Oberlausitz.

Schirach, Adm. Glo., († d. 3. April 1773.) baierisch. Bienenmeister, od. Anweis. zur Bienenwartung. Mit Kpf. 8. Münch. 770. Lentner. 12 ggr. Hbg. Pr. 8 ggr.

— der sächs. Bienenmeister, oder Anweis. f. den Landmann zur Bienenzucht. Mit Kpf. 8. Leipz. 769. 2e Aufl. 784. Schneider. 5 ggr.

— Bienentheologie rc. m. K. gr. 8. ist dessen melito-Theologia.

— sächs. Bienenvater, od. Palteau v. Metz neue Bauart hölzerner Bienenstöcke rc. Mit Prof. Schreber's Vorrede u. 8 Kpft. 8. Leipz. 766. u. 8. Zittau 789. Schöps. 16 ggr.

Schirach A. G.: Die mit Natur u. Kunst verknüpfte neuerfundene oberlausitzsche Bienen-Vermehrung, od. junge Bienen-Schwärme beym Anfange d. May-Monats in Wohnstuben zu machen; nebst andern nützlichen u. erbaulichen Anmerkungen v. Bienen ... Budissin 1761. 56 S. 1 Tvl. P.

— ausführl. Erläuter. der unschätzbaren Kunst, junge Bienenschwärme od. Ableger zu erziehen. Mit 1 Kpf. 8. Bautz. 770. Richter. 8 ggr.

Schirach, Ad. Glo., natürl. Geschichte d. Erd-, Feld- u. Gartenschnecke; nebst e. Prüfung aller bisher bekannten Mittel wider dieselbigen. Mit Kpf. 1. Thl. gr. 8. Leipzig. 1782. (Hilscher.) — 15

— melito-theologia, die Verherrlichung des Schöpfers aus der wundervollen Biene. (A. u. d. T.: Bienentheologie rc.) Mit (4) Kpf. gr. 8. Dresd. 767. Walther. 20 ggr.

Schirach, A. G., super parabolis ss. tentamen, aucupium delectationis fabularum expendens. Hal. 1767. 4.

— d. ewige Vorbitte Jesu, in erbaul. Betracht. 8. Sorau, Herold. 757.

— Waldbienenzucht nach ihren Vortheilen, Anlegung u. Wartung. Mit e. Vorrede von J. G. Vogel. gr. 8. Bresl. 774. W. G. Korn. 1 Rthlr.

— das betende Zion zur Zeit d. Kriegs. 8. Frankf. u. Leipz. 760. u. Bautzen 761.

Schirach, Carl v., s. Schirach, Karl v.

Schirach, Gottlob Benedikt von

s. Beitr. zur Literatur.

— Biographie Kaiser Karls VI. gr. 8. Halle 770. Gebauer. 1 Rthlr.

— Biographien der Deutschen. 6 Thle. gr. 8. Halle 770—774. Gebauer. 4 Rthlr. 9 ggr.

— histor. Briefe. 8. Magdeb. 770. Hechtel 6 ggr.

— s. Briefe, literar.

— s. Cicero Brutus.

— clavis poëtarum classicor. seu index verborum crit. in Horatium, Terentium etc. II Ptes. 8. Halle 768—69. Waisenhaus-B. 1 Rthlr.

v. *Schirach*, Glo. Bdkt., († d. 7. Dec. 1804.) antiquitatum romanarum brevis descriptio. 8maj. Altenb. 771. (Hennings in Neisse). 5 ggr. Hbg. Pr. 3 ggr.

— s. Dunciade d. Deutschen.

s. Ephemerides liter. Helmstadt.

— s. A. v. Eschelskroon, Beschreib. v. Sumatra.

s.a. Gedichte, verschied.

— Gedichte

— —, Verschiedene, (von *Gottlob Benedict v. Schirach*). Berlin u. Leipzig (Grunert in Halle). 1766.
Anon.-Lex. II. p. 163 (nach Weller, Kayser, Otto u. Meusel).

SCHIRACH, GOTTL. BENED. V., s. Politisches Journal. 1781 ff.

s. Judigenatrecht.

s. Chr. A. Klotz, acta literaria.

— s. Longchamp, Entwurf.

— Magazin der deutschen Kritik. 4 Bde od. 8 Thle. gr. 8. Halle 772—76. Gebauer. 6 Rthlr. 21 ggr.

s. Marmontel Dichtkunst.

Schirach, Gottlob Benedikt [Praes.], s. Menken, Anastasius Ludwig: De colore orationis Ciceronianae.

s.a. Notiz d. Großbritan. Kolonie.

[SCHIRACH, Gottlob Benedikt von] 1743 - 1804
Historisch-statistische Notiz der Großbrittannischen Colonien in America, mit politischen Anmerkungen, die gegenwärtigen Americanischen Unruhen betreffend.
Frankfurt-Leipzig. 1776. 96 S. 8°.
Herzog-August-Bibliothek Wolfenbüttel
Weitere Ausg., s. nachfolgende Nr.
Frankfurt-Leipziger Meßkatalog, Michaelismesse 1776, S. 154.
Sabin 32103: ohne Verfasser. Palmer.
Newberry Library Chicago
Vollständige Ausg., vgl. die vorausgehende Nr.
Weitere Ausg. Hannover: Hahn, 1776 [Sabin 77635, mit Verfasser] konnte nicht gefunden werden.

— Panegyricus sereniss. Carolo, Duci Brunsuic. etc. dictus. 8. Magdeb. 773. Creutz. 2 ggr.

— s. Plutarch, Biographien.

s. Portrait hist. de la vie Richenza.

s. Quinctilian, Lehrbuch.

— s.a. Samml. f. Verstand u. Herz

Sammlung für den Verstand und das Hertz [v. Gottlob Benedict von Schirach]. Bremen. 1767. 8°

– s. Schönheit, über die moral.

– s. Stöver, Beschreib.

– s. Tzetzae, Carmina.

Schirachii, G. B., Diss. de vita et genere scribendi Isocratis, additis nonnullis ad loca quaedam Isocratis observationibus. Hal. 765. 4.

– s. Zweifel u. Bemerkt.

Schirach, J. Fr., biograph. Gemälde u. Skizzen aus d. Geschichte der Menschheit u. Unmenschheit, od. Leben u. Charakterschilderungen der berühmt. u. berüchtigst. Personen aus allen Zeitaltern. 8. Wien 799. Pichler. 16 gr.

Schirach, J. L. v., üb. d. Kön. Dän. Indigenatrecht u. einige and. Gegenst. d. Staatswissensch. und Gesch. 4. Hamburg. (Stiller in Rostock.) 779.

Schirach, Karl v.

v. Schirach, Carl, über den Entwurf einer Strafproceß-Ordnung für die Herzogth. Schleswig u. Holstein u. den Entwurf eines Gesetzes, die Einrichtung des Schwurgerichtshofs im Herzogthum Lauenburg betreffend. gr. 8. (90 S.) Kiel 850, Schröder & Co. n. 5/12 ₰

[Schirach, Carl v.], Entwurf des allgemeinen Theils des Strafgesetzbuchs für die Herzogthümer Schleswig und Holstein nebst dessen Motiven. Kiel. 1840.

— Geschichte unsrer Zeit. In jährl. Uebersichten d. wichtigst. Ereignisse. 1r Jahrg. das J. 1829, u. 2r Jahrg. das J. 1830. gr. 8. Hamb. 831, 32. A. Campe. (à Jahrg. 2 ₰) 4 ₰

— Handbuch d. Schleswig-Holstein. Criminal-Rechts u. Processes. Mit Vorw. u. einigen Anmerkn. v. N. Falck. 1. Bd. — A. u. d. T.: Handbuch d. Holstein. Criminalrechts. gr. 8. (52 B.) Altona 828, Hammerich.

— dass. 2. Bd. — A. u. d. T.: Handbuch d. Schleswig. Criminalrechts, nebst Zusätzen zum Holsteinischen. gr. 8. (40¼ B.) Ebds. 829.

v. Schirach, Karl, über die von den Holsteinischen Ständen beantragte Reform des Strafverfahrens. gr. 8. Kiel 843, Schwers'sche Buchh. 1/3 ₰

(—) Die aus der Geschichte der neuern Criminalgesetzgebung sich ergebenden Resultate für die Ausarbeitung des Entwurfs eines Strafgesetzbuchs für die Herzogthümer Schleswig und Holstein. Kiel. 1840. 4.

— über politische Verbrechen, s.a. Archiv d. Criminalrechts. Beilageheft zu 1851.

Schirach, Carl v.: Ueber politische Verbrechen. Halle 1851.
(Neues Archiv d. Kriminalrechts. N. F. Jg. 1851, Beih.)

Mittheilungen aus dem Leben eines Richters [d. i. Karl Benedikt von Schirach]. Bd. 1 [einziger]. Hamburg. 1840. 8°

Schirach, Rich. [illegible] in Posen [illegible]: Ueber Desinfectionsmittel. Berlin [illegible] 32 S. 8°.
Berlin, Med. Diss. v. 6. Aug. [illegible]

v. Schirach, Wlh., Beitrr. zur Anwendung des Rechts, mit vorzügl. Rucksicht auf die Rechtspflege in d. Herzogth. Holstein u. Lauenburg. gr. 8. Hamb. 822. Perthes u. B. 1 ₰ 4 gr.

— Criminalrechtsfälle. gr. 8. Altona 813. Hammerich. 1 ₰ 4 gr.

— Kritik des von d. Frhrn. v. Eggers abgefaßten Entwurfs e. peinl. Gesetzbuchs f. d. Herzogth. Schleswig u. Holstein rc. 8. Hamb. 811. (A. Campe). 1 ₰ 4 gr.

Schirbach, Peter, approb. Arzt aus Aachen: **Aus d. Universitätsaugenklinik zu Giessen. Zur Statistik der Augenverletzungen.** *Giessen 1901: v. Münchow.* (23 S.) 8°
Giessen, Med. Diss. v. 1901

v. Schirbach, W.: Kritik d. in v. Verbrechen u. Strafen handelnden Th. des v. — *v. Eggers* abgef. Entwurfs u. s. w. *Hamb.*, Hofmann. 811. gr. 8. (1 Thl. 4 Gr.)

Schirbitz, W. G.

— die Todesstrafe in naturrechtl. u. sittl. Beziehung. Ein philosoph. Versuch. 8. Leipz 825, Hartmann.

Schirbitz, (W. G.) der Vortrag in naturrechtl. Beziehung. Nebst e. Anhange üb. d. Bürgervertrag. Ein philosoph. juristischer Versuch. 8. Leipz. 825, Hartmann.

Schircks, J. C. W., vermischte kleinere Schriften. 1. Heft. Vermischte Lebensbeschreibungen. gr. 12. Chur 842, Grubenmann. 1/3 ₰

Schircks, Wilh, geistliche Sänger, s. Sänger, geistliche, der christlichen Kirche.

Schirdewahn, Georg [aus Oels i/Schl.]: **Ueber das Umkehrproblem der hyperelliptischen Integrale dritter Gattung und erster Ordnung** .... Leipzig, Druck v. Metzger u. Wittig, 1886; 32 S. 8°.
Breslau, Phil. Fak., Inaug.-Diss. v. 16. [handschr. 18.] Febr. 1886.

Schirdewahn, Geo., über das Umkehrproblem der hyperelliptischen Integrale 3. Gattung und 1. Ordnung. Inaugural-Dissertation. gr. 8. (30 S.) Leipzig 886. (Oels, Grüneberger und Comp.) *

Schîrê schachar le-îsch aschkenazî. Berlin 1847. V: *Schlottmann*, *Constantin.* (KatDMG)

Schire-Tehilla, Sammlung hebräischer Gesänge z. Belehrung u. Erbauung für Israeliten; herausg. v. Dr. Heinemann. 1s 2s Heft. Berlin, Büreau f. Lit. u. Kunst.

Schire-Tehilla. Samml. hebräisch. Gesänge z. Belehr. u. Erbauung f. Israeliten; hrsgg. v. J. Heinemann. 1s u. 2s Hft. Berl. 816. Heinemann. 22 gr.

Schirek, Karl

Schirek, Carl, die k. k. Majolika-Geschirrfabrik in Holitsch. Materialien zu ihrer Geschichte. (300 S. m. 33 Abbildgn. u. 2 farb. Taf.) 4. Brünn (Elisabethstr. 14) 905. Selbstverlag. 40.—

Schirek, Carl, die Punzierung in Mähren. Gleichzeitig e. Beitrag zur Geschichte der Goldschmiedekunst. Mit 12 Abbildgn. u. 70 Marken. gr. 4. (III, 176 S.) Brünn (Elisabethstr. 14) 902. Selbstverlag. n.n. 20.—

Schirek, C., die Uhr in kulturgeschichtlicher u. kunstgewerblicher Beziehung. [Aus: „Mittheilgn. d. Mähr. Gewerbemuseums".] hoch 4. (XXXVII S. m. 51 eingedr. Abbildgn.) Brünn 890. Verlag d. Mähr. Gewerbe-Museums. n.n. 3. —

Schirer, G[eorg] Ludwig: Oton de Granson und seine Dichtungen. Straßburg i. E. 1904: M. Du Mont-Schauberg. (XXIV, 119 S.) 8°

Straßburg, Phil. Fak., Ref. Gröber, Diss. v. 28. Febr. 1903

[Geb. 10. Nov. 76 Reichenweiler, Ob. Els.; Wohnort: Karlsruhe; Staatsangeh.: Elsaß-Lothringen; Vorbildung: Oberrealschule Karlsruhe i. B. Reife S. 97; Falk-Realgymn. Berlin Reife 00; Studium: Freiburg i. B. 3, Berlin 1, Straßburg 3 S.; Rig. 28. Febr. 03.]

Schirfeld, Erich zu (Frdr. Schulze), ein Defizit. Schauspiel in 1 Akt. gr. 8. (41 S.) München 891. (Rubinverlag.) n. 1. —

— Dornröschen, s.: Bloch's, Ludw., Gallerie leb. Bilder.

— Interessenpolitik. Schwank in 1 Akt. 16. (48 S.) München (898). Rubinverlag. n. 1. —

— verschüttet. D. Katastrophe v. Hausham am 8. Juni 1892. Nach Mittheilgn. v. d. Betheiligten bearb. gr. 8. (47 S. m. 1 Bild.) Miesbach 893. K. Werkmeister. n. — 50

— im Zeichen des Verkehrs, s.: Festspiele f. Schulen, Pensionate u. Vereine, Nr. 8.

Schirges, Geo. (Carl), der Bälgentreter von Eilersrode. Niedersächsische Dorfgeschichte. 8. (19½ B.) Hamburg 845, Hoffmann u. Campe.

Schirges, Geo. Vide: Egeria.

—— zwei Gräber. gr. 12. (17⅓ B.) Leipzig 843, Brockhaus.

Schirges, Geo., Karl. (Roman.) 8. (23¼ B.) Hamburg 841, Hoffmann u. Campe.

Schirges, Geo., der Rheinstrom. Ein Beitrag zur Kenntniss der Geschichte, Handelsstatistik u. Gesetzgebung des Rheins nebst der Rheinschifffahrts-Acte vom 31. März 1831 sammt allen ihren Supplementar-Artikeln, Abanderungen, ihren wichtigsten Regulativen u. Instructionen. Mainz 857. v. Zabern. gr. 8. (IV, 352 S. u. 1 lith. Taf.) n. 2 ₰. 15 ngr.

Schirges G, Rhenus. Jahrbuch für Handel, Schiffahrt und Industrie der Rheinländer. I-III. Mainz 1858-62

Schirges, Geo., volkswirthschaftliche Studien. gr. 8. (VIII u. 183 S.) Frankfurt a. M. 852, Auffarth. n. 1 ₰

— s. Telegraph für Deutschland.

Schirges, Ge., Verhandlungen des 1. deutschen Handwerker- und Gewerbe-Congresses zu Frankfurt a. M. 1848. Darmstadt 1848.

— der Berliner Volks-Aufstand. 8. (IV u. 86 S.) Hamburg 848, Hoffmann & Campe. ⅓ ₰

—— die zweite Welt-Ausstellung, mit besonderer Berücksichtigung der deutschen Industrie. Briefe aus Paris. gr. 8. (XVI und 310 S.) Frankfurt a. M. 855, Keller. *

Schirges, Georg (Red.), s. Werkstatt, Die.

– s. Will, Rol., der Steiger von Markus-Röhling.

Schirges, Geo. Gust., s. Kreuz- u. Querzüge im Gebiete d. Musen.

KREUZ- und Querzüge im Gebiete der Musen. Erzählungen, Gemälde und Dichtungen (von *Georg Gustav Schirges*). Celle, 1803. bey G. E. F. Schulze. 8⁰. (1 Mk. 80 Pfg., geles. Expl., Lehmann & Lutz, Frf. a. M., c. 1885.)

XVI—277 S. 1. Graf Klarenbach, od. Macht der Eifersucht. E. moral. Erzähl. 2. Nannchen Selmar, od. die beyden Tanten. E. Lstsp. in 2 Acten. 3. Der weise Hofnarr. E. Sage aus d. praeadamitischen Welt. 4. Der Geburtstag. E. Ehestandsscene. 5. Satyrische u. witzige Einfälle, Vergleiche, Wortspiele u. andere Gedankenspähne. — Sämmtlich zahm.

Anon.-Lex. II. p. 272 (nach Meusel u. Kayser).

Schirges, Hnr., s. Abenteuer e. Auswanderers.

– s. Lay, Tradescant, China u. die Chinesen.

– s. Noel, B. W., die Rechte der Armen.

Schirgiswalde [Schlagwort]

Schirgiswalde, s: Sachsen, Karte.

Schirgiswalde, s.: Sachsen. Messtischblätter.

Schirgiswalde, s.: Sächsische Schweiz.

Schirgiswalde-Schluckenau, s.: Geologische Karten (Sachsen).

Schirjaeff, Arkadij, S. M. Stepniak-Krawtschinski. E. politisch-biograph. Skizze. gr. 16. (32 S. m. 1 Bildn.) Zürich 896. O. A. Schmidtli. — 40

Schiriak, Feiga. Ueber einen Fall von Haemophilie bei einem Kinde. Aus dem Kinderspital Zürich. Diss. Med. Univ. Zürich. 28 S. 8. Zürich, Schereschewsky, 1910.

Schirich, Aug., moderne Bau- u. Möbel-Schreinerei. — Menuiserie moderne en bâtiments et en meubles. 2. Serie. (In 12 Hftn.) 1. u. 2. Hft. gr. Fol. (à 4 Lichtdr.-Taf. m. 4 Bog. Details.) Zürich 896. C. Schmidt. à n. 3. 20

— dasselbe. 2. Serie. 3. u. 4. Hft. gr. Fol. (à 4 Lichtdr.-Taf.) Ebd. 898. à n. 2. 40

Schirich, Aug., das moderne Mobiliar m. Berücksicht. der französischen Stile. 3. Serie. gr. Fol. (16 Taf. m. 4 S. Text in deutscher u. französ. Sprache.) Wien (901). (Sachs' Verl. — Breslau, R. Schröder.) In Mappe 13. —

Schiricke, Guil. Ludov. (geb. Zwonowitz in Schles. 18. 8. 1836): De epilepsia. Berolini (1860). (32 S.) 8°

Berlin, Med. Diss. v. 31. März 1860

Schirin. Ein persisch-romantisches Gedicht . . . nach morgenländischen Quellen. Leipz. 1809. Ü: *Hammer-Purgstall, Jos. Freih. von.* (EE) (GGr) (BrMm) (Ky)

Schirin; ein morgenländ. Gedicht; aus Pers. u. Türk. Quellen, (v. Jos. v. Hammer). 2 Thle. 8. Leipz. 809. Gr. Fleischer. 2 ₰

Schirks, die alte Philologie und das Studium der Medicin. Ein Beitrag zur Kritik der Gutachten der Aerztevereine, sowie der Streitschrift des Dr. Hedler: „Die Stellung des prakt. Arztes zur Realschulfrage". gr. 8. (32 S.) Berlin 880, Friedberg und Mode. *

Aus: Central-Organ für die Interessen des Realschulwesens, besonders abgedruckt.

[Schirlin, A .] Neuer elektrischer Bahnmotor für Schmalspuren. [Geschaffen durch die] Maschinenfabrik Oerlikon, Oerlikon bei Zürich. [Illustriert.] Separatabdruck aus «Schweizerische Elektrotechnische Zeitschrift» 1904 [Jahrg. 1, Heft 5]. II + 12 S. 8. Zürich, Fritz Amberger.

Schirling, Viktor

Schirling, V., die Verteidigungswaffen im altfranzösischen Epos, s. a. Ausgaben u. Abhandlungen aus dem Gebiete der romanischen Philologie.

Schirling, Victor [aus Marburg]: Die Verteidigungswaffen im altfranzösischen Epos ... (Aus: Ausg. u. Abh. a. d. Geb. d. roman. Phil.[8]) Marburg, Univ.-Buchdr. (R. Friedrich), 1887; 2 Bl. + 54 S. + 1 Bl. 8°.
Marburg, Phil. Fak., Inaug.-Diss. v. [18. Jul.] 1887.

Schirlitz: A x e n d r e h u n g der Erde. Solingen. 1865.
Schul-/Univ.-Schrift

SCHIRLITZ, D i e W o l l u s t. (Juristische Abhandlung.) Leipzig 1824. 8°. (1/6 Rthl. Helm, Halberstadt, Cat. II. p. 145; jetzt theurer!)

Schirlitz, Carl, s. S c h i r l i t z , Karl

Schirlitz, Carl August, s. S c h i r l i t z , Karl August

Schirlitz, Ch., s. S c h i r l i t z , Samuel Christoph

Schirlitz, Ch. S., s. S c h i r l i t z , Samuel Christoph

Schirlitz, Chr. Fr. Karl, Geschichte der Hauptbegebenheiten der christl. Kirche f. gebild. Schullehrer. 8. Leipz. 823. Steinacker. 1 ℛ 4 gℛ

— s. Alph. de L a m a r t i n e , Harmonien.

Schirlitz, Chr. Fr. Karl, s. A. Lesser, der letzte Mensch.

Schirlitz, Emil, s. S c h i r l i t z , Ernst Emil

Schirlitz, *Ernst Emil* [Dir.]: Bericht über die Einweihungsfeierlichkeiten. Frankenberg i. S., Druck v. C. G. Rossberg, *1897;* 5—12 S. 4.
Frankenberg i. S., R m. PG, OP 1897 (586)

Schirlitz, *Ernst Emil* [Dir.]: Beschreibung des neuen Schulgebäudes. Frankenberg i. S., Druck v. C. G. Rossberg, *1897;* 3—5 S., 1 Bl. Taf. 4.
Frankenberg i. S., R m. PG, OP 1897 (586)

Schirlitz, [Ernst Emil]: Festschrift zur Feier des 25jährigen Bestehens der Realschule. Die Realschule zu Frankenberg i. Sa. während der ersten 25 Jahre ihres Bestehens. 32 S., 2 Taf. 4. Progr. Realschule mit Progymn. *Frankenberg i. S.* 1901 (614).

Schirlitz (**Emil**): Das neue Realgymnasium auf dem alten Ratsweinberge zu Meissen. 1. Beschreibung d. neuen Schulgebäudes (von Kaiser, Stadtbaumeister). 2. Bericht über die Einweihungsfeierlichkeiten. Meißen: Klinkicht. 20 S., 3 Taf. 4°
Meißen, RG m. R OP 1908 (730) [S 08. 409

Schirlitz, (Ernst Emil), Dir. Prof.: Die **Realschule** zu Frankenberg i. Sa. während der ersten 25 Jahre ihres Bestehens. *Frankenberg i. Sa. (1901): C. G. Rossberg.* (32 S.) 4°
Frankenberg i. S., R m. PG, Festschr. 1901 (614)

Schirlitz, Frider[icus] August[us]: Theses medicae. Halae (1821): Grunert. 2 Bl. 8°
Halle-Wittenberg, Med. Thesen v. 7. Apr. 1821

Schirlitz, Fridericus Augustus: De Brucio. Halae (1821): Grunert. 33 S. 8°
Halle-Wittenberg, Med. Diss., nachgeliefert von dem am 12. [vielmehr: 7.] Apr. 1821 auf Thesen promovierten Verf.
Geb. Rossleben 27. 2. 1797. V.

Schirlitz, F. L., die Fabrikation der Stahlwaaren, s. a. Schauplatz, neuer, der Künste ꝛc.

Schirlitz F, die Fabrikation der Stahlwaren oder Herstellung der Messer, Gabeln etc. (Mit 15 T) (Schauplatz der Künste und Handwerke 85) Weimar 1868

Schirlitz, Karl [Dir. Dr.]: Antrittsrede *über seine Wünsche und Hoffnungen und über die Aufgabe des Gymnasiums.* Stargard, Druck v. O. Straube, 1895; 5—15 S. 4.
Stargard i. P., k. u. Gröningsches G, OP 1895 (144)

Schirlitz: Adnotationes ad Platonis Phaedonem. 12 S. –Stargard, Progr. 1852

Schirlitz, K. Aristoteles in der Prima des Gymnasiums. Teil I. Pr. 1911. 37 S. 4°. 1.—

Schirlitz, Karl, Direktor Dr.: Der Begriff der Δόξα in Platons Theaetetos. T. 1. (Leipzig) 1905: (Hallberg & Büchting.) (20 S.) 4°
Stargard i. P., k. G OP 1905 (172)

— Der Begriff des Wissens vom Wissen in Platons Charmides u. s. Bedeutung für Ergebnis des Dialogs. S.-A. 1897. 51 S. 1

Schirlitz, Carl Beiträge zur Erklärung der Platonischen Dialoge Gorgias und Theätetos. 4 (31 S.).
Progr. Fürstl. Hedwigsches G. *Neustettin* 1888 (127)

Schirlitz, C., Beiträge zur Erklärung der Platonischen Dialoge Gorgias u. Theätetos. 4. (31 S.) Leipzig 888. (Fock.) n. 1. —

Schirlitz, Carl [Dr., Dir.]: Beiträge zur Erklärung der Rede des Sokrates in Platons Symposion. Neustettin, Druck v. F. Hessenland in Stettin, 1890; 1 Bl., 61 S 8°
Neustettin, k. Fürstin-Hedwig-G, Festschr. 1890 [1891 (135)]

Schirlitz, Carl, Beiträge zur Erklärung der Rede des **Sokrates in Platons Symposion. [Festschrift** zur Feier **d. 250jähr. Bestehens d. königl.** Fürstin - Hedwig-Gymnasiums **zu Neustettin.]** Lex.-8. (61 S.) Neustettin 890. (Leipzig, G. Fock.) n. 1. 20

Schirlitz, Carl [Dir. Dr.]: Bericht über die Feier des zweihundertfünfzigjährigen Bestehens des Königl. Fürstin-Hedwig-Gymnasiums zu Neustettin. Neustettin, Druck v. R. G. Hertzberg, 1891; S. 1—48; 4°
Neustettin, k. Fürstin-Hedwig-G, OP 1891 (135)

Schirlitz, K[arl], Dr., Dir.: **Bericht** über die den Schülern der oberen Klassen gehaltenen wissenschaftlichen Vorträge. *Stargard 1900: O. Straube.* (S. 34—35.) 4°
Stargard i. P., k. u. Gröningsches G, OP 1900 (153)

Schirlitz, Karl, Dr., Dir.: **Der Beweis für die Identität der Tapferkeit und des Wissens in Platons Protagoras.** *Stargard i. P. 1901: (Hallberg & Büchting, Leipzig).* (S. 3—26.) 4°
Stargard i. P., k. u. Gröningsches G, OP 1901 (156)

Schirlitz, K., der Beweis f. die Identität der Tapferkeit u. des Wissens in Platons Protagoras. Progr. gr. 4. (26 S.) Stargard 901. (Leipzig, Buchh. G. Fock.) n. 1. 20

Schirlitz, Karl, Dr., Dir.: **Der Beweis** für die Identität der Tapferkeit und des Wissens in Platons Protagoras. *Stargard i. P. 1901: (Hallberg & Büchting, Leipzig).* (S. 3—26.) 4°
Stargard i. P., k. u. Gröningsches G, OP 1901 (156)

Schirlitz, K.: Das Bildliche in den Tragoedien des Sophokles. 1. Th. 39 S. — Wernigerode, Progr. 1870.

Schirlitz, Karl: *Gedenkrede zum hundertjährigen Geburtstage Kaiser Wilhelms I.* 4 (S. 26—35).
Progr. Kgl. u. Gröningsch. G. *Stargard i. Po.* 1897

Schirlitz, K[arl], Dr., Dir.: [**Gedenkrede am Gröningfest, d. 12. Febr. 1902.**] *Stargard i. P. 1902: (O. Straube).* (S. 41—50.) 4°
Stargard i. P., k. u. Gröningsches G, OP 1902 (160)

Schirlitz, Karl [Dr., Dir.]: *Gedenkrede, gehalten bei der Hundertjahrfeier zum Andenken an Kaiser Wilhelm I. am 22. März 1897.* Stargard, Druck v. O. Straube, 1897; 26—35 S. 4.
Stargard i. P., k. u. Gröningsches G, OP 1897 (148)

Schirlitz, Carl, de Sophoclis Philoctetae locis quibusdam disputatio. 4. (16 S.) Nordhausen 875. Haacke. n. — 60

Schirlitz De loco aesthetico in Plat. Hippia maj., qui doctrinae de pulchro etiamnunc lucem offundere potest. 14 S. . . . .
Stargard, Progr. 1832

— Noch einmal die Gliederung des platonischen Dialogs Gorgias. S.-A. 1895. 41 S. 1.—

Schirlitz, C., de Platonis Parmenide. gr. 4. (26 S.) Neustettin 884. (Berlin, Calvary und Comp.) *

Rede, gehalten zur Feier der fünfundzwanzigsten Wiederkehr des Tages von Sedan '(2. Sept. 1895)' in d. Aula des . . . Gymn. zu Stargard in Pommern v. Dr. C[arl] Schirlitz, k. Gymn.-Dir. . . . *Stargard i. Pomm.: G. Moll 1895.* (16 S.) 1 Bd 8. [56. 9006

Schirlitz, C., Rede, geh. zur Feier d. 25. Wiederkehr d. Tages v. Sedan (2. Sept. 1895), in d. Aula d. kgl. u. Gröning'schen Gymnasiums zu Stargard in Pommern. gr. 8. (16 S.) Stargard 895. J. Weber. n. — 30

—: [Rede, gehalten an dem Gedenktage P. Gronings, des Stifters der Anstalt.] S. 39—49. 4.
Progr. Kgl. u. Gröningsches Gymn. *Stargard i. Po.* 1903 (169).

Schirlitz, K[arl], Dr., Dir.: [**Rede am Gröningfest.**] *Stargard i. P. 1903: Straube.* (S. 39—49.) 4°
Stargard i. P., k. u. Gröningsches G, OP 1903 (169)

—. Die am Gröningfest gehaltene Rede. S. 12—20 der Schuln. 4.
Progr. Kgl. u. Gröningsches Gymn. *Stargard i. Po.* 1906 (182).

Die am Gröningfest gehaltene Rede. S. 34—42. 4.
Progr. Kgl. und Gröningsches Gymn. *Stargard i. Po.* 1907 (181).

Schirlitz, Karl: [Die am Gröningfest gehaltene Rede. Das Verhältnis der Weltklugheit zur Gottseligkeit und die Ausgleichung dieses Gegensatzes in der christlichen Religion.] S. 14—21. 4.
Progr. Kgl. u. Gröningsches Gymn. *Stargard i. Po.* 1908 (196).

—: Die am Gröningfest d. J. 1909 gehaltene Rede. S. 12—20. 4.
Progr Kgl. u. Gröningsches Gymn. *Stargard i. Po.* 1910 (209).

Schirlitz, K., u. Th. Wehrmann Rede des Geb. Reg.- u. Provinzialschulr. Wehrmann geh. bei der Einführung des Dir. am 15. Okt. 1879. S. 1—5. — Antrittsrede. S. 6—17. **Progr.** *Neustettin* 1880.

— Die Reihenfolge der 5 ersten Reden in Platons Symposion. S.-A. 1898. 75 S. 1.20

Schirlitz Syntax des neuhochdeutschen Artikels. 35 S. . . . . .
Stargard, Progr. 1838

— Eine Verteidigung Platos. Pr. 1885. 34 S. 2.—

Schirlitz, K[arl], Dir. Dr.: Über den Wert und die sittliche Bedeutung von Erinnerungsfeiern. Stargard i. P. 1904: O. Straube. (S. 32—39.) 4°
Stargard i. P., k. u. Gröningsches G OP 1904 (172)

Schirlitz, Karl August

Schirlitz, K. A. Auch das Leben ist noch eine Schule. Rede bei Entlassung der Abiturienten, zu Ostern 1837. 12 S. . . . . .
Nordhausen, Progr. 1838

Schirlitz, Carl Aug., daß nur diejenigen Schulen ihren Beruf ganz erfüllen, die nicht das Wissen allein zur Hauptsache machen, sondern die bei der Jugend zugleich dahin arbeiten, daß dieselbe denken, fühlen u. glauben lernt. gr. 8. (1 B.) Nordhausen 844, Förstemann.

Schirlitz, Carolus Augustus: • Dissertatio Historica Theologica De Incrementis, quae eloquentia sacra nostro tempore cum maxime cepit. 15 Bl. 8° (4°)
Halle-Wittenberg, Phil. Diss. v. 15. Sept. 1817
Geb. [Benndorf b. Borna 2. 3. 1795]
Verf. wurde abwesend promoviert und erlebte das goldene Dr.-Jubil. 1867 als Gymnasial-Direktor in Nordhausen, 1877 auch a. D. das 60jährige. — Des Verf.: Commentatio de latine loquendi usu e scholis haudquaquam tollendo. Halis Sax. 1823. S. 3—24. 8° ist nicht, wie es nach Bullmann: Denkwürdige Zeitperioden. 1833. S. 240 scheint, Hall. phil. Diss., sondern: Halle, Lat. Hauptschule, Progr. 1823.

Schirlitz, C. A. De vet. scriptor. coram discipulis superior. ord. interpretatione. 11 S. . . . .
Progr. Nordhausen 1828

Schirlitz, Car. Aug., Commentatio de veterum scriptorum coram discipulis superiorum ordinum interpretatione. 4. (2 B.) Nordhusae 828. [Lipsiae, Dörffling.]

— üb. bürgerl. Leben, Vaterlandsliebe u. Unterthanentreue. gr. 8. Halle 826. Grunert. 6 gr

— latein. Lesebuch; zunächst f. die untern Klassen des kön. Pädagogiums zu Halle. 1r Cursus. 8. Halle 823. 2e Aufl. 828. Waisenhaus-B. 10 gr

—— latein. Lesebuch. Zunächst f. d. unt. Klassen d. Kgl. Pädagogiums u. d. latein. Hauptschule im Waisenhause zu Halle. 1. Curs. 2., bericht. u. mit Verweisungen auf Zumpt's u. O. Schulz's „Grammatiken" verm. Ausg. 8. (12½ B.) Halle 828, Buchh. d. Waisenhauses.

—— dass. 2. Curs. Zur öffentl. u. Privatlectüre f. mittl. u. obere Classen in Gelehrtenschulen. — A. u. d. T.: Historia Romana ad pugnam usque Actiacam praemissa Italiae antiquae descriptione. 8. (27¼ B.) Ebds. 834.

Schirlitz, Karl Aug., Latein. Lesebuch. Zunächst für die untern Classen des Königl. Pädagogiums und der latein. Hauptschule im Waisenhause zu Halle. 1r Cursus. 3e verb. Ausg. 8. Halle 837. Buchh. d. Waisenhauses. 5/12 ₰ — 2r Cursus. Zur öffentl. u. Privatlectüre für mittlere u. obere Classen in Gelehrtenschulen. A. u. d. T.: Historia Romana ad pugnam usque Actiacam praemissa Italiae antiquae descriptione. 8. Ebd. 834. 1 ₰

Schirlitz, Karl Aug., Lateinisches Lesebuch. **Zunächst f. die untern Classen des Königl. Pädagogiums u. der latein. Hauptschule im Waisenhause zu Halle. 1. Cursus. 4. verb. Ausg. 8. (XX u. 188 S.) Halle 850, Buchh. des Waisenhauses. 5/12 ₰**

Schirlitz, C. A. Oratio in tertiis August. confess. sacris saecul. hab., subjuncta annotatione. 14 S. . . . .
Nordhausen, Progr. 1831

Schirlitz, C. A. Commentatio de pretio, quod Graeci et Romani studio poesis in juventutis institutione statuerunt, quodque ei etiamnum statuendum sit. 33 S. .
Nordhausen, Progr. 1850

Schirlitz, K. A. Rede, bei der zum Andenken an die funfzigjährige Vereinigung Nordhausens mit dem preußischen Staate veranstalteten Jubelfeier im Gymnasium gehalten. 8 S.
Nordhausen, Progr. 1853

— s. Reden, religiösen u. moral. Inhalts.

—— Schulreden im Gymnasium zu Nordhausen gehalten. gr. 8. (16½ B.) Nordhausen 846, Förstemann.

— Schulreden im Gymnasium zu Nordhausen gehalten. 2. (Titel-) Ausg. gr. 8. (VI und 256 S.) Nordhausen 850, Förstemann.

Schirlitz, Karl Aug., neue Schulreden im Gymnasium zu Nordhausen gehalten. Nordhausen 853. Förstemann. gr. 8. (VI, 168 S.) 15 ngr.

— Unterhaltungen aus d. griech. Alterthume, zu latein. Stylübungen f. Geübtere eingerichtet. 8. Halle 822. Grunert. 14 gl

— Unterhaltungen aus d. griech. Alterthume, zu latein. Stylübungen f. Geübtere eingerichtet. 2., verm. u. verb. Ausg. 8. (13¼ B.) Halle 833, Grunert.

Schirlitz, Karl Aug., Commentat. de latine loquendi usu e scholis haudquaquam tollendo. Adjuncta est: Annalium scholae lat. Halensis Part. I. auct. J. G. Dick. 8maj. Halle 825. Waisenhaus-B. 4 gl Particula II., s. G. *Lange*, Commentatio.

Schirlitz, K. A. Vortrag bei der dritten Säcularfeier des Augsburger Religionsfriedens am 25. September 1855 am Gymnasium zu Nordhausen. 14 S.

Nordhausen, Progr. 1851

Schirlitz, K. A. Wie d. Feier des h. Abendmahls im Stande ist, das Bewußtsein unsers Zusammenhanges mit Gott in uns zu beleben. Rede, geh. zur Vorbereitung der Schüler auf die h. Abendmahls-Feier im Frühlinge 1837. . . . .

Nordhausen, Progr. 1838

Ders. Worauf beruht das Glück der Jugend? Rede bei Entlassung der Abiturienten, 29. Sept. 1837. 6 S. . . . .

Nordhausen, Progr. 1838

Schirlitz, Karl Christoph

(—) Beherzigungen über das alte u. neue Dresdner Gesangbuch, od. Volksblätter f. d. gemeinen Mann zc. 8. Leipz. 798.

— s. Briefe üb. das Sächs. Lager.

Schirlitz, Karl Cph., (✝ d. 22. Dec. 1813.) Commentatio, quem Christus olim ejusque Apostoli sermonibus suis subjecerint sensum, nostro nunc tempore nec mutandum esse, nec mutilandum. 4. Dresd. 789. Gerlach. 3 gl

Schirlitz, K. Ch., commentatio theologica. 4. Dresden, Gerlach. 789.

— 3 Erndtepredigten. gr. 8. Meißen, Erbstein, (Gödsche.) 795.

— drei Erndtepredigten. gr. 8. Meißen 795. (Goedsche). 5 gl

— zwei Erndtepredigten. 4. Leipz. 794 u. 795. Reinecke in Halle. 8 gl

Schirlitz, Karl Cph., s. Lankart's Familie.

— vier Predigten. 8. Leipz. 794. Kummer. 4 gl

— die Religion des guten Lebenswandels, in Predigten. gr. 8. Leipz. 796. Rabenhorst. 1 ꝑ

— s.a. Karl Rosenheim.

ROSENHEIM, Karl, u. Sophie Wagenthal. Auch ein Beitrag z. Kenntniss des Menschenherzens (von *Carl Christoph Schirlitz*). Mit TKpf. Meissen, Erbstein, 1790. Gr. 8°. XIV u. 349 SS. Zuschr. unterz.: *K. C. S.* In stellenw. derben Briefen.

Anon.-Lex. III. p. 394 (nach Kayser). Meusel hat „1789".

— Commentatio de usu rationis in causa fidei. 8maj. Dresden 794.

Schirlitz, Karl Richard

Schirlitz, Carolus Ricardus: Die Euripide novi sermonis conditore. Halis Saxenum (1864): Orphanotropheum. 35 S. 8°

Halle-Wittenberg, Phil. Diss. v. 22. Dez. 1864

Geb. Nordhausen 22. 8. 1842. V.

Ersch. vollst. u. d. T. der eingereichten Arbeit: De sermonis tragici per Euripidem incrementis. Part. 1. De vocabulorum thesauro. Halle: Waisenhaus 1865. 108 S. 8°

Schirlitz, Carol. Ric., de sermonis tragici per Euripidem incrementis. Part. I. De vocabulorum thesauro. Halle 865. Buchh. des Waisenhauses. gr. 8. (108 S.) n. 15 ngr.

[F.] **Schirlitz,** *Louis Paul* [Oberl. Dr.]: Der naturkundliche Unterricht an höheren Mädchenschulen und Lehrerinnenseminaren. *Hamburg*, gedr. bei Lütcke & Wulff, *1894*; 1—25 S. 4.

Hamburg, Unterr.-A d. Klost. St. Johannis. HM u. Sm f. Lehrerinnen an HM, OP 1894**

Schirlitz, P., die Beziehungen der atmosphärischen Luft zum menschl. Organismus. Eine hygien. Studie im Anschluss an die Prüfg. der Heiz- u. Ventilationsanlagen der höheren Lehranstalten Danzigs. [Aus: „Prakt. Physik".] Lex.-8. (27 S.) Magdeburg 891. Exped. der Prakt. Physik. n. 1.60

Schirlitz, P., Lehrbuch der Naturkunde f. höhere Mädchenschulen, Lyzeen u. Studienanstalten. Begründet v. Sch. 1.—3. Bd. gr. 8. Bielefeld, Velhagen & Klasing. Geb. in Leinw. 11.80

1. Tier- u. Pflanzenkunde. Klasse VII u. VI der höheren Mädchenschule. Unter Mitwirkg. des Hrsg. bearb. v. A. Velde u. Fr. Dietrich. Mit 197 Text-Abbildgn. v. F. Rosenberg u. a. u. 30 Taf. in Schwarz- u. Farbendr. nach Aquarellen v. P. Flanderky. (VI, 303 S.) 910. Geb. 3.80
2. Pflanzen- u. Tierkunde. Mineralogie. Klasse V u. IV der höh. Mädchenschule. Unter Mitwirkg. des Begründers bearb. v. A. Velde, Fr. Dietrich u. F. G. A. v. Lengerken. Mit 394 Text-Abbildgn. u. 26 Taf. in Farbendr. nach Aquarellen v. P. Flanderky, F. Rosenberg u. M. Schönemann. (VII, 870 S.) 910. Geb. 4.60
3. Chemie u. Physik. Klasse III—I der höh. Mädchenschule. Bearb. v. P. Schirlitz u. W. Vogt. (VI, 300 S. m. 227 Abbildgn.) 910. Geb. 3.40

Schirlitz, P., Leitfaden für den Unterricht in der Chemie an Seminarien und höheren Töchterschulen. Lex.-8. (V, 138 S. mit 65 eingedr. Fig.) Danzig 888, Kafemann. *
geb. *

— der mehrphasige Wechselstrom (Drehstrom) u. seine Verwendg. in der Elektrotechnik. [Aus: „Prakt. Physik".] Lex.-8. (19 S. m. 38 Fig.) Ebd. 892. n. 1.25

Schirlitz, Sam. Chr., Anleitung zur Kenntniss der neutestamentlichen Grundsprache zugleich als griech. neutestamentl. Schulgrammatik für Gymnasien. 8. (XXVII und 267 S.) Erfurt 863, F. W. Otto.

Schirlitz, Sam. Chrstph., Anleitung zum Uebersetzen aus d. Deutschen ins Latein. f. d. unterst. Classen. 2 Abthln. — A. u. d. T.: Anleitung zc., od. d. elementar. Syntax. 2 Abthln. 8. Frankfurt a. M., Brönner. [1. (14½ B.) 831. 13 Gr., 2. (11½ B.) 832. 10 Gr.]

Schirlitz, Sam. Chrstph., Anleitung z. Uebersetzen aus d. Deutschen ins Lateinische f. die untersten Classen, od. der elementarischen Syntax 1. Abthl. 2., verb. Aufl. 8. (12½ B.) Frankfurt a. M. 845, Brönner. *

Schirlitz, Sam. Chr., Bildungs- und Lehrstoff aus dem Gebiete der classischen Alterthumswissenschaft, der alten und mittleren Geschichte und der philosoph. Propädeutik für höhere Schulanstalten und zum Selbstgebrauche. gr. 8. (VI, 222 S.) Halle 873, Schwetschke'scher Verlag.

Schirlitz, Sam. Chrstph., zur Erinnerung an Karl August Steger, Oberlehrer am kgl. Gymnasium zu Wetzlar, gest. am 8. Jan. 1836. Enth. die bei d. Todtenfeier am Grabe u. im Gymnasium gehalt. Reden, nebst e. biograph. Skizze. 8. (2 3/4 B.) Wetzlar 836. (Hanau, König.)

— zur Erinnerung an Karl August Steger, Oberlehrer am Königl. Gymnasium zu Wetzlar, gestorben am 8. Jan. 1836. Enthaltend die bei der Todtenfeier am Grabe und im Gymnasium gehaltenen Reden, nebst einer biograph. Skizze. Auf Verlangen herausg. 8. Wetzlar 836. Wigand. 1/6 Thlr.

Schirlitz, Samuel Christoph: *De fontibus Geographiae antiquae ad Eratosthenis aetatem usque pertinentibus. 14 Bl. 8° (4°)
Halle-Wittenberg, Phil. Diss. v. 15. Dez. 1820
Geb. [Benndorf bei Borna (Sachsen) 4. 12. 1797]
Vom Verf. ersch.: Handbuch der alten Geographie f. Schulen. Halle: Grunert 1822. 8°; 2. Aufl. 1837. Er erlebte die Diplomerneuerung 1870 als Gymnasialprofessor (in Wetzlar) a.D. in Erfurt.

— die heiligen Frauen des Neuen Testaments. Mit Rücksicht auf die Legende und Kunst nebst einer Uebersicht der bekanntesten biblischen Frauen. Nebst 1 Stahlst. Leipzig 864. Gerhard. 8. (VIII, 247 S.) 20 ngr.

— Grundzüge der neutestamentlichen Gräcität nach den besten Quellen für Studirende der Theologie und Philologie. Giessen 861. Ferber (Roth.) gr. 8. (VIII, 436 S.) n. 2 Thlr.

Schirlitz, Sam. Chr., Grundzüge des christlichen Wandels. Ein moralisches Lehrbuch f. aufmerksame Bibelleser. gr. 12. Heidelberg 843, K. Winter. n. 1/2 Thlr.

Schirlitz, Sam. Cph., Handbuch d. alten Geographie f. Schulen. Nebst 4 Zeitt. zur Geschichte der alten Geographie u. 2 Kärtchen gr. 8. Halle 822. Grunert. 1 Thlr. 20 Gr.

Schirlitz, Sam. Chrstph., Handbuch der alten Geographie für Schulen. Nebst vier Zeittafeln zur Geschichte der alten Geographie u. 2 Kärtchen. 2e verbess. u. verm. Aufl. gr. 8. Halle 837. Grunert. 1 5/6 Thlr.

— Handbuch d. alten Geographie f. Schulen. 2., verb. u. verm. Aufl. gr. 8. (36 B., 4 Zeittaf. u. 2 Kärtchen.) Halle 837, [Mühlmann.]

Schirlitz, Sam. Chr., das bürgerliche und kirchliche Jahr. Eine Festgabe für gebildete Christen. 8. (VIII, 198 S.) Ebendas. 873. *M. 2.; geb. **

Schirlitz, Sam. Lateinisches Jubelgedicht. 2 S.
Wetzlar, Progr. 1843

Schirlitz, Ch. S. Zur Kenntniß der neutestamentlichen Gräcität, oder daß die rationale Behandlung des grammatischen Elements derselben der gläubigen Schriftauslegung nicht im Wege stehe. 27 S. .
Wetzlar, Progr. 1850

— über bürgerliches Leben, Vaterlandsliebe u. Unterthanentreue. Drei Schulreden. gr. 8. Halle 826, Grunert.

— Leitfaden f. d. Unterricht in d. alten Geographie. gr. 8. Halle 826. Grunert. 12 Gr.

— Leitfaden f. den Unterr. in d. alten Geographie. 2., verb. u. verm., auch mit e. Register vers. Aufl. 8. (12 1/2 B.) Halle 834, Grunert.

— Materialien zu latein. Stylübungen f. mittlere u. höh. Classen in Gelehrtenschulen. Mit grammat. Nachweisn. vers. 8. (12 1/2 B.) Frankfurt a. M. 831, Brönner.

— Morgengebete zum Gebr. in obern Klassen evangel. Gymnasien. 8. Gießen 826. Heyer. 5 Gr.

Schirlitz. De Novi Testamenti parabolarum natura et indole. 14 S.
Wetzlar, Progr. 1858

Schirlitz, Ch. Ostenditur, vet. Romanos de proferendis geographiae antiq. finib. optime esse meritos. P. I. s. historia incrementorum, quae geographia ap. veteres Romanos cepit. Sectio I. 14 S. . . . .
Wetzlar, Progr. 1831

Schirlitz, Sam. Chr., neutestamentliches Personen-Lexikon für Schule u. Haus. 3 Liefgn. Stuttgart 868. Belser's Verl. gr. 8. (VII, 303 S.) Subscr.-Pr. jede Liefg. 7 1/2 ngr.

— die Latein. Stylübungen in den obern Classen methodisch und praktisch unterstützt. In 2 Bdchen. — 1s Bdchen. A. u. d. T.: Methodik der Lateinische Stylübungen, oder praktische Winke bei Anfertigung eines latein. Stylstücks. 8. Frankfurt 834. H. L. Brönner. 3/8 Thlr.

— dass. 2s Bdchen. A. u. d. T.: Themata und Theses, od. Aufgaben zu latein. Aufsätzen und Disputirübungen, mit methodischen, literär. u. a. Nachweisungen versehen. 8. Ebd. 834. 1/2 Thlr.

— die hellenistischen, besonders alexandrinischen und sonst schwierigen Verbalformen im griechischen Neuen Testamente für Schulen und den Selbstunterricht alphabetisch geordnet und grammatisch nachgewiesen. 8. (XXIII und 215 S.) Erfurt 862, F. W. Otto.

— Vorschule zum Cicero, enth. die z. Bekanntschaft mit dies. Schriftsteller nöthigen biograph., literär., antiquar. u. isagog. Nachweisn. Ein Handb. f. angeh. Leser d. Cicero. (8 Lfgn.) gr. 8. (21 1/2 B.) Wetzlar 836, 37. [Hanau, König.]

— Vorschule zum Cicero, enthaltend die zur Bekanntschaft mit diesem Schriftsteller nöthigen biograph., literär., antiquar. u. isagogischen Nachweisungen. Ein Handbuch für angehende Leser d. Cicero. 8 Lfrgg. gr. 8. Wetzlar 836, 37. Wigand. 2 Thlr.

— griechisch-deutsches Wörterbuch zum neuen Testamente. 3. verb. und verm. Aufl. 8. (VII, 426 S.) Giessen 868, Roth. *

Schirlitz, S. Ch., Griechisch-Deutsches Wörterbuch zum Neuen Testamente. Ein Hülfsbuch f. Leser des Neuen Testamentes in der Grundsprache. Lex. 8. (VIII u. 373 S.) Gießen 851, Ferber. n. 2 Thlr.

Schirlitz, S. Ch., griechisch-deutsches Wörterbuch zum Neuen Testamente. 2. verb. u. verm. Aufl. Giessen 858. Ferber. Lex.-8. (XI, 410 S.) n. 2 Thlr.

— griechisch-deutsches Wörterbuch zum neuen Testamente. 3. verb. u. verm. Aufl. Giessen 868. Roth. 8. (VII, 426 S.) n. 2 Thlr.

Schirlitz, S. Ch., griechisch-deutsches Wörterbuch zum Neuen Testamente. 5. Aufl., neu bearb. v. Th. Eger. gr. 8. (V, 458 S.) Giessen 893. E. Roth. n. 6.—; geb. in Halbfrz. n. 7.50

Schirlitz, S. Ch., griechisch-deutsches Wörterbuch zum Neuen Testamente. Neu bearb. v. Th. Eger. 6. durchgeseh. Aufl. (VI, 458 S.) Lex. 8. Giessen 908. E. Roth. 6.—; geb. in Halbfrz. n 7.50

Schirlitz, Theophron. Hugo (geb. Mücheln 24.1.1829): De phlebitide. Berolini (1852). (24 S.) 8°
Berlin, Med. Diss. v. 13. Okt. 1852.

Schirlitz, W. G. Die deutschen Waffennamen Stargard 1844. C. F. Hendess S. 1—25. 4°.
Stargard, K Gymnasium, P 1844

Schirlitz, W. Gotthold. Annotationis ad Platonis Phaedonem fasc. I. 12 S.
Stargard, Progr. 1852

Schirlitz, Guilelmus Gotthelfus: De iure primae occupationis. Halae (1828): Grunert. 31 S. 8°
Halle-Wittenberg, Phil. Hab.-Schr. v. 9. Jan. 1828

Schirlitz, Guilielmus Gotthelfus: *Notionem et partes philosophiae descripsit. 35 S. 8° (4°)
Halle-Wittenberg. Phil. Diss. v. 8. Apr. 1826
Geb. [Benndorf b. Borna (Sachsen) 5. 10. 1800]

Schirlitz, Wilh. Gthe., neue Propädeutik z. Philosophie, enth. die Anfangsgründe d. Psychologie u. Logik. Für d. Gebr. in Gymnasien u. ähnl. Lehranstalten zusammengest. 8. (7 B.) Stargard 836, Hendeß.

Schirlitz, W. G., Propädeutik der Philosophie. Für den Gebr. in oberen Gymnasial-Classen u. f. junge Studierende. 8. (5 B.) Cöslin 829, Hendeß.

— die Todesstrafe in naturrechtl. u. sittl. Beziehung. Ein philosoph. Versuch. 8. Leipz. 825. (Lehnhold). 12 gr.

— der Vortrag in naturrechtl. Beziehung. Nebst e. Anh. üb. den Bürgervertrag. Ein philosoph.-jurid. Versuch. 8. Leipz. 825. (Lehnhold). 12 gr.

Schirlitz, Wilhelm Heinrich, s. Schirlitz, Wilhelm Gotthelf

Schirm, . . ., s. Leben, Jak. Alberts rc.

Schirm, Erik: Über einige neue Fällungsmethoden. (Berlin 1910: Ebering.) 45 S. 8°
Berlin, Phil. Diss. v. 1. Aug. 1910, Ref. E. Fischer
[Geb. 15. Nov. 85 Breslau; Wohnort: Schmargendorf; Staatsangeh.: Preußen; Vorbildung: Bismarck-Gymn. Wilmersdorf Reife M. 04; Studium: Berlin 12 S.; Rig. 28. Juli. 10.] [U 10. 248

Schirm, Felix, Ref. in Unruhstadt (Posen): Die Gestaltung der Besitzverhältnisse bei einer gefundenen Sache. Dargestellt unter Berücksichtigung der geschichtlichen Entwicklung. Borna-Leipzig 1900: R. Noske. (X, 62 S.) 8°
Leipzig, Jur. Fak., Diss. v. 12. Mai 1906
[Geb. 3. Dez. 81 Posen; Wohnort: Unruhstadt; Staatsangeh.: Preußen; Vorbildung: Friedr.-Wilh.Gymn. Posen Reife O. 01; Studium: Leipzig 6, Breslau 3 S.; Rig. 30. Sept. 05.]

Schirm, J. W., Anleitung zum praktischen Erlernen der französischen Sprache. Unter Mitwirkung von H. Henry und C. Vicarino. gr. 8. (IV und 152 S. mit 1 Tab. in qu. gr. 4.) Wiesbaden 853, Kreidel und Niedner. *

Schirm, J. W., Elementarbuch der englischen Sprache. Praktische Anleitung die englische Sprache in der kürzesten Zeit zu sprechen u. zu verstehen. gr. 8. (IV u. 204 S.) Bielefeld 851, Velhagen & Klasing. n. 1/2 Thlr.

Schirm, J. W., Elementarbuch der englischen Sprache. Praktische Anleitung, die englische Sprache in kürzester Zeit verstehen und sprechen zu lernen. 2. verb. u. sorgfältig durchges. Aufl. Bielefeld 857. Velhagen u. Klasing. gr. 8. (VII, 198 S.) n. 15 ngr

—— praktische Grammatik der englischen Sprache, besonders für Real-, Handels- und Gewerbeschulen. Zugleich als 2. und letzter Cursus seines Elementarbuchs der engl. Sprache. gr. 8. (VI und 401 S.) Darmstadt 853, Beyerle. *

— the German speaking method or the shortest, easiest and surest way to learn the German language together with a guide to German literature and a key. 2. edition, considerably altered and improved. 8. (XIV u. 480 S.) Wiesbaden 851, L. Friedrich. n. 1 1/2 Thlr; in Engl. Einb. n. 1 2/3 Thlr

Schirm, J. W., German speaking method or a short, easy and sure way of learning the German language. Together with a guide to German literature, an alphabetical vocabulary and a key containing the translations of the exercises and the method of German hand-writing. 3. edit. simplified and improved. 8. (XI und 396 S.) Wiesbaden 864, Limbarth. geb. *
Key. 3. edit. (72 und 4 lithogr. S.) *

Schirm, J. W., german speaking method or a short, easy a. sure way of learning the german language Together with a guide to german literature, an alphabetical vocabulary a. a key containing the translations of the exercises a. the method of german hand-writing. 4. Ed., simplified a. improved gr. 16. (XI, 396 S.) Wiesbaden 871. Limbarth. geb. n. 3. —

—— Key to the german speaking method. 2. Edition. 8. (V und 169 S., wovon 18 lithogr.) Wiesbaden 851. [Darmstadt, Beyerle.] *

Schirm, J. W., the speaking method or the shortest, easiest and surest way to learn the German language. gr. 8. (20 B.) Wiesbaden 846, Friedrich'sche Buchh. *

—— Vorschule der französischen Sprache. 2 Thle. 8. Wiesbaden 862, Limbarth. [1. Thl. (IV und 84 S.) * 6 Ngr., 2. Thl. (IV und 102 S.) * 8 Ngr.] *

Schirmacher. Cain, a mystery by Lord Byron. Königsberg i. Pr., R. auf der Burg, 1863. 10 S. 4. Progr.

Schirmacher, s.: Jahrbuch des schlesischen Forst-Vereins.

Schirmacher. Milton's Verlornes Paradies. Königsberg, Löbenicht'sche H. B., 1855.

Schirmacher, Ernst, natürliche u. künstl. Diamanten, s. e Festschrift zur Feier des 600jährigen Jubiläums d. Kneiphöfischen Gymnasiums zu Königsberg i. Pr.

Schirmacher, Ernst, Dr.: Natürliche und künstliche Diamanten. (Königsberg i. Pr. 1904: Hartung.) (31 S.) 8°
Königsberg, Kneiphöfisches G Festschrift z. Feier d. 600jähr. Jubiläums (9)**

Schirmacher, Ernst [Dr.]: Über die Säuren des Phosphors und deren Verbindungen. Königsberg, Hartungsche Buchdr., 1892; 1—42 S. 4.
Königsberg in Pr., Kneiphöfisches Stadt-G, OP 1892 (10)

Schirmacher, Ernst, die diluvialen Wirbelthierreste der Provinzen Ost- u. Westpreussen. gr. 8. (52 S. m. 5 autogr. Taf.) Königsberg 882. (Beyer.) n. 1. 60

Schirmacher, Heinrich

Schirmacher, e. Baumeister. Dichtung. gr. 8. (242 S.) Berlin 891. E. Loeche. n. 2. 40; geb. n. 3. 40

Schirmacher, „Herr Baumeister". Eine nachgelassene Schrift. 12. (121 S.) Danzig 891. Kafemann. n. 1. 60

Bruder Baumeister. Dichtung von Schirmacher. Königsberg Pr.: Rautenberg 1903. 349 S. 8°
Dramatische Dichtung in 6 Aufzügen.

— der Ingenieur. Ein Gedicht. 12. (79 S.) Ebd. 891. n. 1. 60

Neudeutsch. Auch ein 'Rückblick' von [Heinrich] **Schirmacher**. Altona: Ch. Adolff 1935. [Erscheinungsjahr: 1892.] (102 S.) 8° [F.] 07. 5595

Schirmacher, Heinr., aus den Tagen der Not, s.a Weichert's Wochen-Bibliothek.

Aus den Tagen der Not. Eine Erzählung vom Oberrhein von [Heinrich] Schirmacher. Mit 5 Vollbild. Berlin: A. Weichert [1903]. (96 S.) 8° [F.] = Wochen-Bibliothek, Weichert's. Bd 144. 05. 2297

Schirmacher, Karl [aus Kiel]: Ueber die durch Destillation aus der Isobutylitaconsäure entstehenden Säuren ... Strassburg, Univ.-Buchdr. v. J. H. E. Heitz, 1892; 45 S. 8.
Strassburg, Math.-naturw. Fak., Inaug.-Diss. v. 1892

Schirmacher, Kaethe, Danziger Bilder. Ein Kinderbuch. Mit Bildern v. Arth. Bendrat. (IV, 104 S.) 8. Leipzig 908. B. G. Teubner. Kart. 2. —

Schirmacher, Käthe, Deutschland u. Frankreich seit 35 Jahren, s.a. Kultur, die, 15. u. 16. Bd.

Schirmacher, Käthe, Deutschland u. Frankreich seit 35 Jahren. Ein Beitrag zur Kulturgeschichte. Mit e. Titelbild. (148 S.) kl. 8. Berlin '06, Bard, Marquardt & Co. Kart. 3. —; geb. in Ldr. od. Perg. 5. —
„Die Kultur" Bd. 15 u. 16.

— die Frauenarbeit im Hause, ihre ökonomische, rechtliche u. sociale Wertung. s.a. Rechtsfragen. 3. Hft.

Schirmacher, Kaethe: Die Frauenarbeit im Hause. Ihre ökonomische, rechtliche u. soziale Wertung. — Leipzig: Dietrich 1905. 29 S. 8° (Rechtsfragen. H. 3.)

— die Frauenbewegung, s.a Sammlung gemeinnütziger Vorträge.

— Die Frauenbewegung. Ihre Ursachen. Ziele und Mittel. gr. 8°. Prag, J. G. Calve in Komm., 1904. (Sammlung gemeinnütziger Vorträge, Nr. 311.)

Schirmacher, Käthe: Die Frauenbewegung. Ihre Ursachen, Ziele u. Mittel. 2., durchges. Aufl. Prag: Dtsch. Verein z. Verbreitg. gemeinnütziger Kenntnisse; Calve in Komm. 1909. 16 S. 8° (Sammlung gemeinnütziger Vorträge. 311.)

— Die moderne Frauenbewegung, s.a. Aus Natur u. Geisteswelt.

Schirmacher, Kaethe. Die moderne Frauenbewegung. Ein geschichtlicher Überblick. VI + 130 S. 8. Leipzig, Teubner, 1905. (M. 1. —, geb. 1.25)
Aus Natur und Geisteswelt. Sammlung wissenschaftlich-gemeinverständlicher Darstellungen aus allen Gebieten des Wissens. Bändchen 67.
Darin S. 65—69: Schweiz; *s. auch S. IV f.*

Schirmacher K., Die moderne Frauenbewegung. Ein geschichtl. Überblick. 2. Aufl. (VI, 146 S.) 8. Leipzig, B. G. Teubner. 1. —; geb. in Leinw. 1. 25. 1909. Aus Natur- u. Geisteswelt. 67. Bdchn.

Schirmacher, Käthe, der internationale Frauencongreß in Chicago 1893, s.a. Blätter, lose, im Interesse der Frauenfrage.

Schirmacher, Käthe: Der internationale Frauencongreß in Chicago 1893. Vortrag. — Dresden: Tittmann [1894]. 24 S. 8° (Lose Blätter im Interesse d. Frauenfrage. 11.)

— Die östliche Gefahr. Vortrag, geh. auf dem 3. ostdeutschen Frauentage in Allenstein O.-P. (17 S.) gr. 8. Lissa 908. O. Eulitz. — 20

— Halb, s.a. Friedrich's Bücherei, Bd. 3.

Schirmacher, Käthe: Halb. — Leipzig: W. Friedrich [1893]. 252 S. 8° (Friedrichs Bücherei. Bd 3.)

— Herrenmoral u. Frauenhalbheit, s.a. Existenzkampf, der, d. Frau im modernen Leben, Hft. 10.

Schirmacher, Käthe: Herrenmoral und Frauenhalbheit. 3. Taus. — Berlin: Taendler 1896. S. 295–334. 8° (D. Existenzkampf d. Frau. H. 10.)

— Moderne Jugend. Ein Wegweiser f. d. Daseinskampf. — München: Reinhardt 1910. 263 S. 8°

— Das Jugendgericht, s.a. Kultur u. Fortschritt.

Schirmacher, Käthe. Das Jugendgericht. ⟨Denver, Deutschland, Oesterreich, Niederland, Frankreich, Schweiz.⟩ (2. Aufl.) 28 S. 8. Gautzsch b. Leipzig, Felix Dietrich, 1910. (M. —.50)
Kultur und Fortschritt .... No. 312/13.

— die amerikanischen Kindergerichte nach dem Bericht d. Jugendrichters Lindsey, s.a. Fortschritt, sozialer. Nr. 78.

Schirmacher K, die amerikanischen Kindergerichte. (16 S.) (Sozialer Fortschritt 78) Leipzig 1906

Schirmacher, Käthe, aus aller Herren Länder. Gesamm. Studien u. Aufsätze. (Reisebilder. Litterar. Studien u. Kritiken. Novellen. Sociales Leben. Zur Frauenfrage.) gr. 8. (IV, 393 S.) Paris 897. H. Welter. n. 4. —

— sociales Leben. Zur Frauenfrage. [Aus: „Sch., Aus aller Herren Länder".] gr. 8. (IV, 157 S.) Paris 897. H. Welter. n. 2. —

[Schirmacher, Käthe:] Die Libertad. Novelle. — Zürich: Verlags-Magazin 1891. 81 S. 8°

Schirmacher, Kaethe, Paris! Illustriert v. Arnould Moreaux u. F. Marks. (Verein der Bücherfreunde.) 8. (V, 365 S.) Berlin (900). A. Schall. n. 3.50; geb. 4. 50

— Die wirtschaftliche Reform der Ehe. Referat, geh. auf d. 3. Verbandstag fortschrittl. Frauenvereine ... 1905. — Leipzig: Dietrich 1906. 24 S. 8°

— die wirtschaftliche Reform der Ehe. Referat, geh. auf dem III. Verbandstag fortschrittl. Frauenvereine, Berlin, 2.–4. X. 1905. (24 S.) 8. Leipzig 906. Fel. Dietrich. n. — 40

— Reisebilder. [Aus: „Sch., Aus aller Herren Länder".] gr. 8. (IV, 81 S.) Ebd. 897. n. 1. —

— Zwischen Schule u. Ehe, s.a. Sammlung gemeinnütziger Vorträge.

(F) Schirmacher, K., Zwischen Schule und Ehe. [Sammlung gemeinnütziger Vorträge. Nr. 356] 8°. † K —.20
Prag: Calve 1908.

Schirmacher, Käthe: Züricher Studentinnen. — Leipzig u. Zürich: Schröter 1896. 54 S. 8°

— litterarische Studien u. Kritiken. (Robert Elsmere. Frederic Mistral. Der Herzog v. Saint-Simon u. s. Memoiren. Übersetzgn. aus François Villon. Rabelais. Théophile de Viau. Die Marquise du Châtelet. Was man in Frankreich liest. Novellen: Quatorze Juillet. — Lohengrin. — Auch e. Freund.) gr. 8. (156 S.) Paris 897. H. Welter. n. 2. –

— Die Trenng. v. Staat u. Kirchen in Frankreich, s.a. Kultur u. Fortschritt.

Schirmacher K, die Trennung von Staat und Kirchen in Frankreich. (16 S) (Kultur und Fortschritt 142) Gautzsch 1908

— Die Verteidigung der Ostmark. Vortrag, geh. auf dem 4. ostdeutschen Frauentage in Lissa i. P. (18 S.) 8. Lissa 910. O. Eulitz. — 20

Schirmacher, Käthe: Théophile de Viau. Sein Leben und seine Werke. (1591–1626.) Erster Teil: Biographie. [Erschien vollständig im gleichen Verlage: XII. 320 S. 1897]. Leipz. Paris H. Welter 1896. XII. 168 S., 1 Bl. 8°.
Zürich, Phil. Diss. I. S. [v. 17. Oct. 1896].

— Théophile de Viau. Sein Leben u. s. Werke. (1591—1626.) Litterarische Studie. gr. 8. (XII, 320 S.) Ebd. 897. n. 8. —

— s.a. Voltaire.

— Voltaire. E. Biographie. gr. 8. (XX, 556 S. m. 61 Taf. u. 1 Fksm.) Leipzig 898. O. R. Reisland. n. 8. —; geb. n. 10. —

Schirmacher, Kaethe, Voltaire. S. Persönlichkeit i. s. Werken. Stuttgart [1906.] 8°.
(A. d. Gedankenwelt grosser Geister, hrsg. v. Loth. *Brieger-Wasservogel.* Bd 1.)

— der junge Voltaire u. der junge Goethe, s.: Aus romanischen Sprachen u. Literaturen.

— Wie u. in welchem Masse lässt sich die Wertung der Frauenarbeit steigern?, s.a. Kultur u. Fortschritt.

— Wie u. in welchem Masse lässt sich die Wertung der Frauenarbeit steigern? 8°. Leipzig, Fel. Dietrich, 1909. (Kultur u. Fortschritt, 224.)

Schirman, Daria [aus Rostow a. D. (Russland)]: Ueber die Rückbildung der Dickdarmzotten des Meerschweinchens. Würzburg 1898. 9 S. (Mit 1 Tafel.) 8°. (S. A. aus Würzburger Verhandlungen N. F. XXXII.)
Zürich. Med. Diss. 1897/98.

Über die Rückbildung der Dickdarmzotten des Meerschweinchens. Von Dr. Daria Schirman. M. 1 Taf. Aus d. Züricher anatom. Inst. *Würzburg: Stahel 1898.* (9 S., 1 Taf.) 8.
= Verhandlungen d. Physik.-Med. Gesellschaft zu Würzburg. N. F. Bd 32. No 1. 98. 7861

Schirmann, Coelestinus, De mundo optimo libertati, potentiae et sapientiae Dei convenientissimo dissertatio academica. Styrae 1756, 4°, pp. 160.

Schirmann, J. W. C. v., Hauptm. im k. preuss. 7. Artill.-Reg. Versuch zu einem System der Artillerie-Wissenschaft. I. Bd Mit 4 Figurentafeln. 8. Berlin 1860.

Schirmeisen, Karl, die Entstehungszeit d. german. Göttergestalten. Eine mythologisch-prähistor. Studie. (38 S.) gr. 8. Brünn 904. C. Winiker. n. 1. 44

Schirmeisen, Karl, die arischen Göttergestalten. Allgemein verständl. Untersuchgn. üb. ihre Abstammg. u. Entstehungszeit. (VII, 336 S.) gr. 8. Brünn 909. C. Winiker. 7. 50

— systematisches Verzeichnis mährisch-schlesischer Mineralien u. ihrer Fundorte. (66 S.) gr. 8. Ebd. 903. Sonderabdruck aus: n.n. 1. 20
„Jahresber. d. Lehrerklubs f. Naturkunde in Brünn".

Schirmeisen, K., katholisches Gebet- und Gesang-Buch. Neu bearb. und verm. 16. (CXII, 124 S.) Beuthen O.-S. 883, Waelbner. geb. *

Schirmeister, v., Geschichte d. Kürassier-Regiments v. Seydlitz [Magdeburgisches] Nr. 7, s.: Hiller v. Gaertringen, Frhr.

Schirmeister, Erich, aus Prenzlau: Mario-Winkelblech und sein Zukunftsstaat. *Greifswald 1904: H. Adler.* (46 S.) 8° [F.]
Greifswald, Phil. Diss. v. 13. Aug. 1904

[F.] Schirmeister, Hans: Charakteristische Erscheinungen in der antiken Geschichtschreibung. Pyritz, Druck d. Backe'schen Buchdr., 1896; 1 Bl., 19 S. 4.
Pyritz, k. Bismarck-G, OP 1896 (143)

Schirmeister, Hans: Festschrift z. 50jähr. Jubelfeier d. Kgl. Bismarck-Gymnasiums zu Pyritz am 28. Sept. 1909. Die Geschichte des Pyritzer Gymnasiums von 1859–1909. Von Prof. Hans Schirmeister. Pyritz 1909: Backe. 55 S. 8°

*Schirmeister, Hans: Die Geschichte des Pyritzer Gymnasiums von 1859—1909. 1 Bl., 55 S. 8.
Festschriften zur 50jähr. Jubelfeier Kgl. Bismarck-Gymn.
Progr. *Pyritz* 1909.
Voran geht ein lateinisches Weihegedicht von Robert Holsten.

Schirmeister, Heinr., über Triazobenzol [Diazobenzolimid] und einige Umsetzungen desselben. Inaugural-Dissertation. gr. 8. (32 S.) Hildesheim 883. (Göttingen, Vandenhoeck und Ruprecht's Verlag.) *

Schirmeister, M. Was versteht man im logischen Sinne unter „beweisen", u. wie findet man die sog. unmittelbaren Wahrheiten, besonders in Mathematik u. Naturwissenschaften? 19 S. *Treptow a. R.* 1882.
Progr.

Schirmenitz [Schlagwort]

Schirmenitz, s.: Preussen. Messtischblätter

Schirmenitz, s.: Sachsen. Karte. Messtischblätter.

Schirmer, ..., s. Anleit. z. Feldmeßkunst.

SCHIRMER u. SCHLICHT: Anleitung zur Feldmeßkunst. - Berlin 1788. 208 S., 10 Taf.

Schirmer, über die bei dem Anbau verschiedener Futterpflanzen zur Bekämpfung der Futternot gesammelten Erfahrungen. Vortrag, geh. in der ökonom. Gesellschaft im Königr. Sachsen, Dresden, am 6. XII. 1901. gr. 8. (11 S.) Dresden 902. Leipzig, G. Schönfeld. n. — 60

Schirmer, Predigt am 400jährigen Jubelfeste der Universität Greifswald am 17. Octbr. 1856 gehalten. gr. 8. (20 S.) Greifswald 856, Koch's Verlag. *

Schirmer A, altbürgerliche Bauweise. (20 T) fol Stuttgart (1908)

Schirmer, A., altbürgerl. Bauweise. Türen u. Tore, Treppenaufgänge, Erker u. Erkerfenster, Häuser u. Häusergruppen. 20 Studienblätter. (2 S. Text.) 51,5×36 cm. Stuttgart (909). K. Wittwer. In Mappe 15. —

— geometrisches Darstellen v. Körpern nach Modellen. Für Schüler v. Lehrerseminaren, f. Lehrer an gewerbl. Fortbildungs- u. Realschulen sowie zum Selbstunterricht bearb. gr. 8. (24 Taf. m. Texthft. 38 S.) Stuttgart (899). W. Effenberger. In Mappe n. 3. —

Schirmer, A., Freihandkörperzeichnen u. seine Anwendung auf das Zeichnen v. einfachen Stillleben, Pflanzen u. Ornamenten. Für allgemein bild. Schulen. 8. (VII, 56 S. m. 64 Taf.) Stuttgart 900. K. Wittwer. In Mappe n. 4. 50

— für den Unterricht im Freihand-Körperzeichnen v. A Schirmer. (18 Stück) aus Blech.

Schirmer, A., das elementare Zeichnen in je 16 Aufgaben f. Freihand- u. geometr. Zeichnen. hoch 4. (44 S. m. 16 lith. Taf.) Stuttgart 898 K. Wittwer. n. 3. 50

Schirmer, Adf, 1870 od.: die Heldin v. Wörth, s.: **Singer's Ein Silbergroschen-Bibliothek.**

— s. Album. Bibl. deutscher Orig.-Romane.

Schirmer, Adf., Altkatholisch, s. Lese-Cabinet, neues belletristisches.

Schirmer, Adf., Anleitung zur Vorbereitung auf Xenophon's Anabasis, s.: **Schüler-Kommentare zu griechischen u. lateinischen Klassikern.**

Schirmer, Adf., im Bade. Novelle. 8. (183 S.) Wien 864, Markgraf. *

— — Leichtes Blut. Roman. Wien 1870. Kl. 8°. (1 Kr. der Vorige.)

Schirmer, Adph., zwei Bundeslieder. gr. 8. (4 S.) Hamburg 848, Schuberth & Co. 1 ngr

Schirmer, Adf., die Debardeur-Tini. Roman aus dem Wiener Leben. Wien 864. (Markgraf.) 8. (2 Bl., 167 S.) n. 16 ngr.

SCHIRMER, Adolf, Die Debardeur-Tini. Roman aus dem Wiener Lieben. Wien, Heinr. Spitzer, 1864. 8°. (1 Kr. 80 H. Carl Greif, 1914.)
Auct. Graf v. Manderström I. no. 437. (Stockholm, Jan. 1884.)

Schirmer, Adolf — Dichtungen von — —. Wien, 1856. Druck und Verlag von J. B. Wallishaussers k. k. Hoftheater Druckerei. (X. 308 S. kl. 8.)

Schirmer, Adf., Düt und Dat. Riemels. 2. Uplag. 16. (VIII und 221 S.) Hamburg 861, Meyer. *

Schirmer, A., auf der Erholungsreise, s. **Liebhaber-Bühne, neue.**

—— **Fabrikanten und Arbeiter,** } s.a. **Album.** Bibliothek deutscher Originalromane.

Schirmer, Adolf

Fabrikanten und Arbeiter oder: Der Weg zum Irrenhause. Sozialer Roman. Th. 1-3.
Wien: Markgraf 1862. 8°

(Album. Bibliothek dt. Originalromane. Jg. 17, Bd 20-22.)

– Familiendämon, s.a. Album. Bibliothek deutscher Originalromane.

Schirmer, Adolf

Ein Familiendämon. Roman. Th. 1.2.
Wien: Markgraf 1863. 8°

(Album. Bibliothek dt. Originalromane. Jg. 18, Bd. 22-23.)

— — Ein Familiendämon. Roman. 2 Thle. in 1 Bde. 16. (216 u. 229 S.) Wien 1864, Markgraf. 1 fl. 80 kr.

Schirmer, Ad., Gedichte. 8. Frankf. a/M. 846, Keßler. 2 ℛ

Schirmer, Ad., Gedichte. 8. (24¾ B.) **Frankfurt a. M.** 846, [Lizius.]

— Gedichte. 2. (Titel-)Aufl. 8. (XII u. 384 S.) **Frankfurt a. M.** 849, Lizius. 24 ngr

Schirmer, Adf., Gedichte. Mit e. Geleitwort v. Rich. Schaukal. (VIII, 100 S.) 8. München 908. G. Müller. Kart. 3.— Luxusausg. auf van Geldern, geb. in Perg. 12. —

— der räthselhafte Graf, s.: **Singer's, F. J., Ein Silbergroschen-Bibliothek.**

Schirmer, Adf., ein weiblicher Hamlet. Novelle. Wien 867. Literarisch-artistische Anstalt. 8. (166 S. mit eingedr. Holzschn. u. 1 Holzschntaf.) 20 ngr.

Schirmer, Adolf, Ein weiblicher Hamlet. Novelle. Mit Illustrationen. 1867. 8. (166 S.) Wien, liter.-artist. Anstalt v. C. Dittmarsch. 1 fl.

Lütt Hannes. Ein Seeroman. 3 Bde. 1. Aufl. 1865. 3 ℛ 15 ngr. u. 2. (Titel-)Ausg. Leipzig 868. Grunow. 8. (XII, 842 S.) 3 ℛ

— moderne Intriguanten oder Enthüllungen der Aristokratie. Ein Roman. 2 Bde. gr. 12. (VIII u. 583 S.) Hamburg 850, Berendsohn. n. 2 ℛ

—— aus aller Herren Ländern. Gesammelte Erzählungen und Skizzen. 3 Bde. 8. (IX und 800 S.) Leipzig 866, Grunow.

—— aus aller Herren Ländern. Gesammelte Erzählungen und Skizzen. 2. (Titel-)Ausg. 3 Bde. 8. (III, 260; III, 272; III, 268 S.) Leipzig (866)69, Grunow.

— politisches Maibüchlein. Ein Tendenzroman in Versen. 8. (86 S.) Hamburg 848, Hoffmann & Campe. 1/2 ℛ

—— Papagena, s. **Liebhaber-Bühne, neue.**

—— Punkt drei Uhr, s. **Liebhaber-Bühne, neue.**

Schirmer, Adolf Über die Quellen des Polyaen. 21 S. *Eisenberg* 1884.
Progr.

Schirmer, Adf., in der Residenz. Novelle. 8. (176 S.) Wien 864, Markgraf. *

— die Rosenprinzessin. Roman. 3 Bde. 8. (251, 204 u 238 S.) Berlin 874. Wedekind & Schwieger. n. 10. 50

—— Saisongeschichten. 2 Bde. 8. (359 S.) Wien 862, Markgraf. *

— im Salon der Hauptstadt. Novelle. Wien 866. C. A. Müller. 8. (176 S.) n. 10 ngr.

Schirmer, A[dolf], Prof. Dr.: Die Schlacht bei Lucka, ein Wendepunkt in der Geschichte der Wettiner. Eisenberg 1905: P. Kaltenbach. (37 S.) 4°
Eisenberg, herz. Christians-G P 1905 (827)

—— Schleswig-Holstein oder Mit blutiger Schrift. Roman aus der neuesten Vergangenheit der Herzogthümer. 3 Bde. 8. (IX und 713 S.) Wien 864, Schönewerk. [Troppau, Kolck.] *

—— Baron Schneck der Neckebold. Novelle. 8. (183 S.) Wien 865, Markgraf.

— die Sklavenbarone od. weiß u. schwarz. Roman. 1—15. Lfg. gr. 8. (1. Bd. 271, 2. Bd. 223 u. 3. Bd. 265 S. m. 15 Holzschntaf.) Wien 873. Hartleben. à — 50

— die Spionin. Roman aus der Geschichte des amerikanischen Bürgerkriegs. 4 Bde. Leipzig 869. E. J. Günther. 8. (VIII, 218, 219, 208 u. 240 S.) 2 ℛ 20 ngr.

—— dass. — s. Album.

Schirmer, A., Verschollen. 3 Bde. 8. Leipzig 868. Gera, Griesbach's Verlag.

— Verschollen. Ein Roman. 3 Bde. Leipzig 868. Grunow. 8. (XII, 711 S.) 4 ℛ

Schirmer, Adf. Vorbereitung auf Xenophon's Anabasis, s. Schüler-Kommentare zu griech. u. lat. Klassikern.

— der Waldmensch. Roman aus dem Salzkammergute. 2 Bde. 8. (III, 234; III, 274 u. III, 224 S.) Leipzig 873. Schlicke. 12. —

— das Handelshaus Wilford oder die Falschen und die Echten. 4 Thle. Berlin 861. Janke. 16. (1175 S.) 4 ℛ

[F. u. Ant.] **Schirmer,** *Arno* Albin [Referendar]: Ist der debitor cessus dem Cessionar gegenüber zu dem Einwand berechtigt, dass die Cession simuliert sei? ... Greifswald, Druck v. J. Abel, 1896; 33 S. 8.
Greifswald, Jur. Fak., Inaug.-Diss. v. 1896

Schirmer, Albin, ist der debitor cessus d. Cessionar gegenüber zu d. Einwand berechtigt, daß d. Cession simuliert sei? Diss. gr. 8. (32 S.) Greifswald 896. (Zeiß, A. Buch.) n. 1. —

Schirmer, Alfr. Max, Beitrag zur Geschichte u. Anatomie d. Pankreas. Diss. gr. 8. (83 S. m. 1 Tab. u. 3 Taf.) Basel 893. (Tübingen, F. Pietzcker.) n. 2. 40

Schirmer, Anton [aus Langenenslingen '(Hohenzoll.)']: Fremdkörper im Ösophagus mit Perforation in die Aorta ... München, Buchdr. v. M. Ernst, 1896; 24 S. 8.
München, Med. Fak., Inaug.-Diss. v. 1896

Schirmer, August Gottlob Ferdinand

Schirmer, A. G. F., geistliche Amtsreden, in den J. 1850—61 in der St. Jakobigemeinde zu Greifswald gehalten. Anh.: Fürbitten, Danksagungen, Gebete. Berlin 869. G. Reimer. gr. 8. (X, 294 S.) 25 ngr.

Schirmer, Aug. Gtlo. Ferd., die Anbetung Gottes im Geist u. in d. Wahrheit. Predigten. gr. 8. (21 B.) Greifswald 830, (Koch.)

Schirmer, A. G. F., die biblische Dogmatik in ihrer Darstellung und in ihrem Verhältnisse zu dem Ganzen der Theologie. gr. 8. Breslau. Schöne. 820.

(Schirmer, Aug. Gtlo. Ferd.,) der ursprüngl. Entwickelungsgang rc., s. Entwickelungsgang rc.

— die Feiertage der evangelischen Kirche. 40 Festpredigten in den Jahren 1850—61 vor der St. Jakobigemeinde zu Greifswald gehalten. Anhang: Vier Gedächtnißpredigten. Ebend. 865. gr. 8. (XVI, 462 S.) 1 ℛ 10 ngr.

—— vom Frieden Gottes. Abschiedspredigt über Philipper 4, Vers 7 am 17. Sonntage nach Trin. 1861 in der St. Jakobikirche zu Greifswald gehalten. gr. 8. (12 S.) Greifswald 863, Academische Buchh.

Schirmer, A. G. F., Gebet, Predigt u. Rede, b. 9. April 1837 als am Tage d. Weihe d. neuerbauten Altars d. S. Marienkirche u. d. Einführ. d. an dieser Kirche erwählten Diaconus gehalten. gr. 8. (2½ B.) Greifswald, (Bamberg.) *

Schirmer, (A. G. F.) Jesus, das Licht der Welt. Eine Predigt. Zur Förderung des Kirchenbaues d. neuen Gemeine in Mühlhausen herausgeg. gr. 8. Breslau 824, (Leipzig, Barth.)

Schirmer, Augustus Gott[lob] Ferd. *[geb. Hartmannsdorf in Schles. 1791]:* Observationes exegetico-criticae in librum Esdrae. [Comm. 1.] Vratislaviae (1817). (18 S.) 4° *[Zugleich Hab.-Schr.; Forts. ist Breslauer Antr.-Progr. v. 6. 5. 1820, vgl. Nr 2592; Buchausg. 1820 bei Max & Ko. in Breslau.]*
Breslau, Ev.-theol. Laz.-Diss. v. 31. Okt. 1817

Schirmer, Augustus Gott[lob] Ferd.: Observationes exegetico-criticae in librum Esdrae. (Comm. 2.) Vratislaviae 1820. (30 S.) 4° [illegible]
Breslau, Ev.-theol. Fak., Antr.-Progr. [illegible] v. [illegible] Mai 1820

—— zwölf Reformations- und Gedächtnißpredigten, in den J. 1853—61 vor der St. Jakobigemeinde zu Greifswald gehalten. gr. 8. (VIII und 136 S.) Berlin 863, F. Schulze's Buchh.

— kirchenrechtl. Untersuchungen. Ein nothwend. Nachtrag zu d. Kirchenrecht des Hrn. Prof. Krug. gr. 8. Greifsw. 829. Koch. 1 ℛ 3 gℓ

—— Versuch einer wissenschaftlichen Würdigung des Supernaturalismus und Rationalismus. 8. Leipzig, Reclam. 818.

— Wen Gott gesendet hat, der redet Wahrheit. Eine Predigt. 8. Greifsw. 827. Koch. 4 gℓ

Schirmer, C., Contre u. Quadrille à la cour nebst den nothwendigsten Anstandsregeln beim Tanzen. 16. (IV, 28 S.) Leipzig 875. C. A. Koch in Comm. n. — 40

Schirmer, C., Contre und Quadrille à la cour, nebst den nothwendigsten Anstandsregeln beim Tanzen. 2. Aufl. 16. (34 S.) Leipzig 883, C. A. Koch's Verlagsb. *

Schirmer, C., Contre u. Quadrille à la cour, nebst den nothwendigsten Anstandsregeln beim Tanzen. 3. Aufl. 32. (35 S.) Leipzig 890. C. A. Koch. n. — 40

Schirmer, C., Contre u. Quadrille à la cour nebst den notwendigsten Anstandsregeln beim Tanzen. 4. Aufl. 16. (32 S.) Dresden 899. C. A. Koch. n. — 40

Schirmer, C., Contre u. Quadrille à la cour nebst den notwendigsten Anstandsregeln beim Tanzen. 5. Aufl. (32 S.) 11,5×7,9 cm. Berlin (907). Neufeld & Henius. — 40

Schirmer, C. De tribuniciae potestatis origine, ejusque ad XII. tabul. leges progressu. 18 S. . . . .
Thorn, Progr. 1826

Schirmer, C., de tribuniciae potestatis origine ejusque ad XII tabb. leges progressu. Commentat. 4. Toruni 826. (Leipz., Reclam). 6 gl

Schirmer, C., das Reichs-Vereinsgesetz, s.: Bücherei, soziale. 10.

Schirmer, C., gesiegt. Roman. 8. (214 S.) Leipzig 886, Mutze. *

Schirmer, C., Das Wohnungselend der Minderbemittelten in München. 8⁰. Frankfurt a/M. 1899.

Schirmer, Carl. s. Schirmer, Karl

Schirmer, C[hristian], Prof.: **Über Alt-Eßlingen.** *Eßlingen 1902: L. Harburger.* (S. 3—16.) 4°
Eßlingen, k. RA, P 1902 (666)

Schirmer, Ch[ristian]. Allerlei Reise-Erlebnisse in Italien. Skizzen von Ch. Sch'. [Mit illustriertem Umschlag.] 114 S. 8. Luzern, H. Keller — *Aufdruck:* für den Buchh.: C. von Schmidtz, Ascona —, 1903. [fr. 1. —]

Schirmer, Christian Wilhelm

Schirmer, C. W., Geschichte des Rittersitzes und Pfarrdorfes Illesheim. Nürnberg 1842. 8. Hierin werden besonders die Gailing v. Illerheim ausführlicher behandelt.

Schirmer, Chr. Wlh., Geschichte des Rittersitzes und Pfarrdorfes Illesheim, k. Landgerichtes Windsheim im Regierungsbez. Mittelfranken d. Königr. Bayern. Aus Urkunden bearb. 8. Nürnberg 842, v. Ebner'sche Buchh. 1/4 ℛ

Schirmer, Chrn. Wilh., Geschichte Windsheims u. seiner Nachbarorte. gr. 8. (X u. 310 S.) Nürnberg 848, Riegel & Wießner in Comm. 1 ℛ 6 ngl

Schirmer, Cornelius, s. Schirmer, Kornelius

Schirmer, Dav., auserles. Gedichte, s. Bibliothek Deutscher Dichter. XIII.

Schirmer, E., Korrespondenz des Buchhändlers, s.: Pfau, Karl Fr.

Schirmer, E., der bayer. Landtagswähler. Ein prakt. Wahlbüchlein f. Jedermann. 2., völlig umgearb., jetzt 3. Aufl. (55 S.) kl. 8. München 907. Buchh. des Verbds. südd. kath. Arbeitervereine. — 25

Schirmer, Eduard

Schirmer E.: Über Joh. Herburt, Castellan von Sanok u. seine Chronik. 13. Lemberg II. 89.
Progr.

Schirmer, Eugen, approb. Arzt aus Ostrowo (Bez. Posen): **Über die chirurgische Behandlung der spina bifida.** *Greifswald 1902: J. Abel.* (28 S.) 8°
Greifswald, Med. Diss. v. 20. Juni 1902

Schirmer, F., Polizei-Verordnungen für die Stadt und den Regierungs-Bezirk Köln. gr. 8. Köln 834. Du Mont-Schauberg. n. 5/6 ℛ

F. Schirmer: Vers. e. wissenschaftl. Würdigung d. Supernat. u. Rational. *Lpz.*, Reclam. 818. 8⁰ 1 ℛ 12 gl

Schirmer, Fr. A.

Schirmer, F. A., prakt. Anweis., Syrup, Zucker u. Essig aus Runkelrüben zu verfertigen. 8. Erlang. 813. (Palm). 2 gl

Schirmer, Friedrich

Schirmer, F. Behelf zum Studium der Kriegsgeschichte an den k. u. k. Korpsoffiziersschulen. Mit Skz. 3. Aufl. Wien 1910. 226 S.

Schirmer, Friedrich, Gymnasiallehrer, aus Greifswald: **Beiträge zur Geschichte Kaiser Friedrichs II.** 1. Die Kontroverse über eine Anwesenheit Friedrichs in Deutschland im Jahre 1242. 2. Friedrichs kirchliche Stellung. *Friedland i. Meckl. 1901: W. Walther.* (62 S.) 8°(4°) ¶ [= Progr. Friedland i. M., Gymn. 1904.]
Rostock, Phil. Diss. v. [23. März] 1904

Feldzug der Oesterreicher gegen König Joachim Murat im J. 1815. Von Friedrich Schirmer, k. u. k. Oberlt. ... M. 23 Beil. u. 2 Taf. *Prag: Verl. d. Vfs; Buchdr. v. W. Seaton;* (Auf d. Umschl. aufgest.: *Budapest: C. Grill*) *1898.* (4 Bl., 391 S., 2 Kt.) 1 Bd 8. [98. 1437]

Schirmer-Neuhaus, des Frdr., Wirtschafts-Erfahrungen, nach dessen Tode hrsg. v. Walth. Müller. 2., sehr verm. u. verb. Aufl. Mit 8 ganzseit. Bildertaf. sowie Portr. u. Lebensbeschreibg. Schirmers. (XVI, 296 S.) 8. Neudamm 909. J. Neumann. 4.50; geb. in Leinw. 5.50

Schirmer-Neuhaus, Frdr., dreißigjährige Wirtschafts-Erfahrungen. Hrsg. v. Walth. Müller. Mit Portr. u. Lebensbeschreibg. Schirmers. gr. 8. (XIV, 228 S.) Neudamm 900. J. Neumann. n. 3. —; geb. in Leinw. n. 4. —

Schirmer, Fritz, das Treffen v. Blumenau-Pressburg am 22. VII. 1866. Eine kriegsgeschichtlich-takt. Studie. Mit 4 Beilagen u. 13 Skizzen. (VI, 157 S.) gr. 8. Wien 904. L. W. Seidel & Sohn. n. 5. —

Schirmer, Gebhard Jakob (Wettin) **A. S. 1201/23**

Observationes medico-forenses selectae de laesionibus externis, abortivis venenis ac philtris.
Präs. Friedrich Hoffmann.
Halle (Hilliger) VII. 1729. 32 S. **30500**

Schirmer, Gustav [Dr.]: Zur Brendanus-Legende .... **Leipzig, Druck v. Poeschel & Trepte,** 1888; 1 Bl. + 76 S. 8°
Leipzig, Phil. Fak., Hab. Schr. v. 7. Juli 1888

Schirmer, Gust., zur Brendanus-Legende. Habilitationsschrift. gr. 8. (75 S.) Leipzig 888, (Fock.) *

Schirmer, G., see: *Clay, H. Alex.*

Schirmer, G[ustav], und Korrodi, J[ohann] H[einrich]. George Keates und der Herzogin von Devonshire (Georgiana Cavendish) Schweizergedichte. S. 5—32. 8.
Programm der Höheren Töchterschule der Stadt Zürich. Schuljahr 1906/1907. Beilage... Zürich, Müller, Werder & Co., 1907.

Schirmer, Gustav [aus St. Gallen]: Die Kreuzeslegenden im Leabhar Breac.... St. Gallen, Zollikofer'sche Buchdr., 1886; 90 S. + 1 Bl. 8°.
Leipzig, Phil. Fak., Inaug.-Diss. v. 26. Aug. 1886.

Schirmer, Gust., English poems, s.: Clay, H. A.

Schirmer, H., auf dem Vogesensandstein der Pfalz gedeihen Eichen, Buchen u. Hainbuchen in allen Lagen; die Gipfeldürre ist die Folge d. Frostes. gr. 8. (15 S.) Saargemünd 887. (Schmitt.) n. — 80

— das **Wachsthum** der Laubhölzer auf dem Vogesensandstein der Pfalz. 8. (21 S.) Neustadt a/Haardt 890. (Gottschick-Witter.) n. 1. —

Schirmer, Hedw., Blaubeere wat got's Blaubeere blau! Königsberger Strassenrufe, gesammelt u. m. (farb.) Zeichngn. versehen. (33 S.) kl. 8. Königsberg 909. Gräfe & Unzer. 1. —

Schirmer, Henri, Ott-Eulenburg! Die Ott'sche Entschädigungs-Frage. Ein Zwiegespräch zweier Elsasser. (Aus dem Französ. in autorisirter Uebersetzung.) Anh.: Die Eulenburg'sche Sache. Orig.-Artikel von Eug. Seinguerlet. (Uebersetzung u. Urschrift.) Mannheim 866. Schneider. gr. 8. (VIII, 42 S.) 7½ ngr.

Schirmer, Herm. M. Der Studienbezirk zur Aufklärung der norwegischen mittelalterlichen Baucultur. Imp.-4. (18 S. m. 1 Kpfrtaf.) Berl. 889, Ernst u. Sohn. * 5 —
Aus: Zeitschr. f. Bauwesen, besonders abgedruckt.

Schirmer, Hugo Rob. (geb. Thorn 20. 11. 1814): De delirio tremente. Berolini (1838). (31 S.) 8°
Berlin, Med. Diss. v. 2. Jan. 1838

Schirmer, J., französische Elementar-Grammatik. gr. 8. (VII, 220 S.) Berlin 880, Weidmann'sche Buchh. *

Schirmer, J.: Ein Mahnruf zur Theilnahme an der Hebung unserer Binnenfischerei an die oberfränkischen Fischereiberechtigten und Freunde des Angelsports. Bayreuth 1885.
(Bes. über Fischottern.)

Schirmer, J. A., siehe: von Eichenfels, Heinrich.

Schirmer, J. G., s. Bösken, F. G. Ed., Predigten.

Festrede, bei dem am 31. Mai zur Säcularfeier der Thronbesteigung Friedrichs des Grossen auf dem Ludwigsplatze zu Saarbrücken stattgehabten Militär-Gottesdienste gehalten von J. G. Schirmer, zweitem evangelischen Pfarrer in Saarbrücken. Saarbrücken 1840. 4.

Schirmer, J. G., Gebete f. denkende Christen. 8. Augsb. J. A. Rieger. 797.
Schreiberap.

Schirmer, Johann Fr.

s. **Jacobi,** des Apostels Brief.

s. **Johannes,** drei Briefe.

s. **Judä,** d. Apostels Brief.

s. **Petri,** des Apostels, zwei Briefe.

Schirmer, J. F., Uebersetzung und Erklär. d. beyden Briefe Petri. 3 Stück. 4. Breslau, Gutsch. 778.

Schirmer, Jh. Fr., das Vornehmste der Schrift u. aus der Schrift. gr. 8. Glogau 786. Chr. Fr. Günther. 8 gr.

Schirmer, Johann Gottlob (Pirna) A. S. 182/28

Dissertatio juridica de censu constitutivo et reservativo. Präs. Georg Andreas Joachim. Leipzig (Titze) 25. II. 1727. 24 S. 30503

Schirmer, Johann Michael

Schirmer, Jh. Mch., (†...) selbstlehrende Algebra. 5 Abtheill. gr. 8. Frankf. a. M. 778—82. Andreä. 2 rℓ 20 gr

— systemat.-theoret. u. prakt. Rechenkunst. gr. 8. Frankf. a. M. 773. Brönner. 1 rℓ

— geöffnete Schreibstube. 4. Frankf. a. M. 773.

— große Vorschriften in 55 Blatt. Nebst Anleit., alle Tinten zu machen. Frankf. a. M., Andreä. 1 rℓ

— kleine Vorschriften in 20 Blatt. Frankf. a. M., Andreä. 8 gr

Schirmer, Johann Theodor

Schirmer, Joannes Theodorus: De voluntariis privatorum auctionibus apud veteres Romanos. Vratislaviae 1858. (35 S.) 8
Breslau, Jur. Fak., Antr.-Progr. als außerord. Prof. ... 1 Dez. 1858

Schirmer, J. Th., die Grundidee der Usucapion im Römischen Recht. Ein historisch-dogmatischer Versuch. Berlin 855. Guttentag. gr. 8. (IV, 220 S.) n. 1 rℓ. 10 ngr.

—— über die prätorischen Iudicialstipulationen mit besonderer Berücksichtigung der stipulatio judicatum solvi. Eine rechtshistor. Abhandlung. gr. 8. (IV und 200 S.) Greifswald 853, Koch's Vrlgsh.

Schirmer, Joann. Theod.: De tribus regulis juris in hereditate jacente observatis earumque apud veteres usu. Vratislaviae 1852. (53 S.) 8
Breslau, Jur. Fak., Hab.-Schr. v. 29. März 1852

Schirmer, Johann Wilhelm

Schirmer, J. W., Aquarelle und Kohle-Zeichnungen. Unveränderl. Phototypien. gr. Fol. (5 Bl. mit 1 Bl. Text.) München 885, Verlagsanstalt für Kunst und Wissenschaft. *

Schirmer, J. W., Landschaft-Studien. Lithogr. und hrsg. von J. Vollweider. 3 Hefte. Fol. (à 6 Blatt.) Carlsruhe 864,65, Veith. à Heft 1 Thlr. 7½ Ngr.

Johann Wilhelm Schirmer.
Neun landschaftliche Original-Radirungen. Berlin 1870. Fol.

Schirmer, Jh. Wlh., s. Radirungen, landwirthschaftliche.

Schirmer, J. W., Sammlung von Landschafts-Studien. Lithogr. und hrsg. von J. Vollweider. 6 Hefte. gr. Fol. (à 6 Stnt.) Karlsruhe 878,79. Veith. à Heft ℳ 4.

Schirmer, Johannes [aus Schlesien]: Geschichtliche Entwicklung der Anschauungen über Aetiologie, Therapie und Prophylaxe der blennorrhoea neonatorum. . . . Greifswald, Druck v. Julius Abel, 1889; 62 S. 8°
Greifswald, Med. Fak., Inaug.-Diss. v. 26. Jul. 1889.

Schirmer, Josef Agrikola

-- Entwurf e. christl. Pflichtenlehre mit Gründen d. Vernunft u. d. Offenbarung. 8. Kempt. 789.

— Etwas aus d. christl. Tugendlehre zur Beförder. des prakt. Christenthums für meine Schüler. 8. Kempt. 789.

Schirmer, J. A., Gebete und Betrachtungen. 12. Basel, Flick. 796.

Schirmer, Jos. Agrikola, Gebete u. Betracht. 12. Basel 796. (Neukirch). 10 gr

— Predigten auf alle in d. kathol. Kirche noch übl. Festtage. Nach d. Kalenderjahre geordnet. Mit 1 Kpf. 8. Augsb. 814.

Schirmer, Jos. Agrikola, Predigten auf alle Sonntage d. Jahres, nach d. Bedürfnissen d. Zeit u. fr. Gemeinde eingerichtet. 2 Bde. 8. Augsb. 816.

— katechet. Reden üb. d. heil. Sakramente d. Buße u. d. Abendmahls, gehalten in d. Fasten vor e. Landgemeinde. 8. Augsburg 815.

s. Sendschreiben e. Landpfarrers an se. Mitkollegen.

s.a. Töne aus d. Hütten d. leid. Menschheit.
(NB. Wer hat obige Schriften verlegt?)

TONE, Disharmonische, aus den Hütten der leidenden Menschheit .... (von *Joseph Agricola Schirmer*). Regensburg 1791.
Anon.-Lex. IV. p. 181 (nach Kayser). — Rarl

Unentwegt getreu. Eine vaterländ. Familiengeschichte von Julius Schirmer. Berlin: Boll & Pickardt 1908. (286 S.) 8° [F.]

— Versuch e. leichtfaßl. Unterrichts üb. d. heil. Beichte u. Communion. Zuerst f. seine Pfarrkinder. 8. Augsb. 815.

Schirmer, (Car.) Julius (Gust.) (geb. Berlin 30. 12. 1832): De Hildebrando subdiacono ecclesiae Romanae. Berolini (1860). (60 S.) 8°
Berlin, Phil. Diss. v. 17. Febr. 1860

Schirmer, Jul., Bismarck's Scheiden v. Berlin am 29. III. 1890. 1. u. 2. Aufl. (7 S. m. 1 Taf.) gr. 8. Berlin 907. Boll & Pickardt. — 50

-- Unentwegt getreu. Eine vaterländ. Familiengeschichte. (286 S.) 8. Ebd. 908. 4.—; geb. 5.—

Schirmer, K. Wilh., deutsches Lesebuch f. Stadt- u. Landschulen. 8. (20 B.) Berlin 852, Hold.

Schirmer, Karl

SCHIRMER, Carl (Karlstadt): Ueber die Amputation des Penis bei Epithelkrebs.- Würzburg: Richter 1880. 27 S.
5.1.1880 - Urk (Titel: De amputatione penis in epithelii carcinomate.); Chr 1873/80,14
Diss.Ingolst.-Landsh.-Mchn.

Schirmer, Karl [Dir. Prof. Dr.]: Bericht über die 50-jährige Jubelfeier. Eschwege, Druck v. A. Rossbachs Buchdr., 1891; S. 8—24; 4°
Eschwege, Friedrich-Wilhelms-S (PG u. RPG), P 1891 (877)

Schirmer, Karl, Direktor Prof. Dr.: Bilder aus dem altrömischen Leben. Ein unterrichtlicher Versuch. Magdeburg 1906: E. Baensch jun. (20 S.) 4°
Magdeburg, RG P 1906 (318)

Schirmer, Karl: Bilder aus dem altrömischen Leben. Ein unterrichtlicher Versuch. 2. Magdeburg 1909: Baensch. 34 S. 4° ¶[Forts. d. P-Beil. 1906.]
Magdeburg, RG P 1909 (351) [S 09. 400

Schirmer, Karl: Bilder aus dem altrömischen Leben. Ein unterrichtl. Versuch. 3. Magdeburg 1910: Baensch. 26 S. 4° ¶(Forts. d. P-Beil. 1906. 09. Alle 3 T. ersch. auch als Buch b. Weidmann, Berlin 1910.)
Magdeburg, RG P 1910 (357) [S 10. 377

Schirmer, Karl, Bilder aus dem altröm. Leben. Ein Lesebuch f. die oberen Klassen höh. Lehranstalten. (VIII, 148 S. m. 30 Abb.) 8. Berlin 910. Weidmann. Geb. in Leinw. 2.50

Schirmer, Karl, die gottesdienstl. Einrichtungen der evangel. Kirche, s.a. Hilfsmittel zum evangel. Religionsunterricht. 15. Hft.

[F.] Die gottesdienstlichen Einrichtungen der evangelischen Kirche. Von Prof. Dr. Karl **Schirmer**, Dir. d. Realgymn. in Magdeburg. *Berlin: Reuther & Reichard 1898.* (2 Bl., 46 S., 1 Bl.) 8.
— **Hülfsmittel** z. evang. Religionsunterr. f. ev. Religionslehrer. H. 15.

Die gottesdienstlichen Einrichtungen der evangelischen Kirche. Von Prof. Dr. Karl Schirmer, Dir. in Magdeburg. 2. Aufl. Berlin: Reuther & Reichard 1904. (64 S.) 8° [F.]
= **Hülfsmittel** z. evang. Religionsunterricht. H. 15.

Schirmer, Karl [Dir. Dr.]: Die Friedrich-Wilhelms-Schule in ihrer gegenwärtigen Gestalt. Ein Wort zur Verständigung. Eschwege, Druck v. A. Rossbachs Buchdr. (1890); S. 91—100; 8°
Eschwege, Friedrich-Wilhelms-R (RPG u. PG), Festschr. 1890

Schirmer, Carl, üb. den syntaktischen Gebrauch d. Optativs im Gotischen. Inaugural-Dissertation. gr. 8. (47 S.) Marburg 874. (Berlin, Calvary & Co.) n. 1. 20

— Ikaria, e. sozialistischer Musterstaat, } s.a. Vortragsstoffe für Volks- u. Familienabende.

Ikaria. Ein sozialist. Musterstaat. Von Dr. Karl **Schirmer**. Leipzig: F. Engelmann 1906. (16 S.) 8° [F.]
= **Vortragsstoffe** f. Volks- u. Familienabende. Reihe 1. H. 1

[F.] **Schirmer**, Karl [Dir. Prof. Dr.]: Realgymnasium und Realschule zu Lippstadt, Mitteilungen über die Neugestaltung der Anstalt. Lippstadt, 1895; 16 S. 8.
Lippstadt, RG, OP 1895 (377)

– Aus dem alten Rom, s.a. Vortragsstoffe für Volks- und Familienabende.

Aus dem alten Rom. Von Karl **Schirmer**. Leipzig: F. Engelmann 1906. (32 S.) 8° [F.]
= **Vortragsstoffe** f. Volks- u. Familienabende. Reihe 1. H. 10.

Schirmer, Karl Über die Sprache des M. Brutus in den bei Cicero überlieferten Briefen. 26 S. Progr. Lyz. Metz 1884

– s.: Vortragsstoffe f. Volks- u. Familienabende.

Schirmer, Carl Julius Gustav, s. Schirmer, Julius

Schirmer, Kornelius

Schirmer, Cornel., redliche Aufdeckung, wie der berühmte kostbare Pariser Lack und die kalte Versilberung auf eine leichte Weise zu bereiten u. anzuwenden ist. 8. Wesel 845, Klönne. Versiegelt 1/2 rf

Schirmer, Martin (Halle) A. S. 195/29

Dissertatio juridica de copiis auxiliaribus statum imperii, Von der Reichs=Hülffe. Präs. Peter Müller. Halle (Hendel) 1736. 32 S.

Diss. IV. 1685. 30506

Schirmer, Otto

Schirmer, O., mikroskopische Anatomie u. Physiologie der Thränenorgane, s.: **Gräfe, Alfr.**, u. **Thdr. Saemisch**, Handbuch der Augenheilkunde.

— sympath. Augenerkrankung, s.a. **Graefe, Alfr.**, u. **Thdr. Saemisch**, Handbuch der Augenheilkunde.

Sympathische Augenerkrankung. Von O[tto] Schirmer, Prof. Mit 14 Fig. u. 1 Taf. (2. neubearb. Aufl. Leipzig: W. Engelmann 1905.) (212 S.) 8°
— Handbuch d. gesamten Augenheilkunde. Bd 6, Abt. 2, [1.] [illegible]

— s.: **Beiträge zur Augenheilkunde.**

Schirmer, Otto, d. postdiphtherit. Erkrankgn. d. Auges, s.a. **Sammlung zwangloser Abhandlgn.** aus d. Gebiete d. Augenheilkunde, I, 4.

Die postdiphtheritischen Erkrankungen des Auges v. Prof. Otto Schirmer in Greifswald ... *Halle a. S.: K. Marhold 1896.* (26 S.) 8.
= Sammlung zwangl. Abhandlungen a. d. Gebiete der Augenheilkunde. Bd 1. H. 4. [illegible]

Schirmer, Otto: Gedächtniss-Rede zu Ehren des verstorbenen Professor Dr. Rudolf Schirmer, Geh. Med.R. Geh. am 1. Febr. 1896 von s. Sohn u. Nachfolger Prof. Dr. Otto Schirmer (zu Greifwald). (Greifswald 1896: J. Abel.) (8 S.) 8°

— die Impferkrankungen des Auges, s.a. **Sammlung zwangl. Abhandlungen a. d. Gebiete d. Augenheilkunde.**

Schirmer, Otto: Die Impferkrankungen des Auges. Von Prof. Otto Schirmer in Greifswald. Halle a. S.: C. Marhold & Co. 1900. (32 S.) 8°
= Sammlung zwangloser Abhandlungen aus d. Geb. d. Augenheilkunde. Bd 3, H. 5.

— s.: **Neisser, Alb.**, stereoscop. medicin. Atlas.

Schirmer, Otto, experimentelle Studie über reine Linsencontusionen. Diss. Greifswald 1887. Jul. Bindewald. 8°. 43 S.

Schirmer, Philipp [aus Kirchditmold '(Kr. Kassel)']: Subjektive Lichtempfindung bei totalem Verluste des Sehvermögens durch Zerstörung der Rinde beider Hinterhauptslappen ... Marburg, Druck v. L. Döll in Kassel, 1895; 15 S., 2 Taf. 8.
Marburg, Med. Fak., Inaug.-Diss. v. [15. Juli] 1895

Schirmer, Richard: Distorsio pedis und ihre Behandlung. Halle a. S. 1884: Plötz. 29 S. 8°
Halle-Wittenberg, Med. Diss. v. 26. April 1884
Geb. Unterwerschen bei Teuchern 1. 4. 1857. V.

Schirmer, Ri[illegible] De epilepsia. Berolini 1857 [illegible]
Berlin, Med. Diss. v. 27. Aug. 1857

Schirmer, Robert

Schirmer, Rob., Decken u. Deckenteile. Ausgeführte Stuckdecken u. Einzelheiten aus modernen Wohnhäusern. (30 Lichtdr.-Taf. m. III S. Text.) Fol. Berlin (903). B. Hessling. In Mappe n. 18. —

⑧ **Schirmer, Rob.**, Decken. 903. Jetzt: Berlin, Ornamentverlag.

Decken und Deckenteile. (Ausgeführte Stuckdecken u. Einzelheiten aus modernen Wohnhäusern entworfen) von Robert Schirmer, (Bildhauer. 30 Lichtdrucktaf.) *Berlin: B. Hessling [1904].* (30 Taf.) 4° [illegible]

Schirmer, R., Entwürfe im Barock- u. Rokoko-Stile. In lith. Farbendr. v. P. Honnefeller. (In 10 Lfgn.) 1. u. 2. Lfg. gr. 4. (à 8 Taf.) Leipzig 888. 889. E. A. Seemann. à Lfg. n. 2. 50

Schirmer, Rob., aus meiner Kunstwerkstätte. Ausgef. ornamentale Bildhauerarbeiten zur Dekorirg. v. Innenräumen, Façaden u. Kunstgegenständen in verschied. Stylarten. 1. Serie: Innendekorationen. 30 (Lichtdr.-) Taf. 5 Lfgn. Fol. Berlin 896. 97. B. Hessling. à Lfg. n. 3. 60 (kplt. in Mappe: n. 18. —

— dasselbe. 2. Serie. Façadendekorationen u. 3. Serie. à 30 (Lichtdr.-)Taf. Fol. Ebd. 898. In Mappe à n. 18. —

Schirmer, Rob., aus meiner Kunstwerkstätte. Ausgeführte ornamentale Bildhauerarbeiten zur Dekorirg. v. Innenräumen, Façaden u. Kunstgegenständen in verschiedenen Stylarten. 4. u. 5. Serie. gr. Fol. (à 30 Lichtdr.-Taf. m. IV S. Text.) Berlin (900). B. Hessling. In Mappe à n. 18. —

— aus meiner Kunstwerkstätte. Ausgeführte ornamentale Bildhauerarbeiten zur Dekorierg. v. Innenräumen, Fassaden u. Kunstgegenständen in verschiedenen Stilarten. 5. Serie. 2. Aufl. (30 Lichtdr.-Taf. m. III S. Text.) Fol. Ebd. (903). In Mappe n. 18. —

Aus meiner Kunstwerkstätte. Ausgeführte ornamentale Bildhauerarbeiten von Robert Schirmer. 3. [Tit.-]Aufl. Serie 1. *Berlin: B. Hessling [1903?].* 2° [illegible]

— plastische Ornamente für Bau- u. Kunstgewerbe, besonders zur Verzierg. v. Plafonds durch anzutrag. Stuck im Style d. Barock u. Rococo. Nach Entwürfen hervorrag. Architekten u. nach eigenen Kompositionen ausgeführt. 1.—7. Lfg. Imp.-Fol. (à 5 Lichtdr.-Taf.) Berlin 890. Hessling & Spielmeyer. In Mappe. à n. 5. —

Schirmer, Rob., plastische Ornamente f. Bau- u. Kunstgewerbe, besonders zur Verzierg. v. Plafonds durch anzutrag. Stuck im Style d. Barock u. Rococo. Nach Entwürfen hervorrag. Architekten u. nach eigenen Kompositionen ausgeführt. 8.—14. (Schluss-)Lfg. Fol. (à 5 Lichtdr.-Taf.) Berlin 891—893. Hessling & Spielmeyer. In Mappe. à n. 5. — (kplt., 2 Serien in Mappen: à n. 35. —)

— plastische Ornamente f. Bau- u. Kunstgewerbe, besonders zur Verzierg. v. Plafonds durch anzutrag. Stuck im Style des Barock u. Rococo. Nach Entwürfen hervorrag. Architekten u. nach eigenen Kompositionen ausgeführt. 2. [Titel-]Aufl. 8.—14. (Schluss-) Lfg. Fol. (à 5 Lichtdr.-Taf.) Berlin [891—893.] (900). M. Spielmeyer. à n. 5. —

— plastische Ornamente f. Bau- und Kunstgewerbe, besond. zur Verzierg. v. Façaden u. Innen-Räumen durch anzutrag. Stuck im Style d. Barock u. Rococo. Nach Entwürfen hervorrag. Architekten u. nach eig. Kompositionen ausgef. 3. Aufl. (In 14 Lfgn.) 1.—7. Lfg. Fol. (à 5 Lichtdr.-Taf.) Berlin 898. M. Spielmeyer. à Lfg. n. 5. — (I. Serie kplt. in Mappe: n. 35. —)

Schirmer, Robert, Assistenzarzt am Auguste-Viktoria-Krankenhaus zu Weissensee-Berlin: Die Unterbindung der Arteria carotis communis und ihrer beiden Endaeste. Marburg 1906: Köster & Schell. (58 S.) 8°
Marburg, Med. Fak., Ref. Küster, Diss. v. 9. März 1906
[Geb. 15. Mai 79 Hess.-Lichtenau; Wohnort: Weißensee b. Berlin; Staatsangeh.: Preußen; Vorbildung: Gymn. Dillenburg Reife O. 98; Studium: Marburg 3, Gießen 3, Marburg 2, Gießen 1, Marburg 4 S.; Coll. 14. Dez. 05; Approb. 20. Febr. 04.]

Schirmer, Rud., die Lehre von den Refractions- u. Accommodations-Störungen des Auges. Für Aerzte u. Studirende dargestellt. Berlin 866. A. Hirschwald. gr. 8. (V, 104 S. mit 40 eingedr. Holzschn.) n. 24 ngr.

Schirmer, Th., s. **Puchta, G. F.**, Pandekten.

Schirmer, Th[eodorus]: Oberti Giphanii epistolae quindecim ex cod. ms. Rehdigerano nunc primum editae. Vratislaviae 1860. (29 S.) 4° *(Fak.: m. Septembr. d. 1860.)*
Breslau, Gluckwunsch d. Univ. z. 400-jahr. Jubil d. Univ. Basel 1860

Schirmer, Thdr., Handbuch des römischen Erbrechtes. Aus den Quellen und mit Rücksicht auf die gemeinrechtl. Praxis bearb. (In 3 Thln.) 1. Thl. Die allgemeinen Lehren und das Intestaterbrecht enth. gr. 8. (IX und 297 S.) Leipzig 863, Barth.

Schirmer, Wilhelm

Schirmer, W. Ahasver. Ein Mahnruf in der Judenfrage. 12. (15 S.) Danzig 891, Kafemann. * — 20

Schirmer, W., Amalie v. Lasaulx. Für die reifere Jugend. 16. (VIII, 62 S. m. Lichtdr.-Bild.) Düsseldorf 888. Michels. geb. m. Goldschn. n. 1. 80

Schirmer, Wilh., Beata od. die Freunde, s.: Sammlung kleiner Volksschriften.

Schirmer, Wilhelm. Kleine Bibelkunde für den Schulgebrauch. 2. Aufl. 24 S. 8. Aarau, H. R. Sauerländer & Co., 1901. [fr. —. 30]

Schirmer, Wilhelm [app. Arzt aus Homberg '(Reg.-Bez. Cassel)']: Ein Fall von Aneurysma der Arteria corporis callosi ... Magdeburg, Faber'sche Buchdr., 1894; 24 S. 8.
München, Med. Fak., Inaug.-Diss. v. 1894

Schirmer, Wilhelm, approb. Arzt aus Michelrieth i./Spessart: Ein Fall von chylösem Ascites. *München 1903: C. Wolf & Sohn.* (23 S.) 8°
München, Med. Diss. v. 1903

Schirmer, Wilh., Heimatkunde des Herzogth. Schlesien. (63 S.) 1880; 2. verb. und verm. Aufl. gr. 8. (64 S.) Bielitz 882, Fröhlich. *

Schirmer, Wilh., Heimatkunde d. Herzogth. Schlesien. 3. Aufl. Rev. Ausg. der 2. Aufl. gr. 8. (IV, 61 S.) Neisse 885. Graveur's Verl. n. — 80

Schirmer, Wilh., Heimatkunde des Herzogthums Schlesien. 3. Aufl. gr. 8. (IV, 61 S.) Wien 886, Pichler's Wwe. und Sohn. *

Schirmer, Wilh., Kampf u. Friede. Erinnerungen aus dem Leben e. Leutpriesters. (III, 65 S. m. Bildn.) kl. 8. Frauenfeld 907. Huber & Co. Kart. 1. 50

Schirmer, Wilh., d. katholische Kultus. F. d. Schulgebrauch kurz zusammengefaßt. 3. Aufl. 12. (26 S.) Königsberg 895. Braun & Weber. n. — 20

—— Amalie v. Lasaulx. Für die reifere Jugend. 16. (VIII, 62 S. mit Lichtdr.-Bild.) Düsseldorf 888, Michels. geb. mit Goldschn. *

Schirmer, W. Belletristische Lectüre und die Jugend. Bielitz, L.-B.-A., 1882. 8 S. Progr.

—— Maximilian, Kaiser von Mexico, s. a. Jugendbibliothek.

Schirmer, Wilhelm, Maximilian, Kaiser von Mexiko. Mit 4 Abbild. (Rottaug's Jugendbibl. III. Abth.) 8. (53 S.) Prag, F. Tempsky. In braunem Leinw.-Einband 40 kr. 1883.

—— einige Sagen aus verschiedenen Ländern Oesterreichs. 12. (IX, 87 S.) Troppau 882, Buchholz und Diebel. *

— Schneeflocken. Erlebtes u. Erdachtes. 12. (VIII, 93 S.) Düsseldorf (896). E. Lintz. Geb. in Leinw. n. 2. —

— Sursum corda! Ein Trostbüchlein. 8. (64 S.) Konstanz 899. (E. Ackermann.) n. — 80

— dasselbe. 2. verm. Aufl. 8. (III, 72 S.) Ebd. 900. n. 1. 20

—— Veilchen. Auswahl deutscher Gedichte. 12. (115 S.) Neisse 885, Graveur's Verlag. geb. mit Goldschn. *

— um Volkstum u. Glauben. E. Martyrium aus d. Ende d. 19. Jahrh., s.: Sammlung kleiner Volksschriften, Nr. 20.

— was ist Glück? Goldkörner idealer Weltanschauung. Gefunden u. aufgelesen v. W. Sch. 12. (III, V, 110 S. m. Titelbild.) Neisse 891. J. Graveur. Geb. in Leinw. m. Goldschn. n. 3. —

Schirmer, Wilhelm: Kurzer Wegweiser durch die alt-katholisch-apologetische Literatur von —. Bonn: Alt-kath. Preß- u. Schriftenver. 1909. 26 S. 8°

Schirmer, Wilh., kurzer Wegweiser durch die alt-katholisch-apologet. Literatur. (26 S.) kl. 8. Bonn 909. Kempten (Allgäu), Reichs-Verband alt-kathol. Jungmannschaften. — 25

— Weißt du es noch? Skizzen u. Bilder aus Amt u. Leben. (IV, 98 S.) 8. Konstanz (908). E. Ackermann. 1. 80

Ignaz Heinrich von Wessenberg, des Bistums Konstanz letzter Oberhirt. Von Wilhelm Schirmer, Pfarrer. Mit 2 Kunstdruckbeil. Konstanz: Ackermann (1910). 71 S. 8° [10. 11994 3

Schirmer, Wilhelm C.

—— Licht, Liebe, Leben. Kanzelreden. 2. verm. Aufl. gr. 8. (V, 138 S.) Düsseld. 892, Michels. * 2 50; geb. * 3 50

— sociale Not, Klerisei u. Christentum, s. a. Streitschriften, freundschaftliche.

Schirmer, W. C., Sociale Not, Klerisei und Christentum. 1. u. 2. Aufl. (Freundschaftliche Streitschriften, Nr. 54.) 8°. Barmen 1894.

—— Offenes Sendschreiben an die deutschen Bischöfe in Sachen d. sogenannten heil. Rockes zu Trier, s. a. Streitschriften, freundschaftl.

Offenes Sendschreiben an die deutschen Bischöfe in Sachen des sogenannten heiligen Rockes zu Trier. Von W[ilhelm] C. Schirmer, kath. Pfarrer in Düsseldorf. Barmen: D. B. Wiemann [1891]. (8 S.) 8° [F.]
Aus: Westdeutsche Zeitung.
— Streitschriften, Freundschaftliche. No 37. [o6. 13048

Schirmer, W. C., Dante Alighieri's Stellung zu Kirche u. Staat, Kaisertum u. Papsttum. Eine Studie. gr. 8. (85 S.) Düsseldorf 891. Schrobsdorff. n. 1. 20

Schirmer, Wilh. Cajet., behüt dich Gott! Betrachtungen f. alle Tage des Jahres. (369 S.) 16. Baden-Baden 904. E. Sommermeyer. n. 2. 40; geb. in Leinw. n. 3. —; m. Goldschn. n. 4. 50

— Jesus u. Judas. Der Tragödie Jesu letztes Kapitel. Mit e. Titelbild nach dem Gemälde v. C. Aug. Geiger. (V, 78 S.) 8. Schw. Hall (906). W. German. n. 1. —

Schirmer, Wilh., die Schönheit der katholischen Kirche in ihrem Kultus, dargestellt f. Schule u. Haus. gr. 8. (VI, 59 S.) Königsberg 894. Braun & Weber. n. 1. —

— die Schönheit der katholischen Kirche in ihrem Kultus, dargestellt f. Schule u. Haus. 2. Aufl. (VII, 68 S.) 8. Konstanz 906. E. Ackermann. n. 1. —

— der Weg des Friedens, gewiesen in kurzen Betrachtgn. (VII, 119 S.) 8. Ebd. (908). n. 2. —

Schirmer, William, Onkel Bräsig, } s.a. Bibliothek der Gesamtlitteratur.

Onkel Bräsig. Lebensbild in 5 Akten. Nach Fritz Reuters Erzählung 'Ut mine Stromtid' frei bearb. von William Schirmer. Mit e. Vorbemerkung von Hermann Jahnke. *Halle a. d. S.: O. Hendel (1902).* (IV, 70 S.) 8° [F.]
(Bibliothek d. Gesamtlitteratur d. In- u. Auslandes. No 1561.) [..]

– Ut de Franzosentid, s.a. Bibliothek der Gesamtlitteratur.

Ut de Franzosentid. Zeitbild aus d. deutschen Freiheitskriegen in 4 Akten. Nach Fritz Reuters Erzählung frei bearb. von William Schirmer. Mit e. Einl. von Hermann Jahnke. *Halle a. d. S.: O. Hendel (1902).* (84 S.) 8° [F.]
(Bibliothek d. Gesamtlitteratur d. In- u. Auslandes. No 1611.) [03. 464

— kein Hüsung, s.: Jahnke, Herm.

Schirmer, Richter & Co.: Trockener Gasmesser für Vorausbezahlung (Gasautomat). Leipzig und Connowitz. (Um 1899)

Schirmeyer, Ferd., Beitrag zur Kenntniss der progressiven Muskelatrophie. gr. 8. (48 S.) Osnabrück 884. (Göttingen, Vandenhoeck & Ruprecht.) n. 1. 20

Schirmeyer, Ludwig [approb. Arzt aus Hoxter a. d. Weser]: Ueber das melancholische Anfangsstadium der Geistesstörungen ... Strassburg, Buchdr. v. R. Schultz & Comp., 1886; 84 S. 8°.
Strassburg, Med. Fak., Inaug.-Diss. v. 1886.

Schirmeyer, Ludw., Festspiel vom Kaiser Karl. Zur Elfhundertjahrfeier des Gymnasiums Carolinum in Osnabrück. (24 S.) 8. Osnabrück 904. G. Pillmeyer. n.n. — 30

Schirmeyer, Ludwig, aus Osnabrück: Kaiser Lambert. *Göttingen 1900: W. F. Kästner.* (97 S.) 8°
Göttingen, Phil. Diss. v. [5. März] 1900

Schirmeyer, Ludw., Kaiser Lambert. Diss. gr. 8. (V, 97 S.) Göttingen 900. (Vandenhoeck & Ruprecht.) n. 2. 40

Schirmeyer, Ludw., Namen- u. Sachregister, s.: Archiv f. mikroskopische Anatomie.

Schirmherren, die, von Lissabon, Schauspiel in 5 Aufzügen von F. W. Ziegler. gr. 8. Wien, Rehm. (Leipzig, Köhler.) 818.

Schirmindustrie. Jg. 2. Dresden: Bloem 1891. 8°
Vorh. u.d.T.: Schirmmacher-Zeitung. Jg. 1. 1890.

Schirmmacher-Zeitung. Offizielles Organ d. Verbandes deutscher Schirm-Industrieller u. verwandter Branchen. Redact.: Max Schön. 1. Jahrg. 1890. 24 Nrn. (Bog.) gr. 4. Dresd., Bloem. * 6 —
Folg. Jahrg. erscheinen bei Siegfr. Scholem in Berlin u. d. T.: Schirm-Industrie.

Schirmmacher-Zeitung, deutsche. Fachblatt f. die Interessen der Schirmfabrikation unter Mitwirkg. namhafter Fachmänner. Offizielles Vereins- u. Publikations-Organ „deutscher Schirmmacher-Vereine" u. d. Vereins „Berliner Schirmfabrikanten" rc. Central-Insertionsorgan der Schirmindustrie u. deren Nebenzweige. Chef.-Red.: Hugo v. Hagen. Red.: J. Achtelstetter. 3. Jahrg. 1886. 24 Nrn. (à 1—$1\frac{1}{2}$ B. m. Illustr.) gr. 4. Leipzig, Kuß & Achtelstetter. n. 8. —

Schirmmacher-Zeitung, deutsche. Offizielles Vereins- u. Publikations-Organ d. „Verbandes der deutschen Schirmfabrikanten u. der Interessenten verwandter Branchen", „deutscher Schirmmacher-Vereine" u. d. Vereins „Berliner Schirmfabrikanten" rc. Central-Insertions-Organ der Schirm-Industrie u. deren Nebenzweige. Red.: P. J. Achtelstetter. 4. Jahrg. 1887. 24 Nrn. (à 1—$1\frac{1}{2}$ B. m. Illustr.) gr. 4. Leipzig, Kuß & Achtelstetter. n. 8. —

— dasselbe. 5.—7. Jahrg. 1888—1890. à 24 Nrn. (à 1—$1\frac{1}{2}$ B. m. Illustr.) gr. 4. Leipzig, Wilh. Meyer. à Jahrg. n. 8. —

Schirmmacher-Zeitung, deutsche. Offizielles Organ d. Verbandes der deutschen Schirmfabrikanten rc. Central-Insertionsorgan der Schirmindustrie u. deren Nebenzweige. 8.—11. Jahrg. 1891—1894. à 24 Nrn. (à ca. 3 Bog. m. Illustr.) gr. 4. Leipzig, Wilh. Meyer. à Jahrg. n. 8. —

Schirmmacher-Zeitung, deutsche. Offiz. Organ d. Verbandes d. deutschen Schirmfabrikanten rc. Central-Insertionsorgan d. Schirmindustrie u. deren Nebenzweige. 12.—15. Jahrg. 1895—1898. à 24 Nrn. (à ca. 24 S.) gr. 4. Leipzig, Wilh. Meyer. à Jahrg. n. 8. —
Kann auch vierteljährlich bezogen werden.

Schirmmacher-Zeitung, deutsche. Offizielles Organ des Verbandes der deutschen Schirm-Fabrikanten rc. Central-Insertionsorgan d. gesammten Schirm-Industrie u. deren Nebenzweige. 16.—19. Jahrg. 1899—1902. à 24 Nrn. gr. 4. (à ca. 24 S.) Leipzig, Wilh. Meyer. à Jahrg. n. 8. —

Schirmmacher-Zeitung, deutsche. Offizielles Organ des Verbandes der deutschen Schirmfabrikanten usw. Central-Insertionsorgan der gesamten Schirm-Industrie u. deren Nebenzweige. 20.—23. Jahrg. 1903—1906. à 24 Nrn. (à Jhrg. 672 S. m. Abbildgn.) gr. 4. Leipzig, Wilh. Meyer. à Jhrg. n. 8. —

Schirmmacher-Zeitung, deutsche. Offizielles Organ des „Verbandes der deutschen Schirm-Fabrikanten u. der Interessenten verwandter Branchen" usw. Central-Insertionsorgan der gesamten Schirmindustrie u. deren Nebenzweige. 21.—28. Jahrg. 1907—1911. à 24 Nrn. (à ca. 28 S. m. Abbild.) 30,5×22 cm. Leipzig-Gohlis (Pölitzstr. 13), Wilh. Meyer. à Jahrg. 8. —

SCHIRMUNSKY, Boris (Wilna): Vorzeitige Lösung der normal sitzenden Placenta.- München: Müller & Steinicke 1910. 28 S., 1 Tab.
7.3.1911 - Chr 1910/11,25; U 11.5772
Diss.Ingolst.-Landsh.-Mchn.

Schirnbrand, Jos., Samml. e. Gedichte sammt Schreiben von e. Landgute an e. Freundin. 8. Grätz 791.

Schirnbrand, Jos. Isidor, († d. 7. Mai 1808.) kathol. Religionsunterricht in Form katechet. Prüfung. 8. Wien 801. Al. Doll. 1 f. Hbg. Pr. 16 g.

Schirnbrand, P. J., kathol. Religionsunterricht in Form katechet. Prüfung. 8. Wien, Al. Doll. (Liebeskind in Leipz.) 801.

Schirnding, Carola v., s. Schirnding, Karola v.

Schirnding, Ferdinand Graf von (Hrsg.), s.a. Camellien.

Schirnding, Ferd. Graf, † (F. Gr. Fridolin,) u. C. A. F. Hennig, Camellien. Almanach f. d. J. 1840. I. Jahrg. gr. 16. (25 B., 10 Stahlst., 8 Stnt. u. 1 Musikbeil.) Prag u. Berlin. (Leipzig, Fr. Fleischer.) * $2\frac{1}{3}$ Thlr., Prachtausg. *

Schirnding, Ferd. † (F. Gr. Fridolin.), die Juden in Oesterreich, Preußen u. Sachsen. Ihre allgemeine Stellung, ihre Rechte, Forderungen u. Wünsche m. legalen Nachweisen belegt. gr. 8. ($7\frac{1}{4}$ B.) Leipzig 812, [Menger'sche Buchh.]

FRIDOLIN, F. Gr. (d. i. *Ferd.* Graf *von Schirnding* zu .... in Böhmen), Spiegelbilder aus dem weiblichen Kunst- und Berufsleben der modernen Welt. 2 Bde. Leipzig 1839. 8°. (4 Mk. 50 Pfg. H. Streisand, Berlin, 1908.)
Ziemlich selten. Einiges etwas frei.

Schirnding, Ferdinand Leopold Graf
Spiegelbilder aus dem weiblichen Kunst- und Berufsleben der modernen Welt. Von F.Gr. Fridolin[d.i. Ferdinand Leopold Graf Schirnding]. Bdchn 2.
Leipzig: Kollmann 1839. 283 S. 8°

Schirnding, Karola v.

Schirnding, Carola v., e. vierblättriges Kleeblatt f. die deutsche Jugend. 8. (120 S. m. 5 farb. Bildern.) Fürth 893. G. Löwensohn. Kart. 1. 50

— u. a., neue Märchen u. Erzählungen. 8. (192 S. m. 3 farb. Bildern.) Ebd. 893. Kart. 2. —

Schirnding, Carola v., norddeutscher Sagenkreis. 8. (III, 199 S.) Rostock 887. Danzig, C. Hinstorff's Verl. n. 3. —

v. Schirnding, Lep., Aussichten von der Festung Königstein in Sachsen. Panorama in 10 lithogr. Bl. Oblf.-Form. Dresden 836. (Leipzig, Rud. Weigel.) n. 16 ℳ

Schirnding, Wilhelm Ferdinand von (Vogtl.) A. S. 81/6

Meletemata de scite separandis ab allodio rebus feudalibus. Präs. Johann Georg Estor. Marburg (Müller) IX. 1759. 78 S. 30507

Schirner, Diac. . . ., s. Jh. Wlh. Rau, letzte Predigt ꝛc.

Schirnhofer, Gerh., die Gemeinde-Obstbaumschule und Pflege des Obstbaumes. gr. 8. (XVI und 181 S. mit eingedr. Holzschn. und 1 Tab. in qu. Fol.) Wien 858, Sommer. (F. Klemm.) *

Schirnhofer, Gerhard, praktisches Handbuch zur Obstbaumzucht. Ein Leitfaden f. Landwirthe u. Mittelschulen. 4. verm. Aufl. der „Zucht u. Pflege d. Obstbaumes". Mit 42 in den Text eingedr. Orig.-Holzschn.-Bildern. 8. (XII, 255 S.) Wien 875. Sommer & Co. n. 3. —

Schirnhofer, P. Gerhard — Der Steinbach Sepp, ein Freund der Obstbaumzucht. Geschrieben für die Schuljugend von — —. Mit 28 in den Text eingedruckten Holzschnitten. Wien, 1856. Verlag, Druck und Papier von Leopold Sommer. (IV. 85 S. 8.)

—— der Steinbach Sepp, ein Freund der Obstbaumzucht. Leichtfaßlicher Leitfaden für Volks- und landwirthschaftl. Fortbildungsschulen. 2., verb. und verm. Aufl. gr. 8. (IV, 96 S. mit 28 in den Text eingedr. Holzschn.) Wien 870, Klemm.

—— Zucht und Pflege des Obstbaumes. Praktisches Handbuch für Gartenbesitzer und Freunde der Obstbaum-Cultur. 3. Aufl. gr. 8. (XIV und 199 S. mit 44 Holzschn.) Wien 861, F. Klemm.

Schirnhofer, Resa von, [von Linz]: Vergleich zwischen den Lehren Schelling's und Spinoza's. Zür. Zürcher u. Furrer Dr. 1889. VI, 85 S. 8°.
Zürich, Phil. Diss. [v. 26. Jan. 1889].

Schirokauer, Alfr., die graue Macht. Roman. 1.—3. Aufl. (280 S.) 8. Berlin (910). F. Fontane & Co. 3.50; geb. 4. 50

Schirokauer, Alfred, Gerichtsassessor: Die Rechtsverhältnisse zwischen Bauherrn und Baumeister beim Überbau. Ein Beitrag zur Lehre vom Rechtsgeschäft und der Rechtshandlung. Berlin 1907: B. Sperling. (31 S.) 8° [F.]
Rostock, Jur. Fak., Ref. Bernhöft, Diss. v. 5. Mai 1907
[Geb. 13. Juli 80 Breslau; Wohnort: Berlin; Staatsangeh.: Preußen; Vorbildung: Wilhelms-Gymn. Hamburg Reife O. 99; Studium: Wien 1, Berlin 3, Breslau 2 S.; Rig. 12. Apr. 07.]

— Marta Riel. Eine Geschichte vom Glück. (282 S.) 8. Ebd. 908. 3.50; geb. 4.50

— Im Schatten. Roman. 2. u. 3. Aufl. (176 S.) 8. Berlin-Zehlendorf (910). R. Eckstein Nachf. 2.—; geb. n 3. —

Alfred Schirokauer. Junges Volk. Roman. Berlin: F. Fontane & Co. 1906 (1907). (283 S.) 8° [07. 7158

Schirokauer, Fred, Eick & Co. Roman. (308 S.) 8. Berlin (905). Verlag Continent. n. 3. 50; geb. n. 5. —

— die lieben jungen Frauen. Novellen. (162 S.) 8. Ebd. (906). n. 2. 50; geb. n. 3. 50

Ilse Isensee. Roman von Fred Schirokauer. *Berlin-Charlottenburg: Verl. Continent [1903].* (298 S.) 8° [F.] [04. 3136

(B) **Schirokauer**, Fred, Ilse Isensee. (903.) Jetzt: Berlin, „Est-Est"-Verlag.

— „Satan". Roman. (339 S.) 8. Ebd. (904). n. 3. 50; geb. n. 5. —

Schirokauer, Hans, Diarrhöe u. Obstipation, s.a Klinik, Wiener.

Diarrhöe und Obstipation. Eine klin. Studie mit besond. Berücks. d. Fäzesuntersuchung u. Diätetik. Von Dr. Hans Schirokauer, Berlin. Berlin, Wien: Urban & Schwarzenberg 1905. (S. 293–316.) 8°
— Klinik, Wiener. 1905, H. 11. [05. 13170

Schirokauer, Hans, approb. Arzt: ⟨Aus d. Krankenhaus d. Elisabethinerinnen zu Breslau, gynaekol. Abt. d. Prof. Pfannenstiel.⟩ Der traubige Schleimpolyp der Cervix uteri. ⟨Ein Beitrag zur Lehre von d. Geschwülsten d. Uterus.⟩ *Berlin 1902: Fraenkel & Stroh.* (26 S.) 8°
Breslau, Med. Diss. v. [10. Juni] 1902

Schirokauer, Hans, Theorie u. Praxis der Eisentherapie, s.a. Sammlung zwangloser Abhandlungen aus d. Gebiete der Verdauungs- u. Stoffwechsel-Krankheiten. II, 3.

Schirokauer, Hans: Theorie und Praxis der Eisentherapie nach dem gegenwärtigen Stande der Wissenschaft. Von Dr. Hans Schirokauer. Halle a. S.: Marhold 1909. 38 S. 8°
(Sammlung zwangloser Abhandlungen aus d. Geb. d. Verdauungs- u. Stoffwechsel-Krankheiten. Bd 2, H. 3.)

Schirop, Harry. Beitrag zur Biologie des Bacillus vitulisepticus und zur Immunisierung gegen die durch denselben hervorgerufene septische Pneumonie der Kälber. Diss. Vet.-Med. Bern. (Sonderabdruck aus dem Centralblatt für Bakt[eriologie] etc. Abt. I. Originale. Bd. 47. Heft 3.) IV + 36 + *Vita* 1 S. 8. Jena, Gustav Fischer, 1908.

Schirotzken [Schlagwort]

Schirotzken, s.: Geologische Karten. Karte (Preuss.).

Freytag's Schl-Routenkarten des östlichen Salzkammergutes. 1:100.000 K 2.—, auf Leinwand gesp. K 3.20
Wien: Freytag 1910.

Schirow, Hugo, prakt. Arzt in Steinau a. O., ehem. 1. Assistenzarzt am Augusta-Hospital: Aus dem Augusta-Hospital des Vaterländischen Frauenvereins zu Breslau. ⟨Leit. Arzt: Privatdozent Dr. Goebel.⟩ Erfahrungen mit Bierscher Stauungshyperämie. Borna-Leipzig 1906: R. Noske. (40 S.) 8°
Breslau, Med. Fak., Ref. Garrè, Diss. v. 4. Jan. 1907
[Geb. 29. März 77 Spandau; Wohnort: Steinau a. d. O.; Staatsangeh.: Preußen; Vorbildung: Friedrichs-Gymn. Frankfurt a. d. O. Reife M. 97; Studium: Breslau 1, Marburg 1, Breslau 2, Königsberg 3, Breslau 3 S.; Coll. 13. Dez. 06; Approb. 25. April 03.]

Schirp, C: Preisliste über technische Gummi-, Guttapercha- und Asbest-Waren usw. Köln a. Rh. (1904?)

Schirp, Ernst [aus Kloster bei Derschlag (Reg.-Bez. Köln)]: Zur Ätiologie und Therapie der Atonia uteri post partum. . . . Berlin, Buchdr. v. Gustav Schade (Otto Francke) (1889); 80 S. + 1 Bl. 8°
Berlin, Med. Fak., Inaug.-Diss. v. 18. Sept. 1889

[**Schirp**, F. von,] Das Leben in West-Afrika, Kamerun. Carl Hagenbeck's West-Afrikanische Kamerun-Expedition 1886. Berlin o. J.

Schirp, M., & Co.: Prospect über Erzeugung von Mauersteinen und beliebig anders geformten Gegenständen aus Kalk und Sand nach dem Kleberschen Verfahren. Mainz 1898

Schirp, Rob. v., Polizei-Verordnungen u. sonstige polizeiliche Vorschriften f. den Reg.-Bez. Cassel, besonders f. den Stadt- u. Landkreis Cassel, f. Hanau, Marburg u. Fulda u. einige wichtige Ministerialerlasse von 1889 bis 1904. (III, 687 u. XV S.) gr. 8. Cassel 905. Gebr. Gotthelft. n.n. 5. 50; geb. n.n. 6. —

Schirpitz [Schlagwort]

Schirpitz, s.: Preussen. Messtischblätter.

Schirr, Georg Christoph (Wien) A. S. 144/11

Dissertatio iuridica qua solam citationem edictalem legitime factam ad creditorum ignotorum praeclusionem sufficere contra communem doctorum opinionem in praxi hactenus receptam asseritur.
Präs. Gottfried Reinhold Koeselis.
Wittenberg (Creusig) 20. V. 1724. 30 S.

W. v. : Präs. , Johann Christoph Roehring (Opp.), Johann Gottfried Schubart (Opp.), Johann Abraham Frencelius (Opp.). 30508

Schirre, David Dietrich (Rinteln) A. S. 810/12

Dissertatio theologica ad Levit. cap. XVIII. v. 6. ad 18. inclus. de gradibus prohibitis.
Präs. Johann Kahler.
Rinteln (Enax) 15. V. 1700. 32 S.

W. v. : Präs. , Jo. Justus Kisker, Christian Philipp Dohm, W. E. Seest, J. C. Rindlaub. 30509

Schirren, C. [approb. Arzt]: Aus d. patholog. Institute zu Kiel. Ein Beitrag zur Kenntnis von der Atrofie der Magenschleimhaut.... Kiel, Druck v. Schmidt & Klaunig, 1888; 22 S. + 1 Bl. 8°
Kiel, Med. Fak., Inaug.-Diss. v. 10. Apr. 1888

Schirren, C., aus d. patholog. Institute zu Kiel. Ein Beitrag zur Kenntniss von der Atrofie der Magenschleimhaut. Diss. Kiel 1888, Haeselersche Sort.-Buchh. 8°. 22 S.

Schirren, Karl

Schirren, C., livländische Antwort an Herrn Juri Samarin. 1. und 2. Aufl. gr. 8. (V, 195 S.) Leipzig 869, Duncker und Humblot. *
Vgl.: Pogodin, offener Brief.

Schirren, C., Beitrag zum Verständniss des Liber Census Daniae, s. Mémoires de l'académie imp. des sciences de St.-Pétersbourg.

Schirren, C., Beiträge zur Kritik älterer holsteinischer Geschichtsquellen. gr. 8. (VIII, 270 S.) Leipzig 876. Duncker & Humblot. n. 6. 80

— die Capitulationen der livländischen Ritter- u. Landschaft u. der Stadt Riga vom 4. Juli 1710 nebst deren Confirmationen. Nach den Orig.-Documenten mit Vorausstellung des Privilegium Sigismundi Augusti u. einigen Beilagen hrsg. Dorpat 865. Gläser's Verlag. gr. 8. (IV, 117 S.) n. 1 ₰

Schirren, C., über Macchiavelli. Rede, beim Antritt des Rectorats an der königl. Universität zu Kiel geh. am 5. März 1878. gr. 8. (18 S.) Kiel 878. Universitäts-Buchh. n. 1. —

In Memoriam. Festrede z. hundertjähr. Feier d. Geburt d. deutschen Kaisers Wilhelm I. geh. in d. Aula d. Univ. Kiel am 22. März 1897 v. Prof. *Carl* Schirren. Kiel, Univ.-Buchh. '(P. Toeche.)', 1897; 15 S. 8.

— Nachricht von Quellen zur Geschichte Russlands, vornehmlich aus schwedischen Archiven u. Bibliotheken. (Aus d. Bulletin de l'Acad. Imp. des Sc.) St. Petersburg 860. (Leipzig, Voss.) Lex.-8. (80 S.) nn. 10 ngr.

Schirren, C., der Njandsha und die hydrographischen Merkmale Afrika's. Riga 856. Kymmel. (Leipzig, C. Fr. Fleischer.) Lex.-8. (2 Bl., 104 S. u. 1 lith. Taf. in 4.) n. 25 ngr.

Schirren, Karl, Walter v. Plettenberg. Frau v. Krüdener, s. a. Aus baltischer Geistesarbeit. 4. Heft.

Schirren, Carl. [1.] Walter von Plettenberg; — [2.] Frau (Barbara Julia) von Krüdener (1764—1824). Von K' Sch'. S. 179—238 = 60 S. 8. Riga, Jonck & Poliewsky, 1908. [M. —. 80]
Aus baltischer Geistesarbeit. Reden und Aufsätze, neu hrg. vom Deutschen Verein in Livland. (Heft) 4.
S. 31—59: Frau von K', *nach der* 1849 *erschienenen Biographie von* Charles Eynard.

Schirren, C., Quellen zur Geschichte d. Untergangs livländischer Selbständigkeit, s. a. Archiv f. die Geschichte Liv-, Est- u. Curlands.

— Quellen zur Geschichte des Untergangs livlandischer Selbständigkeit. Aus dem schwedischen Reichsarchive zu Stockholm herausg. 1. Bd. Reval 861. Kluge. gr. 8. (XII, 328 S.) n. 2 ₰ 15 ngr.

—— Quellen zur Geschichte des Untergangs livländischer Selbstständigkeit. Aus dem schwed. Reichsarchive zu Stockholm hrsg. 2.—5. Bd. gr. 8. (XLIV und 1380 S.) Reval 862—65, Kluge's Verlag. à Bd. * 2 Thlr. 15 Ngr. *

Schirren, C., De ratione quae inter Jordanem et Cassiodorum intercedat. Diss. 1
94 S.

— die Recesse der livländischen Landtage aus den J. 1681 bis 1711. Theils im Wortlaute, theils im Auszuge. Dorpat 865. Gläser's Verlag. hoch 4. (VIII, 447 S.) n. 4 ₰

Torum Stagnum. Das Kieler Privileg von 1242 u. d. Prozeß um d. Hafen. [Verf.: Karl Schirren, Prof.] Kiel: P. Toeche 1905. (20 S.) 8° [illegible]

— 25 Urkunden zur Geschichte Livlands im 13. Jahrhundert. Aus dem königl. geheimen Archiv zu Kopenhagen hrsg. Ebend. 866. 4. (VII, 25 S.) n. 10 ngr.

—— Verzeichniss livländischer Geschichts-Quellen in schwedischen Archiven und Bibliotheken. (Ausbeute des J. 1860.) gr. 4. (VI und 232 S.) Dorpat 861—68, Gläser's Verlag. *

— die Wandersagen der Neuseeländer und der Mauimythos. Riga 856. Kymmel. (Leipzig, C. Fr. Fleischer.) Lex.-8. (2 Bl., 209 S.) n. 1 ₰. 10 ngr.

— der Codex Zamoscianus enthltd. Capitel I—XXIII, 8. der Origines Livoniae. Beschrieben u. in seinen Varianten dargestellt. Ebend. 865. gr. 4. (V, 69 S. mit 2 lithograph. Schrifttaff.) n. 1 ₰

Schirrmacher, Bruno, Dr.: Esaias Pufendorf, Schwedischer Kanzler von Bremen, und seine Denkschrift über den Zustand des Königreiches Schweden 1682. Nach einer bisher ungedr. Handschr. hrsg. u. kritisch bearb. Hamburg 1907: Lütcke & Wulff. (56 S.) 4°
Hamburg, R vor dem Lübeckertore OP 1907 (917)

Schirrmacher, Bruno: **Drei unbekannte Streitschriften aus der Zeit des Jülich-Clevischen Erbfolgekrieges mit einem Anhang: Zwei neue Handschriften des „Strahlendorf'schen Gutachtens."** *Rostock 1898: C. Boldt.* (127 S.) 8°
Rostock, Phil. Diss. v. [3. Febr.] 1898

Schirrmacher, Bruno, drei unbekannte Streitschriften aus der Zeit des jülich-clevischen Erbfolgekrieges m. e. Anh.: Zwei neue Handschriften des „Strahlendorfschen Gutachtens". Diss. gr. 8. (127 S.) Rostock i/M. 898. Dr. B. Schirrmacher. n. 1. 80

Schirrmacher, Friedrich, s. S c h i r r m a c h e r. Friedrich Wilhelm

Schirrmacher, Friedrich Wilhelm

Schirrmacher, Friedr., Albert v. Possemünster, genannt der Böhme, Archidiacon von Passau. gr. 8. (VIII, 196 S.) Weimar 871, Böhlau. *

—— Beiträge zur Geschichte Mecklenburgs vornehmlich im 13. Jahrh. (1. Bd.) gr. 8. (554 S. mit 15 Stnt. in gr. 8. und 2 Chromolithogr. in qu. und Imp.-Fol.) Rostock 872, Kuhn. [Werther's Verlag.] *

Schirrmacher, Friedr., Beiträge zur Geschichte Mecklenburgs vornehmlich im 13. und 14. Jahrh. 2. Bd. gr. 8. (XVI, 239 S. mit eingedr. Holzschn. und 1 lithogr. und color. Karte in qu. Fol.) Rostock 875, Werther's Verlag. *

Schirrmacher, Friedr. Wilh., s. Briefe und Acten zu der Geschichte des Religionsgespräches zu Marburg 1529.

—— die Entstehung des Kurfürstencollegiums. gr. 8. (140 S.) Berlin 873, Janke. *

Schirrmacher, Friedr.: Die Entstehung des Kurfürstencollegiums. Berlin 1874.

Schirrmacher, Fr. Wilh., Kaiser Friderich der Zweite. (In 3 Bdn.) 1. Bd. gr. 8. (XVI und 354 S.) Göttingen 859, Vandenhoeck und Ruprecht's Verlagsh. *

—— dass. — 2. Bd. A. u. d. T.: Kaiser Friderich der Zweite als Einiger und Mehrer des römisch-deutschen Reiches. Begründer der Monarchia Sicula. gr. 8. (X und 470 S.) Ebendas. 861. *

Schirrmacher, Fr. Wilh., Kaiser Friderich der Zweite. 3. und 4. Bd.: Kaiser Friderich der Zweite. Entscheidungskampf zwischen Papstthum und Kaiserthum. gr. 8. Göttingen, Vandenhoeck und Ruprecht's Verlag. *

Inhalt:

Bd. 3. 1. Abthl. Bis zum Tode Papst Gregors IX. (VIII und 379 S.) 864. * 2 Thlr.

" 4. —— dass. — 2. Abthl. Papst Innocenz IV. und Kaiser Friderich II. (X und 604 S.) 865. * 2 Thlr. 25 Ngr.

—— Kaiser Friedrich II. und die letzten Hohenstaufen, s.a. Nationalbibliothek, deutsche.

Schirrmacher F. Kaiser Friedrich II. und die letzten Hohenstaufen. 2 Bde (Deutsche Nationalbibliothek II, 3) Berlin 1874

Schirrmacher, Frdr. Wilh., Geschichte v. Spanien, s.a. Geschichte der europäischen Staaten. 61. Lfg.

Schirrmacher, F. W., Geschichte v. Spanien 5. Bd., s.: Geschichte der europäischen Staaten.
Bd. 1 ist v. F. W. Lembke, Bd. 2 u. 3 v. H. Schäfer u. Bd. 4 v. F. W. Schirrmacher bearb.

Schirrmacher, Gesch. v. Spanien. Bd. VI. Gotha 893. (Bd. I—VI. 59.—)

Schirrmacher. König Heinrich (VII.) der Hohenstaufe. Erster Theil. 30 S.
Liegnitz, R. A. 1856

—— die letzten Hohenstaufen. gr. 8. (VIII, 700 S. mit 2 Tab. in gr. Fol.) Göttingen 871, Vandenhoeck und Ruprecht's Verlag. *

Schirrmacher, Frdr. Wilh., Johann Albrecht I. Herzog v. Mecklenburg. 2 Thle. gr. 8. (XVI, 775 u. 403 S.) Wismar 885. Hinstorff's Verl. n. 20. —

Schirrmacher, Frid. (Guil.) (geb. Danzig 28. 4. 1824): Commentarii de rebus a Johanne rege Bohemiae gestis. Pars I. Ab Henrico VII usque ad obitum Friderici Pulchri. Berolini (1848). (98 S.) 8°
Berlin, Phil. Diss. v. 2. Dez. 1848

Schirrmacher, Fr. Wilh., Urkundenbuch der Stadt Liegnitz, s. Urkundenbuch.

Schirrmacher, Käthe, s. S c h i r m a c h e r.

Schirrmann, J. W. C. v., Versuch zu einem System der Artilleriewissenschaft. 1. Bd. Lex.-8. (XII und 208 S. mit 4 lithogr. Figurentaf. in qu. Fol. und qu. gr. Fol. und eingedr. Holzschn.) Berlin 860, Decker'sche geheime Ober-Hofbuchdruckerei. *

Schirrmann, Theodor

Schirrmann, s.a. Pfarr-Almanach f. d. Prov. Ostpreußen.

Schirrmann, Th.: P f a r r - A l m a n a c h für die Provinz Ostpreussen. Hrsg. von [Th.] Schirrmann, Konsist.-Sekr., u. [Joh.] Hirsch, Konsist.-Bur.-Diätar. Königsberg i. Pr.: Selbstverl. 1897. (VI, 116 S.) 8°

Pfarr-Almanach für die Provinz Ostpreussen. Hrsg. von [Theodor] **Schirrmann** und [Joh.] Hirsch, Kons.Sekretären in Königsberg. 2. Aufl. *Königsberg i. Pr.: Selbstvl. 1901.* (VI, 128 S.) 8° [F.] [01. 800

Pfarr-Almanach für die Provinz Ostpreußen. Hrsg. von [Theodor] **Schirrmann** u. [Joh.] Hirsch, Konsist.Sekr. 3. Aufl. Königsberg i. Pr.: Selbstverl. [aufgestempelt: Ev. Buchh.] 1907. (IV, 134 S.) 8° [F.] 07.71910

Schirrmann, Wilh., Chronik der Stadt Schweidnitz. (IV, 272 S. m. 2 [1 farb.] Plänen.) gr. 8. Schweidnitz (908. 09). G. Brieger. 4.—; geb. in Leinw. 5. —

Gedanken über den Einfluss der Turnkunst auf den Geist des Menschen. Ein Hilfsbuch f. turnerische Ansprachen u. Vorträge von Wilhelm Schirrmann. Leipzig: Selbstverl. (1901) 63 S. 8° [02. 14622

Gedanken über den Einfluss der Turnkunst auf den Geist des Menschen. Ein Hilfsbuch f. turnerische Ansprachen u. Vorträge von **Wilhelm Schirrmann.** *(Schweidnitz): Selbstverl.; [Breslau: Priebatsch 1902].* (63 S.) 8° [03. 4800

— Gedanken üb. den **Einfluss der Turnkunst** auf den Geist des Menschen. **Ein Hilfsbuch f. turner.** Ansprachen u. Vorträge. (63 S.) 8. Ebd. (908). 1. —

Schirrmann, Wilhelm, Gedenkschrift Friedrich Ludwig Jahn, Schweidnitz 1902, 8 S., 4°.

Schirrmann, Wilh., das Lager von Bunzelwitz. Zur Erinnerg. an die Einweihg. des Denksteines auf dem Pfaffenberge am 8. IX. 1906 durch Se. Majestät Kaiser Wilhelm II. In volkstüml. Darstellg. (16 S. m. 1 Bildnis.) kl. 8. Schweidnitz 906. G. Brieger. — 10

— dasselbe. Vielfach bereicherte 2. Aufl., 4.—6. Tauf. (20 S. m. 1 Abbildg. u. 1 Bildnis.) kl. 8. Ebd. (906). — 10

Schirrmann, W., u. Bach, E., Pferdübungen in Wort und Bild, Leipzig, 16°. 4 Bde.

— einheitliche Turnsprache f. das Gerätturnen. Ein Taschenbuch f. die Teilnehmer an staatl. Turnlehrerbildungskursen sowie f. die Turner in Vereinen u. in höh. Lehranstalten. 12. (64 u. XVI S.) Hof (901). R. Lion. n. — 60

Schirrmeister, Gust., die englische Aktiennovelle v. 8. VIII. 1900. (The companies act, 1900.) Eine Erläuterg. u. Beurtheilg. der Reform des engl. Aktienrechts m. vergleich. Bemerkungen üb. das deutsche Aktienrecht. gr. 8. (155 S.) Berlin 901. Puttkammer & Mühlbrecht. n. 3. —

Schirrmeister, Gust., das bürgerliche Recht Englands. Hrsg. von der internationalen Vereinigg. f. vergleich. Rechtswissenschaft u. Volkswirtschaftslehre zu Berlin. Kodifikation v. Edward Jenks, W. M. Geldart, R. W. Lee, W. S. Holdsworth, J. C. Miles, Kommentar. I. Bd.: Erstes Buch. Allgemeiner Tl. 1. u. 2. Lfg. (1. Hälfte. VIII u. S. 1—483.) gr. 8. Berlin 905. 906. C. Heymann. n. 12.—

Schirrmeister, Gust., das bürgerl. Recht Englands. Hrsg. v. der internat. Vereinigg. f. vergleich. Rechtswissenschaft u. Volkswirtschaftslehre zu Berlin m. e. fortlauf. Unterstützg. der Handelskammer in Berlin. Kodifikation v. Edward Jenks, W. M. Geldart, R. W. Lee, W. S. Holdsworth, J. C. Miles, Kommentar, begonnen v. Sch., fortgeführt v. Wilh. Prochovnik. I. Bd.: 1. Buch. Allgem. Tl. 3. u. 4. Lfg. (XVI u. S. 485—868.) gr. 8. Berlin 909. 10. C. Heymann. 10.—
(I. Bd. vollst. 22.—)

Schirrmeister, Paul

Schirrmeister, Fleischnot od. Fleischüberschätzung?, s.: Siegelroth.

Schirwindt, Boris. Beitrag zur Kenntnis des phthisischen Sputums und zur Frage nach der Kombination von Tuberkulose und Bronchiektasie. Diss. Med. Basel. 22 S. 8. Basel, J. Kohlhepp, 1909.

Schischka, Hans, mit Gift u. Eisen gegen das Raubzeug, s.: Jagdpraxis, die.

Schischkovitch, Mlle. Sophie, de Koursk (Russie): **Luxation irréductible de l'index.** [Avec quatre figures.] (Université de Lausanne. Clinique chirurgicale de la Faculté. Professeur Roux.) Lausanne 1908. 39 p. 8°. [1. VII. 08.]
Lausanne. Thèse méd. 1907/08.

Schischkoff, s. Schischkow.

Schischkow, A. S. Sapisski admirala A. S. Schischkowa. [Memoiren und Briefwechsel des Admirals A. S. Schischkow.] Issdan. N. Kisselew i J. Samarin. 2 t. (XIV. 951) 8. Berlin 1870. 20,00.

Schischkoff, A. S., Memoiren u. Briefwechsel. Hrsg. v. N. Kisseleff u. Ju. Samarin. (In russ. Sprache.) 2 Bde. Berlin 870. Behr. Lex.-8. (VII, 484 u. VII, 467 S.) n. 6 ₰ 20 ngr.

Schischkow, Alexander

Schischkow, A., Memoiren, s.a. Memoiren.

Schischkow, des Admirals A., Memoiren üb. die Zeit seines Aufenthaltes bei d. Person des wohlsel. Kaisers Alexander I. während d. Krieges mit d. Franzosen in d. J. 1812 bis 1814; aus d. Russ. übers. v. C. Goldammer. gr. 8. Leipz. 832. Kummer. 1 ₰ 4 gr.

Schischkow, Alex., Nachrichten d. russ. Akademie. A. d. Russ. im Auszuge übers. 3 Thle. Lex.-8. (45¾ B.) St. Petersburg 826, 27, 37. (Leipzig, Voss.) **
2. u. 3. Thl. a. u. d. T.: Untersuchungen üb. d. Sprache.

Schischkow, Alexander: Untersuchungen über die Sprache, mitgetheilt in den Nachrichten der Russischen Akademie. Aus dem Russischen übersetzt. Th. 1, 2, 3. St. Petersburg 1826, 1827 u. 1837. 2 Bde. XIX, 259; III, 153; V, 271 S., 2 Tf. 8°.

— vergleichendes Wörterb. in zweihundert Sprachen. 2 Thle. gr. 8. Ebend. 838. baar 1 ₰ 26 ngr.

Schischkoff, Alex., (†...... 1828), vergleichendes Wörterbuch in zweihundert Sprachen. 3. Thl. gr. 8. (183 S.) St. Petersburg 840. (Leipzig, Voss.) n. n. ⅚ ₰ (1—3: n. n. 2 ₰ 21 ngr.)

Schischkit, Frz., die Zins- u. Zinseszins-Rechnungen. Elementare Erklärungs- u. Behandlungsweise der Annuitäten- u. Rentenrechngn. Auf Grund e. neuen Methode bearb. gr. 8. (IV, 39 S.) Wien 902. A. Pichler's Wwe. & Sohn. n. 1.—

Schischmánow, Iwan: Untersuchungen über die Empfindlichkeit des Intervallsinnes.... (Aus: Philos. Studien, hrsg. v. Wundt. V. Bd. H. 4.) Leipzig, Wilhelm Engelmann, 1889; 45 S. + 1 Bl. 8°
Leipzig. Phil. Fak., Inaug.-Diss. v. 22. Aug. 1889

Schischmanow, Milan St., u. Pet. A. **Subow**, d. Handels-, Wechsel-, Konkurs- u. Seerecht Bulgariens, s.: Handelsgesetze, die, des Erdballs.

Schischmorskaja, Chaja Slata. Beitrag zur Lehre von den sog. Puerperalpsychosen. Diss. Med. Bern. 39 S. 8. Bern, H. v. Kamp-Berger, 1910.

Schiskow, Alexander, s. Schischkow.

Schisling, Frz., s. 1) Bibliothek f. Christen. 2) Marcelli, Paling. v. Stellada, Thierkreis.

Schisma, das neue, in der Schweiz. Erläuterung der schweizer. Bischöfe. gr. 8. (16 S.) Luzern 876. (Räber.) — 30

Schissel, Doktor, unpartheyische Gedanken oder etwas vor die Aerzte von der Kurart des Hrn. Gaßners, herausgegeben von —. 775. 8.

Schissel, Joseph (geb. Ahrweiler im Rheinl. 29.10.1850): Ueber die Aetiologie der Krämpfe des ersten Kindesalters. Berlin (1874). (31 S.) 8°
Berlin, Med. Diss. v. 1. Aug. 1874.

Schißel v. Fleschenberg, Otmar, das Adjektiv als Epitheton im Liebesliede des 12. Jahrh., s.a. Teutonia.

Das Adjektiv als Epitheton im Liebesliede des zwölften Jahrhunderts. Von Otmar **Schißel** v. Fleschenberg. Leipzig: E. Avenarius 1908. (XIII, 144 S.) 8° [G.]
— Teutonia. H. 11. [08. 5591]

Schissel v. Fleschenberg, Otto, Dares-Studien. (171 S.) gr. 8. Halle 908. M. Niemeyer. 5.—

Hölty-Handschriften. Von Dr. O[tmar] **Schissel** v. Fleschenberg. Wien: Österr. Ver. f. Bibliothekswesen 1908. (43 S.) 8°
Aus: Mitteilungen d. österr. Vereins f. Bibliothekswesen. Jg 12, H. 2 u. 3. [08. 17703 2]

Zu einer kritischen Kalchberg-Ausgabe, von Dr. O[tmar] **Schißel** v. Fleschenberg. (Innsbruck: Selbstverl. 1908.) (12 S.) 8° [08. 1364]

— Novellenkomposition in E. T. A. Hoffmanns Elixieren des Teufels. Ein prinzipieller Versuch. (80 S.) 8. Halle 910. M. Niemeyer. 1.60

Schissel v. Fleschenberg, Otmar, die Rahmenerzählg. in den ephesischen Geschichten des Xenophon v. Ephesus. (66 S.) gr. 8. Innsbruck 909. Wagner. 1.—

SCHISSELE: Die Waldberechtigungsprozesse der früheren Grafschaft Dagsburg bearbeitet im Auftrage der Berechtigten. - Zabern 1904

Schissler Josef: Ueber die Suggestion und ihre Elemente.
1894 PN 865 Diss. Wien, Univ. 64

Schitko, Jos., Beiträge zur Bergbaukunde, insbesond. zur Bergmaschinenlehre. (1. Hft.) gr. 8. (8 B. u. 1 Kpfrt. qu. Fol.) Wien 832, Beck.

Schitko, Jos., Beiträge zur Bergbaukunde, insbesond. z. Bergmaschinenlehre. 1s Heft. Mit 1 Kpfrtaf. gr. 8. Wien 833. Beck. ¾ ℛ — 2s Heft. A. u. d. T.: Die Wassersäulen-Maschine. Mit 9 Kpfrtaf. gr. 8. Ebd. 834. 1¼ ℛ.

Schitkoff, S. M., Project e. allgemeinen Herabsetzung d. Procentsatzes in Russland. (In russ. Sprache.) gr. 8. (III, 101 S.) Berlin 892. P. Stankiewicz. n. 2. —

Schitlowsky, Ch., Register, s.: Archiv f. Philosophie.

Schitomirsky, Jacob, a. Asoff a. Don (Rußland): Beitrag zur Behandlung der Pylorusverengung im Säuglingsalter durch künstliche Ernährung. Berlin (1906): Berliner Druckerei- und Verlags-Gesellschaft. (48 S.) 8°
Berlin, Med. Fak., Ref. Heubner, Diss. v. 4. Aug. 1906
[Geb. 26. Dez. 80 Asoff; Wohnort: Asoff; Staatsangeh.: Rußland; Vorbildung: Gymn. Taganrog Reife O. 99; Studium: Berlin 11 S.; Rig. 30. Juli 06.]

Schitta Mekubbezet al Massechet Nedarim i. e. variorum medii aevi auctorum glossae et novellae in tractatum talmudicum Nedarim seu de votis; textum curavit, notas adjecit Dob Ber Zomber edid. Efraim Herz. (In hebraischer Sprache.) Berlin 860. Adolf & Co. Fol. (2 Bl., 178 S.) n. 3 ℛ

Schittenhelm, Alfr., s.: Ergebnisse d. inneren Medizin u. Kinderheilkunde.

Schittenhelm, Alfred, approb. Arzt aus Stuttgart: Ein Fall von vollständiger Agenesie des Vorder-, Mittel- und Zwischenhirns. *Rudolstadt (1898): F. Mitzlaff.* (10 S.) 8°
Tübingen, Med. Diss. v. 1898

— Neuere Fortschritte der Eiweissforschung in ihrer Bedeutg. f. die Klinik, s.: Abhandlungen, Würzburger, aus dem Gesamtgebiet der prakt. Medizin. X, 9.

— u. J. **Schmid**, die Gicht u. ihre diätetische Therapie, s. a. Sammlung zwangloser Abhandlungen aus dem Gebiete der Verdauungs- u. Stoffwechsel-Krankheiten. II, 7.

Die Gicht und ihre diätetische Therapie. Von Prof. Dr. A[lfred] **Schittenhelm** u. Privatd. Dr. J[ulius] Schmid, Breslau. Halle a. S.: Marhold 1910. 38 S. 8°
(Sammlung zwangloser Abhandlungen aus d. Geb. d. Verdauungs- u. Stoffwechsel-Krankheiten Bd 2, H. 7.) [10. 1304

Lehrbuch klinischer Untersuchungsmethoden f. Studierende u. Ärzte, s.: Brugsch, Thdr.

— Natur u. Wesen der Gicht, s. a. Klinik, medizinische. 1907. 4. Beiheft.

Natur und Wesen der Gicht. Von Privatd. Dr. Alfred **Schittenhelm**, Berlin. Berlin: Urban & Schwarzenberg 1907. (S. 89–110.) 8°
= Klinik, Medizinische. Beihefte. Jg. 3, H. 4. [08. 5937

— Der Nukleinstoffwechsel u. seine Störungen, s.: Brugsch, Thdr.

Schittenhelm, Alfr., s.: Zentralblatt f. die gesamte Physiologie u. Pathologie des Stoffwechsels.

Schittenhelm, Ed., die Obstbaumzucht. Leichtfaßlich dargestellt, hauptsächlich geeignet f. Fortbildungsschulen. 2. Aufl. 16. (52 S.) Altensteig 891. (Nagold, Zölker.) n. — 25

Schittenhelm, Fr., Privat- u. Gemeindebauten. Eine Sammlg. ausgeführter ländl. u. städt. Wohngebäude in Verbindg. u. m. Einrichtgn. f. Läden, Restaurationen, gewerbl. u. ökonom. Zwecke etc. Unter Mitwirkg. namhafter Fachgenossen hrsg. 1. u. 2. Hft. Fol. (à 6 autogr. Taf.) Stuttgart 876. Wittwer. à n. 3. —

Schittenhelm, Fr., Privat- u. Gemeindebauten. Eine Sammlung ausgeführter ländl. u. städt. Wohngebäude in Verbindung u. mit Einrichtungen f. Läden, Restaurationen, gewerbl. u. ökonomische Zwecke etc. Unter Mitwirkung namhafter Fachgenossen hrsg. 3—12. Hft. Fol. (à 6 autograph. Taf.) Stuttgart 877. 78. Wittwer. à n. 3. —

Schittenhelm, Fr., Privat- und Gemeindebauten, Fortsetzung, s. Lambert, A., und Stahl, Privat- und Gemeindebauten.

Schittenhelm, Herm., das Punktieren. Praktisches Handbuch f. Bildhauer in Marmor, Stein, Holz u. s. w. 8. (VIII, 97 S. m. 88 Abbildgn.) Weimar 894. B. F. Voigt. 1. 60

Schittenhelm, Herm., das Punktieren. Praktisches Handbuch f. Bildhauer in Marmor, Stein u. Holz. 2. verb. Aufl. Hrsg. v. Aug. Schneider. gr. 8. (VIII, 86 S. m. 36 Abbildgn.) Leipzig 901. B. F. Voigt. n. 2. —

Schittenhelm, Hugo. Zur Jodoformbehandlung der kalten Abszesse. Diss. Med. Bern. IV + 13 S. 8. Zürich, Zürcher & Furrer. 1910.

Schittenhelm, Moriz, a. Stuttgart: Zur stilistischen Verwendung des Wortes Cuer in der altfranzösischen Dichtung. Halle a. S. 1907: E. Karras. (IV, 80 S.) 8° ¶ [Teildruck.]
Tübingen, Phil. Fak., Ref. Voretzsch, Diss. v. 20. Dez. 1907
[Geb. 1. Dez. 76 Kannstatt; Wohnort: Sindelfingen; Staatsangeh.: Württemberg; Vorbildung: Gymn. Stuttgart Reife M. 95; Studium: Tübingen 4, Berlin 3, Techn. Hochsch. Stuttgart 3 S.; Coll. 9. März 07.]

Kurze geschichtliche Uebersicht der lateinischen Anstalt zu Miltenberg. Von P. Schittig. Jahr. — 1835. Amorbach, Volkhardt. — S. 3—6.
Progr. Miltenberg.

v. **Schittlersberg**, Aug. Veit, († d. 23. Febr. 1811.) s. a. Binder v. Kriegelstein.

Franz II., Römischer Kaiser: Die Neugekrönte Hoffnung am Tage der Vermählung Franzens mit Elisabeth. [Unterz.: Augustin Veit Edler v. S[chittler]s[ber]g [?]. Wien 1788. 4 Bl. 8° [Kupfer- u. Umschlagtit.]
Kl. 1767. Gedicht: „O Du, die, ausgeflossen aus dem Quell der Wesen, ..." Üb. Franz II. (1) s. Allgem. Deutsche Biographie Bd 7 1878 S. 286—290 (Felgel). 193.

Schivelbein [Schlagwort]

Schivelbein, s.: Köslin, Reg.-Bez.

Empfindungen am Feste der feierlichen Einweihung der Loge zur deutschen Redlichkeit in Iserlohn am 29. Maerz 1797 von S[chivelbus]ch. Essen: Baedeker [1797]. 1 Bl. 8°
Abgedr. in: Kreyenberg, G., u. J. Gallhof: Gesch. der Loge z. deutsch. Redlichkeit, Iserlohn. 1896 S. 17—18. Gedicht.

Schivert, Mirza, vorwärts streben! Roman. (371 S.) 8. Berlin (909). Zehlendorf, R. Eckstein Nachf. 4. —

Schivitz, s. Schiviz v. Schivizhoffen, Ludwig

Schiviz v. Schivizhofen, Ludw., der Adel in den Matriken der Grafsch. Görz u. Gradisca. (III, 510 S.) gr. 4. Görz 904. (Triest, F. H. Schimpff.) n.n. 30. —

Der Adel in den Matriken der Grafschaft Görz und Gradisca. Hrsg. von Ludwig Schiviz v. Schivizhoffen in Görz. *Görz: Selbstverl. 1904.* (510 S.) 4° [04. 381]

— der Adel in den Matriken des Herzogt. Krain. (III, 506 S.) 4. Ebd. 905. n.n. 20. —; erhöht. Pr. n.n. 30. —

Schiviz v. Schivizhoffen, Ludw., der Adel in den Matriken der Stadt Graz. (VIII, 650 S.) Lex. 8. Graz 909. (U. Moser.) 20. —

Schivitz: Über den Bau der Numuliten. 4 S. – Triest, Progr. 1856.

Schivitz: Beiträge zur geogn. Kenntnis des Coglio bei Görz. 8 S. – Triest, Progr. 1854.

Schiwa in Westen, von Bch. Br. u. S.; hrsg. von M. A. 8. Gotha 832. Flinzer. 1 ₰

Schiwanderkarte Blaubeurer Alb. 1 : 50 000. Stuttgart. 1 Bl. (Schwäb. Alb. 3.)

Schiwanderkarte Uracher Alb. 1 : 50 000. Stuttgart. 1 Bl. (Schwäb. Alb. 2.)

Schiwietz, Steph., das morgenländ. Mönchtum. 1. Bd. Das Ascetentum der drei ersten christl. Jahrhunderte u. das egypt. Mönchtum im 4. Jahrh. (VIII, 352 S.) gr. 8. Mainz 904. Kirchheim & Co. n. 7. —

Schiwietz, Stephanus [presb. Vratisl., in gymn. reg. Ratiborensi relig. praeceptor]: De S. Theodoro Studita reformatore monachorum Basilianorum ... (Soll vollst. ersch. u. d. T.: De Regulis s. Basilii Magni.) Vratislaviae, typ. ephemeridis „Schles. Volkszeitg", 1896; 2 Bl., 31 S. 8.
Breslau, Kath.-theol. Fak., Inaug.-Diss. v. 9. März 1896

Schiwietz, Steph., de S. Theodoro Studita, reformatore monachorum basilianorum. Diss. gr. 8. (29 S.) Breslau 896. (Schlotter.) n. — 60

Schkeuditz, s.: Sachsen. Karte. Messtischblätter.

Eingangsrede bei der feierlichen Freimaurer Versammlung am Neujahrsfest 5.·. 7.·. 71. abgelesen von dem vorsitzenden Grosmeister [!] in der ger. und vollk. Loge, die wachsende zu den dreien Schlüsseln in Regensburg. [Unterz.:] L.·. L.·. [v.] S[chkler]. [Regensburg 1771.] 7 S. 4⁰
10 in: Sammlung einiger Frmrreden d. L. in Regensburg. 1778.
Selten. Gelegenheitsworte.

Drei mal drei Lieder mit eigenen Melodien, zum Vergnügen der ächten deutschen Freimäurer-Loge der Wachsenden zu den dreien Schlüsseln in Regensburg. Zusammengetragen und gewidmet von L. L. S[chkler?]. Den 1. Jenner 5. 7. 82. [Regensburg: 1782.] 16 S. 8⁰
Tt. 2304. Ohne Noten.

[N. Ausg.? u. d. Tit.:]
Zwölf F.·. M.·. Lieder mit eigenen Melodien, zum Vergnügen der ächten deutschen Freymäurer-Loge der Wachsenden zu den dreien Schlüsseln in Regensburg. Zusammengetragen und gewidmet von L. L. S[chkler ?]. Den 24. Junii 5. 7. 84. [Regensburg: 1784.] 22 S. 8⁰ [Umschlagtit.]
Kl. 1570. Ohne Noten.

Schkljarewski, A., ein Ritualmord?, s.: Welt-Bibliothek.

Schkljarewsky, A. v., die Unterscheidungs-Merkmale d. männl. u. weibl. Typen m. Bezug auf d. Frage d. höh. Frauenbildg. Autor. Übersetzung., nebst e. Anh.: E. Wort zur Zeit v. Cäcilie Neudecker-Bortniker. gr. 8. (III, 41 S.) Würzburg 898. Stahel'sche Verlagsanstalt. n. 1. —

Schklowin-Perelmutter, Hanna. Beiträge zur Aetiologie, Behandlung u. Prophylaxe des Milzbrandes beim Menschen. Aus der chirurgischen Universitätsklinik in Zürich. Diss. Med. Univ. Zürich. 57 S. 8. Zürich, Gebr. Leemann & Co., 1911.

Schklowskaja, Sarah Schosja. Beziehung der Retroversio Uteri zu Gravidität und Geburt. Diss. Med. Bern. 27 S. 8. Bern, H. v. Kamp-Berger, 1910.

Schkolnik, Grigori [aus Odessa]: Ueber die Reduction von Azophenoläthern mit Zinnchlorür und Salzsäure bei Gegenwart von Alkohol ... Berlin, A. W. Schade's Buchdr., *1893;* 44 S., 1 Bl. 8.
Heidelberg, Naturw.-math. Fak., Inaug.-Diss. v. [9. Nov.] 1893

Schkolnik, Rachel: Clinique chirurgicale de l'Université de Genève. (Prof.: Dr. Girard.) De l'estomac biloculaire à la suite de l'ingestion de substances corrosives. Genève 1907. 55 p. 8°. [19. III. 07.]
Genève Thèse méd. 1906/1907.

Schlopp, v., die Detailausbildung e. Infanterie-Compagnie im Felddienst. 8. (IV, 79 S.) Berlin 883. F. Luckhardt. n. 1. 20

Schlopp, Hauptm. v., Geschichte des Königs-Grenadier-Regiments (2. Westpreußischen) Nr. 7, als Fortsetzung zur Geschichte des 7. Infanterie-Regiments auf Befehl des Regiments zusammengestellt. Mit 20 Beilagen und 2 (lithogr.) Marschkarten. gr. 8. (248 S. mit lithogr. Portr. des Kaisers Wilhelm.) Berlin 877, Mittler und Sohn. *

Schlopp, Adele v., für junge Mädchen. Drei Erzählungen. Breslau (858.) Dülfer. (2 Bl., 100 S. u. 1 color. Lithogr.) 12 ngr

Schlopp, Adele v., innere Wege. Berlin 860. Evangelische Buchhdlg. (Akademische Buchhdlg.) 8. (VII, 343 S.) n. 1 ₰

Schkopp, Adele v., innere Wege. Vier christl. Erzähln. für junge Mädchen. 2. (Titel-)Ausg. Berlin (1860) 870. E. Beck. gr. 16. (V, 343 S.) n. 22½ ngr.

Schkopp, Eberh. v., Kameruner Bananen. Fortsetzung der „Kameruner Skizzen". (IX, 204 S.) 8. Berlin 906. Winckelmann & Söhne. n. 2.25; n. geb. 3.—

EBERHARD v. SCHKOPP, Die wirtschaftliche Bedeutung der Baumwolle auf dem Weltmarkte. Nach amtlichen Quellen und anderen Publikationen bearbeitet. (Sonderabdruck aus der Zeitschrift „Tropenpflanzer" Organ des Kolonial-Wirtschaftlichen Komitees, Oktober 1904.) (Berlin 1904. Gedruckt in der Königlichen Hofbuchdruckerei von E. S. Mittler & Sohn.) 8°.

Die wirtschaftliche Bedeutung der Baumwolle auf dem Weltmarkte. Nach amtl. Quellen u. and. Publikationen bearb. von Eberhard v. Schkopp. *(Berlin: Der Tropenpflanzer 1904.)* (VI S., S. 324–452.) 8°
— Tropenpflanzer, Der. Bd 5, No 5. 6.

Kameruner Skizzen. Von Eberhard v. Schkopp. Berlin: Winckelmann & Söhne 1905. (VI, 206 S.) 8° [F.]

v. Schkopp, Eug. Geschichte des Königs-Grenadier-Regiments [2. westpreussisches] No. 7, als Fortsetzung zur Geschichte des 7. Infanterie-Regiments. (248) 8. M. 20 Beil. u. 2 Krtn. Berlin 1877. 5,00.

von Schkopp, I.: Neapel mit seinen Umgebungen, verfasst im Jahre 1824. (Manuskript.) Neapel 1824. 340 S. 8°.

Schkuhr, Christian

— neue Ausgabe d. Handbuchs in einz. Heften mit ill. K. 18—20s Heft. gr. 8. Ebend. (à 2 Rthlr.)

— Beschreib. u. Abbild. der theils bekannten, theils noch nicht beschriebenen Arten, von Riedgräsern nach eigenen Beobachtt. u. vergrößerter Darstell. d. kleinsten Theile. 1s u. 2s Hft. Mit 93 ill. Kpf. gr. 8. Wittenb. 812. (Er. Fleischer in Lpz.) 16 ß

Schkuhr, Christ., Enchiridion botanicum seu Descriptiones et icones plantarum in Europa vel sponte crescent. vel in hortis sub dio perdurantium. Vol. I. c. 84 Tab. col. gr. 8. Vitteb. Autor. (Gerh. Fleischer, Lips.) 805.

Schkuhr, Chr., die Farrnkräuter, Supplement, s. Kunze, G.

— Deutschlands kryptogam. Gewächse, od. 24e Klasse nach d. Linné'schen System. 1r Bd. 1s—9s Hft. Farrenkräuter. Mit 219 illum. Kpf. gr. 4. Wittenb. 804—809. (Er. Fleischer in Leipz.) 45 ß 2r Bd. 1s u. 2s Hft. Deutsche Moose. Mit 40 color. Kpf. gr. 4. Ebd. 810. (Ebd.) 10 ß

— botan. Handbuch d. mehresten theils in Deutschland wildwachsenden, theils in Deutschland unter freiem Himmel ausdauernden Gewächse. 1s—30s Hft. Mit ill. Kpf. gr. 8. Wittenb. 787—97. 2e Aufl. 4 Bde. Mit 453 color. Kpf. gr. 8. Ebd. 806—14. (Leipz., Er. Fleischer). 80 ß

Schkuhr, Christ, botan. Handbuch d. mehresten theils in Deutschland wildwachsenden, theils ausländischen in Deutschland unt. freiem Himmel ausdauernden Gewächse, neue Ausgabe in einzelnen Heften mit illum. K. 21s—40s Heft. gr. 8. Leipz. Gerh. Fleischer. (à 2 Rthlr.) Rthlr.

— — dasselbe. 41s Heft, od. d. 24sten Classe Cryptogamie. 1ste Abtheil. mit 25 illum. K. 2te Aufl. gr. 4. Ebendas. 814.

Botanisches Handbuch der mehresten theils in Deutschland wild wachsenden, theils ausländischen, in Deutschland unter freyem Himmel ausdauernden Gewächse, Von Christian Schkuhr. Th.1-3 [Nebst Taf.-Bd 1-3.] Wittenberg: Verf. 1791-1803. 6 Bde 8°
Th.1: Mit sehr als 300 Abb. 1791.
Th.2: Mit fast 400 Abb. 1796.
Th.3: Mit fast 500 Abb. 1803.

— histoire des carex ou Laiches, contenant la description et les fig. color. etc. Trad. de l'Allemand et augmentée par de Lavigne. 4. Leipz. 802. Voss. 10 ß

Schkuhr, Chrn, Vier und zwanzigste Klasse des Linné'schen Pflanzensystems oder Kryptogamische Gewächse. Bd. 1. mit 219 ausgemalten Kupfertafeln enthält ausser den sämmtlichen Farnkräutern Deutschlands noch eine grosse Anzahl andrer aus allen Welttheilen, welche noch nicht oder zum Theil unvollkommen, auch nur in seltnen Werken abgebildet sind. Bd. 2. H. 1. 2. enth. die deutschen Moose. Mit illum. Kupff. Wittenberg 1804—10. gr. 4. . . . .

— die Riedgräser. Supplemente, s. Gust. Kunze.

Schlaaff, Henning Nikolaus Johann (Zweibrücken)
A. S. 1-206/5

Dissertatio inauguralis chemico-medica de fermentatione putredinosa seu putrefactione.
Präs. Johann Juncker.
Halle (Hilliger) VII. 1737. 39 S. 30510

Schlaak, Max. Beiträge zur Kenntnis des Shorthornrindes. Diss. Vet.-Med. Bern. 48 S. 8. Hannover, M. & H. Schaper, 1910.

Schlaak, M., das Shorthorn-Rind, s. a. Monographien landwirtschaftlicher Nutztiere. 10. Bd.

Das Shorthorn-Rind von Dr. M[ax] Schlaak, Tierarzt, Garding. Hrsg. von d. Gesellsch. Deutscher Shorthornzüchter. Mit 9 Taf., 1 Stammtaf. u. 71 Abb. Hannover: Schaper 1910. 142 S. 8°
(Monographien landwirtschaftl. Nutztiere. Bd 10.)

Schlaak, Robert: Entstehungs- u. Textgeschichte von Landors 'Gebir.' Halle 1909: Lüdtke, Berlin. 74 S. 8°
Halle, Phil. Diss. v. 18. Dez. 1909, Ref. Ritter
[Geb. 26. Jan. 82 Berlin; Wohnort: Berlin; Staatsangeh.: Preußen; Vorbildung: Kaiser-Wilhelms-Realgymn. Berlin Reife M. 03; Studium: Berlin 11 S.; Rig. 24. Juni 09.] [U 10. 1794

Schlabach, Gustav, über die Enveloppen, welche bei der Bewegung einer Geraden längs einer gegebenen Curve entstehen. Diss. Marburg 1887, N. G. Elwertsche Univ.-Buchh. 8°. 39 S. mit einer Taf.

Schlabach, Gustav [aus Wetzlar]: Über die Enveloppen, welche bei der Bewegung einer Geraden längs einer gegebenen Curve entstehen .... Marburg, Univ.-Buchdr. (R. Friedrich), 1887; 39 S. u. 1 Taf. 8°
Marburg, Phil. Fak., Inaug.-Diss. v. [13. Okt.] 1887

Schlabach, G[ustav], Dr.: Ueber den elektrischen Leitungswiderstand loser Kontakte. *Düsseldorf 1901: (E. Lintz).* (39 S.) 8°
Düsseldorf, st. R an d. Prinz-Georg-Str., OP 1901 (534)

Schlaberg, ein Abschiedswort an's Vaterland. Hannover 866. Brandes. gr. 8. (4 S.) n. 2 ngr.

Schlaberg, Adolf

Schlaberg, Adf., die Dame als Reiterin. Informirung üb. die Reitkunst der Damen. Mit 30 Holzschn. 8. (VII, 84 S.) Berlin 884. Parey. geb. n. 3.—

Schlaberg, Adf., die Dame als Reiterin. Informierung üb. die Reitkunst der Damen. 2., neu bearb. Aufl. 12. (VII, 98 S. m. 82 Abbildgn.) Berlin 898. P. Parey. Geb. in Leinw. n. 3. —

Schlaberg, Adf., die Dame als Reiterin. Informierung üb. die Reitkunst der Damen, m. e. Anh. üb. einzelne Gangarten in der hohen Schule. 3., neubearb. Aufl. (VIII, 104 S. m. 40 Abbildgn.) 8. Berlin 906. P. Parey. Geb. in Leinw. n. 3. —

Schlaberg. Fahr-Instruction f. große u. kleine Ställe u. zum Gebrauch f. jeden Fahrer. Mit 44 Orig.-Illustr., nach Entwürfen von Curt Lucius, gez. v. Rich. Blumenau. 1. u. 2. Aufl. Lex.-8. (VIII, 122 S.) Oldenb. 890,92, Stalling's Verlag. * 4 —; geb. ** 5 —

-- Fahr-Instruction f. große u. kleine Ställe u. zum Gebrauch f. jeden Fahrer. Mit 44 Orig.-Illustr., nach Entwürfen v. Curt Lucius, gezeichnet v. Rich. Blumenau. 2. Aufl. Lex.-8. (VIII, 122 S.) Oldenburg 894. G. Stalling's Verl. n. 4. —

Schlaberg, herrschaftliche Fahrschule. Für große u. kleine Ställe u. zum Gebrauch f. jeden Fahrer. Mit 44 Orig.-Illustr., nach Entwürfen v. Curt Lucius, gezeichnet v. Rich. Blumenau. 3. Aufl. der Fahrinstruktion f. große u. kleine Ställe. (VIII, 122 S.) gr. 8. Oldenburg (909). G. Stalling's Verl. 1.50

Schlaberg, Jh. Andr., prakt. Arzneimittellehre. f. Thierärzte u. Landwirthe. Mit e. Vorrede von K. F. G. Gericke. gr. 8. Berl. 806. Reimer. 2 ₰ 9 gr

Schlaberg J. A.: Praktische Heilmittellehre z. Gebrauche f. Thierärzte u. Landwirthe. M. e. Vorr. begl. v. C. F. G. Gericke. Berl. 1805. 580 S.

Schlaberg, Joh. And., Prakt. Heilmittellehre zum Gebrauche für Tierärzte und Landwirte. Mit einer Vorrede von K. F. Gust. Gericke. 8. Berlin 06. Reimer. M. 7.—

Schlabitz, Augustus (geb. Breslau 1813): De scrofulosi. Berolini (1839). (43 S.) 8°
Berlin, Med. Diss. v. 3. Juli 1839

Schlabrendorf, C. Graf, Geneal.-histor. Uebersicht der churmärkischen Familie der Herren von Schlabrendorf. Mit Tabellen. 1842.

Schlabrendorf, Gustav Graf v.

KROKODILL (so!), Der; oder die letzten Schicksale der Menschen und Staaten. Eine prophetisch-romantische Vision vom Verf. des Napolion (sic!) Bonaparte, und das französische Volk (*Gust.* Graf *v. Schlabrendorf*, geb. 22. März 1750 zu Stettin in Pommern, † 21. Aug. 1824 zu Paris). Aus den Zeichen der Zeit und ihrem Spiegel — der Weltgeschichte. 2 Bde. London (Erfurt, Hennings). 1806. 12°. (1⅔ Rthl.) (16 Sgr. Scheible, vor 1875; jetzt theurer!)
Etwas freier philos. Roman, mit Ordensgeschichten untermengt. I: 1 Bl., 288 S. II: 214 S. u. 4 Bll. Verlags-Cat. der Hennings'schen Buchh., enth. 70 (meist freie) Romane.

Moloch, Der, unsrer Tage und sein Hoherpriester (Heinrich v. Bülow, der berühmte Militärschriftsteller) in Deutschland (von *Gustav* Graf *v. Schlabrendorf*). Justi tenacem flectere non odium cogit, non gratia suadet. O. O. 1804. Gr. 8°. Antiqualettern. Zahm.
Titel u. 226 S. (incl. XVI S. Vorr.), 1 Bl. Druckf.

v. Schlabrendorf, Graf Gust., († 1821.) s.a. Napoleon u. das französ. Volk.

(v. Schlabrendorf, Gust.) Napoleon Bonaparte, wie er leibt und lebt, und das französische Volk unter ihm. (447) 8. Germanien (Hamburg) 1801. — 2. Aufl. 2 Bde. 8. St. Petersburg 1806. — 3. Aufl. 2 Bde. 8. ib 1814.

Napoleon und das französische Volk unter seinem Consulate (von *Gustav* Graf *v. Schlabrendorf*-Kolzig, „Eremita Parisiensis", Domherr zu Magdeburg, geb. 1750 zu Stettin, † 1824; herausg. von Joh. Frdr. Reichardt). Germanien (Campe in Hamburg) 1804. Gr. 8°. VIII u. 447 S. (In Zürich, Stadtbibl.) (6 Mk. R. Bertling, Dresden, 1907; F. Waldau, Fürstenwalde 1907.)

(v. Schlabrendorf. G.) Sendschreiben an Bonaparte von einem seiner ehemaligen eifrigsten Anhänger. (67) 8. (Hamburg) 1801.

Schlabrendorff, Adelh. v., geb. v. Sassen, Liederkranz. gr. 8. (64 S.) Dessau (901). (A. Haarth.) Geb. in Leinw. n. 3.—

Schlabs, Paul, Heimatkunde d. Kreises Jarotschin. Unt. Benützg. amtl. Quellen bearb. gr. 8. (24 S. m. 1 Karte.) Lissa 898. F. Ebbecke. n. — 20; m. farb. Spezialkarte n. — 60

Schlabs, Heimatkunde des Kreises Jarotschin. Unter Benutzg. amtl. Quellen bearb. 2. Aufl. gr. 8. (24 S. m. 1 Taf.) Lissa 899. F. Ebbecke. n. — 20; m. Karte n. — 60

Schlachcikowski, J., Ronge u. seine Suspension. Zeitgemässe Betrachtg. üb. die Macht der kirchl. Obern u. die Unfreiheit des niedern Klerus. (95 S.) 8. Leipzig 909. E. Haberland. 1.50

— Anton Theiner, ein Vorläufer des heutigen Modernismus. Studie zur Erinnerg. an seinen 50jähr. Todestag. (XII, 196 S.) 8. Würzburg (910). Memminger. 3. —

Schlachcikowski, Joseph, Gerichtsref.: **Die Änderungen an dem alten Patentrecht durch das neue Patentgesetz vom 7. April 1891.** *Breslau 1903: A. Stenzel.* (43 S.) 8°
Breslau, Jur. Diss. v. 28. Okt. 1903

Schlacher, Jos., General-Karte von Mittel-Europa. M. 1:1200000. Wien, Lechner's Verlag, 1875. Imp.-Fol. 12 Bll. Chromolith. . . . . (Br. Mus.)
. — — Neue erweiterte Subskriptions-Ausg. in 18 Bll. Ebda. o. J.

Schlacher, Jos., General-Karte von Mittel-Europa. 12 Bl. 1 : 1,200,000. Chromolithogr. Imp.-Fol. Wien 878, (Lechner's Verlag.) à Bl. * *M* 2,60. *

Schlacher, J., Karte von Bosnien, Herzegowina, Serbien und Montenegro, nebst einem grossen Theile von Albanien, Bulgarien und den angrenz. Ländern der österreichisch-ungar. Monarchie. Nach neuesten Quellen bearb. 1 : 1,200,000. Chromolithogr. Imp.-Fol. Wien 876, Lechner's Verlag. *

—— Karte der Türkei und Nachbarländer. 5 Bl. Chromolithogr. Imp.-Fol. (Ebendas.) 877. *
Einzelne Blätter à *

Schlacher, J., Karte von Central-, Süd- und West-Europa. 1 : 500,000. Zugleich Uebersichtskarte zu J. Schlacher's grosser Generalkarte von Mittel-Europa in 14 Blättern. Chromolithogr. Imp.-Fol. Wien 880, (Lechner's Sortiment.) In Carton * *M* 3.; auf Leinw. *

Schlacht, die. [Vortrag, gehalten am 17. Novbr. 1881 in der militär. Gesellschaft zu Köln.] gr. 8. (32 S.) Berlin 882, Mittler und Sohn. *

Schlacht an der Addua (223 J. v. Chr. gegen die Gallier). Weimar. 1820. 600 Schritte = 0',197. 1 Bl. a. demselb. W.

Schlacht bey Adis. (255 J. v. Chr.) Weimar. 1820. 10 Stadien = 0',372. 1 Bl. a. demselb. W.

Die Schlacht von Alischanz (la bataille d'Aliscans). Kitzinger Bruchstücke; niederdeutsches Heldengedicht vom Anfange des 14. Jahrhunderts, abermals aus d. Urschrift hrsg., erg. u. erl. von Karl Roth. — Paderborn: Schöningh 1874. 80 S.
1:Yg 1002. 12:P. o. germ. 1292 p. **3. 4. 5. 6. 7. 9. 10.**
3.3431

Die Schlacht von Amiens. 8. Berlin 1873. 1 20

Schlacht, die, bei Aspern. Gemalt v. P[illegible] gez. v. Ch. Schüler u. lith. v. E. Zinck. Roy. Fol. (1 Bl. Erklär.) (Darmstadt 836, Diehl.)

Die Schlacht bey Aspern am 21. May 1809. I. 1 : 40,000. II. III. 1 : 24,500 3 Bl.

Schlacht, Die, bei Aspern am 21. u. 22. Mai 1809. O. O. V: *Wimpfen, Maximilian Freih. von.* (Pr)

Schlacht, die, bei Aspern am 21. und 22. Mai des Jahres 1809. Mit einer biographischen Skizze des Erzherzog Carl von Oesterreich, dem Programme zur Monuments-Enthüllung in Wien am 51. Jahrestage der Schlacht bei Aspern und der Abbildung des Monuments (in Holzschn.). Wien 860. Dirnböck. gr. 16. (23 S.) 6 ngr

Schlacht bei Aspern auf d. Marchfelde, am 21. Mai 1809. 4. Wien ... Gerold. 3 gr

Schlacht, die Auerstädter, a. mein. Kammer, von H. v. L..n. 8. Kiel, Akadem. Buchh. 809.

—die Auerstädter, auf meinem Zimmer, von H. v. L..n. 8. Kiel 809. (Hesse). 12 gr

Schlacht, Die, bei Austerlitz ... A. d. Franz. Leipz. u. Dresd. 1806. V: *Stutterheim, Carl Freih. von.* (Pr) (Ky)

—die, bei Austerlitz, von e. militär. Augenzeugen, d. 2. Decbr. 1805; aus d. Französ. (v. K. v. Stutterheim). Mit 1 Karte. gr. 8. (Dresd. u. Leipz.) 806. **Gr. Fleischer. 16 gr; (a. Walther in Dresd.) 14 gr**

(F) Die Schlacht bei Austerlitz (2. December 1805). Nach der von Professor Alois Slovák in zweiter Auflage veröffentlichten Darstellung bearbeitet von Clemens Janetschek. Mit einer Karte des Schlachtfeldes und dem Bild der drei Kaiser. Brünn. 1898. Selbstverlag. [In Comm. Winkler.] 8°. 168 S. fl. —.30

— die, bei Bautzen, eine Niederlage und ein Sieg. Denkschrift an den 20. u. 21. Mai 1813. Bautzen 863. Reichel. 8. (16 S.) 1½ ngr

Die Schlacht bei Bergen unweit Frankfurt a. M. zw. d. Frantzös. Truppen u. den Alliirten, d. 13. April 1759. (12.) 8.

Die blutige **Schlacht** bei Kolding am 23. April 1849. zwischen den Dänen und Schleswig-Holsteinern. o. O. 1849. 4 Bl. 8°.
Auf den beiden letzten Seiten ein Gedicht.

—die, von Borodino od. an d. Moskwa d. 7. Sept. 1812. Mit 1 Schlachtplan. gr. 4. Weim. 824. (Ind.-Compt.) 20 gr

Die Schlacht bei Breslau in Schlesien, d. 22. Nov. 1757. 8.

—die, bei Brienne u. la Rothière, am 29., 30. u. 31. Jan. u. 1. Febr. 1814. Mit 1 Schlachtplane. gr. 4. Weimar 814. Geograph. Inst. 9 gr

die Schlacht bei Custozza am 24. Juni 1866. 8. Mit Atlas. Berlin 1866.

Die Schlacht von Custozza am 24. Juni 1866. Berlin 1867. 8°. (Bh. z. M. W. B.)

Die Schlacht bey Deutsch-Wagram den 5. u. 6. July 1809. 1 : 70,000. 3 Bl.

Schlacht. Die Schl' bei Dornach am 22sten Juli des Jahres 1499. (Njbl.) s. [Burckhardt, Abel].

—die, vor Dorneck (1499); in 3 Gesängen, (v. K. S. Wild). 8. ... 790.

Schlacht, Die, vor Dorneck; in drei Gesängen ... O. O. 1790. V: *Wild, Carl Samuel.* (Ky) (MGT)

Die **Schlacht** bei Düppel auf Sundewitt am 28. Mai 1848, und Sendschreiben an den König von Dänemark, nebst einem **Liede.** o. O. u. J. 4 Bl. 8°.

Schlacht, die, bei Ebelsberg am 3. V. 1809. 8. (32 S. m. 4 Taf.) Linz (902). E. Mareis. n. — 60

Schlacht, die erste, im Zukunftskriege. Berichte aus dem Hauptquartier. Mit 1 Karte. 2. Aufl. gr. 8. (42 S.) Hannover 886. Helwing's Verl. n. 1. 20

Die **Schlacht** von Eylau, gewonnen von der großen Armee unter Napoleon gegen die vereinigten Armeen der Russen und Preußen 8. Februar 1807. Bericht von einem Augenzeugen. (In deutsch. u. franz. Spr.) Mit Pl. o. O. u. J. 33 S. 4°

Die | Schlacht | bei | Flensburg | am 9. April 1848. | (Fig. *Todessymbole*, 25 × 54).
Kol.: Gedruckt bei F. A. Große Wittwe in Varel.
4 Bl. n. n., 180 × 113.
LBO Jahrmarktslit. R. c. 2, 39.

Schlacht bey Fokschan am 1. August und bey Martinestie am 22. Sept. 1789. Wien 1826. 1 : 115,000. 1 Bl. a. vorst. W.

Schlacht, die, boi Forbach u. die Wehrkraft des deutschen Volkes. Von Tacitus Minor. (Umschlag: 2. bis 4. Aufl.) (Je 127 S.) gr. 8. Berlin 904. Leipzig, Polit. Verlag. n.n. 1. 75

Schlacht. Die Schl' bei Frastenz im Jahr 1499. [SA.] s. a. (M[eyer], W[ilhelm]).

Schlacht, Die, bei Frastenz 1499 ... O. O. [1865]. V: *Meyer, Wilh.* (Zuwachsverz. d. Bibliotheken in Zürich 1898 ff.)

Schlacht. Die Schl' zu Fraubrunnen, im Jahr 1375. Njbl. Bern 1826 s.a. [Stierlin, Emanuel].

Schlacht, Die, zu Fraubrunnen im Jahr 1375. Bern 1826. V: *Stierlin, Emanuel.* (Cat. d. Stadtbibl. Zürich. Zürich 1864—97.) (AarK)

Schlacht, die, bei Fredericia am 6. Juli 1849. Hauptsächlich nach den beiderseitigen officiellen Rapporten dargestellt von einem dän. Officier. Mit 1 (lith.) Karte (in Fol.) gr. 8. (55 S.) Kopenhagen 849, Reitzel. n. 1/2 ₰

Die Schlacht bei Freiberg im Erzgebirgischen Kreise zwischen dem vereinten Kaiserlichen und Reichsheer unter Anführung des Reichs-Generalfeldzeugmeisters Prinzen von Stollberg, und den Königlich Preussischen Truppen, unter den Befehlen des Prinzen Heinrich von Preussen den 29ten October 1762. 8. 12 S.

Schlacht. Die, bei Friedland, dargestellt nach officiellen Französischen und Russischen Berichten. Mit einem Plan. 4. Leipzig.

Die Schlacht bei Friedland. Leipzig 1807. 8°. (Magazin des Krieges. H. 1.) (Deutsch u. franz.)

— die, von Friedland. Mit 1 Plan. gr. 4. Leipz. 817. Gr. Fleischer. 16 gr

Schlacht, Die, in zwey Gedichten. [Erfurt 1755.] V: *Schwarz, Georg Christoph.* (Ml)

— die, bei Großbeeren am 23. Aug. 1813. Mit Bülow's Bildn. u. e. Plane. (Aus d. Erinnerungsbuche abgedr.) gr. 4. Halle 817. Waisenhaus-B. 18 gr

Die grosse Schlacht bey Essling ohnweit Wien den 21. u. 22. May zwischen den K. K. Oesterr. und K. K. franz. Armeen 1809. O. M. 1 Bl.

— die große, bei Remlingrade, oder der Sieg der Bergischen Bauern über die Elberfelder Allerwelts-Barrikadenhelden am 17. Mai 1849. 10. Aufl., erste m. Holzschn. 8. (32 S.) Koblenz 849, Bädeker. 1/12 ₰

Die Schlacht bei Grossjägerndorf zw. der Russisch-Kaiserl. Armee unter Graf Apraxin u. den Königl. Preuss. Truppen unter Feldm. v. Lehwald, d. 30. Aug. 1757. (12.) 8.

Schlacht, Die, bei Hanau am 30. und 31. Okt. 1813 in allgemeiner Darstellung und Einzelbildern. Nach geschichtl. Quellen und mündl. Überlieferung. Hanau 1860. V: *Emmel, Hermann.* (Pr) (ABJP)

— die, bei Hanau, am 30. u. 31. Oktober 1813 in allgemeiner Darstellung und Einzelbildern. Nach geschichtlichen Quellen u. mündlicher Ueberlieferung. Mit 1 (lith. u. color.) Plan der Stadt (in 4.). Hanau 864. König's Verlag. gr. 8. (VI, 236 S.) 18 ngr

die Schlacht bei Hastenbeck unweit Hameln, 26. Juli 1757. 8.

Die Schlacht bei Hemmingstedt. 17. Febr. 1500. Ausschnitt aus: Kölnische Zeitung Nr. 135. 18. Febr. 1900. 1. Beilage zur Sonntags-Ausgabe. Fol. geb. in 4°.

Schlacht, Hermanns. Ein Bardiet für die Schaubühne. Hamb. u. Brem. 1769. V: *Klopstock, Frdr. Glieb.* (GGr) (MGT) (Ky) (Schr) (AarK) (Adel)

Schlacht, Herrmann's; Schauspiel. Leipz. 1784. V: *Dyk, Joh. Gfr.* (Ky)

Die Schlacht bei Hochkirch in der Ober-Lausiz zwischen den Kaiserlich-Königlichen Truppen, unter Anführung des Feldmarschall Grafen von Daun, und den Königlich Preussischen unter den Befehlen des Königs. 8. 14 S.

Schlacht zu Hohenlinden in Baiern (die), im Jahre 1800, d. 3. Dec. (Die Bayern u. Oesterreicher von *Moreau* geschlagen.) Auch der Uebergang über die Salza, Einzug in Salzburg, vom 13. u. 14. Dec. (S.-A. aus Dr. *Ernst Ludw. Posselt's* Europäischen Annalen.) O. O. 1801. 8°. 128 S. Name auf d. Tit. Ppb., geles.

— die, zu Hohenlinden in Baiern, im J. 1800. (Aus Er. Ldw. Posselts europ. Annalen.) gr. 8. Münch. 801. Fleischmann. 9 gr. N. A. 803. Mit 1 Pl. Münch., Lindauer. 16 gr

Die Schlacht bei Hohenlinden nebst denen ihr vorhergegangenen u. nachgefolgten Bewegungen beider Heere. München 1803. 29 S.

Schlacht. Die Schl' im Jammerthal, im Jahr 1298. Njbl. Bern 1818 s.a. [Stierlin, Emanuel].

Die Schlacht im Jammerthale (1298) [Bernische Neujahrsstücke XI] I. Bern 1818

Die Schlacht bei Idstedt. Von einem Soldaten der ehemaligen schleswig-holsteinischen Armee. Seinen Kameraden gewidmet zur Auffrischung des Gedächtnisses bei der am 25. Juli 1869 stattfindenden Einweihung des Idstedter Monuments. Schleswig. 1869. 8°

Schlacht, die, von Idstedt, faßlich dargestellt nach vorhandenen Quellen u. eigener Erinnerung von einem Kampfgenossen. Mit einem Anh.: Die Todtenfeier u. die Weihe d. Denkmals auf dem Schlachtfelde am 25. Juli 1869. Schleswig 869. Heiberg. gr. 8. (33 S.) n. 6 ngr

Die Schlacht bei Idstedt und der Charakter des Generals Willissen. Zur Aufklärung über den Ausfall jener. Aus dem Tagebuch eines schleswig-holsteinischen Bataillons-Commandeurs. o. O. 1861. 8°.

Schlacht, Die, bei Idstedt, am 24. u. 25. Juli 1850 und die vorangegangenen Operationen usw. (Beiheft z. Militair-Wochenbl.). Berlin 1851. V: *Fransecky, Eduard v.*

(DARP)

— die, bei Idstedt, am 24. u. 25. Juli 1850, u. die vorangegangenen Operationen vom Einrücken der beiderseitigen Armeen ins Schleswigsche bis zur Schlacht. [Mit einem Anhang: „Ueber einige Verhältnisse d. Schleswig-Holstein. Armee vom J. 1850", den Formations- rc. Uebersichten der beiden Armeen, einer (lith.) Operationskarte (in hoch 4.) u. einem (lith.) Plan (in Fol.)] [Beihft. zum Militair-Wochenblatt für Juli, Aug. u. Septbr. 1851.] gr. 8. (VIII u. 92 S. m. 2 Tab. in Imp. 4.) Berlin 851, Mittler & Sohn in Comm. baar 1/2 ₰; f. Preußen baar n. 1/3 ₰

— die, bei **Jena 1806**. Katalog der Hundertjahr-Ausstellg. im städt. Museum zu Jena (m. einigen einführ. Kapiteln hrsg. v. Paul Weber u. e. Anh.: Jenas Verluste in den Oktobertagen 1806 u. die dafür gezahlten Entschädiggn. Aus unveröffentlichten amtl. Quellen mitgeteilt v. Ernst Devrient). (V, 110 S. m. Abbildgn.) 8. Jena 906. (Frommann'sche Hofbuchh.) 1. —; Nachtrag Nr. 483—600 u. Berichtiggn. z. 1. Tle. (16 S.) — 20

Schlacht, Die, von Jena oder Auerstädt, geliefert den 14. October 1806. (Mit 4 Plänen auf 1 Blatt.) 8. Leipzig 1806.

— — Die, bei Jena und Hassenhausen den 14. October 1806, zwischen den französischen und preussischen Heeren. Mit einem Plane 12. Zeitz.

Schlacht, die, von Inkerman am 24. Octbr. (5. Novbr.) 1854. Eine kriegsgeschichtliche Skizze, geschrieben im Decbr. 1854. Mit 1 (lith. u.) in Farbendr. ausgeführten Plan der Schlacht (in Fol.). Berlin 855. F. Schneider. gr. 8. (48 S.) n. 22½ ngr.

Schlacht, die bei Kaiserslautern am 28., 29. u. 30. Novbr. 1793, nebst Schlachtplan aus dem Schlachtenatlas von v. Rothenburg, sowie Bericht üb. die Gefechte bei Kaiserslautern am 23. Mai u. 18.—20. Septbr. 1794. Zusammengestellt v. J. K. gr. 8. (59 S. m. 4 Abbildgn.) Kaiserslautern 893. (E. Crusius.) n. 1. 20

— dasselbe. Geschildert v. e. Militär auf Grund authent. Quellen. gr. 8. (62 S. m. 3 Abbildgn.) Ebd. 893. n.n. — 80

Schlacht. Die Schl' bei Kappel.... Zürich 1831 s.a. [Gelzer, Heinrich Z].

Schlacht, Die, bey Kappel, Huldr. Zwinglis Todestag. Zürich 1831. V: *Gelzer, Hnr.* (Cat. d. Stadtbibl. Zürich. Zürich 1864—97.) (winer)

Schlacht, die, bei Kappel, Huldreich Zwinglis Todestag. 8. (4 B.) Zürich 831, Schulthess.

Schlacht, Die, an der Katzbach . . . Berlin 1813. V: *Schmidt, Martin Hnr. August.* (GGr)

Schlacht, die — bei Kollin am 18. Juni 1757. Nach offiziellen Quellen von A. B. G. k. k. Hauptmann. Prag, 1857. Druck von Friedrich Rohliček. (32 S. 8.)

— die, bei Königgrätz. Dargestellt von einem alten Militär. Berlin 866. (Matthies.) gr. 8. (31 S. mit lith. Plan in 4.) n. 8 ngr.

—— die, bei Königgrätz am 3. Juli 1866. Nach amtl. Quellen und den Berichten von Augenzeugen dargestellt von H. v. B. 8. (47 S. mit 1 autogr. Schlachtplan und den Portr. des Kronprinzen in Holzschn.) Elbing 867, Neumann-Hartmann. Aus: Der deutsche Krieg im J. 1866, besonders abgedruckt.

Die Schlacht bei Crefeld. Aus den Annalen des histor. Vereins für den Niederrhein. 8. Cöln 1857.

Die Schlacht bei Crefeld im Fürstenthum Meurs den 23. Juni 1758. 8. (1758.)

Schlacht bei Kulm am 29 und 30ten August 1813. Gez. von Vogel von Falkenstein Capit. Gest. v. H. Brose. 1 : 25,000. 2 Bl. a. v. W.

Die Schlacht bei Kunersdorf, unweit Frankfurt an der Oder zwischen den vereinten Russischen und Kaiserlichen Truppen, unter den Befehlen der Generale Soltikow und Laudon, und den Königlich Preussischen unter dem Commando des Königs den 12. August 1759. 8. 14 S.

Schlacht, Die, bei Kunersdorf am 12. Aug. 1759. Berlin 1859. V: *Stiehle.* (Bamberg 112/1037) (biblport)

— die, bei Kunnersdorf am 12. August 1759. Nach archivalischen Quellen bearb. Nebst 5 lith. Beilagen (in 4. u. Fol.). Beiheft zum Militair-Wochenblatt 1860. Berlin 859. Mittler & Sohn in Comm. 8. (VII, 71 S.) n. 10 ngr.

— die, bei Langensalza, ihre Ursachen u. Folgen. Festschrift zum 25jähr. Jubiläum der Schlacht bei Langensalza 1866. 27. Juni 1891. 12. (96 S.) Hannover 891. (Hannover u. Celle, Schulbuchh.) — 75

Schlacht. Die Schl' bey Laupen.... Bern 1810 *u.* 1818 s.a. W[agner], S[igmund von] *u.* [Wagner, Sigmund von].

Schlacht, Die, bei Laupen 1339. Bern 1810. 2. Aufl. 1810. V: *Wagner, Siegmund.* (Cat. d. Stadtbibl. Zürich. Zürich 1864—97.)

Schlacht. Die Schl' bei Laupen.... Bern 1854 s. [Wagner, Sigmund von].

— die, bei Leipzig, od. Darstell. d. verschied. Stellungen, Märsche u. Angriffe aller Armeecorps, vom 16.—19. Oct. 1813. Mit 9 Planen, von e. Militär u. Augenzeugen. Französ. u. deutsch. gr. 4. Leipz., Mag. f. Ind. 1 ℛ 8 gr Hbg. Pr. 18 gr.

— die, bei Leipzig, dargestellt nach d. officiellen Armeeberichten d. Oestreicher, Preußen, Schweden u. Franzosen. Aus Archenholz Minerva besond. abgedr. 4. Frankf. u. Leipz. 814. (Basel, Neukirch). 4 gr.

Schlacht, Die, bei Leipzig . . . Berlin u. Posen 1835. V: *Hofmann, Georg Wilhelm von.* (BrMm) (Pr)

Lied, das sehr beliebte — Die Schlacht bei Leipzig. Wien, 1856. Gedr. bei A. Pichlers Witwe & Sohn. Im Verlag bei Karl Barth in Wien. (4 Bl. 8.)

Schlacht, Die, bei Leipzig, von G. v. H. Berlin 1863. V: *Hofmann, von, General.* (Russell II, 2, 117)

—— bei Leipzig vom 15. bis 18. Oktbr. 1813 von einem alten Soldaten. 16. (32 S.) Genf 864, Müller-Darier.

Die Schlacht bei Liegnitz im Herzogthum Schlesien zwischen den Königlich Preussischen Truppen unter Anführung des Königs. und einem Kaiserl. Königl. Korps unter dem General Laudon den 15. Aug. 1760. 8. 11 S.

— die, bei Ligny u. bei Belle Alliance, d. 16. u. 18. Juni 1815. Fol. Leipz. 815. Magaz. f. Ind. 6 gr.

die Liptinger Schlacht kurz geschildert v. e. Augenz., mitgeth. v. Trenkle. 8. s. l. 1868.

Auf die Schlacht bey Lobosiz. 4. 1 Bl.
Es schallet weit und breit
Des Preussen Tapferkeit,
O Königin deine Macht
Wird schon von Gott veracht.

Die Schlacht bei Lowositz im Königreich Böhmen zwischen den Königl. Preussischen Truppen unter den Befehlen des Königs, und der Kaiserl. Königl. Armee unter Anführung des Generalfeldmarschall Grafen von Brown den 1. Oct. 1756. 8.

Schlacht, Die, bei und in Lübeck, geliefert am 6. November 1806. Mit einem Plane. 8. Leipzig (1807).

— die, bei Magenta am 4. Juni 1859 u. die Ursachen des österreichischen Mißerfolges v. D—d—f., s. a. Sammlung militärwissenschaftlicher Vorträge u. Aufsätze.

D—d—f. Die Schlacht bei Magenta am 4. Juni 1859 und die Ursachen des österreichischen Misserfolges. Mit 2 Kartenbeilagen. 7. Heft aus: „Sammlung militärwissenschaftlicher Vorträge und Aufsätze". In zwanglosen Heften. 8. Mainz 1893.

Schlacht, Die, von Magnano am 5. April 1799 und die derselben vorhergegangenen kriegerischen Ereignisse bei der k. k. Armee in Italien. Eperjes 1899. V: *Microys, Wilhelm Ritt. v.* (KA)

— die, bei Martinjestie u. die Eroberung Belgrads 1789. Mit Kpf. 8. Leipz. 790. (W. Rauck). 16 gl.

Schlacht, Die, bei Martinjestie und die Eroberung Belgrads. Prag 1790. V: *Walenta, Joseph.* (BIBLPORT)

Die Schlacht bei Minden in Westphalen zwischen den Alirten, unter Anführung des Herzogs Ferdinand von Braunschweig, und den Königlich. Französischen Truppen, unter dem Marschall von Contades, den 1. August 1759. 8. 14 S.

Schlacht. Die Schl' bey Morgarten .... (Njbl.) Bern 1809 s. a. W[agner], Sigmund von].

Schlacht, Die, bei Morgarten 1315. Bern 1809. V: *Wagner, Siegmund.* (Cat. d. Stadtbibl. Zürich. Zürich 1864—97.)

— die, bei Mukden. Mit 8 (farb.) Kartenbeilagen in Steindr. u. 2 Kriegsgliedergn. (24 S.) gr. 8. Berlin 905. E. S. Mittler & Sohn. n. 3. —
Sonderabdruck aus: „Militär-Wochenbl."

— dasselbe, s. a. Beiheft zum Militär-Wochenblatt. 1905. Hft. 10.

Schlacht. Die Schl' bey Murten .... (Njbl.) Bern 1812 s. a. [Wagner, Sigmund von].

Schlacht, Die, bei Murten vom 22. Brachmonat 1476. [Bern 1812.] V: *Wagner, Siegm.* (AarK) (Cat. d. Stadtbibl. Zürich. Zürich 1864—97.)

Die Schlacht bei Palzig unweit Züllichau im Herzogthum Crossen zwischen den Russisch-Kaiserlichen Truppen unter dem Feldmarschall Grafen von Soltikow, und den Königlich Preussischen unter dem Generallieutenant von Wedel, den 23 ten Julius 1759. 8.

— bei Paris, mit umliegend. Gegend im Umkreis von 10 Meilen, nebst d. Angriffen d. verbünd. Heere, am 30. März 1814. Deutsch u. französ. Leipz., Magaz. f. Ind. 6 gl.

— die, bey Pharsalia, od. d. 7te Buch des Lucan, metrisch übers. v. Pistorius. 8. Berl. Lange. 802.

Schlacht, die, bei Pirmasens am 14. IX. 1793. Aus Anlaß d. 100jähr. Gedenktages hrsg. v. Fest-Comitee. M. e. Situationsplan gr. 8. (19 S.) Pirmasens 893. (Lützel & Co.) n. — 60

Schlacht bei Prag. Berliner privilegirte Zeitung. 70tes Stück. Sonnabend den 11. Juni 1757. 8.

Die Schlacht bey Prag im Königreich Böhmen zwischen dem Kaiserl. Königl. Heere unter Anführung des Prinz Carl von Lothringen und den Königl. Preussischen Truppen unter den Befehlen des Königs den 6ten Mai 1757. 8. 14 S.

Schlacht bey Raphia (von Antiochus d. Gr. von Syrien, gegen Ptolomeus-Philopator 217 J. v. Chr.) Weimar. 1820. 1000 Schritte = 0,216. 1 Bl. a. d. W. „Polybius Kriegsgeschichte, übersetzt von Beniken."

Schlacht bey Reims in der Champagne den 6. September 1794. Berlin 1790. 1 : 110,000 circa. 1 Bl. a. vorst. W.

Die Schlacht bei Rossbach in Sachsen zwischen der Vereinten Französischen und Reichsarmee unter Anführung der Prinzen von Soubise und Hildburghausen, und den Königl. Preussischen Truppen unter den Befehlen des Königs. Den 5. November 1757. 8. (13 S.)

Schlacht. Die Schl' bei St. Jakob. 1444. (Njbl. Basel 1824) s. [Hagenbach, Carl Rudolf].

Schlacht, Die, bei St. Jakob. Ein Gedicht von A. B . . . In-8°, 32 S. Basel, H. Georg. 1879.

Schlacht, die, bei St. Jacob in den Berichten d. Zeitgenossen. Säcularschrift der histor. Gesellschaft zu Basel. (Mit Vorrede v. Wilh. Wackernagel.) 4. Basel 844, Schweighauser. n. 5/6 gl. Schreibp. n. 1 1/4 gl.

Schlacht. Die Schl' bei St. Jakob an der Birs .... Njbl. Bern 1837 s. a. [Stierlin, Emanuel].

Schlacht, Die, bei St. Jakob an der Birs 1444. Bern 1837. V: *Stierlin, Emanuel.* (ZÜRKL)

—— die, bei St. Jakob an der Birs 1444. Der bernischen Jugend gewidmet auf d. Neujahrstag 1837. 4. (2 3/4 B. u. Titelbild. Bern 837, Jenni, Sohn.

Schlacht. Die Schl' bei St. Jakob an der Birs. (Njbl. Basel 1844) s. [Reber, Balthasar].

Schlacht, Die, bey St. Jakob an der Birs 1444. [Zürich 1844.] V: *Cramer, Hnr.* (Vorwort): *Hottinger, Joh. Jac.* (Cat. d. Stadtbibl. Zürich. Zürich 1864—97.)

— die, am Schaho, s. a. Militär-Wochenblatt.

Die Schlacht am Schaho. Mit 9 Kartenbeilagen u. 2 Kriegsgliederungen. Berlin: E. S. Mittler & Sohn 1906. (S. 314–360.) 8° [Umschlagt. ℨ.]
-- Militär-Wochenblatt. 1906, Beih. 9.

Die Schlacht bei Schleswig am 23. April 1848.
o. O., 8 S., 181 × 112.
LBO Jahrmarktslit. R. c. 2, 37.

Schlacht. Die Schl' in der Schlosshalde, im Jahr 1289. Njbl. Bern 1817 s. a. [Stierlin, Emanuel]

Schlacht, Die, in der Schlosshalde im Jahr 1289. Bern 1817. V: *Stierlin, Emanuel.* (Cat. d. Stadtbibl. Zürich. Zürich 1864—97.) (AarK)

Die | Schlacht bei Sedan | und die | Gefangennahme Napoleon's. | (Fig.: *Schlachtenszene*, 91 × 86) | Hamburg. Druck und Verlag v. J. Kahlbrock Wwe., Grünersood No. 58 o. J. (1871) 4 Bl. n. n., 178 × 110.
LBO Bänkelsängerlit. III, 148.

Schlacht am trasymenischen See (217 J. v. Chr.) Weimar. 1820: 1 : 48,000 circa. 1 Bl. a. d. W. „Polybius Kriegsgeschichte, übersetzt von Beniken."

Schlacht. Die Schl' bey Sempach .... (Njbl.) Bern 1811 s.a. [Wagner, Sigmund von].

Schlacht, Die, bei Sempach vom 9. Heumonat 1386. [Bern 1811.] V: *Wagner, Siegm.* (Aark) (Cat. d. Stadtbibl. Zürich. Zürich 1864—97.)

Schlacht, die, bey Sempach, Trauerspiel in 5 Aufzügen, von R. Würstemberger. 8. Bern, Walthard. (Leipzig, Schmidt.) 818.

Schlacht, Die, bey Sempach; ein vaterländisches Trauerspiel. Bern 1819. V: *Wurstenberger, Carl Ludwig.* (Cat. d. Stadtbibl. Zürich. Zürich 1864—97.)

Schlacht am Vorgebirge Telamon (gegen die Gallier 225 J. v. Chr.) Weimar. 1820. 600 Schritte = 0",265. 1 Bl. a. d. W. „Polybius Kriegsgeschichte übersetzt von Beniken."

Schlacht, Die, bey Thermopylä, Tragödie. Hannover 1814. V: *Blumenhagen, Phil. Wilh. Gg Aug.* (Rotermund, Gel. Hannover. Bremen 1823.)

Schlacht, die, bey Termopylä, Tragödie von Blumenhagen. gr. 8. Hannov. Hellwing. 814.

Schlacht, Die, bei Torgau am 3. November 1760 . . . Berlin 1860. V: *Waldersee, Georg Graf v.* (KA)

— die, bei Torgau am 3. November 1760. Nach archivalischen Quellen bearb. Nebst 5 Beilagen (wovon 4 lith. in Fol.). Beiheft zum Militair-Wochenblatt für 1860. Berlin 860. Mittler & Sohn in Komm. 8. (VI, 85 S.) n. 10 ngr.

Schlacht an der Trebia (218 J. v. Chr.). Weimar. 1820 1 : 48,600 circa. 1 Bl. a. d. W. „Polybius Kriegsgeschichte übersetzt von Beniken."

Schlacht bey Tunes. (256 J. v. Chr.) Weimar. 1820. 200 Schritte = 0',284. 1 Bl. a. demselb. V..

Schlacht. – Zur Schlacht von Vionville. Eine Studie. Berlin: E. S. Mittler & Sohn 1899. (S. 227-256.) 8°
= Militär-Wochenblatt. 1899. Beiheft 6.

— die, bei Waterloo. Zur 25jähr. Erinner. allen Vaterlandsfreunden gewid. 8. (2½ B.) Bonn 840, Habicht.

(Fig.: *Adler*, 20 × 75) | Die Schlacht | bei | Weißenburg im Elsaß | am 4. August 1870. | Druck und Verlag von Hermann Müller in Berlin, | Adlerstraße 7.
4 Bl. n. n., 180 × 117.
LBO Bänkelsängerlit. III, 146.

Schlacht, Die, bei Wimpfen am 6. Mai 1622 (Tod des Herzogs Magnus von Württemberg). [Stuttgart 1878.] V: *Pfister, Alb.* (Heyd)

(Fig.: *Adler*, 20 × 56) | Die Schlacht bei Wörth | am 6. August 1870. | Telegraphische Tepeschen (sic). | *(Text)* | Berlin. | Druck und Verlag von Hermann Müller | Adlerstraße 7.
4 Bl. n. n., 178 × 115.
LBO Bänkelsängerlit. III, 147.

Die Schlacht bei Zorndorf in der Neumark Brandenburg zwischen den Königl. Preussischen Truppen unter den Befehlen ihres Königs, und den Russisch-Kaiserlichen, unter Anführung des General en Chef Grafen von Fermer den 25ten August 1758. 14 S.

Schlacht, Paul, Kgl. Preuß. Assistenzarzt im 2. Ostpr. Feldart.-Reg. No 52: Die chirurgische Behandlung der Hämorrhoiden. *Königsberg i. Pr. 1904: R. Leupold.* (82 S.) 8°
Königsberg, Med. Diss. v. 10. Febr. 1904

Schlacht, Paul: Die chirurgische Behandlung der Hämorrhoiden. Eine klin. Sammelstudie von Dr. Paul Schlacht. Assistenzarzt. Königsberg i. Pr.: Gräfe & Unzer 1904. (82 S.) 8°
Erschien zuerst als Inaug.-Diss. Königsberg 1904.

Die chirurgische Behandlung der Hämorrhoiden. Eine klin. Sammelstudie von Dr. Paul **Schlacht,** Assistenzarzt. 2. Aufl. Königsberg i. Pr.: Gräfe & Unzer 1904. (90 S.) 8° [J.]
[Erschien zuerst als Inaug.-Diss. Königsberg 1904.] (05. 6744 10

Schlacht, Paul: Die chirurgische Behandlung der Hämorrhoiden. Eine klin. Sammelstudie von Dr. —. 3. Aufl. Königsberg i. Pr.: Gräfe & Unzer 1909. 90 S. 8°

Schlachten, die, vom 14., 16. und 18. August 1870. I. Die Schlacht bei Borny am 14. August. [Stellungen bei Beginn der Schlacht.] II. Die Schlacht bei Mars-la-Tour am 16. August. [Stellungen am Abend nach beend. Schlacht.] III. Die Schlacht bei Gravelotte am 18. August. [Stellungen um 6 Uhr Abends.] 1 : 50,000. 1.—4. revid. Aufl. Fol. Metz 873,74, Deutsche Buchh.

Schlachten, üb. die, von Groß-Beeren u. Dennewitz, von e. Augenzeugen. Nebst tabellar. Uebersichten des Verlustes in beiden Schlachten. 8. Berl. 813. Dümmler. 16 g. (Coppenrath in Münst.) 8 g.

Schlachten in der Gutswirtschaft von F. Berlin 90. Parey. M. —.50

Schlachten, die, von Hochkirch u. Bautzen. Ein Auszug aus d. Werken: der siebenjähr. Krieg von Archenholz u. Napoleon's Feldzug in Sachsen vom Frhrn. v. Odeleben. Eine Mitgabe f. die Besucher der Warte auf dem Czorneboh bei Budissin. gr. 16. (IV u. 34 S.) Neusalza 852, Donath. 3 ngr.

Schlachten, die, von Hochkirch und Bautzen. Ein Auszug aus den Werken: der siebenjährige Krieg von Archenholz und Napoleon's Feldzug in Sachsen vom Frhrn. v. Odeleben. Eine Mitgabe für die Besucher der Warte auf dem Czorneboh bei Budissin. gr. 16. (IV und 34 S.) Neusalza 852. (Zittau, Schöps'sche Buchh.)

Schlachten, Die, des heil. Krieges in 14 Liedern. Halle 1817. V: *Niemeyer, Joh. Chn Ludw.* (GGr)

Schlachten, Treffen u. Belagerungen im preuss. Kriege v. 1. Okt. 1756 bis 30. August 1762. 2 Bd. 8.

Schlachten, die, bei Villiers. Ein Gedenkblatt sächs. Waffenruhmes. 12. (15 S.) Dresden (897). Expedition u. Buchdr. d. „Kamerad". 15

Schlachten-Atlas [Sachliches OW]

|Schlachten-Atlas. Schlachten zwischen den Engländern und Franzosen in Portugal. (Ohne Titel in französischer Sprache.)| (Mit 5 Plänen und 1 Übersichtskarte.) (Donation Liechtenstein.)
Fol. (Ohne Druckort u. Jahr.)

Schlachten-Atlas. Herausgegeben von Fr. R. v. R. Leipzig 1842.
H: *Rothenburg, Fr. Rudolph v.* (EB)

Schlachten-Atlas d. 19. Jahrh., s. a. Militärkarten.

Schlachten-Atlas des 19. Jahrhunderts. Zeitraum: 1820 bis zur Gegenwart. (Die einzelnen Feldzüge noch unvollständig; wird fortgesetzt.) Fol. Iglau 1886—1895.

Schlachten-Atlas d. 19. Jahrh. Zeitraum: 1820 bis zur Gegenwart. Pläne der wichtigsten Schlachten, Gefechte u. Belagergn. m. begleit. Texte, nebst Uebersichts-Karten m. compendiösen Darstellgn. d. Verlaufes der Feldzüge in Europa, Asien u. Amerika. Nach amtl. Quellen bearb. (In ca. 30 Lfgn.) 1—5. Lfg. Fol. (10 lith. u. color. Karten m. 42 Bl. Text.) Iglau 886. Bäuerle. Subscr.-Pr. à n. 2. 60

Schlachten-Atlas d. 19. Jahrh. Zeitraum: 1820 bis zur Gegenwart. Pläne der wichtigsten Schlachten, Gefechte u. Belagergn. m. Skizzen u. begleit. Texte, nebst Uebersichts-Karten u. compendiösen Darstellgn. d. Verlaufes der Feldzüge in Europa, Asien u. Amerika. Nach authent. Quellen bearb. 6.—29. Lfg. Fol. (100 chromolith. Karten m. 248 Bl. Text.) Iglau 887—890. Bäuerle. Subscr.-Pr. à n. 2. 65; Laden-Pr. à n. 5. 25

Schlachten-Atlas des 19. Jahrh. Zeitraum: 1820 bis zur Gegenwart. Pläne der wichtigsten Schlachten, Gefechte und Belagerungen mit begl. Texte, nebst Uebersichtskarten mit compendiösen Darstellungen des Verlaufes der Feldzüge in Europa, Asien und Amerika. Nach amtl. Quellen bearb. 30.—31. Lfg. Fol. (Mit je 5 lithogr. u. colorirten Karten mit 24 Blatt Text.) Subscriptions-Preis à 1.35 Für Nicht-Subscribenten Iglau: Bäuerle 1892.

Schlachten-Atlas des XIX. Jahrhunderts, vom Jahre 1828 bis 1885. Pläne aller wichtigeren Schlachten, Gefechte, Treffen und Belagerungen in Europa, Asien und Amerika, mit Kartenskizzen und begleitendem Texte, nebst Uebersichtskarten und Skizzen mit compendiösen Darstellungen des Verlaufes der Feldzüge. Nach authentischen Quellen bearbeitet. 32.—33. Lieferung. Gross-Folio. (15 lithographirte und colorirte Karten und Pläne mit 24 Seiten Text.) Subscriptionspreis à 1.35 Für Nicht-Subscribenten Iglau: Bäuerle 1892.

Schlachten-Atlas des XIX. Jahrhunderts, vom Jahre 1828 bis 1885. Pläne aller wichtigeren Schlachten, Gefechte, Treffen und Belagerungen in Europa, Asien und Amerika, mit Kartenskizzen und begleitendem Texte, nebst Uebersichtskarten und Skizzen mit compendiösen Darstellungen des Verlaufes der Feldzüge. Nach authentischen Quellen bearbeitet. 34.—35. Lieferung. Gross-Folio. (5 lithogr. und color. Karten und Pläne mit 26 Seiten Text.) Subscriptionspreis à 1.35, für Nicht-Subscribenten Iglau: Bäuerle à 2.70

Schlachten-Atlas des XIX. Jahrhunderts, vom Jahre 1828 bis 1885. Pläne aller wichtigeren Schlachten, Gefechte, Treffen und Belagerungen in Europa, Asien und Amerika, mit Kartenskizzen und begleitendem Texte, nebst Uebersichtskarten und Skizzen mit compendiösen Darstellungen des Verlaufes der Feldzüge. Nach authentischen Quellen bearbeitet. 36.—37. Lieferung. Gross-Folio. (5 lithogr. und color. Karten und Pläne mit 26 Seiten Text.) Subscriptionspreis à 1.35, für Nicht-Subscribenten Iglau: Bäuerle à 2.70

Schlachten-Atlas des XIX. Jahrhunderts, vom Jahre 1828 bis 1885. Pläne aller wichtigeren Schlachten, Gefechte, Treffen und Belagerungen in Europa, Asien und Amerika, mit Kartenskizzen und begleitendem Texte, nebst Uebersichtskarten und Skizzen mit compendiösen Darstellungen des Verlaufes der Feldzüge. Nach authentischen Quellen bearbeitet. 38.—39. Lieferung. Gross-Folio. (5 lithogr. und color. Karten und Pläne mit 26 Seiten Text.) Subscriptionspreis à 1.35, für Nicht-Subscribenten Iglau: Bäuerle 1894. à 2.70

Schlachten-Atlas des 19. Jahrh. Zeitraum: 1820 bis zur Gegenwart. Pläne d. wichtigsten Schlachten, Gefechte und Belagerungen mit begl. Texte, nebst Uebersichtskarten mit compendiösen Darstellungen des Verlaufes der Feldzüge in Europa, Asien und Amerika. Nach authentischen Quellen bearbeitet. 40.—41. Lfg. Fol. (Mit je 4 lith. und colorirten Karten mit 24 Bl. Text.) Subscr.-Preis à 1.35 Für Nichtsubscribenten Iglau: Bäuerle 1894. 2.70

Schlachten-Atlas des 19. Jahrh. Zeitraum: 1820 bis zur Gegenwart. Pläne der wichtigsten Schlachten, Gefechte und Belagerungen mit begl. Texte, nebst Uebersichtskarten mit compendiösen Darstellungen des Verlaufes der Feldzüge in Europa, Asien und Amerika. Nach amtl. Quellen bearb. 42.—43. Lfg. Fol. (Mit je 5 lithogr. u. colorirten Karten mit 24 Blatt Text.) Subscriptions-Preis à 1.35 Für Nicht-Subscribenten Iglau: Bäuerle 1894.

Schlachten-Atlas des 19. Jahrh. Zeitraum: 1820 bis zur Gegenwart. Pläne der wichtigsten Schlachten, Gefechte und Belagerungen mit begleitendem Texte, nebst Uebersichtskarten mit compendiösen Darstellungen des Verlaufes der Feldzüge in Europa, Asien und Amerika. Nach amtl. Quellen bearbeitet. 44. Lieferung. Fol. (Mit je 5 lithographirten und colorirten Karten mit 24 Blatt Text.) Subscriptionspreis 1.38, für Nicht-Subscribenten Iglau: Bäuerle 1895. 2.76

Schlachten-Atlas des 19. Jahrh. Zeitraum: 1825 bis 1885. Pläne der wichtigsten Schlachten, Gefechte und Belagerungen mit begleitendem Texte, nebst Uebersichtskarten mit compendiösen Darstellungen des Verlaufes der Feldzüge in Europa, Asien und Amerika. Nach amtl. Quellen bearbeitet. 49./50. Lieferung. Fol. (Mit je fünf lithographirten und colorirten Karten mit 24 Blatt Text.) Subscriptionspreis 1.38, für Nicht-Subscribenten Wien: Bäuerle 1896. 2.76

Schlachten-Atlas [Schlagwort]

Schlachten-Atlas, s.: Kriegsschauplatzkarten.

Schlachten-Atlas, s.: Militärkarten, Sternegg.

Schlachtenbilder, hrsg. v. Alfr. Walheim, s.: Graeser's Schulausgaben klassischer Werke.

Schlachtenbilder, sieben, aus dem Kriege im Jahre 1866. Stuttgart 866. Aue. qu. 4. (7 lith. Steintaff. mit Text.) cart n. 9 ngr.

Schlachtenbilder und Scenen aus Ungarns Revolution 1848 u. 1849. . . . Pest 1849. V: *Jókai, Moritz.* (KU)

Schlachtenbrevier, Oesterreichs. In 100 Xenien . . . Wien 1847. V: *Trimmel, Joseph Franz Emil.* (GGr)

Schlachtenführung, die rationelle taktische, unserer Zeit. Eine militair. Betrachtung von C. F. gr. 8. (35 S.) Darmstadt 848, Jonghaus'sche Hofbuchh. *

Schlachtenführung, Die rationelle taktische, unserer Zeit. Eine militairische Betrachtung... Darmstadt 1849. V: *Frey, C.* (Ky)

Schlachtenführung, die rationelle taktische, unserer Zeit. Eine militair. Betrachtung von C. F(rey). gr. 8. (35 S.) Darmstadt 849, Jonghaus. n. 1/4 ₰

Schlachtengemälde, v. L. Müller. 12. Lpz. Joachim.

Schlachten-Kalender. Uebersicht d. Haupt-Schlachten aller Völker nach d. einzelnen Tagen d. Jahres. Eine militär. Erinnerungstafel. gr. Fol. Quedlinburg 832, Basse.

Schlachten-Karten [Schlagwort]

— — Karte d. Schlachtfeldes v. Königgrätz mit Angabe d. Vorposten u. d. ersten Aufstellung d. k. k. österr. Nordarmee nebst d. verbündt. kgl. sächs. Armee, unter Befehl des FZM. Ritter v. Benedek u. d. kgl. preuss. I. Armee unter Befehl d. Prinzen Friedrich Karl, der 2. Armee unter Befehl d. Kronprinzen u. d. Elbe-Armee unter Befehl d. General Herwarth v. Bittenfeld am 3. Juli 1866. Bearbeitet v. [illegible] in [illegible] 1:75000 [illegible] Lithogr. [illegible] Gross [illegible] Lex. 4. 1866 75 kr.

— — Ebendieselbe. Mit [illegible] d. Aufstellungen u. [illegible] sämmtlicher Armeen. Zweite vollständig verbesserte Aufl. [illegible] 1866 75 kr.

Schlachten-Karten. Karte des Schlachtfeldes von Custozza im Maassstabe v. 1:50000 d. natürl. Grösse. Mit Angabe d. Aufstellung d. kämpfenden Armeen. Royal-Folio. Wien, Carl Gerold's Sohn 75 kr. 1866.

Schlachtenpläne [Sachliches OW]

Schlachtenpläne. Hrsg. von der Kunsthandlung J. Bermann. Lfg. 1. (2.) Wien 1836. 4°

Schlachtenpläne [Schlagwort]

Schlachtenpläne, s.: Geschichtskarten, Sammlung.

Schlachtenruf und Schlachtengesang an die erwachten Teutschen . . . [Dresden] 1813. V: *Förster, Frdr.* (GGr) (Ky) (MGT) (Hitzig) (Koner)

Schlachtenruf u. Schlachtengesang, f. die erwachten Deutschen, von Firon d. alten Burg (Fr. Förster). gr. 8. Dresd. 814. Arnold. 2 ℳ

Schlachtensee [Schlagwort]

Schlachtensee, s.: Berlin.

Schlachtensee, s.: Grunewald.

Schlachter, Alois [aus Dörlesberg in Baden]: **Ein Beitrag zur Erklärung des rasch eintretenden Todes nach ausgedehnten Hautverbrennungen** ... Würzburg, Buchdr. d. „Neuen Bayer. Landeszeitg", 1895; 19 S., 1 Bl. 8.
Würzburg, Med. Fak., Inaug.-Diss. v. 1895

Schlachter, Elisabeth. Neui bärndütschi Wiehnachts-Gedichtli für Chinder. 23 S. 8. Biel und Zürich, Ernst Kuhn, 1911. fr. —. 60

Schlachter, F., s. Schlachter, Franz Eugen

Schlachter, Fr. Ant., moderne Linearornamente. (34 farb. Taf.) 4. Leipzig (906). Seemann & Co. In Mappe n. 7. 50

Schlachter, Franz, s. Schlachter, Franz Eugen

Schlachter, Franz Eugen

Schlachter, Fr., über Berechtigung u. Aufgabe der Predigt. Offene Besprechg. e. zeitgemäßen Frage. (Referat.) gr. 8. (40 S.) Biel 900. (Bonn, J. Schergens.) n. —40

Schlachter, F., frohe Botschaft f. d. Kranken. Berichte üb. d. Wirksamkeit d. Cevennenbauern Bignes in Bialas, s.: Evangelium, d. alte.

Schlachter, F. (Hrsg.), s. Brosamen von des Herrn Tisch.

— Pastor Chiniquy. Nachtrag zu „Pater Chiniquys Erlebnisse". Nach dessen eigenen Mitteilgn. zusammengestellt u. übers. 3. Aufl. 8. (158 S. m. Abbildgn.) Ebd. 902. Geb. in Leinw. 2. 40

— Pater Chiniquys Erlebnisse. Nach dessen eigenen Mitteilgn. zusammengestellt u. übers. 3. Aufl. 8. (360 S.) Ebd. 901. n. 2. 40; geb. in Leinw. n. 3. 70

Schlachter, F., Pater Chiniquis Erlebnisse samt „Pastor Chiniqui". Nach dessen eigenen Mitteilungen zusammengestellt u. übers. 4. Aufl. (360 u. 156 S.) gr. 8. Biel 903. Bonn, J. Schergens. n. 5. 10; Pater Chiniquis Erlebnisse geb. in Leinw. n. 3. 70

Schlachter, Frz. Eug., Pater Chiniquis Erlebnisse. Nach dessen eigenen Mitteilgn. zusammengestellt u. übers. 5. Aufl. (360 S.) 8. Bonn 908. J. Schergens. 2.50; geb. 3.70

Schlachter, F[ranz Eugen]. Das Evangelium der Reformation am Berner Religionsgespräch 1528. Ein Beitrag zum Reformationsgedächtnis. 64 S. 8. Bern, K. J. Wyss, 1909 (*Umschlag: 1910). [fr. 1.—]

Schlachter, F[ranz Eugen]. Aus dem Gebiet des Uebersinnlichen. Fünf Vorträge: 1. Der Auferstehungsglaube. — 2. Der Auferstehungsleib. — 3. Die Natur der Engel. — 4. Die Verhältnisse der Engelwelt. — 5. Die Geschichte der Engel. 69 S. 8. Bonn a. Rhein, Komm. Johs. Schergens; Biel, Ct. Bern, Verlag der »Miniaturbibel«, 1908. [fr. —. 50]

s.: Hand-Bibel.

s.: Haus-Bibel.

-- Herodes I., genannt d. Große. E. Beitrag zur neutestamentl. Zeitgeschichte. gr. 8. (61 S. m. Abb.) Biel 897. (Frankfurt a/M., J. Schergens.) n. 1. -

Schlachter, F[ranz Eugen]. Kometen und Weltuntergangstheorien. Zwei Vorträge. [Umschlag illustriert.] IV + 65 S. 8. Bern, K. J. Wyss, 1910. [fr. —. 60]

[Schlachter, Franz Eugen.] Samuel Lutz. Ein Lebensbild aus der bernischen Kirche des vorigen Jahrhunderts. ⟨SA.⟩ 8. Basel (1889).

-- s.: Miniatur=Bibel.

Schlachter, F[ranz Eugen]. D(wight) L(yman) Moody (geb. 1837). Ein Lebensbild nach englischen Quellen gezeichnet. [Mit Porträt-Tafel und illustriertem Umschlag.] 8. Biel 1894.

Schlachter, F., D. L. Moody. Ein Lebensbild, nach engl. Quellen gezeichnet. 8. (132 S.) Biel 894. (Bern, Bureau der Evang. Gesellschaft.) n. 1. —

Schlachter, F., siehe: *Pelletan, E.*

Schlachter, Frz., Pfingstblätter und Pfingstfrüchte. Schriftgedanken. 8. (36 S.) Basel 887, Spittler. *

— Meister Pippin. Bilder aus e. verborg. Leben. 8. (132 S. m. Abb.) Biel 898. (Basel, Kober.) n. 1. —

Schlachter, F. Resli, der Güterbub. Geschichte eines Bernerjungen. Dessen eigenen Mittheilungen nacherzählt. Kl. in-8°. 122 S. Biel, Rüfenacht & Heer 1891. 1 —

— Resli der Güterbub. Geschichte e. Bernerjungen. Dessen eigenen Mittheilgn. nacherzählt. 8. (III, 122 S.) Biel 891. (Bonn, J. Schergens.) n. — 85

— dasselbe. 2. Aufl. 8. (148 S.) Bern 893. K. J. Wyß. n. 1. —; kart. n. 1. 20; geb. in Leinw. n. 1. 60

— Samuel u. Saul. Zwei hervorrag. Gestalten d. Alten Testamentes. Dargestellt in 16 Betrachtgn. 12. (114 S.) Gernsbach 890. (Christl. Kolportage-Verein.) n. — 80

Schlachter, F. Samuel u. Saul. In-12°. 116 S. Winterthur, C. Hirsch 1892 — 75; geb. 1 25

Schlachter, F[ranz Eugen]. Was verdanken wir der Reformation? Vortrag, gehalten am 3. November 1907 ... in Bern. 11 S. 8. Bern, K. J. Wyss, 1908.

Schlachter, F[ranz Eugen]. Der Weg zu Gott. Ein biblischer Wegweiser in Fragen und Antworten gefasst. 2., gänzlich umgearbeitete Aufl. [Mit 1 Illustration.] 16 S. 8. Biel, Verlag der Miniaturbibel. 1906.

Schlachter, Friedrich, aus Lindau i. B.: **Spottlieder in französischer Sprache, besonders auf die Franzosen, aus dem Beginne des siebenjährigen Krieges.** *Erlangen 1901: F. Junge.* (XV, 37 S.) 8° ¶[Ist mit Einl. u. Anm. versehene Ausgabe von: Recueil de chansons nouvelles par diferens autheurs, où l'on trouve grand nombre de licences poëtiques, sans Préface ... Londres, 1758.]
Erlangen, Phil. Diss. v. 14. März 1898

Schlachter, Frdr., Spottlieder in französischer Sprache, besonders auf die Franzosen, aus dem Beginne des siebenjährigen Krieges. Diss. gr. 8. (XV, 37 S.) Erlangen 901. (F. Junge.) n. 1. —

Schlachter, G. J., Andeutungen üb. Amt u. Leben des Lehrers in Land- u. Bürgerschulen in Briefen an e. angeh. Landschulmann. 8. Dessau 821. Ackermann. 12 gr.

Schlachter, G. J., Andeutungen über Amt u. Leben des Lehrers in Land- u. Bürgerschulen. 8. Deßau 821. jezt Schwetschke u. Sohn in Halle. ½ rthl.

— — Frühgebete für Lehrer in Bürgerschulen. 8. Berlin, Petri. 819.

Schlachter, (G. J.,) Frühgebete f. Lehrer in Volks- u. Bürgerschulen. Neue mit e. Anhange metr. Gebete ꝛc. verm. Aufl. 8. Berlin 824, Petri.

— Gedichte. Vorangehend ein Brief d. Verfassers an Fr. v. Matthisson, nebst dessen Antwort. gr. 12. Bernburg 825, (Halle, Hemmerde u. S.)

— Gedichte. Vorangehend ein Brief d. Verfass. an Fr. v. Matthisson, nebst dessen Antwort. gr. 12. Bernburg 825. (Halle, Schwetschke u. S.) 1 rthl. 8 gr.

— s. Jul. Hart.

Schlachter, G. J., die 6 abentheuerl. Schwestern, od. romant. Erzähll. u. Gemälde. 8. Leipz. 824. (Kollmann). 1 rthl.

— Uebungsstunden im Kopfrechnen. 8. Dessau 819. Ackermann. 8 gr.

Schlachter, G. J., Übungsstunden im richtigen Sprechen und Schreiben für die Oberklassen in Volksschulen. Dessau 854. Neubürger. gr. 8. (50 S.) 5 ngr.

— Zollikofers Umgang ꝛc., s. G. J. Zollikofer.

— das alte u. das neue deutsche Volksschulwesen, dargestellt in neben einander fortgeh. Gegensätzen. Ein Doppelspiegel, zunächst für Volksschullehrer. 8. Leipz. 825. Kollmann. 18 gr.

Schlachter Jean: Béranger et la Chanson Patriotique sous la Révolution et la Restauration.
II. 1896 PN 968 Diss. Wien, Univ 2236

Schlachter Dr. Joh.: Neufranzösisches. (31.) Prag III. St. R. 93. Progr.

Schlachter, Joseph, appr. Arzt a. Mannheim: **Bericht über 30 Fälle von künstlicher Frühgeburt.** Heidelberg 1907: J. Hörning. (108 S.) 8°
Heidelberg, Med. Fak., Ref. v. Rosthorn, Diss. v. 1907
[Geb. 31. Dez. 79 Mannheim-Neckarau; Wohnort: Dossenheim b. Heidelberg; Staatsangeh.: Baden; Vorbildung: Gymn. Mannheim, Freiburg i. B. Reife M. 99; Studium: Heidelberg 10 S.; Coll. 30. Juli 06; Approb. 18. Apr. 06.]

Schlachter, Josef —. Lied zur Markus-Prozession. Von — —. 2. Auflage. 16. (12 S.) Ung.-Altenburg. Gedruckt bei Alexander Czéh. 1854.

Schlachter, L[udwig]. Altes und Neues über die Sonnenfinsternis des Thales und Die Schlacht am Halys. SA. Progr. 8. Bern 1898.

Schlächterei, die türkisch-serbische, od. Krieg, Pest u. Bankrott. Politisch-militär. Wahrnehmgn. üb. den serbisch-türk. Krieg u. seine Folgen, v. e. ehemal. Militär u. Politiker. 8. (85 S.) Leipzig 876. Walther. 1. —

Schlachterfolg, der, mit welchen Mitteln wurde er erstrebt?, s. a. Studien zur Kriegsgeschichte u. Taktik. I. 3.

Der **Schlachterfolg**, mit welchen Mitteln wurde er erstrebt? Hrsg. vom Großen Generalstabe, Kriegsgesch. Abth. 1. Mit e. Atlas, enth. 65 Skizzen. *Berlin: E. S. Mittler & Sohn 1903.* 2 Bde 8° [F.]
= **Studien** z. **Kriegsgeschichte** u. Taktik. Bd 3. [03. 13900]

Schlächter-Zeitung, allgemeine. Organ für die Interessen der Fachgenossen. Redig. von einer Fach-Commission. Hrsg. von Herrm. Jahn. 1. Jahrg. (Octbr. 1873—Septbr. 1874.) 52 Nrn. (Bog.) gr. 4. Berlin, (Grieben.)

Schlächter-Zeitung, allgemeine. Organ für die Interessen der Schlachtkunst, des Viehhandels und der Viehzucht. Redig. von einer Fach-Commission. Hrsg. von Herm. Jahn. 2. und 3. Jahrg. 1874 und 1875. à Jahrg. 52 Nrn. (à 1/2 Bog.) gr. 4. Berlin, (Grieben.) à Jahrg. *
— dass. — Zeitschrift für die Interessen der Schlachtkunst, des Viehhandels und der Viehzucht. Amtliches Organ des allgemeinen deutschen Fleischer-Verbandes. Redact.: Herm. Jahn. 4. Jahrg. 1876. 52 Nrn. (Bog.) Fol. (Ebendas.) *
Die Fortsetzung erschien u. d. T.: Fleischer-Zeitung, deutsche.

Schlächter-Zeitung, allgemeine. Organ für Schlächtergewerbe, Viehhandel, Viehzucht und verwandte gewerbl. Interessen. Redact.: R. Fischer. 1. Jahrg. 1880. (à Nr. 1—1 1/2 Bog.) Fol. Berlin, Tix und Wieland.
Nur wenige Nummern erschienen.

Schlachtfeld, Das, bei Höchstädt. [Freyburg 1814.] V: *Pahl*, *Johann Gfr.* (MGT)

Schlachtfeld bei Idstedt. o. O. u. J. Farbendr. 1 Bl. 4°. 29 37,5 cm.

Schlachtfeld, das, bei Leipzig, od. die Gegend zwischen Wurzen u. Merseburg. 8. Prag 814. Enders. 8 gr

Schlachtfeld, das, v. Leipzig. Plan nebst Beschreibg. Mit Angabe der Marksteine u. Denkmäler. gr. 16. (12 S.) Leipzig 895. E. Heitmann. — 30

— das, von Lützen; beschrieben von e. Augenzeugen, den Tag nach der am 2. Mai 1813 zwischen d. französ. u. russ.-preuß. Armee vorgefall. Schlacht. Mit 1 Pl. 8. Leipz. 813. Leo. 2 gr

— das, od. Manövrirspiel. Mit 1 ill. Plan, 2 Fahnen, 4 Kanonen, 12 Cavalleristen u. 12 Infanteristen, nebst deutscher u. französ. Erklärung. Wien, (Müller). 2 f

Schlachtfeld auf dem Marchfelde bei Wien Plan III u IV. Schlacht bey Deutsch-Wagram den 5 u. 6. Juli von einem Augenzeugen entworfen und mit einem angehefteten Berichte (fehlt) und Renvoi begleitet. (2 Pläne in 1 Mappe.)
4. Gotha (ohne Jahr)

Schlachtfelder [Sachliches OW]

[Umschlagt.:] [J.] Die **Schlachtfelder** des Feldzuges 1866 in Böhmen in 55 photogr. Aufnahmen. Hrsg. auf Veranl. d. Gen.-Insp. d. Militär-Erziehgs- u. Bildgswesens. *Berlin: E. S. Mittler & Sohn 1896.* (55 Taf.) 1 Bd quer-8. [97. 139

Schlachtfelder, die, des deutsch-französischen Krieges von 1870. 1 : 200,000. Mit Uebersichtskarte des Kriegsschauplatzes. 1 : 4,000,000. Fol. Berlin 870, Barthol und Comp.

Schlachtfelder, die, um Metz in 18 photographischen Aufnahmen. Ausgeführt v. E. Jacobi in Metz. Hrsg. auf Veranlassg. der königl. General-Inspektion des Militär-Erziehungs- u. Bildungswesens. qu. Fol. (1 Bl. Text.) Berlin 894. E. S. Mittler & Sohn. n. 12. 50;
in Leinw.-Mappe n.n. 16. —

— dasselbe. Erläuternder Text: Taktische Wanderungen üb. die Schlachtfelder um Metz vom 14., 16. u. 18. Aug. 1870. Bearb. v. Liebach. 12. (V, 96 S. m. 1 Karte.) Ebd. 894. n. 1. 60; geb. in Halbleinw. n. 1. 80

Schlachtfelder [Schlagwort]

Schlachtfelder, s.a. Kriegsschauplatzkarten. — Metz. — Militärkarten.

Schlacht- und Gefechtsfelder — Pläne der — etc. von der topogr. Abtheil. des K. Preuss. Generalstabes. (Ohne Truppenstellungen.) Im Erscheinen. Bisher hievon 6 Bl., nämlich:

Schlacht- und Gefechtsfelder — Pläne der — des F. 1866. Aufgen. u. bearb. von der topogr. Abtheilung des K. Preuss. Generalstabes. Berlin 1867, Neumann. 25,000 und 6.250. 22 Pläne in 29 Bl. (die Pläne für Böhmen mit Hor. Curven und Terrainzeichnung.) Ohne Truppenstellungen.

Schlachtfelderblüthen aus Ungarn. Novellen nach wahren Kriegsscenen. Pesth 1850. V: *Jókai*, *Mor.* & *Alex. Szilagyi.* (Ky) (BrMm)

Schlachtfelderblüthen aus Ungarn. Novellen nach wahren Kriegsscenen (v. Mor. Jókay). 8. (VI u. 379 S.) Pesth 850, H. Geibel in Comm. n. 1 1/3 ß

Auf den böhmischen Schlachtfeldern. Erlebnisse e. preuss. Trompeters. (80.) 8. Mühlheim a. R. 1866. 0.50.

Schlachtgesang, Ein, und zwey Siegeslieder von einem preussischen Grenadier. O. O. 1758. V: *Gleim*, *Joh. Wilh. Ludwig.* (Klüber 21/140) (BiblPort)

Schlachtgesänge u. Vaterlandslieder f. deutsche Jünglinge. 8 Berl. 813. Achenwall. 4 gr

Schlachtgesänge u. Vaterlandslieder für deutsche Jünglinge. 8. Berlin. Jetzt Sommerbrodt. 813.

Schlachtgesänge u. Vaterlandslieder f. deutsche Jünglinge. 8. Berl. Achenwall. 814.

Schlachthaus, das. Organ der Fleisch-Industrie. Produktion, Technik, Handel, Konsum, Neben-Artikel.] Fachzeitung f. Fleischer. Fleisch-Konserven- u. Wurst-Fabrikanten etc. 1. Jahrg. Jan.—März 1884. 13 Nrn. (à 1—2 B.) Fol. Leipzig 884. Blüher. n. 2. —
Seit dem 1. April mit der „Internationalen Fleischer-Zeitung" verschmolzen.

Schlachthäuser, Über, mit besonderer Rücksicht auf die Verhältnisse in der Königl. Residenzstadt Hannover. Mit 3 lithogr. Tafln. Hannover 65.

Schlachthaus-Frage, die. Ein Versuch zur Nachweisg. ihrer großen gemeinnütz. Bedeutgn., zur Widerlegg. der dagegen sich geltend mach. Bedenken u. zur Darlegg. der Ausführbarkeit der Errichtg. allgemeiner öffentl. Schlachthäuser auch f. kleinere Städte, zur unbefangenen Prüfg. u. Beherzigg. verstellt vom Vorstande d. Tierschutz-Vereins zu Neubrandenburg. gr. 8. (23 S.) Neubrandenburg 884. (Brünslow.) n. — 30

Schlachthaus- u. Fleischbeschau-Ordnung f. die Stadtgemeinde Villach. 8. (14 S.) Villach 892. (Klagenfurt, F. v. Kleinmayr.) n. — 60

Schlachthof, Der städtische, zu Liegnitz. [1876.] 4.

Schlachthof. – Der städtische Schlacht- und Viehof zu Magdeburg. Denkschrift f. Magistrats z. Betriebseröffnung. 30. Mai 1893. Magdeburg 1893: Baensch. 96 S. 4° (8°)

Schlachthof u. Viehmarkt zu Breslau. Hrsg. vom Magistrat der königl. Haupt- u. Residenzstadt Breslau. gr. Fol. (80 S. m. 28 Abbildgn. u. 52 Taf.) Breslau 900. J. U. Kern's Verl. Geb. in Halbleinw. n. 25. —

Die Dresdner *Schlachthoffrage* ... Dresd. [186*]. 23 S. 1 Tvl. P.

Deutsche Schlacht- u. Viehof-Zeitung. Deutscher Schlachtvieh-Verkehr. (Jahrg. 1—14). 1901/02—1916. Berl. Fol.
(Titlen noget var.).

Schlacht- u. Viehhof-Zeitung, deutsche. Deutscher Schlachtvieh-Verkehr. Zentralorgan u. Anzeiger f. die Interessen der Schlacht- u. Viehhöfe, ihre Verwaltgn., sowie Fleischbeschau. Wochenschrift f. die deutsche Fleischversorgg. durch Viehzucht, Viehmast, Viehhandel u. Fleischereigewerbe. Unter Mitwirkg. namhafter Fachleute hrsg. u. red. von M. Kühnau u. H. Heiß. Organisator. Leitg.: Ernst Lorenz. 6. Jahrg. 1906. 52 Nrn. (820 S. m. 137 Abbildgn. u. 4 Taf.) gr. 4. Berlin, R. Kühn. n.n. 12. —

Schlacht- u. Viehhof-Zeitung, deutsche. Deutscher Schlachtvieh-Verkehr. Zentralorgan u. Anzeiger f. die Interessen der Schlacht- u. Viehhöfe, ihre Verwaltgn., sowie Fleischbeschau. Wochenschrift f. Versorgg. Deutschlands m. Fleisch u. Milch u. deren Verbrauch. Hrsg. u. red. v. H. Zeeb, H. Heiss, Fr. Meyer, unter Mitwirkg. v. Angermann, Bayersdoerfer, Beierle u. a. 7.—10. Jahrg. 1907—1910. à 52 Nrn. (732, 692, 778 u. 740 S. m. Abb.) 34,5×26,5 cm. Berlin, R. Kühn. à Jahrg. nn 16. —

Schlachtlieder. Eidgenössische Schl'. (Zürich 1843) *s.* Ettmüller, Ludwig.

Schlachtpartien, zwölf, des großen Kampfs um Europa's Freiheit. 8. Wien 815. Gerold. 12 gr

Schlachtsäule, Die, bei Rudau 1370, renovirt den 3. Aug. 1835. Königsberg 1836. V: *Degen, Heinrich.* (Bibl. d. Germ. Nat. Mus. Nürnberg 1855.)

Schlachtschwerdt, das, von H. Clauren. 8. Dresden, Arnold. 821.

— der goldene, oder Irmgard und Hugo. Eine Sage aus dem Riesengebürge, erzählt von Arminio. 8. Hirschberg, Lochmann. 821.

Schlachtversuche d. deutschen Landwirtschafts-Gesellschaft im J. 1896, s.a. Arbeiten d. deutschen Landwirtschafts-Gesellschaft, Hft. 18.

[F.] Schlachtversuche der Deutschen Landwirtschafts-Gesellschaft im Jahre 1896. A. Die Schlachtausbeute bei verschiedenen Rinderschlägen. Von Benno Martiny. B. Der Nutzgswert v. Fleisch junger Mastschweine. Von Gutsbesitzer M[ax] Herter-Burschen. *Berlin: Dr. v. Gebr. Unger 1896.* (3 Bl., 80 S.) 1 Bd 8.
= Arbeiten d. Deutschen Landwirtschafts-Gesellschaft. H. 18.

Schlachtvieh-Versicherung. Stenographischer Bericht über die Verhandlgn. e. v. der Centralstelle f. Viehverwertg. der preuß. Landwirtschaftskammern veranstalteten Konferenz z. Vorbereitg. e. obligator. Schlachtviehversicherungsgesetzes in Preußen am 29. u. 30. X. 1900 im Abgeordnetenhause zu Berlin. gr. 8. (160 S.) Berlin 901. P. Parey. n. 2. 50

Schlachtviehversicherung, die staatliche, im Großherzogtum Hessen (bearb. v. Hölzinger), s.: Versicherungswesen. 1. Hft.

Schlack, Emil, u. Gust. **Burchard**, das Jahrhundert. Spiel in 3 Akten. gr. 8. (105 S.) Berlin 900. O. Seehagen. n. 1. 50

— die Krebse, s.a. Bloch's, Ed., Theater-Korrespondenz.

Schlack, E.: Die Krebse. Operette in einem Akt, Text von E. Schlack, Musik von Reinhold Ehrke. Berlin: E. Bloch (1898). (49 S.) 8°
= Theater-Korrespondenz, Eduard Blochs. No 302.

Schlack, E., das eiserne Kreuz oder Ahnen und Enkel vor Paris. Militärisches Festspiel in zwei Bildern aus der deutschen Kriegsgeschichte. 8. (31 S.) Berlin 885, Liebel'sche Buchh. *
Aus: Unteroffizier-Zeitung, besonders abgedruckt.

Das Eiserne Kreuz oder Ahnen u. Enkel vor Paris. 2 Bilder aus d. deutschen Kriegsgesch. von E[mil] Schlack. 2. Aufl. *Berlin: Liebel 1901.* (31 S.) 8° [F.] [04. 6648

— Pepi's Mann, s.a. Kühling, A., & Güttner's Theater-Mappe.

[F.] Pepi's Mann. Posse m. Gesang in 1 Akt v. E. Schlack. Musik v. Albert Wicher. *Berlin: Kühling & Güttner [1896].* (32 S.) 1 Bd 8.
= Theater-Mappe, Kühling & Güttner's. [No] 76. [97. 5433

Schlack, E., Soldatenleben, oder „Wie Gottlieb Schulze ein Mensch wurde". Schwank in 4 Bildern. Mit Musikbeilage. 8. (33 S.) Berlin 883, Liebel'sche Buchh. *
Aus: Unteroffizier-Zeitung, besonders abgedruckt.

— Soldatenleben od. wie Gottlieb Schulze e. Mensch wurde. Schwank in 4 Bildern. Mit Musikbeilage. 2. Aufl. 8. (32 S.) Ebend. 886. n. 1. —

[F.] Carla's Tante. Militär. Schwank in 1 Aufz. v. E. Schlack. '(M. e. Notenbeilage.)' *Berlin: Liebel [1897].* (48 S., 1 Mus.-Beil.) 1 Bd 8. [98. 3361

Schlacke, (Adolf Paul) Rich. (geb. Schwedt a. O. 1. 2. 1857): Die Fiebertheorien der Neuzeit, eine kritisch-historische Uebersicht. Berlin (1880). (34 S.) 8°
Berlin, Med. Diss. v. 5. Juni 1880

Schladebach, A(ugustin), pr. Arzt: ⟨Aus d. med. Klinik in Jena.⟩ Beiträge zur Wirkung des Digipuratum. Jena 1909: Frommann. 19 S. 8°
Jena, Med. Diss. v. 14. Aug. 1909, Ref. Stintzing
[Geb. 17. Febr. 73 Leuna; Wohnort: Vielau; Staatsangeh.: Sachsen; Vorbildung: Gymn. Merseburg Reife O. 93; Studium: Marburg 4, Halle 9, Jena 6 S.; Coll. 31. Juli 09; Approb. 11. Febr. 03.] [U 09. 2148

Schladebach, Hugo

—: [Bericht über seine Einführung als Rektor der Anstalt.] S. 5—8. 4. **Progr.** Drei-König-Schule (Realgymn.) *Dresden* 1905 (663).

Schladebach, Hugo, das Elucidarium d. Honorius Augustodunensis u. der französische metrische Lucidaire d. XIII. Jahrh. v. Gillebert de Cambray. gr. 8. (63 S.) Leipzig 884. (Fock.) n. 1. 20

Schladebach, Hugo [Ph. D.]: Longfellow's 'New-England Tragedies'. Dresden, Druck v. B. G. Teubner, 1893; 3—23 S. 4.
Dresden-Altstadt, Annen-S '(RG)', OP 1893 (551)

Schladebach, Hugo: [Oberstudienrat Prof. Dr. Vogel tritt in den Ruhestand.] S. 4. 4.
Progr.

Schladebach, J[ohannes]: Basilius von Ancyra. Eine historisch-philosophische Studie. *Leipzig 1898: Wiechan & Wettengel, Halle a. S.* (112 S.) 8°
Leipzig, Phil. Diss. v. [22. Juni] 1898

Schladebach, Julius

— Dresden's Barrikaden-Kampf. Thatsächliche Darstellung der Ereignisse vom 3. bis zum 9. Mai 1849. 8. (16 S.) Dresden 849, Grimm & Co. 1½ ngr — 2. umgearb. u. verm. Aufl. gr. 8. (40 S.) Ebd. 849. 4 ngr

Schladebach, J., die Bildung der menschlichen Stimme zum Gesang. Mit Holzschn. (Abdr. aus: Die Wissenschaften im 19. Jahrh.) Sondershausen 860. Neuse. gr. 8. (42 S.) n. 7½ ngr

Schladebach, Jul., die Chöre d. Liturgie f. d. evangel. Kirche in den Kgl. Preuss. Landen componirt f. 4 Sing- u. 4 Männerstimmen. (Mit allerhöchst. Genehmig.) Lex.-8. (1½ B.) Berlin 832, Froehlich u. Comp.

Schladebach, Jul., ganz Dresden u. die sächsische Schweiz. Wegweiser f. Fremde u. Einheimische, in alphabet. Ordnung, mit den nöthigen histor. u. statist. Notizen hrsg. 2. unveränd. Aufl. Mit einem (lith.) Plane von Dresden u. einer (lith.) Karte der sächs. Schweiz (in Fol.) 16. (238 S.) Dresden 851, Schaefer. n. 1/2 ₰

— ganz Dresden und die sächsische Schweiz. Alphabetisch geordneter Wegweiser für Fremde und Einheimische, mit historischen u. statistischen Notizen. 3. Aufl. 853. (238 S.) — 4., umgearb. Aufl. Mit Illustr. (Holzschn. im Text), dem neuesten (lith.) Plane von Dresden u. 1 (lith.) Karte der sächsischen Schweiz (in Fol.). Leipzig 854. Literatur-Bureau. 16. (2 Bl., 252 S. u. 1 Tab. in 4.) n. 15 ngr.

Schladebach, Jul., Friedrich August II., König von Sachsen. Ein Denkmal für alle seine Verehrer. gr. 8. (II und 335 S. mit 3 Stahlst.) Dresden 854, R. Schaefer's Verlag. Thlr. *

Schladebach, Jul., die Gründungs-Urkunde der Stadt Gartz a. d. Oder, rücksichtl. ihrer Authenticität betrachtet. Ein kritisch-diplomat. Beitrag u. Suppl. zu d. urkundl. Geschichte der Stadt Gartz a. d. Oder. gr. 8. (2 1/2 B. u. 1 lith. Beilage.) Berlin 842, Gropius. ? *

— Johann, König von Sachsen. Sein Leben und Wirken bis zu seiner Thronbesteigung. Eine biograph. Skizze. Leipzig 854. Sturm u. Koppe. (Dennhardt.) 8. (29 S.) 5 ngr; Velinp. 7 1/2 ngr.

— das Männergesangfest in Freiberg am 15., 16. u. 17. August 1847. Geschichtl. Darstellung. gr. 8. (49 S.) Freiberg 847, Reimann. n. 6 ngr

—— der Menschenfreund, s. Menschenfreund.

— Meyerbeer's Prophet. Ein krit. Versuch über das Werk vom musikalisch-dramaturg. Standpunkte, mit besond. Berücksichtigung der Vorstellung auf der Dresdner Bühne. gr. 8. (75 S.) Dresden 850, Grimm & Co. 1/2 ₰

—— Sängerhalle, s. Sängerhalle.

— s. Teutona. Literar.-krit. Blätter.

Schladebach, Jul., der Uebertritt d. Kurfürsten Joachim d. Zweiten v. Brandenburg z. luther. Kirche, am 1. Nov. 1539. Ein histor. Versuch z. 3. Secularfeier dies. merkwürd. Begebenheit. 8. (11 1/2 B.) Leipzig 840, Fr. Fleischer. Thlr.

—— neues Universal-Lexikon der Tonkunst, s. Universal-Lexikon.

— Vorschläge zur Förderung der Kolonisation u. des Gewerbfleißes in Deutschland. gr. 8. (63 S.) Dresden 852, Central-bureau. n. 1/2 ₰

Schladebach, *Otto* Kurt: Der Stil der aromunischen Volkslieder ... (Aus: Jahresber. d. Inst. f. rumän. Sprache zu Leipzig. 3.) Leipzig, Druck v. A. Pries, 1896; 4 Bl., 68 S. 8.
Leipzig, Phil. Fak., Inaug.-Diss. v. [15. Mai] 1896

Schladebach, Otto [app. Arzt aus Plauen i. V.]: Über Fremdkörper in der Nase und Rhinolithen ... Jena, Univ.-Buchdr. G. Neuenhahn, 1894; 46 S. 8.
Jena, Med. Fak., Inaug.-Diss. v. [28. Juli] 1894

Schladebach, Otto Kurt, s. Schladebach, Kurt

Schladen, Friedrich Heinrich Leopold von

PREUSSEN in den Jahren 1806 und 1807. Ein Tagebuch (von *Friedr. Heinr. Leop. v. Schladen*). Mainz 1845.
Sehr seltene Skandalschrift. — Weller, fing. Druckorte.
Anon.-Lex. III. p. 298 (nach Dahlmann-Waitz).

Preußen i. d. J. 1806 u. 1807. Ein Tagebuch. Nebst einem Anhang verschiedener, in den Jahr. 1807—1809 verf. polit. Denkschriften. (Von L. Grf. v. Schladen.) Mainz 1845. 365 S.

Schladensky, des Plüschfabrikanten, weitere Vertheidigung wider die Anschuldigung, die Plüschfabrikanten Marr und Weigert durch Pasquill beleidigt zu haben. Verf. v. L. Vollmar. gr. 8. Berlin 846. (Ed. Krause.) n. 1/6 ₰

Schlaf, der gesunde und ruhige, ohne Träume. (Ohne Geheimmittel, Universalmittel, Mixturen, Arzneien etc.) Von L. M. 8. (15 S.) Freiburg (861)62, Expedition der Eilfuhre.

Schlaf, der, u. das Schlafzimmer, in Beziehung auf die Gesundheit. 8. Weimar 802. (Ebner in Ulm). 12 gl

Ueber den Schlaf und die verschiedenen Zustände desselben. Hrsg.von Friedrich Buchholz. Th.1 - 2, 108 S., gbd., Abb.

Berlin: Schlesinger 1821
Th.2: Vergleichung beider Zustände des Schlafwandlers, wie der Sonnambüle.

JB 4.450

(F) Schlaf, G., Kritik der Taineschen Kunsttheorie. Gr.-8°. (66 S.) Wien: Akademischer Verlag für Kunst und Wissenschaft 1906.

Schlaf, Johannes. (C[arl] A[lbrecht]) Bernoulli und der Fall Nietzsche. Ein Beitrag zur gegenwärtigen Nietzsche-Krisis. 40 S. 8. Leipzig, Theod. Thomas, (1908). [M. 1. —]

— Christus u. Sophie. (III, XVII, 302 S.) 8. Wien 906. Akadem. Verlag. n. 4. 50; geb. n. 5. 75

— Diagnose u. Faksimile. Notgedrungene Berichtigg. e. neuen, v. Arno Holz gegen mich gerichteten Angriffes. (13 S.) gr. 8. München-Schwabing 906. E. W. Bonsels & Co. n. — 50

Schlaf, Johs., in Dingsda. 8. (184 S.) Berlin 892. S. Fischer, Verl. n. 2. —; geb. n. 2. 75

Schlaf, Johs., in Dingsda. 2. Aufl. 8. (VII, 160 S. m. Bildnis.) Minden (900). J. C. C. Bruns. n. 2.—; geb. n. 2. 50

— die Feindlichen. Drama in 4 Aufzügen. 8. (99 S.) **Ebd. 899.** n. 1. 50; geb. n. 2. —

— Von der Freiheit des „religiösen Erziehers" u. der Vollendung der Religion. Eine Entgegng. auf Horneffers: Religion u. Deutschtum. (15 S.) gr. 8. Leipzig 908. Leipziger Verlags- u. Kommissionsbuchh. — 40

Schlaf, Johs., Peter Boies Freite. Roman. 3. Aufl. (336 S.) 8. Leipzig 903. Berlin, Harmonie. n. 2. 50

— Peter Boies Freite. Roman. 8. (336 S.) Leipzig 903. H. Seemann Nachf. n. 2. 50

— Freuderchen u. Anderes. Novellen. (199 S.) 8. Leipzig (907). Grethlein & Co. 2.—; geb. in Leinw. 2.80; in Ldr. 3. 80

Johannes Schlaf. Frühjahrsblumen und Anderes. *Berlin: F. Fontane & Co. 1901.* (127 S.) 8° [J.]
— Schlaf: Novellen. 3. [01. 5:2.]

Schlaf, Johs., Frühling. gr. 8. (95 S.) Leipzig 896. Verlag „Kreisende Ringe". n. 2. —

— Gertrud. Drama in 3 Aufzgn. gr. 8. (57 S.) Berlin 898. J. Sassenbach. 1. 50

— neue Gleise, s.: Holz, Arno.

— Helldunkel. Gedichte. 8. (VII, 108 S.) Minden 899. J. C. C. Bruns. n. 2. 50; geb. n. 3. —

— Hermelinchen. Illustrationen v. Hans Lindloff. (48 S. m. 4 Taf.) kl. 8. Berlin (907). Harmonie. Geb. 2. —

— Jesus u. Mirjam. — Der Tod des Antichrist. 8. (III, 135 S.) Minden (901). J. C. C. Bruns. n. 1. 75; geb. n. 2. 50

Schlaf, Johs., das absolute Individuum u. die Vollendung der Religion. (2 Tle. in 1 Bde.) (589 S.) 8. Berlin 910. Oesterheld & Co. 12.—; geb. 14.—

— der Kleine. Ein Berliner Roman in 3 Büchern. (491 S.) 8. Stuttgart 904. A. Juncker. n. 5. —; geb. 6. —

— mein Roman „Der Kleine". Eine Glosse. (20 S.) 8. Stuttgart 905. A. Juncker. n. — 50

— Der Krieg, s.a. Kultur, die.

Der Krieg von Johannes **Schlaf**. Mit 11 Vollbild. Berlin: Marquardt & Co. (1907). (69 S.) 8°
— **Kultur**, Die. Bd 21. [07. 9436

Johannes **Schlaf**. Kritik der Taineschen Kunsttheorie. Wien & Leipzig: Akad. Verl. 1906. (66 S.) 8° [F.] [06. 14507

— Die Kritik u. mein „Fall Nietzsche". Ein Notruf. (20 S.) gr. 8. Leipzig (907). Th. Thomas. — 50

Johannes **Schlaf**. Die Kuhmagd und Anderes. *Berlin W: F. Fontane & Co. 1900.* (212 S.) 8° [F.]
= **Schlaf**: Novellen. 2. [00. 4619

Schlaf, Johannes: Leonore und Anderes. Berlin: F. Fontane & C. 1899. (3 Bl., 156 S.) 1 Bd 8°
= Schlaf, J.: Novellen. [Bd] 1.
(Fontane's 2-Mark-Bücher.)

— junge Leute. Roman. 8. (288 S.) Berlin 890. Goberbier. n. 3. 50

— Maurice Maeterlinck, s.a. Literatur, die. 22.

Maurice Maeterlinck von Johannes **Schlaf**. Mit 1 Heliogr., 11 Vollbild. u. 1 Faks. Berlin: Bard, Marquardt & Co. [1906]. (59 S.) 8°
= **Literatur**, Die. Bd 22. [06. 3389

— der Narr u. Anderes. Novellistisches. 12. (170 S.) Leipzig 902. H. Seemann Nachf. n. 2. 50

(G) — Der Narr. 902. **Jetzt: Berlin, Harmonie.**

Schlaf, Johannes. Der «Fall» (Friedrich) Nietzsche. Eine «Überwindung». VIII + 330 S. 8. Leipzig, Theod. Thomas, 1907. (M. 7.—, geb. 8.—)

— noch einmal „Arno Holz u. ich". gr. 8. (16 S.) Berlin 902. C. Messer & Co. n. — 50

— die Nonne, s.: Bibliothek moderner deutscher Autoren.

— Novalis u. Sophie v. Kühn. Eine psychophysiolog. Studie. (70 S.) 8. München-Schwabing 906. E. W. Bonsels & Co. n. 1. 80

— Novellen. I—III. 8. Berlin [F. Fontane & Co.] E. Fleischel & Co. à n. 2. —; geb. à n. 3.—
I. Leonore u. Anderes. (V, 156 S.) 899.
II. Die Kuhmagd u. Anderes. (V, 212 S.) 900.
III. Frühlingsblumen u. Anderes. (V, 127 S.) 901.

— Meister Oelze. Drama in 3 Aufzügen. 8. (103 S.) Berlin 892. S. Fischer, Verl. n. 2. —

— Meister Oelze. Drama in 3 Aufzügen. 2., überarb. Aufl. (97 S.) 8. München 908. G. Müller. 2. —

— der geschundene Pegasus, s.: Holz, Arno.

— Der Prinz. Roman in 2 Bdn. (398 u. 357 S.) kl. 8. Ebd. 908. 8.—; geb. 10.—

— Psychomonismus, Polarität u. Individualität. Ein offener Brief an Hrn. Professor Max Verworn. (27 S.) gr. 8. Leipzig 908. F. Eckardt. — 70

— Am toten Punkt. Roman. 2. Aufl. (425 S.) kl. 8. München 909. G. Müller. 4.50; geb. 6.—

— das dritte Reich. Ein Berliner Roman. 8. (341 S.) Ebd. 900. n. 5. —; geb. n. 6. 50

— Unser westeuropäisches Schisma. Ein Wort zu der modernist. Bewegg. (27 S.) gr. 8. Leipzig 908. F. Eckardt. — 50

Schlaf, J., die Familie Selicke, s.: Holz, A.

— das Sommerlied, s.: Juncker's, Axel, Sammlung moderner deutscher Lyrik. II.

— Sommertod. Novellistisches. gr. 8. (200 S.) Leipzig 897. Verlag „Kreisende Ringe". n. 3. —

Die Suchenden. Roman von Johannes **Schlaf**. *Berlin: F. Fontane & Co. 1902.* (322 S.) 8° [F.] [02. 10834

— Mentale Suggestion. Ein letztes Wort in meiner Streitsache m. Arno Holz. (28 S.) 8. Stuttgart (905). A. Juncker. n. — 80

— Emile Verhaeren, s.a. Dichtung, die. 38. Bd.

Emile Verhaeren. Von Johannes **Schlaf**. Berlin & Leipzig: Schuster & Loeffler 1905. (77 S.) 8°
= **Dichtung**, Die. Bd 38. [06. 11155

— Walt Whitman Homosexueller? Kritische Revision e. Whitman-Abhandlg. von Eduard Bertz. (71 S.) 8. Minden 906. J. C. C. Bruns. n. 1. 50

— Was ist Kultur, s.: Kulturprobleme, neudeutsche.

— Weigand. Drama in 3 Aufzügen. (71 S.) 8. München-Schwabing 906. E. W. Bonsels & Co. n. 2. —

— Der alte Herr Weismann u. andere Novellen, s.a. Bibliothek Bondy. 3. Bd.

Johannes **Schlaf**. Der alte Herr Weismann u. a. Novellen. Berlin: Bondy 1910. 283 S. 8°
(Bibliothek Bondy. Bd 3.) [10. 16210

— stille Welten. Neue Stimmungen aus Dingsda. 8. (236 S.) Ebd. 899. n. 3. —; geb. n. 4. —

— Walt Whitmann, s.a. Dichtung, die. 18. Bd.

Johannes Schlaf. Walt Whitman. Lyrik des Chat noir. Paul Verlaine. *Leipzig: M. Spohr 1897* (a. d. Umschl.: *1898*). (103 S.) 1 Bd 8. 98. 2308

Walt Whitman. Von Johannes Schlaf. *Berlin & Leipzig: Schuster & Loeffler. [1904].* (89 S.) 8°
= Dichtung, Die. Bd 18.

Schläfer, Die sieben heiligen, zu Ephesus. Amberg 1716. V: *Hofreuter, Albert.* (jes)

Schlaefer, Hermann

Schlaefer, H., s.: Eisenbahn-Reformfahrpläne u. Fahrplankarten, ost- u. westpreussische.

Schlaff, Jh., Angaben u. Vorschläge, Feuersbrünsten vorzubeugen. s. K. Fr. Erhard.

Schlaff, Johann Friedrich (Wallau) A. S. 15/17

Dissertatio juridica, de editione instrumentorum.
Präs. Johann Friedrich Wahl.
Giessen (Lammers) 1. 1733. 16 Bl. 30517

Schläfke, Adolf: Die Konkurrenzklausel der Handlungsgehilfen. Berlin 1910: Streisand. 69 S. 8°
Heidelberg, Jur. Diss. v. 3. März 1910, Ref. Schröder
[Geb. 30. Mai 84 Hannover; Wohnort: Hannover; Staatsangeh.: Preußen; Vorbildung: Kaiser-Wilhelms-Gymn. Hannover Reife O. 03; Studium: Jena 4, Berlin 8 S.; Rig. 6. März 09.] [U 10. 2005

Schläfke, R., De Demosthenis quae dicuntur adversus Aristogitonem orationibus. Diss. 1913. 107 S. 3.—

Schlaefke, W., General-Register, s.: Graefe's, Albr. v., Archiv f. Ophthalmologie.

Schlaefke, Wilh., Beiträge zur Percussion des Herzens. Inaugural-Dissertation. gr. 8. (27 S.) Göttingen 877, (Vandenhoeck und Ruprecht's Verlag.) *

Schläfli, Dr. Alexander, und seine Reise-Unternehmen. Zürich 1861. V: *Mousson, Albert.* (zuwzür 1913)

Schläfli, investigatio circa seriem trigonometricam. Bern, Huber & Co. 1875. 2. —

Schläfli, Adolf. 700 Hebosteotomien. Diss. Med. Basel. Sonderabdruck aus «Zeitschrift für Geburtshülfe und Gynäkologie», Band 64, Heft 1, 1909. *Kopftitel:* Aus dem Frauenspital Basel-Stadt.... II + 51 S. 8. Stuttgart, Union Deutsche Verlagsgesellschaft, 1909.

Schläfli, Alexander, Dr., Zur physikalischen Geographie von Unter-Mesopotamien

Schläfli, A., Reisen in den Orient, s.a. Mittheilungen schweizerischer Reisender.

Schläfli, Alexander: Reisen in den Orient. (Mittheilungen schweizerischer Reisender. Heft 2.) Winterthur 1864. 157 S., 1 Krt. 8°.

Schläfli, Alexander, Dr., Versuch einer Climatologie des Thales von Janina (Epirus). Constantinopel 1861.

Schläfli, Alexander. Versuch einer Climatologie des Thales von Janina ⟨Epirus⟩. [A.] 4. [Zurich 1862.]

Schläfli. Fried[rich]. Zwei Predigten: Rede zur Einweihung des neuen Kirchengeläutes in Madiswyl,... den 12. Oktober 1884.... (– Jesus Christus gestern und heute.... Predigt, gehalten zum Abschied von der Gemeinde Mad'.... den 8. August 1886.) 8. *o. O. u. J.* [ca. 1886].

Schläfli, G. Fünf Fälle von Keratoconus jugendlicher Individuen. Ein Beitrag zum klinischen Bild und zur Therapie der Krankheit. In-8°. 68 S. Basel. These. 1894

Schläfli, Ludw., s.a Briefwechsel, der, zwischen Jakob Steiner u. Ludwig Schläfli.

Schlaefli, Ludwig, [und] Cayley, Arthur. Briefwechsel von L' Sch' mit A' C'. Mit dem Facsimile eines Briefes von A. C' [Tafel]. Hrg. ([mit] Einleitung [und Anmerkungen]) von J[ohann] H[einrich] Graf. Festgabe der Universität Bern für das 50jährige Jubiläum des eidgenössischen Polytechnikums in Zürich. 1855—1905. 42 S. 8. Bern, K. J. Wyss, 1905.

Schläfli, L. Über eine Function von drei Winkeln. 1852. 4.

Schläfli, L., über die zwei Heine'schen Kugelfunctionen mit beliebigem Parameter und ihre ausnahmslose Darstellung durch bestimmte Integrale. gr. 4. (IV, 66 S.) Bern 881, (Huber und Comp.) *

Schläfli, L., Lösung einer Pendel-Aufgabe. (Zum Lections-Katalog der Berner Hochschule 1867.) Bern 867. Huber & Co. gr. 4. (27 S.) n. 18 ngr.

Schläfli, üb. die Resultate eines Systemes mehrerer algebraischer Gleichungen. Ein Beitrag zur Theorie der Elimination. [Aus d. Denkschriften der k. Akad. der Wiss.] Fol. (74 S.) Wien 852. (Braumüller.) 1⅓ ₰ (siehe auch: Denkschriften der k. Akademie der Wissenschaften in Wien. Mathematisch-naturwissenschaftl. Classe, IV. Bd.)

Schläfli, Ludwig s. Steiner, Jacob. und Schläfli, Ludwig.

Schläfli, L(udwig). Theorie der vielfachen Kontinuität. Von † L. Schläfli. Hrg. im Auftrage der Denkschriften-Kommission der Schweizer. Naturforschenden Gesellschaft von J[ohann] H[einrich] Graf, Bern. (Separatabdruck aus den Denkschriften der Schweizerischen naturforschenden Gesellschaft. Band 38. 1. Hälfte.) IV + 239 S. 4. Zürich, Zürcher & Furrer (*Umschlag:* Basel, Genève und Lyon, Komm. Georg & Co.), 1901. [fr. 15.--]

Schläfli, L. Zuschrift zum 70. Geburtstage. Zürich 1884. fol.

Schlafrock, Der, an Herrn von ** Grosshändler in *. Regensburg [Salzburg] 1783. V: *Sonnenfels, Jos. von.* (wr)

Schlafrock, der, an Herrn v. ***, Großhändler in ******, mit Anmerkk. 8. Regensb. 783. (Mayr in Salzb.) 4 gr.

Schlafstellenwesen u. Ledigenheime, s.a. Schriften der Centralstelle f. Arbeiterwohlfahrtseinrichtungen, Nr. 26.

Schlafstellenwesen und Ledigenheime. Vorbericht u. Verhandl. d. 13. Konferenz d. Centralstelle f. Arbeiter-Wohlfahrtseinrichtungen am 9. u. 10. Mai 1904 in Leipzig. Berlin: C. Heymann 1904. (194 S.) 8° [ö.]
= Schriften d. Zentralstelle f. Arbeiter-Wohlfahrtseinricht. No 26. 05. 119 8

Schlaftrunk, der, Lustspiel. 8. Meldorf, Boie. 787. (Hammerich in Altona.)

Schlaftrunk, der; Lstspl. in 3 Akt.; ein Torso Lessings; ergänzt (von Dr. Eckstein). 8. Meldorf u. Leipz. 787. (Altona, Hammerich). 8 gr.

— dass. beendigt (v. Jh. Jak. Chr. v. Reck). 8. Regensb. 785. Montag u. W. 6 gr.

Schlaftrunk, Der, oder Mütter! Hütet eure Töchter besser. Ein bürgerliches Trauerspiel in fünf Aufzügen. O. O. 1789. V: *Wagner, Heinrich Leopold.* (schstr S.179)

Schlafwagen-Bibliothek. 1. und 2. Bd. 8. [München, Ad. Ackermann.] Leipzig, Barsdorf. à Bd. *

Inhalt:

Bd. 1. Die Gymnastik des Zwerchfells für Misanthropen und Magenkranke, ausgeübt in Künstlerkreisen. (75 S. mit 60 Vignetten.) 883.

» 2. Feuilletonistische Karrikaturen gezeichnet von E. G. Schack. (104 S.) 879.

Nicht weiter erschienen.

Erster **Schlag** an das Thor des neuen Tempels der ger. u. vollk. ▭ zur Einigkeit im Or. zu Frankfurt am Main von den Ceremonien-Meistern. [Frankfurt a. M.] 1805. 16 S. 8° [Umschlagtit.]

Kl. 2054. Enth. Unterredungen des Hierophanten Sophodor mit dem Jünglinge Autaresk zu Theben; soll die Ähnlichkeit der Aufnahmegebräuche in die Mysterien der Isis mit denen der Frmrei darlegen.

Schlag (Der letzte). Neujahrsgruss 1880. Flugblatt. Sep.-Abdr. aus dem „Sozialdemokrat" in 7 Versen.

Schlag, Gesetz, betr. die Erhebung von Reichsstempelabgaben vom $\frac{\text{1. Juli 1881}}{\text{29. Mai 1885}}$, erläutert durch die Motive, Bundesraths-Beschlüsse, Entscheidgn. der Landesfinanzbehörden u. der oberen Gerichtshöfe, sowie durch die Rechtsprechg. d. Reichsgerichts. gr. 8. (99 S.) Berlin 892. Siemenroth & Worms. Kart. n. 2. 50

Schlag, das Reichsstempelgesetz vom 27. Apr. 1894, s.: Gesetzsammlung.

Schlag, A. W., der Landpfarrer oder Erfahrungen u. Beobachtungen, Ansichten u. Wünsche in Betreff seines amtl. u. außeramtl. Lebens u. Wirkens, zusammengestellt u. seinen Amtsbrüdern zur Prüfung, Candidaten u. Theologie Studirenden zur thunl. Beachtung vorgelegt. Leipzig 865. Baumgärtner's Buchh. gr. 8. (VIII, 376 S.) 1 ₰ 10 ngr.

Schlag, A. W., Repetitorium der Kirchengeschichte u. Hymnologie, zunächst zum Gebrauche bei der Vorbereitung auf das theologische Examen. Leipzig 858. Hunger. 8. (218 S.) 22⅔ ngr.

Schlag, A. W., die Weltgeschichte in einer dreifachen übersichtlichen Stufenfolge f. Land- u. Bürgerschulen, Realschulen u. Gymnasien bearb. Mit 2 Charten. 1. Lfg. Lex. 8. (XVI S. u. S. 1—104.) Neu-Schönefeld 851, Verlags-Expedition. 9 ngr.

— die Weltgeschichte in einer dreifachen übersichtlichen Stufenfolge f. Land- u. Bürgerschulen, Realschulen u. Gymnasien bearbeitet. Mit 2 (lith.) Uebersichtscharten zur Geschichte des Alterthums u. des Mittelalters (in Fol.). 2. u. 3. Liefg. Neu-Schönefeld 853. Verlags-Expedition. gr. 8. (S. 105—401.) 21 ngr; complet jetzt 1 ₰ 10 ngr.

Schlag, Carl, s. Schlag, Karl

Schlag, F., der Dompfaff, auf Grund 25jähr. Erfahrung möglichst allseitig geschildert. gr. 8. (II, 49 S.) Berlin 877, Gerschel. *

Schlag, F., der Dompfaff, auf Grund 35jähr. Erfahrung möglichst allseitig geschildert. 2., verb. Aufl. 8. (III, 47 S.) Magdeburg 888. Creutz. n. 1. —

Schlag, F., der Dompfaff, auf Grund 40jähr. Erfahrg. möglichst allseitig geschildert. 3. Aufl. 12. (III, 50 S.) Magdeburg 893. Creutz. n. 1. —

Schlag, F., der Dompfaff auf grund 49jähr. Erfahrung möglichst allseitig geschildert. 4. Aufl. 8. (III, 51 S.) Magdeburg 899. Creutz. n. 1. —

Schlag, F., der Dompfaff, auf Grund 54jähriger Erfahrg. möglichst allseitig geschildert. 5. Aufl. (55 S.) 8. Magdeburg 904. Creutz. n. 1. —

Schlag, F., der Dompfaff, auf Grund 54jähr. Erfahrung möglichst allseitig geschildert. 6. u. 7. Aufl. (54 S. m. 2 Taf.) 8. Magdeburg 910. Creutz. 1. —

Schlag, Georg

— pohlnisch-deutsche Handlungsgespräche. 8. Ebendas. 736.

Schlag, Geo., († d. 15. Dec. 1764.) poln.-deutsche Correspondenz, enthalt. Briefe auf allerhand Fälle eingerichtet. 8. Bresl. 765. 4e Aufl. 768. W. G. Korn. 20 gr Hbg. Pr. 6 gr

— neue gründl. u. vollst. pohln. Sprachlehre. 8. Ebendas. 734.

Schlag, H., Friedrich, s.: Bücherschatz, deutscher.

Schlag, Hermann Cicero, Verfasser einer grammatischen Schrift. Zugleich ein Beitrag zur Werthestimmung der Grammatici latini. 4 (16 S.). Progr. Rg. *Siegen* 1888 (355)

Schlag, Herm., das Drama. Wesen, Theorie u. Technik d. Dramas. (XXIV, 451 S.) 8. Essen (909). Fredebeul & Koenen. 4.—; geb. in Leinw. 5. —

Schlag, Hermann, Prof. Dr.: Goethes **Faust.** Ein Beitrag zum Verständnisse d. inneren Zusammenhanges beider Teile. *Siegen 1900: W. Vorländer.* (S. 3—14.) 4° [F.]
Siegen, RG, P 1900 (401)

Schlag, Herm., die deutsche Komödie, s. Universal-Bibliothek.

Schlag, Herm., die deutsche Komödie. Eine Komödie in 3 Akten. gr. 8. (IV, 86 S.) Weimar 902. Dramaturg. Anstalt. (Nur direkt.) 1. 20

Schlag, Hermann [Dr.]: Die Lehre von den Satzzeichen systematisch dargestellt. Siegen, Druck v. W. Vorländer, 1890; 26 S. 8°
Siegen, RG, P 1890

— Le Mans. Ein dramat. Stimmungsbild aus großer Zeit in 1 Akte. (85 S.) kl. 8. Weimar 903. Dramaturg. Anstalt. (Nur direkt.) n. — 50

— Oidipus. Eine Trilogie. Des Sophokles „König Oidipus", „Oidipus auf Kolonos" u. „Antigone" in 3 Einaktern. (84 S.) kl. 8. Ebd. (902). n. 1. 20

[F.] Schlag, Hermann [Dr.]: Geschichtlich-geographische Übersicht über die Staaten des deutschen Reiches nach Abschluss des Westfälischen Friedens 1648. Siegen, Druck v. W. Vorländer, 1895; 48 S. 8.
Siegen, RG, P 1895 (382)

— die Welträtsel. Eine Professorenkomödie in 4 Akten. (114 S.) 8. Ebd. 903. n. 1. 20

Schlag, Hugo. Thomas Münzer; geschichtliches Trauerspiel in 4 Akten. NY. 1883.

Schlag, Karl

Schlag, Carl, der deutsch-französische Krieg 1870/71. 12 leb. Bilder m. vaterländ. Dichtgn. u. Gesängen. Für patriot. Männer-Gesangvereine, f. Schulfestlichkeiten u. patriot. Feste jeder Art zusammengestellt. gr. 8. (38 S.) Braunschweig 893. Patriot. Verlag Schlegel. n. 2. —

Schlag, Oskar [prakt. Arzt aus Schlesien]: Zur Behandlung penetrirender Schusswunden des Bauches.... Greifswald, Druck v. Julius Abel, 1886; 26 S. 8°.
Greifswald, Med. Fak., Inaug.-Diss. v. 18. März 1886.

Schlag, Oskar, zur Behandlung penetrirender Schusswunden des Bauches. Diss. Greifwald 1886, Jul. Bindewald. 26 S.

Schlag, Richard), aus Ohlau i. Schl.: Beitrag zum Capitel Seekrankheit. *Greifswald 1899: J. Abel.* (24 S.) 8°
Greifswald, Med. Diss. v. 5. Apr. 1899

Schlag von Rugenroth, (Graf,) Gott u. Welt, s.a. Rugenroth.

Schlag v. Rugenroth, Graf, Gott u. Welt, od. wie Gott stets waltet u. die Welt oft schaltet. 16 Bogen. 8. Leipz. 822. Gr. Fleischer. 20 gr

— Sonntags-Erzählungen, s. Fr. Heldmann, Kinderbibliothek.

Schlagball. Leipzig 1896. 28 S. (Spielregeln d. technischen Ausschusses. 3.)
— — 3. Aufl. 1897. 28 S.
— — 4. Aufl. 1901. 26 S.
— — 5. Aufl. 1905. 41 S.
— — 6. Aufl. 1906. 44 S.
— — 7. Aufl. 1907. 60 S.
— — 8. Aufl. 1908. 52 S.
— — 9. Aufl. 1910. 53 S.

Schlagball mit Einschenker. Leipzig 1898. 30 S. (Spielregeln d. technischen Ausschusses. 5.)
— — 2. Aufl. 1900. 28 S.
— — 3. Aufl. 1903. 28 S.

Schlagball mit Einschenker. 4. Aufl. Leipzig & Berlin: B. G. Teubner 1906. (30 S.) 8° [F.]
= Spielregeln d. technischen Ausschusses. H. 5. [07. 10078

Schlagball mit Einschenker. 5. Aufl. Leipzig & Berlin: B. G. Teubner 1907. (32 S.) 8° [F.]
= Spielregeln d. technischen Ausschusses. H. 5. [08. 6679

Schlagball mit Freistätten. Leipzig 1899. 27 S. (Spielregeln d. technischen Ausschusses. 7.)
— — 2. Aufl. 1904. 27 S.
— — 3. Aufl. 1906. 28 S.

Schlagbaum, Der unbescheidene. O. O. [1821]. V: *Hegewisch, Franz Hermann.* (LS)

(SCHLAGBAUM, HIER.). Philosophischer Höllenzwang oder Kritik aller Religionsbücher der Menschheit. Ein Lesebuch für Aufgeklärte. Altona. 1797.

Schlagbrandtner, Alois Th., des Freiherrn v. Münchhausen Abenteuer u. Reisen. Neu bearb. Buchschmuck v. Frz. K. Delavilla. (83 S.) 15×14,5 cm. Wien (907). K. Graeser & Co. Geb. in Leinw. 1. 30

Schlägel, M. v., s.: Buch, das, zum Vorlesen.

Schlaegel, Marie von
Deutsch und Wälsch. 1876
s. Schlägel, Max von

Schlägel, Marie v., Erstanden u. zwei andere Novellen,
s.: Engelin's Roman- u. Novellenschatz.

Schlägel, Marie von s. Familienbibliothek, Schweizer. Nr. 86.

— Irrwege. Im Reich Neptuns. Zu spät,
s.: Engelin's Roman- u. Novellenschatz.

— Sr. Hoheit Leibkutscher u. andere Novellen,
s.: Engelin's Roman- u. Novellenschatz.

— Im Schatten der Schuld. Im Wendenwald. Glück,
s.: Engelin's Roman- u. Novellenschatz.

Schlägel, Marie v., zweierlei Tuch. Novellen. 8. (104 S.) Berlin 887, A. Goldschmidt. *

Schlägel, Max v., die Alpensängerin. Eine Erzählg. aus Tirol. 12. (97 S.) Berlin 885. Goldschmidt. n. — 50

Schlägel, Max v., die Bacchantin, s. Eisenbahn-Unterhaltungen.

Schlägel, Max v., wildes Blut. Vier Erzählgn. gr. 8. (168 S.) Berlin 871. Brigl. 2. 50

—— die Cocobette, s. Wachenhusen, H., Gabriele.

Schlaegel, Max von
Deutsch und Wälsch. Erzählungen. Von Max und Marie von Schlägel. Bd 1-4.
Leipzig: Günther 1876. 8°

— u. Marie v. Schlägel, Deutsch u. Wälsch. Erzählungen. 4 Bde. 8. (255, 217, 280 u. 226 S.) Leipzig 877. Berlin, Borstell & Reimarus. n. 12. —

Schlaegel, Max von, Der rothe Fasching. Roman aus Frankreichs jüngster Vergangenheit. 2 Bde. 8°. Leipzig, E. J. Günther, 1872.

— Feuerseelen. Absonderliche Menschen u. Schicksale. Berlin 870. Brigl. br. 8. (III, 172 S.) 25 ngr

—— der Garnisonsteufel, s. Reiselectüre.

— gefangen u. belagert, s.a. Unterhaltungs-Bibliothek f. Reise u. Haus.

Schlaegel, M. v. Gefangen u. belagert. Meine Erlebnisse während des Feldzuges 1870/71. Jena 1871. 259 S.

— Gemsentoni. Eine Erzählung aus dem Pusterthal. — Dach u. Keller. Novelle. Mit einem (Holzschn.-)Bilde von L. Bechstein. 8. (120 S.) Bremen 877. Nordwestdeutscher Volksschriften-Verl. cart. n. 1. —
Allg. Bücher-Lexikon. VIII. Supplement-Band. 2.

Schlägel, Max v., Gemsentoni. Dach u. Keller. 2 Erzählgn. M. 1 Bilde v. L. Bechstein. Ster.-Ausg. 12. (108 S.) Reutlingen 895. Enßlin & Laiblin. Kart. in farb. Umschlag — 60; in einfarb. Umschlag — 50

—— am Genfer-See, s.a. Bibliothek für Haus und Reise.

Schlägel, Max v., am Genfer-See. Zwei Erzählungen. [Die Dame vom See. — Das Schloß in Savoyen.] 8. (111 S.) Berlin 881, A. Goldschmidt. *

—— die Gletscher-Amazone, s. Reiselectüre.

— die Gründer. Roman. 8. (280 S.) Jena 875. Costenoble. 4. 50

—— die Gründer. Roman. 2. (Titel-)Aufl. Wohlfeile Volks-Ausg. 8. (280 S.) Jena 880, Costenoble.

— die Helden der Arbeit. Roman aus der Gegenwart. 8. (270 S.) Bielefeld 871. Velhagen & Klasing. 4. 50

— hartes Holz. Novellen. [Böser Leumund. Alpe Fee. Der Thurm des Jochenmus.] 8. (320 S.) Breslau 886. Schottländer. n. 4. 50; geb. n. 5. 50

—— der baumwollene Husar und andere Novellen. 8. (100 S.) Berlin 883, A. Goldschmidt. *

Schlaegel, Max von

Graf Ketlan, der Rebell. Roman aus dem ungarischen Tieflande. Von Max von Schlägel. Bd 1.2.
Leipzig: Günther 1875. 8
Titelbl. von Bd 1 fehlt.

—— Graf Ketlan, der Rebell. Roman aus dem ungar. Tieflande. 2 Bde. 8. (254; 256 S.) [Leipzig 876, E. J. Günther.] Berlin, Nicolai'sche Buchh. *

— der Kometenprinz, s.: Reiselectüre.

— aus drei Kriegen. Erzählungen in Versen. München 866. Franz'sche Buchh. 16. (56 S.) n. 7½ ngr.

Schlaegel, Max v., böser Leumund, s.a. Kürschner's Bücherschatz.

—— böser Leumund, s.a. Reiselectüre.

Böser Leumund. Erzählung von Max v. Schlaegel. Mit Ill. von W. Roegge. Berlin, Eisenach, Leipzig: H. Hillger [1906]. (94 S.) 8° [F.]
— Bücherschatz, Kürschners. No 494. [07. 13318

— tolle Liebe. Zwölf Novellen. Berlin 870. Brigl. gr. 8. (III, 220 S.) n. 10 ngr.

—— tolle Liebe. Zwölf Novellen. 2. Aufl. 16. (224 S.) Berlin 875, Goldschmidt. *

Schlaegel, Max von

Nach uns die Sündflut. Roman. Aus Frankreichs jüngster Vergangenheit. Von Max von Schlägel. Bd 1-4.
Leipzig: Günther 1872. 8

Schlägel, Max. Die Nationalfeste der Schweizer: Ein Schützenfestleben. — Ein Sängerfestleben. — Ein Jugendfestleben. 8. St. Gallen 1869.

— Novellen, s.: Bibliothek f. Haus u. Reise.

— neue Novellen. [Gregor. Die Communarden. Die Weltumsegler.] 8. (V, 300 S.) Breslau 886. Schottländer. n. 4. 50; geb. n. 5. 50

Schlägel, Max v., die Putzmacherinnen, s.a. Eisenbahn-Unterhaltungen.

SCHLÄGEL, Max von, Die Putzmacherinnen. Eine Geschichte, wo sie sich kriegen. Zweite Auflage. Berlin W. Verlag von Gustav Behrend (H. Förstner). Charlottenstr. 27. O. J. (187*?). Breit-8°.
167 S. (incl. Tit.). — Zahm.

— die Ritter der Gegenwart. Eine Hofgeschichte. 2 Bde. 8. (247 u. 286 S.) Leipzig 874. E. J. Günther. n. 6. —

—— Prinzeß Rothhaar. Erzählung. (160 S.) 1877. * M. 3.; 2. (Titel-)Aufl. 16. (160 S.) Stuttgart 878, Richter und Kappler. geb. mit Goldschn. *

— St. Gallen im Festschmuck. Gedenkblatt an das „Erste St. Gallische Kantonalsängerfest" u. an das „Kinderfest der Stadt St. Gallen." Ebend. 867. 8. (24 S.) 5 ngr.

—— Santino oder das Glück der Welt. Roman. 2 Bde. 8. (235; 188 S.) Breslau 879, Schottländer. * M. 8.; geb. *

— eine Schützenfahrt nach Schwyz, oder: Der Geist u. das Festleben in einer schweizerischen Schützenfestresidenz. Den Freunden bedeutungsvoller Nationalfeste gewidmet. St. Gallen 867. Altwegg-Weber. 8. (34 S.) 5 ngr.

—— Siege der That. Erzählungen. 2 Bde. 8. Jena 874 Costenoble.
Inhalt:
Bd. 1. Monsieur Max. (190 S.)
„ 2. Duri, der Bärenjäger. Heiligenland. Ellen Norbert. (235 S.)

— vier Jahre Soldat. Aus den Erinnerungen eines süddeutschen Offiziers. St. Gallen 868. Altwegg-Weber. 8. (302 S.) 1 ₰ 3 ngr.

—— Stereoscopen. Kleine Skizzen und Erzählungen. gr. 8 (III, 284 S.) München 872, Grabinger. [Brissel.] (M. 3.

—— mit der Sturmfluth, s. Reiselectüre.

— zwei Sünder, s.: Reiselectüre.

—— für Thron und Altar. Roman. 3 Bde. 8. (293; 224; 228 S.) Breslau 878, Schottländer. *

— Pariser Todtentanz. Roman aus der jüngsten Vergangenheit Frankreichs. 1. u. 2. Abth. 8. Leipzig 872 E. J. Günther. 13. 50
1. Nach uns die Sündfluth. 4 Bde. (236, 214, 188 u. 117 S.) 9. —
2. Der rothe Fasching. 2 Bde. (à 200 S. 4. 50

Schlägel, Max v., die Volksbeglücker. Eine Erzählung. 8. (276 S.) Leipzig 874. E. J. Günther. n. 3. —

— vom Fels zum Meer. Erzählungen. 4 Bde. 8. Jena 873, Costenoble.

Inhalt:
Bd. 1. Eine deutsche Königsfamilie im Süden. Ein entfesselter Dämon. (253 S.)
„ 2. Ein entfesselter Dämon. (Fortsetzung.) (270 S.)
„ 3. Der steinerne Maler. (211 S.)
„ 4. Das Marmorbild im Palazzo Doro. Die Lawine. Strada d'Allemagna. (248 S.)

— von Stunde zu Stunde. Roman. 3 Bde. Berlin 870. Janke. 8. (223, 208 u. 232 S.) 4 ℛ

— die Wilden der Gesellschaft. Eine Erzählg. 8. (215 S.) Ebend. 873. 3. —

Schlaegel, Wilhelm, Medizinalprakt.: Ueber Herzmuskelerkrankungen bei Myoma uteri. München 1905: Kastner & Callwey. (73 S.) 8°
München, Med. Fak., Ref. v. Bollinger, Diss. v. 6. April 1906
[Geb. 16. Nov. 80 Dachau b. München; Wohnort: St. Georgen b. Diessen; Staatsangeh.: Bayern; Vorbildung: Wilh.-Gymn. München Reife Juli 00; Studium: München 10 S.; Coll. 6. April 06; Approb. 24. März 06.]

Schlagenhaufer, (Frdr.), u. Wagner v. Jauregg, Beiträge zur Ätiologie u. Pathologie des endemischen Kretinismus. (48 S. m. 10 Abb. u. 5 lith. Taf.) gr. 8. Wien 910. F. Deuticke. 2. 50

Schlagenthin, Henning Graf Arnim-
s. Arnim Schlagenthin

50 **Schlager**. Humorist. Orig.-Gedichte z. Vortrag im fröhl. Kreise. *Erfurt: J. C. Schmidt [1900].* (32 S.) 8° [Umschlagt. F.] [illegible] 3

Schlager, Carl. s. Schlager, Karl

Schlager, H., Nachtrag zum preußischen Landtags-Almanach für die IX. Legislatur-Periode. III. Session. 1872/73. 16. (32 S.) Berlin 873, Kortkampf. *

Schlager, Hans, die polnische Gefahr. gr. 8. (29 S.) Berlin (902). H. Schildberger. n. — 60

Schlager, Johann Evangelist

— Beiträge zur [illegible] Kunst [illegible] des [illegible] Separatdruck

— Eine Bulle Papst Bonifaz IX. [illegible] 2. Juni 1390 [illegible] Beiträge zur österreichischen [illegible] Se, [illegible]

Schlager, J. E., Georg Rafael Donner. Ein Beitrag zur österreichischen Kunstgeschichte. Mit seinem (radirten) Bilde, dem Facsimile u. 14 Original-Beilagen. 2. Ausg. Wien 853. Prandel u. Meyer. 16. (170 S.) n. 15 ngr

Schlager, Johann Evangelist: Über die Geschichte der Wiener Hofgärten [illegible] Separatdruck

Über die [illegible] Wiener Hof [illegible] Separatdruck

— Materialien zur [illegible] Separatdruck

Schlager, J., Samml. e. d. gewöhnl. Streitfragen a. dem bürgerl. Rechte n. Heineccius System. 8. Wien, Gerold. 803.

Schlager, J. E. Wiener Skizzen aus dem Mittelalter (1) und 2. Reihe. Neue Folge (1) bis 3. Bd. (5 Bde.) Mit Abbildungen. 8. Wien (1833)—1846

§ * **SCHLAGER,** J. E. (1786—1852), Wiener Skizzen aus dem Mittelalter. 1. u. 2. Reihe. Wien (C. Gerold), o. J. (1835), 1836. — Neue Folge. 3 Thle. Ebd. 1839, 42, 46. (Zus. 5 Bde. Mit lithogr. Abbildgn.) 8°. Schöner Antiquadruck. (1—5 in München: Austr. 4227, 2 voll.; auch in Wien.

Schlager, J. E., Wiener-Skizzen aus d. Mittelalter. Neue Folge 1839. gr. 12. (19½ B., 1 Stndr. u. lith. Ttl.) Wien, (Gerold's Vrlsh.) *

Schlager, J. E., Wiener Skizzen aus dem Mittelalter. Bd. V. Wien 1846. 8°.
S. 293 ff.: Die Wiener Kleidertracht vom Jahre 1396—1430.

— alterthümliche Ueberlieferungen von Wien aus handschriftlichen Quellen. Wien 853. Prandel u. Meyer. 8. (IV, 200 S., 1 Kpfrtaf., 6 Lithogr. u. lith. Titel.) n. 16 ngr

Schlager, Karl

Schlager, Carl, zur Charakteristik der zwei religiösen Richtungen in der protestantischen Kirche nach ihren Unterscheidungs- u. Berührungspunkten. Ein Vortrag geh. im Aargauischen allgemeinen Pastoralverein. gr. 8. (69 S.) Aarau 872. Sauerländer. n. 1. —

Schlager, Ludwig

Schlager, L. D. Psychiatrie i. ihrer Entwicklg v. d. ältesten bis auf d. neueste Zeit. Wien 1860. 4.

Schlager, L., die gerichtliche Psychopathologie, s. Handbuch der gerichtlichen Medicin.

Schlager, Dr. L. —, Ueber den Typhusprozeß in seinen Beziehungen zur Entwickelung und zum Verlauf der psychischen Störungen. Von — —. Dr. der typographisch-artistisch-literarischen Anstalt in Wien. (24 S. 8.) 1857

Schlager, Ludw., Vorträge über die Erkenntniss u. Behandlung der Geistesstörungen u. über das Vorgehen bei forens. Begutachtungen psych. Zustände. 1. Lfg. Wien 865. (Leipzig, Hinrichs'sche Sortimentsh.) Lex.-8. (192 S.) n. 1 ℛ 15 ngr

Schlager, Marcellin Jos., üb. Patriotismus im Allgemeinen vom Standpunkte der christlichen Moral. Inaugurations-Rede, geh. am 16. Novbr. 1892. gr. 8. (21 S.) Graz 893. Leuschner & Lubensky. n. 1.

Schlager, Marie, ein Kirchlein mehr zu Gottes Ehr! Ein dramat. Spiel in 5 Aufzügen zum Besten e. Kirchenbaues. (47 S.) 8. Freiburg i/B. 909. Charitas-Verlag. — 60; Musikbeilage. Komp. v. G. Fiesel. op. 47. (8 S.) 21,5×31 cm. — 50; Stimmen à — 10

Schlager, Maria, ein Mißverständnis oder Die Bekehrung in der Kinderstube, s. a. Theater f. die weibliche Jugend. XXI.

Schlager, Maria: Ein Mißverständnis oder die Bekehrung in der Kinderstube. Heitere Komödie in 3 Akten von —. Mit Musikbeilagen. Paderborn: F. Schöningh [1904]. (56, 8 S.) 8° = Theater f. d. weibliche Jugend. 21.

Schlager, Patricius, O. F. M., Altarsakraments-Büchlein. Andachtsbuch f. alle Verehrer, insbesondere die Mitglieder der Bruderschaften des Altarsakramentes. Aus Anlaß des eucharist. Kongresses zu Cöln zusammengestellt. (159 S. m. 1 Farbdr.) 16. Münster (909). Alphonsus-Buchh. Geb. in Leinw. — 50

— s. a. Beiträge zur Geschichte der sächsischen Franziskanerprovinz vom hl. Kreuze.

Schlager, Patricius, O. S. F., Beiträge zur Geschichte der kölnischen Franziskaner-Ordensprovinz im Mittelalter. Nach meist ungedruckten Quellen bearb. (X, 304 S.) gr. 8. Köln 904. J. P. Bachem. n. 3. 60

— Blütenlese aus den Werken rheinischer Franziskaner. Lesungen u. Betrachtgn., übers. u. zusammengestellt. (IX, 289 S.) kl. 8. Aachen 907. A. Jacobi & Co. 1. 20

— Die deutschen Franziskaner u. ihre Verdienste um die Lösung der sozialen Frage, s.: Jugend- u. Volksbibliothek, geschichtl.

— Geschichte der kölnischen Franziskaner-Ordensprovinz während des Reformationszeitalters. Nach meist ungedr. Quellen bearb. (VIII, 319 S.) gr. 8. Regensburg 909. Verlagsanstalt vorm. G. J. Manz. 4.50

— Hülfensberg-Büchlein. Geschichte d. Franziskanerniederlassg. nebst Andachten f. die Wallfahrtskirche. Aus Anlaß des 50jähr. Bestehens des Klosters zusammengest. (64 S. m. Titelbild.) kl. 8. Heiligenstadt 910. F. W. Cordier. — 30

— Marienlob. Wallfahrtsbüchlein, enth. die Geschichte des Gnadenbildes in Beurig nebst Gebeten u. Liedern f. die Wallfahrer. Als Jubiläumsgabe zusammengestellt. (79 S. m. Abb.) kl. 8. Trier 907. Paulinus-Druckerei. (Urspr. Pr. — 30; geb. — 50)

— Monika-Büchlein. Andachtsbuch f. alle Mütter, insbesondere die Mitglieder der Müttervereine. (159 S. m. 1 eingeklebten farb. Titelbild.) 16. Münster (909). Alphonsus-Buchh. Geb. in Leinw. — 50

Schlaeger, Der, oder: So darf man mir nicht kommen. Lustspiel in 5 A. nach dem Engl. Lübeck 1778. V: *Engelbrecht, Joh. Andreas.* (GGr)

(F) **Schläger,** Paukkomment der Wiener Burschenschaft. 2. Aufl. 8°. (39 S.) † Wien: Schalk 1910. K —.80

Schlaeger, Bahnhygiene in Schule u. Heer, s.: Jessen.

Schläger, Berthold [app. Arzt aus Hameln a. W.]: Untersuchungen über den Bakteriengehalt der Kanalluft ... Hameln, Druck d. Buchdr. C. Kientzler, 1893; 28 S. 8.
Rostock, Med. Fak., Inaug.-Diss. v. [21. Aug.] 1893

Schläger, E., Arbeiterhilfe, ein alter Weg zu neuem Ziel. 8°. Stuttgart 1891.

Schläger, E., die Bedeutung d. Wagner'schen Parsival in u. f. unsere Zeit. gr. 8. (26 S.) Minden 884. Bruns. n. — 50

Schlaeger, E., Chicago, s.: Seeger, E.

Das Jahr 1848. Die großen Ereignisse desselben dem deutschen Volke erzählt. Verf.: E. Schlaeger. Mit 10 Kupfertaf. Hannover 1849. 8°.

— the significance of Wagner's Parsifal in and for our times. Translated by Miss Coleman. gr. 8. (23 S.) Ebend. 884. n. — 50

Schlaeger, E., üb. u. wider die Sozialdemokratie. Eine Rede, geh. am 21. Juni 1893 in Löbtau. gr. 8. (23 S.) Dresden 893. (E. Weise.) n. — 10

Schläger, E., die sociale u. politische Stellung der Deutschen in den Vereinigten Staaten. Ein Beitrag zu der Geschichte d. Deutsch-Amerikanerthums der letzten 25 Jahre. gr. 8. (50 S.) Berlin 874. Puttkammer & Mühlbrecht. n. 1. —

Schläger, Fr., 100 getrocknete kryptogam. Gewächse. [Moose u. Flechten.] Gesammelt, mit latein. u. deutschen Namen u. doppeltem Register verseh. 4. (13 Taf. u. 6 S. Text.) Eckartsberga 850, Eckartshaus. 7/8 ₰

Schläger, Frz. Geo. Ferd., die geistl. Akzidenzen sollten abgeschafft werden! Ein Wunsch, nebst e. Mittheilung, wie in Hameln d. Beicht- u. Leichen-Geld in e. feste Einnahme verwandelt ist. 8. (3½ B.) Hannover 834, (Helwing.)
Aus dess. „Gemeinnütz. Blätter zunächst f. d. Königr. Hannover" besond. abgedruckt.

Schläger's, Frz. Geo. Ferd., Amtsjubelfeier, s. Amtsjubelfeier.

—— geistliche Amtsreden, bei besond. Fällen gehalt. 3 Bdchn. — A. u. d. Ttln.: Taufreden. — Traureden, größtenth. in Familienkreisen gehalt. — Leichenpredigten, bei besond. Veranlassn. gehalt. 8. (25¼ B.) Ilmenau 833, [Weimar,] Voigt.

—— dass. 4. Bdchn. — A. u. d. T.: Schul- u. Einführungsreden. 8. (10½ B.) Ebds. 835.

Schläger, Frz. Geo. Ferd., geistl. Amtsreden, bei besond. Fällen geh. 5. u. 6. Bdchn. 8. Weimar, Voigt.
A. u. d. Ttln.:
Bdchn. 5. Meineidswarnungen, m. geschichtl. Bemerkn. üb. d. Eid. (14 B.) 837. 18 Gr.
" 6. Beicht- u. Kommunionreden. Mit Bemerkn. üb. d. Buße, u. einigen Bußtags- u. Abendmahlspredigten. (17½ B.) 840. 1 Thlr.

Schläger, Frz. Geo. Ferd., geistliche Amtsreden, bei besonderen Fällen gehalten. 2., verb. und verm. Aufl. 1—3. Bdchn. 8. Weimar 852, Voigt.
Inhalt:
Bdchn. 1. Taufreden. (XVI und 153 S.)
" 2. Traureden, größtentheils in Familienkreisen gehalten. (XII und 152 S.)
" 3. Leichenpredigten, bei besond. Veranlassungen gehalten. (XVI und 144 S.)

—— Andeutungen zur fruchtbar. Feier d. 300jähr. Jubiläums d. Augsburg. Konfession, 1830. 12. (3½ B.) Hannover 829, (Helwing.)
Aus dess. „Gemeinnütz. Blätter zunächst f. d. Königr. Hannover" besond. abgedruckt.

—— Bemerkungen üb. d. Frage: Was wünschen wir? od.: Gedanken u. Empfindungen in uns. aufgeregten Zeit, zur Verständig. u. Beruhigung sein. lieben Hannoveranern bescheiden mitgetheilt. 8. (3 B.) Hannover 831, Hahn.
Aus dess. „Gemeinnütz. Blätter zunächst f. d. Königr. Hannover" besond. abgedruckt.

—— Bemerkungen üb. d. Schatten- u. Lichtseite uns. Zeit. Zwei Predigten, in erweiterter Form hrsg. 8. (5 B.) Hannover 830, (Helwing.)
Aus dess. „Gemeinnütz. Blätter zunächst f. d. Königr. Hannover" besond. abgedruckt.

Schläger, (Frz., Geo. Frd.,) der christl. Berg- u. Hüttenmann, oder ein Erbauungsbuch in Predigten, Morgen-, Abend- u. Festgebeten, f. Berg- u. Hüttenleute. gr. 8. Hannov. 827, Helwing.

— der christliche Berg- u. Hüttenmann oder ein Erbauungsbuch in Predigten, Morgen-, Abend- u. Festgebeten rc. f. die Berg- u. Hüttenleute nebst einem erklär. Verzeichnisse der gebrauchten bergmännischen Kunstausdrücke. 2. verb. u. verm. Aufl. 12. (XVIII u. 173 S.) Hannover 852, Helwing. ¼ ₰

— Betrachtt. über die vorjähr. Kirchenregister. Eine Neujahrspredigt. 8. Münden 811.

—— gemeinnütz. Blätter zunächst f. d. Königr. Hannover, s. Blätter.

—— der Bußfertige. Ein Erbauungsb., f. Schuldbeladene, f. Sträflinge in Gefängnissen u. öffentl. Zuchtanstalten. 8. (12 B.) Hannover 828, (Helwing.)

—— der Bußfertige; ein Erbauungsb. f. Schuldbeladene, f. Sträflinge in Gefängnissen u. öffentl. Zuchtanstalten bearb. 2., verb. u. verm. Aufl. gr. 8. (10 B.) Hannover 839, Hahn'sche Hofbuchh.

— s. Ebell. G. E. D., Predigten u. geistl. Amtsreden.

— üb. den Einfluß öffentl. Armenpflege auf das Wohl der Gemeine. gr. 8. (Marb.) 811. Krieger. 5 gr

— zur Feier des ersten öffentl. Glaubensbekenntnisses junger Christen; od. Versuche, die Confirmationshandlung an Eindruck zu erhöhen. 8. Nordh. 822, Landgraf.

— zur Feier des ersten öffentl. Glaubensbekenntnisses junger Christen; od. Versuche, die Confirmationshandlung an Eindruck zu erhöhen. 8. Nordhaus. 823. (Dörffling in Leipz.) 1 thlr

—— zur Feyer d. ersten öffentl. Glaubensbekenntnisses junger Christen, od. Versuche, die Confirmationshandl. an Eindruck zu erhöhen. 2., verm. Aufl. 8. (18½ B.) Leipzig 835, Dörffling.

— die Feier des Reformationsjubiläums in Lauterberg, nebst einigen bei dieser Gelegenheit gehalt. Predigten. 8. Hannov. 818. Helwing. 14 gr

— des wiedererrungenen Friedens würdige Feier. gr. 8. Götting. 816. Vandenhöck u. R. 3 gr

Schläger, Friedr. Geo. Ferd., Gebet dem Kaiser, was des Kaisers, und Gotte, was Gottes ist! Eine Predigt, am 23. S. nach Trin. d. 6. Novbr. 1853 gehalten. Hameln 853. Labuske. gr. 8. (16 S.) 2 ngr

— Gedanken über e. Fortdauer nach dem Tode, s. Gedanken.

— die gegenwärtigen Gefahren der evangelischen Kirche. Eine Predigt, gehalten am Reformations-Feste 1853. Hameln 854. Labuske. gr. 8. (16 S.) 3¾ ngr

— der Geist der Augsburg. Confession. Eine Predigt, am 25. Juni 1830 zum Andenken an die dritte Jubelfeier der Uebergabe des Augsburg. Glaubensbekenntn. gehalten. 8. Hannov. 830. Helwing. 5 gr

s. a. Gottesverehrung, vormittägige.

— vormittägige Gottesverehrung an Sonn- u. Festtagen, 2 Bde. gr. 8. Ebend. 814 u. 15.

— evangel. Hausspiegel, zur Selbstbeschauung allen christl. Familien dargereicht. 8. Hannov. 827. (Helwing). 6 gr

— s. Hülfsbuch beim Gebrauch d. Bibel.

— das 300jährige Jubelfest der Kirchen-Reformation in Hameln, zur Erinnerung beschrieben u. nebst den an diesem Feste gehalt. Predigten mitgetheilt. gr. 8. Hannover 841. (Hahn'sche Hof-Buchh.) n. $^{11}/_{24}$ thlr

— Christoph Kalbhenn, der Waisenvater, der Jugend z. Vorbilde aufgestellt. 8. Heiligenstadt 823. (Landgraf in Nordheim.) 2 gr

—— kurze Kirchen-Reformations-Geschichte d. Stadt Hameln; zur Vorbereit. auf d. bevorsteh. 300jähr. Jubelfeier d. Kirchen-Reformation in Hameln hrsg. gr. 8. (3¾ B.) Hannover 840, (Hahn'sche Hofbuchh.) *

— Confirmationsfeier in d. St. Aegidien-Kirche zu Minden. 8. Minden (Hannov.) 808. Hahn. 3 gr

— Confirmationsfeier in d. St. Aegidien-Kirche zu Minden 1815. 8. Götting. 815. Vandenhöck u. R. 3 gr

— vollständ. Confirmationshandlungen. 2 Bde. 8. Sondershaus. 817—19. Voigt in Ilmenau. 1 thlr 20 gr

—— vollständ. Konfirmations-Handlungen. 2 Bdchn. 2., verb. Aufl. 8. (21 B.) Ilmenau 832, [Weimar,] Voigt.

— vollständ. Konfirmations-Handlungen. 2 Bdchn. 2e verb. Aufl. 8. Weimar 833. 3e Aufl. 840. Voigt. 1¼ thlr

Schläger, Frz. Geo. Fd., vollständige Konfirmations-Handlungen. 2 Bdchn. 3. verb. Aufl. 8. Weimar 841, Voigt. 1¼ thlr

— s. Lindau, Fr., Erinnerungen e. Soldaten.

s. J. H. Loose, kurzgef. Naturgeschichte.

— Materialien zu Religionsvorträgen, od. Hauptsätze, kurze u. vollständ. Dispositionen, sowohl üb. jede d. bestimmten sonn- u. festtägl. Perikopen, als auch üb. freie Texte ꝛc. 2 Bde. gr. 8. Hannov. 811—12. 2e mit e. Anh. verm. Aufl. 822. Hahn. 1 thlr 18 gr (Der Anh. apart unt. d. T.: Andeutungen zu Predigten üb. die Episteln u. Evangelien der Sonn- u. Festtage ꝛc.)

Schläger, Frz. Geo. Ferd., Georg Wilhelm Müller, (Dr. ph. Major im k. hannov. Generalstabe.) In einigen Umrissen gezeichnet. 8. (4⅝ B.) Hannover 844, Hahn'sche Hofbuchh. *
Aus: Vaterländisches Archiv f. 1843, besond. abgedruckt.

— Plan e. Industrieschule zu Minden. 8. Minden 807, u. bis 1813 11 Fortsetzungen.

— kurzer Plan üb. die Mädchen-Schule zu Münden. 8. Götting. 808. Dankwerts. 2 gr

— Predigt am Neujahrstage 1810. (Götting.) 810. Dankwerts. 2 gr

— Predigt am Reformationsfeste 1809. 8. Götting. 809. Dankwerts. 3 gr

— Predigt am Reformationsfeste 1809. 8. Ebendas. 810.

— Predigten, durch den Wechsel seines Amtes veranlaßt; nebst einigen Gedanken über die Freuden des Prediger Berufs, üb. Antritts- u. Abschieds-Predigten, wie über das Nachtheilige der Prediger-Versetzungen. 8. Hannov. 824, Hahn.

— Prüfung in der Mädchenschule zu Münden. 8. Ebendas. 810.

— Prüfungsfeier in d. Mädchenschule zu Minden den 5. Octbr. 1808. 8. Götting. 808. (Hahn in Hannov.) 6 gr

— Prüfungsfeyer in der Mädchenschule zu Münden. 8. Hannov. Hahn.

— Religionsvortrag beim Anfang des Jahres 1808. 8. Hannov. 808. Hahn. 2 gr

—— der Reuevolle. Ein Wort d. Trostes u. d. Erhebung f. die, welche todt waren u. wieder lebendig wurden. gr. 8. (9¾ B.) Hannover 839, Hahn'sche Hofbuchh.

– s. Fr. Sabiel, Versuch e. Beantwort. &c.

— kleine Samml. von Religionsvorträgen. gr. 8. Götting. 808. Vandenhöck u. R.) 8 gl

— Samml. v. Religionsvorträgen. gr. 8. Gött. Dankwert. 808.

—— wunderbare Schicksale des Mart. Everlhoven, s. Schicksale.

—— der Hannoversche Schulfreund, s. Schulfreund.

— christl. Verhalten bei d. Wünschen, zu welchen der erste Tag im neuen Jahr uns einladet. Ein Religionsvortrag am Neujahrstag 1809. 8. Hannov. 809. Hahn. 2 gl

s. Vida, d. Schachspiel.

– s. Wedekind, J. H., schriftlicher Nachlaß.

— üb. den hohen Werth u. wichtigen Einfluß der weibl. Bildung auf alle Verhältnisse des weibl. Lebens. Mit Anmerkk. v. J. G. A. Heyse. 8. Quedlinb. 825. Basse. 12 gl

— das Wesen eines ächt evangelischen Christen. Eine Predigt, am Reformations-Feste 1854 gehalten und mit einigen Anmerkungen herausg. Alfeld 855. (Leipzig, R. Hoffmann.) gr. 8. (14 S.) 3¾ ngr

— die letzten Worte zum Abschiede v. seiner Gemeine u. d. Stadt Minden. 8. Minden 815.

Schläger, Frdr., Schillerworte. Zum 9. V. 1905, dem Tag der 100. Wiederkehr des Todestages des großen Dichters aus Schillers Dramen der deutschen Jugend u. dem deutschen Volke dargeboten. 1. u. 2. Aufl. (XII, 156 S. m. 1 Bildnis.) kl. 8. Gießen 905. E. Roth. — 60; geb. 1.20; in Geschenkbd. 2. —

Schläger, Frdr., Schillerworte. Zum 10. XI. 1909, dem Tag der 150. Wiederkehr des Geburtstages des großen Dichters, aus Schillers Dramen der deutschen Jugend u. dem deutschen Volke dargeboten. 2. Aufl. (Neue [Titel-]Ausg.) (XII, 156 S. m. 1 eingedr. Bildnis.) kl. 8. Gießen [905] 909. E. Roth. — 60; geb. n 1.20; feine Ausg. 1. —; geb. in Leinw. n 2. —

Schlaeger, Georg: Die congenital syphilitischen Knochenveränderungen am Unterkiefer und der Schädelbasis während der Foetalzeit. [Maschinenschrift.] 47, 4 S. m. Taf. 4° [Lag nicht vor.] — Auszug: Hamburg (1920): Hintel. 7 S. 8° [Soll gekürzt ersch. in: Fortschritte auf d. Gebiete d. Röntgenstrahlen. Bd 28.]
Hamburg, Med. Diss. v. 22. Dez. 1920 [1928] [U 28 3537

Schläger, G., über Musik u. Strophenbau der französ. Romanzen. (Mit e. musikal. Anh.) gr. 8. (46 u. XXVII S.) Halle 900. M. Niemeyer. n. 2. 40
Sonderabdruck aus: „Forschgn. z. roman. Philologie".

Schläger, G[eorg], Dr.: Sprechübungen im neusprachlichen Unterricht. Oberstein 1906: J. Hehner. (S. 3—13.) 4°
Oberstein-Idar, R P 1906 (837)

Schlæger, Georg: Studien über das Tagelied ... Jena, Frommannsche Hof-Buchdr., 1895; 2 Bl., 89 S. 8.
Jena, Phil. Fak., Inaug.-Diss. v. 1895

Schlaeger, Geo., Studien üb. d. Tagelied. E. Beitrag zur Litteraturgeschichte d. Mittelalters. gr. 8. (VIII, 89 S.) Jena 895. H. Pohle. n. 1. 80

Schläger, Gustav, aus Neiße: J. B. Grasers 'Divinitätsprinzip und dessen Stellung in der Geschichte der Pädagogik. *Celle 1903: Schweiger & Pick.* (51 S.) 8°
Erlangen, Phil. Diss. v. 22. Nov. 1902

Schläger, H., Nachtrag zum preußischen Landtags-Almanach f. die IX. Legislatur-Periode. III. Session 1872/73. 16. (32 S.) Berlin 873. Kortkampf. n. — 60

Schläger, H., die provisor. Wahl-Ordnung f. das Königreich Hannover nebst den gesetzl. Bestimmungen aus dem Landesverfassungsgesetze u. dem ständischen Schreiben vom 6. Jul. 1848 zusammengestellt. gr. 8. (24 S.) Hannover 848, Gebr. Jänecke. n. 1/12 ℛ

Schläger, Heinr., die geheimnißvolle Insel, s.: Jugend- u. Volksbibliothek.

— s.: Weg, der einzige, zur Rettung der Selbstständigkeit des Handwerkerthums.

Schläger, Herm., die Einweihung des neuen Gebäudes für das Lyceum u. die höhere Bürgerschule der Stadt Hannover 3. Mai 1854. Mit einem kurzen Ueberblick über das städtische Schulwesen. Hannover 854. Rümpler. gr. 8. (57 S.) n. 5 ngr

Schläger, Herm., experimentelle Untersuchungen üb. die physiologische Wirkung v. Eucalyptus globulus. Inaugural-Dissertation. gr. 8. (40 S.) Göttingen 874. (Vandenhoeck & Ruprecht's Verl.) n. — 80

Schläger, Johann Justus (Braunschweig) A. S. 1197/7

Dissertatio inauguralis medica, de venaesectionis salutari intermissione. Präs. Michael Alberti. Halle (Hendel) X. 1735. 36 S.

W. v.: Präs., Heinrich Konrad von Strombeck, F. A. Conring, Christoph Friedrich Alkofer (Opp.).

30513

Schlaeger, Johannes Julius: De venaesectionis salutari intermissione. s. Alberti, Michael [Praes.]

Schläger, Julius Karl

Schlaeger, J. C., de Atheniensibus civitatem suam sanguine humano lustrantibus. Helmst. 1739. 4.

Schlaeger, Iul. C., fascicul. dissert. antiquitatibus sacris et profanis. 4. Helmstedt. (Weygand, Lips.) 742.

— de debitore obaerato secundum ius hebr. 4. Lips. Weygand.

— diss. epistolaris de Dianae λειοζωνοις. 4. Hamburg, Bohn. 735.

Jul. Car. Schlaeger commentatio de diis hominibusque servatoribus ex nummis atque marmoribus vetustis ad varia epistolarum Paulinarum loca. Helmestad. 1737. 4. — *Cum 4 tabb. aen. nummos 48 exhib.*

— comment. de diis, hominib., servatorib. ex nummis atque marmoribus vetustis ad varia Epistolar. Paulinar. loca. 4. Helmst. (Weygand, Lips.) 737.

Schläger, J. C., Gemma antiqua. 4maj. 734. Ist jetzt Verl. v. Herold. d. j. in Hamburg.

Schläger, Jul. Car., Diss. de Helotibus, Lacedaemoniorum servis. Helmst. 730. 4. (52 S.)

Jul. Car. Schlaeger historia litis de medicorum apud veteres Romanos degentium conditione. Helmstad. 1740. 4. — *Recus. in* Jo. Chr. Gli. Ackermann opusc. ad medicinae historiam pertinentia. Norimb. 1797. 8. pag. 293 — 342.

Schlaeger, Julius Karl: Historia litis de medicorum apud veteres Romanos degentium conditione. 50 S. (S. 293-342), gbd.

Helmstadii: 1740
(Opuscula ad medicinae historiam pertinentia. Bd 1,5)

JB 5.705

Iulii Caroli Schlaegeri [Schlaeger] Historia litis de medicorum apud veteres Romanos degentium conditione. Helmaestadii 1740: Ex Officina Drimborniana. 48 S. 8°

— de nummis Alexandri magni, c. fig. gr. 4. Hamb. (Weygand, Lips.) 736.

Schlaeger, J. C., de numo Alexandri M. Acc. de thesauro supellectilis antiquae, sive de collectione opusculorum raror., quibus viri eruditi numos, gemmas, lapides veteres illustrant. Cum figg. Hamb. 736. 4. 18 gr.

— comment. de nummo Hadriani plumbeo et gemma Isiaca in funere Aegyptii medicato repertis. gr. 4. Götting. Dietrich. 742.

Schlaeger, J. C., Commentatio de numo Hadriani plumbeo et gemma Isiacâ. C. figg. Helmst. 742. 4. 1 rthl. 8 gr.

Schlaeger, Julius Karl [Praes.], s. Wilpert, Karl Ludwig: De debitore obaerato secundum ius Hebraicum et Atticum creditori in servitutem adiudicando.

Schläger, Max [Referendar]: Die Rechtswidrigkeit des Angriffs bei der Notwehr ... Erlangen, k. b. Hof- u. Univ.-Buchdr. v. F. Junge, 1897; 53 S. 8.
Erlangen, Jur. Fak., Inaug.-Diss. v. 1897

Schlaeger, Otto [Gerichtsass. in Königsberg i. Pr.]: Verhältnis der Vertragsklage zur Schädensklage ... Göttingen, Druck d. Univ.-Buchdr. v. W. F. Kästner, 1897; 1 Bl., 40 S. 8.
Göttingen, Jur. Fak., Inaug.-Diss. v. [9. Juli] 1897

Schlaeger, R. Empedocles agrigentinus quatenus Heraclitum ephesium in philosophia secutus sit. 24 S. G. Eisenach 1878
Progr.

Schlagermann, Franz [app. Arzt]: Zwei Fälle von subphrenischem Abscess. Beitrag z. Casuistik d. subphren. Abscesse ... München, Buchdr. v. M. Ernst, 1893; 27 S. 8.
München, Med. Fak., Inaug.-Diss. v. 1893

Schläger-Paukkomment der Wiener Burschenschaft. 2. Aufl. (39 S.) 11. 8. Wien 910. F. Schalk. --70

Schlageter, F., J: Komplette Gerberei-Einrichtungen. Vilshofen a. Donau (Bayern) 1906

Schlageter, J[osef]: Zur Laut- und Formenlehre der außerhalb Attikas gefundenen attischen Inschriften. Ein Beitrag zur Koine. Freiburg i. B. 1908: Hochreuther. 33 S. 4°
Freiburg i. B., großh. Bertholds-G P 1908 (798) [S 08. 110

Schlageter, J[osef]: Der Wortschatz der außerhalb Attikas gefundenen attischen Inschriften. Ein Beitr. z. Entstehung d. Koine. 1. Konstanz [1910]: Stadler. 47 S. 4° ¶ (Ersch. auch als Progr. d. Großh. Gymn. in Konstanz.)
Freiburg i. B., Phil. Diss. v. 1910, Ref. Schwartz
[Geb. 2. Nov. 81 Rickenbach; Wohnort: Konstanz; Staatsangeh.: Baden; Vorbildung: Gymn. Freiburg i. B. Reife Juli 02; Studium: Freiburg i. B. 6, Berlin 2, Heidelberg 1 S.; Rig. 1. Juli 10.] [U 10. 1083

Schlagfähigkeit, die, unserer neuen Armee-Corps im April 1867. Ein Beitrag zur Geschichte der ehemals kurfürstl. hess., herzogl. nassauischen u. landgräfl. hess. Truppentheile, sowie der Formation des 11. Armeecorps, vom militärisch-polit. Standpunkte aus. Von einem preuß. Offizier. (M. K.) Cassel 867. Freyschmidt. gr. 8. (90 S. mit 1 Tab. in gr. 4.) n. 10 ngr.

Schlagfertigkeit. – Zur Schlagfertigkeit der Armee. Darlegung d. Erfordernisse f. d. Heer u. wie sie auf das Billigste zu erreichen, unter gleichzeit. Aufkläng über deren Nothwendigkeit f. d. Vertreter d. Volkes v. Einem alten Offizier. Rathenow: M. Babenzien 1898. (29 S.) 1 Bd 8°

Schlagfertigkeit, die, u. die Offiziers-Standesverhältnisse der k. u. k. österreichischen Artillerie. Ein offenes Mahnwort v. e. Freunde der Waffe. gr. 8. (27 S.) Darmstadt 890. Bernin. n. 1. —

Schlagfluß, s. Zuliani.

Schlagflüsse, über, (v. Jh. Geo. Fr. Franz). 8. Leipz. 775.

Schlaginhaufen, Otto, ein Beitrag zur Craniologie der Semang, s.: Abhandlungen u. Berichte des königl. zoologischen u. anthropol.-ethnograph. Museums zu Dresden. XI, 2.

Schlaginhaufen, Otto, aus St. Gallen: Aus dem anthropologischen Institut der Universität Zürich. Das Hautleistensystem der Primatenplanta unter Mitberücksichtigung der Palma. Leipzig 1905. 222 S. 8°. S.-A. a. d. Morpholog. Jahrbuch. Bd. 33. Heft 4. u. Band 34 Heft 1. [23. VIII. 05.]
Zürich Phil. Diss. II. S. 1904/1905.

Schlaginhaufen, Otto. Das Hautleistensystem der Primatenplanta, unter Mitberücksichtigung der Palma. Diss. Phil. [II.] Univ. Zürich. [Mit Figuren.] (Sonderabdruck aus «Morpholog. Jahrbuch». Bd. 33, Heft 4 und Bd. 34, Heft 1.) *Kopftitel:* Aus dem Anthropologischen Institut der Universität Zürich. 222 S. 8. Leipzig, Wilhelm Engelmann, 1905.

Die Körpermasse u. der äussere Habitus e. jungen weibl. Schimpansen, s.: Abhandlungen u. Berichte d. kgl. zoologischen u. anthropol.-ethnograph. Museums z. Dresden. XI, 4.

Reisen in Kaiser-Wilhelmsland, s.a. Abhandlungen u. Berichte des königl. zoologischen u. anthropolog.-ethnograph. Museums zu Dresden. XIII, 1.

Reisen in Kaiser-Wilhelmsland (Neuguinea) von Dr. Otto **Schlaginhaufen.** Mit 3 Taf. u. 21 Fig. Leipzig: Teubner in Komm. 1910. 19 S. 4°
(Abhandlungen u. Berichte d. Kgl. Zool. u. Anthropol.-Ethnogr. Museums zu Dresden. Bd 13, 1.) [11. 2494 8

Eine ethnographische Sammlung vom Kaiserin-Augustafluss in Neuguinea von Dr. Otto **Schlaginhaufen.** Mit 4 Taf. u. 117 Fig. Leipzig: Teubner in Komm. 1910. 74 S. 4°
(Abhandlungen u. Berichte d. Kgl. Zool. u. Anthropol.-ethnogr. Museums zu Dresden. Bd 13, Nr 2.) [11. 603 8

Verzierte Schädel aus Neuguinea und Neumecklenburg von Dr. Otto **Schlaginhaufen.** Mit 3 Taf. u. 4 Fig. Leipzig: Teubner in Komm. 1910. 16 S. 4°
(Abhandlungen u. Berichte d. Kgl. Zool. u. Anthropol.-Ethnogr. Museums zu Dresden. Bd 13, Nr 4.) [11. 1703 8

Schlagintweit, Adolph — und Hermann —, Atlas zu den neuen Untersuchungen über die physikalische Geographie und die Geologie der Alpen. Leipzig 1851. gr. Fol.

Schlagintweit, **Adph., über den geologischen Bau der Alpen. Ein Vortrag im wissenschaftl. Vereine zu Berlin gehalten am 20. März. Mit 1 (lith. u.) color. Taf. (in qu. Fol.) gr. 8. (32 S.) Berlin 852, Hertz. n. 12 ngl**

Schlagintweit, Adolph: Beiträge zur Kenntniss der Vegetationsverhältnisse oberhalb der Schneelinie. (Archiv für Naturgeschichte. Jahrg. 20. Bd. 1. S. 139–148.) (Berlin 1854.) 10 S. 8°.

—— et Herm. Schlagintweit, Epreuves de cartes géographiques produites par la photographie d'après les reliefs du Mont-Rose et de la Zugspitze. gr. 4. (6 S. mit 2 lithogr. und 3 photograph. Karten.) Leipzig 854, Barth. **

Schlagintweit, Adolph und Hermann, Ueber die Höhe der Gipfel des Monte-Rosa. (Aus Poggendorff's Annalen.)

— Ueber einige Höhen-Bestimmungen in den westlichen Alpen.

und Hermann Schlagintweit

—— —— Relief der Gruppe der Zugspitze und des Wettersteines in den bayerischen Alpen. Nach aequidistanten Horizontalen aufgenommen und ausgeführt. Verhältniss 1 : 50000. Galvanisirter Zinkguss von M. Geiss in Berlin. Fol. (Mit einer lithogr. geolog. Karte von Adph. Schlagintweit in gr. Fol. als Beilage.) Leipzig 854, Barth. **

—— —— Relief des Monte-Rosa und seiner Umgebungen. Nach (ihren) Karten, Profilen und landschaftlichen Ansichten ausgeführt von F. Warnstedt. Verhältniss 1 : 50000. Galvanisirter Zinkguss von M. Geiss in Berlin. Fol. (Mit einem lithogr. Erläuterungsblatte in gr. Fol. als Beilage.) Leipzig 854, Barth. **

Schlagintweit, Adolph: Ueber die orographische und geologische Structur der Gruppe des Monte-Rosa. ([S.-A.] „Neue Untersuchungen über die physikalische Geographie und die Geologie der Alpen" von A. Schlagintweit und H. Schlagintweit.) Leipzig 1853. 12 S., 2 Tf. 8°.

Schlagintweit, Adolph, Ueber die Temperatur des Bodens und der Quellen in den Alpen. (Aus Poggendorff's Annalen. Ergänzungsbd. IV.)

und Hermann Schlagintweit

—— —— neue Untersuchungen über die physicalische Geographie und die Geologie der Alpen. Mit einem Atlas von 22 (lithogr. und lithochrom. und 8 lithogr. Erläuterungs-) Taf. (in Imp.-Fol.) gr. 4. (XVI und 630 S.) Leipzig 851, T. O. Weigel. *

— Untersuchungen üb. die Quellenbildung u. die Isogeothermen der Alpen, siehe: Jahrbuch, geograph., I.

— Untersuchungen über die Thalbildung u. die Formen der Gebirgszüge in den Alpen. [Abgedr. aus den Untersuchungen über die physical. Geographie der Alpen von H. u. A. S.] Lex. 8. (26 S.) Leipzig 850, Barth. 9 ngl

Schlagintweit. Ed.

Schlagintweit, E. Bericht über die spanische Armee in Marokko. Mit Skz. Gibraltar 1860. 90 S. 4°

Schlagintweit, Ed., der spanisch-marokanische Krieg in den Jahren 1859 u. 60. Mit Benutzung der vorhandenen Quellen und nach eigener Beobachtung dargestellt. Mit 1 lith. Terrainkarte (in Fol.). Leipzig 863. Brockhaus. gr. 8. (XVI, 351 S.) n. 3 ₰ 15 ngr

SCHLAGINTWEIT, Eduard Michael (Cham): De medicaminum doctrinae fundamento.- Monachii 1831. 18.8.1831 - Urk; F 60
Diss. Ingolst.-Landsh.-Mchn.

Schlagintweit, Emil, Bemerkungen über die physikalische Geographie des Kaisergebirges. 1853.

Schlagintweit, Emil, Bericht über eine Adresse an den Dalai Lama in Lhasa (1902) zur Erlangung von Bücherverzeichnissen aus den dortigen buddhistischen Klöstern. (S. 657 – 674 m. 2 Taf.) gr. 4. München 904. (G. Franz' Verl.) n. 1. —

Schlagintweit, Emil: Bericht über eine Adresse an den Dalai Lama in Lhasa (1902) zur Erlangung von Bücherverzeichnissen aus den dortigen buddhistischen Klöstern. Von –. Mit 2 Taf. (München: K. Akad. 1905.) (S. 659–674) 4°
Abhandlungen d. philos.-philol. Klasse d. Kgl. bayer. Akad. d. Wiss. Bd 22, Abt. 3,4.

Schlagintweit, Emil, Buddhism in Tibet, illustrated by literary documents and objects of religious worship. With an account of the Buddhist systems preceding it in India. With a folio atlas of 20 plates and 20 tables of native print in the text (in Lex.-8., 4. und Fol.). Lex.-8. (XXV und 403 S.) Leipzig 863, Brockhaus' Sortiment und Antiquarium. geb. und Atlas in Mappe *

Schlagintweit, Emil, die Gottesurtheile der Indier. Rede gehalten in der öffentl. Sitzung der königlichen Akademie der Wissenschaften am 28. März 1866 zur Erinnerung ihres 107. Stiftungstages. München 866. (Franz'sche Buchh.) gr. 4. (36 S.) n. 12 ngr

Schlagintweit, Emil, Indien in Wort und Bild. Eine Schilderung des ind. Kaiserreiches. 40 Lfgn. oder 2 Bde. Fol. (VII, 250; IX, 227 S. mit ca. 400 Holzschn.-Illustr.) Leipzig 880,81, Schmidt und Günther. à Lfg. M 1,50. * geb. mit Goldschn. à Bd. *M 40. *

Schlagintweit, Emil. Indien in Wort u. Bild. Eine Schilderg. d. ind. Kaiserreiches. Mit 417 Illustr. 2. bis auf die Neuzeit fortgeführte Aufl. 2 Bde. od. 45 Lfgn. gr. 4. (XI, 253; XI, 232 S.) Lpz. 889—91, Schmidt u. Günther. à Lfg. • — 50; • 22 50 à Bd. geb. • 18 — ; • 36 —

— die Könige von Tibet von der Entstehung königlicher Macht in Yárlung bis zum Erlöschen in Ladák. (Mitte des 1. Jahrh. vor Chr. Geb. bis 1834 n. Chr. Geb.) [Aus: Abhandlungen der königl. bayer. Akademie der Wissenschaften.] Ebend. 866. gr. 4. (87 S. mit 2 genealog. Tabb. in gr. Fol. u. 19 S. tibet. Text.) n. 1 ₰ 15 ngr

Schlagintweit, Emil, die Lebensbeschreibg. v. Padma Sambhava, dem Begründer des Lamaismus 747 n. Chr. I. Tl.: Die Vorgeschichte, enth. die Herkunft u. Familie des Buddha Çâkyamuni. Aus d. Tibet. übers. Mit e. Textbeilage. gr. 4. (28 S.) München 899. (G. Franz' Verl.) n. 1. —
Sonderabdruck aus: „Abhandlgn. d. k. b. Akad. d. Wiss."

— die Lebensbeschreibung v. Padma Sambhava, dem Begründer des Lamaismus. II. Tl.: Wirken u. Erlebnisse in Indien. Aus dem Tibet. übers. (S. 517—576.) gr. 4. Ebd. 903. n. 2. — (I u. II.: n. 3. —)
2 Sonderabdrucke aus: „Abhandlgn. d. bayer. Akad. d. Wiss."

Schlagintweit, Emil, s.: Suroçamatibhadra.

Verzeichnis der tibetischen Handschriften der Königlich Württembergischen Landesbibliothek zu Stuttgart. Von Emil Schlagintweit. *München: G. Franz in Komm. 1904.* (S. 245–270.) 8° [Umschlagt.]
Aus: Sitzungsberichte d. philos.-philol. u. d. hist. Kl. d. Kgl. Bayer. Akad. d. Wiss. 1904. H. 2.
(04. 1138) 10

Schlagintweit, Emil. Verzeichnis der tibetischen Handschriften der Königlich Württembergischen Landesbibliothek zu Stuttgart. Separat-Abdruck aus den Sitzungsberichten der philos.-philol. und der histor. Klasse der Kgl. Bayer. Akademie der Wissenschaften. 1904 Heft 2. II S. + S. 245—270. 8. München, Verlag der K. Akademie..., 1904.

— — [illegible] der M[illegible] als Beitrag zur Geschichte dieses Volkes und seiner Fürstenhäuser. Erste Abhandlung. [= MAP Tome II. [illegible] Livraison.] St.-Petersburg, 1831. P.

— — I. J. Schmidt's Würdigung und Abfertigung der Klaprothschen sogenannten Beleuchtung und Widerlegung seiner Forschungen im Gebiete der Geschichte der Völker Mittel-Asiens. Leipzig 1826.

Schlagintweit, Felix

— u. Osk. **Schlagintweit,** Bad Brückenau. Seine Kurmittel u. seine Umgebg. Neuer Führer f. Kranke u. Gesunde. Mit zahlr. Illustr., 1 neuen (farb.) Karte, Umgebungskarte des Bades, 1 (farb.) Rhönkarte u. Nachtrag, betr. Neuergn. der J. 1909 u. 1910 in Bad u. Stadt Brückenau. (III, 71 S.) 8. Würzburg (910). C. Kabitzsch. 1.20; Umgebungskarte allein —.40

Schlagintweit, Fel., über Cystitis, s.: Abhandlungen, Würzburger, aus d. Gesamtgebiet der prakt. Medizin. VII, 4.

Schlagintweit, Fel., Prostatahypertrophie u. Bottinische Operation. Experimentelle, topograph. u. chirurgisch-techn. Studien über das Verhalten der hypertroph. Prostata bei endovesikaler u. endourethraler Behandlg. m. starren Instrumenten. Mit 16 stereoskop. Aufnahmen v. Prostatapräparaten u. 10 Textabbildgn. gr. 8. (III, 68 S. m. 15 Taf.) Leipzig 902. G. Thieme. n. 4. —

Schlagintweit, F., Skelettafeln zum Einzeichnen der Muskeln bei Vorlesungen üb. Myologie, s.: Gerlach, L.

Schlagintweit, Felix [cand. med. aus Bamberg]: Experimentelle Untersuchungen und Studien über Frakturen der Wirbelsäule und ihre operative Behandlung ... München, kgl. Hof- u. Univ.-Buchdr. v. Dr. C. Wolf & Sohn, *1893;* 63 S. 8.
Erlangen, Med. Fak., Inaug.-Diss. v. Juni 1893

Schlagintweit, Hermann v.

Schlagintweit-Sakünlünski (H. von). Anlage des Herbariums während der Reisen . . . München, 1877. 4°.

Schlagintweit-Sakünlünski, Herm. v., Bericht über Anlage des Herbariums während der Reisen, nebst Erläuterung der topograph. Angaben. gr. 4. (64 S.) München 876, (Franz'sche Buchh.) *

von **Schlagintweit**, Hermann und Robert: Officielle Berichte über die letzten Reisen und den Tod von Adolf Schlagintweit in Turkistán. Berlin 1859. 17 S. 4°.

— u. Adph. **Schlagintweit**, hypsometrische Bestimmungen in den östlichen Alpen. [Abgedr. aus den „Untersuchungen über die physical. Geographie der Alpen" von H. u. A. S.] Lex. 8. (37 S.) Ebd. 850. 9 ngr

— klimatischer Charakter der pflanzengeographischen Regionen Hochasiens mit vergleichenden Daten über angrenz. Gebiete. gr. 4. (47 S.) (Ebendas.) 876. *
Vorstehende zwei Schriften sind aus: Abhandlungen der k. bayer. Akademie der Wissenschaften, besonders abgedruckt.

Schlagintweit-Sakünlünski, Hermann v., Neue Daten über den Todestag von Adolph v. Schlagintweit, nebst Bemerkungen über mussalman'sche Zeitrechnung. Zusammengestellt von —. München 1869.

Schlagintweit, Herm., über die physical. Eigenschaften des Eises. [Abgedr. aus den „Untersuchungen über die physical. Geographie der Alpen" von H. u. A. S.] hoch 4. (25 S. m. eingedr. Holzschn.) Leipzig 850, Barth. 9 ngr

von **Schlagintweit-Sakünlünski**, Hermann: Erläuterung der Gebiete Hochasiens. ([S.-A.] Sitzungsberichte der k. Bayrischen Akademie der Wissenschaften. Math.-phys. Classe vom 5. November 1870.) München 1870. 15 S. 8°.

und Adolph Schlagintweit

— — neue Höhenbestimmungen des Grossglockner, s.: Jahrbuch, geograph., I.

Schlagintweit-Sakünlünski, Hermann von, Die wichtigsten Höhenbestimmungen in Indien, im Himálaya, in Tibet und in Turkistán, mit besonderer Berücksichtigung auch der physikalischen und ethnographischen Verhältnisse. München 1867.

de **Schlagintweit**, Hermann, Adolphe and Robert: Introduction to the route-book of the western parts of the Himalaya, Tibet, and Central Asia. (Results of a scientific mission to India and High-Asia. Vol. 3.) Leipzig 1862. 27 S. 4°.

von **Schlagintweit-Sakünlünski**, Hermann: Ueber Nephrit nebst Jadeït und Saussurit im Künlün-Gebirge. (Sitzungsberichte der mathematisch-physikalischen Classe der königl. bayer. Akademie der Wissenschaften. 1873. 2. S. 227—268.) München 1873. 42 S. 8°.

Schlagintweit-Sakünlünski, Herm. v., die Pässe üb. die Kammlinien d. Karakorúm u. d. Künlün in Bálti, in Ladák u. im östlichen Turkistan. Nach unseren Beobachtgn. v. 1856 u. 1857 u. den neueren Expeditionen. [Aus: „Abhandlgn. der k. b. Akad. der Wiss."] 4. (116 S.) München 874. Franz in Comm. n. 4. 40

— die Regenverhältnisse in Indien, nebst dem indischen Archipel, u. in Hochasien. 1. Thl. u. 2. Thl. Reihe A u. B. [Aus: „Abhandlgn. d. k. b. Akad. d. Wiss."] gr. 4. Ebend. 881. n.n. 5. 70
I. Erläuterung der Untersuchungen. Die Beobachtungen im nördlichen Indien, von Ost gegen West. (93 S.) n. 2. 80
II. A. Die Beobachtungen im centralen u. im südlichen Indien. (58 S.) n.n. 1. 70
B. Die Beobachtungen in Ceylon, in Hinterindien u. im Archipel. (68 S.) n.n. 1. 20

von **Schlagintweit-Sakünlünski**, Hermann: Reisen in Indien und Hochasien. Eine Darstellung der Landschaft, der Cultur und Sitten der Bewohner, in Verbindung mit klimatischen und geologischen Verhältnissen. Basirt auf die Resultate der wissenschaftlichen Mission von Hermann, Adolph und Robert von Schlagintweit, ausgeführt in den Jahren 1854—1858. Bd. 1. Indien. Mit 2 Karten, 7 landschaftlichen Ansichten und 2 Gruppenbildern von Eingebornen in Tondruck. Bd. 2. Hochasien. I. Der Himálaya von Bhután bis Kaschmir. Mit 7 landschaftlichen Ansichten in Tondruck und 3 Tafeln topographischer Gebirgsprofile. Bd. 3. Hochasien: II. Tibet: zwischen der Himálaya- und Karakorum-Kette. Mit 5 landschaftlichen Ansichten in Tondruck, 3 Tafeln topographischer Gebirgsprofile und 1 Karte des westlichen Hochasien. Bd. 4. Hochasien. III. Ost-Turkistán und Umgebungen. Nebst wissenschaftlichen Zusammenstellungen über die Höhengebiete und über die thermischen Verhältnisse. Mit 5 landschaftlichen Ansichten in Tondruck, 3 Tafeln topographischer Gebirgsprofile, sowie mit Tabellen und Curvendarstellungen. Jena 1869—1880. 4 Bde. 8°.

Schlagintweit-Sakünlünski, Herm. v., Reisen in Indien u. Hochasien. Eine Darstellung der Landschaft, der Cultur u. Sitten der Bewohner, in Verbindung mit klimatischen u. geolog. Verhältnissen. Basirt auf die Resultate der wissenschaftl. Mission von Hermann, Adolph u. Rob. v. Schlagintweit ausgeführt in den J. 1854—58. 1. u. 2. Bd. Jena. Costenoble. gr. 8. n. 10 ₰ 4 ngr.
1. Bd. Indien. Mit 2 (lith.) Karten (wovon 1 in Buntdr., in 8. u. 4.), 7 landschaftl. Ansichten u. 2 Gruppenbildern von Eingeborenen (lith.) in Tondr. (XVIII, 569 S.) 869. n. 4 ₰ 24 ngr.
2. Bd. Hochasien: I. Der Himalaya von Bhután bis Kaschmir. Mit 7 landschaftl. Ansichten (in Holzschn.) u. in Tondr. u. 3 (lith.) Taff. topogr. Gebirgsprofile. (in qu. 4.) 8. (XX, 468 S.) 871. n. 5 ₰ 10 ngr.

— **Reisen** in Indien u. Hochasien. Eine Darstellg. der Landschaft, der Kultur u. Sitten der Bewohner, in Verbindg. m. klimat. u. geolog. Verhältnissen. Basirt auf die Resultate der wissenschaftl. Mission von Herm., Adph. u. Rob. v. Schlagintweit ausgeführt in den J. 1854—1858. 3. Bd. Hochasien: II. Tibet; zwischen der Himálaya- u. der Karockorúm-Kette. Mit 5 landschaftl. Ansichten in Tondr., 3 (lith.) Taf. topograph. Gebirgsprofile (in qu. 4.) u. 1 (chromolith.) Karte d. westlichen Hochasien (in Fol.) gr. 8. (XXI, 335 S.) Jena 872. Costenoble. n. 13. —
(I—III.: n. 43. 40)

— Reisen in Indien und Hochasien. Eine Darstellung der Landschaft, der Cultur und Sitten der Bewohner, in Verbindung mit klimat. und geolog. Verhältnissen. Basirt auf die Resultate der wissenschaftl. Mission von Herm., Adph. und Rob. v. Schlagintweit, ausgeführt in den J. 1854—1858. 4. (Schluss-)Bd.: Hochasien: III. Ost-Turkistán und Umgebungen. Nebst wissenschaftl. Zusammenstellungen über die Höhengebiete und über die thermischen Verhältnisse. gr. 8. (XVII, 556 S. mit 5 landschaftl. Ansichten in Tondr., 3 lithogr. Taf. topograph. Gebirgsprofile, sowie mit Tab. und eingedr. Curvendarstellungen.) Jena 880, Costenoble.
geb. in Leinw.

— Meteorologische Resultate aus Indien und Hochasien. II. Beobachtungen über den Einfluss der Feuchtigkeit auf die Insolation. (Ber. d. phys.-math. Kl. d. Kgl. bayer. Akad. d. Wissensch. 1861, II, 3.)

Schlagintweit, Herm., Adph. und Rob. v., Results of a **scientific mission to India and High Asia, undertaken between the years 1854 and 1858, by ordre of the court of directors of the honourable East India company.** With an **atlas of panoramas, views, and maps.** (In 9 Vols und 3 Bde. Atlas mit 120 Kpfr. und Karten in Fol.) Vol. I und II. Imp.-4. (Vol. I. XV und 494 S. mit 8 Stnt. in Imp.-4. und qu. Fol. und 11 Chromolithogr. und 4 chromolithogr. Karten in Imp.-Fol., Vol. II. XIX und 552 S. mit 10 Stnt. und 5 Chromolithogr. in Imp.-4., qu. Fol. und Imp.-Fol.) Leipzig 861. 62, Brockhaus' Sortiment und Antiquarium. à Vol. * 26 Thlr. 20 Ngr. geb. und in Mappe. *

Schlagintweit, Herm., Adphe. and Rob. de, Results of a scientific mission to India and High Asia, undertaken between the years 1854 and 1858, by order of the court of directors of the honourable East India Company. With an atlas of panoramas, views, and maps. Vol. III. Route Book. Glossary, and Vol. IV. Meteorology of India. First part. Imp.-4. (Vol. III. XXIII und 293 S. mit 5 Chromolithogr. und 2 Stnt. in Imp.-Fol., Vol. IV. XIX und 586 S. mit 1 Tab. und 9 Chromolithogr. in Imp.-Fol.) Leipzig 863,66, Brockhaus. geb. und Atlas in Mappe à Vol. * 26 Thlr. 20 Ngr. *

de Schlagintweit, Hermann, Adolphe and Robert: General hypsometrical tableau of India and High-Asia. Part of Vol. 2 of Results of a scientific mission to India and High-Asia. Leipzig 1861. XII, 33 S. 4°.

Schlagintweit, Hermann von, Ueber die mittlere Temperatur des Jahres und der Jahreszeiten und den allgemeinen Charakter der Isothermen in Indien und Hochasien. (A. d. Berichten der phys.-math. Kl. der Berliner Ak., Sitzung vom 27. April 1863.)

— Ueber die Temperatur-Verhaltnisse des Jahres und der Monate in Indien München 1863.

Schlagintweit, H. u. A. Topographie der Gletscher (Aus: Untersuchungen [illegible] Leipzig 1850 Lex. 8.

Schlagintweit, Herm., Uebersicht der in den bedeutenderen Armeen seit Annahme der Rückladung zur Einführung gelangten Gewehr-Verschlüsse und Repetirsysteme. Zusammengestellt und erläutert. 1.—3. Aufl. Fol. (4 S.) München 886,87, (Th. Ackermann's Verlag.) *

Schlagintweit, Herm., u. Adph. **Schlagintweit,** Untersuchungen über die physicalische Geographie der Alpen in ihren Beziehungen zu den Phaenomenen der Gletscher, zur Geologie, Meteorologie u. Pflanzengeographie. Mit 11 (lith. u. lithochrom.) Taf. (in 4. u. qu. Fol.) u. 2 (lithochrom.) Karten (in qu. Fol.) Lex.-8. (XVI u. 600 S. m. eingedr. Holzschn. u. 1 Tab. in gr. Fol.) Leipzig 850, Barth. n. 12 ℛ

— **Untersuchungen üb. die Salzseen im westlichen Tíbet u. in Turkistán. 1. Thl.: Rúpchu u. Pangkóng; das Gebiet der Salzseen im westl. Tibet. [Aus „Abhandlgn. d. k. b. Akad. d. Wiss."] gr. 4. (75 S.) München 872. Franz in Comm. n. 2. 50**

Schlagintweit, Hermann. Untersuchungen über die Vertheilung der mittleren Jahres-Temperatur in den Alpen.
Ausg. A. Eine der philosophischen Fakultät der .. Universität zu München .. vorgelegte Abhandlung 4. München 1850.
Ausg. B. (A.) 8. [Leipzig 1851.]

Schlagintweit, Maximilian

Schlagintweit, Max. Militärische Alpenübergänge. Vortrag, gehalten in ... München. [A.] 8. [Wien 1880.]

Schlagintweit, Max, die Kolonie Belgisch Kongo (Congo belge). Zur Orientierg. üb. diese jüngste afrikan. Kolonie. (43 S. m. 1 Karte.) gr. 8. München 910. Piloty & Loehle. 1.-

Schlagintweit, M.: Geschichte des 2. Fuß-Art.-Reg. und seiner Stamm-Abteilungen. Mit Skz. u. Abb. München 1892. 223 S.

— Afrikanische Kolonialbahnen. Verkehrswege u. Verkehrsprojekte. Mit e. Kartenskizze. (48 S.) gr. 8. Ebd. 907. 1.—

Schlagintweit, Max, deutsche Kolonisationsbestrebgn. in Kleinasien. Vortrag, geh. in d. deutschen Kolonial-Gesellschaft, Abteilg. Berlin, am 8. I. 1900. (Mit 1 Skizze.) gr. 8. (60 S.) München 900. Piloty & Loehle. n. 1.—

Deutsche Kolonisationsbestrebungen in Kleinasien. Vortrag geh. 1900 von Major a. D. **Max Schlagintweit**. (Mit 1 Skizze.) *München 1900: C. Wolf & Sohn.* (60 S.) 8° [00. 569]

Kufsteins **Kriegsjahre.** (1504, 1703, 1809.) Eine Erinnerungsschrift z. 200jähr. Wiederkehr d. Erstürmung d. tirol. Grenzfeste durch d. Bayern unter Kurfürst **Max** Emanuel von **Maximilian Schlagintweit,** Major a. D. (Mit 1 Titelbild, 1 Abb. u. 5 Anl.) *München: J. Lindauer 1903.* (IV, 38 S.) 8° [F.]
— **Darstellungen** aus d. Bayerischen **Kriegs- u. Heeresgeschichte.** H. 12, [1.] [03. 1307]

Schlagintweit, M. Militärische u. topographische Mitteilungen aus Konstantinopel u. Kleinasien. Mit Skz. Berlin 1899. 7 S.

— Routen-Aufnahme. **Prakt. Erfahrgn. u. Anleitg.** (18 S. m. 8 Skizzen u. 1 Taf.) **gr. 8. München 910.** Th. Riedel. 1.—
Sonderabdr. aus: „Mitteilgn. d. geograph. Gesellsch. in München".

— **Verkehrswege u. Verkehrsprojekte in Vorderasien, s. a. Schriften der deutsch-asiatischen Gesellschaft.**

Verkehrswege und Verkehrsprojekte in Vorderasien. Von Max Schlagintweit, Major a. D. Mit Skizze. Berlin: H. Paetel 1906. (41 S.) 8°
= Schriften d. Deutsch-Asiatischen Gesellschaft. H. 2. [07. 1103]

Schlagintweit, Oskar, approb. Arzt aus Regensburg: **Aus d. med. Klinik in Jena. Ueber Balkengeschwülste.** *Coburg 1901: A. Rossteutscher.* (29 S.) 8°
Jena, Med. Diss. v. (6. Sept.) 1901

Schlagintweit, Otto, a. München: Die tektonischen Verhältnisse in den Bergen zwischen Livigno, Bormio und St. Maria im Münstertal. Mit 1 Taf. München 1907: C. Wolf & Sohn. (29 S.) 8° ¶ (Erscheint vollst. u. d. T. 'Geologische Untersuchungen im Quellgebiete der Adda, in den Bergen nördlich von Bormio' in: Zeitschr. d. Deutschen Geologischen Gesellschaft.)
Bonn, Phil. Fak., Ref. Steinmann, Diss. v. 14. Mai 1907
[Geb. 26. Okt. 81 München; Wohnort: München; Staatsangeh.: Bayern; Vorbildung: Ludwigs-Gymn. München Reife O. 01; Studium: München 2, Freiburg i. B. 6, München 1, Bonn 1 S.; Rig. 27. Febr. 07.]

Schlagintweit, Robert: Bemerkungen über die physicalische Geographie des Kaisergebirges. ([S.-A.] „Neue Untersuchungen über die physicalische Geographie und die Geologie der Alpen" von A. und H. Schlagintweit.) Leipzig 1854. 23 S. 1 Tf. 8°.

Schlagintweit, Rob. v., geographische Bilder aus allen Theilen der Erde in Liedern deutscher Dichter. Neue (Titel-)Ausg. 8. (308 S.) Halle (1869) 882. Petersen. geb. n. 2. —

Schlagintweit, Rob. v., poetische Bilder aus allen Theilen der Erde. Ausgewählte Schilderungen deutscher Dichter. Soest 869. Hülsemann. 8. (308 S.) 1 ℛ 15 ngr.; in engl. Einb. mit Goldschn. 2 ℛ

Schlagintweit, R. v., die Eisenbahn zwischen den Städten New-York u. Mexiko, s.: Universal-Bibliothek, geographische.

—— die amerikanischen Eisenbahneinrichtungen. Auf Grund eigener Anschauungen und persönl. Wahrnehmungen und Erfahrungen dargestellt. 8. (XI, 135 S. mit eingedr. Holzschn.-Illustr.) Köln 881, Mayer. *ℳ 2.; geb. *

Schlagintweit, R. v: Die Amerikanischen Eisenbahneinrichtungen. Köln und Leipzig 1882

— die pacifischen Eisenbahnen in Nordamerika, s.a Petermann's, A., Mitteilungen aus J. Perthes' geographischer Anstalt.

von Schlagintweit, Robert: Die pacifischen Eisenbahnen in Nordamerika. Mit einer Karte. Gotha 1886. (II), 32 S.
= Ergänzungsheft zu Petermann's Geographischen Mittheilungen. No. 82. 8°.

Schlagintweit, Rob. v., Californien. Land u. Leute. Mit (eingedr.) Illustr. 8. (XVI, 381 S.) Leipzig 871. Mayer. n. 5. —

Schlaginweit, Robert v. (geb. zu München 27. Octob. 1833), Die Mormonen oder Die Heiligen vom jüngsten Tage von ihrer Entstehung bis auf die Gegenwart. Mit (Holzschnitt-)Illustrationen. Cöln u. Leipzig 1874. 8°. (2 Rthl.)
R. Zinke's Dresdner Novbr.-Auct. 1905, no. 1052.
— — Dasselbe. 2. Aufl. Ebd. 8°. (Mk. 5—.) (1 Mk. 80 Pfg. M. Glogau jr., Hamburg, 1906, ohne Jahresangabe.).

Schlagintweit, Rob. v., die Mormonen oder die Heiligen vom jüngsten Tage von ihrer Entstehung bis auf die Gegenwart. 2., mit einer ausführl. Schilderung des „Bergwiesen-Gemetzels" verm. Ausg. 8. (XVIII, 318 S. mit eingedr. Holzschn.-Illustr.) Leipzig 878, Mayer. *

--Die Pacific-Eisenbahn in Nordamerika. Leipzig, 1851.

— die Pacific-Eisenbahn in Nordamerika. Mit Illustr. (in Holzschn. u. 1 Holzschntaf.), einer (lith.) Karte (in gr. Fol.) u. einer Meilentafel (in gr. 4.). Leipzig 870. Mayer. 8. (XIV, 203 S.) n. 1 ₰ 10 ngr.

— neue Pfade vom Missouri-Strom zum Stillen Meere. Ein Wegweiser durch Kansas, Colorado, Neu-Mexiko u. Arizona nach Californien. gr. 8. (41 S. m. 20 eingedr. Holzschn. u. 2 Karten.) Köln 883. Mayer. n. — 80

— die Prairien d. amerikanischen Westens. Mit Illustr. (in eingedr. Holzschn. u. 1 Holzschntaf.) 8. (XII, 207 S.) Ebend. 876. n. 3. 60; geb. n. 4. 60

--Die Sante Fe- u Pacificbahn in Nordamerika. Gotha, 1883.

—— die Santa-Fee- und Südpacificbahn in Nordamerika. gr. 8. (XVI, 400 S. mit zahlreichen Karten, Vollbildern und Textillustr.) Ebendas. 884. *

Schlagintweit. Robert von, Geographische Schilderungen aus Central-Indien. Nürnberg 1861

Schlagintweit, W. A. Jos.

Schlagintweit, (W. A. J.), († d. 11. Aug. 1854), die bösartige Augenentzündung der Neugebornen, ihre Entstehung, Verhütung u. sichere Heilung; nebst Vorschriften f. die Hebammen üb. ihr Verhalten bei dem ersten Auftreten dieser gefährl. Krankheit. gr. 8. (14 S.) München 852, Kaiser. 1/12 ₰

Schlagintweit, W. A. Jos., prakt. Erfahrungen u. Beobachtn. üb. d. epidem. Brechruhr in München. gr. 8. (2¾ B.) München 837, Finsterlin. *

— Jahres-Bericht üb. die Privat-Heil-Anstalt für Augenkranke. 17r Jahrg. gr. 4. München 839. (Finsterlin.) n. 1/6 ₰

Schlagintweit, Jahres-Bericht über die Heilanstalt für Augenkranke. 32. Jahrg. München 854. Kaiser in Comm. gr. 8. (7 S.) 1½ ngr.

Schlagintweit, W. A. J., üb. d. gegenwärt. Zustand d. künstl. Pupillenbildung in Deutschland. Mit 1 Kpf. 8. Münch. 818. Lentner. 14 gr

Schlagintweit, W(ilhelm), Sekundärarzt: **Aus der chirurgischen Abteilung des allgemeinen Krankenhauses Hamburg-St. Georg (Oberarzt Dr. Wiesinger). Über einen Fall von intra- und extracraniell gelegenem Echinococcus. Leipzig 1905:** J. B. Hirschfeld. (14 S.) 8°
Kiel, Med. Fak., Ref. Helferich, Diss. v. 16. Febr. 1905
[Geb. 2. Jan. 76 Kitzingen i. Bayern; Wohnort: Zweibrücken; Staatsangeh.: Bayern; Vorbildung: Gymn. Zweibrucken Reife M. 96; Studium: München 4, Berlin 1, Kiel 1, München 4 S.; Coll. 17. Dez. 04; Approb. 12. Aug. 01.]

Schlagintweit-Sakünlünski, Hermann von,
s. Schlagintweit.

Schlägl Rudolf: Beiträge zu den Anachronismen bei Platon. 22. Tetschen u./E. 01.
Progr.

Schlägl, Rudolf: Beruht die Kritik des Horaz auf dem Codex N. Phil. Diss., Prag 1898/99

Schlags, Willibrord, geometrische Aufgaben üb. das Dreieck. Für Schüler höherer Lehranstalten in Unterrichtsbriefen systematisch geordnet u. kurz erläutert. (VIII, 70 S. m. 69 Abb.) 8. Freiburg i/B. 904. Herder. Kart. n. 1. —

SCHLAGSCHATTEN. Ein zweckloses Fastnachtsbuchlein
Worin allerhand Curiosa
In Reimen und in Prosa.
[Br]eslau, bei Grüson & Co. 8°. (15 Mk., Expl. mit d. reizenden [I]llustr. Orig.-Umschl.. Max Jaeckel. Potsdam. 1909. ohne Jahresangabe:)
Hochst seltenes satyrisches Buchlein! „Es begab sich auch, daß Clemens Brentano als Doppelgänger seines eigenen Philisters" — „ob Schlegels Lucinde wirklich gestorben oder auch mit ihrem Vater in die Aschentonne d. Haller'schen Restauration zuruckgekehrt sei." — „welchem es endlich gelang, der allgemeinen Fall- u. Gefallsucht Werther's Leiden in einer Viehwegschen sic! Ausgabe in Beafsteak-Format ... [illegible] so.

Schlagschatten. Ein zwecklos. Fastnachtsbüchl, Worin allerhand Curiosa, In Reimen u. Prosa. 8. (1½ B.) Breslau 829, [Hentze.]

Schlagschatten aus dem Accessistenleben in naturwissenschaftlicher und anderer Beziehung. Eine ungereimte Rede, gehalten von Plinius dem Jüngsten, Dr. legens, auf dem 4. Judithfest der Accessisten im Saale des Chausséehauses in Darmstadt am 6. Dezbr. 1862. 8. (17 S.) Darmstadt 863, Küchler. *

— des Dr. v. Döllinger'schen Vortrages über die weltliche Macht des Papstes. (Aus der kathol. Zeitschr. „Sion" abgedr.) Augsburg 861. Kollmann. gr. 8. (31 S.) n. 2 ngr.

Schlagtodt, Thomas, der unüberwindliche, komischer Heldenroman, nach Le Brün. 2 Bde. 8. Hamb. Vollmer. 811.

Schlagwerke u. Repetitionen. Hilfsbuch f. Praktiker. 1. u. 2. Heft. gr. 8. Bautzen 903. E. Hübner. n. 7. —
1. Die Lehre v. den Schlagwerken. Ein prakt. u. theoret. Wegweiser. Von E. James. Mit 61 Abbildgn. Autoris. Uebersetzg. v. M. Loeske. (III, 86 S.) n. 3. —
2. Einrichtung, Repassage u. Reparatur der Taschen-Repetieruhren. Von John Huguenin. Autoris. Uebersetzg. nach der 2. durchgeseh. u. verm. Aufl. des französ. Originals v. M. Loeske. Mit 12 Abb. auf Taf. (75 S.) n. 4. —

Schlagwetterexplosionen in Einzeldarstellungen (Sammelband).
Inhalt:
1. Pošepný, F., Über den Schauplatz des Příbramer Grubenunglücks. 1892. 6 S.
2. Friese, F. M. v., Schlagwetterexplosionen im Hallstatter Salzbergbau im Jahre 1664. 1888. 4 S.
3. Pošepný, F., Schlagwetterexplosion im Hallstädter Salzberge von 1664. 1885. 4 S.
4. Mayer, J., Versuche über die Entzündlichkeit der Grubengase durch Funken. 1886. 6 S.

Schlagworte f. den Felddienst der Infanterie — Feldwachen, Infanterieposten, Infanteriepatrouillen — zum Gebrauch f. Offiziere, Unteroffiziere, Mannschaften nach der Felddienst-Ordnung vom 22. 4. 1908. (16 S.) 11,5×8 cm. Berlin 908. Liebel. p — 20

— für den Felddienst der Kavallerie — Patrouillen, Meldereiter, Feldwachen m. Vedetten u. Posten — zum Gebrauch f. Offiziere, Unteroffiziere, Mannschaften nach der Felddienst-Ordnung vom 22. 3. 1908. (24 S.) 11,5×8 cm. Ebd. 908. p — 25

Schlagworte, hundert, zur Verfassungspolitik der Zukunft. (Als Mscr. gedr.) 8. (120 S.) München 850, (Literarisch-artistische Anstalt.)

Schlagworte, Hundert, zur Verfassungspolitik der Zukunft. München 1851. V: *Garbe.* (Friedr. Klüber-München. Antiqu. Kat. 130. S. 9.) (EB)

Schlagworte, hundert, zur Verfassungspolitik der Zukunft. [Als Manuscr. gedr.] 8. (120 S.) München 851. (Literarisch-artistische Anstalt.) 24 ngl.

Schlagworte, die, der heutigen protestantischen Kirchenparteien. Zur Orientirung für kirchlich gesinnte, zum Dienst der Kirche mit berufene Laienkreise von einem alten erfahrenen Geistlichen. 8. (63 S.) Leipzig 877, Barth. *

Schlagworte, Die, der heutigen protestantischen Kirchenparteien. Leipzig 1878. V: *Steinacker, Gust.* (Verlagskatalog v. J. A. Barth. Lpz. 1880. S. 137.)

Schlagworte, moderne, gegen die kath. Priester, s.: Volksbroschüre, katholische. Nr. 7. 8.

Schlagwörter, s. Phrasen und Schlagwörter.

Schlagwörter der Gegenwart. Bildung giebt Macht. — Nieder mit dem Kapital. — Die Zunft ist todt, es lebe die Innung. 3 Hefte. 8°. Cassel 1878—79.

Schlagwörterbuch für das Registratur-Personal. (N.-V.-Bl. für das k. k. Heer, 38. Stück ex 1889.) 4. Wien 1889.

Schlagwortcatalog. Sch'-K' der Oeffentlichen Bibliothek der Pestalozzi-Gesellschaft in Zürich. II + XII + 76 S. 8. Zürich, Aschmann & Scheller, 1904. fr. —. 50

Schlagwort-Katalog zu Reclams Universalbibliothek, Meyers Volksbüchern u. Hendels Bibliothek der Gesamtlitteratur des In- u. Auslandes. gr. 16. (74 S.) Weimar (901). H. Grosse. n.n. — 75; geb. in Leinw. u. durchsch. n.n. 1. 25

Schlagwort-Katalog zu Reclams Universalbibliothek, Meyers Volksbüchern u. Hendels Bibliothek der Gesamtliteratur des In- u. Auslandes. 2. Aufl., ergänzt bis 1908. (88 S.) 8. Weimar (908). H. Grosse. — 80; geb. u. durchsch. nnn 1.20; f. Abnehmer der 1. Aufl. nnn — 50

— der Stadtbibliothek Zürich. Alphabet. Schlagwortverzeichnis m. Schema der systemat. Uebersicht. (XVIII, 158 S.) gr. 8. Zürich (909). (Leipzig, R. Haupt.) 1. —

Schlagwortverzeichnis. Alphabetisches Schl' mit Schema der systematischen Uebersicht zum Schlagwort-Katalog der Stadtbibliothek Zürich. XVIII + 158 S. 8. Zürich, Selbstverlag ([Buchdr. Berichthaus], 1909). [fr. 1. —]

Schlaikjer, Erich, außerhalb der Gesellschaft. Ein Drama. (162 S.) 8. München 908. G. D. W. Callwey. 2. —

— Der lahme Hans. Ein Drama. (148 S.) 8. Ebd. 905. 2. —

Schlaikjer, Erich, Berliner Kämpfe. Gesammelte litterar. Aufsätze. gr. 8. (165 S.) Berlin-Schöneberg 901. Buchverlag der „Hilfe". n. 2. —

— Hinrich Lornsen. Ein bürgerl. Trauerspiel in 3 Aufzügen. 8. (VII, 92 S.) Berlin 900. [F. Fontane & Co.] E. Fleischel & Co. n. 1. 50; geb. n. 2. 50

Schlaikjer, Erich, mein Freund Niels u. Anderes. Skizzen. (177 S.) 8. München 906. G. D. W. Callwey. n. 2. 50

— des Pastors Rieke. Eine Komödie in 3 Aufzügen. 1.—3. Aufl. 8. (à 109 S.) Berlin 902. G. H. Meyer. n. 2. —; geb. n. 3. —

Des Pastors Rieke. Eine Komödie in 3 Aufzügen v. Erich **Schlaikjer.** 2. u. 3. Aufl. München. 1902. 8°.

Des Pastors Rieke. Eine Komödie in 3 Aufz. von Erich **Schlaikjer.** 2. u. 3. Aufl. *Berlin: Meyer & Wunder 1902.* (109 S.) 8° [F.] 103. n. 67

— der Schönheitswanderer. Novellen u. Skizzen. Illustrat. v. M. Neubauer. gr. 8. (134 S.) Berlin 897. [E. Kundt.] E. Fleischel & Co. n. 1. 50

Der Volksschullehrer und die deutsche Sprache v. Erich **Schlaikjer.** (Berlin. 1910.) 4° Ausschnitt aus: Die Grenzboten. Jg. 69, Nr. 25.

Schlaikier, Frid. Guil., de pathologia ulceris chronici ventriculi. Dissertatio inauguralis medica. 4maj. (10 S.) Kiliae 854, (Libr. academica.) *

Schlaikier, P. H. (Onkel Peter), ut min Klutenpedderjohren. Irste Deel. Madam Geelgaus un ehr Lihrlings! En Hawgeschichte ut Mekelborg. 8. (96 S.) Tondern 901. Niebüll, A. Bahnsen. n. 1. —

Schlambach, O., der italische Sklavenaufstand 74—71 v. Chr. gr. 4. (21 S.) Berlin 872. (Calvary & Co.) n. 1.—

Schlamm, Karl

Schlamm, Carl: Ueber Paralysis agitans. Würzburg 1888: Becker. 40 S. 8°
Würzburg, Med. Diss. v. 8. März 1909, Ref. v. Leube
[Geb. 20. Jan. 58 Kriewen; Wohnort: Elbenstock; Staatsangeh.: Preußen; Vorbildung: Gymn. Lissa Reife O. 78; Studium: Breslau 2, Greifswald 1, Berlin 2, Erlangen 3 S.; Coll. 3. Febr. 88; Approb. 16. Juni 84.] [U 09. 4142

Ueber die Schlämmanalyse und einen neuen Schlämmapparat. Berlin, 1867. 8vo. 2 tables.

Schlammkönigs Tochter. Ein Märchenidyll aus dem Großstadtsumpfe v. ***. (103 S.) 8. Berlin 906. A. Hofmann & Co. n. 1.50

Schlamp, Anton [aus Mainz]: Zur Dissociationstheorie der Lösungen ... Giessen, Brühl'sche Druckerei, 1894; 27 S., 1 Bl., 1 Taf. 8.
Giessen, Phil. Fak., Inaug.-Diss. v. 1894

Schlamp, A(nton): Die Entstehung der Kegelschnitte nach Maclaurin und Grassmann. Darmstadt 1908: Otto. 20 S. 4°
Darmstadt, großh. Neues G OP 1908 (828) [S 08. 411

Schlamp, Jacob: Die Weinjahre des 19. Jahrhunderts nebst einem Anhange 'Nierstein und das Weinbuch von W. Hamm'. [Th. 1-] 2. Mainz: Passet. 2: Nierstein: Selbstverl. 1879-82. -- 17°. 36
[1.:] Von 1811-61. '79. 91 S. 2.: Von 1862-81. Nebst einem Anhange: 1. Ueber die Weinernten in den achtziger Jahren des vorigen Jahrhunderts. 2. Der Weinbau in den Vereinigten Staaten von Nordamerika und dessen Förderung, und 3. Zusammenstellung der Haupt-, Mittel- und Fehljahre des 19. Jahrhunderts bis incl. 1881. '82. 176 S.

Schlamp, Jac., die Weinjahre des 19. Jahrh., nebst einem Anh. „Nierstein u. das Weinbuch von W. Hamm". gr. 8. (VI, 91 S.) Mainz 879. (Wiesbaden, Rodrian.) n. 1.—

Schlamp, Jac., die Weinjahre des 19. Jahrhunderts. 2. Thl.: Von 1862 bis 1881. Nebst einem Anhang: 1. Ueber die Weinernten in den achtziger Jahren des vor. Jahrh.; 2. Der Weinbau in den Vereinigten Staaten von Nordamerika und dessen Förderung, und 3. Zusammenstellung der Haupt-, Mittel- und Fehljahre des 19. Jahrh. bis incl. 1881. gr. 8. (VI, 176 S.) Nierstein 882. (Mainz, v. Zabern.) *
1. Thl. (Ebendas.) 1879. *ℳ 1.

Schlamp vom Hofe, neuere Erfahrungen u. Erfolge bei der Weinbergdüngung u. Krankheitsbekämpfg. des Weinstockes. gr. 8. (83 S.) Mainz 899. E. Kern. n. 1.20

Schlamp-vom Hofe, üb. d. Ursachen d. besseren Wirkung d. Stallmistes gegenüber d. künstl. Düngern bei Weinbergen. E. Beitrag zur Frage d. Weinbergdüngg. unt. bes. Berücksicht. d. 40jähr. prakt. Erfahrgn. v. Oberlin. 8. (16 S.) Oppenheim 897. W. Traumüller. n. —50

Schlampp, Karl Wilhelm: Das Auge des Grottenolmes '(Proteus anguineus)' ... (Aus: Zeitschr. f. wiss. Zool. Bd LIII. 4. Heft. — M. 1 Taf.) Leipzig, W. Engelmann, 1892; 22 S. 8.
Erlangen, Phil. Fak., Inaug.-Diss. v. 1892

Schlampp, K. W. Bericht üb. die Sitzung des ständigen Ausschusses des deutschen Veterinärrathes zu Nürnberg am 24. März 1891. Erstattet im Auftrage d. Präsidenten. gr. 8. (142 S.) Berl. 891, [Th. Chr. Fr. Enslin]. Schötz. 1 —

Schlampp, K. Wilh., das Dispensirrecht der Thierärzte, nebst den f. Thierärzte wissenswerthen Abschnitten der Apotheken-Gesetzgebg., f. Studirende der Thiermedicin, Thierärzte, Apotheker u. Beamte. Mit e. Vorwort v. J. Feser. gr. 8. (X, 155 S.) Wiesbaden 886. Bergmann. n. 2.70

— die Fleischbeschau-Gesetzgebung in den sämmtlichen Bundesstaaten d. Deutschen Reiches zum Gebrauche f. Staats- u. städtische Behörden, Polizei- u. thierärztliche Beamte u. Thierärzte. gr. 8. (XVI, 494 S.) Stuttgart 892. F. Enke. n. 12.—

— — Handbuch der vergleichenden Histologie u. Physiologie, s.: Ellenberger.

Schlampp, W., Lehrbuch der pathologischen Anatomie der Hausthiere, s.: Kitt, Th.

Schlampp, K. W., Leitfaden der klinischen Untersuchungs-Methoden des Auges [als 2. Aufl. d. „Kurzen Anleitg. zu den gebräuchl. Untersuchungs-Methoden des Auges", v. Eversbusch], bearb. f. Studirende der Veterinär-Medicin und prakt. Thierärzte. gr. 8. (VI, 94 S. m. 19 Abbildgn. u. 1 Lichtdr.-Taf.) München 889. Rieger. cart. n. 3.—

Schlampp, Wilh., therapeutische Technik m. besond. Berücksicht. der speziellen Therapie für Tierärzte. (2 Bde.) 1. Bd. Hauttherapie. (VII, 419 S. m. 171 Abbildgn.) Lex.-8. Stuttgart 906. F. Enke. n. 10.—; geb. in Leinw. n. 11.20

Schlampp, Wilh., therapeutische Technik m. besond. Berücksicht. der speziellen Therapie f. Tierärzte. (2 Bde.) II. Bd. 2 Hälften. Lex. 8. Stuttgart, F. Enke. 25.—; geb. in Leinw. 26.40
II, 1. Verdauungsapparat. (S. 1—314 m. 68 Abb.) 907. 7.60
II, 2. I. Geschlechts-Apparat. (S. 315—522 m. 124 Abb.) 908. 5.—
II. 2. II. Atmungs-, Kreislauf- u. Harn-Apparat, Nerven-System. (XV u. S. 523—1026 m. 130 Abb.) 910. 12.40
I. Bd. Ebd. 906. 10.—; geb. 11.20.

— klinische Terminologie der Tierheilkunde, s.: Martin. P.

— die Verhinderung der Milchverderbnis durch Schmutz u. Bakterien. Für Tierärzte, Landwirte, Besitzer v. Molkereien u. Milchkuranstalten. (63 S. m. 17 Abbildgn.) gr. 8. Ebd. 906. n. 1.60

— Wandtafeln tierischer Schmarotzer unserer Haustiere. 2 Blatt à 100,5×80 cm. Farbdr. Stuttgart (908). E. Ulmer. 6.—; auf Papyrolin 8.—

Schlampp. Wilhelm. s. Schlampp. Karl Wilhelm

Schlandt, Heinrich: Der menschliche Korper. Eine deutsch-magyarische Zusammenstellung von Redensarten und Sprichwörtern, die sich auf den menschlichen Korper und dessen Teile beziehen. V S., 1 Bl., 99 S. 8.
Progr. Ev. Gymn. A. B. und verb. Realschule *Kronstadt* 1902.

Schlandt, H., deutsch-magyarisch-român. Taschenwörterbuch. 2. Aufl. (100 S.) 12. Brassó (Kronstadt) 903. H. Zeidner. n.n. —50

Schlandt, H., grammat. Uebersichtstafeln der magyarischen Sprache. I. Das regelmäß. Zeitwort. II. Das Verhältniswort. III. 40 grammat. Hauptpunkte. (3 Taf.) à 34×42 cm. Kronstadt (907). H. Zeidner. Gebrochen in kl. 8. —30

— Verhältnissuffixe, Verhältniswörter, zusammengesetzte Verhältniswörter. (Deutsch u. ungarisch.) (1 Bl.) qu. Fol. Ebd. (904). n.n. —10

Schlandt, Heinrich: Aus d. Zeit d. Humanismus u. d. Reformation in Ungarn. *Kronstadt 1898.*
in: Zeit, Aus d., d. Reformation ... Festschr. z. Honterusfeier. [98. 1335

Aida. Oper in 4 Akten von Giuseppe Verdi. Erl. von Wilhelm Schlang. (Köln a. Rh.: Hoursch & Bechstedt [1903].) (14 S.) 8°
= Opern-Führer, Hoursch's. No 32.

Der Evangelimann. Musikal. Schauspiel in 2 Aufz. von Wilhelm Kienzl. Erl. von Wilhelm Schlang. (Köln a. Rh.: Hoursch & Bechstedt [1903].) (14 S.) 8°
= Opern-Führer, Hoursch's. No 38.

Der Freischütz. Romant. Oper in 3 Akten von Karl Maria v. Weber. Text von Johann Friedrich Kind. Erl. von Wilhelm Schlang. (Köln a. Rh.: Hoursch & Bechstedt [1903].) (14 S.) 8°
= Opern-Führer, Hoursch's. No 25.

Götterdämmerung. 3. Tag aus d. Trilogie: Der Ring des Nibelungen von Richard Wagner. Erl. von Wilhelm Schlang. (Köln a. Rh.: Hoursch & Bechstedt [1903].) (17 S.) 8°
= Opern-Führer, Hoursch's. No 10.

Der fliegende Holländer. Romant. Oper in 3 Aufz. von Richard Wagner. Erl. von Wilhelm Schlang. (Köln a. Rh.: Hoursch & Bechstedt [1903].) (13 S.) 8°
= Opern-Führer, Hoursch's. No 2.

Schlang, Wilh., s.: Hoursch's Opern-Führer.

Don Juan von Wolfgang Amadeus Mozart. Erl. von Wilhelm Schlang. (Köln a. Rh.: Hoursch & Bechstedt [1903].) (14 S.) 8°
= Opern-Führer, Hoursch's. No 35.

Lohengrin. Romant. Oper in 3 Akten. (Rich. Wagner.) Erl. von Wilhelm Schlang. (Köln a. Rh.: Hoursch & Bechstedt [1903].) (15 S.) 8°
= Opern-Führer, Hoursch's. No 4.

Die Meistersinger von Nürnberg. Oper in 3 Akten. (Rich. Wagner.) Erl. von Wilhelm Schlang. (Köln a. Rh.: Hoursch & Bechstedt [1903].) (15 S.) 8°
= Opern-Führer, Hoursch's. No 6.

Parsival. Bühnenweihfestspiel in 3 Aufz. von Richard Wagner. Erl. von Wilhelm Schlang. (Köln a. Rh.: Hoursch & Bechstedt [1903].) (14 S.) 8°
= Opern-Führer, Hoursch's. No 11.

Das Rheingold. Vorspiel zu d. Trilogie: Der Ring des Nibelungen von Richard Wagner. Erl. von Wilhelm Schlang. (Köln a. Rh.: Hoursch & Bechstedt [1903].) (15 S.) 8°
= Opern-Führer, Hoursch's. No 7.

Rienzi, Der Letzte der Tribunen. Große trag. Oper in 5 Akten. (Rich. Wagner.) Erl. von Wilhelm Schlang. (Köln a. Rh.: Hoursch & Bechstedt [1903].) (15 S.) 8°
= Opern-Führer, Hoursch's. No 1.

Siegfried. 2. Tag aus d. Trilogie: Der Ring des Nibelungen von Richard Wagner. Erl. von Wilhelm Schlang. (Köln a. Rh.: Hoursch & Bechstedt [1903].) (17 S.) 8°
= Opern-Führer, Hoursch's. No 9.

Tannhäuser und Der Sängerkrieg auf der Wartburg. Große romant. Oper in 3 Akten. (Rich. Wagner.) Erl. von Wilhelm Schlang. (Köln a. Rh.: Hoursch & Bechstedt [1903].) (14 S.) 8°
= Opern-Führer, Hoursch's. No 3.

Schlang, Wilh., u. Otto Ritter v. Maurer, das Freiburger Theater. Ein Stück deutschen Gemüts- u. Geisteslebens. (172 S. m. 12 Taf.) gr. 8. Freiburg i. B. 910. J. Bielefeld. 3.—; geb. in Leinw. 3.50

Tristan und Isolde. In 3 Aufz. von Richard Wagner. Erl. von Wilhelm Schlang. (Köln a. Rh.: Hoursch & Bechstedt [1903].) (18 S.) 8°
= Opern-Führer, Hoursch's. No 5.

Die Walküre. 1. Tag aus d. Trilogie: Der Ring des Nibelungen von Richard Wagner. Erl. von Wilhelm Schlang. (Köln a. Rh.: Hoursch & Bechstedt [1903].) (18 S.) 8°
= Opern-Führer, Hoursch's. No 8.

Die Zauberflöte. Oper in 2 Akten von Wolfgang Amadeus Mozart. Erl. von Wilhelm Schlang. (Köln a. Rh.: Hoursch & Bechstedt [1903].) (13 S.) 8°
= Opern-Führer, Hoursch's. No 36.

Schlange, Die, im Hause des Herrn... Hamb. 1839. V: *Palm, Gust.* (schr)

Schlange, die, im Hause d. Herrn. Erstes Sendschreiben an meinen Bruder. gr. 8. (4½ B.) Hamburg 839, (Niemeyer.) *

Schlange Mosis, die alles verschlingt, od. nie entd. Geheimn. 8. Danzig. 755.

Schlange, s.: Chirurgie des Unterleibes.

Schlange, Ernst [aus Leuthen bei Sommerfeld, Prov. Brandenburg]: Über Darmwandbrüche. . . . Greifswald, Druck v. Julius Abel, 1890; 88 S. 8°
Greifswald, Med. Fak., Inaug.-Diss. v. 17. Mai 1890

Schlange, Friedrich, Gerichts-Assessor: Die Rechtswirkungen der erfüllten Bedingung nach dem B.G.B. Rostock 1904: C. Hinstorff. (74 S.) 8° [J.]
Rostock, Jur. Fak., Ref. Bernhöft, Diss. v. 1. Dez. 1904
[Geb. 2. Nov. 76 Jabel b. Waren i. M.; Wohnort: Rostock i. M.; Staatsangeh.: Mecklenburg-Schw.; Vorbildung: Gymn. Waren Reife O. 95; Studium: Marburg 1, Berlin 2, Rostock 3 S.; Rig. 4. Nov. 03.]

Schlange, H., Beitrag zur anatom. u. klin. Kenntniss d. Cysten in d. langen Röhrenknochen. [Aus: „Festschrift f. Fr. v. Esmarch".] gr. 8. (14 S.) Kiel 893. Lipsius & Tischer. n. — 40

Schlange, Hans, Beiträge zur Lehre vom intermittirenden Leberfieber. Inaugural-Dissertation. gr. 8. (36 S. mit 2 Stnt.) Göttingen 880, (Vandenhoeck und Ruprecht's Verlag.) *

Schlange, Hans, üb. den Ileus, s.: Sammlung klinischer Vorträge.

Schlangen, die, siehe: Wochenbände.

Schlangenbad [Schlagwort]

Schlangenbad, s.: Woerl's Reisehandbücher.

Schlangenbad [Sachliches OW]

Schlangenbad, Das, und dessen Anwendung in der Heilkunst. O. O. 1816. V: *Hoffmann, Hnr.* (Linde, Nassauer Brunnenlitt. Wiesbaden 1883.)

Schlangenfest, das, zu Sangora. Oper in 2 Aufz. v. Hensler. 8. Wien, Wallishausser. (Camesina.) 797.

Schlangenritter, Die. Eine Geistergeschichte aus den Zeiten der Kreuzzüge. Wien 1799. N. A. 1818. Leipzig o. J. [1805]. V (nicht): *Spiess, Chn. Hch.* (wrztg 1799, S. 520) (BGE VII², 399) (KY 8/122) (Fidei-Comiss Bibliothek Wien 2/849) (BIBLPORT) Leipzig 1818. V: *Gindl, L.* (BGE VII² [1914], S. 174) (DARP)

Schlangenritter, d., e. Geistergesch. a. d. Zelten d. Krenzzüge. 2 Thle. 8. Wien, Bauer. 799.

Schlangenritter, die; eine Geistergeschichte aus d. Zeiten der Kreuzzüge. 2 Thle. 8. Wien 799. N. A. 818. K. Haas. 1 ꝑ

Schlanker, ..., s. Comödien.

Schlapfer, J. G., s. Schläpfer, Johann Georg

Schlaepfer, Carl, s. Schlaepfer, Karl

Schlaepfer, Conrad, s. Schlaepfer, Konrad

Schläpfer, Frl. Emilie, s. Aus Haus-Andachten.

— „Durch Sterben los, vom eignen Wesen los." Hausandachten. 8. (50 S.) Gotha 902. Missionsbuchh. P. Ott. n. — 30

⟨Schläpfer, [Frl.] Emilie.⟩ «Durch Sterben los, Vom eignen Wesen los.» Hausandachten von Schwester Emilie †, Hauptweil. ⟨E' Sch'.⟩ ([Mit] Vorwort, 28. April 1902, [von] Jac[ob] Vetter, Evangelist.) 3. Aufl. 52 S. 8. Gotha, Missionsbuchh. P. Ott, 1903. [M. —. 30]

(Schläpfer, Frl.) Emilie. Aus Haus-Andachten, gehalten von Schwester Emilie [†] im Schloss Hauptweil. ([Hrg. von Jacob] Vetter, [mit] Vorwort [von] Otto Stockmayer.) VIII + 135 S. 8. Gotha, Missionsbuchh. P. Ott (Pilgermissions-Buchdr. auf St. Chrischona bei Basel), 1902. [M. —. 70, cart. —. 80, geb. 1. 40 *u.* 1. 60]

Schläpfer, J., Erlebnisse und Beobachtungen eines brittisch-schweizerischen Legionars in England u. im Orient. Murten 859. (Bern, Blom.) gr. 8. (299 S.) n. 24 *ngr.*

Schläpfer, J., siehe: *Kalender, Appenzeller.*

Schlaepfer, J. Jacob [aus St. Gallen '(Schweiz)']: Über '(1)'-Phenyl-'(3)'-methyl-'(4)'-nitro-'(5)'-pyrazolon und '(1)'-Phenyl-'(3)'-methyl-'(4)'-isonitroso-'(5)'-pyrazolon ... St. Gallen, Zollikofer'sche Buchdr., 1893; 36 S., 1 Bl. 8.
Jena, Phil. Fak., Inaug.-Diss. v. [Dez.] 1892

Schläpfer, Johann Georg

Schläpfer, J. G., naturhistor. Abhandlungen. gr. 8. (22½ B.) St. Gallen 833, (Huber u. Comp.)

[Schläpfer. Johann Georg.] Entwurf zu einem weltlichen und geistlichen Reglement im Lande Utopia. Verfasst Anno 1821. 2. Aufl. 8. *o. O.* Gedruckt Anno 1831.

—— Reisetagebuch durch Deutschland, Italien u. Frankreich. gr. 8. ... St. Gallen 830, (Huber u. Comp.)

Schläpfer, J[ohann] G[eorg]. Topographie und Geschichte des Kantons Appenzell. 1. [einzige] Abtheilung: Versuch einer naturhistorischen Beschreibung des Kantons App'. [Mit 1 Tafel.] 8. Trogen 1829.

Schläpfer, J. G., Verzeichniss d. Naturkörper aus allen drei Naturreichen, welche er in sein. Naturaliensammlung aufbewahrt. gr. 8. (13 B. u. 3 Stnt.) St. Gallen 827, Huber u. Comp. Thlr.

Schläpfer, Johann Jacob *I* [geb. 1782]. Abschieds-Predigt gehalten im Geist vor Waldstadt-Bewohnern den 3ten November 1805. von J' J' Schl', bisherigen Pfarrer daselbst. 8. *o. O.*

Schläpfer. Joh[ann] Jac[ob] *II* [1783–1841]. Chronicon der Gemeinde Waldstatt, von Joh. Jak. Schl'.... [Mit 1 Vignette.] 8. Trogen 1839.

Schläpfer, Joh. Jak., Geschichte d. Gemeinde Waldstatt unt. Berücksicht. d. Landesgeschichte d. Kts. Appenzell A.-Rh. (Neue [Titel-] Ausg.) 8. (371 S.) St. Gallen (ca. 1841) 897. W. Hausknecht. Kart. n. 2. 50

Schläpfer, J[ohann] J[acob] *III* [geb. 1828]. Pfarrer Joh(ann) Heinrich Schiess (1806–1884). Ein Lebensbild. Mit dem Bildniss des Verstorbenen [Tafel]. 8. Basel 1886.

Schläpfer, J. J., Pfarrer Joh. Heinrich Schieß. Ein Lebensbild. Mit dem (Lichtdr.-)Bildniß d. Verstorbenen. 8. (III, 80 S.) Basel 886. Detloff. n. — 80

Schläpfer, Josua, med. pract. von Tägerweilen, Kanton Thurgau: Ueber das Chordom. Zür. F. Lohbauer Dr. 1897. 32 S. 8°.
Zürich, Med. Diss. [v. 29. April 1897].

Schlaepfer, Karl

Schlaepfer. Carl. aus Fratte di Salerno (Italien): I. Studien über aromatische Carbinole. II. Notiz über α-γ-Dimethyl- und α-Aethylitaconsäure. Basel 1905. 69 S. 8°.
Basel Phil Diss. 1904/1905

Schlaepfer, Carl. 1. Studien über aromatische Carbinole; 2. Notiz über α-γ-Dimethyl- und α-Aethylitaconsäure. Diss. Phil. Basel. 69 S. 8. Basel, Walz & Miéville, 1905.

Schläpfer. Konrad

Schläpfer, C[onrad]. La réforme de l'enseignement du dessin en Suisse. Rapport présenté à l'assemblée générale ... à Vevey, le 28 juillet 1901 [et publié par la] Société Suisse pour le développement de l'enseignement du dessin et de l'enseignement professionnel. II + 24 p. 8. St-Gall, Honegger, 1901.

Schlæpfer. Oscar. pract. Arzt aus St. Gallen [von Schwellbrunn. Kt. Appenzell A.-Rh.: Aus der medicinischen Klinik des Herrn Prof. Eichhorst in Zürich. Beiträge zur Lehre von der idiopathischen Herzhypertrophie. Uster-Zür. A. Diggelmann Dr. 1892. 82 S., 1 Bl. 8°.
Zürich. Med. Diss. [v. 6. Aug. 1892].

Schläpfer. Paul. aus Rehetobel (Appenzell): Studien über die Entgasung der hauptsächlichsten Steinkohlentypen. Mit 2 Tafeln. Zürich 1906. 98 S. 8°. [18. IV. 06.]
Zürich. Phil. Diss. II. S. 1905/1906

Schläpfer, Paul. Studien über die Entgasung der hauptsächlichsten Steinkohlentypen. Diss. Phil. [II.] Univ. Zürich. [Mit 1 Figur und 3 Tafeln.] 97 S. 8. Zürich, Aktienbuchdr. Z', 1906.

Schlaepfer, Rud., recherches sur la composition des Micas et des Chlorites. gr. 8. (45 S.) Schaffhausen 889. (C. Schoch.) n. 1. 80

Schlaepfer, R. Naturwissenschaftliches Repetitorium, umfassend Zoologie, Botanik, Mineralogie, Physik und Chemie für die oberen Klassen mittlerer Lehranstalten. Gr. in-8°. VIII, 220 S. Schaffhausen, Comm.-Verlag von Carl Schoch. 1894.

Schläpfer, Rudolf. Naturwissenschaftliches Repetitorium, umfassend Zoologie, Botanik, Mineralogie, Physik und Chemie. Für die oberen Klassen höherer Lehranstalten, sowie zum Privatstudium. 2. vermehrte und verbesserte Aufl. IV + 291 S. 8. Davos, Hugo Richter, 1903. [geb. fr. 4. —]

— naturwissenschaftliches Vademocum, umfassend Zoologie, Botanik, Mineralogie, Physik u. Chemie f. die oberen Klassen mittlerer Lehranstalten. gr. 8. (VIII, 220 S.) Ebd. 891. n. 3. —

Schläpfer, U[lrich]. Ueber die Ergebnisse der Wohnungserhebung in Zürich im Jahre 1896. Vortrag [gehalten in der] Zürcher Gesellschaft für wissenschaftliche Gesundheitspflege ... [am] 2. Mai 1900.... ⟨Autoreferat.⟩ Separatabdruck aus dem Correspondenz-Blatt für Schweizer Aerzte, 1901, Nr. 5. 5 S. gr.-8. [Basel, Benno Schwabe.]

Schläpfer, Ulrich, von Speicher [Kt. Appenzell], gew. Sekundararzt der chirurg. Klinik in Zürich: Ueber die vollständige Exstirpation der Zunge. Zür. Zürcher u. Furrer Dr. [Meyer & Zeller Verl.] 1878. 204 S. m. 1 Tab., 1 Tafel. 8°.
Zürich. Med. Diss. [v. 27. Nov. 1878].

Schläpfer, Ulr., über die vollständige Exstirpation der Zunge. Monographie. gr. 8. (204 S. mit 1 Stnt.) Zürich 878, Meyer und Zeller. *

Schläpfer, V[ictor]. Über den Bau und die Funktion der Epithelzellen des Plexus chorioideus, in Beziehung zur Granulalehre und mit besonderer Berücksichtigung der vitalen Färbungsmethoden. Aus dem pathologisch-anatomischen Institut der Universität Zürich.... Hierzu Tafel V und VI und 1 Figur im Text. (Abdruck aus: «Beiträge zur pathologischen Anatomie und zur allgemeinen Pathologie».... Supplement 7: Festschrift für Professor Julius Arnold.) II S. + S. 101—163. 8. (Jena, Gustav Fischer, [1905].)

Schläpfer, V[ictor]. Beiträge zur Frage der oxydativen Leistungen der tierischen Zelle und deren allgemein biologischer Bedeutung. ⟨Mit 1 Textfigur.⟩ Separat-Abdruck aus dem Archiv für die ges. Physiologie Bd. 114. II S. + S. 301—385. 8. Bonn, Martin Hager, 1906.

Schläpfer, V[ictor]. Photoactive Eigenschaften des Kaninchenblutes. ⟨Mit 7 Textfiguren.⟩ Separat-Abdruck aus dem Archiv für die ges. Physiologie Bd. 108. *Kopftitel:* Aus dem pathologisch-anatomischen Institut der Universität Zürich.... II S. + S. 537—562. 8. Bonn, Martin Hager, 1905.

Schläpfer, Victor. Ueber den Einfluss der Vibration auf das Faradisationsgefühl. Von Dr. Viktor Sch'. [Mit 1 Figur.] Separatabdruck aus der Münchener medizinischen Wochenschrift No. 19, 1905. (*Kopftitel:* Aus dem Kuretablissement Sonnenberg auf Seelisberg....) II + 8 S. 8. ⟨München, J. F. Lehmann.⟩

Schläpfer, Victor, med. pract. aus Trogen (Kanton Appenzell A.-R.): Aus dem pathologisch-anatomischen Institut der Universität Zürich. (Direktor: Professor Dr. Paul Ernst.) Eine physikalische Erklärung der achromatischen Spindelfigur und der Wanderung der Chromatinschleifen bei der indirekten Zellteilung. Mit 11 Figuren im Text. Leipzig 1905. 25 S. 8°. S.-A. a. d. Archiv f. Entwicklungsmechanik. Bd. 19. [14. II. 05.]
Zürich. Med. Diss. 1904/1905.

Schläpfer, Victor. Eine physikalische Erklärung der achromatischen Spindelfigur und der Wanderung der Chromatinschleifen bei der indirekten Zellteilung. Mit 11 Figuren im Text. Diss. Med. Univ. Zürich. (Sonderabdruck a. d. «Archiv f. Entwicklungsmechanik.» Band 19, Heft 1. 1905.) *Kopftitel:* Aus dem pathologisch-anatomischen Institut der Universität Zürich ⟨Direktor: Professor Dr. Paul Ernst⟩. 26 S. 8. Leipzig, Wilhelm Engelmann, 1905.

Schläpfer, V[ictor]. Die Lösungsverhältnisse bei Pneumonia fibrinosa und P' tberculosa sive caseosa.(u Sonderabdruck [aus:] Beiträge zur Klinik der Tuberkulose ... hrg. von Dr. Ludolph Brauer.... Bd. 5. H[eft] 1.) *Kopftitel:* Aus dem pathologisch-anatomischen Institut der Universität Zürich.... II S. + S. 43—60 ⟨18 S.⟩. 8. (Würzburg, A. Stuber, [1906].)

Schlaepfer, [Victor]. Eine neue Methode zur Funktionsprüfung des Magens. Sonderdruck aus der Münchener medizinischen Wochenschrift, No. 36, 1908. II + 14 S. 8. München, J. F. Lehmann.

Schläpfer, V[ictor]. Über eine Modifikation der Cornetschen Pinzette. Von V. Sch' ... in Zürich. Hierzu ein Holzschnitt. (Sonderabdruck aus Zeitschrift für wissenschaftliche Mikroskopie und für mikroskopische Technik. Band 21, 1904, [Heft] 4.) S. 458—461. 8. [Leipzig, S. Hirzel.]

Schlapoberski, Jankel [aus Keidany '(Russl.)']: Über recidivierende Lähmungen bei der Hysterie . . . Berlin, C. Vogt's Buchdr., *1893;* 34 S., 1 Bl. 8.
Berlin, Med. Fak., Inaug.-Diss. v. 17. März 1893

Schlapp, George. Erzählende Dichtungen. Milwaukee: Caspar, 1908. GSP, UC

Schlapp, Max G. [aus Fort Madison, Iowa, U. S. A.]: Der Zellenbau der Grosshirnrinde des Affen Macacus Cynomolgus ... Berlin, Druck v. E. Ebering, *1897;* 40 S., 2 Taf. 8.
Berlin, Med. Fak., Inaug.-Diss. v. 27. Juli 1897

Schlapp, O. Bilder aus Sicilien. Ein Vortrag. 21 S. Rg. *Erfurt* 1885.
Progr.

Schlapp, Otto, Dozent an d. Univ. Edinburgh: Die Anfänge von Kants Kritik des Geschmacks und des Genies 1764 bis 1775. Erster Teil einer Untersuchung üb. Kants Lehre vom Genie u. die Entstehung d. Kritik d. Urteilskraft. *Göttingen 1899: E. A. Huth.* (XII, 116 S.) 8° ¶ (Erscheint vollst. bei Vandenhoeck & Ruprecht in Göttingen.)
Strassburg, Phil. Diss. v. 1897

Schlapp, Otto, Grundzüge der systematischen Zoologie, sowie der vergleichenden Anatomie der Organe der Bewegung, Ernährung u. Empfindung. Zum Gebrauch an höheren Schulen dargestellt. 2. Aufl. Erfurt 868. Villaret. gr. 8. (XVI, 207 S.) n. 20 ngr.

Schlapp, Otto, Grundzüge der systematischen Zoologie sowie der vergleichenden Anatomie der Organe der Bewegung, Ernährung u. Empfindung. Zum Gebrauch an höheren Schulen dargestellt. 3. Aufl. gr. 8. (VIII, 250 S.) Erfurt 874. Villaret n. 2. 50

Schlapp, Otto, Kants Lehre vom Genie u. die Entstehung der 'Kritik der Urteilskraft'. gr. 8. (XII, 463 S.) Göttingen 901. Vandenhoeck & Ruprecht. n. 13. —

Schlapp, Otto, f. Zeit u. Ewigkeit. Denksprüche e. Vaters, m. e. Vorwort v. Emil Frommel. 8. (VII, 167 S.) Leipzig 895. G. Wigand. n. 2. 40; geb. n. 3. -

Schlappner, B[enedict]. Rundgang durch das Solothurnische Zeughaus. Sammlung von altertümlichen Rüstungen und Waffen. Zusammengestellt von Hauptm. B. Schl'. Zeughausverwalter. Hrg. vom Verkehrs- und Verschönerungs-Verein der Stadt Solothurn. [Illustriert.] 8. (Solothurn) 1897.

Schlappner, Wilhelm, Bacc. jur.: Das Ehrenaccept. Solothurn 1908: Gassmann. 109 S. 8°
Leipzig, Jur. Diss. v. 2. Nov. 1908
[Geb. 25. Sept. 82 Solothurn; Wohnort: Solothurn; Staatsangeh.: Schweiz; Vorbildung: Solothurnische Kantonsch. Reife O. 02; Studium: Bern 1, Zürich 3, Leipzig 4 S.; Rig. 9. Mai 06.] [U 09. 3668

Schlaraffen, der, hohe Weisheit oder Prüfungen und Weihe. Schlarafflade in zwei Nächten v. Jung-Waldemar. 1. und 2. Lfg. 8. (XX, S. 1—147.) Berlin 881, Röthke. à Lfg. * 50 Pf. *
Nicht weiter erschienen.

Schlaraffenland (Ins) mit der Sozialdemokratie. 7 Leitartikel der „Magdeburger Zeitung". (Von Wilhelm Splittgerber.) 3. Ausg. 8°. Magdeburg 1876.

Schlaraffia politica. Geschichte der Dichtungen vom besten Staate. Leipzig 1892. V: *Kirchenheim, Arthur von.* (Kat. der ständ. Bibl. Stuttgart 1907. S. 272.) (Berl)

Schlaraffia politica. Geschichte der Dichtgn. vom besten Staate. 8. (V, 318 S.) Leipzig 892. F. W. Grunow. n. 2. —; geb. in Leinw. n. 3. —

Schlaraffiade od. treuer Bericht Meister Urian's üb. seine Reise in's Schlaraffenland, allwo er Ursprung u. Endziel der Welt, besonders der Menschen, erforschen wollte. In poet. Form gebracht von Hilarius Anthropos. 8. (72 S.) Reading Pa. 873. Pilger-Buchhandlung. — 90

Schlaraffiade oder treuer Bericht Meister Urians über seine Reise in's Schlaraffenland, allwo er Ursprung und Endziel der Welt, besonders der Menschen erforschen wollte. In poet. Form gebracht von Hilarius Anthropos. 8. (IV, 72 S.) Reading, Pa. 873. (Philadelphia, Schaefer und Koradi.)

Schlarb, K. Ch. [aus St. Alban (Rheinpfalz)]: Über Synthese der Athylendiketonen und γ-Ketoncarbonsäuren und über einige Derivate derselben .... Freiburg i. B., Univ.-Buchdr. H. M. Poppen [sic!] & Sohn, 1888; 71 S. + 1 Bl. u. 1 Taf. 8°
Freiburg i. B., Phil. Fak., Inaug. Diss. v. 1887

Schlarbaum. Die Folgen des 28. Mai 1848. Kassel, Gotthelft 1851. 82 S. 8.

Schlarbaum. Der Ueberfall und Rückzug der 3. Kompagnie des 1. Grossherz. Oldenburgischen Linienbataillons von Quars nach Eckensund am 28. u. 29. Mai 1848. 8. Cassel 1851.

Schlarbaum, P. E., über Roggen- u. Mehlmagazine in Friedenszeiten. 8. Berl. 804. Pauli. 10 g̃r.

Schläsinger, der gemittliche. Kalender für Pauer u. Stoadtherr. 1883. Hrsg. von Max Heinzel unter Mitwirkung von Rob. Rößler u. A. 12. (LVI, 92 S. m. eingedr. Holzschn.) Breslau 882. Max & Co. n. — 50

Schläsinger, der gemittliche. Kalender fur Pauer und Stoadtherr. 1883 und 1884. Hrsg. von Max Heinzel unter Mitwirkung von Rob. Rößler u. A. 1. und 2. Jahrg. 12. (LVI, 92 S.; XLIX, 101 S. mit eingedr. Holzschn.) Breslau, Max und Comp. à Jahrg. *
—— dass. — für 1885. Hrsg. von Max Heinzel. Mit Beiträgen von dem Genannten, von A. Stanislas und Philo vom Walde. 3. Jahrg. 8. (122 S. mit 1 Buntdruckbilde und andern Illustr.) Ebendas.

Schläsinger, der gemittliche. Kalender für 1886. gr. 8. (79 S. mit Illustr. und 1 Chromolithogr.) Breslau, Max und Comp.

—— dass. — Hauskalender für die Provinz Schlesien. Mit Jahrmarkts-Verzeichniß für die Provinz Schlesien, Posen, Ost- und Westpreußen und den Reg.-Bez. Frankfurt a. O. Hrsg. von Max Heinzel. 5.—7. Jahrg. 1887—1889. gr. 8. (à Jahrg. ca. 100 S. mit Illustr. und Gratis-Beigabe: Titelbild und Wandkalender.) Schweidnitz, Heege. à Jahrg. *

Schläsinger, der gemittliche. Illustr. Kalender f. die Prov. Schlesien. Hrsg. v. Max Heinzel. 1890—1893. 8.—11. Jahrg. gr. 8. (à Jahrg. ca. 100 S. u. 1 Farbendr u. Wandkalender.) Schweidnitz, Heege. à Jahrg. * — 50

Schläsinger, der gemittliche. Illustr. Kalender f. die Prov. Schlesien. Mit dem Jahrmarkts-Verzeichniß f. Schlesien, Posen, Brandenburg, Pommern, Ost- u. Westpreußen. Hrsg. v. Max Heinzel. 1895. 13. Jahrg. gr. 8. (124 S. m. 1 Farbendr. u. 1 Wandkalender.) Schweidnitz, L. Heege. n. — 50

Schläsinger, der gemittliche. Illustr. Kalender f. d. Prov. Schlesien. M. d. Jahrmarkts-Verzeichniß f. Schlesien, Posen, Brandenburg, Pommern, Ost- u. Westpreußen. Hrsg. v. Max Heinzel. 1899. 17. Jahrg. gr. 8. (160 S. m. 1 Farbdr. u. 1 Wandkal.) Schweidnitz, L. Heege. n. — 50

Schläsinger, der gemittliche. Illustrierter Kalender f. die Provinz Schlesien. Mit dem Jahrmarkts-Verzeichnis f. Schlesien, Posen, Brandenburg, Pommern, Ost- u. Westpreußen. Begründet von Max Heinzel. Hrsg. v. Philo vom Walde. 1903. 21. Jahrg. gr. 8. (152 S. m. 1 Farbdr. u. Wandkalender.) Schweidnitz, L. Heege. n. — 50

Schläsinger, der gemittliche. Illustr. Kalender f. die Prov. Schlesien. Mit dem Jahrmarkts-Verzeichnis f. Schlesien, Posen, Brandenburg, Pommern, Ost- u. Westpreußen, Begrüdet v. Max Heinzel. Hrsg. v. Paul Keller. 1907. 25. Jahrg. (166 S. m. 1 Farbdr. u. Wandkalender.) gr. 8. Schweidnitz, L. Heege. n. — 50

Schläsinger, der gemittliche. Kalender f. die Prov. Schlesien. Mit e. Jahrmarkts-Verzeichnis f. Schlesien, Posen, Brandenburg, Pommern, Ost- u. Westpreußen. Begründet v. Max Heinzel. Hrsg. v. Rob. Sabel. 1911. 29. Jahrg. (174 S. m. Abbildgn., 1 Taf. u. Wandkalender.) gr. 8. Schweidnitz, L. Heege. — 50; bessere Ausg., geb. 1. —

Schlater, F., s. v. Maydell, L., Zeichnenlehre.

Schlater, Gust., einige Gedanken üb. das Wesen u. die Genese der Geschwülste, s. a. Vorträge u. Aufsätze üb. Entwicklungsmechanik der Organismen. 8.

Schlater, Gustav: Einige Gedanken über das Wesen und die Genese der Geschwülste. Vortrag, geh. 1909, St. Petersburg, von Dr. Gustav Schlater, Privatd. Leipzig: W. Engelmann 1909. 44 S. 8°
(Vorträge u. Aufsätze über Entwickelungsmechanik d. Organismen. H. 8.)

Schlatholter, [Bernhard] (Reg.-Baumstr.): Vorgeschichte und Beschreibung des Neubaues des Gymnasiums. S. 35—41, 1 Plan, 3 Grundr., 2 Ansichten. 8.
In: Festschrift zur Feier des 150jähr. Bestehens Kgl. kath. Progr. Gymn. *Leobschutz* 1902 [1903 geliefert].

Schlathölter, [Bernhard], Reg.-Baumeister: Vorgeschichte und Beschreibung des Neubaues des Gymnasiums. *Leobschütz 1902: W. Witke.* (S. 35—41.) 8°
Leobschütz, k. kath. G., Festschr. 1902

Schlathölter, *Heinrich* [aus Datteln]: Über die Fortleitung der Herztöne Neugeborener durch Wasser und andere Medien ... Heidelberg, Univ.-Buchdr. v. J. Hörning, 1891; 16 S. 8.
Heidelberg, Med. Fak., Inaug.-Diss. v. [28. Febr.] 1891

Schlathölter, H., üb die Fortleitung der Herztöne Neugeborener durch Wasser u. andere Medien. Diss. gr. 8 (16 S.) Heidelberg 891. (J. Hörning.) n. — 60

Schlathölter, Louis F., Hypnotismus erklärt. Frei nach dem Engl. übers. vom Verf. gr. 8. (III, 67 S.) Münster 900. H. Schöningh. n. 1. —

Schlathölter, Paul, Königlicher Kreistierarzt in Prüm (Eifel): Ueber die perniziöse Anämie der Pferde. Prüm [1910.] 60 S. und zwei Tafeln. 8°. [24. II. 10.]
Bern, Vet.-med. Diss. 1909/10.

Schlathölter, Paul. Über die perniziöse Anämie der Pferde. Diss. Vet.-Med. Bern. [Mit 2 Tafeln.] 60 S. 8. Prüm, M. Jos. Goergen, (1910).

Schlatter, Anna

—— Lebensbild von E. Miescher, s. Reben am Weinstock.

Schlatter, Adolf

Schlatter, A., heilige Anliegen d. Kirche. 4 Reden: D. Bekenntnis zur Gottheit Jesu. — Die hl. Geschichte u. d. Glaube. — D. Glaube an d. Bibel. — Moral od. Evangelium. 8. (60 S.) Calw u. Stuttgart 896. Vereinsbuchh. n. — 60

Die Apostelgeschichte ausgelegt für Bibelleser. Von A[dolf] Schlatter. Prof. in Tübingen. *Calw & Stuttgart: Vereinsbuchh. 1902.* (384 S.) 8° [F.]
= Schlatter: Erläuterungen z. N. Test. T. 8. [02. 18.8 9

Schlatter, A., die philos. Arbeit seit Cartesius nach ihrem ethischen u. relig. Ertrag, s.a. Beiträge zur Förderung christl. Theologie.

Schlatter, A[dolf]. Die philosophische Arbeit seit Cartesius nach ihrem ethischen und religiösen Ertrag. Vorlesungen an der Universität Tübingen gehalten von D. A. Sch'. 255 S. 8. Gütersloh, C. Bertelsmann, 1906. (M. 4.50)

Beiträge zur Förderung christlicher Theologie. Hrg. von D. A[dolf] Schlatter ... und D. W[ilhelm] Lütgert.... Jahrg. 10. 1906. Heft 4 und 5....

Schlatter, (Adolf), die philosophische Arbeit seit Cartesius nach ihrem ethischen u. religiösen Ertrag. Vorlesungen an der Universität Tübingen geh. 2. durchgesch. Aufl. (267 S.) 8. Gütersloh 910. C. Bertelsmann. 4.50

Die Briefe an die Epheser, Kolosser und Philemon ausgelegt für Bibelleser. Von D. A[dolf] Schlatter, Prof. Calw & Stuttgart: Vereinsbuchh. 1908. (216 S.) 8° [F.]
= Schlatter: Erläuterungen z. Neuen Testament. T. 11. [08. 6999 9

Die Briefe an die Thessalonicher und Philipper. Die Briefe des Petrus u. Judas ausgelegt f. Bibelleser. Von D. A[dolf] Schlatter, Prof. Calw & Stuttgart: Vereinsbuchh. 1910. 294 S. 8°
(Schlatter. Erläuterungen z. Neuen Testament. T. 12.) [10. 3973 11

Die Briefe an Timotheus und Titus ausgelegt für Bibelleser. Von D. A[dolf] Schlatter, Prof. *Calw & Stuttgart: Vereinsbuchh. 1904.* (221 S.) 8° [F.]
= Schlatter: Erläuterungen z. N. Test. T. 9. [04. 6237 9

— Christus u. Christentum. — J. T. Becks theolog. Arbeit, s.a. Beiträge zur Förderung christl. Theologie. VIII, 4.

Christus und Christentum. J. T. Becks theologische Arbeit. 2 Reden von Dr. A[dolf] Schlatter, Prof. in Tübingen. *Gütersloh: C. Bertelsmann 1904.* (46 S.) 8° [F.]
= Beiträge z. Förderung christl. Theologie. Jg. 8. H. 4. [1.] [04. 10443

Schlatter, Adf., der Chronograph aus dem 10. Jahre Antonins, s.: Texte u. Untersuchungen zur Geschichte der altchristlichen Literatur.

— Jesu Demut, ihre Mißdeutungen, ihr Grund, s.a. Beiträge zur Förderung christl. Theologie. VIII. 1.

Jesu Demut, ihre Mißdeutungen, ihr Grund. Von D. A[dolf] Schlatter, Prof. in Tübingen. *(Gütersloh: C. Bertelsmann 1904.)* (S. 35–93.) 8° [F.]
= Beiträge z. Förderung christl. Theologie. Jg. 8, H. 1. [1.] [04. 8495

— d. Dienst d. Christen in d. älteren Dogmatik, } s.a. Beiträge zur Förderg. christl. Theologie.

[F.] Der Dienst des Christen in der älteren Dogmatik. Von D. A[dolf] Schlatter, Prof. in Berlin. *Gütersloh: C. Bertelsmann (1897).* (2 Bl., 81 S.) 1 Bd 8.
= Beiträge z. Förderung christl. Theologie. Jg. 1. H. 1. [97. 3147

Schlatter, A., Einleitung in die Bibel. Hrsg. v. Calwer Verlagsverein. 8. (IV, 522 S.) Calw u. Stuttgart 889. Vereinsbuchhandlg. n. 3. —; geb. n. 3. 75

— Einleitung in die Bibel. Hrsg. vom Calwer Verlagsverein. 2., durchgeseh. Aufl. 8. (IV, 527 S.) Calw u. Stuttgart 894. Vereinsbuchh. n. 3. —; geb. in Leinw. n.n. 3. 75

Schlatter, A[dolf]. Einleitung in die Bibel von D. A. Schlatter, Professor... in Tübingen. Hrg. vom Calwer Verlagsverein. 3. durchgesehene Aufl. 552 S. 8. Calw & Stuttgart, Vereinsbuchhandlung, 1901. (br. M. 4.—, geb. M. 5.—)

Beilage zu: Programm der Städtischen Schulen in Aarau. Schuljahr 1900/01. Aarau, Emil Wirz, 1901.

— Erläuterungen zum Neuen Testament. 1.—3. Tl. 8. Ebd. à n. 1. 50; geb. à n. 2. 25
1. Der Römerbrief, ausgelegt für Bibelleser. 2., erweit. Aufl. (280 S.) 890.
2. Der Hebräerbrief, ausgelegt f. Bibelleser. (263 S.) 888.
3. Der Galaterbrief, ausgelegt f. Bibelleser. (215 S.) 890.

— Erläuterungen zum Neuen Testament. 1.—5. Tl. 8. Ebd. n. 8. 25; geb. in Leinw. n. 12.—
1. Der Römerbrief, ausgelegt f. Bibelleser. 3. Aufl. (270 S.) 896. n. 1. 60; geb. n.n. 2. 25
2. Der Hebräerbrief, ausgelegt f. Bibelleser. 2., durchgeseh. Aufl. (272 S.) 892. n. 1. 50; geb. n. 2. 25
3. Der Galaterbrief. 2. Aufl. (210 S.) 895. n. 1. 50; geb. n. 2. 25
4. Der Jakobusbrief u. die Johannisbriefe, ausgelegt f. Bibelleser. (248 S.) 893. n. 1. 50; geb. n. 2. 25
5. Das Evangelium des Matthäus. (448 S.) 895. n. 2. 25; geb. n. 3.

— Erläuterungen z. Neuen Testament. 2. u. 6. Tl. 8. Calw u. Stuttgart, Vereinsbuchh. n. 3. 75; (1.—6.: n. 10. 50; Einbde. à n. — 75)
2. Der Hebräerbrief, ausgelegt f. Bibelleser. 3. Aufl. (272 S.) 898. n. 1. 50
6. Das Evangelium Johannes, ausgelegt f. Bibelleser. (370 S.) 899. n. 2. 25

— Erläuterungen zum Neuen Testament. 1. u. 4.—8. Tl. 8. Ebd. n. 12. —; Einbde. in Leinw à n. — 75
1. Der Römerbrief, ausgelegt f. Bibelleser. 4. Aufl. (270 S.) 901. n. 1. 50
4. Der Jakobusbrief u. die Johannisbriefe, ausgelegt f. Bibelleser. 2. durchgeseh. Aufl. (247 S.) 900 n. 1. 50
5. Das Evangelium des Matthäus, ausgelegt f. Bibelleser. 2. durchgeseh. Aufl. (419 S.) 900. n. 2. 25
6. Das Evangelium des Johannes, ausgelegt f. Bibelleser. 2. durchgeseh. Aufl. (375 S.) 902. n. 2. 25
7. Die Evangelien des Markus u. Lukas, ausgelegt f. Bibelleser. (374 S.) 900. n. 2. 25
8. Die Apostelgeschichte, ausgelegt f. Bibelleser. (354 S.) 902 n. 2. 25

Schlatter, A[dolf]. Erläuterungen zum Neuen Testament. Teil 6: Das Evangelium des Johannes. 2. durchgesehene Aufl. 375 S. 8. Calw & Stuttgart, Vereinsbuchhandlung, 1903. (br. M. 2. 25, geb. M. 3. —)

A. u. d. T.: Das Evangelium des Johannes. ausgelegt für Bibelleser. 2. durchgesehene Aufl.

— Erläuterungen zum Neuen Testament. 9. Tl. 8. Calw u. Stuttgart, Vereinsbuchh. 1. 50; Einbd. in Leinw. n. — 75
Die Briefe an Timotheus u. Titus, ausgelegt f. Bibelleser. (221 S.) 904.

— Erläuterungen zum Neuen Testament. 10.—13. Tl. 8. Calw u. Stuttgart, Vereinsbuchh. 7.50; Einbde. in Leinw. à — 75 (Kplt. 24. —)
10. Die Korintherbriefe, ausgelegt f. Bibelleser. (403 S.) 908. 2. 25
11. Die Briefe an die Epheser, Kolosser u. Philemon, ausgelegt f. Bibelleser. (216 S.) 908. 1. 50
12. Die Briefe an die Thessalonicher u. Philipper. Die Briefe des Petrus u. Judas, ausgelegt f. Bibelleser. (294 S.) 910. 2. 25
13. Die Offenbarung des Johannes, ausgelegt f. Bibelleser. (213 S.) 910. 1. 50

Schlatter, A[dolf]. Erläuterungen zum Neuen Testament. 3 Bände. 8. Calw und Stuttgart, Vereinsbuchh., 1908—1910.

Band 1: Die Evangelien und die Apostelgeschichte. (8 Lieferungen.) 1056 S. 1908. (M. 8.—, geb. 10.—)
Band 2: Die Briefe des Paulus. 871 S. 1909. (M. 8.—, geb. 10.—)
Band 3: Die Br' des Petrus, Judas, Johannes, an die Hebräer, des Jakobus. Die Offenbarung des Johannes. 536 S. 1910. [M. 5.50, geb. 7.50]

Die Evangelien des Markus und Lukas, ausgelegt f. Bibelleser. Von A[dolf] Schlatter, Prof. in Tübingen. *Calw & Stuttgart: Vereinsbuchh. 1900.* (374 S.) 8° [F.]
= Schlatter: Erläuterungen z. N. Test. T. 7. [01. 1900 11

Das Evangelium des Johannes, ausgelegt f. Bibelleser. Von D. A[dolf] Schlatter, Prof. in Tübingen. *Calw & Stuttgart: Vereinsbuchh. 1899.* (370 S.) 8° [F.]
= Schlatter: Erläuterungen z. N. Test. T. 6. [01. 1900 11

Das Evangelium des Johannes, ausgelegt für Bibelleser. Von D. A[dolf] Schlatter, Prof. 2. durchges. Aufl. Calw & Stuttgart: Vereinsbuchh. 1903. (375 S.) 8° [F.]
= Schlatter: Erzählungen z. Neuen Testament. 6. [07. 16493 4

Das Evangelium des Matthaeus ausgelegt für Bibelleser. Von D. A[dolf] Schlatter, Prof. 2. durchges. Aufl. Calw & Stuttgart: Vereinsbuchh. 1900. (418 S.) 8° [F.]
= Schlatter: Erläuterungen z. Neuen Testament. 5. [07. 16494 4

— die Furcht vor dem Denken, s. a. Beiträge zur Förderg. christlicher Theologie. 1900. 1. Hft.

Die Furcht vor dem Denken. Eine Zugabe zu Hiltys 'Glück', III. Von D. A[dolf] Schlatter, Prof. in Tübingen. *Gütersloh: C. Bertelsmann 1900.* (48 S.) 8° [F.]
= Beiträge z. Förderung christl. Theologie. Jg 4, H. 1,(4) [00. 3169

Der Galaterbrief ausgelegt für Bibelleser. Von D. A[dolf] Schlatter, Prof. 2. Aufl. Calw & Stuttgart: Vereinsbuchh. 1895. (209 S.) 8° [F.]
= Schlatter: Erläuterungen z. Neuen Testament. 3. [07. 16498 4

Schlatter, A., das Gebet. Zwei Reden. 8. (40 S.) Calw 887, Vereinsbuchhandlung. *

— Geschichte Israels von Alexander dem Großen bis Hadrian, s. a. Geschichte, die, Israels. II.

Geschichte Israels von Alexander dem Großen bis Hadrian. Von Dr. A[dolf] Schlatter, Prof. 2. erw. Aufl. Calw & Stuttgart: Vereinsbuchh. 1900. (358 S.) 8° [F.]
= Geschichte, Die, Israels. T. 2. [07. 16493 2

— Israels Geschichte von Alexander dem Großen bis Hadrian, s. a. Reiche der alten Welt. 3. Bd.

Israels Geschichte von Alexander dem Grossen bis Hadrian. Von D. A(dolf) Schlatter, Prof. in Tübingen. *Calw & Stuttgart: Vereinsbuchh. 1901.* (342 S.) 8° [F.]
= Reiche d. Alten Welt. Bd 3. [01. 6.64

Schlatter, Adf., der Glaube an die Bibel. Rede in d. Pastoralkonferenz der Barmer Festwoche am 11. Aug. 1893. 8. (24 S.) Barmen, Wupperthaler Traktat-Gesellschaft n. — 10

— der Glaube im Neuen Testament. Eine Untersuchg. zur neutestamentl. Theologie. Eine v. der Haager Gesellschaft zur Vertheidigg. der christl. Religion gekrönte Preisschrift. gr. 8. (V, 591 S.) Leiden 885. Brill. n.n. 9.

— d. Glaube im Neuen Testament. 2. Bearbeitg. gr. 8. (428 S.) Ebd. 896. n. 4. 80

Schlatter, A[dolf]. Der Glaube im Neuen Testament. 3. Bearbeitung. 622 S. 8. Calw & Stuttgart, Verlag der Vereinsbuchh., 1905. [M. 6.—]

— Jesu Gottheit u. das Kreuz, s. a. Beiträge zur Förderg. christlicher Theologie. V. 5.

Jesu Gottheit und das Kreuz. Von A[dolf] Schlatter. *Gütersloh: C. Bertelsmann 1901.* (90 S.) 8° [F.]
= Beiträge z. Förderung christl. Theologie. Jg 5, H. 5. [01. 10903 8

— verkanntes Griechisch, s. a. Beiträge zur Förderung christlicher Theologie. 1900. Hft. 4.

Verkanntes Griechisch. Von D. A[dolf] Schlatter, Prof. in Tübingen. *(Gütersloh: C. Bertelsmann 1900.)* (S. 50 84.) 8° [F.]
= Beiträge z. Förderung christl. Theologie. Jg 4, H. 4,(4) [00. 8866

—— der Hebräerbrief, ausgelegt für Bibelleser. 8. (263 S.) Calw 888, Vereinsbuchhandlung. *

Der Hebräerbrief ausgelegt für Bibelleser. Von D. A[dolf] Schlatter, Prof. 3. Aufl. Calw & Stuttgart: Vereinsbuchh. 1898. (271 S.) 8° [F.]
= Schlatter: Erläuterungen z. Neuen Testament. 2. [07. 16491 4

Der Jakobusbrief und die Johannisbriefe ausgelegt für Bibelleser. Von D. A[dolf] Schlatter, Prof. 2. durchges. Aufl. Calw & Stuttgart: Vereinsbuchh. 1900. (247 S.) 8° [F.]
= Schlatter: Erläuterungen z. Neuen Testament. 4. [07. 16493 4

—— Jason v. Kyrene. Ein Beitrag zu seiner Wiederherstellung. Festschrift der theolog. Fakultät zu Greifswald zu Ehren der 25jähr. Jubelfeier ihres Seniors Hrn. Konsistorial-Rat Prof. D. Dr. Otto Zöckler am 24. Novbr. 1891. gr. 4. (III, 55 S.) Münch. 891, Beck. * 3 —

— Jochanan Ben Zakkai, s. a. Beiträge zur Förderung christl. Theologie. 1899. Hft. 4.

Schlatter, Adolf: Jochanan Ben Zakkai, der Zeitgenosse der Apostel. Von D. A[dolf] Schlatter, Prof. in Tübingen. Gütersloh: C. Bertelsmann 1899. (75 S.) 8°
= Beiträge z. Förderung christl. Theologie. Jg. 3, H. 4. [1.]

— die Kirche Jerusalems vom J. 70—130, } s. a. Beiträge zur Förderung christl. Theologie.

[F.] Die Kirche Jerusalems vom Jahre 70–130. Von D. A[dolf] Schlatter, Prof. in Tübingen. *Gütersloh: C. Bertelsmann 1898.* (90 S.) 1 Bd 8.
= Beiträge z. Förderung christl. Theologie. Jg. 2. H. 3. [98. 3670

Die Korintherbriefe ausgelegt für Bibelleser. Von D. A[dolf] Schlatter, Prof. Calw & Stuttgart: Vereinsbuchh. 1908. (405 S.) 8° [F.]
= Schlatter: Erläuterungen z. Neuen Testament. T. 10 [08. 930 9

— atheistische Methoden in der Theologie, s. a. Beiträge zur Förderg. christl. Theologie. IX, 5.

Atheistische Methoden in der Theologie. Von D. A[dolf] Schlatter. (Gütersloh: C. Bertelsmann 1905.) (S. 229–250.) 8° [F.]
= Beiträge z. Förderung christl. Theologie. Jg. 9, H. 5. [2.] [05 10316

Die Offenbarung des Johannes ausgelegt für Bibelleser. Von D. A[dolf] Schlatter, Prof. Calw & Stuttgart: Vereinsbuchh. 1910. 243 S. 8°
(Schlatter: Erläuterungen z. Neuen Testament. T. 13.) [11. 5974 11

— d. Parallelen in d. Worten Jesu bei Johannes u. Matthäus, } s. a. Beiträge zur Förderg. christl. Theologie.

[F.] Die Parallelen in den Worten Jesu bei Johannes und Matthaeus. Von D. A[dolf] Schlatter, Prof. in Tübingen. *Gütersloh: C. Bertelsmann 1898.* (72 S.) 1 Bd 8.
= Beiträge z. Förderung christl. Theologie. Jg. II. H. 5. [98. 8827

— Predigten in der Stiftskirche zu Tübingen. 1. bis 4. Jahrg. 1902/03—1905/06. à 10—11 Nrn. (à ca. 8 S.) gr. 8. Tübingen, G. Schnürlen. à Jhrg. n. 2. —; einz. Nrn. — 20

— Predigten in der Stiftskirche zu Tübingen. 5.—8. Jahrg. 1906/07. 1907/08. 1908/09 u. 1909/10. à 10—11 Nrn. (à ca. 8 S.) 8. Tübingen, G. Schnürlen. à Jahrg. 2. —

(Schlatter, [Adolf]. Tüb[inger] Predigten. [Jahrg.] 3. ⟨1904—05.⟩ 12 Nrn.) (*zus.* 120 S.) 8. (Tübingen, G. Schnürlen, 1904 Dezember—1905 Oktober.) [Abt. Jahrg. M. 2. —]

Ohne Titelblatt: an dessen Stelle ist beigefügt Titelblatt und Inhaltsverzeichnis der Buchausgabe: Schlatter, Adolf. 22 Predigten. Jahrg. 2 und 3, 1903—05, zusammengestellt. II S. Tübingen, Gg. Schnürlen.

Schlatter, Adolf. 22 Predigten. Jahrg. 2 und 3, 1903—05, zusammengestellt. (II + *zus.* 106 + 112 S.) 8. [1906.]

Ausg. A: Tübingen, Gg. Schnürlen.
Ausg. B: Zürich, Buchh. der Evangelischen Gesellschaft. [geb. fr. 7. —]
Buchausgabe der nummernweise ersch. Tübinger Predigten *von* A' Sch', Jahrg. 2, 1903/4 *u.* 3. 1904/5, *ohne die Nr. 12 des Jahrg. 3.*

— Über das Recht u. die Geltung des kirchlichen Bekenntnisses, s. a. Beiträge zur Förderung christlicher Theologie. XI. 3.

Uber [!] das Recht und die Geltung des kirchlichen Bekenntnisses. Von D. A[dolf] Schlatter, Prof., Tübingen. Gütersloh: C. Bertelsmann 1907. (34 S.) 8° [F.]
= Beiträge z. Förderung christl. Theologie. Jg. 11, H. 3, [1.] 07. 8513 3

— Rede am Sarge des Konsistorialrats D. Dr. Hermann Cremer, weil. Prof. der Theologie in Greifswald, gest. 4. X. 1903. (12 S.) gr. 8. Greifswald 903. J. Abel. n. — 30

— der Römerbrief. Ein Hilfsbüchlein f. Bibelleser. 8. (208 S.) Calw 887. Vereinsbuchh. n. 1. 50

Der Römerbrief ausgelegt für Bibelieser. Von D. A[dolf] Schlatter, Prof. 4. Aufl. Calw & Stuttgart: Vereinsbuchh. 1902. (270 S.) 8° [F.]
= Schlatter: Erläuterungen z. Neuen Testament. 1. 07. 16490 4

— die Sprache u. Heimat des vierten Evangelisten, s. a. Beiträge zur Förderung christl. Theologie. VI. 4.

Schlatter, A[dolf]. Die Sprache und Heimat des vierten Evangelisten. Von D. A. Schlatter. Professor in Tübingen. 180 S. 8. Gütersloh, C. Bertelsmann, 1902. M. 3. —)

Beiträge zur Förderung christlicher Theologie. Hrg. von D. A. Schlatter ... und D. H[ermann] Cremer .... 6. Jahrg. 1902. Heft 4 ....

— d. neu gefund. hebräische Stück d. Sirach. Der Glossator d. griech. Sirach u. s. Stellg. in der Geschichte d. jüd. Theologie, } s. a. Beiträge zur Förderung christl. Theologie.

Das neu gefundene Hebräische Stück des (Jesus) Sirach. Der Glossator des griechischen Sirach u. s. Stellung in d. Geschichte der jüd. Theologie v. A[dolf] Schlatter. *Gütersloh: Bertelsmann 1897.* (VIII. 190 S.) 1 Bd 8.
= Beiträge z. Förderung christlicher Theologie. I. 5 6. 97. 8319 11

— s.: Studien, Greifswalder.

— die Tage Trajans u. Hadrians, } s. a. Beiträge zur Förderung christl. Theologie.

[F.] Die Tage Trajans und Hadrians. Von D. A[dolf] Schlatter, Prof. in Berlin. *Gütersloh: C. Bertelsmann 1897.* (3 Bl., 144 S.) 1 Bd 8.
= Beiträge z. Förderung christl. Theologie. Jg. 1. H. 3. 97. 6736

— Die Theologie des Neuen Testaments. I. u. II. Tl. gr. 8. Calw u. Stuttgart, Vereinsbuchh. à 8.—; geb. in Halbfrz. à 10. —

I. Das Wort Jesu. (592 S.) 909.
II. Die Lehre der Apostel. (592 S.) 910.

— Die Theologie des Neuen Testaments u. die Dogmatik, s. a. Beiträge zur Förderung christlicher Theologie. XIII. 2.

Schlatter, A[dolf]. Die Theologie des Neuen Testaments und die Dogmatik. 82 S. 8. Gütersloh, C. Bertelsmann, 1909. [M. 1. 40]

Beiträge zur Förderung christlicher Theologie. Hrg. von D. A[dolf] Schlatter ... und D. W[ilhelm] Lütgert.... Jahrg. 13, 1909. Heft 2....

— zur Topographie u. Geschichte Palästinas. gr. 8. (VIII, 432 S.) Calw u. Stuttgart 893. Vereinsbuchh. n. 6. 80; geb. in Halbfrz. n. 8. 40

Schlatter, A., was ist heute die religiöse Aufgabe der Universitäten?, s. a. Beiträge z. Förderg. christl. Theologie.

Was ist heute die religiöse Aufgabe der Universitäten? Rede von A[dolf] Schlatter. *Gütersloh: C. Bertelsmann 1901.* (S. 61–79.) 8° [F.]
= Beiträge z. Förderung christl. Theologie. Jg. 5. H. 3, [3.] 01. 3456 3

—— Was ist religiöse Schwärmerei?, s. Sammlung von Vorträgen.

Wie sprach Josephus v. Gott?, s. a. Beiträge zur Förderung christl. Theologie. XIV, 1.

Schlatter, A[dolf]. Wie sprach Josephus von Gott? 82 S. 8. Gütersloh, C. Bertelsmann, 1910. (M. 1. 80)

Beiträge zur Förderung christlicher Theologie. Hrg. von D. A[dolf] Schlatter.. und D. W[ilhelm] Lütgert.... Jahrg. 14, 1910. Heft 1....

— noch e. Wort üb. den christlichen Dienst, s. a. Beiträge zur Förderung christl. Theologie. IX. 6.

Noch ein Wort über den christlichen Dienst. Von Prof. D. A[dolf] Schlatter. (Gütersloh C. Bertelsmann 1905.) (S. 43–83.) 8° [F.]
= Beiträge z. Förderung d. christl. Theologie. Jg. 9, H. 6, [2.] 06. 30

Der Zweifel an der Messianität Jesu, s. a. Beiträge zur Förderg. christlicher Theologie. XI. 4.

Schlatter, A[dolf]. Der Zweifel an der Messianität Jesu. 75 S. 8. (Gütersloh, C. Bertelsmann. 1907. M. 1. 50)

Beiträge zur Förderung christlicher Theologie. Hrg. von D. A[dolf] Schlatter ... und D. W[ilhelm] Lütgert.... Jahrg. 11. 1907. Heft 4...

Schlatter's, Anna, Briefe an ihre älteste Tochter. gr. 8. (IV, 100 S.) Berlin 894. (Buchh. der Deutschen Lehrer-Zeitung.) n. 1. —; geb. n. 1. 50

Schlatter's, Anna, Briefe an ihre älteste Tochter. Hrsg. u. bevorwortet von Joh. Burckhardt. Neue Titelausg. gr. 8. (IV, 100 S.) Berlin [894.] 903. Buchh. des ostdeutschen Jünglingsbundes. n. — 50; geb. in Leinw. n. 1.—

SCHLATTER, A.. Ehestands-Buchlein. Elberfeld. o. J. 12°. (9 Sgr. Scheible. vor 1885.)

Schlatter's, Anna, Ehestands-Büchlein. Eine Festgabe für Braut- u. Eheleute. Elberfeld 868. Langewiesche. 16. (102 S.) 15 *ngr.*
in engl. Einb. mit Goldschn. n. 25 *ngr.*

Schlatter, Anna, Ehestands-Büchlein. Hrsg. von der Wupperthaler Traktat-Gesellschaft. 8. (16 S.) Barmen 875, Wiemann.

Schlatter, A., Ehestandsbüchlein. Hrsg. v. der Wupperthaler Tractat-Gesellschaft. 8. (16 S.) Barmen 883. Wiemann. n. — 8

Schlatter's, Anna, Ehestands-Büchlein. Eine Festgabe f. Braut- u. Eheleute. Neue Ausg. 16. (102 S.) Basel 887. [Schneider.] Geering. geb. m. Silberschn. n. 1. 60

—— f. Frauenbriefe.

— Frauenbriefe, s.: Unterhaltungs-Bibliothek, christliche.

Schlatter, A., über Confirmation. Einige Mutterworte an ihren Sohn am Confirmationstage. Herausgeg. von S. G. 2. Aufl. 12. Basel 844, Schneider. 2 ngl

Schlatter, Anna. A' Schlatter's (1773–1826) Leben und Nachlass. 3 Bände. 8. Elberfeld [1865].

Band 1. Leben und Briefe an ihre Kinder. – *A. u. d. T.:* A' Schl'-Bernet. Leben ... Hrg. von F. M. Zahn

Band 2. Briefe an ihre Freunde. – *A. u. d. T.:* A' Schl'-Bernet. Briefe ... Hrg. von F. M. Zahn.

Band 3. Gedichte und kleinere Aufsätze. – *A. u. d. T.:* A' Schl'-Bernet, Gedichte ... Hrg. von F[ranz] L[udwig] Zahn. 2 Aufl.

Schlatter's, Anna, Leben und Nachlaß. Hrsg. von F. M. Zahn. 3 Bde. gr. 8. Bremen 865. [Elberfeld, Langewiesche.] geb.

Inhalt:

Bd. 1. 2. Leben und Briefe an ihre Kinder. Briefe an ihre Freunde. (CXXVIII und 736 S.) 2 Thlr. 15 Ngr.

" 3. Gedichte und kleinere Aufsätze. 2. Aufl. (291 S.) 1 Thlr.

Schlatter's, Anna, einfältige Mutter-Worte aus Erfahr. u. Ueberzeugung ohne Kunst an ihren Sohn. gr. 16. ($2\frac{1}{2}$ B.) Meurs 835, Rhein. Schulbuchh.

Aus d. 2. Bdchn. des nachstehenden Werkes besond. abgedruckt.

Schlatter, A., einige Mutterworte in Gottfrieds Reisetasche. 2. Aufl. 12. Basel 844, Schneider. 2 ngl

—— schriftl. Nachlaß, f. ihre Angehörigen u. Freunde hrsg. v. Frz. Ludw. Zahn. 2 Bdchn. — A. u. d. Ttln.: 1. Gedichte. — 2. Kleinere Aufsätze. 8. ($32\frac{3}{4}$ B.) Meurs 835, Rhein. Schulbh.

Schlatter, C., s. Schlatter, Karl

Schlatter, C. B., s. Schlatter, Karl Bernhard

Schlatter, Caspar, s. Schlatter, Kaspar

Schlatter, Conrad, s. Schlatter, Konrad

Schlatter, D. A., s. Schlatter, Adolf

Schlatter, D. Jacques. Pariser-Erlebnisse aus der Februar-Revolution 1848. SA. 8. Bern 1886.

Schlatter, Dan., s. Bruchstücke aus einigen Reisen nach dem südlichen Rußland in den Jahren 1822—1828.

(Schlatter, Dan.,) Bruchstücke aus einigen Reisen nach d. südl. Rußland, in d. J. 1822 bis 1828. Mit besond. Rücksicht auf d. Nogayen-Tataren am Asowschen Meere. (Mit Vorw. v. J. J. Bernet.) gr. 8. ($32\frac{1}{2}$ B., 15 lith. Abbild. u. 1 Charte.) St. Gallen 830, (Huber u. Comp.)

(Schlatter, Dan.,) Bruchstücke aus einigen Reisen nach d. südl. Rußland in d. J. 1822—28. Mit besond. Rücksicht auf d. Nogayen-Tartaren am asowschen Meere. (Nebst Vorw. v. J. J. Bernet.) Neue, wohlf. Ausg. gr. 8. ($32\frac{1}{2}$ B., 14 Stnt. u. 1 Karte.) St. Gallen 836, Huber u. Comp.

Schlatter, Dora

— am Wege gepflückt. 12 Geschichten f. Kinder v. 10—14 Jahren. 12. (III, 186 S.) Ebd. 889. n. — 80; geb. n. 1. 60

— am Wege gepflückt. 12 Geschichten f. Kinder v. 10—14 Jahren. 2. Aufl. 12. (142 S.) Ebd. 898. n. — 80; geb. n. 1. 60

Schlatter, Dora, am Bach. 8. (V, 179 S.) Basel 900. Helbing & Lichtenhahn. n. 1. 40; geb. n. 2. 20

Schlatter, Dora. Am Bach. 8°. 179 S. Basel, R. Reich. 1900. br. 1 50 geb. 2 80

Schlatter, Dora. Reine Blumen. Ein Wort der Liebe für unsere jungen Mädchen. Hrg. vom Schweizerischen Zweig des internationalen Vereins der Freundinnen junger Mädchen. [Mit illustriertem Umschlag.] 39 S. 8. Bern, Büchler & Co., 1902. [fr. —. 50]

— reine Blumen. Ein Wort der Liebe f. unsere jungen Mädchen. Hrsg. vom schweizer. Zweig des internationalen Vereins der Freundinnen junger Mädchen. 8. (39 S.) Bern 902. (H. Körber.) — 60

Schlatter, Dora, reine Blumen. Ein Wort der Liebe f. unsere jungen Mädchen. 3. Aufl. (48 S.) kl. 8. Basel 908. F. Reinhardt. — 25

— Vetter Christen, s.: Blüten u. Früchte. Nr. 16.

Schlatter, Dora, im Dienste d. Nächsten, s.: Jugend- u. Volksbibliothek, deutsche.

Schlatter, Dora. Trinelis erste Fahrt — Es ist ein Reif gefallen — Trineli lernt etwas — Das neue Hütchen — Dietegen. 5 Erzählungen, mit 9 Original-Illustrationen von K. Schmauk und Olga Burckhardt. [Mit illustriertem Umschlag, sowie 1 Tafel:] Ein Senne.... Nach dem Gemälde von A[uguste] Baud-Bovy. 32 S. 8. Stuttgart, Komm. Holland & Josenhans, [1903]. [M. —. 10]

Christrosen. Erzählungen für die reifere Jugend. Hrg. von Bruno Mehnke.... ([Serie] 7.) Heft 40.

— durchs Fenster. Erlebtes u. Erzähltes. 8. (183 S.) Basel 896. Kober. n. 1. 20; geb. in Leinw. n. 2. —

Schlatter, Dora, durchs Fenster. Erlebtes u. Erzähltes. 2. Aufl. (183 S.) 8. Basel 905. Kober. n. 1. 20; geb. in Leinw. n. 2. —

Von edlen Frauen. 6 Biographien, f. die reifere Jugend zusammengestellt. (à 32 S. m. Abb. u. III S.) 8. Ebd. (907). à — 20; in 1 Bd. geb. 1. 60

1. Aus Helen Kellers Jugendzeit. Zusammengestellt f. die Jugend. — 2. Marie Kurz, geborene v. Brunnow. Ein Lebensbild, zusammengestellt f. die Jugend. — 3. Ottilie Wildermuth. Ein Lebensbild, zusammengestellt f. die Jugend. — 4. Tante Hanna. Ein Lebensbild, zusammengestellt f. die reifere Jugend. — 5. Karoline Perthes. Ein Lebensbild, zusammengestellt f. die Jugend v. Anna Bachofner. — 6. Elisabeth Fry. Ein Lebensbild, zusammengestellt f. die reifere Jugend v. Anna Bachofner.

Frauenwege u. Frauenziele. Ein Buch f. die Frauen. 1.—3. Aufl. (148 S.) 8. Lengerich (909). Bischof & Klein. 1. 40; geb. in Leinw. 1. 80

— lauter Freunde. Erzählungen f. kleine Leser. Mit Illustrationen von Hedw. Scherrer, Olga Burckhardt u. Elly Bernet-Studer. (III, 166 S.) kl. 8. Konstanz (905). Zürich, Christl. Buch- u. Kunstverlag C. Hirsch. Geb. in Leinw. n. 2. —

Schlatter, Dora, der Friedensbund u. andere Erzählungen, s.: O du fröhliche usw. Weihnachtszeit.

— „Fürchtet euch nicht" u. andere Erzählungen, s.: O du fröhliche usw. Weihnachtszeit.

— s.: Gott schütze dich.

— Herumgeworfen, s.: Blüten u. Früchte, Nr. 5.

Schlatter, Dora, Kampf überall, s.: Jugend- u. Volksbibliothek, deutsche.

— vom Lebensbaum. Ein Büchlein fürs Volk. 8. (III, 155 S.) Ebd. 893. n. 1. —; geb. in Leinw. n. 1. 60

— vom Lebensbaum. E. Büchlein fürs Volk. 2. Aufl. 8. (157 S.) Basel 895. Kober. n. 1. —; geb. in Leinw. n. 1. 60

— Monika, s.: Efeuranken ums Mädchenstübchen.

— Morgenwolken. Drei Geschichten f. Kinder. gr. 16. (31 S.) Ebd. 895. n. — 20

— auf dunkeln Pfaden, s.: Efeuranken ums Mädchenstübchen.

[Schlatter, Dora, und Schmid, Fanny.] M[elchior] Schuppli. 1825–1898, als Vorsteher der Neuen Mädchenschule in Bern von 1869–1894. (Mit Illustrationen und 1 Porträt-Tafel. Sep.-Ausg. der: Mitteilungen aus der Neuen M.. Jahrgang 37. № 3.) 8. Bern 1898.

— zum Sonnabend. Erlebtes u. Erzähltes. 1. u. 2. Aufl. 8. (IV, 142 S.) Ebd. 891. 892. n. 1. —; geb. n. 1. 60

— zum Sonnabend. Erlebtes u. Erzähltes. 3. Aufl. 8 (IV, 142 S.) Ebd. 897. n. 1. —; geb. in Leinw. n. 1. 60

— Tropfen. Geschichten f. große u. kleine Kinder. 16. (IV, 166 S.) Ebd. 890. n. 1. —; geb. n. 1. 80

Schlatter, D. Auf Umwegen zum Ziel. Erlebnisse eines Dienstmädchens. In-12°. 77 S. Basel, C. F. Spittler. 1891 — 50: gebd. 1 —

— unsere Vorbilder, s.: Boemel, Alex.

— das Waislein. Eine Erzählung f. jung u. alt. 12. (27 S.) Ebd. 889. n. — 20

— was die Kleinen freut. 5 Bilderbüchlein m. Gedichten u. Erzählgn. 8. (à 16 S.) Basel 892. Jaeger & Kober. à Hft. n. — 16

— was die Kleinen freut. 5 Bilderbüchlein m. Gedichten u. Erzählgn. 2. Aufl. 8. (à 16 S. m. Abbildgn.) Basel 901. Kober. In Umschlag n. — 80

Schlatter, Dora, was kann e. Mutter ihre Kinder lehren? 8. (141 S.) Basel 889. Spittler. n. 1. —

— was kann e. Mutter ihre Kinder lehren? 2. Aufl. 8. (150 S.) Ebd. 897. n. 1. —; geb. in Leinw. n. 1. 60

— Wegwarten. Bilder aus dem Leben. 8. (IV, 154 S.) Basel 902. Helbing & Lichtenhahn. n. 2. —; geb. in Leinw. n. 2. 80

Schlatter, Dora. Wegwarten. Bilder aus dem Leben. IV + 154 S. 8. Basel, R. Reich, 1902. [br. fr. 2. 50, geb. fr. 3. 50]

— Weihnachten an der Linie u. andere Erzählungen. Neue Ausg. (64 S.) kl. 8. Konstanz (904). Zürich, Christl. Buch- u. Kunstverlag C. Hirsch. Geb. n. — 25

— drei Weihnachtsgeschichten. Der erste Christbaum. Zu früh entdeckt. Nachfeier. 16. (89 S.) Ebd. 890. n. — 25

— wer hat die schönste Freude? Durch Nebel zur Klarheit, s.: O du fröhliche usw. Weihnachtszeit.

— wir wollen Ihm die Krippe schmücken. Ein Weihnachtsbüchlein. 12. (40 S.) Ebd. 891. n. — 25

— Zeitlosen. Erzählungen u. Skizzen aus dem Leben. Mit Buchschmuck v. S. Schlatter. (IV, 141 S.) 8. Basel 905. Helbing & Lichtenhahn. n. 1. 40; geb. n. 2. 20

Bericht über den weiteren Ausbau der Wasserversorgung der Stadt Solothurn 1901 (Juni. — [Abgefasst von] E[dgar] Schlatter, Stadtingenieur. — [Dabei:] Anträge des Einwohnergemeinderates ... vom 5. Juli 1901 ...). 46 S. 8. Solothurn, Gassmann, Sohn, 1901.

Schlatter, Ernst, aus Schwaben, s.: Zimmermann, Rich.

Schlattor, F., Ueber das Vagabundentum im Kanton Zürich. 8°. Bern 1882.

Schlatter, Frdr., s.: Geschäfts- u. Terminkalender, schweizer., für Gerichts- u. Verwaltungsbehörden etc.

Schlatter, F[riedrich]. Rechts-Kalender der Schweizerischen Eidgenossenschaft. Neues Supplement zur 3. Aufl., enthaltend die Organisation der eidgenössischen und kantonalen Justizbehörden unter Berücksichtigung des schweiz. Schuldbetreibungs- und Konkurs-Gesetzes und der kantonalen Einführungsgesetze, sowie das Verzeichnis der praktizirenden Rechtsanwälte. Unter Mitwirkung ... hrg. von F. Schlatter ... 90 S. 8. Zürich, Meyer & Hendess, 1901. [fr. 2. 50]

Schlatter, F., s.: Rechts-Kalender, neuer, der schweizerischen Eidgenossenschaft.

Schlatter, Frdr., Schuldbetreibung u. Konkurs nach schweizerischem Recht. Ein Wegweiser f. Jedermann zur Einführg. in das neue Bundesgesetz u. zur Wahrg. seiner Rechte gegen säum. Schuldner, wie auch im Konkurse derselben, nebst dem Text des Gesetzes m. Anmerkgn. 8. (VI, 251 S.) Zürich 893. C. Schmidt. Kart. n. 2. 40

Schlatter, F[ritz]. Souvenir an die Reise des Bernischen Grossen Rates zur Besichtigung der Gürbethal-Bahn und Erlenbach-Zweisimmen-Bahn (28. Mai 1903). Zwei Trinksprüche. [8 S.] 8. (Bern, Neukomm & Zimmermann.)

Schlatter, G., s. Alpina.

Schlatter, Georg: Franz Pfeiffer. Solothurn. Progr. 1868.

Schlatter, Geo. Frdr., hat der Freimaurer-Orden heute noch eine zeitgemäße Bedeutung? Ein Votum. Mannheim 861. (Löffler.) gr. 8. (16 S.) 4 ngr.

Hat der Freimaurer-Orden heute noch eine zeitgemässe Bedeutung? Ein Votum von Georg Friedr. Schlatter. Mannheim: Selbstverl. 1861. 16 S. 8° [Umschlagtit.]

Recens: Bh. 4 (1861) S. 53; FZ. 15 (1861) S. 33 bis 34 (M. Zille), 50–51; L. 20 (1861) S. 54 bis 55.

cf. MW. 10 (1861) No 9.

Tt. 1778. Die Frmrei ist ein Gespenst, ihre Mission ist erfüllt.

— s. Kirchenagende, die preußische rc.

Schlatter, Geo. Friedr., zwanzig Predigten, als Zeugnisse christl. Rechtgläubigkeit gegen pietist. Verketzerungen, der Oeffentlichkeit übergeben. gr. 8. (14½ B.) Karlsruhe 832, Groos.

— Staat, Kirche und Konkordat Eine politisch-kirchliche Betrachtung. Ulm 860. Gebr. Nübling. gr. 8. (2 Bl., 104 S.) 12½ ngr.

Schlatter, Geo. Friedr., Stimmen gegen die Todesstrafe. gr. 8. (19 S.) Mannheim 862. (Worms, Rahke.) *

Schlatter, Geo. Friedr., das System der Einzelhaft in besonderer Beziehung auf die neue Strafanstalt in Bruchsal. Stimme eines Gefangenen über Zuchthäuser. 853. (IX, 232 S.) n. 22½ ngr. — 2. Aufl. Mannheim 856. Löffler. gr. 8. (X, 220 S.) n. 25 ngr.

— das Unrecht der Todesstrafe dargestellt. Erlangen 857. Enke. gr. 8. (99 S.) n. 15 ngr.

— die Unwahrscheinlichkeit der Abstammung des Menschengeschlechts von einem gemeinschaftlichen Urpaare. Eine philosophisch-historische Studie. Mannheim 861. (Löffler.) gr. 8. (271 S.) n. 1 Thlr 10 ngr.

Schlatter, Geo. Frdr., die Verfassung der evangel.-protestant. Kirche in Baden, wie sie ist u. wie sie seyn soll. gr. 8. (XII u. 151 S.) Karlsruhe 848, Herder in Comm. n. ⅓ Thlr

—— Vertheidigung d. Neuen Katechismus d. vereinigten Kirche Badens gegen d. Angriffe einiger Geistlichen, nebst Beurtheil. d. theolog. Glaubensmeinungen ders. 8. (6 B.) Karlsruhe 831, Groos.

-- Zuchthausstudien, die Frucht einer sechsjährigen Einzelhaft. 1. u. 2. Heft. Mannheim 857, 58. (Löffler.) gr. 8. (IV, 160 S.; IV, 176 S.) Jedes Heft n. 22½ ngr.

— Zuchthausstudien, die Frucht einer sechsjährigen Einzelhaft. 3. u. 4. Heft. Ebend. 859. gr. 8. (330 S.) Jedes Heft n. 22½ ngr.

Schlatter, Glieb., Taufe u. Kinderbesprengung, erwogen nach Anleitung der engl. Schrift Hrn. Pred. Remington's [Gründe, die mich bewogen, ein Baptist zu werden, 10. Ausg.] frei bearb. 12. (36 S.) Philadelphia 852. (Schäfer & Koradi.) n. ⅓ Thlr

Schlatter, Hans. Unsere Freiwillige Armenpflege. Ein Vorschlag zur Reorganisation. Separatabdruck aus der «Stadtchronik» der «Züricher Post» [Jahrg. 1901, N° 21—24]. II + 20 S. 8. Zürich, J. Leemann, 1901.

Schlatter, [Hans]. Das Evangelium von der Arbeit. Praktische Auslegung von Matth. 20, 1—16: Das Gleichnis von den Arbeitern im Weinberg von Joh[annes] Sch', Pfarrer.... VIII + 69 S. 8. Zürich und Winterthur, Buchh. der Evangelischen Gesellschaft, 1906. [fr. 1. —]

Schlatter, Hans. Kapitalismus und Christentum. (Referat an der 7. Christlichen Studentenkonferenz ... in Aarau, am 19. März 1903, vorgetragen.) 37 S. 8. Basel, Friedrich Reinhardt, 1903. (fr. —. 60)

Schlatter, Hans, Predigt, geh. am 4. V. 1902 üb. Ephes. 6, 5—9: „Herren u. Arbeiter!" gr. 8. (14 S.) Zürich 902. Fäsi & Beer. n. — 20

Schlatter, Herm., Industrie-Karte der Schweiz für das J. 1882. Im Auftrage des Central-Comite der schweizer. Landesausstellung. 1 : 500,000. Chromolithogr. Imp.-Fol. Zürich 883, Wurster und Comp. *

(Schlatter, Hermann, und Schlatter, Max.) Industriestatistik der drei Kantone St. Gallen, Appenzell und Turgau. Aufgenommen im Sommer 1900. (Aufnahme von Hermann Schlatter und Max Schlatter, Zusammenstellung für den Druck von dem Bureau des Kaufmännischen Directoriums.) IV + 112 S. 4. St. Gallen, Zollikofer. 1901.

Beilage zu: Bericht des Kaufmännischen Directoriums über Handel, Industrie und Geldverhältnisse des Kantons St. Gallen im Jahre 1900. St. Gallen 1901.

Schlatter, Herm., ein Ritt nach Rom. Mit zahlr. Abbildgn nach Zeichngn. v. Elly Studer u. nach photograph. Aufnahmen. (III, 155 S. m. 1 Farbdr.) gr. 8. Frauenfeld 903. Huber & Co. Geb. in Leinw. n. 3. —

Schlatter, Hermann. Wander-Bilder aus Aegypten und Palästina. Mit einem Farbendruckbild [Tafel] und 38 feinen Illustrationen [auf 31 Tafeln und dem Umschlag]. IV + 213 S. 8. St. Gallen, Druck und Verlag Zollikofer & Cie., Auch durch die Fehr'sche Buchh., 1906. [fr. 2. 50, geb. 3. 25]

Schlatter, Joh, das Evangelium v. der Arbeit. Praktische Auslegg. v. Matth. 20, 1—16: Das Gleichnis von den Arbeitern im Weinberg. (III, 69 S.) 8. Zürich 906. Buchh. der ev. Gesellschaft. n. 1. —

Schlatter, Joh., Das Gleichnis vom reichen Manne u. armen Lazarus. Lucas 16, 19—31. (1. Pflicht u. Schuld des Reichtums. 2. Geld u. Glück. 3. Die Ausgleichg. 4. Die fünf Brüder.) (32 S.) 8. Zürich (907). Buchh. der ev. Gesellschaft. — 40

Schlatter, Joh., vier soziale Reden üb. das Gleichnis vom barmherzigen Samariter, s.: Samariterposten. Nr. 1.

Schlatter, Karl

Schlatter, Carl, die Brüche der Mittelhandknochen, s.a Sammlung klinischer Vorträge.

Schlatter, Carl. Die Brüche der Mittelhandknochen. Mit 9 Figuren [wovon 1 Tafel]. II S. + S. 235—256 ‹22 S.›. gr.-8. Leipzig. Johann Ambrosius Barth, 1910. M. —. 75

Sammlung Klinischer Vorträge, begründet von Richard von Volkmann. Neue Folge... Nr. 595. Chirurgie Nr. 168.

Schlatter, C., s.: Chirurgie des Kopfes u. der Speiseröhre.

Schlatter, Carl. Ueber die Darmfunktion nach ausgedehnten Dünndarmresektionen. Von Prof. Dr. C' Sch', Zürich. Separat-Abdruck aus: Beiträge zur klinischen Chirurgie.... Band 49.... II + 25 S. 8. Tübingen, H. Laupp, 1906.

Schlatter, Carl. Ueber die Frakturen der Mittelhandknochen. Von Prof. Dr. C' Sch', Zürich. (Hierzu 2 Abbildungen und Taf. 5.) Separat-Abdruck aus: Beiträge zur klinischen Chirurgie.... Band 49.... III S. + S. 280—294. 8. Tübingen, H. Laupp, 1906.

Schlatter, Carl. Ueber die Bier'sche Hyperämiebehandlung. Separatabdruck aus dem Correspondenzblatt für Schweizer Aerzte, 1907, Nr. 13. 14 S. 8. [Basel, Benno Schwabe.]

Schlatter, Carl. Ueber Carotisunterbindungen als Voroperationen der Oberkieferresektionen. Aus der Züricher chirurgischen Klinik. Separat-Abdruck aus Beiträge zur klinischen Chirurgie.... Band 30. Heft 1. II S. + S. 157—181. 8. Tübingen, H. Laupp, 1901.

Schlatter, C[arl]. Meniscusluxationen des Kniegelenks. Aus der Züricher chirurgischen Klinik. Separat-Abdruck aus Beiträge zur klinischen Chirurgie.... Band 41. Heft 2. II S. + S. 229—245. 8. Tübingen, H. Laupp, 1904.

Schlatter, C[arl]. Subkutane Sehnenzerreissungen an den Fingern. (Mit 2 Abbildungen.) Sonderabdruck aus der Deutschen Zeitschrift für Chirurgie, Band 91. II S. + S. 317—333. 8. Leipzig, F. C. W. Vogel, 1907.

Schlatter, Carl. Verletzungen des schnabelförmigen Fortsatzes der obern Tibiaepiphyse. (Hierzu Taf. XXII.) Aus der Züricher chirurgischen Poliklinik. Separat-Abdruck aus Beiträge zur klinischen Chirurgie.... Band 38. Heft 3. III S. + S. 874—887. 8. Tübingen, H. Laupp, 1903.

Schlatter, Karl Bernhard

Schlatter, Dr. med. Carl B[ernhard]. Sekundararzt der chirurgischen Klinik Zürich: Die Behandlung der traumatischen Leberverletzungen. S. A. aus: Beiträge zur klinischen Chirurgie — Bruns, Bd XV, Heft II [S. 531–562]. Tübingen H. Laupp 1896. 1 Bl., 38 S. 8°.
Zürich, Med. Fac., Habilitationsschrift.

Schlatter, Carl B., med. pract., z. Z. Assistenzarzt der chirurgischen Klinik in Zürich [von Wallisellen, Kt. Zürich]: Die Veränderungen des Limmatwassers durch das Abwasser der Stadt Zürich in bakteriologischer Hinsicht. (S. A. aus: Zeitschrift f. Hygiene, Bd IX, S. 56–[illegible]) Leipz. Veit u. Cie 1890. 35 S. 8°.
Zürich, Med. Diss. [v. 8. Aug. 1890].

Schlatter, Kaspar, Abschiedsräthe und Denksprüche für die neuconfirmirte Jugend. gr. 12. Stuttgart 841, J. F. Steinkopfsche Buchh. 1/12 ℛ

Schlatter, Caspar, Erinnerungen an gehörte biblische Wahrheit z. Förderung christl. Erkenntniß u. christl. Lebens f. Neuconfirmirte. gr. 12. (1 B.) Stuttgart 842, J. F. Steinkopf'sche Buchh.

Schlatter, K., Worte der Liebe an junge Christen bei ihrer Confirmation. Nebst einigen Lebensregeln für reisende Jünglinge. 8. Stuttgart 840. Steinkopf. 1/12 ℛ

Schlatter, Konrad

Schlatter. Conrad. pract. Arzt, von Hüttwilen (Ct. Thurgau), ehemals Assistenzarzt des Spitals. Aus dem Kantonsspital Münsterlingen. Dirigierender Arzt: Dr. Conrad Brunner. Über Ovariotomie wegen Cysten und Tumoren. Nach im Spital Münsterlingen von 1896 bis 1905 gemachten Erfahrungen. Berlin 1906. 77 S. 8° (22. X. 06.)
Zürich, Med. Diss. 1906/1907

Schlatter, Conrad. Ueber Ovariotomie wegen Cysten und Tumoren. Nach im Spital Münsterlingen von 1896 bis 1905 gemachten Erfahrungen. Diss. Med. Univ. Zürich. *Kopftitel:* Aus dem Kantonsspital Münsterlingen. Dirigierender Arzt: Dr. Conrad Brunner. 77 S. 8. Berlin, C. Siebert, 1906.

S[ch]latter, Michael: Schwanen Gesang oder letzte Arbeit des Weiland Ehrwürdigen und Hochgelehrten Herrn Johann Jacob Hochreutner. *Bestimmten Prediger der ehrsamen Reformierten Gemeinde zu Lancaster, welcher auf eine außerordentliche Weise nach Gottes allweiser Zulassung durch einen Büchsen-Schuß aus dem Zeitlichen in das ewige Leben den 14. Oktober 1748 im 27ten Jahr seines Alters hingerückt wurde. Zum Trost der getrübten Gemeinde in Lancaster zu dem Druck befördert und mit einer Zeitschrift versehen von* Michael Slatter, *V. D. M. zu St. Gallen in der Schweitz, gegenwärtig Reform. Prediger in Philadelphia und Germantown in Pennsylvanien. Philadelphia, Pa.: Johann Böhm 1748. 15 S.*

Schlatter, Rudolf [pract. Arzt in Aesch]: Ueber Exstirpation des Uterus wegen Prolaps (8 Fälle aus der Basler Frauenklinik). Basel 1897. 63 S. 8°.
Basel, Med. Diss. 1896/97.

Schlatter, Salomon

Schlatter, S., u. D. **Schlatter**, Bild u. Gleichniß. qu. gr. 8. (23 S. m. z. Tl. farb. Illustr.) St. Gallen 892. Huber & Co. n. 3.20

Schlatter, S[alomon]. Unsere Heimstätten, wie sie waren und wurden. Eine baugeschichtliche Skizze. Mit 4 Tafeln in Farbendruck und 29 Illustrationen im Text, nach Originalzeichnungen von S. Schl. ([Nebst.] St. Galler Chronik für ... 1908 [sowie.] St. Gallische Literatur aus ... 1908.) II + 86 S. 4. St. Gallen, Zollikofer & Cie., 1909. [fr. 3. —]
(Neujahrsblatt.) Hrg. vom Historischen Verein des Kantons St. Gallen.

Schlatter, S., u. D. **Schlatter**, Heimweh. Gesammelte Lieder m. Zeichngn. gr. 8. (27 farb. S.) St. Gallen 889. Huber & Co. n. 4. —

— — mein Wanderbuch. Gesammelte Lieder mit Zeichngn. gr. 8. (27 S. m. z. Th. farb. Abbildgn.) Ebd. 890. Mit Goldschn. n. 3. 20

Schlatter. Th[eodor]. Die Einführung der Kulturpflanzen in den Kantonen St. Gallen und Appenzell. Mitteilungen zur Landeskunde. 2 Abtheilungen. S.A. 8. [St. Gallen 1892–1894.]

Schlatter, Th., St. Gallische romanische Ortsnamen u Verwandtes. Beiträge zur Ortsnamenkunde des Kantons St. Gallen. (XII, 92 S.) gr. 8. St. Gallen 903. (Fehr.) n. 1. 40

Schlatter, Th[eodor]. St. Gallische Romanische Ortsnamen und Verwandtes. Beiträge zur Ortsnamenkunde des Kantons St. Gallen. XII + 92 S. 8. St. Gallen, Zollikofer, 1903. [fr. 1. 50]

Schlatter, Th., kritische Uebersicht über die Gefässpflanzen der Kantone St. Gallen u. Appenzell, s.: Wartmann, B.

Schlatter, Wilh., Johannes Calvin. Ein Bild seines Lebens, f. das christl. Volk dargestellt. (90 S. m. Abb.) 8. Basel 909. Basler Missionsbuchh. p nn — 65

— Die gegenwärtige Erweckung in China. (48 S. m. Abbildgn.) 8. Ebd. 910. — 20

Schlatter, W[ilhelm]. Festrede über Glaube und Liebe. Gehalten am Jahresfest des Diakonissenhauses Neumünster-Zürich ... 26. November 1905 ... 11 S. 8. Zürich und Winterthur, Buchh. der Evangelischen Gesellschaft, 1906. [fr. — .20]

Schlatter, Wilh., die chinesische Fremden- u. Christenverfolgung vom Sommer 1900, s.a Missions-Studien, Basler. 7. Hft.

Schlatter, W[ilhelm]. Die chinesische Fremden- und Christenverfolgung vom Sommer 1900. Ein Bild aus der neuesten Missionsgeschichte. 78 S. 8. Basel, Missionsbuchhandlung, 1901. (fr. 1.25)
Basler Missions-Studien. Heft 7.

- das Gebet zu Jesu. (Ein Vortrag.) 8. (20 S.) Schaffhausen 899. P. Meili. n. — 25

Schlatter, W[ilhelm]. Zum Gedächtnis (Joachim) Vadians. II + 11 S. 8. St. Gallen, Buchh. der Evangel. Gesellschaft, 1904. [fr. —.25]

— Gelobt sei Jesus Christus! 12 Predigten, geh. in Basel. (97 S.) 8. Ebd. 910. 1.20

— Glaube u. Gehorsam, s.a Beiträge zur Förderung christlicher Theologie. V. 6.

Schlatter, W.: Glaube und Gehorsam. Von W. Schlatter, Pfarrer in St. Gallen. (Gütersloh: C. Bertelsmann 1901.) (S. 33-48.) 8°
= Beiträge z. Förderung christl. Theologie. Jg. 5, H. 6. [2.]

Schlatter, W. Das Lob Gottes. Ein Vortrag gehalten in der Pastoral-Konferenz am Missionsfest in Basel 1900. Kl. 4°. 32 S. Basel, Kober C. F. Spittler's Nachf. 1900. — 25

Schlatter, Wilh., die Märtyrer-Gemeinde v. Sevilla, s.a Reben am Weinstock, VII.

Schlatter, Wilhelm. Die Martyrer-Gemeinde von Sevilla. Ein Bild aus der spanischen Reformations-Geschichte. 8. Basel 1897 (*Umschlag*: 1896).
Reben am Weinstock. (Bdchn.) 7.

— W., siehe: *Reben am Weinstock*.

— Synodalpredigt üb. Jer. 20, 7: „Herr, du hast mich überredet, u. ich habe mich überreden lassen; du bist mir zu stark gewesen u. hast gewonnen". Gehalten am 7. Mai 1896 in Schaffhausen. 8. (12 S.) Zürich 896. Depot d. Evang. Gesellschaft. n. — 25

- die Brüder Alfonso u. Juan de Valdés. Zwei Lebensbilder aus der Geschichte der Reformation in Spanien u. Italien. gr. 8. (V, 244 S.) Basel 901. Helbing & Lichtenhahn. n. 4. —

Schlatter, Wilhelm. Die Brüder Alfonso und Juan de Valdés. Zwei Lebensbilder aus der Geschichte der Reformation in Spanien und Italien. VI + 244 S. 8. Basel, R. Reich, 1901. [fr. 4. —]

— u. Paul Barth, was ist „Christian Science" (Christliche Wissenschaft)? 2 Referate, gehalten an der Jahresversammlg. der evangel. Gesellschaft des Kantons Zürich. 1. u. 2. Aufl. (40 S.) 8. Zürich 910. Buchh. der ev. Gesellschaft. — 50

Schlatter, Wilhelm. Wegmarken. Erlebtes, Errungenes und Erkanntes. VIII + 192 S. 8. Basel, Basler Missionsbuchh., 1908. [fr. 3.—]

Schlatterer, August [aus Freiburg i. B.]: Die Ansiedelungen am Bodensee in ihren natürlichen Voraussetzungen. Eine anthropogeographische Untersuchung. . . . (Aus: Forsch. z. Deutschen Landes- u. Volkskunde. Bd. V. H. 7.) Stuttgart, Verl. v. J. Engelhorn, 1891; 69 S., 1 Kart. 8°
Freiburg i. B., Phil. Fak., Inaug.-Diss. v. 1891

Schlatterer, A., die Ansiedelungen am Bodensee in ihren natürlichen Voraussetzungen, s.a Forschungen zur deutschen Landes- u. Volkskunde.

Schlatterer, A.: Die Ansiedelungen am Bodensee in ihren natürlichen Voraussetzungen. Eine anthropogeographische Untersuchung. Mit einer Karte. Stuttgart 1891. 69 S. = Forschungen zur deutschen Landes- und Volkskunde. Bd. 5. Heft 7. 8°.

Schlatthölter, P., s. Schlathölter, Paul

Schlau, Karl

Schlau, Carl, die Acten des Paulus und der Thecla, und die ältere Thecla-Legende. Ein Beitrag zur christl. Literaturgeschichte. gr. 8. (VI, 95 S.) Leipzig 877, Hinrichs'sche Buchh. *

Schlaubart u. Listig. Eine Fuchsgeschichte in 12 (chromolith.) Bildern. qu. 4. (6 S.) Weimar 875. Gast & Co. 1. 50

SCHLAUCH. Kardinal Lorenz Schlauch. In: Temesvarer Ztg. Jg. 51. 1902. Nr. 158 v. 12. VII., S. 2 f. Nr. 159 v. 13. VII., S. 2, 5. Nr. 160 v. 15. VII., S. 2 f. Nr. 161 v. 16. VII., S. 2 f.

Schlauch, über die Ehe, s.: Volksaufklärung.

Schlauch, F. W., der Anti-Christ. 8. (8 S.) Zörbig 849. (Weißenfels, Sueß.) 1½ ngr.

Schlauch, Georg

Schlauch, G., Sachsen im Sprichwort, s.a Beiträge z. Volkskunde

Sachsen im Sprichwort von Dr. G[eorg] Schlauch. Leipzig: G. Schönfeld 1905. (IV, 100 S.) 8° [3.]
= Beiträge z. Volkskunde. [1.] 1o5. 8955

Schlauch, Laurenz, s. Schlauch, Lorenz

Schlauch, Lorenz

Schlauch, Lor., üb. die Arbeiterfrage. gr. 8. (22 S.) Neunkirchen 891. W. Viktora. n. — 40

SCHLAUCH, LAURENZ: Der Ungarn Hilfe im Morgenland. Rede. Budapest 1881. 14 S.

SCHLAUCH, LORENZ: Ideen aus dem Kulturleben des Mittelalters. Eröffnungsrede des Präsidenten der St. Ladislaus-Gesellschaft gehalten am 6. Dezember 1886 in der aus Anlaß des 25-jährigen Bestandes dieser Gesellschaft stattgehabten feierlichen Generalversammlung. Budapest 1886. Buchdruckerei der Pester Lloyd-Gesellschaft. 35 S. - 225 mm

SCHLAUCH, LAURENZ: Der Sklavenhandel in Afrika. Vortrag bei der General-Versammlung des St. Ladislaus-Vereines am 14. XII. 1889. Budapest 1889. Druck Pester Lloyd. 41 S. - 240 mm

SCHLAUCH, LAURENZ: Trauungs-Rede anläßlich der Vermählung des Grafen Weyprecht Rüdt k. und k. Hauptmannes im Generalstabe und der Baronesse Nandine Inkey. Gehalten am 29. Mai 1884. in der kön. Universitätskirche zu Budapest. o. O. (Budapest) o. J. (1884). (12 S.) - 4°
- Dass. 2. Aufl. o. O. (Budapest) o. J. (1884): Franklin. (12 S.) - 4°

Deutscher Allgemeiner Bier-Comment nebst einigen Bierspielen. Allen wackeren Zechern u. feuchtfröhl. Gemütern gewidmet von Peter **Schlauch**. *Charlottenburg: A. Michow; (Berlin: Tessaro-Verl. [1902].)* (51 S.) 8° [F.]
= Volksbücher. 26. [03. 1,113]

Der Knobel-Comment oder Alte u. neue Touren d. edlen Knobelkunst. Gesammelt von Peter **Schlauch**. *Berlin: Tessaro-Verl. [1902].* (60 S.) 8° [F.]
= Volksbücher. 29. [03. 13116]

Schlauer, Gust., u. Jul. Leichner, die Lehrmittelsammlung der Volksschule. Gedanken u. Vorschläge. (VIII, 216 S. m. Abbildgn.) gr. 8. Wien 906. A. Pichler's Wwe. & Sohn. n. 3. 60

— — Stoff- u. Lehrpläne f. den Realien-Unterricht in der Volksschule. (VIII, 218 S.) 8. Ebd. 904. n. 3. 50

Schlauer, Gustav: Die nationalen Verhältnisse und Aufgaben der dt. Sprachinsel Bielitz-Biala. Denkschrift . . . — Bielitz: „Dt. Volksrat" 1907. 45 S.

Schlaugk, Max [aus Forst in der Lausitz]: Aus d. chem. Institute d. Univ. Kiel. Ueber synthetische Pyridinbasen aus Acet- und Propionaldehydammoniak . . . . Kiel, Druck v. Schmidt & Klaunig, 1888; . 8. + 1 Bl. 8°
Kiel, Phil. Fak., Inaug.-Diss. v. 4. Aug. 1888

Schlaugk, Max, aus d. chem. Institute der Univ. Kiel Ueber synthetische Pyridinbasen aus Acet-Propionaldehydammoniak. Diss. Kiel 1888, Haeselersche Sort.-Buchh. 8°. 34 S.

Schlauter, E. H., die Orobanchen Deutschlands in tabellar. Uebersicht. Ein Beitr. zu d. Floren Deutschlands. gr. 8. (1 B.) Quedlinburg 884, Basse.

SCHLAUTMANN, Joseph (Haltern): Ein Fall von primärem Carcinom des Kleinhirns mit Metastasen der Rückenmarkshäute und Stauungspapille.- München: Ernst 1886. 28 S.
27.9.1886 - Rez (Titel: De carcinomate cerebelli primario.): Chr 1885/86,14
Diss. Ingolst.-Landsh.-Mchn.

Schlawe [Schlagwort]

Schlawe, s.: **Geologische Karten.** Preussen. 82.

Schlawe, Kreis, s.: **Köslin,** Reg.-Bez.

Schlawe [Verfasser]

Schlawe, Karl

Schlawe, Carl, s.: **Marine,** die deutsche, in ihrer gegenwärtigen Uniformierung.

Schlawe, K. Die deutsche Marine in ihrer gegenwärtigen Uniformierung. 7. Aufl. Leipzig 1900. 101 S.

Schlawe, Karl, die Organe der deutschen freiwilligen Krankenpflege im Kriege, ihre Uniformierung u. Ausrüstung. (28 S. m. 2 farb. Taf.) 8. Leipzig (903). M. Ruhl. n. 1. 50

SCHLAYER. Untersuch. ueber den porosen Zellen von Sphagnum. Tueb. 1837. 8°.

Schlayer, Carl, s. Schlayer, Karl

Schlayer, Gust. Adf., Beiträge zur Lehre von dem Patronatrecht. Gießen 865. Roth. gr. 8. (111 S.) n. 20 ngr.

Schlayer, Lehre v. Patronatrecht. Giessen 855.

Schlayer, Karl

Schlayer, Carl: Ueber Hydrocele muliebris. *Berlin (1897): E. Ebering.* (33 S.) 8°
Berlin, Med. Diss. v. 9. Nov. 1897

Schlayer, Karl, Dr. med., Stabsarzt und Assistenzarzt der Mediz. Klinik zu Tübingen: Ueber nephritisches Oedem. Naumburg a. S. 1907: Lippert & Co. (39 S., 2 Taf.) 8° ¶(Aus: Deutsches Archiv f. klin. Medizin Bd 91.)
Tübingen, Med. Fak., Hab.-Schr. v. 1907
(Nicht für den Austausch)

Schlayer, Max, Kriegsgerichtsrath beim Oberkriegsgerichte d. XIII. (Kgl. Württ.) Armee-Korps: Deutsche Militär- und Civilstrafgerichtsbarkeit. Systematische Darstellung d. Zuständigkeitsgrenzen u. Rechtshülfe zwischen beiden nach d. Militär-Strafgerichtsordnung vom 1. Dez. 1898. *Berlin: J. Guttentag 1900.* (108 S.) 8° [F.]
Tübingen, Jur. Diss. v. 1900
(Nicht für den Austausch)

Schlayer, Max, deutsche Militär- u. Civilstrafgerichtsbarkeit. Systematische Darstellg. der Zuständigkeitsgrenzen u. Rechtshülfe zwischen beiden nach der Militär-Strafgerichtsordng. v. 1. XII. 1898. gr. 8. (108 S.) Berlin 900. J. Guttentag. n. 2. 50; geb. in Leinw. n. 3. 50

Schlayer, M., Militärstrafrecht, s. a. **Handbuch** der Gesetzgebung in Preußen u. dem Deutschen Reiche, III, 2.

Militärstrafrecht. Materielles Militärstrafrecht. Militärstrafverfahren. Disziplinarstrafrecht u. ehrengerichtl. Verfahren. Von Dr. jur. M[ax] **Schlayer**, Kriegsger.-R. *Berlin: J. Springer 1904.* (XII, 190 S.) 8° [F.]
= Heer u. Kriegsflotte. 2.
= Handbuch d. Gesetzgebung in Preußen u. d. Dtsch. Reiche. 3, 2.

SCHLAYER, Wilhelm (Reutlingen): Thiersch'sche Transplantationen und ihre Anwendung auf das ulcus cruris.- München: Grassl 1887. 22 S.
15.7.1887 - Chr 1887/88,17; Jv 1886/87,180
Diss. Ingolst.-Landsh.-Mchn.

Schlayer, Wilhelm, Thiersch'sche Transplantationen und ihre Anwendung auf das ulcus cruris. Diss. München 1887, A. Buchholz. 8°. 22 S.

Schlebach, W., Die Entstehung und Ausbildung der Eisenbahnen. Winterthur, Technikum 1875.
Pfeer

Schlebach, W., s.: **Kalender** f. Geometer u. Kulturtechniker.

Schlebach, W. v., s.: **Kalender f.** Vermessungswesen u. Kulturtechnik.

Schlebach, W., üb. Landeskultur in Elsass-Lothringen, Belgien, Holland, Bremen, Hannover, Bayern u. Hessen-Kassel. Reisebericht. Mit 10 Abbildgn. gr. 8. (IV, 73 S.) Stuttgart 884. Wittwer's Verl. n. 2. 50

Schlebach, Die Württembergische Landesvermessung. Stuttgart 1885.

Schlebach, W., Uebungsblätter zum Plan- u. Terrain-Zeichnen. 12 lith. u. color. Taf. m. kurzer Anleitg. zum Gebrauch. gr. 4. (11 S.) Winterthur 875. Wurster & Co. In Mappe. n. 5. —

Schlebrügge, C. v., Jagdmethoden u. Fanggeheimnisse, s.: **Regener,** Emil.

Schlecht, Anton, Rechtspraktikant aus Nürnberg: **Zur Lehre vom qualifizierten Versuche.** *Berlin 1899: J. Simion.* (IV, 37 S.) 8° [J.] (Aus: Zeitschrift f. d. gesamte Strafrechtswissenschaft, Bd 19.)
Erlangen, Jur. Diss. v. 31. Jan. 1899

Schlecht, Ant., das Recht der Elektrizität. (VIII, 174 S.) gr. 8. München 906. J. Schweitzer Verl.
Geb. in Leinw. n. 4. 20

Schlecht, Carl Frid. Alex.,
s. Schlecht, Karl Friedrich Alexander

Schlecht, Clemens, s. Schlecht, Klemens

Schlecht, Frdr., mein Ausflug nach Texas. 8. (IV u. 204 S.) Bunzlau 851, Appun in Comm. n. ⅔ ₰

Schlecht, Friedrich. Mein Ausflug nach Texas. Bunzlau. 1870.

Schlecht, Heinrich, a. Trier a/Mosel: **Experimentelle Untersuchungen über die Resorption und die Ausscheidung des Lithionkarmins unter physiologischen und pathologischen Bedingungen.** Naumburg a. S. 1906: Lippert & Co. (38 S.) 8°
Freiburg i. B., Med. Fak., Ref. Gierke, Diss. v. 1907
[Geb. 20. Febr. 81 Münstereifel; Wohnort: Trier; Staatsangeh.: Preußen; Vorbildung: Gymn. Düren Reife O. 00; Studium: München 1, Kiel 1, Freiburg i. B. 6 S.; Coll. 2. März 06; Approb. 2. März 05.]

Schlecht, J. Th., die Poesie des Sozialismus, s. Studien, katholische.

Schlecht, J. Th., die Poesie d. Sozialismus. Ein Beitrag zur deutschen Literaturgeschichte im letzten Jahrzehnt. gr. 8. (VI, 70 S.) Würzburg 883. Woerl. n. 1. —

Schlecht, Johs., der Antheil der evangelischen Kirche Posens an den Arbeiten der inneren Mission. 8. (IV, 128 S.) Posen 875. Rehfeld. n. 1. —

Schlecht, Johannes: Bibel und Babel. Eine Darstellung für Schüler. Schrimm 1905: H. Schwantes. (S. 1—18.) 4°
Schrimm, k. G OP 1905 (201)

[J.] Führ uns an der Hand bis ins Vaterland! E. Jg. Predigten meist üb. freie Texte v. Lic. theol. J[ohannes] **Schlecht,** weil. Konsistorialr. ... zu Königsberg i. Pr. Aus s. Nachlass hrsg. v. s. Söhnen (Johannes u. Gerhard Schlecht). *Gütersloh: C. Bertelsmann 1898.* (VIII, 432 S.) 1 Bd 8. [98. 8077

Schlecht, Johs., Gotteswege im Menschenleben. 14 Predigten üb. d. christl. Leben. Aus s. Nachlaß hrsg. v. s. Söhnen. [Aus: „S., führ uns an d. Hand ꝛc."] gr. 8. (92 S.) Gütersloh 898. C. Bertelsmann. n. 1.

— d. sieben Sendschreiben d. Apostels Johannis. In Predigten ausgelegt. Aus s. Nachlaß hrsg. v. s. Söhnen. [Aus: „S., führ uns an der Hand ꝛc."] gr. 8. (46 S.) Ebd. 898. n. — 60

— **von der Zagórze bis auf die Königsstraße. Geschichte d. 1. Jahrzehnts der evangel. Diakonissen-Kranken-Anstalt in Posen. Als Festgruß zur Einweihg. d. neuen Hauses den Freunden der Anstalt dargebracht.** 8. (60 S.) Ebend. 875. n. — 40

— was fehlt mir noch? Letzte Predigt, geh. in d. Dom- u. Kathedralkirche zu Königsberg i. Pr. am 17. X. 1897. 1. u. 2. Aufl. gr. 8. (à 8 S.) Königsberg 898. W. Koch. n. — 20

Schlecht, Johs., s.: Wegweiser in das evangelische Gesangbuch f. Ost- u. Westpreußen.

Schlecht, Joseph

Schlecht, Jos., s.: *Διδαχὴ τῶν δώδεκα ἀποστόλων.*

Doctrina XII Apostolorum. Die Apostellehre in d. Liturgie d. kath. Kirche. Von Joseph **Schlecht**, Prof. zu Freising. Mit 3 Taf. *Freiburg i. Br.: Herder 1901.* (XVI, 144 S.) 8° [01. 10266

Schlecht, J., **Eichstätt im Schwedenkriege. Tagebuch der Augustinernonne Clara Staiger, Priorin d. Klosters Mariastein, über die Kriegsjahre 1631—1650. Nach d. Original der k. b. Hof- u. Staatsbibliothek zu München hrsg. u. erläutert.** gr. 8. (XXVIII, 374 S. m. 1 Ansicht v. J. 1627.) Eichstätt 889. Brönner. n. 7. —

— s.: Eichstätts Kunst.

Schlecht, Jos., s.: Festgabe, Karl Th. v. Heigel gewidmet.

— s.: Kalender bayerischer u. schwäbischer Kunst.

— s.: Kirche, die katholische, unserer Zeit.

— Bayerns Kirchen-Provinzen. Ein Ueberblick über Geschichte u. gegenwärt. Bestand der kathol. Kirche im Königr. Bayern. Unter Benutzg. amtl. Materials bearb. Mit 1 Karte in Buntdr., 10 Tafelbildern, 158 Abbildgn. im Text u. e. Verzeichnis sämtl. kathol. Pfarreien Bayerns. hoch 4. (IX, 169 S.) München 902. Allgemeine Verlags-Gesellschaft. n. 3. —; geb. n. 4. 50

Schlecht, Jos., zur Kunst-Geschichte der Stadt Eichstätt. Vortrag, gehalten auf der Generalversammlung der Görres-gesellschaft zu Eichstätt am 25. Septbr. 1888. gr. 8. (52 S.) Eichstätt 888, Brönner'sche Buchh. *

— das Leben Jesu, s.: Schumacher, Phil.

Schlecht, Jos., die Pfalzgrafen Philipp u. Heinrich als Bischöfe v. Freising. (Festgabe z. feierl. Einzuge Sr. Exc. des hochw. Hrn. Erzbischofs Dr. Franz Joseph v. Stein, Comtur ꝛc. ꝛc., in d. Bischofsstadt Freising.) [Aus: „Sammelblatt d. hist. Vereins Freising.] Lex.-8. (48 S.) Freising 898. München, Dr. F. P. Datterer & Co. n. 1. 60

Schlecht, Joseph [Dr.]: Andrea Zamometić ... [Bricht mitten im Texte ab.] Paderborn, Druck v. F. Schöningh, 1894; 2 Bl., 48 S. 8.
München, Phil. Fak., Inaug.-Diss. v. 1894

— **Andrea Zamometić u. der Basler Konzilsversuch v. J. 1482, s. a. Quellen u. Forschungen aus dem Gebiete der Geschichte.**

Schlecht, Joseph. Andrea Zamometić und der Basler Konzilsversuch vom Jahre 1482. Band 1. ([Mit Anhang:] Urkundliche Beilagen.) XII + 170 + *Beilagen* 168* S. 8. Paderborn, Ferdinand Schöningh, 1903. [M. 12. —]
Quellen und Forschungen aus dem Gebiete der Geschichte. In Verbindung mit ihrem historischen Institut in Rom hrg. von der Görres-Gesellschaft. Band 8.

Schlecht, Karl. Die Lufterscheinungen. Für die zarte Jugend. Nach Karl Guthy, aus dem Ungarischen ins Deutsche übertragen durch — —. 8. (32 pag.) Pesth. Buchdr. von Müller Emil. In Kommission bei Robert Lampel 1853.

Schlecht, Karl Friedrich Alexander

Schlecht, Car. Frid. Alex(and.) (geb. Posen 1808): Nonnulla de morborum endemiorum causis. Berolini (1835). (37 S.) 8°
Berlin, Med. Diss. v. 9. Sept. 1835

Schlecht, Klemens

Schlecht, Clem., s.: Familie, die heilige.

Schlecht, Clem., s.: Sankt Josef, unser Vorbild u. Fürsprecher.

Schlecht, Leopold

Programm und Jahresbericht des k. k. Josephstädter Gymnasiums in Wien für das Schuljahr 1854. 4. (36 S.) Wien. J. B. Wallishausser's k. k. Hoftheater-Druckerei. 1854.
Inhalt: Ueber ein Hauptthinderniß des genügenden Fortschritts so mancher Gymnasialschüler, von Ludwig Just. — Die Bauhütten. Aus der Kulturgeschichte des Mittelalters, von Dr. L. Schlecht. — Schulnachrichten.

Schlecht, Leop., der fromme kathol. Christ. Gebeth- u. Andachtsb. f. kathol. Christen. gr. 12. (10 B. u. Ttlkpfr.) Wien 838, Wallishausser. 9 Gr., Drckvln. 12 Gr., Vlnp. m. 3 Kpfrn.

—— Diorama sittl. Lebensbilder. Eine Samml. kleiner Novellen z. Veredel. d. Gemüthes; mit vorausgeschickten, pass. Texten aus d. heil. Schrift u. Motto's aus einigen class. Dichtern. Zu Prüfungs-, Firmungs- u. Neujahrs-Geschenken. 8. (5 B. u. Ttlkpfr.) Wien 836, Wallishausser.

Schlecht, Leop., Exercitia styli latini, od. Uebungen z. Bildung des Styles in latein. Sprache. Zum Gebr. f. Privatlehrer der Humanitätsclassen u. z. Privatgebrauche f. Humanitätsschüler. gr. 8. (12⅛ B.) Wien 844, Beck'sche Universit.-Buchh. —

Schlecht, Leop., Grundriß der unorganischen Chemie mit häufigen Beziehungen auf techn. Anwendung nebst einem Anh. über Gährungsprozesse. Zum Gebrauch f. Schüler der Lycealklassen u. f. Anfänger. 8. (IV u. 234 S. m. eingedr. Holzschn.) Wien 850, Seidel. n. ⅔ ₰

Schlecht, L., *Dr.* Königsee und Gmunden. *Wien. L. Sommer.* 32 S. 12°.
Separatabdruck aus dem Taschenbuche: »Thalia« f. 1859.

Schlecht: Mitempfindung und Mitgefühl. Eine psychologisch-ästhetische Vorlesung. 5 S.– Progr. Wien J., 1857.

Schlecht, L. *Dr.* Mitempfindung und Mitgefühl. Eine psychologisch-ästhetische Vorlesung v. — —. *Wien*, bei *Wallishausser.* **1857. 15 S. 8°.**

—— Moral in Bildern aus d. menschl. Leben. Eine Samml. kleiner Novellen ꝛc. 8. (5 B. u. Ttlkpfr.) Wien 836, Wallishausser.

— Tugendsaat u. Segensfrucht. Eine Sammlung kleiner Erzählungen aus dem Gebiete des Lebens u. der Geschichte zur Erweckung sittlicher Gefühle. Ein Festgeschenk f. die Jugend. gr. 12. (IV u. 156 S.) Krems 849. (Meyer.) n. ⅓ ₰

—— Werth menschl. Tugenden. Eine Samml. kleiner Novellen ꝛc. 8. (5 B. u. Ttlkpfr.) Wien 836, Wallishausser.

Programm und Jahresbericht des k. k. Josephstädter Gymnasiums in Wien für das Schuljahr 1863. 4. (42 S.) Wien. Aus J. B. Wallishausser's k. k. Hoftheater-Druckerei 1853.
Inhalt: Wie ich Psychologie lehrte. Ein Beitrag zur Methode dieses Gegenstandes. Von Dr. L. Schlecht. — Schulnachrichten.

Schlecht: Das Wunderbare. 14 S.– Wien J., Progr. 1855.

Schlecht R, Bahnen der Venus, der Erde und des Mars und deren Stellungen am 1. jeden Monats 1864. 2 Tafeln auf Pappe. Eichstätt

Schlecht, R. W., unser Familien-Arzt. Ein Not- u. Hülfsbuch in kranken Tagen. Die Behandlg. u. Heilg. der Krankheiten nach der homöopath., hydropath., elektr. u. Kräuter-Heilmethode m. Rezepten nach den besten homöopath. Lehrbüchern u. eigener Erfahrg. zusammengestellt, u. Angabe der Symptome der verschiedenen Krankheiten behufs ihrer sicheren Erkenng., nebst gründl. Belehrg. üb. Kindeshygiene, Krankenpflege, Krankenkost u. die wichtigsten u. wirksamsten physiolog. u. hygien. Hülfsmittel. (XV, 444 S. m. Abbildgn.) 8. Berlin 908. C. A. Weller. Geb. in Leinw. 2.50

--- Pflanzen-Atlas zu Unser Familienarzt. 87 Heilpflanzen auf 24 (farb.) Taf. (24 Bl. u. S. Erklärgn.) 8. Ebd. 909. Geb. 2.50

Schlecht, Raymund, Auswahl deutscher Kirchen-Gesänge alter und neuer Zeit zum Gebrauch in Schullehrer-Seminarien so wie für Lehrer und Freunde des deutschen Kirchengesanges gesammelt. 1. Heft. Lex.-8. (VII und 32 S.) Nördlingen 848, Beck'sche Buchh.

—— dass. — 2. Heft: Vespergesänge im freieren Choralstyle enthaltend. Lex.-8. (IV und 48 S. mit Melodien.) Ebds. 849.

—— dass. — 3. Heft: Meßgesänge aus dem deutschen Kirchenlied enthaltend. A. u. d. T.: Auswahl alter deutscher Kirchen-Lieder gesammelt, harmonisirt und mit Bemerkungen begleitet. Lex.-8. (XII und 54 S.) Ebds. 850.

Schlecht, Raymund, Auswahl deutscher Kirchen-Gesänge alter und neuer Zeit zum Gebrauche in Schullehrer-Seminarien so wie für Lehrer und Freunde des deutschen Kirchengesanges gesammelt. IV. Heft. Lex.-8. (III und 37 S.) Nördlingen 854, Beck'sche Buchh.

— Denk- und Sprachlehre. Ein Leitfaden zur Ertheilung eines organ. Sprachunterrichts bearb. Nördlingen 856. Beck. gr. 8. (XVI, 107 S.) 10 *ngr.*

Schlecht, Raym., Geschichte der Kirchenmusik. Zugleich Grundlage zur vorurtheilslosen Beantwortg. der Frage: „Was ist echte Kirchenmusik." gr. 8. (VIII, 639 S.) Regensburg 871. Coppenrath. n. 10. —

Schlecht, Raym., Geschichte der Kirchenmusik. Zugleich Grundlage zur vorurtheilslosen Beantwortung der Frage: „Was ist echte Kirchenmusik?" Neue wohlf. (Titel-)Ausg. gr. 8. (VIII, 638 S.) Regensburg (871)79, Coppenrath. *

— Gradualia et Offertoria de Communi Sanctorum. Gradualien und Offertorien der gemeinschaftlichen Messen für die Heiligen nebst der Antiphon „Da pacem" und den Responsorien bei der Austheilung des Weihwassers im Choralgesange, vereinfacht und mit Orgelbegleitung versehen. Nördlingen 853. Beck. 4. (IV, 63 S.) 20 *ngr.*

—— Gradualia et Offertoria de Communi Sanctorum. Gradualien und Offertorien der gemeinschaftlichen Messen für die Heiligen nebst dem Antiphon „Da pacem" und den Responsorien bei der Austheilung des Weihwassers, im Choralgesange vereinfacht und mit Orgelbegleitung versehen. Lex.-8. (67 S.) Nördlingen 873, Beck'sche Buchh. *

Schlecht, Raym., die liturgische Musik nach dem Caeremoniale episcoporum. [Aus: „Kirchenchor".] gr. 8. (34 S.) Bregenz 890. Teutsch. n. — 50

Schlecht, Raym., Officium in nativitate Domini, s. a. Officium.

Schlecht, Raymund, Officium in nativitate Domini, (ad Matutinum et laudes) et hebdomadae sanctae, d. i. Offizium für die Mette in der heil. Christnacht u. für die Charwoche, nebst den Choralmelodien und deutschen Rubriken. Lex.-8. Nördlingen 843, Beck'sche Buchh. 1 ℛ

Schlecht, Raymund, Officium in nativitate domini (ad matutinum et laudes) et hebdomadae sanctae, d. i. Officium für die Mette in der heil. Christnacht und für die Charwoche, nebst den Choralmelodien und deutschen Rubriken. 4., unveränd. Aufl. Lex.-8. (VI und 258 S.) Nördlingen 864, Beck'sche Buchh. *

— officium in nativitate domini [ad matutinum et laudes] et hebdomadae sanctae, d. i. Officium f. die Mette in der heil. Christnacht u. f. die Charwoche, nebst den Choralmelodieen u. deutschen Rubriken. 5. unveränd. Aufl. Lex.-8. (VI, 258 S.) Nördlingen 872. Beck. n 3. 50

Schlecht, Raymund, Officium in nativitate Domini [ad matutinum et laudes] et hebdomadae sanctae, d. i. Officium für die Mette in der heil. Christnacht und für die Charwoche, nebst den Chormelodien und deutschen Rubriken. 6. unveränd. Aufl. gr. 8. (VI, 258 S.) Nördlingen 882, Beck'sche Buchh. *

—— Psalmen und Hymnen zu den gewöhnlichen Vespern des Kirchenjahrs nebst den latein. Versikeln und Responsorien. gr. 8. (33 S. und 16 lithogr. S. Musikbeilage.) Eichstätt (846)72, (Krüll'sche Buchh.) *

— Psalmen u. Hymnen zu den gewöhnlichen Vespern d. Kirchenjahrs nebst den latein. Versikeln u. Responsorien. gr. 8. (33 S. u. 16 lith. S. Musikbeilage.) Eichstädt 876. (Krüll.) n. — 60

—— kleine theoretische und praktische Raumlehre nach einer neuen Methode auf unmittelbare Anschauung gegründet. 1. Curs. 8. (VI, 38 S. mit 17 Stnt. in 4.) Ebendas. (864)72.

— kleine theoretische u. praktische Raumlehre nach e. neuen Methode auf unmittelbare Anschauung gegründet. 1. Curs. 8. (VI, 38 S. m. 17 Steintaf. in 4.) Ebend. 874. n. 1. 20

—— **Vesperae breviarii romani, s. Vesperae.**

Schlecht, Guilelmus Henricus (geb. am 6 Nov. 1822 in Weidesheim bei Euskirchen): De favi pathologia ... Bonnae, form. F. P. Lechneri 1847. 2 Bl., 46 S., 1 Bl. 8.
Bonn, Med. Fak., Diss. v. 15 Juni 1847

Schlechta, Med. Dr. A. V. — Hausordnung für die Wasserheilanstalt Wartenberg auf Groß-Skal. Bad Wartenberg auf Groß-Skal, (Böhmen. Jiciner Kreis, bei Turnau) den 30. April 1855. Der Direktor und Arzt des Bades: — — K. k. Hofbuchdruckerei von Gottlieb Haase Söhne in Prag. (8 S. 16.)

v. Schlechta, Frhr. Frz., Cimburga von Masovien. Minnespiel in 4 Aufz. gr. 12. Wien 826. Tendler. 10 ℛ

Schlechta, Kamil Maria, s. a. Hell, Camillo

Schlechta, Camillo Maria Freih. von —. Deutsche Herzen. Historisches Drama in 5 Aufzügen von — —. (Im k. k. priv. Theater an der Wien mit Beifall gegeben.) Als Manuskript gedruckt und nur von dem Theater-Agenten Adalbert Prix in Wien auf rechtmäßigem Wege zu beziehen. Wien, 1856. Druck von M. Lell. (36 S. 8.)

Schlechta, K. M. Platonische Liebe. Dramatische Kleinigkeit in einem Aufzuge. *Wien* 1858. *M. Lell.* 15 S., 8°.
Als Manuscript gedruckt.

Schlechta, C. M., neueste Schule, s. a. Schule, neueste.

Schlechta, Kamil Maria (Camillo Hell), neueste Schule. Erzählung der Erzählungen, mitgetheilt aus dem Bundesbuche. 3 Thle. Leipzig 856. Kollmann. 8. (VIII, 245; 2 Bl., 247; 2 Bl., 151 S.) 3 ℛ

Schlechta, Kamil Maria, die beiden Wolfen oder Licht und Schatten. Dramatisches Gedicht in 5 Aufzügen. 2. Aufl. (Handschrift den Bühnen gegenüber.) 8. (128 S.) Wien 857, (Mayer und Comp.) *

Schlechta-Wssehrd, Frz. Frhr. v., Ephemeren. Dichtungen. Mit einem Vorworte von Heinr. Laube. 2. Aufl. 8. (XVI, 315 S. mit lithogr. Portr.) Wien 876, Hartleben's Verlag. geb. mit Goldschn.
Die 1. Aufl. erschien im Selbstverlag.

Schlechta-Wssehrd [illegible] Ausführlicher Bericht über die in Konstantinopel [illegible] erschienenen orientalischen Werke. S. 13. [illegible] vgr.
— Desgleichen vom October 185[illegible] bis October 1853. S. 11. [illegible] vgr.
— Desgleichen vom October 1853 bis October 1854. S. 17. [illegible] vgr.
Separatabdruck

— Bericht [illegible] drei neue [illegible] des osmanischen [illegible] D S. [illegible] K — 10
Separatabdruck

Schlechta-Wssehrd, Ottok. v., Bericht über drei neue Quellen zur modernen Geschichte des osmanischen Reiches. Aus d. Denkschriften d. k. Akad. d. W. Wien 857. Gerold in Comm. gr. 4. (8 S.) n. 4 ngr.

Schlechta-Wssehrd, Freiherr Ottokar M. v., Bericht über die vom September 1854 bis September 1855 zu Konstantinopel erschienenen orientalischen Werke. (Aus dem Maihefte des Jahrganges 1856 der Sitzungsberichte der philos.-histor. Classe der kais. Akademie der Wissenschaften [XX. Bd.] besonders abgedruckt.)

Schlechta Wssehrd, Ottokar, Neue Bruchstücke orientalischer Poesie. 8. (207 S.) geh. 3 fl., geb. in grün. Leinw. 4 fl. Wien: Manz 1881.

— Die osmanischen Geschichtschreiber der neueren Zeit. D S. [illegible] ngr.
Separatabdruck

Schlechta-Wssehrd, Ottocar M. v., die osmanischen Geschichtschreiber der neueren Zeit. Biographien derselben sammt Beschreibung und Inhaltsverzeichniss von deren bisher in Europa unbekannt gebliebenen histor. Leistungen. gr. 4. (47 S.) Wien 856, (Gerold's Sohn.) *
Aus: Denkschriften der k. Akademie der Wissenschaften, besonders abgedruckt.

— Die Kämpfe zwischen Persien und Russland in Transkaukasien seit 1804—1813. S. 46. [illegible] ngr.
Separatabdruck

Schlechta-Wssehrd, Ottokar v., die Kämpfe zwischen Persien und Russland in Transkaukasien seit 1804 bis 1813 dargestellt. (Aus d. Sitzungsber. d. k. Akad. d. Wiss. abgedr.) Wien 864. Gerold in Comm. gr. 8. (64 S.) n. 9 ngr.

Schlechta-Wssehrd, O. de, manuel terminologique français-otteman, contenant les principales expressions et locutions techniques, usitées dans les pièces diplomatiques, administratives et judicaires ainsique différents néologismes inconnus aux vocabulaires français-turcs en usage. gr. 8. (IX, 400 S.) Wien 870. k. k. Hof- u. Staatsdruckerei. n. 30. —

Schlechta-Wssehrd, O. Frhr. v., Moral-Philosophie d. Morgenlandes, aus pers. Dichtern erläutert. 8. (XII, 216 S. m. 1 Stahlst.) Leipzig 892. H. Haessel. n. 3. —

— Die Revolutionen in Konstantinopel in den Jahren 1807 und 1808, ein Beitrag zur Reformgeschichte der Türkei nach größtenteils einheimischen, d. i. orientalischen Quellen (mit 2 Portraits) S. 100. 3 . . . . 4.—
Separatabdruck

Schlechta-Wssehrd, Ottokar Frhr. v., die Revolutionen in Constantinopel in den J. 1807 und 1808. Ein Beitrag zur Reformgeschichte der Türkei, nach grösstentheils einheim., d. i. oriental. Quellen dargestellt. Lex.-8. (228 S. mit 2 Portr.) Wien 882, (Gerold's Sohn.) *
Aus: Sitzungsberichte der k. Akademie der Wissenschaften, besonders abgedruckt.

— Fethali Schah und seine Thronrivalen. Episode aus der Geschichte des modernen Persien. Vorzüglich nach orientalischen Quellen dargestellt. S. 45. 18 . . . . . —.50
Separatabdruck

Schlechta-Wssehrd, Ottokar v., Fethali Schah und seine Thronrivalen. Episode aus der Geschichte des modernen Persien vorzüglich nach oriental. Quellen dargestellt. Lex.-8. (31 S.) Wien 864, (Gerold's Sohn.) * *
Aus: Sitzungsberichte der k. Akademie der Wissenschaften, besonders abgedruckt.

—— Fuad Pascha's Vater und dessen „Tristia". Beitrag zur Kenntniß der modernen Literatur der Osmanen. hoch 4. (39 S.) Leipzig 863, (Brockhaus' Sortiment und Antiquarium.) *

— Walachei, Moldau, Bessarabien, die Krim, Taman und Asow (in der Mitte des vorigen Jahrhunderts). Ein topographisch-ethnographischer Beitrag zur Kenntnis der damaligen Türkei. Aus dem Türkischen übertragen. S. 40. 50 . . . . vgr.
Separatabdruck

— Walachei, Moldau, Bessarabien, die Krim, Taman und Asow [in der Mitte des vorigen Jahrhunderts.] Ein topogr.-ethnograph. Beitrag zur Kenntniss der damaligen Turkei. Aus dem Turkischen übertragen. (Aus den Sitzungsber. d. k. Akad. d. Wiss.) Ebend. 863. gr. 8. (48 S.) n. 6 ngr.

Schlechtendahl, Dietrich Franz Leonhard v., s. Schlechtendal.

Schlechtendahl, *Friedrich* Ernst [aus Barmen]: Aus d. patholog. Institut zu Bonn. Ueber die embolische Entstehung der hämorrhagischen Infarkte in der Lunge ... Bonn, Buch- u. Steindr. J. Bach Wwe, 1897; 36 S. 8.
Bonn, Med. Fak., Inaug.-Diss. v. [31. Juli] 1897

Schlechtendahl, Gustav Adolf

Schlechtendahl, G. A., gemeinfaßliche Darstellung der Währungs-Frage. gr. 8. (32 S.) Berlin 883, Walther und Apolant.

Schlechtendahl, G. A., gemeinfaßliche Darstellung der Währungsfrage, mit einem Anhang: Der gegenwärt. Stand der Währungsfrage und ihre Bedeutung für die Landwirtschaft. 3. Aufl. 8. (56 S.) Berlin 885, Walther und Apolant. *

Schlechtendahl, G. A. Eisenbahnbeschwerden e. Laien. gr. 8. (19 S.) Berl. 891, Walther. * — 50
Aus: Deutsches Wochenblatt, besonders abgedruckt.

Schlechtendahl, G. A., ist das Centrum e. Gefahr f. das Deutsche Reich? Vortrag. gr. 8. (16 S.) München 902. J. F. Lehmann's Verl. n. — 20

Schlechtendahl, G. A., ist das Centrum e. Gefahr f. das Deutsche Reich? Vortrag. 8. Aufl. (16 S.) 8. München 907. J. F. Lehmann's Verl. — 20

Schlechtendahl, G. A., unsere Stellung als evangel. Christen zu unseren kathol. Mitbürgern u. Volksgenossen. Ein Wort zum konfess. Frieden. Vortrag, geh. am 26. II. 1904 im evangel. Vereinshause zu Barmen. (22 S.) gr. 8. Barmen (904). E. Müller. — 10

Schlechtendahl, G[ust.?] A[dolf?], Wahn oder Wirklichkeit? Vorurteil oder Wahrheit? Gedanken u. Aktenstücke z. Frage d. Schutzpocken-Impfung. Berlin [1908]. 8°.

Schlechtendal, D. v., s. Schlechtendal, D. H. R. v.

Schlechtendal, D. H. R. v.

Schlechtendal, D. v., Beiträge zur Kenntniss d. Braunkohlenflora v. Zschipkau bei Senftenberg. [Aus: „Zeitschr. f. Naturwiss."] gr. 8. (24 S. m. 3 Taf. u. 3 Bl. Erklärgn.) Leipzig 896. C. E. M. Pfeffer. — 75

Schlechtendal, D. H. R. v., Beiträge zur Kenntnis fossiler Insekten aus dem Braunkohlengebirge v. Rott am Siebengebirge. [Aus: „Abhandlgn. d. naturforsch. Gesellsch. zu Halle".] gr. 8. (32 S. m. 3 Taf. u. 3 Bl. Erklärgn.) Halle 894. M. Niemeyer. n. 2.40

(S) **Schlechtendal**, D. H. R. v., Beiträge z. Kenntnis fossil. Insekten. 894. Jetzt: Stuttgart, E. Schweizerbart.

— Beiträge zur näh. Kenntnis d. Braunkohlenflora Deutschlands. [Aus: „Abhandlgn. d. naturforsch. Gesellsch. zu Halle".] gr. 8. (28 S. m. 1 Fig., 4 Taf. u. 4 Bl. Erklärgn.) Halle 897. M. Niemeyer. n. 2. —

Schlechtendal, D. H. R. v., Beiträge z. näh. Kenntnis d. Braunkohlenflora Deutschlands. gr. 8. (28 S. m. 1 Fig. u. 4 Taf.) Halle 897. Stuttgart, E. Schweizerbart. n. 2. —

Schlechtendal, D. H. R. v. Die Gallbildungen [Zoocecidien] der deutschen Gefässpflanzen. Eine Anleitg. zur Bestimmg. derselben. gr. 8. (122 S.) Zwickau 891, Zückler. * 9 —
Aus: Jahresbericht d. Ver. f. Naturkunde zu Zwickau, besonders abgedruckt.

— dasselbe. Nachträge u. Berichtiggn. gr. 8. (10 S.) Ebd. 893. n. — 25

Schlechtendal, D. H. R. v., die Gliederfüssler mit Ausschluss der Insekten. Eine Anleitung zur Kenntniss derselben. 8. (VII, 116 S. mit 4 lithogr. Taf.) Leipzig 881, Teubner. *

Schlechtendal, D. H. R. v., und Otto Wünsche, die Insecten. Eine Anleitung zur Kenntniss derselben. 8. (XII, 707 S. mit 15 lithogr., zum Theil farb. Taf.) Leipzig 879, Teubner. *

Schlechtendal, Dietrich Franz Leonhard v.

Schlechtendal, D. F. L. v., Abbildung u. Beschreib. aller in d. Pharmacopoea boruss. aufgef. Gewächse, s. Abbildung.

v. Schlechtendal, D. F. L., Abbildung u. Beschreibung aller in der Pharmacopoea Borussica aufgeführten Gewächse, s. Fr. Guimpel.

de **Schlechtendal**, (F. L.,) Adumbrationes plantarum, cum fig. Fasc. I — IV. 4 maj. Berolini 824 — 27, Dümmler. Fasc 1 — 3. à 20 gr. Fasc. 4. 21 gr.

—— Adumbrationes plantarum. Fasc. V. 4 maj. (2 B. u. 6 Kpfrt.) Berolini 832, Dümmler.
Fasc. I—IV. Ebendas. 1825—27. à 20 Gr.

de Schlechtendal, Diederic. Franc. Leonh. (geb. Xanten 27. 11. 1794): Animadversiones botanicae in Ranunculeas Candollii. Sectio prior. Berolini (1819). (32 S.) 4° ¶ Vollst. ersch. Berlin: Nicolai 1819.
Berlin, Med. Diss. v. 22. Mai 1819

D[ietericus] F[ranciscus] L[eonhardus v.] Schlechtendal: Animadversiones botanicae in ranunculeas candollii. Sect. 1. Berolini 1819: Starck. 8°
Sectio 1: 1819. 30 S.
[Erschien zuerst als Med. Diss. Berlin v. 12. Mai 1819.]

—animadversiones botanicae in RanunculeasCandollii. Sect. I. et II. Cum 10 tab. 4maj. Berl. 819, 20. Nicolai. 1 ℛ

Schlechtendahl, D. F. L. v., Bemerkungen über die Gattung Hemerocallis und deren Arten. gr. 4. (18 S.) Halle 854, Schmidt. Thlr. *
Aus: Abhandlungen der naturforschenden Gesellschaft zu Halle, besonders abgedruckt.

Schlechtendal, D. F. L. v., Bemerkungen über Pontederia azurea Swartz und die Familien-Verwandten. gr. 4. (30 S. mit 1 ill. Stnt.) Halle 861, Schmidt's Verlagsh. Thlr. *
Aus: Abhandlungen der naturforschenden Gesellschaft zu Halle, besonders abgedruckt.

—— Betrachtungen über die Zwergmandeln und die Gattung Amygdalus überhaupt. gr. 4. (30 S.) Halle 854, Schmidt. *

Schlechtendal, D. F. L. v., L. E. Langethal u. E. Schenk, Cyperaceae et Gramineae. Revidiert, verbessert u. nach den neuesten wissenschaftl. Erfahrgn. bereichert v. Ernst Hallier. [Aus: „Flora v. Deutschland".] 8. (V. Bd. 207 S. m. 78 Taf.; VI. Bd. 186 S. m. 82 Taf.; VII. Bd. 304 S. m. 130 Taf. u. VIII. Bd. 243 S. m. 127 Taf.) Gera (899—901). F. v. Zezschwitz. n. 30. —; geb. n. 34. 80; auch in 30 Lfgn. à n. 1.—

— Flora Berolinensis. Pars I. Etiam sub tit.: Plantae phanerogamae spontaneae et cultae agrae berolinensis nec non huiusque notae totius mesomarchiae illustr. 8. Berol. 823, Dümmler.

— id. lib. Pars II. — Et. s. titulo: Synopsis plantarum cryptogamarum in mesomarchia praesertim circum Berol. provenientium. 8. Berol. 824, Dümmler.

—— Flora von Deutschland, s. a. Flora von Deutschland.

SCHLECHTENDAL, Diedrich Franz Leonhard v., Ernst SCHENK u. L. E. LANGETHAL: Flora von Deutschland. - Jena 1840-1873. 24 Bd. je Bd. 12 Lfg. m. je 10 Taf. - 2. u. 3. Aufl. ebd. 1843-1872. 22 Bd. je Bd. 16 Lfg. m. je 8 Taf. - 4. Aufl. ebd. 1849-1872. 17 Bd. je Bd. 16 Lfg. m. je 8 Taf. - Suppl. u. d. T.: Terminologie der Botanik v. L. E. Langethal. ebd. 1851. 9 Lfg. - 5. Aufl. Gera 1880-1888. 30 Bd. i. 236 Lfg. hrsg. v. Ernst Hallier. - Jubil. -(Titel-)Ausg. ebd. 1892-1897. 60 Halbbd. u. "General-Register" ebd. 1898

— u. Er. Schenk, Flora von Deutschland. 1. Bd. 2.—12. Liefg. u. 2.—6. Bd. à 12 Liefg. u. 7. Bd. 1.—4. Liefg. Jede mit 10 col. Kpfrtaf. kl. 8. Jena 840—46. Mauke. à n. ⅓ ℛ

— dass. 3. Aufl. 1.—3. Bd. à 16 Liefg. u. 4. Bd. 1.—6. Liefg. Jede mit 8 col. Kpfrtaf. 8. Ebend. 843—46. à n. ⅓ ℛ

— L. E. Langethal u. Ernst Schenk, Flora v. Deutschland. VII. Bd. 5.—12. Lfg. VIII—XI. Bd. à 12 Lfgn. XII. Bd. 1—8. Lfg. 8. (Jede Lfg. mit 10 col. Kpfrn.) Jena 847—52, Mauke. à Lfg. n. ⅓ ℛ (I—XII, 8: n. 46⅔ ℛ)

— — — dass. 3. Aufl. IV. Bd. 7—16. Lfg. V—X. Bd. à 16 Lfgn. 8. (Jede Lfg. m. 8 color. Kpfrn.) Ebd. 847—52. à Lfg. n. ⅓ ℛ (I—X: n. 53⅓ ℛ)

— — — dass. 4. Aufl. I—IV. Bd. à 16 Lfgn. V. Bd. 1—10. Lfg. 8. (Jede Lfg. m. 8 color. Kpfrn.) Ebd. 849—52. à Lfg. (n. ⅓ ℛ) I—V: n. 24⅔ ℛ

— — — dass. 4. Aufl. Supplement. 9 Lfgn. (Neue Titel-Ausg. v. Terminologie der Botanik.) gr. 8. (334 S. m. 56 Kpfrn.) Ebd. (845) 851. (à n. ⅓ ℛ) n. 3 ℛ

—, L. E. Langethal und Ernst Schenk, Flora von Deutschland. XII—XVI. Bd. à 12 Liefgn. und XVII. Bd. 1—8. Liefg. Jena 853—58. Mauke. 8. Jede Liefg. von 2 Bgn. Text u. 10 color. Kpfrtaf. n. 10 ngr.

Schlechtendal, D. F. L. v., L. E. Langethal und Ernst Schenk, Flora von Deutschland. 3. Aufl. XI—XV. Bd. à 16 Liefgn. Jena 853—58. Mauke. 8. Jede Liefg. von 2 Bgn. Text u. 8 color. Kpfrtaf. n. 10 ngr.

— — 4. Aufl. V. Bd. 11—16. Liefg. u. VI—X. Bd. à 16 Liefgn. Ebend. 853—58. 8. Jede Liefg. von 2 Bgn. Text u. 8 color. Kpfrtaf. n. 10 ngr.

— Chr. E. Langethal und Ernst Schenk, Flora von Deutschland. XVII—XIX. Bd. à 12 Liefgn., u. XX. Bd. 1—4. Liefg. Jena 859—64. Mauke. 8. Jede Liefg. (à 10 color. Kpfrtaf. u. 2 Bgn. Text.) n. 10 ngr.

— — 3. Aufl. XVI. u. XVII. Bd. à 16 Liefgn. — XVIII. Bd. 1—8. Liefg. Ebend. 859—64. 8. Jede Liefg. (à 8 color. Kpfrtaf. u. 2 Bgn. Text.) n. 10 ngr.

— — 4. Aufl. XI—XIII. Bd. à 16 Liefgn. Ebend. 859—64. 8. Jede Liefg. (à 8 color. Kpfrtaf. u. 2 Bgn. Text.) n. 10 ngr.

Schlechtendal, D. F. L. v., Chr. E. Langethal u. Ernst Schenk, Flora von Deutschland. 20. Bd. 5—12. Lfg. 21. u. 22. Bd. à 12 Liefgn. u. 23. Bd. 1. u. 2. Lfg. Jena 865—70. F. Mauke. 8. Jede Liefg. (10 color. Kpfrtaff. u. 2 Bgn. Text.) n. 10 ngr.

— — — — 3. Aufl. 18. Bd. 9—12. Liefg., 19. u. 20. Bd. à 16 Liefgn. u. 21. Bd. 1—8. Liefg. Ebend. 865, 70. Jede Liefg. (8 color. Kpfrtaff. u. 1 Bgn. Text.) n. 10 ngr.

— — — — 4. Aufl. 14—16. Bd. à 16 Liefgn. Ebend. 865, 70. 8. Jede Liefg. (8 color. Kpfrtaff. u. 1 Bgn. Text) n. 10 ngr.

Schlechtendal, D. F. L. v., L. E. Langethal u. Ernst Schenk, Flora v. Deutschland. 5. Aufl. Rev., verb. u. nach d. neuesten wissenschaftl. Erfahrgn. bereichert v. Ernst Hallier. Jubiläums-(Titel-) Ausg. Halbbd. 35—57, 57a, 58, 58a, 59, 59a u. 60. 8. Gera (879—81). F. v. Zezschwitz. n. 103. — (kplt. n. 231. —; geb. n. 266. —)

35. Polygaleae. Acarineae. Oleaceae. Jasmineae. Gentianeae. Apocyneae. Asclepiadeae. Convolvulaceae. Solaneae. (2. Hälfte.) (S. 161—255 m. 31 Chromotaf.) 895. n. 3. —
36. 37. Cruciferae (2. Thl.). (250 S. m. 100 Chromotaf.) 895. n. 7.
38. 39. Capparideae. Cruciferae. (1. Thl.) (264 S. m. 100 Chromotaf.) 895. n. 7.
40. 41. Elatineae. Tamariscineae. Resedaceae. Cistineae. Violaceae. Droseraceae. Papaveraceae. Fumariaceae. (224 S. m. 81 Chromotaf.) 897. n. 6.
42.—44. Nymphaeaceae. Berberideae. Caryophylleae. (382 S. m. 150 Chromotaf.) 897. n. 10. —
45. 46. Ranunculaceae. (270 S. m. 111 Chromotaf.) 897. n. 8.
47. 48. Myriceae. Salicineae. Betulaceae. Juglandeae. Cupuliferae. Elaeagneae. Thymeleae. Laurineae. (202 S. m. 80 Chromotaf.) 897. n. 6. —
49. 50. Ceratophylleae. Santalaceae. Loranthaceae. Polygoneae. Oleraceae. Urticaceae. Ulmaceae. (263 S. m. 109 Chromotaf.) 897. n. 8. —
51. 52. Gramineae. (2. Thl.) (243 S. m. 125 Chromotaf.) 897. n. 8. —
53. 54. Gramineae. (1. Thl.) (304 S. m. 130 Chromotaf.) 897. n. 8. —
55. 56. Cyperaceae. (2. Thl.) (186 S. m. 82 Chromotaf.) 897. n. 6. —
57. 57a. Cyperaceae. (1. Thl.) (207 S. m. 82 Chromotaf.) 897. n. 6. —
58. 58a. Liliaceae. Amaryllidaceae. Dioscoreaceae. Iridaceae. Orchidaceae. Hydrocharitaceae. Neuer Abdr. Rev., umgearb. u. nach d. neuesten wissenschaftl. Erfahrgn. bereichert v. Carl Otto Harz. (V, 398 S. m. 112 Chromotaf.) 897. n. 7.
59. 59a. Junceae. Liliaceae. (191 S. m. 117 Chromotaf.) 897. n. 8. —
60. Coniferae. Najadeae. Typhaceae. Lemnaceae. Aroideae. Acoreae. Alismaceae. Colchicaceae. (113 S. m. 82 Chromotaf.) 897. n. 5.

— dasselbe. General-Register. 8. (240 S.) Ebd. (879–81) 898. n. 3. —; geb. n. 3. 60

Schlechtendal, D. F. L. v., L. E. **Langethal** u. Ernst **Schenk,** Flora von Deutschland. 5. Aufl. Rev., verb. u. nach den neuesten wissenschaftl. Erfahrungen bereichert von Ernst Hallier. 1—25. u. 27—32. Lfg. u. Lfg. 33, 34ᵃ, 34ᵇ, 35—74. 8. (1. Bd. S. 1—180; 2. Bd. S. 1—136; 4. Bd. S. 65—198; 5. Bd. S. 1—200; 6. Bd. S. 1—180; 7. Bd. 304; 8. Bd. 227; 9. Bd. 236; 10. Bd. 196; 11. Bd. 270 S. u. 12. Bd. S. 1—12 m. 974 Kpfrtaf.) Gera 880. 82. Köhler. à n. 1. —

Schlechtendal, D. F. L. v., L. E. **Langethal,** u. Ernst **Schenk,** Flora v. Deutschland. 5. Aufl. Rev., verb. u. nach den neuesten wissenschaftl. Erfahrgn. bereichert v. Ernst Hallier. 75—196 Lfg. 8. (12. Bd. S. 33—372, 13. Bd. 224, 14. Bd. 264, 15. Bd. 239, 16. Bd. 288, 17. Bd. 374, 18. Bd. 464, 19. Bd. 362, 20. Bd 282, 21. Bd. 304, 22. Bd. 284, 23. Bd. 336, 24. Bd. 264, 25. Bd. 352 u. 26. Bd. 199 S. m. 1630 Chromolith.) Gera 883—86. Köhler. à n. 1. —

Schlechtendal, D. F. L. v., L. E. **Langethal** u. E. **Schenk,** Flora v. Deutschland. 5. Aufl. Rev., verb. u. nach den neuesten wissenschaftl. Erfahrungen bereichert v. E. Hallier. Colorit u. Neuzeichng. v. G. Pabst u. W. Müller. 197.—236. (Schluss-)Lfg. 8. Gera 887. 888. Köhler. à Lfg. n. 1. — (cplt.: n. 236. —)
27. Bd. (392 S. m. 159 Taf.) n. 11. —. — 28. Bd. (232 S. m. 87 Taf.) n. 6. —. — 29. Bd. (436 S. m. 150 Taf.) n. 11. —. — 30. Bd. (IV, 456 S. m. 177 Taf.) n. 13. —.

—— dass. — 5. Aufl. Rev., verb. u. nach d. neuesten wissenschaftl. Erfahrgn. bereichert von Ernst Hallier. Jubiläums- (Titel-) Ausg. (In 60 Hlbbdn.) 1. Bd. 8. (XLIII, 169 S. mit 83 Chromotaf.) Gera-Untermhaus 892, Köhler. Subskr.-Pr. * 5 —

Schlechtendal, D. F. L. v., L. E. **Langethal** u. Ernst **Schenk,** Flora v. Deutschland. 5. Aufl. Rev., verb. u. nach den neuesten wissenschaftl. Erfahrgn. bereichert v. Ernst Hallier. Jubiläums-(Titel-)Ausg. 1.—34. Halbbd. 8. Gera 894. F. E. Köhler. n. 128. —
1. Gefässkryptogamen. (XLIII, 169 S. m. 83 Chromotaf.) n. 5. —
2—4. Compositae. (II. Thl.) (458 S. m. 159 Chromotaf.) n. 13.
5—7. — dasselbe. (I. Thl.) (436 S. m. 157 Chromotaf.) n. 11. —
8. 9. Rubiaceae. Araliaceae. Caprifoliaceae. Valerianeae. Dipsaceae. (232 S. m. 87 Chromotaf.) n. 6. —
10—12. Umbelliferae. (392 S. m. 157 Chromotaf.) n. 11. —
13. Crassulaceae. Saxifrageae. Cornaceae. (199 S. m. 72 Chromotaf.) n. 5. —
14. 15. Rosaceae. (352 S. m. 116 Chromotaf.) n. 8. —
16. 17. Papilionaceae (Leguminosae). 2. Thl. (264 S. m. 106 Chromotaf.) n. 7. —
18—20. — dasselbe. 1. Thl. (336 S. m. 130 Chromotaf.) n. 9. —
21. 22. Rafflesiaceae. Cucurbitaceae. Campanulaceae. Onagreae. Grossulariaceae. Cacteae. Myrtaceae. (284 S. m. 100 Chromotaf.) n. 7. —
23. 24. Rutaceae. Zygophylleae. Hypericineae. Empetreae. Oxalideae. Lineae. Balsamineae. Geraniaceae. Malvaceae. Tiliaceae. Sapindaceae. Terebinthaceae. Ampelideae. Aquifoliaceae. Celastrineae. Staphyleaceae. Rhamneae. Philadelpheae. Aristolochiaceae. (304 S. m. 107 Chromotaf.) n. 8. —
25. Plantagineae. Ericeae. Phytolacceae. Euphorbiaceae. (278 S. m. 85 Chromotaf.) n. 6. —
26—28. Verbenaceae. Boragineae. Polemoniaceae. Primulaceae. Plumbagineae. Utriculariceae. (302 S. m. 138 Chromotaf.) n. 10. —
29. 30. Orobancheae. Globularieae. Labiatae. (404 S. m. 148 Chromotaf.) n. 10. —
31—33. Scrophularineae. (374 S. m. 185 Chromotaf.) n. 9. —
34. Polygaleae. Acerineae. Oleaceae. Jasmineae. Gentianeae. Apocyneae. Asclepiadeae. Convolvulaceae. Solaneae. (S. 3—160 m. 65 Chromotaf.) n. 4. —

— s.a. Flora v. Thüringen.

— Flora von Thüringen, s.a. Jonath. Karl Zenker.

– L. E. Langethal und Ernst Schenk

— — — Flora von Thüringen. Hft. 74—125. 8. (Jedes mit 10 color. Kupfern.) Ebd. 847—52. à n. ⅓ ₰ (1—125: n. 41⅔ ₰)

—— Hortus Halensis tam vivus quam siccus iconibus et descriptionibus illustratus. Fasc. I. II. 4maj. Halis Sax. 841, Schwetschke et fil. [I. (1½ B., 3 ill. u. 1 schw. Kpfrt.), II. (1 B. u. 4 ill. Kpfrt.) à * ⅞ Thlr.] Thlr. *

—— Linnaea, s.a. Linnaea.

— Linnaea. Ein Journal f. die Botanik in ihrem ganzen Umfange I. 1s — 4s Quart. u. IIr Bd. 1s u. 2s Quart. gr. 8. Berlin 826—27, Dümmler. à 21 gr.

— f. K. L. Willdenow, enumeratio plantarum.

v. **Schlechtendal,** Diederich Frz. Leonh., siehe: Zeitung, botanische.

Schlechtendal, F. L. v., s. Schlechtendal, Dietrich Franz Leonhard v.

Schlechtendal, R. v., s. Schlechtendal, D. H. R. v.

Schlechtendall, Just. Diet.: Dissertatio jur. de jure curiali Lathonico Germaniae inferioris et praesertim Cliviae. Acc. jura curialia curtis episcopalis Xantensis ac jura Lathonica curtis in Xanxeler. Cliviae 1768.

Schlechter, Carl, s. Schlechter, Karl

[F.] Turngemeinde in Berlin. Turnkreis III' '(Mark Brandenburg)'. Gau Berlin III. Verzeichnis der in der Vereins-Bücherei enthaltenen Schriften. Zsgest. v. H. Schlechter, Hauptbücherwart. Hrsg. v. Vorstande ... *Berlin: Selbstv.; (Dr. v. C. Oekler) 1896.* (VII, 115 S.) 1 Bd 8.

Schlechter, J., Die Revision der Gewerbeordnung und der fortschrittliche Gewerbestand. 8⁰. Wien 1891.

Schlechter, Jacob (Handschuheim)
Das körperliche Dreieck.
Carlsruhe: Malsch & Vogel 1854. 30 S. u. 6 Taf.
(Beigabe zu dem Programm des Gymnasiums in Bruchsal.)
Dr. phil. Giessen 6.5.1854. vorh. 17.

Dr. J. Schlechter. Die quadratische Gleichung. 22 S. Bruchsal, P 1859

Schlechter, Karl

Schlechter, Carl, s.: Kongress, der 12., d. deutschen Schachbundes.

— s.: Schachzeitung, deutsche.

Schlechter, Max, Anton und Franz Kink. Zwei Lebensbilder. 12. (70 S.) Innsbruck 879, (Wagner'sche Universitäts-Buchh.) *

Schlechter, Max, Beiträge zur alten Geschichte des Obergailthales in Kärnten. gr. 8. (70 S.) Wien 885, Kilnast. *

Schlechter, Rudolf, a. Berlin: Pflanzengeographische Gliederung der Insel Neu-Caledonien. (Leipzig: W. Engelmann 1904.) (41 S.) 8° ¶ (Aus: Botan. Jahrbücher f. Systematik, Pflanzengesch. u. Pflanzengeogr., Bd 35.)
Berlin, Phil. Fak., Ref. Engler, Schwendener, Diss. v. 3. Dez. 1904
[Geb. 16. Okt. 72 Berlin; Heimatsort: Berlin; Staatsangeh.: Preußen; Vorbildung: Friedrich-Wilhelms-Gymn. Berlin Reife f. Obersekunda O. 89. Studium: Berlin 6 S.; Rig. 3. Nov. 04.]

Kolonial-Wirtschaftliches Komitee. — Guttapercha- und Kautschuk-Expedition nach den Südsee-Kolonien (R. SCHLECHTER.) Bericht IV. Singapore, den 6. Juni 1901 (Berlin. Gedruckt in der Königlichen Hofbuchdruckerei von E. S. Mittler & Sohn.) 8°.
Bericht VI. Amboina, den 2. Oktober 1901. (ib.) (—.)

Die Guttapercha- und Kautschuk-Expedition des Kolonial-Wirtschaftlichen Komitees, wirtschaftlicher Ausschuss der Deutschen Kolonialgesellschaft, nach Kaiser Wilhelmsland 1907—1909 von Dr. R. SCHLECHTER. (Mit Tafeln.) Kolonial-Wirtschaftliches Komitee, wirtschaftlicher Ausschuss der Deutschen Kolonialgesellschaft, Berlin. 1911. 8°.

Schlechter, Rud., s.a.Kautschuk-Expedition, westafrikanische.

Schlechter, Rudolf: Kolonial-Wirtschaftl. Komitee. Westafrikanische Kautschuk-Expedition. 1899/1900. Mit 13 Taf. u. 14 Abb. Berlin: Kolonial-Wirtsch. Komitee 1900. (VI, 326 S.) 8°
Kolonialblatt. Deutsches. Jg 12. Beil.

— Monographie der Podochilinae, s.a. Mémoires de l'herbier Boissier. Nr. 21.

Monographie der Podochilinæ von Rudolf **Schlechter**. Genève & Bâle: Georg & Cie 1900. (78 S.) 8° [Umschlagt.]
= **Mémoires** de l'Herbier Boissier. No 21, A.

Schlechteste, das, in der Welt, od. üb. den Teufel u. das Menschenleid. Von Primula Vera. 8. (VI, 38 S.) Leipzig 893. Dürr'sche Buchh. n. 1.--

Schlechteste, das, in d. Welt, von Primula Vera, 2. Aufl., s.: Schönberg, J. v.

Schlechtriem, Wilhelm, Referendar am kgl. Landgerichte zu Düsseldorf: Die strafrechtliche Bedeutung unzüchtiger Schriften und Abbildungen. Bonn 1907: S. Foppen. (XI, 43 S.) 8°
Heidelberg, Jur. Fak., Ref. v. Lilienthal, Diss. v. 5. März 1907
[Geb. 19. Febr. 81 Cöln; Wohnort: Düsseldorf; Staatsangeh.: Preußen; Vorbildung: Hohenzollern-Gymn. Düsseldorf Reife O. 01; Studium: München 1, Bonn 1, Berlin 2, Bonn 2 S.; Rig. 18. Juli 04.]

Schlecker, s. Schleker.

Schledehaus, J. F. A. und Klöntrup, J. Ae.: „Das Osnabrückische gemeine Marken-Recht", nebst einer Vorrede, Hannover und Osnabrück 1782. — Vorh.: Bibl. des Oberlandesgerichts Celle

Schlee. Geschichte der rhein. Feldartillerie, s.: Eltester.

Schlee, Rechenbuch f. Schulen. 8. Frankfurt, Eichenberg. 789.

Schlee, Ernst

— **Beispiele zur Einübung der französischen Syntax.** Altona, Rg., 1888. 11 S. Progr.

Schlee, *Ernst* [Dir. Dr.]: Die Feier des fünfundzwanzigjährigen Bestehens der Anstalt. Altona, Druck v. P. Meyer, *1897;* 3—10 S. 4.
Altona, RG u. R, OP 1897 (297)

Schlee, Ernst [Dir. Dr.]: Die Geschichte des Altonaer Realgymnasiums in den ersten 25 Jahren seines Bestehens. Festschrift z. Feier am 20. Apr. 1896. Altona, P. Meyer, Buchdr., *1896;* 49 S., 1 Taf. 4.
Altona, RG u. R, Festschr. 1896 (294)

Über Handelsschulen v. Ernst Schlee. Altona. 1899. 4°

Schlee, Ernst, Christian Kirchhoff, geb. am 11. Juni 1822, gest. am 23. Aug. 1894. [Aus: „Jahresber. üb. d. Fortschr. d. class. Altertumswiss.] gr. 8. (4 S.) Berlin 896. S. Calvary & Co. n.n. — 60

Methodischer Lehrplan für den französischen Unterricht in den Klassen Sexta, Quinta und Quarta. 4 S. **Progr.** Rg. *Altona* 1879.

Schlee, E. Methodischer Lehrplan für den Unterricht in der deutschen Grammatik. X S **Progr.** Rg. *Altona* 1876.

†(Schlee, Ernst): Der Methodische Lehrplan für den Unterricht in der deutschen Grammatik am Altonaer Realgymnasium. 19 S. 8. **Progr.** Realgymn. u. Realschule *Altona* 1904.
Ohne jede wesentliche Änderung aufs neue gedruckt aus dem Programm von 1876.

Schlee, Ernst, s.: Lutherlesebuch.

Schlée, Ernst [aus Halle a. S.]: Die Päpste und die Kreuzzüge ... (Th. 1.) Halle a. S., Hofbuchdr. v. C. A. Kaemmerer & C., 1893; 55 S. 8.
Halle, Phil. Fak., Inaug.-Diss. v. [10. Okt.] 1893

(Landes- und Provinzialgeschichte. H. 7. Anhang der in R. Voigtländer's Verlag in Leipzig erschienenen geschichtlichen Lehrbücher.) Königreich Preussen. Provinz Schleswig-Holstein v. Ernst Schlee. Mit 1 Geschichtskarte. 9. Aufl. (Leipzig.) 1900. 8°.

— Prov. Schleswig-Holstein, s.a. Landes- u. Provinzialgeschichten, Hft. 7.

Provinz Schleswig-Holstein v. Ernst Schlee. Mit 1 Geschichtskarte. 12. v. Reimer Hansen durchges. u. verb. Aufl. (Leipzig.) 1910. 8° [Kopft.]
Anhang der in R. Voigtländer's Verlag in Leipzig erschienenen geschichtlichen Lehrbücher.

[Kopft.:] **Schlee,** *Ernst* [Dir. Dr.]: Das öffentliche Schulwesen in den Vereinigten Staaten von Nordamerika. „Knowledge and Liberty!" *Altona, P. Meyer, Buchdr., 1894;* 16 S. 4.
Altona, RG u. R, OP 1894 (290)

Schlee, Ernst
Stiftungsurkunde der „Schleestiftung früherer Schüler". 4 (S. 28).
Progr.

Schlee, Ernst
Stiftungsurkunde des Steinheim-Stipendiums. 4 (S. 28—30)
Progr. Rg. u. Rsch. *Altona* 1897

Schlee, Ernst
Stiftungsurkunde des von den städtischen Kollegien gestifteten Stipendiums. 4 (S. 27—28).
Progr.

Schlee, Ernst, der Streit des Daniel Hofmann über das Verhältniss der Philosophie zur Theologie. Theilweise nach handschriftl. Quellen. gr. 8. (III und 82 S.) Marburg 862, Elwert'sche Universitäts-Buchh.

[J.] Übersicht über die Statistik der Abiturienten von den preussischen Vollanstalten, über deren Berufswahl u. insbes. über d. Zugang z. höh. Lehramt in d. Jahren 1867—1896. Von Dr. E[rnst] Schlee, Dir. d. Altonaer Realgymn. M. 4 graph. Darstellgn. *Leipzig: Dürr 1898.* (15 S.) 1 Bd 8.

Schlee, Ernst, etymologisches Vocabularium zum Cäsar, eingerichtet zum Nachschlagen und zum Auswendiglernen. Nebst einer Sammlung von latein. Beispielen und einer Zusammenstellung der Konjunktionen zur Repetition der Syntax. 2. Aufl. gr. 8. (IV, 54 S.) Altona 885, Harder. * 80 Pf.; geb. *

Schlee, Ernst. Etymologisches Vocabularium zum Cäsar, eingerichtet zum Nachschlagen u. zum Lernen. Nebst e. Sammlg. von latein. Beispielen u. e. Zusammenstellg. der Konjunktionen zur Repetition der Syntax. 3. Aufl. gr. 8. (IV, 60 S.) Altona 892, Harder, Verlag. * — 80; geb. ** 1 —

— etymologisches Vocabularium zum Cäsar, eingerichtet zum Nachschlagen u. zum Lernen. Nebst e. Sammlg. v. latein. Beispielen u. e. Zusammenstellg. der Konjunktionen zur Repetition der Syntax. 4. Doppel-Aufl. gr. 8. (IV, 65 S.) Altona 902. J. Harder Verl. n. 1. —; geb. n.n. 1. 25

— etymologisches Vocabularium zum Cäsar, eingerichtet zum Nachschlagen u. zum Lernen. Nebst e. Sammlung v. latein. Beispielen u. e. Zusammenstellung der Konjunktionen zur Repetition der Syntax. 3. Doppel-Aufl. (IV, 65 S.) 8. Altona 906. J. Harder Verl. n. 1. —; geb. n. 1. 25

Schlee, Ernst, vollständiges Vocabularium zum Cäsar, in etymolog. Anordnung eingerichtet zum Nachschlagen und zum Auswendiglernen. Nebst einer Sammlung von latein. Beispielen und einer Zusammenstellung der Conjunktionen zur Repetition der Syntax. 8. (IV, 55 S.) Altona 881, Harder. cart. *

Schlee, Fr[iedrich]: Bericht über die Feier des fünfzigjährigen Jubiläums der Anstalt. S. 17—34. 4.
Progr. Kgl. Gymn. nebst Realschule *Landsberg a. d. W.* 1910 (94).

Schlee, Frid. (H.) (geb. Neu-Hardenberg in d. Mark 24. 2. 1854): De versuum in canticis Terentianis consecutione. Berolini 1879. (74 S.) 8°
Berlin, Phil. Diss. v. 2. Dez. 1879

Schlee, Friedr., de versuum in canticis Terentianis consecutione. Dissertatio inauguralis philologica. gr. 8. (74 S.) Berlin 879, (Calvary und Comp.) *

Schlee, Fr[iedrich], Direktor Dr.: Gedächtnisrede für Professor Heinrich Kuhfahl. Landsberg a. d. Warthe 1907: Dermietzel & Schmidt. (9 S.) 4°
Landsberg, k. G u. R OP 1907 (90)

Schlee, (Friedrich): Geschichte der Anstalt von 1859—1909 nebst e. statist. Anh. v. Prof. Dr. (Siegfried) Neide u. Prof. (Karl) Seyfarth. Landsberg a. W. 1909: Dermietzel & Schmidt. 179 S. 8°
Landsberg a. W., k. G u. R, Festschr. z. 50j. Jubil. T. 1. OP 1909 (93)** [S 09. 401

— Jahresbericht üb. Terenz v. 1889—1896 mit e. Anhang üb. Senecas Tragödien u. Publilius Syrus. S.-A. 1897. 164 S.

Schlee, F., Jahresbericht üb. Terenz v. 1889—1896, m. e. Anh. üb. Senecas Tragödien u. Publilius Syrus. [Aus: „Jahresber. üb. d. Fortschritte d. class. Altertumswiss."] gr. 8. (50 S.) Berlin 898. Leipzig, O. R. Reisland. n.n. 2. 40

Schlee, *Friedrich*: Zur Lektüre des Horaz. 4 (8 S.).
Zur Feier des Gedächtnisses an Ph. F. A. Just G. *Soran* 1898.
Nicht im Tauschverkehr.
Progr.

Schlee, Friedrich, Dr., Dir.: Zwei Berliner Sallusthandschriften. *Soran 1899: Rauert & Pittius.* (11 S.) 4°
Soran, k. G, P 1899 (88)

Schlee, Frdr., scholia Terentiana. Collegit et disposuit F. S. 8. (VII, 184 S.) Leipzig 893. B. G. Teubner n. 2. —

Schlee, Paul [aus Altona]: Niederschlag, Gewitter und Bewölkung im südwestlichen und in einem Theile des tropischen Atlantischen Ozeans nach den meteorologischen Schiffsjournalen der Deutschen Seewarte ... Halle a. S., Buchdr. v. Hammerich & Lesser in Altona, 1892; 2 Bl., 21 S., 4 Bl., 2 Ktn; 4.
Halle, Phil. Fak., Inaug.-Diss. v. 25. [übergekl.: 22.] Juni 1892

Schlee, Paul: Niederschlag, Gewitter und Bevölkerung im südwestlichen und in einem Theile des tropischen Atlantischen Ozeans nach d. meteorolog. Schiffsjournalen d. Deutschen Seewarte. Von Paul Schlee aus Altona. Mit 2 Taf.
Hamburg 1892: Hammerich & Lesser in Altona. (21 S.) 4°
Archiv, Aus dem, d. Deutschen Seewarte. Jg. 15. No 3.

Schlee, Paul, Schülerübungen in der element. Astronomie, s. a. Sammlung naturwiss. pädagog. Abhandlungen. 2. Hft.

Schülerübungen in der elementaren Astronomie. Von Dr. Paul Schlee, Oberl. in Hamburg. Mit 2 Fig. *Leipzig & Berlin: B. G. Teubner 1903.* (15 S.) 4°(8°)
= Sammlung naturwissenschaftl.-pädag. Abhandlungen. H. 2. [04. 6271

Schlee, Reinhold [aus Neu-Stettin (Westpreussen)]: Über einen Fall von Renotyphus.... Berlin, Buchdr. v. Gustav Schade (Otto Francke) (1890); 29 + 1 S. + 1 Bl. 8°
Berlin, Med. Fak., Inaug.-Diss. v. 14. März 1890

Schlee, Wilhelm

Schlee, W. Les circonstanciels de temps de la langue française. Bielefeld, G. u. R., 1876. 18 S. 4. Progr.

Schlee, Wilh., die Geschichte Englands. 1. Thl.: Von der Britenzeit bis 1399. Für die oberen Klassen der Realschule erster Ordnung zum Uebersetzen ins Englische bestimmt und mit lexikal. und grammatikal. Anmerkungen versehen. gr. 8. (III, 166 S.) Bielefeld 879, (Pfeffer.) *

Schleebusch, Anna Elis. v., geistl. Andachten a. d. Fest- und Feyert. d. Jahres. 8. Lpz. Meyer. 703.

— Auszug der ganzen heiligen Schrift. 8. Ebendaselbst. 703.

— geistl. Ehrenpforte zu fleiß. Uebung e. wahren Christenthums. 8. Ebend. 705.

— Würzgarten od. Gebetbuch. 8. Ebend. 702.

Schleef, H., der Sieg der Turner, s.: Lustspiele, turnerische.

Schleef, Jh., († 1786.) philosoph. u. theolog. Abhandll. von den Neigungen, Gemüthsbewegungen u. Temperamenten der Menschen. 8. Wismar 763. Bodner. 6 gr.

— Gedanken üb. den Werth d. Gefühle im Christenthum. 8. Wismar 770. Bodner. 6 gr.

— der vertheidigte Katechismus Lutheri; in e. Beantwortungsschreiben an d. Verf. d. freundschaftl. Briefe üb. d. jetzigen Zustand d. Religion unter d. Lutheranern. 8. (Schwerin) 778.

— noch etwas üb. die göttl. Personen, u. insbesond. üb. d. Logos. 8. Bützow 778.

— Untersuchung d. neuesten theolog. Streitigkeiten, in so fern sie den Grund u. die Ordnung d. Heils betreffen. 8. Bützow u. Schwerin 776.

— neue Vorstellung d. Lehre von d. heil. Dreieinigkeit. 8. Bützow u. Schwerin 776.

— überzeugender Vortrag von d. allgem. Gnade Gottes aus d. Trieben aller Menschen zu e. höchsten Glückseligkeit hergeleitet. 8. Rostock 764.

SCHLEEMANN, eine Geschichte wunderlich und wahr von *D. A.* (d. i. *Joh. Ernst Aug. Stutz*). 2 Thle. Mit dem Bildnisse der Albertine (vor 1, Boettger sc. Dresd.). Köthen, 1793--98 (!). bey Johann August Aue. 8°.

Einiges etwas frei. I: Tit. u. 154 S. II: Tit. u. 262 S. — Die Jahrzahl „1798" bei Th. 2 ist wohl Druckf. für 1793?

Schleemann, Friedrich; e. Geschichte, wunderlich u. wahr, von Dr. U. 2 Thle. 8. Cöthen 794—98. Aue. 1 ₰ 6 gr

Schleenaker, Johann Ludwig (Strassburg) Thl. I, 209/10

Disputatio X. theologico-apologetica, pro hac genuina B. Lutheri versione: So halten wir es nun, dass der Mensch gerecht werde ohne des Gesetzes Werck, ALLEIN durch den Glauben. Rom. III, 28.
Präs. Johann Konrad Dannhauer.
In:Dannhauer: Disputationes theologicae.
Leipzig (Reinhold) 1707. S. 215-223.

Diss. Strassburg 21. XI. 1660. 30528

Schlefer, Adf., das Volkseigenthum an den Bergwerken. Ein Beitrag zur Frage der Verstaatlichg. der Kohlenbergwerke. 8. (58 S.) Wien 900. M. Perles. n. 1. 20

Schlegel, Frau, geb. Lucius, s. Düval u. Charmille.

Schlegel, Erinnerungs-Bilder der Fest-Feier von Schiller's 100jährigem Geburtstage. Mit (2) Stahlst.: Schiller's Büste, Schiller's Handschrift [Facsimile] und Schiller's Geburtshaus in Marbach. Nebst Beschreibung von Schiller's Leben und Wirken, dessen Eltern, Geschwistern u. s. w. Ein Gedenk-Album für Jedermann, insbesondere für die gesammte Jugend Deutschlands. Leipzig 859. Polet. (Baensch.) Lex.-8. (18 S.) 6 ngr.

Schlegel, über das Eserin als Heilmittel gegen Glaukom, s. Mittheilungen aus der ophthalmiatrischen Klinik in Tübingen.

Schlegel, Geschichte Gutenberg's u. seiner großen Erfindung, f. d. deutsche Volk bearb. 32. (40 Seit. u. Ttlbild.) Leipzig 840, Friese.*

Schlegel, Napoleon Bonapartes vollständige Lebensgeschichte. Ein Volksbuch. Ausgabe f. d. reifere Jugend. 8. (59½ B. m. Holzschn. u. 1 Stahlst.) Leipzig 844, Friese.

Schlegel, (Dr.,) Napoleon Bonaparte wie er leibt und lebt. Ein Volksbuch, worin beschrieben steht: wie Napoleon Bonaparte von der Pike auf diente u. es nach u. nach bis zum Kaiser brachte, wie er aber auch darüber seine Freiheit verlor u. endlich auf einem Felsen einsam starb. 15 Liefg. 8. (Mit Holzschn.) Leipz. 841, 42. Friese. (à 1/8 ₰) Hbg. Pr. 26 ngl

— Fr. v. Schiller's sämmtliche Werke vollständig in allen Beziehungen erklärt. 4. Ausg. 16. Leipzig 842, Polet. 1/3 ₰

— Schiller's sämmtliche Werke vollständig in allen Beziehungen erklärt. Supplement zu Schiller's Werken. Mit 2 Stahlst.: Schiller's Handschrift, Geburtshaus u. Büste. 1—5. verb. Aufl. Ebend. 859. 16. (IV, 184 S.) 15 ngr.

— s. F. v. Schiller's Werke. Supplement.

Schlegel, Anton: Der [illegible] Chur, [illegible] auf seine Entstehung, Entwicklung u. Tätigkeit. Chur 1895.

Schlegel, August

Schlegel, (A.,) Animadversiones de singulis Aristophanis Pluti locis. 8 maj. Hamburgi 825, Perthes et B.

Schlegel, August, s. Tacitus: Lebensbeschreibung Agricola's.

Schlegel, August Adolf

Schlegel, Aug. Adph., practischer Lehrgang d. Unterrichts in der deutschen Schriftsprache f. Volksschulen nach Ahn's Methode. 8. (64 S.) Adorf 852, Vogel. n. 4 ngr.

Schlegel, Aug. Adph., praktischer Lehrgang des Unterrichts in der deutschen Schriftsprache. Nach der centralisirenden Methode bearb. 1. Abthl. für Kinder von 6 bis 8 Jahren. 9. Aufl. Adorf 869. (Plauen, Neupert.) 8. (32 S.) n. 1½ ngr.

Schlegel, Aug. Adph., praktischer Lehrgang d. Unterrichts in der deutschen Schriftsprache. Nach der centralisir. Methode bearb. 1., 3. u. 4. Abth. 8. Plauen 873. Neupert. — 85

1. Für Kinder von 6 bis 8 Jahren. 10. Aufl. (32 S.) n. — 15
3. Für Kinder von 10 bis 12 Jahren u. e. Anh., enth. 900 Fremdwörter f. Kinder von 10—14 Jahren u. Fortbildungsschulen. 5. verm. Aufl. (56 S.) n. — 30
4. Für Oberklassen u. Fortbildungsschulen. 4. verb. u. verm. Aufl. (81 S.) n. — 40

— sechs Reden an scheidende Schüler. Eine Mitgabe der Schule u. des Hauses für Jünglinge u. Jungfrauen. Plauen 866. Neupert. gr. 8. (IV, 48 S.) n. 6 ngr.

Schlegel, August Wilhelm von

Schlegel, Aug. Wilh., s.: National-Litteratur, deutsche.

Schlegel, A.W. (Mitarb.), s. Academie d. schönen Redekünste.

Schlegel, August Wilhelm (Hrsg.), s. Alton, Eduard d': Verzeichniss einer von Eduard d'Alton hinterlassenen Gemäldesammlung.

Solemnia natalitia ... Friderici Wilhelmi III d. III Aug. ab alma **academia** Fridericia Wilhelmia Rhenana ... celebranda ... indicit **Dr. Augustus** Guilelmus **a Schlegel**, ord. phil. h. a. decanus. — **Praemittitur** commentatio de zodiaci antiquitate et origine. Bonnae, litt. C. Georgii 1839. 42 S. 4. ¶ D. Abh. ist mehrfach neu gedr., so in d. Zeitschr. f. d. Kunde d. Morgenl. III 1840 S. 369 ff. u. in des Verf. Opusc. lat. ed. Böcking 1848 S. 327 ff.

Enth. zugleich d. **Preisaufgaben** f. d. J. 1839—40 und in einem später ausgegebenen Anhang (= S. 39—42; [*Kopft.*] Programmatis nuperrime Natalitiis Regiis a nostra Academia celebrandis praemissi appendicula ...) d. Ergebnisse d. **Preisbewerbung** d. J. 1838—39

Schlegel, Aug. Wilh., u. Fedr. **Schlegel**, s. Athenäum.

— u. Fr., Athenäum. 1r Bd. gr. 8. Braunschw. 798. Vieweg. 1 ₰ 8 gr 2r u. 3r Bd. gr. 8. Berl. 799, 800. Duncker u. H. 2 ₰ 20 gr

Schlegel, August Wilhelm von, s. Bemerkungen üb. einen Aufsatz in d. Leipz. Literaturzeitung ...

Schlegel, Aug. Wilh. v., Berichtigung einiger Mißdeutungen. 8. (7 B.) Berlin 828, Reimer.

— Betrachtungen üb. die Politik d. dän. Regierung. 8°. Ebda. 1813.

— — dasselbe in franz. Sprache. Ebend.

— — dasselbe, Deutsch. gr. 8. Greifswalde, Mauritius. 813.
Vgl. Betrachtungen...

— s. Bhagavad-Gita.

Schlegel, August Wilhelm von (Hrsg.), s. a. Bibliothek, Indische.

Schlegel, A. W. v., Indische Bibliothek. Eine Zeitschrift. 1r Bd. 1s u. 2s Heft. gr. 8. Bonn, Weber. 820. à 21 Gr.

v. Schlegel, (A. W.) indische Bibliothek; eine Zeitschrift. 1n Bds 3s u. 4s Heft u. 2r — 1s — 4s Heft. gr. 8. Bonn 822 — 27, Weber. à 21 gr.

— indische Bibliothek. 3. Bd. 1. Hft. gr. 8. (7¼ B.) Bonn 830, Weber.
1. u. 2. Bd. à 4 Hfte. Ebendas. 1820—27. 7 Thlr.

— Blumensträuße, ital., span. u. portugies. Poesie. 8. Berlin, Realschulbuchh. 804.
Engl. Pap.
Velin. P.

— Blumensträuße, italien., span. u. portugies. Poesie. Mit Kpf. 8. Berl. 804. Reimer. 1 ℛ 8 gℛ Engl. P. 1 ℛ 16 gℛ Velinp. 2 ℛ 16 gℛ

— s. Bohte, J. H.: Handbibliothek.

Schlegel, August Wilhelm von: Briefe, s. Schlegel, Karoline.

Schlegel, A. W. v., nachgelassene Briefsammlung, s. Klette, Aug.

Schlegel, Aug. Wilh., Briefwechsel, s.: Humboldt, Wilh. v.

— und Fr., Charakteristiken und Kritiken. 2 Thle. 8. Berlin, Nicolovius. 801.
Vel. P.

— comparaison entre la Phèdre de Racine et celle d'Euripide. gr. 8. Paris 807. (Reimer in Berl.) 18 gℛ

— consideration sur la politique du gouvern. Danois. gr. 8. Berl. 813. Reimer; (a. Brockhaus in Leipz.) 6 gℛ

— Ehrenpforte und Triumphbogen f. d. Theaterpräsidenten v. Kotzebue rc. 8. Braunschw. Vieweg. 801.
[illegible]...

Schlegel, A. W., Elegie auf Rom. Für die studirende Jugend besonders abgedruckt u. erklärt von Chr. Theoph. Schuch. Donaueschingen 853. Schmidt. gr. 8. (6 S.) 3 ngr.

Schlegel's, A. W., Elegie auf Rom. Für die studirende Jugend besonders abgedr. und erklärt von Chr. Theoph. Schuch. gr. 8. (16 S.) Donaueschingen 853, Schmidt'sche Hofbuchh.

— Essais littéraires et historiques. gr. in-8. Bonn 842, Weber. n. 3 ℛ

Faustam navigationem ... Friderici Guilelmi III quum, universo populo acclamante, navi vaporibus acta Bonnam praeterveheretur d. XIV Sept. carmine celebrat, simulque rectoratus et magistratus academici in universitate Regia Borussica Rhenana annuam instaurationem a. [!] d. XVIII Oct. 1825 ... peragendam indicit Augustus Guilelmus a Schlegel, univ. Rhen. h. t. rector. (Bonnae), ex off. Thormanniana (1825). 3 Bl. 4. ¶ Erschien in dems. J. lat. u. deutsch bei Weber in Bonn u. bei Nauck in Berlin. — Wieder abgedr. in des Verf. Opusc. lat. ed. Böcking 1848 S. 434 ff. u. in s. Sämtl. W. 11 1846 S. 41 f.

— Gedichte. gr. 8. Tübing. 800. v. Cotta. 1 ℛ 4 gℛ Velinp. 1 ℛ 12 gℛ Neue Aufl. 2 Thle. gr. 8. Heidelb. 811. Mohr. 3 ℛ 16 gℛ Velinp. 5 ℛ 8 gℛ

— Gedichte. Neue Auswahl. Berlin 854. Weidmann. 16. (VII, 263 S. u. 1 Stahlst.) 1 ℛ. 10 ngr.

Schlegel, A. G., comment. de geographia Homeri. Hannov. Ritscher. (Hahn.) 787.

Schlegel, A. G., de geographia Homerica commentatio. Hannov. 788. 8. 14 gr.

— s. Hitopadesas.

Schlegel, A. W. v. (Hrsg.), s. Jahrbuch der preussischen Rhein-Universität.

— Jon; Schspl. gr. 8. Hamb. 803. Perthes u. B. 1 ℛ 4 gℛ Velinp. 2 ℛ

Schlegel, Aug. Wilh. von: Catalog der von Aug. Wilh. von Schlegel ... nachgelassenen Büchersammlung ... Nebst einem chronologischen Verzeichnisse sämmtlicher von ... Aug. Wilh von Schlegel verfassten und herausgegebenen Druckschriften. [Mit Titelbild.] [Bonn 1845.]

— s. Knorring, Sophie: Flore u. Blanchenflur.

Schlegel, A. W., üb. das Continentalsystem und den Einfluß desselben auf Schweden. 8. Altenb. Brockhaus. 814.

— — dasselbe in franz. Sprache.

— — dasselbe, in deutsch. Sprache. gr. 8. Stralsund, Löffler. 814.

— Dass. gr. 8. Berl. 813. Reimer. 6 gℛ Französ. 6 gℛ

— Dass. Buch, s. Continental-System.

— Maria Krönung oder die Wunder des heiligen Dominicus, nach J. von Fiesole, in 15 Bl. gez. von W. Ternite. gr. Royalfol. Paris, griechisch-deutsche Buchhandlung. 818.

Schlegel, August Wilhelm von, s. Lacrimas.

Schlegel, A. W. v., über Molière, s. Gerth, C. A. E.

Schlegel, A. W. v., Morayzela, s.: Hausbibliothek, kleine, f. die Jugend.

— s. Musenalmanach f. das Jahr 1802.

v. Schlegel, Ritter Aug. Wilh., über Napoleon Buonaparte u. den Kronprinzen v. Schweden; eine Parallele in Beziehung auf einen Artikel d. Leipziger Zeitung vom 5. Oct. 1813. 8. Leipz. 814. Brockhaus. 4 gr.

— observations sur la langue et littérature Provençales. 8. Heidelb. 818.

Schlegel, Aug. Guil., Opuscula quae latine scripta reliquit. Collegit et ed. Ed. Böcking. 8. (441 S.) Lipsiae 848. [Berlin,] libr. Weidmann. *

Schlegel, Aug. Wilh. v., Oeuvres, écrites en français et publ. par Ed. Böcking. Tom. 1—3. 8. Leipzig 846, Weidmann'sche Buchh. à Tom. Thlr. *

Tome 1. Poésies. — Essai philosophiques et historiques etc. (21¼ B. u. v. S's. Portr.)
- 2., 3. Beaux-arts. — Essais littéraires et critiques. — Littérature occidentale. — Essais littéraires et critiques. — Littérature orientale. (48 B. u. 1 Stnt.)

— s. Pellegrin, Dramat. Spiele.

— Prometheus, s. Prometheus.

— an das Publikum. Rüge einer in d. Jenaischen allgemeinen Literaturzeitung begangenen Ehrenschändung. gr. 8. Tübingen 802.

Schlegel, Aug. Wilh., s. Ramayana.

—— Réflexions sur l'étude des langues asiatiques, adressées a Sir James Mackintosh, suivies d'une lettre a M. Horace Hayman Wilson etc. Lex.-8. (13¾ B.) Bonn 832, (Weber.)

— Remarques sur un Article de la Gazette de Leipsic. 8. Leips. et Altenb. Brockhaus. 814.

Schlegel, A. W. v., Recension v. Niebuhrs röm. Geschichte in d. Heidelb. Jahrb. d. Litt. 1816. 80 S. --.80

— Recension von Niebuhrs röm. Geschichte. gr. 8. Heidelberg, Mohr u. W. 817.

— die Rheinfahrt Sr. Majestät d. Königs v. Preußen auf d. Cölnischen Dampfschiff Friedrich Wilhelm am 14. Septemb. 1825 in latein. Sprache. Nebst einer deutschen Uebersetzung v. Barbua. gr. 8. Berlin, Nauck.

— Rhenus Principem adorans hospitem. Die Huldigung d. Rheins. gr. 4. Bonn 825, Weber.

— Rom, Elegie. 4. Berl. Unger. 805. Velinp. frz. Velinp.

— Rom. Elegie. gr. 4. Berlin. 805. Jetzt Reimer

— Roma, Elegia; lat. donata notisque illustrata a J. H. Fuss; adjectus est textus germanicus. gr. 4. Colon. Agripp. Rommerskirchen. 817.

—— kritische Schriften. 2 Thle. gr. 8. (55 B.) Berlin 828, Reimer. 4 Thlr. 8 Gr., Vlnp.

Schlegel, August Wilhelm von [Übers.]
s. Shakespeare, William: Shakespeare's dramatische Werke. 1825-33.

— s. Staatsschriften u. Briefe.

Schlegel, August Wilhelm von, s. Staël-Holstein, Ann. Germ. v.: Betrachtungen über d. vornehmsten Begebenheiten d. franz. Revolution.

— englisches u. spanisches Theater, } s.: Meyer's
— griechisches u. römisches Theater, } Volksbücher.

— span. Theater. 1r 2r Bd. od. Schauspiele d. Don Pedro Calderon de la Barca 1r 2r Bd. 8. Berlin, Hitzig. 803—809. (1r 2 Rthl. 8 gr. 2r enth. a) der standhafte Prinz, b) die Brücke v. Mantible 1 Rthl. 16 gr.) Velinp. (I. 3 Rthl. 8 gr. II. 2 Rthl. 16 gr.)

v. Schlegel, Aug. Wilh., span. Theater. 1r u. 2r Bd., od. Schauspiele des Don Pedro Calderon de la Barca. 1r u. 2r Bd. 8. Berl. 805—9. (Dümmler). 4 rf Velinp. 6 rf
Vgl. Theater, span.

Schlegel, Aug. Wilh., Aus einer noch ungedruckten historischen Untersuchung über das Lied der Nibelungen. O. O. u. J. [1812]. 8. . . . .

Schlegel, A. G., Diss. de usu linguae Brachmanum sacrae in causis linguae graecae et latinae indagandis. Bonn. 819. 4.

— Vergleichung der Phädra des Racine mit der des Euripides; übers. u. mit e. Anh. u. Anmerk. versehen v. H. J. v. Collin. 8. Wien 808. Pichler; (a. Liebeskind in Leipz.) 1 rf

Oratio quam natalibus Friderici Guilelmi III . . . celebrandis d. III Aug. 1824 in academia Borussica Rhenana habuit A[ugustus] G[uilelmus] a Schlegel . . . [De novo artium vigore per Germaniam reflorescente]. Bonnae, ex off. Thormanniana (1824). 17 S. 4.
* Wieder abgedr. in des Verf. Opusc. lat. ed. Böcking 1848 S. 360 ff.

— Vorlesungen üb. dramat. Kunst u. Literatur. 2 Thle in 3 Abtheil. gr. 8. Heidelb. 809, 11. Mohr. 5 rf 2e Aufl. 3 Thle. gr. 8. Ebd. 817. Winter. 5 rf Velinp. 8 rf

— — über dramat. Kunst u. Literatur. 3 Thle. 2te Ausg. 8. Heidelberg, Mohr u. W. 817. Velinpap.

Schlegel, A. W. v., üb. dramatische Kunst u. Literatur, s.: Volksbibliothek f. Kunst u. Wissenschaft.

— Vorlesungen üb. schöne Litteratur u. Kunst, s.: Litteraturdenkmale, deutsche, d. 18. u. 19. Jahrh.

— Vorlesungen über Theorie u. Gesch. d. bildenden Künste. (In Berlin 1827 gehalten.) 4. Berlin 827. Schlesinger.

— romant. Wälder, s. Wälder.

— s. Walpole: Schriften.

Schlegel, A. W., poetische Werke. 2 Bde. 8. Heidelb. Mohr u. W. 812. Rthlr. Velinp.

v. Schlegel's, Aug. Wilh., sämmtliche Werke. Herausgeg. von Ed. Böcking. 1. Bd. A. u. d. T.: Poetische Werke. 3. sehr verm. Ausg. 1. Thl. 1.—3. Buch. Vermischte Gedichte, Lieder, Romanzen u. Sonette. 8. Leipzig 846, Weidmann'sche Buchh. n. 1 rf

— dies. 2. Bd. A. u. d. T.: Poetische Werke. 3. sehr verm. Ausg. 2. Thl. 4.—7. Buch. Rhythmische Gedichte, Jon, scherzhafte Gedichte, Epigramme, Ehrenpforte u. Triumphbogen f. Kotzebue. 8. Ebend. 846. n. 1 rf

— dies. 3. u. 4. Bd. A. u. d. T.: Poetische Uebersetzungen u. Nachbildungen nebst Erläuterungen u. Abhandlungen. 1. u. 2. Thl. 8. Ebend. 846. à n. 1 rf

— dies. 5. u. 6. Bd. Vorlesungen über dramatische Kunst u. Literatur. 3. Ausg. 1. u. 2. Thl. 8. Ebend. 846. à n. 1 ℛ

— dies. 7.—10. Bd. A. u. d. T.: Vermischte und kritische Schriften. 1.—4. Bd. Sprache und Poetik. — Charakteristiken u. Literatur. — Malerei. Bildende Künste. Theater. — Recensionen. 8. Ebend. 846. à n. 1 ℛ Vlp. à n. 1½ ℛ

v. Schlegel, Aug. Wilh., († d. 12. Mai 1845), sämmtl. Werke hrsg. von Ed. Böcking. 11 u. 12. Bd. A. u. d. T.: Vermischte u. kritische Schriften. 5 u. 6. Bd. Recensionen. 8. (11: 430 S. 12: 528 S. m. Portr. in Stahlst.) Leipzig 847, Weidmann. à n. 1 ℛ (12 Bde. n. 12 ℛ) Velinp. à n. 1½ ℛ (12 Bde. n. 18 ℛ)

Schlegel, August Wilhelm von

s. Willkomm, Benedict: Geistes-Blüthen ... 1812-16.

Schlegel, B., am Wege gepflückt, | s.: Jessen's, A. Ch., Volks- u. Jugend-Bibliothek 110.

— am Wege gepflückt. Neue Erzählgn. f. die Jugend. 8. (94 S.) Leipzig 894. Greßner & Schramm. Kart. — 60

Schlegel, B. (K.), junges Blut. Erzählungen v. A. v. Baudissin, K. Jäger, B. v. Kemtau u. a. Zusammengestellt v. B. K. Schl. Mit Orig.-Zeichngn. v. Hans Krause, P. Kiederich, Fel. Schmidt u. E. Voigt. gr. 4. (198 S. m. 8 farb. Bildern.) Elberfeld 893. S. Lucas. Kart. n. 3. —

Schlegel, B., Erzählungen, s.: Bücherei f. die Jugend

Schlegel, B., ein junger Held u. andere Erzählungen, s.: Bücherei f. die Jugend. 6. Bdchn.

SCHLEGEL, B.

(F) Ein junger Held und andere Erzählungen. Von B. Schlegel. 2. Auflage. [Ambros' Bücherei, VI.] Wien. [1900.] Pichler's W. & S, 8°. 68 S. mit 1 Tafel. Geb. K —.80

— Jung-Deutschland. Neue Erzählgn., Geschichten u. Abenteuer. Mit Orig.-Zeichngn. (in Farbendr.) v. Paul Bender, Paul Kiederich, Hans Krause ꝛc. gr. 4. (201 S.) Ebd. 894. Geb. n. 3. —

Schlegel, B., Jung-Stillings Lebensgeschichte, s.: Köhlers illustr. Jugend- u. Volksbibliothek.

—— 101 Märchen für die Kinderwelt. gr. 4. (181 S. m. 8 farb. Bildern.) Elberf. 892, Lucas. cart. 3 —

— 101 Märchen f. die Kinderwelt. gr. 4. (184 S. m. 8 farb. Taf.) Ebd. 894. Kart. n. 3. —

Schlegel, B.: Rosen u. Dornen, s. Jessen's, A. Ch., Volks- u. Jugendbibliothek Bd. 102.

Schlegel, Barry, goldener Märchenquell. Die schönsten Märchen aus Nord u. Süd, f. die Jugend hrsg. gr. 8. (192 S. m. 3 farb. Bildern.) Fürth 893. G. Löwensohn. Kart. 2. —

Schlegel, Benedikt C. B. (vgl. Schlegel, Phil Chr. B.)

Schlegel, Bdkt. C. B., Italiens reizende Gefilde, empfindsam durchwandert. 2 Thle. 8. Nördling. 814. 2e A. 815. Beck. 2 ℛ

— Das Kleinzehent-Wesen der Geistlichkeit. gr. 12°. Nördlingen, Beck, 1839.

Schlegel, Bdkt. C. B., Die Verarmung des Landmanns. Eine Skizze. 8°. Nördlingen, Beck, 1825.

Schlegel, Benj. Sal., Actuariatus iurisprudentia cavens, od. cautelae actuariorum. 8. Lips. Iunius. (Cnobloch.) 756.

— allez. fertiger Notarius. 8. Ebend. 756.

Schlegel, Bernh.

Schlegel, B., die Leimsiederei, s. Schauplatz, neuer, der Künste und Handwerke. 7. Bd.

Schlegel B, die Leimsiederei. 2. Auflage der Leimsiederei von C Schmidt. (Schauplatz der Kunste und Handwerke 7) Weimar 1865

Schlegel, Bernh., die Leimfabrikation nach dem gegenwärtig vervollkommneten Zustande dieses Industriezweiges oder die Fabrikation der besten Leimsorten aus den verschiedensten leimgebenden thierischen Substanzen, die Fabrikation des Hausenblasen- oder Fischleims, des Marine-Leims, des Kautschuk u. Guttapercha-Leims, des Glycerinleims u. einiger anderer zusammengesetzten Leime. 3., verb. u. verm. Aufl. Mit 38 erläut. Fig. (auf 3 Steintaf.). 8. (XVI, 198 S.) Weimar 879. B. F. Voigt. 2. 50

Schlegel, Bruno

Schlegel, B., 50 Ausflüge in die Umgebung v. Chemnitz. Praktischer Wegweiser f. Spaziergänger. Mit Karte u. Wegeskizzen. 12. (X, 171 S.) Chemnitz 900. B. Troitzsch n. 1. 25

Schlegel, B., 50 Ausflüge in die Umgebung von Chemnitz. Praktischer Wegweiser f. Spaziergänger. Mit Karte u. 2 Plänen. 2. verm. u. verb. Aufl. (XII, 171 S.) kl. 8. Chemnitz (904). B. Troitzsch Nachf. n. 1. 00

Schlegel, B., 50 Ausflüge in die Umgebg. v. Chemnitz. Praktischer Wegweiser f. Spaziergänger. Mit Karte u. 2 Plänen. 3. verm. u. verb. Aufl. (XII, 172 S.) 16. Chemnitz (909). B. Troitzsch Nachf. 1. 50

Schlegel, B., 100 Ausflüge in d. näh. Umgebung Dresdens. Tourenbuch d. Dresdner Wanderklub. 12. (226 S.) Dresden 898. A. Köhler. Kart. n. 1. 25

100 Ausflüge in die nähere Umgebung Dresdens. 2. verm. u. verb. Aufl. Tourenbuch des Dresdner Wanderklub. 12. (227 S. m. 1 farb. Karte.) Dresden (900). A. Köhler Kart. n. 1. 25

Schlegel, B., 100 Ausflüge in die nähere Umgebung Dresdens. 3. verm. u. verb. Aufl. (7.—9. Taus.) Wanderbuch des „Touristenklub Wanderlust" zu Dresden (gegr. 1896). (VII, 244 S. m. 2 [1 farb.] Karte.) 12. Dresden (903). A. Köhler. Kart. n. 1. 50

150 Ausflüge in die Umgebung Dresdens. Wanderbuch des „Touristenklub Wanderlust" zu Dresden. 5., graph. Hinweisen der Dresdner Gesellschaft zur Förderg. erweit. u. verb. Aufl. v. „100 Ausflügen". Mit photo- der Amateurphotographie u. 3 Karten. (VI, 315 u. IX S.) 11. 8. Dresden 907. 08. A. Köhler. Kart. nn 1. 75

— dasselbe, s.: Köhler's praktische Touristenführer.

— Böhmerwald u. Bayrischer Wald. Nebst Eingangsrouten v. Eger, Pilsen (-Prag), Dux (-Dresden), Hof, Regensburg, Linz (-Wien), Budweis (-Wien) u. Passau. Mit Unterstützung der Bundesgruppen des deutschen Böhmerwaldbundes u. der Waldvereins-Sektionen bearb. Mit 6 Karten. (226 S.) kl. 8. Ebd. 906. 907. Geb. n. 2. —

— Böhmerwald u. Bayrischer Wald. Nebst Eingangsrouten v. Eger, Pilsen (-Prag), Dux (-Dresden), Hof, Regensburg, Linz (-Wien), Budweis (-Wien) u. Passau. Mit Unterstützg. der Bundesgruppen des deutschen Böhmerwaldbundes u. der Waldvereins-Sektionen bearb. (Köhler's prakt. Touristen-Führer.) 2. verb. u. erweit. Aufl. (232 S. m. 7 Karten.) kl. 8. Dresden 908. 09. A. Köhler. Kart. 2. 50

— dasselbe, s.: Köhler's praktische Touristenführer.

— Dresden u. d. sächs. Schweiz, s.: Grieben's Reisebüch.

— Dresden u. Umgebung, s.: Grieben's Reiseführer.

— Dresden, Dresdens Umgebungen u. d. sächsische Schweiz, s.: Grieben's Reisebücher.

— Erzgebirge u. böhmisches Mittelgebirge, s.: Köhler's prakt. Touristenführer.

Erzgebirge und Böhmisches Mittelgebirge ('Böhmens Paradies'), Nordböhmen von Karlsbad bis Leitmeritz. Mit 5 Karten u. 1 Routenkarte. Bearb. von B Schlegel. *Dresden: A. Köhler 1903.* (VIII, 364 S.) 8°
(Praktischer Touristenführer.)

— Erzgebirge u. Böhmisches Mittelgebirge („Böhmens Paradies"), Nordböhmen von Karlsbad bis Leitmeritz. Mit 8 Karten u. 1 Routenkarte. Wanderbuch des Dresdner Erzgebirgs-Zweigverein „Landsmannschaft Erzgebirger u. Vogtländer". Mit Unterstützung der Erzgebirgs-Zweigvereine bearb. (Praktischer Touristenführer.) 2. verm. u. verb. Aufl. (395 S.) kl. 8. Dresden 907. A. Köhler. Geb. in Leinw. n. 2. 50

— — 3. Aufl. '09—10. 416 S.

Schlegel, B[runo]: Lausitzer-, Jeschken-, Iser gebirge, Riesengebirge. Mit 6 Kt. Dresden: Köhler 1908/09. 317 S. 8°
(Kohlers praktische Touristenführer.)

— Lausitzer Gebirge, s.: Köhler's praktische Touristenführer.

— böhmisches Mittelgebirge („Böhmens Paradies") m. Eingangstouren durch das östliche Erzgebirge u. die Sächsische Schweiz. Mit 3 Karten u. 1 Routenkarte. Sonderausg. von: Erzgebirge u. böhm. Mittelgebirge. (Praktisch. Touristenführer.) 2. verm. u. verb. Aufl. (138 S.) kl. 8. Ebd. 905. Kart. n. 1. 50

— Nord-Deutschland,
— Oesterreich, s.: Grieben's Reiseführer.

— Riesengebirge u. Isergebirge, s.: Köhler's prakt. Touristenführer.

Schlegel, B., die sächsische Schweiz m. dem angrenzenden böhmischen Mittelgebirge, s.: Grieben's Reiseführer.

Schlegel, B.: Die Sächsische Schweiz mit dem angrenzenden Böhmischen Mittelgebirge. 22. Aufl. Berlin 1904—05. 128 S. m. Abb. (Griebens Reiseführer. 16.)

Schlegel, Bruno: Süddeutschland u. Rhein. s. Grieben's Reiseführer.

— prakt. Touristenführer. Lausitzer Gebirge nebst Jeschkengebirge, Oberlausitz u. nördlichstes Böhmen. Mit Unterstützung der Gebirgsvereine bearb. (153 S. m. 3 Karten.) kl. 8. Dresden 904. A. Köhler. Geb. in Leinw. n. 2. —

— Vogtland nebst westlichem Erzgebirge u. den böhmischen Bädern. (Praktischer Touristenführer.) Mit 1 Touristenkarte. (VII, 140 S.) kl. 8. Chemnitz (905). B. Troitzsch Nachf. Kart. n. 1. 60

Schlegel, C. H., de cathedra Petri. Lubec. 1720. 4.

Schlegel, C. H., Festen-Büchlein f. Juden u. Christen. 8. Breslau, Schall. 806.

Schlegel, Carl, s. Schlegel, Karl

Schlegel, Caroline, s. Schlegel, Karoline.

Schlegel, Chr. Gottlieb

Schlegel, Chr. Gli., († 1812.) tabellar.-chronolog. Taschenbuch, das die Thronfolge d. Päpste, Kaiser u. Könige in Europa ꝛc. enthält. gr. 8. Dresd. 796. Gerlach. 8 gr.

Schlegel, Chr. Hier. J., s. Inquisition, die.

Schlegel, Christian

Schlegel, Ch.: „Weitere Ausführung, dass die Müntze Heinrichs, Grafen von Blanckenburg mehr dem Grafen dieses Nahmens in Thüringen als dem Harze zuzuschreiben sei", Gotha 1720. — Vorh.: Com. Bibl. Hamburg.

— Bericht v. d. Leben und Tode Caspar Aquilä. 4. Eisenach, Griesbach. 737.

Schlegel, Christian: „Biblia in Nummis, Das ist: Kurtzer Entwurff der vornehmsten Biblischen Sprüche und Historien, die auf Medaillen / Ducaten / Thalern und andern Müntzen / nicht alleine von Keysern / Königen . . . . . sondern auch von Päbsten / Cardinälen . . . . . geschlagen zu befinden / Nach der Ordnung der Biblischen Bücher eingerichtet . . . . Nebst einer Vorrede D. Johannis Sauerbreyens", Jena 1703 (Johann Bielcke). — Vorh.: Bibl. des Oberlandesgerichts Celle — Tc. 369 — und StB Nürnberg.

Schlegel, Chr., de Cella veteri Misnensi, c. fig. 4. Dresden, Walther. 703.

Schlegel, Christian (Jaucha) A. S. 181/17

Disputatio iuridica de custodia et periculo pignoris.
Germanis: Von sicherer Verwahrung eines übergebenen Pfandes, und denen dem neuen Besitzer darbey oft aufstossenden nachtheiligen Fällen.
Präs. Christoph Ludwig Krell. Rec.
Jena (Heller) 1753. 32 S.

Diss. 26. IX. 1733. 30531

— de nummis [illegible] Gothae, Mevius. (Dietrich, [illegible]).

— de nummis antiquis Gothanis, Cygneis, Coburg. et Merseburg, c. fig. 4. Erfurt. 725.

Ch. Schlegel. de nummis antiquis Isenacensibus. Mulhusinis. Northusinis et Weissenseensibus exercitatio historica. Jenae. 1703. 4. Mit 2 Figurtafeln und vielen Autographien.

— observat. in vitam Langeri acced. quaed. epist. Lutheri et Melanchthon. 4. Gothae, Schall. 724.

Schlegel, Christian Benjamin (Dresden) A. S. 75/18

Dissertatio juridica de culpa ex polypragmosune occas. l. XXXVI. Digest. de r. j.
Präs. Jo. Friedrich Olearius.
Leipzig (Breitkopf) 11. XII. 1725. 18 S.

Gew.: August Beyer, Matthias Heinrich Allius.

30532

Schlegel, Christian Gottfried A. S. 608/20

Quaestio iuris controversi an remedium l. II. c. de annal. except. tollat Publicianam actionem rescissoriam.
Präs. Christian Heinrich Breuning.
Leipzig (Langenheim) 16. X. 1776. 8 S. 30533

Schlegel, Christiane, ABC u. erstes Lesebuch f. kleine Kinder, welche gern deutsch lesen lernen wollen. gr. 16. (44 S. mit eingedr. Holzschn.) Dresden 850, Naumann. n. 6 ngr

Schlegel, David Friedrich (Urach) A. S. 1349/8

Dissertatio academica, de praecipuis experimentorum physicorum scriptoribus. Präs. Georg Wolfgang Krafft.
Tübingen (Löffler) 10.-11. IX. 1753. 34 S.

3 Resp. 30534

Dietrich Justus Schlegel's Systema Arithmeticum d. i. Wohleingerichtet vollständiges Rechenbuch, worinnen aus mathematischen Gründen nach einer sehr leichten Methode nicht nur die gemeine Rechenkunst, sondern auch die kurze und gründliche Arithmetica oder Italiänische Practica gezeigt wird. Jena in Verlag des Authoris. 2 Alph. 8. 1723.
— zwote Edition. 2 Alph. 4 u. 1 halben Bog. 8. 1755.

Schlegel, D. J., systema arithmeticum, oder vollst. Rechenbuch. 8. Jena. 757.

— vollständ. Rechenbuch, nach e. leicht. Lehrart aus mathem. Gründen. 8. Jena, Gollner. 756.

Schlegel, Dorothea v., geb. Mendelssohn, und deren Söhne Johannes und Philipp Veit, Briefwechsel, s. Raich, J. M.

FLORENTIN. Ein (zahmer) Roman (von *Dorothea Schlegel*, geb. *Mendelssohn*), hrsg. v. Frdr. Schlegel. Bd. 1. (einz.). Lübeck u. Leipzig bey Friedrich Bohn, 1801. 8°. (In Berlin: Yw 5101; auch in Marburg, Univbibl.: XVI C 628 r, u. in Stuttgart.) (36 Mk., etwas fleckig, Paul Graupe, Berlin, 1911.)

Tit., 1 Bl. u. 388 S. Eines der seltensten und gesuchtesten Bücher der romantischen Schule; fehlte auf allen grossen Auktionen der letzten Jahre. — S. auch Briefwechsel Schiller-Goethe's vom 16. März 1801.

SCHLEGEL. Dorothea. Florentin. Ein Roman, hrsg. von Friedrich Schlegel. Lübeck und Leipzig bey Friedrich Bohn. 1801. 8°. 395 S. Max Perl's Berliner Ant. [illegible] 1911. [illegible]

[illegible] 16. März u. Ii

Schlegel, Dor., Florentin; hrsgg. v. Fr. v. Schlegel. 1r Bd. 8. Lübeck 801. (Reimer in Berl.) 1 ℔ 8 gr

Schlegel, Dorothea. s. Valerie, oder Briefe ...

Schlegel, E., Aufgaben f. das Rechnen in deutschen Schulen, s.: Hellermann, K.

Schlegel, E., die Heirath auf Befehl. Lustspiel in 2 Acten nach e. histor. Stoff aus der Zeit Friedrich Wilhelm I. gr. 8. (31 S.) Berlin 883. (Entrich). n. 1. —

Schlegel, E., Taschenbuch der Physiognomik, od. Hauptlehren von der Erkenntniß des geistigen Menschen aus dem Bau des Schädels, den Zügen des Gesichts u. den übrigen Theilen des Körpers. 12. (Mit 4 lith. Taf.) Nordhaus. 845. Fürst. ½ ℔

— s.: Übungsbuch f. Rechnen u. Mathematik.

Schlegel, E. Friedrich [Praes.], s. Langheinrich, Joh. Ad.: De honore erga defunctos.

Schlegel, Eduard, s.: Erläuterungen zu sämtlichen Lesestücken in F. Hirts deutschem Lesebuch.

Schlegel, E., d. Ermittolg. d. Unterrichtsergebnisse, s.: Magazin, pädagogisches.

— Präparationen f. Kirchenlieder u. Psalmen. Ein Beitrag zur unterrichtl. Behandlg. religiöser Lyrik. (VI, 151 S.) gr. 8. Langensalza 904. H. Beyer & Söhne. n. 2. —; geb. n. 3. —

— Präparationen f. Kirchenlieder u. Psalmen. Ein Beitrag zur unterrichtl. Behandlg. religiöser Lyrik. 2., verm. u. verb. Aufl. (X, 204 S.) gr. 8. Langensalza 908. H. Beyer & Söhne. 2.60; geb. n 3.40

Die Quellen der Berufsfreudigkeit. Vortr. geh. auf d. Verbandstage d. Magdeb. Gauverbands in Aken a Elbe. Von Ed. Schlegel. *Langensalza: H. Beyer & Söhne 1896.* (17 S.) 1 Bd 8.
= Magazin, Pädagogisches. H. 95. 97. 497

Schlegel, E[duard]. Was können Nichtabstinenten im Kampfe gegen den Alkoholismus tun? Vortrag, gehalten in einer Versammlung des Blaukreuzvereins Trogen von dessen Präsidenten E. Sch', Pfarrer. 16 S. 8. Bern, Schweiz. Agentur des Blauen Kreuzes, [1910]. [fr. —. 10]

Schlegel, Emil

Schlegel, E., die Augendiagnose d. Ign. v. Péczely nach eigenen Beobachtgn. Mit 6 Abbildgn. in Holzschn. u. 1 Farbentaf. gr. 8. (34 S.) Tübingen 887. Fues' Verl. n. 2. —

Schlegel, Emil, die Augendiagnose des Dr. Ignaz v. Péczely. 2. verm. Aufl. (VII, 34 S. mit 13 Abbildgn. u. 3 farb. Taf.) gr. 8. Tübingen 906. F. Fues. n. 3. —

Schlegel, Emil, über die erweit. homöopathische Behandlung der f. unheilbar gehalt. Krankheiten. Vortrag im homöopath. Centralverein Deutschlands. [Aus: „Archiv für Homöopathie".] 2. Aufl. gr. 8. (22 S.) Dresden 895. Exped. d. Homöopathischen Archives. n. 1. —

Schlegel, Emil, die Behandlung der Lungenschwindsucht nach homöopathischen u. diätetischen Grundsätzen. Vortrag, geh. zu Stuttgart am 29. Oktbr. 1890 in der Jahresversammlg d. Vereins homöopath. Aerzte Württembergs. gr. 8. (32 S.) Karlsruhe 891. (Tübingen, J. J. Heckenhauer) n. — 50

Schlegel, die Behandlung der Lungenschwindsucht nach homöopathischen u. diätetischen Grundsätzen. Nach e. Vortrag. 2. Aufl. (40 S.) 8. Brugg 909. Effingerhof A.-G. 1.

Schlegel, Emil, die menschliche Bekleidung in der häuslichen Praxis, s. Hausbücher.

— das Bewusstsein. Grundzüge naturwissenschaftl. u. philosoph. Deutg. Mit Geleitsworten v. Th. Meynert. gr. 8. (128 S.) Stuttgart 891. Frommann's Verl. n. 2. —

— homöopath. Hausarzt, s.: Hering, Const.

— innere Heilkunst bei sogenannten chirurgischen Krankheiten nach zahlreichen eigenen Beobachtungen. gr. 8. (159 S.) Reutlingen 894. J. Kocher. n. 2. —

— innere Heilkunst bei sogen. chirurg. Krankheiten, insbes. chir. Tuberkulose, Drüsen-, Knochen- u. Gelenksleiden, Zellgewebsentzündgn., Infektionszuständen, Krebs- u. anderweit. Geschwülsten. 2., verm. Aufl. m. Anh.: Die homöopath. Behandlung der Ranulageschwulst v. Carl Weiss. gr. 8. (VIII, 200 S.) Reutlingen 895. Dresden, Exped. d. homöopath. Archivs. n. 2. 80

— Homöopathie u. Cholera. Zur Beurtheilg., Verhütg. u. erfolgreichen Behandlg. der Seuche. gr. 8. (30 S.) Tübingen 892. (J. J. Heckenhauer.) n. — 50

— Homöopathie u. Weltanschauung. Vortrag, geh. auf der 60. Generalversammlg. d. homöopath. Centralvereins Deutschlands am 10. Aug. 1892 zu Stuttgart. gr. 8. (27 S.) Tüb. 892, Moser. * — 60

— die Iris nach den neuen Entdeckungen des Dr. Ign. v. Peczely. Vortrag, gehalten im naturwissenschaftl. Verein zu Reutlingen am 31. Jan. 1887. gr. 8. (23 S.) Ebendas. 887. * — 80

Schlegel, (Emil), die Krebskrankheit. Ihre Natur u. ihre Heilmittel. Nach 30jähr. Erfahrg. (VIII, 252 S.) gr. 8. München 908. Verlag der ärztl. Rundschau. 5. —

Schlegel, E[mil]. (Theophrastus) Paracelsus in seiner Bedeutung für unsere Zeit. Heilkunde, Forschungsprinzipien, Religion. Mit einem Bildnis nach einem alten Stich [und 1 Vignette]. 176 S. 8. München, Verlag der Aerztlichen Rundschau ⟨Otto Gmelin⟩, (1907). [M. 3. —]

— Paracelsus-Studien. Vortrag vor d. homöopath. Zentralverein, Salzburg 1898. [Aus: „Archiv f. Homöopathie".] gr. 8. (26 S.) Dresden 898. (Expedition d. homöopath. Archives.) 1. -

Das homöopathische Prinzip in der allgemeinen Therapie u. seine Vertretung durch Paracelsus. (31 S.) 8. Ebd. 907. — 60

Schlegel, Emil. Reform der Heilkunde durch die Homöopathie Hahnemanns. 112 S. gr.-8. Brugg (Schweiz), « Effingerhof A.-G. », 1903. [fr. 3. —]

Schlegel, Emil, d. Steinmehl im Dienste d. Landwirtschaft. 1. u. 2. Aufl. gr. 8. (IV, 47 S. m. Abb.) Reutlingen 895. J. Kocher. n. — 60

Schlegel, Emil. die Stellung der Homöopathie zu den Grundfragen der Heilkunde. Eine allgemeine Einleitg. in die Lehren Hahnemanns besonders f. Aerzte u. Studierende der Medicin. gr. 8. (90 S.) Kiel 883. Lipsius & Tischer. n. 2.

— Wissen u. Können der modernen Medicin. Kritische Betrachtgn. u. prakt. Vorschläge. gr. 8. (32 S.) Ebend. 884. n. 1. -

Schlegel, E., s: Zuckungen e. Homöopathen nach seiner Hinrichtung.

Unser Amt eine Hülfe zur Freude. Von Erich Schlegel, Divisionspfarrer. Abschiedspred. am 10. Aug. 1902 in d. Garnisonkirche zu Frankfurt a.O. *Frankfurt a. O. [1902]; [Berlin: Waldow in Komm.].* (8 S.) 8° [F.]

Schlegel, Erich, vernünftiger Gottesdienst. 8. (48 S.) Frankfurt a/O. 902. Waldow. n.n. 1. —

Schlegel, Erich, aus Schöneberg ⟨Prov. Brandenburg⟩, Kammergerichts-Ref.: Die Zurücknahme einer Kreditzusage wegen Gefährdung des Gegenanspruchs, dargestellt vom Standpunkte des römischen und gemeinen Rechtes unter Berücksichtigung des Allgemeinen Landrechts für die preussischen Staaten und des Bürgerlichen Gesetzbuchs für das Deutsche Reich. *Freienwalde a. O. 1898: E. Pilger.* (50 S.) 8°
Erlangen, Jur. Diss. v. 16. Juli 1898

Schlegel, Ernst, übersichtliche Darstellung der Geschichte Gotha's von Begründung der Stadt an bis Ende des Jahres 1866. Chronologisch geordnet mit kurzer Beschreibung der Hauptbegebenheiten. Gotha 869. Glaeser. gr. 8. (IV, 106 S.) n. 18 ngr.

Schlegel, Ernst, übersichtliche Darstellung der Geschichte Gothas, Fortsetzg., s.: Wettig, Herm., 25 Jahre.

Schlegel, F., Permanent-Briefmarken-Album. 1.—10. Lfg. Fol. (177 Bl.) St. Gallen 893. Busch & Co. à Bl. n. — 20; Luxus-Ausg. à Bl. n. — 25

Schlegel, F. H., Andachtsbuch zum Gebrauch bei d. öffentl. u. häusl. Gottesdienst. Mit 1 Kpf. 12. Grätz 815. Ferstl. 5 gl.

Schlegel, Fr. Wilh., die Cultur der Ananas nach selbst gemachten Erfahrungen ausführlich dargestellt. Grafenort 861. (Leipzig, Werner.) gr. 8. (VI, 46 S.) n. 10 ngr.

Schlegel, Franz

Schlegel, Frz., Altarrede bei der feierlichen Amtseinweisung der neugewählten HH. Geistlichen zu St. Jacob in Chemnitz am 19. März 1848 gehalt. gr. 8. (8 S.) Chemnitz 848, Ernesti in Comm. 2 ngr.

Schlegel, bereitet dem Herrn den Weg! Predigt über Jesaias 40, 1—5. Dom. 2. Adv. 1847/48 zu Chemnitz gehalten. gr. 8. (16 S.) Chemnitz 847, (Ernesti.)

— das Flehen des frommen Christen zu Gott in der jetzigen politisch aufgeregten u. bedrängten Zeit. Predigt am Sonntage Rogate den 13. Mai 1849 üb. das Ev. Joh 16, 23 — 28 in Chemnitz gehalten. Lex. 8. (8 S.) Ebd. 849, in Comm. 1/12 rf.

Schlegel, Frz., die zoologischen Gärten Europa's. Breslau 866. Mälzer. 8. (XVI, 84 S. mit eingedr. Holzschn.) n. 12½ ngr.

Schlegel. Frz., Geisterklopfen und Tischrücken. Vortrag gehalten in der Sitzung der Naturforschenden Gesellschaft des Osterlandes am 12. April 1853. Altenburg 853. Jacob. gr. 8. (16 S.) nn. 2½ ngr.

— Mechanismus des Tischrückens. 2. Beitrag vom 18. April 1853. Altenburg 853. Jacob. gr. 8. (15 S.) nn. 2½ ngr.

— die verschiedenen Methoden der Heilkunst. Populäre Vorträge. Allopathie. Hydropathie. Homöopathie. Sympathie. Diätetik. Dynamische Heilmethode. Volksmedicin. Mystische Heilmethoden. Heilkraft der Natur. Leipzig 853. O. Wigand. gr. 8. (VIII, 211 S.) n. 1 rf.

Schlegel, Frz., Rundschrift f. Groß u. Klein. Jeder sein eigener Lehrer. 12. (4 S.) Berlin (896). H. Zitelmann. — 10

Schlegel, F., ueberseeische Stubenvögel, deren Pflege und Zucht. I. Webefinken. gr. 8. (59 S.) Frankfurt a. M. 868. (Breslau, Mälzer.) * 1 —
Aus: Der zoologische Garten, besonders abgedruckt.

Schlegel Franz: Kurzer Überblick über die geschichtliche Entwickelung und den gegenwärtigen Stand des höheren Schulwesens in England. 21. Prag II. St. R. O1.
Progr.

Schlegel, Franz Anton

— prakt. Anleit. zur leichten Bewirkung e. festen Grundlage im deutschen Rechtsprechen, Rechtlesen u. Rechtschreiben. 8. Grätz 811. Ferstl. 2 gr

Schlegel, F. A., prakt. Anleitung z. leicht. Bewirkung e. festen Grundlage im deutschen Rechtsprechen, Rechtlesen u. Rechtschreiben. 8. Grätz, Ferstl. 812.

— prakt. Anleit. zur deutschen Rechtschreibung. 8. Grätz, Ferstl. 802.

Schlegel, Franz Anton, Director der k. k. Normalschule zu Grätz. Praktische Anleitung zur deutschen Rechtschreibung nach Adelungischen Grundsätzen etc. Sammt 332 hierzu anwendbaren Beyspielen in ganzen Sätzen, meistens moralischen etc. Inhaltes. 2. verbess. Aufl. 8. Gratz 1803.

— prakt. Anleit. zur deutschen Rechtschreibung. 8. Grätz 2e Aufl. 803. Ferstl. 6 gr

Schlegel, Fr. Ant., gründl. Anweis. die Flöte zu spielen, nach Quanz Anweisung. gr. 8. Grätz 788. Ferstl. 16 gr

— prakt. Anweis. zum richtigen Gebrauch des Unterscheidungszeichen beim Schreiben. 2e Aufl. 8. Grätz 802. Ferstl. 6 gr

— Interpunktion. gr. 8. Grätz 802. Ferstl. 8 gr

Schlegel, Fr. Ant., prakt. Rechnungsaufgaben u. ein dazu gehöriges Handbuch. Zum nützl. Gebrauche für Lehrer in Schulen, für Aeltern rc. 2 Thle. 8. Grätz 789. u. 794. Kienreich. (1r Thl. 5 gr 2r Thl. 1/3 rf) 13 gr

— deutsche Rechtschreibelehre nach Adelung u. Campe. 8. Grätz 815. Ferstl. 8 gr

— deutsche Rechtschreibelehre, dargestellt durch e. Anweis. zum Rechtschreiben, e. orthograph. Wörterbuch u. durch ein Verzeichniß gleichlaut. Wörter. 8. Grätz 815.

Schlegel, Friedrich von

Schlegel, Frdr., s.: National-Litteratur, deutsche.

v. Schlegel, Fr., Alarcos. Ein Trspl. 8. Berl. 802. (Reimer). 8 gr

Schlegel, Friedrich von, s. Ankündigung u. Probe.

Schlegel's, Friedr. v., Ansichten und Ideen von der christlichen Kunst. Neue (Titel-)Ausg. gr. 8. (246 S.) Bonn (846)77, Lempertz. *

— Athenäum, s. A. W. v. Schlegel.

— der österr. Beobachter. Wien u. Triest, Geistinger, jährlich

Schlegel, F., der östreichische Beobachter. 2r Jahrg. 12 Hefte. 4. Wien, Schaumburg u. Comp. 812.

Schlegel, Friedrich von: Briefe, s. Schlegel, Karoline.

Schlegel's, Friedr., Briefe an seinen Bruder August Wilhelm, hrsg. v. O. F. Walzel. gr. 8. (XXVI, 680 S.) Berlin 890. Speyer & Peters. n. 18. —; geb. n. 20. 50

Schlegel's, Frdr., Briefe an Frau Christine v. Stransky, geb. Freiin v. Schleich, hrsg. v. M. Rottmanner, s.a. Schriften des literarischen Vereins in Wien. VII.

Friedrich Schlegel's Briefe an Frau Christine v. Stransky geb. Freiin v. Schleich. Hrsg. von M. Rottmanner. Bd 1. Wien: Liter. Verein 1907. 8° [J.]
= Schriften d. Liter. Vereins in Wien. 7. [08. 2331 1]

— Charakteristiken u. Kritiken, s. A. W. v. Schlegel.

— Concordia; eine Zeitschrift. 1e—6e Hft. gr. 8. Wien 820—823. Wallishauser. 1 rf 12 gr

— Europa, eine Zeitschrift, 2 Bde. od. 4 Stck. gr. 8. Frkf. Willmanns. 803—4. (à 20 gr.)
Vgl. Europa.

— s. Fichte, J. G.: Nicolai's Leben.

Schlegel, Frdr., Fragmente, s.: Erzieher zu deutscher Bildung.

Friedrich Schlegels Fragmente und Ideen. Hrsg. von Franz Deibel. Mit Portr. u. Faks. München & Leipzig: Piper [1905]. XXVIII, 200 S. 8°
Die Fruchtschale. Bd 3.) [05. 1154]

— Fragmente u. Ideen, s. Fruchtschale, die. 3. Bd.

— Gedichte. gr. 8. Tübing. 809. v. Cotta. 1 rf 4 gr

—— Gedichte. 2. Orig.-(Titel-)Ausg. [3. Abdr.] 2 Bde. gr. 8. (279; 264 S.) Ebendas. (846)77. *

— Lessings Geist rc. s. Lessing.

v. Schlegel, Fr. Geschichte der Jungfrau von Orléans. s. Berlin 1802. Sander

— Geschichte d. Jungfrau v. Orleans s. a. Geschichte.

— Geschichte der alten u. neuen Literatur. Vorlesungen, gehalten zu Wien im J. 1812. 2 Thle. gr. 8. Wien 813. Schaumburg u. C. 3 rf 8 gr

Schlegel's, F., Geschichte der alten und neuen Litteratur. Vorlesungen. Wien 1815. 2 B. 8. 3 rthl. 8 gr.

— Geschichte der alten u. neuen Literatur. Bis auf die neueste Zeit fortgeführt von Th. Mundt. In 2 Bdn. 1. Liefg. 8. Berlin 841, Simion. n. 1/3 rf

v. Schlegel, Frdr., († d. 12. Jan. 1829), Geschichte der alten u. neuen Literatur. Vorlesungen gehalten zu Wien im Jahre 1812. 2. verb. u. verm. Aufl. 2. Abdr. 2 Thle. (in 1 Bd.) gr. 8. (XVIII u. 497 S.) Wien 847, Klang. n. 2 rf

— Geschichte der Poesie der Griechen und Römer. Berl. 798. Th. I. Abth. I. 8. 1 rthl. (Noch unvollendet.)

— Geschichte der römisch. u. griech. Poesie. 8. Berl. 798. (Herbig). 1 ₰

— — der röm. und griech. Poesie. 8. Berlin, Unger. (Schade.) 798.

— Geschichte der Margarethe Valois, s. v. Valois.
u.: Geschichte...

— die Griechen u. Römer; histor. u. kritische Versuche über das klass. Alterthum. 1r Bd. 8. Hamb. 797. (Albanus in Berl.) 1 ₰ 4 gr

— d. Griechen und Römer, histor. u. krit. Versuche üb. das class. Alterthum. 1r Bd. 8. Neustrelitz, Michaelis. (Albanus.) 797.

— Grundriss einer Geschichte der klassischen Poesie der Griechen und Römer. Berl. 797. Th. I. 8. 1 rthl. 12 gr. (Noch unvollendet.)

Schlegel, Friedrich. 1794—1802. Seine prosaischen Jugendschriften, hrsg. von J. Minor. 2. [Titel-]Aufl. 2 Bde. gr. 8. Wien [882.] 906. C. Konegen. n. 10.—
1. Zur griechischen Literaturgeschichte. (XIII, 362 S.)
2. Zur deutschen Literatur u. Philosophie. (XIII, 431 S.)

v. Schlegel, Fr., Lother u. Maller. 8. Frankf. 806. Fr. Wilmans. 1 ₰
Vgl. Lother und Maller.

—— Lucinde, s. Museum.

SCHLEGEL, Friedr. (v.) (1772—1829). Lucinde. Ein Roman. Erster (einziger) Theil. Berlin: Bei Heinrich Frölich 1799. Titel u. 300 S. 8⁰. (Auch in Marburg: XVI. C. 628m.) (40 Mk. Max Perl's Berliner Octob.-Auct. 1907, no. 829: Sehr schönes Expl. mit wenigen leichten Stockflecken, in prächtigem reichverzierten Ppbd.; 65 Mk., Expl. auf starkem Papier mit breitem Rande: in diesem Zustande sehr selten. Emil Hirsch, München, 1909.)
Erste seltene Ausgabe des berüchtigten Romans, der durch die in ihm versuchte Verherrlichung der sinnlichen Liebe grossen Anstoss erregte.

— — Dasselbe. (Nachdruck.) Berlin bei Duncker und Humblot. 1799. 8⁰.
Vgl. Neue Allg. dtsch. Bibl. 59, 345; 71, 86.

— — Lucinde. Ein Roman. Zweite, unveränderte Ausgabe. Stuttgart, in Commission der Christ. Hausmannschen Antiquariats-Buchhandlung. 1835. 3 Bll., 156 S. Kl. 8⁰. (7 Mk. 50 Pfg., unbeschn., etwas stockfl.; 9 Mk. O. Rauthe, 1908; 18 Mk. E. Frensdorff, 1906; Leo Liepmannssohn, Berlin 1907.)

— — Dasselbe. Ebd. 1836. 8⁰. (1/2 Rthl. Heberle, Cöln, 1870; jetzt theurer!)

—— Lucinde. Hrsg. u. fortges. v. Christern. 8. (22 B.) Hamburg 842, Schuberth u. Comp.

Schlegel, Friedrich. Lucinde, mit Einleitung hsg. ... u. fortgesetzt. Hamb. 1842. H: *Christern, Joh. Wilh.* (schr) (A)

— — Dasselbe. Hrsg. u. fortgesetzt von *W. Christern.* Hamburg und Leipzig 1842. 8⁰. XX u. 334 S.

—— Lucinde. Hrsg. und fortgesetzt von Christern. 2., unveränd. Abdr. gr. 16. (XX und 334 S.) Hamburg 848, Schuberth und Comp.

— Lucinde. Hrsg. u. fortgesetzt v. Christern. 2. unveränd. Abdr. gr. 16. (XX u. 334 S.) Hamburg 849, Schuberth & Co. 1 1/3 ₰

— — Dasselbe. 2. unveränd. (Titel-)Ausgabe. Schwäbisch Hall, F. F. Haspel'sche Buchhandlung, 1850. 8⁰. (6 Mk. Max Perl's Auct. 190*, no. 1789.)

Schlegel, Friedr. v., Lucinde. Ein Roman. Neue unveränd. Ausg. 16. (146 S.) Coburg 868, Sendelbach. 1 20
—— dass. — s. Universal-Bibliothek.

— — Dasselbe in Reclam's Universal-Bibl. Bd. 3. (187*.) Kl. 16⁰. (40 Pfg. R. Bertling, Dresden, 1888.)

— dasselbe. Ein Roman. (Textrevision u. Einleitg. von Jonas Fränkel.) (IV, 300 S.) kl. 8. Jena 907. E. Diederichs. 4.—; geb. 5.50

— — Dasselbe. Revidirter Text und Einleitung von J. Fränkel. Jena, o. J. 16⁰. 300 S. (Mk. 5.50.) (4 Mk. 50 Pfg., Origprgtbd., Alfr. Lorentz, Lpz., 1909.)

— dasselbe. Schleiermacher, Frdr., vertraute Briefe üb. Lucinde. Eingeleitet v. Rud. Frank. (319 S.) kl. 8. Leipzig 907. Insel-Verlag. Geb. 10.—

— Lucinde. Hrsg. u. fortgesetzt v. Christern. (XV, 354 S.) kl. 8. Leipzig (909). O. Borggold. 1.50

— deutsches Museum, s. Museum.

– s. Nicolaus: Poet. Betrachtungen.

– s. Novalis: Heinr. v. Osterdingen.

– s. Novalis: Schriften.

— s. Passy, Ant., des Jünglings Glaube.

Schlegel, (Karl Wilh.) Friedr. v., Philosophie d. Geschichte. In 18 Vorlesn., gehalt. zu Wien im J. 1828. 2 Bde. gr. 8. (43 B.) Wien 829, Schaumburg u. Comp.

—— Philosophie der Geschichte. Neue (Titel-)Ausg. in 2 Bdn. gr. 8. (272; 258 S.) Ebendas. (846)77. *

—— Philosophie d. Lebens. In 15 Vorlesn., gehalt. zu Wien im J. 1827. gr. 8 (30 1/2 B.) Wien 828, Schaumburg u. Comp

—— Philosophie des Lebens. Neue (Titel-)Ausg. gr. 8. (389 S.) Ebendas. (846)77. *

—— romantische Sagen und Dichtungen des Mittelalters. Neue (Titel-)Ausg. gr. 8. (242 S.) Ebendas. (846)77. *

– s. Sammlung romant. Dichtungen.

Schlegel, Friedrich von (Hrsg.), s. Schlegel, Dorothea: Florentin.

– s. Schmitt, H. J.: Harmonie.

—— vermischte kritische Schriften. Dabei: Ueber die Sprache und Weisheit der Indier. Neue (Titel-)Ausg. gr. 8. (384 S.) Ebendas. (846)77. *

– s. Silbert, J. P.: Dom heil. Sänger.

Schlegel, Friedr. v., Über die Sprache u. Weisheit der Inder. Ein Beitrag zur Begründung der Altertumskunde. Heidelberg, Mohr, 1808, gr. 8°.

—— Studien des classischen Alterthums. Neue (Titel-)Ausg. 3 Bde. gr. 8. (256; 238; 248 S.) Ebendas. (846)77. *

— poet. Taschenbuch f. das J. 1805 u. 6. (1r u. 2r Jahrg.) 8. Berl. 805—6. (Reimer). (à 1 ℛ 8 gℊ) 2 ℛ 16 gℊ

Schlegel, Friedr., poet. Taschenbuch. 8. Berlin, Unger. 805—6. (à 1 Rthl. 8 gr.) Rthlr.

v. Schlegel, Fr., Vorlesungen über die neuere Geschichte, im Winter 1810 gehalten. 8. Wien 811. Schaumburg u. C. 3 ℛ 8 gℊ Velinp. 4 ℛ 16 gℊ

— Vorlesungen über die neuere Geschichte, im Winter 1810 gehalten. 8. Wien 822, Schaumburg, 8 gr. Velin-Pap.

—— Vorlesungen über die neuere Geschichte. Neue (Titel-)Ausg. gr. 8. (370 S.) Ebendas. (846)77. *

—— Vorlesungen üb. alte u. neue Literatur. Neu hrsg. u. bis auf d. neueste Zeit fortges. v. Th. Mundt. 2 Bde. (od. 10 Lfgn.) 8. (62 B.) Berlin 842, 43, Simion.

— die drei ersten Vorlesungen über die Philosophie des Lebens. gr. 8. Wien 827. Schaumburg u. C. 20 gℊ

Schlegel, (Carl Wilh.) Friedr. v., philosoph. Vorlesungen aus d. J. 1804—1806. Nebst Fragmenten, vorzügl. philosoph.-theolog. Inhalts. Aus d. Nachlaß d. Verewigten hrsg. v. C. J. H. Windischmann. 2 Bde. (2. Bd. in 2 Abthln.) gr. 8. (32 u. 35 B.) Bonn 836, 37, Weber. *

—— philosophische Vorlesungen aus d. Jahren 1804—1806. Nebst Fragmenten, vorzügl. philosoph.-theolog. Inhalts. Hrsg. v. C. J. H. Windischmann. 2 Bde. (4 Thle.) A. u. d. Tl.: Supplemente zu Friedr. v. Schlegel's sämmtl. Werken. 4 Thle. 2. Ausg. gr. 8. (68¾ B.) Bonn 846, Weber.

— philosophische Vorlesungen, insbesondere über Philosophie der Sprache u. des Wortes, vorgetragen zu Dresden. gr. 8. Ebend. 829. 2 ℛ Herabgesetzt auf ⅔ ℛ

Schlegel, (Karl Wilh.) Friedr. v., philosoph. Vorlesungen, insbesond. üb. Philosophie d. Sprache u. d. Wortes. Geschr. u. vorgetr. zu Dresden im Dec. 1828 u. in d. ersten Tagen d. Jan. 1829. gr. 8. (20½ B. u. Bildn. d. Verf.) Wien 830, Schaumburg u. Comp. Thlr.

—— philosophische Vorlesungen, insbesondere über Philosophie der Sprache und des Wortes. Neue (Titel-)Ausg. gr. 8. (288 S. mit Portr. in Stahlst.) Ebendas. (846)77. *

— sämmtl. Werke. 1r Bd. Gedichte. gr. 8. Berl. 809. Hitzig. (Dümmler). 2 ℛ

v. Schlegel, Fr., (Karl Wlh. Fr.) sämmtl. Werke. 10 Bde. gr. 8. Wien 822—825. J. Mayer; (a. Gräffer u. S.)

— sämmtl. Werke. 10 Bde. compl. gr. 8. Wien 822—25. Ist Verlag v. Ign. Klang. Ausg. Nr. 1. ... Nr. 2. Mit erweitertem Stege. 12 ℛ — Nr. 3. Holländ. Pap. 16⅔ ℛ — Nr. 4. Größtes Format auf italien. Pap. 46⅔ ℛ

v. Schlegel, Fr., sämmtliche Werke. 15 Bde. Neue 2. Original-Gesammtausg. Mit Biographie, Portr. u. Facsimile des Verf., u. einer Schluß-Vignette. Bd. 1 u. 2. Geschichte der alten u. neuen Literatur. 2. verm. u. verb. Ausg. (2. Abdr.) Diese beiden Bde. einzeln 3 ℛ — Bd. 3 u. 4. Studien des classischen Alterthums. — Bd. 5. Kritik u. Theorie d. alten u. neuen Poesie. — Bd. 6. Ansichten u. Ideen von der christl. Kunst. — Bd. 7. Romantische Sagen u. Dichtungen des Mittelalters. — Bd. 8. Vermischte kl. Schriften. — Bd. 9 u. 10. Gedichte. — Bd. 11. Vorlesungen über neuere Geschichte. — Bd. 12 u. 13. Philosophie der Geschichte. — Bd. 14. Philosophie des Lebens. — Bd. 15. Philosoph. Vorlesungen, insbesondere über Philosophie der Sprache u. d. Wortes. gr. 8. Wien 845, 46, Ign. Klang. 15 ℛ

Schlegel's, (Carl Wilh.) Friedr. v., sämmtl. Werke. 2. Original-Ausg. 1—13. Bd. gr. 8. (233⅜ B.) Wien 846, Klang. à Bd. *

—— dass. 14. Bd. (Philosophie der Geschichte. In 18 Vorlesungen, gehalten zu Wien im J. 1828. 2. Bd.) gr. 8. (16¼ B.) Ebds. 846. *

—— dass. 15. Bd. Nebst Friedrich v. Schlegel's Biographie (von Ernst v. Feuchtersleben), Porträt u. Facsimile. gr. 8. (18⅛ B.) Ebds. 846. *

Schlegel, Fritz, u. Karl Schukraft, die Einkommensteuer-Erklärung nach dem Gesetz vom 8. VIII. 1903. Kurzgef. Anleitg. zur Erfüllg. der Einkommensteuerpflicht unter Darlegg. der wicht. einschläg. Bestimmgn., nebst Mustern zu Steuererklärgn. f. verschied. Berufsarten u. Verhältnisse, ferner zu Anträgen u. Beschwerden. (VI, 84 S.) 8. Stuttgart 905. Schlegel & Schukraft. n. —80

Schlegel, Gabriel [Pseud.], s. Basse, Gottfried

Schlegel, Gabr., (Gf. Basse,) neuester theatral. Nußknacker; Samml. v. Schnurren, Anekdoten rc. Mit 1 Kpf. 12. Quedlinb. 813. Basse. 12 gℊ

Schlegel, Gottlieb

— Abhandl. v. den ersten Grundsätzen in der Weltweisheit u. den schönen Wissenschaften. gr. 8. Riga 770. Hartknoch in Lpz. 10 gℊ

— theolog.-prakt. Abhandll. üb. die rechte Art des Gebets um das geistl. Gute. 8. Götting. 783. Dieterich. 6 gℊ

Schlegel, Gli. I., († d. 27. Mai 1810.) Abschiedspredigt am 11n Sonntage nach d. Feste d. heil. Dreieinigkeit, am 4. Aug. 1790 in d. St. Petri-Kirche zu Riga gehalten. 8. Dorpat 790. Meinshauser. 4 gℊ

Schlegel, Gli., An hominum genus sanitate corporis ac virtute animi fuerit, factumque perfectius? Gryph. 4°.
1796

Schlegel, Gli. II., Anleit. zum protestant. Kirchenrechte im Königr. Sachsen. gr. 8. Leipz. 812. Göschen. 2 ℛ 16 gℊ 2e vom Prof. Otto besorgte Aufl. gr. 8. Ebd. 827. Sühring. 3 ℛ

— kurze Anweis. für die Landschullehrer, bei Errichtung d. Landschullehrer-Seminars zu Greifswald 1791 aufgesetzt rc. 8. Greifsw. 795.

Schlegel, Gli. II., (†d. 21. Jan. 1813.) de agapis aetate apostolica, adversus Jh. Lightfootium, ad Er. Fr. Wernsdorfium. 8. Leipz. 756.

Schlegel, G., de agaparum aetate apostolica. Lips. 1756. 8.

Schlegel, Gottlieb (Hrsg.). s. Aufsätze, vermischte, und Urtheile über gelehrte Werke in und um Liefland.

— Bemerkk. üb. die Dichtkunst u. die Dichter. 4. Königsb. 764.

— Bemerkk. zum erleicht. u. nützl. Studium d. hebräischen Sprache. 4. Riga 780.

— Beschr. d. gegenw. Zust. d. Universität Greifswalde. gr. 8. Berlin, Lange. 798.

— Beschreib. des gegenwärt. Zustandes der Universität Greifswalde. gr. 8. Stralf. u. Berl. 798. (Reimer). 10 Gr.

— Betracht. üb. den gegenwärt. Zustand d. Theologie u. Religion mit der Vergleichung des vorigen u. der Hoffnung des folgenden. 4. Greifsw. 799.

— cognitio Apostolorum sacra major an minor sit nostrorum temporum. 8maj. Leipz. 782. Schwickert. 3 Gr.

Schlegel, Th., Cognitio Apostolorum sacra majorne an minor sit cognitione nostrorum temporum. 8. maj. Lips. Schwickert. 783.

— v. landesherrl. Dispensationen b. ehehinderl. Verwandtsch. in Chursachsen. gr. 8. Leipzig, Dyk. 796.

Schlegel, Gottlieb. s. Duelle, Über die.

Schlegel, Gottl. Einleitung zu einer Alexandropädie oder über die Jugendjahre des grossen Alexanders. 4. Riga 1774.

— Einleit. zu e. Alexandropädie, od. über die Jugendjahre d. großen Alexanders. 4. Riga 775.

— Erklärung der Rechtfertigung der Christen vor Gott. 8. Riga 778. Hartknoch in Leipz. 3 Gr.

— Erörterung des beständ. Werths d. symbol. Bücher d. evangel.-luther. Kirche. 8. Riga 771.

— erneuerte Erwägung der Lehre von der göttl. Dreieinigkeit. 1r u. 2r Thl. 1e u. 2e Abtheil. gr. 8. Riga 791 u. 92. Hartknoch in Leipz. 1 Thlr. 18 Gr. — Beilage, oder vereinfachte Darstell. der Lehre von Gott, Jesus Christus u. des heil. Geistes. gr. 8. Berl. 795. Lange. (Reimer). 8 Gr.

— von d. Gebrauch u. d. Verfertigung histor. Tabellen zum Unterricht in d. Geschichte. 4. Riga 777.

— Gedanken vom Gebrauch d. latein. Buchstaben in d. deutschen Sprache. 8. Königsb. 763.

— Gedanken von der Methode in d. Unterweisungen, insbesond. d. latein. Sprache. 4. ... 767.

— Gedanken über die Mittel, die innerl. u. äußerl. Religion unter d. Menschen in den jetz. Zeiten zu beleben. 8. Greifsw. 810. Mauritius. 4 Gr.

Schlegel, Gli. l., Gedanken üb. den Werth u. die Form des Disputirens auf Schulen. 4. Riga 776.

— s. Gerard, A.: Gedanken.

— kurzes Glaubens- u. Pflichtenbekenntniß f. d. Jugend. 8. Berl. 798. (Reimer). 1 Gr.

— üb. d. Gleichstellung d. röm.-kathol. Glaubensgenossen mit den Augsb. Confessions-Verwandten im Königreiche Sachsen. 8. Weißenfels, Böse. (Baumgärtner in Leipzig.) 809.

— latein. Grammatik zur Erleichterung der Jugend. gr. 8. Königsb. 787. 2e A. 790. (Unzer). 12 Gr.

— lateinische Grammatik z. Erleichter. der Jugend. gr. 8. Konigsb. Hartung. (Unzer.) 789.

Schlegel, (G.,) Grundlage d. Dogmatik. 1r Thl. A. u. d. T.: Einleit. in d. Lehren v. Gott, d. Moralität rc. 8. Halle 806, Verl. v. Reinicke u. C.

— Grundlage der Dogmatik. 1r Thl. 8. Leipz. 809. Reinike in Halle. 1 Thlr. (A. u. d. T.: Einleit. in die Lehren v. Gott rc.)

— Grundriß eines Unterrichts in der christl. Religion. 8. Riga 790. Müller. 8 Gr.

— Grundriß e. Unterr. in d. Religion. 8. Riga, Müller. 792.

— Grundsatz der Vernunftmoral: Handle n. d. Urtheil der Vernunft. 8. Leipz. Gräff. 796.

— Grundsatz der Vernunftmoral: Handle nach d. Urtheil der Vernunft. 8. Leipz. 796. (Wienbrack). 16 Gr.

— Haltung des Abendmahls gegen Einwendungen der Zeitgenossen vertheidigt. 8. Riga 783. Hartknoch in Leipz. 4 Gr.

— kl. liturg. Handbuch in Anreden und Gebeten. 8. Stralsund. (Gräff in Leipz.) 796.

— kleines liturg. Handbuch in Anreden u. Gebeten. 8. Stralf. 796. (Wienbrack in Leipz.) 8 Gr.

— Handbuch e. prakt. Pastoralwissenschaft, mit dem Leben des Verf. herausgg. u. mit Zusätzen verm. von Jh. Er. Parow. 8. Greifsw. 811. Mauritius. 1 Thlr. 8 Gr.

— s. Haushaltung e. Studirenden.

— Katechismus der christl. Lehre. 12. Stralf. 794. N. A. 810, 814. Struck. (Löffler). 5 Gr.

— Katechismus d. christl. Lehre. 12. Stralsund. (Löffler in Mannheim.) 810.

Schlegel, G., klein. Catechismus d. christl. Lehre. N. Aufl. 12. Stralsund, königl. Regierungsbuchh. 812.

— Leben, Charakter u. Verdienste. (Aus d. Handbuche d. Pastoralwissenschaft.) 8. Greifsw. 812. Mauritius. 6 Gr.

— Lesebuch in christl. Lehren, bibl. Sprüchen, Liedern u. Gebeten f. die Jugend. 8. Greifsw. 795.

— Lob- u. Denkschrift an den Feldmarsch. B. C. Gr. v. Münnich. gr. 8. Riga 767. 2e A. 770. Hartknoch in Leipz. 5 Gr.

Schlegel, M. Gottlieb: Lob und Denkschr. auf den weyland Russisch-Kayserl. Generalfeldmarschall, Herrn Burchard Christoph des Russischen und Heiligen Römischen Reichs Grafen von Münnich. 2., verb. Aufl. – Riga: Hartknoch 1770. 78 S. [1. Aufl. 1768.]

— der Mensch in sr. Niedrigkeit u. in sr. Hoheit; e. psycholog.-moral. Abhandlung. 4. Riga 779.

— Mittel, den Werth der Poesie zu erhöhen u. ihren Nutzen zu befördern. 4. Riga 779.

— Mittel zur Verhütung des Kindermords bei Gelegenheit der Manheimer Aufgabe. 8. Dessau 782. Gelehrte Buchh. 4 gl

Schlegel, Gottlieb, Mittel zur Verhütung des Kindermords, bey Gelegenheit der Mannheimer Aufgabe zur allgemeinen Beförderung der Jugend, mit noch andern die Sittlichkeit und Strafen betreffenden Betrachtungen. Dessau 1783. 8°.

— über d. Nutzen d. Annäherung u. Aehnlichmachung d. mehreren christlichen Religions-Parteien. gr. 8. Halle 803. Verl. v. Reinicke u. C.

— üb. den Nutzen der Annäherung u. Aehnlichmachung der Mehrzahl christl. Religionspartheien. gr. 8. Leipz. 804. Reinike in Halle. 6 gl

— s. a. Petrus, D. Apost., Briefe.

— Briefe d. Apostel Petrus, Johannes, Jacobus u. Judas. gr. 8. Halle, Gebauer. 785.

— Predigt, wie ein Christ schon auf d. Erde sich einen Vorschmack d. Himmels erwerben könne. 8. Erlang. 782. Heyder. 2 gl

Schlegel, G., de principiis exspertationis de Messia in gente judaica. Gryph. 1793. 4.

— Prüfung d. Wittingischen Tabelle über d. ehehinderl. Verwandschaften, nebst e. Tabelle d. Eheverbote in Kursachsen. gr. 4. Leipz. 797. Dyck. 3 gl

— Rathschläge an einige Jünglinge bei dem Abzuge zu den Akademien u. in die Welt; e. Rede. 8. Mitau 788.

— Rede von der Aufnahme d. Beredtsamkeit. 8. Riga 770.

— Rede von den Mitteln, die vornehmsten Fähigkeiten d. Seele auszuwickeln u. zu verstärken. 4. Riga 773.

— Rede üb. das Rühmliche in d. Erziehung d. Jugend. 4. Riga 765.

— Rede von d. Würde d. Monarchen, welche, da sie ihre Unterthanen lieben, von ihnen geliebt werden. 8. Greifsw. 800.

— Samml. von Formularen u. Gebeten bei kirchl. u. auserkirchl. Geschäften des Predigtamts. kl. 8. Stralf. 800. Löffler. 16 gl

— Schreiben an Fr. Nicolai über eine Recension in der allgem. deutsch. Bibliothek. gr. 8. Riga 771. Hartknoch in Leipz. 4 gl

— der Kursächs. legale Schulmann. Ein nöthiges Handbuch nicht nur für Lehrer in Schulen u. solche, die es werden wollen, sondern auch für alle, die mit ihnen in gewissen Verhältnissen stehen rc. 8. Weißenf. u. Leipz. 805. (Baumgärtner). 12 gl

— der chursächs. legale Schulmann, ein Handb. nicht blos f. Lehrer rc. 8. Weißenfels, Böse. (Baumgärtner in Leipz.) 805.

— die Sicherheit der Religion, bei d. Verschiedenheit der theolog. Meinungen. 8. Mitau 776. (W. Nauck in Leipz.) 7 gl

— Sicherheit der Religion, bey d. Verschiedenh. d. theol. Meinung. 8. Mietau, Heinze. (Sommer in Leipzig.) 776.

— üb. Stand u. Verpflicht. d. Gelehrten. 8. Leipz. Gräff. 796.

— üb. den Stand u. die Verpflichtung der Gelehrten rc. 8. Leipz. 796. (Wienbrack). 4 gl

— Summe von Erfahrr. u. Beobachtt. zur Beförder. d. Studien in gelehrten Schulen u. auf Universitäten. 8. Königsb. 786. 2e Aufl. 790. (Unzer). 20 gl

— Versuch e. kleinen Katechismus nach dem Vorbilde des kl. Luther. 8. Mitau 773. 2e A. 777. (W. Nauck in Leipz.) 3 gl

— Versuch üb. die Kritik der wissenschaftlichen Diction. 8. Greifsw. Mauritius. 810.

Schlegel, Gottl. Wägung der Grösse Alexanders. 8. Riga 1777.

— Zusätze zu den Vorschlägen u. Mitteln über die bürgerl. Kultur u. Religionsfreiheit der Juden in Polen. 8. Königsb. 785. Hartung. 4 gl

Schlegel, Gustav

Schlegel, Gust., s.: Beiträge, ethnographische.

Schlegel, G.: Chinesische Bräuche und Spiele in Europa. Breslau 1869. 32 S. Jena, Phil. Diss. v. 1869.

Schlegel, Gustav [aus Apollensdorf]: Ueber Gewöhnung an Gifte ... Berlin, Buchdr. v. G. Schade, *1892*; 29 S., 1 Bl. 8. Berlin, Med. Fak., Inaug.-Diss. v. 30. Apr. 1892

Die chinesische Inschrift auf dem Uigurischen Denkmal in Kara Balgassun. Übs. u. erläut. v. Dr. Gustav Schlegel, o. Prof. ... zu Leiden. *Helsingfors: Soc. finno-ougrienne 1896.* (XV, 141 S., 2 Taf.) 1 Bd 8.
= Toimituksia, Suomalais-Ugrilaisen Seuran. [No] IX.

— die chinesische Inschrift auf d. uigurischen Denkmal in Kara Balgassun, s. a. Mémoires de la société finno-ougrienne, IX.

— la loi du parallélisme en style chinois. Démontrée par la préface du Si-Yü Ki. La traduction de cette préface par feu Stanislas Julien défendue contre la nouvelle traduction du P. A. Gueluy. gr. 8. (203 S.) Leiden 896. Buchhdlg. u. Druckerei vorm. E. J. Brill. n.n. 10. —

Schlegel, Gust., u. Frz. Kühnert. Die Schu-King-Finsterniss. gr. 4. (20 S.) Amsterdam 889, Johs. Müller. * 1 20
Aus: Letterk. Verh. d. k. Akad. d. Wetenschapen te Amsterdam, besonders abgedruckt.

Schlegel, Gust., Sing chin khao youen. Uranographie chinoise ou preuves directes que l'astronomie primitive est originaire de la Chine, et qu'elles a été empruntée par les anciens peuples occidentaux a la sphère chinoise. Ouvrage accompagné d'un atlas céleste chinois et grec. 2 prts. gr. 8. (XIV, 929 S.) La Haye 875. Nijhoff. n. 34. —

— Sinico-Aryaca ou recherches sur les racines primitives dans les langues chinoises et aryennes. Etude philologique. [Aus: „Transactions de la Société des arts et des sciences à Batavia."] hoch 4. (XVI, 181 S.) Ebend. 872. n.n. 6. 75

— la stèle funéraire du Teghin Giogh et ses copistes et traducteurs chinois, russes et allemands, s.: Mémoires de la société finno-ougrienne, III.

— s.: Toung pao.

Schlegel, G., nederlandsch-chineesch Woordenboek met de Transcriptie der chineesche Karakters in het Tsiang-Tsiu Dialekt. 4 Deele. Lex.-8. (Deel 3. Aflivering 1.: 368 S.) Brill 882. Leiden. n.n. 130. —

Schlegel, H., Kriegerliederheft. Eine Sammlg. patriot. vierstimmiger Männerchöre. Den deutschen Kriegervereinen gewidmet vom Hrsg. 16. (48 S.) Stuttgart 888. Kohlhammer. n. — 40

Schlegel, Hans, a. Niederroßla i. S.-Weimar: Über das metallische Calcium. Weida i. Thür. 1906: Thomas & Hubert. (69 S.) 8°

Leipzig, Phil. Fak., Ref. Beckmann-Ostwald, Diss. v. 30. Aug. 1906

[Geb. 28. Okt. 82 Niederroßla (S.-Weimar); Wohnort: Niederroßla; Staatsangeh.: Sachsen-Weimar; Vorbildung: Oberrealsch. Coburg Primareife O. 04; Studium: Leipzig 8 S.; Rig. 17. Juli 06.]

Schlegel, Hermann

Schlegel's, Herm., Lebensbild, s.: Köhler, H.

Schlegel, Herrm., Abbildungen neuer od. unvollständig bekannter Amphibien, nach d. Leben entworfen u. mit e. erläut. Texte begl. 1—4. Decade. Fol. u. Text, gr. 8. Düsseldorf, Arnz u. Comp. [1. (10 ill. Stnt. u. 2 B.) 837., 2. (10 ill. Stnt. u. 2 B.), 3. (10 ill. Stnt. u. $2\frac{1}{2}$ B.) 839., 4. (9 ill. u. 1 schw. Stnt. u. $1\frac{1}{4}$ B.) 840. à * 3 Thlr.] *

Schlegel, Herrm., Abbildungen neuer oder unvollständig bekannter Amphibien, nach d. Natur od. dem Leben entworfen u. m. e. erläut. Texte begleitet. 5. Decade (Schluss.) Fol. (10 ill. Stnt. u. 2 B. Text in gr. 8.) Düsseldorf 844, Arnz u. Comp. *
1—4. Decade. Ebendas. 1837—40. * 12 Thlr.

—— Abhandlungen aus d. Gebiete d. Zoologie u. vergleich. Anatomie. 1. Hft. kl. Fol. ($11\frac{1}{2}$ B. u. 6 Stnt.) Leiden (Düsseldorf) 841, Arnz u. Comp. *

Schlegel, Herm., Abhandlungen aus dem Gebiete der Zoologie und vergleichenden Anatomie. 2. und 3. (letztes) Heft. gr. 4. (32 S. und 9 ill. Stnt. in hoch 4. und qu. gr. Fol.) Leiden 851. (Düsseldorf), Arnz und Comp. *
1. Heft. Ebendas. 1841. * 2 Thlr.

— et C. **Temminck,** Animalia vertebrata, s.: Siebold, Ph. F., Fauna Japonica.

—— Bemerkungen auf e. Ausflug nach Paris im J. 1835. 8. ($7\frac{1}{2}$ B.) Altenburg 837, [Pierer.]

—— Essai sur la physionomie des serpens. Ouvrage accomp. d'un Atlas, cont. 21 plchs. et 3 cartes (Fol. et 1 Tabl., en Imp.-Fol.) 2 Vol. gr. in-8. ($57\frac{1}{2}$ B.) Amsterdam 837. (Leipsic, T. O. Weigel.) *

– et C. Temminck, Fauna Japonica, } s. Siebold, Ph. F. v.

—— Histoire naturelle des oiseaux etc., s. Histoire.

— et Ch. L. **Bonaparte,** Monographie des Loxiens, siehe: Bonaparte.

Schlegel, Hermann, s. Susemihl, J. C.: Die Vögel Europas.

— et J. A. **Verster van Wulverhorst,** traité de fauconnerie, Ouvrage orné de 17 planches dessinées et gravées par J. B. Sonderland, M. Wolf. Allais et autres artistes et exécutées sous la direction de Mr. A. Arnz. 1. Livrs. Roy.-Fol. (6 color. Taf. u. Text.) Leyden 845. (Leipzig, Fr. Fleischer.) n. $18\frac{1}{3}$ ₰

— et J. A. **Vester van Wulverhorst,** traité de fauconnerie, ouvrage orné de 17 planches dessinées et gravées par J. B. Sonderland, M. Wolf, Allais et autres artistes et exécutées sous la direction de Mr. A. Arntz. 2. livr. Roy. Fol. (6 col. Taf. u. 12 B. Text.) Leyden 847. (Leipzig, F. Fleischer.) n. $18\frac{1}{3}$ ₰ (2 livrs. n. $36\frac{2}{3}$ ₰)

Schlegel, H., et J. A. Verster van Wulverhorst, Traité de fauconnerie. Ouvrage orné de 17 planches dessinées par J. B. Sonderland, M. Wolf et autres artistes. 3. Livr. Imp.-Fol. (X und S. 57—92 mit 4 Stnt., wovon 2 ill. und 2 in Tondr., und lithogr. Titel in Tondr.) Leide und Dusseldorf 853, Arnz und Comp. **
Livr. 1 et 2. Le même. 1845, 47. à Livr. * 18 Thlr. 10 Ngr.

—— kritische Uebersicht der europäischen Vögel. A. u. d. T.: Revue critique des oiseaux d'Europe. Lex.-8. ($16\frac{1}{2}$ B.) Leiden 844, Arnz u. Comp. (Leipzig, Friedr. Fleischer.) *

Schlegel, J. B., Schlüssel zur Ewe-Sprache, dargeboten in den grammatischen Grundzügen des Anlo-Dialekts derselben, mit Wörtersammlung nebst einer Sammlung von Sprüchwörtern und einigen Fabeln der Eingebornen. gr. 8. (XXIV und 328 S.) Stuttgart 857. (Bremen, Valett und Comp.) *

Schlegel, J. W., neueste Anleitung zum Anbau des Hopfens. Ein leicht faßlicher Rathgeber für Jedermann. Aus 15jähr. prakt. Erfahrungen entnommen. Stuttgart 867. Cohen & Risch. gr. 8. (60 S. mit eingedr. Holzschn.) $12\frac{1}{2}$ ngr.

Schlegel, Iacobus (geb. am 27 Aug. 1822 in Koblenz): De sutura circumvoluta in operatione fistulae vesico-vaginalis adhibenda ... Bonnae, typ. C. & F. Krüger 1848. 31 S. 8.
Bonn, Med. Fak., Diss. v. 11 Apr. 1848

Schlegel, Johs., zur Casuistik d. angeborenen Darmverschlusses u. der foetalen Peritonitis. Beobachtung aus dem Jenner'schen Kinderspital in Bern. Diss. gr. 8. (48 S. m. 1 Taf.) Uster-Zürich 891. (Bern, H. Koerber.) n. 1.—

Schlegel, Johann Adolf. s. Banier: Götterlehre.

Schlegel, Johann Adolf. s. Batteux: Einschränkung d. schönen Künste ...

– s. Beaumont: Ausz aus d. alten Geschichte.

— Einweihungspredigt von d. wahren Würde d. christl. Gotteshäuser. 8. Hannov. 784. Hahn. 3 gr.

Schlegel, Joh. Adolph, zwey Erndtepredigten. 8. Hannover, Hahn. 785.

Schlegel, Jh. Ad., († d. 16. Sept. 1793.) Fabeln u. Erzähll.; hrsgg. v. Karl Chr. Gärtner. 8. Leipz. 769. Dyck. 16 gr.

— verm. Gedichte, 2 Bde. 8. Hannov. Ritscher. (Hahn.) 787—89. (à 1 Rthl.)

– s. Gellert: Schriften 6.-9. Thl.

– s. Gellert: Moral. Vorlesungen.

– s. Giseke. N. D.: Predigten.

— kurzer Grundriß der Lehren der christl. Religion. 8. Hannov. 779. (Hahn). 3 gr.

— Leidensgeschichte Jesu Christi in ihrer harmon. Ordnung aus d. Erzähl. aller 4 Evangelisten neu übersetzt u. mit Anmerkk. erläutert. gr. 8. Leipz. 775. Dyck. 1 4 gr.

— Leidensgesch. unsres Herrn Jesu Christi in ihrer harmon. Ordnung aus d. Erzähl. aller vier Evangelisten übers. 8. Wien 793. (Linz, Akad. Buchh.) 3 gr.

— oratio qua demonstratur superstitionum et profanam relig. neglect. etc. 4. Leipz. 755. Dyck. 4 gr.

— (8) Predigten über den apostel. Segenswunsch: Der Friede Gottes zc. gr. 8. Leipz. 769. Dyck. 8 gr.

— drey Predigten b. s. Amtsveränd. 8. Hannov. Schmidt. (Hahn.) 776.

— Predigten üb. d. lebend. Erkenntn. in d. Religion. gr. 8. Lpz. Crusius. (F. C. W. Vogel.) 771.

— Predigten üb. d. Leidensgeschichte J. C. 3 Bde. gr. 8. Leipz. Dyk. 773—74. (I. 20 gr. II. 1 Rthlr. 4 gr. III. 1. 16 gr. III. 2. 20 gr.)

— 2 Predigten von Jesu Christo, als unserm Leben; u. von d. Namen Jesu. 8. Hannov. 775. Hahn. 3 gr.

— zwey Predigten v. Jesu Christo rc. 8. Hannov. Schmidt. (Hahn.) 775.

Schlegel, J. A., Samml. geistl. Gesänge z. Beförderung d. Erbauung. 3 Thle. gr. 8. Leipz. Weidmann. 766—772. (1r 10 gr. 2r 8 gr. 3r 14 gr.)

— Samml. e. Predigten. 3 Thle. gr. 8. Leipz. Weidmann. 754—67. (1r 2r à 20 gr. 3r 1 Rthl. 4 gr.)

— neue Samml. einiger Predigten über wichtige Glaubens- u. Sittenlehren. 4 Bde. gr. 8. Leipz. 778—786. (W. Vogel). 3 rthl. 22 gr.

— Taufrede bei der Taufe E. A. Reblichs im J. 1779 gehalten. 8. Hannov. 779. Hahn. 2 gr.

— kurzgef. Unterr. in der christl. Religion. 8. Hannov. Ritscher. (Hahn.) 790.

— der Unzufriedene, ein episches Lehrgedicht. 8. Hannov. 789. (Hahn). 16 gr.

— Weissagungen Jesu von der Zerstörung Jerusalems, erläutert u. mit der Geschichte verglichen. 8. Leipz. 775. Weidmann. 1 rthl. 6 gr.

Schlegel, Johann Adolph August: De recta ratione juvenes in scholis inferioribus litteris graecis et latinis imbuendi.
Halle-Wittenberg, Phil. Diss. v. 19. April 1821
Geb. [Bothfeld (Landkr. Hannover) 10. 10. 1788]
Ms. fehlt. Verf. wurde abwesend promoviert.

Schlegel, Johann August

Schlegel, Jh. Aug., († im Mai 1776.) von der Beschaffenheit der Größe u. den Ursachen d. Leiden Jesu. gr. 8. Braunschw. 764. (Schulbuchh.) 8 gr.

— Predigten f. Landleute üb. die Evangelia u. alle Sonn- u. Festtage im Jahre. 4 Thle. gr. 8. Leipz. 773—75. Dyck. 3 rthl.

— vier Predigten über verschied. Materien. gr. 8. Leipz. 758. Dyck. 4 gr.

Schlegel, Johann Christian Traugott

Schlegel, Jh. Chr. Trgtt., deutsches Apothekerbuch nach d. Pharmacop. Danica ausgearb. 8. Gotha 776. 2e A. 793. 3e mit J. C. Wiegleb bearb. u. verb. Aufl. 2 Thle. gr. 8. Ebd. 797. 4e Aufl. 804. Ettinger. 3 rthl.

— Collectio opusculor. selector. ad medicinam forensem spect. 6 Vol. 8. Lips. Schneider. (Linke.) 784—91.

SCHLEGEL, J. C. Th.: Collectio opusculorum selectorum ad medicinam forensem spectantium. T. I—VI. *Lips.* 784—92.

Schlegel, J. Collectio opusculorum selectorum ad medicinam forensem spectantium.
Lipsiae 1785—91. 4 Bde.

Schlegel, Johann Christian Traugott (Ed.):

s.: Doeveren, Walther van: Primae lineae cognoscendis mulierum morbis... Lipsiae: 1786

Schlegel, Johann Christian Traugott, s. Klöckhof: Opuscula.

Schlegel, Johann Christ(ian) Traugott (Ed.):

s.: Lieutaud, Joseph: Historia anatomico-medica... Recensuit quondam, et suas observationes...adiecit...Antoine (Baron) Portal. Vol.1, 3. Longosalissae, Gothae et Amstelodami: 1786 - 1802

JB 690

Medicinische Litteratur [Literatur]für practische Aerzte. Von Johann Christian Traugott Schlegel. Th. 1 - 12. Leipzig: Schneider 1781 - 87. 6 Bde 8°

Th.1. 2: 1781.
Th.3. 4: 1782.
Th.5. 6: 1783.
Th.7: 1784.
Th.8-10: 1785.
Th.11: 1786.
Th.12: nebst Reg. über alle 12 Th. 1787.

Forts. s. Literatur, Neue medicinische. Bd 1 ff. 1787 ff.

Neue medicinische Litteratur [Literatur].Hrsg. von Joh[ann] Christ[ian] Traug[ott] Schlegel u. Justus Arnemann. (Bd 3 ff. von Joh. Christ. Traug. Schlegel.) Bd 1 - 4. Leipzig: Schneider 1787 - 94. 8°

Bd 1, St. 1 - 4: 1787 - 89.
Bd 2, St. 1 - 4: 1789 - 90.
Bd 3, St. 1 - 4: 1791 - 92.
Bd 4, St. 1 - 4: 1792 - 94.

Anf.s. Literatur.- Medicinische Litteratur f. practische Aerzte. Th. 1-12. 1781 - 87.

Forts.s. Uebersicht der neuesten medicinischen Literatur. Bd 1. 1795.

Schlegel, Chr. Tr. (Resp.): Pr. ad dissertationem de metastasi in morbis., s.a. Baldinger, Er. Gttf. (Praes.)

— Diss. de metastasi in morbis. Pars I. 4. Jena 771. Gollner. 4 gr.

— s. Rouppe: Vom Scorbut.

— s. Scopoli, J. A.: De hydrargyri

— s. Simson, Th.: De re medica.

— s. Sylloge operum minorum.

Schlegel, Jo. Chr. Tr., Sylloge selectiorum opusculorum de mirabili sympathia quae partes inter diversas corporis humani intercedit. 454 pp. Lps. 8°. Comm. Lps. XXIX, 154. Darin: 1. J. Pet. *Michell*, De mirabili, quae caput inter et partes generationi dicatas intercedit, sympathia. Lugd. 1781. 2. P. *Gas*, de sympathia inter pectus et ventriculum. Lugd. 1784. 3. D. *Vergens*, de sympathia inter ventriculum et caput, praecipue in statu praeternaturali. Lugd. 1784. 4. Jac. *Anemaet*, De sympathia quae mammas inter et uterum intercedit. Lugd. 1784. 4°.

1787

— sylloge selectiorum opusculorum de mirabili sympathia, quae partes inter diversas corporis humani intercedit. 8. Leipz. 787. Linke. 20 gr.

Schlegel, Johann Christian Traugott: Thesaurus materiae medicae et artis pharmaceuticae Tom.1 - 2, gbd.

Lipsiae: Schwickert 1793 - 1794

JB 1.464

— Thesaurus materiae medicae et pharmaceuticae. III Tmi. 8. maj. Lps. Schwickert. (à 1 Rthlr. 4 gr.) 1793-97.

Schlegel, Jo(hann) Christ(ian) Traug(ott): Thesaurus pathologico-therapeuticus: exhibens scripta rariora et selectiora auctorum et indigenorum et externorum... Vol.1, Pars 1-2, 540 S., gbd.

Lipsiae: Schneider 1789

JB 2.284

— Thesaurus pathologico-therapeuticus. Vol. I. p. 1—3. et Vol. II. p. 1. 8. maj. Lps. Schneider. (Linke.) 788. 90.

— Thesaurus semiotices pathologicae. III Voll. 8. Stendal 788—802. Franzen u. Gr. 3 ℛ

— s. Tronchin, T.: De eolica.

— Uebers. d. neuesten medicin. Literatur. 1r Bd. 3 Stck. Chemnitz, Hoffmann. (Mauke.) 795. (à 12 gr.)

— Uebersicht der neuesten medicin. Literatur. 1r Bd. 3 Stcke. 8. Chemnitz 795. (Starke). 1 ℛ 12 gr

Schlegel, Johann Christoph (Saalfeld) A. S. 1155/4a

Dissertatio inauguralis medica de cachexia scorbutica.
Präs. Johann Adolph Wedel.
Jena (Ritter) VII. 1719. 20 S.

Gew.: David Simon, Johann Jakob Schlegel (Vater).
W. v.: Präs., Georg Wolffgang Wedel, David Simon, Johann Heinrich Bartholomaei, Johann Gotthelf Rosa.

30538

Schlegel, Johann Christoph (Saalfeld) A. S. 1272/10

Dissertatio medica de peripneumonia, empyemate, et abscessibus internis, ex epitome praxeos clinicae Georgii Wolffgangi Wedelii.
Präs. Georg Wolffgang Wedel.
Jena (Krebs) XII. 1717. 20 S.

W. v.: Präs. 30537

Schlegel's, Joh. Elias, Lebensbild, s.: Wolff, Eug.

Schlegel, Johann Elias

— Agamemnon u. Coriolan. 2 Trspie. gr. 8. Kopenh. 760. Pelt. 1 ℛ

Schlegel, Joh. El., Beyträge z. dänischen Theater 1) die lange Weile, 2) d. stumme Schönheit, 3) d. Triumph d. guten Frauen. 8. Kopenh. Rothe. 748.

— der Fremde, eine Wochenschrift. gr. 8. Kopenh. Proft. 745.

Schlegel, Jh. El., († d. 23. Aug. 1749.) Leben; hrsgg. von Jh. Hnr. Schlegel. gr. 8. Kopenh. 770. (Brummer). 4 gr

Schlegel, Joh. Elias, aesthetische und dramaturgische Schriften, s. Litteraturdenkmale, deutsche, des 18. und 19. Jahrh.

— Werke; herausgg. von J. H. Schlegel. 5 Bde. gr. 8. Kopenh. 771. (Brummer). 5 ℛ

— theatralische Werke, herausgegeben von J. H. Schlegel. 5 Bde. gr. 8. Kopenh. Proft. 771.

Schlegel, Johann Friedrich (Wurzen) A. S. 72/10

Examen doctrinae communis de mandato speciali et actibus, qui sine eo a procuratore in iudicio peragi nequeunt. Präs. Michael Heinrich Gribner.
Wittenberg (Meyer) 9. VI. 1712. 40 S. 30542

Schlegel, Johann Friedrich (Wurzen) A. S. 817/18

Meditationes de obligatione reciproca parentum et liberorum ad alimenta praestanda.
Präs. Karl Gottfried Ittig.
Leipzig (Titius) 2. III. 1709. 24 S. 30540

Schlegel, Johann Friedrich (Wurzen) A. S. 66/11

Observationes miscellaneae ad literas Carol. V. imperat. quibus res a Ludovico com. pal. Rhen. interrege gestas ratas habuit. Präs. Michael Heinrich Gribner.
Wittenberg (Meyer) 19. XII. 1711. 16 S. 30541

Schlegel, Jo. Friedrich (Wurzen) A. S. 88/5

Utrum fratres instituta querela inofficiosi testamenti probare teneantur se non fuisse ingratos.
Präs. Michael Heinrich Gribner. Ed. 2.
Wittenberg (Gerdes) 1718. 14 Bl.

Diss. 19. VIII. 171o. 30543

Schlegel, Johann Friedrich Wilhelm

— Diss. de discrimine inter possessionem bonae et malae fidei etc. 8maj. Kopenh. 791. (Brummer). 4 gr

— de discrimine inter possessionem bonae et malae fidei etc. 8. maj. Copenh. Proft. 791.

Schlegel, J. F. W., Comment. de eo, quod justum est circa emigrationem civium. 4. Götting. 787. Brose. 4 gr

Schlegel, Johann Friedrich Wilhelm. s. Lögbók.

Schlegel, J. F. W., Staats-Recht d. Königr. Dänemark u. der Herzogth. Schleswig, Holstein u. Lauenburg, mit steter Berücksichtig. d. ältern Verfassung dies. Länder. A. d. Dän. übers. v. F. H. W. Sarauw. 1. Thl. gr. 8. (43 B.) Schleswig 829, Taubstummen-Institut.

Schlegel, (Prof.), über die staatsrechtliche Verbindung d. Herzogthümer Schleswig u. Holstein u. über die Ansprüche beyder Länder auf eine ständische Verfassung. A. d. Franz. übers. u. mit Anmerk. begleitet von N. Falck. gr. 8. Kiel, akadem. Buchh. 816.

Schlegel, F. W.: Ueb. d staatsrechtl. Verbind. d. Herzogthh. Schleswig u. Holstein u. üb. d. Ansprüche beid. Länder auf e. ständ. Verfass.; a. d. Fr. m. Anmerkk. v. N. Falk. *Kiel*, **akad. B. 817. gr. 8, (10 Gr.)**
Vgl. V e r b i n d u n g, ...

Schlegel, Johann Heinrich

Schlegel, J. H. Ueber den Begriff des Romantischen. **Wertheim, G., 1878. 36 S. 4. Progr.**

Schlegel, Johann Heinrich (Wurzen) **A. S. 147/24**

Dissertatio inauguralis de eo, quod iustum est circa ritum et formulam Aeroniticam in ecclesia benedicendi.
Präs. Gottfried Ludwig Mencken.
Wittenberg (Gerdes) V. 1718. 72 S. **30546**

S c h l e g e l essai historique sur les arts et sur leurs progrès en Danemark. 8. Copenhagen. (Günther, Glogau.) 778.

Schlegel, Joh. Heinrich. Geschichte der Könige von Dänemark aus dem Oldenburgischen Stamme, durch Johann Heinrich Schlegel, mit ihren Bildnissen nach den Originalen gestochen von Johann Martin Preisler ... Kopenhagen 1769[—1777]. Gedruckt ... bey Niclaus Møller.
2 Bde. 2°.
I 1769: Tit., 3 Bl., 286 S., 1 Bl.: 6 Taf. in Kupferst.
II 1777: Tit., 5 Bl., 160 S., 2 Taf. in Kupferst.
Zwei Bildnisse gestochen von O. H. de Lode 1755 u. 1757
Graesse VI, 1, 306.

— Geschichte der Könige v. Dänemark aus d. Oldenburg. Stamme. Mit ihren Bildnissen. 2 Bde. Fol. Leipz. 769—777. (1r Thl. 2e Aufl. 771.) Dyck. 10 ₰ (Brummer in Kopenh.) 5 ₰

Johann Heinrich Schlegel. Die tragische Ironie bei Sophokles. I. Teil. 46 S.
Derselbe. Die tragische Ironie bei Sophokles. II. Teil. 1. Abt. 59 S.
Derselbe. Die tragische Ironie bei Sophokles. II. Teil. 2. Abt. 71 S.
Tauberbischofsheim, P 1869. 1870. 1872

Schlegel, J. H., die tragische Ironie bei Sophokles. 8. (IV, 177 S.) Tauberbischofsheim 874. Lang. 2. -

Schlegel, Johann Heinrich (Wurzen) **A. S. 185/24**

De iure suffragandi principum imperii usu intermisso non pereunte dissertatio.
Präs. Michael Heinrich Gribner.
Wittenberg (Gerdes) I. 1716. 40 S.

Gew.: Johann Aegidius von Alemann. **30545**

— observationes criticae et histor. in Cornel. Nepotem. 8maj. Kopenh. 778. ... 16 gl

J. H. Schlegel. Platonis dialogum, qui inscribitur Phaedrus, exposuit et explanavit. 50 S.
Offenburg, P 1854

Derselbe. De Phaedro Platonico. 45 S. Offenburg, P 1855

Schlegel, Johann Heinrich: Über die Dänischen R e i c h s - r ä t h e von der Reformation bis zu Einführung der Souverainität und über die angesehensten adlichen Familien in ältern und neuern Zeiten. Kopenhagen. 1774. 8°

— dän. Reisebeschreibb. u. andere denkwürd. Handschriften in d. dän. Geschichte ans Licht gestellt u. erläutert, u. nun übersetzt. gr. 8. Leipz. 776. Dyck. 21 gl

S c h l e g e l. Die neuere Romantik in ihrem Entstehen und ihrer Beziehung zur Fichte'schen Philosophie. Wertheim, L., 1863. 66 S. **Progr.**

Schlegel, Johann Heinrich: S a m l u n g zur Dänischen Geschichte, Münzkenntniss, Oekonomie und Sprache. (Mit Kupfern.) Bd. 1, Stück 1–4, Kopenhagen, 1771–73. Bd. 2, Stück 1–4. Ebd. 1774–76. 8°

Schlegel, Johann Heinrich, s. S c h l e g e l , Joh. El.: Leben u. Dess. Werke.

Johann Heinrich Schlegel. Die neuere romantische Schule in ihrem Entstehen und in ihren Beziehungen zur Fichteschen Philosophie. I. Teil. 82 S.
Derselbe. Die neuere romantische Schule etc. II. Teil, 1. Abt. 66 S.
Derselbe. Die neuere romantische Schule etc. II. Teil, 2. Abt. 57 S.
Rastatt, P 1862–1864

Schlegel, Johann Heinrich (Wurzen) **A. S. 1356/34**

Selecta de vita et scriptis Ioannis Bodini.
Präs. Polycarp Leyser.
Wittenberg (Kreusig) 20. IV. 1715. 8 Bl. **30544**

— s. S l a n g e n , Niels: Geschichte Christians IV.

Schlegel, Jh. Hnr., s.
Trauerspiele, aus d. Engl. — s. Jak. Thomson, Sophonisbe.

S c h l e g e l , Über die Vortheile und Mängel des Dänischen in Vergleichung mit dem Französischen und Deutschen. Übersetzt mit Anmerk. von Funk. Schlesw. 764. 8. 4 gr.

Schlegel, Johann Heinrich.
Über die Vortheile und Mängel des Dänischen . . . A. d. Dän. Schleswig 1764. Ü: *Funck*, *Gottfried Benedict.* (Ky) (MGT) »Abhandlung über die« (Rüdiger, Neuest. Zuwachs. Liegnitz 1782—93. IV, 173.)

S c h l e g e l, Joh. Heinr., Abhdl. üb. Vortheile u. Mängel d. Dänischen. 8. Schleswig. 767.

Schlegel, Johann Jakob

Schlegel, J. J., Grundzüge f. e. St. Gallischen Schulbuch-Plan. Ein Vorschlag zur Prüfg. 8. (25 S.) St. Gallen 872. Scheitlin & Zollikofer. — 45

— die Lehrerbildungsanstalten, s.: Kinkelin, H, Statistik d. Unterrichtswesens in der Schweiz im J. 1871.

— die schweizerischen Lehrerbildungsanstalten. Kurze Geschichte, Organisation u. Statistik derselben. [Aus: „Allgemeine Beschreibg. u. Statistik der Schweiz."] gr. 8. (II, 146 S. m. 2 Tab. in qu. 4.) Zürich 874. Orell, Füssli & Co. n. 4. —

Schlegel, J. J., Mittheilungen üb. das schweizerische Schulwesen. [Berichtsjahr 1874/75.] [Aus: „Dittes' pädagog. Jahresber. 27. Bd."] gr. 8. (92 S.) Leipzig 875. Brandstetter. n. — 80

Schlegel, Joh. Jak., das Schulbuch für schweizerische Volksschulen. Ansichten über Charakter, Grundanlage, äußere Einrichtung und Abfassung desselben, sowie über seine Stellung zu den Elementar-Unterrichtsfächern. Eine Konferenzarbeit. St. Gallen 853. Scheitlin u. Zollikofer. 8. (56 S.) 6 ngr.

Schlegel, J. J., drei Schulmänner der Ostschweiz. Lebensbild von J. Rud. Steinmüller, Antistes, u. biographische Skizzen über H. Krüsi u. J. J. Wehrli, Sem.-Direktoren. Zugleich ein Beitrag zur schweizerischen Schulgeschichte. gr. 8. (283 S.) Zürich 879. Schultheß. n. 3. 20

Schlegel, Johann Karl Fürchtegott

Schlegel, Joh. K. Fürchtegott, üb. Ehescheidung besonders der Ehescheidung d. Dispensation. gr. 8. Hannover, Hahn. 780.

Schlegel, Jh. Karl Fürchtegott, († d. 13. Nov. 1831.) über Ehescheidung, besond. Ehescheidung durch Dispensation. gr. 8. Hannov. 800. Hahn. 9 gr

SCHLEGEL, J. K. Fchtg.: Ueber Ehescheid., bes. d. Ehescheid. durch landesherrl. Dispensation. *Hann.*, Hahn, 809. gr. 8. (9 Gr.)

— üb. den Geist der Religiosität aller Zeiten u. Völker. 2 Bde. Mit 1 Kpf. 8. Hannov. 819. Hahn. 2 Rthl 18 gr

Schlegel, Joh. Karl Fürchtegt., Kirchen- u. Reformationsgeschichte v. Norddeutschland u. den Hannover. Staaten. 1. Bd. — A. u. d. T.: Kirchengesch. v. Norddeutschland, v. Einführung d. Christenthums bis zur Reformation mit besond. Hinblick auf d. Hannover. Staaten. gr. 8. (29 B.) Hannover 828, Helwing.

—— dass. 2. Bd. — A. u. d. T.: Reformationsgesch. d. Hannover. Staaten v. ihrem ersten Beginnen bis zum westphäl. Frieden, mit Hinblick auf d. Gang d. Reformation im Allgemeinen. gr. 8. (56 B. u. 1 Facsimile Hrzg. Julius v. Braunschweig-Lüneburg.) Ebds. 829.

—— dass. 3. Bd. — A. u. d. T.: Neuere Kirchengesch. d. Hannover. Staaten v. 1650 bis zum Schlusse d. J. 1830, mit stetem Hinblick auf d. allgem. Kirchengesch. gr. 8. (47 B.) Ebds. 832.

SCHLEGEL, J. K. Fürchteg.: Churhannöver. Kirchenrecht. 5 Thle. *Hannover*, Hahn. 801 — 6. gr. 8. (8 Thl. 18 Gr.)

Schlegel, Joh. Karl Fürchtegott: Churhannöversches Kirchenrecht. Th. 1—5. Hannover 1801—06. 5 Bde

Th. 5. [Nebentit.:] Von den Einkünften, Berechtigungen und Immunitäten der Kirchen- und Schuldiener auch deren Wittwen bes. in Bez. auf die Churhannöverschen Lande.

SCHLEGEL, J. K. Fürchteg.: Rede, gehalten in der 2. Kammer d. allgem. Stände-Versamml. d. 14. April 1831, in Bezieh. auf d. Petition der Aeltesten u. Vorsteher der hies. Israelit. Gemeinde wegen Ertheil. der staatsbürgerl. Rechte an d. Israeliten des ganzen K. Hannover gegen d. Uebernahme aller bürgerl. Pflichten. *Hannover*, Helwing. 831. gr. 8. (4 Gr.)

Schlegel, (J. K. F.,) üb. Schulpflichtigkeit u. Schulwesen, nebst einer kurzen Geschichte des Schulwesens, zunächst in Absicht der Hannov. Lande. gr. 8. Hannov. 824, Hahn.

Schlegel, Johann Rudolf

Schlegel, Joh. Rud., vollst. Kirchengeschichte d. 18. Jahrh. 3 Bde. gr. 8. Heilbronn, Eckebrecht. (Class.) 784-96.
(d. 3e Theil hat auch den Titel: Mosheims Kirchengeschichte. 7r.)

Schlegel, Johann Samuel Benedikt

Schlegel, Jh. Sam. Bdkt., († d. 9. Oct. 1804.) Tagebuch seines mit Schröpfer gepflogenen Umgangs, nebst Briefen u. e. Charakterschilderung Schröpfers; hrsgg. v. Karl Frz. Köhler. 8. Berl. 805. (Köhler in Leipz.) 1 Rthl 4 gr

Joh. Sam. Bened[ikt] **Schlegels** Tagebuch seines mit J. G. Schrepfer [!] gepflogenen Umgangs, nebst Beyl., vielen Briefen und einer Charakterschilderung Schrepfers, zu deutlicher Übersicht seiner Gaukeleyen und natürlichen Magie. [Hrsg. von K. F. Köhler.] Berlin u. Leipzig: [Köhler] 1806. VIII, 213 S. 1 Taf. 8°

cf. AJ. 2 (1805—1806) S. 112—117.
Kl. 8350. Die Beilagen enthalten Briefe.
23. 25.

Schlegel, Johann Wilhelm (Übers.u.Comm.):

s.: Mulder, John: Litterärische und kritische Geschichte der Zangel und Hebel in der Geburtshülfe. (Historia litteraria et critica forcipum et vectium obstetriciorum. Dt.) Leipzig: 1798

JB 6.644

Schlegel, Jh. Wlh., († ...) Specimen I. et II. Fragmentorum ex geographia nosocomiorum atque institutorum ad artem obstetriciam spectant. 4. Leipz. 800, 801.

Julius Heinrich Gottlieb Schlegel

Ein Beitrag zur nähern Kenntniß der Albinos. Von Julius Heinrich Gottlieb Schlegel. Meiningen: Keyßner 1824. IV,148 S. 8°

— Briefe einig. Aerzte in Italien üb. das Pellagra, s. Pellagra.

Schlegel, Jul. Heinr. Gottl., Briefe einiger Aerzte in Italien üb. d. Pellagra. gr. 8. Jena, Göpferdt. 807.

Schlegel, J. H. G., s. Doussin-Dubreuil, Darstellung d. Ursachen u. Heilmittel d. Verschleimungen.

Schlegel, J(ulius) H(einrich) G(ottlieb): Fieberlehre oder theoretisch-praktisches Handbuch zur Erkenntniß und Behandlung der Fieber. 584 S., gbd.

Erfurt: Keyser 1824

JB 2.460

— Fieberlehre rc., s. W. F. Dreyßig, Handwörterbuch. IV, 2.

Schlegel, Jul. Heinr. Gtli., das Heimweh u. d. Selbstmord. 2 Thle. gr. 8. (27¼ B. u. 2 Musikbeil.) Hildburghausen 835, Kesselring'sche Hofbuchh.

Jul. Henr. Gli. Schlegel historia litis de identitate miasmatis venerei ac gonorrhoici Jenae 1795 4. — *German.* Versuch einer Geschichte des Streites über die Identität des Venus- und Trippergiftes. Jena 1796. 8.

SCHLEGEL, J. H. G.: Materialien für d. Staats-Arzneiwissenschaft und pract. Heilkunde. *Jena*, Göpfert. 1. Samml. 800. 8. 2. Samml. 801. (1 Thl. 8 Gr.)

Schlegel, J. Materialien f. d. Staatsarzneiwissensch. u. prakt. Heilkunde 1.—7. Samml. Jena 1800—07. 2 Bde.

Schlegel, Julius Heinrich Gottlieb: Materialien für die Staatsarzneiwissenschaft und praktische Heilkunde. Sammlung 1 - 8, gbd., Abb.

Jena: Goepferdt 1800 - 1809

JB 5.445

— Materialien für die Staatsarzneiwissenschaft u. prakt. Heilkunde. 1e — 8e Samml. gr. 8. Jena 800 — 809. (Schmid).

Schlegel, J. H. G., neue Materialien f. die Staatsarzneywissenschaft u. prakt. Heilkunde. 1r Bd. gr. 8. Meiningen, Keyßner. 819.
Auch unter dem Titel:
Materialien für die Staatsarzneywissenschaft ꝛc. 9te Sammlung.

— Materialien f. d. Staatsarzneiwissenschaft u. prakt. Heilkunde. 10e Samml. A. u. d. T.: Neue Materialien ꝛc. 2r Bd. gr. 8. Meiningen 823, Keyßner. 1 Rthl. 4 gr. 1e — 9e Samml.

—— neue Materialien f. d. Staatsarzneiwissenschaft u. prakt. Heilkunde. 4. Bd. gr. 8. (32 B. u. 2 Stnt.) Meiningen 835, [Blum.]
1 — 3. Bd. Ebendas. 1819 — 23. 3 Thlr. 12 Gr.

– Materialien für die Staatsarzneiwissenschaft und prakt. Heilkunde. 4r Bd. Mit 2 lithogr. Zeichnungen. gr. 8. Meiningen 835. Keyßner. 1½ ℛ (1r — 3r Bd. 3½ ℛ)

Schlegel, Jul. Heinr. Gtli., die Mineralquelle zu Liebenstein, ꝛc. histor.-topograph. u. heilkund. Versuch. gr. 8. (13 B.) Meiningen 827, Keyssner.

Schlegel, Julius Heinrich Gottlieb. s. Ramazzini: Krankheiten d. Künstler.

— Reise durch das mittägl. Deutschland u. Italien. (Neue Ausg.) Mit Kpf. 8. Gieß. 807. Tasché. 1 ℛ 16 gr. (Vergl. Reise durch e. Theil des mittägl. Deutschland.)

Schlegel, Juls Henr. Glieb. Reise durch einige Theile vom mittäglichen Deutschland u. dem Venetianischen. Erfurt 1798. 8.

– s. Ruggieri: Geschichte.

Schlegel, Julius Heinrich Gottlieb: Sammlung aller Sanitätsverordnungen für das Fürstenthum Weimar bis zu Ende des Jahres 1802. 174 S., gbd.

Jena: Göpferdt 1803

JB 5.446

— Samml. aller bis Ende 1802 für das Fürstenth. Weimar erschienen Medicinalverordnn. gr. 8. Jena 803. (Schmid). 16 gr.

Schlegel, Julius Heinrich Gottlieb (Übers. u. Comm.):

s.: Troussel-Delvincourt, J(ean) F(rédéric) A(lphonse): Erste Hülfsleistungen in plötzlich-lebensgefährlichen Krankheiten und Zufällen. (Des premiers Secours à donner dans les maladies et accidens qui menacent promptement la vie. Dt.) Ilmenau: 1826

JB 5.245

Schlegel, J(ulius) H(einrich) G(ottlieb): Versuch einer Geschichte des Streites über die Identität des Venus- und Trippergiftes. 146 S., gbd.

Jena: Mauke 1796

JB 4.668

Schlegel, Justus Friedrich August: Über die Ursachen des Weichselzopfes der Menschen und Thiere, die Mittel denselben zu heilen . . . Mit 4 ill. Kupfertaf. Jena 1806. VI, 328 S. Bi 290

Schlegel, Just. Fr. Aug., üb. die Ursachen des Weichselzopfes der Menschen u. Thiere, die Mittel, denselben zu heilen ꝛc. Mit 4 Kpft. gr. 8. Jena 806. (Schmid); (a. Serig in Lpz.) 2 ℛ

Schlegel, K., Bedenken über die §§. 18. u. 19. der Grundrechte des deutschen Volks, nach welchen die Gemeinden die Lehrer an den Volksschulen besolden u. wählen sollen. gr. 8. (15 S.) Ansbach 848, Gummi in Comm. 3 ngr.

Schlegel, Karl: Das Magneteisenerzlager vom schwarzen Krux bei Schmiedefeld im Thüringer Wald. Mit 2 Taf. *Berlin 1902: J. F. Starcke.* (S. 24—55.) 8° ¶ (Aus: Zeitschr. d. Deutsch. geol. Ges., 54, 1.)
Leipzig, Phil. Diss. v. [28. Apr.] 1902

Das Paul Gerhardt-Stift unter dem Protektorat Ihrer Majestät der Kaiserin und Königin Auguste Victoria. Ein Diakonissen-Haus für u. in Berlin ... Hrsg. von Pastor C[arl] **Schlegel**. Berlin 1898: (v. Holten). 31 S. 8° [11. 6394 II]

— was muß der Hausbesitzer wissen? Handbuch f. die städt. Grundbesitzer Deutschlands in lexikal. Anordnung, enth.: Dienstverhältnisse u. Versicherungspflicht des Hauspersonals, Grundbuch u. Hypothekenwesen, Mietrecht, Nachbarrecht, Pachtrecht, Steuer- u. Stempelwesen, Verwaltg. u. Instandhaltung des Hauses u. a. (143 S.) 8. Ebd. (905). n. 2. —

Schlegel, Karl, was muß man beim An- u. Verkauf v. Häusern, Grundstücken u. Baustellen wissen? Anleitung f. Kapitalisten u. Grundbesitzer zur Berechng. des Wertes u. der Rentabilität v. Grundstücken, zum Abschluß v. Punktationen u. Verträgen, zum Geschäftsverkehr m. Grundstücksbanken u. dem Grundbuchamt, Beschaffg. v. Baugeldern usw., nebst den f. Grundbesitzer wicht. gesetzl. Bestimmgn. des bürgerl. Gesetzbuches u. der Grundbuchordng., sowie zahlreichen Formularen, Tabellen u. e. ausführl. alphabet. Sachregister. (126 S.) 8. Berlin (904). H. Steinitz. n. 2. —

Was muß man von dem Baupolizei-Recht (Baupolizei-Ordnung) für Berlin und seine Vororte wissen? Von Karl **Schlegel**. Berlin: H. Steinitz (1905). (128 S.) 8° [F.] [06. 386]

Waß muß man von der Schlachtvieh- und Fleischbeschau wissen? Auf Grund d. Reichsgesetzes v. 3. Juni 1900 betr. d. Schlachtvieh- u. Fleischbeschau u. der dazu ergang. Ausführungsbestimmungen d. Bundesrates bearb. von Carl **Schlegel**. Berlin: H. Steinitz (1905). (120 S.) 8° [F.] [06. 387]

— wie legt man Gelder in Hypotheken u. Grundstücken an? Ratgeber f. Kapitalisten beim Ausleihen von Geld auf Hypotheken u. Grundschulden. (112 S.) 8. Ebd. (906). n. 2. —

Schlegel, Karl, wie treibt man seine Außenstände ein? Das Recht der Zwangsvollstreckg. (Pfändg., Offenbarungseid u. Haft, Arrest u. einstweil. Verfüggn.) u. der Anfechtg. von Rechtshandlgn. des Schuldners f. den prakt. Gebrauch erläutert. gr. 8. (87 S.) Berlin (902). H. Steinitz. n. 1. —

— wie verschaffe ich mir e. Hypothek? Ratgeber f. Beschaffg. v. Hypotheken, Grundschulden, Rentenschulden usw. Enth. Anleitg. zur Selbstbeschaffg. v. Hypotheken usw. v. Banken u. Privatkapitalisten, zum Geschäftsverkehr m. Vermittlern u. Maklern, Verhalten vor dem Grundbuchamt, Berechng. der Kosten usw. (128 S.) 8. Ebd. (906) n. 2. —

Schlegel, Karl A., Elementarbuch der englischen Sprache. 1. Thl. 8. (97 S.) New-York 876. Schmidt. n. 1. 50

Schlegel, Karl August Moritz

— Auswahl einig. Predigten in Beziehung auf die bisher. Zeitereignisse. gr. 8. Götting. 815. Vandenhöck u. R. 20 gr

Schlegel, Karl Aug. Mor., populäre Betrachtt. üb. Religion, natürl. Gotteserkenntniß, Offenbarung u. Christenthum. 2 Thle. 8. Hamb. 794 u. 95. (A. Campe). 2 rf

Schlegel, K. A. M., populare Betrachtungen über Religion, natürliche Gotteserkenntniß, Offenb. und Christenthum. 2 Thle. 8. Hamb. Hoffmann. 794–95. (1r 18 gr. 2r 1 Rthlr. 6 gr.)

Schlegel, K. A. Mr.: Krit. u. systemat. Darstell. d. verbot. Grade d. Verwandtschaft u. Schwägersch. bey Heirathen nach d. mosaischen Gesetze, d. röm. u. canon. Rechte u. d. protest. Kirchenordnn., mit besond. Hinsicht auf d. Kurbraunschw.-Lüneburg. Kirchenordn.; nebst ein. Versuch zu e. neuen Begründ. d. Eheverbote nach reinen Principien d. Sittenlehre u. d. Naturr. u. e. Prüf. d. bisher darüber aufgestellten Systeme. *Hannover*, Hahn. 802. 8. (1 Thl. 16 Gr.)

— Geist des Christenthums in Jesu Worten am Kreuze. gr. 8. Hamb. 791. (A. Campe). 10 gr

— Predigt, am Friedensfeste d. 14. Juli 1814 gehalten. gr. 8. Götting. 815. Brose. 3 gr

Schlegel, C. A. M., biblische Predigten über Gegenstände d. Privat- u. Familienlebens zur Beförderung häuslicher Andacht u. Frömmigkeit. gr. 8. Göttingen, Vandenhöck und R. 817.

— Reformations-Jubelpredigten. gr. 8. Götting. 818. Vandenhöck u. R. 9 gr

Schlegel, Karl Friedrich

Schlegel, Carl Frdr., die Kunstmüllerei. Neue Folge. Darstellende Beschreibung der neueren unterschlächtigen u. horizontalen Wasserräder mit zwei- bis dreifach vermehrter Triebkraft so wie der neuesten Erfindungen in der amerikan., französ. u. engl. Kunstmüllerei überhaupt. Ein Supplement zu allen vorhandenen Werken üb. Mühlenbaukunst. Mit 8 (lith.) Figurentaf. (in qu. Fol.) gr. 8. (IV u. 92 S.) Leipzig 850, Brauns. n. 1/3 rf

— Lehrbuch der bürgerlichen u. ländl. Baukunst. Für Maurer- u. Zimmer-Gesellen ɪc. entworfen. 1. Thl. 1—8. Lfg. A. u. d. T.: Die Lehre v. den Baumaterialien u. den Arbeiten der Maurer. Mit 368 Abbildgn. 1—8. Lfg. gr. 8. (S. 1—525 m. 20 lith. Taf. in qu. Fol.) Gera 851, Heinsius. (à n. 1/2 rf) n. 4 rf

Schlegel, Carl Friedr., die Lehre von den Baumaterialien und den Arbeiten der Maurer. Für Maurer, Bauherren und Freunde der Baukunst. Nebst einem Vorw. von Osk. Mothes. Mit 386 Abbildgn. (auf 20 lith. Taf. in Fol.) 2. (Titel-)Aufl. Leipzig (851.) 857. Matthes. gr. 8. (IV, 525 S. u. 2 Tab. in 4.) 2 rf.

— und Fr. Aug. **Steger**, Lesebuch für Elementarklassen der Volksschule m. Anwendung d. Schreiblesemethode, bearb. u. in Verbindung mit dem Anschauungs- u. Sprachunterrichte gebracht. 8. Halle 846, Mühlmann. 3 ngr geb. n. 4 ngr

Schlegel, Carl Friedr., und Friedr. Aug. Steger, Lesebuch für Elementarklassen der Volksschule mit Anwendung der Schreiblesemethode bearb. 2. Aufl. 1852. und 3., unveränd. Aufl. 8. (IV und 78 S.) Halle 855, Mühlmann. *

Schlegel, Carl Friedr. (II.), und Friedr. Aug. Steger, Lesebuch für Elementarklassen der Volksschule mit Anwendung der Schreiblesemethode. 4—6., verb. Aufl. 8. (IV und 80 S.) Halle 857—61, Mühlmann.

Schlegel, Carl Friedr. (II.), und Friedr. Aug. Steger, Lesebuch für Elementarklassen der Volksschule mit Anwendung der Schreiblesemethode bearb. 7. Aufl. 1863. und 8. Aufl. 8. (IV und 84 S.) Weißenfels 865, Prange. * 3 Ngr.; geb. *

Schlegel, Carl Friedr., u. Friedr. Aug. **Steger**, Lesebuch für Elementarklassen der Volksschule mit Anwendung der Schreiblesemethode bearb. 8—10. Aufl. Weißenfels 865, 68. Prange. 8. (IV, 84 S.) n. 3 ngr; geb. n. 4 1/3 ngr

Schlegel, Carl Friedr., vollständige Mühlenbaukunst nach den neuesten wichtig. Erfindungen u. Verbesserungen, mit besond. Berücksichtig. der amerikan. u. schweizer. Kunstmühlen. Nebst Anleit. gewöhnl. Mahlmühlen nach d. amerikan. System einzurichten. Prakt. Lehrbuch f. Mühlenbauer u. Müller. gr. 8. (32 B. m. 393 Fig. auf Stnt.) Leipzig 845, 46, Berger's Bh.

— vollständ. Mühlenbaukunst nach den neuesten wichtigsten Erfindungen u. Verbesserungen, mit besond. Berücksichtigung der amerikan. u. schweizer. Kunstmühlen. Nebst Anleitung gewöhnliche Mahlmühlen nach dem amerikan. System einzurichten. Prakt. Lehrbuch f. Mühlenbauer u. Müller. 3. sehr verb. u. verm. Aufl. Mit vielen Abbildgn. 12 Lfgn. gr. 8. (VIII u. 696 S. m. 52 lith. Taf. in qu. Fol.) Ebd. 847. 49. (à n. 1/2 rf) n. 6 rf

Schlegel, Carl Friedr., vollständige Mühlenbaukunst nach den neuesten wichtigsten Erfindungen und Verbesserungen, mit besond. Berücksicht. der amerikan. und schweizer. Kunstmühlen. Nebst Anleitung gewöhnliche Mahlmühlen nach dem amerikan. System einzurichten. Praktisches Lehrbuch für Mühlenbauer und Müller. 3., verb. und verm. Aufl. Mit vielen Abbildungen. (12 Lfgn.) gr. 8. (VIII und 696 S. mit 52 Stnt. in qu. Fol.) Gera 849. [Leipzig, Schäfer.] (à Lfg. * 15 Ngr.) Thlr. *

—— vollständige Mühlenbaukunst nach den neuesten wichtigsten Erfindungen und Verbesserungen mit besond. Berücksicht. der amerikanischen und schweizerischen Kunstmühlen. Nebst Anleitung gewöhnliche Mahlmühlen nach dem amerikanischen System einzurichten. Praktisches Lehrbuch für Mühlenbauer und Müller. 4. Aufl., gänzlich umgearb. und verm. von Carl Hartmann. gr. 8. (XII und 701 S. mit 52 Stnt. in qu. Fol.) Leipzig 860, C. F. Winter'sche Verlagsh.

Schlegel's, Carl Friedr., vollständige Mühlenbaukunst nach den neuesten wichtigsten Erfindungen u. Verbesserungen des In- u. Auslandes. Nebst Anleitung gewöhnliche Mahlmühlen nach dem amerikan. System einzurichten. Praktisches Lehrbuch für Mühlenbauer u. Müller. 5. Aufl., gänzlich umgearb. u. verm. von **Alex. Lachmann**. Leipzig 866. C. F. Winter'sche Verlagsh. gr. 8. (XXII, 760 S. mit 56 Steintaff. in qu. Fol.) n. 6 rf

Schlegel, C. F.: Vollständige Mühlenbaukunst. 5. Aufl. von A. Lachmann. Leipzig und Heidelberg. Mit Atlas. 1866
Nebst: Suppl. 1. 2. Die neueren Fortschritte des gesammten Mühlenwesens. Von C. Hartmann. 1861—1864

Karl Wilhelm Ferdinand Schlegel

Carolus Guilhelmus Ferdinandus Schlegel: Aencephalorum Historia originemque. Berolini (1812:) Starck 18 S. 4°

Berlin, Med. Diss. v. 29. Juni 1812

Schlegel, [illegible] 1812 [illegible]

[illegible] 1812

Schlegel, Karl Wilhelm Friedrich von, s. Schlegel, Friedrich von

Caroline (Schlegel). Briefe an ihre Geschwister, ihre Tochter Auguste, die Familie Gotter, F. L. W. Meyer, A. W. und Fr. Schlegel, J. Schelling u. a. nebst Briefen von A. W. und Fr. Schlegel u. a. Hrsg. von G. Waitz. 2 Bde. Mit den Portr. von Auguste Böhmer und Caroline Schlegel (Schelling). gr. 8. (XIV, 386; IV, 386 S.) Leipzig 871, Hirzel.

Schlegel, Fr. Karoline, s. Höhle des Todes.

Schlegel, Caroline, geb. Förster, Naturblüthen. Eine Sammlung Gelegenheits-Gedichte. 1. Bdchn. gr. 8. (XVI u. 80 S.) Sagan 851, Julien in Comm. n. 1/2 ℛ

Schlegel, Konr., die biblische Geschichte in kurzen Erzählungen. Ein Lehr- u. Lesebuch f. die Schüler in den deutschen Unter- u. Mittelklassen [auch Schüler in den Oberklassen zur kurzen Wiederholung der bibl. Geschichte]. 2. verb. u. verm. Aufl. 8. (134 S.) Nördlingen 850, Beck. 1/6 ℛ

Schlegel, Leo, s.: Holzhändler-Kalender.

Schlegel, Leo., neuer **Holzrechner.** Ein Taschenbuch f. Holzhändler, Wald- u. Sägereibesitzer, Architekten, Baumeister, Zimmermeister, Bau- u. Möbeltischler, Wagner, Küfer usw., enth. Kubierungs-Tabellen f. Doppellatten, Rahmen, Bau- u. Rundholz. Aufgestellt u. berechnet. (96 S.) kl. 8. Reutlingen (905). Enßlin & Laiblin. — 50; geb. in Leinw. — 80

— neue **Kubiktabelle** zur raschen u. genauen Bestimmung des Kubikinhaltes v. Rundholz in der Länge von 20, 40, 50, 60, 80 Centimetern u. 1—24 Metern bei 5—100 Centimetern mittlerem Durchmesser u. v. vierkantigen Hölzern in 128 Stärken, von 5:5, 5:6, 5:7, 5:8, 5:9, 5:10, 6:6 u. so fort bis 24: 33 Centimetern bei 0,20—10 Metern Länge. (80 S.) schmal kl. 8. Ebd. (904). — 40

Schlegel, Leo, O. Cist., s.: Nachfolge, die, Maria.

Schlegel, Ludwig, Erinnerungen an d. Kreisturnf. in Graz u. d. Turnfahrt z. Warnsdorfer Hütte 10.–20. 7. 1908. Freiwaldau 1908. 16 S. 8.

Schlegel, M., die Rotzbekämpfung u. die Malleïnprobe beim Pferde. Unter Zugrundelegg. wissenschaftl. Untersuchgn. u. prakt. Erfahrgn. (IV, 88 S.) Lex.-8. Stuttgart 905. F. Enke. n. 2. 40

Schlegel, Martin, Medizinalpraktikant a. Tübingen: Ueber 2 Fälle von secundärer Meningitis cerebrospinalis und ihre Abgrenzung von der epidemischen Genickstarre. München 1905: Kastner & Callwey. (32 S.) 8°

München, Med. Fak., Ref. v. Bollinger, Diss. v. 14. Juni 1907

[Geb. 13. Aug. 82 Tübingen; Wohnort: Tübingen; Staatsangeh.: Württemberg; Vorbildung: Gymn. Tübingen Reife Juli 00; Studium: Tübingen 6, München 4 S.; Coll. 14 Juni 07; Approb. 25 Mai 07.]

Schlegel, Martin, appr. Arzt aus Berlin: (Aus d. med. Klinik in Jena.) Über physiologische und durch thermische Eingriffe bedingte Veränderungen der Trockensubstanz des Blutes. Zugleich ein Beitrag zur Methode d. Hygrämometrie. *Jena 1902: B. Vopelius.* (31 S.) 8°

Jena, Med. Diss. v. (1. März) 1902

Schlegel, Matthias: Die durch den Strongylus capillaris verursachte Lungenwurmseuche der Ziege. Eine klinische, pathologisch-anat. u. zool. Studie. Mit 4 vom Verf. nach d. Natur gezeichneten, lithogr. Taf. Berlin 1899: L. Schumacher. (35 S.) 8°

Freiburg i. B., Phil. Diss. v. 1899

Schlegel, (Matthias), die infektiöse Rückenmarksentzündung od. schwarze Harnwinde. Eine Monographie auf Grund experimenteller Erforschg. u. prakt. Erfahrg. (IX, 87 S. m. 3 [2 farb.] Taf.) gr. 8. Berlin 907. R. Schoetz. 3. —

s.: Taschenkalender f. Fleischbeschauer u. Trichinenschauer.

Schlegel, Max Einige geometrische Anwendungen der Grassmannschen Ausdehnungslehre. 31 S. Progr. *Waren* 1882.

Schlegel, Max Bestimmung der Konstanten der sphärischen Kettenlinie. S. XI–XVI. Progr. Wi. G. *Berlin* 1881.

Schlegel, Max [Prof.]: Die Einrichtungen für den physikalischen Unterricht an Gymnasien. Berlin, Buchdr. v. Trowitzsch & Sohn, 1897; 3—18 S. 4.

Berlin, k. Wilhelms-G, P 1897 (65)

Schlegel, Moritz

Schlegel, Mor., der Bergaufzug am Huldigungstage Sr. Maj. König Anton Clemens Theodor's, in Freiberg, im Sommer 1827. Ein Gedicht. 8. Lpz. 827. (Zeiq). 4 gl

Schlegel, Moritz, Referendar: Der Berichtigungsanspruch nach §§ 894 ff. BGB. Borna-Leipzig 1909: Noske. VI, 37 S. 8°

Leipzig, Jur. Diss. v. 16. Aug. 1909

[Geb. 10. Aug. 87 Niederrossla; Wohnort: Vacha; Staatsangeh.: Sachsen-Weimar; Vorbildung: Gymn. Weimar Reife O. 06; Studium: Genf 1, Leipzig 1, München 1, Berlin 2, Jena 1 S.; Rig. 24. Juli 09.] [U 10. 2863

Schlegel, Mor., Deutschlands Freiheit. Ein Gedicht. gr. 12. (1½ B.) Altenburg 832. (Freyberg, Engelhardt.)

Schlegel, Oskar

Schlegel, O., die Anwendung des Stempels in Preußen. Handbuch zur Berechnung der Prozentsätze bei Anwendung des Stempels nach dem Gesetze vom 7. März 1822 zu: Aktien, Assekuranz Policen, Auktionen ꝛc. Zum Gebrauch für sämmtliche Civil- und Militär-Behörden, insbesondere für Regierungs-, Gerichts-, Steuer- ꝛc. Behörden ꝛc. In 11 Tab. dargestellt. Nebst einem alphabetischen Inhalts- u. Gebrauchs-Verzeichniß. Breslau 862. Ziegler. (Ratibor, Thiele.) gr. 8. (VI, 106 S.) 18 ngr.

Schlegel, Oskar, Volontärarzt an der Universitäts-Klinik für Hals-, Nasen-, Ohren-Kranke zu Breslau: Über primären Pleura-Echinococcus. Leipzig 1906: B. Georgi. (48 S.) 8°

Leipzig, Med. Fak., Ref. Curschmann, Diss. v. 27. Okt. 1906

[Geb. 26. Febr. 81 Görlitz; Wohnort: Breslau; Staatsangeh.: Preußen; Vorbildung: Gymn. Gnesen Reife O. 00; Studium: Tübingen 1, Breslau 3, Innsbruck 1, Breslau 1, Leipzig 1, Breslau 2 S.; Coll. 26. Nov. 06; Approb. 5. Okt. 05.]

Schlegel, Osc., die Stempelpflichtigkeit der Wechsel in Preußen. Eine Anleitung zur richtigen Beurtheilung der §§ 20 u. 26 des Stempelgesetzes vom 7. März 1822, auch zum Schutz gegen Wechselstempel-Kontraventionen, mit den erläut. u. ergänz. Bestimmungen bis auf die neueste Zeit. Zum prakt. Gebrauch für Gerichts-, Steuer- u. Polizei-Beamte ꝛc. 1. u. 2. Aufl. Neisse 867. Hinze. 8. (39 S.) cart. 7½ ngr.

Schlegel, Otto: Beiträge zur Untersuchung über die Quellen und die Glaubwürdigkeit der Beispielsammlung in den Pseudo-Aristotelischen Ökonomika. (Weimar 1909: Hof-Buchdr.) 87 S. 8°
Berlin, Phil. Diss. v. 13. April 1909, Ref. E. Meyer
[Geb. 1. Apr. 83 Wehla b. Gera; Wohnort: Weimar; Staatsangeh.: Sachsen-Weimar; Vorbildung: Gymn. Weimar Reife O. 02; Studium: Leipzig 2, München 2, Berlin 7 S.; Rig. 12. Nov. 09.] [U 09. 270

Schlegel, Otto: Die Stellung des nicht rechtsfähigen Vereins. Weimar 1901: F. Roltsch. (II, 33 S.) 8°
Jena, Jur. Diss. v. (Jan.) 1901

v. Schlegel, Otto Hnr. Schweibold, s. 1) **Bemerkk.** über die Erwartungen d. Landtages. 2) **Bemerkk.** über die Steuerfreiheit d. Rittergüter rc.,
3) **Betrachtt.** üb. Landesangelegenheiten. 4) **Erörterung** d. Frage: **Wie können die gegenwärt. Kriegs-, Contributions-, Militär- u. a. Lasten unmerkl. werden?**

Schlegel, Phil. Chr. B. (vgl. Schlegel, Benedikt C. B.)

Schlegel, P. C. B., über Feuersbrünste. Gutgemeinte u. dringende Worte an d. Landvolk. 8. (2½ B.) Nördlingen 833, Beck.

Schlegel, P. C. B., über Feuersbrünste. Gutgemeinte und dringende Worte an das Landvolk. 16. Nördlingen 842, Beck. 1/12 ℛ

Schlegel, P(hil.) C(hr.) B., über Feuersbrünste. Gut gemeinte und dringende Worte an das Landvolk. 2. Aufl. 16. (32 S.) München 852, Rieger. 3 ngr

Schlegel, P. C., Italiens reizendste Gefilde gefühlvoll durchwandert. 2 Thle. 2te Aufl. 8. Eslingen, Firdorff u. Kl. 815.

Schlegel, Ph. Ch. B., das Kleinzehent-Wesen d. Geistlichkeit. gr. 12. (1 B.) Nördlingen 839, (Beck'sche Buchh.)

Schlegel, P. C. B. Das Kleinzehent-Wesen der Geistlichkeit. gr. 12°. Nördlingen, Beck, 1839.

Schlegel, (P. C. B.,) die Verarmung des Landmanns. Eine Skizze. 8. Nördlingen 825, Beck.

— Wahrheit u. Recht. 8. (234 S.) Ebd. 852, in Comm. n. 2/3 ℛ

Kleines Marine-Album. Die Deutsche Kriegsflotte in Wort und Bild von R. F. **Schlegel**. (Berlin [1907]: E. Nagel.) (63 S.) quer-8° [07. 10060

Schlegel, R. F., kleines Marine-Album. Die deutsche Kriegsflotte in Wort u. Bild. (64 S.) 15,5 × 24 cm. Berlin (907). R. F. Schlegel. 1

Schlegel, Richard

Schlegel, Rich., Bauinschriften in Frankreich. Gesammelt u. hrsg. (15 S.) 8. Berlin (909). B. Poetschki. — 80

— Bauinschriften in Schweden u. in Dänemark. Gesammelt u. hrsg. (24 S.) 8. Ebd. 910. 1.

— Inschriften an deutschen Denkmälern. Gesammelt u. hrsg. (32 S.) 8. Ebd. 910. — 80

— Lehrlingswesen u. Gesellenprüfung. Eine kurzzusammengefasste Darstellg. der einschläg. gesetzl. Vorschriften unter besond. Berücksicht. der Verhältnisse des Baugewerbes. (37 S.) kl. 8. Berlin (W. 9, Linkstr. 32) 910. Geschäftsamt der Inng.: Bund der Bau-, Maurer- u. Zimmermeister. — 40

Schlegel, Rich., u. Otto **Trahndorff,** deutsche Macht zur See. Eine Darstellg. der Entwickelg. u. des Bestandes unserer Kriegs- u. Handelsflotte. (136 S. m. Abb.) Lex. 8. Berlin (908). Stella-Verlag. Kart. 2. —

Meistertitel und Meisterprüfung. Eine kurzzsgefasste Darstellung d. einschläg. gesetzl. Vorschriften unter besond. Berücks. d. Verhältnisse d. Baugewerbes. Von Richard **Schlegel**. 2. Aufl. Berlin: Bund d. Bau-, Maurer- u. Zimmermeister zu Berlin 1910. 31 S. 8°
[11. 4893

Schlegel, Th. Die ersten sieben Briefe des Augsburger Patriziers Ph. Hainhofer an den Herzog Philipp von Pommern aus dem Jahre 1610. 28 S. **Progr.** Rg. *Stettin* 1877.

Schlegel, Theobald

Schlegel's, Theob., Reise nach dem heiligen Lande, hrsg. von ihm selbst. Sorau N.-L. 865. (Leipzig, Hinrichs'sche Sortimentsb.) 8. (128 S. mit der Ansicht u. dem Grundriß von Jerusalem, sowie Ansichten des heil. Landes in Holzschn.) n. 10 ngr

Schlegel, Theophil [Praes.], s. Bratt, Gustav: De argumento et auctore epistolae ad Hebraeos.

Schlegel, Thomas

Schlegel, Thom., der Mensch im Spiegel der Natur, s.: Roßmäßler, E. A.

Schlegel, Thom., die Opfernacht. Ein episches Gedicht aus der wendischen Sage. 12. (III, 124 S.) Hamburg 881. J. F. Richter. n. 2.

—— **Roswitha. Eine altgerman. Sage aus Kärnthen. (Episches Gedicht.) 8. (74 S.) Wien 882, Gerold's Sohn.** *

Erklärung des Verfassers der Schrift: Doctor Bahrdt mit der eisernen Stirn. [Von Traugott Friedrich Lebrecht Schlegel.] Königsberg, F. Nicolovius, 1791. 8°. 22 S.
[E. III, 589.]
Gotth. Weißstein, Kat. Nr. 3379.

Schlegel, Tr. Fr., (A. v. Kotzebue,) **Erklär. des Verfass. der Schrift: Doktor Barth mit d. eisernen Stirn. 8. Königsb. 791.** Nicolovius. 2 gr

Schlegel, Viktor

Schlegel, V., die Grassmann'sche Ausdehnungslehre. Ein Beitrag z. Geschichte d. Mathematik in d. letzten 50 Jahren. [Aus: „Ztschr. f. Mathem. u. Physik".] gr. 8. (44 S.) Leipzig 896. B. G. Teubner. n. 2. —

Schlegel, Viktor: Die Elemente der modernen Geometrie und Algebra nach den Principien der Grassmann'schen Ausdehnungslehre. 1881. Diss. Leipzig

Schlegel, Vict., üb. Entwickelung u. Stand der n-dimensionalen Geometrie, m. besond. Berücksicht. der vierdimensionalen. [Aus: „Leopoldina".] gr. 4. (15 S.) Halle 886. (Leipzig, Engelmann.) n. 75

Schlegel, Vict., Hermann Grassmann. Sein Leben u. seine Werke. gr. 8. (VIII, 82 S.) Leipzig 878. Brockhaus. n. 2. —

Schlegel, Vict., über die gegenwärtige Krisis im höheren Schulwesen Deutschlands. Eine Rede, gehalten am Geburtstage Sr. k. Hoh. des Grossherzogs von Mecklenburg-Schwerin den 28. Febr. 1883. gr. 8. (24 S.) Waren 883. (Wismar, Hinstorff'sche Hofbuchh.) *

Schlegel, Vict., Lehrbuch der elementaren Mathematik. 1—4. Thl. gr. 8. Wolfenbüttel 878—80. Zwissler. n. 9. 10

1. Arithmetik u. Combinatorik. (XII, 181 S.) n. 2. 40
2. Geometrie. (XII, 222 S. m. eingedr. Holzschn.) n. 2. 80
3. Trigonometrie. [Mit einer vierstelligen Logarithmen-taf.] (VIII, 116 S.) n. 1. 50
4. Stereometrie u. sphärische Trigonometrie. Mit 62 (eingedr.) Fig. in Holzschn. u. 4 lith. Taf. (VIII, 192 S.) n. 2. 40

Schlegel V. uber die Methoden zur Bestimmung der Geschwindigkeit des Lichtes. (Sammlung gemeinverständlicher wissenschaftl. Vorträge N F 1. 19) Hamburg 1886

Schlegel, V., über die Methoden zur Bestimmung der Geschwindigkeit d. Lichtes, s.a. Sammlung gemeinverständl. wissenschaftl. Vorträge.

— über den sogenannten vierdimensionalen Raum, s.: Abhandlungen, allgemein-verständl. naturwissenschaftliche.

Schlegel, Vict., System der Raumlehre. Nach den Principien der Grassmann'schen Ausdehnungslehre u. als Einleitg. in dieselbe dargestellt. 1. u. 2. Thl. gr. 8. Leipzig 872. 75. Teubner. n. 11. —

1. Geometrie. Die Gebiete d. Punktes, der Geraden, der Ebene. (XVI, 156 S. m. eingedr. Holzschn.) n. 4. —
2. Die Elemente der modernen Geometrie u. Algebra. Mit Berücksicht. verwandter Methoden. (XVI, 260 S. m. eingedr. Holzschn.) n. 7. —

—— Tafeln vierstelliger Logarithmen. Anhang zum Lehrbuch der elementaren Mathematik, 3. Thl. gr. 8. (28 S. auf Cartonpap.) Ebendas. 880. cart. *

—— Theorie der homogen zusammengesetzten Raumgebilde. gr. 4. (119 S. mit 9 lithogr. Taf.) Halle 883. (Leipzig, Engelmann.) *
Aus: Nova Acta der k. Leop.-Carol. deutschen Akademie der Naturforscher, besonders abgedruckt.

– Untersuchungen üb. e. Fläche dritter Ordnung mittelst der Grassmann'schen Ausdehnungstheorie. 4. (22 S.) Berlin 873. (Calvary & Co.) n. 1. 20

Schlegel, W., Konigin Luise, s.: Sandt, H.

Schlegelberger. Franz: Das [illegible] Einführungsgesetz in d[illegible] 1. April [illegible] Ausführungsbestimm[illegible] Berlin [illegible]

Schlegelberger, Frz., das Gerichtsverfassungsgesetz nebst Einführungsgesetz in der vom 1. IV. 1910 ab gültigen Fassung, s.a. Taschen Gesetzsammlung.

Das Landarbeiterrecht. Darstellung d. priv. u. öffentl. Rechts d. Landarbeiter in Preußen von Dr Franz **Schlegelberger**, Landrichter. Berlin: C. Heymann 1907. (XII, 240 S.) 8° [F.] [07. 316

Das Zurückbehaltungsrecht. Von Dr. Franz **Schlegelberger**, Ger.Ass. *Jena: G. Fischer 1904.* (VI, 256 S.) 8° [F.]
= Abhandlungen z. Privatrecht u. Zivilprozeß d. Deutschen Reiches Bd 12, H. 1.

Schlegelhofer, Edm.: Compendium der Geschichte der Mathematik bei den Griechen und Römern. 55 S. 8°. Seitenstetten. Progr. 1873.

Vater Bodelschwingh. Lebensskizze von P. Friedrich **Schlegelmilch**. Berlin: Stadtmission [1910]. 24 S. 8° [Umschlagt.] [10. 10818

Schlegelmilch, Frdr., Vater Bodelschwingh, s.a. Für Feste u. Freunde der inneren Mission.

Schlegelmilch, Friedrich, aus Coburg: 1. Über **Doppelsalze des Jodtrichlorids** mit Chloriden zweiwertiger Metalle. 2. Über Doppelsalze des Antimonpentachlorids. *Leipzig 1902: Metzger & Wittig.* (20 S.) 8°
München, Phil. Diss. v. 1902

Schlegelmilch, Friedrich: Großstadtmission in Berlin-Ost. Berlin: Berliner Stadtmission [1909]. 16 S. 8°
(Bilder aus d. Stadtmission. H. 2.)

— Großstadtmission in Berlin-Ost, s.a. Bilder aus der Stadtmission.

Schlegelmilch, Friedrich: Großstadtnot und -hilfe. Berlin: Berliner Stadtmission [1909]. 16 S. 8°
(Bilder aus d. Stadtmission. H. 3.)

-- Großstadtnot u. -hilfe, s.a. Bilder aus der Stadtmission.

Schlegelmilch, Friedrich: Im Kampfe gegen die Trunksucht. Berlin: Berliner Stadtmission [1909]. 16 S. 8°
(Bilder aus d. Stadtmission. H. 4.)

Im Kampfe gegen die Trunksucht, s.a. Bilder aus d. Stadtmission.

Das Blaue Kreuz und die Frauen. Von P. Friedrich **Schlegelmilch**. Berlin: Stadtmission [1909]. 16 S. 8° [Umschlagt.]
(Bilder aus d. Stadtmission H 5) [10. 10808

Schlegelmilch, Frdr., das blaue Kreuz u. die Frauen, s.a. Bilder aus d. Stadtmission

Schlegelmilch, Friedr., Landflucht und Stadtsucht. 8°. Berlin, Berliner Stadtmission, 1909. (Bilder aus der Stadtmission, Heft 1.) (16 S)

— Landflucht u. Stadtsucht, s.a. Bilder aus der Stadtmission.

— Karl Mez, e. wahrer Volksfreund, s.: Für Feste u. Freunde der inneren Mission.

Ein Rundgang durch die Berliner Stadtmission. Von P. Friedrich **Schlegelmilch** Berlin: Stadtmission [1910]. 16 S. 8° [Umschlagt.]
(Bilder aus d. Stadtmission. H 6) [10. 10809

Schlegelmilch, die Verbreitung christlicher Schriften, s.: Für Feste u. Freunde der inneren Mission, 18. Hft.

Bartholomäus Ziegenbalg, de[illegible] Missionar d. luther[illegible] Kirche. Von Friedrich Schlegelmilch, Pastor in [illegible] *Berlin Berl. ev. Missionsges [1902].* [illegible]
Missionsschriften. Neue [illegible] [illegible]

Schlegelmilch, Hans, aus Coburg: Ueber das **Wesen** des fiduziarischen Rechtsgeschäfts. *Gera 1904: H. Schmidt.* (51 S.) 8°
Jena, Jur. Diss v. (28. Mai) 1904

Schlegemilch, Emil, Gerichtsassessor a. Heinersdorf (S.-M.): **Die Haftung juristischer Personen für die Handlungen der zu ihrer Vertretung berufenen Personen.** Blankenhain i. Thür. 1907: M. Schlimpers Nachf. (VI, 78 S.) 8° [F.]
Jena, Jur. Fak., Ref. Thon, Diss. v. 27. Mai 1907
[Geb. 14. Dez. 78 Heinersdorf, Sachsen-Meiningen; Wohnort: Heinersdorf; Staatsangeh.: Sachsen-Meiningen; Vorbildung: Gymn. Hildburghausen Reife O. 98; Studium: Leipzig 3, Berlin 1, Jena 4 S.; Rig. 12. Mai 07.]

v. Schlegenberg, Graf ..., Gedichte, nebst einigen Stücken aus Voltaire. gr. 8. Bresl. 776. J. F. Korn. 16 gr.

Schleger, Theodor August

Schleger, Th. Aug., Pr. clavos secalinos perperam a nonnullis venenum morbique rigidi cerealisve causam nominari. Cass. 4°. 1772.

Schleger, De epidemia antea chronica nunc acuta. 30pp. Cassel. 4°. 1773

Theod[orus] Aug[ustus] Schlegelius [Schleger]
De Morbis sexus feminei ex defectu potus oriundis.
[Resp.:] Carol[us] Guilielm[us] Frider[icus] Struv.
Helmstadii (1751:) Schnorr. 44 S. 8°
Helmstedt, Med. Diss. v. 22. Febr. 1751

—, Pr. obs. circa hujus temporis et loci epidemias. Cass. 4°. 1772

SCHLEGER, Th. A., Schreiben von der Kunst, glücklich zu heyrathen und im Ehestande vergnügt zu seyn. Frft., o. J. (c. 1760). 4°.
Cat. Vandenhöck II, 534. — Selten!

Schleger, Th. A., Versuche mit d. Mutterkorn. 32 S. Cassel. 4°.
A. D. B., XXVI, 368.
1770

Schlegl, prima Elementa analyseos infinitor, c. fig. 4. Ingolstadt, Krüll. 783.

Schlegl, Georg Beispielsammlung aus Xenophon zur Einübung der Moduslehre. Im Anschlusse an Dr. W. von Hartels Griechische Schulgrammatik. (Umschlagtitel: Beispielsammlung . . Moduslehre.) 8 (S. 3—26). R.- u. Ober-G. *Ungarisch-Hradisch* 1890.
Progr.

Schlegl, Georg Beispielsammlung aus Xenophon zur Einübung der Moduslehre Im Anschlusse an Dr. W. von Hartels Griechische Schulgrammatik. (Fortsetzung und Schluß.) (Umschlagtitel. . . . Moduslehre. (Schluß.)) 8 (S. 3—24).
Progr. K. k. Staats-R.- u. Oberg. *Ungarisch-Hradisch* 1891.

Schlegl, Geo., griechisches Schreibheft. (24 S.) Lex. 8. Wien 907. A. Hölder. — 60

Schlegl, Max, Diktate in Aufsatzform im Anschluß an Schule u. Leben. Ein Hilfsbuch f. d. Unterricht im Rechtschreiben auf der Mittelstufe. (133 S.) 8. Leitmeritz 908. (Wien, Manz.) Geb. 2. 20

Schlegler, Ernst Rob., s.: Bernecker, Ernst Rob.

Schlegler, Frz., krit. Untersuchung d. Lebens Eginhard's, Kanzlers Karls d. Gr. u. Ludwigs d. Frommen, mit besond. Berücksichtig. d. Frage: „War Emma od. Imma seine Gemahlin, e. Tochter Karls d. Gr., od. nicht?" Eine Inaug.-Abhandl. gr. 8. (3 B.) Bamberg 836, Lachmüller. (Liter.-artist. Institut.)

Schleglmann, Alph., ein altes Aloysius-Büchlein für die gebildete Jugend. Neu bearb., verm. und mit einem Anhang von 14 Briefen des heil. Aloysius versehen. 12. (VIII, 124 S. mit Lichtdr.-Bild.) [Amberg 887.] Regensburg, Habbel. *

Schlegtendal, die Behandlung des Ileus m. Magenausspülungen. Vortrag. [Aus: „Der Frauenarzt".] gr. 8. (19 S.) Neuwied 888. Heuser's Verl. — 75

Schlegtendal, die Bekämpfung der Säuglingssterblichkeit im Reg.-Bez. Aachen. (18 S.) gr. 8. Jena 905. G. Fischer. n. — 60
Sonderabdruck aus: „Klin. Jahrb."

— e. Fall von Graviditas abdominalis. [Aus: „Frauenarzt".] gr. 8. (6 S.) Ebd. 887. — 30

—— elf Laparotomien. gr. 8. (22 S.) Ebendas. 886. *
aus: Frauenarzt, besonders abgedruckt.

Schlegtendal, B(ernhard) ⟨geb. am 17 Mai 1859 in Barmen⟩: Ueber das Vorkommen der Tuberkelbacillen im Eiter ... Cöln, Buchdr. v. Th. Quos 1883. 52 S. 8.
Bonn, Med. Fak., Diss. v. 28 Juli 1883

Schlegtendal, Friedrich Gottfried (Lingen) A. S. 130/33

Dissertatio iuridica inauguralis de originibus legitimae ad imitationem leg. Falcidiae interpretatione prudentum introductae.
Duisburg (Straub) 5. VII. 1752. 28 S.

Gew.: Samuel Fhr. von Cocceius, Lewin Friedrich Fhr. von Bismarck, Karl Ludolph Fhr. von Danckelmann. 30551

Schlegtendal, Friedrich Gottfried [Praes.], s. Wall, Johann Adam Leonhard von de: Dissertatio iuris civilis, qua,controversia inter testamentarium et legitimum heredem orta, eaque transactione sopita, quem creditores convenire possint, ad l. XIV. D. de transactionibus ... disquirunt ...

Schlegtendal, Friedrich Gottfried J. A. F. [Praes.], s. Bercken, Johann Heinrich Wilhelm: Selecta quaedam capita ex titulo de inofficioso testamento.

Schlegtendal, Gottfried: Unsere Sorgenkinder unter den Gemeinden in Rio Grande do Sul (Südbrasilien). — Lpg: Strauch [1906]. 23 S. mit Abb. (Festschriften für Gustav-Adolf-Vereine. H. 49.)

Schlegtendal, Gfried., unsere Sorgenkinder unter den Gemeinden in Rio Grande do Sul, s. a. Festschriften f. Gustav-Adolf-Vereine.

Schlegtendal, Gottfried: Unsere vergessenen Volksbrüder in Südbrasilien. — Lpg. Strauch [1906]. 27 S. mit Abb. (Festschriften für Gustav-Adolf-Vereine. H. 50.)

— unsere vergessenen Volksbrüder in Südbrasilien, s. a. Festschriften f. Gustav-Adolf-Vereine.

Schlegtendal. [illegible]
[illegible]
Berlin, Med. Diss. v. 26. Okt. [illegible]

Schlegtendal, Joan. Fr(iedr). Ferd(inandus): De otitide. Halae, (1821); Schimmelpfennig. 48 S. 8°
Halle-Wittenberg, Med. Diss., nachgeliefert von dem am 7. April 1821 auf Thesen promovierten Verf.
Geb. Duisburg am Rhein [20. 5.] 1800. V.

Schlegtendal, Io[annes] Frid[ericus] Ferd[inandus]: Theses medicae. Halae (1821): Hendel. 2 Bl. 8°
Halle-Wittenberg, Med. Thesen v. 7. Apr. 1821

Änderung des strafrechtlichen Religionsschutzes im Deutschen Reiche. Ein Beitrag zu d. Streit über § 166 R.Str.G.B. von Robert Schlegtendal. Leipzig: A. Deichert Nachf. 1908. (30 S.) 8° [F.] (08. 4371

Schlegtendal, Walther, Johann Nikolas Teltens' Erkenntnisstheorie. Teil I. Diss. Halle 1885, Lippertsche Buchh. 8°. 78 S.

Schleh, s.: Handbuch d. Grundbesitzes i. Deutsch. Reiche.

SCHLEH, Arthur: Ueber die Bedeutung des Wassers in den Pflanzen und die Regulirung desselben in unsern Culturböden. - Leipzig 1873. 70 S. Diss.

Vorläufiger Bericht über die Versuche zum Anbau der Wintergerste als Braugerste in der Provinz Westfalen erstattet durch Dr. **Schleh** u. Dr. [E.] Haselhoff. Herbst 1901. *Münster i. W. 1901: Der Westfale.* (13 S.) 8° [F.] [illegible] 6

(Schleh, [Artur]:) E r g e b n i s s e der von der Landwirtschaftskammer in den Jahren 1903 bis 1908 angestellten Anbauversuche mit Hafer, Roggen und Kartoffeln. Münster i. W.: Der Westfale 1909. 63 S. 8°
(Veröffentlichungen d. Landwirtschaftskammer f. d. Prov. Westfalen. H. 7.)

Schleh, das deutsche veredelte Landschwein, s.: Hoesch.

Nutzen und Schaden der Krähen. Untersuchungen über d. Nahrung d. Krähen von Ökon.R. Dr. **Schleh**-Münster i. W. *Berlin: Deutsche Landwirtsch. Gesellsch. 1904.* (107 S.) 8° [F.]
= Arbeiten d. Deutsch. Landwirtschafts-Gesellschaft. H. 91. [illegible]

Schleh, Eugen: B r e n n s t o f f e (unter bes. Berücks. d. Verwendung f. Dampfkesselfeuerungen). Münster i. W. (1901): Der Westfale. (32 S.) 4°

Schleh, Eug., Gewichte u. Preise der Dampf-Kessel v. E. S. in Köln 1889. gr. 4. (22 S. m. Abbildgn. u. 2 Taf.) Aachen 889. C. Mayer's Verl. n. 2. —

Das Wasser und der Kesselstein m. e. Anh. üb. Kesselexplosionen u. Corrosionen v. Eugen **Schleh**, Civil-Ing. in Köln a. Rh. *Münster i. W.: Dr. d. Akt.-Ges. 'Der Westfale'; [Kommr. v. C. Mayer, Aachen 1896].* (35 S.) 1 Bd 1. [illegible]

Schleh, Eug., das Wasser u. der Kesselstein. Mit e. Anh. üb. Kesselexplosionen u. Corrosionen. 2., verb. u. verm. Aufl. gr. 4. (44 S. m. 15 Abb.) Aachen 897. C. Mayer's Verlag. n. 2. —

Schlehahn, A., Etudes de paysages. 4 aquarelles. Fol. Berlin 898. W. Schultz-Engelhard. n. 4. -

Schlehahn, Albin, Schule d. Zeichnens u. Malens v. Pflanzen nach der Natur in der Unterrichtsart der königl. sächs. Industrieschule zu Plauen i/V. Mit e. Vorwort u. erläut. Texte v. R. Hofmann. 1.—4. Hft. gr. Fol. Leipzig 893. E. Baldamus, Sep.-Cto. n. 35. —
1. Umrisszeichnen. (4 Taf. m. 4 S. Text.) n. 5. —
2. Darstellung in Licht- u. Schattenwirkung m. Bleistift, Kreide u. Kohle. (4 Taf.) n. 7. 50
3. Monochromes (einfarbiges) Malen in Aquarell- u. Deckfarbentechnik. (4 farb. Taf.) n. 9. 35
4. Freies Malen in Aquarell- u. Deckfarbentechnik. (6 farb. Taf.) n. 13. 25

Schlehahn, Alwin, Feld- u. Wiesenflora. (4 farb. Taf.) 32,5×25 cm. Plauen (909). Ch. Stoll. In Umschlag. 3.60

Schlehan. [illegible] Beobachtung der [illegible] zwischen [illegible] an der Nordküste von Klein-Asien. Aus d. Zeitsch. d. [illegible] Berlin 1852. 8.

Schlehan, Robert. Deutschland und die revolutionaire Parthei. Liegnitz. H. d' Oench. 1849. 30 S. 8°.

Schleheck, Johann Peter

Schleheck, Jh. Peter, das 50jähr. Amtsjubiläum des Elementar-Oberlehrers, Hrn. Bertr. Fasbender, zu Aachen am 28. u. 29. Juni 1843. Eine Schrift zur Erhebung u. Ermunterung des Schulstandes. 8. Aachen 844. (Mayer.) n. 1/2 ß

Schleheck, J. P., Anleit. zur Rechtschreibung nach der Lautlehre. 8. Essen 821. Bädeker. 5 gr

Schleheck, J. P., Anleitung zur Rechtschreibung nach der Lautlehre. Ein methodisches Handbuch für Lehrer an Elementarschulen. 2e verb., verm. u. mit Worterklärungen sämmtl. Beispiele versehene Aufl. 8. Aachen 838. (Mayer.) n. 5/6 ß

Schleheck, J. P., Anleitung zur Rechtschreibung nach der Lautlehre. Ein methodisches Handbuch für Lehrer an Elementarschulen. Neue (Titel-)Ausg. der 2. verb., verm. u. mit Worterklärungen sämmtl. Beispiele versehenen Aufl. Leipzig (838.) 852. E. H. Mayer. 8. (VIII, 286 S.) 15 ngr

Schleheck, J. P., Anleitung zur Rechtschreibung nach der Lautlehre. Ein method. Handbuch für Lehrer an Elementarschulen. Neue (Titel-)Ausg. der 2., verb. etc. Aufl. 8. (VIII und 280 S.) Leipzig 853, E. H. Mayer.

— Handfibel z. gründl. Erlernung d. Lesens nach d. Lautmethode. 2e Aufl. 8. Essen 818, Bädeker.

Schleheck, Joh. Pet., method. Lesebuch f. Kinder in Volksschulen. (Neue Titelausg.) 2 Thle. (in 1 Bd.) gr. 12. (VIII u. 700 S.) Aachen 849, Schulz. n. 18 ngr

— geordneter Stoff zu Sprach- u. Denkübungen. Ein Handbuch zur Uebung für Kinder in Volksschulen. gr. 12. Aachen 826. Mayer. 6 gr

— geordneter Stoff zu Sprach- u. Denkübungen. Ein Handbuch zur Uebung für Kinder in Volksschulen. 2e verbess. u. verm. Aufl. gr. 12. Aachen 839. Mayer. 1/3 ß

— geordneter Stoff zu Sprach- und Denkübungen. Ein Handbuch zur Uebung für Kinder in Volksschulen. Neue (Titel-) Ausg. der 2., verb. u. verm. Aufl. Leipzig (839.) 852. E. H. Mayer. 8. (XIV, 133 S.) 7½ ngr

—— geordneter Stoff zu Sprach- und Denkübungen. Ein Handbuch zur Uebung für Kinder in Volksschulen. Neue (Titel-) Ausg. der 2., verb. und verm. Aufl. 8. (XIV und 133 S.) Leipzig 853, E. H. Mayer.

— Wandfibel zur gründl. u. leichten Erlernung des Lesens nach d. Lautmethode. gr. Fol. Essen ... 2e A. 821. (Bädeker). 15 gr

SCHLEHENHORST, Holm von. Vertheidiger männlicher Rechte. Geschichte aus den Ritterzeiten. Altona bei Schmidt und Compagnie. 1798. 8°.
[illegible] S. in [illegible] [illegible]

v. Schlehenhorst, Holm; Vertheidiger männlich. Rechte. 8. Hamb. 798. (Herold jnn.) 12 gr

Schlehenhorst, Holm v., Vertheidiger männlicher Rechte. 8. Hamb. Vollmer. 798.

Schlehlein, Georg Albert A. S. 179/4

Dissertatio de stylo et praeiudiciis summorum imperii tribunalium. Präs. Johann Georg Engelhardt. Bamberg (Klietsch) 3. IV. 1773. 52 S.

W. v.: Johann Georg Ritter. 30552

Schlehuber, Carl, Rechte und Pflichten der württembergischen Bürger, in gemeinfaßlicher und gedrängter Darstellung der bezüglichen Gesetze und Verordnungen, mit den hauptsächlichsten Bestimmungen des Privatrechts, der Polizeiverwaltung, der bürgerlichen und der Strafrechtspflege. Mit einem Anhang enthaltend Lebens- und Klugheitsregeln und alphabet. Sachregister. 8. (226 S.) Stuttgart 857, Metzler'sche Buchh. Verlags-Conto.

Schlehuber, Anna, geb. Eberle, prakt. Anweisg. zur amerikan. Handfärberei, um mit ganz geringen Auslagen u. leichter Mühe abgetragene od. unansehnlich gewordene Hüte, seidene Bänder etc. nach allen Farben wieder neu aufzufärben etc. u. Stockflecke zu beseitigen, f. thätige Hausfrauen u. Töchter. 8. (15 S.) Kaufbeuern 852. Leipzig. Hübner. 6 ngr

Schlehuber, Anna, geb. Eberle, künstliche Blumen-Schöpfung nach dem Reiche der Natur und Phantasie. Nebst deutlicher Angabe der in Deutschland sicher noch zum größten Theil unbekannten Geheimnisse, bezüglich des äußerst billigen Schönfärbens aller Stoffe und Blätter nach französischer Art 2c. Mit 106 Abbildgn. der nöthigsten Blumen-Blätter (auf 3 lith. Taf. in 4.). Kaufbeuren 853. Reichel. gr. 8. (18 S.) 15 ngr.

—— künstliche Blumen-Schöpfung nach dem Reiche der Natur und Phantasie. Nebst deutlicher Angabe der in Deutschland sicher noch zum größten Theil unbekannten Geheimnisse, bezüglich des äußerst billigen Schönfärbens aller Stoffe und Blätter nach französ. Art, als Moll, Jagonet, Sammt u. dgl. Mit 106 Abbild. der nöthigsten Blumen-Blätter. gr. 8. (48 S. mit 3 Stnt. in qu. gr. 4.) Kaufbeuren 853. (Leipzig, Hübner.) Thlr.

— Handbuch z. gründlichen Selbstunterricht im Maaßnehmen, Zuschneiden u. Bearbeiten aller Arten Damenkleider, Kinder-Anzüge, Mäntel, Mantillen, Schnürleibe 2c. in allen vorkommenden Façonen u. Abändergn., nach mathemat. Reductionsmethode, mit 4 Patronen, 1 Musterkarte 2c. 2. neu bearb. Aufl. gr. 8. (31 S. m. 8 lith. Taf. in Fol.) Ebd. 852. — 3. neu bearb. Aufl. gr. 8. (28 S. m. 8 lith. Taf.) Ebd. 852. n. 1 ₰

Schlehuber, Anna, geb. Eberle, Handbuch zum gründlichen Selbstunterricht im Maaßnehmen, Zuschneiden und Bearbeiten aller Arten Damenkleider, Kinder-Anzüge, Mäntel 2c. in allen vorkommenden Façonen und Abänderungen, nach mathemat. Reductionsmethode mit 4 Patronen, 1 Musterkarte 2c. (auf 8 Stnt. in Fol.) und lithogr. Einschreibbüchel (Maaßbüchel). 2. Aufl. 1852., 3. Aufl. 1853. und 4. Aufl. gr. 8. (27 S.) Kaufbeuren 855. (Leipzig, Hübner.)

— Handbuch zum gründlichen Selbstunterricht im Maaßnehmen, Zuschneiden und Bearbeiten aller Arten Damenkleider, Kinder-Anzüge, Mäntel 2c. in allen vorkommenden Façonen und Abänderungen nach mathematischer Reductionsmethode mit 4 (lith.) Patronen (in Fol.), 1 (lith.) Musterkarte und verschiedenartigen nöthigen Zeichnungen (in Fol.), nebst 3 (lith.) Erklärungstab. (in Fol.) und lith. Einschreibbüchel (Maaßbüchel). 4. (Titel-)Aufl. Kaufbeuren (852.) 855. Reichel. gr. 8. (2 Bl., 28 S.) n. 1 ₰.

Schlehuber, Anna, Maassbuch zum Damenkleidermachen nach der amerikanischen Methode. Harburg u. Uelzen 869. Elkan. qu. 4. (38 lith. S.) n.n. 3 ngr.

— Selbst-Unterricht im Damen-Kleidermachen für alle Zeiten, 4. neu bearb. Aufl. unter Mitwirkung v. Henriette Fink. Harburg 868. Elkan. 4. (42 S. mit 14 Steintaff. u. Modellen.) cart. 2 ₰

Ostsee: Deutsche Küste. Die Schlei von Schleimünde bis Schleswig 1:50000. [Nebenkärtchen:] Schleswig. 1:25000; Schleimünde 1:25000. Hrgg. vom Reichs-Marineamt. Berlin 1905. Berichtigt 6. Jan. 1906. Berlin. (1906.) 1 Bl. Groß-Fol. 80 63 cm.

Schleich, Ad., Die Giebelfelder der Walhalla von Schwanthaler. Regensburg bei Manz. Fol.

Schleich, Ant., über Castration bei Myofibromen des Uterus. Inaugural-Abhandlung. gr. 8. (53 S.) Tübingen 884, (Fues.) *

Schleich, Aug., Studien von Jagd-Thieren, zum Gebrauch für Zeichnungs-Schulen und für Jagdfreunde. Nach der Natur und auf Stein gezeichnet. 20 Blätter in Fol. München 840, Mey u. Widmayr. 3 ₰

Schleich, Aug., Studien von Jagd-Thieren, nach der Natur aufgenommen und gezeichnet. qu. Fol. (14 Stnt.) Altötting 879, Lutzenberger.

Schleich, C., offener Brief an den Hrn. Prof. Dr. Esmarch in Kiel. gr. 8. (15 S.) Stettin 882, v. der Nahmer. *

—— ein Mahnwort in der Samariterfrage. gr. 8. (13 S.) Ebendas. 882. *

Schleich, C. L., s. Schleich, Karl Ludwig.

Schleich, Eduard

Schleich, E., Chiemseelandschaft. — Septembermorgen im Buchenwald auf Rügen v. P. Flickel. (Erläuterungen zu diesen Bildern.) — Eduard Schleich. — Paul Flickel. (Biograph. Text.) (82 S. m. 2 Abbildgn.) kl. 8. Leipzig (906). F. E. Wachsmuth. n. — 40

Schleich, Frz. Frhr. v., Anleitung zum Schießen u. Werfen. (Für Geschütz-Commandanten u. Offiziers-Adspiranten.) 2 Thle. München 867,68. Literarisch-artistische Anstalt. gr. 8. (1. Thl. VII, 95 S. mit eingedr. Holzschn. u. 1 Steintaf., 2. Thl. VIII, 64 S. mit eingedr. Holzschn. u. 1 Tab. in qu. Fol.) Jeder Thl. n. 16 ngr.

Schleich, Frz. Frhr. v., Anleitung zum Schießen und Werfen. [Für Geschützcommandanten und Offiziers-Adspiranten.] 3. Thl. [Praktischer Thl.] Lex.-8. (VI, 175 S. mit eingedr. Holzschn.) München 869, Rieger'sche Universitäts-Buchh. *

1. und 2. Thl. München 1867.68. Literar.-artist. Anstalt. n.M 3.20.

Schleich, Gustav

Schleich, G., der Augengrund des Kaninchen und des Frosches, beschrieben und gezeichnet. gr. 8. (71 S. mit 3 lithogr. Taf.) Tübingen 885, Laupp'sche Buchh. *
Aus: Nagel's Mitteilungen aus der ophthalmiatrischen Klinik in Tübingen, besonders abgedruckt.

Schleich, Gust., s.: Eglamour, Sir.

Schleich, Gust., The Gast of Gy, s.: Palaestra.

— s.: Lydgate's fabula duorum mercatorum.

Einladung zur akademischen Feier des Geburtsfestes S. M. des Königs Wilhelm II von Württemberg auf den 25. Febr. 1897 im Namen des Rektors und akademischen Senats der kgl. Eberhard-Karls-Universität Tübingen. — Beigefügt ist e. Abh.: Burkard David Mauchart. Von Dr Gustav **Schleich**, o. Prof. d. Augenheilk. u. Vorstand d. Univ.-Augenklinik. Tübingen, Druck v. H. Laupp jr, 1897; 2 Bl., 73 S. 4.

Schleich, Gust., Burkard David Mauchart. Progr. 4. (74 S.) Tübingen 897. (F. Pietzcker.) n. 2. —

Schleich, G., s. Mittheilungen aus der ophthalmiatrischen Klinik in Tübingen.

Schleich, [illegible] 187[illegible]
Berlin, Phil. Diss. [illegible] Mai 187[illegible]

Das Sehvermogen der höheren Tiere. Antritts-Rede bei Uebernahme d. ordentl. Professur d. Augenheilkunde an d. Hochsch. zu Tubingen am 6. Febr. 1896 . . . geh. v. Gustav Schleich. *Tübingen: F. Pietzcker 1896.* (36 S. 1 B.) 8.

Schleich, Gust., ein Stück aus d. Geschichte der medizinischen Fakultät der Universität Tübingen. Rede, geh. am Geburtsfest Sr. Maj. des Königs Wilhelm II. v. Württemberg am 25. II. 1910 im Festsaal der Aula d. Universität Tübingen. (47 S.) gr. 8. Tübingen 910. (G. Schnürlen.) 1.20

Schleich, Gustav [Dr.]: Über das Verhältnis der mittelenglischen Romanze Ywain und Gawain zu ihrer altfranzösischen Quelle. Berlin, R. Gaertners Verlagsbuchh. H. Heyfelder, 1889; 32 S. 4°
Berlin, Andreas-RG, OP 1889 (91)

Schleich, Gust., s.: Ysumbras, Sir

Schleich, Gustav, s.:Ywain and Gawain, hrsg. von Schleich.

— **Ywain and Gawain.** Mit Einleitung u. Anmerkgn. hrsg. gr. 8. (LIV, 184 S.) Oppeln 887. Franck. n. 6.—

Schleich, Johann Konrad (Frankfurt/M.) A. S. 139/19

Dissertatio inauguralis juridica, de eo, quod justum est circa pecuniam lustricam, vulgo Pathen-Geld. Präs. Konrad Wilhelm Strecker. Erfurt (Hering) 23. VI. 1738. 82 S.

W. v.: Franz Büttner, Augustin Friedrich Stoepler, J. G. Lotich, J. N. A. Roessing, Heinrich Schreiber.

30553

Schleich, Johann Theobald (Ulm) A. S. 738/33

Disputatio inauguralis juridica de renunciatione appellationis. Präs. Gabriel Schweder. Tübingen (Reis) 17. XI. 1703. 38 S. 30555

Schleich, Johann Theobald (Ulm) A. S. 367/18

Disputat. de renunciatione appellationis, inauguralis. Präs. Gabriel Schweder. In: Schweder: Disputationes varii, ex civilis, privati ... juris prudentia selecti, argumenti. Tom. I. Disputat. XVIII. Esslingen (Maentler) 1731. S. 879-921.

Diss. Tübingen 17. XI. 1703. 30556

Schleich, K., das Leben Jesu in Bildern. 18 Heft mit 6 Kupfert. gr. 8. München, Fleischmann. 821.

Schleich, Carl, über einen Fall von pulsirendem Knochensarcom (Sarcoma aneurysmaticum) des Oberschenkels mit Spontanfractur des Femur und des Humerus nebst Bemerkungen über die Aetiologie einiger Formen von Spontanfracturen. Diss. Greifswald 1887, Jul. Bindewald. 8°. 40 S.

Schleich, Carl, s.: Heilkunde, die.

Schleich, Carl, über nitrobenzylierte Malonsäureester. Inaugural-Dissertation. gr. 8. (43 S.) Tübingen 887, (Franz Fues.) *

Schleich, Karl Ludwig

Schleich, C. L., über die Aetiologie der Geschwülste. Versuch einer Analyse ihres Wesens. gr. 8. (18 S.) Berlin 890. (Otto Enslin.) n. —60

Schleich, C. L., **Erwiderung** auf Hrn. Dr. M. Blumberg's Bemerkungen über die Marmorseife in Nr. 14 der „Deutsch. med. Presse". gr. 8. (8 S.) Berlin 901. J. Goldschmidt. n. 1.—

— **Hygiene** der Hand u. chirurgische Prophylaxe. gr. 8. (8 S.) Ebd. 901. n. 1.—
2 Sonderabdrucke aus: „Deutsche medicin. Presse".

Schleich, C. L., **Immunität, Infektionstheorie** u. Diphtherie-Serum, s.: Gottstein, A.

Schleich, C. L., die fromme **Lüge** in der Medizin. (7 S.) 8. Berlin 904. J. Goldschmidt. n. — 60
Sonderabdruck aus: „Deut. medizin. Presse".

Schleich, Carolus Ludovicus: De malacia pulmonum. Halis Saxonum (1847): Colbatzki. 43 S. 8°
Halle-Wittenberg, Med. Diss. v. 15. Juli 1847
Geb. Stettin 3. 5. 1823. V.
Verf. erlebte die Diplomerneuerung 1897 als Geheimer Sanitätsrat in Stettin.

Schleich, Karl Ludwig: Neue Methoden der Wundheilung. Ihre Bedingungen u. Vereinfachung f. d. Praxis. Berlin: J. Springer 1899. (XIV, 378 S.) 8°

— neue **Methoden** der Wundheilung. Ihre Bedingggn. u. Vereinfachg. f. die Praxis. 2. verb. Aufl. gr. 8. (XIV, 379 S.) Berlin 900. J. Springer. n. 7.—; geb. in Leinw. n. 8.20

— schmerzlose **Operationen.** Oertliche Betäubg. m. indifferenten Flüssigkeiten. Psychophysik des natürl. u. künstl. Schlafes. gr. 8. (X, 256 S. m. 32 Abbildgn.) Berlin 894. J. Springer. n. 6.—

Schmerzlose Operationen. Oertl. Betäubg m. indifferenten Flüssigkeiten. Psychophysik d. natürl. u. künstl. Schlafes. Von Dr. C[arl] L[udwig] **Schleich.** 2. verb. u. verm. Aufl. M. 32 Abb. im Text. *Berlin: J. Springer 1897.* (VIII, 268 S.) 1 Bd 8. [97. 6317

Schmerzlose Operationen. Oertl. Betäubg m. indifferenten Flüssigktn. Psychophysik d. natürl. u. künstl. Schlafes. Von Dr. C[arl] L[udwig] **Schleich.** 3. verb. u. verm. Aufl. M. 32 Abb. im Text. *Berlin: J. Springer 1898.* (X, 276 S.) 1 Bd 8. [98. 1953

— schmerzlose **Operationen.** Oertliche Betäubg. m. indifferenten Flüssigkeiten. Psychophysik des natürl. u. künstl. Schlafes. 4. verb. u. verm. Aufl. gr. 8. (XII, 303 S. m. 32 Abbildgn.) Ebd. 899. n. 6.—; geb. in Leinw. n. 7.20

— schmerzlose **Operationen.** Oertliche Betäubg. m. indifferenten Flüssigkeiten. Psychophysik des natürl. u. künstl. Schlafes. 5. verb. u. verm. Aufl. (XII, 338 S. m. 33 Abbildgn.) gr. 8. Berlin 906. J. Springer. n. 6.—; geb. in Leinw. n. 7.20

Carl Ludwig **Schleich.** Von der Seele. Essays. Berlin: S. Fischer 1910. 333 S. 8° [11. 313

Die Selbstnarkose der Verwundeten in Krieg und Frieden. Ein humaner Vorschlag von Prof. Dr. C[arl] L[udwig] **Schleich.** Berlin: J. Springer 1906. (39 S.) 8° [06. 11370

— atoxische **Wundbehandlung.** gr. 8. (8 S.) Berlin 902. J. Goldschmidt. n. 1.—

— **Weiteres** zur atoxischen Wundbehandlung. gr. 8. (8 S.) Ebd. 902. n. 1.—
2 Sonderabdrucke aus: „Deutsche medicin. Presse".

Schleich, M. E., Bürger und Junker. Altbürgerliches Characterbild in 4 Akten. München 855. (Finsterlin.) 16. (126 S. u. 1 Holzschn.) n. 12 ngr.

Schleich, Mart., Aussässig. Volksspiel in 3 Aufzügen. gr. 8. (94 S.) München 861. (Rubinverlag.) n. 2.—

Schleich, Mart., italische Apriltage. Erinnerungen aus einer confessionslosen Romfahrt. 8. (VI, 200 S.) Leipzig 880, Hirth. *

Schleich, **Mart.,** italische Apriltage. Erinnerungen aus einer confessionslosen Romfahrt. 8. Leipzig 880. Gera, Griesbach's Verlag. * 2 —

Schleich, Mart., der Einsiedler [Jude von Cäsarea]. Nachgelassener humorist. Roman. Bearb. und hrsg. von M. G. Conrad. 8. (VII, 314 S.) München 886, Franz' Verlag. *

Schleich, Mart., gesammelte Lustspiele und Volksstücke. 2 Bde. in 11 Lfgn. 8. (424 S., 463 S.) München 863, Gummi. geb. mit Goldschn. 4

Schleich, Mart., gesammelte Lustspiele u. Volksstücke. 2. Aufl. 8. (462 S.) München 874. Beck. (?) n. 2. —

— neue Lustspiele u. Volksstücke. 2. Aufl. 8. (424 S.) Ebend. 874. n. 2. —

Schleich, Martin (Hrsg.), s. P u n s c h, Münchener.

— s.: Stoß, Veit, u. sein Sohn.

Schleich, M., Daniel, e. Mann d. Begierd. und Wegweiser z. Liebe und Anschauung Gottes. 8. Augsburg, Bartholomäi. (Doll.) 760.

Schleichardt, Heinrich Georg

Schleichardt, Heinr. Geo., die Bedeutung des diesjähr. Erntefestes u. seine würdige Feier. Ein Religionsvortrag zu Arnstadt am 21. Sonntage nach Trinit. 1847 gehalten. gr. 8. (16 S.) Arnstadt 847, Meinhardt. n. 1/12 Rthlr.

Schleichardt, Hnr. Geo., die Einweihungsfeier der Kirche zu Gehren im Fürstenthum Schwarzburg-Sondershausen am 4. Nov. 1834. gr. 8. Arnstadt 835 (Hildebrand.) n. 1/12 Rthlr.

Schleichardt, Heinr. Geo., die Einweihungsfeier d. Kirche zu Gehren im Fürstenth. Schwarzburg-Sondershausen am 4. Nov. 1834. gr. 8. (3 B.) Arnstadt 835, (Meinhardt.) •

Schleichardt, (Kirchen- u. Konsistorial-Rath,) H. G., die Feier des 3n Jubelfestes d. Augsburg. Confession. Eine Predigt u. e. Abendmahlsrede am 25. Juni 1830 ꝛc. gr. 8. Arnstadt 830. Mirus. 2 Gr.

Schleichardt, Heinr. Geo., die Feyer d. 3. Jubelfestes d. Augsburg. Konfession. Eine Predigt u. e. Abendmahlsrede am 25. Jun. 1830, nebst einigen Nachrichten üb. die im Arnstädtischen statt gefund. Festfeier. gr. 8. (2 B.) Arnstadt 830, [Ohlenroth.]

Schleichardt, (H. G.,) heute wird das Leben zur Feierstunde! Eine Rede. gr. 8. Arnstadt 824, Hildebrandt.

— Worte bei der Gedächtnißfeier des Einzugs d. Verbündeten in Paris, an heil. Stätte gesprochen. 8. Sondersh. 814. Voigt in Ilmenau. 4 Gr.

—— Worte der Weihe, gesprochen bei der am 17. Okt. 1831 statt gefund. Einweihung der Kirche zu Angstädt im Fürstenth. Schwarzburg-Sondershausen. Auf wiederholt. Verlangen u. mit einigen histor. Notizen dem Drukk übergeben. gr. 8. (2 B.) Arnstadt 832, (Meinhardt.)

Schleicher, Bonifaz, oder kann man ein Heuchler seyn, ohne es selbst zu wissen? Hanau, Frankf. u. Leipzig 1777. V: *Wieland, Chph. Martin.* (Zeitschr. f. Büch. N .F. 15, 1923, S. 121)

Schleicher, Berechnungs-Tabellen f. alle in d. Zollerhebungsrolle f. d. J. 1837, 1838 u. 1839 vorkomm. Tara- u. Geldsätze. Lex.-8. (4 1/2 B.) Saarbrücken 837, Neumann. •

Schleicher, das Samariterbüchlein, s.: Baur, Alfr.

Schleicher, Adolf Walter

Schleicher, A. W., Geschichte der Galla. Bericht e. abessin. Mönches üb. die Invasion der Galla im 16. Jahrh. Text u. Übersetzg., hrsg. v. A. W. Sch. gr. 8. (IV, 42 S.) Berlin 893. Th. Fröhlich. n. 2. 50

— afrikanische Petrefakten. Ein Versuch, die grammatische Bildg. u. Formwurzeln der afrikan. Sprachen durch Sprachvergleichg. festzustellen. gr. 8. (V, 93 S.) Ebd. 891. n. 3. —

Schleicher Adolf: Die Somali Sprache.
D: Berlin, 1892.
1893 PN 785 Diss. Wien. Univ. 2854

— die Somali-Sprache. 1. Thl. Text, Lautlehre, Formenlehre u. Syntax. gr. 8. (XVI, 159 S.) Ebd. 892. n. 6. —

Schleicher's, A. W., Somali-Texte. Mit Unterstützg. der kais. Akademie der Wissenschaften hrsg. v. Leo Reinisch. gr. 8. (XX, 159 S.) Wien 900. A. Hölder. n. 4. —

Schleicher, Alwin: Unterschiede in der Rostneigung einiger Eisenmaterialien. 1909. 41 S. 4° ¶ Ohne die Belegzahlen u. d. tabellarischen Auszug in: Metallurgie. Jg. 6. München, Dr.-Ing.-Diss. v. 24. 12. 1908

Schleicher, August

Schleicher, Aug., über die Bedeutung der Sprache für die Naturgeschichte des Menschen. 8. (29 S.) Weimar 865, Böhlau.

Schleicher, Aug., Beiträge zur vergleichenden sprachforschung, s. Beiträge.

— Bericht [illegible] üb. [illegible] Erfolge einer nach Litauen [illegible] wissenschaftl. [illegible] Reise [illegible] vgr. Separat[illegible]

Schleicher, Aug., Briefe über die Erfolge einer wissenschaftl. Reise nach Litauen. [Aus d. Sitzungsber. 1852 d. k. Akad. d. Wiss.] Lex. 8. (36 S.) Wien 852, (Braumüller.) n. 1/6 Rthlr.

Schleicher (Aug.), Briefe über die Erfolge einer wissenschaftlichen Reise nach Litauen. Lex.-8. (36 S.) Wien 853, (Gerold's Sohn.) •
Aus: Sitzungsberichte der k. Akademie der Wissenschaften, J. 1852, besonders abgedruckt.

Schleicher, Aug., s. Chrestomathie, indogermanische.

— die Formenlehre der kirchenslawischen Sprache, erklärend u. vergleichend dargestellt. gr. 8. (XXIV u. 376 S.) Bonn 852, König. n. 2 1/3 Rthlr.

Schleicher, August — Handbuch der litauischen Sprache von — —. I. Grammatik. Prag, 1856. Druck der k. k. Hofbuchdruckerei von Gottlieb Haase Söhne. J. G. Calve'sche Verlagsbuchhandlung. (XVII. 342 S. 8.)

—— Handbuch der litauischen Sprache. (In 2 Thln.) I. (Thl.) A. u. d. T.: Litauische grammatik. gr. 8. (XVII und 342 S.) Prag 856, [Tempsky.]

—— Handbuch der litauischen sprache. II. (Thl.) A. u. d. T.: Litauisches lesebuch und glossar. gr. 8. (XIV und 351 S.) Prag 857, Tempsky.
I. Thl. Ebendas. 1856. 2 Thlr.

—— Compendium der vergleichenden Grammatik der indogermanischen Sprachen. (In 2 Thln.) I. A. u. d. T.: Kurzer Abriss einer Lautlehre der indogermanischen Ursprache, des Altindischen (Sanskrit), Alteranischen (Altbaktrischen) etc. gr. 8. (VIII und 283 S.). Weimar 861, Böhlau. *

—— Compendium der vergleichenden Grammatik der indogermanischen Sprachen. II. A. u. d. T.: Kurzer Abriss einer Formenlehre der indogerman. Ursprache, des Altindischen (Sanskrit), Alteranischen (Altbaktrischen), Altgriechischen etc. gr. 8. (S. 284—764.) Weimar 862, Böhlau. *
I. Ebendas. 1861. * 2 Thlr.

— Compendium der vergleichenden Grammatik der indogermanischen Sprachen. Kurzer Abriss einer Laut- u. Formenlehre der indogermanischen Ursprache, des Altindischen, Alteranischen etc. 2., bericht., verm. u. theilweise umgearb. Aufl. Weimar 866. Böhlau. gr. 8. (XLVI, 856 S.) n. 5 *rf* 10 *ngr.*

Schleicher, Aug., Compendium der vergleichenden Grammatik der indogermanischen Sprachen. Kurzer Abriss e. Laut- u. Formenlehre der indogerm. Ursprache, d. Altindischen, Alteranischen, Altgriechischen, Altitalischen, Altkeltischen, Altslawischen, Litauischen u. Altdeutschen. 3. bericht. u. verm. Aufl. gr. 8. (XLVIII, 829 S.) Weimar 870. Böhlau. n. 16. —

Schleicher, Aug., Compendium der vergleichenden Grammatik der indogermanischen Sprachen. Kurzer Abriss e. Laut- u. Formenlehre der indogerm. Ursprache, d. Altindischen, Alteranischen, Altgriechischen, Altitalischen, Altkeltischen, Altslawischen, Litauischen u. Altdeutschen. 3. bericht. u. verm. Aufl. gr. 8. (XLVIII, 829 S.) Weimar 870. Böhlau. n. 16. —

— Laut- u. Formenlehre der polabischen Sprache. gr. 8. (XIX, 353 S.) St. Petersburg 871. Leipzig, Voss. n. 4. 80

Schleicher, August —. Litauisches Lesebuch und Glossar. Von — —. Auch unter dem Titel: Handbuch der Litauischen Sprache von Aug. Schleicher. II. Lesebuch und Glossar. Prag, 1857. J. G. Calve Verlag und Druck von Gottl. Haase Söhne. Hofbuchdr. (XIV. 351 S. 8.)

— Lituanica. (Aus d. Sitzungsberichten d. k. Akad. d. W.) Wien 853. (Gerold.) gr. 8. (83 S.) n. 15 *ngr.*

—— Lituanica. Lex.-8. (83 S.) Wien 854, (Gerold's Sohn.) *

—— litauische Märchen, Sprichworte, Räthsel und Lieder. Gesammelt und übers. gr. 8. (IX und 244 S.) Weimar 857, Böhlau.

Schleicher, Avg. ⟨geb. am 19 Febr. 1821 in Meiningen⟩: Meletematon Varronianorvm Specimen I [*un.*] ... Bonnae, form. C. Georgii 1846. 1 Bl., 36 S. 8.
Bonn, Phil. Fak., Diss. v. 10 Jan. 1846

Schleicher, Aug., zur Morphologie der Sprache, s. Mémoires de l'Acad. Imp. des Sciences de St.-Pétersbourg. VII.Sér.T.I,7.

— die deutsche Sprache. Stuttgart 860. Cotta. gr. 8. (VII, 340 S.) n. 2 *rf*

— die deutsche Sprache. 2. verb. u. verm. Aufl. Stuttgart 869. Cotta'sche Buchh. gr. 8. (XI, 348 S.) n. 2 *rf*

— die deutsche Sprache. 3. Aufl. gr. 8. (XI, 348 S.) Stuttgart 874. Cotta. n. 7. —

—— die deutsche Sprache. 4. Aufl. [Unveränd. Abdr.] gr. 8. (IX, 348 S.) Stuttgart 879, Cotta'sche Buchh. *

Schleicher, Aug., die deutsche Sprache. 5. Aufl. gr. 8. (IX, 348 S.) Stuttgart 888, Cotta'sche Buchh. Nachf. *

—— die Darwinsche Theorie und die Sprachwissenschaft. Offenes Sendschreiben an Herrn Dr. Ernst Häckel, a. o. Prof. der Zoologie und Dir. des zoolog. Museums an der Universität Jena. gr. 8. (29 S. mit 1 Stnt. in gr. 4.) Weimar 863, Böhlau.

—— die Darwinsche Theorie und die Sprachwissenschaft. Offenes Sendschreiben an Herrn Dr. Ernst Haeckel, ordentl. Prof. der Zoologie und Dir. des zoolog. Museums an der Universität Jena. 2. und 3. Aufl. gr. 8. (33 S. mit 1 Stnt. in 4.) Ebendas. 873. *

—— die Unterscheidung von Nomen und Verbum in der lautlichen Form. (Des 4. Bds. der Abhandlungen der philolog.-histor. Classe der k. sächs. Gesellschaft der Wissenschaften. No. 5.) hoch 4. (91 S.) Leipzig 865, Hirzel. *

Schleicher, A., sprachvergleichende Untersuchungen. I. (Bd.) A. u. d. T.: Zur Sprachengeschichte. gr. 8. (VIII und 166 S.) Bonn 848, König. *

—— dass. — II. (Bd.) A. u. d. T.: Die Sprachen Europas in systemat. Uebersicht. gr. 8. (X und 270 S.) Ebds. 850. *

— linguistische Untersuchungen. II. (Bd.) A. u. d. T.: Die Sprachen Europas in systemat. Uebersicht. gr. 8. (X u. 270 S.) Ebd. 850. n. 1½ *rf* (I. 2.: n. 2⅚ *rf*)

—— über v (-ov-, -ev-) vor den Casus-Endungen im Slawischen. Lex.-8. (19 S.) Wien 852, (Gerold's Sohn.) *
aus: Sitzungsberichte der k. Akademie der Wissenschaften, besonders abgedruckt.

—— Volkstümliches aus Sonneberg im meininger Oberlande. Lex.-8. (XXVI und 158 S.) Weimar 858, (Böhlau.) *

Schleicher, Aug., Volkstümliches aus Sonneberg im Meininger Oberlande. 2. Aufl. gr. 8. (XXV, 158 S.) Sonneberg 894. (C. Albrecht.) n. 3. —

SCHLEICHER, BRUNO. Ueber die α-Bromisovaleriansäure, Pimelinsäure, und deren Ueberführung in Terakonsäure und Terebinsäure. Halle a. S., 1888. Diss.v.30.Nov.1888. (30 S.)

Schleichers, Erasmus, eines reisenden Mechanikus, Leben und Meinungen, auch seltsamliche Abentheuer, (von C. G. Cramer) 2 Theile mit 8 Kupf. und 2 Vignetten, dritte vermehrte und verbesserte Aufl. 8. Leipzig, 795. B. Fleischer. 4 Rthl.

Schleichers, Erasmus, e. reisend. Mechanikus, Leben und Meinungen, auch seltsame Abenteuer, v. K. G. Cramer. 4te Aufl. m. K. 8. Lpz. Benj. Fleischer. 809.

Schleicher, Erasmus (Jul. Ed. Bennert), die Poesie des Alkohols. gr. 16. (42 S.) Köln 899. (J. G. Schmitz.) Kart. n. — 60

Schleicher, Erasmus: Die Poesie des Alkohols. 2. Aufl. Köln: J. G. Schmitz in Komm. 1900. (42 S.) 8°

Schleicher, Erhart, zur Kenntniss der Thiophengruppe. Inaugural-Dissertation. gr. 8. (48 S.) Göttingen 886, (Vandenhoeck und Ruprecht.) *

Schleicher, Ernst L. Kritias von Athen. Historisch-kritische Studie. 31 S. **Progr.** Wurzen 1877.

Schleicher, Franz, aus Gmünd (Württemb.): **Beiträge zur Kenntnis alkylierter Bernsteinsäuren.** *Würzburg 1900: H. Stürtz.* (48 S.) 8°
Heidelberg, Naturw.-math. Diss. v. 1900

Schleicher, Franz Ge.: Abhandlung vom Ursprunge und Eigenschaft der Gülich- u. Bergischen Lehne nebst Bestimmung des ächten Begriffes der Wörter Mann- und Erbmannlehne. Elberfeld 1800.

Schleicher, Franz Karl s. Abhandlungen. Staatswirthschaftl.

— Arithmetik u. Geometrie f. Officiere. 8. Pr. Minden 778.

Beyträge zur praktischen Meſskunſt; von *Franz Karl Schleicher*, Hauptmann in Hochfürſtl. Heſſen-Kaſſeliſchen Dienſten, ordentl. Lehrer der Kriegswiſſenſch. auf d. Univerſit. Marburg, Mitglied des daſigen ſtaatswirthſchaftl. Inſtituts, auch der Akademie der Maler- Bildhauer- und Baukunſt in Kaſſel. Erſtes Heft, mit 4 Kupft. Frankfurt am Mayn, bey Varrentrapp u. Wenner. gr. 8. 144 S. 1793.

– s. Belidor: Handwörterbuch.

– s. Bibliothek, Neue. Militär;

Schleicher, Frz. Karl, († d. 23. Febr. 1815.) üb. die vollkommenſte Bildung des Soldaten in Friedenszeiten. 8. Marb. 788. Krieger. 2 gl.

Einleitung in die Hydroſtatik, aufgeſetzt von *Carl Franz Schleicher.* Lemgo in der Mayerſchen Buchhandl. 8. 3 B. 1 Kupf. (2 gr.) 1777.

— Handbuch der Artillerie, zum Vortrag wie zum Selbſtunterr. 1r Bd. Mit 11 Kpf. gr. 8. Marb. 799. Krieger. 1 rℓ 12 gl.

Schleicher, F. K. Handbuch d. Artillerie. T. 1. Mit Kpf. Marburg 1799. 380 S.

– s. Kratzenstein, Fr. W.: Anweisung.

— üb. den Vortrag der reinen Mathematik bei e. Artillerieſchule. 8. Caſſel 787.

Schleicher, Heinrich Christian (Glauchau) A. S. 3/7

De eo quod interest. Präs. Nikolaus Christoph Lyncker, Rec.
Jena (Heller) 1734. 61 S.

Diss. IX. 1691. 30561

Schleicher, Helene, kleine Erzählungen, s.: Kinder-Bibliothek, katholiſche. 71. Bdchn.

Catalogus hucusque absolutus omnium plantarum in Helvetia cis et transalpina sponte nascentium... red. J. C. Schleicher. (Bex:) 1807. 39 S. 8°

Schleicher, J. C. Catalogus hucusque absolutus omnium plantarum in Helvetia cis et transalpina sponte nascentium. Quas... collegit..., distinxit ac... redegit. J. C. Schl'.... Ed. 3a emendata et auctior. 8. *s. l.* 1815.

Schleicher, Ioannes Theophilus: De odorum in diagnosi morborum dignitate. [Praeses:] Fridericus Nasse. Halae (1807 [vielmehr: 1817]): Ruff. 30 S. 8°
Halle, Med. Diss. v. 19. April 1817
Geb. [Mehmels (Sachsen-Meiningen) 16. 10. 1793]

Schleicher, Iwan, Professor Süterlin. Der zoolog. Garten. Novellen. (207 S.) 8. Dresden (907). E. Pierson. 3.—; geb. n 4.—

Schleicher, Iwan Adelbert [aus College Point (Nord-Amerika)]: Über Meister Johannes Hadlaubs Leben und Gedichte .... Bonn, Univ.-Buchdr. v. Carl Georgi, 1888; 108 S. + 1 Bl. 8°
Leipzig, Phil. Fak., Inaug.-Diss. v. 10. März 1888

Schleicher, Iwan Adelbert, über Meister Johannes Hadlaubs Leben und Gedichte. Diss. Leipzig 1888, Gustav Fock. 8°. 108 S.

Schleicher, Karl [aus Würzburg]: Darstellung und Umkehrung von Thetaquotienten deren Charakteristiken aus Dritteln ganzer Zahlen gebildet sind. . . . Bayreuth, Druckerei v. Th. Burger, 1890; 26 S., 1 Bl. 8°
Würzburg, Phil. Fak., Inaug.-Diss. v. 1890

Darstellung und Umkehrung von Thetaquotienten, deren Charakteristiken aus Dritteln ganzer Zahlen gebildet sind. – Von Dr. Karl Schleicher. – 1890, Bayreuth, Th. Burger. – S. 3–26.
Progr. Bayreuth, K. Gymn.

Schleicher, Karl, aus Biebrich a. Rh., Referendar am kgl. Landgericht zu Wiesbaden: **Die Lehre von der Auslobung nach Reichsrecht.** *Wiesbaden 1900: C. Ritter.* (45 S.) 8°
Erlangen, Jur. Diss. v. 18. Okt. 1899

Schleicher, Karl. Über die Verhältnis der griechischen zur modernen Musik. 40 S. **Progr.** Cöthen 1878.

Schleicher, Constantin. (geb. am 4 Aug. 1842 in Düren): De membrana pvpillari perseverante . . . Bonnae, typ. F. Krvegeri (1865). 2 Bl., 18 S., 1 Bl. 8.
Bonn, Med. Fak., Diss. v. 5 Aug. 1865

Schleicher, Mich., der alle Monate fruchtbringende Lebensbaum. 12. Augsb. Rieger. 752.

Schleicher, R., Beitrag zur Geſchichte der Stadt Villingen, ſ. Beitrag.

Schleicher, R., Vademecum des rechnenden Geſchäftsmannes. Oder: Regeln für die Einkaufs- u. Verkaufsrechnung, einfache Zinsrechnung, einfache Discont- oder Rabattrechnung ꝛc. Freiburg im Br. 860. Herder. gr. 8. (XII, 246 S.) n. 26 ngr.

Schleicher, Otto, ein Fall von Cataract nach Blitzschlag. Inaugural-Dissertation. gr. 8. (31 S.) Tübingen 888, (Moser'sche Buchh.) *

Robert Schleicher

Fungi durae matris Observatio singularis. Berolini (1829:) Brueschcke. 22 S. 8°
Berlin, Med. Diss. v. 24. Aug. 1829

SCHLEICHER, Rudolf: Kritische Betrachtungen über die württembergische Gemeindewaldwirtschaft. - Tübingen 1910. III, 64 S. - (Aus Württemb. Unsere Forstwirtsch. i. 20. Jahrh. H. 3)

Schleicher, Rud., krit. Betrachtungen üb. die württemb. Gemeindewaldwirtschaft, s.: Aus Württemberg.

Schleicher, W., zur Galvanocaustik. [Aus: „Monatsschr. f. Ohrenheilkunde.“] gr. 8. (5 S. m. 2 Abb.) Berlin 895. O. Coblentz. n. 1. —

Schleicher, W., und J. Trau, die Rheinbrücke bei Germersheim, mit besond. Berücksicht. der pneumat. Fundirung der Strompfeiler und des eisernen Oberbaues. Lex.-8. (VII, 216 S. mit 8 dem Text angehefteten autogr. Fig.-Taf. und einem Atlas, 32 Pläne in 41 Bl. Zeichnungen enthaltend, qu. gr. Fol. in Mappe.) Ludwigshafen 880, (Lauterborn.) *

Schleicher, W. F., die deutsche Geschichte. In übersichtl. Darstellung für Volksschulen bearb. gr. 16. (III, 144 S.) Koburg 877. (Hildburghausen, Kesselring'sche Hofbuchh.) *

Schleicher, W. F., die deutsche Geschichte. In übersichtl. Darstellung für Volks-, Bürger- und Töchterschulen, sowie für Präparanden- und Fortbildungs-Anstalten bearb. 8. (III, 144 S.) Berlin 880, Friedberg und Mode. *

Schleicher, W[aldemar], Referendar: Der Artikel 32 der Reichsverfassung und seine zivil-, straf- und staatsrechtlichen Folgen. *Rostock 1904: C. Hinstorff.* (103 S.) 8° Rostock, Jur. Diss. v. [10. Apr.] 1904

Schleicher, Wilhelm

Schleicher, Wilh. (L.), zwei Brüder. Eine Erzählung aus der Zukunft. gr. 8. (13 S.) Wien 878, (Frick.) *

Schleicher, Wilh., Mittheilungen über die der Land- u. Forstwirthschaft nützlichen Thiere, insbesondere insofern sie zur Verminderung der schädlichen Pflanzenfresser beitragen. 2. Aufl. Wien 869. (Faesy & Frick.) Lex.-8. (32 S.) n. 6 ngr.

— der Rosenhof. Eine Erzählung aus dem österreichischen Gebirg. Ebend. 870. gr. 8. (IV, 91 S.) n. 8 ngr.

—— der Rosenhof. Erzählung aus dem österreichischen Gebirge. 2. Aufl., verm. mit Fortsetzung als 2. Thl. 8. (IV, 189 S.) St. Pölten 878. (Wien, Frick.) *

Schleicher, W., die der Landwirthschaft nützlichen u. schädlichen Vögel, s.: Tafeln, landwirthschaftliche.

Schleicher-Rüdinger, Gertr., eine württemb. Prinzessin die Vorläuferin der Organisation d. roten Kreuzes in Russland. — Die Vereinsorganisation v. roten Kreuz in Württemberg, s.: Kreuz, das rote, in Württemberg.

Schleichert, Heimatskunde von Halle u. Umgegend, s.: Wissoßky.

Schleichert, Bonif., (†...) institutiones histor. literar. theolog., ad norm. Vindobon. usum acad. accommod. 8maj. Prag 778. Ed. nova 783. (Wesché in Frkf. a. M.) 16 gr.

Schleichert, A. B., institutiones historiae literariae theogiae, ad norm. Vindob. us. acad. accommod. 8. maj. Prag, Mangold. (Göbhard, Bamb.) 783.

Schleichert, Fr.

— Beiträge z. Unterricht in d. Raumlehre m. bes. Berücksicht. d. geometr. Formenlehre. [Aus: „Lehrerzeitg. f. Thüringen ꝛc.] gr. 8. (28 S.) Leipzig 897. H. Haacke. n. — 50

Schleichert, Franz

Schleichert, Frz. Anleitg. zu botanischen Beobachtgn. u. pflanzenphysiologischen Experimenten. Ein Hilfsb. f. den Lehrer beim botan. Schulunterricht. Unter Zugrundelgg. v. Detmers „Pflanzenphysiolog. Praktikum“ bearb. gr. 8. (VIII, 152 S. m. 52 Abbildgn..) Langensalza 891, Beyer u. Söhne. * 2 —

Schleichert, Frz., Anleitung zu botanischen Beobachtungen u. pflanzenphysiolog. Experimenten. Ein Hilfsbuch f. den Lehrer beim botan. Schulunterricht. Unter Zugrundelegg. v. Detmers „Pflanzenphysiol. Praktikum“ bearb. 2., veränd. u. vielfach verm. Aufl. gr. 8. (VIII, 167 S.) Langensalza 894. H. Beyer & Söhne. n. 2. —

Anleitung zu Botanischen Beobachtungen und pflanzenphysiologischen Experimenten. E. Hilfsb. f. d. Lehrer beim botan. Schulunterr. Unt. Zugrundelegg v. Detmers 'Pflanzenphysiolog. Praktikum' bearb. v. Franz **Schleichert**, Lehrer in Jena. 3., veränd. u. vielf. verm. Aufl. M. 64 Abb. im Text. *Langensalza: H. Beyer & Söhne 1897.* (VI S., 1 Bl., 177 S.) 1 Bd 8. 98. 2511

Schleichert, Frz., Anleitung zu botanischen Beobachtungen u. pflanzen-physiologischen Experimenten. Ein Hilfsbuch f. den Lehrer beim botan. Unterricht 4., veränd. u. vielfach verm. Aufl. gr. 8. (VIII, 182 S. m. 64 Abb.) Langensalza 901. H. Beyer & Söhne. n. 2.50

Anleitung zu Botanischen Beobachtungen und pflanzenphysiologischen Experimenten. Ein Hilfsbuch ... Bearb. von Franz **Schleichert**, Lehrer in Jena. 5., verm. u. verb. Aufl. Mit 65 Abb. *Langensalza: H. Beyer & Söhne 1903* (VIII, 190 S.) 8° 04. 13419

Anleitung zu botanischen Beobachtungen und pflanzenphysiologischen Experimenten. Ein Hilfsbuch ... Bearb. von Franz **Schleichert**, Lehrer. 6. verm. u. verb. Aufl. Mit 68 Abb. Langensalza: H. Beyer & Söhne 1906. (XII, 199 S.) 8° 06. 6355 S

Schleichert, Frz., Anleitg. zu botanischen Beobachtgn. u. pflanzenphysiologischen Experimenten. Ein Hilfsbuch f. den Lehrer beim botan. Unterricht. 7., verm. u. verb. Aufl. (XII, 200 S. m. 77 Abb.) gr. 8. Langensalza 909. H. Beyer & Söhne. 3.—; geb. n 4. —

— Beiträge z. Biologie einiger Xerophyten d. Muschelkalkhänge bei Jena, s.: Abhandlungen, naturwiss.

Beiträge zur Methodik des botanischen Unterrichts von F[ranz] **Schleichert**. Mit 3 Fig. Leipzig & Berlin: B. G. Teubner 1905. (48 S.) 4°(8°) = **Sammlung** naturwissensch.-pädag. Abhandlungen. Bd 2, H. 3. 06. 1610

Experiment und Beobachtung im botanischen Unterrichte. Von F[ranz] **Schleichert**, Rektor. 2. umgearb. Aufl. Langensalza: Beyer 1910. 17 S. 8° (Pädagogisches Magazin. H. 65.) 11. 9300

Schleichert, Fr., Experiment u. Beobachtg. im botan. Unterricht, s.: Magazin, pädagogisches.

— pflanzenphysiolog. Experimente, s.: Abhandlungen, allgemein-verständliche naturwissensch. 19.

— das diastatische Ferment der Pflanzen. Eine physiolog. Studie. [Aus: „Nova acta d. ksl. Leop.-Carol. deutschen Akad. d. Naturf.“] Imp.-4. (88 S.) Halle 893. (Leipzig, W. Engelmann.) n. 3. 50

Die Pflege des ästhetischen Interesses in der Schule. Eine Betrachtung nebst e. Unterrichtsskizze. Von F[ranz] Schleichert in Jena. *Langensalza: H. Beyer & Söhne 1903.* (16 S.) 8°
= Magazin, Pädagogisches. II. 201.

Die volkswirtschaftlichen Elementarkenntnisse im Rahmen der jetzigen Lehrpläne der Volksschule. Von Rektor Friedrich Schleichert in Oschersleben. *Langensalza: H. Beyer & Söhne 1897.* (1 Bl., 50 S.) 1 Bd 8.
= Magazin, Pädagogisches. II. 96.

Wie stählt der junge Kaufmann am besten seinen Charakter in den Versuchungen und Schwierigkeiten seines Lebens? Von Rektor Friedrich Schleichert in Oschersleben. *Leipzig: B. G. Teubner 1903.* (28 S.) 8°
= Veröffentlichungen d. Deutschen Verbandes f. d. kaufmänn. Unterrichtswesen. Bd 25.

Schleichert v. Wiesenthal, Franz: Vollständige Reitschule... nebst einem Verzeichnisse der gewöhnlichen Krankheiten der Pferde, und dann der Mittel und Art dieselben zu heilen. Koblenz 1791. XVI, 200 S.

Schleichhändler, Die. Novelle . . . Berlin 1829. V: *Grossmann, Julie Florentine von geb. Menzel.* (GGr) (Nowack, Schles. Schriftst.-Lex. Berlin 1836—43. IV, 35.)

Schleichhändler, die, Nov... (Julie). v. G(roßmann). 8. (13½ B.) Berlin 829, Duncker u. Humblot.

Schleichkünste, v. Miß Edgeworth, übersetzt v. Karoline v. Woltmann. 8. Leipz. Brockhaus. 814.
(s. auch Bibliothek neuer englischer Romane. 2r Band.)

Schleid, Friedrich, Beitrag zur Kenntniss der Hydrocele des Kindesalters. Diss. Kiel 1886, Haeselersche Sort.-Buchh. 8°. 16 S.

Schleiden [Schlagwort]

Schleiden, Kreis, s.: Aachen, Reg.-Bez.

Schleiden. Wandkarte des Kreises Schleiden, Reg.-Bez. Aachen. Bearb. nach den neuen Messtischblättern der königl. preuss. Landes-Aufnahme. 1 : 35,000. 2 Blatt. à 57×107 cm. Farbdr. Berlin (903). D. Reimer. n. 10. —

Schleiden [Verfasser]

[Schleiden, Christian:] Das wahre Verhältniss des Herzogthums Schleswig zum Königreiche Dännemark. Eine historische Skizze. o. O. 1815. 8°

Schleiden, H., Christus u. die Pharisäer. Vortrag geh. im Hamburger Protestanten-Verein am 1. Decbr. 1864. gr. 8. (28 S.) Hamburg 874. Grädener. n. — 60

— Festrede zur 100jährigen Geburtstagsfeier v. J. F. Fries, geb. am 23. Aug. 1873 in Jena. 8. (15 S.) Jena 874. Neuenhahn. — 30

— Liederbuch f. die Glieder d. unsichtbaren Gottesreiches. 8. (XIV, 376 S.) Leipzig 873. Breitkopf & Härtel. geb. n. 6. —

Schleiden, H., Reime u. Lieder. Zum Gebrauche bei dem ersten Unterricht in der Religion zusammengestellt. 2. veränd. u. verm. Aufl. Hamburg 860. O. Meißner. 8. (116 S.) n. 10 ngr.

— Reime u. Lieder. Zum Gebrauche bei dem Unterricht in der Religion zusammengestellt. 3. veränd. u. verm. Aufl. 8. (175 S.) Hamburg 872. O. Meißner. 1. 20

Schleiden, H., Reime u. Lieder. Zum Gebrauche bei dem Unterricht in der Religion zusammengestellt. 4. Aufl. 8. (138 S.) Hamburg 891. O. Meißner's Verl. 1. 20; geb. 1. 50

(Schleiden, Heinrich:) Bericht der provisorischen Comite zur Vorberathung über eine in Hamburg zu gründende Universität. Hamburg. 1847. 8°

Schleiden, H., zur Erwiederung auf d. Beschuldigung d. Hrn. v. Florencourt. gr. 8. (1¼ B.) Hamburg 839, Niemeyer.

—— die protestant. Kirche u. d. symbol. Bücher, zunächst in Bezieh. auf Hamburg. Bevorw. durch e. Sendschreiben an H. Mumssen. 8. (16½ B.) Hamburg 840, Hoffmann u. Campe.

Schleiden, H., Versuch einer Geschichte des großen Brandes in Hamburg vom 5. bis 8. Mai 1842. Auch als erläut. Zugabe zu den 14 Speckter'schen Lithogr. und dem Panorama. Mit 1 Plane des Brandes in seinem Fortschritte von 6 zu 6 Stunden. 8. Hamburg 843, Hoffmann u. Campe. n. 1⅗ ₰

Schleiden, J.

— noch einige Worte über die Angelegenheit des unterirdischen Sielbaues, in specieller Beziehung auf d. Competenz-Frage. Zur ernsten Berücksichtigung meiner Mitbürger. gr. 8. Altona 843, Hammerich. n. ⅛ ₰

Schleiden, J., ursprüngl. Plan d. Hrn. H. D. Schädtler zur Errichtung e. Liquidations-Vereins, mit e. Einleitung. gr. 12. (2½ B. u. 1 Tab. qu. Fol.) Hamburg 832, Erie.

Schleiden, J., Schlußwort in der Sielbau-Angelegenheit zur Abfertigung des Hrn. Carl Petersen. gr. 8. (1½ B.) Altona 843, Hammerich.

Schleiden, J., Sendschreiben an meine Mitbürger, zur Beleuchtung des von dem Hrn. H. B. Dr. herausgeg. Voti über die vermeintliche Competenz der Rath- u. Bürger-Deputation zur einseitigen Annahme und Ausführung des Lindley'schen Sielbauplanes. gr. 8. Altona 843, Hammerich. n. 8 ngl

Schleiden, J., Wünsche und Vorschläge zu der beabsichtigten Verbesserung des hiesigen Hypotheken-Wesen. gr. 8. Hamburg 844, Perthes-Besser u. Mauke. n. $^{5}/_{12}$ ₰

Schleiden, (Mathias Jakob), Abhandlungen der Fries'schen Schule, s. Abhandlungen.

Schleiden, Matthias Jakob: Über das Albumen. . . . s. Acta nova phys.-med. Acad. Caes. Leop. Carol. XIX.

Schleiden, M. J., das Alter des Menschengeschlechts, die Entstehung der Arten u. die Stellung des Menschen in der Natur. Drei Vorträge für gebildete Laien. Leipzig 863. Engelmann. gr. 8. (62 S. mit Holzschn.) 12 ngr.

Schleiden, M. J., für Baum u. Wald. Eine Schutzschrift an Fachmänner u. Laien gerichtet. Leipzig 870. Engelmann. gr. 8. (VIII, 144 S.) 1 ₰

Schleiden, M. J., die Bedeutung der Juden für Erhaltung und Wiederbelebung der Wissenschaften im Mittelalter. Hrsg. vom Ausschusse des deutsch-israelit. Gemeindebundes zu Leipzig. 2. und 3. unveränd. Aufl. gr. 8. (41 S.) Leipzig 877, (Baumgärtner's Buchh.) *
Aus: Westermann's illustrirte deutsche Monats-Hefte, besonders abgedruckt.

—— dass. — 4. von Neuem durchgeseh. und ergänzte Aufl. Lex.-8. (32 S.) (Ebendas.) 879. *

Schleiden, M. J., Beiträge zur Anatomie der Cacteen. gr. 4. (6 B. u. 10 Taf. z. Theil ill. Abbild.) St. Petersburg 842. (Leipzig, Wilh. Engelmann.) **
Aus: Mémoires de l'Académie imper. des sciences de St. Petersbourg, VI. Sér. T. IV. besond. abgedruckt.

Schleiden, M. J., Beiträge zur Botanik. Gesammelte Aufsätze. 1. Bd. Mit 9 lith. Taf. gr. 8. Leipzig 844, Engelmann. n. 1⅚ ₰

Schleiden, Matth. J., Beiträge zur Kenntniss der Sassaparille. Mit mehr. eingedr. Holzschn. u. 2 color. Steindrucktaf. (Aus d. Archive d. Pharmacie abgedr.) gr. 8. (42 S.) Hannover 847, Hahn. ⅓ ₰

— über Bildung des Eichens und Entstehung des Embryo's bei den Phanerogamen. — Beiträge zur Entwickelungsgeschichte der Blüthentheile bei den Leguminosen.
s. Acta nova phys.-med. Acad. Caes. Leop. Carol. XIX.

—— die Botanik als inductive Wissenschaft behand. 2 Thle. A. u. d. Tl.: Grundzüge der wissenschaftl. Botanik nebst e. methodolog. Einleit. als Anleitung zum Studium der Pflanze. Lex.-8. Leipzig, Wilh. Engelmann. *
Inhalt:
Thl. 1. Methodolog. Grundlage. Vegetab. Stofflehre. Die Lehre von der Pflanzenzelle. 2., umgearb. Aufl. (22 B. m. Holzschn. u. 1 Kpfrt.) 845. * 2 Thlr.
- 2. Morphologie. Organologie. 2., umgearb. Aufl. Mit 2 Regist. d. Pflanzennamen u. Kunstausdrücke über beide Bde. (39½ B. m. Holzschn. u. 4 Kpfrt.) 846. * 4 Thlr. 15 Ngr.

—— die Botanik als inductive Wissenschaft bearb. 1. Thl. A. u. d. T.: Grundzüge der wissenschaftl. Botanik nebst einer methodolog. Einleitung als Anleitung zum Studium der Pflanze. 1. Thl.: Methodologische Grundlage. Vegetabilische Stofflehre. Die Lehre von der Pflanzenzelle. 3., verb. Aufl. Lex.-8. (X und 342 S. mit 105 eingedr. Holzschn. und 1 Kpfrt. in 4.) Leipzig 849, W. Engelmann. *

—— dass. — 2. (letzter) Thl. A. u. d. T.: Grundzüge der wissenschaftl. Botanik nebst einer methodolog. Einleitung als Anleitung zum Studium der Pflanze. 2. Thl.: Morphologie. Organologie. 3., verb. Aufl. Mit 2 Registern der Pflanzennamen und Kunstausdrücke über beide Bände. Lex.-8. (XVI und 619 S. mit 4 Kpfrt. in 4. und 153 eingedr. Holzschn.) Ebds. 850. *

Schleiden, M(athias) J(akob), die Botanik als inductive Wissenschaft bearb. A. u. d. T.: Grundzüge der wissenschaftlichen Botanik nebst einer methodologischen Einleitung als Anleitung zum Studium der Pflanze. 4. Aufl. Lex.-8. (XXIV und 710 S. mit 290 eingedr. Holzschn., 5 Kpfrt. in gr. 4. und 2 Registern der Pflanzennamen und Kunstausdrücke.) Leipzig 861, Engelmann. *

—— die neueren Einwürfe gegen meine Lehre von der Befruchtung, als Antwort auf Th. Hartig's Beiträge zur Entwickelungsgeschichte der Pflanzen. gr. 8. (2½ B.) Leipzig 844, Wilh. Engelmann. *

Schleiden M. J.: Die neueren Einwürfe gegen meine Lehre v. der Befruchtung als Antwort auf Th. Hartig's Beiträge z. Entwicklungsgeschichte d. Pflanzen ... Leipz. 1844. 38 S. P.

—— und E. E. Schmid, Encyclopädie der gesammten theoret. Naturwissenschaften in ihrer Anwendung auf die Landwirthschaft, umfassend Physik, anorgan. Chemie, organ. Chemie, Meteorologie, Mineralogie, Geognosie, Bodenkunde, Düngerlehre, Pflanzenphysiologie, Thierphysiologie und Theorie des rationellen Ackerbaues. 3 Bde. Mit 500 in den Text gedr. Holzschn. gr. 8. Braunschweig 850, Vieweg und Sohn. *
Inhalt:
Bd. 1. Physik, anorgan. Chemie und Mineralogie. Für Landwirthe bearb. von E. E. Schmid. (XVIII und 513 S.)
- 2. Organische Chemie, Meteorologie, Geognosie, Bodenkunde und Düngerlehre. Für Landwirthe bearb. von E. E. Schmid. (XIII und 548 S.)
- 3. Die Physiologie der Pflanzen und Thiere und Theorie der Pflanzencultur. Für Landwirthe bearb. von M. J. Schleiden. (XVIII und 500 S. mit 17 S. Register.)

SCHLEIDEN, MATHIAS JAKOB UND E. SCHMID.
Encyclopädie der gesammten theoretischen Naturwissenschaften in ihrer Anwendung auf die Landwirthschaft, umfassend Physik, anorganische Chemie, organische Chemie, Meteorologie, Mineralogie, Geognosie, Bodenkunde, Düngerlehre, Pflanzenphysiologie, Thierphysiologie und Theorie des rationellen Ackerbaues. Braunschweig, 1851. 3 vols., 8vo. Ill.
Vol. I: Physik, anorganische Chemie und Mineralogie. Für Landwirthe bearbeitet von E. Schmid.
Vol. II: Organische Chemie, Meteorologie, Geognosie, Bodenkunde und Düngerlehre. Für Landwirthe bearbeitet von E. Schmid.
Vol. III: Die Physiologie der Pflanzen und Thiere und Theorie der Pflanzencultur. Für Landwirthe bearbeitet von M. J. Schleiden.

—— üb. Ernährung d. Pflanzen u. Saftbewegung in denselben. gr. 8. (6¼ B.) Leipzig 846, Wilh. Engelmann.
Aus d. 2. Aufl. d. Grundzüge der wissenschaftl. Botanik f. Landwirthe u. Gebildete unter den Laien etc., besond. abgedruckt.

Schleiden M. J.: Ueber Ernährung d. Pflanzen u. Saftbewegung in denselben. Leipz. 1846. 89 S. (Særtr.).

Schleiden, M. J., Gedichte, s.: Ernst.

— Geschichte der Botanik in Jena, s. Album des pädagogischen Seminars.

—— Grundriss der Botanik z. Gebrauch bei seinen Vorlesungen. gr. 8. (13¾ B. m. 16 eingedr. Holzschn.) Leipzig 846, Wilh. Engelmann.

—— Grundriss der Botanik zum Gebrauch bei seinen Vorlesungen. 2., verb. Aufl. Lex.-8. (VIII und 216 S. mit 16 eingedr. Holzschn.) Leipzig 850, W. Engelmann.

SCHLEIDEN, M. J.: Grundzüge der wissenschaftlichen Botanik nebst einer methodologischen Einleitung als Anleitung zum Studium der Pflanze. - Leipzig 1842 u. 1843. 2 Tl. - Tl. 1: Methodologische Einleitung. Vegetabilische Stofflehre. Die Lehre von der Pflanzenzelle. XXVI, 289 S. - Tl. 2: Morphologie, Organologie. XVIII, 564 S. - 2. Aufl. a. u. d. T.: Die Botanik als induktive Wissenschaft behandelt. ebd. 1845 u. 1846. 2 Tl. 329 u. 614 S. - 3. Aufl. ebd. 1849 u. 1850. - 4. Aufl. ebd. 1861

—— Grundzüge der wissenschaftl. Botanik, nebst einer methodolog. Einleitung als Anleitung z. Studium der Pflanze. 2 Thle. gr. 8. Leipzig, Wilh. Engelmann. *
Thl. 1. Methodolog. Einleitung. Vegetabil. Stofflehre. Die Lehre von der Pflanzenzelle. (20 B.) 842. * 1 Thlr. 20 Ngr.
- 2. Morphologie. Organologie. (36¼ B.) 843. * 3 Thlr.
2. Aufl. vgl. oben Dessen die Botanik etc.

Schleiden, (Mathias Jakob), Handbuch der medicinisch-pharmaceutischen Botanik und botanischen Pharmacognosie. 1. Thl. A. u. d. T.: Handbuch der medicinisch-pharmaceutischen Botanik zum Gebrauch bei Vorlesungen und zum Selbststudium. gr. 8. (XVIII und 414 S. mit 236 eingedr. Fig. in Holzschn.) Leipzig 851(52,) W. Engelmann. Thlr. *

—— Handbuch der medicinisch-pharmaceutischen Botanik und botanischen Pharmacognosie. 2. Thl. A. u. d. T.: Handbuch der botanischen Pharmacognosie für Aerzte, Apotheker und Botaniker zum Gebrauch bei Vorlesungen und zum Selbststudium. gr. 8. (XVIII und 498 S. mit 82 eingedr. Fig. in Holzschn.) Leipzig 857, Engelmann. *
1. Thl. Ebendas. 1851. * 2 Thlr. 20 Ngr.

—— die Landenge von Suès. Zur Beurtheilung des Canalprojects und des Auszugs der Israeliten aus Aegypten. Nach den aelteren und neueren Quellen dargestellt. gr. 8. (XVI und 203 S. mit 6 Stnt. in qu. gr. 4. und 1 lithogr. Karte des nordöstl. Aegypten in qu. Fol.) Leipzig 858, Engelmann.

—— Herr Dr. Justus Liebig in Giessen u. die Pflanzenphysiologie. gr. 8. (2½ B.) Leipzig 842, Wilh. Engelmann.

—— über den Materialismus der neueren deutschen Naturwissenschaft, sein Wesen und seine Geschichte. Zur Verständigung für die Gebildeten. gr. 8. (57 S.) Leipzig 863, Engelmann.

Schleiden, M. J., über den Materialismus. Zur Kritik der Schrift: Ueber den Materialismus der neueren deutschen Naturwissenschaft, sein Wesen u. seine Geschichte. Zur Verständigung für die Gebildeten von M. J. Schleiden. Leipzig 863. (Abdr. aus dem Dorpater Tagesblatt.) 864. (31 S.) — 2. Aufl. Dorpat 864. Gläser. gr. 8. (37 S.) 6 ngr.

— das Meer. 11 Liefgn. Berlin 865,66. Sacco Nachfolger. Lex.-8. (XII, 711 S. mit eingedr. Holzschn., 23 Stahlst. in Farbendr. u. 1 chromolith. Karte in qu. Fol.) Jede Liefg. n. 24 ngr.;
cplt. geb. n. 9 ℛ 15 ngr.

— Wohlf. (Titel-)Ausg. Ebend. (866)869. Lex.-8. (XII, 711 S. mit 7 Stahlst. in Farbendr., 216 eingedr. Holzschn. u. 1 chromolith. Karte in Fol.) n. 5 ℛ;
geb. n. 6 ℛ

— das Meer. 2. umgearb. u. bedeutend verm. Aufl. Mit 28 Stahlst. in Farbendr., 300 Holzschn. u. 1 Karte. 15 Lfgn. Lex.-8. (XII, 845 S. m. eingedr. Holzschn. u. 20 Farbendr.) Berlin 873. 74. Sacco Nachf. à n. 2. 50

Schleiden, M. J., das Meer. 2. Aufl. Lex.-8. Berlin 873,74. Gera, Köhler's Verlag. * 42 —
Billige Ausg. * 20 —

Schleiden, M. J. v., das Meer. 2. umgearb. u. bedeutend verm. Aufl. Mit feinen Stahlst. in Farbendruck, Tafeln in Tondr., vielen Holzschn. u. 1 Karte. Gera 1879. Gr. Lex.-8°. Reichvergold. Orig.-Lwdb. XII, 845 S. [illegible]

Schleiden, M. J., das Meer. 3. Aufl., unter Mitwirkung hervorrag. Fachgelehrten bearb. und hrsg. von Ernst Voges. Mit dem Portr. Schleidens in Lichtdr., farb. Taf. und Vollbildern, über 300 Holzschn. und 1 Karte. (In ca. 14 Lfgn.) 1. Lfg. Lex.-8. (S. 1—48.) Leipzig 884, Frohberg. *

Schleiden, M. J., das Meer. 3. Aufl., unter Mitwirkung hervorragender Fachgelehrten bearb. und hrsg. von Ernst Voges. 2.—13. (Schluß-)Lfg. Lex.-8. (VIII, S. 49—624 mit dem Portr. Schleidens in Lichtdr., 16 farb. Taf. und Vollbildern, sowie 252 Holzschn. im Texte.) [Leipzig 885—87, Frohberg.] Braunschweig, Salle. Subscr.-Pr. à Lfg. * ℳ 1.—. *
Ladenpr. compl. * ℳ 15.—.; geb. *
1. Lfg. [Leipzig 1884, Frohberg.] Ebendas. * ℳ 1.—.

Schleiden, M. J.: Das Meer. Dritte Auflage, bearbeitet von Ernst Voges. Mit einem Portrait Schleiden's in Lichtdruck, 16 farbigen Tafeln und Vollbildern, sowie 252 Holzschnitten im Texte. Braunschweig 1888. VII, 624 S. 8°. [B 512]

—— und E. E. Schmid, über die Natur der Kieselhölzer, s. Schmid, E. E.

Schleiden, M(atthias) J(akob) (Hrsg.):
s.: Notizen aus dem Gebiete der Natur- u. Heilkunde. 3.Reihe 1-6. Weimar: 1847-1848.

JB 6.154

—— neue Notizen aus d. Gebiete der Natur- u. Heilkunde, s. Notizen.

— die Pflanze u. ihr Leben. Populäre Vorträge. Mit 5 farbigen (lith.) Taf. u. 13 (eingedr.) Holzschn. gr. 8. (329 S.) Ebd. 848. 2¼ ℛ — 2. verm. Aufl. Mit 5 farb. (lith.) Taf. u. 15 Holzschn. gr. 8. (VIII u. 391 S.) Ebd. 850. 2½ ℛ — 3. Aufl. Mit 5 farbigen (lith.) Taf. u. 15 (eingedr.) Holzschn. gr. 8. (VIII u. 395 S.) Ebd. 852. 2¾ ℛ

Schleiden, M(athias) J(akob), die Pflanze und ihr Leben. Populäre Vorträge. 4., verb. Aufl. gr. 8. (XXIV und 378 S. mit 14 Bl., gez. von Wilh. Georgi und von J. G. Flegel in Holz geschn., 1 in Farben gedr. Titlbld. und 5 ill. Kpfrt.) Leipzig 855, Engelmann. *

Schleiden, M. J. Die Pflanzen und ihr Leben. Leipzig, 1857.

— 5. verb. Aufl. Mit 1 in Oelfarben gedr. Copie eines auf der Dresdner Gallerie befindlichen Fruchtstückes von J. D. de Heem, 14 Bl., gez. von W. Georgi u. von J. G. Flegel in Holz geschn. u. 5 (color.) Kpfrtaf. Leipzig 858. Engelmann. gr. 8. (XXIV, 396 S.) n. 3 ℛ 10 ngr.

—— die Pflanze und ihr Leben. Populäre Vorträge. 6., verb. Aufl. gr. 8. (XXIV und 396 S. mit 1 Chromolithogr., 14 Holzschn., 5 ill. Kpfrt. und eingedr. Holzschn.) Leipzig 864, Engelmann.

—— die Romantik des Martyriums bei den Juden im Mittelalter. 8. (64 S.) Leipzig 878, Engelmann. *

Die Rose. Geschichte und Symbolik in ethnographischer und kulturhistorischer Beziehung. Ein Versuch von M. J. Schleiden. Mit einem chromolithographirten Titelbild und sieben Fig. in Holzschn. Leipzig: Engelmann 1873. IX, 322 S. 8° 430.

— das Salz. Seine Geschichte, seine Symbolik u. seine Bedeutg. im Menschenleben. Eine monograph. Skizze. gr. 8. (VIII, 236 S.) Ebend. 875. 6. —

—— offenes Sendschreiben an Hrn. Dr. Justus Liebig in Giessen, eine gegen mich gericht. Anmerkung im Juniheft der Annalen der Chemie u. Pharmacie betreffend. Nebst einigen Bemerk. zu der Schrift: Ueber Liebig's Theorie der Pflanzenernährung u. Schleiden's Einwendungen gegen dieselbe. Von K. Winkelblech. gr. 8. (2½ B.) Leipzig 842, Wilh. Engelmann. *

— Studien. Populäre Vorträge. 855. (VIII, 318 S.) 2 ℛ. — 2. umgearb. u. verm. Aufl. Mit dem Bildniß des Verf. (in Stahlst.), 1 (lith.) Ansicht (in Farbendr. in 4.), 1 (lith.) Karte (in Fol.) u. 3 lith. Taf. Leipzig 857. Engelmann. gr. 8. (X, 390 S.) n. 3 ℛ.

—— zur Theorie des Erkennens durch den Gesichtssinn. Lex.-8. (110 S. mit 29 eingedr. Holzschn.) Leipzig 861, Engelmann.

die Umwandlung der Weltordnung am Ende des Mittelalters. Vorlesung am 23. Jan. 1867 gehalten im Hôtel de Pologne in Dresden. Dresden 867. Burdach. 16. (45 S.) n. 5 ngr.

—— Schelling's u. Hegel's Verhältniss zur Naturwissenschaft. (Als Antwort auf die Angriffe des Hrn. Nees von Esenbeck in der Neuen Jen. Lit.-Zeitung, Mai 1843, insbesond. f. die Leser dieser Zeitschrift.) gr. 8. (5½ B.) Leipzig 844, Wilh. Engelmann. *

— u. E. E. Schmid, die geognostischen Verhältnisse des Saalthales bei Jena. Mit e. Karte u. 4 lith. Taf. (in Buntdruck u. apart. Heft.) gr. Fol. Leipzig 846, Engelmann. n. 5⅓ ß

—— Zeitschrift f. wissenschaftl. Botanik, s. Zeitschrift.

Schleiden, Rudolf

Schleiden, R., die Disciplinar- und Strafgewalt parlamentarischer Versammlungen über ihre Mitglieder. 2 Hefte. gr. 8. Berlin 879, Springer. [1. Heft. (79 S.) * ℳ 1,40.; 2. Heft. (64 S.) * ℳ 1,20.] *

Schleiden, Rudolph: Erinnerungen eines Schleswig-Holsteiners. [Bd 1—]4. Wiesbaden 1886—1894. 8°
[1.] Jugenderinnerungen. 1886.
[2.] N. F. 1841—1848. 1890.
[3.] 2. F. Schleswig-Holsteins erste Erhebung 1848—1849. 1891.
4. Schleswig-Holstein im 2. Kriegsj. 1849—1850. 1894.

Schleiden, Rud., Jugenderinnerungen eines Schleswig-Holsteiners. gr. 8. (X, 310 S. mit dem Bildniß der Mutter des Verf. in Heliograv.) Wiesbaden 886, Bergmann. *
geb. *

Schleiden, Rud. Erinnerungen e. Schleswig-Holsteiners. Neue Folge u. 2. Folge. gr. 8. Wiesb., Bergmann. * 13 20; geb. * 15 50
Neue Folge. 1841—1849. (XIII, 288 S.) 890. * 5 20; geb. * 6 30.
2. Folge. Schleswig-Holsteins 1. Erhebg. 1848—1849. (XII, 371 S.) 891. * 8 —; geb. * 9 20.
[1. Thl.] Ebd. 1886. * 5 20; geb. * 6 30.

— dasselbe. 4. Bd. Schleswig-Holstein im 2. Kriegsjahre 1849—1850. gr. 8. (XII, 401 S.) Ebd. 894. n. 8. —; geb. n. 9. 20 (1—4.: n. 26. 40; geb. n. 31. —)

Schleiden, R., zur Frage der Besteuerung des Tabacks. gr. 8. (56 S.) Leipzig 878, Hirth. *

Schleiden, [illegible] aus den Ver[illegible] Staaten [illegible] New York 1873 [illegible] 2773

[Schleiden, Rudolf:] Ueber das Verhalten der Preussischen Regierung in der Schleswig-Holstein'schen Angelegenheit. Frankfurt am Main. 1849. 8°

[Schleiden, Rudolf:] Das staatsrechtliche Verhältniss der Herzogthümer Schleswig-Holstein. Ein Beitrag zur Beurtheilung der künftigen Friedensbasis. Hamburg. 1849. 8°

Schleidt, Gust., die Fechtkunst. Kurze Anleitg. f. die Stoß- u. Hiebkunst [Degen, Gewehr, Lanze, Säbel u. Stock], Waffentänze u. Waffenreigen. gr. 8. (VIII, 60 S.) Leipzig 890. Strauch. n. — 80

— Fest-Reigen zur Erinnerung an die große Zeit 1870—71. gr. 8. (11 S. m. 2 autogr. Beilagen.) Worms 887. (Reiß.) n. — 75

Schleidt, Gustav. Die Leibeserziehung des Weibes. Ein Beitrag zur Einführung und zum Betriebe der Leibesübungen für die verschiedenen Lebensstufen. 1. Heft. Im Elternhaus und I. und II. Schuljahr. Mit 12 in den Text gedruckten Skizzen. 48 S. Basel, Benno Schwabe. 1883.

Schleier, der, von E. Hildebrand und H. Müller. 2 Erzählungen. 8. Quedlinburg, Basse. 821. 1 —

Schleier, der, der Zukunft hebt sich. 1. Thl.: Die Verwicklung — die Katastrophe, oder: Napoleon auf der Höhe seiner Macht u. sein Untergang. Emmerich 861. Romen. gr. 8. (16 S.) 3 ngr.

Schleier, Der goldene, oder Irmgard und Hugo. Eine Sage aus dem Riesengebirge. 2. . . . Ausg. Leipzig 1824. V: *Haugwitz*, *Carol. Albertine Eleon. Luise Gräfin von geb. von Rohr.* (EE) (Nowack, Schles. Schriftst.-Lex. Bres. 1836—43. V, 71.) (schl)

Schleier, Ludolph [Pseud.], s. Schrader, Theodor Friedrich

† Schleier, Ludolph, (Theod. Friedr. Schrader,) das merkantil. Hamburg. Geschäft, Geschäftsleute u. Geschäftsleben. Skizzirt. 8. (8¼ B.) Hamburg 838, Hoffmann u. Campe.

Hamburg
— — wie es ist (sol) und — trinkt. Scenen aus dem Hamburger Volksleben (von *L. Schleier*) Neue Folge. Erste und zweite Abtheilung. Mit 2 Abbildungen. Hamburg 1837. Kl. 8°. 108 u. 96 S. Selten! (3 Mk. E. Frensdorff, 1907.)

Schleier, Ludolph, die Handelswissenschaft. Theoretisch u. prakt. dargestellt. gr. 8. (VI u. 872 S.) Leipzig 848, Fest. 3⅔ ß

Schleier, Ludolph, Contor-Lexikon f. deutsche Kaufleute. Eine gedrängte, aber darum nicht minder vollständ. alphabet. Zusammenstellung des Wissensnöthigsten aus dem Bereiche der prakt. Handelswissenschaften 2c. gr. 12. Leipzig 844, Fest'sche Verlagsbuchh. 2 ß

—— Lehrbuch d. deutschen Handelscorrespondenz. gr. 12. (27½ B.) Leipzig 840, Klinkhardt.

— Lehrbuch der deutschen Handelscorrespondenz. 2. verb. Aufl. 8. Leipzig 844, Klinkhardt. In Leinw. geb. 1¾ ß

Schleier, Ludolph, Lehrbuch der deutschen Handelscorrespondenz. 3., gänzlich umgearb. Aufl. von Alex. Steinhaus. A. u. d. T.: Lehrbuch der Handelscorrespondenz von Alex. Steinhaus. gr. 8. (XVII und 451 S.) Leipzig 858, Klinkhardt. 2 Thlr.; geb.

† Schleier, Ludolph, (Theod. Friedr. Schrader,) der Ring d. Duschmanta. Dramat. Gemälde aus d. indischen Vorzeit. 8. (7½ B. u. farb. gedr. Titbl.) Hamburg 838, Berendsohn. Thlr.

—— Spiegelbilder u. Sittenspiegel von u. für Hamburg. 2 Hfte. 16. Hamburg 835, Berendsohn.
Hft. 1. Gedichte. (6 B. u. 1 col. Abbild.) 9 Gr.
: 2. Faust in Hamburg. (7 B. u. 1 col. Abbild.) 12 Gr.

—— Stimme aus Hamburg, od. Randglossen u. Berichtigungen zu Beurmanns hamburg. Skizzen, in dessen Skizzen aus den Hansestädten. Nebst e. Anhange üb. einige moderne literar. u. and. Tendenzen. 8. (..B.) Hamburg 836, Berendsohn.

—— merkantil. Streifzüge. Aphorismen üb. Handel, Kaufleute u. kaufmänn. Bildung. gr. 8. (6 B.) Leipzig 839, Klinkhardt.
Vgl. Schleyer.

Schleier, Ludolph, s. Telegraph, Nordalbingischer.

Schleier, Moritz [aus Sohrau o/S.]: Kritische Studie über die Trennung von Zinn und Antimon ... München, J. F. Lehmann, 1892; 18 S., 1 Bl. 8.
Erlangen, Phil. Fak., Inaug.-Diss. v. 1892

Schleier, Otto, Briban od. Der Willkür Opfer. Trauerspiel in 5 Akten. (III, 200 S.) 8. Dresden 909. E. Pierson. 2.50

Schleiermacher, Friedrich. Eine Festgabe für das deutsche Volk zum 100jähr. Geburtstage Schleiermacher's. Heidelberg 868. (Emmerling.) gr. 8. (III, 25 S.) n. 4 ngr.

Schleiermacher. (Friedrich) Schl'. Reden gehalten in Frauenfeld bei der Säkularfeier seines Geburtstages von Pfarrer [Johann Georg] Kreis..., Pfarrer [Wilhelm] Gamper... und Pfarrer D. [A Ed] Krauss.... 8. Frauenfeld 1869.

Schleiermacher, Friedrich, ein Preuße. Zum 21. Nov. 1868. Berlin 1868. V: *Rössler, Constantin.* (Rössler, Ausg. Aufsätze. Berl. 1902. S. X.)

— Ein Preuße. Zum 21. Novbr. 1868. Berlin 868. v. Decker. gr. 8. (15 S.) 1½ ngr.

Schleiermacher und seine Lieben. Nach Original-Briefen der Henriette Herz. Magdeburg 1910. V: *Boenigk, O. F. v.* Vgl. Meisner, Schleiermacher als Mensch. Gotha 1922. (Euphorion 27, 587). (DARP)

Schleiermacher, der Philosoph des Glaubens. 6. Aufsätze. Ernst Troeltsch [u. a.] u. e. Vorw. von Friedrich Naumann. Berlin-Schöneberg: Hilfe 1910. 151 S. 8°
(Moderne Philosophie 6.) [11. 443]

Schleiermacher, der Philosoph des Glaubens. Troeltsch, Ernst, Schleiermacher u. die Kirche. — Titius, Arth., Schleiermacher u. Kant. — Natorp, Paul, Schleiermacher u. die Volkserziehung. — Hensel, Paul, die neue Güterlehre. — Eck, Sam., die neue Moral. — Rade, Mart., Schleiermacher als Politiker, s. a. Philosophie, moderne. 6. Bd.

Schleiermacher, Andreas August Ernst

Schleiermacher, A. A. E., Alphabet harmonique pour transcrire les langues asiatiques en lettres européennes etc. Prospectus. gr. in-8. (2 B.) Darmstadt 835, [Jonghaus.]

Schleiermacher, Andr. Aug. Ernst, das harmonische oder allgemeine Alphabet zur Transscription fremder Schriftsysteme in lateinische Schrift, zunachst in seiner Anwendung auf die slawischen u. semitischen Sprachen. Unverand. Abdr. des von dem Verf. hinterlass. Manuscripts. Darmstadt 864. Jonghaus. 4. (XXIV, 568 S.) n. 8 ₰

Schleiermacher, A. A. E., Bemerkungen über den Studienplan für die Großherz. Hessische Landesuniversität zu Gießen. gr. 8. Darmstadt 843, Jonghaus. 1/3 ₰

— Entwurf eines Lehrplans für Gymnasien und Realschulen. gr. 12. Darmstadt 835. Heyer. Jonghaus. 2/3 ₰

— de l'Influence de l'écriture sur le langage. Mémoire qui, en 1828, a partagé le prix fondé par le Comte de Volney; suivi de grammaires Barmane et Malai, et d'un aperçu de l'alphabet harmonique pour les langues asiatiques, que l'Institut Royal de France a couronné en 1827. gr. in-8. (49½ B.) Darmstadt 835, [Jonghaus.] Heyer. *

Schleiermacher, A. A. E., bibliographisches System d. gesammten Wissenschaftskunde mit einer Anleitung zum Ordnen von Bibliotheken, Kupferstichen, Musikalien, wissenschaftl. u. Geschaftspapieren. 2 Thle. gr. 8. (XLVIII u. 1661 S.) Braunschweig 852, Vieweg & Sohn. n. 8 ₰

Schleiermacher, August, Dr.: Über die Abhängigkeit der Wärmestrahlung von dei Temperatur und das Stefan'sche Gesetz. 1885. 29 S., 2 Taf. 8° ¶ Auch in: Annalen d. Physik u. Chemie. N. F. Bd 26.
Karlsruhe Te. H., Hab.-Schr. v. 23. 4. 1885

SCHLEIERMACHER, AUGUST. Ueber die auf einem benetzten Körper verdichtete Flüssigkeitsmenge. (Würzburg) Leipzig, 1879.

Schleiermacher, Friedrich (Daniel Ernst)

Vgl.: Baumgarten, M. — Baur, Gust. — Baxmann, Rud. — Beck, Carl. — Bensey, R. — Schenkel, D. — Schmidt, P. — Schürer, Emil. — Treblin, R.

Schleiermacher, Fr., (Dan. Er.,) († d. 12. Febr. 1834.) an Hrn. Dr. Ammon üb. seine Prüfung der Harmsischen Sätze. 8. Berl. 818. Reimer. 10 gr Mit Zugabe 12 gr

— handschriftliche Anmerkungen zum ersten Theil der Glaubenslehre hrsg. v. C. Thönes. gr. 8. (IV, 60 S.) Berlin 873. G. Reimer. n. 1. —

Schleiermacher, Frdr., Auswahl seiner Predigten, Homilien u. Reden, s.: Predigt, die, der Kirche.

Schleiermacher, Frdr., Auswahl aus seinen Predigten, Reden u. Briefen. s.: Volksbibliothek. religiöse.

Schleiermacher, F. E. D., üb. den ersten Brief Pauli an Timotheus, s.: Reutor's theolog. Klassikerbibliothek, Bd. 6.

— üb. d. so genannten ersten Brief Paulus an den Timotheus, ein kritisches Sendschreiben an Gaß. gr. 8. Berlin, Realschulbchhdl. 807.

— üb. d. sogenannten ersten Brief d. Paulus an d. Timotheus, ein krit. Sendschreiben an Gaß. gr. 8. Berl. 807. Reimer. 1 ₰

[Friedrich] **Schleiermacher.** Briefe. (Hrsg.: Martin Rade.) Jena: E. Diederichs 1906. (VIII, 394 S.) 8° [F.] [06. 1477]

Schleiermacher's, Friedr., Briefe an die Grafen zu Dohna. Hrsg. von J. L. Jacobi. gr. 8. (93 S.) Halle 887, Strien. *

— Vertraute Briefe üb. Lucinde, s. a. Schlegel, Frdr., Lucinde.

— dasselbe. s. a. Briefe, vertraute, üb. Friedrich Schlegels Lucinde.

— — Briefe, Vertraute, über Friedrich Schlegels Lucinde (von *Fr. Dan. Ernst Schleiermacher*). Lübeck und Leipzig, bei Friedrich Bohn, 1800. 8°. Titel, 152 S., 1 Bl. (Auch in Marburg, Univ.-Bibl.: XVI. C. 628n.) (8 Mk., hübsch. Ppbd. d. Zeit, Max Perl's Oct.-Auct. 1907, no. 833; 20 Mk., tadelloses unbeschn. Expl., Leo Liepmannssohn, 1907; 14 Mk., alter Ppbd., mit Rothschnitt, O. Rauthe, 1908.)

— — Dasselbe. (Mit dem Namen *Schleiermacher's* auf dem Titel.) Mit einer Vorrede von Karl Gutzkow. Hamburg, bei Hoffmann und Campe. 1835. 8°. XXXVIII. u. 140 S. (5 Mk., sehr schönes unbeschn. Expl. im Orig.-Umschl., Max Perl's Oct.-Auct. 1907, no. 834.)

— — Dasselbe. Mit einer Vorrede von Karl Gutzkow. Stuttgart, In Commission der Christ. Hausmann'schen Antiquariats-Buchhandlung. 1835. 8°.
XXXVI—124 SS. Gutzkows Vorrede endet mit den Worten: Ach! hätte auch die Welt nie von Gott gewußt, sie würde glücklicher seyn!

— — Dasselbe. (Andrer Druck, ohne Vorrede.) Ebd. 1835. Kl. 8°. 124 S. (6 Mk. Leo Liepmannssohn, 1907.)

—— Briefwechsel mit J. Chr. Gaß. Mit einer biograph. Vorrede hrsg. von W. Gaß. gr. 8. (XC und 232 S.) Berlin 852, G. Reimer.

— die Darstellung der Idee eines sittlichen Ganzen im Menschenleben anstrebend. Eine Rede an seine ältesten Schüler aus den Jahren 1804—1806 zu Halle von einem der ältesten unter ihnen (Thiel). gr. 8. Berlin 835. F. Müller. (Enslinsche Buchh.) 3/8 ℛ

Schleiermacher's, F., Darstellung vom Kirchenregiment. Abdruck aus Schleiermacher's sämmtl. Werken, zur Theologie 13. Bd. Mit einführ. Vorwort von H. Weiß. gr. 8. (XXVIII, 208 S.) Berlin 881, G. Reimer. *

— kurze Darstellung des theologischen Studiums, z. Behuf einleitender Vorlesungen entworfen. gr. 8. Ebendas. 811.

—— kurze Darstellung d. theolog. Studiums zum Behuf einleitender Vorlesn. 2., umgearb. Ausg. gr. 8. (9½ B.) Berlin 830, Reimer.

— zur Darstellung d. theolog. Studiums. Zum Behuf einleit. Vorlesgn. entworfen. 8. (VIII, 104 S. m. Bildn.) Halle 895. O. Hendel. n. — 50; geb. n. — 75
Bildet die Nr. 833. 834 von „Bibliothek d. Gesamtlitteratur d. In- u. Auslandes"

[Friedrich] Schleiermachers Kurze Darstellung des theologischen Studiums 1. Aufl. 1811. 2. Aufl. 1830. Krit. Ausg. m. Einl. u. Reg. von Heinrich Scholz, Lic. u. Privatd. in Berlin. Leipzig: Deichert 1910. XXXVI, II, 134 S. 8°
(Quellenschriften z. Geschichte d. Protestantismus. H. 10.) [10. 16208

[Friedrich] Schleiermachers Dialektik. Mit Unterstützung d. Kgl. Preuß. Akad. d. Wiss. hrsg. von Dr. [Isidor] Halpern. *Berlin: Mayer & Müller 1903.* (XXXVIII, 463 S.) 8° [03. 15448

Schleiermacher. Friedrich. s. Ehrengedächtnis. Zum. Hanstein's.

— Erziehungslehre, s.: Bibliothek pädagog. Klassiker.

– s. Fawcett: Predigten.

Schleiermacher, (Friedrich): Über Freundschaft, Liebe und Ehe. E. Ausw. aus Schleiermachers Briefen, Schriften u. Reden (v. A[lbrecht] Saathoff). — Halle: Hendel (1909). XXXII, 238 S. 8° (Bibliothek d. Gesamtliteratur d. In- u. Auslandes. Nr 2187-90.)

Schleiermacher, Frdr., Gelegentliche Gedanken über Universitäten im deutschen Sinne, nebst einem Anhange über eine neu zu errichtende. Berlin 1808. 8.

— gelegentl. Gedanken üb. Universitäten im deutschen Sinne. 8. Berl. 808. Reimer. 18 gl.

—— über d. Berliner Gesangbuch. Ein Schreiben an Hrn. Bischof D. Ritschl in Stettin. 8. (4 B.) Berlin 830, Reimer.

— der christliche Glaube, s.: Bibliothek theologischer Klassiker.

Schleiermacher: d. christl. Glaube, nach d. Grundss. d. evangel. Kirche im Zusammenh. dargest. *Berl.*, Reimer. (821-22. 2e umgearb. Ausg. 830. 3e unv. A. 835-36.) 4e unv. A. 842-43. 2 Bde. gr 8° 4 ℛ 4 gl]

— der christl. Glaube nach d. Grundsätzen d. evangel. Kirche im Zusammenhange dargestellt. 2 Bde. gr. 8. Berl. 821 u. 822. 2e Aufl. 2 Bde. gr. 8. Ebd. 831. Reimer. 5 ℛ

Schleiermacher, Friedr. (Ernst Dan.), der christliche Glaube nach den Grundsätzen der evangelischen Kirchen im Zusammenhange dargestellt. 2 Bde. 5., unveränd. Ausg. gr. 8. (XVIII und 1022 S.) Berlin 861, G. Reimer. *

—— der christliche Glaube, nach den Grundsätzen der evangelischen Kirche, im Zusammenhange dargestellt. 6. unveränd. Ausg. 2 Bde. gr. 8. (X, 453; VIII, 513 S.) Ebendas. 884. *

[F.] Der christliche Glaube nach den Grundsätzen der evangelischen Kirche im Zshange dargest. v. Dr. Friedrich Schleiermacher. M. Begleitwort v. Superint. Prof. D. [Theodor] Förster. Unveränd. Abdr. d. 2. v. Vf. überarbeit. Ausg. ... Th. 1. 2. *Halle a. d. S.: O. Hendel (1897).* 2 Bde 8.
1. (1 Bl., VIII, 404 S. 1 Portr.) 2. (VIII, 455 S.)
= Bibliothek d. Gesamtlitteratur d. In- u. Auslandes. No 1027–1038. [97. 8133

(Friedrich) Schleiermachers Glaubenslehre. Krit. Ausg. von D. Carl Stange. Abt. 1. Leipzig: Deichert 1910. 8°
(Quellenschriften z. Geschichte d. Protestantismus. H. 9.) [10. 10072

Glaubenslehre, s. a. Quellenschriften zur Geschichte d. Protestantismus. 9. Heft.

— Grundlinien einer Kritik d. bisherigen Sittenlehre. gr. 8. Berl. 803. Reimer. 2 ℛ

—— Grundlinien e. Kritik d. bisher. Sittenlehre. 2. Ausg. gr. 8. (22½ B.) Berlin 834, Reimer.

Schleiermacher's, Fr., Grundriß der philosoph. Ethik; mit einleit. Vorrede v. A. Twesten. 8. Berl. 841, Reimer. 1⅓ ℛ

— zwei unvorgreifl. Gutachten in Sachen d. protestant. Kirchenwesens, zunächst in Beziehung auf d. preuß. Staat. 8. Berl. 804. Reimer. 18 gl.

— Harmonie, s.: Erzieher zu deutscher Bildung. 6. Bd.

— Idee zu e. Katechismus der Vernunft f. edle Frauen. (32 S.) 16. Berlin (905). E. Frensdorff. n. 1. 50

[Friedrich] Schleiermacher. Idee zu einem Katechismus der Vernunft für edle Frauen. Berlin: E. Frensdorff [1906]. (31 S.) 8° [F.] [07. 3174

— Katechismus der wahren Religion für die Verächter der (positiven) Religion; aus dessen Reden über die Religion entworfen und mit kurzen Erläuterungen u. Fingerzeigen versehen von Ehrn. Timotheus. 8. Leipzig, Frank. 817.

Timotheus, Christian [d. i. Friedrich **Schleiermacher**?]
Katechismus der wahren Religion für die Verächter der ⟨positiven⟩ Religion v. Friedrich Schleiermacher, aus dessen Reden über die Religion entworfen ... o. O. 1818. 8⁰
Vgl. Timotheus, Chrn.

— Konfirmationsrede, am 31. März 1831 in der Dreifaltigkeitskirche zu Berlin bei d. Einsegng. d. Fürsten Bismarck geh. Hrsg. im Einvernehmen m. d. Gemeindekirchenrathe d. Dreifaltigkeitskirche v. Siegfr. Lommatzsch. 8. (30 S.) Berlin 895. G. Reimer. n. — 50

Schleiermacher's christl. Lebensanschauungen, in einer Blüthenlese aus seinen Kanzelvorträgen f. die Gegenwart dargebr. v. Alb. Baur. gr. 8. (15½ B.) Weimar 846, Landes-Industrie-Comptoir. *

Schleiermacher's, Friedr., christl. Lebensanschauungen. In einer Blüthenlese aus seinen Kanzelvorträgen für die Gegenwart dargebracht von Alb. Baur. Neue (Titel-) Ausg. Leipzig (846)868. E. J. Günther. gr. 8. (XXIII, 224 S.) 1 ₰;
in engl. Einb. mit Goldschn. 1 ₰ 10 ngr.

—— Lichtstrahlen aus seinen Briefen und sämmtl. Werken, s. Maier, Elisa.

— über die neue Liturgie f. d. Hof- u. Garnison-Gemeine zu Potsdam u. für die Garnisonkirche zu Berlin. 8. Berlin, Reimer. 816.

- s. Magazin von Fest-, Gelegenheits- u. andern Predigten. 6. Bd.

—— Monologen, s. Monologen.

— Monologe, s.: Bibliothek der Gesamt-Litteratur d. In- u. Auslandes.

Schleiermacher, Friedrich: Monologen, s. Bibliothek d. dt. Nationalliteratur d. 18. u. 19. Jahrh.

—— Monologe, s. Meyer's Volksbücher.

— Monologen, s.: Universal-Bibliothek.

(*Eb.*) Monologen; e. Neujahrsgabe. *Berl.*, (Realschulb. 1-4ᵉ Ausg. 800-810; hernach:) Reimer. (822-29.) 5ᵉ Ausg. 836. gr 12⁰ 12 *gl* N. (Miniatur-)Ausg. (846.) 848. 16⁰ 20 *gl*

— Monologen; eine Neujahrsgabe. 3e Ausg. gr. 12. Berlin 822, Reimer.

(——) Monologen. 4. Ausg. gr. 12. (4½ B.) Berlin 829, Reimer.

— Monologen. Eine Neujahrsgabe. 5e Ausg. gr. 12. Berlin 836. Reimer. ½ ₰

(Schleiermacher, Friedrich:) Monologen. Eine Neujahrsgabe. 6. Ausg. Berlin. 1843. 8⁰

— Monologen. Eine Neujahrsgabe. Neue (Miniatur-) Ausg. 16. Ebend. 846. In Leinw. geb. m. Goldschn. ⅚ ₰

— Monologen. Eine Neujahrsgabe. Neue (Miniatur-) Ausg. 16. (VIII u. 120 S.) Ebd. 848. In Engl. Einb. m. Goldschnitt ⅚ ₰

—— Monologen. Eine Neujahrsgabe. Neue (Miniatur-)Ausg. 16. (VII und 120 S.) Berlin 849, G. Reimer.

(—) Monologen. Eine Neujahrsgabe. Neue Ausg. Ebend. 860. 16. (VII, 120 S.) 25 ngr.

— Monologen. Eine Neujahrsgabe. Neue Ausg. Berlin 868. G. Reimer. 16. (VII, 120 S.) n. 10 ngr.;
in engl. Einb. mit Goldschn. n. 20 ngr.

— — Bremen 870. Kühtmann & Co. 16. (III, 132 S.) n. 12 ngr.;
in engl. Einb. mit Goldschn. n. 22½ ngr.

Friedrich Schleiermacher's Monologen. Krit. Ausg. Mit Ein[l.], Bibliogr. u. Index von Friedrich Michael Schiele. *Leipzig: Dürr 1902.* (XLIV, 130 S.) 8°
— Bibliothek, Philosophische. [Neue Ausg.] Bd 84.

—— Monologues. Présent d'Etrennes. Ouvrage trad. de l'Allemand par Louis Segond. gr. in-12. (8⅓ B.) Genève 837. (Zürich, Schulthess.) *

—— literar. Nachlaß. Predigten. 2 Bde. — A. u. d. T.: Predigten üb. d. Evangelium Marci u. d. Brief Pauli an d. Kolosser. Hrsg. v. Friedr. Zabel. 2 Thle. gr. 8. (54¾ B.) Berlin 835, Herbig. 3⅓ Thlr., Vlnp.
Bilden auch dess., sämmtl. Werke, II. Abthl. Bd. 5. u. 6., s. oben.

[illegible] lacibus terras [illegible] Ber [illegible] 3 Nov. a. 1817 [illegible] a Philippo Conr. **Marheinecke** [illegible] Frid. **Schleiermachero**, [illegible] adumbratio brevis et carmina [illegible] Berolini 1817 [illegible] * Marheinecke spricht [illegible] verkündet die Ehrenpromotionen von [illegible] u. Hermes [illegible]

— Plato's Werke, s. Plato.

— Predigt am dritten Advents-Sonntage 1821. gr. 8. Berl. 1821. gr. 8. Berl. 823. Reimer. 3 *gl*

— Predigt am ersten Adventsonntag 1819. gr. 8. Berl. 820. Reimer. 8 *gl*

— Predigt bei d. Eröffnung d. Gottesdienstes d. Friedrichs-Universität d. 3. Aug. 1806. gr. 8. Berl. 806.

—— letzte Predigt, gehalt. in d. Dreifaltigkeits-Kirche in d. Frühstunde am Sonnt. Sexagesimä, d. 2. Febr. 1834. gr. 8. (1 B.) Berlin 834, Reimer.

— letzte Predigt. Mit e. Einleitg. hrsg. v. Johs. Bauer. (36 S.) gr. 8. Marburg 905. N. G. Elwert's Verlag. n. — 60

— Predigt am 28. März 1813. gr. 8. Berl. 813. Reimer. 4 *gl*

— Predigt am 17. Nov. 1822, in d. Dreifaltigkeits-Kirche zu Berlin. gr. 8. Berl. 823. Reimer. 4 *gl*

— Predigt am 22. Oct. in d. Dreif.-Kirche zu Berlin gehalten. gr. 8. Berl. 815. Reimer. 4 *gl*

—— Predigt am Sonnt. Septuagesimä 1832 als am Dankfest nach d. Befreiung von d. Cholera, in d. Dreifaltigkeitskirche gesprochen. gr. 8. (1½ B.) Berlin 833, Reimer.

— Predigt am 23sten Sonnt. nach Trinit. 1824. gr. 8. Berlin 825, Reimer.

—— Predigt am 25. Sonnt. n. Trinit. 1828, als am Todtenfeste, in d. Dreifaltigkeitskirche gesprochen. gr. 8. (1¼ B.) Berlin 829, Reimer.

— Predigt am vierten Sonntag n. Trinitatis 1820. gr. 8. Berl. 821. Reimer. 3 ℊ

—— Predigt am 2. Sonnt. d. Advents 1830, in d. Dreifaltigkeitskirche gespr. gr. 8. (1½ B.) Berlin 831, Reimer.

— Predigt über die Sünde d. Todesstrafe, s. Christenthum und Vernunft.

— Predigt am zweiten Tage d. Reformations-Jubelfestes. gr. 8. Berl. 818. Reimer. 3 ℊ

— Predigt am Todtenfeste am 23n Sonntage nach Trinitatis 1824. gr. 8. Berl. 825. Reimer. 2 ℊ

— Predigt am Todtenfeste 1826. gr. 8. Berl. 827. Reimer. 3 ℊ

— Predigt üb. d. rechte Verhältniß d. Christen z. Obrigkeit. gr. 8. Berl. 809. Reimer. 4 ℊ

— Predigt am 18. Weinmond 1818. gr. 8. Berl. 819. Reimer. 3 ℊ

—— Predigt, gehalt. bei d. Wiedereröffnung der deutsch-evangel.-luther. Kirche, in der Savoy zu London, am 16. Sonnt. n. Trinit., d. 21. Sept. 1828. gr. 8. (1¼ B.) Berlin 829, Reimer.

— Predigt üb. die Worte d. Erlösers: Hast Du mich lieb? Joh. 21, 16. (Zum Besten d. neuen evangel. Gemeinde in Mühlhausen). gr. 8. Berl. 824. Dümmler. 4 ℊ

— Predigten. 1e Samml. gr. 8. Berl. 801. 2e Aufl. 804. 2e Samml. 808. Reimer. 2 ℛ 6 ℊ 2e Aufl. ... 3e Aufl. 1e—3e Samml. gr. 8. Ebd. 816—21. 2 ℛ 20 ℊ 4e Samml. Predigten üb. d. christl. Hausstand. gr. 8. Ebd. 820. 2e A. 826. 1 ℛ 5e Samml. A. u. d. T.: christl. Festpredigten. 1r Thl. gr. 8. Ebd. 826. 2 ℛ 6e Samml. A. u. d. T.: Predigten in Bezug auf die Feier d. Uebergabe d. Augsb. Confession. gr. 8. Ebd. 831. Reimer. 1 ℛ 4 ℊ

— Predigten. IIIr Thl. gr. 8. Ebend. 814.

— Dessen 2te u. 3te Samml. 2te Aufl. gr. 8. Ebendas. 820. (2te Samml. 1 Thlr. 6 Gr. 3te Samml. 1 Thlr. 8 Gr.)

— Predigten, 3te Samml. 2te Ausg. gr. 8. Berl. 822. Reimer.

— Predigten. 7e Sammlung. A. u. d. T.: Christliche Festpredigten. 2r Bd. gr. 8. Berlin 833. Reimer. 2½ ℛ (1r—7r Bd. 10½ ℛ)

Schleiermacher, Fr., Predigten, 1e—3e Reihe, jede zu 12 Predigten. gr. 8. Berl. 830, 31. Reimer. (à 1 ℛ) 3 ℛ

—— Predigten, gehalt. in d. J. 1831—33. 1—6. Reihe, jede aus 12 Pred. besteh. gr. 8. ... Berlin 831—34, Reimer. à 1 Thlr.

— Predigten in d. Jahren 1831—1833. 4e—6e Reihe. à 12 Predigten. gr. 8. Berlin 832, 33. Reimer. à 1 ℛ — 7e Reihe. 3 Predigten. gr. 8 Ebd. 834. (¼ ℛ) 3¼ ℛ

— (neuere Predigten.) (VII. 1—3.) 8. Ebd. 834. n. 1¼ ℛ

— Predigten. Neue Aufl. gr. 8. Ebend. 843. n. 1⅓ ℛ — 2. Bd. Christliche Festpredigten u. Predigten in Bezug auf die Feier d. Augsburg. Confession. Neue Ausg. gr. 8. Ebend. 843. n. 1⅓ ℛ — 3., 4. (u. letzter) Bd. Neue Ausg. gr. 8. Ebend. 843, 44. à n. 1⅓ ℛ (1—4: 5⅓ ℛ)

—— Predigten über den christlichen Hausstand. 3. Aufl. gr. 8. (14¼ B.) Berlin 842, G. Reimer.

—— Predigten über den christlichen Hausstand. 4. Aufl. gr. 8. (VII und 199 S.) Berlin 860, G. Reimer.

— Predigten f. den christlichen Hausstand, insbesondere üb. die Ehe, christl. Kinderzucht, Gastfreundschaft, Wohlthätigkeit u. Nächstenliebe. [Der sämmtl. Werke 1. Bd.] Neue vollständ. u. rev. Volks-Ausg. gr. 8. (IV, 527 S.) Ebend. 876. n. 3. —

— Predigten üb. die Augsburgische Confession. [Aus der neuen Ausg. seiner sämmtl. Werke.] gr. 8. (III, 116 S.) Berlin 876. Grosser. n. 1. —

— ungedruckte Predigten aus den J. 1820—1828. Mit Einleitgn. u. m. e. Anh. ungedruckter Briefe v. Schleiermacher u. Henriette Herz hrsg. v. Johs. Bauer. (VII, 128 S.) Lex. 8. Leipzig 909. M. Heinsius Nachf. 4.—; geb. 5.50

Schleiermacher, Friedrich, als Bekenner des Wunderglaubens u. Zeuge der Auferstehung. 2 Predigten, der Gemeinde zum Gedächtniß seines 100jähr. Geburtstages aufs Neue dargeboten von L. Schultze. Posen 868. Behr. gr. 8. (24 S.) n. 5 ngr

— zwei Predigten, gehalten in d. Dreifaltigkeitskirche zu Berlin. gr. 8. Magdeb. 824. Heinrichshofen. 4 ℊ

— zwei Predigten, am 22. Juli u. am 5. Aug. (1810) gesprochen. gr. 8. Berl. 810. Reimer. 6 ℊ

Schleiermacher, Friedr. (Ernst Dan.), zwei Predigten am 28. März 1813 und am 22. Oktbr. 1815 in der Dreifaltigkeitskirche zu Berlin gesprochen. gr. 8. (35 S.) Berlin 863, G. Reimer. *

— Predigtentwürfe aus dem J. 1800, hrsg. v. J. Zimmer. gr. 8. (IV, 75 S.) Gotha 887. F. A. Perthes. n. 1. 40

Schleiermacher, Friedrich: Psychologie. Aus Schleiermachers handschriftl. Nachlasse u. nachgeschriebenen Vorlesungen. Hrsg. v. L. George, 1862.

Schleiermacher, Friedrich. Räthsel und Charaden. Berlin 1874. H: *Forck, L.* (Kürschners Deutscher Literatur-Kalender XII [1890]) (Hdschr. Mitth. von Friedrich Müller, Wien)

— Räthsel u. Charaden. 2. verm. Aufl. gr. 16. (62 S.) Berlin 875. Hertz. n. 1. —

Schleiermacher's Räthsel und Charaden. 3. verm. Aufl. mit einem Anhang von Räthseln und Charaden Ph. Buttmann's. 12. (101 S.) Berlin 883, Hertz. *ℳ 1,20.; geb. *

— Rede am Grabe des Hrn. Saunier. gr. 8. Magdeb. 825. Heinrichshofen. 3 gr.

— Rede am Sarge Hermes ꝛc., s. Nachricht von d. Leichenbestattung d. Predig. Hermes.

— Reden an Gebildete, s. Religion, üb. die.

—— über die Religion, s. Ueber die Religion.

— üb. die Religion, s.: Bibliothek d. Gesamt-Litteratur d. In- u. Auslandes.

—— Reden über die Religion, s. Bibliothek theologischer Klassiker.

—— über die Religion, s. Bibliothek der deutschen Nationalliteratur des 18. und 19. Jahrh.

—— Über die Religion, s. Meyer's Volksbücher.

(F. Schleiermacher) üb. d. Religion; Reden an d. Gebildeten unt. ihren Verächtern. *Berl.*, **Realschulb., nachher Reimer. (799-807. 3e vm. A. 821.) 4e A. (831.) 843. gr8° 1 Thlr 12 gr**

— üb. Religion, Reden an die Gebildeten unter ihren Verächtern. gr. 8. Berlin, Unger. (Realschulbchhdl.) 807.

(——) über d. Religion. — Reden an d. Gebildeten unter ihren Verächtern. 4. Aufl. gr. 8. (21 B) Berlin 831, Reimer.

(—) Ueber die Religion. Reden an die Gebildeten unter ihren Verächtern. 6. Aufl. Ebend. 859. gr. 8. (XV, 324 S.) n. 1 Thlr

—— über die Religion. Reden an die Gebildeten unter ihren Verächtern. 7. Aufl. gr. 8. (XIII, 242 S.) Berlin 878, G. Reimer. *

—— Reden über die Religion. Kritische Ausg. Mit Zugrundelegung des Textes der 1. Aufl. besorgt von G. Ch. Bernh. Pünjer. gr. 8. (XVI, 306 S.) Braunschweig 879, Schwetschke und Sohn. *

— über die Religion. Reden an die Gebildeten unter ihren Verächtern. Zum Hundertjahr-Gedächtnis ihres ersten Erscheinens in ihrer ursprüngl. Gestalt neu hrsg. u. m. Übersichten u. Vor- u. Nachwort versehen v. Rud. Otto. Mit 2 Bildnissen Schleiermachers. gr. 8. (XII, 182 S.) Göttingen 899. Vandenhoeck & Ruprecht. Kart. n. 1. 50; geb. n. 1. 80

— über die Religion. Reden an die Gebildeten unter ihren Verächtern. Zum Hundertjahr-Gedächtnis ihres ersten Erscheinens in ihrer ursprüngl. Gestalt neu hrsg. im J. 1899, in 2. Aufl. 1906 m. neuer Einleitg. versehen v. Rud. Otto. Mit 2 Bildnissen Schleiermachers. (XLV, II, 191 S.) 8. Göttingen 906. Vandenhoeck & Ruprecht. n. 1. 60; geb. n. 2. —

— an den Hrn. Geheimrath Schmalz, auch eine Recension. gr. 8. Berl. 815. Reimer. 9 gr.

Schleiermacher, F., an den Herrn Geheimenrath Schmalz, Auch eine Recension, Berlin 1815, 56 S., 16°.

Schleiermacher, F., Ueber die griech. Scholien zur Nikomachischen Ethik des Aristoteles. Und über die Auswanderungsverbote. Gel. 1816—1817. 28 S. 4°. 4.50

— Ueber d. griech. Scholien z. Nikomachischen Ethik d. Aristoteles. S.-A. 1819. 14 S. 4°. 8.50

— kleinere theologische Schriften, s.: Bibliothek theologischer Klassiker.

— üb. die Schriften d. Lucas. 1r Thl. gr. 8. Berl. 817. Reimer. 1 Thlr 12 gr.

Schleiermacher's, Frdr., pädagogische Schriften. Mit e. Darstellg. seines Lebens hrsg. v. C. Platz. [Bibliothek pädag. Classiker. 5. Bd.] 2. Aufl. gr. 8. (LXIV, 628 S.) Langensalza 876. Beyer & Söhne. n. 5. —

(Friedrich Daniel Ernst) Schleiermachers Pädagogische Schriften. Mit e. Darstellung s. Lebens hrsg. von C. Platz. 3. Aufl. *Langensalza: H. Beyer & Söhne 1902.* (LXIV, 628 S.) 8° [F.]
— Bibliothek Pädagogischer Klassiker. Bd 5. [illegible] 3

[Friedrich Daniel Ernst] **Schleiermachers** Sendschreiben über seine Glaubenslehre an Lücke, neu hrsg. u. mit e. Einl. u. Anm. versehen von Lic. Hermann Mulert. Gießen: A. Töpelmann 1908. (68 S.) 8° [F.]
— **Studien** z. Geschichte d. neueren Protestantismus. Quellen-H. 2. [illegible] 3

— s. Sincerus, Placif.

—— die christliche Sitte, nach den Grundsätzen der evangel. Kirche im Zusammenhange dargestellt. Aus Schleiermacher's handschriftl. Nachlasse und nachgeschriebenen Vorlesungen hrsg. von L. Jonas. 2. Aufl. gr. 8. (XXX, 706 S.; Beilagen 192 S.) Berlin 884, G. Reimer. *

— Christl. Sittenlehre, s. Bibliothek theologischer Klassiker.

— philosophische Sittenlehre, s. Bibliothek, philosophische.

—— über d. Sünde d. Todesstrafe, s. Christenthum u. Vernunft.

— üb. die f. die protestant. Kirche des preuß. Staats einzurichtende Synodalverfassung. 8. Berl. 817. Reimer. 10 gr.

—— s. Uebersicht von D. Friedr. Schleiermacher, der christliche Glaube.

— über die Unsterblichkeit der Seele. Bisher noch ungedruckte Predigt, geh. am Gedächtnißtage der Verstorbenen im J. 1829. [Aus Grosser's neuer Ausg. v. Frdr. Schleiermacher's sämmtl. Werken.] 8. (15 S.) Berlin 873. Grosser. n. — 30

—— die Weihnachtsfeier s. Bibliothek der deutschen Nationalliteratur des 18. und 19. Jahrh.

— die Weihnachtsfeier, s.: Universal-Bibliothek.

— Weihnachtsfeier, hrsg. v. Herm. Mulert, s.: Bibliothek, philosophische.

— die Weihnachtsfeier. Ein Gespräch. 8. Halle 806. Schimmelpfennig. 12 gr. 2e Ausgabe. 16. Berl. 827. Reimer. 12 gr.

—— die Weihnachtsfeier. Ein Gespräch. 3. Ausg. gr. 12. (4 B.) Berlin 837, G. Reimer.

—— die Weihnachtsfeier. Ein Gespräch. Neue (Miniatur-) Ausg. 16. (6½ B.) Berlin 846, G. Reimer. In Leinw. geb. m. Goldschn.

—— die Weihnachtsfeier. Ein Gespräch. [Halle 1806.] 16. (108 S.) Halle 869, Petersen. *

Die Weihnachtsfeier. Ein Gespräch von Friedr. Daniel Ernst **Schleiermacher**. Mit e. Vorbemerkung u. d. Bilde d. Verf. Halle a. S.: O. Hendel [1906]. (56 S.) 8° [F.]
(Bibliothek d. Gesammtliteratur d. In- u. Auslandes. No 1966.) [07. 1760

— die Weihnachtsfeier, s. a. Bibliothek der Gesamtliteratur.

Schleiermacher, Frdr. Dan. Ernst, Werke. Auswahl in Bdn. Mit 1 Bildnis Schleiermachers u. e. Geleitwort v. Aug. Dorner hrsg. u. eingeleitet v. Otto Braun u. Joh. Bauer. 1. u. 3. Bd. 8. Leipzig, F. Eckardt. à 7.—; geb. à 9.— (Subskr.-Pr. f. vollst. 24.—; geb. 32.—)
1. Geleitwort v. Aug. Dorner. Vorwort. Einleitung v. Otto Braun. Kritik der Sittenlehre. Akademieabhandlungen. Register. Zur Textbehandlg. (V, CXXVIII, 547 S.) 910.
3. Vorbericht. Dialektik. Die christl. Sitte. Einleitung v. Bauer. Predigten üb. den Hausstand. Zur Pädagogik. Die Lehre v. Staat. Der christl. Glaube. Register. (XI, 748 S.) 910.

Schleiermacher, F. D. E., Werke. 1. u. 3. Bd. Jetzt: Leipzig, Fel. Meiner. Erh. Pr. geb. à 9.50.

— sämmtliche Werke. 1. Abthl. Zur Theologie. 1. Bd. Kurze Darstellung d. theolog. Studiums. Ueber die Religion. Reden an die gebildeten unter ihren Verächtern. Die Weihnachtsfeier. gr. 8.
Berlin: Reimer 1843.

Schleiermacher, Friedr. (Ernst Dan.), sämmtl. Werke. I. Abthl. 2—4. Bd.
Berlin, Reimer. 18 Thlr. 16 Gr., f. Pap. 21 Thlr. 16 Gr., Vlnp
Abthl. I. Zur Theologie. 2—4. Bd. [2. (42 B.) 836. 2 Thlr. 18 Gr., f. Pap. 3 Thlr. 4 Gr., Vlnp. 4 Thlr. 4 Gr., 3. u. 4. (65½ B.) 835, 36. 4 Thlr. 4 Gr., f. Pap. 4 Thlr. 20 Gr., Vlnp. 6 Thlr. 8 Gr.] 6 Thlr. 22 Gr., f. Pap. 8 Thlr., Vlnp 10 Thlr. 12 Gr. — 3. u. 4. Bd., a. u. d. T.: Der christl. Glaube, nach d. Grundsätzen d. evangel. Kirche im Zusammenhange dargest. 3., unveränd. Ausg. 2 Bde.

— dies. 1e Abthl. Zur Theologie. 3r u. 4r Bd. A. u. d. T.: Der christliche Glaube, nach Grundsätzen der evangel. Kirche im Zusammenhange dargestellt. 3e unveränd. Ausg. 2 Bde. gr. 8. Ebd. 835. $4\frac{1}{6}$ ℳ — Fein Papier $4\frac{5}{6}$ ℳ — Velinp. $6\frac{1}{3}$ ℳ

— dies. 1. Abthl. Zur Theologie. 3. u. 4. Bd. — A. u. d. T.: Der christl. Glaube nach den Grundsätzen der evangel. Kirche im Zusammenhange dargestellt. 4. unveränd. Ausg. 2 Bde. gr. 8. Ebend. 842. n. $4\frac{1}{6}$ ℳ —

Schleiermacher, Friedr. (Ernst Dan.), sämmtl. Werke. I. Abthl. 5. u. 8. Bd.
gr. 8. Berlin, G. Reimer. * 11 Thlr. 2½ Ngr., f. Pap. *
I. Abthl. **Zur Theologie.**
A. u. d. Ttln.:
Bd. 5. Kleine theologische Abhandlungen (45⅞ B.) 846. * 3 Thlr., fein Pap. * 3 Thlr. 15 Ngr.
8. Literar. Nachlaß. Zur Theologie. 3. Bd. Einleitung ins neue Testament. Aus Schleiermacher's handschriftl. Nachlasse u. nachgeschriebenen Vorlesungen, mit einer Vorr. v. Friedr. Lücke, hrsg. v. G. Wolde. (32 B.) 845. * 2 Thlr., f. Pap. * 2 Thlr. 10 Ngr.

Schleiermacher's, Friedr. (Ernst Dan.), sämmtliche Werke. 1. Abthl.: Zur Theologie. 6. Bd. A. u. d. T.: Literarischer Nachlaß. Zur Theologie. 1. Bd. gr. 8. Berlin 864, G. Reimer. *
Inhalt:
Das Leben Jesu. Vorlesungen an der Universität zu Berlin im J. 1832 gehalten. Aus Schleiermacher's handschriftl. Nachlasse und Nachschriften seiner Zuhörer hrsg. von K. A. Rütenik. (XX und 512 S.)

— dies. 1e Abthl. Zur Theologie. 7r Bd. A. u. d. T.: Literarischer Nachlaß. 2r Bd. — Hermeneutik u. Kritik, mit besond. Beziehung auf das Neue Testament. Aus Schleiermachers handschriftl. Nachlasse u. nachgeschrieb. Vorlesungen herausg. v. Friedr. Lücke. gr. 8. Ebd. 838. $1\frac{5}{6}$ ℳ — Fein Pap. $2\frac{1}{6}$ ℳ — Velinp. n. $2\frac{1}{3}$ ℳ

— dies. 1e Abthl. Zur Theologie. 11r Bd. A. u. d. T.: Literarischer Nachlaß. 6r Bd. — Geschichte d. christl. Kirche. Aus Schleiermachers handschriftl. Nachlasse u. nachgeschriebenen Vorlesungen herausg. v. E. Bonnell. gr. 8. Ebd. 840. $2\frac{2}{3}$ ℳ — Weis Pap. $3\frac{1}{12}$ ℳ

— dies. 1. Abthl. Zur Theologie. 12. Bd. — A. u. d. T.: Fr. Schleiermacher's literarischer Nachlaß. Zur Theologie. 7. Bd. Die christl. Sitte nach den Grundsätzen der evangel. Kirche im Zusammenhange dargestellt. Aus Schleiermacher's handschriftl. Nachlasse u. nachgeschrieb. Vorles. herausgeg. von L. Jonas. gr. 8. Ebend. 843. n. $3\frac{2}{3}$ ℳ fein Pap. n. $4\frac{1}{3}$ ℳ

Schleiermacher's, Frdr., sämmtliche Werke. 1. Abth. Zur Theologie. 12. Bd. gr. 8. Berlin 884. G. Reimer. n. 6. —
Die christliche Sitte, nach den Grundsätzen der evangel. Kirche im Zusammenhange dargestellt. Aus Schleiermacher's handschriftl. Nachlasse u. nachgeschriebenen Vorlesgn. hrsg. v. L. Jonas. 2. Aufl. (XXX, 706 u. Beilagen 192 S.)

Schleiermacher's, Frdr., († d. 12. Febr. 1834), sämmtliche Werke. 1. Abth.: Zur Theologie. 13. Bd. [Literarischer Nachlaß. Zur Theologie. 8. Bd.] A. u. d. T.: Die praktische Theologie nach den Grundsätzen der evangel. Kirche im Zusammenhange dargestellt. Aus Schleiermacher's handschriftl. Nachlasse u. nachgeschriebenen Vorlesungen hrsg. v. Jac. Frerichs. gr. 8. (XXIV u. 844 S.) Berlin 850, G. Reimer. $3\frac{1}{2}$ ℳ; weiß Pap. 4 ℳ

— dies. 2e Abthl. 4 Bde. A. u. d. T.: Predigten. 4 Bde. Neue Ausg. gr. 8. Ebd. 834, 35. 8 ℳ — Weis Papier $9\frac{1}{3}$ ℳ — Velinp. 12 ℳ

Schleiermacher. Friedrich: Sämmtliche Werke.
II. Abthl. Predigten.
A. u. d. Ttln.:
Bd. 7. u. 8. Literar. Nachlaß. Predigten. 3. u. 4. Bd.
Bd. 3. Predigten, in d. J. 1789—1810 geh. Aus dess. handschriftl. Nachlasse u. aus Nachschriften d. Hörer hrsg. v. Ad. Sydow. (34 B.) 836. * 2 Thlr. 12 Gr., f. Pap. * 3 Thlr., Vlnp. * 3 Thlr. 16 Gr.
4. Homilien üb. d. Evangelium d. Johannes, in d. J. 1823 u. 1824 gesprochen. Aus wortgetr. Nachschriften hrsg. v. Ad. Sydow. (39½ B.) 837. * 2 Thlr., f. Pap. * 2 Thlr. 8 Gr., * 3 Thlr.
1 — 4. Bd. Ebendas. 1834, 35. * 8 Thlr., f. Pap. * 9 Thlr. 8 Gr., Vlnp. * 12 Thlr. — 5. u. 6. Bd. ist Verlag v. F. A. Herbig in Berlin, vgl. unten: Schleiermacher's literar. Nachlaß.

— dies. 2. Abth. Predigten. 9. Bd. — A. u. d. T.: Literar. Nachlaß. Predigten. 5. Bd. — A. u. d. T.: Homilien über das Evangelium des Johannes in den J. 1825 u. 1826 gesprochen. Aus wortgetreuen Nachschriften hrsg. v. Ad. Sydow. gr. 8. (X u. 548 S.) Ebd. 847. $2\frac{1}{6}$ ℳ Fein Pap. $2\frac{1}{2}$ ℳ

Schleiermacher's, Friedr., sämmtliche Werke. 2. Abth. Predigten. 10. Bd. (Herausg. von Sydow.) A. u. d. T.: Literarischer Nachlaß. Predigten. 6. Bd. Berlin 856. G. Reimer. gr. 8. (XI, 736 S.) n. 2 ℳ.

Schleiermacher. Friedrich: Sämmtliche Werke.
III. Abthl. **Zur Philosophie.**
A. u. d. Ttln.:
Bd. 1. Philosophie u. vermischte Schriften. 1. Bd. (44¼ B.) 846. * 2 Thlr. 25 Ngr., f. Pap. * 3 Thlr. 10 Ngr.

Schleiermacher's, Fr., sämmtl. Werke. 3e Abthl. Zur Philosophie. 2r Bd. Philosophische und vermischte Schriften. gr. 8. Berlin 838. [illegible] ℳ — Weis Papier $2\frac{1}{3}$ ℳ — Velinp. n. 3 ℳ

— dies. 3e Abthl. Zur Philosophie. 3r Bd. A. u. d. T.: Literarischer Nachlaß. Zur Philosophie. 1r Bd. — Reden und Abhandlungen, der Königl. Akademie der Wissenschaften vorgetragen von Schleiermacher. Herausg. von L. Jonas. gr. 8. Ebd. 835. $1\frac{3}{4}$ ℳ — Weis Pap. 2 ℳ — Velinp. $2\frac{7}{12}$ ℳ

— dies. 3e Abthl. Zur Philosophie. 4r Bd. 1r Thl. A. u. d. T.: Literarischer Nachlaß. Zur Philosophie. 2r Bd. 1e Abthl. — — Geschichte der Philosophie. Aus Schleiermachers handschriftl. Nachlasse herausg. von H. Ritter. gr. 8. Berlin 839. Reimer. $1\frac{1}{4}$ ℛ — Weis Papier $1\frac{1}{2}$ ℛ — Velinp. n. $1\frac{2}{3}$ ℛ

— dies. 3e Abthl. Zur Philosophie. 4r Bd. 2r Thl. A. u. d. T.: Literarischer Nachlaß. 2r Bd. 2e Abthl. — Dialektik. Herausg. von L. Jonas. gr. 8. Ebd. 839. $2\frac{1}{2}$ ℛ — Weis Pap. $2\frac{11}{12}$ ℛ — Velinp. n. $3\frac{1}{3}$ ℛ

— dies. 3e Abthl. Zur Philosophie. 5r Bd. A. u. d. T.: Literarischer Nachlaß. Zur Philosophie. 3r Bd. — Entwurf eines Systems der Sittenlehre. Herausg. v. Alex. Schweizer. gr. 8. Ebd. 835. 2 ℛ — Weis Pap. $2\frac{1}{3}$ ℛ — Velinp. $2\frac{3}{4}$ ℛ

—— dass. — 3. Abthl.: Zur Philosophie. 6. Bd. A. u. d. T.: Literarischer Nachlaß. Zur Philosophie. 4. Bd. gr. 8. Ebendas. 862. * 2 Thlr.; Velinp. *

Inhalt:

Psychologie. Aus Schleiermacher's handschriftl. Nachlasse und nachgeschriebenen Vorlesungen hrsg. von L. George. (XVI und 559 S.)

Preis der bis jetzt erschienenen Bde.: I. Abthl. 1.—8. 11.—13. Bd. * 14 Thlr., II. Abthl. 1.—4. 7.—10. Bd. * 10 Thlr., III. Abthl. 1.—9. Bd. * 12 Thlr.

— dies. 3. Abthl. Zur Philosophie. 7. Bd. — A. u. d. Titeln: Literarischer Nachlaß. Zur Philosophie. 5. Br. — Vorlesungen über die Aesthetik. Aus Schleiermacher's handschriftl. Nachlasse und aus nachgeschrieb. Heften herausgeg. v. Karl Lommatzsch. gr. 8. Ebend. 1842.

— dies. 3. Abthl. Zur Philosophie. 8. Bd. — A. u. d. T.: Literar. Nachlaß. Zur Philosophie. 6. Bd. — Die Lehre vom Staat. Aus Schleiermacher's handschriftl. Nachlasse u. nachgeschrieb. Vorlesungen herausgeg. von Chr. A. Brandis. gr. 8. Ebend. 845. $1\frac{1}{12}$ ℛ fein Pap. $1\frac{1}{4}$ ℛ

— dies. 3. Abth.: Zur Philosophie. 9. Bd. [Literar. Nachlaß. Zur Philosophie. 7. Bd.] A. u. d. T.: Erziehungslehre. Aus Schleiermacher's handschriftl. Nachlaß u. nachgeschrieb. Vorlesungen hrsg. v. C. Platz. gr. 8. (XXVIII u. 816 S.) Ebd. 849. $3\frac{1}{2}$ ℛ Weiß Pap. 4 ℛ (I, 1—5. 7. 8. 11—13. II, 1—4. 7. 8. III, 1—5. 7—9.: $55\frac{1}{2}$ ℛ; weiß Pap. $63\frac{3}{4}$ ℛ)

Schleiermacher's, Friedr., sämmtliche Werke. I. Predigten für den christlichen Hausstand. Erste wohlfeile Lieferungs-Ausg. hrsg. von Mitgliedern des Protestantenvereins. 1.—55. Lfg. gr. 8. (1. Bd. VIII, 527; VII, 484; VI, 475; VIII, 294; 5. Bd. S. 1—192.) Berlin 872—75, Grosser. à Lfg. 30 Pf.

Schleiermacher's, Friedr., sämmtliche Werke. I. Predigten. Erste wohlf. Lieferungs-Ausg. 56.—71. (Schluß-)Lfg. gr. 8. (5. Bd. VI, S. 193—690.) Berlin 876,77, Grosser.
à Lfg. 30 Pf., ℳ 4,80.; 5 Bde.
1.—55. Lfg. Ebendas. 1872—75. à 30 Pf.

— Über das Wesen der Universität, s.: Bibliothek, philos. (Fichte, Joh. Gottl.)

— — u. W. M. L., de Wette u. Fr. Lücke, Zeitschrift, theologische. 1s u. 2s Heft. gr. 8. Ebend. 819. 20. (1s 1 Thlr. 12. 2s 1 Thlr. 8 Gr.)

— L. de Wette u. Fr. Lücke, theolog. Zeitschrift. 3s Heft. gr. 8. Berlin 823, Reimer.

Schleiermacher, Johann Ludwig (Darmstadt)
A. S. 214/25

Dissertatio inauguralis juridica, de pacto commissorio in pignore.
Giessen (Vulpius) 19. I. 1712. 40 S. 30566

Schleiermacher, Karl Christ. Heinrich (Lauterbach)
Dissertatio inauguralis medica de doloribus intestinorum qui vulgo vocantur colici.
Giessae Febr. 1736; Lammers. (2), 60 S. 4°
pro licentia summos in arte medica honores ... impetrandi

Schleiermacher, Dr. L., Ueber die Bewegung eines schweren Punktes auf dem verlängerten Rotationsellipsoid u. ultraelliptische Integrale 3. Gattung. (Inaug.-Dissert.) Darmstadt. (Brill.) 4°. brosch. (34 S.) 1878.

Schleiermacher, L. J., analytische Optik. 1. Thl. Lex.-8. (39 B.) Darmstadt 842, Jonghaus.

Schleif, Ewald, Gerichtsreferendar in Naumburg: Der Inhalt des Unterhaltungsanspruches des unehelichen Kindes (B.G.B. §§ 1708—1712). Rostock 1907: H. Winterberg. (93 S.) 8°
Rostock, Jur. Fak., Ref. Matthiaß, Diss. v. 30. Aug. 1907
[Geb. 24. März 81 Greiz; Wohnort: Magdeburg; Staatsangeh.: Preußen u. Reuß ä. L.; Vorbildung: Gymn. Greiz Reife O. 99; Studium: Jena 4, Berlin 2, Halle 3 S.; Rig. 27. Febr. 07.]

Schleif, Minna, Haushaltungsbuch für alle in der Wirthschaft vorkommenden Einnahmen und Ausgaben systematisch geordnet und hrsg. Fol. (60 S.) Berlin 886, Reinh. Kühn.
geb. * ℳ 2.50. und *

Schleifenbaum, Albert [aus Littfeld (Prov. Westfalen)]: Zur Lehre von den Krisen. . . . Würzburg, Becker's Univ.-Buchdr., 1889; 10 S. 8°
Würzburg, Med. Fak., Inaug.-Diss. v. 1889

Schleifenbaum, Ernst: Begriff und Bedeutung des gegenwärtigen rechtswidrigen Angriffs in § 227 B.G.-B. Mit besonderer Berücksichtigung des Begriffs der Rechtswidrigkeit. *Breslau: Schletter 1904.* (52 S.) 8°
Heidelberg, Jur. Diss. v. 1904

Begriff und Bedeutung des gegenwärtigen rechtswidrigen Angriffs in § 227 B. G.-B. Mit besond. Berücks. d. Begriffs d. Rechtswidrigkeit. Von Dr. iur. Ernst Schleifenbaum. *Breslau: Schletter 1904.* (52, 8 S. 8°
[Erschien auch als Inaug.-Diss. Heidelberg 1904.]
— Abhandlungen, Strafrechtliche. H. 54. [illegible] 4

Schleifenbaum, J., Hülfsbuch f. die Gemeinde- u. Gutsvorstände üb. ihre Obliegenheiten in Einkommen- u. Ergänzungssteuer-Sachen. gr. 8. (190 S.) Hannover 894. (Gifhorn, H. Schulze.) n. 3. —

— Steuertarif zum Ergänzungssteuergesetze vom 14. Juli 1893 (Gesetz-Sammlg. S. 143), nebst Tabelle üb. die Berechng. der im Laufe des Steuerjahres eingetretenen Zu- u. Abgänge u. Ausfälle, sowie e. Anh. üb. Steuerfreiheit, ermäßigte Steuersätze u. e. Tabelle üb. den gegenwärt. Kapitalwert e. Rente od. Nutzg. im Werte von 1 Mark auf e. bestimmte Anzahl v. Jahren behufs Berechng. der davon zu entricht. Ergänzungssteuer. (Zu § 13 IV des Gesetzes.) gr. 8. (12 S.) Köln 894. Th. Quos. n. — 30

Schleifer, A., die Schlacht bei Hohenlinden am 3. Dezbr. 1800 u. die vorausgegangenen Heeresbewegungen. Nach den besten Quellen bearb. Mit e. Legende u. color. Karte. gr. 8. (VII, 48 S.) Rathenow 885. Babenzien. n. 3. 50; Broschüre ap. n. 1. 50; Karte u. Legende ap. n. 1. 50

Schleifer, Joel

Schleifer, J., sahidische Bibel-Fragmente aus dem British Museum zu London, s.: Sitzungsberichte der kais. Akademie der Wissenschaften in Wien. Philol.-histor. Kl. 162. VI.

Bruchstücke der sahidischen Bibelübersetzung. S. 170 I 2.95
Separatabdruck

Schleifer, J., Die Erzählung der Sibylle, ein Apokryph nach karschunischen, arabischen und äthiopischen Handschriften London, Oxford, Paris und Rom. [Denkschriften d. k. Akad. Wiss., philos. histor. Klasse. Bd. LIII. Abt. I.] 4°. (80 S.) †
Wien: Hölder 1909. K 2.60

— s. Erzählung, die, der Sibylle.

Schleifer Joel: Die Lâmîjah des Ibn al-Wardi, ein arabisches Lehrgedicht.
H. 1902 PN 1497 Diss. Wien, Univ. 2878 a

Schleifer, Joh., was muß jeder Handwerker wissen?, s.: Obst, J. G.

Schleifer, Johann Friedrich (Hayn) A.S. 1115/9

Dissertatio solennis de apoplexia.
Präs. Johann Gottfried Berger.
Wittenberg (Gerdes) 4.XI.1717. 35 S. 30567

Schleifer, Karl, Referendar: Die Rechtsstellung des Testamentsvollstreckers. Breslau 1908: Breslauer Genossenschafts-Buchdruckerei. (XI, 59 S.) 8° [J.]
Breslau, Jur. Fak., Ref. Meyer-Dahn, Diss. v. 11. März 1908
[Geb. 31. Dez. 81 Ober-Heiduk, Kr. Beuthen (O.-S.); Wohnort: Bismarckhütte; Staatsangeh.: Preußen; Vorbildung: Gymn. Königshütte Reife O. 03; Studium: Greifswald 2, Berlin 2, Breslau 5 S.; Rig. 3. Dez. 07.]

Schleifer, L.M.: Denkmal unserer Freundschaft, s. A u f f e n b e r g , Bened. v.

Schleifer, M.

Schleifer: Selbstthätige Luftdruckbremse System Schleifer. Berlin 1884

Schleifer, Matth. L., Gedichte. 8. Wien 841, Haas'sche Buchh. $1^2/_3$ ₰

Schleifer, Matth. L., Gedichte. Gesammt-Ausg. Hrsg. v. K. A. Kaltenbrunner. 8. ($33^3/_4$ B. u. gestoch. Ttl.) Wien 846, (47,) Haas'sche Buchh.

Schleifer, Mor., Dichtungen. 16. (VIII, 155 S.) Innsbruck 879, Wagner'sche Universitäts-Buchh. * ℳ 1,80.; geb. *

Schleifermädchen, Das, aus Schwaben. Frankf. a. M. 1790. N. A. 1796. V: *Kratter, Franz.* (BGE) (Kn) (MGT) »1793« (Ky)

Schleifermädchen, das, aus Schwaben, (v. Franz Kratter). 2 Thle. 8. Frankf. 793. N. A. 795. (Schäfer). 2 ₰ 16 gr

Schleifermädchen, das, aus Schwaben, 2 Theile mit Kupf. neue Aufl. 8. Frankf. 796. Eßlinger. 2 Rthl. 20 ggl.

Schleifer-Merkblatt. Bearb. im kaiserl. Gesundheitsamte. (1 S.) 32×16 cm. Berlin (907). J. Springer. p nnn — 05

SCHLEIFERS, W.: Der Auerhahn und dessen Jagd. - Arnsberg 1852. 39 S.

Schleiff, Klemens Lebrecht (Leipzig) A.S. 329/28

Problema iuridicum VI. an duorum Iudaeorum testimonium contra Christianum plene probet ?
Präs. Traugott Thomasius.
Leipzig (Breitkopf) 28.V.1734. 24 S.

Gew.: Christian Friedrich von Broesick. 30568

Schleiff, V., Nasreddin Hodscha, de türkische Uhlenspeigel. Türkische Snacken u. Snurren. (IX, 144 S.) 8. Magdeburg 906. R. Zacharias. n. 2. —; geb. n. 2. 75

Nasreddin Hodscha, de türkische Uhlenspeigel. Türk. Snacken u. Snurren von V. **Schleiff.** Magdeburg: R. Zacharias [1907]. (IX, 144 S.) 8° [J.]
[07. 6317 3

Schleiff, Waldemar, appr. Arzt a. Bad Sachsa: Über Clitoriscarcinom. Halle a. S. 1905: C. A. Kaemmerer. (31 S.) 8°
Halle, Med. Fak., Ref. Veit, Diss. v. 20. Dez. 1905
[Geb. 14. Dez. 77 Öbisfelde; Wohnort: Bad Sachsa; Staatsangeh.: Preußen; Vorbildung: Domgymn. Magdeburg Reife O. 99; Studium: Jena 2, Halle 2, Jena 1, Halle 5 S.; Coll. 14. Dez. 05; Approb. 15. Juli 05.]

Schleiffer, J. G., Sammlung von 148 bibl. Sprüchen u. and. gereimten Verschen f. d. Unterklassen d. niedern Bürger- u. Landschulen z. Auswendiglernen; auch f. Väter u. Mütter, welche ihren Kleinen zu Hause gern etwas auswendig lernen lassen wollen. gr. 8. (1 B.) Weißensee 835. (Sondershausen, Eupel.) *

Schleiffer, J. G., das Unentbehrlichste beim Kopf- u. Tafelrechnen. 8. Sondershaus. 821. 2e Aufl. 822. Voigt in Ilmenau. 2 gr

— das Unentbehrlichste z. Rechtschreiben f. Lehrer u. Lernende in niedern Bürger- u. Landschulen. Nebst e. Anhange d. gewöhnl. gleich- u. ähnlichlaut. Wörter rc. 8. Sondersh. 821. 2e verb. Aufl. 822. Voigt in Ilmenau. 4 gr

Schleiffer, Carl Wendelin, das Bad Greifenberg am Ammersee (Theresien-Mineralbad) kurz besprochen. 8. (IV und 44 S.) München 863, Lentner'sche Buchh. *

Schleiffer, Max, s.: J a h r b u c h der Freimaurerloge „Pionier" in Pressburg.

Schleifheim v. Sulzfort, Germ. (Hermann). (Sam. Greiffensohn v. Hirschfeld), der abentheuerl. Simplicissimus, d. i. die Beschreib. des Lebens eines seltsamen Vaganten, gen. Melch. Sternefeld v. Fuchsheim rc. 1s—5s Buch. 8. Mümpelgart 669. Neue Aufl. nebst Schluß. Ebd. 769, 70, 71, 73. Neu bearb. Nürnb. 713, dann von (... Wagenseil). 8. Leipz. 785. N. A. Ebd. 790. Weygand. 12 gr

Schleifkothe, Der, eine Mühle bei Efferen. Was frommt mehr der Gemeinde Köln, der Besitz oder der Verkauf dieser Mühle? Eine Erörterung, dem Herrn Oberbürgermeister . . . zur Berücksichtigung vorgelegt. Köln [1816]. V: *Willmann.* (StBKöln II, 108)

Schleifstein des krummen Kaspers für stumpfe Messer. 8. Lpz.. Weygand. 800.

Der Schleim vorzüglich der Kinder und alten Leute, oder Entstehung, Ursachen, Kennzeichen, Natur u. Heilung der in jedem Alter sich bildenden... Verschleimung des Bluts, der Brust, des Magens u. der Eingeweide... 3. Aufl. Frankfurt a.M.: Bock 1822. 57 S. 8°

Schleim, der, vorzüglich d. Kinder u. alten Leute, od. Entstehung, Ursachen, Kennzeichen, Natur u. Heilung, der in jedem Alter sich bildenden sehr gefährl. Verschleimung d. Bluts, des Magens u. d. Eingeweide rc. 3e Aufl. 8. Frankf. 822. Bock. (Leipz., J. Müller). 8 gr

[Umschlagt.:] **Schleimer,** Alexis [Danzig]: Der Positivismus. Eine krit. Studie . . . Danzig, Gebr. Zeuner, *1891;* 31 S. 8.
Leipzig, Phil. Fak., Inaug.-Diss. v. [31. Okt.] 1891

Schleimer, Alexis. Der Positivismus. Eine krit. Studie. Diss. gr. 8. (31 S.) Lpz. 891, (Fock). * — 80

—— Über Studententum. Ein Vortrag. gr. 8. (25 S.) Ebd. 891. * — 60

Schleimer, Alexis (Hrsg.), s. Zeit, Unsere.

Schleimer, Arthur, a. Berlin: Synthesen in der Phenanthren-reihe. (Berlin 1908: G. Schade.) (35 S.) 8°
Berlin, Phil. Fak., Ref. Fischer, Diss. v. 5. Juni 1908
[Geb. 9. April 83 Berlin; Wohnort: Berlin; Staatsangeh.: Preußen; Vorbildung: Friedrichs-Werdersches Gymn. Berlin Reife M. 01; Studium: Berlin 13 S.; Rig. 21. Mai 08.]

SCHLEIMER, Hans: Synthetische Studien. — 1907. 58 S. Diss. Graz, Univ.

Schleimkrankheiten, Die, deren Entstehung, häufige Klage darüber in jetzigen Zeiten . . . Hamb. 1811. V: *Albrecht, Johann Frdr. Ernst.* (Ky) (MGT)

Schleimkrankheiten, die, deren Entstehung, häufige Klagen darüber rc. (v. J.F.E. Albrecht). 8. Hamb. 811. (Herold jun.)

Schlein, Anton: Die Instrumental-Konstante des Prager Stations-Barometers Fontin Tonnelot 831.
Diss., Prag 1902/1903

Schlein, Leo. Ueber das Verhalten des α-Diazonaphtalins gegen alkalische Ferridcyankalium-Lösung. (Basel) Leipzig, 1894.

Schlein, L. Über das Verhalten des α-Diazo-Naphtalins gegen alkalische Ferrid-Cyankalium-Lösung. In-8°. 30 S. Basel (Georg & Co.). These. 1895.

Schlein & Stephani, Preis-Courant und Musterbuch der Fabrik für Apparate zur Krankenpflege. Berlin (um 1890?)

Programm, erstes — der k. k. vollständigen Unter-Realschule in Salzburg. Veröffentlicht am Schlusse des Schuljahres 1852/53. 4. (28 S.) Salzburg. Schnellpressendruck der Zaunrith'schen Buchdruckerei. 1853.
Inhalt: Die Anpflanzung der Kultur im Lande Salzburg durch den heil. Rupert. Vom k. k. Supplenten und Direktors-Stellvertreter Fr. Schleindl. — Schulnachrichten.

Schleiniger, Nikolaus

Schleiniger, Nik., Abriß der Rhetorik zum Gebrauche für Gymnasien. Freiburg im Br. 865. Herder'sche Verlagsh. 12. (XII, 261 S.) n. 14 ngr.

Schleiniger, G. J. Nik., Abriß der Rhetorik zum Gebrauche für Gymnasiasten. 2. Aufl. 8. (XI, 179 S.) Freiburg i. Br. 880, Herder'sche Verlagsh. *

—— die Bildung des jungen Predigers nach einem leichten und vollständigen Stufengange. Ein Leitfaden zum Gebrauche für Seminarien. 1. Aufl. 1864. und 2., unveränd. Aufl. gr. 8. (XI und 320 S.) Freiburg im Br. 865, Herder'sche Verlagsh. *

—— die Bildung des jungen Predigers nach einem leichten und vollständigen Stufengange. Ein Leitfaden zum Gebrauche für Seminarien. 3. Aufl. gr. 8. (XII, 391 S.) Ebendas. 882. *

Schleiniger, Nik. Die Bildung d. jungen Predigers nach e. leichten u. vollständigen Stufengange. Ein Leitfaden zum Gebrauche f. Seminarien. 4. umgearb. Aufl. Besorgt durch Karl Racke. 8. (XVI, 378 S.) Freib. i. Br. 891, Herder. * 3 —; geb. in Hlbfrz. * 4 40

Die Bildung des jungen Predigers nach einem leichten und vollständigen Stufengange. Ein Leitfaden z. Gebr. f. Seminarien. Von Nikolaus **Schleiniger** S. J. 5. Aufl. Neu bearb. von Karl Racke S. J. *Freiburg i. B.: Herder 1898.* (XX, 420 S.) 8° [F.] [illegible] 10

Schleiniger, Nikol., S. J., die Bildung d. jungen Predigers nach e. leichten u. vollständigen Stufengange. Ein Leitfaden zum Gebrauche f. Seminarien. Neu bearb. v. Karl Racke, S. J. 6. Aufl. (XX, 428 S.) 8. Freiburg i/B. 908. Herder. 3.60; geb. in Halbfrz. 5. —

Schleiniger, Nikol., Grundzüge der Beredsamkeit mit einer Auswahl von Musterstellen aus der classischen Literatur der ältern und neuern Zeit. gr. 8. (XX und 354 S.) Freiburg im Br. 859, Herder'sche Verlagsbuchh. *

—— Grundzüge der Beredsamkeit mit einer Auswahl von Musterstellen aus der class. Literatur der ältern und neuern Zeit. 2., mit Zusätzen bereicherte Aufl. 1863. * 28 Ngr. und 3. Aufl. gr. 8. (XXIII und 349 S.) Freiburg im Br. 868, Herder'sche Verlagsh. *

—— Grundzüge der Beredsamkeit, mit einer Auswahl von Musterstellen aus der klass. Litteratur der ältern und neuern Zeit. 4. Aufl. gr. 8. (XV, 440 S.) Ebendas. 883. *

— Grundzüge d. Beredsamkeit m. e. Auswahl v. Musterstellen aus d. redner. Litteratur d. ältern u. neuern Zeit. 5. Aufl. Neu bearb. u. erweitert v. Karl Racke, S. J. gr. 8. (XVI, 552 S.) Ebd. 896. n. 3. 80; geb. in Halbfrz. n. 5. 40

Schleiniger, Nikol., S. J., Grundzüge der Beredsamkeit m. e. Auswahl v. Mustern aus der rednerischen Literatur älterer u. neuerer Zeit. Neu bearb. v. Karl Racke, S. J. 6. Aufl. (XVIII, 579 S.) 8. Freiburg i/B. 905. Herder. n. 4. —; geb. in Halbfrz. n. 5. 60

Schleiniger, Nik., die Heiligenfeste. Auswahl aus meist älteren Predigern des In- und Auslandes. 3 Bde. gr. 8. Freiburg i. Br. 888, Herder'sche Verlagsh. à Bd. * M 6.—. *

Inhalt:
Bd. 1. Apostel. Martyrer. (VIII, 634 S.)
" 2. Bekenner. (VI, 522 S.)
" 3. Jungfrauen, Wittwen, Magdalena. Anhang: Engel, Allerheiligen Allerseelen. (VI, 604 S.)

— die Heiligenfeste. Auswahl aus meist älteren Predigern des In- u. Auslandes. 2. (Titel-)Ausg. (In 12 Lfgn.) 1. Lfg. gr. 8. (1. Bd. VIII u. S. 1—160.) Ebd. 893. n. 1. —

— die Heiligenfeste. Auswahl aus meist ält. Predigern d. In- u. Auslandes. 2. [Titel-] Ausg. 2.—12. (Schluß-) Lfg. gr. 8. (1. Bd. S. 161—634; 2. u. 3. Bd. VI, 522 u. VI, 604 S.) Ebd. (888) 893. 94. à Lfg. n. 1. —

Schleiniger, Nikol., der moderne Indifferentismus u. die wahre Toleranz. [Aus: „zeitgemäße Broschüren."] gr. 8. (18 S.) Münster 872. Russell. — 30

Schleiniger, Nikol., Die Kulturarbeit der kath. Kirche. Berlin, Germania, 1892, 16°, 126 S., 20 Pf. (Kath. Flugschriften zur Wehr u. Lehr'. Nr. 44 u. 45.)

—— Muster und Quellen des Predigers. Eine practische Schule der geistlichen Beredsamkeit. A. u. d. T.: Muster des Predigers. Eine Auswahl redner. Beispiele aus dem homilet. Schatze aller Jahrhunderte. gr. 8. (XVI, 653 S.) Freiburg i. Br. 868, Herder'sche Verlagsh. * 6 —

—— Muster des Predigers. Eine Auswahl rednerischer Beispiele aus dem homilet. Schatze aller Jahrhunderte. Zum Gebrauch beim homilet. Unterrichte und zum Privatgebrauche. 2. Aufl. gr. 8. (XVI, 1016 S.) Ebendas. 882. *

— Muster d. Predigers. Eine Auswahl redner. Beispiele aus d. homilet. Schatze aller Jahrhunderte. Zum Gebrauche beim homilet. Unterrichte u. Privatgebrauche. 8., neu bearb. Aufl. Besorgt durch Karl Racke, S. J. gr. 8. (XVIII, 948 S.) Ebd. 895. n. 8. —; geb. in Halbfrz. n. 10. —

Schleiniger, Nikol., das kirchliche Predigtamt nach dem Beispiele und der Lehre der Heiligen und der größten kirchlichen Redner. gr. 8. (XXVII und 780 S.) Freiburg im Br. 861, Herder'sche Verlagsbuchh. Thlr.

—— das kirchliche Predigtamt nach dem Beispiele und der Lehre der Heiligen und der größten kirchlichen Redner. 2. Aufl. gr. 8. (XXVII und 780 S.) Freiburg im Br. 864, Herder'sche Verlagsh.

— das kirchliche Predigtamt nach dem Beispiele u. der Lehre der Heiligen u. der größten kirchlichen Redner. 3. Aufl. gr. 8. (XX, 630 S.) Ebend. 881. n. 7. 50

Schleininger, Ph. H., Edelsteine d. himml. Jerusalem. Gedichte. 1. u. 2. Bdchn. 8. (285 S. m. Bildn. u. XV, 324 S.) Kempten 897. (J. Kösel.) à Bd. n. 3. —; geb. à n. 4. —

Schleininger, Ph. H., Edelsteine des himmlischen Jerusalem. Gedichte. 2 Tle. in 1 Bde. (Neue [Titel-]Ausg.) 8. (285 u. 324 S. m. Bildnis.) Dülmen [897.] 902. J. Horstmann. 2. —; geb. 3. —

Schleinitz, v., s. Aus den Papieren der Familie Schleinitz.

Schleinitz, Frhr. v., Beispiele f. den Patrouillendienst der Infanterie. Mit e. (lith.) Skizze. gr. 8. (71 S.) Berlin 884. Mittler & Sohn. n. 1. 50

Schleinitz, Frhr. v., vergleichende Betrachtungen üb. die Schlachten v. Belleallıance u. Koniggratz in strategischer u. taktischer Beziehung. gr. 8. (III, 105 S.) Berlin 876. Mittler & Sohn. n. 2. —

Schleinitz, Frhr. v., Briefwechsel, s.: Bismarck, Fürst.

Fest-Sitzung zur Feier des 55jährigen Bestehens der Gesellschaft für Erdkunde zu Berlin am 28. April 1883. — Festrede zur Feier des 55jährigen Bestehens der Gesellschaft für Erdkunde zu Berlin, gehalten am 28. April 1883 von Contre-Admiral Freiherrn v. SCHLEINITZ, zeitigem Vorsitzenden. (Verhandlungen der Gesellschaft für Erdkunde zu Berlin. Bd. X. Extra-Nummer.) (Berlin 1883.) 8°.

v. Schleinitz. Kaiser Wilhelms-Land. Nord-Ostküste, vom Cap Cretin bis zu den Legoarant-Inseln. Nach Aufnahmen in den Jahren 1886—1888. 1 : 500 000. 1 Bl. c. L. Ff.

Schleinitz, Alexandra v., offener Brief eines Studirenden an die Gegner der „Studentinnen" unter den Studenten und Berichtigung dieses Schreibens. gr. 8. (20 S.) Zürich 872, (Orell, Füssli und Comp.) — 30

Schleinitz, A. v., das Bayreuther Bühnenweihfestspiel. Erläuterungen zur Parzivalsage u. zum Gralmythus. 8. (141 S.) Berlin 882. Stuhr. n. 2. —

—— An die Judenverfolger! Zur Entgegnung auf das Buch „Israel und die Gojim". gr. 8. (51 S.) Ebendas. 881. *

[F.] Lieder eines Suchenden. E. Cyklus v. Gedichten v. Alexandra v. Schleinitz ... *Berlin: Borstell & Reimarus 1895.* (3 Bl., 95 S.) 1 Bd 8. [94. 1307

Schleinitz, A. v., Pergamentblätter. Erzählende Gedichte aus Geschichte, Legende u. Sage. 12. (IV, 255 S.) Augsburg 887. Literar. Institut v. Dr. M. Huttler. n. 3. —; geb. n. 5. —

Schleinitz, Alexandra v. Wagner's Tannhäuser u. Sängerkrieg auf der Wartburg. Sage, Dichtung u. Geschichte. gr. 8. (VII, 235 S.) Meran 891, Ellmenreich. [* 4 50] * 3 —

Schleinitz, Franz Eduard

Schleinitz, Frz. Ed., das Leben im Reiche Gottes. Eine Sammlung auserlesener Predigten aus (seinem) Nachlasse, als Denkmal der Erinnerung f. seine theure Gemeinde (hrsg. v. J. G. Fr. Rosenmüller u. Ernst Schleinitz). gr. 8. (XVI u. 307 S.) Pirna 851, Diller & Sohn. n. 1 ₰

Schleinitz, Friedr. v., Entstehung und Bedeutung der Brüdergemeine, s. Sammlung von Vorträgen.

de Schleinitz, Georg. (Ern. Franz. (!)) (geb. Landsberg a. W. 13. 8. 1839): De nephritide parenchymatosa. Berolini (1865). (30 S.) 8°
Berlin, Med. Diss. v. 7. Aug. 1865

Geschichte des Schleinitzschen Geschlechts v. Einem Mitgl. d. Geschlechts [Hauptm. Gustav Frh v. Schleinitz]. M. 1 Wappen-Taf. *Berlin: R. Eisenschmidt 1897.* (2 Bl., 716 S., 1 Taf., 23 S.) 1 Bd 8. [98. 10243

v. Schleinitz, Herm. Otto, kurze Anleitung, die deutschen Wörter richtig zu schreiben, f. Schulen u. zum Selbstunterricht. 8. Leipzig 846, Hartung. 3 ngl

Schleinitz, Herm. Otto v., Dichtungen für Kinder. 8. (VII und 103 S.) Leipzig 856, C. H. Reclam sen. *

v. Schleinitz, H. O., Leitfaden der Geographie. 5. völlig umgearb., sehr verm. Aufl. [H. F. F. Sickel's Leitfaden der Geographie.] gr. 8. (VIII u. 126 S.) Leipzig 851, Baensch. 9 ngl

—— Leitfaden der Geographie. 6., verb. und verm. Aufl. gr. 8. (VI und 137 S.) Leipzig 854, [und Magdeburg, Gebr.] Baensch. *

Schleinitz, H. O. v., Leitfaden der Geographie. 7., verb. und verm. Aufl. gr. 8. (VII und 189 S.) Leipzig 859, [Gräbner.] *

Schleinitz, H. O. v., Leitfaden der Geographie. 8. Aufl. 1862. und 9., verb. Aufl. gr. 8. (IV und 142 S.) Leipzig 868, Gräbner. *

Schleinitz, H. O. v., Leitfaden der Geographie. 9. verb. Aufl. gr. 8. (IV, 142 S.) Leipzig 868, Gräbner. [Klinkhardt.] * — 75

— die deutsche Rechtschreibung nebst einem grammatikal. Anh. Für Schulen u. zum Selbstunterricht. 2. völlig umgearb., sehr verm. Aufl. 8. (XVI u. 48 S.) Leipzig 852, Hartung. 6 ngl

Schleinitz, H. O. v., die deutsche Rechtschreibung f. Schulen u. zum Selbstunterricht. 3. völlig umgearb. Aufl. 8. (VII, 55 S.) Leipzig 872. Klinkhardt. n. — 50

Schleinitz, Johann Christoph Fhr. von (Braunschweig)
A. S. 1/22

Dissertatio iuris publici de studiis imperii Rom. Germ. ruinam procurantibus.
Präs. Gottlieb Samuel Treuer.
Helmstedt (Schnorr) 29. IV. 1730. 134 S.

W. v.: Präs. 30571

Schleinitz, Johann Christoph Fhr. von (Braunschweig)
A. S. 119/30

Dissertatio iuris publici de studiis imperii Rom. Germ. ruinam procurantibus.
Präs. Gottlieb Samuel Treuer. Ed. altera.
Helmstedt (Schnorr) 1754. 134 S.

Diss. 29. IV. 1730.
Gew.: Fhr. von Schleinitz (Vater). 30572

Schleinitz, Osw., Aufsätze u. Diktate f. ländl. Fortbildungsschulen (3 Jahrgänge). (IV, 64 S. m. Formularen.) Lex.-8. Meissen (906). Sächs. Schulbuchh.
Geb. n. 1. 80

Schleinitz, Osw., der Geschäftsaufsatz, s.: Rasche, Emil.

— „Hoch die deutsche Landwirtschaft!" Ernste u. heitere Gesänge, Dialektdichtgn. u. Kommerslieder f. landwirtschaftl. u. Bienenzüchter-Vereine, Studierende der Landwirtschaft u. Schüler der landwirtschaftl. Schulen. (IV, 176 S.) 8. Frauenstein 904. (Meißen, Sächs. Schulbuchh.)
n.n. 1. 50

Schleinitz, Osw., der Landwirt, s.: Burkhardt, O.

— 40 Lektionen f. den heimatkundlichen Anschauungsunterricht. (III, 106 S.) 8. Gotha 910. Leipzig, R. Wöpke.
1.50; geb. 1. 90

Schleinitz, Osw., Ländliche Wohlfahrts- und Heimatpflege. Ein Weckruf an das Elternhaus, die Schule, Kirche, Gemeinde und den Staat. 2. Aufl. 8⁰. Frauenstein (Leipzig, Fritsche u. Schmidt), 1908. (31S.)

Schleinitz, Otto von

Burne-Jones. Von O. v. Schleinitz. Mit 133 Abb. *Bielefeld & Leipzig: Velhagen & Klasing 1901.* (158 S.) 4°(8°) [F.]
— Künstler-Monographien. 55.

Walter Crane. Von Otto v. **Schleinitz.** Mit 145 Abb. *Bielefeld & Leipzig: Velhagen & Klasing 1902.* (151 S.) 4°(8°) [F.]
— **Künstler-Monographien.** 62.

Darstellung der Herbartschen Interessenlehre von Otto Schleinitz. *Langensalza: H. Beyer & Söhne 1901.* (35 S.) 8°
— Magazin, Pädagogisches. H. 170.

William Holman Hunt. Von O[tto] v. **Schleinitz.** Mit 141 Abb. nach Gemälden u. Zeichn. (Liebhaber-Ausg.) Bielefeld & Leipzig: Velhagen & Klasing 1907. (148 S.) 4°(8°) [F.]
— **Künstler-Monographien.** 88.

Schleinitz, Otto von: Trier. Mit 201 Abb. Leipzig: E. A. Seemann 1909. VIII, 260 S. 8⁰
(Berühmte Kunststätten. Bd 48.)

Schleinitz, O.v.: Trier. s.a.Kunststätten, Berühmte.

Schleinitz, Otto, aus Leipzig: **Herbarts Verhältnis zu Niemeyer in Ansehung des Interesses.** *Leipzig 1899: C. G. Naumann.* (56 S.) 8°
Leipzig, Phil. Diss. v. [31. Juli] 1899

George Frederick Watts. Von O[tto] v. **Schleinitz.** Mit 1 Titelbild, 120 Abb. u. 1 Faks. Bielefeld & Leipzig: Velhagen & Klasing 1904. (140 S.) 4°(8°) [F.]
= **Künstler-Monographien.** 73.

Schleinitz, Wilhelm Joh. Frh. von

Schleinitz, Guil. Jo. LB. de: Commentatio de actione, qua ad legitimam portionem supplendam agitur . . . praemio orn. Gottingae 1818.

Schleinitz, Guil. J. de, commentatio de actione qua ad legitimam portionem supplendam agitur. 4maj. Göttingae, Dieterich. 820.

SCHLEINKOFER, Josef
(F) Eine Blume aus dem Garten des heiligen Alphonsus. Leben des ehrw. Dieners Gottes P. Franz Xaver Seelos aus der Congregation des allerheiligsten Erlösers. Von P. Josef Schleinkofer, C. S. S. R. Mit fürstb. Approbation und Gutheissung der Ordensobern. Innsbruck. 1901. Rauch. 8°. 159 S. mit 1 Tafel.
K—.80

SCHLEINKOFER, Josef
(F) Das gnadenreiche Prager Jesukind. Von P. Josef Schleinkofer, C. SS. R. Mit Erlaubnis des fürstbischöflichen Ordinariates Brixen und der Ordensobern. Innsbruck. 1901. Rauch. 16°. 79 S. mit 1 Tafel.
K—.25

Schleinkofer, J., C. Ss. R., der hochsel. Johannes Nep. Neumann, e. heiligmäßer Ordensmann u. Bischof. (96 S.) 16. Dülmen 904. A. Laumann. n. — 30

— s.: Schule, die, Jesu, des Gekreuzigten.

SCHLEINKOFER, Karl: Ueber die klinischen Erscheinungen eines Kleinhirntumors mit negativem makroskopischem Sektionsbefund. Casuistische Mitteilung.- München: Kastner & Callwey 1903. 39 S.
17.7.1903 - Chr 1903/04,16; Jv 1903/04,552
Diss.Ingolst.-Landsh.-Mchn.

Schleinzer, Karl [pr. Arzt]: Ueber Gastroenterostomie. Drei Fälle in der chirurgischen Klinik zu Freiburg i. B. . . . Freiburg i. B., Buchdr. H. Epstein, 1890; 81 S. 8°
Freiburg i. B., Med. Fak., Inaug.-Diss. v. 1890

Schleip, Josef, Rechtsprakt.: Das Petitionsrecht des bayrischen Landtags im Sinne des Titel VII § 19 der Verfassungsurkunde vom 26. Mai 1818. München: Schweitzer 1909. 121 S. 8° ¶ (Ersch. auch als Buch ebd.)
Erlangen, Jur. Diss. v. 19. Juni 1909, Ref. Rieker
[Geb. 4. Febr. 84 Dirnstein; Wohnort: Zweibrücken; Staatsangeh.: Bayern; Vorbildung: Gymn. Zweibrücken Reife 02; Studium: München 4, Berlin 1, Erlangen 3 S.; Rig. 17. Nov. 08.] [U 10. 755

Schleip, Jos., das Petitionsrecht des bayrischen Landtags im Sinne des Titel VII § 19 der Verfassungsurkunde v. 26. V. 1818. Eine historisch-dogmat. Studie. (IV, 121 S.) gr. 8. München 909. J. Schweitzer Verl. 3. 20

Schleip, Karl, Atlas der Blutkrankheiten nebst e. Technik der Blutuntersuchung. Mit 71 Abbildgn. in mehrfarb., teilweise 17farb. Lithogr. (VIII, 140 S. m. 45 Taf.) Lex.-8. Wien 907. Urban & Schwarzenberg.
Geb. in Halbfrz. n. 30. —

Schleip, Karl, aus Freiburg i. B.: Über einen **Fall traumatischer Erkrankung des Conus medullaris.** *Freiburg i. B. 1898: F. Wagner.* (30 S.) 8°
Freiburg i. B., Med. Diss. v. 1898

Schleip, Waldemar, Dr. med. a. Freiburg i. B.: Die Entwicklung der Chromosomen im Ei von Planaria gonocephala Dug. Naumburg a. S.: Lippert & Co. 1906. (24 S.) 8° ¶(Abdruck a. d. Zool. Jahrbüchern Bd 23. Abt. f. Anat. 1906.)
Freiburg i. B., Phil. Fak., Ref. Weismann, Diss. v. 1906
[Geb. 26. Juli 79 Freiburg i. B; Wohnort: Freiburg i. B.; Staatsangeh.: Baden; Vorbildung: Gymn. Freiburg i. B. Reife Juli 98; Studium: Freiburg i. B. 5, München 1, Freiburg i. B. 4 S.; Rig. 23. Febr. 06.]

Schleip, Waldemar: Die E n t w i c k e l u n g der Kopfknochen bei dem Lachs und der Forelle. Mit 21 Fig. im Texte. Wiesbaden: J. F. Bergmann 1903. (99 S.) 8°
Freiburg i. B., Med. Diss. v. 1903

Schleip, Waldemar, Dr. med. et phil., a. Freiburg i. B.: Die Samenreifung bei den Planarien. Naumburg a. S.: Lippert & Co. 1907. (46 S., 2 Taf.) ¶(Abdruck aus den Zoolog. Jahrbüchern Bd 24. Abt. f. Anat. 1907.)
Freiburg i. B., Phil. Fak., Hab.-Schr. v. 1907

Schleipen, August, aus Coslar (Rheinprovinz): Die Konventionalstrafe nach Gemeinem Recht verglichen mit der Vertragsstrafe des Deutschen bürgerlichen Gesetzbuchs. *Köln 1898: Kölner Verl.-Anst. u. Druckerei.* (64 S.) 8°
Erlangen, Jur. Diss. v. 2. Juli 1898

Schleippmann, Frz., der Bienenmeister u. seine Betriebsweise. (147 S. m. Abb. u. Bildnis.) 8. Neumarkt i/Obpf. 904. (Münchener Lehrmittelhandlg. W. Pleßmann.) Kart. 1. 60

Schleis von Löwenfeld, s. S c h l e i ß von Löwenfeld.

Schleisiek, A., C h o r a l b u c h f. den Männerchor, s.: Blügae, Th.

Schleisiek, A., Liederbuch für ein- und mehrklassige Volksschulen und die unteren Klassen höherer Lehranstalten. 2 Hefte. 8. Uetersen 884, Koopmann. *
Inhalt:
Heft 1. Unter- und Mittelstufe. (45 S.) * 20 Pf.
" 2. Oberstufe. (55 S.) * 25 Pf.

Schleisiek, A., Liederbuch für ein- und mehrklassige Volksschulen und die unteren Klassen höherer Lehranstalten. 1. und 2. Heft. 8. Uetersen 885—87, Koopmann. *
Inhalt:
Heft 1. Unter- und Mittelstufe. 2.—4. [Ster.-]Aufl. (48 S.) * 25 Pf.
" 2. Oberstufe. 2.—4. [Ster.-]Aufl. (58 S.) * 30 Pf.

—— Liederbuch für ein- u. mehrklassige Volksschulen u. die unteren Klassen höherer Lehranstalten. 1. u. 2. Heft. 12. Ütersen 891, Koopmann's Verlag. * — 55
1. Unter- u. Mittelstufe. 6. Aufl. (48 S.) * — 25.
2. Oberstufe. 5. Aufl. (58 S.) * — 30.
3. Heft u. d. T.: S c h l e i s i e k, A. Liederkranz. Ebd. 1887. * 1 —; geb. ** 1 80.

Schleisiek, A., L i e d e r b u c h f. ein- u. mehrklass. Volksschulen u. d. unt. Klassen höh. Lehranst. II. Hft.: Oberstufe. Enth. d. v. d. kgl. Regierg. zu Schleswig f. diese Stufe d. Volksschule ausgew. 2 Choralmelodieen u. 32 Lieder (Verfügg. v. 5. Novbr. 1883), letztere in 2stimm. Bearbeitg., außerdem 11 Nummern aus dem Stoff aller 3 Stufen in 3stimm. Satze. 6. (Ster.-) Aufl. 8. (58 S.) Uetersen 895. N. W. J. Koopmann's Verl. n. — 30

Schleisiek, A., Liederbuch f. ein- u. mehrklassige Volksschulen u. die unteren Klassen höh. Lehranstalten. II. Hft.: Oberstufe. Enth. die v. der königl. Regierg. zu Schleswig f. diese Stufe der Volksschule ausgew. 2 Choralmelodieen u. 32 Lieder (Verfügg. v. 5. XI. 1883), letztere in 2stimm. Bearbeitg., außerdem 11 Nummern aus d. Stoff aller 3 Stufen in 3stimm. Satze. 7. Aufl. 8. (58 S.) Ütersen 900. N. W. J. Koopmann's Verl. n. — 30

Schleisiek, A., Liederbuch f. ein- u. mehrklass. Volksschulen u. die unteren Klassen höherer Lehranstalten. 2 Hefte. 8. Uetersen, N. W. J. Koopmann's Verl. n. — 55
1. Unter- u. Mittelstufe. Enth. die v. der königl. Regierg. zu Schleswig f. die genannten Stufen der Volksschule ausgewählten 51 Gesänge (Verfügg. vom 5. XI. 1883), v. denen 43 zweistimmig bearb. sind. 10. (Ster.-)Aufl. in neuester Rechtschreibg. (48 S.) 904. n. — 25
2. Oberstufe. Enth. die v. der königl. Regierg. zu Schleswig f. diese Stufe der Volksschule ausgewählten 2 Choralmelodieen u. 32 Lieder (Verfügg. vom 5. XI. 1883), letztere in 2stimm. Bearbeitg., außerdem 11 Nummern aus dem Stoff aller 3 Stufen in 3stimm. Satze. 9. Aufl. (58 S.) 905. n. — 30

Schleisiek, A., L i e d e r b u c h f. ein- u. mehrklassige Volksschulen u. d. unteren Klassen höh. Lehranstalten. 2 Hefte. 8. Ütersen, N. W. J. Koopmann. — 55
1. Unter- u. Mittelstufe. Enth. die v. der königl. Regierg. zu Schleswig f. die genannten Stufen der Volksschule ausgewählten 51 Gesänge (Verfügg. v. 5. XI. 1883), v. denen 43 zweistimmig bearbeitet sind. 12. (Ster.-)Aufl. in neuester Rechtschreibg. (48 S.) 910. — 25
2. Oberstufe. Enth. die v. der königl. Regierg. zu Schleswig f. diese Stufe der Volksschule ausgewählten 2 Choralmelodien u. 32 Lieder (Verfügung v. 5. XI. 1883), letztere in zweistimm. Bearbeitg., außerdem 11 Nrn. aus dem Stoff aller 3 Stufen in dreistimm. Satze. 11. Aufl. (58 S.) 910. — 30

— **Liederkranz. Eine Sammlg. v. ein-, zwei- u. dreistimm. [geistl. u. weltl.] Gesängen f. deutsche Schulen. [In 4 Hftn.] 4. Hft. [3. Hft. zum „Liederbuch".] Für die Oberstufe gehobener Volksschulen, f. Bürger-, Mittel- u. Fortbildungsschulen, Realschulen u. Gymnasien, Töchterschulen, Präparandenanstalten, Lehrer- u. Lehrerinnen-Seminarien. 8. (IV, 206 S.) Ebd. 887. n. 1. —; geb. n.n. 1. 30**

— L i e d e r k r a n z. Sammlung v. 1-, 2- u. 3stimm. Gesängen f. deutsche Schulen, bearb. u. hrsg. v. E. Riepel. 4 Hefte. 8. Bromberg, E. Hecht. nn 2. 80
I. Unterstufe. (47 S.) (907.) nn — 30
II. Mittelstufe. (80 S.) (907.) nn — 50
III. Oberstufe. (114 S.) (907.) nn — 70
IV. Oberstufe. (2. Aufl.) (232 S.) (908.) nn 1. 30

Schleisiek, Berthold, aus Georgsmarienhütte b. Osnabrück. Aus d. physiol. Institute zu Rostock. Untersuchungen mit dem Gärtner'schen Tonometer. *Rostock 1901: Adler's Erben.* (41 S.) 8°
Rostock, Med. Diss. v. [22. Apr.] 1901

Schleising, E., Z e i c h e n h e f t e. Anfangsgründe. qu. 4. (6 Taf.) Hildburghausen 896. F. W. Gadow & Sohn. n. — 20

— dasselbe. B l u m e n u. Früchte. qu. 4. (6 Taf.) Ebd. 896. n. — 20

— dasselbe. K ö p f e. qu. 4. (6 Taf.) Ebd. 896. n. — 20

Schleisner, Hieronymus Daniel (Augsburg) A. S. 126/6

Dissertatio de ritibus conficiendae pacis apud veteres Romanos memoriae seculari pacis Westphalicae sacra. Präs. Johann Jakob Hecking. Jena (Ritter) 9. XI. 1748. 40 S.

Gew.: Stadt Augsburg.
W. v.: Jo. Georg Walch, Johann Gottfried Tympe, Präs.

30574

Schleisner, Karl Jakob (Augsburg) A. S. 61/22

Disquisitio iuridica de imputatione delicti alieni. Altdorf (Hessel) 8. X. 1750. 20 S.

W. v.: Christ. Gottlieb Schwarz. 30575

Schleisner, Max, Referendar: Der Erwerb eigener Aktien durch die Aktiengesellschaft. Stade 1910: Ostwald & Huth. VIII, 55 S. 8°
Göttingen, Jur. Diss. v. 1. März 1910, Ref. Ehrenberg
[Geb. 10. Nov. 85 Hannover; Wohnort: Hannover; Staatsangeh.: Preußen; Vorbildung: Gymn. Hann.-Linden Reife O. 04; Studium: Marburg 1, Berlin 3, Göttingen 2 S.; Rig. 4. Aug. 09.] [U 10. 1351

Schleisner P. A.: Das Auftreten d. Cholera in Dänemark seit ihrer ersten europäischen Invasion ... Als Manuscr. gedr. Wien 1874. 35 S. 1 Kt. P.

Schleiß, Arthur, a. Hamburg: Die Gründe der Mietesteigerung der Wohnungen in Hamburg im letzten halben Jahrhundert. Borna-Leipzig 1906: R. Noske. (40 S.) 8°
Erlangen, Phil. Fak., Ref. v. Eheberg, Diss. v. 12. April 1906
[Geb. 8. Dez. 80 Wandsbeck; Wohnort: Hamburg; Staatsangeh.: Preußen; Vorbildung: Realgymn. Hamburg Reife M. 00; Studium: Berlin 2, Kiel 5, Berlin 1 S.; Rig. 31. Jan. 06.]

Schleiß (Schleis) von Löwenfeld, Bernhard Josef

— gründl. Abhandl. v. Podagra. 3 Thle. 8. Nürnb. 766—67. Monath u. K. 18 xr

— Abhdl. v. Podagra. 3 Thle. 8. Nrnb. Monath und K. 766–68.

Kurze und gründliche Anweisung wie die dermalen an so vielen Orten Deutschlands grassirende bösartige Fieber am besten zu heilen seyen u. wie man sich hievon am besten bewahren kann; ... von Bernhard Joseph Schleiß. Nürnberg: Monath 1772. 78 S. 8°

Des unpartheyischen Arzts Betrachtungen über Herrn Lavaters [Johann Kaspar Lavater] Gründe zur Untersuchung deren Gaßnerischen [Johann Josef Geßner] Kuren. Nebst e. Anh. von Konvulsionen. [Verf.: Bernhard Joseph Schleis von Loewenfeld.] Sulzbach 1775. 80 S. 8°

Schleis v. Löwenfeld, Dr. Bernard Jos., Familienkalender des durchlauchtigsten Erzhauses Pfalz-Wittelsbach für das doppelte Jubel- u. Schaltjahr 1792 etc., mit einer kurzen Lebensbeschreibung des ersten Jubel-Regents (sic) Pfalzgrafs *Ehrenfried* (955—1035). Mit allegor. Titelkpf. in Braundruck. (*J. M. Schramm* sc.) Sulzbach, Seidl, 1792. 8°. 104 S. Eleg. blau Hsrsb.

— der Manheimer Patriot, eine Rede an seine Mitbürger am letzten Tage d. Jahres 1792 vorgetragen. gr. 4. Sulzb. 1792. v. Seidel. 9 xr

Der im Lichte der Wahrheit strahlende Rosenkreuzer allen lieben Mitmenschen auch dem Magister Pianco [d. i. Hans Karl Frh. v. Ecker und Eckhoffen] zum Nutzen hingestellt von Phoebron [d. i. Bernh. Jos. Schleiss v. Löwenfeld]. Leipzig: Hilscher 1782. 348 S. 8°
Kl. 2652, Tt. 860. Verteidigung gegen Ecker. 23. 25.

Schleis, D. Bernards Josephs, Zweifelsfragen an Tit. Herrn Doctor Samuel Semmler zu Halle, über die Sammlungen der Gaßnerischen Geisterbeschwörungen. Sulzbach 776. 8.

— Zweifelsfragen an Semmler üb. die Samml. d. Gaßnerschen Geisterbeschwörungen. 8. Augsb. 776. Rienner. 4 xr

Schleiß von Löwenfeld, Christoph Raphael

— medicin. Ortsbeschreib. d. Stadt Schwandorf im Nordgau. 8. Sulzb. 799. v. Seidel. 3 xr

— medicin. Topographie d. Landesgerichtsbezirks Sulzbach in d. Oberpfalz. gr. 8. Sulzb. 806. v. Seidel. 1 fl 8 xr

Schleiß v. Löwenfeld, Cph. Raph., († ...) warum ist die Sterblichkeit d. neugebornen Kinder so groß? 8. Sulzb. 794. v. Seidel. 3 xr

Schleiß von Löwenfeld, Christoph Raphael, s. Wochenblatt, Oberpfälzisches.

Schleiss-Löwenfeld, Joseph von, appr. Arzt u. Mantel: Fälle von Hebephrenie in der Kreis-Irrenanstalt Gabersee. München 1904: C. Wolf & Sohn. (81 S.) 8°
München, Med. Fak., Ref. Kräpelin, Diss. v. 18. Aug. 1904
[Geb. 7. Dez. 72 Mantel, Bez.-Amt Neustadt a. d. W.; Wohnort: Mantel; Staatsangeh.: Bayern; Vorbildung: Gymn. Landshut Reife Juli 94; Studium: München 10 S.; Coll. 10. Juni 04; Approb. 11. Dez. 99.]

SCHLEISS VON LÖWENFELD, Karl (Amberg): Cholera asiatica zu und bei uns.- München: Giesser 1837. 32 S.
15.7.1836 - Urk (Titel: De cholera asiatica.); F 63
Diss. Ingolst.-Landsh.-Mchn.

Schleiss v. Löwenfeld, Karl, Cholera asiatica zu u. bei uns. Inauguraldissert. gr. 8. (2 B.) München 837, (Franz.) *

Schleiß v. Löwenfeld, M., physikalische Briefe. gr. 8. (VII und 119 S.) München 858, Kaiser. *

Schleis v. Loewenfeld, M., über die Entstehung von Epidemieen mit besonderer Rücksicht auf Cholera u. Typhus. München 869. Kaiser. gr. 8. (55 S.) n. 9 ngr

—— zur Symptomatologie und Therapie der Prostatakrankheiten. gr. 8. (47 S.) München 858, Kaiser. *

— über den Ursprung der Sprache, eine physiologisch-linguist. Studie. Ebend. 866. Lex.-8. (75 S.) n. 16 ngr

SCHLEISS-LÖWENFELD, Max von (Amberg): Ein Fall von acuter Phosphorvergiftung.- München: Mühlthaler 1869. 14 S.
27.7.1868 - Urk (Titel: De phosphorosi.); F 72; Chr 1868/69,13
Diss.Ingolst.-Landsh.-Mchn.

Schleiß von Löwenfeld, Maximilian Josef

— Advent- u. Festpredigten. gr. 8. Münch. 824. Lindauer. 1 fl

Schleiß v. Löwenfeld, Max. Jos., († ...) Beitrr. zur Urgeschichte Sulzbachs. 8. Sulzb. 789. v. Seidel. 9 xr

— das Erndtefest zu Rannungen, gefeiert am 5. Aug. 1817. 4. Münch. 817. Lindauer. 3 xr

— neue Fasten- u. Festpredigten. gr. 8. Münch. 827. Lindauer. 1 fl 8 xr

— Fest-Rede, bei der feierlichen Einweihung der neu erbauten Kirche zu Eltmann am 29. Sept. 1838 durch den Bischof Friedrich von Groß zu Würzburg, gehalten. gr. 8. (Kitzingen 839, Kopplinger.) 1/12 fl

—— Fest-Rede, bei d. feierl. Einweih. d. neu erbauten Kirche zu Eltmann am 29. Sept. 1838 rc., geh. gr. 8. (1½ B.) Kitzingen 839. (Nürnberg, Lotzbeck.)

Schleiss v. Löwenfeld, M. J., die Lithotripsie in Bezug auf Geschichte, Theorie u. Praxis derselben unter Benützung d. neuesten Erfahrn. d. französ. Aerzte hierüber dargest. gr. 8. (12 B. u. 8 Stnt.) München 839, (Literar.-artist. Anstalt.) *

—— das Ludwigsbad bei Wipfeld u. seine Umgebungen, mit besond. Hinblick auf Gaibachs Kunstgegenstände u. Gartenanlagen beschrieben. 8. (5¼ B. u. 1 Stndr.) München (829), Finsterlin.

— das Ludwigsbad bei Wipfeld und seine Umgebungen, mit besond. Hinblick auf Gaibachs Kunstgegenstände und Gartenanlagen. gr. 8. Würzburg 837 Etlinger'sche Buchh. n. ½ rf

—— das Ludwigsbad bei Wipfeld u. seine Umgebungen, mit besond. Hinblick auf Gaibach's Kunstgegenstände u. Gartenanlagen. gr. 8. (5¼ B.) Würzburg 837. [Regensburg, Manz.]

Schleiss v. Löwenfeld, M. J., Skizze zu einem Lehrbuche für eine allgemeine patholog. Anatomie. 8. (22 S.) München 847, Kaiser. n. 4 ngr

Schleiß, Max. Jos., Conradins d. letzten Hohenstaufen Tod. Trauersp. in 5 Aufz. mit e. Vorsp. Ein Beitr. z. vierten Säkularfeier d. Erfind. d. Buchdruckerkunst. 8. (9 B. u. 1 Holzschn.) Würzburg 840. (Nürnberg, Lotzbeck.) *

Schleiß, Max. Jos., Conradins des letzten Hohenstaufens Tod. Trauerspiel in 5 Aufzügen mit e. Vorspiele. 8. Würzburg 840. (Kitzingen, Köpplinger'sche Buchh.) n. ⅓ rf

SCHLEISS VON LÖWENFELD, Maximilian Joseph (Sulzbach): De viis proximis ad organa intus posita.- Monachii: Giesser 1832. 30 S.
24.7.1832 - Urk; P 60
Diss.Ingolst.-Landsh.-Mchn.

Schleißheim, Königl. Lustschloß bei München, mit einer Gemälde-Gallerie und einer Ackerbauschule. Extra-Abdr. aus d. Kalender für kathol. Christen f. 1856. Mit 6 Abbildgn. (Holzschn. im Text.) Sulzbach 856. v. Seidel. Lex.-8. (24 S.) 3ngr.

Schleissing, Alfred [aus Weisenau '(Hessen)']: Zur Kenntnis halogenreicher Diazoniumhaloide ... Würzburg, Becker's Univ.-Buchdr., 1896; 53 S., 1 Bl. 8.
Würzburg, Phil. Fak., Inaug.-Diss. v. 1896

Schleißner, Fel., Sprache u. Sprachstörungen, s.: Sammlung gemeinnütziger Vorträge. Nr. 299.

Schleithner, G., der Hausdoktor od.: „die Selbsthilfe". Eine volksthüml. Belehrg. üb. die Heilg. aller Krankheiten der Menschen, nebst Gesundheitslehre f. alle Stände ohne Arzt, Apotheke u. Gifte. Mitarbeiter Boyer, H. Kreß, Plenk rc. 6., verb. Aufl. 8. (112 S. m. 3 farb. Pflanzentaf.) Zittau 890. (Schaeffer.) n. 1. 50; m. schwarzen Taf. n. 1. 20

Schleitzer, A., Rechenbuch f. landwirtschaftliche Schulen, s.: Löser, J., u. Herm. Reeb.

Schleiz [Schlagwort]

Schleiz, s.: Preussen. Messtischblätter.

Schleker, Fr. Wlh., Versuch e. Widerlegung der Einwendungen gegen die Aechtheit d. Evangelium Johannis. Mit Zieglers Vorrede. gr. 8. Rostock 802. Stiller. 6 gr

Die Dänisch-Dithmarsehen Streitigkeiten seit der Vereinigung Holsteins mit Dänemark bis zum Ausbruch des Krieges vom Jahre 1500 v. L. Schleker. Inaugural-Dissertation. Rostock. 1875. 8°.

Schlelein, Hans: De epistolis, quarum fragmenta in Corneli Nepotis libris traduntur, Corneliae, Gracchorum matri, vindicandis. *München 1900: C. Wolf & Sohn.* (39 S.) 8°
München, Phil. Diss. v. 1900

Schlemann, M: Bau und Betrieb elektrischer Bahnen. Leipzig
[Bd 1.] Straßenbahnen. 1895
Bd 2. Haupt-, Neben- und Industriebahnen. 1899

Schlemann, M: Bau und Betrieb elektrischer Bahnen. 2. Aufl. Leipzig
Bd 1. Straßenbahnen. 1898

Schlemann, M: Bau und Betrieb elektrischer Bahnen. Leipzig
Bd 1. Straßenbahnen. 3. Aufl. 1900
Bd 2. Haupt-, Neben-, Industrie-, Fernschnell- und gleislose Bahnen. 2. u. 3. Aufl. Leipzig 1903

***Schlemann,** Oscar, von Konitz, Preussen: De crimine perduellionis et laesae majestatis.
Promotion vom 4. Febr. 1861.

Schlemann, Paul: Vogelflug und Kunstflug. Rostock i. M. 1910

Schlemann, Th., Deutschland u. die grosse Politik anno 1905. (5. Bd.) (III, 418 S.) gr. 8. Berlin, G. Reimer. 1906 6. —; geb. 7. —

Schlembach, Jos., Gedichte. (175 S.) kl. 8. Leipzig 907. Verl. f. Literatur, Kunst u. Musik. 2.50; geb. n 3. 50

Schlemiehl. Illustriertes jüd. Witzblatt. Sammlung aller erschienenen Nrn. (9, 18, 116 u. 54 S.) 4. Berlin 903—905. L. Lamm. Geb. 5. —

Schlemihl's, Peter, Geschichte rc., s. Fouqué

Schlemihl, Peter. 1903 [Pseud.]
s.a. **Thoma,** Ludwig. [10. 8721

— Grobheiten, s.a. Bibliothek Langen, Kleine.

Schlemihl, Pet. (Ludw. Thoma), Grobheiten. Simplicissimus-Gedichte. 1.—6. Taus. 12. (à VII, 89 S.) München 901. A. Langen. n. 1.—; geb. n. 2.—

— Neue Grobheiten, s. Bibliothek Langen, Kleine.

Goethe als Freimaurer. Von **Schlemm.** [Berlin 1899: Denter & Nicolas.] 16 S. 8° [Kopftit.]
Aus: Bbl. 13 (1899) S. 373—382, 398—404.
Handelt in Hauptsache von den frmrischen Tendenzen in Wilhelm Meisters Lehr- u. Wanderjahren.

Schlemm, Augustus *Aemilius* [Hannoveranus]: De fontibus Plutarchi commentationum de audiendis poetis et de fortuna ... Gottingae, offic. acad. Dieterichiana typ. expr., 1893; 102 S., 1 Bl. 8.
Göttingen, Phil. Fak., Inaug.-Diss. v. [5. Sept.] 1893

Schlemm, Ernst Frdr., s.a. Freihold, Ernst.

Schlemm, Ernst Frdr. (Ernst Freihold), Gedanken u. Empfindungen. 3. Bd. (VIII, 263 S.) 8. Wien 906 C. Fromme. n. 3.—; geb. Leinw. n. 4.—
Bd. 1 u. 2. u. d. T.: Freihold, E., Gedanken etc. Dresden 892 u. Stuttgart 897. Geb. à n. 4.—.

Friedrich Schlemm

De arteriarum praesertim faciei Anastomosibus.
Berolini 1821: Starck. 20 S. 8°
Berlin, Med. Diss. v. 9. Okt. 1821

Geschichte der Freimaurerei in Halberstadt. Von Fr[iedr.] Schlemm. (Statt Ms. f. Logen u. Brr.) Halberstadt 1846: Dölle. VI, 134 S. 1 Taf. 8⁰
Recens: Zd. 10 (1846) S. 30 - 32 (B. Lützelberger); A. 12 (1846—1847) S. 249—250. cf. L. 9 (1847) S. 122—124.
Tt. 578. Gesch. der Loge zu den drei Hammern, der Schottenloge zu den drei Hügeln Zions, der Loge zu den drei Rosen, zur aufgehenden Sonne, der altschott. Loge Lebrecht zum Andreaskreuz. Berücksichtigt auch die früheren Vereine in Halberstadt, die sich auf irgend eine Weise mit der Frmrbrrschaft in Verbindung setzen liessen. Beigefügt Abb. von 3 Halberstädter Münzen.

Friedrich Schlemm

Arteriarum capitis superficialium icon nova. Auctore Friderico Schlemm. Acc. tab. 2. Berolini: Reike 1830. 12 S., 2 Taf. gr. 2⁰

Schlemm, Frider., Arteriarum capitis superficialium icon nova. Acced. tab. II. Roy.-Fol. (9 B.) Berolini 830, [Veit et Comp.] 2 Thlr. 12 Gr., hrbgn. Pr. 1 12

—— Observationes neurologicae, quas, ut locum in facultate medica Univers. litterar. Fridericae Guilelmae rite obtineret. Cum III tab. aeri incis. 4 maj. (3¼ B.) Berolini 834, Hirschwald.

Schlemm, [illegible] Berolini: A. Hirschwald 1834 [illegible]
Berlin, Med. Fak., Antrittsprogr. v. [illegible]

Schlemm, Heinrich Justus Ludwig (Clausthal) A. S. 112/2

Dissertatio iuridica de auctoritate arbitrii ex compromisso vim rei iudicatae habentis.
Präs. Georg Heinrich Ayrer.
Göttingen (Schulz) 25. III. 1743. 62 S. 30579

Schlemm, Heinrich Justus Ludwig (Clausthal) A. S. 207/12

Exercitatio III. de emendationibus quarundam legum Romanarum destruendis.
Präs. Christian Friedrich Georg Meister.
Göttingen (Schultz) 1. XII. 1742. S. 19-24. 30577

Schlemm, Heinrich Justus Ludwig (Clausthal) A. S. 198/25

Exercitatio VII. exhibens brevem historiam iurisprudentiae naturalis.
Präs. Christian Friedrich Georg Meister.
Göttingen (Schultz) 13. II. 1743. S. 77 - 85.
30578

Schlemm, Heinrich Justus Ludwig (Clausthal) A. S. 197/21

Dissertatio de falsa probatione processus provocatorii ex iure Romano.
Präs. Christian Friedrich Georg Meister.
Göttingen (Vandenhoeck) 2. IV. 1742. 43 S.

Gew.: Karl August von Alvensleben. 30576

Schlemm, Hermann, Referendar, aus Bromberg: Über die Anerkennung ungültiger Testamente. *Bromberg [1900]: Gruenauer.* (80 S.) 8° [J.]
Rostock, Jur. Diss. v. [23. Mai] 1900

Schlemm, Johann Justus Friedrich A. S. 115/17

De discrimine inter locationem conductionem Romanam et Germanicam, in specie contractum villicalem, vulgo Meyer-Contract.
Göttingen (Dieterich) 1779. 52 S. 30581

Schlemm, Johann Wilhelm (Clausthal) A. S. 207/12

Exercitatio III. de emendationibus quarundam legum Romanarum destruendis.
Präs. Christian Friedrich Georg Meister.
Göttingen (Schultz) 1. XII. 1742. S. 19-24. 30583

Schlemm, Johann Wilhelm (Clausthal) A. S. 582/13

Dissertatio iuridica de eo, quod iustum est, circa exheredationem bona mente, eiusve usum hodiernum.
Präs. Tobias Jakob Reinharth.
Göttingen (Hager) 13. IV. 1743. 56 S. 30586

Schlemm, Johann Wilhelm (Clausthal) A. S. 198/27

Dissertatio de iure platearum Brunsvico-Luneburgico.
Präs. Christian Friedrich Georg Meister.
Göttingen (Vandenhoeck) 25. XI. 1741. 40 S.

Gew.: Karl Diede von Fürstenstein. 30582

Schlemm, Johann Wilhelm (Clausthal) A. S. 207/13

Exercitatio IX. qua observationes nonnullae de legitima . . . proponuntur.
Präs. Christian Friedrich Georg Meister.
Göttingen (Schultz) 16. III. 1743. S. 102-106. 30585

Schlemm, Johann Wilhelm (Clausthal) A. S. 198/23

Exercitatio V. continens trigam observationum practicarum de iuramentis suppletorio et purgatorio.
Präs. Christian Friedrich Georg Meister.
Göttingen (Schultz) 16. I. 1743. S. 48-56. 30584

Schlemm, Julie, Wörterbuch zur Vorgeschichte. Ein Hilfsmittel beim Studium vorgeschichtl. Altertümer von der paläolith. Zeit bis zum Anfange der provinzial-röm. Kultur. Mit nahezu 2000 Abb. (XVI, 689 S.) Lex. 8. Berlin 908. D. Reimer. Geb. in Halbfrz. 20.

Haushaltungskunde. Lehrbuch f. Schülerinnen einfacher Fortbildungsschulen. Zsgest. von Margarete **Schlemm**, hauswirtschaftl. Lehrerin. Durchges. u. erprobt von Marie Tellbach, städt. Lehrerin. Königsberg i. Pr. 1905. Hartung. (108 S.) 8° [J.] 10

Schlemm, Osc., drei Dramen. Zur Composition geeignet. Mit einer Einführung und einer ästhet. Studie über das musikal. Drama. gr. 8. (188 S.) [Hannover 880, Schüßler.] Greiz, Schlemm.

—— über gymnasiale Erziehung. Lex.-8. (31 S.) Chemnitz 883, Schmeitzner. *
Aus: Bayreuther Blätter, besonders abgedruckt.

Schlemm, Osc., Mußestunden. Gedichte. 8. (VIII, 154 S.) Greiz 880, Teich's Buchh. *ℳ 3.; geb. * 4 50

Schlemm, Rob., 100 Verse vom Whist-Spiel. 32. (32 Seit.) Carlsruhe 838. (Lörrach, Gutsch.)

Schlemm, Robert, 100 u. etliche Verse vom Whist-Spiel. 3. verm. Aufl. 16. Bern 843. (Huber u. Comp.) n. 1/4 ℛ

Schlemm, Rob., 200 und etliche Verse vom Whist-Spiel. 4., verm. und verb. Aufl. 16. (70 S.) Freiburg im Br. 855, Wagner'sche Buchh. *

Schlemm, Thdr., Karl der Fünfte. Drama. Berlin 862. Thiele. (Leipzig, Wartig.) 8. (2 Bl., 140 S.) 1 ℛ

Schlemm, Thdr., Eitel Heinrich v. Kirchberg. Schauspiel in 5 Acten. Berlin 867. van Muyden. Lex.-8. (III, 38 S.) n. 20 ngr

— Vornehme Leute oder Gold u. Herz. Schauspiel. Ebend. 863. 8. (3 Bl., 142 S.) 1 ℛ

—— vornehme Leute oder Gold und Herz. Schauspiel. 8. (V und 142 S.) Berlin 864, Thiele.

—— Roxolane. Tragödie in 5 Acten. Lex.-8. (55 S.) Berlin 866, (Stilke und van Muyden.) *

Schlemm, Theodor Friedrich Wilhelm

Schlemm, Th., Bericht über das britische Irrenwesen in Hinsicht auf Einrichtung u. Bauart der Irrenhäuser, auf Verwaltung u. Heilkunde, nach eigenen Anschauungen gegeben. Mit 2 Steindruck-Taf. (in Fol.) gr. 8. (X u. 225 S. m. 2 Tab. in Fol.) Berlin 848, Forstner. 1 3/4 ℛ

Schlemm. [illegible]

Schlemm, Theod. Fr. Guil., de hepate ac bile Crustaceorum et Molluscorum quorundam. Dissertatio inaug. physiologico-chemica. Commentatio aureo praemio ornata. Accedunt II tab. aeneae. 4. Berolini 844. (Schroeder.) n. 2/3 ℛ

— Operations-Uebungen am Cadaver, s. c. Ravoth, Fr.

— Operations-Uebungen am Cadaver dargestellt u. als Leitfaden für dieselben bearb. von Fr. Ravoth. 8. Berlin 845, Veit u. Comp. 2/3 ℛ

Schlemmer, die Porro-Operation oder die neue Kaiserschnitt-Methode nach Porro und ihre moral. Grenzen. gr. 8. (30 S. mit 1 lithogr. Taf.) Stuttgart 881, Enke. * 1 —

Schlemmer, die sozialen Probleme der Gegenwart im Religionsunterrichte, s. c. Abhandlungen, pädagogische. 98. Heft.

Die sozialen Probleme der Gegenwart im Religionsunterrichte. Von Schlemmer. Bielefeld: Helmich [1907]. 20 S. 8°
(Pädagogische Abhandlungen. H. 98.)

Schlemmer, ..., s. Wegweiser, der, der Gesundheit.

Schlemmer, Alexander, Referendar: Die Aufrechnung im Prozeß, insbesondere die Verwendung einer Forderung zur Aufrechnung in zwei Prozessen. Straßburg 1909: Du Mont Schauberg. 43 S. 8°
Heidelberg, Jur. Diss. v. 19. Jan. 1909, Ref. Heinsheimer
[Geb. 18. Dez. 85 Kolmar i. E.; Wohnort: Straßburg; Staatsangeh.: Elsaß-Lothringen u. Preußen; Vorbildung: Lyz. Straßburg Reife Sommer 04; Studium: Straßburg 3, Kiel 1, Straßburg 3 S.; Rig. 18. Dez. 08.] [U 09. 1894

Schlemmer, Ant., Beitrag zur Kenntniss des feineren Baues der Brunner'schen Drüsen. [Mit 1 (lith.) Taf. (in qu. 4.)] [Aus den Sitzungsber. der k. Akad. der Wiss.] Wien 870. (Gerold's Sohn.) Lex.-8. (4 S.) n. 5 ngr

Schlemmer, C. B., psychologische Betrachtungen, od. Geheimnisse der Natur, bestehend in: Verwahrlosung des Menschen durch die Geburt, Somnambulismus, Doppelgängerei, Mondsucht, Weissagungen rc. 8. (XII u. 172 S.) Querfurth 852, Schmid. 1/2 ℛ

Schlemmer, C. B., der prakt. Criminal-Polizei-Beamte. Mit e. alphabet. Verzeichniß der Kochemer- oder Diebessprache, als auch der vortheilhaften Aufsichtsführung über Criminal-Gefangene rc. 8. Erfurt ... Hennings u. Hopf. n. 2/3 ℛ

Schlemmer, C. B., der prakt. Criminal-Polizei-Beamte. Mit e. alphabet. Verzeichniß d. Kochemer- od. Diebessprache, als auch d. vortheilhaft. Aufsichtsführung üb. Criminal-Gefangene in d. Criminal-Gefangen-Anstalten. 8. (14 1/2 B.) Erfurt 840, Hennings u. Hopf. *

Schlemmer, C. B., der prakt. Criminal-Polizei-Beamte rc. erschien 1840. — 2. Ausg. 8. Erfurt 842, Hennings u. Hopf. 2/3 ℛ

Schlemmer, Carl, s. Schlemmer, Karl

Schlemmer, Cph. Fr., († d. 3. Dec. 1798.) Bayreuth unter d. Regierung Alexanders, ein Nachtr. zu d. Nachrr. v. Brandenburg-Culmbach. 8. Hof 785. (Grau). 8 gr. A. u. d. T.: Lobrede auf die hohen Eigenschaften u. unsterbl. Verdienste d. Markgrafen Christian Friedrich Karl Alexanders rc. 8. Bayr. 785. (Grau). 6 gr.

Schlemmer, Ch. F., Bayreuth unter d. Regierung Alexanders, ein Nachtrag z. d. Nachrichten von Brandenb.-Culmbach. 8. Hof, Vierling. (Grau.) 785.

Schlemmer, (Geo.,) der Comptoir-Rechner oder Lehrbuch d. kaufmänn. Arithmetik rc. gr. 8. Dresden 827, Arnold.

Schlemmer, Georg, approb. Arzt aus Cassel: Der jetzige Stand der Lehre von der Entstehung des Fettes aus Eiweiß im tierischen Organismus. *Cassel 1903: Hof- u. Waisenhaus-Buchdr.* (44 S.) 8°
Göttingen, Med. Diss. v. [24. Apr.] 1903

Schlemmer, Geo., der jetzige Stand der Lehre v. der Entstehung des Fettes aus Eiweiss im tierischen Organismus. Diss. (43 S.) gr. 8. Cassel (903). (Göttingen, Vandenhoeck & Ruprecht.) n. 1.20

Abschiedsworte der Fr.·. Mr.·. Brüderschaft in Hanau an den Hochw. und Durchlauchtigsten Stifter und General-Grossmeister Carl, Landgrafen zu Hessen, etc. etc. in tiefster Ehrfurcht, herzlichster Liebe und treuester Anhänglichkeit geweiht. Gesprochen von [Heinr. Christian Friedr.] Schlemmer. Hanau im Sept. 1818. [Hanau 1818: Kittsteiner.] 10 S. 8° [Umschlagtit.]
In Versen: „Wir sahen Dich in unsrer Mitte wieder, . . .“

Jubellied, gesungen in der Fr.·. Mr.·. □ Wilhelmine Caroline im O.·. von Hanau am 19. Dec. 5818 bei der frohen Feier des hohen Geburtsfestes des Hochw. und Durchlauchtigsten Stifters dieser g.·. u.·. v.·. Sct. Joh.·. □ General-Gross-meisters Landgrafen Carl zu Hessen etc. etc. etc. vom Br.·. [Heinr. Christian Friedr.] **Schlemmer.** [Hanau] 1818: [Kittsteiner]. 4 Bl. 8⁰ [Umschlagtit.]
Ohne Noten: „Kommt, Brüder, kommt und knüpft im engern Kreise . . .“

Die himmlische Weihe des Hochw. und Durchlauchtigsten Stifters der Fr.·. Mr.·. □ Wilhelmine Caroline im O.·. von Hanau, General-Grossmeisters, Landgrafen Carl zu Hessen etc. etc. etc. an Höchstdesselben sechs und siebenzigstem Geburtstage von den Mitgliedern dieser g.·. u.·. v.·. Sct.·. Joh.·. □ in frommer Fröhlichkeit festlich gefeiert den 19ten Dec. 5819. Vom Br.·. [Heinr. Christian Friedr.] **Schlemmer.** Hanau 1819. 6 Bl. 8⁰ [Umschlagtit.]
Gedicht: „Rückt zusammen, theure Brüder, . . .“

Schlemmer, Hugo, aus Wiesbaden: Über die elektrochemische Reduktion einiger m-Nitrophenylthioharnstoffe. *Gießen 1903: J. Weinert.* (56 S.) 8°
Gießen, Phil. Diss. v. 1903

Schlemmer, J. G., Görres in seinem Athanasius als unbedingter Vertheidiger des Erzbischofs von Droste-Vischering, beleuchtet nach seiner die Selbstständigkeit des Staates, den Protestantismus und die freie geistige Entwicklung gefährdenden Richtung. gr. 8. Nürnberg 838. Bauer u. Raspe. (Merz.) 5/8 n%

Schlemmer, Dr. J. G., Studienlehrer in Neuburg a. D. Das Wesen der politischen Reformbewegung in Deutschland und zunächst in Bayern, oder Beantwortung der Frage: Was will das Volk von seinen Abgeordneten vertreten sehen? Ein anleitender Aufruf an das deutsche und bayerische Bürgerthum. München, J. Deschler. 1848. 43 S. 8⁰.

Schlemmer's, Jak., Geschichte der Belagerung der Stadt Hof im J. 1553, s.: Quellen zur Geschichte der Stadt Hof.

Schlemmer, Johann Georg F.

Hellenismus und Christenthum, ein Beitrag zur Beantwortung der Frage, ob die voracademische Bildung classischer Basis mit den Forderungen einer christlichen Erziehung im Einklange stehe. Von Dr. J. G. F. Schlemmer, Stdl. -- 1845. München, Central Schulbücherverlag. — S. III–XVI. [Vergl. Jahresber. über die Kön. lat. Sch. in München 1845 S. 50, 10.]
Progr. München.

[F.] Hilfsbüchlein für den Gebrauch der Hand-Ausgabe des zweiten Teils der Agende. Dargeboten v. Johannes **Schlemmer,** Pfarrer zu Loitzschütz. *Berlin: E. S. Mittler & Sohn 1896.* (3 Bl., 62 S.) 1 Bd 8. 56. 4766

Schlemmer, (Mich. Joseph, geb. Münstereifel [...] 1828.) De [...] sterilitatis causis. Berolini (1853). (30 S.) 8
Berlin, Med. Diss. v. 16. Aug. 1853

Schlemmer, Karl, Mainzer Blut. Preisgekrönte Carnevalsposse in 4 Aufzügen. 12. (96 S.) Mainz 884, Müller. — 80

Schlemmer, C. Der Kaiser Decius. I. II. III. IV. 8. Halle a. S. 1876—79.

Schlemmer, Carl: Der Kaiser Decius. (Th. 3 und 4.) Halle a S. 1879: Karras. 44 S. 8⁰
Halle-Wittenberg, Phil. Diss. v. 4. Apr. 1879
Geb. Biesenrode bei Mansfeld 4. 4. 1854. V.
In den Akten noch der Anhang des Ms. S. 71—83. 4⁰ (2⁰)
Verf. erlebte die nachträgliche Diplomerneuerung 1931 als Gymnasial-Professor a. D. in Kolberg. vgl. Anh. Nr. 735.

Schlemmer, *Carl* [Dr.]: Historische Erinnerungen an Rügen. Colberg, Druck v. R. Knobloch, 1891; S. 3—18; 4⁰
Colberg, k. Dom-G u. k. RG, P 1891 (120)

Schlemmer, Karl, Dr.: Herkunft und Bereitung der gebräuchlichsten Kolonialwaren. *Treptow a. R. 1900: R. Mary.* (S. 1–22.) 4° [F.]
Treptow a. R., k. Bugenhagen-G, OP 1900 (159)

Schlemmer, Karl, Leitfaden der Erdkunde f. höh. Lehranst. 2 Tle. gr. 8. Berlin 897. Weidmann. n. 2. 85
1. Lehrstoff f. Quinta. (V, 62 S. m. 3 Fig.) Geb. n. 60
2. Lehrstoff f. Quarta, Tertia u. Untersekunda. (VIII, 2?4 S. m. 80 Abb.) Geb. in Leinw. n. 2. 25

Schlemmer, Karl, Leitfaden der Erdkunde f. höhere Lehranstalten. 2. Tle. 2. verb. Aufl. gr. 8. Berlin 900. Weidmann. Geb. n. 2. 85
1. Lehrstoff f. die unt. Klassen. Mit 3 Abb. (IV, 55 S.) n. —60
2. Lehrstoff f. die mittl. Klass. Mit 83 Abb. (VIII, 253 S.) n. 2. 25

Schlemmer, Karl, Leitfaden der Erdkunde f. höh. Lehranstalten. 2 Tle. 8. Berlin 906. Weidmann. Geb. n. 3. 60
1. Lehrstoff f. Sexta u. Quinta. 3., verb. Aufl. (IV, 63 S. m. 3 Abbildgn.) n. —80
2. Lehrstoff f. die mittleren Klassen. 3., verb. Aufl. (VII, 296 S. m. 84 Abbildgn.) n. 2. 80

Schlemmer, Karl, Leitfaden der Erdkunde f. höhere Lehranstalten. III. Tl.: Lehrstoff f. die oberen Klassen. Physische Erdkunde. Die Erde u. das Leben. (VI, 86 S. m. 26 Abb.) 8. Berlin 908. Weidmann. Geb. 1. 40

Schlemmer, C[arl]. Geographische Namen. Erklärung der wichtigsten im Schulgebrauche vorkommenden geographischen N' von Dr. K. Sch', ... Treptow a. R. 100 S. 8. Leipzig, Renger, 1906. [M. 1. 60]
Darin (z. B. S. 8 f. 15. 17. 80 f. etc.) auch schweizer. Ortsnamen; s. auch S. 8.

Schlemmer, Osk., die Rechenfertigkeit, s.: Lehrer-Prüfungs- u. Informations-Arbeiten. 18.

Schlemmer, P. J., De causis quibus prae aliis doctrinis latinae et Graecae linguae studium in gymnasiis sit colendum. Diss. 1870. 28 S —.90

Schlemmer, Paul, Heimatkunde der Provv. Westpreußen u. Posen, s.: Plümer, Haupt u. Bachmann, deutsches Lesebuch für höhere Mädchenschulen.

Schlemminger, Otto: Die Kombination der Laparotomie mit dem Alexander-Adams, ein Verfahren bei fixierter Retroversio-flexio. Breslau 1909: Breslauer Genossensch.-Buchdr. 29 S. 8°
Breslau, Med. Diss. v. 6. April 1909, Ref. Küstner
[Geb. 9. Okt 68 Barsgehlen; Wohnort: Mehlauken; Staatsangeh.: Preußen; Vorbildung: Gymn. Gumbinnen Reife O. 89; Studium: Königsberg 9 S.; Coll. 24. März 09; Approb. 9. März 99.] [U 09. 574

Schlemo, E., u. W. **Oertel,** Chicago u. die Columbische Weltausstellung, Aquarell-Album, s.: Welt, die, in Bildern.

Schlempp, A., Hauptm. und Compagnie-Chef im Grenadier-Reg. König Karl (5. Württ.) Nr. 123. Die Compagnieschule der russischen Infanterie. Aus dem Russischen übersetzt.
8. Hannover 1888.

Schlemüller, Dr., die große Wohlthat d. gereinigten Lehre. Eine Predigt über Eph. 5, 8., zum Andenken an die vor 300 Jahren erfolgten Einführung der protestant. Lehre in der Mark Brandenburg. 8. Berlin ... Crantz. 1/12 ℔

Schlemüller, F., Auszug aus der Belehrung über die Standes-, Geld- und Naturalien-Verrechnung sämmtlicher Partikular-Rechnungsleger der k. k. Armee; mit einem Anhang über das prakt. Verfahren und die Kontrolle bei der täglichen Führung der Standes- und Verpflegsliste. Ein Handbuch für die manipulirenden Unteroffiziere, die Transportsführer 2c. Mit den Formularien aller vorgeschriebenen Standes- und Rechnungs-Eingaben und Beilagen versehen 2c. gr. 8. (180 S.) Wien 851. (Leipzig, Hübner.) *

Schlemüller, F. — Auszug aus der Belehrung über die Standes-, Geld- und Naturalien-Verrechnung sämmtlicher Partikular-Rechnungsleger der k. k. Armee; mit einem Anhange über das praktisch Verfahren und die Kontrole bei der täglichen Führung der Standes- und Verpflegsliste. Ein Handbuch für die manipulirenden Unteroffiziere, die Transportsführer und selbstständig Rechnung legenden Detachements-Kommandanten sämmtlicher Waffengattungen und Korps. Mit den Formularien aller vorgeschriebenen Standes- und Rechnungs-Eingaben und Beilagen versehen und zum Gebrauche in den Regiments-, Bataillons- und Korpsschulen eingerichtet von — —. 8. (180 S.) Wien. Verlag, Druck und Papier von Leopold Sommer. 1854.

Schlemüller, F. — Auszug aus der Belehrung über die Standes-, Geld- und Naturalien-Verrechnung sämmtlicher Partikular-Rechnungsleger der k. k. Armee, mit einem Anhange über das praktische Verfahren und die Kontrole bei der täglichen Führung der Standes- und Verpflegsliste. 2. Auflage. 8. (180 S.) Wien. Verlag und Druck von Leopold Sommer. 1854.

Schlemüller Friederike: Die Beziehungen in Feuchterslebens „Zur Diätetik der Seele" zur romantischen Moral.
H. 1906 PN 2123 Diss. V... Wis. 211

Schlemüller, Hugo, der Kölner Männer-Gesangverein in Italien 1910. Nach Berichten an das Kölner Tageblatt. (67 S. m. 4 Taf.) 8. Frankfurt a/M. (910). H. Schlemüller. 2.—

Die Gewissheit der Auferstehung der Todten aus dem Tode Christi. Ein Lehrgedicht, dem Sterbenstage des Erlösers im Namen einer freyen Gesellschaft gewidmet. von JOHANN BERNHARD SCHLEMÜLLER. ... Den 13 April. 1759. ib. — 4°.

Das Ungereimte der stoischen Unempfindlichkeit bey dem Tode anderer. Bey der frühgeöfneten Gruft des weiland Hochedelgebohrnen Herrn Christian Heinrich Werner, ..., welcher den 18. Novembr. 1759. in dem 30. Jahre seines Alters dieses Leben verlassen, auf Verlangen einer freyen Gesellschaft von JOHANN BERNHARD SCHLEMÜLLER. Den 28. November. 1759. ib. — 4°.

Schlemüller, Wilhelm, Vier physikalische Abhandlungen:
I. Die Prioritats-Anspruche des Direktors und Professors in Munchen Dr. M. v. Bauernfeind bezuglich mehrerer Formeln meiner Abhandlung: der Zusammenhang zwischen Hohenunterschied, Temperatur und Druck in einer ruhenden, nicht bestrahlten Atmosphare, sowie die Hohe der Atmosphare. Prag 1880.
II. Die specifische Warme der Gase bei constantem Volumen, sowie bei constantem Drucke und das Verhaltniss beider zu einander, berechnet nach der dynamischen Gastheorie.
III. Die mittlere Jahres-Temperatur eines Parallelkreises als Funktion der geographischen Breite.
IV. Eine Korrection wegen der Temperatur-Abnahme mit wachsenden Breiten, anzuwenden beim barometrischen Hohenmessen. Prag 1881.

Schlemüller, Wilh., vier physikalische Abhandlungen. gr. 8. (32 S.) Prag 881, Dominicus. * — 80

Schlemüller Wilhelm. Eine empirische Formel für den Zusammenhang zwischen dem Drucke und der Temperatur gesättigter Dämpfe. S. 106. Ha. 9 . . . . vgr
Separatabdruck

Schlemüller, Wilh., die Fortpflanzungs-Geschwindigkeit des Schalles in e. theoretischen Gase. Bearb. auf Grund der dynam. Gastheorie. Lex.-8. (12 S.) Prag 894. H. Dominicus. n. — 50

Schlemüller, Wilh., Grundzüge e. Theorie der kosmischen Atmosphären m. Berücksicht. der irdischen Atmosphäre. Bearb. auf Grund der dynam. Gastheorie. gr. 8. (50 S.) Prag 885. Dominicus. n. 1. 20

—— der Zusammenhang zwischen Höhenunterschied, Temperatur und Druck in einer ruhenden, nicht bestrahlten Atmosphäre, sowie die Höhe der Atmosphäre. Bearb. auf Grund der dynam. Gastheorie. gr. 8. (19 S.) Ebendas. 880. * — 60

Schlencker, Christian Gottlieb (Beyersdorf) A. S. 69/6

Disputatio secularis de crimine in excubiis commisso ad l. V. §. II. D. de re militari occasione cap. LXXXIV. et LXXXV. pacis religiosae ducentos abhinc annos confectos. Präs. Christoph Ludwig Crell.
Wittenberg (Schlomach) 4. X. 1755. 66 S. 30587

Schlender, *Johann Maria* Friedrich *Wilhelm* [aus Königsberg i. Pr.]: Über Oedema laryngis bei Polyarthritis rheumatica acuta ... Berlin, C. Vogts Buchdr., *1895;* 26 S., 1 Bl. 8.
Berlin, Med. Fak., Inaug.-Diss. v. 1. März 1895

Schlender, J. H., germanische Mythologie. Zum Selbststudium u. zum Gebrauch an höh. Lehranst. 8. (V, 212 S.) Dresden-Blasewitz 898. H. Minden. Kart. n. 2. 40; geb. n.n. 3. —

Schlender, J. H., germanische Mythologie. Zum Selbststudium u. zum Gebrauch an höh. Lehranstalten. 2., nach den neuesten Forschgn. vollst. umgearb. Aufl. (VIII, 224 S.) 8. Dresden 904. H. Minden. n. 8. —; geb. n.n. 4. —

Schlendertage in Cuxhaven-Ritzebüttel. Zur Feier der 500jähr. Vereinigg. Ritzebüttels m. Hamburg hrsg. v. Carl Griese. 1394—1894. Text u. Vignetten v. O. Schwindrazheim. 10 Hfte. Fol. (47 Lichtdr. u. 5 farb. Taf. m. 21 Bl. illustr. Text.) Hamburg 894. C. Griese. à n. 2. —; Liebhaber-Ausg., Taf. auf Karton à n. 3.

Schlendertage in Cuxhaven-Ritzebüttel. 2., erweit. Aufl. m. e. Rückblick auf die Entwicklg. des Amtes Ritzebüttel. Text u. Vignetten v. O. Schwindrazheim. Hrsg. v. Carl Griese. (III, 81 S. m. 33 z. Tl. farb. Taf.) 4. Cuxhaven (906). A. Rauschenplat. Geb. in Leinw. n. 4. —

Schlendl, C: Die optische Laterne. Karlsruhe 1896

Schlendrian, Breszlauischer, Wie solcher von einem Tage zu dem andern in denen Kretscham oder Bier-Häusern getrieben wird. ... O. O. 1731. V: *Senftleben, Joh. Christ.* (LVS) »nach der Melodie des bekannten Quodlibets ...« (Nent)

SCHLENDRIAN, Der Dressdener: Ein Schau-Spiel. (in 1 A.). („Et amata laeto temperet risu". Horat.) Zu Freystadt, in dem Frauenzimmer-Collegio (Frankfurt, Duren), MDCCXLVII. (1747.) 8⁰. Sehr rar!

TKpf. u. 46 SS. Stellenw. etwas derb. — Angedruckt mit neuer Seitenz.: Der Frantzose. Ein Schau-Spiel. (1 A.) 51 SS. Daran noch 3 unbez. SS.: Des Frauenzimmers Pro & Contra. Alamodisches Lied. (Deutsch-lat. Studenten-Lied in 10 Str.) (In Marburg, Univbibl.: XVI. C. 692, mit 2 Beibdn.)

SCHLENDRIAN, Hans. (4 Gedichte.) Mit Titelholzschn. O. O. 1799. 8⁰. (2 Mk. Paul Neubner, Cöln. 1892, ohne Jahresangabe.)

Seltene Jahrmarktsschrift. — Jahrzahl genannt von Julius Neumann, Magdeb., Cat. 1. [1906.] No. 2079, Beibd. 3.

Schlendrian, Herr, oder der Richter nach den neuen Kriminalgesetzen; ein komischer Roman. Wien 1786. V: *Huber*, *Franz Xaver*. (GGr) (Wr) (MGT) (Ky)

Schlendrian, Herr, od. der Richter nach d. neuen Gesetzen; e. kom. Roman, (v. Frz. Huber). 3 Thle. 8. Wien 786.

Schlendrian, Herr, oder der Richter nach den neuen Gesetzen, ein komischer Roman, 3 Theile, 8. Berlin, (Wien) 787. (Mößle) 20 sgl.

Schlendrian, Herr, oder der Richter nach den neuen Gesetzen. Ein komischer Roman. Baden (Wien) 1787. 2. Aufl. 4. Aufl. 1787. 6. vermehrte u. verbesserte Auflage. Wien 1789. V: *Huber*, *Franz Xaver*. (BGE VII[a], 179)

SCHLENDRIAN („oberster Richter zu Tropos"), Sonnenklarer Commentar der sonnenklarsten Buchstaben der neuen Gesetze (in Oesterreich), von Herrn —. Berlin (Pesth, Strohmeyer) 1788. 8⁰.

Drei Auflagen von diesem Jahre. — Weller, fing. Druckorte.

Schlendrians, Jonathan, Hölenreise. Nacherzählt v. Titanello. 8. (78 S.) Zürich 891 Verlags-Magazin. n. — 80

Schlenger, J., De fide atque auctoritate Liviani cod. Veronens. II. Acc. variae eius lectiones ex IV. prioribus libris exscriptae cum interpret. atque emendat. nonnullorum locorum. Pr 1868. 26 S. 4⁰.

Schlenger, Jakob

Schlenger [Prof.]: Erklärende Bemerkungen und Verbesserungsvorschläge zu einigen Stellen unserer Schulklassiker. . . . Mainz, Buchdr. v. H. Prickarts, 1890; 8. S 19: 4⁰

Mainz, grossh. G, P 1890 (618)

Schlenk, Oskar, aus München: Zur **Kenntnis der Phenylhydrazone.** *München 1900: V. Höfling.* (32 S.) 8⁰

München, Phil. Diss. v. 1900

Schlenk, W., Stickstoff, s.: Gmelin u. Kraut's Handbuch der anorganischen Chemie. I, 1.

Schlenk, Wilhelm, a. München: Beiträge zur Kenntnis der Valenz des Kohlenstoffs. München 1910: Wolf. 61 S. 4⁰ (8⁰)

München, Phil. Hab.-Schr. v. 1910 [U 10. 3724

(Nicht für den Austausch)

Schlenk, Wilhelm, a. München: **Ueber Metall-Isobutyr-Adine und ihre Salze. Eine neue Klasse komplexer organ. Metallverbindungen.** München 1905: C. Wolf. (49 S.) 8⁰

München, Phil. Fak., Ref. v. Baeyer, Diss. v. 7. Juni 1905

[Geb. 22. März 79 München; Wohnort: München; Staatsangeh.: Bayern; Vorbildung: Realgymn. München Reife S. 98; Studium: München 14 S.; Rig. 7. Juni 05.]

Die katholische Kirche in Berlin. Ihre Entwicklung in den letzten 15 Jahren ... Hrsg. von Robert **Schlenke**, Pfarrer. Berlin: Selbstverl. 1904. (32 S.) 8⁰ [F.] [06. 2298 G

Schlenker, C., Entwurf eines Schulgesetzes für Preußen, Artikel I—VII. zur Orientirung über die Frage der Organisation der Volksschule, den deutschen, besonders den preußischen Lehrern zur Prüfung vorgelegt u. Allen, welche wahrhaft Interesse an der Schule nehmen, gewidmet. Halle 862. Anton. gr. 8. (33 S.) n. 5 ngr.

Schlenker, C., Entwurf eines Schulgesetzes für Preußen, Artikel I—VII. zur Orientirung über die Frage der Organisation der Volksschule, den deutschen, besonders den preuß. Lehrern zur Prüfung vorgelegt und Allen, welche wahrhaft Interesse an der Schule nehmen, gewidmet. gr. 8. (33 S.) Halle 864, Anton. *

Schlenker, C., Novellen. 8. (III und 234 S.) Halle 860, Fricke.

— die Organisation der Volksschule. Aphorismen zum neuen Schulgesetz. (Abdr. aus der „Evangel. Volksschule" von Ballien.) Halle 861. Anton. gr. 8. (31 S.) 5 ngr.

Schlenker, C. F., A Temneh Primer. Stuttgart 1854.

Schlenker, Christian, Stadttierarzt: Aus d. Med. Klinik d. Tierärztl. Hochsch. zu Stuttgart. (Vorstand: Klett). Ueber die Dystrophia papillaris canis. Schwenningen 1909: Eller. 39 S. 8⁰

Gießen, Veterinär-Med. Diss. v. 24. Nov. 1909, Ref. Pfeiffer

[Geb. 15. Jan. 83 Schwenningen; Wohnort: Schwenningen; Staatsangeh.: Württemberg; Vorbildung: Friedrich-Eugens-Realsch. Stuttgart Reife Sommer 01; Studium: Tierärztl. Hochschulen Stuttgart 4, Berlin 1, Stuttgart 2 S.; Rig. 9. Juli 09.] [U 10. 1349

Schlenker, Emil, eidg. diplom. Arzt aus St. Gallen, gewesener Assistenzarzt an der med. Abtheilung des Kantonsspitals in St. Gallen: Aus dem Leichenhause des Kantonsspitals zu St. Gallen. Dr. Hanau. Beiträge zur Lehre von der menschlichen Tuberculose. I. Ueber die Häufigkeit tuberculöser Veränderungen in menschlichen Leichen. II. Ueber die Tuberculose als Ursache pleuritischer Adhäsionen bei anscheinend nicht Tuberculösen. III. Untersuchungen über die Tuberculose der Halsdrüsen, besonders über ihre Beziehungen zur Tuberculose der Tonsillen. (S.A. aus: Virchow's Archiv f. pathol. Anatomie u. Physiologie, Bd 134 [S. 145—180, 247—286].) Berlin (Reimer) 1893. 1 Bl., 77 S. 8⁰.

Zürich, Med. Diss. [v. 11. Nov. 1893].

Schlenker, Georg

Schlenker, G., üb. den naturgeschichtlichen Anschauungsunterricht an den unteren Klassen der Gymnasien u. Lyceen. [Aus: „Korrespondenzbl. f. d. württ. Gelehrten- u. Realschulen".] I. u. II. gr. 8. (14 u. 9 S.) Tübingen 888. (Fues' Verl.) n. — 80

Schlenker, G., botanische Studie auf dem Torfmoor. gr. 8. (12 S.) Tübingen 885. Fues. n. — 20

Schlenker, Geo., das Schwenninger Zwischenmoor u. zwei Schwarzwald-Hochmoore in bezug auf ihre Entstehung, Pflanzen- u. Tierwelt, s. a. Mitteilungen der geolog. Abteilung des k. württ. statist. Landesamtes. No. 5.

Geol.-biolog. Untersuchungen von Torfmooren. Das Schwenninger Zwischenmoor und zwei Schwarzwald-Hochmoore in bezug auf ihre Entstehung, Pflanzen- und Tierwelt. Von Georg **Schlenker**, Obert. Mit 2 Taf., Abb. u. 1 Übersichtskarte. Stuttgart 1908: C. Grüninger. (IV, 279 S.) 8⁰

— **Mitteilungen** d. Geolog. Abteilung d. Kgl. Württ. Stat. Landesamtes. No 5 [08. 6434

Schlenker, Jos., Erinnerungs-Blätter an die ruhmreiche Fahrt nach Deutschland zur 25jähr. Jubiläums-Sedanfeier in Bremerhaven, Bremen, Hamburg, Friedrichsruhe, Wittemberge, Berlin, Wittenberg u. Leipzig. Veranst. v. deutschen Krieger-Verein in Chicago im Aug. 1895. gr. 8. (96 S.) Chicago 896. (Koelling & Klappenbach.) n.n. 2. —

Schlenker, Joseph. Erinngs-Blätter an die ruhmreiche Fahrt nach Dtld zur 25-jhr Jubs-Sedanfeier ... 2d ed. Chicago, 1904.

Schlenker, Julius, aus Bremen: Ueber das 4.5.-Dimethylpyrimidin. *Berlin (1900): E. Ebering.* (61 S.) 8°
Berlin, Phil. Diss. v. 15. Dez. 1900

Schlenker, K., Der Schweizer Robinson, s.: Wyss, J. D.

Schlenker, Karl, die Pflanze, s.: Engel, Th.

Schlenker, M., Untersuchungen über die Verknöcherung der Zahnnerven, ihre Ursachen, Erscheinungen, Folgen und Behandlung. Für Aerzte und Zahnärzte. Preisschrift. gr. 8. (VII, 88 S. mit 31 photo-xylogr. Fig.) Leipzig 883, (Felix.) * 2 40
Aus: Deutsche Monatsschrift für Zahnheilkunde, besonders abgedruckt.

—— Untersuchungen über das Wesen der Zahnverderbniss für Zahnärzte, Aerzte, Wundärzte und gebildete Laien. Preisschrift. gr. 8. (VIII, 162 S. mit 22 eingedr. photoxylogr. Fig.) St. Gallen 882. (Leipzig, Felix.) * 5 —

— illustrirte Zahn- u. Mundpflege. Mit 45 photoxylogr. Fig. gr. 8. (VII, 182 S.) St. Gallen 883. Ebend. n. 4. —

Schlenker, Max

Schlenker & Kienzle, Festschrift zum 25. Jahrestag der fabrikmässigen Herstellung von Uhren. (35 S.) 4° Schwenningen 1908

Schlenker, M[ax]: Die Schwarzwälder Uhren-Industrie und insbesondere die Uhren-Industrie auf dem Württembergischen Schwarzwald. Stuttgart 1904: C. Grüninger. (95 S.) 8° [F.]
Tübingen, Staatsw. Fak., Ref. v. Schönberg, Diss. v. 3. Okt. 1904
[Geb. 8. Sept. 83 Schwenningen; Wohnort: Schwenningen; Staatsangeh.: Württemberg; Vorbildung: Realanstalt Reutlingen Reife M. 00; Studium: Tübingen 6 S.; Rig. 7. Juli 04.]

Schlenker, Otto, Leitfaden der Turnkunst, s.: Kloss, Mor.

Schlenker, Paul: Wirtschaftliche Büroarbeit in mittleren und kleineren Handels- und Industriebetrieben. Berlin 1927

Schlenker, Seligmann (Frankfurt)
Ueber Wesen und Nothwendigkeit der Erziehungsschulen.
Diss. phil. Giessen 20.3.1830.
(Hat handschriftlich vorgelegen, liegt nicht mehr bei den Akten.)

Schlenkert, Dr., Rede bei dem Trauergottesdienste zum ehrfurchtsvollen Andenken an die höchstsel. verwittw. Königin von Bayern Friederike Wilhelmine Caroline. gr. 8. Regensburg 841, Manz. 1/12 ₰

Schlenkert, Friedrich Christian

– s. Adelheid v. Burgund.

Schlenkert, Fr., Agathon u. Psyche. Drama mit Ges. 8. Leipz. 780. Kummer. 4 gr. Velinp. 6 gr.

— die Ahnfrau auf Tharand. Zur Hochfest-Vorfeier der 50jähr. Regierung Friedrich Augusts, Königs v. Sachsen. 4. Dresd. 818. Arnold. ½ gr.

Schlenkert, Fr. Chr., Almanach, od. Darstell. aus d. Gesch. d. Menschheit, f. 1795—98. Mit 32 Kpf. 8. Leipz., Leo. 4 ₰

– s. Almanach, Histor.

— Bernhard, Herzog zu Sachsen-Weimar, ein histor. Gemälde. 1e—6e Periode. Mit Kpf. 8. Leipz. 803. (W. Nauck). 6 ₰

— Bernhard, Herzog zu Sachsen Weimar, ein histor. Gemälde, 1e-6e Periode, mit Kupf. 8. Leipzig, Sommer. 803.

— Beschreib. v. Tharand. 1s Bdchn. Mit 4 Kpf. 8. Dresd. 797. Dann unt. d. T.: Tharand, ein histor.-romant. Gemälde nach d. Natur. Mit 4 Ansichten. 8. Ebd. 804. (Beger). 16 gr.

— die Bürger u. Bergknappen zu Freiberg. 8. Leipz. 799. Voß. 18 gr.

– s. Cotta, H.: Ansichten d. höhern Forstwirthschaft.

— Elegien. 8. Erfurt 779. Keyser. 6 gr.

— die Feier des 18ten Jahrh.; eine histor.-romant. Melodrama, componirt v. S. Schmidt. qu. Fol. Leipz. 794.

— Sachsens Friedensfeier. Wechselgesang. 4. Dresd. 807. Arnold. ½ gr.

— Friedrich mit der gebissenen Wange, s. a. Volksromane, 1.—4. Bd.

Schlenkert, Fr., Friedrich mit der gebissenen Wange. 4 Thle 8. Leipz. 785—88. Breitkopf u. H. 5 ₰ 8 gr.

— Lombardische Gemälde, hist. romant. bearb. 8. Leipzig, Hofer. (Friese in Pirna.) 795.

— altdeutsche Geschichten, romant. Inhalts. 1r Thl. Mit Kpf. 8. Zürich 790. Ziegler 1 ₰

— — altdeutsche Geschichten romantischen Inhalts, 1r Theil mit 1 Kupf. 8. Zürich, 791. Ziegler. 1 Rthlr.

— Rudolph v. Habsburg. 8. Leipz. 792—794. Voß. 4 ₰ 4 gr.

— Kaiser Heinrich IV. Eine dialog. Geschichte. 5 Bde. 8. Leipz. 789—95. Sommer. (Nauck). 7 ₰ 12 gr.

– (Hrsg.). s. Hochfest, Das. der 50jährigen Regierung Friedrich August, Königs von Sachsen ...

— hist. geneal. Calender auf 1794. 95. enth.: Deutschland, ein historisches Gemälde, m. K. 12. Brschw. Schulbuchhdl. (à 1 Rthlr. 4 gr.)

— — Fortsetzung des Calenders von Raabe, siehe Almanach.

— kein Faustrecht mehr. Schspl. 8. Regensb. 798. Montag u. W. 16 gr.

— Habsburgs Meistersänger. 8. Prag 791. (Leipz., W. Rauck). 6 gr

— Habsburgs Meistersänger. Drama. 8. Prag 791. Leipz., Sommer. 6 gr

— Moritz, Kurfürst v. Sachsen; ein histor. Gemälde. 4 Thle. 8. Zürich 798—800. Ziegler. 4 rthl 6 gr

Schlenkert, Friedrich Christian: Nachricht über die landesherrliche Forstakademie ..., s. Cotta, Heinrich

Schlenkert, Fr. (Hrsg.), s.a. Panorama. 1801.

— Panorama; e. Taschenbuch auf d. erste Jahr d. 19n Jahrh. Mit Kpf. 12. Leipz. 801. (W. Rauck). 1 rthl 16 gr

Schlenkert, F. C., Herrmanns Schlachten. gr. 8. Leipzig, Jacobäer. 816.

— Herrmanns Schlachten. gr. 8. Leipz. 818. (Aue in Altona). 10 gr (Aus d. Pantheon d. Deutschen abgedr.)

— malerische Skizzen &c., s. Chr. A. Günther II.

— die Thäler von Hohenbergen, od. die Menschen wie sie sind, nach d. Leben gezeichnet. Mit 4 Kpf. 8. Leipz. 801. (W. Rauck). 1 rthl 12 gr

— unterhaltendes Taschenbuch f. 1802. 8. Leipz., Sommer. 20 gr

Schlenkert, Fr., unterhaltendes Taschenbuch, mit K. 16. Leipz. Sommer. 814.

— Tharand, e. histor. romant. Gemälde nach d. Natur. 8. Dresden, Gerlach. (Beger.) 804.

— Theudelinde v. Baiern. Drama in 5 A. 8. Leipz. 803. Gleditsch. (Brockhaus). 1 rthl 12 gr

— Weisheit u. Thorheit, eine Monatsschrift. 1r Jahrg. 4 Quartale. 8. Dresd. 782, 83. Gerlach. 2 rthl

Schlenkert, Friedr. Chstn., histor.-dramat. Werke. Hrsg. v. H. E. Maukisch. 1. u. 2. Abthl. od. 1—6. Bd. 8. Leipzig, Berger's Buchh.]

A. u. d. Titln.:

Abthl. 1. od. Bd. 1—4. Friedrich mit d. gebiss. Wange. Eine dialog. Gesch. 4 Thle. (Neue Ausg.) (62⅔ B.) 840. 2 Thlr.

2. od. „ 5, 6. Rudolf von Habsburg. Eine dialog. Gesch. 2 Thle. (36⅓ B.) 841. 1 Thlr.

Schlenkert's, Fr. Chr., historisch-dramatische Werke. Herausg. von H. E. Maukisch. 1e Abthl. 4 Bde. A. u. d. T.: Friedrich mit d. gebissenen Wange. Eine dialogisirte Geschichte. 4 Thle. (Neue Ausg.) 8. Leipzig 840. Melzer. 3 rthl

– s. Wiprecht v. Greitsch.

Schlenkrich, Anton

Schlenkrich: Ueber die Wichtigkeit des Studiums der älteren deutschen Sprache und Literatur. 20 S. –Prag Kl.. Progr. 1854

Schlenner, Robert, Dr.: **Beobachtungen über den Gebrauch des Artikels im Neufranzösischen.** *Berlin: R. Gaertner 1901.* (26 S.) 4°
Berlin, Luisenstädt. OR, OP 1901 (116)

Schlenner, Rob., Beobachtungen üb. den Gebrauch des Artikels im Neufranzösischen. Progr. 4. (26 S.) Berlin 901. [R. Gaertner.] Weidmann. n. 1.—

Schlenner, Robertus: Ueber den adnominalen Gebrauch der Praeposition „de" im Altfranzoesischen. Halis Saxonum 1881: Karras. 46 S. 8°
Halle-Wittenberg, Phil. Diss. v. [15. Sept.] 1881
Geb. Selchow (Mark) 21. 12. 1857. V.

Schlenner, [Robert]: [Gedächtnisrede bei der Trauerfeier für den am 22. Mai 1909 verstorbenen Prof. Dr. Siegfried Hosch.] S. 23 bis 27. 4. **Progr.** Luisenstädtische Oberrealschule *Berlin* 1909 (155).

Schlensog, Hugo, a. Braunschweig: **Lucelle, tragicomédie en prose française von Louis le Jars (1576) und Lucelle, tragicomédie mis en vers français von Jacques Duhamel (1607) nebst einem Anhang: De l'Art de la Tragédie von Jean de la Taille. Freiburg i. Br. 1906: C. A. Wagner. (56 S.) 8°**
Greifswald, Phil. Fak., Ref. Stengel, Diss. v. 20. Juli 1906
[Geb. 9. Febr. 82 Braunschweig; Wohnort: Freiburg i. B.; Staatsangeh.: Braunschweig; Vorbildung: Oberrealsch. Braunschweig Reife O. 02; Studium: Greifswald 3, München 1, Paris 1, Greifswald 2, Freiburg i. B. 1 S.; Rig. 1. Mai 06.]

Schlenter, Jos. Mich., das zweite Gesicht. Eine natürl. Erklärg. myst. Vorgänge. 8. (32 S.) Leipzig 893. O. Mutze. n. — 50

Schlenter, M., Hypnotismus u. Hellsehen. 8. (26 S.) Leipzig 894. W. Besser. n. — 30

Schlenter, M., Hypnotismus u. Hellsehen. 2. Aufl. 8. (24 S.) Leipzig 897. W. Besser. n. — 30

Schlenther, Hugo [aus Ostpreussen]: **Beitrag zur Osteotomia subtrochanterica.** . . . Greifswald, Druck v. Julius Abel, 1880; 30 S. 8°
Greifswald, Med. Fak., Inaug.-Diss. v. 19. Okt. 1880

Schlenther, J. Fr., d. Rathgeber im Gartenbau, od. Anweis. z. Obstbaum-, Gemüse-, u. Blumenzucht etc. 3 Lief. m. 2 Lith. gr. 8. Tilsit, 1845. Mangelsdorf u. Klaehr. 1. —

Schlenther, J. Fr., der Rathgeber im Gartenbau, oder Anweisung zur Obstbaum-, Gemüse- u. Blumenzucht &c. 6 Liefg. cmpl. Mit Lithogr. gr. 8. Tilsit 845, Zermelo. (à 1/6 rthl) n. 1 rthl

Schlenther, Joh. Florian, Stirb u. Werde. Ein Weltbild nach Lucrez u. Andern. gr. 8. (230 S.) Insterburg 879. (Berlin, Damköhler.) n. 6. —

Schlenther, Paul, Bernhard Baumeister. 50 Jahre Burgtheater 1852—1902. Eine Statistik. gr. 4. (32 S. m. 5 Taf.) Wien 902. C. Konegen. n. 2. —

Schlenther, Paul, s.: Fontane's Thdr., Briefe.

Schlenther, Paul, der Frauenberuf im Theater, s. a. Existenzkampf, der, der Frau im modernen Leben.

Schlenther, Dr. Paul, Der Frauenberuf im Theater. (Der Existenzkampf der Frau im modernen Leben, Heft 2.) gr. 8°. Berlin 1894.

Schlenther, Paul, Frau Gottsched und die bürgerliche Komödie. Ein Kulturbild aus der Zopfzeit. gr. 8. (VIII, 267 S.) Berlin 886, Hertz. *M 5.—; geb. *

Schlenther, P., s.: Grundlagen, die allgemeinen, der Kultur der Gegenwart.

[S.] Gerhart Hauptmann. Sein Lebensgang u. s. Dichtg v. Paul **Schlenther** ... *Berlin: S. Fischer 1898.* (4 Bl., 271 S., 3 Portr., 3 Taf.) 1 Bd 8. [97. 7604

Schlenther, Paul, Gerhart Hauptmann. Sein Lebensgang u. s. Dichtg. 3. Aufl. gr. 8. (VII, 271 S. m. 4 Bildn. u. 2 Ansichten.) Berlin 898. S. Fischer, Verl. n. 3. 50

— Gerhart Hauptmann. Sein Lebensgang u. seine Dichtg. 4. Aufl. (VII, 271 S. m. Bildnis u. 5 Taf.) 8. Berlin 898. S. Fischer, Verl. 3.50; geb. n 5. —

Schlenther, Paul, Botho v. Hülsen und seine Leute. Eine Jubiläumskritik über das Berliner Hofschauspiel. gr. 8. (64 S.) Berlin 883, Internationale Buchhandlung. * 1 —
—— dass. — 2. Aufl. [Mit einer Vorbemerkung.] gr. 8. (II, 64 S.) Ebendas. 883. * 1 —

— s. Jahrhundert, das neunzehnte, in Deutschlands Entwicklung.

Schlenther, Paul: Das neunzehnte Jahrhundert in Deutschlands Entwicklung. Unt. Mitw. von ... hrsg. Bd 8. 9. Berlin 1910. 1914. 8° *[Mit Sondertit.]*

Schlenther, Paul. Wozu der Lärm? Genesis d. Freien Bühne. gr. 8. (35 S.) Berl. 889, S. Fischer Verlag. * — 50

Schlenz, Joh. Ev., religiöse Vorträge f. die österlichen Beichtkollektionen der reiferen kathol. Jugend, besonders an Mittelschulen. (176 S.) 8. Reichenberg 905. (Wien, H. Kirsch.) n. 3. —

Schlenzer [Schlagwort]

Schlenzer, s.: **Preussen. Messtischblätter.**

Schlenzheim, General, u. seine Familie. Schspl. in 4 A., (von Chr. H. Spiess), umgearb. v. K. W. Plümicke u. W. H. Brömel. 8. Regensb. 786. N.-A. 799. Montag u. W. 1 ₰ 8 gl

Schlenzheim, General, und seine Familie. Schauspiel in vier Aufz. umgearb. ... Neue Ausg. Regensburg 1799. V: *Spiess, Chn Hnr.* (EE) »1786« (Ky)

Schlenzig, M.: Der [illegible] ... über das Vergekommensein des [illegible] ... aus dem Osterlande Bd. 17 1865. No. 6 S. 69 [illegible] 23 S. 8.

Schlenzig, M., osterländ. Kinderfreund od. Leseunterhaltungen. 1s Bochn. 8. Altenb. 827. Schnuphase. 8 gl Velinp. 12 gl

Schlenzig, M., osterländ. Kinderfreund, od. Leseunterhaltungen. 2. Bdchn. Für Kinder v. 8—12 Jahren. — A. u. d. T.: Der Naturfreund, e. Lesb. f. d. liebe wißbegier. Jugend, welche darin e. vorzügl. Bildungsmittel findet, das Erhabene, Große, Herrliche, Schöne u. Wunderbare in dem Buche d. Natur lesen zu lernen. 8. (17½ B.) Altenburg 834, Schnuphase.
1. Bdchn. Für Anfänger im Lesen. Ebendas. 1827. 8 Gr.

Schlenzig, M., die Thierwelt. Bearb. für Schule und Haus. Mit einem Atlas von 30 (lithogr. und ill.) Taf. und vielen hundert Abbildungen. 1. Heft. gr. 4. (S. 1—16 und 2 Stnt.) Meißen 851, Goedsche'sche Buchh.

Schlenzka, s.: Forschungsreise S. M. S. „Planet".

Schlenzka, Adolf, aus Anklam: Die Bedeutung des Röntgenverfahrens für die Diagnostik und Therapie der Frakturen. Greifswald 1899: H. Adler. (32 S.) 8°
Greifswald, Med. Diss. v. 24. März 1899

Schlenzka, Kurt, appr. Arzt: Ein Fall von Placentartumor. Greifswald (1909): Adler. 25 S. 8°
Greifswald, Med. Diss. v. 15. Juli 1909, Ref. Henkel
[Geb. 18. Juni 83 Anklam; Wohnort: Anklam; Staatsangeh.: Preußen; Vorbildung: Gymn. Anklam Reife O. 03; Studium: München 3, Greifswald 3, Berlin 1, Greifswald 3 S.; Coll. 17. Juni 09; Approb. 14. Juni 09.] [U 09. 1499

Schlepckow, Friedrich, approb. Arzt aus Suckow (Mecklenburg-Schwerin): Die Augenheilkunde des Alcoatim a. d. J. 1159. (T. 3.) (Ins Deutsche übers.) *Berlin (1899): G. Schade.* (31 S.) 8°
Berlin, Med. Diss. v. 9. Juni 1899

Schlepe, Hermann (Bremen) A. S. 2/16

Dissertatio inauguralis juridica de jure officiorum et officialium. Präs. Johann Paul Kress. Helmstedt (Schnorr) 13. X. 1732. 108 S.

W. v.: Präs. 30588

Schlepegrell, A., geistliche Lieder f. Frauen- u. Kinderchöre, vierstimm. gesetzt. 1. Tl. gr. 8. (92 S.) Potsdam 896. Bonneß & Hachfeld. n. — 80

von Schlepegrell, Gustav: Beiträge zur Vergleichenden Anatomie der Tubifloren ... (Aus: Bot. Centralblatt 1892 Bd XLIX.) Cassel, Druck v. Gebr. Gotthelft, 1892; 62 S., 4 Taf. 8.
Erlangen, Phil. Fak., Inaug.-Diss. v. 1892

von Schlepegrell, Harry [aus Göttingen]: Trikresol Schering und Kresolum purum liquefactum Nördlinger als Desinfectionsmittel ... Göttingen, Druck d. Dieterich'schen Univ.-Buchdr., 1895; 24 S. 8.
Göttingen, Med. Fak., Inaug.-Diss. v. [6. März] 1895

Schlepégrell, I. A. L. de, sur la plus grande équation du centre des orbites planétaires. [illegible] Hannover, Hahn. 801.

[illegible] Kanzlei- u. [illegible] Ordnung.

Schlepegrell, Johannes, approb. Arzt aus Uelzen: Über Tuberkulose der Mundhöhle. *Göttingen 1902: L. Hofer.* (25 S.) 8°
Göttingen, Med. Diss. v. [12. Mai] 1902

Schlepegrell, Johs., über Tuberkulose der Mundhöhle. Diss. gr. 8. (27 S.) Göttingen 902. (Vandenhoeck & Ruprecht.) n. — 80

Schlepegrell, Jul., Beiträge zur Lehre von den intrathoracischen Sarcomen. Inaugural-Dissertation. gr. 8. (45 S.) Göttingen 881, (Vandenhoeck und Ruprecht's Verlag.) * 1 20

Schlepper, was habt ihr gegen das blaue Kreuz? Vortrag. Hrsg. vom schleswig-holstein. Prov.-Verband des „Blauen Kreuzes". gr. 8. (15 S.) Neumünster 899. (Buchh. des schleswig-holstein. Schriften-Vereins.) n. — 20

Schlepper, Heinr., Fibel zum Lesen u. Schreiben nach dem Lautbestande der Silben u. den Schwierigkeiten der deutschen Lautbezeichnung geordnet. In Uebereinstimmung mit der vom Königl. Ober-Schulcollegium zu Hannover veranstalteten Anleitung zur deutschen Rechtschreibung. Lüneburg 860. Herold & Wahlstab. 12. (48 S.) nn. 1½ ngr.

Schlepper, Heinr., Fibel zum Lesen und Schreiben nach dem Lautbestande der Silben und den Schwierigkeiten der deutschen Lautbezeichnung geordnet. 2., durch Aufnahme von Currentbuchstaben verm. Aufl. 8. (48 S. mit eingedr. Holzschn.) Lüneburg 863, Herold und Wahlstab'sche Buchh. * *

Schlepper, Heinr., Fibel zum Lesen und Schreiben, nach dem Lautbestande der Silben und den Schwierigkeiten der deutschen Lautbezeichnung geordnet. 3.—5. Aufl. 8. (48 S. mit eingedr. Holzschn.) Lüneburg 867—76, Herold und Wahlstab'sche Buchh.

Schlepper, Heinr., Fibel zum Lesen u. Schreiben, nach dem Lautbestande der Silben u. den Schwierigkeiten der deutschen Lautbezeichnung geordnet. 6., verb. u. verm. Aufl. Vorstufe zu dem Lesebuche von Schlepper, Dorenwell, Henckel u. Vollmer. gr. 8. (IV, 60 S. mit eingedr. Holzschn.) Hildesheim 879. Gerstenberg. n. — 20

Schlepper, Heinr., Fibel zum Lesen und Schreiben, nach dem Lautbestande der Silben und den Schwierigkeiten der deutschen Lautbezeichnung geordnet. 7. Aufl. in der Kurrentschrift verb., durch Zeichenvorlagen verm. und mit der für die preuß. Schulen angeordneten Rechtschreibung in Uebereinstimmung gebracht. Vorstufe zu dem Lesebuche von Schlepper, Dorenwell, Henckel und Vollmer. gr. 8. (60 S. mit 4 Stnt.) Hildesheim 880, Gerstenberg'sche Buchh. * — 30

Schlepper, Heinr., Fibel zum Lesen und Schreiben nach dem Lautbestande der Silben und den Schwierigkeiten der deutschen Lautbezeichnung geordnet. Vorstufe zu dem Lesebuche von Schlepper, Dorenwell, Henckel und Vollmer. 13. verb. Aufl. gr. 8. (IV, 64 S. mit Abbild.) Hildesheim 886, Gerstenberg'sche Buchh. * 30 Pf.; geb. **

—— dass. — 13. und 14. unveränd. Aufl. [Ausg. B.] Mit den Schreibformen des für die Seminare der Provinz Hannover und für die Schulen des Reg.-Bez. Hildesheim vorgeschriebenen „Normal-Duktus". gr. 8. (IV, 64 S. mit Abbild.) Ebendas. 887,88. * 30 Pf.; geb. **

Schlepper, H., Fibel zum Lesen u. Schreiben, nach dem Lautbestande der Silben u. den Schwierigkeiten der deutschen Lautbezeichng. geordnet. 16. Aufl. Im Auftrage d. Pestalozzi-Vereins Hildesheim bearb. v. Kreipe, Bode II. u. Langemann. gr. 8. (60 S. m. Abbildgn. u. 4 Taf.) Hildesheim 890. Gerstenberg. n. — 30; geb. n. — 50

Schlepper, Heinr. Fibel zum Lesen u. Schreiben, nach dem Lautbestande der Silben u. den Schwierigkeiten der deutschen Lautbezeichng. geordnet. 19. Aufl. Im Auftrage des Pestalozzi-Vereins Hildesheim bearb. von A. Kreipe, K. Bode u. L. Langemann. gr. 8. (60, IV S. m. Abbildgn.) Hildesh. 892, Gerstenberg. * — 30; geb. ** — 50

Schlepper, Heinr., Fibel zum Lesen u. Schreiben, nach dem Lautbestande der Silben u. den Schwierigkeiten der deutschen Lautbezeichng. geordnet. 23. unveränd. Aufl. Im Auftrage des Pestalozzi-Vereins Hildesheim bearb. v. A. Kreipe, K. Bode u. L. Langemann. gr. 8. (64 S. m. Abbildgn.) Hildesheim 894. Gerstenberg. n. — 30; geb. n.n. — 50

Schlepper, Heinr., Fibel z. Lesen u. Schreiben, nach d. Lautbestande d. Silben u. d. Schwierigkeiten der deutschen Lautbezeichng. geordn. 25., unveränd. Aufl. Im Auftr. d. Pestalozzi-Vereins Hildesheim bearb. v. A. Kreipe, K. Bode u. L. Langemann. gr. 8. (60 S. mit Abb. u. 4 Taf.) Hildesheim 895. Gerstenberg. n. — 30; Einbd. n.n.n. — 20

[F.] Fibel zum Lesen und Schreiben, nach dem Lautbestande der Silben und den Schwierigkeiten der deutschen Lautbezeichnung geordnet v. **Heinrich Schlepper**, weil. Schulinsp. z. Hildesheim. 28. durchges. Aufl. Im Auftr. der Lehrer- Witwen- und Waisenkasse f. Hannover-Hildesheim bearb. v. d. Lehrern A. Kreipe in Hildesheim, K. Bode in Hildesheim u. L. Langemann in Bierbergen. *Hildesheim: Gerstenberg 1897.* (60, IV S.) 1 Bd 8. [illegible]

[F.] Fibel zum Lesen und Schreiben, nach dem Lautbestande der Silben u. den Schwierigkeiten der deutschen Lautbezeichnung geordnet v. **Heinrich Schlepper**, weil. Schulinsp. zu Hildesheim. 29. durchges. Aufl. .. bearb. v. d. Lehrern A. Kreipe in Hildesheim, K. Bode in Hildesheim u. L. Langemann in Bierbergen. *Hildesheim: Gerstenberg 1898.* (60, IV S.) 1 Bd 8. [illegible]

[F.] Fibel zum Lesen und Schreiben, nach dem Lautbestande der Silben und den Schwierigkeiten der deutschen Lautbezeichnung geordnet v. **Heinrich Schlepper**, weil. Schulinspektor zu Hildesheim. 30. durchges. Aufl. Im Auftrage d. Lehrer-Witwen- u. Waisenkasse f. Hannover-Hildesheim bearb. v. d. Lehrern A. Kreipe in Hildesheim, K. Bode in Hildesheim und L. Langemann in Bierbergen. *Hildesheim: Gerstenberg 1898.* (60, IV S.) 1 Bd 8. [illegible]

Fibel zum Lesen und Schreiben ... von **Heinrich Schlepper**, weil. Schulinsp. zu Hildesheim. 31. durchges. Aufl. Bearb. von d. Lehrern A. Kreipe in Hildesheim, K. Bode in Hildesheim u. L. Langemann in Bierbergen. *Hildesheim: Gerstenberg 1898.* (60, IV S.) 8° [F.] [illegible]

F i b e l zum Lesen und Schreiben nach d. Lautbestande d. Silben u. den Schwierigkeiten d. deutschen Lautbezeichnung geordnet von Heinrich **Schlepper**, weil. Schulinsp. zu Hildesheim. 32. Aufl. Im Auftr. d. Lehrer-Witwen- u. Waisenkasse f. Hannover-Hildesheim bearb. v. d. Lehrern A. Kreipe u. K. Bode in Hildesheim. Hildesheim: Gerstenberg 1899. (60 S.) 8°

Schlepper, Heinr., Fibel zum Lesen u. Schreiben, nach dem Lautbestande der Silben u. den Schwierigkeiten der deutschen Lautbezeichnung geordnet. 37. Aufl. Bearb. v. A. Kreipe u. K. Bode. Mit Bildern v. Flinzer. gr. 8. (68 S.) Hildesheim 902. Gerstenberg. n. — 30; geb. n. — 50

Schlepper, Heinr., Fibel zum Lesen u. Schreiben, nach dem Lautbestande der Silben u. den Schwierigkeiten der deutschen Lautbezeichnung geordnet. 38. Aufl. Bearb. v. A. Kreipe u. K. Bode. Mit Bildern v. Flinzer. Nach der neuesten amtl. Rechtschreibg. (68 S.) gr. 8. Hildesheim 902. Gerstenberg. n. — 30; geb. n.n. — 50

—— aus der Geschichte der Stadt Lauenburg a. d. Elbe. Der Bürgerschaft Lauenburgs zur Erinnerung an die vor 700 Jahren 1181 geschehene Erbauung der „Lowenborch" gewidmet. gr. 8. (32 S.) Lauenburg 881. (Ratzeburg, Schmidt.) ** — 50

— s. a. Lesebuch, hannoversches.

—— K. Dorenwell, J. Henckel u. W. Vollmer. Hannoversches Lesebuch f. mehrklassige Volks- u. Bürgerschulen. 3 Tle. Mit Bildern. gr. 8. Hannov., Meyer. * 2 50; geb. * 3 45

1. Unterstufe. 7. Aufl. (VIII, 120 S.) 892. * — 50; geb. * — 75.
2. Mittelstufe. 6. Aufl. (VIII, 200 S.) 890. * — 75; geb. * 1 05.
3. Oberstufe. 10. Aufl. (XVI, 467 S.) 890. * 1 25; geb. * 1 65.

— K. **Dorenwell, J. Henckel** u. **W. Vollmer,** hannoversches Lesebuch f. mehrklassige Volks- u. Bürgerschulen. Mit Bildern v. namhaften Künstlern. (In 3 Tln.) 1. u. 3. Tl. gr. 8. Hannover, C. Meyer. n. 1. 80; geb. n. 2. 45

1. Unterstufe. 12. Aufl. (VII, 128 S.) 894. n. — 55; geb. n.n. — 80
3. Oberstufe. 11. Aufl. (XVI, 460 S. m. Abbildgn.) 893. n. 1. 25; geb. n.n. 1. 65

— K. **Dorenwell, J. Henckel** u. **W. Vollmer,** hannoversches Lesebuch f. mehrklass. Volks- u. Bürgerschulen. (In 3 Tln.) M. Bild. v. namhaften Künstlern. 1. u. 2. Tl. gr. 8. Hannover 898. C. Meyer. n.n. 1. 30; geb. in Halbldr. n.n. 1. 85

1. Unterstufe. 13. ster. Aufl. (VII, 128 S.) n.n. — [illegible]; geb. n.n. — 80
2. Mittelstufe. 9. Aufl. (VIII, 199 S.) n.n. — 75; geb. n.n. 1. 05

Hannoversches Lesebuch für mehrklassige Volks- und Bürgerschulen. In 3 Tln. Bearb. von [H]einrich Schlepper, K. Dorenwell, J. Henckel u. W. Vollmer. Mit Bildern v. namhaften Künstlern. 14. stereot. Aufl. T. 1. *Hannover: [illegible]* 1899. 8° [F.] [illegible]

— K. **Dorenwell, J. Henckel** u. **W. Vollmer,** Hannoversches Lesebuch für mehrklassige Volks- u. Bürgerschulen. (In 3 Tln.) Mit Bildern v. namhaften Künstlern. 1. u. 2 Tl. gr. 8. Hannover 902. C. Meyer. n.n. 1.65; geb. n.n. 2 30

1. Unterstufe. 17. ster. Aufl. (VII, 128 S.) n.n. — [illegible]; geb. n.n. — 80
2. Mittelstufe. 12. Aufl. (XII, 325 S.) n.n. — 1.10; geb. n.n. 1.50

— — — — dasselbe. Ausg. B I. 3. Tl. Oberstufe. 13. ster. Aufl. gr. 8. (XII, 452 S.) Ebd. 899. n. 1.40; geb. n.n. 1.80

— K. Dorenwell, J. Henckel u. W. Vollmer, hannoversches Lesebuch f. mehrklassige Volks- u. Bürgerschulen. In 3 Tln. Mit Bildern v. namhaften Künstlern. (Neue Rechtschreibg.) 8. Hannover 906. C. Meyer. n.n. 3. —; geb. n.n. 4. 10
1. Unterstufe. 20. ster. Aufl. (VII, 128 S.) — 55; geb. — 80
2. Mittelstufe. 16. Aufl. (XII, 328 S.) 1. 10; geb. 1. 50
3. Ausg. B I. Oberstufe. 17., ster. Aufl. (XII, 452 S.) 1. 35; geb. 1. 80

Schlepper, H., K. Dorenwell, J. Henckel u. W. Vollmer, hannoversches Lesebuch f. mehrklassige Volks- u. Bürgerschulen. In 3 Tln. Mit Bildern v. namhaften Künstlern. (Neue Rechtschreibg.) 8. Hannover 907. C. Meyer. nn 3.—; geb. nn 4. 10
1. Unterstufe. 21. ster. Aufl. (VII, 128 S.) nn — 55; geb. nn — 80
2. Mittelstufe. 17. Aufl. (XII, 328 S.) nn 1.10; geb. nn 1. 50
3. Ausg. B I. Oberstufe. 18. ster. Aufl. (XII, 452 S.) nn 1. 85; geb. nn 1. 80

Schlepper, H., s.: Lesebuch f. Volksschulen.

—— s. Lesebuch für mehrklassige Volks- und Bürgerschulen.

—— die Lutherfeier der evangelischen Bürgerschule zu Hildesheim am 10. Novbr. 1883. Beschreibung der Feier und Festpredigt des Hrn. Hahn. gr. 8. (32 S.) Hildesheim 884, Gude. cart. * — 40

— Schreiblese-Fibel nach dem Lautbestande der Silben u. den Schwierigkeiten der deutschen Lautbezeichnung geordnet. In Uebereinstimmung mit der vom Königl. Ober-Schulcollegium zu Hannover veranstalteten Anleitung zur deutschen Rechtschreibung. Ebend. 860. 12. (64 S.) nn. 3 ngr.

—— Schreiblesefibel nach dem Lautbestande der Silben und den Schwierigkeiten der deutschen Lautbezeichnung geordnet. 2., im Currenttext verm. Aufl. 8. (48 S. mit eingedr. Holzschn. und 16 lithogr. S.) Lüneburg 863, Herold und Wahlstab'sche Buchh. * * 2½ Ngr.; geb. * *

—— Schreiblesefibel, nach dem Lautbestande der Silben und den Schwierigkeiten der deutschen Lautbezeichnung geordnet. 6. verm. und verb. Aufl., in Anlehnung an die Normalwörtermethode neu bearb. Vorstufe zu dem Lesebuche von Schlepper, Dorenwell, Henckel und Vollmer. gr. 8. (96 S. mit eingedr. Holzschn.) Hildesheim 882, Gerstenberg'sche Buchh. * — 45

Schlepper, Heinr., Wandfibel. 9 Steintaff. Lüneburg 866. Herold & Wahlstab'sche Buchh. gr. Fol. n. 20 ngr.

Schlepptleid, das, e. Kleinigkeit in 100 Kapit. v. Fr. Lann. (Fr. A. Schulz.) 8. Berlin, Sander. 803.

Schlepps, Fritz, die Decimalbrüche. 2. Aufl. 8. (50 S.) Leipzig 882, Scholtze. * — 80
1. Aufl. erschien im Selbstverlage des Verfassers.

—— die Logarithmen. gr. 8. (48 S.) Greifenberg i. Pr. 882. (Leipzig, Scholtze.) * 1 50

Schlepps, F., August Reichensperger u. die christlich-germanische Baukunst. gr. 8. Greifenberg i. P. 884. (Leipzig, Scholtze.) n. 2. —

Schlepzig [Schlagwort]

Schlepzig, s.: Mark.

Schlepzig, s.: Preussen. Messtischblätter.

Schlereich, F. H., Adelheid. Drama in 5 Aufzügen. (96 S.) 8. Berlin (905). Harmonie. n. 2. —

Schlereth, v., die russische Instruktion über das Selbsteingraben der Infanterie mit dem kleinen Spaten, s. Beiheft zum Militär-Wochenblatt.

Schlereth, Präsident, s. Verzeichniß der zum Kurfürstenth. Hessen gehör. Städte.

Schlereth, F. [aus Gossmannsdorf in Baiern (Unterfranken)]: Aus d. patholog. Institute zu Kiel. Zwei Fälle von primärem Lungenkrebs. . . . Kiel, Druck v. Schmidt & Klaunig, 1888; 41 + 1 S. + 1 Bl. 8°
Kiel, Med. Fak., Inaug.-Diss. v. 24. Dez. 1888

Schlereth, F., zwei Fälle v. primärem Lungenkrebs. Inaug.-Diss. gr. 8. (41 S.) Kiel 888. (Lipsius & Tischer.) n. 1. 60

v. *Schlereth*, Frz. Ant., Dispensatorium Fuldense, cum tabb. aen. 8maj. Frankf. a. M. 787. Ed. II. 791. Brönner. 1 ꝑ 4 ℊ Schrbp. 1 ꝑ 12 ℊ

Franz Anton von Schlereth

Dispensatorium Fuldense tripartitum tam patriae usibus quam saeculi moderni genio accommodatum a Francisco Antonio [von] Schlereth. Fuldae: Verf. 1787: Stahel. XVI,327 S. 8°

Schlereth, H. W., die Kreis-Haupt- und Universitätsstadt Würzburg und ihre Umgebungen. Kurzer, aber genauer Wegweiser für Fremde und Einheimische. Nach authent. Quellen bearb. 16. (VII, 158 S.) Würzburg 882, (Bucher.) — 60

Schlereth, I. B., institutiones medicae. 4. Francf. Fleischer. 741.

Schlereth, Johann Burckhard: Dissertatio... anatomico-physiologica de usu partium. Diss. 59 S., gbd.

Herbipolis: typ.Engmann 1726

JB 990

Schlerka, Alfred: Rückblicke auf die Demostheneslektüre. S. 3 bis 39. 8. Progr. K. k. Gymn. *Znaim* 1905.

Schlern [Schlagwort]

Schlern. Simon, S., Karte des Schlern u. der Rosengartengruppe. Hrsg. v. deutschen u. österreich. Alpenverein. 1 : 25,000. 60,5×47 cm. Lith. München 898. J. Lindauer. n. 4. —

Schlernbahn, Die. Herausgegeben vom Aktionskomitee der Schlernbahn (Bozen). Bozen 1909. V: *Wolff, Carl Felix.* (EB)

Schleschka, Jos., praktische Beispiele aus der darstellenden Geometrie, s.: Wildt, Jos.

— Lehrbuch d. Mechanik f. den Gebrauch an Werkmeisterschulen und gleichartig organisierten techn. Lehranstalten. Enth. 292 Textfig. u. viele praktische Beispiele. (VII, 304 S.) gr. 8. Wien 907. A. Pichler's Wwe. & Sohn. Geb. 5. —

Schleschka, Jos., Leitfaden f. den Unterricht in der Geometrie u. Projektionslehre, s.: Wildt, Jos.

— Vorlagen f. geometrisches Zeichnen an allgemein-gewerblichen Fortbildungsschulen, m. Benützg. der Arbeiten von Jos. Wildt. (30 Taf.) 53×40 cm. Mit Textheft. (10 S.) gr. 8. Ebd. 909. In Mappe 10. —

Schlesicke: Von den Versuchen, die bisher gemacht sind, die Höhe unserer Atmosphäre zu bestimmen. 15 S. –Luckau, Progr. 1860

Schlesicke, W., Leitfaden für den ersten arithmetischen Unterricht in mittleren Gymnasialklassen. 8. (VII und 117 S.) Potsdam 856, Riegel'sche Buchh. * —

Schlesien [Sachliches OW]

Schlesien. Specialkarte v. Oesterreich: Bearbeitet von dem k. k. Ingenieurgeographen C. Czermak und M. Hanser. Masstab 1:28800. Quer-Folio. Farbendruck. In 4 Bl. zusammengelegt. Troppau, Buchholz & Diebel. 1 fl.

Schlesien. etc. 3te Ausgabe. Neustich seit 1868. Im Erscheinen. Bis jetzt 4 Bl.

Schlesien. Illustrierte Monatsschrift zur Pflege heimatl. Interessen. Hrsg. unter Mitwirkung von Paul Albers, P. Andorf, C. Bayer u. a. Schriftleitung: B. Clemenz. Oktbr. 1907—Septbr. 1908. 12 Nrn. (IV, 508 S. m. 30 Taf.) Lex. 8. Kattowitz, Phönix-Verlag. 12. —

— dasselbe. Illustr. Zeitschrift f. d. Pflege heimatl. Kultur. Zeitschrift des Kunstgewerbevereins für Breslau u. die Prov. Schlesien. Verantwortlich: Für Kunst u. Kunstpflege: Buchwald, f. schles. Chronik u. Schlesien: Alex. Kirchner. 2.—4. Jahrg. Oktbr. 1908—Septbr. 1911. à 24 Hefte. (2. u. 3. Jahrg. VIII, 628 u. VIII, 658 S. m. Abb. u. 45 u. 42 Taf.) Lex. 8. Ebd. à Jahrg. 12. —

Schlesien, Das befreyte. Breslau 1748. V: *Stöckel, Chris. Gottlob.* (Auct. Perl 25/615) (HONNICH 9/1833) (BIBLPORT)

Schlesien, das erfreute, 3 Thle. 4. Breslau, W. G. Korn. 746.

— das Gelehrte, od. Anzeiger schlesischer Schriftsteller (v. J. D. Wolf). 16 Stck. 4. Bresl. 763. Horn. 3 ℛ Zusatz 4. Ebd.

Schlesien, Das gelehrte, Oder: Anzeigen alter und neuer Schlesischer Schriftsteller und ihrer . . . Schriften . . . Breslau 1764. V: *Wolf, Johann David.* (MGT) (NENT) (KY) (PETZ)

Schlesien, Das Glückselige: oder, Die unvergleichlichen Helden-Thaten des . . . Kaysers Carls des VI. . . . Leipz. 1719. V: *Sommer, Frdr. Wilhelm.* (BRMM)

Schlesien von, vor und seit dem Jahr 1740. Freiburg [Breslau] 1785. V: *Klöber und Hellscheborn, Carl Ludw. von.* (WR) (ADB) (Cat. d. Stadtbibl. Zürich. Zürich 1864—97.)

Schlesien von, vor u. seit d. Jahren 1740 (v. K. L. v. Klöber). 2 Thle. gr. 8. (Bresl.) 785. 2e Ausg. 788. W. G. Korn. 2 ℛ

— das Königreich, s.a. F. W. v. Sommersberg.

— ein Königreich, a. d. nachgel. Schriften F. W. v. Sommersberg. gr. 8. Breslau, W. G. Korn. 784.

Schlesien, die Provinz, in 1 Provinz- u. 3 Regierungsbezirkskarten. Lith. u. col. Mit Randtext. Erfurt 845, Müller'sche Buchh. 2/3 ℛ

Schlesien, die Prov. Heimatskunde für den Elementar-Unterricht. Bearb. von prakt. Schulmännern. Nebst e. Anh.: Einiges aus der Volkswirtschaftslehre u. der Gesetzeskunde. gr. 8. (44 S. m. 1 farb. Karte v. Schlesien.) Neustadt O.-Schl. 891, Heinisch. * — 25

Schlesien in Sage und Brauch. Geschildert von Philo vom Walde. Mit einem Vorwort von Carl Weinhold. gr. 8. (XII, 160 S.) Berlin 883, A. Senff. * 3 —

Schlesien in seinem ganzen Umfange. s.a. Herschel, C. M.,

— in seinem ganzen Umfange; als Preußisch-, Oesterreichisch- u. ehemal. Neu-Schlesien, oder: alphabet. geordnetes Verzeichniß aller in ganz Schlesien liegenden Städte, Marktflecken, Dörfer, Colonien, Vorwerke rc. (v. Chr. M. Herschel). Auch mit d. Umschlags-Titel: Neues, vollständ. Dörfer-Verzeichniß v. Schlesien. 8. Bresl. ... N. A. 818 u. 823. W. G. Korn. 12 gℛ

Schlesien wie es ist, von einem Österreicher. Berlin 1806. V: *Veith, Xav. Aug. & Frz Anton Ender.* (Nowack, Schles. Schriftst.-Lex. Breslau 1836—43. IV, 167.) (GGR VI, 779) **nicht:** *Cölln, Gg Friedrich Wilibald von.* (LVS) (NENT) (ENGG) (KY)

— wie es ist. (Von Fr. v. Cölln). 3 Bde. 8. Berl. 806. Duncker u. H. 2 ℛ (NB. Meusel giebt irrigerweise d. Buchhändler Hrn. Frölich als Verfasser an).

Schlesien [Schlagwort]

– s.a. Bergbau

– s.a. Böhmen

— s.a. Eisenbahnkarten.

— s. a.: Generalkarten. Flemming.

– s.a. Handkarten.

– s.a. Hand-u. Reisekarten. 14.

– s.a. Hand- und Reise karten. 27.

– s.a. Heimatskärtchen. 25-27.

– s.a. Heimatskarten.

– s.a. Geologische Karten. Gürich, G.

– s.a. Geologische Karten. Magerstein.

— s.a. Mähren.

– s.a. Nationalitätenkarten.

– s.a. Oesterreich - Ungarn, Artaria.

– s.a. Radfahrerkarten. Freytag.

– s.a. Radfahrerkarten. Junghans.

– s.a. Radfahrerkarten. Universal-Automobilkarte.

– s.a. Regenkarten.

Schlesien, s.a. Reichsratswahlkarte.

Schlesien, s.a. Sprachenkarten.

– s.a. Sudeten.

– s.a. Verkehrskarten. Ebbecke.

Schlesien, Prov. Adamy, Heinr., Wand-Karte v. Schlesien, besonders m. Berücksicht. der physikalischen Verhältnisse, zunächst f. den Schulgebrauch entworfen. 9., verb. Aufl. 9 Blatt. Farbendr. 87,5×49 cm. Breslau 891. E. Trewendt. n. 9. —

Schlesien — Top. Atlas der Provinz — Vom K. Pr. Generalstabe. 100,000. Aeltere Aufnahmen 1815—20, theilweise mit Strassennachträgen. 47 Bl.

Schlesien, Herzogth. Czermak, E., u. M. Hauser, Specialkarte v. Oesterreichisch-Schlesien. 1 : 288,000. 8., rev. u. durch Einzeichng. des Terrains, sowie neuer Strassen u. Eisenbahnen verm. Aufl. 46×63 cm. Lith. u. kolor. Troppau 894. Buchholz & Diebel. n. 2. —

Schlesien, Prov. Eckert, Max, Heimatskarte der Prov. Schlesien. 1 : 1,000,000. 27×42,5 cm. Farbdr. Halle (902). H. Schroedel. n.n. — 12

Schlesien, Prov. Gaebler, E., Heimatskarte d. Prov. Schlesien, physikalisch u. politisch. [Aus: „G., Schulhandatlas".] 1 : 1,750,000. 2 Seiten à 17 × 23,5 cm. Farbdr. Leipzig 897. G. Lang. n. — 10

— — Schul-Handkarte d. Prov. Schlesien. 1 : 1,500,000. 19 × 25,5 cm. Farbendr. Neustadt, O.-Schl., 895. Frz. Heinisch. — 15

Schlesien. Gaebler, Ed., Schulwandkarte der Provinz Schlesien. 1 : 300,000. 4 Blatt. Chromolith. Imp.-Fol. Neustadt O/S. 889. Heinisch. 6. —; auf Leinw. m. Stäben 12. —

— — Schul-Wandkarte der Prov. Schlesien. 1 : 300,000. 4 Blatt. 2. Aufl. à 46,5 × 68,5 cm. Farbendr. Ebd. 895. 6. —; auf Leinw. m. Stäben 12. —

— Gaebler's, Ed., Schul-Wandkarte d. Prov. Schlesien. 1 : 300,000. 3. Aufl. 4 Blatt à 47×69 cm. Farbdr. Neustadt O/Schl. (901). Frz. Heinisch. 6. —; auf Leinw. m. Stäben 12. —

Schlesien, Prov. Gaebler, Eduard, Schul-Wandkarte der Prov. Schlesien. 1 : 300,000. 4. Aufl. 4 Blatt à 47×69 cm. Farbdr. Neustadt O/Schl. (905). Frz. Heinisch. n. 6. —; auf Leinw. m. Stäben n. 12. —

Schlesien, Prov. Gaebler, Eduard, Schul-Wandkarte der Prov. Schlesien. 1 : 300,000. 5. Aufl. 4 Blatt à 47×68,5 cm. Farbdr. Neustadt i/Oberschles. (908). F. Heinisch, Verl. 6. —; auf Leinw. m. Stäben 12. —

Schlesien — Generalcharte von — nach etc. entworfen von F. L. Gussefeld. Nurnberg bey den Homännischen Erben 1806. 1 : 760,000 1 Bl.

— Handtke, F., General-Karte der Prov. Schlesien. Nach den neuesten Materialien entworfen u. gezeichnet. 1 : 510,000. Rev. u. ergänzt im kartograph. Institut der Verlagshandlg. Chromolith. Imp.-Fol. Glogau 889. Flemming. n. 1. —; auf Leinw. in Kaliko-Karton n. 2. 50

— Handtke, F., General-Karte der Prov. Schlesien. 1 : 510,000. 37. Aufl. 63×84 cm. Farbendr. Glogau 893. C. Flemming. n. 1. —

— Handtke, F., General-Karte der Prov. Schlesien. 1 : 510,000. 41. u. 42. Aufl. 57 × 68 cm. Farbendr. Glogau 895. C. Flemming. n. 1. —

Schlesien, Prov. Handtke, F., Schul-Wandkarte der preuss. Prov. Schlesien. 1 : 330,000. 8. Aufl. 6 Blatt. Farbendr. 38×45 cm. Glogau 891. C. Flemming. 2. 50; auf Leinw. in Mappe n. 5. 50; m. Stäben n. 6. 50; m. polirten Stäben n. 7. 50

— Helwig's, M., erste Land-Charte vom Herzogth. Schlesien. 1561. 4 Blatt. qu. gr. Fol. Breslau 889. Lesser. n. 4. 50

— Karte d. oberschlesischen Bergwerks-Areals, s.: Bergbau.

Schlesien — Charte von der Preussischen Provinz — und von dem österreichischen Antheile an Schlesien oder den mährischen Kreisen Troppau und Teschen entworfen und gezeichnet von F. W. Streit, K. Preuss. Hauptm. der Artillerie. Nurnb. im Verlage bey Fried. Campe 1824. 1 : 580,000. Auf demselb. Blatte: Das Riesengebirge. 1 : 190,000 1 Bl.

— Karte des schlesischen Gebirges. Beilage der Schlesischen Zeitung. 1 : 150,000. 83×95,5 cm. Farbdr. Breslau (905). (W. G. Korn.) n. 1. 50

Schlesien — Charte von der K. Preussischen Provinz — entworfen von C. F. Weiland. Weimar im Verlage des geogr. Instituts. 1825. 1 : 670,000. 1 Bl.

Schlesien — Charte von — und Maehren etc. Nach Murdochischer Projection entworfen, nach den neuesten Best. etc. berichtigt u. revid. auf der Sternwarte zu Prag und Seeberg bey Gotha. Gezeichnet von F. L. Güssefeld. Weimar im Verlage des geograph. Instituts. 1809. 1 : 800,000. 1 Bl.

Schlesien — Charte von — Mähren und der Lausitz. Nach etc. entworfen. Augsburg bey Johannes Walch 1805. 1 : 800,000. 1 Bl.

— Karte der Prov. Schlesien. 1 : 300,000. Mit 3 Spezialkarten: Industriebez. Oberschlesien. 1 : 150,000, Industriebez. Niederschlesien 1 : 150,000, Breslau u. Umgegend 1 : 100,000. 87×137,5 cm. Farbdr. Breslau (908). W. G. Korn. In Karton 10. —; auf Leinw. n 13. —; m. Stäben n 15. —

— Kober, Rud., Schulhandkarte des Herzogth. Schlesien. 1 : 500,000. 24×35 cm. Farbendr. Wien 894. E. Hölzel. — 18

Schlesien, Herzogt. Kober, Rud., Schulwandkarte des Herzogt. Schlesien. 1 : 100,000. 4 Bl. à 60×88 cm. Farbdr. Wien 909. G. Freytag & Berndt. Auf Leinw. m. Stäben nn 25. —

— Küntzel, Uebersichts- u. Verkehrs-Karte d. oberschlesischen Industrie-Bezirks. 1 : 200,000. Farbendr. Nebst e. Verzeichniss, enth. sämmtl. Bergwerks- u. Hütten-Anlagen Oberschlesiens (am Rande). Nach den neuesten Materialien entworfen u. gezeichnet. Imp.-Fol. Beuthen O/S. 890. Waeldner. n. 1. 50

— Leeder, E., physikalische Karte der Prov. Schlesien. Für den Schulgebrauch entworfen und gezeichnet. 1 : 950,000. 3. Aufl. Chromolith. qu. Fol. Görlitz 889. Vierling. n. — 40

— — politische Karte der Prov. Schlesien. 1 : 950,000. Für den Schulgebrauch. 9. Aufl. Chromolith. qu. Fol. Ebd. 890. n. — 40

— Leeder, E., Karte der Prov. Schlesien. Für den Schulgebrauch entworfen u. gezeichnet. 1 : 950,000. 10. Aufl. Farbendr. u. kolor. 34×45,5 cm. Görlitz 891. O. Vierling. n. — 40

— Leeder, E., Karte der Prov. Schlesien. Für d. Schulgebrauch entworfen u. gezeichnet. (Politisch.) 1 : 950,000. 12. Aufl. 34×46 cm. Farbdr. Görlitz 899. Vierling. n. — 40

— Leeder, E., Karte der Prov. Schlesien. Für den Schulgebrauch entworfen u. gezeichnet. (Politisch.) 1 : 950,000. 14. Aufl. 34×46 cm. Farbdr. Görlitz (907). R. Worbs & Co. — 40; physikal. 4. Aufl. (908) — 40

— — Wandkarte der Prov. Schlesien. 1 : 300,000. Für den Schulgebrauch. 3. Aufl., rev. von M. Leeder. 4 Blatt. Chromolith. gr. Fol. Essen 890. Baedeker. n. 4. —; auf Leinw. in Mappe n. 10. 50; m. Stäben n. 12. —

— — Wandkarte der Prov. Schlesien. 1 : 300,000. Für den Schulgebrauch. 4. Aufl., rev. v. M. Leeder. 4 Blatt à 50×68 cm. Farbendr. Essen 893. G. D. Baedeker. n. 4. —; auf Leinw. in Mappe n. 10. 50; m. Stäben n. 12. —

— — Wandkarte der Prov. Schlesien. Für den Schulgebrauch entworfen, gezeichnet u. hrsg. 5. Aufl., rev. v. M. Leeder. 1 : 300,000. 4 Blatt à 52×70 cm. Farbdr. Essen (901). G. D. Baedeker. n. 5. —; auf Leinw. m. Stäben n. 13. —

— Lehmann, C., Verkehrskarte der Prov. Schlesien. Nach amtl. Quellen bis auf die Gegenwart berichtigt v. L. T. Schultz. 1 : 600,000. 5. Aufl. Chromolith. Fol. Nebst e. Verzeichniss, enthaltend sämmtliche Postorte u. wichtigste Angaben üb. dieselben, soweit solche nicht durch Zeichen auf der Karte dargestellt sind. gr. 8. (15 S.) Berlin 888. Berliner Lithograph. Institut. 2. 50

— Liebenow, W., General-Karte v. der königl. preussischen Prov. Schlesien u. den angrenzenden Ländertheilen, nebst Special-Karte vom Riesen-Gebirge u. vom Oberschles. Bergwerks- u. Hütten-Revier. 1 : 400,000. 9. Aufl. 1891. 2 Blatt. Farbendr. 69×55 cm. Breslau, E. Trewendt. n. 5. 40; auf Leinw. in Leinw.-Karton n. 7. 60

— Liebenow, W., Karte der Prov. Schlesien als besond Abdr. aus der Karte v. Mittel-Europa. Ausg. 1896. 1 : 300,000. 80×142 cm. Lith. Hannover 896. H. Oppermann. n. 7. —; politisch kolor. m. Landgerichtsgrenzen n. 7. 50; kolor. in Karton n. 8. —; auf Leinw. in Karton n. 12. —; m. Stäben u. lackiert n. 15. —

— Liebenow's, W., Spezial-Karte der Prov. Schlesien m. angrenzenden Länderteilen, als besond. Abdr. der Karte v. Mittel-Europa. Neu bearb. v. Hans Ravenstein. 1 : 300,000. 84,5×132 cm. Farbdr. Frankfurt a/M. (905). L. Ravenstein. In Decke n. 8. —; auf Leinw. in Decke n. 12. —; m. Stäben n. 15. —

— Mittelbach's, R., neueste Spezialkarte der Prov. Schlesien zum Hand- u. Bureaugebrauch. 1 : 300,000. 85×122 cm. Farbdr. Leipzig (909). Mittelbach. 1. 75

Schlesien, Prov. Priebatsch's Schulwandkarte der Prov. Schlesien. Bearb. u. gezeichnet v. M. Groll. 1 : 200,000. 4 Blatt à 70,5×100 cm. Farbdr. Breslau (907). Priebatsch. Auf Leinw. 15. —

— Richter, Gust., Wandkarte v. Schlesien f. den Schulgebrauch. 1 : 250,000. 6 Blatt à 59,5×55,5 cm. Farbendr. Leipzig 893. G. Lang. n. 10. —; auf Leinw. m. Stäben n. 17. —

Schlesien, Prov. Richter, Gust., Wandkarte v. Schlesien, f. d. Schulgebr. entworfen, gezeichnet u. hrsg. 1 : 250,000. 2. verb. Aufl. 6 Blatt à 59,5×56 cm. Farbdr. Leipzig (901). G. Lang. n. 10. —; auf Leinw. m. Stäben n. 15. —

— Richter, Gust., Wandkarte von Schlesien, für den Schulgebrauch entworfen, gezeichnet u. hrsg. 1 : 250,000. 3., verb. Aufl. 6 Blatt à 59,5×56 cm. Farbdr. Leipzig (904). G. Lang. n. 10. —; auf Leinw. in Mappe od. m. Stäben n. 15. —

— Richter, Gust., Wandkarte v. Schlesien, f. den Schulgebrauch entworfen, gezeichnet u. hrsg. 1 : 250,000. 5. verb. Aufl. 6 Blatt à 59,5×56 cm. Farbdruck. Leipzig (910). G. Lang. 11. —; auf Leinw. m. Stäben 15. —

Schlesien, österr. Roller, Joh., u. Joh. Geo. Rothaug, schlesischer Heimats-Atlas. Stufengang des ersten geograph. Unterrichts an den Volksschulen Schlesiens. Fol. (15 farb. Kartons.) Wien 897. G. Freytag & Berndt. Kart. n.n. 1. —

Schlesien. Specialkarte der oberschlesischen Bergreviere. 1 : 10,000. Nach eigenen Aufnahmen u. anderem amtl. Material kartirt v. dem königl. Oberbergamt zu Breslau. Seither erschienen: Section 2a, b, d, e, g—i, Section 3b, c, e—i, Section 4i, Section 5a, d, g, h, Section 6a—i, Section 7a—i, Section 8c, f, Section 9a, b, d—i, Section 10a—f, h, i, Section 11b, c, e, f, h, i, Section 15a—c, f, Section 16a—d, f, i, Section 32g, h, Section 33i. Lith. Imp.-Fol. Berlin 882—890. Schropp. à Blatt n. 1. 50

In alphabet. Ordnung:

8f. Alt-Gleiwitz. — 3c. Alt-Tarnowitz. — 7e. Alt-Zabrze. — 6g. Antonienhütte. — 15a. Belk. — 6b. Beuthen. — 7i. Bielschowitz. — 7c. Borsigwerk. — 3e. Broslawitz. — 9e. Brzenskowitz. — 11f. Bujakow. — 16a. Chwallenzütz. — 11c. Chudow. — 5d. Czedladz. — 6c. Gross-Dombrowka. — 9i. Dziedzkowitz. — 16f. Eman.-Segen. — 9g. Friedrich-Erdmannshütte. — 33i. Friedrichshütte. — 15f. Gardawitz. — 32h. Georgenberg. — 32g. Georgenberg, Bahnhof. — 7d. Gleiwitz. — 8f. Alt-Gleiwitz. — 16b. Goleow. — 16i. Gottartowitz. — 5a. Grodziec. — 6c. Gross-Dombrowka. — 11f. Gross-Paniow. — 11c. Halemba. — 6h. Heyduk. — 9a. Janow. — 16d. Joykowitz. — 2i. Kamin. — 6a. Karf. — 6i. Kattowitz. — 10c. Kattowitz, Bahnhof. 10a. Kochlowitz. — 6e. Königshütte. — 2e Koslowagora. — 10i. Kostuchna. — 9h. Krassow. — 8c. Laband. — 6f. Laurahütte. — 15c. Ober-Lazisk. — 16c. Lescheziu. — 7h. Makoschau. — 2g. Miechowitz. — 3b. Miedar. — 6d. Morgenroth-Lipine. — 9b. Myslowitz. — 2b. Neudeck. — 15c. Ober-Lazisk. — 11h. Ornontowitz. — 15b. Orzesche. 11f. Gross-Paniow. — 10e. Petrowitz. — 10h. Podlesie. — 11b. Preiswitz. — 16f. Przegenda. — 10b. Radoschau. — 3f. Repten. — 5g. Rosdzin. — 7b. Schakanau. — 7a. Schalscha. — 2h. Scharley. — 4i. Schechowitz. — 10d. Smielowitz. — 5b. Sosnowice. — 3i. Stollarzowitz. — 2a. Tarnowitz. — 3c. Alt-Tarnowitz. — 9f. Tobolla. — 2d. Trockenberg. — 7g. Trynek. — 9d. Wessolla. — 3h. Wieschowa. — 7f. Zabrze-Ruda. — 7e. Alt-Zabrze. — 3g. Ziemientzitz.

Schlesien — Special-Karte der K. Pr. Provinz — und der Grafschaft Glatz. Entw. u. gez. von F. J. Schneider, Oberfeuerwerker. Breslau 1845. Verl. von Grass, Barth & Comp. 300,000. 4 Bl.

Schlesien — Militaerische Uebersichts-Karte von dem Herzogthum — Nach den bewährtesten Hülfsmitteln und astronomisch bestimmten Puncten zusammengetragen und gezeichnet durch den K. K. Hauptmann P. Fr. S... (Soriof). Gestochen v. S. Drechsler. Wien bey Ludwig Maisch 1818. 1 : 380,000. 4 Bl.

— Wilpert, O., neueste Schulkarte der Prov. Schlesien. 1 : 1,500,000. 18,5×28 cm. Farbdr. Gr.-Strehlitz (904). A. Wilpert. — 05

Schlesiens allgemeine und besondere Geschichte 1r Thl. 1e 2e Hälfte. 8. Breslau, Barth. 802.

Schlesien's allgem. u. besond. Geschichte (v. K. E. Günther). 1r Thl. 1e u. 2e Hälfte. 8. Bresl. 802. (Heymann in Glogau). 19 gr

— älteste Geschichte u. Bewohner. gr. 8. Bresl. 783. W. G. Korn. 3 gr

Schlesiens Landesvertretung u. Landeshaushalt von ihren Anfängen bis zur neuesten Zeit. Aus Anlaß des 60-jähr. Regierungs-Jubiläums vom 2. XII. 1908 Sr. Maj. des Kaisers Franz Josef I. hrsg. vom schles. Landesausschusse. Unter Mitwirkg. der schles. Landesämter u. Anstalten bearb. u. red. v. Karl Berthold. 3 Tle. (XVI, 574; XIV, 574 u. 241 S. m. 10 z. Tl. farb. Taf. u. 3 Tab.) Lex. 8. Troppau (909). (Buchholz & Diebel.) nn 15. —

Schlesiens wichtigste Provincial-Gesetze u. Local-Observanzen, mit Berücksichtig. d. betreff. landrechtl. Bestimmungen v. e. chemal. preuß. Justiz-Beamten. 4. (11¼ B.) Breslau 835, Richtersche Buchh.

Schlesiens volkstümliche Überlieferungen. Sammlungen u. Studien der schles. Gesellschaft f. Volkskunde, hrsg. v. Frdr. Vogt. I. Bd. gr. 8. Leipzig, B. G. Teubner. n. 5. 20; geb. in Leinw. n. 6. —

Die schlesischen Weihnachtsspiele. Von Frdr. Vogt. Mit Buchschmuck v. M. Wislicenus, sowie 4 Gruppenbildern der Betzdorfer Weihnachtsspiele. (XVI, 500 S.) 901.

Schlesien's volkstümliche Ueberlieferungen. Sammlungen u. Studien der schles. Gesellschaft f. Volkskunde, begründet v. Frdr. Vogt, hrsg. v. Thdr. Siebs. II. Bd. 1. u. 2. Tl. 8. Leipzig, B. G. Teubner. à n. 5. 20; geb. in Leinw. à n. 6. —

1. Sitte, Brauch u. Volksglaube in Schlesien. Von Paul Drechsler. I. Mit Buchschmuck v. M. Wislicenus. (XIV, 340 S.) 203.
2. Dasselbe. II. Mit Buchschmuck v. Ellen Siebs. (XII, 343 S.) 906.

Schlesiens Vorzeit in Bild u. Schrift. Namens des Vereins für das Museum schles. Alterthümer hersg. von Herm. Luchs. Jahrg. 1866—1869. Breslau, Trewendt. gr. 4. [1866. (58 S. mit eingedr. Holzschn. u. 13 Steintaff., wovon 1 in Buntdr.), 1867. (36 S. mit 4 Steintaff., wovon 1 in Tondr., in gr. 4. u. Fol.), 1868. (70 S. mit 5 lith. Bildtaff. u. 3 eingedr. Holzschn.), 1869. (45 S. mit 5 lith. Bildtaff., wovon 1 in Buntdr., in Fol. u. Imp.-Fol.)] Jeder Jahrg. n. 1 ₰

Schlesiens Vorzeit in Bild u. Schrift. Namens d. Vereins f. das Museum schles. Alterthümer hrsg. v. Herm. Luchs. Bd. 2. (Jahrg. 1870.) 1—12. Hft. Mit 18 (lith.) Bildtaf. (wovon 1 in Buntdr.) u. mehreren (eingedr.) Holzschn. 4. (1—11. Hft. S. 1—246.) Breslau 870—75. (Trewendt.) à n. 1. 50

—— dass. — 21.—24. Bericht des Vereins für das Museum schles. Alterthümer hrsg. von Herm. Luchs. 2. Bd. 9.—12. Heft. gr. 4. (S. 182—226 mit 4 Stnt.) Ebendas. 874,75. à Doppelheft *M. 3. * 6 -

Schlesiens Vorzeit in Bild und Schrift. 25.—41. Bericht des Vereines für das Museum schles. Alterthümer. Jahrg. 1875—1879. Hrsgbr.: Luchs. gr. 8. (S. 1—376 mit Stnt.) Breslau, (Trewendt.) à Jahrg. *

Schlesiens Vorzeit in Bild und Schrift. 42.—45. Bericht des Vereines für das Museum schles. Alterthümer. gr. 8. 3. Bd. S. 377—517 mit 2 Stnt.) Breslau 880, Trewendt. à Lfg. * 1 —
Einzelpr. à Lfg. * 1 25

—— dass. — 46.—51. Bericht des Vereines für das Museum schles. Alterthümer. gr. 8. (4. Bd. S. 1—136 mit 4 autogr. Taf. und 2 Chromolithogr.) Ebendas. 881,82. à Lfg. * 1 —
Einzelpr. à Lfg. * 1 25

Schlesiens Vorzeit in Bild und Schrift. 52.—62. Bericht des Vereines für das Museum schles. Altertümer. Hrsgbr.: H. Luchs. gr. 8. (4. Bd. S. 137—572 mit Taf.) Breslau 883—86, (Trewendt.) à Bericht *

Schlesiens Vorzeit in Bild u. Schrift. 63. u. 64. Bericht d. Vereins f. das Museum schles. Altertümer. Red. v. Grempler u. M. Zimmer. gr. 8. (4. Bd. S. 573—648 m. 2 Taf.) Breslau 887. 888. (Trewendt.) à Bericht n. 1. —

— dasselbe. Zeitschrift d. Vereins f. das Museum schles. Altertümer. Red. v. Grempler u. Lutsch. 5. Bd. Nr. 1—3. gr. 8. (S. 1—86 m. 4 Taf.) Ebd. 888. 889. à Nr. n. 1. —

Schlesiens, Vorzeit in Bild u. Schrift. Zeitschrift d. Vereins f. d. Museum schles. Altertümer. 5. Bd. Red.: W. Grempler, H. Lutsch, E. v. Czihak u. H. Seger. Nr. 4—10 (Schluß). gr. 8. (IV u. S. 88—296 m. 34 Taf. u. Vereinsangelegenheiten S. 43—124.) Breslau 890—894. (E. Trewendt.) à Nr. n. 1. —

— dasselbe. Red.: W. Grempler u. H. Seger. 6. Bd. 1.—3. Hft. gr. 8. (S. 1—212 m. Abb. u. 9 Taf.) Ebd. 894. 95. à Hft. n. 2. —

— dasselbe. VI. Bd. 4. (Schluß-)Hft. gr. 8. Breslau 896. (E. Morgenstern's Sort.) n.n. 7. — ; (6. Bd. kplt.: n.n. 13.—)

Festschrift z. 70. Geburtstage des Herrn Geheimen Sanitätsrats Dr. Wilhelm Grempler, gewidmet v. Verein f. d. Museum schles. Altertümer Breslau d. 26. Jan. 1896. (III, u. S. 213—460 m. Abb. u. 6 Taf.)

— dasselbe. VII. Bd. 1. Hft. gr. 8. (S. 1—96.) Breslau 896. E. Trewendt. n. 2. —

— Vorzeit in Bild u. Schrift. Zeitschrift des Vereins f. das Museum schles. Altertümer. Hrsg. v. W. Grempler u. H. Seger. VII. Bd. 2.—4. Hft. gr. 8. Breslau. Berlin, (E. Trewendt). à n. 4.—
2. (S. 97—248 m. 8 Taf.) 897. — 3. (S. 249—464 m. 3 Taf.) 898. — 4. (IV, S. 465—568 u. XIV S. m. 3 Taf.) 899.

— dasselbe. Neue Folge. 1. u. 2. Bd. Jahrbuch des schles. Museums f. Kunstgewerbe u. Altertümer. 1. u. 2. Bd. gr. 4. Ebd. à n. 12.—
1. Mit 10 Taf. u. zahlreichen Abbildgn. im Texte. Hrsg. v. Karl Masner u. Hans Seger. (VIII, 199 S.) 900.
2. Mit 5 Taf. u. zahlreichen Abbildgn. im Texte. Hrsg. v. Karl Masner u. Hans Seger. (VI, 215 S.) 902.

— Vorzeit in Bild u. Schrift. Zeitschrift des Vereins f. d. Museum schles. Altertümer. Hrsg. v. W. Grempler u. H. Seger. Neue Folge. 3. Bd. Jahrbuch des schles. Museums f. Kunstgewerbe u. Altertümer. 3. Bd. Mit 6 Taf. u. zahlr. Abbildgn. im Texte. Hrsg. v. Karl Masner u. Hans Seger. (VI, 210 S.) 4. Breslau 904. (Berlin, E. Trewendt.) n. 12.—

— Vorzeit in Bild u. Schrift. Zeitschrift des schles. Altertumsvereins. Hrsg. v. W. Grempler u. H. Seger. Neue Folge. 4. u. 5. Bd. 33×25,5 cm. Breslau. Steglitz, E. Trewendt's Nachf. 28.—
4. Jahrbuch des schles. Museums f. Kunstgewerbe und Altertümer. 4. Bd. Mit 8 Taf. u. zahlreichen Abbild. im Text. Hrsg. v. Karl Masner u. Hans Seger. (X, 216 S.) 907. 12.—
5. Jahrbuch des schles. Museums f. Kunstgewerbe und Altertümer. 5. Bd. Mit 12 Taf. u. zahlr. Abbildgn. im Text. Hrsg. v. Karl Masner u. Hans Seger. (VI, 294 S.) 909. 16.—

Schlesier

— der, in Betracht üb. d. ökonom. Etwas d. Hrn. K. 8. Bresl. 795. W. G. Korn. 3 gr.

Schlesier, der biedere. Volks-Kalender f. 1876. 16. (XXXII, 152 S. m. 1 Holzschntaf.) Neiße 875. Bretschneider. — 40

Schlesier, der forschende, eine moral. Monatsschrift. 8. Bresl. 758. Pietsch. 6 gr.

— die, an ihre neuen Brüder in Sarmatien, am großen Vereinigungstage zu Warschau. 8. Bresl. 796. W. G. Korn. 2 gr.

Schlesier, B., der weiße Fluß. Seine Heilg. auf einfache u. naturgemäße Weise. Allen leid. Frauen gewidmet. 12. (16 S.) Lüneburg 891. (O. Biedermann.) 75

Schlesier, Carl. s. Schlesier, Karl

Schlesier, Fel., Erzählungen (aus dem Leben für das Leben). (124 S.) 8. Straßburg 910. J. Singer. 2.—

— Das Schlittenrecht. Lustspiel in 2 Aufzügen. (44 S.) 8. Ebd. 908. 1.—

Schlesier, Gust., Erinnerungen an Wilhelm von Humboldt. 2 Thle. (à 2 Hlftn.) gr. 8. Stuttgart, Köhler.
Thl. 1. Von 1767 bis 1794. (32 B.) 843. 2 Thlr. 7½ Ngr.
„ 2. Von 1798 bis 1819. (35 B.) 845, 46. 2 Thlr. 12½ Ngr.

Schlesier, Gust., Erinnerungen an Wilhelm v. Humboldt. 2 Thle. Neue (Titel-)Ausg. gr. 8. (XVI und 1052 S.) Stuttgart 854, Heinr. Köhler.

— s. de Gentz, Mémoires et lettres inédits.

— s. F. v. Gentz, Schriften.

Schlesier, Gust., Wilhelm v. Humboldt's Leben. Neue (Titel-)Ausg. 2 Bde. in 15 Lfgn. gr. 8. (1. Bd. IV u. 485 S. 2. Bd. II u. 567 S.) Stuttgart (842—47) 847. 48, Heinr. Köhler. (à Lfg. ⅙ Thlr.) 2½ Thlr.

Schlesier, Gust., Oberdeutsche Staaten und Stämme. Vom Standpunkte der Politik beleuchtet. (Deutsche Studien. 1.) Stuttgart 1836. 8. . . . . (866.; D.)

Schlesier, Gust., deutsche Studien. I. — A. u. d. T.: Oberdeutsche Staaten u. Stämme. Vom Standpunkte d. Politik beleuchtet. gr. 8. (27½ B.) Stuttgart 836. (Cöln, Gaul u. Tonger.) 2⅚ Thlr., hrbgf. Pr. *

Schlesier, Hans, approb. Arzt aus Schneeberg: Die Gastroenterostomie und ihre Anwendung in der chirurgischen Universitätsklinik zu Leipzig seit 1895. *Leipzig: G. Fock 1899.* (122 S.) 8°
Leipzig, Med. Diss. v. 12. Juli 1899
(Nur in beschränkter Zahl für den Austausch)

Schlesier, Karl

Schlesier, Carl, Ansprache an die christl. Gemeinden Anhalts in Bezug auf §. 23 u. §. 24 unserer Verfassung. gr. 8. (16 S.) Zerbst 848, Kummer. n. n. 1/24 Thlr.

Schlesier, Carl, Ansprache an die christl. Gemeinden Anhalts in Bezug auf §. 23 und §. 24 unserer Verfassung. gr. 8. (16 S.) Zerbst 849, Kummer'sche Buchh. **

Schlesier, Karl, Nicht Rückschritt, sondern Fortschritt; nicht Zwiespalt, sondern Einigung. Synodal-Rede. gr. 8. Dessau 845, Fritsche. n. ⅙ Thlr.

Schlesier, Carl, das Verfahren der Gegner des §. 24 unserer Verfassung. gr. 8. (15 S.) Zerbst 849, Kummer'sche Buchh. Thlr. **

—— das Votum des Pfr. J. Schubring auf der Versammlung des deßauer Zweigvereins der Gustav-Adolf-Stiftung am 21. April 1847, beleuchtet. (30 S.) Zerbst 847, Kummer'sche Buchh.

Schlesier, M. W., de modo tractandi s. coenam. Cygn. 1781. 4.

Schlesier, Max [app. Arzt aus Bromberg]: Ein Fall von spondylolisthetischem Becken. ... Halle a. S., Hofbuchdr. v. C. A. Kaemmerer & Co., 1890; 31 + 1 S. + 1 Bl. 8°
Halle, Med. Fak., Inaug.-Diss. v. 14. Mai 1890

Schlesier, Moritz Wilhelm

— Entwürfe zr. Predigten v. 14n bis 21n Sonntage nach Trinitatis auf d. J. 1781. 8. Zwickau 781.

Schlesier, Mor. Wlh., († d. 14. Oct. 1812.) Zwickauisches Sonntagsblatt f. Freunde d. Religion auf jeden Sonntag. 8. Zwickau 782. (Compt. f. Litt.) 16 gr.

Schlesier, O. B. R., Schabbes-Geschichten. Judisch-deutsche Humoresken. Berlin, Max Marcus, o. J. (1875). Kl. 8°. Eleg. blau Hlrsb.
110 S. (m. Lineneinf.). 1. Die armen u. die reichen Sternfeld's. 2. Rosenthal u. Mosenthal. 3. Und dazu ein Schälchen aus Berlin

Schlesier, O. B. R., Schabbes-Geschichten. Jüdisch-deutsche Humoresken. gr. 16. (110 S.) Berlin 878, Marcus. 1 25

Schlesier, Paul [Kammergerichtsref.]: Der Eigentumserwerb an herrenlosem Lande nach heutigem deutschen Privatrecht und dem Entwurfe eines bürgerlichen Gesetzbuchs für das deutsche Reich ... Berlin, C. Vogts Buchdr., 1895; 46 S. 8.
Göttingen, Jur. Fak., Inaug.-Diss. v. [23. Apr.] 1896

Traugott Wilhelm Erdmann Schlesier

Traugott Guilelmus Erdmann Schlesier: Pauca quaedam de signis ex urina petendis. Berolini (1824:) Doench. 18 S. 8°

Berlin, Med. Diss. v. 13. Aug. 1824

Schlesier-Album. 17 Biographien mit Portraits (in eingedr. Holzschn.). [Aus den schles. Provinzialblättern „Rübezahl".] Breslau 869. Gebhardi. gr. 8. (98 S.) n. 10 ngr.

Schlesier-Buch. Ein vaterländisches Lesebuch für das Herzogthum Schlesien. Liegnitz 1825. V: *D'Oench, Johann Ernst.* (Nowack, Schles. Schriftst.-Lex. Breslau 1836—43. II, 19.)

Schlesier-Buch. Ein vaterländ. Lesebuch für d. Herzogthum Schlesien. 2 Thle. 8. Liegnitz 825, Leonhardt.

Schlesiger, Carl Bernhard, s. Schlesiger, Karl Bernhard

Schlesiger, Emil, Buchführung in Bildern. Die Grundlehre der doppelten Buchhaltg. in Wort u. Bild. Ein graphisch bearb. Lehrgang in doppelter Buchführung nach italien. u. amerikan. Methode m. zeichner. Darstellung der Buchungsübertraggn. u. Kontoabschlüsse. (Dr. Ludw. Huberti's moderne kaufmänn. Bibliothek.) (VIII, 106 S.) gr. 8. Leipzig (902). Dr. L. Huberti. Geb. in Leinw. n. 2.75

Schlesiger, Hubert, pract. Arzt in Mehlsack: Aus der Königlichen Universitäts-Frauenklinik in Königsberg i. Pr. Zur Statistik der Eklampsie. Königsberg i. Pr. 1905: O. Kümmel. (57 S.) 8°
Königsberg, Med. Fak., Ref. Winter, Diss. v. 3. Aug. 1905
[Geb. 18. Mai 72 Hermsdorf, Kr. Allenstein; Wohnort: Mehlsack; Staatsangeh.: Preußen; Vorbildung: Gymn. Marienburg W./Pr. Reife O. 94; Studium: Zürich 3, Königsberg 4, Würzburg 1, Königsberg 6, Greifswald 1 S.; Coll. 3. Aug. 05; Approb. 15. Aug. 05.]

Schlesiger, Karl Bernhard

Schlesiger, Car. Bern. (geb. Braunsberg in Ostpr. 7. 2. 1835): De erysipelate. Berolini (1865). (30 S.) 8°
Berlin, Med. Diss. v. 13. Okt. 1865

Schlesing, A., Handels-Artikel d. Weltverkehrs nebst den darauf bezügl. technischen u. kaufmännischen Bezeichnungen n. Geschäftszweigen eingetheilt u. alphab. geordnet. Deutsch, Engl., Französisch. gr. 8. (530 S.) Ebds. 5 fl.
1883

Schlesing, A., Handels-Artikel d. Weltverkehrs nebst den darauf bezügl. techn. u. kaufmänn. Bezeichnungen nach Geschäftszweigen eingetheilt u. alphabetisch geordnet. Deutsch, englisch, französ. 2. Aufl. gr. 8. Lief. 6—12. (S. 177—400.) Wien, Moritz Perles. à 30 kr. 1884

Schlesing, Emil: Das Verhältnis zwischen Leidenschaften und Freiheit in der Lehre des Spinoza. *Heidelberg 1889: J. Hörning.* (83 S.) 8°
Heidelberg, Phil. Diss. v. [29. Apr.] 1899

Schlesing, Ferd., Project über Haftpflicht und Vorsorge bei Arbeitsunfähigkeit (Krankheit, Unfälle) für alle lohnempfangenden Handarbeiter ohne Staatshülfe. 8°. Berlin 1882.

Schlesinger: Kaspar Brusch. 27 S. 8°—Prag d. OR., Progr. 1867

Schlesinger, aus d. Verwaltungs-Praxis der Berufsgenossenschaften. Kritische Abhandlgn. Berlin 887.

Schlesinger, Abraham: Der Begriff des Ideals. Eine histor.-psychol. Analyse. 1. Würzburg 1908: Stürtz. VI, 137 S. 8°
¶(Ersch. vollst. in: Archiv f. d. ges. Psychol. Bd 15. 1910.)
Würzburg, Phil. Diss. v. 14. Okt. 1908, Ref. Külpe
[Geb. 30. März 82 Mergentheim; Wohnort: Würzburg; Staatsangeh.: Württemberg; Vorbildung: Altes Gymn. Würzburg Reife Juli 02; Studium: Göttingen 1, Breslau 6, Würzburg 5 S.; Rig. 25. Juli 08.] [U 09. 4173

Schlesinger, Abrah., der Begriff d. Ideals. Eine historisch-psycholog. Analyse. I. Diss. (VII, 136 S.) gr. 8. Leipzig 908. W. Engelmann. 2.50

Schlesinger, Adolph. (geb. Wyszogrod in Polen 1793): De catalepsi. Berolini (1816). (26 S.) 8°
Berlin, Med. Diss. v. 28. Sept. 1816

Schlesinger, Adolphus *(geb. Breslau 16.12.1840)*: De foetibus in foetu. Vratislaviae (1864). (22 S.) 8°
Breslau, Med. Diss. v. 16. Aug. 1864

[Umschlagt.:] Schlesinger, Adolf [app. Arzt aus Berlin]: Zur Kenntniss der diastatischen Wirkung des menschlichen Speichels, nebst e. kurzen Abriss d. Geschichte dieses Gegenstandes ... (Aus: Virchow's Arch. f. path. Anat. 125. Bd. 1891.) Berlin, *G. Reimer*, 1891; 63 S. 8.
Tübingen, Med. Fak., Inaug.-Diss. v. 1891

Schlesinger, Adf., zur Kenntniss der diastatischen Wirkung d. menschlichen Speichels, nebst e. kurzen Abriss der Geschichte dieses Gegenstandes. [Aus: „Archiv f. patholog. Anatomie u. Physiologie u. f. klin. Medicin".] Diss. gr. 8. (63 S.) Berlin 891. (Tübingen, J. J. Heckenhauer.) n. 1.20

Schlesinger, Adf., wachet auf! Worte e. Freundes der Naturheilmethode. (74 S.) 8. Leipzig (909). O. Maier. — 50

Schlesinger, *Friedrich* Alban [aus Schönheide]: Der Natursinn bei John Milton ... Leipzig-Reudnitz, Druck v. O. Schmidt, 1892; 3 Bl., 129 S. 8.
Leipzig, Phil. Fak., Inaug.-Diss. v. [12. Sept.] 1892

Schlesinger, Alexand. (geb. Gleiwitz 26. 8. 1831): De dentibus hominum. Berolini (1854). (31 S.) 8°
Berlin, Med. Diss. v. 21. Aug. 1854

Schlesinger, Alex., Moorgarten vor u. nach 25 Jahren. M. e. Vorworte v. Jos. Wichner. 8. (VI, 111 S.) Krems 895. (Wien, G. Szelinski.) n. — 60

Schlesinger, Alex. (ed). Natle Vereins-Chronik. 1v. NY, 1906.

Schlesinger, Alfred, aus Lichtenfels i. Bayern: Ueber die Darstellung von Isopyrazolderivaten aus Diacetbernsteinsäureester und aromatischen Diazoverbindungen. *Tübingen: F. Pietzcker 1900.* (37 S.) 8°
Tübingen, Naturw. Diss. v. 1900

Schlesinger, Alfred *Emil* [aus Berlin]: Zur Diagnose der chronischen nuclearen Ophthalmoplegie ... Berlin, gedr. bei L. Schumacher, 1893; 36 S. 8.
Berlin, Med. Fak., Inaug.-Diss. v. 13. Jan. 1893

Schlesinger, Arthur: Die Pathogenese der Muskelatrophie nach Gelenkerkrankungen. *Berlin (1898): G. Schade,* (29 S.) 8°
Berlin, Med. Diss. v. 8. März 1898

Schlesinger, Art., die Praxis der lokalen Anästhesie. (VIII, 160 S. mit 22 Abbild.) 8. Wien 910. Urban & Schwarzenberg. Geb. in Leinw. 5. —

Schlesinger, Augustus (geb. Libau 22. 9. 1827): De tetano traumatico. Berolini (1852). (31 S.) 8°
Berlin, Med. Diss. v. 30. Juli 1852

[Umschlagt.:] **Schlesinger,** *Benjamin* [pr. Arzt in Mosbach-Baden]: Ein Beitrag zur anatomischen Diagnose der progressiven Paralyse aus dem Rückenmarksbefund ... Coblenz, Buchdr. v. Kindt & Meinardus, 1892; 9 S. 8.
Würzburg, Med. Fak., Inaug.-Diss. v. 1892

Schlesinger, B., e. Beitrag zur anatomischen Diagnose der progressiven Paralyse aus dem Rückenmarksbefund. (Aus der psychiatr. Klinik in Würzburg.) [Aus: „Centralbl. f. Nervenheilkde. u. Psychiatrie".] gr. 8. (9 S.) Coblenz 892. W. Groos. n. — 50

Schlesinger, C., Bär u. Pascha, s.: Theaterbibliothek.

Schlesinger, C., den nicht, s.: Theater-Bibliothek f. Vereine.

— die katholische Familie. Gedanken u. Rathschläge f. das kathol. Volk. gr. 8. (III, 254 S.) Trier 888. Paulinus-Druckerei. n. 1.60

Schlesinger, C., die katholische Familie. Gedanken u. Rathschläge f. d. kathol. Volk. 2., verb. Aufl. gr. 8. (III, 218 S.) Trier 896. Paulinus-Druckerei. n. 1. —; geb. in Leinw. n. 1.50

Schlesinger, C., große Männer e. großen Zeit. Mallinckrodt, Windthorst, Franckenstein, P. Reichensperger. Lebensbilder, der studier. kathol. Jugend zu Bewunderung u. Nacheiferung vor Augen gestellt u. m. e. Einleitg.: Kurze Geschichte des Kulturkampfes versehen. gr. 8. (281 S. m. Abbildgn. u. Titelbild.) Münster 894. A. Russell. n. 4. —; geb. in Leinw. n. 5. —

Schlesinger, C., große Männer e. großen Zeit. Mallinckrodt, Windthorst, Franckenstein, Peter Reichensperger, August Reichensperger, Schorlemer-Alst, Lieber, Heeremann. Lebensbilder, dem kathol. Volke und zumal der kath. Jugend zur Bewunderg. u. Nacheiferg. vor Augen gestellt u. m. e. Einleitg.: Kurze Geschichte des Kulturkampfes versehen. 2. verb. u. verm. Aufl. Mit 8 Porträts in 2 Gruppenbildern. (VII, 231 S.) gr. 8. Münster 910. H. Schöningh. Geb. in Leinw. 3. —

Schlesinger, Carl, s. Schlesinger, Karl

Schlesinger, Davides (geb. Katscher in Oberschles. 21. 7. 1831): De aneurysmate anastomotico adjecto aneurysmatis anastomotici patellaris exemplo in clinico chirurgico Vratislaviensi a me observati. Vratislaviae (1856). (38 S.) 8°
Breslau, Med. Diss. v. 20. Okt. 1856

Schlesinger, Eduardus (geb. Brieg [illegible] 1811): Medicinae antiquioris nec non recentissimae theoriarum dilucidatio historica succincta. Vratislaviae (1833). (60 S.) 8°
Breslau, Med. Diss. v. 26. Okt. 1833

Schlesinger, Eduard [prakt. Arzt aus Kempen (Prov. Posen)]: Über das Myxom des Chorion .... Würzburg, Druck d. Ferdinand Rohrl'schen Buchdr., 1888; 28 S. 8°
Würzburg, Med. Fak., Inaug.-Diss. v. 1888

Schlesinger, Eduard, über das Myxom des Chorion. Diss. Würzburg 1888, Stahelsche Univ.-Buchh. 8°. 28 S.

Schlesinger, Emil [aus Zülz]: Die physiologische, therapeutische und pathologische Bedeutung des Cocaïns in der Ophthalmologie .... Berlin, Druck v. W. Schwiering (1888); 29 + 1 S. + 1 Bl. 8°
Berlin, Med. Fak., Inaug.-Diss. v. 9. Jan. 1888

Schlesinger, Aemelius, s. a. Gregorii Abulfaragii Bar-Hebraei scholia in libros Samuelis etc.

Schlesinger, Aemilius [Austr. Silesius]: Gregorii Abulfaragii Bar-Hebraei scholia in libros Samuelis ex quattuor codicibus Horrei mysteriorum in Germania asservatis edita ... Lipsiae, ex offic. G. Drugulini, 1897; 3 Bl., 32 S., 1 Bl. 8.
Breslau, Phil. Fak., Inaug.-Diss. v. 25. Jan. 1897

Schlesinger, Emil, wie ernähren wir am besten den Säugling m. der Flasche? Die Ernährg. des Säuglings m. unverdünnter Kuhmilch, die Diät bei der Säuglingsernährg. u. die Hygiene u. Pflege der Milch allgemeinverständlich besprochen. 8. (79 S.) Berlin (901). H. Steinitz. n. 1. —

Schlesinger, Erich, Referendar in Güstrow: Exterritorialität der diplomatischen Agenten. Ein Beitrag zur Lehre von d. Exterritorialität. *Güstrow 1903: C. Michaal.* (95 S.) 8°
Rostock, Jur. Diss. v. [2. Jan.] 1904

Schlesinger, Erich, Staats- und Verwaltungsrecht des Grossherzogt. Mecklenburg-Schwerin. (XIV, 442 S.) 8. Berlin (909). W. Süsserott. 6.—; geb. 7. —

Schlesinger, Erich, Referendar: Wie wirkt die Rechtskraft aus einem zwischen Erben und Erbschaftsbesitzer ergangenen Urteil gegenüber Dritten, an welche der Erbschaftsbesitzer im Laufe des Prozesses Erbschaftsgegenstände veräußert hat, und wie kann der Erbe gegen die Dritterwerber vorgehen? Berlin [1910]: Scholem. 42 S. 8°
Heidelberg, Jur. Diss. v. 1. April 1910, Ref. Endemann
[Geb. 31. Mai 85 Glogau; Wohnort: Charlottenburg; Staatsangeh.: Preußen; Vorbildung: Gymn. z. Grauen Kloster Berlin Reife O. 04; Studium: Berlin 6 S.; Rig. 30. Juli 09.] [U 10. 2006

Schlesinger, Erich Gustav, approb. Arzt aus Leobschütz, Schl.: Zur normalen Anatomie des untersten Rückenmarkabschnittes. *Leipzig 1902: B. Georgi.* (26 S.) 8°
Leipzig, Med. Diss. v. (5. Dez.) 1902

Schlesinger, Ernst, appr. Arzt in Berlin: Sonderabdruck aus Virchows Archiv f. pathol. Anatomie u. Physiologie u. f. klin. Medizin. Blutgefäßendotheliom, entstanden auf dem Boden von Hämorrhoiden. Leipzig 1905: B. Georgi. (14 S.) 8°
Leipzig, Med. Fak., Ref. Marchand, Diss. v. 18. Juli 1905
[Geb. 23. Aug. 80 Berlin; Wohnort: Berlin; Staatsangeh.: Preußen; Vorbildung: Franz. Gymn. Berlin Reife O. 99; Studium: Berlin 1, München 3, Berlin 7 S.; Coll. 19. Juli 05; Approb. 3. Juni 04.

Schlesinger, Ernst [Kammerger.-Ref. aus Ober-Glogau]: Die Wirksamkeit des pactum de non cedendo ... Berlin, A. Friedländer's Druckerei, 1892; 28 S., 1 Bl. 8.
Erlangen, Jur. Fak., Inaug.-Diss. v. Febr. 1892

Schlesinger, Eugen, prakt. Arzt: Aus d. Breslauer Universitäts-Kinderklinik. Über die Beziehungen zwischen Schädelgrösse und Sprachentwicklung. *Breslau 1902: Th. Schatzky.* (29 S.) 8°
Breslau, Med. Diss. v. 27. Juni 1902

Schlesinger, Eugen [illegible] Zur Kenntnis des [illegible]
Berlin, Med. Diss. v. 13. Jan. [illegible]

Schlesinger, Eugen [app. Arzt aus Pforzheim]: Ueber die Nachbehandlung der Amputationen. Zugl. e. Beitr. z. Amputations-Statistik ... Strassburg i. E., Buchdr. C. Goeller 1893: 95 S. 8°
Strassburg, Med. Fak., Inaug.-Diss. v. 1893

Schlesinger, Eugen: Johann Rautenstrauch (geb. 1746, gest. 1801). Biographischer Beitrag zur Geschichte der Aufklärung in Oesterreich. Wien 1897. 147 S. 8°.
Bern, Phil. Diss. 1897/98.

Schlesinger, Dr. Eugen, Johann Rautenstrauch. Biographischer Beitrag zur Geschichte der Aufklärung in Österreich. Wien 1897, Druck und Verlag von Stern und Steiner. 8°.

Schlesinger, Eug., moderne Säuglingsfürsorge. Die Bekämpfung der grossen Kindersterblichkeit in Deutschland durch Vereine, städt. u. staatl. Behörden. (150 S.) 8. Strassburg 909. Schlesier & Schweikhardt. 2. 80

— Schwachbegabte Schulkinder. Vorgeschichten u. ärztl. Befunde. (III, 63 S. m. 4 Abb.) Lex. 8. Stuttgart 907. F. Enke. 2. —
Sonderabdruck aus: „Archiv f. Kinderheilkde."

Schlesinger, Eug., d. Tuberkulose d. Tonsillen bei Kindern, s. o. Klinik, Berliner.

Die Tuberkulose der Tonsille bei Kindern. Von Dr. Eugen Schlesinger, Assistenzarzt am Krankenhause. Aus d. Kaiser u. Kaiserin Friedrich-Krankenh. in Berlin. *Berlin: Fischer 1896.* (21 S.) 8.
= Klinik, Berliner. H. 99.

Schlesinger, F., s. J. Albo, Grund- u. Glaubenslehren.

Schlesinger (F.). Die darstellende Geometrie im Sinne der neueren Geometrie für Schulen technischer Richtung. 1 Band. Wien 1870. 8.

Schlesinger, F., Samml. d. nothwend. Wörter u. Gespräche in russ.-deutscher u. deutsch-russ. Sprache. 8. Bresl., W. G. Korn. 8 Sgr

Schlesinger, Friedrich, stud. philos.: Fabrik und Handwerk als Begriffe der deutschen Rechtsprechung und Verwaltung, analytisch dargestellt und nationalökonomisch betrachtet. Leipzig 1907: E. Glausch. (XVI, 120 S.) 8°
Leipzig, Phil. Fak., Ref. Bücher-Stieda. Diss. v. 26. Okt. 1907
[Geb. 1. Nov. 83 Wien; Wohnort: Wien; Staatsangeh.: Österreich; Vorbildung: Schotten-Gymn. Wien Reife Juli 01; Studium: Leipzig Handelshochsch. 4, Univ. 4 S.; Rig. 2. Aug. 07.]

Schlesinger, Frdr., Fabrik u. Handwerk als Begriffe der deutschen Rechtsprechg. u. Verwaltung, analyt. dargestellt u. nationalökonomisch betrachtet. (XVI, 120 S.) 8. Leipzig 908. Röder & Schunke. 1. 50

Schlesinger, Fritz, ärztliche Taktik. Briefe an e. jungen Arzt. (66 S.) 8. Berlin 906. S. Karger. n. 1. —

Schlesinger, Georg: Die Passungen im Maschinenbau. 1904. 41 S., 1 Tab. 4°
¶ Auch in: Mitteilungen über Forschungsarbeiten auf d. Gebiete d. Ingenieurwesens. H. 18; Ausz. in: Zeitschrift d. Vereines deutscher Ingenieure. Bd 48, Halbj. 2.
Berlin, Dr.-Ing.-Diss. v. 26. 2. 1904

Schlesinger, Geo., die Unanfechtbarkeit der Delegationsstipulation mit besond. Berücksicht. der l. 19 D. de nov. et deleg. [46. 2]. gr. 8. (IV, 60 S.) Berlin 882, Puttkammer und Mühlbrecht. * 1 20

Schlesinger, Geo., Unfallverhütungstechnik, s. o. Unfallverhütung u. Betriebssicherheit.

Unfallverhütungstechnik von Dr.-Ing. Georg **Schlesinger**, Prof. Eingeleitet durch e. Abhandl.: Berufsgenossenschaftliche Unfallverhütung in ihrer Entwicklung von 1885 bis 1910. Von Dr.-Ing. h. c. Konrad Hartmann, Prof. Berlin: Heymann 1910. XX, 1231 S. 4°
[Nebent.:] Unfallverhütung u. Betriebssicherheit. Denkschrift d. Verbandes d. Deutschen Berufsgenossenschaften aus Anlaß d. 25j. Bestehens d. gewerbl. Arbeiterversicherung [11. 4°21

Versuche über die Leistung von Schmirgel- und Karborundumscheiben bei Wasserzuführung, ausgeführt im Sommer 1906. Von G[eorg] **Schlesinger** in Charlottenburg. (Berlin: J. Springer in Komm. 1907.) (60 S.) 4°(8°) [Kopft.]
= **Mitteilungen** über Forschungsarbeiten auf d. Geb. d. Ingenieurwesens. H. 43. [07. 14721

— s.: Werkstattstechnik.

Schlesinger, G., die Werkzeugmaschinen auf der Weltausstellung in Lüttich 1905. Mit e. Vorbericht v. Paul Möller. (68 S. m. 288 Fig.) 4. Berlin 906. J. Springer. n. 3. —
Sonderabdruck aus: „Ztschr. d. Ver. deut. Ingenieure".

— Die Werkzeugmaschinen auf der Weltausstellung in Brüssel 1910. Vorbericht. (24 S. m. 42 Fig.) Lex. 8. Berlin 910. J. Springer. — 60
Sonderabdruck aus: „Werkstattstechnik".

Schlesinger, Georg: Zusammenstellung und kritische Beleuchtung bewährter Methoden der Selbstkostenberechnung im Lokomotiv- und Eisenbahnwagenbau. Berlin 1910

Schlesinger, Gust. (geb. Beuthen 22. 2. 1842): De atelectasi pulmonum. Berolini 1863. 32 S. 8°.
Berlin, Med. Diss. v. 26. Okt. 1863

Schlesinger, Hermannus Ludov. (geb. Ratibor 29. 7. 1822): De [illegible]. Berolini 1845. 27 S. 8°.
Berlin, Med. Diss. v. 17. März 1845

Schlesinger, Heinr., die wirtschaftliche Bedeutung des Donau-Moldau-Canales. Im Anschlusse an das Project der Bau-Unternehmgn. A. Lanna (Prag) u. C. Vering (Hamburg) verf. Hrsg. vom Donau-Moldau-Elbe-Canal-Comité. gr. 8. (88 S.) Wien 902. Lehmann & Wentzel. n. 1. 60

Schlesinger, Hch., chronologisches Handbuch zur Geschichte der Juden m. kurz gefaßter Darstellg. der wichtigsten Ereignisse von Erschaffg. der Welt an bis zum J. 5560 [dem Anfange d. 19. Jahrh. übl. Zeitrechng.] bearb. nach der heil. Schrift u. den besten vorhand. Quellen in 2 Abtheilgn. 2. Aufl. d. „Luach Ha-Ittim" Zeittafel ꝛc. gr. 8. (VIII, 215 S.) Berlin 872. A. Cohn. n. 1. 25

Schlesinger, Heinr., Luchach Ha-Ittim. Zeittafel der biblischen u. nachbiblischen Geschichte der Juden von der Erschaffung der Welt bis zum Jahre 5560 [dem Anfange des 19. Jahrhunderts üblicher Zeitrechnung], in 2 Abthlgn. Creuznach 861. (Coblenz, Reiff.) gr. 8. (VIII, 215 S.) n. 12½ ngr.

— Luchot Hachaggim Wehamoadim oder 100 Tabellen enth. die Angabe der jüdischen Fest-, Feier- u. Fasttage von 5622—5722 [1861—1961], mit erläuternden Vorbemerkungen u. Nachweisungen. Ebend. 862. gr. 8. (62 S.) n. 6 ngr.

—— hundert Tabellen der jüdischen Fest-, Feier- und Fasttage vom J. der Welt 5622—5722 [1861—1961] mit erläut. Vorbemerkungen und Nachweisungen. 2. (Titel-)Aufl. gr. 8. (62 S.) Ebendas. (862) 72. * — 75

Schlesinger, Herm., Anwendung der Kindernahrung „Odda" bei magendarmkranken Kindern. (2 S.) Lex.-8. Leipzig 906. B. Konegen. n. 1. —
Sonderabdruck aus: „Der Kinder-Arzt".

Schlesinger, Herm., Beiträge zur Klinik d. Rückenmarks- u. Wirbeltumoren. Im Auftr. d. Professoren-Collegiums d. Wiener medicin. Facultät aus Anlass d. Verleihg. d. „Oppolzer-Stipendium". gr. 8. (III, 209 S. m. 47 Abb. u. 2 Taf.) Jena 898. Gust. Fischer. n. 6. —

Schlesinger, Herm., die Bereitung der Krankenkost. Lehrgang in 10 Abenden. Mit Vorrede v. Osc. Liebreich. 8. (VII, 170 S.) Frankfurt a/M. 902. J. Alt. Geb. in Leinw. n. 2. —

Schlesinger, Herm., das Buch der vernunftgemäßen Gesundheitspflege in Haus u. Familie. gr. 8. (IX, 456 S. m. 78 Abbildgn.) Leipzig 893. O. Spamer. n. 4. —; geb. in Leinw. n.n. 5. —

Schlesinger, Herm., d. Buch der vernunftgem. Gesundheitspflege in Haus u. Familie. 2. (Titel=)Aufl. gr. 8. (IX, 456 S. m. 78 Abb.) Leipzig (893) 896. O. Spamer. n. 4. —; geb. in Leinw. n.n. 5. —

Schlesinger, H: Das Buch der vernunftgemäßen Gesundheitspflege in Haus und Familie. 2. Aufl. Leipzig (1908 ?)

— s.: Centralblatt f. die Grenzgebiete der Medizin u. Chirurgie.

Schlesinger, Herm., die cystenförmigen Erweiterungen [Lymphangiektasien] der Hirnrinde. Inaugural-Dissertation. gr. 8. (19 S. mit 1 Stnt.) Berlin 879. (Göttingen, Vandenhoeck und Ruprecht's Verlag.) * — 80
Aus: Archiv für Psychiatrie und Nervenkrankheiten, besonders abgedruckt.

— Führer f. das Heilpersonal der Stadt Frankfurt a/M., s.: Hanauer, W.

— die intermittirenden Gelenkschwellungen, s.a. Pathologie u. Therapie, specielle. VII. Bd., 3. Thl.

Die intermittirenden Gelenkschwellungen. Von Prof. Dr. Hermann Schlesinger. *(Wien: A. Hölder 1903.)* (27 S.) 8°
— Pathologie. Specielle, u. Therapie. Bd 7, Th. 3, [2.] [illegible]

Schlesinger, [illegible] Das phagedänische [illegible]
[illegible]

Schlesinger, Hermannus [illegible]
De gonorrhoea contagiosa. Vratislaviae 1841. 35 S. 8°
Breslau, Med. Diss. v. [illegible] Okt. 1841

— Grundzüge d. Ernährung d. gesunden u. kranken Menschen. Gemeinfassl. dargest. unt. Mitwirkg. v. H. Becker. 12. (60 S.) Frankfurt a/M. 895. H. Bechhold. n. 1. —

— ärztliches Handbüchlein f. hygienisch-diätetische, hydrotherapeutische, mechanische u. andere Verordnungen. Eine Ergänzung zu den Arzneivorschriften. Für den Schreibtisch d. prakt. Arztes. 3. u. 4., umgearb. u. verm. Aufl. d. ärztl. Hülfsbüchleins. 12. (XIV, 117 S.) Frankfurt a/M. 892. J. Alt. Geb. u. durchsch. n. 2. 80
1. u. 2. Aufl. s.: — ärztliches Hülfsbüchlein.

— dasselbe. 5., verm. Aufl. 12. (X, 140 S.) Ebd. 894. Geb. in Leinw. n. 3. 20

— Aerztliches Handbüchlein f. hygienisch-diätet., hydrotherapeut., mechan. u. and. Verordngn. E. Ergänzg. zu d. Arzneivorschriften. Für d. Schreibtisch d. prakt. Arztes. 6., verm. Aufl. 12. (VIII, 163 S.) Göttingen 897. Deuerlich. Geb. in Leinw. u. durchsch. n. 3. 20

— ärztliches Handbüchlein f. hygienisch-diätetische, hydrotherapeutische, mechanische u. andere Verordnungen. Eine Ergänzg. zu den Arzneivorschriften. Für den Schreibtisch des prakt. Arztes 8. verm. Aufl. 12. (VIII, 198 S.) Göttingen 902. Deuerlich. Geb. in Leinw. u. durchsch. n. 3. 20
7. Aufl. (VIII, 190 S.) 900. n. 3. 20.

Schlesinger, Herm., ärztliches Handbüchlein für hygien.-diätetische, hydrotherapeutische, mechan. u. and. Verordnungen. Eine Ergänzg. zu den Arzneivorschriften. Für den Schreibtisch des prakt. Arztes. 10. Aufl. Mit Vorwort E. v. Leyden's u. dessen Bild. (227 S.) kl. 8. Göttingen 909. Deuerlich. Geb. in Leinw. u. durchsch. 3. 60

Schlesinger, Herm. Medizinische Hausmittel. Aerztlicher Ratgeber für Jedermann. 8. (IV, 96 S.) Frankf. a. M. 891, Alt. * 1 50

— ärztliches Hülfsbüchlein bei diätetischen, hydrotherapeutischen u. anderen Verordnungen. Eine Ergänzung zu den Arzneivorschriften. Für den Schreibtisch d. prakt. Arztes bearb. 1. u. 2. unveränd. Aufl. 12. (XII, 78 S.) Ebd. 891. Geb. u. durchsch. n. 2. 40
3.–5. Aufl. s.: — ärztliches Handbüchlein.

— die Indikationen zu chirurgischen Eingriffen bei inneren Erkrankungen. Für den Praktiker bearb. Mit e. Anh. v. Jul. Schnitzler. 3 Tle. (VII, 236; IV, 198 u. V, 300 S.) 8. Jena 903—905. G. Fischer. à n. 3. —; geb. à n. 3. 60

— Die Indikationen zu chirurgischen Eingriffen bei inneren Erkrankungen. Für den Praktiker bearb. Mit e. Anh. von Jul. Schnitzler. 2. vollkommen umgearb. u. erweit. Aufl. (IX, 614 S.) Lex. 8. Jena 910. G. Fischer. 12.—; geb. 13.50

— die Krankenkost, s.a. Volksschriften, hygienische. Nr. 12.

Die Krankenkost. Von Dr. Hermann Schlesinger, pr. Arzt, Frankfurt a. M. *Berlin: Vogel & Kreienbrink 1903.* (20 S.) 8° [F.]
— Volksschriften, Hygienische. No 12. [04. 3005

Schlesinger, Herm., Mechanismus der Verrichtungen des Uterus. Inaugural-Dissertation. gr. 8. (3⅞ B. u. 2 Stnt.) Wien 843, (Singer u. Göring.)

— s.: Praxis, die ärztliche.

Schlesinger, [illegible]
[illegible]
Berlin, Med. Diss. v. [illegible] Aug. 1850

—— Hämatologische Studien, s. Hock, Aug.

— die Syringomyelie. E. Monographie. Aus d. III. medicin. Universitäts-Klinik u. d. Institute f. Anatomie u. Physiologie d. Centralnervensystems an d. Wiener Universität. gr. 8. (V, 287 S. m. 29 Abb., 1 Taf. u. 1 Bl. Erklärgn.) Wien 895. F. Deuticke. n. 8. —

— die Syringomyelie. Eine Monographie. Aus dem neurolog. Institute an der Wiener Universität. 2. vollst. umgearb. u. bedeut. verm. Aufl. Lex.-8. (XII, 611 S. m. 88 Abbildgn.) Wien 902. F. Deuticke. n. 17. —

— über die paroxysmelle Tachykardie u. ihre Beziehungen zu den Erkrankungen des Nervensystems, s.a. Sammlung klinischer Vorträge. Nr. 433.

Über die paroxysmelle Tachykardie und ihre Beziehungen zu den Erkrankungen des Nervensystems. Von Hermann Schlesinger, Wien. Leipzig: Breitkopf & Härtel 1906. (28 S.) 4°(8°)
— Sammlung Klinischer Vorträge. N. F. No 433. [06. 0708

— die Wunder d. Mikroskops, s.: Willkomm, Mor.

— (Hrsg.), s. Zeitschrift für ärztliche Landpraxis.

Schlesinger, Hugo, approb. Arzt aus Breslau: **Zur Lehre von der Paranephritis.** Drei Fälle von Paranephritis nach Gonorrhoe. *Leipzig 1901: B. Georgi.* (38 S.) 8°
Leipzig, Med. Diss. v. [illegible] Jan. [illegible]

Schlesinger, Hugo [illegible]: Zur Statistik der [illegible] [illegible] Pneumonie [illegible] Berlin [illegible] 8°
Berlin, Med. Diss. v. 23. Aug. 187[illegible]

Schlesinger, J.: Beleuchtungskonstruktionen. 24 S. 8°
–Wien OR. Inn. St., Progr. 1866

Schlesinger, J., die **Einathmung des Schwefel-Aethers in ihren Wirkungen auf Menschen und Thiere, besond. als ein Mittel, bei chirurg. Operationen den Schmerz zu umgehen. 1. und 2. Aufl. 12. und 8. (48 S. mit 6 eingedr. Abbildungen.) Leipzig 847, Gerhard.**

Schlesinger, J., Holz-Cubirungs-Tabellen für Stämme, Klötzer, Stangen, sowie stehende Bäume u. Bestände, ferner f. Schnittmaterial, wie Bretter, Latten u. Kanthölzer nach Metermass u. Fussmass. Zum Gebrauche u. Benützung f. Holzindustrielle u. Holzhändler ausgearb. u. hrsg. gr. 8. (IV, S. 1–76, 76a—qu. 77–120.) Lubaczow 900. (Wien, M Perles.) Geb. in Leinw. n. 6.60

SCHLESINGER, J.
Holz-Cubirungs-Tabellen für Stämme, Klötzer, Stangen, sowie stehende Bäume und Bestände; ferner für Schnittmaterial, wie Bretter, Latten und Kanthölzer nach Metermass und Fussmass. Zum Gebrauche und Benützung für Holzindustrielle und Holzhändler ausgearbeitet und herausgegeben von J. Schlesinger. 1. Auflage. Wien. 1901. In Comm. Perles. Gr.-8°. 120 S.
K 6.60

Schlesinger, J., die Mannbarkeit. Entwicklung, Höhepunkt, Abnahme u. krankhafte Zustände derselben. Aerztlicher Wegweiser zur Selbstbewahrg. vor den Folgen geschlechtl. Ausschweifgn. [besonders Onanie, Selbstbefleckg.] u. vor Ansteckgn. u. deren Folgen, nebst Hinweisg. auf e. einfach naturgemäßes Heilverfahren gegen die durch geschlechtl. Sünden erzeugten Krankheiten d. Nervens- u. Zeugungssystems. Mit anatom. u. patholog. Abbildgn. (in eingedr. Holzschn.) Auf Grund wissenschaftl. Forschg. u. 20jähr. Erfahrg. bearb. gr. 16. (IV, 130 S.) Leipzig 875. Poenicke. 1. 50

—— therapeutisches **Repertorium der Syphilidologie. Ein vollständ. Recepttaschenbuch der venerisch-blennorrhoischen, syphilit. und mercuriellen Krankheitsformen, mit besond. Berücksicht. der neuesten Methoden und Heilmittel. gr. 16. (VIII und 190 S.) Leipzig 848, Gerhard.**

—— 500 bewährte **Recepte gegen Syphilis. Nach den bedeutendsten Forschungen des In- und Auslandes bearb. 2., verb. und verm. Ausg. gr. 16. (VIII und 203 S.) Leipzig 851, Gerhard.**

Schlesinger, J., der Schiffsarzt od. Anleitung f. Seefahrer u. andere zur See Reisende, auch f. Flußschiffer u. alle diejenigen, welche in Ermangelung eines Arztes zur Selbsthülfe schreiten müssen rc. 2. Aufl. 8. (10½ B.) Stettin 841, Müller u. Comp.

Schlesinger, J., der Schiffs-Capitain als Arzt, oder Anleitung für Seefahrer, welche ohne Arzt reisen, d. vorkommend. Krankheiten zu heilen. 8. Stettin 840. Becker u. Altendorff. 3 [illegible]

Schlesinger, J., der Schiffs-Capitain als Arzt, od. Anleit. f. Seefahrer, welche ohne Arzt reisen, die vorkomm. Krankheiten zu heilen. 8. (10½ B.) Stettin 840, [Nicolaische Buchh.]
16 Gr., hrbgs. Pr.

Schlesinger, [illegible]: De animi passionibus. Vratislaviae (1843). 32 S. 8°
Breslau, Med. Diss. [illegible] Apr. 1843

Schlesinger, Josef, s.a. S c h l e s s i n g e r, Josef

— Darstellung der Collinear-Projectionen u. projectivischen Grundgesetze in einer für die descriptive Geometrie geeigneten Form. Ein Beitrag zur Gestaltung der darstellenden Geometrie im Sinne der neueren Geometrie. [Aus den Sitzungsber. der k. Akad. der Wiss.] Ebend. 869. Lex.-8. (19 S. mit 1 Steintaf. in qu. 4.) n. 6 ngr.

Schlesinger, Jos., **Darstellung der räumlichen Collinear-Projectionen in orthogonalen Abbildungen.** Ein Beitrag zur Gestaltung der darstellenden Geometrie im Sinne der neueren Geometrie. [Mit 1 (lith.) Taf. (in qu. gr. 4.)] [Aus den Sitzungsber. der k. Akad. der Wiss.] Wien 869. (Gerold's Sohn.) Lex.-8. (9 S.)
n. 6 ngr.

Schlesinger, Jos., Energismus. Die Lehre v. der absolut ruh. substantiellen Wesenheit des allgemeinen Weltenraumes u. der aus ihr wirk. schöpfer. Urkraft. In den Grundzügen zum Aufbau ein. antimaterialist. Naturwissenschaft f. alle gebildet. Kreise, insbesondere f. Physiker, Chemiker, Physiologen, Psychologen, Ärzte, Philosophen, Lehrer, Geistliche — in leicht fassl. Form entwickelt. 8. (XVI, 554 S. m. 14 Fig. u. Bildnis.) Berlin 901. K. Siegismund. n. 8.—; geb. n. 9.—

Schlesinger, Jos., **die Entstehung der physischen und geistigen Welt aus dem Aether. Eine naturwissenschaftl. Studie, insbesondere zur Anbahnung einer auf materieller Grundlage beruhenden Theorie der Seele. gr. 8. (XII, 97 S.) Wien 882, Hölder.** * 2 40

— die projectivischen **Flächen. Ein Beitrag zur Gestaltung der darstellenden Geometrie im Sinne der neueren Geometrie. [Aus den Sitzungsber. der k. Akad. der Wiss.] Ebend. 869. Lex.-8. (8 S.) n. 2** ngr.

Schlesinger, Josef, Gefahr im Verzuge! Jährlicher Gewinn 160 Millionen Kronen in Gold auf Kosten des Volkes. Gr.-8. (112 S.) Nur fest und * –.60
Wien: Amonesta 1894.

— die darstellende **Geometrie im Sinne der neueren Geometrie. Für Schulen techn. Richtung. Mit 194 (eingedr.) Holzschn. Ebend. 870. gr. 8. (XII, 500 S.)**
n. 2 ℛ 12 ngr.

Schlesinger, Jos., Licht für's Leben. Dringende Worte an die Gelehrten u. das Volk. Vortrag üb. „Das geist. Wesen d. allgemeinen Raumes als Schöpfer der Welt", geh. in Graz am 15. Novbr. 1890. gr. 8. (33 S.) Wien 890. (C. Helf's Sort.) n. —40

—— Maximalfehler bei Polygonisirungen und ihre Bedeutung in der Vermessungspraxis. gr. 8. (17 S.) Wien 881, Frick. * — 80
Aus: Centralblatt für das gesammte Forstwesen, besonders abgedruckt.

Schlesinger, Jos., die geistige Mechanik der Natur. Versuch zur Begründung einer antimaterialist. Naturwissenschaft. gr. 8. (VIII, 226 S. mit 1 Fig.-Taf.) Leipzig 888, Mutze. *

Schlesinger, Josef: Über die Sprache in den mathematischen Schulbüchern. Berlin: Weidmann 1904. (28 S.) 4°
Berlin, Lessing-G OP 1904 (67)

Schlesinger, Jos., der geodätische Tachygraph und der Tachygraph-Planimeter, Instrumente zur schnellen und genauen graph. Construction der aus den Daten einer Theodolit-Vermessung herzustellenden Detailpläne, sowie zur Ausmittlung ihrer Flächeninhalte. Nebst Studien über die Libelle und das umlegbare Nivellir-Fernrohr. gr. 8. (115 S. mit 8 eingedr. Holzschn. und 2 lithogr. Taf.) Wien 877, [Faesy und Frick.] Faesy. * 3 60

Schlesinger, Josef, o. ö. Professer an der k. k. Hochschule für Bodenkultur in Wien, Mitglied des österreichischen Abgeordnetenhauses etc. Thatsachen und Folgerungen aus dem Wirken des allgemeinen Raumes. Sonderabdruck aus dem „Osterlande". Neue Folge. 5. Bd. 8. Altenburg. S. A. 1892.

Schlesinger, Joseph, (geb. Frankfurt a. O. [illegible]): De trichomate. Berolini (1827). (26 S.) 8°
Berlin, Med. Diss. v. 30. Apr. 1827

Schlesinger, Jos., die Unterrichtsmethode der darstellenden Geometrie im Sinne der neueren Geometrie an Realschulen. gr. 8. (24 S. m. eingedr. Holzschn.) Wien 872. (Mayer & Co) n. — 50

Schlesinger, Jos., 1250 Millionen Kronen Volksgeschenk zur Erbauung von „k. k. Volksbahnen". Allen P. T. Herren Reichsraths-Abgeordneten behufs Stellungnahme bei den Indemnitäts-Verhandlgn. üb. die nach § 14 der St.-G.-G. zustande gekommenen Bank- und Ausgleichs-Vorlagen gewidmet. 8. (37 S.) Wien 900. (H. Kirsch.) n. — 60

—— Über das Wesen des Stoffes u. des allgemeinen Raumes. Inaugurations-Rede an der k. k. Hochschule f. Bodencultur in Wien. gr. 8. (19 S.) Wien 889, Hölder. — 54

—— substantielle Wesenheit des Raumes und der Kraft. Motive für die nothwend. Umgestaltung der gegenwärtig zur wissenschaftl. Erklärung der Naturerscheinungen dienenden Grundlagen. [Nach dem am 1. März 1884 in der Wochen-Versammlung des österreich. Ingenieur- und Architekten-Vereines gehaltenen Vortrage.] gr. 8. (VIII, 52 S.) Wien 885, (Hölder.) *
Aus: Zeitschrift des Vereines, besonders abgedruckt.

Schlesinger, Isid., der Bau der Ziegelbrennöfen. Vollständige Anleitung zur Erbauung der gangbarsten Oefen zum Abbrennen aller Arten Mauer- und Dachziegel, Drainirröhren u. s. w. für Holz-, Torf-, Braunkohlen rc. -Feuerung. Nebst einer ausführl. Beschreibung und Darstellung der neuen und patentirten Ringöfen mit immerwähr. Betriebe von Hoffmann und Licht. Für Ziegeleibesitzer, Bautechniker und Maurermeister. gr. 4. (51 S. mit 10 Kpfrt. und vielen eingedr. Holzschn.) Berlin 866, Ernst und Korn. *

—— der Eiskellerbau in Massiv- und Holz-Construction, sowohl in wie über der Erde. Eine Sammlung ausgeführter Eisbehälter mit Vor- und Bierlager-Räumen nach den neuesten Constructionen nebst deren genauen Erläuterungen und einer Anleitung zum Bau von Eiskellern und Eisbehältern mit Lagerräumen. Für Maurer- und Zimmermeister, Landwirthe und Brauereibesitzer rc. gr. 4. (16 S. mit 7 Kpfrt.) Berlin 864, Ernst und Korn. *

Schlesinger, Isidor, der Eiskellerbau in Massiv- u. Holz-Construction in u. üb. der Erde. Eine Sammlg. ausgeführter Eisbehälter m. Vor- u. Bierlager-Räumen nach den neuesten Constructionen. Nebst Erläutergn. u. e. Anleitg. zum Bau v. Eisbehältern u. Eiskellern m. Lagerräumen. Für Maurer- u. Zimmermeister, Landwirthe u. Brauereibesitzer. 2. Aufl. Mit 60 Holzschn. gr. 8. (39 S.) Berlin 886. Ernst & Korn. cart. n. 3. —

Schlesinger, [illegible]: Beiträge zur [illegible] von den Beziehungen der Pathologie der Netzhaut zum M[illegible] England. Berlin (1884). [illegible] S. 8°
Berlin, Med. Diss. v. [illegible] Jan. 1884

Schlesinger, Julius, appr. Arzt a. Berlin: Uber einen Fall völlig symptomlos verlaufener multipler Aneurysmabildung in der Aorta bei chronischer Lungenphthise. Berlin 1906: G. Schade (O. Francke). (31 S.) 8°
Freiburg i. B., Med. Fak., Ref. Bäumler, Diss. v. 1906
[Geb. 10. Febr. 83 Berlin; Wohnort: Berlin; Staatsangeh.: Preußen; Vorbildung: Friedrichs-Gymn. Berlin Reife O. 01; Studium: Berlin 8, Würzburg 1, Freiburg i. B. 1 S.; Coll. 3. Aug. 06.]

Schlesinger, Karl

Schlesinger, Karl [Apotheker aus Breslau]: Beiträge zur vergleichenden Anatomie des Blattes der Marantaceae und Zingiberaceae ... Breslau, Druck v. Th. Schatzky, *1895*; 1 Bl., 74 S., 1 Bl., 1 Taf. 8.
Erlangen, Phil. Fak., Inaug.-Diss. v. 6. März 1895

[F.] Die Katholische Familie. Gedanken u. Rathschläge f. d. kathol. Volk v. C[arl] Schlesinger. 2., verb. Aufl. *Trier: Paulinus-Dr. 1896.* (2 Bl., 218 S.) 1 Bd 8. [illegible]

SCHLESINGER, Carl (Jassy/Rumän.): Die Tracheotomie bei Diphtherie und deren Behandlung.- München: Wolf 1879. 27 S.
25.1.1879 - Urk (Titel: De tracheotomia in curanda diphtheria adhibenda.); Chr 1878/79,11
Diss. Ingolst.-Landsh.-Mchn.

Schlesinger, Leo, die Bedeutung u. die Aufgaben des Lagers im Odd Fellow-Orden. Propaganda-Schrift, im Auftrage des Ridgely-Lagers No. 1 von Schlesien verf. 2., erheblich erweit. Aufl. (23 S.) 8. Leipzig 910. Th. Leibing. — 40

Schlesinger, Leo, die Bedeutung des Lagers im Odd-Fellow-Orden. (14 S.) gr. 8. Leipzig 904. Th. Leibing. n. — 30

Schlesinger, Leop., Mieter u. Vermieter nach d. heut. u. künft. deutschen Rechte. 2. Aufl. gr. 8. (II, 15 S.) Karlsruhe 896. A. Bielefeld. n. — 40

Schlesinger, Lipmann [aus Hamburg]: Ein Beitrag zur Theorie der linearen homogenen Differentialgleichungen dritter Ordnung mit einer Relation dritten Grades zwischen den Elementen eines Fundamentalsystems von Integralen. ... Berlin, Mayer & Müller, 1888; 48 + 1 S. 4°
Kiel, Phil. Fak., Inaug.-Diss. v. 13. Dez. 1888

Schlesinger, Ludw., über die Abstammung der Deutsch-Böhmen, s. Sammlung gemeinnütz. Vorträge.

Schlesinger, Lew. u. W., s. Albo, Jos., Buch Ikkarim.

Schlesinger, Ludw., Bericht üb. die Entwicklung d. Theorie der linearen Differentialgleichgn. seit 1865. Der deutschen Mathematiker-Vereinigung erstattet. (133 S.) Lex. 8. Leipzig 909. B. G. Teubner. 3. —
Sonderabdruck aus: „Jahresber. d. deutschen Mathematiker-Vereinigg."

—— die Chronik der Stadt Elbogen, s. Chroniken, deutsche, aus Böhmen.

Schlesinger, Ludwig [aus Tyrnau (Ungarn)]: Ueber lineare homogene Differentialgleichungen vierter Ordnung, zwischen deren Integralen homogene Relationen höheren als ersten Grades bestehen .... Berlin, Druck v. H. S. Hermann (1887); 2 Bl. + 43 + 18. + 1 Bl. 4°.
Berlin, Phil. Fak., Inaug.-Diss. v. 7. Mai 1887.

Schlesinger, Ludw., üb. lineare homogene Differentialgleichungen 4. Ordnung, zwischen deren Integralen homogene Relationen höheren als 1. Grades bestehen. Inaug.-Diss. gr. 4. (43 S.) Berlin 887. (Mayer & Müller.) n. 2. 40

Schlesinger, Ludw., Einführung in die Theorie der Differentialgleichungen m. e. unabhängigen Variabeln, s. Sammlung Schubert. XIII.

Einführung in die Theorie der Differentialgleichungen mit einer unabhängigen Variabeln von Ludwig Schlesinger, Prof. zu Klausenburg. *Leipzig: G. J. Göschen 1900.* (VIII, 309 S.) 8°
(Sammlung Schubert 13.) [illegible] II

Einführung in die Theorie der Differentialgleichungen mit einer unabhängigen Variabeln von Dr. Ludwig **Schlesinger**. 2., rev. Aufl. Leipzig: G. J. Göschen 1904. (320 S.) 8°
(Sammlung Schubert. 13.) [05. 1320 4

Schlesinger, Ludw., Geschichte Böhmens. 1. Aufl. (VIII, 657 S.) 1869. *M 8., und 2. verm. und verb. Aufl. Hrsg. vom Vereine für Geschichte der Deutschen in Böhmen. Lex.-8. (VIII, 685 S.) Leipzig 870, (Brockhaus' Sortiment und Antiq.) * 7 —

Schlesinger, Dr. Ludwig, Geschichte Böhmens. Herausgegeben vom Vereine für Geschichte der Deutschen in Böhmen. 2. vermehrte und verbesserte Auflage. gr. 8. (VIII u. 684 S.) Prag, Haerpfer's Buchh. in Comm. 3 fl. 50 kr. (Nur baar.)
1870

— Handbuch der Theorie der linearen Differentialgleichungen. 2 Bde. (In 3 Tln.) gr. 8. Leipzig, B. G. Teubner. n. 60. —
1. (XX, 486 S.) 895. n. 16. —
2. I. (XVIII, 532 S. m. Fig.) 897. n. 18. —
2. II. (XIII, 416 S. m. Fig.) 898. n. 16. —

—— die Historien des Magister Johannes Leonis. Ein Quellenbeitrag zur Geschichte der Husitenkriege. A. u. d. T.: Die älteste Geschichte von der siegreichen Vertheidigung der Stadt Brüx gegen die Husiten im J. 1421 und vom Ursprunge des Mariaschnee-Festes in Brüx. gr. 8. (VI, 76 S.) Brüx 877, (Kunz'sche Buchh.) * 1 50

Schlesinger, Ludw. (I.), die Nationalitäts-Verhältnisse Böhmens, s. a. Forschungen zur deutschen Landes- und Volkskunde.

Schlesinger, Ludwig: Die Nationalitäts-Verhältnisse Böhmens. Stuttgart 1886. 27 S. = Forschungen zur deutschen Landes- und Volkskunde. Bd 2. Heft 1. 8.

— über das Riemann'sche Problem der Theorie der linearen Differentialgleichungen. gr. 8. (8 S.) Berlin 902. (G. Reimer.) n. — 50
Sonderabdruck aus: „Sitzungsber. d. preuss. Akad. d. Wiss."

—— Stadtbuch von Brüx bis zum J. 1526, s. Beiträge zur Geschichte Böhmens.

Schlesinger, Ludw., s.: Städte- u. Urkundenbücher aus Böhmen.

—— die Stellung der Deutschen in der Geschichte Böhmens, s. Sammlung gemeinnütziger Vorträge.

Schlesinger, L., Theorie der linearen Differentialgleichungen. I. II. Leipzig 1895–98.

Schlesinger, Ludw., über d. Gauss'sche Theorie d. arithmetisch-geometr. Mittels u. ihre Beziehgn. zur Theorie d. ellipt. Modulfunction. [Aus: „Sitzungsber. d. k. preuss. Akad. d. Wiss."] gr. 8. (15 S.) Berlin 898. (G. Reimer.) n. — 50

Schlesinger, Ludw., Urkundenbuch der Stadt Saaz, s.: Städte- u. Urkundenbücher aus Böhmen.

Vorlesungen über lineare Differentialgleichungen von Ludwig **Schlesinger**. Mit 6 Fig. Leipzig & Berlin: B. G. Teubner 1908. (X, 333 S.) 8° [08. 8664

Schlesinger, L.: Ueber die Grenzen der beruflichen Kriminalvertheidigung. Karlsruhe [um 1892].
(S.-A. a.: Badischer Landesbote.)

Schlesinger, L. [app. Arzt aus Greifswald]: Ueber die Heilungsdauer und die Folgen der Unterschenkelbrüche ... Würzburg, Druck d. F. Röhrl'schen Buchdr., 1890; 45 S. 8°
Erlangen, Med. Fak., Inaug.-Diss. v. 29. Mai 1890

Schlesinger, L., die Quellen der Standesehre d. deutschen Offiziers. gr. 8. (26 S.) Baden-Baden 891. E. Sommermeyer. n. — 50

Eine Sitzung im patriotischen Verein. Zu haben bei L. Schlesinger.
1 Bl. Fol.
Flugblatt. Berlin, 24. Juni 1848.

Schlesinger, M., s.: Hakohen, Aharon, Orchoth Chajim.

Schlesinger, M., Herbarium, s. Herbarium.

[Umschlagt.:] **Schlesinger**, M.: Vermögensschädigung bei Betrug ... München, Buchdr. v. J. B. Lindl, 1894; 106 S. 8.
Erlangen, Jur. Fak., Inaug.-Diss. v. 1894

Schlesinger, Frau Martha, s.: Hellmuth, Martha.

Schlesinger, Mart., der Aufruhr, s. a. Abhandlungen, strafrechtl.

Schlesinger, Martin, Referendar in Breslau: Der Aufruhr. (§ 115 Reichsstrafgesetzbuchs.) *Breslau: Schletter 1904.* (75 S.) 8° ¶ [Strafrechtl. Abhandl., H. 52.]
Breslau, Jur. Diss. v. 19. Apr. 1903

Schlesinger, Martin, prakt. Arzt in Breslau: Aus d. Laboratorium von Dr. med. Georg Rosenfeld in Breslau. Zur Kritik der Fettbestimmungsmethoden. *Breslau 1900: Th. Schatzky.* (36 S.) 8°
Leipzig, Med. Diss. v. (7. Juli) 1900

Schlesinger, Martin Ludwig

Schlesinger, M. L., Land u. Leute in Rußland, s. a. Langenscheidt's Sachwörterbücher.

Methode Toussaint-Langenscheidt. Land und Leute in Rußland. Zsgest. von Dr. jur. M. L. **Schlesinger**. Berlin-Schöneberg: Langenscheidt (1909). XVIII, 539 S. 8°
(Langenscheidts Sachwörterbücher.) [10. 12766 2

Schlesinger, M. L., Land und Leute in Rußland. Berlin 1910

Schlesinger, Mart. Ludw., Russland im XX. Jahrh. Mit e. Übersichtskarte des europ. u. asiat. Russlands. (VIII, 542 S.) Lex. 8. Berlin 908. D. Reimer. Geb. in Leinw. 10. —

Schlesinger, Max

—— und J. Seegen, politisches ABC, s. ABC, politisches.

Schlesinger, Max, vom Monte Cassino. Klosternovellen. 8. (67 S.) Berlin 895. S. Fischer, Verl. n. 1. —

Schlesinger, Max, die soziale Frage, s.: Volks-Bibliothek d. menschlichen Wissens.

Schlesinger, Max: Zur Geschichte der altehrwürdigen St.-Sebastianus-Bogen-Schützengesellschaft zu Burtscheid. Urkundlich bearbeitet. Aachen, 1882, 24 S.

Schlesinger, Max., Geschichte des Breslauer Theaters. 1. Bd. 1522–1841. gr. 8. (IV, 230 S.) Berlin 898. S. Fischer, Verl. n. 5. —; geb. n. 6. 50

Das neue Berliner Krankentransportwesen. Erl. von Max **Schlesinger** u. Dr. med. Ernst Joseph. Berlin: C. Heymann 1905. (22 S.) 8° [Umschlagt.] [07. 9301 11

— das Rothe Kreuz u. die Berufsgenossenschaften. Im Auftrage des Komitees f. das Zusammenwirken der deutschen Vereine vom Rothen Kreuz m. d. Berufsgenossenschaften. gr. 8. (38 S. m. Abbildgn.) Berlin 900. C. Heymann. n. — 50

Das Rothe Kreuz und die Berufsgenossenschaften. Im Auftr. d. Komitees f. d. Zusammenwirken d. Deutschen Vereine vom Rothen Kreuz mit d. Berufsgenossensch. von Max Schlesinger. *Berlin: C. Heymann 1901.* (30 S.) 8° [F.] (01. 11459

Schlesinger, Max, s. a. Mitgliederverzeichniss der Brauerei- u. Mälzerei-Berufsgenossenschaft des Deutschen Reiches.

Mitgliederverzeichniss der Brauerei- und Mälzerei-Berufsgenossenschaft des Deutschen Reiches. Hrsg. auf Gr. d. berufsgenossenschaftl. Katasters v. Max Schlesinger. 2. verb. Aufl. *Berlin: M. Pasch 1892.* (171 S.) 1 Bd 8. 92. 3245

Schlesinger, Max, die wirksamst. hydriatisch. Proceduren, ihre Anwendung m. besond. Berücksicht. der hydriatischen Behandlung von Infectionskrankheiten. gr. 8. (III, 87 S.) Pressburg 899. (C. Stampfel.) n.n. 2.—

— Eine Reise nach Utopien. 8°. Breslau, Schles. Volksbuchhdlg., s. a.

Die Breslauer Theaterverträge von Maximilian Schlesinger, Dramaturg d. Stadttheaters. Diese Druckschr. ist nicht z. öff. Verbreitung bestimmt. *Breslau: Selbstverl. [1902].* (11 S.) 8° [02. 10 2

Schlesinger, Max, die Berliner Unfallstationen. Bericht üb. d. Organisation d. Rettungs- u. Krankentransportwesens in d. Reichshauptstadt. gr. 8. (19 S.) Berlin 895. C. Heymann's Verl. — 30

Schlesinger, Max, aus Ungarn. 8. (X u. 520 S.) Berlin 850, Bessers Verl. (Frz. Duncker). — 2. Aufl. 8. (X u. 516 S.) Ebd. 850. n. 1⅓ ₰

— aus der Verwaltungs-Praxis der Berufsgenossenschaften. Kritische Abhandlgn. gr. 8. (VIII, 96 S.) Berlin 887. Funcke & Naeter. n. 1. 50

Schlesinger, Max, Wanderungen durch London. 2 Bde. 8. Berlin, Besser's Verlag. [1. (XII und 307 S.) 852., 2. (IX und 426 S.) 853. à * 2 Thlr.] *

— Ziele und Zwecke der Berliner Miether-Bewegung. Vortrag, gehalten im Verein der Berliner Wohnungsmiether. gr. 8. (16 S.) Berlin 888, Schaeffer. *

Schlesinger, Mor., über d. specif. Behandlung d. Cholera. Eine auf d. Natur d. Krankheit gegründete, in d. Erfahr. sich vorzügl. bestätigende Heilmethode. 8. (6 B.) Berlin 831, Reimer.

Schlesinger, Mauritius (geb. Breslau [31 10 [1806]]: De cholera. Vratislaviae 1831. (78 S.) 8. [Im Buchhandel 1831 ... Schulz u. K ... Breslau]

Breslau, Med. Diss. v. 25. Feb. 1831

Schlesinger, **Mor., de Cholera. 8. Bresl. 831. Schulz u. C. 8 gr.**

Schlesinger, Moritz, Einer vom Tugendbund, s. Album für Liebhaber-Bühnen.

Schlesinger, Mor., Fixsterne, s. a. Album f. Liebhaber-Bühnen.

[F.] Fixsterne. Schwank in 1 Akt v. Moritz Schlesinger. *Berlin: Kühling & Güttner [1892].* (20 S.) 1 Bd 8.
= Album f. Liebhaber-Bühnen. No 280. (96. 6 5)

Schlesinger, M[oritz], aus Kempen (Posen): **Ueber complizirte Schädeldepressionsfrakturen.** *Schildberg 1898: H. Schettler.* (23 S.) 8°
Würzburg, Med. Diss. v. 1898

Schlesinger, Maur. (geb. Glogau 18. 10. 1802): De graviditatis signis. Berolini (1826). (27 S.) 8°

Berlin, Med. Diss. v. 9. Aug. 1826

Schlesinger, Moritz Löwe

— Erklär u. richtige Anordnung französ. sinnverwandter Wörter. 8. Bresl. 807. Graß, B. u. C. 12 gr. Hbg. Pr. 8 gr.

— Lyra-Klänge, mit Beitr. v. seinen Freunden. 8. Berl. 825. (Th. Enslin). 1 ₰ 6 gr.

— kurzgefaßte prakt.-deutsche Sprachlehre f. die Jugend. 8. Bresl 809. Graß, B. u. C. 12 gr. 2e Aufl. 8. Ebd. 819. 8 gr.

— üb. Verbesserung d. Erziehungsmethode d. jüdischen Jugend. 8. Bresl. 800. J. F. Korn. 8 gr.

Schlesinger, Mor. Löwe, das Wissenswürdigste aus d. Erdkunde, Naturlehre u. Naturgeschichte f. die Jugend in Bürgerschulen. 8. Bresl. 810. Graß, B. u. C. 12 gr. 2e Aufl. 8. Ebd. 818. 12 gr.

Schlesinger, M. L., das Wissenswürdigste aus der Erdkunde, nach den neuesten Länderbestimmungen. 2te Aufl. 8. (Breslau, Holäufer in Comm.) 818.

Schlesinger, Moses [aus Hamburg]: Das aramäische Verbum im Jerusalemischen Talmud. . . . Berlin, Julius Benzian, 1889; 2 Bl. + 98 S. + 1 Bl. 8°

Strassburg, Phil. Fak., Inaug.-Diss. v. 1889

Schlesinger, Nathan, Halme aus dem demnächst erscheinenden „Garbenbündel". Berlin 869. (Geelhaar.) 8. (16 S.) n. 2½ ngr.

Schlesinger, Nathan, die gedungene Berliner Revolverpresse. Ein Zeitbild. gr. 8. (8 S.) Berlin 876. Berliner Buchh. (A. Krause.) — 20

Schlesinger, Otto (geb. Tarnowitz 21. 1. 1860): Ueber conjugirte binäre Formen. Breslau 1882. (57 S.) 8° [Im Buchhandel 1882 b. Köhler in Breslau.]

Breslau, Phil. Diss. v. 21. Okt. 1882

Schlesinger, Otto, über conjugirte, binäre Formen. Inaugural-Dissertation. gr. 8. (57 S.) Breslau 883, (Preuss und Jünger.) * 1 20

Schlesinger, Paul [Adjunkt]: Ein Beitrag zur Lösung der Frage nach der ursprünglichen Anordnung von Freidanks Bescheidenheit. Berlin, Druck v. M. Oldenbourg, 1894; 30 S. 4.
Berlin, K. Joachimsthalsches G., P. 1894 (58)

Die Flitterwochen eines Lebemannes. Roman von Paul Felix [d. i. Paul Schlesinger]. 6.–9. Aufl. Berlin: Berliner Verl.-Inst. [1905]. (144 S.) 8° [F.] (06. 3936

[F.] Aus der alten und neuen Welt. Reise-Briefe v. Philipp Schlesinger 1895–1896. Als Ms. gedr. *Berlin: Dr. v. R. Mosse 1896.* (95 S.) 1 Bd 8. (96. 6350

Schlesinger, Robert, Rechtspraktikant am Gh. Landgericht zu Mannheim: **Ueber die Anstellung als Grund der Vertretungsmacht nach gemeinem und geltendem bürgerlichen Recht.** *(Mannheim) 1902: Mannheimer Vereins-Druckerei.* (46 S.) 8°
Marburg, Jur. Diss. v. [1. Apr.] 1903

Schlesinger, Robert, (von Wien): Mikroskopische und mikr...sche Untersuchungen einiger Gewebefasern. Zür. Orell Füss. C.-Dr. 1872. 41 S. 8°.

Zürich, Phil. Diss. v. 15. Juni 1872.

Schlesinger, Rob., mikroskopische Untersuchungen der Gespinnst-Fasern im rohen und gefärbten Zustande nebst einem Versuche zur Erkennung der Shoddy-Wolle. Mit einem Vorwort von Emil Kopp. Lex.-8. (XII, 67 S. mit eingedr. Holzschn.) Zürich 873, Orell, Füssli und Comp. * 3 60

Schlesinger, Rud., zur Lehre von den Formalcontracten und der Querela non numeratae pecuniae. Zwei Abhandlungen. gr. 8. (VIII und 332 S.) Leipzig 858, Hirzel. *

Schlesinger, Rud., die rechtliche Unzulässigkeit der Beschlagnahme des noch nicht verdienten Lohnes. Nebst Erörterungen über die rechtliche Natur u. die Cession der gegenseitigen Obligationen. Leipzig 869. Hirzel. gr. 8. (VI, 91 S.) 15 ngr.

Schlesinger, S., Gedanken v. Nutzen u. Schaden d. medicin Schriften f. d. Laien u. gemeinen Mann. 8. Berl. 782. (Sander). 3 gl.

S. **Schlesinger**

Gedanken vom Nutzen und Schaden der medizinischen Schriften... von S. Schlesinger. Berlin: Wever 1782. 48 S. 8°

– Dass., s.a. Schlessinger, S.

Schlesinger, [illegible] Berlin, Med. Diss. v. [illegible] März 184[illegible]

Schlesinger, Sigmund [illegible] 18[illegible] Berlin, Med. Diss. v. 22. Aug. 18[illegible]

Schlesinger, Sigmund

— s. C. Boccella, Eleonore von Toledo.

Schlesinger, Sigm., Großpapa Bolz, s.: Theater, modern. Nr. 5.

Schlesinger, Sigm. Das Ende vor dem Anfang. s.: Theater, neues Wiener.

Schlesinger, Sigm., mit der Feder, s. Bloch's, Ed., Theater-Correspondenz.

Schlesinger, Sigm., am Freitag, s. Bloch's, E., Dilettanten-Bühne.

—— der Graf aus dem Buche, s. Bloch's, E., Dilettanten-Bühne.

Schlesinger, Sigm., Josef Gusikow u. dess. Holz- u. Stroh-Instrument. Ein biograph.-artist. Beitr. z. Würdigung dies. außerord. Erscheinung. gr. 8. (2¼ B., G's. Portr. u. 1 Abbild.) Wien 836, [Tendler u. Comp.]

Schlesinger, Sigm., die Gustel von Blasewitz, s. Bloch's, E., Theater-Correspondenz.

—— der Hausspion, s. Bloch's, E., Volks-Theater.

Schlesinger, Sigmund — Ein ernster Heirats-Antrag. Vorspiel in einem Aufzuge von — —. (Mit glänzendem Erfolge am k. k. Hofburgtheater darg. st llt.) Als Manuskript gedruckt. Druck von U. Klopf sen. und Alex. Eurich. (16 S. 8.)
1856

—— Herbstnovellen. 8. (24 B. u. 1 Musikbeil.) Wien 835, Haas'sche Buchh.

—— Herbstnovellen. Neue Folge. 8. (17 B.) Leipzig 838, [Berger's Buchh.] 1 Thlr. 9 Gr., hrbgs. Pr.

— Herbstnovellen. Neue Folge. 8. Leipzig 838. Meißner. 1⅜ rf

Schlesinger, Sigmund (Hrsg.), s. Humanitas.

Schlesinger, S., e. liberaler Candidat, s.: Theater, neues Wiener.

– Liselotte, s. Theater, Neues Wiener.

– Nicht schön, s. Bloch's, E.: Dilettanten-Bühne.

Schlesinger, Siegmund

Novellen.
Leipzig: Berger 1847. 262 S. 8°

—— Original-Lustspiele. 1. Bd. br. 8. (128 S.) Berlin 863, Lassar's Buchh. *

Schlesinger, Sigm., der Scheidungsschmaus. Lustsp. in 1 Aufz. 8. (63 S.) Wien 898. Gesellschaft f. graph. Industrie. n. 1. 60

– Die Schwestern v. Rudolstadt, s. Theater, Neues Wiener.

– Mein Sohn, s. Bloch's, E.: Dilettanten-Bühne.

—— pharmaceut.-chem. Tabellen, z. Gebr. f. pract. Aerzte u. Apotheker, als Hülfs- u. Nachschlagstabellen. gr. 12. (6⅔ B.) Wien 833, [Heubner's Verl.] *

—— Wiener Tageblätter. Anno Taaffe und Hohenwart. 12. (V, 320 S.) Wien 880, Stern. * 3 60

— das Trauerspiel d. Kindes. Schauspiel in 2 Acten. gr. 16. (98 S.) Wien 876. Wallishausser. n. 2. 40

— Vindobona. National-epische Dichtung. (2 Lfrgg.) gr. 8. Wien 837. Kupffer u. Singer. 1⅓ rf

—— Vindobona. National-epische Dichtung. (2 Lfgn.) gr. 8. (.. B.) Wien 837, [Singer u. Göring.]

—— mährische Wanderbriefe. 8. (9 B.) Leipzig 835, [Klinkhardt.]

—— Wenn man nicht tanzt, s. Bloch's, E., Theater-Correspondenz.

Schlesinger, Sigm.,

— wer das Größere nicht ehrt, ist das Kleinere nicht werth, s. Theater, neues Wiener.

Schlesinger, [illegible] Berlin, Med. Diss. v. 2[illegible] Mai 184[illegible]

Schlesinger, Therese, s. Schlesinger-Eckstein, Therese

Schlesinger, Victor, Amtsgerichtsrat a. D.: Erbbaurechtliche Fragen. Ein Beitr. z. Lehre vom Erbbaurecht des B.G.B. Berlin-Charlottenburg 1910: Adler-Dr. 85 S. 8°
Heidelberg, Jur. Diss. v. 21. Juli 1910, Ref. Schröder
[Geb. 18. März 66 Gleiwitz; Wohnort: Berlin-Wilmersdorf; Staatsangeh.: Preußen; Vorbildung: Gymn. Gleiwitz Reife O. 84; Studium: Leipzig 5, Berlin 4 S.; Rig. 2. Juni 10.] [U 10. 3007

Schlesinger, Victor *(geb. Prausnitz in Schles. [5. 7.] 1813)*: De inflammatione serosa sive lymphatica animadversiones nonnullae. Vratislaviae (1840). (28 S., 1 Taf.) 8°
Breslau, Med. Diss. v. 15. [vielmehr 16.] Dez. 1840

Schlesinger, Viola v., das Märlein vom Lächeln Mariä. (297 S.) 8. Wien 907. C. Konegen. 3.—; geb. 4. 50

Schlesinger, W., s. Albo Grund- und Glaubenslehre.

Schlesinger, Rabb. Dr. W., Andachtsbuch für fromme Israelitinnen, (Hebräisch) mit deutscher Uebersetzung. Nebst neuen Gebeten. 2. verb. Aufl. mit 1 Lithogr. 12. Sulzbach 846. (Nördlingen, Beck.) n. 2/3 ℔

Schlesinger, Wilhelm

Schlesinger, W., die Prostitution in Wien u. Paris. Skizzen. Wien 868. Facsy & Frick. gr. 8. (24 S.) n. 6 *ngr.*

Schlesinger, D[illegible] W., Di[illegible] Prostitution in Wien und Paris. Skizzen. [illegible] Verlag [illegible] 30 kr.
1868

[Deckelt.:] Special-Karte der Schlesisch-Galizischen Beskiden. '(Von d. Weichsel bis z. Babia-góra.)' F. tourist. Zwecke bearb. v. Wilhelm **Schlesinger** in Biala. Ausgef. im k. u. k. militärgeogr. Inst. in Wien. (Masst. 1 : 75.000.) *Mähr.-Ostrau: R. Papauschek [1896].* (1 Ktnbl. [illegible]) 1 Bd 8. [96. 5447

Schlesinger, Wilh., gynäkologische Studien. I. Anatomische und klinische Untersuchungen über extraperitoneale Exsudationen im weibl. Becken. gr. 8. (105 S. mit 1 lithogr. Taf.) Wien 879, Braumüller. * 2 40
Aus: Medizinische Jahrbücher, besonders abgedruckt.

Schlesinger v. Benfeld, Eug. Ritter, das Pulvermonopol in Österreich-Ungarn, s.: Jahn, Alois.

Schlesinger-Eckstein, Therese, die Frau im 19. Jahrh., s. *a.* Am Anfang des Jahrhunderts. 13. Hft.

Die Frau im 19. Jahrhundert. Von Therese Schlesinger-Eckstein. *Berlin: Aufklärung 1902.* (59 S.) 8° [F.]
= Anfang, Am, des Jahrhunderts. H. 13. [02. 8273

Schlesinger, Therese, was wollen die Frauen in der Politik? s. *a.* Lichtstrahlen.

(†) **Schlesinger,** Th., Was wollen die Frauen in der Politik? [Lichtstrahlen Nr. 19.] 8°. (30 S.) * K —.10
Wien: Brand 1909.

Schlesinger, Th., Was wollen die Frauen in der Politik? kl. 8. (30 S.) Wien, Wiener Volksbuchh. 1909 —. 10.
Lichtstrahlen, Nr 19.

Schlesinger, T., Was wollen die Frauen in der Politik? 2. Aufl. (30 S.) kl. 8. Wien, Wiener Volksbuchh. 1910 —. 10.

Schlesinger-Steiner, Frau Olga, s.: Steiner, Olga.

Schlesinger-Stephani, Mario, Elementar-Theorie der Musik [als Vorschule zu P. Rudigiers Harmonik f. Zitherspieler] m. 9 Aufgaben u. deren Auflösung, unter besonderer Rücksichtnahme auf den Selbstunterricht. gr. 8. (VII, 40 S.) Trier 886. P. E. Hoenes. 1. 20

Schlesische Gebirge [Schlagwort]

Schlesische Gebirge. Herrich, A., Specialkarte der schlesischen Gebirge u. ihres Vorgeländes. 1 : 150,000. 59,5 × 83 cm. Farbendr. Glogau 895. C. Flemming. n. 2. —

— — neue Specialkarte der schlesischen Gebirge u. ihres Vorgeländes. 1 : 150,000. Blatt II: Die Sudeten vom Waldenburger bis Altvater-Gebirge einschl. der Grafsch. Glatz. 83 × 59 cm. Farbdr. Ebd. 897. n. 2. — (kplt. in 1 Umschlag: n. 3. —)

Schlesische Gebirge. Herrich, A., neue Specialkarte der schlesischen Gebirge u. ihres Vorgeländes. (Ausg. 1902.) 1 : 150,000. 2 Blatt. Farbdr. Glogau, C. Flemming. n. 3. —; einzelne Bl. n. 2. —
1. Die Sudeten vom Iser- bis Waldenburger Gebirge einschl. des Riesengebirges. 59,5×84 cm.
2. Die Sudeten vom Waldenburger- bis Altvater-Gebirge einschliessl. der Grafsch. Glatz. 83,5×59 cm.

Schlesser, Richard: Die Pfarrkirche von Waldbredimus und ihre Instandsetzung. Luxemburg: St. Paul-Ges. 1892. 16 S. 8°

Schlessing, A., neues Handbuch der englischen Conversationssprache. gr. 16. (VIII, 342 S.) Leipzig 879, B. Tauchnitz. geb. 2 25

Schlessing, A., neues Handbuch der engl. Conversationssprache. 4. Ster.-Aufl. (VIII, 342 S.) kl. 8. Leipzig 907. B. Tauchnitz. Geb. in Leinw. 2. 25

Schlessing, A., Handels-Artikel des Weltverkehrs, nebst den darauf bezügl. techn. und kaufmänn. Bezeichnungen, nach Geschäftszweigen eingetheilt und alphabet. geordnet. Deutsch-englisch-französisch. Hrsg. unter Mitwirkung bewährter Fachleute. gr. 8. (IV, 532 S.) Wien 883, Perles. * 10 —
geb. * 12 —

—— dass. — 2. Aufl. 16 Lfgn. gr. 8. (IV, 532 S.) Ebendas. 884,85. à Lfg. * 60 Pf. * 9 60

—— a new Manual of the German Language of Conversation. gr. 16. (VIII, 368 S.) Ebendas. 879. geb. 2 25

—— deutscher Wortschatz oder der passende Ausdruck. Praktisches Hilfs- und Nachschlagebuch in allen Verlegenheiten der schriftl. und mündl. Darstellung. Mit einem den Gebrauch erleicht. Hilfswörterbuch. 9 Lfgn. gr. 8. (XXIV, 433 S.) Stuttgart 880,81, Neff. à Lfg. * 50 Pf.; compl. * ℳ 5.; geb. * 6 —

Schlessing, A. Deutscher Wortschatz od. der pass. Ausdruck. Praktisches Hilfs- u. Nachschlagebuch in allen Verlegenheiten der schriftl. u. mündl. Darstellg. Mit e. den Gebrauch ungemein erleicht. Hilfswörterbuch. 2. verb. u. verm. Aufl. 10 Lfgn. gr. 8. (XXIV, 456 S.) Stuttg. 891,92, Neff. à Lfg. * — 50; * 5 —; geb. * 6 —

Schlessing, A., deutscher Wortschatz od. der passende Ausdruck. Praktisches Hilfs- u. Nachschlagebuch in allen Verlegenheiten der schriftl. u. mündl. Darstellg. Für Gebildete aller Stände u. Ausländer, welche e. korrekten Wiedergabe ihrer Gedanken in deutscher Sprache sich befleißigen. Mit e. d. Gebrauch ungemein erleicht. Hilfswörterbuch. 3., verb. u. verm. Aufl. (XXIV, 468 S.) gr. 8. Stuttgart 903. Eßlingen, P. Neff Verl. n. 5. —; geb. in Leinw. n. 6. —

— Deutscher Wortschatz od. der passende Ausdruck. Prakt. Hilfs- u. Nachschlagebuch in allen Verlegenheiten der schriftl. u. mündl. Darstellung. Für Gebildete aller Stände u. Ausländer, welche e. korrekten Wiedergabe ihrer Gedanken in deutscher Sprache sich befleißigen. Mit e. den Gebrauch ungemein erleicht. Hilfswörterbuch. 4., verb. u. verm. Aufl. (XXIV, 497 S.) gr. 8. Eßlingen 907. P. Neff. Geb. in Leinw. 6.—

Schlessing, Sam., s. J. B. Monteggia, Abhandl. üb. vener. Krankheiten.

Schlessinger, Gustav, cand. phil. aus Mainz: Die altfranzösischen Wörter im Machsor Vitry. Nach d. Ausgabe d. Vereins 'Mekize Nirdamim'. *Mainz 1899: J. Wirth.* (104 S.) 8°
Würzburg, Phil. Diss. v. 1898

Schlessinger, Gust., die altfranzösisch. Wörter im Machsor Vitry nach der Ausg. des Vereins „Mekize Nirdamim". gr. 8. (104 S.) Mainz 899. (Frankfurt a/M., J. Kauffmann.) n. 2.—

Schlessinger, Josef, s.a. Schlesinger, Josef

Schlessinger, Jos., Kataster der Reichs-Haupt- und Residenzstadt Wien. Handbuch für Aemter, Advocaten, Architekten, Baumeister, Bauunternehmer, Credit-Institute, Hausbesitzer, Kapitalisten, Notare etc. Vollständig neu bearb. unter der Leitung des Wiener Stadtbauamtes. gr. 4. (VIII, 585 S. mit Plänen der 10 Bezirke Wiens.) Wien 885, Lechner's Sortiment. [** *M* 30.—.] **
geb. mit aufgezogenen Plänen [** *M* 44.—.] **

—— dass. — Nachtrag und Berichtigungen. Enth.: Nachträge aus den J. 1884, 1885, 1886. gr. 4. (IV, 124 S.) Ebendas. 886. * *M* 6.—; geb. *

Schleßinger, L. 23 Fest-Predigten u. synagogale Vorträge f. alle h. Feiertage u. Volksfeste. gr. 8. (IV, 44 S.) Frankf. a. M. 891, Kauffmann. * 1 20

Schleßinger, L., Kanzelreden. 34 Fest-, Sabbat- u. Gelegenheits-Reden. gr. 8. (II, 88 S.) Frankfurt a/M. 901. 902. (A. J. Hofmann.) n.n. 2.10

Schlessinger, S., Gedanken von Nutzen und Schaden d. medicinischen Schriften für d. Laien und gemeinen Mann. 8. Berlin, Wever. (Sander.) 782.

– Dass., s.a. Schlesinger, S.

Schlessinger, S., Kataster der k. k. Reichshaupt- und Residenzstadt Wien. Handbuch für Aemter, Advocaten, Notare, Architekten Baumeister, Bauunternehmer, Credit-Institute, Hausbesitzer, Capitalisten. Nach amtlichen Quellen verfasst. 3. Auflage. Heft 1. Ausgabe ohne Plan. 4. (56 S.) 1.25, complet 12 Hefte ohne Plan 15.—, mit Plan der Stadt Wien im Maassstabe 1 : 10.000 bearbeitet nach amtlichen Quellen. In 25 Blättern ausgeführt. In 3fachem Farbendruck 19.20
Wien: Zöller 1891.

Schlestein, A. F., kurzer Abriß der Geschichte Schlesiens. Für seine Schüler bearb. 8. Grünberg 845, Weiß. 1/12 ℛ
— 2. verb. Aufl. 846. 1/12 ℛ

—— Leitfaden für den Unterricht in der Geographie Schlesiens. Zunächst für seine Schüler bearb. 8. (1 1/4 B.) Grünberg 845, Weiß.

Schleswig [Sachliches OW]

Schleswig. A. H. Payne sc. o. O. u. J. Stahlstich. 1 Bl. 4° k.
Aus Paynes Universum.

Schleswig. [Ansicht der Stadt.] Aus der Kunstanstalt d. Bibl. Inst. in Hildbh. o. O. u. J. 1 Bl. 16/10,5 cm.

Schleswig. W. C. Wrankmore sc. o. O. u. J. (Leipzig. 1848?) Stahlstich. 1 Bl. 4°. 19,5/24 cm.

Schleswig. (1 : 240000.) Aus zwei Blättern, Nord-Schleswig und Süd-Schleswig, zusammengeklebt. Hamburg 1848 u. 1849. Lithogr. 1 Bl., Imp.-Fol., 67/55,5 cm. Aufgez. a. Leinen.

Schleswig. Aus dem Engl. übersetzt mit Vorwort u. Anmerkungen. Hamburg 861. (Perthes-Besser & Mauke. gr. 8. (VI, 43 S.) n. 9 ngr.

Schleswig. [Hrgg. von der Kommission für historische Ausflüge d. Vereins f. Hamb. Gesch.] (Hamburg. 1906.) 8°

Schleswig, Ganz, oder Krieg, kein neuer Waffenstillstand. O. O. 1849. V: *Schrader, Ludwig Friedrich Gabriel.* (A)

Das zum Königreich Dänemark gehörige Herzogthum **Schleswig.** Nr. 74. [ca. 1 : 620000.] o. O. [1791.] Kupferstich. 1 Bl. 4°. 28/30 cm.
Von J. Albrecht in Wien gestochen.

Die Herzogthümer **Schleswig, Holstein** und Lauenburg, mit den [illegible] und Hansestädten Hamburg und Lübeck. Bearb. v. **A. Gräf.** 1 : 445000. Weimar. (1857.) Kupferstich, kol. 1 Bl. Imp.-Fol., [illegible]/60,2 cm.

Schleswig nebst einem Theile v. Jütland u. Fünen. Fol. Lith. u. color. Glogau 848, Flemming. 1/3 ℛ

Schleswig und Umgegend, gez. u. gest. v. **L. Mertens.** o. O. u. J. Stahlstich. 1 Bl. Fol., 49/60 cm.

Schleswig [aus der Vogelschau] 1895. Schleswig. 1895. Heliotypie. 1 Bl. Imp.-Fol., 66/94 cm.

Das Herzogthum **Schleswig.** entw. und gez. v. A. Schreiber. (ca. 1 : 200000.) Kiel bei J. A. Cetti 1829. Kupferstich, kol. 1 Bl. Imp.-Fol. 59,5/70 cm.
—— 1836.
—— 1839. verb. v. F. Geerz.

Das Herzogthum **Schleswig.** Nach der kirchlichen Eintheilung (Von H. N. A. Jensen. 1 : 480000.) Flensburg. 1842. Farbendruck 1 Bl. 4°. 35/35,5 cm. Aufgez. a. Carton.

Herzogthum **Schleswig.** Entw. und gez. v. Gotthard. (1 : 425000.) Hildburghausen. 1852. Kupferstich. 1 Bl. Fol., 42,5/35,3 cm.

Schleswig [Schlagwort]

Schleswig, s.a. **Deutschland.** Uebersichtskarte.

Schleswig, Holstein und Lauenburg —. Die Herzogthümer — entw. u. gez. v. C. F. Weiland, ber. v. Ohmann. Weimar, geogr. Institut 1847. 445,000. 1 Bl.

Schleswig — Charte vom Herzogthum — etc., entworfen von F. L. Güssefeld. Nürnberg bei Homanns Erben 1803. 1 : 520,000. 1 Bl.

Schleswig — Karte vom Kriegsschauplatz in — in 14 Sect., von F. Geerz. 40.000. Comm. bei Perthes etc. Hamburg. 1851. Nur 11 Sect. erschienen, nebst Bericht. 11 Bl.

Schleswig — Topographische Karte vom südlichen Theile des Herzogthums — von der Topogr. Abtheil. des K. Preuss. Generalstabs. 100,000. Berlin, Com. bei S. Schropp 1864. 4 Bl.

Schleswig — Nord- und Süd- — 240.000. Comm. bei Hoffmann. Hamburg 1848. 2 Bl.

Schleswig — Plan des Schlachtfeldes von —. 15,000. Unter Zugrundelegung des vom Maj. Vogel v. Falkenstein 1848 aufgen. Planes erweitert u. berichtigt in der topogr. Abtheil. des K. Preuss. Generalstabs. 1853. 1 Bl.

(Proklamation Frederiks VII. an die Schleswiger. beginnend mit den Worten:) **Schleswiger!** Es ist uns endlich gelungen etc. Schloss Christiansborg. den 27. Aug. 1849. (Deutsch und Dänisch.) (Kopenhagen.) 2 Bl. Fol. geb. in 4°.

Schleswig Herold: 1900–1903
Independent weekly. Only paper published in Schleswig. 1901–03. Edited & published by M. R. Hueschen
Schleswig IA

Schleswig-Holstein [Sachliches OW]

Schleswig-Holstein, s. Revolutionen, die, der Gegenwart.

Schleswig-Holstein. Für eine Singstimme mit Begleitung des Pianoforte. Brussel. 1846. 2 Bl. 4.

Schleswig-Holstein. Ein Wort zur Verständigung. Leipzig 1846. V: *Rosen, Glieb v.* (schles) (Collin, Anonymer. Kiobenh. 1869.)

Schleswig-Holstein. Ein Wort zur Verständigung. gr. 8. Leipzig 846, Keil. n. 1/4 ₰

Schleswig-Holstein. Uebersichtliche und getreue Darstellung der jetzigen Ereignisse daselbst nebst Geschichte und Beschreibung des Landes und allen zum Verständniss der Gegenwart nöthigen Aktenstücken und Thatsachen aus dessen Vergangenheit. H. 1 [einziges]. Mit 1 Karte. Berlin. 1848. 8°.

Schleswig-Holstein. Sein Recht, sein Kampf, seine Hoffnung. Braunschweig 1850. V: *Holstein, Max von.* (PROVBHANN 387)

Schleswig-Holstein. Einfache geschichtliche Darstellung. Empfohlen von dem Unterstützungs-Comitee in Elberfeld u. Barmen. 8. (15 S.) Elberfeld 850, (Iserlohn) Bädeker. n. 1/12 ₰

Für **Schleswig-Holstein.** Gebanische Sonette. Heft 2. Hamburg. 1851. 12°.

Schleswig-Holstein. I. Berliner Reform den 20. December 1861. Nr. 35. Fol.

Für Schleswig-Holstein. Bornheim 1863, s. Lang, Julius

Für **Schleswig-Holstein.** Seid auf der Hut! ⟨Als Manuscript gedruckt.⟩ [Unterz.: (Ein Freund der Ehre Deutschlands, d. 28. Nov. 1863)]. (Berlin. 1863.) 2 Bl. Fol. [Kopft.]

Schleswig-Holstein — Gewässer. Volksdichtigkeit etc. Zwei Skizzen. Ö. Z. 1864.

Für **Schleswig-Holstein!** Wie den Schleswig-Holsteinern zu helfen ist und was uns Allen noth thut. An den deutschen Bürger und Bauer. Braunschweig. Nördlingen. 1864. 8°.

Schleswig-Holstein. Uebersicht des Wissenswerthen über die nordalbing. Herzogthümer. 1. und 2., verb. Aufl. 8. (72 S. mit eingedr. Holzschn.) Leipzig 864, Weber. *

[F.] Aus **Schleswig-Holstein.** Erzählgn in plattdeutscher Mundart Bd 1. *Leipzig: O. Lenz (1899).* 8. [-9. 3684]

Schleswig-Holstein und die Annexion. Freib. 1867. V: *Lorentzen, Carl.* (DD) (ADB 30, 335)

Schleswig-Holstein u. die Annexion. Von einem Schleswig-Holsteiner. Freiburg im Br. 867. Schmidt. gr. 8. (28 S.) n. 4 ngr.

Das Preussische **Erbland** Schleswig-Holstein. Nebst einer kolorirten Karte zeigend die Reichstheilung von 1490 und die Erwerbungen und Abtretungen des Wiener Friedens vom 30. October 1864. Berlin 1865. 8°.

Schleswig-Holstein vor dem Friedens-Congres. Berlin 1850. V: *Möller, P. L.* (Collin, Anonymer. Kiobenh. 1869.)

— **vor dem Friedens-Congreß od. Biedermann's neue Utopia nebst einigen Allotrien.** gr. 8. (46 S.) Berlin 850, Schneider & Co. in Comm. n. 6 ngr.

Aus **Schleswig-Holstein** an das Preussische Haus der Abgeordneten. Von einem bisherigen Mitgliede der deutschen Fortschrittspartei in Preussen und jetzigen Schleswig-Holsteiner. Berlin. 1863. 8°.

Schleswig-Holstein, Die Herzogthümer, und das Königreich Dänemark. O. O. [1850?]. V: *Wegele, Franz Xav.* (schles)

Schleswig-Holstein, Die Herzogthümer, und das Königreich Dänemark. Aktenmässige Geschichte der dänischen Politik seit dem Jahre 1806. Hamb. 1850. V: *Droysen, Joh. Gust. & Carl Frdr. Lucian Samwer.* (schles) (JStBbH) (CBH) (schlesHolst) (Pr) (Ky) (Wa)

—— die Herzogthümer und das Königreich Dänemark. Aktenmäßige Geschichte der dänischen Politik seit dem J. 1806. (Von Joh. Gust. Droysen und C. Samwer. 1. Aufl. (X und 426 S.) * 2 Thlr. und 2. Aufl. gr. 8. (XVI und 350 S.) Hamburg 850, Perthes-Besser und Mauke. *

— **die Herzogthümer, u. das Königr. Dänemark. Aktenmäßige Geschichte der dänischen Politik seit dem J. 1806** (von Joh. Gust. Droysen u. K. Samwer). gr. 8. (X u. 426 S.) Hamburg 850, Perthes-Besser & Mauke. n. 2 ₰ — 2. Aufl. gr. 8. (XVI u. 350 S.) Ebd. 851. n. 1 ₰

Die Herzogthümer **Schleswig-Holstein** und Lauenburg entw. und ... v. **C. F. Weiland.** unter Redaction von H. Kiepert berichtigt ... C. Ohmann. 1 : 445000. Weimar. 1847. Kupferstich. kol. 1 Bl. Imp.-Fol.. 72.5 61 cm.

Schleswig-Holstein und Lauenburg, Die Herzogthümer, in dem Dänischen Gesammtstaat. Juli 1856. Weimar 1856. V: *Francke, Karl Philipp.* (PROVBHANN 388)

Schleswig-Holstein und Lauenburg, die Herzogthümer, in dem Dänischen Gesammtstaat. Juli 1856. 1. u. 2. Aufl. Weimar 856. Böhlau. gr. 8. (82 S.) n. 12 ngr.

Die Herzogthümer Schleswig-Holstein und Lauenburg in dem dänischen Gesammtstaat. Juli 1856. Weimar, Böhlau 1856. 82 S. 8.

Schleswig-Holstein, Das illustrierte, u. Dänemark, s.a. Goldschmidt, Meïr Aaron.

— u. Dänemark, das illustrirte. Humorist. Taschenb. v. Herausgeber des Corsaren. gr. 8. Mit Holzschn. Leipzig 846, Jurany. $1^1/_2$ ₰

Schleswig-Holstein und Dänemark, Das illustrierte. Humoristisches Taschenbuch ... Leipz. 1847. V: *Goldschmidt, Meyer Aaron.* (scbles)

—— und Dänemark, das illustrirte. Humorist. Taschenbuch vom Hrsgbr. des Corsaren. gr. 8. (240 S. mit Holzschn.) Leipzig 847, Jurany.

— im Kampfe gegen die dänische Nationalbank. 8. Hamburg 845, Nestler u. Melle. $^5/_8$ ₰

Schleswig-Holstein meerumschlungen, in Wort u. Bild. Im Verein m. J. F. Ahrens, Ad. Bartels, L. Boysen rc. hrsg. v. Hippolyt Haas, Herm. Krumm u. Fritz Stoltenberg. Illustr. v. J. Alberts, G. Burmester, A. Eckener rc. Lex.-8. (XV, 464 S.) Kiel 896. Lipsius & Tischer. Geb. in Leinw. n. 15. —

Für **Schleswig-Holstein,** gegen die Neu-Holsteiner. Von Slesvico-Germanus. Hamburg. 1839. 8°

Schleswig-Holstein a second Poland. An appeal to the British Nation. Hamburg. [1864.] 8°

Schleswig-Holstein und sein gutes Recht. Hrgg. vom Lemgoer Verein für Schleswig-Holstein. Zum Besten Schleswig-Holsteins. Lemgo. 1864. 8°

Schleswig-Holstein, seine Regierung und seine Landes-Versammlung. Hamb. 1850. V: *Löbe.* (wen S. 269)

— seine Regierung u. seine Landes-Versammlung. 8. (30 S.) Hamburg 850, Volksbuchhandlung in St. Pauli. 3 ngr

Schleswig-Holstein Succession. [New York] 1864. V: *Schleiden, Rud.* (Hauptkat. d. Univ.-Bibl. Tübingen. F, S. 257.)

Schleswig-Holstein [Schlagwort]

– s.a. Eisenbahnkarten.

— s. a.: Generalkarten. Flemming.

– s.a. Handkarten.

— s.a. Hand- u. Reisekarten. 17. 45.

– s.a. Heimatskärtchen. 20. 21.

– s.a. Heimatskarten.

– s.a. Radfahrerkarten. Junghans. Karte. Ravenstein.

– s.a. Regenkarten.

– s.a. Seekarten.

– s.a. Universal-Automobilkarte.

– s.a. Verkehrskarten. Ebbecke.

Schleswig-Holstein. Andresen, H. N., u. H. Bruhn, Handkarte v. Schleswig-Holstein. 1:600,000. 45,5×40 cm. Farbdr. Flensburg (901). A. Westphalen. n.n. — 25

— — — Wandkarte v. Schleswig-Holstein. 1:150,000. 4 Blatt à 85,5×80,5 cm. Farbdr. Ebd. 901. n. 10.—

— Cordes' neue Verkehrs-Karte v. Schleswig-Holstein m. Hamburg, Lübeck, Bremen. [Aus: „Dr. W. Koch u. C. Opitz, Eisenb.- u. Verkehrs-Atlas".] 1:600,000. 45×33,5 cm. Farbdr. Kiel (899). R. Cordes. n.n. — 35

Schleswig-Holstein. Cordes' neue Verkehrs-Karte v. Schleswig-Holstein mit Hamburg, Lübeck, Bremen. [Aus: „Dr. W. Koch u. C. Opitz, Eisenb.- u. Verkehrs-Atlas".] 1 : 600,000. 45×33,5 cm. Farbdr. Kiel (905). R. Cordes. n. — 35

Schleswig-Holstein. Diercke, C., Karten z. Heimatkunde der Prov. Schleswig-Holstein. Eine Ergänzung zu den Schulatlanten des Verf. (8 farb. S. m. Text auf dem Umschlag.) 31,5×24,5 cm. Braunschweig (908). G. Westermann. — 50

— — Schulwandkarte der Prov. Schleswig-Holstein. 1:150,000. 167×164 cm. Farbdr. Ebd. (908). Auf Leinw. m. Stäben 20. —

— **Eckert, Max, Heimatskarte der Prov. Schleswig-Holstein. 1 : 1,000,000. 26,5×23,5 cm. Farbdr. Halle (904). H. Schroedel. n.n. — 12**

Schleswig-Holstein und Lauenburg — Generalkarte von den Herzogthümern — etc. Entw. u. herausg. von F. Geerz. 1858. Berlin, Hamburg u. Kiel. 450,000. 1 Bl.

Schleswig-Holstein. Göttsche, Ad., Handkarte v. Schleswig-Holstein. 1:1,000,000. 4. Aufl. 25,5×21 cm. Farbdr. Flensburg (904). A. Westphalen. n. — 15

— Göttsch, Ad., Handkarte v. Schleswig-Holstein. 1:1,000,000. 5. Aufl. 25,5×21 cm. Farbdr. Flensburg (906). A. Westphalen. — 15

Schleswig-Holstein. Göttsch, Ad., Schulwandkarte v. Schleswig-Holstein. 1 : 150,000. 6 Bl. Imp.-Fol. Farbendr. Flensburg 891. A. Westphalen. n. 8. —; auf Leinw. m. Stäben n. 15. —

Schleswig-Holstein. Handtke, F., General-Karte v. Schleswig-Holstein, Mecklenburg, Hamburg, Bremen u. Lübeck. 1 : 600,000. 5. Aufl. Nach den neuesten Materialien rev. u. ergänzt im kartograph. Institut der Verlagshandlg. Chromolith. gr. Fol. Glogau 890. Flemming. n. 1. —

Schleswig-Holstein. Handtke, F., General-Karte v. Schleswig-Holstein, Mecklenburg, Hamburg, Bremen u. Lübeck. 1:1,600,000. 7. Aufl. Farbendr. 60,5× 79,5 cm. Glogau 891. C. Flemming. n. 1. —; auf Leinw. in Kaliko-Karton n. 2. 50

— Handtke, F., Generalkarte v. Schleswig-Holstein, Mecklenburg, Hamburg, Bremen u. Lübeck. 1:600,000. 11. Aufl. 62,5 × 82 cm. Farbendr. Glogau 895. C. Flemming. n. 1. —

— — u. J. Lindemann, Schul-Wandkarte der Prov. Schleswig - Holstein. 1 : 200,000. 6 Blatt. 4. Aufl. Farbendr. u. kolor. 40,5×52 cm. Ebd. 891. 3. —; auf Leinw. in Mappe n. 6. 75; m. rohen Holzrollen n. 7. 20; m. polierten Holzrollen n. 8. —

— Hanssen, Adph., Schul-Wandkarte v. Schleswig-Holstein, bearb. nach den Messtischblättern, der Meyn'schen geolog. Karte u. a. 1 : 150,000. 4 Blatt. Farbendruck. 84×70 cm. Kiel 892. H. Eckardt. n. 8. —; auf Leinw. m. Stäben n. 14. —

— Harms, H., Karte von Schleswig-Holstein. 1 : 1,000,000. Ausg. m. u. ohne Namen. 26,5×21 cm. Farbdr. Braunschweig (902). Leipzig, List & v. Bressensdorf. à nn — 10

— Karte der Gegend östlich Flensburg u. Apenrade u. der Insel Alsen. 1 : 150,000. Autogr. u. color. qu. Fol. Sonderburg 888. la Motte jr. — 50

— — Karte von Schleswig, Fühnen und den angrenzenden Theilen v. Jütland u. Holstein. Fol. Wien, Beck'sche Univ.-Buchh. (A. Hölder). 42 kr.

1864

— Kiepert, Rich., neue Schulwandkarte von Schleswig-Holstein. Nach den Aufnahmen des königl. preuss. Generalstabes bearb u. gezeichnet. 1 : 200,000. 6 Blatt. Chromolith. [Neue Aufl.] gr. Fol. Schleswig 889. Bergas. n. 6. 50; auf Leinw. n.n. 12. —

— Kiepert, Rich., Schulwandkarte v. Schleswig-Holstein. Nach den Aufnahmen d. königl. preussischen Generalstabes bearb. u. gezeichnet. 1:200,000. (4. Abdr.) Rev. 1889. 6 Blatt à 46 × 60,5 cm. Farbendruck. Schleswig 889. J. Bergas. n.n. 6. 50; auf Leinw. n.n. 12. —

— Liebenow, W., Special-Karte v. Schleswig-Holstein, nebst den angrenzenden Ländertheilen. 1 : 300,000. Neue Aufl. 1887. Lith. Imp.-Fol. Hannover 887. Oppermann. n. 3. 50; politisch color. n. 4. —; in Carton n. 4. 50; historisch color. n. 5. —; m. Terrain n. 4. 50; politisch color. n 5. —; in Carton n. 5. 50; auf Leinw. in Carton n. 7. —; lackirt m. Stäben n. 8. 50

— Liebenow, W., Special-Karte v. Schleswig-Holstein, nebst den angrenzenden Ländertheilen. 1:300,000. Neue Aufl. 1892 m. Erweiterg. u. Nordostsee-Canal. Lith. 96×75 cm. Hannover 892. H. Oppermann. n. 3. 50; politisch kolor. n. 4.—; in Karton n. 4. 50; historisch kolor. n. 5. —; Ausg. m. Terrain n. 4. 50; politisch kolor. n. 5. —; in Karton n. 5. 50; auf Leinw. in Karton n. 7. 50; lackiert u. m. Stäben n. 9. 50

— Liebenow's W., Special-Karte von Schleswig-Holstein. 1 : 300,000. (Volksausg.) 76×60,5 cm. Farbdr. Frankfurt a/M. (904). L. Ravenstein. n. 1. 50

— Liebenow, W., Specialkarte v. Schleswig-Holstein nebst den angrenzenden Ländertheilen. 1 : 300,000. 12. Aufl. 83,5×69 cm. Farbdr. Frankfurt a/M. (909). L. Ravenstein. In Decke 4.50; auf Leinw. in Decke 6.—; m. Stäben 8. —

— Lipsius u. Tischer's neue Specialkarte üb. das östliche Holstein. 1 : 80,000. Mit 1 Nebenkarte: Der Ukleisee u. s. nächste Umgebung. 1 : 50,000. 3., verb. Aufl. gr. Fol. Kiel 888. Lipsius & Tischer. n. 1. 50; auf Leinw. gedr. in Leinw.-Tasche n. 2. 50

— Lipsius & Tischer's neueste Spezialkarte f. das östliche Holstein. 1 : 80,000. 55×63,5 cm. Farbdr. Kiel 910. Lipsius & Tischer. 1.—; auf Leinw. in Tasche 2. —

— Mittelbach's neueste Specialkarte der Prov. Schleswig-Holstein sowie der freien Städte Hamburg u. Lübeck zum Hand- u. Buraugebrauch. 1:300,000. 95×86 cm. Farbdr. Leipzig (904). Mittelbach. n. 1. 50

Karte des Deutschen Reiches. Hrsg. von der kartogr. Abtheilung der Königl. Preuss. Landesaufnahme. 1 : 100000. Kupferstich und Farbendruck. Fol. 12 [illegible] cm. [Prov. Schleswig-Holstein.] Berlin. 1880 [illegible] 82. (Die Aufnahme begann 1877 und endete 1879.)

5. Hvidding. 6. Gramm. 7. Hadersleben. 11. Rom. 12. Lugumkloster. 13. Apenrade. 14. Tarup. 20. Westerland. 21. Rodenäs. 22. Tondern. 23. Flensburg. 24. Augustenburg. 35. Amrum. 36. Föhr. 36 a. dass., andere Kolorierung mit handschriftlichen Eintragungen v. F. Geerz. 37. Bredstedt. 38. Schleswig. 39. Kappeln. 40. Wester-Markelsdorf. 55. Garding. 56. Husum. 57. Rendsburg. 58. Kiel. 58 a. dass. mit Nachträgen bis 1895. 59. Lütjenburg. 60. Oldenburg i. Holst. 69. [illegible] 80. Heide. 81. [illegible] 82. Neumünster. 83. Eutin. 84. [illegible] 110. Cuxhaven. 111. Ottendorf. 111 a. dass. mit anderer Kolorierung. 112. [illegible] 113. Segeberg. 114. Lübeck. 115. Schönberg i. Mecklbg. 145. Stade. 146. Hamburg. 147. Ratzeburg. 148. Wittenburg. 178. Harburg. 179. Lauenburg a. d. Elbe.

— Richter, Gust., Wandkarte v. Schleswig-Holstein. Entworfen, gezeichnet u. hrsg. 1 : 150,000. 4 Blatt à 85 × 67 cm. Farbdr. Essen (902). G. D. Baedeker. n. 12. —; auf Leinw. m. Stäben n. 18. —

— Schmarje, Johs., Touristen-Karte vom östlichen Holstein. 1 : 120,000. 2., verb. Aufl. Chromolith. qu. Fol. Hamburg 888. Verlagsanstalt u. Druckerei, A.-G. (vorm. J. F. Richter). n. — 80

— — Skizze des Kriegsschauplatzes in Schleswig. 2 Blatt. gr. Fol. Ebds. 20 kr.

1864

— — Skizze des schleswig-holsteinischen Kriegsschauplatzes. gr. Fol. Wien, J. Dirnböck. 50 kr.

1864

— — der westlichen Umgebung von Schleswig mit dem Dannewerke. gr. Fol. Ebds. 10 kr.

1864

— — Sommer A., Special-Karte der Insel Alsen und des Sundewitt, nebst einem ganz speciellen Plan der Umgebung Düppel's u. Sonderburgs. Fol. Ebds. 30 kr.

1864

— — Special-Karte von Schleswig-Holstein. gr. Fol. Ebds. 45 kr.

1864

Special-Karte von Schleswig-Holstein und Lauenburg nebst den angrenzenden Ländertheilen, bearb. v. W. Liebenow. 1 : 300000. Hannover. 1875. 1 zusammengeklebtes Bl. Imp.-Fol. 84.85 cm (beschn.). Zusammengefaltet in Buchdeckel. 8°.

—— Aufgez. a. Leinen in Buchdeckel. 8°.

– — Umgebung von Düppel und den Düppler Schanzen in Schleswig. gr. Fol. Ebds. 20 kr.
1864

— — Umgebung von Fredericia. Fol. Ebds. 20 kr.
1864

Schleswig-Holstein, West-Küste. Nördlicher Theil. 1 : 100 000. (No. 70). 1881. 1 Bl. K.

Schleswig-Holstein, West-Küste. Südlicher Theil. 1 : 100 000. (No. 61). 1884. 1 Bl. K.

Fox, Gustav, and Winckler, Willibald (eds). Schleswig-Holstein Album. Beiträge von anderen. Cincinnati, 1864.

Schleswig-Holstein-Augustenburg, Prinz Friedrich August, s. Noer, Carmen. — Noer, F. A.

⊙ An die Schleswig-Holstein-Ausschüsse in der Schweiz. (Zürich. 1864.) 8° [Kopft.]

Schleswig-Holstein-Beck, Herzog zu, s. Friedrich.

Schleswig-Holsteinisches. Der Kieler Jahresfeier des Deutschen Vereins gegen Missbrauch geistiger Getränke gewidmet. Schriftleitung: Pastor Dr. [Christian Jürgen] Stubbe. Kiel. 1896. 8°.

[F.] **Schleswig-Holsteinisches** aus dem Kampfe gegen den Alkohol. Schriftleitung: [Christian] Stubbe-Kiel. *Kiel: Dr. d. 'Kieler Neuesten Nachr.' 1896.* (46 S.) 1 Bd 8.
in: **Mässigkeitsarbeit,** Aus unserer. 97. 8525 b.

Schleswigholsteinismus, Der, an der Geschichte und dem Staatsrecht geprüft in einer kurzen populären Zusammenstellung. Von einem Freunde der Wahrheit. Sonderburg 1860. V: *Grimm, F. W. A.* (A) (Collin, Anonymer. Kiobenh. 1869.)

Schleswig-Holstein-Lauenburg. Der „offene Brief" des Königs von Dänemark; Protestation der Herzogthümer dagegen u. die vorzügl. bis jetzt erschienenen Adressen deutscher Städte, nebst e. Anhange, enth.: Trost u. Ermuthigungsgedichte. Ein Beitrag zur Geschichte unserer Tage, zusammengestellt v. Wilibald Freimuth. 8. Leipzig 846, Glück. 1/3 ℛ

Schleswig-Holstein-Lieder eines Deutschen. o. O. u. J. 8°
Hektographiert.

Schleswig-Holstein-Mappe. Vereinsgabe der „Heimat". (Kiel.) 1910. 4°

Schleswig-Holstein's Entscheidungskampf. Eine getreue Darstellung der neuesten Ereignisse nach authent. Berichten eines deutschen Offiziers. Mit Rückblicken auf das Recht der Herzogthümer, das Verhalten der europäischen Diplomatie u. die Betheiligung Deutschlands. 3 Hfte. 8. (96 S. m. 6 Lith.) Meißen 850. 51, Goedsche. (à 1/6 ℛ) 1/2 ℛ

— Erhebung. I, II. br. 8. I. Das Jahr 1848. Mit 2 Lith. (30 S.) II. Das Jahr 1849. Mit 2 Lith. (20 S.) Altona 849. 50, Lehmkuhl. (I: n. 1/6 ℛ II: n. 6 ngr) n. 11 ngr

Schleswig-Holsteins Gegenwart. — Offner Brief Sr. Maj. des Königs von Dänemark. — Petition der Volksversammlung in Neumünster. — Adresse der Holstein'schen Ständeversammlung an Se. Maj. den König. — Beschwerde der Holstein'schen Stände-Versammlung an die hohe deutsche Bundes-Versammlung. 8. Hamburg 846, Schuberth u. Comp. n. 4 ngr

— Gegenwart. Geschrieben nach der Schlacht bei Idstedt. Von einem deutschen Offizier. [Als Referat seiner Reise nach Rendsburg.] Lex. 8. (32 S.) Hamburg 850, Meißner & Schirges. 6 ngr

Schleswig-Holsteins Gegenwart im März 1854. Ein Erinnerungsblatt für Deutschland. Jena 854. Frommann. gr. 8. (130 S.) n. 15 ngr

Schleswig-Holstein's Recht u. die dritte Machtgruppe. Verhandlungen der am 29. Januar 1864 im Saale des Tivoli zu Hannover stattgehabten General-Versammlung des großdeutschen Vereins. Hannover 864. Wedekind in Comm. gr. 8. (38 S.) n. 5 ngr

– **Recht und des deutschen Volkes Pflicht.** Nebst einem Anhang, die Beschlüsse der Versammlung von Abgeordneten deutscher Landesvertretungen enth. Isenburg 864. (Darmstadt, Lange.) 8. (32 S.) n. 4 ngr

—— **Verbindung mit dem preußischen Staat.** gr. 8. (90 S.) Kiel 867, Schwers'sche Buchh.

— Zukunft. Eine höchst merkwürd. Prophezeiung der künftigen Schleswig-Holsteinischen Landeszustände, deren einer Theil bis jetzt schon eingetroffen. Aus dem Nachlasse eines wohlbekannten Schleswig-Holsteinischen Staatsmannes. Wörtlich abgedruckt. gr. 8. (16 S.) Hamburg 849. (Berendsohn.) n. 2 ngr

Schleswig Reader : 1903?–1918?
Independent weekly, published in English and German. Only paper published in Schleswig. 1903–12. Circulation: 1910, 750; 1915, 500. Edited & published by F. J. Branaka, 1903–10; by R. E. Vaughan, 1911–14; by Fred C. Freeman, 1915–17; by H. W. Faul, 1918.
Schleswig, IA

Schleswigs Zukunft. 8. Kiel 840. Bünsow. 1/3 ℛ

Schlett, Joseph. Biographie von Kaiser Ludwig dem Baier. Sulzbach 1822. H: *Gack, G. Chn.* (BrMm)

Schlett, Jos., Biographie v. Kaiser Ludwig d. Baier. gr. 8 Sulzb. 822. v. Seidel. 1 ℛ

Schlett, Jos., prakt. franz. Grammatik. gr. 8. München, Lentner. (auch Bürglen in Augsb.) 800. Rthlr.

Schlett, Jos., über d. röm. Hochäcker in Altbayern. 8. . . . München 832, Franz.

Schlett, Jos., die Römer in München. Ein Versuch z. Aufhellung d. frühesten Landeskultur in Bayern. Mit 2 lithogr. Blättern (enth. 7 Figg.). München, Lentner, 1830. 8°. Orig.-Ppb., etw. fleckig.
2 Bll., 188 S.

Schlett, Jos., die Römer in München. Ein Beitr. z. Gesch. d. vaterländ. Bodens. gr. 8. (..B. u. 2 Stnt.) München 839, Lentner'sche Buchh.

—— über Römerstraßen im Allgemeinen, mit besond. Rücksicht auf d. Isarkreis d. Königr. Bayern. Eine Abhandl. gr. 8. (5 B. incl. 1 Stnt.) München 833, Franz.

— s. J. J. Rousseau, Briefe üb. die Musik.

— Selbstunterricht z. Verstehen italien. Operngedichte, als Vorschule z. vollständ. Erlernung dieser Sprache. gr. 8. Sulzb 823. v. Seidel. 1 ℛ

Schlett, Wilhelm, a. Dierdorf (Preußen): Über die Änderung der Dichte und spezifischen Wärme bei Platin und Nickel durch Bearbeitung und über Temperaturabhängigkeit der spezifischen Wärme derselben. Marburg 1907 (Köster & Schell). (VI, 56 S., 1 Taf.) 8°
Marburg, Phil. Fak., Ref. Richarz, Diss. v. 18. Dez. 1907
[Geb. 8. Nov. 83 Reichenbach a. d. Nahe; Wohnort: Marburg; Staatsangeh.: Preußen; Vorbildung: Gymn. Neuwied Reife O. 03; Studium: Berlin 1, Marburg 10 S.; Rig. 27. Juli 07.]

Schlettau [Schlagwort]

Schlettau. s.: Annaberg. Gaebler.

Schlette, Heinr., und Heinr. Rave, deutsches Lesebuch, s. Rave, Heinr.

Schletter (Hrsg.), s. Universitäts-Zeitung, Deutsche.

Schletter, A. (Alb. Sauerland), Wiedukinds Märchen, m. (z. Tl. farb.) Bilderschmuck v. Alb. Erbert u. Frz. Arnhold. (103 S.) kl. 8. Leipzig (910). Wiedukinds Verlag. Geb. in Leinw. 1.50

Schletter, Hermann Theodor

Schletter, H.Th. (Red.), s. Abhandlungen, Maurerische.

(Schletter, Herm. Theodor): Andeutungen z. Beurtheilung des neuesten Entwurfes eines Criminalgesetzbuches für das Königr. Sachsen. *Grimma*, Gebhardt. 836. gr. 8. (8 Gr.)

Schletter, Herm. Theod., Annalen der deutsch. u. ausländ. Criminalrechtspflege, s. Annalen.

—— Beiträge zur deutschen, insbesond. sächs. Rechtsgeschichte. 1. Hft. A. u. d. Ttl.: Zur Geschichte der sächs. Justizpflege u. Proceßgesetzgebung im 17. Jahrh. gr. 8. (3½ B.) Dresden u. Leipzig 843, Arnoldische Buchh.

Schletter, Herm., Beiträge zur deutschen, insbesond. sächsischen Rechtsgeschichte. 2. Heft. A. u. d. Titel: die Revisio differentiarum juris civilis et Saxonici in den J. 1571 und 1572. gr. 8. (VII, 34 S.) Leipzig 869, Roßberg'sche Buchh. * — 60
1. Heft. Leipzig 1843, Arnoldische Buchh. 75 Pf.

— über den neuen Entwurf einer Strafproceßordnung für das Königreich Sachsen. (Separat-Vordruck aus den „Annalen der Criminalrechtspflege".) Leipzig 853. Expedition d. Annalen. gr. 8. (2 Bl., 96 S.) n. 12 ngr

Der Freimaurerbund in seiner gegenwärtigen Bedeutung dargestellt. [Von Herm. Schletter.] Zur Entgegnung auf die Schrift: Der Freimaurerorden in seiner gegenwärtigen Nichtigkeit dargestellt. Leipzig: Vogel 1848. 24 S. 8⁰ [Umschlagtit.]

— [Dasselbe.] 2. Aufl. Ebendas. 1848. 24 S. 8⁰
Recens: FZ. 2 (1848) S. 47; A. 14 (1849) S. 300 bis 301.
cf. L. 11 (1848) S. 137—145.
Tt. 1774.

Zum Gedächtniss Sr. Majestät Friedrich August II., Königs von Sachsen. Vortrag am 29. Aug. 1854 [in der Trauerloge der Loge Balduin zur Linde in Leipzig] gehalten von [Herm.] S[chletter]. [Leipzig 1854: Andrä.] 16 S. 8⁰
Abgedr. in: FZ. 8 (1854) S. 337—341; Schletter, H.: Mrische Lebensanschauungen. 1863 S. 109—123.

Schletter, Herm. Thdr., die rheinische Gerichtsverfassung, u. das rheinische Strafverfahren. Studien u. Reisebeobachtungen, mit besonderer Berücksichtigung der Criminalstatistik u. der jurisprudence. Mit 13 criminalist. Beilagen. 3. (Titel-)Ausg. gr. 8. (VIII u. 309 S.) Leipzig (847) 850, Helbig. 1 ℛ

Schletter, Herm. Thdr., Handbuch der wichtigsten Sächsischen Gesetze allgemeineren Inhalts, mit Anmerkungen begleitet; bevorwortet von Karl Friedr. Günther. gr. 8. Leipzig 837. Fischer. 1½ ℛ

Schletter, Herm. Theod., Handbuch d. wichtigsten sächs. Gesetze allgem. Inhalts, mit Anmerkn. begl.; bevorw. v. Karl Friedr. Günther. gr. 8. (22¼ B.) Leipzig 837, [Serigsche Buchh.]

—— Handbuch d. jurist. u. staatswissenschaftl. Literatur. 1. Thl. Jurisprudenz. 1—5. Lfg. gr. Lex.-8. (15 B.) Grimma 840—42, Verlags-Comptoir.

—— Handbuch der juristischen u. staatswiss. Literatur. 1. Thl. Jurisprudenz. 6. u. 7. Lfg. gr. Lex.-8. (6⅞ B.) Grimma 842, 43, Verlags-Comptoir. à 11¼ Ngr. –
1—5. Lfg. Ebendas. 1840—42. à 11¼ Ngr. 1 Thlr. 26¼ Ngr.

— Handbuch der juristischen Literatur, in systematisch-chronologischer Ordnung, v. Mitte des vorigen Jahrh. bis zum J. 1840. 2. wohlf. (Titel-)Ausg. hoch 4. (XX u. 328 S.) Grimma (842. 43.) 850, Verlags-Comptoir. 1½ ℛ

Schletter, Herm. Theod.: Handbuch der juristischen Literatur, in systematisch-chronol. Ordnung, von der Mitte des vorigen Jahrh. bis z. Jahre 1840. 2. Ausg. Grimma u. Leipzig 1851. fol.

—— Handbuch d. deutschen Preß-Gesetzgebung. Sammlung der gesetzl. Bestimmungen über d. literar. Eigenthum u. die Presse in allen deutschen Bundesstaaten. gr. 8. (24 B.) Leipzig 846, Steinacker.
Vgl.: Heinroth, J. C. F. A., gerichtsärztliche u. Privat-Gutachten.

Schletter. Jahrbücher für Rechtswissenschaft. Erlangen 1851

Schletter, Herm. Thdr., die Constitutionen Kurfürst August's von Sachsen vom Jahre 1572. Geschichte, Quellenkunde und dogmengeschichtliche Charakteristik derselben. Nach großentheils noch unbenutzten Quellen. Mit einem Nachtrage von Friedr. Aug. Biener. gr. 8. (XVI und 370 S.) Leipzig 856(57,) Brockhaus. *

Maurerische Lebensanschauungen. Logenvorträge von Herm. Schletter. Leipzig: Fries 1863. VIII, 123 S. 8⁰
Auszug in: FZ. 15 (1861) S. 140—143, 177—179, 237—239, 253—255, 349—351, 365—366; 16 (1862) S. 9—11.
Recens: Bh. 6 (1863) S. 317 (J. G. Findel); FZ. 17 (1863) S. 367—368.
Tt. 1911. 15 Vorträge.

— Lehrbuch des Königlich Sächsischen Strafproceßrechts nach der Strafproceßordnung vom 11. Aug. 1855. Zum akademischen wie zum praktischen Gebrauch. Leipzig 856. Hinrichs. gr. 8. (XVIII, 309 S.) n. 1 ℛ. 10 ngr.

Goetz, Karl Heinr. Wilh.: [Lied.] Dem Br. Goetz bei Aufstellung seines Bildnisses in der Loge Balduin zur Linde [in Leipzig] den 8. Oct. 1864. [Unterz.: Herm.] S[chletter]. [Leipzig 1864: Bär & Hermann.] 2 Bl. 8⁰ [Umschlagtit].
Abgedr. in: [Fuchs, Fr.]: D. Frmrloge Balduin, Leipzig. 1876 S. 72.
Ohne Noten: „Dem Bruder, der mit Meisterhand, . . ."

— der öffentlich-mündl. Strafprozeß in Deutschland. 1. Thl. A. u. d. T.: Die rheinische Gerichtsverfassung u. das rhein. Strafverfahren. Studien u. Reisebeobachtungen, mit besond. Berücksichtigung der Criminalstatistik u. der jurisprudence. Mit 13 criminalstatist. Beilagen. gr. 8. (VIII, 160 u. 159 S.) Altenburg 847, Helbig. n. 1 1/3 ℛ

Schletter, Herm. Thdr., das Königlich Sächsische Strafproceßrecht nach der Strafproceßordnung vom 11. Aug. 1855 systematisch bearb. 2., umgearb. Aufl. gr. 8. (XXII und 458 S.) Leipzig 862, Hinrichs'sche Verlagsh. *

—— Zur Textkritik der Carolina. Zugleich vorläufiger Bericht über einige in dem k. s. Hauptstaatsarchiv zu Dresden neuerlich aufgefundene Handschriften. gr. 8. (35 S.) Leipzig 854, (Expedition der Annalen.)

Schletter, Salomon Fr., Beiträge zur deutschen Schaubühne. 2 Bde. 8. Brünn 791. Bauer. (Wienbrack in Leipz.). 1 ℛ

Schletter, Sa. F., Beyträge zur deutschen Schaubühne. 2 Bde. (enthalt.: a) Familienzwist, b) die Schule d. Frauen, d) d. Wette. 8. Brünn, Bauer. (Gräff in Lpz.) 791.
Schreibp.

— die philosophische Dame, oder Gift u. Gegengift, nach Gozzi. 8. Wien 784. Kurzböck. ..

— der Eilfertige. Lstspl. 8. Wien 783. Kurzböck. 3 gr

— der Familienzwist. Lstspl. in 5 A. 8. Brünn 789. 2e A. 790. (Wienbrack in Leipz. 8 gr

— der glückl. Geburtstag; ein Lstspl. 8. Frankf. a. M. 777.

— Getroffen. Schspl. 8. Frankf. 781. Eichenberg. 3 gr

— gewinnt der Fürst, wenn er sich herabläßt? Lstspl. 8. Frankf. u. Leipz. 778. Fleischer. 4 gr

— das Goldstück, oder d. kleine Menschenfreund; ein Lstspl. f. Kinder. 8. ... 777.

— 3 neue Nachspiele. Frauenreiz. — Lohn und Strafe. — Jak Spleen. 8. Brünn 791. (Wienbrack in Leipz.) 6 gr

— die Schule der Freundschaft. Familiengemälde. 8. Brünn 791. (Leipz., Wienbrack). 9 gr

— s. Vormünder, die.

— die Wette. Lstspl. 8. Brünn 790. (Leipz., Wienbrack). 8 gr

— der Wiederkauf. Ländl. Lstspl. mit Gesang. 8. Manh. 781. Schwan u. G. 6 gr

Erinnerung an das Maifest vom 16ten u. 17ten Mai 5857 in Heidelberg. [Komp. von Schletterer, gedichtet von M. Abel. Heidelberg 1857: Groos.] 2 Bl. 8⁰ [Umschlagtit.]
2 Lieder ohne Noten.

Schletterer Aug.: Die Bienen Tirols. 26. Wien U.-R. II. 87. Progr.

—, Zur Bienen-Fauna des südlichen Istriens. 8 (S. 3—42). Progr. K. k. Staats-G. *Pola* 1895.

Schletterer, August Zur Hymenopteren-Fauna Istriens. 8 (S. 3—35). Progr. K. k. Staats-G. *Pola* 1894.

Schletterer, A., die Hymenopteren-Gruppe der Evaniiden. Monographisch bearb. I.—III. Abth. [Aus: „Annalen d. k. k. naturhistor. Hofmuseums".] Lex.-8. (176 S. m. 4 lith. Taf.) Wien, Hölder. n. 18. — I. (74 S. m. 2 Taf.) 889. n. 5. 20. — II. (50 S.) 889. n. 2. 40. — III. (176 S. m. 4 Taf.) 890. n. 10. 40.

Schletterer, Hans Michael

Schletterer, H. M., die Ahnen der modernen Musikinstrumente, s. a. Sammlung musikalischer Vorträge.

Schletterer, H. M. Die Ahnen moderner Musikinstrumente. = Sammlung musikalischer Vorträge (Waldersee). B 18, Ser. IV, 46.

– Luigi Boccherini .s.a. Sammlung musikalischer Vorträge.

Schletterer, H. M. Luigi Boccherini. Samml. musikal. Vortr. (Waldersee). Ser. IV, 39.

Schletterer, H. M., 100 Choralmelodien in ihrer ursprünglichen Lesart. Dreistimmig für den Schulgebrauch bearb. und durch eine Uebersicht der Geschichte des Kirchenliedes und Kirchengesanges eingeleitet. 12. (LXVIII und 99 S.) Augsburg 861, v. Jenisch und Stage'sche Buchh.

—— zwölf Chorgesänge für Sopran- und Altstimmen. Zunächst zum Gebrauche für vorgeschrittene Schulchöre und bei Schulfeierlichkeiten componirt. gr. 8. (86 S.) Leipzig 864, Merseburger.

—— Chorgesangschule für Männerstimmen. 8. (XII und 126 S.) Kaiserslautern 861, Tascher.

Schletterer, H. M., Chorgesangschule f. Männerstimmen. Op. 20. 2. Aufl. gr. 8. (X, 103 S.) Kaiserslautern 884. Tascher. n. 1. 80

Schletterer, H. M., praktische Chorgesangschule für Volksschulen, höhere Lehranstalten und Gesang-Vereine. 1. Aufl. 1853. und 2. Aufl. gr. 8. (VI und 46 S.) Zweibrücken 855, (Ritter'sche Buchh.) *

—— praktische Chorgesangschule. Op. 29. 3—5. Aufl. gr. 8. (VI und 50 S.) Zweibrücken 858—62, (Ritter'sche Buchh.)

—— praktische Chorgesangschule. 6. Aufl. 1864. und 7. Aufl. gr. 8. (VI und 50 S.) Zweibrücken 865, Ritter'sche Buchh.

— übersichtliche Darstellung der Geschichte der kirchlichen Dichtung u. kirchlichen Musik. Nördlingen 866. Beck'sche Buchh. gr. 8. (VII, 323 S.) n. 1 ₰ 5 ngr.

Schletterer, H. M., die **Entstehung** der Oper. Ein Vortrag, geh. am 21. Febr. 1872. gr. 8. (VI, 112 S.) Nördlingen 873. Beck. n. 1. 80

—— die kirchlichen Festzeiten in der Schule. Dreistimmige Chorgesänge. 8. (IV und 60 S.) Augsburg 861, Schlosser's Buchh.

Schletterer, H. M., die kirchlichen Festzeiten in der Schule. Dreistimmige Chorgesänge. 2. (Schluß-)Heft. 8. (IV und 52 S.) Augsburg 862, Schlosser's Buchh.
1. Heft. Ebendas. 1861. 3½ Ngr.

— Geschichte der geistlichen Dichtung u. kirchlichen Tonkunst in ihrem Zusammenhange mit der politischen u. socialen Entwickelung, insbesondere des deutschen Volkes. 1. Bd. Hannover 869. Rümpler. Lex.-8. (XIV, 588 S.) n. 4 ₰

— zur Geschichte dramatischer Musik u. Poesie in Deutschland. Augsburg 863. Schlosser. Lex.-8.
1. Bd.: Das deutsche Singspiel von seinen ersten Anfängen bis auf die neueste Zeit. (XI, 340 S.) 2 ₰

Schletterer, H. M., **Canons**. Zum Schulgebrauche u. als Anh. zu jeder Chorgesangschule gesammelt. Nördlingen 866. Beck'sche Buchh. Lex.-8. (IV, 24 S.) n. 4 ngr.

Schletterer, H. M. Katalog der in der Kreis- und Stadt-Bibliothek .... zu Augsburg befindlichen Musikwerke. (Beilage zu den Monatsheften für Musikgeschichte.) Berlin 1878.

Schletterer, H. M., Catalog der in der Kreis- und Stadtbibliothek, dem städt. Archive und der Bibliothek des histor. Vereins zu Augsburg befindl. Musikwerke. gr. 8. Augsburg 879, Butsch Sohn. *

—— Komos. Sammlung heiterer, humorist. und kom. Gesänge für Männerchor. 1. und 2. Heft. 8. (128 S.) Augsburg 873, Schmid's Verlag. à Heft 90 Pf. 1 80

Schletterer, H. M., Komos. Sammlung heiterer, humorist. und kom. Gesänge für Männerchor (Partitur). 3. und 4. Heft. [Nr. 35—66.] 8. (S. 129—256) Augsburg 876, Schmid'sche Verlagsh. 2 40
1. und 2. Heft. Ebendas. 1873. à * 90 Pf.

—— dass. — (Stimmen.) 4 Hefte. (Nr. 1—66.) (In vier Stimmen: 1. und 2. Tenor, 1. und 2. Baß.) qu. 8. (56; 56; 60; 60 S.) Ebendas. 876. à Stimme 60 Pf. 2 40

— 6 feine liebliche Melodien zu lustigen Liedern von J. V. Scheffel. Für 1 Singstimme mit einfallendem Chorus gesetzt. Nördlingen 866. Beck. gr. 16. (20 S.) n. 5 ngr.

—— sechs feine liebliche Melodien zu lustigen Liedern von J. V. Scheffel. Für eine Singstimme mit einfallendem Chorus gesetzt. gr. 16. (20 S.) Nördlingen 868. Beck'sche Buchh. * — 50

Schletterer, H. M., **Musica sacra**. Anthologie d. evangel. Kirchengesanges von der Reformation bis zur Gegenwart in der Ordng. d. Kirchenjahres. 1. Bd. Vierstimmige Gesänge. gr. 8. (XII, 240 S.) Nördlingen 887. München, Beck. cart. n. 2. 80

Schletterer, H. M., **Musica sacra**. Anthologie d. evangel. Kirchengesanges v. der Reformation bis zur Gegenwart in der Ordng. d. Kirchenjahrs. 2. Bd. Fünf- u. mehrstimmige Gesänge. gr. 8. (VIII, 174 S.) München 891. C. H. Beck. Kart. n. 2. 80 (1. 2.: n. 5. 60)

Schletterer, H. M., **Musica sacra**. Anthologie des evangel. Kirchengesangs von der Reformation bis zur Gegenwart in der Ordng. des Kirchenjahrs. Allen Freunden geistl. Musik, insbesond. aber Kirchenchören u. Gesangvereinen gewidmet. 1. Bd. Vierstimmige Gesänge. 2., verm. Aufl., besorgt v. Fr. W. Trautner. (XIV, 280 S.) gr. 8. München 905. C. H. Beck. Kart. n. 3. —

—— Giovanni Battista **Pergolese**, s. Sammlung musikalischer Vorträge.

Schletterer, H. M. Giovanni Battista Pergolese.
= Sammlung musikalischer Vorträge (Waldersee). Ser. II, 17.

— **Psalmen** u. geistliche Lieder f. dreistimmigen Chor. [Sopran, Tenor u. Baß.] Op. 13. gr. 8. (36 S.) Nördlingen 876. Beck. n. 1. —

—— zwölf Psalmen für dreistimmigen Männerchor. Zum Gebrauche in Kirchen und Schulen componirt. Op. 8. Lex.-8. (32 S.) Stuttgart 857, Metzler'sche Buchh. Verlags-Conto. *

— Joh. Friedrich **Reichardt**. Sein Leben u. seine Werke. 1. Bd.: Joh. Friedrich Reichardt. Sein Leben u. seine musikalische Thätigkeit. Augsburg 865. Schlosser's Buchh. gr. 8. (VIII, 662 S.) 3 ₰ 15 ngr.

Schletterer, H. M. Das deutsche Singspiel von seinen ersten Anfängen bis auf die neueste Zeit. (Zur Geschichte dramatischer Musik und Poesie in Deutschland. Band I.) Augsburg 1863.

– Ludwig **Spohr**, s.a. Sammlung musikalischer Vorträge.

– Ludwig Spohr = Sammlung musik. Vorträge (Waldersee). Ser. III, 20

—— **Studien** zur Geschichte der französischen Musik. I. und II. gr. 8. Berlin 884, Damköhler. * 10 50
Inhalt:
I. Geschichte der Hofcapelle der französischen Könige. (XII, 236 S.) * ℳ 6.
II. Geschichte der Spielmannszunft in Frankreich und der Pariser Geigerkönige. (IX, 152 S.) * ℳ 4,50.

—— Studien zur Geschichte der französischen Musik. 3. Tl.: Vorgeschichte und erste Versuche der französischen Oper. gr. 8. (VIII, 199 S.) [Berlin 885, Damköhler.] Leipzig, Hettler. [* ℳ 4.80.] *
1. und 2. Bd. Ebendas. 1884. [* ℳ 6.—; * ℳ 4.50.] à Thl. * ℳ 4.—.

— **Studien** zur Geschichte der französischen Musik. Neue Ausg. in 1 Bde. gr. 8. (XII, 236; VII, 152 u. VI, 199 S.) Berlin 887. Hettler. n. 8. —

Schletterer, H. M. Des Heilands letzte Stunden. Oratorium ... von L. Spohr. Briefe von Mendelssohn, Rochlitz und Spohr. (Separatabdruck aus der Schweizerischen Musikzeitung, Jahrgang 1885.) Zürich.

—— erster **Unterricht** im Violinspielen in 50 leichten methodisch fortschreitenden Uebungsstücken. Fol. (55 S.) Zweibrücken 856, (Ritter'sche Buchh.)

— praktischer **Unterricht** im Chorgesange. Für Volksschulen, höhere Lehranstalten u. Gesangvereine. Nördlingen 867. Beck'sche Buchh. Lex.-8. (VII, 56 S.) n. 10 ngr.

— praktischer **Unterricht** im Chorgesange. Für Volksschulen, höhere Lehranstalten u. Gesangvereine. 1—3. Stufe. 3. durchgeseh. Aufl. gr. 8. Ebend. 870—71. n. 1. —
1. Stufe. (VIII, 12 S.) n. — 30. — 2. Stufe. (24 S.) n. — 30. — 3. Stufe. (28 S.) n. — 40.

— dasselbe. 1. Stufe. 4. durchgeseh. Aufl. gr. 8. (VIII, 13 S.) Ebend. 873. n. — 30

—— praktischer Unterricht im Chorgesange. Für Volksschulen, höhere Lehranstalten und Gesangvereine. Opus 30. 3 Stufen. gr. 8. Nördlingen 879—81, Beck'sche Buchh. [1. Stufe. 5. und 6. verm. Aufl. (VIII, 16 S.) * 30 Pf.; 2. Stufe. 4. und 5. verm. Aufl. (20 S.) * 30 Pf.; 3. Stufe. 4.—6. verm. Aufl. (36 S.) * 40 Pf.] geb. in Leinw. *

Schletterer, H. M., praktischer Unterricht im Chorgesange. Für Volksschulen, höhere Lehranstalten u. Gesangvereine. Op. 30. 3 Stufen. gr. 8. München, C. H. Beck. 3. —
I. Stufe. 18. Aufl. (VIII, 8 S., S. 8a—d u. 4 S.) 907. 1. —
II. Stufe. 10. Aufl. (S. 9—18, 18a—d u. 5—10.) 905. 1. —
III. Stufe. 9. Aufl. (S. 19—46 u. 11—18.) 904. 1. —

Schletterer, H. M., historisches und systematisches Verzeichnis der Werke von Ludw. Spohr. gr. 8. (39 S.) Leipzig 881, Breitkopf und Härtel.

Schletterer, Josef

Schletterer, J., über die Führung der Pfarrbücher, oder der Geburts-, Trauungs- u. Sterbeprotokolle, und ihre Beweiskraft. Ein Versuch nach d. k. k. österr. Gesetzen. gr. 8. Innsbruck 824. Wagner. 1 1/3 ₰

Schletterer, Jos.: Ueber die Führung der Pfarrbüch. od. die Geburts-, Traunngs- n. Sterbeprotocolle u. ihre Beweiskraft. Ein Versuch nach den k. k. österr. Gesetzen. *Innsbruck.* 828. gr. 8.

Schlettstadt [Schlagwort]

Schlettstadt, s. a. Deutschland. Karte (Abt. Preussen).

Schlettstadt, s. a. Deutschland. Kürschner-Pelp. — Hohkönigsburg.

Schlettstadt, s. a. Radfahrerkarten.

s. a. Vogesen.

Schlettstadt. Uebersichtskarte üb. das Gebiet der Vogesenklub-Sektion Schlettstadt-Hohkönigsburg m. den Wegen nach den Ruinen Frankenburg, Ortenburg u. Ramstein. Entworfen von dem Vorsitzenden Gümbel nach dem Stande vom 1. VII. 1905. 63×113,5 cm. Lith. u. Farbdr. Schlettstadt (906). (A. Mantels.) n.n. — 50

Schlettwein, Carl, s. Schlettwein, Karl

Schlettwein, Johann August: „Kurze Abbildung von dem Flor der Staaten, als die sicherste Folge der edlen Gesinnungen und der guten Einsicht in die Staatswirthschaft und Regierungskunst bei dem Regenten und deren, die an den Regierungsgeschäften Antheil haben", ein Programm, Karlsruhe 1763.

Schlettwein, Johann August: „Abhandlung von den Gemeinheiten", gekrönte Preisschrift, Göttingen 1764.

Schlettwein, Jh. Aug., († d. 24. April 1802.) philosoph. Abhandl., in welcher die Wirklichkeit u. Einigkeit Gottes durch neue u. vollständ. Beweise a priori gründl. dargethan ꝛc. werden. 8. Jena 751. Vertheidigung dieser Abhandl. 8. Ebd. 751.

— die wichtigste Angelegenheit f. Europa, od. System eines festen Friedens unter d. europ. Staaten. gr. 8. Leipz. 791. (Am in Altona). 12 gr

Schlettwein, J. A., die wichtigst. Angelegenheit f. Europa, od. System eines festen Friedens unter d. Europ. Staaten. gr. 8. Lpz. Jacobaer. 791.

— die wichtigste Angelegenheit f. d. ganze Publikum, od. die natürl. Ordnung in d. Politik überhaupt, besond. aber der allgem. Freiheit im Handel u. Wandel. 2 Thle. gr. 8. Karlsr. 772, 73. 2e A. 776. (Braun). 1 ₰ 16 gr

Schlettwein, Johann August: „Die wichtigsten Angelegenheiten für das ganze Publicum, oder die natürliche Ordnung in der Politik überhaupt, besonders aber die allgemeine Freyheit im Handel und Wandel . . . ., die zur Wohlfahrt der Staaten einzuführende einzige Auflage auf den reinen Ertrag der Grundstücke und die damit zu verbindende Einrichtung des Frohnwesens auseinandergesetzt", 1. Teil Karlsruhe 1772 (Mackelot), 2. Teil Karlsruhe 1773 (Braun). 2. Auflage Karlsruhe 1773 (Braun).

— d. wichtigste Angelegenheit für d. Publikum od. Ordn. in d. Politik und Freyheit im Handel. 2 Thle. gr. 8. Carlsruhe, Macklot. (auch Gebhardt und K. in Frankf.) 776.

— Archiv f. den Menschen u. Bürger in allen Verhältnissen. 8 Bde. gr. 8. Leipz. 780—84. Weygand. 12 ₰ Neues Archiv ꝛc. 5 Bde. gr. 8. Ebd. 788. 7 ₰ 12 gr

— Bemühungen in d. Naturkunde u. andern nützl. Wissenschaften. 8. Jena 756.

— s. Briefe üb. die Leiden Werthers.

Schlettwein, Johann August (Weimar) A. S. 155/22

Dissertatio iuris feudalis de confortatione feudi per allodia. Präs. Christian Gottlieb Buder. Jena (Maggraf) 3. VII. 1756. 38 S.

Gew.: Heinrich Gf. von Bünau.
W. v.: Präs. 30590

Schlettwein, J. A., Disquisitio politico-critica super eo: utrum e rationibus politicis Claustra aboleri etc. 8. Pressb. 814. Landes. 8 gr

Schlettwein, Johann August: „Einladung zu öffentlichen Vorlesungen fürs ganze Publikum", Gießen 1784.

Schlettwein, Johann August: „Einladungsschrift zu öffentlichen Vorlesungen über wichtige Gegenstände für die Menschheit und die Staaten", Greifswald 1790.

Schlettwein, J. A.: Entwickelung d. wichtigsten Materien v. Kircheneigenthum, vom Reformationsrecht der deutschen Bischöfe u. üb. ihre Mediatstiftungen. *Marburg.* (Kriegers V. H. in *Cassel.*) 785. gr. 8. (1 Thl. 4 Gr.)

— Entwickelung der wichtigsten Materien v. Kircheneigenthum, v. Reformationsrecht ꝛc. gr. 8. Gießen 786. Krieger. 6 gr

Schlettwein, Johann August: Angehängt in demselben Bande: „Erläuterung und Verthaidigung der natürlichen Ordnung in der Politik in einem Sendschreiben an den Verfasser der teutschen Anmerkungen über die französische Schrift Les Moyens d'arrêter la misère publique . . . .", (s. Nr. 12710), Motto „Segnet die Euch fluchen; thut wohl denen, die Euch hassen bittet für die, die Euch beleidigen und verfolgen". Karlsruhe (Druck und Verlag Michael Mackelot, Markgräfl. Bad. Hof-Buchdrucker) 1772

— Erläuter. u. Vertheidigung d. natürl. Ordnung in d. Politik. 8. Karlsr. 772. Macklott. 8 gr

— Erläut. u. Verth. d. natürl. Ordnung in d. Politik. 8. Carlsruhe, Macklot. (Gebhardt und K. in Frft.) 772.

Schlettwein, Johann August: „Erläuterung und Verthaldigung der natürlichen Ordnung in der Politik, in einem Sendschreiben an den Verfasser der teutschen Anmerkungen über die französische Schrift Les moyens d'arrêter la misère publique . . .", Karlsruhe 1773 (Mackelot).

Schlettwein, Joh. Aug.,) Die Freiheit der Rheinschiffahrt aus der wesentlichen Gerechtigkeit, den teutschen Reichsgrundgesetzen und dem wahren Interesse der Länder. Vertheidiget von dem Verfasser der wichtigsten Angelegenheiten für das ganze Publikum. Wien 1774.

— die Freiheit der Rheinschifffahrt aus deutschen Reichsgrundgesetzen. 8. Offenbach 775.

(SCHLETTWEIN, J. Aug.): Die Freiheit d. Rheinschiffahrt aus d. wesentl. Gerechtigkeit, d. teutsch. Reichsgrundgesetzen u. dem wahren Interesse der Länder vertheidigt. *Offenb.* u. *Hanau.* 776. 8.

— die Gerechtigkeit in Absicht auf die Klöster u. deren Güter u. Gefälle 2c. gr. 8. Gießen 785. Krieger. 16 gr. Wichtige Beitr. dazu. gr. 8. Ebd. 785. 12 gr.

— — dies. auch Duyle in Salzb.

— die Gerechtigkeit u. das allgem. europ. Staatsinterisse bei d. Streit üb. die Oeffnung d. Schelde. gr. 8. Gießen 785. Krieger. 6 gr. (Salzb., Duyle). 7 gr.

Schlettwein, Johann August: „Das Glück des teutschen Reiches durch den Conventions-Münzfuss und Thalerhandel nach der Levante", Wien 1773.

— Grundfeste der Staaten, od. die polit. Oekonomie. 8. Gießen 778. Krieger. 1 Rthlr. 4 gr.

Schlettwein, Johann August: „Grundfeste der Staaten, oder die politische Oekonomie", Gießen 1779 (Krieger).

— Grundverfassung der neu eingerichteten ökonom. Fakultät zu Gießen. 8. Gießen 778. Krieger. 4 gr.

— Grundverfassung d. neu eingericht. Fakultät zu Gießen. 8. Marb. Krieger. 778.

Schlettwein, Johann August: „Evidente und unverlezliche, aber zum Unglück der Welt meistens verkannte oder nicht geachtete Grundwahrheiten der gesellschaftlichen Ordnung: für Kaiser, Könige, Fürsten, Grafen und Herren aller Nationen, für Pabst, Bischöfe, Prälaten, für Lehrer und Prediger von allen Kirchen und Schulen, für die Vorsteher aller Republiken, für alle Minister, Räthe, Amtleute, für alle Klosterleute und Gelehrte, für alles hohe und niedrige Gesinde, für alle Bürger und Bauern, für Jung und Alt, für Mann und Weib, zu Herstellung der wahren Gewerbs- und Handels-Freiheit der Staaten". „Programm, durch welches den Antritt seines öffentlichen Lehramtes in der Politik, den Cameral- und Finanzwissenschaften anzeiget und das ganze hiesige verehrte Publicum zu Anhörung seiner am 25. October 1777 vormittags 10 Uhr in dem juristischen Hörsaale zu haltenden Rede über Europens bevorstehenden gänzlichen Verfall, wenn die Geistesthätigkeit, die Sitten und die Politik ihren bisherigen Gang fortsetzen, einladet Johann August Schlettwein", Gießen 1777.

— die Universität Jena in ihrem wahren Flore, patriot. abgebildet. 8. Jena 763. Melchior. (Enobloch in Leipz.) 4 gr.

— d. Universität Jena in ihrem wahren Flore, patriotisch abgebildet. 8. Jena, Melchior. (Gabler.) 763.

— können europ. Mächte d. Niederländern wider d. Haus Oesterreich Beistand leisten? 8. . . . 790.

Johann August Schlettwein

Johannes Augustus Schlettwein: De Lege mensurandi corporum in motu constitutorum impetum universali. Jenae (1753): Marggraf. 15 S. 8°

[Glückwunschschrift zur Dr.phil.-Promotion von Johann Stephan Müller, Jena 30. Juli 1753.]

— d. Metaphysik zum Gebrauch in den höheren Wissensch. 8. Jena, Marggraf. 750.

— Mittel das allgem. Elend aufzuhalten u. die Schulden eines Staats zu tilgen; aus d. Französ. 8. Basel 773. Schweighäuser. 3 gr.

— les moyens d'arrêter la misère publique et d'acquitter les dettes des états. 8. Karlsr. 772. (Braun). 5 gr.

Schlettwein, Johann August: „Les moyens d'arrêter la misère publique et d'acquitter les dettes des états", Karlsruhe 1772. — „Herrn Johann August Schlettweins, Markgräfl. Badischen Hofraths Mittel, das allgemeine Elend aufzuhalten und die Schulden eines Staats zu tilgen, von einer ungelehrten Feder aus dem Französischen übersetzt (= „Moyens d'arrêter . . . ", 2. Auflage)", Karlsruhe 1773 (Druck u. Verlag Michael Mackelot)

Schlettwein, Jo. A., De corporea mentis natura prorsus neganda. Jen. 4°.

1757

— Naturrecht. 8. Marb. Krieger. 787.

— die in d. Reichsgesetzen bestimmte weise Ordnung der Gerechtigkeit. gr. 8. Leipz. 791. (Aue in Altona). 12 gr.

— d. in d. Reichsgesetzen bestimmte weise Ordnung der Gerechtigkeit. gr. 8. Lpz. Jacobäer. 791.

— Preisabhandl. von d. Mitteln, d. Werth d. Grundstücke steigen zu machen, s. Kunde.

— die Rechte d. Menschheit, od. der einzige wahre Grund aller Gesetze, Orden u. Verfassungen. 8. Gießen 783. 2e A. 787. Krieger. 1 Rthlr.

SCHLETTWEIN, J. A.: Rechte d. Menschheit, od. d. einzige wahre Grund aller Gesetze, Ordnn. u. Verfass. *Giessen.* 784. 8.

Schlettwein, Jh. Aug., Schriften f. alle Staaten z. Aufklärung der Ordnung d. Natur im Staats-, Regierungs- u. Finanzwesen. 1r Thl. gr. 8. Karlsr. 775. (Braun). 1 Rthlr.

— Schriften f. alle Staaten, z. Aufkl. d. Ordnung d. Natur im Staats- Regierungs- u. Finanzwesen. gr. 8. Carlsruhe, Macklot. (Gebhardt und K. in Frft.) 775.

— Schriften z. Vortheil nützlicher Wissenschaften und des gesellschaftl. Lebens. 4 Thle. gr. 8. Jena, Cuno. (Stahl.) 759–60.

— Schriften z. Vortheil nützl. Wissenschaften u. des gesellschaftl. Lebens. 4 Thle. gr. Jena 759—60. (Schmid). 1 Rthlr. 8 gr.

— Staatskabinet, od. Samml. v. gründl. Ausführungen, Rathschlägen, Bedenken 2c. üb. die wichtigsten Staatsangelegenheiten Europa's. 1r Bd. gr. 8. Leipz. 786. Weygand. 1 Rthlr.

Schlettwein, Johann August: „Staatskabinet, oder Sammlung von gründlichen Ausführungen, Bedenken, Rathschlägen und Reflexionen über die wichtigsten Staatsangelegenheiten Europens überhaupt und des teutschen Reichs insbesondere, aus Urkunden, Geschichte, Staatsgesetzen, Menschen- und Völkerrecht", 1. (einziger) Band, Leipzig 1787.

— Staatsmagazin f. Deutschland. 1r Thl. Gießen u. Marb. 785. Krieger. 16 gr.

— s. Stammtafeln d. K. v. Baiern.

— die Ungerechtigkeit der Trennung d. Niederlande von Oesterreich, eine Fortsetz. 8. Berl. 790. Lange. 4 gr.

— gründl. Untersuchung d. Frage: Ob die Lehre von d. drei Personen in der Gottheit aus der ihr selbst gelassinen Vernunft vollständ. bewiesen werden könne? 8. Jena 753.

Johann August Schlettwein. Untersuchung, wie die Politick rühmliche Sitten eines Volckes bilden und fortdauernd erhalten, das eingerissene Verderben derselben ausrotten und ihren verlohrenen Glanz wieder herstellen könne. Erstes Stück. Durch welches er die Gönner und Freunde der nützlichen Wissenschafften zu dem am 12. September aufzustellenden Examen in den Cameralwissenschaften unterthänigst gehorsamst und ergebenst einladet und seine neuen Vorlesungen bekannt machet 16 S. Karlsruhe, P 1764

— Weg z. Wahrheit. 8. Jena 757. Cuno. 6 gl.

Schlettwein, Johann August: „Von den nützlichen Würkungen einer Universität auf den Nahrungsstand des Volks". Ein Programm. Basel 1776.

Schlettwein, Karl

Schlettwein, Carl, der Farmer in Deutsch-Südwest-Afrika. Eine Darstellg. sämtl. f. den afrikan. Farmer in Betracht komm. Erwerbszweige n. e. Leitfaden f. Anfänger. (V, 183 S. m. 66 Abb.) gr. 8. Wismar 907. Hinstorff's Verl. Geb. in Leinw. 6. —

— der Herero-Aufstand, was hat ihn veranlasst u. was lehrt er uns? Vortrag, geh. im Kolonial-Verein zu Wismar. (31 S.) gr. 8. Wismar 905. H. Bartholdi. n. — 80

Schlettwein, C., Deutschlands bisherige Kolonialpolitik u. die augenblicklichen Zustände in Deutsch-Südwestafrika. (16 S.) kl. 8. Berlin 904. Deutscher Kolonial-Verlag. n. — 30

Schletz, Ferd., Fabeln, Gedichte u. Erzählungen e. Dame v. Stande. 8. Würzb. Stahel. 792. Schreibp.

Schletz, F., Königin Luise v. Preußen als deutsche Frau u. Kinderfreundin. gr. 8. (14 S.) Markt-Redwitz 889. Trautner. — 30

Schletz, J. F., s. Schlez, Johann Ferdinand

Schletzer, Matth., neue methodische Anleitung z. schnellen Erlernung der franz. Sprache. In 46 mäßigen Lectionen. gr. 8. (21 B. u. 1 Tab.) Wien 844, Klang. Thlr.

Schletzer, Math., neueste Glückwünsche in deutscher u. franzöf. Sprache zum neuen Jahr, zu Geburts- u. Namensfesten in Versen u. Prosa; nebst einem Anhange von Anreden vor u. nach öffentlichen Schulprüfungen u. Gelegenheits-Aufsätzen verschied. Inhalts. gr. 16. Wien 841, Ign. Klang. 2/3 ℔

—— die vorzüglichsten Homonymen d. franz. Sprache. In mehr als 200 Uebersetzungs-Stücken grammatikal. dargestellt. Nebst e. Anh.: Briefe aus d. Jugendwelt, in deutscher u. französ. Sprache. gr. 8. (10½ B.) Wien 846, (47,) Klang.

—— 60 Lectionen in deutscher u. französischer Sprache, zur Uebung im Uebersetzen, grammatikalisch eingerichtet. Nebst e. eigends dazu bearb. Wörterbuche f. beide Sprachen. gr. 8. (7½ B.) Wien 842, Klang.

— practische Uebersetzungsschule. Ein Hülfsbuch für Deutsche bei französ. Lectüre. Nach dem Dictionnaire de l'Académie. gr. 8. Ebend. 845. 1 ℔

—— prakt. Uebersetzungsschule. Ein Hülfsbuch f. Deutsche bei französ. Lectüre. gr. 8. (16¾ B.) Wien 846, Klang.

—— systemat.-progressive Uebungsstücke z. Uebersetzen in's Französische. Mit Hinweis. auf d. Regeln nach Machat's Grammaire. Nebst e. alphabet. Verzeichn. d. gebräuchl. Sprichwörter u. Redensarten in deutscher u. franz. Sprache. gr. 8. (8 B.) Wien 841, Klang.

Schletzer, Pet., die Mutter d. Waisen; od.: Ring u. Kette. Eine Erzähl. f. d. Jugend. 2. Aufl. gr. 12. (2 B.) Wien 841, Mechitaristen-Congreg.-Buchh.

—— Samenkörner d. Guten u. Edlen. 12 Geschichtchen f. d. zarteste Jugend. gr. 12. (2⅓ B.) Wien 841, Mechitaristen-Congreg.-Buchh.

Schleucher, Friedr. Wilh., evangelisches Hauskirchlein, d. i.: Wie ein christlicher Hausvater sich und sein Haus alltäglich segnen kann. 16. (XII und 39 S.) Homburg v. d. Höhe 855. (Frankfurt a. M., Völcker.) *

— Willkommen, o seliger Abend! oder: Auch eine Trösteinsamkeit. Ein Gedenkbüchlein für die Kinder des Homburger Waisenhauses. (2. verm. Ausg.) Homburg 855. (Frankfurt a. M., Völcker.) 8. (62 S.) u. 6 ngr.

Schleucher, Fritz, die Burg zu Gelnhausen. 12. (30 S. m. Titelbild.) Gelnhausen (901). O. Wettig. — 30

Die Burg zu Gelnhausen von Fritz **Schleucher**. Gelnhausen: O. Wettig [um 1905]. (32 S.) 8° [F.] 06. 9310 4

Illustrierter Führer durch das Main- und Kinzigthal von Fritz **Schleucher**. Gelnhausen: O. Wettig 1900. (79 S.) 8° [F. u. Ant.]
[Umschlagt.:] Vergnügte u. angenehme Reise durch d. Main- u. Kinzigthal. 06. 13765 4

— illustrierter Führer durch das Main- u. Kinzigthal. 12. (80 S. m. Abbildgn. u. Titelbild.) Ebd. 900. n. — 50; mit „Hohenstaufen" in 1 Bd. (80 u. 119 S. m. Titelbild.) n. — 80

— Führer zur u. durch die Ronneburg, nebst ihrer Umgebung. 12. (70 S. m. Abbildgn., Titelbild u. 1 Kartenskizze.) Ebd. 899. — 30

Schleucher, Fritz, Hohenstaufen. E. Kranz d. schönsten Hohenstaufen-Sagen aus d. Kinzigthale. 12. (119 S. m. Titelbild.) Gelnhausen 896. O. Wettig. Kart. 1. 20; geb. in Leinw. 1. 50

[F.] Hohenstaufen. E. Kranz d. schönsten Hohenstaufen-Sagen aus d. Kinzigthale v. Fritz **Schleucher** ... *Gelnhausen: O. Wettig [1897].* (2 Bl., 118 S., 1 Bl., 1 Taf.) 1 Bd 8. 98. 3227 M

Die Ronneburg. Ein Führer durch d. Burg u. ihre Umgebung von Fritz **Schleucher**. 2. Aufl. Gelnhausen: O. Wettig 1906. (96 S.) 8° [F.]
[Umschlagt.:] Die Ronneburg. Geschichtl. Schilderung nebst Führer durch d. Burg u. ihre Umgebung. 06. 9614 4

Schleucher, Fritz, deutscher Sang und Klang. Eine Liedersammlung für Schule und Haus. 8. (IV, 87 S.) Hanau 878, König's Buchh. * — 50

— Wilhelm II. Ein Herrscherbild in Liedern. gr. 8. (106 S. m. 1 Bildnis.) Ebd. 898. n. — 70; geb. n. 1. 20; ermäßigter Preis — 50; eleg. brosch. — 80

Schleucher, H. W., deutsche u. engl. Vorlege-Blätter z. Erlern. d. Schoenschreibekunst, nebst e. Anleit. qu. 4. (14 lith. B.) Oldenburg 837, Schulzesche Buchh.

Schleuder, alte, eines Hirtenknaben gegen den Verfasser der anti-biblischen Erklärungen in Nr. 34 u. 36 der Weserzeitung. gr. 8. (1 B.) Bremen 841, Kaiser.

Schleuderball, Barlauf. Leipzig 1897. 23 S. (Spielregeln d. technischen Ausschusses. 4.)
— — 2. Aufl. 1898. 21 S.
— — 3. Aufl. 1902. 21 S.
— — 4. Aufl. 1905. 21 S.
— — 5. Aufl. 1906. 21 S.
— — 6. Aufl 1908. 25 S.
-- — 7. Aufl. 1909. 25 S.

Schleudersteine, Wohl-bewährte, aus dem klaren Bach der Vernunfft und der Schrifft ausgelesen ... Augsb., Constanz u. Leipz. 1755. V: *Jungendress, Wilhelm.* (Jes) »1755—57« (ML) (Ky) (will)

Schleudersteine, wohlbewährte, aus d. klaren Bach der Vernunft u. der Schrift aufgelesen, u. d. Neumayr an seinen unruhigen Kopf geworfen (v. J. W. Jungendres). 2 Würfe. 8. Schwabach 755—57. Enders. 10 gr

Schleuen. Ansichten von Berlin und Umgegend aus der Mitte des 18. Jahrhunderts. Berlin. Fol.

Schleuniger, Johann Nepomuk, der Dichter. [Luzern] 1907. V: *Korrodi, Eduard.* (BBullschw 17, S. 156)

(S[chleuniger, Johann Nepomuk].) Aktenmässiger Bericht über die Ermordung des Herrn Rathsherrn Joseph Leu von Ebersol. [Mit 1 Plan.] 8. (Luzern [1845].)

Schleuniger, [Johann Nepomuk]. Rede über das bisherige aargauische Regierungssystem. Gehalten von Herrn Schl' im Grossen Rathe des Kantons Aargau den 6. Mai 1845. 8. Bern.

Schleuniger, [Johann Nepomuk]. Vertheidigung des Hrn. Schl' in dem Press-Prozesse, den der kleine Rath des Kantons Aargau am 26. September 1843 vor Bezirksgericht Baden gegen ihn geführt. 8. Luzern 1843.

Schleuniger, [Johann Nepomuk]. Vortrag des Herrn Schl' über die moralisch-politische Nothwendigkeit, dass Grosser Rath und Regierung des Kantons Aargau abtreten, und... aus den Urwahlen des Volkes neu gebildet werden. Gehalten in der Grossrathssitzung (des Kantons Aargau) vom 6. Mai 1845. 8.
Ausg A. ([Mit] Vorwort) *o. O. u. J.*
Ausg B. Luzern 1845.

Schleuning, Wilh., die Michaelis-Basilika auf dem heiligen Berg bei Heidelberg. Eine baugeschichtl. Studie. Auf Grund der vom Großherzogl. Bad. Cultus-Ministerium veranstalteten, vom Verf. geleiteten Ausgrabungen im Sommer 1886. gr. 4. (V, 45 S. mit 29 Illustr. im Text und 9 Taf. im Anhang.) Heidelberg 887. Hamburg, Schleuning. cart.

Schleuning, W[ilhelm]: Velia in Lucanien. 1902. 28 S., 1 Taf. 4° ¶ Aus: Jahrbuch d. Kais. Deutschen Archäolog. Instituts. Bd 4. 1889. Karlsruhe, Dr.-Ing.-Diss. v. 14. 1. 1902

Schleunitz, Joachim David (Berlin) A. S. 1372/28

Philologemata medica, sive ad medicinam et res medicas pertinentia, ex Ebraea et huic adfinibus orientalibus linguis decerpta.
Präs. Christian Benedikt Michaelis.
Halle (Grunert) IX. 1758. 54 S.

Gew.: Johann Peter Suesmilch, Johann Julius Hecker, Friedrich Griese.
W. v.: Präs. 30591

Nach Woltersdorfer **Schleuse,** Erkner, Woltersdorf, Kranichsberge. Wegebeschreibung mit farb. Landkarte u. Ansichtspostkarte. Berlin: W. Holz [1907]. (4 Bl.) 8°
= **Ausflüge** von Berlin. H. 7. [07.

Schleusen-Systematisirungs-Project für Altstadt-Dresden. Dresden 1867

Schleusing, Karl

Schleusing, Carl, Theatermalereien. Farbige Vorlagen f. Scenerien u. Theatervorhänge. Dorfplätze, Bauernstuben, Schlösser, Salons, Zimmer, Strassenbilder, Waldparthien, Feerien etc. 1. Serie. 16 Farbentaf. Fol. (5 S. Text.) Berlin (899). B. Hessling. In Mappe n. 20. —

Schleusing, Carl, Theatermalereien. Farbige Vorlagen f. Scenerien u. Theatervorhänge. Proscenium, Vorhänge, Gebirgslandschaften, Herbstlandschaften, Grotten, Salons, einfache Zimmer u. s. w. 2. Serie. 16 Farbentaf. (III S. Text.) Fol. Berlin (904). B. Hessling. In Mappe n. 20. —

Schleusing, R. v., Beitrag zur Integralrechnung. enth. die Integration einiger algebr. u. transcendenter Functionen. gr. 4. (VI, 76 S.) Berlin 873. Weidmann. n. 8. --

Schleusing, R. v., Versuch einer näherungsweisen geometrischen Darstellung der $\sqrt{\pi}$. (Ausgeführt bis auf 6 Decimalstellen. gr. 8. (17 S. mit eingedr. Holzschn. und 1 lithogr. Taf. in qu. gr. 4.) Berlin 876, Weidmann'sche Buchh. * 1 —

Schleusingen [Schlagwort]

Schleusingen, s.: Geologische Karten. Karte (Preuss.).

Schleusingen, s.: Preussen. Messtischblätter.

Schleusingen, s.: Thüringen. Gräf.

Schleusner

— Edelmuth u. Liebe. Sittengemälde. 8. Ebd. 796. 12 gr

Schleusner, d. Jüng., ..., (Bruder v. Gabr. J.), Gedichte. 8. Petersb. 788. Logan. 14 gr

Schleusner, d. jüng., dramat. Schriften. 8. Petersb. 788. Logan. 1 Thl 4 gr

Schleusner, C., de gentilismo Messiam incarnandum ludificante. Lips. 1703. 4.

Schleusner, E., die kaufmännische Schriftsprache. 12. (22 S.) Bonn 898. E. Schleusner. — 60

Schleusner, Eugenius *(geb. Bunzlau 24. 11. 1826)*: De coxarthrocace. Vratislaviae (1850). (31 S.) 8°
Breslau, Med. Diss. v. 11. Mai 1850

Schleusner, Gabr. Jonath., († d. 8. Oct. 1798.) s. Duclos Reisen.

Schleusner, Georg

Schleusner, G., die Bedeutung der Ausgrabungen in dem Euphrat- u. Tigrisgebiet für das Alte Testament. gr. 8. (30 S.) Wittenberg 882. Wunschmann. n. — 60

Schleusner, G., Fürst Bismarck 1815—1885. Ein Sonettenkranz. 8. (16 S.) Wittenberg 885. Wunschmann. — 50

—— gebet dem Kaiser, was des Kaisers ist, und Gott, was Gottes ist. Eine Zeit- und Volks-Predigt, gehalten am 23. Sonntage nach Trin. 1885 in der Pfarrkirche zu Wittenberg. gr. 8. (8 S.) Wittenberg 886, Wunschmann. *

Schleusner, Geo., deutsche Gedenkblätter, gesammelt in d. letzten Jahren. E. kleine Festgabe zur 25jähr. Gedenkfeier e. großen Zeit. 12. (15 S.) Wittenberg 895. P. Wunschmann. n. — 25

— Paulus Gerhardt, der evangelische Bekenner in Leid u. Lied, e. Lebens- u. Charakterbild im Sinne u. Geiste Luthers, nebst erweckl. Mitteilgn. aus der Segensgeschichte der Gerhardt'schen Lieder im Lutherjubiläumsjahre dem deutschen evangel. Volke dargeboten. 8. (70 S.) Ebend. 883. — 75

Schleusner, G., Paulus Gerhardt, der evangel. Bekenner in Leid u. Lied, e. Lebens- u. Charakterbild im Sinne u. Geiste Luthers, nebst erweckl. Mitteilgn. aus der Segensgeschichte der Gerhardtschen Lieder, dem deutschen evangel. Volke dargeboten. 2. Aufl. (IV, 73 S. m. 1 Bildnis.) 8. Wittenberg 907. P. Wunschmann. 1. —

Schleusner, Geo., Herbstzeitlosen. Eine dichter. Nachlese. Mit Buchschmuck v. Thea Schleusner. (VIII, 83 S. m. Bildnis.) gr. 8. Cochstedt 905. Wittenberg, P. Wunschmann. Geb. in Leinw. n. 2. —

Schleusner, G., acht Kaiser- u. Kanzler-Lieder. 8. (23 S.) Wittenberg 888. Wunschmann. — 60

— zwölf deutsche Lieder aus wunderbarer Zeit. 2. Aufl. 8. (27 S.) Ebd. 888. n. — 50

Schleusner, Geo., Lust u. Leid im Lied. Gedichte. 12. (127 S.) Wittenberg 896. P. Wunschmann. Geb. in Leinw. n. 3. —

— Luther als Dichter, insonderheit als Vater d. deutschen evangelischen Kirchenliedes. Eine Lutherjubiläumsgabe. gr. 8. (VIII, 224 S.) Ebend. 883. n. 2. 40

Schleusner, Geo., Luther als Dichter, insonderheit als Vater d. deutschen evangel. Kirchenliedes. 2., wohlf. (Titel-)Ausg. gr. 8. (VIII, 224 S.) Wittenberg 892. P. Wunschmann. n. 1. 60

— s.: Luther, Mart., Dichtungen.

Schleusner, Geo., Schwarz-Weiss-Rot. Ein halbes Jahrhundert deutscher Geschichte in deutschem Gedichte. 1858—1908. (123 S.) 8. Ebd. 908. 2. —

— sechs Zeitgedichte zur Weltgeschichte. 8. (15 S.) Ebd. 887. n. — 50

Schleusner, Gotthold Friedrich (Glesien) A. S. 47/35

Quaedam de commestibilibus capita.
Präs. Georg Christoph Plaz.
Leipzig (Schniebe) 22. XII. 1727. 27 S.

Gew.: Abraham Christoph Plaz.
W. v.: Präs. 30593

Schleusner, Gotthold Friedrich (Glesien)
Misc. 180°/13

De corporis humani machina divinae sapientiae ac providentiae teste disputatio philosophica altera eaque practica. Präs. Anton Wilhelm Platz.
Leipzig (Titius) 22. XII. 1725. 44 S. 30592

Schleusner, Johannes Friedrich

— Abschiedspredigt am 1n Sonntage nach Epiphanias 1785 in d. Universitätskirche zu Leipzig gehalten. 8. Leipz. 785. Enobloch. 2 ℊ

— libellus animadvers. ad Photii Lexicon. 8maj. Leipz. 810. (W. Vogel). 1 ꝑ Schrbp. 1 ꝑ 8 ℊ

Schleusner, J. F., Anctarium observetionum in Suidam et Hesychium ac alios Lcographos Graecos, ratione maxime habita glossarum sacrarum. IV partes. Gel. 1 bis 1811. 28 S. 4°.

Schleusneri, J. F., Auctarium observationum in Suidam et Hesychium et alios Lexicographos. Witteb. 810 4.

— s. Bibliothek, Götting.

— curae hexaplares in Psalmorum libros ex patrib. graec. 4. Gotting. Dieterich. 785.

Schleusner, Jh. Fr., († d. 21. Febr. 1831.) Curae novissimae, sive Appendix notarum et emendationum in Photii Lexicon. 4maj. Leipz. 812. W. Vogel. 3 ꝑ Schreibp. 4 ꝑ

— novum Lexicon Graeco-Latinum in N. Test. congessit et variis observat. philolog. illustr. II Tom. 8maj. Leipz. 792. Ed. II. 801. Ed. III. emend. et auct. 808. Ed. IV. in IV Part. emend. et auct. 819. Weidmann. 9 ꝑ Schreibp. 10 ꝑ 12 ℊ Holl. Pap. 12 ꝑ

Schleusneri, Novum lexicon graecolatinum in N. T. Lips. 792. 2 Tom. 8. 6 rthlr. Ib. 801. 2 Vol. 8. 7 rthlr. Ed. 3. auct. Ib. 808. 2 Vol. 8. 7 rthl. 12 gr. Ed. 4. auct. 819. 4 Part. 2 Vol. 8. 8 rthlr. Nach der dritten Ausgabe nachgedruckt mit dem Zusatze: Rec. Jac. Smith, J. Strauchon et Ad. Dickinson. Ed. IV. emend. Edinb. 814. 2 T. 4 P. 8.

— additamenta ad novi Lexici graeco-latini in N. T. edit. Imam. 8maj. Leipz. 801. Weidmann. 16 ℊ Schrbp. 1 ꝑ Holl. Pap. 1 ꝑ 12 ℊ

— s. Michaelis, J. Dav.: Observat.

— Observationes criticae in versiones Graecas oraculorum Jesaiae. Götting. 788. 4.

— Opuscula critica ad versiones graecas Veteris Testamenti pertinentia. 8maj. Leipz. 812. Weidmann. 1 ꝑ 18 ℊ Schreibp. 2 ꝑ 4 ℊ

— Predigt am 2n Tage d. 3n Säkularfeier d. Reformation. 8. Wittenb. 817. Zimmermann. 3 ℊ

— s. Richerz, G. H.: Predigten.

— Samml. einiger öffentl. Religionsvorträge. gr. 8. Götting. 788. Dieterich. 18 ℊ

— Lexici in interpretes Graecos V. Test., maxime scriptores apocryphos, spicileg., post Bielium congessit et edidit. II Ptes. 8maj. Leipz. 784—86. (W. Vogel). 1 ꝑ 2 ℊ (Vergl. K. G. *Bretschneider*, Lexicon etc.)

Schleusner, Ioh. Fried., Sylloge emendationum conjecturalium in Versiones Graecas V. T. Pars II—IV VI—VIII X XI Vitebergae 1806—1808]

—symbolarum ad rem criticam et exegeticam V. Test. Part. I. 8. Leipz. 779.

—novus Thesaurus philologicus sive lexicon in LXX et reliquos interpretes graecos ac scriptores apocryphos veteris Test. V Ptes. 8maj. Leipz. 820, 21. Weidmann. 11 ℔ 12 𝔤𝔯. Lesser Pap. 12 ℔ 18 𝔤𝔯. Schrbp. 15 ℔ 12 𝔤𝔯. Velinp. 19 ℔ 6 𝔤𝔯.

Schleusner, Walter, prakt. Arzt aus Stettin: Über die Behandlung von Schaftbrüchen des Oberarmes ohne Verband. *Greifswald 1903: H. Adler.* (41 S.) 8°
Greifswald, Med. Diss. v. 23. Jan. 1903

Schleusner, Wilh., die Ausdrücke und Redensarten aus Ciceros Pompeiana und Catilinarischen Reden, sowie Cäsars Kommentar über den gallischen Krieg, für Primaner zusammengestellt. gr. 8. (VI, 38 S.) Leipzig 888, Teubner. cart.

Schleusner, Gulielmus: Carmen sollemne ad diem festum celebrandum quo novum gymnasii aedificium aperitur ac schola renata iam quinque lustra viget compositum. Barmen, Steinborn & Co., 1890; S. 5—7: 8⁰
Barmen, G, Festschr. 1890

Schleusner, *Wilhelm* [Prof.]: Auf Luther. ([Umschlagt.:] Drei Ansprachen: ... c) ... Ansprache zum Reformationsfest *am 2. Nov. 1895.)* Barmen, Druck v. D. B. Wiemann, 1896; S. 8. 4.
Barmen, G. P 1896 (433)

Schleusner, Wilh. Über die Notwendigkeit und den Plan der Uhlandlekture auf der hoheren Schule. 17 S. **Progr.** *Hoxter* 1876. Vgl. d. s. Verf. Zur Uhlandlektüre. Leitfaden fur Lehrer hoherer Schulen. (IV, 35 S.) Leipzig 1878, Teubner. 75 Pf

Schleusner, Wilhelm. Quae ratio inter Taciti Germaniam ac ceteros primi saeculi libros Latinos, in quibus Germani tanguntur, intercedere videatur. Accedunt loci quidam Ammiani Marcellini. 8. 26 S. **Progr** G *Barmen* 1886 (387)

Schleusner, [Wilhelm], Prof.: Die Reisen des Kaisers Augustus in Geschichte und Dichtung. (Zur Horazlektüre.) *Barmen 1903: D. B. Wiemann.* (11 S.) 4°
Barmen, G. P 1903 (490)

Schleusner, Wilh., zur Uhlandlectüre. Leitfaden für Lehrer höherer Schulen hrsg. gr. 8. (35 S.) Leipzig 878, Teubner. — 75

Schleuss, Hermann, zur Aetiologie und Therapie der chronischen Gonorrhoe. Diss. Halle 1887, Lippertsche Buchh. 8⁰. 40 S.

Schleuss, Hermann [approb. Arzt aus Hakenberg bei Fehrbellin]: Zur Aetiologie und Therapie der chronischen Gonorrhoe .... Halle a. S. Hof-Buchdr. v. C. A. Kaemmerer & Co., 1887; 40 S. + 2 Bl. 8°.
Halle, Med. Fak., Inaug.-Diss. v. 2. Jun. 1887.

Schleussinger, August. Die Bedrängung des Dtm in den sprachl.-gemischten Provinzen Oesterreich-Ungarns. Vortrag. - Ansbach. Eichinger 1885. 15 S.

Deutsche Lesestücke mit griechischer Übersetzung. — Von August Schleussinger, Stdl. — 1884, Ansbach, ibid. — S. III—VIII, 2—41⁸.
Progr. Ansbach. K. Gymn.

Schleussinger, August, Prof.: **Literaturkarte.** Übersicht d. Heimatsorte deutscher Dichter u. Prosaiker. Zum Schulgebrauch u. Selbstunterr. ... *München 1903: Dr. C. Wolf & S.* (23 S.) 8°
Ansbach, k. humanist. G, P 1903*

Schleussinger, A., Ueb. ein ungedrucktes latein. Marienlied. Ak. 1885. 16 S. u. 1 Taf. —.90

Klein Roland, Der sterbende Roland, Der getreue Eckart auf Quarta erklärt. — Von Aug. Schleussinger, Stdl. — 1876. Ansbach, ibid. — S. 3—28⁸.
Progr. Ansbach, K. Gymn.

Schleussinger, Aug., Studie zu Caesars Rheinbrücke. gr. 8. (40 S.) München 884, Lindauer'sche Buchh. *
Aus: Blätter für das bayerische Gymnasial- und Real-Schulwesen, besonders abgedruckt.

Schleussinger, August [Prof.]: Deutsch-Griechische Übersetzungsproben für Sekunda. Ansbach, Druck v. C. Brügel & Sohn, 1892; 1 Bl., 55 S. 8.
Ansbach, k. G, P 1892*

Schleußinger, Aug., deutsch-griechische Übersetzungsproben f. Geübtere. Zur Wiederholg. u. Selbstbelehrg. 2 Tle. gr. 8. Ansbach 900. C. Brügel & Sohn. n. 1. —
1. Deutsche Texte. (V, 30 S.) — 2. Griech. Übersetzung. (27 S.)

Schleussner, s.a. Schleusner

Schleussner, August [app. Arzt aus Homburg vor d. Höhe]: Über Hyoscin als Schlaf- und Beruhigungsmittel. . . . Strassburg, Univ.-Buchdr. v. J. H. Ed. Heitz (Heitz & Mündel), 1888; 30 S. 8⁰
Strassburg, Med. Fak., Inaug.-Diss. v. 1888

Blokade Homburgs im Jahre 1699. Von [August Karl Wilh.] Schleussner, Dr. med. *Homburg v. d. H. 1903: Steinhäusser.* (S. 12–20.) 8°
— **Mitteilungen** d. Vereins f. Geschichte u. Altertumskunde zu Homburg v. d. H. H. 7, 2.

Schleussner, Carl, s. Schleussner, Karl

Schleußner, E., Leitfaden bei Erlernung der Landwirthschaft und deren Ausübung. 16. (99 S.) Passau 880, Bucher'sche Buchh.

Schleußner, F., und C. F. Stäudlin, Bibliothek der neuesten theologischen Literatur, siehe, Göttingische Bibliothek.

Schleussner, Karl

Schleussner, Carl [aus Homburg v. d. H.]: Ueber Diamidophenylosotriazol ... Leipzig, gedr. bei E. Polz, 1897; 48 S. 8.
München, Phil. Fak., Inaug.-Diss. v. 1897

Schleussner, Karl [aus Frankfurt a. M.]: Über Condensationen mittelst Cyankalium ... Frankfurt a. M., Druckerei Gebr. Fey, 1893; 27 S., 1 Bl. 8.
Heidelberg, Naturw.-math. Fak., Inaug.-Diss. v. [1. Mai] 1893

R. Schleuten, Beiträge zur Kenntnis typischer Bodenarten B.'s (Oberfranken). München 1888

(F) **Schlenther,** Paul, Bernhard Baumeister. Fünfzig Jahre Burgtheater 1852 bis 1902. 4°. (ill. 32 S.) K 2.—
Wien: Konegen 1902.

Schlewecke [Schlagwort]

Schlewecke, s.: Braunschweig. Landeskarte.

Schley, A., Franzl's Tante, s. Album f. Liebhaber-Bühnen.

Franzl's Tante. Schwank in 1 Akt von A. Schley. Berlin: Kübling & Güttner [1899]. (23 S.) 8⁰
= Album f. Liebhaber-Bühnen. No 338.

Schley, Arnold, Siegfried, s.: Theater-Bibliothek.

Schley, F. W. Oswaldsohn v. d., vier Jahre (1539. 1639. 1739. 1839) als Wandlungsmomente eben so vieler Jahrhunderte. Eine Gabe z. Säkularfeier d. Thronbesteig. König Friedrichs II. v. Preußen (am 31. Mai 1840). gr. 8. (12 B.) Berlin 840, Herbig. Thlr.

Schley, F. W. Oswaldsohn v. d., die Civilisation d. Gegenwart. Eine Ansicht. 8. (11⅓ B.) Erfurt 839, Hennings u. Hopf.

Schley, Ludolf, Gedichte. Vollständig neu bearb. Sammlg. Libau 859. Zimmermann. gr. 8. (482 S.) n. 2 *ℛℊ* 15 *ngr.*

Schley, Ldw., s. Tegner, E., Frithiof.

Schley, Otto *Friedrich Wilhelm* [aus Lychen]: Verlauf der chronischen Peritonitis m. bes. Berücks. d. Heilg ders. ... Berlin, C. Vogt's Buchdr., *1894*; 45 S., 1 Bl. 8.
Berlin, Med. Fak., Inaug.-Diss. v. 16. Febr. 1894

Schleyer

— der; Schausp. in 4 Aufz. v. Vogel. 8. Hamb. Vollmer.

Schleyer, der,. Oper in 3 Akt. v. C. A. Vulpius. 8. Bayreuth, Lübeck. 789.

Schleyer, s.: Mitteilungen d. Vereinigg. v. Freunden d. Astronomie u. kosm. Physik.

— s. Zeitschrift für Theologie.

Schleyer, August, a. Hesselbach: Der Anbau des Meerrettichs in der Nürnberg-Erlangener Gegend, die hauptsächlichsten Krankheiten der Meerrettichpflanze und deren Bekämpfung. München 1907: Pössenbacher. (68 S.) 8°
Jena, Phil. Fak., Ref. Edler, Diss. v. 22. Mai 1907
[Geb. 1. Apr. 61 Hesselbach; Wohnort: Fürth; Staatsangeh.: Bayern; Vorbildung: Landw. Akad. Weihenstephan bis O. 00; Studium: Jena 8 S.; Rig. 21. Dez. 06.]

— Th. Geiger u. Kuno Ziselsberger, der praktische Bierbrauer. Ein Hand- u. Lehrbuch f. die Praxis aus der Praxis. Nebst e. Modellatlas (m. 5 Phantomen in Mappe.) Ausg. 1908. (VIII, 682 S. m. 402 Fig.) Lex. 8. Leipzig, J. J. Arnd. Geb. in Leinw. 15.—

Schleyer, Aug., die Brieftaube, ihre Naturgeschichte, ihr Zweck u. ihre Zucht. Mit e. Anh. der im Deutschen Reiche zum Schutze der Brieftauben erlassenen Gesetze u. Verordngn. Bildliche Darstellg. m. kurzem Text, allen Brieftauben-Liebhabern gewidmet. (28 Sp. m. zerlegbarem Modell u. 1 Bl. Erklärg.) qu. 8. Fürth (904). G. Löwensohn. Kart. n. 2.—

Schleyer, Aug., Dünger u. Düngung. Kurze Anleitg. z. Verwendg. der Düngemittel m. besond. Berücksicht. der Gründüngg. u. der Kalkdüngg. gr. 8. (61 S.) Fürth (901). (G. Rosenberg.) n. — 40

Schleyer, Aug., Fische, Reptilien u. Lurche. 226 Abbild. auf 30 Taf. u. 3 Textabbild. (81 S.) gr. 8. Fürth (910). G. Löwensohn. Geb. 4.—

— Mineralogie. (71 S. m. 73 Abb. u. 30 farb. Taf.) gr. 8. Ebd. (909). Geb. 4.—

— Europas bekannteste Pflanzen. (236 Sp. u. XIV S. m. Abbildgn. u. 72 farb. Taf.) qu. 16. Ebd. (906). Geb. n. 4. 50

— Rechen-Buch f. den Unterricht an landwirtschaftlichen Winterschulen. gr. 8. (VII, 111 S.) Stuttgart 900. E. Ulmer. Kart. n. 1.—

— der Schriftverkehr des Landwirts, s.: Landmanns, des, Winterabende.

— Tierheilkunde, s.: Miniatur-Bibliothek.

Schleyer, Fr., die Gemeinde-Verwaltung. E. unentbehrl. Handbuch f. jeden Gemeindebeamten, besond. derjenigen d. Prov. Westfalen. gr. 8. (VII, 144 S.) Arnsberg 898. F. W. Becker. n. 1. 60; kart. n. 2.—

— die Registratur in d. Gemeindeverwaltg. E. Leitfaden zur Einrichtg. v. Registraturen in d. Kommunal-Verwaltg. m. e. alphabet. Zusammenstellg. sämmtl. in dieselben einschlag. Zweige. gr. 8. (52 S.) Ebd. 896. n. — 75

Schleyer, Heinrich, prakt. Arzt aus Oppeln O.-S.: Ein Beitrag zur Frage der Perspiration bei den Säugetieren. *Würzburg 1902: C. J. Becker.* (24 S.) 8°
Würzburg, Med. Diss. v. 1902

Schleyer, Joh. Mart., Anfangsgründe der Weltsprache (Volapük). 21. Aufl. gr. 16. (23 S.) Konstanz 896. Schleyer's Weltsprache-Zentralbüro. n. — 24

Schleyer, J. M., geistvolle Aussprüche erleuchteter Seelen. (18 S.) 8. Konstanz (Schottenstr. 37) 907. J. M. Schleyer's Weltsprache-Zentralbüro. (Nur direkt.) — 20

Schleyer, Joh. Mart., Beispiele v. Edelsinnigkeit guter Menschen. Deutsch u. weltsprachlich. (16 S.) Konstanz 904. J. M. Schleyer's Weltsprache-Zentralbüro. (Nur direkt.) — 20

— Das diamantene Büchlein v. der schönen, reinen, heiligen Liebe. (40 S.) 8. Ebd. 907. — 50

— Das goldene Büchlein vom Frieden f. alle Menschen, besonders f. die Friedensvereine. (17 S.) kl. 8. Ebd. 907. 10 Stück 2.—

Schleyer, Joh. Mart., büde sanlik balsena bals. 12. (13 S.) Konstanz 893. Schleyer's Weltsprache-Zentralbüro. n. — 20

— Bük pükedavödas siümik. (Das Buch sinnreicher Sprüchwörter.) Tum' at balid. gr. 16. (10 S.) Ebd. 896. n. — 20

Schleyer, Joh. Mart., Buk veratas relik in püks a kill. Dil balid. 8. (13 S.) Konstanz (899). Verlag des Weltsprache-Zentralbüro's. (Nur direkt.) n. — 20

— bukil deviedas. (Tum' at balid.) (100 Devisen in Volapük u. deutsch.) gr. 8. (8 S.) Ebd. 890. n. — 20

— Christiana. Neues u. Altes üb. Jesus Christus. Aphorismen, gesammelt u. gedácht v. S. 2. Aufl. Nebst: Es ist e. Gott. Aussprüche grosser Geister üb. Gottes Dasein, Geistigkeit u. Persönlichkeit. Von e. aufricht. Freunde der lauteren Wahrheit. 2. Aufl. 8. (30 u. 8 S.) Ebd. 894. n. — 60

Schleyer, Joh. Mart., Christus, der göttliche Knabe u. Jüngling. Weihnachts-Gedichte. 16. (58 S.) Sigmaringen 873. Tappen. — 50

Schleyer, Joh. Mart., Christus, der göttliche Knabe und Jüngling. Weihnachts-Gedichte. 2. Aufl. 8. (63 S.) [Ueberlingen 883, Schoy.] Konstanz, Schleyer. *
cart. ** ℳ 1,25.; geb. **

— Christus, d. göttl. Knabe u. Jüngling. Weihnachts-Gedichte. 3. Aufl. 12. (63 S.) Ebd. 896. n. 1. —

— Conventui eucharistico Constantiensi 1898, Aug. VIII—XI. 8. (2 S.) Ebd. 898. n. — 03

— a complete English dictionary of the roots of the world-language Volapük compiled and translated by J. Arnold Scherzinger. gr. 16. (VI, 155 S.) Ebd. 897. n. 1. 50

— dasselbe, s. a.: Scherzinger, J. Arnold.

Schleyer, Joh. Mart. Elias, der Prophet. Biblisches Drama in 5 Aufzügen: [Nach dem Texte der hl. Schrift 3. Kön. 17—22, u. 4. Kön. 1 u. 2.] gr. 8. (74 S.) Konstanz 891, Schleyer's Weltsprache-Zentral-Büro. * — 50

— Erziehungslehre in Sinngedichten. 2. verm. Aufl. 16. (26 S.) Ebend. 872. — 30

— Es ist e. Gott. Aussprüche grosser Geister üb. Gottes Dasein, Geistigkeit u. Persönlichkeit. Von e. aufricht. Freunde der lauteren Wahrheit. 8. (8 S.) Ebd. 891. n. — 10

Eutychia, d. Stern d. unentweihten Paradieses. Idyll. Vision in 12 Büchern u. 90 Gesängen von Schleyer, J[ohann] M[artin]. 2. Aufl. *Konstanz: Verl. d. Weltsprache-Zentralbüro's 1892.* (253 S.) 8°

—— Meine sieben Festungs-Psalmen. Lyrisches, lateinisch u. deutsch. 2. Aufl. gr. 8. (15 S.) Ebd. 891. * — 10

— meine sieben Festungs-Psalmen. Lyrisches, lateinisch u. deutsch. 2. Aufl. gr. 8. (15 S.) Konstanz 892. Schleyer's Weltsprache-Zentralbüro. n. — 10

— Flagamstum menüla veratik. (100 Fordergn. der wahren Humanität.) 8. (7 S.) Ebd. 901. — 10

— Galènia. Wohlseinslehren in Spruchversen. 2. Aufl. 8. (44 S.) Ebd. 900. — 50

— Gebèt f. Kranke. (4. Abdr.) schmal 8. (2 S.) Ebd. 896. — 03

— gottgefällige Gebete beim Gewitter. (3. Abdr.) 12. (4 S.) Ebd. 898. — 03

— Gebètsvérse zum Heiligen Geiste, besonders f. Neupriester u. Firmlinge. 2. Aufl. gr. 8. (4 S.) Ebd. 892. n. — 5

— Gebetsverse zum hl. Geiste, gedichtet besond. f. H. H. Neupriester u. f. Firmlinge. 4. Aufl. 8. (4 S.) Konstanz 897. Schleyer's Weltsprache-Zentràlbüro. n. — 05

— Gebètsvérse zum Heiligen Geiste, besonders f. H. H. Neupriester u. f. Firmlinge. 5. Aufl. gr. 16. (4 S.) Ebd. 899. n.n. — 05

Schleyer, Joh. Mart., Gebètsvérse zum hl. Geiste, gedichtet besonders f. H. H. Neupriester u. f. Firmlinge. 7. Aufl. (4 S.) kl. 8. Konstanz 904. J. M. Schleyer's Weltsprache-Zentralbüro. (Nur direkt.) — 05

— 10 Gebòte f. Lungenléidende. (Deutsch u. Volapük.) qu. 4. (1 Bl.) Ebd. 897. n. — 03

— Gedankensplitter in Reimsprüchen (3. Hundert.) (12 S.) kl. 8 Ebd. 905. — 15

— Gedichte heiliger Seelen. 8. (48 S.) Ebd. 900. n. — 60

— der Hl. Geist in der göttlichen Schrift. Zusammenordnung sämtlicher Bibelstellen üb. den Hl. Geist. 8. (48 S.) Ebd. 899. n. — 60

— himmlischer Geléitsbrief f. Dienstbòten. (7. Abdr.) 8. (4 S.) Ebd. 897. — 03

— vier Gesetze des Überganges v. e. Tonart in die andere. (op. III.) gr. 4. (1 Blatt.) Ebd. 900. — 15

— kurze deutsch-weltsprachliche Grammatik ersten Stiles. [21. Abdr. der kleinsten Grammatik.] gr. 8. (4 S.) Ebd. 892. n. — 5

—— Mittlere Grammátik der Universàlspràche Volapük. 5. und 6. Aufl. 12. (VIII, 126 S.) Konstanz 885,86, Schleyer. *

Schleyer, Joh. Mart., mittlere Grammatik der Universalsprache Volapük. 6.—8. Aufl. 8. (VIII, 136; VIII, 136; VIII, 144 S.) Konstanz 887, Schleyer's Weltsprache[Volapük]-Zentralbüro. *

— Grammátik-Léxikon: deutsch, populär-neuaràbisch u. weltspràchlich. (Besónders f. Reisende nach Ägypten, Palästina u. Arabién.) 12. (19 S.) Ebd. 893. n. — 20

— 17 Gründe u. Mittel zum ewigen Völkerfrieden. gr. 8. (2 S.) Ebd. 900. — 05

— 100 kurze, innige heilgebète. 8. (8 S.) Ebd. 899. n. — 10

— Die Herrlichkeiten der Seele unseres göttlichen Herrn u. Heilandes Jesu Christi. In 50 Punkten zusammengestellt. (7 S.) kl. 8. Ebd. 907. 10 Stück 1. —

FROHSANG, Hilarius (d. i. *Johann Martin Schleyer*). — Humoristica. Scherzgedichte für alle Stände von Bruder —. Mainz, Kupferberg, 1873. 8°. (In Darmstadt: E 5860, 20.) Zahm. VII—128 SS.

— u. H. Hönig, Andreas Hofer. Oratórium. [Aus: „Sionsharfe".] 3. Abdr. gr. 8. (16 S.) Ebd. 891. n. — 10

— Kernstellen aus den Werken des gottseligen Thomas v. Kempen. (24 S.) kl. 8. Ebd. 906. — 30

— Konversaziòn in der Weltsprache (volapük). 8. (20 S.) Ebd. 900. n. — 30

— zum Kròuzesdràma. Inschriften an das Teater u. die Häuser Oberammergau's. 8. (4 S.) Ebd. 900. — 10

— Kyriàka. Aphorismen üb. Kirche, Primàt u. Priesteramt. 2. Aufl. gr. 8. (14 S.) Ebd. 895. n. — 20

—— die Liebe in 100 Gestalten. Gedichte. 16. (VIII, 272 S.) Mainz 873, Kupferberg.

— Lilädabuk smalik volapüka. (Kleines Lesebuch d. Weltsprache.) Sa vödasbukil patik alos. Dil balid. 8. (19 S.) Ebd. 898. n. — 30

— Mahnungen e. sterbenden Königs an seinen Sohn u. Nachfolger, od.: die sterbende Liebe auf dem Trone. (Fürstenspiegel, 3. Aufl.) [Aus: „Liebe in 100 Gestalten".] (2 S.) gr. 8. Ebd. (904). — 05

— Mahnungen e. sterbenden Königs an seinen Sohn u. Nachfolger, od. die sterbende Liebe auf dem Throne. (Fürstenspiegel, 4. Aufl.) [Aus: „Liebe in 100 Gestalten".] (4 S.) kl. 8. Ebd. 907. — 10

— Mariàna. Aphorismen üb. d. allerséligste Jungfrau. 3. Aufl. 8. (15 S.) Ebd. 897. n. — 20

— drei Dutzend Mittel wider den Husten. (Deutsch u. volapük.) (16 S.) kl. 8. Ebd. 905. — 20

— nems bödas (àvium, fögel) liseda calik kluba nolümelopik bödavika in püks kil: nelijik, latinik, e volapük. gr. 16. (67 S.) Ebd. 893. n. 1. —

— beste Neuorthographie. Alphabet u. Missionen. (Mit Berücksicht. aller europ. Völker.) (Deutsch u. weltsprachlich.) gr. 8. (2 S.) Ebd. 901. — 05

— Normàl-Statúten der Wéltsprâche-Veréine (volapükaklubàs) d. ganzen Erdballes. 8. (4 S.) Ebd. 898. — 05

— Notizen üb. die sog. ‚Normàlgràmmatik' der Pseudoakademie volapüka. 12. (18 S.) Ebd. 893. n. — 8

— 100 harte Nüsse f. alle Filosòfen u. andere Gelehrte der Erde. (8 S.) kl. 8. Ebd. 906. 10 Stück 2. —

Schleyer, J. M., Palmen der Heiligen. Die Legende im Gewande der Poesie. 1. Bdchn. Freiburg im Br. 865. Literarische Anstalt. gr. 16. (XVI, 248 S.) n. 22 ngr.

— Der Paradieses'stern des Wéltenalls. 100 Ideàlpúnkte der besseren Menschheits'zukunft. (8 S.) kl. 8. Ebd. 906. 10 Stück 1. —

— Paraklètia. Aphorismen üb. Gott d. hl. Geist. 3. Aufl. 8. (55 S.) Ebd. 896. n. — 60

— Pfeilgebete der vollkommenen Liebe zu Gott. 8. (16 S.) Ebd. 901. — 20

— Über die Pfuscher-Sprache des Pseudo-Esperanto. (8 S.) 8. Ebd. (907). 10 Stück 1. —

Schleyer, Joh. Mart., Philaletheś. Gedichte. Sigmaringen 864. Tappen in Comm. 16. (XIV, 330 S.) n. 17½ ngr.

— Plägasetiro baltum al vödäsbuki smalikün sa vöds zesüdikün kiltum. (100 Übungssätze zum kleinsten Wörterbuche m. den 300 notwendigsten Wörtern.) 3. Aufl. gr. 16. (6 S.) Ebd. 893. n. — 10

— Plekabukil plo volapukans katolik. Pekopladöl ä polovepolöl se latinapük lästadöl. 12. (33 S.) Ebd. 900. n. — 40

— kleines Polyglotten-Wörterbuch in d. 5 Hauptsprachen d. Erde: Deutsch, Englisch, Französisch, Chinesisch u. Volapük. gr. 16. (IV, 23 S.) Ebd. 898. n. — 40

— Predigtschema. 2. Aufl. 12. (4 S.) Ebd. 897. n. — 05

Schleyer, Joh. Mart., Predigtschema. (2. Aufl.) 12. (4 S.) Konstanz 900. Verlag des Weltsprache-Zentralbüro's. (Nur direkt.) — 05

— Primiz- u. Investitùr-Kantàte. 3. Aufl. 16. (8 S.) Ebd. 891. n. — 10

— 100 gute Ratschläge f. Braut- u. Ehelente. (8 S.) kl. 8. Ebd. 906. 10 Stück 1. —

— 100 gute Ratschläge f. katholische Geistliche. (8 S.) 8. Ebd. 906. 10 Stück 1. —

— 100 gute Ratschläge, Krankenpflege betr. (10 S.) 8. Ebd. 907. — 10

— Rosenkranz vom Heiligengeiste. (33 Tle.) 8. (2 S.) Ebd. 898. n. — 03

— Ròsenkránz v. Héiligen Geiste. (33 Téile.) (2. Aufl.) gr. 8. (2 S.) Ebd. 900. — 03

— Schülergrammatik der Weltsprache volapük. gr. 8. (8 S.) Ebendas. 887. *

— Statuten f. den Zentral-Weltsprachevercin f. Deutschland. 12. (4 S.) Ebd. 900. n n. — 05

— Stufen zur Vollkommenheit. Sinngedichte. 2. Aufl. gr. 16. (69 S.) Ebd. 892. n. — 60

— Stúfen zur Vóllkommenheit. Sinngedichte. 3. Aufl. 8. (60 S.) Ebd. 898. n. — 60

— Tagesordnung u. fromme Lebensweise vollkomm. Seelen in d. Welt. 4. Aufl. 8. (8 S.) Ebd. 897. n. — 10

— Tagesordnung u. fromme Lebensweise vollkommener Seelen in d. Welt. 5. Aufl. 8. (7 S.) Ebd. 898. — 05

— 12 Tügendákte in e. einzigen Gebéte. (3. Abdr.) (Deutsch, lateinisch u. volapük.) (2 S.) kl. 8. Ebd. (904). — 03

— Universal-Heilmittel, wodurch Arzt, Apotheker, Zeit u. viele Schmerzen erspart werden können. I. Vortrag, II. Mittel, III. Denksprüche (zur Gedächtnisunterstützg.). 8. (IV, 15 u. 40 S.) Ebd. 899. n. — 70

— die Unsterblichkeit der Menschenseele. Poëtisches u. Philosophisches (deutsch u. weltsprachl.). 8. (16 S. Ebd. 901. — 20

— Vereinfachung u. Erleichterung der musikalischen Notenschreibung. Ein Vorschlag. hoch 4. (22 S.) Ebd. 902. n. — 60

— Vödasbuk smalikün fransäno - volapükik sa vöds zesüdikün kiltum. Tog i bukil süköna vödis plägasetiras baltum balidas vpa. Pübot telid. gr. 16. (15 S.) Ebd. 893. n. — 20

— dasselbe, latino-volapükik. gr. 16. (15 S.) Ebd. 898. n. — 20

— dasselbe, nedäno-volapükik. Pübot kilid. gr. 16. (15 S.) Ebd. 893. n. — 20

— dasselbe, nelijo-volapükik. Pübot telid. gr. 16. (15 S.) Ebd. 892. n. — 20

— dasselbe, späno-volapükik. Pübot kilid. gr. 16. (16 S.) Ebd. 893. n. — 20

Schleyer, Joh. Mart., Vödasbuk smalikün tälo-volapükik. Pübot kilid. gr. 16. (15 S.) Konstanz 893. Schleyer's Weltsprache-Zentralbüro. n. — 20

Schleyer, Joh. Mart., Volapük. Die Weltsprache. Entwurf einer Universalsprache für alle Gebildete der ganzen Erde. 8. (XII, 136 S.) Sigmaringen 880. Tappen in Comm. n. 1. —

—— Volapük. Die Weltsprache. Entwurf einer Universalsprache für alle Gebildete der ganzen Erde. 8. (XII, 136 S.) Sigmaringen 881, (Tappen.) *

—— dass. — Wörterbuch der Universalsprache für alle gebildeten Erdbewoner. 2. ser verm. Aufl. 8. (256 S.) Ueberlingen 882, Schoy. cart. *

— Volapük. [Weltsprache.] Grammatik der Universalsprache f. alle gebildeten Erdbewoner. 3. Aufl. 8. (V, 171 S.) Ebend. 884. cart. n. 2. 30

— dasselbe nebst kurzem Wörterbuche. 4. Aufl. 8. (VII, 116 S.) Ebend. 884. n. 1. 50; geb. n. 1. 75

— sämtliche Volapük-Häuptregeln in interlineärer Übersetzg. v. 33 einfachen Sätzen. Mit Erklärg. 8. (7 S.) Ebd. 898. n. — 10

— Vortrag üb. Gesundheitslehre u. den besten aller Aerzte. 8. (15 S.) Ebd. 899. n. — 20

— 55 unvergleichliche Vorzüge der Weltsprache Volapük vor allen anderen Sprachen. 3. Aufl. 8. (7 S.) Ebd. 893. n. — 3

— die Wissenschaft der Heiligen in Kernsprüchen. Sinn'gedichte. 2. Aufl. 16. (V, 45 S.) Ebd. 891. n. — 30

— die Wissenschaft der Heiligen in Kernsprüchen. Sinngedichte. 3. Aufl. 8. (II, 19 S.) Ebd. 897. n. — 30

— Wörter des Arzneibuchs des deutschen Reiches. (Vöds medinabuka monarkäna deutik: latino, deuto e vpo.) gr. 16. (40 S.) Ebd. 894. n. — 60

— grosses Wörterbuch der Universalsprache volapük. 4., verm. Aufl. 12. (XXII, 646 S.) Ebd. 888. 4. 50; geb. in Halbleinw. 5. 10; in Leinw. 5. 50

— kleinstes Wörterbuch der Weltsprache, m. den 800 notwendigsten Wörtern. Zugleich Nachschlagebüchlein zu den 100 ersten Übungssätzen Vpa. 4. Aufl. gr 16. (16 S.) Ebd. 892. n. — 20

— kleinstes Wörterbuch d. Weltspräche (Volapük). 22. Aufl. gr. 16. (12 S.) Ebd. 896. n. — 20

— mittleres Wörterbuch der Universalspräche Volapük. 11., sehr verm. Aufl. (In 4—5 Bdchn.) 1. Bdchn. gr. 16. (XVI, 192 S.) Ebd. 898. n. 1. 50

Schleyer, Johann Martin, Pfarrer und Redaktör. Wörterbuch der Universalsprache volapük. 3. verm. Auflage. Vom Erfinder der Weltsprache. 8. Konstanz 1882.

—— Wörterbuch der Universalsprache Volapük. 2 Tle. 3. verm. Aufl. 12. Konstanz 885, Schleyer. *
Inhalt:
Tl. 1. deutsch-weltsprachl. Teil. — Dil deutiko-volapükik. (183 S.)
» 2. weltsprachl.-deutscher Teil. — Dil volapüko-deutik. (185 S.)

—— dass. — Grammatik der Universalsprache für alle gebildeten Erdbewoner. 3. Aufl. 8. (V, 171 S.) Ueberlingen 884, Schoy. cart. *

—— dass. — Grammatik der Universälspräche für alle gebildete Erdbewöner nebst kurzem Wörterbuche. 4. Aufl. 8. (VII, 116 S.) Ebendas. 884. *

— weltsprachliches Wörterbuch der Edelsteine (nobainas). gr. 16. (8 S.) Ebd. 893. n. — 10

— weltsprachliches Wörterbuch der Edelsteine (nobainas) 2. Aufl. gr. 16. (8 S.) Ebd. 896. n. — 10

— weltsprachliches Wörterbuch der 1000 Tugenden u. sonstigen Eigenschaften. 16. (20 S.) Ebd. 892. n. — 25

— chinesisches Wörterbüchlein, enth. die 300 nötigsten Wörter f. die tapferen Kämpfer des ruhmreichen deutschen Heeres. Patriotische Gabe. gr. 16. (15 S.) Ebd. 900. — 25

— Zentifolie der Herrlichkeiten Mariens. gr. 8. (207 S.) Ebd. 891. n. 2. —

Schleyer, Leopold (Hrsg.), s. Bestimmungen, Die wichtigsten der Feld-Vorschriften...

Schleyer, Leop., die Funkentelegraphie. Mit 48 Skizzen u. Fig. sowie 2 Profilen im Text. (82 S.) Lex.-8. Wien 906. (L. W. Seidel & Sohn.) n. 3. —

— Infanterie-Telegraphenpatrouillen. Mit 14 Skizzen. (84 S.) Lex.-8. Ebd. 905. n. 1. 50
Sonderabdruck aus: „Streffleur's österr. militär. Zeitschr."

SCHLEYER, Ludwig: Forstkriminalistik. - Berlin o. J. 84 S., 1 Kt., 2 Zeichn., 21 Abb.

Schleyer, (Peter) Die Universität Freiburg. Actenmäßige Darstellung meiner Entfernung vom theologischen Lehramte an derselben nebst einem auf Befehl des Hochwürdigsten Herrn Erzbischofs Hermann verfaßten Promemoria über ihren gegenwärtigen Zustand als katholisch-kirchliche Anstalt. Ein Beitrag zur richtigen Auffassung und Beurtheilung des Kirchenstreits in Baden. Schaffhausen. Fr. Hurter 1854. XXIV 296 S. 8.

Schleyer, Pet., Hirscher u. seine Ankläger. gr. 8. (4 B.) Augsburg 843, Lampart u. Comp.

— über die Neutestamentliche Lehre von der Unauflöslichkeit der Ehe. Mit Rücksicht auf die neuesten Bearbeitungen dieses Gegenstandes von Hrn. Prof. Werner u. Hrn. geheimen Kirchenrath Paulus. Eine exegetische Abhandlung. 8. Freiburg 844, Wagner'sche Buchh. 3/8 ₰

—— der Puseyismus nach seinem Ursprunge u. als Lehrsystem dargestellt. 8. (5 B.) Freiburg 845, Wagner'sche Bh.

Schleyer, Peter, Würdigung der Einwürfe gegen die alttestam. Weissagungen an dem Orakel des Jesaia über den Untergang Babels, Kap. 13, 14, 23. Zugleich Darlegung eines historischen Irrtums, als seien die alten Babylonier u. Chaldäer zwei verschiedene Völker gewesen. Rottenburg, Bäuerle, 1835, später Freiburg, Herder, 1839, 8°, 392 S., 3,50 Mk.

Schleyer, Pet., Würdigung d. Einwürfe geg. d. alttestamentl. Weissagungen an d. Orakel d. Jesaia üb. d. Untergang Babels, C. 13—14, 23. Zugleich e. Beitr. z. Gesch. d. Chaldäer. Mit e. Vorw. v. J. S. v. Drey. gr. 8. (26 1/2 B.) Rottenburg a. N. 836, Bäuerle'sche Buchh.

—— Würdigung d. Einwürfe geg. d. alttestamentl. Weissagungen an dem Orakel d. Jesaia üb. d. Untergang Babels, C. 13—14, 23. Zugleich Darleg. e. histor. Irrthums, als seien die alten Babylonier od. Chaldäer zwei verschied. Völker gewesen. gr. 8. (25 3/4 B.) Freiburg 839, Herder'sche Vrlsbuchh.
Vgl. Schleier.

Schleyer, Wilhelm

Schleyer, W., Bäder u. Badeanstalten. (XVI, 748 S. m. 584 Abb.) Lex. 8. Leipzig 909. C. Scholtze. 34.—; geb. 36.—

Schleyer, W., d. Schlammbad in Bad Nenndorf. [Aus: „Zeitschr. f. Bauwesen".] gr. Fol. (8 S. m. 3 Kpfrtaf.) Berlin 896. W. Ernst & Sohn. Kart. n. 6.—

Schlez, Joh. Ferdinand, nach seinem Leben u. Wirken. Hrsg. v. Ludw. Chrstn. Dieffenbach. 8. (5 1/8 B.) Gießen 840, [Heyer's Verl.]

Schlez, Johann Ferdinand

Schlez, Jh. Fd., die ABC-Schule, od. große Wandfiebel zum gemeinschaftl. Gebrauche in Schulen. gr. Fol. Gießen 825. Heyer. 1 Rthlr. 12 gr. dopp. Postp. auf 2 Seiten gedruckt 2 Rthlr. 12 gr. dopp. Postp. auf 1 Seite bedr. 4 Rthlr.

Schlez, Joh. Ferd., kleine A-b-c-Schule. Auswahl u. Umgestaltung d. gleichnamigen großen Wandfibel. gr. Fol. (15 B.) Gießen 838, [Heyer's Verl.]
Handfibel hierzu. 8. (3 B.) Ebds. 838. 1 Gr.

Schlez, Jh. Fd., kleine ABC-Schule. Auswahl u. Umgestaltung der gleichnam. großen Wandfibel. 2. Aufl. (15 Taf. in gr. Fol.) Gießen 846, Heyer's Verl. In Couv. n. 1/2 Rthlr.

— der ABC-Schüler. 801. 2e A. ... 3e A. ... (Ist gar nicht in d. Buchhandel gekommen).

— der ABC-Schüler. Hand-Fibel z. ABC-Schule. 8. Gießen 825. 2e A. 829. Heyer. 1 1/2 gr.

Schlez, Joh. Ferd., der ABC-Schüler. Handfibel. 2. Aufl., aus größerer Schrift. 8. (3 B.) Gießen 830, [Heyer, Vater.]

— der ABC-Schüler. Handfibel, in welcher auch die Wandfibel im Kleinen vorkommt. 6e Aufl. aus größerer Schrift. 8. Ebd. 838. 1 1/2 gr.

—— Abriß d. Erdbeschreibung f. Elementar- u. Bürgerschulen. 8. (7 B.) Gießen 841, [Heyer's Verl.]
Aus: Dess., Denkfreund. 13. Aufl., besond. abgedruckt.

— kurzer Abriß der Erdbeschreibung. (Aus der 6n Aufl. des Denkfreundes besond. abgedruckt.) 8. Gießen 822, Heyer.

—— umgearb. Abriß der Erd- u. Länderkunde. 8. (7 1/2 B. u. eingedr. Holzschn.) Gießen 828, [Heyer, Vater.]
Aus dess. „Denkfreund" besond. abgedruckt.

Schlez, Jh. Fd., Beitrr. zu einer gründl. Verbesser. d. protestant. Liturgie. gr. 8. Nürnb. 796. Felssecker. 8 gr.

— Buchoniens Bekehrung z. Christenthume mit Nachrr. von d. Gründung u. d. merkwürd. Schicksalen d. Stadtkirche zu Schlitz. Vorbereitungspredigt an der Millenarfeier dieser Kirche. 8. Schlitz 812. (Gießen, Heyer). 4 gr.

— Buchoniens Bekehrung zum Christenthume mit Nachrichten von d. Gründung u. den merkw. Schicksalen d. Stadtkirche zu Schlitz. Vorbereitungspredigt a. d. Millenarfeyer dies. Kirche. 8. Schlitz. (Gießen, Heyer.) 813.

— Bilderfibel z. Beförderung d. Lautmethode, ein Versuch, die Absicht des ABC-Bilderwesens durch e. neue Anwendung zu erreichen. Mit 16 Kpf. gr. 8. Gießen 809. Heyer. 20 gr. Hbg. Pr. 15 gr. ill. 1 Rthlr. 8 gr. Hbg. Pr. 20 gr. Schrbp. ill. 1 Rthlr. 16 gr. Hbg. Pr. 1 Rthlr. 8 gr.

Schlez, Jh. Fd., Bote, der rhein., sonst: Hausfreund, der.

Schlez, (J. Fr.,) der Rheln. Bote. 1r — 5r Jahrgang 1823—827. Mit Holzschn. u. Charte. 4. Darmst., Leske. à Jahrgg. 3 gr. Rthlr.

(——) der Rheinische Bote, 6. Jahrg. 1828. Mit Holzschn. 4. ... Darmstadt, Leske.
1—5. Jahrg. 1823—27. Ebendas. à 8 Gr.

— Briefmuster fürs gemeine Leben, besond. f. Bürgerschulen. 8. Heilbronn 793. 2e A. 796. 3e A. 803. 4e A. 808. 5e A. 814. 6e A. 820. Claß. 12 gr.

— Briefmuster für das gemeine Leben, besonders für Bürgerschulen. Neueste, wohlf. Ausg. 8. Heilbronn 836. Claß. 3/8 Rthlr.
— 7e verm. u. verb. Aufl. 8. Ebd. 834. 5/12 Rthlr.

—— Briefmuster f. d. gem. Leben, nebst and. im Geschäftskreise dess. vorkomm. Aufsätzen. (Zunächst f. Bürgerschulen.) 7., der Verfass. u. d. Anforderungen d. neuesten Zeit angepaßte, durchaus verm. u. verb. Aufl. 8. (14 1/2 B.) Heilbronn 839, [Landherr.]

Schlez, Joh. Ferd., Briefmuster f. Stadt- u. Landschulen. Neue Aufl. 8. Heilbronn, Claß 814.

—— prakt. Briefsteller f. alle Fälle, welche im bürgerl. Geschäfts-Leben vorkommen. Neue Ausg. der 7., verm. u. verb. Aufl. der Briefmuster f. d. gemeine Leben. 8. (14 B.) Heilbronn 844, Landherr.

— kurze Darstellung der Länder- u. Völkerkunde. Völlig umgearb. u. bis auf die neueste Zeit fortgeführt von J. G. F. Cannabich. gr. 12. Ebend. 843. 1/4 Rthlr.

—— kurze Darstellung der Länder- u. Völkerkunde. Völlig umgearb. u. bis auf die neueste Zeit fortgeführt v. J. G. F. Cannabich. gr. 12. (4 1/2 B. Gießen 844, Heyer's Verl.
Aus Nachstehendem besond. abgedruckt.

— der Denkfreund. Ein lehrreiches Lesebuch f. Volksschulen. 8. Gießen 810. 4e v. E. Petri verm. A. 819. 9e A. 8. Ebd. 828. 10e A. 831. Heyer. 18 gr. — Daraus apart: Abriß d. Erd- u. Länderkunde. 2e A. 8. Ebd. 822. 5 gr. N. A. 830. 5 1/2 gr.

— der Denkfreund. Ein lehrreiches Lesebuch f. Volksschulen. 2te durchaus verbess. Aufl. 8. Gießen, Heyer. 814.

— — der Denkfreund. 5te verb. Aufl. 8. Gießen, Heyer. 820.

— der Denkfreund. Ein lehrr. Lesebuch f. Volksschulen. 8te Aufl. 8. Gießen 826, Heyer.

—— der Denkfreund. Ein lehrr. Lesebuch f. Volksschulen. 9. Aufl. (27 B.) 828., 10., verb. A., mit ganz umgearb. Länderkunde u. neu hinzugefügt. Völkergeschichte. (28 B.) 8. Gießen 831, [Heyer, Vater.] à

—— der Denkfreund. Ein Lehr- u. Leseb. f. Volksschulen. 12., verb. Aufl. (28½ B.) 837. * 13 Gr., 13., verb. u. verm. Aufl. 8. (29¾ B.) Gießen 841, [Heyer's Verl.]

—— Denkfreund. Ein Lehr- u. Lesebuch f. evangel. Schulen, unter Mitwirkung v. Barentin, Cannabich, Dieffenbach, Ettling u. Weigand bearb. u. hrsg. v. Carl Ludw. Sackreuter. 14—18. Aufl. gr. 12. (21⅓ B.) Gießen 844—46, Heyer's Verl. à *

—— dass. Ausgabe für Communal-Schulen. 15. Aufl. gr. 8. (27¾ B.) Gießen 844, Heyer's Verl. *

— 16. Aufl. 845. 5/12 ₰

Schlez, J. F., († d. 7. Sept. 1839), Denkfreund. Ein Lehr- u. Lesebuch f. evangelische Schulen, unter Mitwirkung der Hrn. Barentin, Cannabich, Dieffenbach, Ettling u. Weigand bearb. u. hrsg. v. Carl Ludw. Sackreuter. 18. Aufl. gr. 12. (XII u. 500 S.) Gießen 847, G. F. Heyer. — (Neue Ausg.) gr. 12. (XII u. 500 S.) Wien 851, Gerold. n. 5/12 ₰

Schlez, Dr. J. F., Denkfreund. Ein Lehr- und Lesebuch für katholische Schulen, unter Mitwirkung der Herren Dr. Barentin, Cannabich, Dieffenbach, Dr. Ettling und Dr. Weigand bearbeitet und herausgegeben von Kaspar Maaß. 17. Auflage. 8. (XX u. 540 S.) Wien. Verlag und Druck von Karl Gerold und Sohn 1853.

Sackreuter, Karl Ludwig. Dr. J. F. Schlez's Denkfreund. Ein Lehr- und Lesebuch für evangelische Schulen unter Mitwirkung der Herren Dr. Barentin, Cannabich, Dieffenbach, Dr. Ettling u. Dr. Weigand, bearbeitet und herausgegeben von —. 20. Auflage. 8. (XII und 500 S.) Wien. Verlag und Druck von K. Gerold u. Sohn. 1853.

Sackreuter, Karl Ludwig — Dr. J. F. Schlez's Denkfreund. Ein Lehr- und Lesebuch für evangelische Schulen, unter Mitwirkung der Herren Dr. Barentin, Cannabich, Dieffenbach, Dr. Ettling und Dr. Weigand bearbeitet und herausgegeben von — —. Einundzwanzigste Auflage. Wien, 1856. Verlag und Druck von Karl Gerolds Sohn. (500 S. 8.)

Schlez, Joh. Ferd., Denkfreund. Ein Lehr- und Lesebuch für evangel. Schulen, unter Mitwirkung von: Barentin, Cannabich, Dieffenbach, Ettling und Weigand bearb. und hrsg. von C. Lud. Sackreuter. 22. Aufl. 8. (500 S.) Wien 860, Gerold's Sohn.

Schlez's, J. F., Denkfreund. Ein Lehr- u. Lesebuch für kathol. Schulen, unter Mitwirkung der Herren Dr. Barentin, Cannabich, Dieffenbach etc. bearb. u. herausg. von Casp. Maas. 18. Aufl. Wien 868. Gerold's Sohn. gr. 8. (XX, 539 S.) n. 13 ngr

— üb. die Einrichtung u. d. zweckmäß. Gebr. d. ABC-Schule. gr. 8. Gießen 825. Heyer. 5 gr

—— Exercices pour corriger et animer le ton de la lecture et pour relever le sentiment moral. Trad. de l'Allemand p. Jean Hahn. gr. in-12. (4 B.) Giessen 837, [Heyer's Verl.]

— s.a. Fabeln u. Sinngedichte.

— — und Sinngedichte (von Joh. Ferd. Schlez, 1759 bis 1839). 1. (u. wohl einz.) Sammlung. Marktbreit 1787. Selten!
Anon.-Lex. II. p. 83 (nach Kayser); Goedeke IV, 98, 48, 2.

— Formular bei öffentl. Vorstellung eines Kirchenältesten. Schlitz 800.

— Gedichte. 8. Ansb. 784. 2e Aufl. unt. d. T.: vermischte, größtentheils lyr. Gedichte. 8. Nürnb. 793. (Eichhorn). 16 gr

— verm. größtenth. lyr. Gedichte. 8. Nürnb. Grattenauer. 793.

— Geist u. Sinn d. Christenthums, in ausgewählten Gesängen f. die häusl. u. öffentl. Erbauung. A. u. d. T.: Schlitzer Gesangbuch. 8. Gießen 801. 2e A. 812. 3e A. Schlitz 814. Heyer in Gießen. 10 gr

— Geist u. Sinn des Christenthums, in ausgewählten Gesängen für die öffentliche u. häusl. Erbauung. — (A. u. d. T.: Schlizisches Gesangbuch.) Neue Aufl. 8. Ebend. 841. ⅓ ₰

— s. Gesangbuch, Schlitzer.

— Geschichte d. Dörfleins Traubenheim. 2 Bde. 8. Nürnb. 791, 92. 2e Aufl. in 1 Bde. Ebd. 794. Grattenauer. 12 gr 3e Aufl. Mit Holzschn. 8. Gießen 817. Heyer. 1 ₰ 12 gr Hbg. Pr. 12 gr

Schlez, Johann Ferdinand.
Geschichte des Dörfleins Traubenheim. Für Katholiken bearbeitet . . . München 1801.
V: *Pichler, Marquard.* (MGT) (Ky)

— Dass. z. Gebrauch f. Katholiken bearb. v. e. Pfarrer etc. (Marq. Pichler). 2 Thle. gr. 8. Münch. 801. (Lindau., Thomann). ...

— — dieselbe. gr. 8. München, Fleischmann. 801.

— Förster Oswald's Gespräche mit sn. Hausfreunden, veranlaßt durch d. Kampf Griechenlands gegen seine Unterdrücker. 16 Hft. Mit 1 Karte v. d. europ. Türkei. 8. Darmst. 822. Leske. 6 gr

— Handbuch d. Geographie z. Gebr. in Real- u. Bürgerschulen. gr. 8. Gießen 2e A. 822. Heyer. 1 ₰ (Aus d. Handbuche f. Volksschullehrer abgedr.)

— kathechet. Handbuch, oder Lehrgespräche über ausgewählte Lesestücke d. Rochowschen Kinderfreundes (nach d. Gießner Ausg.) 8. Gießen 827, Heyer sen.

— katechet. Handbuch, od. Lehrgespräche üb. ausgewählte Lesestücke d. Rochow-Schlezischen Kinderfreundes (nach d. Gießner Ausg.) 8. Gießen 828. Heyer. 16 gr

— — Handbuch f. Schullehrer; enth. d. Denkfreund mit einem reichen Vorrathe von Zugaben. 2r u. 3r Theil.
2r Thl. auch unter dem Titel:
Der Mensch nach Leib und Seele. 8. Gießen, Heyer. 816.
3r Thl. auch unter dem Titel:
Hausbedarf aus der Naturgeschichte. 8. Ebend. 819.

— — Dessen 4r Bd. 8. Ebend. 821.
Auch unter dem Titel:
Handbuch der Geographie etc.

— Handbuch für Volksschullehrer, enth. der Denkfreund, mit e. reichen Vorrath v. Zugaben f. d. Schulgebrauch. 1r Bd. A. u. d. T.: Entwürfe zu Katechisationen üb. wichtige Angelegenheiten d. Verstandes u. Herzens. 815. 20 gr 2e Aufl. unt. d. T.: die Tonlesekunst, mit Entwürfen zu Lehrgesprächen rc. gr. 8. 830. 1 ß 16 gr 2r Bd. Der Mensch nach Leib u. Seele 816. 18 gr 2e Aufl. unt. d. T.: Naturgeschichte. gr. 8. 830. 1 ß 12 gr 3r Bd. Hausbedarf aus d. Naturgeschichte. 819. 1 ß 8 gr 4r Bd. A. u. d. T.: Gemeinverstandl. Naturlehre f. d. Schul- u. Selbstunterricht. 8. 824. 14 gr 5r Bd. A. u. d. T. Handbuch d. Erdbeschreib. beim Gebr. d. Denkfreunds. 821. 1 ß 4 gr 6r Bd. A. u. d. T.: Fr. Erdm. Petri, Lehrbuch d. Geschichte d. Deutschen, zunächst f. Lehrer nach d. Grundriß im Denkfreund. 824. 1 ß 4 gr 8. Gießen 815 — 24. Heyer. 6 ß 20 gr 2e verb. Aufl. in 4 Bden. 1r Bd. Anleit. zum Deklamiren, Lehre v. menschl. Körper, Seelenlehre. gr. 8. Ebd. 830. 1 ß 16 gr 2r Bd. Hausbedarf d. Naturgeschichte. 830. 1 ß 12 gr 3r Bd. Naturlehre u. Technologie od. Gewerbskunde, v. C. Heyer. 831. 1 ß 8 gr (Vergl. C. Heyer, Anleit. z. Technologie). 4r Bd. Geographie. Mit dem Bildn. d. Verf. 832. 1 ß 4 gr 5r Bd. Geschichte d. Deutschen v. F. E. Petri. 12 gr

— dass. 5r Thl. A. u. d. T.: Handbuch d. Geographie. 8. Ebd. 821, Ebd.

— dess. 6r B. A. u. d. T.: Fr. C. Petri, Handbuch deutscher Gedichte, zunächst f. Lehrer nach d. Grundriß im Denkfreunde. 8. Ebd. 824, Ebd.
(Alle 6 Bde 5 Rthl. 20 gr.)

—— Handbuch f. Volksschullehrer, enthalt. den Denkfreund mit e. reichen Vorrathe v. Zugaben f. den Schulgebr. 1 — 4. Bd. 2., verb. u. verm. Aufl. gr. 8. Gießen, [Heyer, Vater.]
Bd. 1. Die 3 ersten Abschn. d. Denkfreundes: Die Tonlesekunst, mit Entwürfen zu Lehrgesprächen, die Lehre v. menschl. Körper u. d. Sittenlehre. (33½ B.) 830. 1 Thlr. 16 Gr
„ 2. Des Denkfreundes 4. Abschn.: Die Naturbeschreibung od. Naturgeschichte. (30½ B.) 830. 1 Thlr. 12 Gr.
„ 3. Des Denkfreundes 5. Abschn.: Die Naturlehre v. Hrsgeb. d. Werkes, mit angehängt. Gewerbkunde v. C. Heyer. (25¼ B.) 831. 1 Thlr 8 Gr
„ 4. Des Denkfreundes 6. Abschn.: Die Erd- u. Länderkunde (25 B. u. Bildn. d. Verf.) 830. 1 Thlr. 4 Gr.
Ohne Bildniß, 1 Thlr
6. Bd. Fr. E. Petri Handbuch deutsch. Geschichte. 8. (29 B.) Ebendas 1824. 1 Thlr 4 Gr., hrbgs. Pr. 12 Gr

—— Handfibel zur kl. A-b-c-Schule, s. oben: Dess. A-b-c-Schule.

— der deutsche Hausfreund. 1r—8r Jahrg. 1823—28. A. u. d. T.: der rheinische Bote. Mit Holzschn. 4. Darmst., Leske. (à 3 gr) 1 ß

— des jungen Wilh. Denkers Hauskalender f. seine lieben Nachbarsleute. Nürnb. 792—94.

— Kinder-Declamation bei Schulprüfungen u. Familienfesten. (A. u. d. T.: Kleines Lesebuch z. Veredlung d. Lesetons. 26 Bdchn.) 8. Darmst. 809. Heyer. 10 gr 2e Aufl. 821. Ebd. 12 gr 3e A. 826. Ebd. 10 gr N. A. 830. 8 gr

— Kinderdeclamationen bei Schulprüfungen u. Familienfesten. 8. Ebend. 815.

— — Kinderdeclamationen bey Schulprüfungen und Familienfesten. 8. Darmstadt, Heyer. 821.

— Kinder-Declamationen, bei Schulprüfungen u. Familien-Festen. Neue Ausgabe. 8. Darmstadt 826, Heyer.

Schlez, Joh. Ferd., Kinder-Declamationen bei Schulprüfungen u. Familienfesten. Neue, zum Weihnachtsgeschenk f. d. Jugend bestimmte Ausg. 8. (9¼ B.) Darmstadt 830, [Heyer'sche Vrlsbuchh.] Thlr.

— der Kinderfreund. Ein lehrreiches Lesebuch f. Landschulen. Nach Fr. E. v. Rochow frei bearb. 8. Gießen 813. 2e A. 821. 3e A. 826. 4e A. 832. Heyer. 4 gr

— — der Kinderfreund, ein Lesebuch f. Landschulen. N. Aufl. 8. Gießen, Heyer. 819.

—— der Kinderfreund. Ein lehrr. Leseb. f. Landschulen. Nach Friedr. Eberh. v. Rochow. 4., durchges. Aufl. 8. (13 B.) Gießen 834, Heyer, Vater.

—— der Kinderfreund. Ein lehrreiches Lesebuch f. Volksschulen. Nach Friedr. Eberh. v. Rochow. Neu bearb. u. hrsg. v. Fr. C. A. Gräf. 5. Aufl. (6 B.) 843. u. 6. mit einer deutschen Sprachlehre v. Weigand verm. Aufl. gr. 12. (7 B.) Gießen 844, Heyer's Verl.

— der Kinderfreund. Ein lehrreiches Lesebuch f. Volksschulen. Nach Frdr. Eberhard v. Rochow. Neu bearb. u. hrsg. von Frdr. Carl Aug. Gräf. 7., mit einer deutschen Sprachlehre v. Weigand verm. Aufl. gr. 12. (148 S.) Frankfurt a. M. 848, Heyer (jetzt: Wien, Gerold). ¼ ß

Schlez, Joh. Ferd., der Kinderfreund. Ein lehrreiches Lesebuch für Volksschulen. Nach Frdr. Eberh. v. Rochow Neu bearb. u. herausg. von Frdr. Carl Aug. Gräf 8 mit einer deutschen Sprachlehre von Weigand verm. Aufl. Wien 859 Gerold. 12. (VIII, 152 S.) n. 8 ngr

— Rochows Kinderfreund f. Oberdeutschland bearb., s. F. E. v. Rochow.

—— evangel. Kirchen-Agende, f. Prediger, welche an keine Landes-Liturgie ausschließlich gebunden sind. (Mit 1 Musikbeil.: Muck's Melodie u. Orgelbegleitung zur Consecration mit gewünscht. Nachhülfe u. angehängt. Amen u. Halleluja, ¼ Bog.) gr 8. (18½ B.) Gießen 834, Heyer, Vater.

— Landwirthschaftspredigten. gr. 8. Nürnb. Grattenauer. 788.

— Landwirthschaftspredigten. gr. 8. Nürnb. 788. (Eichhorn). (Lauffer in Leipz.) 12 gr 2e verm. Aufl. in 2 Thlen. 8. Heilbr. 794. Claß 1 ß 2r Thl. apart 15 gr

Schlez, J. F. „Landwirthschaftspredigten. Ein Beytrag zur Beförderung der landwirthschaftlichen Wohlfarth unter Landleuten" 2 Teile, Heilbronn 1798 (Class).

— Leben Jh. Adm. Schmerlers. gr. 8. Nürnb. 795. (v. Seidel in Sulzb.) 6 gr

— Leitfaden beim ersten Unterricht in der christl. Religion. 8. Nürnb. 795. 2e A. 796. Felssecker. 2 gr

— Leitfaden beim Unterricht in d. Naturgeschichte f. Bürgerschulen (Aus L. Richards Unterhalt. besond. abgedr.) 8. Nürnb. 797. Felssecker. 8 gr

— kleines Lesebuch z. Veredlung u. Belebung d. Lesetons in Volksschulen. (Einzeln abgedruckt aus dem Denkfreund.) 2te Aufl. 8. Gießen, Heyer. 821.

— kleines Lesebuch z. Veredlung u. Belebung d. Lesetons in Volksschulen. 8. Gießen 2e—6e A. 814—23 u. 828. Heyer. 3 gr

—— kleines Lesebuch z. Veredlung u. Belebung d. Lesetons in Volksschulen. 8. (3¼ B.) Gießen 841, [Heyer's Verl.]
Aus: Dess., Denkfreund. 13. Aufl., besond. abgedruckt. — Ein anderer Auszug, s. Dieffenbach, L. Ch.

—— kleines Lesebuch zur Veredlung u. Belebung des Lesetons in Volksschulen. 13. Aufl. (4 B.) 844. u. 14., verm. Aufl. gr. 12. (2⅓ B.) Gießen 845, Heyer's Verl.
Aus: Dess. der Denkfreund rc., besond. abgedruckt.

Schlez, Joh. Ferd., kleines Lesebuch zur Veredlung und Belebung des Lesetons in Volksschulen. 15., verm. Aufl. gr. 12. (51 S.) Wien 858, Gerold's Sohn. *

— s. Luther, Martin: Katechismus.

— s. Muck, F.: Kurze Homilien.

— gemeinfaßl. geordnete u. gemeinnütz. Naturgeschichte f. unkundige Liebhaber derselben. 1r Bd. 3 Abtheill. Zoologie. Mit 10 Kpf. 2r Bd. Botanik u. Mineralogie, bearb. v. G. M. W. L. Rau). Mit 10 Kpf. gr. 8. Heilbr. 804 u. 7. Claß. 4 ᵽ 8 ℊ 2e wohlf. Ausg. Mit 19 Abbildd. gr. 8. Ebd. 823. 2 ᵽ 12 ℊ (a. Deubold in Wertheim). ill. 3 ᵽ 20 ℊ

— gemeinfaßl. geordn. u. gemeinnütz. Naturgeschichte f. unkund. Liebhaber u. d. erwachs. Jugend. 1r Bd. 1ste 2te Abtheil. Zoologie, m. 10 Kpfrn. 2r Botanik u. Mineralogie m. 10 Kpfr. gr. 8. Heilbronn, Claß. 805–7.

Schlez, J. F. *Oswald* unter seinen Hausfreunden und Kindern. Von Johann Ferdinand Schlez. Darmstadt, C. W. Leske, 1826. VIII S. 1 Bl. 293 S., 2 Holzschnitt-Porträts, 1 gestoch. Karte, mehrere Musikbeilagen und 7 reizende handkolorierte Kupfer. Kl.-8°. Typograph. verzierter hellgrauer Or.-Karton. 50.—

★ Originalausgabe, nicht bei Goed. Mit viel Humor, z. T. im Dialekt geschriebenes hübsches Buch, mit reizenden Illustrationen. Fleck a. d. sonst gut erhalt. Einband.

— Parabeln, (nebst d. größten Theile seiner Fabeln u. Sinngedichte). 12. Gießen, Heyer. 16 ℊ weiß Pap. 20 ℊ Hbg. Pr. 15 ℊ Schrbp. 1 ᵽ 4 ℊ

— Parabeln. 2e verm. Ausg. Mit 2 Holzschnitten v. Gubitz. 16. Gießen 835. Heyer, Vater. cart. 2/3 ᵽ Velinp. 5/6 ᵽ

— Predigt üb. d. Verhüt. d. Rindviehpest. 8. Nürnb. Felsecker. 799.

— s. F. E. v. Rochow, der Kinderfreund.

— s. Salomo's Lieder

Schlez, Joh. Ferd., Gregorius Schlaghart od. die Dorfschule zu Langenhausen, s.a. Neudrucke pädagogischer Schriften.

— Gregorius Schlaghart u. Lorenz Richard, od. die Dorfschulen zu Langenhausen u. Traubenheim, ein Erbauungsbuch f. Landschullehrer. 2 Thle. 8. Nürnb. 795. 2e A. 803. 3e A. 813. Felsecker. 18 ℊ — Dass. für Baiern bearb., von e. Schulfreunde (Aug. Fischer). 8. Münch. 803. (Krüll in Landsh.) 12 ℊ

— Gregorius Schlaghart u. Lorenz Richard, od. d. Dorfschulen zu Langenhausen u. Traubenheim, ein Erbauungsb. für Landschullehrer. 2 Thle. 8. Nürnberg, Felsecker. 802.

— — dasselbe. 2 Thle. gr. 8. München, Fleischmann. 803.

— der Schreibeschüler, od. Vorübungen im Briefschreiben u. andern bürgerl. Aufsätzen. 8. Nürnb. 790. 2e A. 794. 3e A. 797. 4e A. 800. 3 ℊ 5e Aufl. 8. Leipz. 823. Lauffer. 4 ℊ

— — derselbe f. kathol. Deutschland einger. 8. Ebendas. 790.

Schlez, J. F., Schreibeschüler z. Gebr. in Landschulen. 8. Nürnberg, Grattenauer. 797. Rthlr.

— d. Schreibeschüler od. Vorübungen im Briefschreiben u. and. bürgerlichen Aufsätzen. 8. Nürnberg, Grattenauer. 805.

— Sittenlehre in Beyspielen, ein Lesebuch f. Mädchenschulen. 8. Gießen, Heyer. 807. Schreibp.

— Sittenlehren in Beispielen, ein Lesebuch f. Mädchenschulen. 2e ganz umgearb. Aufl. (der Weylandschen Sittenlehre rc.) 8. Gießen 807. Heyer. 22 ℊ Schrbp. 1 ᵽ 3e Aufl. 8. 815. 20 ℊ 4e Aufl. Ebd. 824. 14 ℊ Wohlf. (4e A.) 8 ℊ

— Lorenz Richards Unterhaltungen mit seiner Schuljugend über Rochows Kinderfreund. 2 Thle in 8 Heften. 8. Nürnb. 796 u. 97. Felsecker. 1 ᵽ 16 ℊ

SCHLEZ, J. F., Fliegende Volksblätter. Bd. 1. Mit vielen Holzschnitten von Seltsam. Bayreuth 1797. 8°.

— fliegende Volksblätter, z. Verdräng. schädl. oder doch geschmackl. Volksleserevyen. 5 Bde. 8. Bayreuth, Lübeck. 798–805. (1r 2r 21 gr. 3r 15 gr.)

— fliegende Volksblätter z. Verdräng. schädl. od. doch geschmacklosr Volksleserеien. 3 Bde. (1r Bd. v. Schlez, 2r u. 3r Bd. fortges. v. Superint. ... Schmidt). 8. Bayreuth 799—805. (Grau in Hof). 1 ᵽ 12 ℊ

— der Volksfreund, e. Monatsschrift auf 1798 u. 99. 4 Bde. 8. Nürnb., Felsecker. 2 ᵽ 5r Bd. auf 1800. 4 Hefte. unt. d. T.: der Erzähler. 8. Ebd. 18 ℊ

SCHLEZ, Joh. Ferd. (1759—1839), Kleine romantische Volksschriften. 2 Sammlgn. Mit Portr. d. Vf. (v. C. W. Bock. 1792). Heilbronn a. Neckar u. Rothenburg ob der Tauber, Claß, 1802. 8°.

I, Nr. 3: Schatzkästlein f. junge Leute, die gerne tanzen.

— — Dasselbe. 2. Aufl. Ebd., o. J. 8°. 466 S. (1 Mk. 50 Pfg. A. Bielefeld, 1892.)

— kleine. romant. Volksschriften, ein Lesebuch f. Schulen. 2 Thle. 8. Heilbr. 802. Claß. 1 ᵽ 8 ℊ 2e verm. Aufl. Mit Titelkpf. 8. Ebd. 829. 1 ᵽ 8 ℊ

— kleine romant. Volksschriften. 2 Sammln. 2., mit allegor. Titkpfr. verm. Ausg. (Nebst d. Beil.: Hannchen. Eine romant. Einweihungs-Rede bei Eröffnung d. Schlitzischen Mädchen-Industrieschule.) 8. (31 B.) Heilbronn 829, Claß.

— Vorlesungen gegen Irrthümer, Aberglauben u. Mißbräuche in Betstunden, d. Landvolk gehalten. gr. 8. Nürnb. Grattenauer. 786.

— — Vorlesungen gegen Irrthümer. gr. 8. Nürnb. 786. Jetzt Lauffer in Leipzig.

— Vorlesungen gegen Irrthümer, Aberglauben u. Mißbräuche in Betstunden, dem Landvolk gehalten. gr. 8. Nürnb. 788. (Lauffer in Leipz.) 12 ℊ

— Vorschule d. Briefschreibekunst, od. Vorschläge zu stufenweisen Schreibaufgaben f. die Volksjugend. 8. Heilbr. 814. Claß. 5 ℊ

Schliack, Carl, s. Schliack, Karl

Schliack, Ernst, Kammergerichtsreferendar: Kann der Verkäufer, der über seine rechtlichen Beziehungen zum Kaufgegenstande geirrt hat, den Kaufvertrag anfechten? Göttingen 1909: Hofer. 59 S. 8°

Göttingen, Jur. Diss. v. 5. Juli 1909, Ref. Titze

[Geb. 6. Okt. 85 Kottbus; Wohnort: Berlin; Staatsangeh.: Preußen; Vorbildung: Gymn. Kottbus Reife O. 04; Studium: Freiburg i. B. 1, München 1, Kiel 1, Berlin 1, Göttingen 2 S.; Rig. 19. Mai 09.] [U 09. 1289

Schliack, F., juristisches Hausbuch. Handbuch der wichtigsten Rechts- und Verwaltungsbestimmungen für Jedermann. Für den Geltungsbereich des Allgemeinen Landrechts für die Preuß. Staaten zusammengestellt. Mit Formularen und Sachregister. gr. 8. (V, 313 S.) Breslau 883, Koebner. cart. *

Schliack, F., juristisches Hausbuch. Handbuch der wichtigsten Rechts- u. Verwaltungsbestimmgn. f. Jedermann. Für den Geltungsbereich des Allgemeinen Landrechts f. die Preuß. Staaten zusammengestellt. Mit Formularen u. Sachregister. 2., verb. Aufl. 8. (VI, 314 S.) Breslau 887. Koebner. cart. n. 2. —

Schliack's juristisches Hausbuch. Handbuch der wichtigsten Rechts- u. Verwaltungsbestimmgn. f. Jedermann. Mit Formularen u. Sachregister. 3. Aufl., bearb. nach den am 1. I. 1900 in Kraft getret. Gesetzen v. Schütze. gr. 8. (VIII, 289 S.) Breslau 900. M. & H. Marcus. Geb. in Leinw. n. 2. —

—— Rechtsbuch für Kaufleute. Handbuch der wichtigsten Rechts-Bestimmungen für den deutschen Kaufmannsstand. Mit Sach-Register. gr. 8. (VIII, 411 S.) Ebendas. 885. cart. *

Schliack, Karl

Schliack, Carl: Über den Einfluß innerlich aufgenommenen kohlensäurehaltigen Wassers auf den Blutdruck nebst einer Angabe zur objektiven Messung des diastolischen und systolischen Blutdrucks. Berlin 1908: Büxenstein. 19 S. 8° ¶ (Aus: Zeitschr. f. diät. u. physik. Therapie. Bd 12.)
Leipzig, Med. Diss. v. 25. Nov. 1907, Ref. Curschmann
[Geb. 6. Juli 83 Kottbus; Wohnort: Küstrin; Staatsangeh.: Preußen; Vorbildung: Gymn. Kottbus Reife O. 01; Studium: Freiburg i. B. 4, Kiel 2, Breslau 2, Freiburg i. B. 2 S.; Coll. 20. Nov. 08; Approb. 17. Aug. 07.]
[U 09. 2870

Schliack, Carl: Königl. Friedrich-Wilhelms-Gymnasium zu Kottbus. Katalog der Lehrer-Bibliothek. 1. T. *Kottbus 1898: A. Heine.* (86 S.) 4°
Kottbus, k. Friedrich-Wilhelms-G, P 1898 (70)

Schliack, Carl, Prof. Dr.: Königl. Friedrich-Wilhelms-Gymnasium zu Kottbus. **Katalog** der Lehrer-Bibliothek. T. 2. *Kottbus 1899: A. Heine.* (S. 87—161.) 4° ¶ [Schluss d. P-Beil. 1898.]
Kottbus, k. Friedrich-Wilhelms-G, P 1899 (79)

Schliack, *Karl* Proben von Erklärungs- bez. Emendierungsversuchen zu einigen Stellen griechischer und lateinischer Klassiker. 4 (S. 3—18). Friedrich-Wilhelms-G. u. Rprg. *Cottbus* 1888 (69).
Inhalt: Hom. Od. Xenoph. Cyrop. Hell. Anab. Lysias. Cic. oratt. Sall. Iug.

Schliack, Carolus Fridericus Gustavus: De locis quibusdam Euripideis quaestiones criticae et exegeticae. Halis Saxonum (1874): Orphanotropheum. 41 S. 8°
Halle-Wittenberg, Phil. Diss. v. 13. Jan. 1874
Geb. Krossen 19. 8. 1848. V.
Verf. erlebte die Diplomerneuerung 1924 als Professor und Geheimer Studienrat in Kottbus, vgl. Anh. Nr. 684.

Schliack, Otto, Oberlehrer: Studien über Henri de Borniers 'La Fille de Roland'. Hamburg 1909: Baumann. 52 S. 8°
Kiel, Phil. Diss. v. 11. Okt. 1909, Ref. Körting
[Geb. 26. Aug. 80 Kottbus; Wohnort: Hamburg; Staatsangeh.: Preußen u. Hamburg; Vorbildung: Gymn. Kottbus Reife O. 99; Studium: München 3, Lausanne 1, Kiel 9 S.; Rig. 17. Juli 09.] [U 10. 2530

Schlich, Johs., kleines Armseelen-Buch. Belehrungen üb. das Fegfeuer u. Andachtsübgn. zum Troste der armen Seelen. [Aus: „Armseelen-Freund".] (160 S. m. Titelbild.) 16. Saarlouis 908. F. Stein Nachf. Geb. in Leinw. — 50

— Armseelen-Freund. Belehrungen üb. das Fegfeuer u. Andachtsübgn. zum Troste der armen Seelen. Neubearbeitg. des Ackermann'schen Buches. (464 S. m. Titelbild.) 11,3×7,5 cm. Ebd. 908. Geb. in Leinw. 1. 20

— Armseelen-Trost. Belehrungen üb. das Fegfeuer u. Andachtsübgn. zum Troste der armen Seelen. Neubearbeitg. des Ackermann'schen Buches. (480 S. m. Titelbild.) 16. Ebd. 908. 1. —

Schlich, Johannes, Domvikar in Trier, Dr.: **Das Wesen der christlichen Hoffnung und Irrige Ansichten über diese Tugend.** Trier: Paulinus-Druckerei. (46 S.) 8° [F.]
Freiburg i. B., Theol. Fak., Ref. Meyer, Diss. v. 9. März 1906
[Geb. 25. März 76 Bell; Wohnort: Trier; Staatsangeh.: Preußen; Vorbildung: Gymn. Oberlahnstein, Trier Reife 97; Studium: Trier (Priesterseminar) 97—01, Univ. Bonn 1, Freiburg i. B. 1 S.; Rig. 22. Febr., 6., 7., 9. März 06.]

Schlicher, J. P., homiletische Frühpredigten. 2 Thle. 8. Augsb. Doll[e]nberger. 808.

Schlicher, John J., the origin of rhytmical verse in late Latin. gr. 8. (VII, 91 S.) Berlin 902. O. Gerhardt. n. 2. —

Schlicht, Frhr. v., s. a.: Baudissin, Wolf Graf v.

Schlicht, Frhr. v. (Wolf Graf v. Baudissin), der falsche Adjutant. Humoristisch-militär. Erzählung. (400 S.) 8. Berlin (906). O. Janke. n. 4. —

Schlicht, Frhr. v. (Wolf Graf v. Baudissin), der falsche Adjutant. Humoristisch-militär. Erzählung. 2. Aufl. (316 S.) 8. Berlin 907. O. Janke. 2. —

— ein Adjutantenritt u. andere Militärhumoresken. (186 S.) 8. München 905. A. Langen. n. 3. —; geb. n. 4. —

— Alarm u. andere Militärhumoresken, s.: Bibliothek Langen, kleine.

Schlicht, ..., s. Anleit. z. Feldmeßkunst.

Schlicht, Frhr. v., Armeetypen, s. a. Veröffentlichungen d. Vereins d. Bücherfreunde.

[F.] Armeetypen. Humoresken v. F[rh]. v. Schlicht. (6. u. 7. Taus.) *Berlin: A. Schall [1898].* (3 Bl., 134 S.) 1 Bd 8.
= Verein d. Bücherfreunde. Jg. VIII. [No] 2. [58. 1166a

— Armeetypen. Humoresken. 9. Aufl. (240 S.) 8. Berlin (904). A. Schall. n. 2. 50; geb. n. 3. 50

— Armeetypen. Humoresken. 10. Aufl. (240 S.) 8. Berlin (910). A. Schall. 2. 50; geb. n 3. 50

— aus d. Schule geplaudert. Militär. Humoresken. 8. (VII, 168 S.) Ebd. 897. n. 2. —

— dasselbe. Neue Folge. 8. (VII, 160 S.) Ebd. 898. n. 2. —

— aus der Schule geplaudert. Militärische Humoresken. 2. Aufl. 8. (V, 166 S.) Berlin 902. Freund & Jeckel. n. 2. —; geb. n. 3. —

— dasselbe. Neue Folge. 2. Aufl. 8. (V, 153 S.) Ebd. 902. n. 2. —; geb. n. 3.

Schlicht, Frhr. v. (Wolf Graf v. Baudissin), aus d. Schule geplaudert. Militärische Humoresken. 2. Aufl. (350 S.) 8. Berlin (908). Globus Verlag. 1.—; geb. 1. 50

— Im Barackenlager u. anderes. 1.—6. Tauf. (162 S.) 8. Leipzig (910). B. Elischer Nachf. 2.—; geb. in Leinw. 3. —

— Graf Udo Bodo. Satirischer Roman. 1.—17. Aufl. (373 S.) 8. Berlin 905. O. Janke. n. 4.—; geb. n. 5. —

— Graf Udo Bodo. Satirischer Roman. 19.—21. Tauf. (373 S.) 8. Berlin (909). Globus Verlag. 1.—; geb. 1. 50

— Baron Borken. Drama in 1 Akt. 8. (VII, 43 S.) Dresden (902). H. Minden. n. 1. —

— der Dichterleutnant u. andere Militärhumoresken, s.: Bibliothek Langen, kleine.

— Dresden u. die Dresdener, e. lust. Vademecum. (VIII, 232 S.) 8. Leipzig 907. Dresdener Verlagsanstalt. n. 2. 50

— Dresden u. die Dresdener, e. lust. Vademecum. 2., stark veränd. u. verm. Aufl. (X, 238 S.) 8. Leipzig 908. Dresdener Verlagsanstalt. 2. 50

— Ehestandshumoresken. 1.—5. Taus. schmal 8. (127 S.) Berlin-Charlottenburg (899). Berlin, O. Janke. 1.—

— Ehestandshumoresken. 8. Aufl. (158 S.) 8. Ebd. (904). n. 1. —

— um Ehre. Ein Freund. Zwei Brüder. Eine Schuld. Rehabilitiert. Kurzes Glück, s.: Kürschner's, Jos., Bücherschatz.

— ein Ehrenwort. Erzählungen aus dem Offiziersleben. 1.—3. Aufl. (à 336 S.) 8. Dresden (903). H. Minden. n. 4. —; geb. n. n. 5. —

— Einquartierung u. andere Humoresken. Mit Illustr. v. Fritz Bergen. Luxusausg. 8. (127 S.) Stuttgart (900). Franckh. Geb. in Leinw. n. 3. —

— dasselbe, s.: Sammlung Franckh.

— Exzellenz ist wütend! Militärische Humoresken u. Satyren. (163 S.) 8. Leipzig (909). B. Elischer Nachf. 2.—; geb. in Leinw. 3. —

— Excellenz kommt, s.: Kürschner's Bücherschatz.

Excellenz kommt! Humoresken v. Frh. v. Schlicht. M. Ill. v. M. Ränike. Berlin, Eisenach, Leipzig: H. Hillger (1898). (128 S.) 1 Bd 8°
(Bücherschatz. Kürschners. No 119.)

— Exzellenz lassen bitten. Militärhumoresken. 1. u. 2. Aufl. 8. (III, 210 bezw. III, 217 S.) Dresden 902. C. Reißner. n. 3. —; geb. n. 4. —

— Exzellenz lassen bitten. Militärhumoresken. 3. Aufl. (III, 172 S.) 8. Dresden 907. C. Reißner. 2.—; geb. 3.

— die Fahnenkompagnie u. andere Militärhumoresken. (158 S.) 8. München 904. A. Langen. n. 2. —; geb. n. 3. —

— Leutnant Flirt. Humoristischer Roman. 1.—5. Tauf. (306 S.) 8. Dresden 904. C. Reißner. n. 4. —; geb. n. 5. —

— Die Frau u. meine Frau. Lustige Ehegeschichten. 1.—7. Aufl. (VII, 152 S.) 8. Dresden 910. M. Seyfert. 2.—; geb. 3. —

— meine kleine Frau u. ich. Humoresken. gr. 8. (134 S.) Charlottenburg 898. M. Simson. n. 2. —; geb. n. 3. —

— meine kleine Frau u. ich. Humoresken. 2. u. 3. Aufl. (III, 135 S.) 8. Berlin (903, 905). O. Janke. n. 1. —

— Meine kleine Frau u. ich. Humoresken. 4. Aufl. (11.—15. Tauf.) (III, 135 S.) 8. Berlin (907). O. Janke. 1. —

— treulose Frauen, s.: Eckstein's moderne Bibliothek.

— Die Fürstengondel u. andere Humoresken. (144 S.) 8. Ebd. (909). 1. —

— der Gardestern. Humoristischer Roman. 1.—7. Tauf. (à 274 S.) 8. Stuttgart 904. Deutsche Verlags-Anstalt. n. 3. 50; geb. n. 4. 50

— Der Gardestern. Humoristischer Roman. (Bibliothek zeitgenöss. Autoren.) 8. Tauf. (274 S.) 8. Stuttgart 910. Deutsche Verlags-Anstalt. 3.50; geb. n 4. 50

— Leo v. Torn u. a., Garnison u. Manöver, s.: Nagels's Bibliothek illustr. Humoresken. Bd. 13. 14.

— der kleine Gerd. Humoristisch-militär. Erzählung. (329 S.) 8. Berlin (908). O. Janke. n. 5. —

— Der kleine Gerd. 903. (LBL 34.) Crim. Br. 2. —

— Die v. Gründingen. Humoristisch-satir. Roman. (330 S. m. Bildnis.) 8. Leipzig 907. Grethlein & Co. 4.—; geb. in Leinw. 5. —

— halt aus!, s.: Sammlung moderner Meisterskizzen.

— Seine Hoheit. Militärische Humoresken u. Satiren. 2. Aufl. (4. u. 5. Tauf.) (V, 147 S.) 8. Dresden 906. C. Reißner. n. 2. —

Humoresken v. F[rh] v. Schlicht. *Berlin: Freund & Jeckel 1896.* (2 Bl., 220 S.) 1 Bd 8. [96. 7840

— Humoresken u. Erinnerungen. (276 S.) 8. Berlin (909). Globus Verlag. 1.—; geb. 1. 50

— die Hunnen kommen, s.: Daheim. Stenographen-Bibliothek 1. Bd.

Die Hunnen kommen. Humoreske von Frh. v. Schlicht. In der Kunstausstellung. Novellette v. G. Schreibershofen. Berlin: F. Schulze [1899]. (22 S.) 8°
(Daheim. Stenographen-Bibliothek. Bd 1.)

— ein Kampf. Humoristisch-militär. Erzählg. aus e. kleinen Garnison. 8. (341 S.) Berlin (900). O. Janke. n. 6.—; geb. n. 7.—; erm. Pr. n. 2.—

— ein Kampf. Humoristisch-militär. Erzählg. aus e. kleinen Garnison. (344 S.) 8. Berlin (906). Globus Verlag. n. 1.—; geb. in Leinw. n. 1.50

— Ein Kampf. Humoristisch-militär. Erzählung aus e. kleinen Garnison. (344 S.) 8. Ebd. (909). 1.—; geb. 1.50

— Das Kasernengespenst. Eine Besichtigg. v. A—Z. (155 S.) 8. Dresden 909. M. Seyfert. 2.—; geb. 3.—

— die Kommandeuse u. andere Militärhumoresken. (158 S.) 8. München 906. A. Langen. n. 2.—

— Leutnant Krafft. Humoristische Erzählg. aus dem Offiziersleben. 2 Tle. in 1 Bde. 8. (176 u. 162 S.) Berlin (901). O. Janke. n. 6.—; erm. Pr. n. 2.—

— Leutnant Krafft. Humoristische Erzähl. aus dem Offiziersleben. 3. Aufl. (7. bis 12. Tauf.) 8. Berlin (906). O. Janke. n. 2.—

— Leutnant Krafft. 906. (KBL 34.) Jetzt: Berlin, Globus Verlag.

— Oberleutnant Kramer. Roman. 1.—7. Tauf. (à 806 S.) 8. Dresden (906). H. Minden. n. 4.—; geb. n. 5.—

— Im Kreuzfeuer. Militärisch-humoristischer Roman. (398 S.) 8. Berlin (908). O. Janke. 4.—

— ein Leben in Waffen. I. Leutnantsleben. 8. (361 S.) Berlin (899). Stuttgart, W. Spemann. n. 4.—

— der nervöse Leutnant u. andere Militärhumoresken, s.: Bibliothek Langen, kleine.

— Leutnant d. R. Ein Zeitroman. 1.—3. Aufl. (1.—9. Tauf.) (360 S.) 8. Dresden 907. C. Reißner. 4.—; geb. 5.—

— Leutnantsleben. Ein Leben in Waffen. Neue Ausg. (351 S.) 8. Berlin (909). Globus Verl. 1.—; geb. 1.50

— Leutnants-Liebe, s.: Concordia-Bibliothek, kleine.

— Liebes-Manöver, s.: Kraak, Curt.

— der Lügenmajor u. andere Militärhumoresken, s.: Bibliothek Langen, kleine.

— der Manövergast. Militärisch-humorist. Erzählg. (370 S.) 8. Berlin (905). O. Janke. n. 3.—

— Der Manövergast. 905. (KBL 34.) Jetzt: Berlin, Globus Verlag.

Das Manöverpferd und andere Militär-Humoresken von Frh v. Schlicht. *Berlin: O. Janke [1900].* (135 S.) 8° [J.]
(Collection Otto Janke.) Jol. 566

— das Manöverpferd u. andere Militär-Humoresken. (Umschlag: 8. Aufl. 7.—11. Tauf.) (VII, 185 S.) 8. Ebd. (904). n. 1.—

— Das Manöverpferd u. and. Militär-Humoresken. (Umschlag: 4. Aufl. 12.—16. Tauf.) (VII, 135 S.) 8. Berlin 908. O. Janke. 1.—

Schlicht, Frhr. v. (Wolf Graf v. Baudissin), der höfliche Meldereiter. Militärische Humoresken u. Satiren. (III, 251 S.) gr. 8. Dresden 908. C. Reißner. n. 3.—; geb. n. 4.—

— erstklassige Menschen. Roman aus der Offizierskaste. 2. Tauf. (354 S.) 8. Berlin 904. O. Janke. (Wien, C. Konegen) n. 4.—
Im Deutschen Reich verboten.

Schlicht, Frhr. v., Militaria, s.: Universal-Bibliothek.

— Mobil. Roman. (312 S.) 8. München 907. A. Langen. n. 4.—; geb. n. 5.—

— Offiziere a. D. Militär-Roman. (320 S.) 8. Leipzig (909). B. Elischer Nachf. 4.—; geb. in Leinw. 5.—

— Offiziers-Ehen. Roman. 1.—5. Tauf. (317 S.) 8. Wien 907. C. Konegen. 4.—; geb. 5.—

— Parade-Haare. Humoresken u. Satyren. (166 S.) 8. Leipzig (908). B. Elischer Nachf. 2.—; geb. in Leinw. 3.—

— der Parademarsch. Militär-Humoresken. Illustrationen v. E. Thöny. schmal 8. (189 S.) München 900. A. Langen. n. 3.50; geb. n. 4.50

— Pensionopolis. Humoristisch-militär. Erzählg. aus e. kleinen Garnison. 2 Tle. in 1 Bde. 8. (204 u. 157 S.) Berlin (902). O. Janke. n. 5.—; geb. in Leinw. n. 6.—

— Pensionopolis. Humoristisch-militär. Erzählg. aus e. kleinen Garnison. 2. Aufl. (310 S.) 8. Berlin (905). O. Janke. n. 2.—

— Point d'honneur, s.: Kürschner's Bücherschatz.

[J.] Point d'honneur. Sechs Erzählgn a. d. Offiziersleben v. Frh v. Schlicht (Berlin). M. 25 Ill. v. M. Ränike. *Berlin, Eisenach, Leipzig: H. Hillger [1897].* (127 S.) 1 Bd 8.
= Bücherschatz, Kürschners. No 31. [97. 6259

— Das Regimentsbaby. Humorist. Roman. (281 S.) 8. Ebd. (908). 3.—; geb. in Leinw. 4.—

— Ihre Durchlaucht der Regimentschef. Militärische Humoresken u. Satiren. (V, 149 S.) 8. Dresden 906. C. Reißner. 2.—; geb. 3.—

— die Regiments-Walküren. Erzählg. aus Offizierskreisen. 8. (272 S.) Berlin 898. Freund & Jeckel. n. 3.—

— Die Regiments-Walküren. Erzählg. a. Offizierskreisen. (343 S.) 8. Berlin (909). Globus Verlag. 1.—; geb. 1.50

— Rekrutenbriefe u. andere Militärhumoresken. (153 S.) 8. Ebd. (904). n. 1.—

— der geplagte Rittmeister u. andere Militärhumoresken. 8. (80 S.) Ebd. (901). n. —.50

— der geplagte Rittmeister u. andere Militärhumoresken. 2. Aufl. (80 S.) 8. Ebd. (903). n. — 50

— Der geplagte Rittmeister u. and. Militärhumoresken. 3. Aufl. (12.—17. Tauf.) (75 S.) 8. Berlin (908). O. Janke. — 50

— im bunten Rock, s.: Schönthan, Frz. v.

— Arme Schlucker. Militär-Humoresken u. -Satiren. (135 S.) 8. Leipzig (907). Grethlein & Co. 2.—; geb. in Leinw. 2. 80

— Der Schrecken des Regiments. Roman. (398 S.) 8. Berlin 910. O. Janke. 4. —

— Der Schwippleutnant. Humor. Roman. (287 S.) 8. Leipzig (910). B. Elischer Nachf. 4.—; geb. in Leinw. 5. —

Schlicht, Frhr. v., Excellenz Seyffert. Humoristischer Roman aus dem Militärleben. 1.—6. Aufl. 8. (à 304 S.) Dresden (901. 902). H. Minden. n. 4. —; geb. n.n. 5. —

— Excellenz Seyffert. Humoristischer Roman aus dem Militärleben. 7. u. 8. Aufl. (304 S.) 8. Dresden (904. 905). H. Minden. n. 4. —; geb. n.n. 5. —

— Exzellenz Seyffert. Humoristischer Roman aus dem Militärleben. 11. u. 12. (unveränd.) Aufl. (304 S.) 8. Dresden (908). H. Minden. 4.—; geb. n 5. —

— Sie will nicht heiraten u. andere Militär-Humoresken. (119 S.) 8. Berlin 908. O. Janke. 1.

— König Eduards Testament u. andere Humoresken. (1.—10. Tauf.) (158 S.) 8. Berlin (906). O. Janke. n. 1. —

— die Tochter des Kommandeurs. Humoristisch-militär. Erzählg. 8. (345 S.) Berlin 903. O. Janke. n. 5. —

— Die Tochter des Kommandeurs. Humoristisch-militär. Erzählg. 3. Aufl. (326 S.) 8. Ebd. 908. 2. —

— Türke u. Stachelschwein, s. d. Kürschner's Bücherschatz.

[F.] Türke und Stachelschwein. Militär. Humoresken v. A. F^rh v. Schlicht. M. 25 Ill. v. Martin Känike. *Berlin, Eisenach, Leipzig: H. Hillger [1897].* (127 S.) 1 Bd 8.
= Bücherschatz, Kürschners. No 55. [98. 4687

— der grobe Untergebene u. andere Militärhumoresken. 8. (VII, 136 S.) Berlin (901). O. Janke. n. 1. —

— der grobe Untergebene u. andere Militär-Humoresken. 2. u. 3. Aufl. (VII, 136 S.) 8. Ebd. 903. 905. n. 1. —

— viel umworben. Roman. 3. u. 4. Aufl. 8. (à 308 S.) Dresden (902). H. Minden. n. 4. —; geb. n n. 5. —
1. Aufl. (336 S.) Ebd. 902. n. 4. —; geb. n. 5. —.

Vielliebchen und andere Militär-Humoresken von F^rh v. Schlicht [d. i. Wolf Graf v. Baudissin]. *Berlin: O. Janke [1901].* (152 S.) 8° [F.]
(Collection Otto Janke.) [02. 4701

— Vielliebchen u. andere Militär-Humoresken. 2. u. 3. Aufl. (III, 132 S.) 8. Ebd. 903. (905). n. 1. —

— die feindlichen Waffen. Humoristischer Roman. 1.—3. Tauf. 8. (à 297 S.) Berlin 899. G. Grote. 3. 50; geb. 4. 50

Was ist los? Militär-Humoresken. Von Frh. v. Schlicht. Berlin: O. Janke [1899]. (134 S.) 8°
(Collection Otto Janke.)

— Was ist los? Militär-Humoresken. 1. u. 2. Aufl. (1.—7. Tauf.) 8. (à VII, 134 S.) Berlin (899. 902). O. Janke. n. 1. —

— was ist los? Militär-Humoresken. 3. Aufl. (8. bis 12. Tauf.) (VII, 132 S.) 8. Ebd. (905). n. 1. —

— Zu dumm! u. andere Militärhumoresken. (145 S.) 8. München 907. A. Langen. 2.—; geb. 3. —

— Zurück — marsch, marsch! Militärhumoresken. Mit Illustr. v. M. Ledeli. 12. (III, 251 S.) Stuttgart 902. A. Bonz & Co. n. 2. 40; geb. in Leinw. n. 3. 60

— zurück — marsch, marsch! Militärhumoresken. Mit Illustr. v. M. Ledeli. 3. Aufl. (III, 251 S.) 12. Stuttgart 902. A. Bonz & Co. n. 2. 40; geb. in Leinw. n. 3. 60

Schlicht, Albert [aus Stralsund]: Beitrag zur Kenntniss der Verbreitung und der Bedeutung der Mykorhizen.... Berlin, Druck v. Gebr. Unger 1889. 36 S. + 1 Bl. u. 1 Taf. 8°
Erlangen, Phil. Fak., Inaug.-Diss. v. 1889

Schlicht, Alb., s. a. Bericht üb. das chemisch-hygienische Untersuchungsamt der Stadt Stralsund.

Chem.-hygien. Untersuchungsamt der Stadt Stralsund ⟨zugl. amtl. Nahrungsmittel-Untersuchungsstation f. Kreis Grimmen⟩. Bericht für die Zeit vom 1. April 1894 bis 31. März 1899. Von Dr. Albert Schlicht. *Stralsund 1899: 'Strals. Tagebl.' [Bremer in Komm.].* (89 S.) 8° [00. 8804

Die Nahrungsmittelgesetzgebung in Preussen an der Wende des neunzehnten Jahrhunderts. Von Dr. A[lbert] Schlicht, Stralsund. ([Plauen: A. Kell] 1900.) (24 S.) 4°(8°) [Umschlagt.]
Aus: Zeitschrift f. öffentl. Chemie. Jg 1900, H. 1. 2. [07. 1030 9

Schlicht, Chr., die räthselhafte Wunderzahl Sieben in d. Offenbarungen d. heil. Schrift A. Testaments, u. d. geheimnißvolle Zahl Drei in d. Offenbarungen d. N. Testaments; nebst der Auflös. Prophet. Deutungen u. merkwürd. Aufschlüsse enthalt. zc. gr. 8. (4½ B.) Hanau 831, König.

Schlicht, Conrad, s. Schlicht, Konrad

Schlicht, E. v., Bericht über die Versammlung der Delegirten aller zum norddeutschen Bundesgebiete gehörigen landwirthschaftl. Centralvereine, s. Bericht.

— die Foraminiferen des Septarienthones von Pietzpuhl. Mit 38 lith. Taff. Berlin 870. Wiegandt & Hempel. gr. 4. (XIV, 98 S.) n.n. 10 ℳ

Schlicht, v., s.: Jahres-Bericht üb. die Wirksamkeit d. Vereins zur Beförderung d. Seidenbaues f. die Prov. Brandenburg.

v. Schlicht, E., s. Säemann, der. Eine Volksschrift. — Zeitschrift des landwirthschaftl. Provinzial-Vereins für die Mark Brandenburg.

Schlicht, Edmund [approb. Arzt]: Ein Fall von Missbildung beider Lungen.... München: Jos. Ant. Finsterlin 1885. 20 S. 8°
München, Med. Fak., Inaug.-Diss. v. 1885.

50 Jahre Geschichte des Männergesangvereins Cäcilia-Melodia, Berlin. Im Auftr. d. Vorstandes zsgest. u. bearb. von Ernst Schlicht. Berlin 1906. (123 S.) 8° [F.] [07. 2303

Berliner Liedertafel. 1884-1909. Bericht z. 25. Stiftungsfeste ... bearb. von Ernst **Schlicht**. Mit 1 Kunst-Lichtdr. u. 1 Faks. (Berlin: [Liedertafel] 1909.) 145 S. 8°

Schlicht, Eugen v., ausführl. Darstellung d. Lupinen-Düngung, nebst Andeut. ihres Erfolgs in Verbind. mit Kartoffelbrennerei. 8. (4 B.) Berlin 838, Bethge. •

v. Schlicht, Fr. Gust., die Halloren. Singspl. 8. Magdeb. 783. Scheidhauer. 8 gr.

— s. Otto d. Schütz.

Tafellied bei der Feier des Johannisfestes in der Loge F[erdinand] z[ur] G[lückseligkeit] 1810 von F[riedr.] G[ust.] v. S[chlicht?]. [Magdeburg 1810.] 2 Bl. 8° [Kopftit.]
Mit Chor ohne Noten: „Brüder, o seyd uns willkommen, . . ."

Schlicht, Georg Sigmund: Unterricht vor Hebammen, In Lehren und Exempeln. 160 S., gbd.

Franckfurt am Mayn: Andreä 1752

JB 3.799

Schlicht, Geo. Siegm., (†...) Unterricht f. Hebammen in Lehren u. Exempeln. Mit e. Vorrede v. Jh. Phil. Burggraf. 8. Frankf. a. M. 752. Andreä. 5 gr.

Schlicht, Hanns, moderne Grabmäler. 78 Entwürfe. (50 Taf.) gr. 4. Leipzig (904). Deutscher Architektur-Verlag. In Halbleinw.-Mappe n. 20. —

Schlicht, Hanns, mod. Grabmäler. Jetzt: Leipzig, A. Duncker.

— kunstgewerbliche Ornamentik. (24 photolith. Taf.) Fol. Leipzig (904). Gilbers. In Mappe n. 12. —

Schlicht, Hanns, kunstgewerbliche Ornament-Skizzen. (24 Taf.) 42,5 × 31 cm. Plauen 907. Ch. Stoll. In Mappe 12. —

— moderne Villen-Bauten. (22 Taf.) gr. 4. Dresden (904). G. Kühtmann. In Mappe n. 8. —

Schlicht, Josef

Schlicht, Jos., Altbayernland und Altbayernvolk. [2. umgearb. Aufl.] 8. (VIII, 297 S.) Augsburg 886, Literar. Institut von Dr. M. Huttler. * M 2.—; geb. *

Schlicht, Jos., Altheimland. Ein 2. Bayernbuch. 8. (V, 192 S.) Bamberg 895. C. C. Buchner Verl. Kart. n. 2.50; geb. n. 3. —

Schlicht, Jos., Blauweiß in Schimpf und Ehr, Lust und Leib. 8. (III, 152 S.) Amberg 877, Habbel. cart. 1 50

Schlicht, Jos., Dorftheaterspiele in der Volkssprache von Ober- u. Niederbayern, jedes e. wahre Begebenheit. Den Jungen u. Alten zu e. Erheiterung. Alle Spielrollen männlich bis auf drei. Aus meinen gedr. u. ungedr. Volksschriften u. mir in dieser Sonderausg. gesammelt. 8. (III, 106 S.) Steinach 894. (Straubing, Volks- u. Jugendschriften-Verlag.) n. — 85

— da Klezzenwabi sei Friedl. Volkssp. in 5 Akten m. Gesang. 8. (64 S.) Straubing 896. Volks- u. Jugendschriften-Verlag. — 90

Schlicht, Jos., die Kavallerwette, s.: Dilettantenbühne, kathol.

Schlicht, Jos., Bayrisch Land u. Bayrisch Volk. München 1875. 8°. Hfrzbd.
VIII—351 S.

— die altbayerische Land-Hochzeit. In 7 Kapiteln. 8. (36 S.) [Amberg 888.] Regensburg, Habbel.

— Niederbayern in Land, Geschichte u. Volk. Ein Buch f. Stadt u. Land. M. 9 Illustr. u. 1 Karte. 8. (IV, 391 S.) Regensburg 898. Verlagsanstalt vorm. G. J. Manz. n. 4. —

– Der Planetentoni, s. Dilettantenbühne, Kathol.

— 7 heitere Volksspiele f. die Vereinstheater in der Stadt u. auf dem Land. (91 S.) kl. 8. Regensburg 904. A. Coppenrath's Verl. n. 1. —

Schlicht, Konrad

Schlicht, Conrad: Die Behandlung der Logarithmen im Gymnasium. Rastenburg, Druck v. W. Kowalski, 1894; 1 Bl., 39 S. 8.
Rastenburg, k. G, P 1894 (14)

Schlicht, M. On the influence of the Ancients to be traced in Milton's style and language. Riesenburg, H. B., und Diss. Rostock 1873. 21 S. 4. **Progr.**

Schlicht, Paula, Anita Paggini. Der Waldfriedel, s.: Bachem's Jugend-Erzählungen 36. Bd.

Schlicht, Pet., der letzte Mohikaner, s.: Cooper, J. F.

Schlicht, Pet., der Pirat, s.: Marryat, Frederick.

Schlicht, Pet., der Wildtöter, s.: Cooper, J. F.

Vollständige Karte von Lithauen, Volhynien, Podolien und dem Königreiche Polen, enthaltend die Schlachten älterer und neuester Zeit mit Angabe der kommandirenden Feldherrn nebst historischen und statistischen Tabellen und Bemerkungen der Poststationen. Nach den neuesten und zuverlässigsten Hülfsmitteln entworfen und lithographirt von Rudolph Schlicht. Mannheim. 1831. 1 : 2,300,000. 1 Bl.

[Lithogr.] Die drey Lichter. Meinen neuen Or.·. BBr.·. Tross, Steimmig und Bertheau gewidmet vom Br.·. R[ud.] Schlicht. Or.·. von Frankenthal am 15. April 5832. [Frankenthal 1832.] 3 Bl. 8° [Umschlagtit.]
Gedicht: „Drey Lichter sind dem Maurer bekannt . . ."

Die drei mal drei positiven Puncte der Freimaurerei. Eine practische geometrische Zeichnung von Rud. Schlicht. Mannheim: Selbstverl. 1842. 34 S. 3 Taf. 8°
Kl. 684, Tt. 1775.

Schlicht, T., s. Aloysius, der Mönch.

Schlichte. Kneipp u. die Wissenschaft od. die Wasserkur der nächsten Zukunft. Erstmalige gemeinverständl. Darstellung der Kneipp'schen Wasserkur nach den Grundsätzen der Wissenschaft. gr. 8. (IV, 270 S.) Kempten 892, Kösel. * 2 70

v. Schlichtegroll, Dr., s. de Vannoz, Mad., Briefe an eine Dame.

Schlichtegroll, Adolph Heinrich Friedrich von

– s. Abbildungen ägyptischer, griechischer und römischer Gottheiten.

Schlichtegroll, Fr., (Ad. Hnr. Fr.), († d. 4. Dec. 1822). akadem. Almanach auf d. J. 1809. 8. Münch. 809. Fleischmann. 5 Ngr

— Annalen der gesammten Numismatik. 1r Bd. Mit 6 Kpftaf. gr. 4. Leipz. Baumgärtner. 3 Thlr 2r Bd. 1s Heft. Mit 3 Kpf. 4. Gotha 806. Steudel. 16 Ngr

Schlichtegroll, Fr., Annalen der gesammten Numismatik. Mit Kupfern. Leipzig und Gotha 804. 806. Bd. I und II. Heft I. 4. 3 rthl. 16 gr. (I. 3 rthl. II. 16 gr.)

– (Hrsg.), s. Archiv des heiligen Bundes.

Schlichtegroll, Adolph Heinrich Friedrich von. Choix des principales Pierres gravées de la collection qui appartenait autrefois au Baron de Stosch ... Nuremberg 1798. Ü: *Bridel-Brideri, Sam. El. von.* (BrMm)

Schlichtegroll, Frédéric. Choix des principales pierres gravées de la collection qui appartenait autrefois au baron de Stosch et qui se trouve maintenant dans le cabinet du roi de Prusse. Accompagné de notes et explications relatives à la mythologie et aux beaux arts. Premier volume. Nuremberg 1798. Fol.

– s. Dactyliotheca Stoschiana.

(Hrsg.), s.a. Gallerie altdeutscher Trachten ...

GALLERIE altteutscher Trachten, Gebräuche und Geräthschaften; nach zuverlässigen Abbildungen aus den vorigen Jahrhunderten. Als ein Beytrag zur Geschichte der Sitten gesammelt und mit historischen Erläuterungen begleitet von einigen Freunden des teutschen Alterthums. (Hrsg. von Adolph Heinr. Friedr. v. Schlichtegroll.) 2 Hefte. Mit illuminirten Kupfern. Leipzig 1802. 4°. (Auch in Dresden u. im British Museum.) (14 Mk. 50 Pfg., nur Heft 1, 36 S. mit 16 color. Abbildgn., E. Frensdorff, 1909.)

P. E. Richter, Bibl. geogr. Germaniae. Lpz. 1896. S. 483. — Sehr selten! Das Anon.-Lex. II. p. 136 hat „1801" (nach Meusel).

[Schlichtegroll, Franz von.] Gallerie altteutscher Trachten. Gebrauche und Gerathschaften. nach zuverlassigen Abbildungen aus den vorigen Jahrhunderten. Als ein Beytrag zur Geschichte der Sitten gesammelt und mit historischen Erläuterungen begleitet von einigen Freunden des teutschen Alterthums. Leipzig. Industrie-Comptoir [1802].
2 Hefte 4°
1. 36 S. 13 Taf. in kol. Kupferst.
2. Untertit., S. 37—78. 12 Taf. in kol. Kupferst.
Mehr nicht erschienen

— historia numothecae Gothanae. 8. Gotha 799. Ettinger. 6 Ngr

Schlichtegroll, Fr. H. Jacobi, nach seinem Leben etc. s. Fr. H. Jacobi.

Friedrich Heinrich Jacobi nach s. Leben, Lehren u. Wirken dargest. v. (F.) Schlichtegroll, (Caj.) Weiller und (F.) Thiersch. *Münch.*, Fleischmann. 819. gr8° 12 Ngr

– s.a. Jahresbericht der königlichen Akademie der Wissenschaften.

— Jahresbericht d. königl. Akademie d. Wissensch. gr. 4. Münch. Fleischmann. 808.

Schlichtegroll, F., Ueber die bei Rossette in Aegypten gefundene dreifache Inschrift. Gel. 1818. 28 S. 4°.

— üb. die bei Rosette in Aegypten gefundene dreifache Inschrift. 1e Abhandl. Mit 7 Steinabdr. gr. 4. Münch. 818. Finsterlin. 2 Thlr 6 Ngr (Schnuphase in Altenb.) 2 Thlr 21 Ngr

Schlichtegroll, Fr. v., über die bey Rosette in Aegypten gefundene dreyfache Inschrift. 1ste Abhandlung. Mit 7 Steinabdrücken. gr. 4. München, Thienemann. 818.

SCHLICHTEGROLL, Adolf Heinrich Friedrich von 1765 - 1822
Nekrolog auf das Jahr 1790. Enthaltend Nachrichten von dem Leben merkwürdiger in diesem Jahr verstorbener Personen, Gesammelt von Friedrich Schlichtegroll. Erster Band.
Gotha: Perthes. 1791. 380 S. 8°.
Library of Congress Washington
Ein mutmaßlicher Separatdruck des in diesem Bd. enthaltenen Nekrologs auf Benjamin Franklin [vgl. J. G. Herder, Humanitätsbriefe, Bd. 1, Riga 1793, S. 38] konnte nicht gefunden werden.

— Nekrolog, enthalt. Nachrr. von d. Leben merkwürd. verstorbener Deutschen in d. J. 1790—1800. 22 Bde. 8. Gotha, Perthes. 22 Thlr Supplem. zu d. Jahrgg. 1790—93, rückständ. Biographien, Zusätze u. Register enthalt. 8. Ebd. 798. 1 Thlr 20 Ngr Nekrolog d. Deutschen für das 19e Jahrh. 5 Bde. 8. Ebd. 802—6. 5 Thlr Hdn. Pr. aller 28 Bde 14 Thlr 10 Ngr

Schlichtegroll, Fr., (Ad. Hnr. Fr.,) über den Schild des Herkules nach d. Hesiodus; e. antiquar. Versuch. 8. Gotha 788. Ettinger. 10 Ngr

– s. Senefelder, Jh. Alois: Vollständiges Lehrbuch der Lithographie ...

– s. Teutoburg; eine Monatsschrift.

– s. Turnier-Buch Herzogs Wilhelm d. Vierten von Baiern.

Schlichtegroll, Antonin, üb. d. Nutzen d. breitfelgigten Räder an Fracht- u. andern schweren Fuhrwerk, mit besond. Rücksicht auf die Einführung derselben im Königr. Baiern u. in Deutschland überhaupt. Mit 1 lithogr. Abbild. gr. 8. Münch. 819. (Fleischmann). 16 Ngr

Schlichtegroll, C. Franz von.
s. Schlichtegroll, Karl Felix von

Schlichtegroll, Carl Fel. von.
s. Schlichtegroll, Karl Felix von

Schlichtegroll, Felix v., stürmisch u. still. Gedichte. 12. (VIII, 177 S.) Hagen 883. Risel & Co. n. 3. —; geb. n. 4. —

Schlichtegroll, Franz von.
s. Schlichtegroll, Adolph Heinrich Friedrich von

Schlichtegroll, Friedrich.
s.a. Schlichtegroll, Adolph Heinrich Friedrich von

[SCHLICHTEGROLL Friedrich]. [Wolfgang Amadeus] Mozarts Leben. [Von –]. Hubeck, Grätz 1794. 1 vol. 32 S. + 1 Kupfer.

Schlichtegroll, Hans von, Rechtsprakt. bei d. Eisenbahndir. Augsburg: Der deutsche Staatsbahnwagenverband. Pfersee-Augsburg 1910: Hieber. 106 S. 8°
Erlangen, Phil. Diss. v. 21. Febr. 1910, Ref. v. Eheberg
[Geb. 24. Aug. 82 Friedberg, Oberbayern; Wohnort: Lindau a. Bodensee; Staatsangeh.: Bayern; Vorbildung: Anna-Gymn. Augsburg Reife 02; Studium: Augsburg Lyz. 1, München 6, Berlin 1 S.; Rig. 22. Nov. 09.] [U 10. 894

Schlichtegroll, Karl Felix von

SCHLICHTEGROLL, Carl Felix v. (in Berlin, geb. 13. Jan. 1862 zu Gr.-Behnkenhagen), Die Bestie im Weibe. Beiträge zur Geschichte menschlicher Verirrung und Grausamkeit. 2 Bde. Mit Illustrationen (Portraits). Dresden, Dohrn, 1903. 8°. (Mk. 10—.) (7 Mk. Taussig, 1906; 7 Mk. 50 Pfg. Adolf Weigel, 1908.)
— — Dasselbe. 2. Aufl. Ebd. 1905. 8°.

Schlichtegroll, Carl Fel. v., die Bestie im Weibe. Beiträge zur Geschichte menschl. Verirrg. u. Grausamkeit. 2 Bde. (323 u. 314 S. m. Taf.) gr. 8. Dresden 903. Leipzig, Leipziger Verlag. à n. 5.—

Schlichtegroll, Carl Felix von. Die Bestie im Weibe. Beiträge zur Geschichte menschlicher Verirrung und Grausamkeit. Mit Illustrationen [*d. i.* 8 Porträt-Tafeln und Umschlag-Zeichnung]. [Titel-Aufl.] Band 1. 323 [+ *Verlagskatalog* 28] S. 8. Leipzig, Leipziger Verlag G. m. b. H., [1906]. (*cpl.* 2 Bände à M. 5. —)
Darin S. 257—278: Wildisbuch; *s. auch S. 25 etc.* — *1. Aufl.* 1903. —

! – Die Bestie im Weibe. Jetzt: Preßburg: H. Hartleb.

— — Weibliche Grazie .... (c. 1907).
Confiscirt!

Lady Hamilton. Eine Studie von Carl Felix v. Schlichtegroll. Leipzig: Leipziger Verl. [1904]. (71 S.) 8°
(Schlichtegroll: Berühmte Courtisanen. Bd 1.)

Die Hexe von Klewan. Novelle. [Von] Carl Felix v. Schlichtegroll. Dresden: H. R. Dohrn 1901. (IV, 262 S.) 8°
(Schlichtegroll: Die Venuspeitsche. Bd 1.)

Schlichtegroll, Carl Fel. v., zum 27. Januar, s.: Bloch's, Ludw., Militär-Festmappe.

– Kaiser Geburtstags-Prologe. s. Bloch's. Ludw., Militär-Festmappe.

Schlichtegroll, C. F. v., die Krieger der Hohenzollern, s.: Bloch's, L., Militär-Festmappe.

— berühmte Courtisanen. 1. Bd. Lady Hamilton. Eine Studie. (71 S. m. 1 Bildnis.) gr. 8. Leipzig (904). Leipziger Verlag. n. 1. 50

Schlichtegroll, C. F. v., Berühmte Kurtisanen. Bd. 1. Lady Hamilton. Mit 2 Porträts. Leipziger Verlag, G. m. b. H., 1908. 8°. (Mk. 1,50.)
„In der „Lady Hamilton" lernen wir ein Weib kennen. das, durch Talent und Schönheit ausgezeichnet, die gesamte Schule des Lasters und der Ausschweifungen absolviert und zu den höchsten Höhen der Menschheit emporsteigt, um endlich, völlig gesunken, im tiefsten Elend zu verkommen. Nicht nur der Lebensgang dieser Frau bietet eine Überfülle des Seltsamen und Überraschenden, auch die sie umgebenden Personen, wie das ganze Milieu, in dem sie steht, müssen, so abstossend das eine wie die anderen auch vielfach sein mögen, dennoch unser vollstes Interesse erwecken. Ein Bild aus dem Hexenkessel einer gärenden Zeit heraufbeschworen. ist es, das der Verfasser uns ebenso unerschrocken wie sorgfaltig durchgeführt vor Augen führt!" (Prospekt d. Verlags-Firma.)

! – Berühmte Courtisanen. Jetzt: Preßburg: H. Hartleb.

— Liebesleben im klassischen Altertum, s.a. Liebesleben, das, aller Zeiten u. Völker. II.

— — Das Liebesleben im klassischen Altertum. (Auch titulo: Das Liebesleben aller Zeiten und Völker. Bd. 2.) Leipziger Verlag G. m. b. H. (1908). Gr. 8°. 423 S. (Mk. 10—.) (7 Mk. Conr. Skopnik, Berlin, 1910.)

Schlichtegroll, C. F. v., s.a. Portrait-Gallerie der regierenden Fürsten u. Fürstinnen Europas.

Schlichtegroll, C. F[ranz] v. u. E. v. Zoller. Portraitgallerie der regierenden Fursten und Fürstinnen Europas. Deutschland. Hrsg. C. F. v. Schlichtegroll. E. von Zoller. Fürstenausgabe. Berlin. Karl Siegismund 1890—91.
2 Bl., 36 Taf. u. 36 S. Text. gr 2°

— 12 Prologe zur Feier des Geburtstages Sr. Maj. des Deutschen Kaisers, s.a. Bloch's, Ludw., Militär-Festmappe. 68. Hft.

Zwölf Prologe zur Feier des Allerhöchsten Geburtstages Sr. Majestät des Deutschen Kaisers von Carl Felix v. **Schlichtegroll**. *Berlin: E. Bloch [1903].* (28 S.) 8° [F.]
— **Militär-Festmappe.** Ludwig Blochs, f. vaterl. Gedenktage. H. 68.
[03. 180,40

— — Gilles de Rais (der verbrecherische französ. Marschall, ein sadistisches Ungeheuer), das Urbild des Blaubart. Leipziger Verlag .... (1908). Gr. 8°. 140 S. (Mk. 3—.)

Schlichtegroll, Carl Fel. v., Gilles de Rais, das Urbild des Blaubart. (140 S.) gr. 8. Leipzig (908). Leipziger Verl. 3. –

Schlichtegroll, Carl Fel. v., Sacher-Masoch u. der Masochismus. Litterarhistorische u. kulturhistor. Studien. gr. 8. (VI, 205 S. m. Abb. u. 1 Bildnis.) Dresden 901. H. R. Dohrn. n. 6. —; geb. n. 7. 50

— ein Sadist im Priesterrock. (66 S. m. 8 Taf.) gr. 8. Leipzig (904). Leipziger Verlag. n. 2. —

! – Ein Sadist im Priesterrock. Jetzt: Preßburg: H. Hartleb.

— Soldat u. Bauer, s.: Bloch's, L., Festmappe für vaterländische Gedenktage, Soldatenfeste u. Kriegervereine.

Schlichtegroll, Carl Fel. v., die Tempera-Malerei Pereira. gr. 8. (VIII, 61 S. m. Fig.) Leipzig 897. E. Haberland. n. 1. 50

— Todten-Tänze. Ein Romanzero. (Mit e. Briefe von Fel. Dahn.) 8. (107 S.) Breslau 898. Schles. Verlags-Anstalt. n. 2. —; geb. n. 3. —

— d. Venuspeitsche. Novellen. 1. u. 2. Bd. 8. Ebd. n. 7. —
1. Die Hexe v. Klewan. (IV, 262 S.) 901. n. 3. —
2. Ulrich v. Liechtenstein. (VIII, 310 S.) 902. n. 4. —

— die Venuspeitsche. Novellen. 1., 3. u. 4. Bd. 8. Ebd. n. 11. —
1. Die Hexe v. Klewan. 3. u. 4. Taus. (IV, 262 S.) 903. n. 3. —
3. Satans Töchter. Novelle. (249 S.) (905.) n. 4. —
4. Die Wölfin. Novelle. (218 S.) (906.) n. 4. —

! – Die Venuspeitsche. Jetzt: Preßburg: H. Hartleb.

— „Wanda" ohne Maske u. Pelz. Eine Antwort auf „Wanda" v. Sacher-Masochs „Meine Lebensbeichte" nebst Veröffentlichgn. aus Sacher-Masochs Tagebuch. (251 S.) gr. 8. Ebd. (906.) n. 5. —

'Wanda' ohne Pelz und Maske von Carl Felix v. **Schlichtegroll**. Eine Antwort auf 'Wanda' von Sacher-Masochs 'Meine Lebensbeichte' nebst Veröffentlichungen aus Sacher-Masochs Tagebuch. Leipzig: Leipz. Verl. 1906. (251 S.) 8°
[06. 10671

! – Wanda. Jetzt: Preßburg: H. Hartleb.

— — Die Wölfin. Novelle. (Die Venuspeitsche, Bd. IV.) Ebd., o. J. (1906). 8⁰. 218 S. (Mk. 4—.) (2 Mk. Adolf Weigel, 1908.)
Confiscirt!

Schlichtegroll, Max [aus Erlangen]: Statistische Beiträge zur Perityphlitis und deren operativen Behandlung ... Erlangen, k. b. Hof- u. Univ.-Buchdr. v. F. Junge, 1896; 99 S. 8.
Erlangen, Med. Fak., Inaug.-Diss v. 1. Dez. 1896

v. Schlichtegroll, Nathanael, Abhandlungen über Archivrecht u. Archivwesen. [Abdr. aus d. Zeitschr. f. die Archive Deutschlands.] gr. 8. (48 S.) Hamburg u. Gotha 847, F. & A. Perthes. 9 ngl

— Beitrag zur Lösung der Preisaufgabe: Durch welche Mittel kann der materiellen Noth der unteren Klassen der Bevölkerung Teutschlands u. insonderheit Bayerns am zweckmäßigsten u. nachhaltigsten abgeholfen werden? 8. (24 S.) München 849, Franz. n. 4 ngl

Schlichtegroll, Ritter Nathan., conspectus vicissitudinum, quas Germaniae constitutio politica experta est etc. 4. Münch. 817. (Fleischmann). 12 ß

— Erinnerung an August Grafen v. Platen in seiner Jugend. Züge zu seinem Bild in der ersten Entwicklungsperiode seines Dichterlebens v. Freundeshand. Mit bisher ungedruckten Erstlingsgaben seiner Muse. Bei Gelegenheit der Aufnahme seiner Büste in die Bayr. Ruhmeshalle im Verein mit mehreren Jugendfreunden desselben hrsg. gr. 16. (IV u. 137 S. m. 3 Lith.) München 852, Rieger in Comm. n. 16 ngl

– s.a. Gespräche über Gesetzgebung ...

Schlichtegroll, N[ath.]: Gespräche über Gesetzgebung und Rechtswissenschaft in Teutschland. Veranlaßt durch den Streit zwischen A. F. J. Thibaut u. F. C. v. Savigny, u. gehalten im Frühjahre 1815. Aus den Papieren e. vieljähr. prakt. Rechtsgelehrten hrsg. München 1818.

Schlichtegroll, Nath. Über Marc-Aurel's Grösse als Mensch und Herrscher. 4 Landshut 1813.

Schlichtegroll, Dr. N. v. (k. b. Hofrath u. Reichsarchivsadjunct in München, prof. honor. d. Diplomatik an d. Univers. das.), ueber *Salbücher des Mittelalters.* Gemeinnutzig-diplomatisch-belehrender Vortrag. München, Dr. C. Wolf & Sohn, 1853. 8⁰. Cart.
Tit., 1 Bl. Vorw., 37 S — Wichtig!

— Thalhofer. Ein Beitr. zur Literatur der gerichtl. Zweikämpfe im Mittelalter. Mit 6 Taf. in Steindr. qu. Fol. Münch. 817. (Nürnb., Stein). 2 ß

Schlichtegroll, Nathanael. Thalhofer. Ein Beytrag zur Literatur der gerichtlichen Zweykämpfe im Mittelalter [illegible] mit [illegible] Tafeln [illegible] München 1817 im Verlage der lithographischen Kunstanstalt bey der Feyertags-Schule
[illegible]

— Herzog Wolfgang v. Zweibrücken u. Neuburg als staatsrechtlich bedeutsamer Stammvater des bayer. Königshauses. Eine histor. Betrachtung unter Benützung archival. Quellen bearb. Mit archival. Beilagen, nebst dem (lith.) Bildniß u. Autograph des Herzogs Wolfgang. gr. 8. (VIII u. 150 S.) München 850, Franz. n. 1 ß 6 ngl

Schlichteisen, zwölf Choräle, zum Gedächtnis der hochsel. Kaiser Wilhelm I. u. Friedrich III. nach bekannten Melodien f. den Schulgebrauch entworfen. 8. (15 S.) Danzig 889. Th. Bertling. — 20

Schlichteisen, Joa., de fide historica Silii Italici quaestiones historicae et philologicae. Dissertatio inauguralis. gr. 8. (129 S.) Königsberg 881, (Hartung'sche Verlagsdruckerei.) *

[**Schlichten, Jan Philips van der.**] Tableaux de la sainte messe avec des prières choisies imprimés à Mannheim dans l'Imprimerie Electorale MDCCXXXVIII [1738].
36 Bl. m. 36 Kupferst. 6⁰.
Zeichner: Jan Philips van der Schlichten. Stecher mit wenigen Ausnahmen P. A. Kilian
Abb. 106

Schlichter, August Friedrich Wilhelm A. S. 175/24

Specimen iuridicum exhibens disceptationem inauguralem de institutione heredis in codicillis facta.
Jena (Schill) I. 1758. 24 S. 30597

Schlichter, C., die Erkältungskrankheiten wie Katarrhfieber, Husten, Rothlauf rc. Eine populär-wissenschaftl. Abhandlung über die wahre Ursache dieser Krankheiten, ihren Charakter und ihre Behandlung rc. 8. (64 S.) Stuttgart 867, Schober.

Schlichter, Chr. Ludwig

Schlichter, C. L., abusus quidam circa eucharistiam. Hal. 1734. 4.

Schlichter, C. L., de cruce, apud Judaeos, Christianos et gentiles signo salutis. Hal. 1733. 4.

Schlichter, Chr. Ludv., decimae sacrae sive observat. utriusque foederis libri. 8. Bremen, Cramer. 732.

Schlichter, C. L., fabula pontificia de Luca pictore explosa. Hal. 1734. 4.

— de lychnucho sacro. 4. Halae, Gebauer. 740.

— de mensa facierum eiusq. mysterio libellus singularis, c. tab. aen. 4. ibid. 738.

— histor.-krit. Nachrr. von d. verstorb. Gelehrten, s. J. G. W. Dunkel.

Schlichter, C. L., de nive ejusque usu antiquo et emblematico. Hal. 1738. 4.

Schlichter. C. L., Abusus quidam eucharistici ex antiquis monumentis excerpti var. observ. illustr. Hal. 734. 4.

— de panibus facierum eorumq. mysterio lib. singul. 4. ibid. 737.

Schlichter, Chr. Ldw., († d. 23. April 1765.) libellus singularis de suffitu hebraeorum sacro ejusq. mysterio. 4. Halle 754. Gebauer. 9 ß

Schlichter, Chrn., die Kartoffelkrankheit. Eine Anweisung zu ihrer gänzlichen Entfernung durch naturgemäßen Anbau. 855. (15 S.) — 2. Aufl. Herisau 856. (Meisel.) 8. (16 S.) n. 4 ngl

— Laien-Chemie. Eine populäre Darstellung der unorgan. Chemie für gehobene Volks-, Real- und Gymnasialschulen so wie zum Selbstunterricht mit Rücksicht auf Künste, Gewerbe, Haushalt und Landwirthschaft bearb. gr. 8. (VI und 206 S. mit 42 in den Text eingedr. Holzschn. und einem kurzen Anhang über Elektrizität, Magnetismus rc.) Stuttgart 853, E. Hallberger.

— die Verdichtung der Atmosphäre im Pflanzboden als Grundlage eines rationellen Dungsystems. Herisau 856. Meisel in Comm. 8. (2 Bl., 86 S.) n. 12 ngl

Schlichter, Fel., Anleitg. zur Untersuchg. u. Wahl der Amme. gr. 8. (68 S. m. 5 Abbildgn.) Wien 894. J. Šafář. n. 2. 50

Schlichter, Heinrich

Schlichter, H., über den feineren Bau des schwach-elektrischen Organs v. Mormyrus oxyrhynchus Geoffr., s.a. Arbeiten, morphologische, aus dem anatom. u. zootom. Institut der kgl. Universität Münster i. W.

Schlichter, Heinrich, a. Ibbenbüren i. W.: Aus dem anatomischen und zoologischen Institut der Königl. Universität Münster i. W. Über den feineren Bau des schwach-elektrischen Organs von Mormyrus oxyrhynchus Geoffr. Leipzig: W. Engelmann 1906. (51 S.) 8° ¶ (Aus: Zeitschrift f. wiss. Zoologie Bd 84. 1906, H. 3.)
Münster, Phil. Fak., Ref. Ballowitz, Diss. v. 12. Mai 1906
[Geb. 20. Febr. 81 Ibbenbüren; Wohnort: Ibbenbüren; Staatsangeh.: Preußen; Vorbildung: Gymn. Rheine Reife O. 01; Studium: Münster 4, Berlin 2, Münster 1 S.; Rig. 24. Febr. 06.]

Schlichter, Heinr., unseres hl. Vaters Papst Leo's XIII. Leben. Im Anschlusse an Ant. de Waal's gleichnam. Werk bearb. gr. 8. (264 S. m. Abbildgn.) Münster i/W. 892. A. Russell. n. 4. 50; geb. n. 5. 50; in Salonbd. m. Goldschn. n. 7. 50; auf Kpfrdr.-Pap. n. 5. 50; in Prachtbd. m. Goldschn. n. 8. 50

Schlichter, Heinr., unseres hl. Vaters Papst Leo's XIII. Leben. Im Anschl. an Dr. Ant. de Waal's gleichnam. Werk bearb. 7. Aufl. gr. 8. (291 S. m. Abb.) Münster 895. A. Russell. 4. 50; geb. n. 5. 75; m. Goldschn. n. 7. 50; auf Kpfrdr.-Pap. n. 5. 50; geb. m. Goldschn. n. 8. 50

— wer wird siegen? Das Christenthum od. der Unglaube, die Monarchie od. die Revolution? Ein Wort an Alle, welche es mit der Religion u. dem Vaterlande gut meinen. gr. 8. (VIII, 152 S.) Ebd. 891. n. 1. 80

Schlichter, Ludwig, Referendar: Das Wesen der Kündigung ⟨nach dem Bürgerlichen Gesetzbuche⟩. Borna-Leipzig 1908: Noske. VIII, 33 S. 8°
Leipzig, Jur. Diss. v. 26. Nov. 1908
[Geb. 22. Febr. 83 Leipzig; Wohnort: Roßwein; Staatsangeh.: Sachsen; Vorbildung: Nikolai-Gymn. Leipzig Reife O. 02; Studium: Leipzig 8 S.; Rig. 14. Febr. 06.] [U 09. 3669

Schlichter, M., Columbus. Eine episch-lyrische Dichtg. 12. (143 S.) Paderborn 898. Junfermann. n. 1, 25; geb. in Leinw. m. Goldschn. n. 2. 50

Schlichthaar, Otto [app. Arzt aus Posen]: Über senile Osteomalacie mit Spontanfrakturen und Heilung derselben ... Freiburg i. B., Buchdr. H. Epstein, 1892; 47 S. 8.
Freiburg i. B., Med. Fak., Inaug.-Diss. v. 1892

Schlichthaar, Paul *Friedrich Karl* [aus Wesel]: Aus d. pharmakolog. Laboratorium in Bonn. Ueber einen neuen Narkosen-Apparat mit Verwendung dosirter Gemische ... Bonn, Druck v. K. Drobnig, 1895; 23 S., 1 Taf. 8.
Bonn, Med. Fak., Inaug.-Diss. v. [17. Okt.] 1895

Schlichthaber, Ant. Gottfr., 5fache harmon. Dispositionen üb. d. Epist. u. Evangel. d. Sonn- u. Festtage. 8. Berl. Nicolai. 748.

— Kirchenarbeit. 8. Berlin. 731.

— Seelenarzney in gottsel. Betrachtungen. 8. Lemgo, Meyer. 726.

Schlichtherle, Hermann, Bacc. jur., Referendar in Witten: Die rechtliche Stellung der sog. Komitees nach gemeinem Recht und dem Bürgerlichen Gesetzbuch. *Leipzig 1904: W. Wigand.* (87 S.) 8°
Leipzig, Jur. Diss. v. 1904

Schlichthörle, Anton, Beiträge zur Lehre von den Befugnissen d. Gewerbsinhaber. gr. 8. Erlangen 843, Palm u. Enke. 1/4 ß

Schlichthörle, A.: „Die Gewerbsbefugnisse in der k. Haupt- und Residenzstadt München. Ein Beitrag zur Kenntniss und Praxis des Gewerbswesens in Deutschland", 2 Bände, Erlangen 1844, 1845. — Vorh.: Com. Bibl. Hamburg.

— die Gewerbsbefugnisse in der k. Haupt- u. Residenzstadt München. Ein Beitrag z. Kenntniß u. Praxis des Gewerbswesens in Deutschland. 2 Bde. gr. 8. Erlangen, Palm u. Enke. [1. (50⅝ B.) 844. 3 Thlr. 20 Ngr., 2. (50⅝ B.) 46. 2 Thlr. 7½ Ngr.]

Schlichthörle, Ant., die realen Gewerbsrechte in Bayern in ihrem Verhältnisse zu den Aenderungsvorschlägen im Gebiete der Gewerbsgesetzgebung. Erlangen 860. Palm & Enke. gr. 8. (34 S.) n. 6 ngr

Schlichthorst, Carl, s. Schlichthorst, Karl

Schlichthorst, Hermann (Hrsg.). s. Actenstücke zur Geschichte der neuesten, besonders kirchlichen Angelegenheiten der Reichsstadt Bremen.

Schlichthorst, Herm., († d. 29. Febr. 1820.) Beitrr. zur Erläuter. der ältern u. neuern Geschichte des Herzogth. Bremen u. Verden. 4 Bde. gr. 8. Hannov. 796—806. (Hahn). 3 ß 12 gl

Schlichthorst, Hm., Beyträge z. Erläuterung d. ält. u. neuern Gesch. d. Herzogth. Bremen u. Verden. 4 Bde. (der 4te enthält die Geschichte d. Kirchensonds b. Dom in Brem.) gr. 8. Hannover, Ritscher. 796—806. (1r—3r à 1 Rthlr. 4r 12 gr.)

— s. Darstell. d. polit. Verhältnisse, worin d. Reichsst. Bremen ꝛc., u. setze hinzu: (v. H. Schlichthorst).

— kurze Erklär. des Kalenders f. deutsche Schulen. 8. Bremen 804. Heyse. 4 gl

— das Friedensfest, am 7n Sonnt. n. Trinit. 1814 in d. Kirche zu Wisselhöövde gefeiert. gr. 8. Hannov. 815. Hahn. 3 gl

— (Übers.). s. Gatterer, Johann Christoph: Abhandlung von Thracien ...

— geographia Africae Herodotea, cum praef. C. G. Heyne. 8maj. Götting. 788. Vandenhöck u. R. 2 ß

— geographia Homeri, cum praef. J. C. Gatterer. 4maj. Götting. 787. Vandenhöck u. R. 20 gl

— Handbuch d. alten Erdbeschreibung nach ihren wicht. Theilen. 8. Brem. 793. (Fr. Wilmans in Fkf. a. M.) 16 gl

— (Hrsg.). s. Magazin für die öffentlichen Schulen und Schullehrer.

— s.a. Nachrichten von dem Leben, Charakter und Schriften J. H. Pratje.

— Nachr. von d. Leben u. Schriften Jh. H. Pratje. 8. Götting. 792. Vandenhöck u. R. 8 gl

— s. Ruperti, Geo. Alex.: Neues Magazin für Schullehrer.

— Veränderungen des hiesigen Athenäums u. der latein. Domschule seit 50 Jahren. 8. Bremen 804.

— über den Wohnsitz der Kynesier, Herodot II. 33. IV. 49. 8. Götting. 793. Vandenhöck u. R. 2 gl

Schlichthorst, J. D., Entwickelung d. beiden Briefe Petri, z. Belehr. u. Erbau. d. Gläubigen. 1. u. 2. Bdchn. gr. 8. Stuttgart, J. F. Steinkopf.
A. u. d. Ttln.:
Bdchn. 1. Entwickelung d. ersten Briefes Petri, in Vorlesn. an seine Gemeinde. (12 B.) 836. 12 Gr.
„ 2. Entwickelung d. zweiten Briefes Petri ꝛc. (7¼ B.) 837. 8 Gr.

—— üb. d. Verhältniß d. drey synopt. Evangelien zu einander im Allgem. u. üb. d. Composition u. d. innern Character d. Matthäus insbesond., e. Abhandl. gr. 8. (6½ B.) Göttingen 835, Vandenhoeck u. Ruprecht.

Schlichthorst, Johann Gotthard (Bremen) A. S. 300/1

Observationes variae in articulum XXVIII. et ultimum Augustanae confessionis de potestate ecclesiastica. Präs. Jakob Wilhelm Feuerlin.
In: Feuerlin: Disputationes ... de observationibus variis et selectis in singulos articulos Augustaneae confessionis. Göttingen (Hager) 1742. S. 217-224.

30598

Schlichthorst, Jh. Hnr., Diss. med. inaug. De petechiis nonnulla. 4. Götting. 783. Dieterich. 2 ℳ

Schlichthorst, Karl

Schlichthorst, Carl, Briefe aus beiden Hemisphären. Ein Sittengemälde aus d. Tropenwelt. 8. (21 B.) Celle 833, Schulze.

Schlichthorst, C.: Rio de Janeiro, wie es ist. Beiträge zur Tages- und Sittengeschichte der Hauptstadt von Brasilien mit vorzügl. Rücks. auf die Lage des dortigen dt. Militärs. — Hannover: Hahn 1829. X, 394 S.

—— Rio de Janeiro wie es ist. Beiträge zur Tages- u. Sitten-Geschichte d. Hauptstadt v. Brasilien, mit vorzügl. Rücksicht auf d. Lage d. dortigen deutschen Militärs. 8. (25 B) Hannover 829, Hahn.

Schlichthorst, Paul: Aus dem pathologischen Institut zu Marburg. Über die Lebercirrhose im kindlichen und jugendlichen Alter. *Marburg 1897: (R. Friedrich).* (34 S.) 8°
Marburg, Med. Diss. v. 5. Okt. 1897

Schlichting, Thomas, eine lehrreiche Geschichte aus dem Engl. der Mstrs Trimmer, 8. Weimar, 793. Hoffmann. 12 ggl.

(Schlichting, v.) Betrachtungen aus dem Dienstjahre 1885/86. Berlin 1887. 8°.

v. Schlichting, Frhrr. ..., s. Erläuterung zu Büschings Magazin ꝛc.

Schlichting, Oberst v., über das Infanteriegefecht. Vortrag, gehalten in der Militär-Gesellschaft am 4. März 1879. gr. 8. (34 S.) Berlin 879, Mittler und Sohn. * — 60

(Schlichting, v.) Das Manöver des XIV. Armee-Korps 1890. Karlsruhe o.J. 8°. — Angeb.: (Schlichting. v.) Das Manöver des XIV. Armee-Korps 1889. Karlsruhe o. J. 8°.

Schlichting, Alfred: Über den Einfluss des Zwanges auf Testamente nach gemeinem Recht. *Breslau 1898: Bresl. Gen.-Buchdr.* (53 S.) 8°
Erlangen, Jur. Diss. v. 1898

Schlichting, Aloys., die unentdeckte gründl. Heilung der Drusenkrankheiten d. Pferde u. vorzügl. des bisher für unheilbar gehalt. wirklichen Rotzes ꝛc. 3 Bdchen. gr. 12. Oppeln 820. 3. Bdchen. (Leipz., Enobloch). 16 ℳ

Schlichting, (Aloys.,) die unentdeckte gründl. Heilung der Drusenkrankheiten d. Pferde u. vorzügl. des bisher unheilbar gehalt. wirklichen Rotzes ꝛc. gr. 12. Oppeln 822, (Leipz., Enobloch.)

Schlichting, B. F. L. v., Uebersicht zur Genealogie aller dem Verfasser bekannten, jetzt lebenden Mitglieder der adlichen und freiherrlichen Familie von Schlichting. 3 Stammtfln. mit Text. Detmold 1882—83. Nicht im Handel.

Schlichting, C., über die Pflege des Gedächtnisses. (14 S.) gr. 8. Halle 904. H. Schroedel. n. — 50

Schlichting, Chr. Fr., s. Sammlung derjenigen Verordnungen ꝛc. einzelner K. Appellationsgerichte ꝛc.

SCHLICHTING, CHR. GOTTFR. (autor), Diss. inaug. de apoplexia. Kiliae. 1756. 4. [Praes. Gottl. Henr. Kannegiesser].

Schlichting, Chrstn. Friedr., Sammlung d. Verordnungen üb. d. Hypothekenwesen in Bayern, s. Sammlung.

Schlichting, Ernst Paul, s. Schlichting, Paul

SCHLICHTING, Franz Xaver (Reichau): Statistisches über den Eintritt der ersten Menstruation und über Schwangerschaftsdauer.- Leipzig: Engelhardt 1880. 1 Bl., 30 S.
19.4.1880 - Urk (Titel: De initio menstruationis primae deque graviditatis tempore.); Chr 1879/80,14
Diss.Ingolst.-Landsh.-Mchn.

Schlichting, Friedrich, Referendar: Die **Aufrechnung nach** dem bürgerlichen Gesetzbuche. *Güstrow 1901: C. Michaal.* (82 S.) 8°
Rostock, Jur. Diss. v. [28. Febr.] 1901

Schlichting, Fritz, prakt. Arzt aus Frankfurt a. O.: Ein Fall von Netztorsion. *Leipzig 1904: B. Georgi.* (27 S.) 8°
Leipzig, Med. Diss. v. (21. Juni) 1904

Schlichting, Gerhard, Predigtamtskand.: Claus Harms als Volkserzieher. Ein Beitr. z. Geschichte d. Bildungswesens in Schleswig-Holstein. (Hadersleben [1909]: Schütze.) 72 S. 8°
Erlangen, Phil. Diss. v. 13. März 1909, Ref. Hensel

[U 09. 600

Schlichting, Gfried., die Hauptfehler der häuslichen Erziehung. Eine Anrede als Commentar zum 141. oberhirtl. Generale des Bisthums Augsburg. Gehalten bei der allgemeinen Lehrer-Conferenz zu Laningen den 12. Oktbr. 1855. gr. 8. (15 S.) Dillingen 855, Aulinger'sche Brlgsh.

Schlichting, H., biblische Geschichten, ausgew. u. bearb. gr. 8. (VIII, 177 S.) Flensburg 897. A. Westphalen. n. — 80; Einbd. n.n.n. — 20

Schlichting, H., Hülfsbuch f. den Unterricht in der bibl. Geschichte. Für die zweisprach. Landschulen in Nordschleswig bearb. u. hrsg. gr. 8. (IV, 135 S.) Flensburg 900. A. Westphalen. n.n. 1. —

Schlichting, H., Hülfsbuch f. den Unterricht in der biblischen Geschichte. Für die zweisprach. Landschulen in Nordschleswig bearb. u. hrsg. 3. Aufl. (IV, 135 S.) 8. Flensburg 904. A. Westphalen. Geb. n.n. 1. 80

Schlichting, H., Hülfsbuch f. d. Unterricht in der biblischen Geschichte. Für die zweisprach. Landschulen in Nordschleswig bearb. u. hrsg. 4. Aufl. (IV, 135 S.) 8. Flensburg 907. A. Westphalen. Geb. nn 1. 30

Schlichting, H., Katechismus der Wäschebehandlung. Praktischer Rathgeber f. Frauen u. Töchter zur rationellen Behandlg. aller Wäschegegenstände in Leinwand, Baumwolle, Wolle u. Seide, nebst Fleckenreinigg. 8. (VII, 88 S. m. 10 Abbildgn.) Wien 890. Hartleben. n. 1. 50

Schlichting, H., s.: Polizeibeamten-Zeitung, preuß.

Schlichting, H. (Red.), s. Reichs-Post, Deutsche.

Schlichting, H., Trachten der Schweden an den Küsten Ehstlands und auf Runö. 10 (lithochrom.) Blätter. gr. 4. (2 S. Text.) Leipzig 854, T. O. Weigel. *

Schlichting, Hans: Aus der Ohren- und Kehlkopfklinik der Universität Rostock. Klinische Studien über die Geschmackslähmungen durch Zerstörung der Chorda tympani und des Plexus tympanicus. *Wiesbaden: J. F. Bergmann 1898.* (16 S.) 8°
Rostock, Med. Diss. v. [30. Apr.] 1898

Schlichting, Heinrich (Hamburg) A. S. 741/2

Dissertatio juridica, de poena inficiantis possessionem, ad l. f. D. de rei vindic. Präs. Kaspar Heinrich Horn. Wittenberg (Kreusig) VIII. 1701. 56 S. 30599

Schlichting, Heinrich (Hamburg) A. S. 176/16

Dissertatio juridica, de poena inficiantis possessionem, Von der Strafe desjenigen, so den Besitz eines inhabenden Guths wider die Wahrheit wissentlich abläugnet. ad l. f. D. de rei vindic.
Präs. Kaspar Heinrich Horn. Rec.
Wittenberg 1746. 71 S.

Diss. 28. VIII. 1701. 30600

Schlichting, Herm., s. a. Alt-Damerow, Herm. v.

Schlichting, Herm., im Streit um Jesus. Romandichtung. (184 S.) 8. Dresden (906). B. Sturm. n. 3.—; geb. n. 4.—

Schlichting, Herm., über Tod u. Leben. Poetische Gedanken. (141 S.) gr. 8. Naumburg 908. A. Schirmers Sort. 2.—

Schlichting, J., Bemerkungen üb. Kunststraßen in Ostpreußen m. Bezugnahme auf die Broschüre: „Ueber Straßenbau rc. v. Herzbruch, Reg.- u. Bau-Rath, Königsberg 1874." gr. 8. (17 S.) Tilsit 874. Lösch. n. — 80

Schlichting, J., anderweitige Eindeichung der Flussthäler. Vortrag im Architekten-Verein zu Berlin am 8. März 1880. Mit 2 (lith.) Karten. Lex.-8. (30 S.) Sorau 880. (Schilling.) n. 2. —

Schlichting, J., anderweitige Eindeichung der Flussthäler. Vortrag im Architekten-Verein zu Berlin am 8. März 1880. Lex.-8. (30 S. mit 2 lithogr. Karten.) Sorau 880, (Zeidler.) *

Schlichting, J., s.: Handbuch d. Ingenieurwissensch.

— Canalisation der Mosel von Arnaville bis Metz. [Aus: „Zeitschrift f. Bauwesen."] Imp.-4. (14 S. m. 4 Steintaf. u. 8 Kpfrst. in Imp.-4. u. gr. Fol.) Berlin 875. Ernst & Korn. n. 6. —

Schlichting, J., generelles Project zur Anlage des Rhein-Issel-Kanals, eine Verbindung des Rheines bei Rees mit der Issel unterhalb Anholt im Schiffahrts- und Landesmeliorations-Interesse. gr. 4. (IV, 80 S. mit 3 chromolithogr. Karten in qu. Fol. und 1 Stnt.) Wesel 878, Kühler. * 2 50

—— zur Schiffbarmachung der Flüsse. Kritische Beleuchtung der Schrift: „Regulirung oder Canalisirung der deutschen Flüsse". gr. 8. (31 S.) Berlin 874, Ernst und Korn. * — 80

— zur Schiffbarmachung der Flüsse. Kritische Beleuchtg. der Schrift: „Regulirung od. Canalisirung der deutschen Flüsse." gr. 8. (31 S.) Ebend. 876. n. — 80

Schlichting, J. Der Wasserbau, s. Franzius, L.

— über die Wasserstrassen Frankreichs, insbesondere über die Flüsse Seine, Loire, Saône u. Rhône. Mit 3 (lith.) Taf. [Aus: „Ztschr. f. Bauwesen".] Imp.-4. (26 S. m. eingedr. Fig.) Berlin 880. Ernst & Korn. n. 6. —

Schlichting, Idelph., († d. 23. Febr. 1794.) conspectus philosophiae universae. 8. Salzb. 781.

Schlichting, Julius. Die Aufgaben der Hydrotechnik. Rede zum Geburtstagsfeste Seiner Majestät des Kaisers und Königs Wilhelm II. in der Aula der Königlichen Technischen Hochschule zu Berlin am 26. Januar 1889. Berlin 1889. 4°.

Das Mutterhaus der Gr. Nat.-Mutter-Loge „Zu den drei Weltkugeln" im O. Berlin. [Unterz.:] J[ul.] **Schlichting**. [Berlin 1888]: Niethe. 25 S. 6 Taf. 4°
Grundriss, Bauzeichnungen, Beschreibung.

Schlichting, Karl, die Gravitation ist e. Folge der Bewegung des Aethers. gr. 8. (13 S. m. 2 Fig.-Taf.) Lüben 892. L. Goldschiener. — 50

Schlichting, Ldw. Adm., s. Briefe aus d. W. Generalseminar.

Schlichting (M.) und Fack (M. W.). Die Grenzlinien zwischen dem Gebiete des Hügellandes und der Sandebene. Kiel 1867. 8.

Aufforderung zur gemeinsamen Arbeit an der Abgränzung der verschiedenen Hauptbodenbildungen unseres Landes v. Markus **Schlichting**. (Kiel 1857.) Siehe: Verein für Verbreitung naturwissenschaftlicher Kenntnisse (in Schleswig-Holstein). XXII. 4°

Schlichting, Marcus, Erd- u. Völkerkunde in Bildern u. Zusammenstellungen. 1. Thl. Europa nebst Darstellg. allgemeiner geograph. Verhältnisse. Lex.-8. (XIII, 711 S.) Leipzig 874. Brockhaus. n. 6. —; geb. n. 7. 20

Europa nebst Darstellung allgemeiner geographischer Verhältnisse in Bildern und Zusammenstellungen. Von Marcus **Schlichting**. = Desselben Erd- und Völkerkunde. Th. 1. Leipzig. 1874. 8°.

Schlichting, M., Hülfsbuch zum Gebrauch bei Anfertigung schriftlicher Arbeiten für Schüler der Oberklassen u. zum späteren Nachschlagen. Als 3., sehr erweit. Aufl. des Wörterbuchs für Schüler. Kiel 867. G. v. Maack's Verl. 12. (IV, 80 S.) n. 6 *ngr.*

—— Hülfsbuch zum Gebrauch bei Anfertigung schriftlicher Arbeiten, besonders für Schüler der Oberklassen und zum späteren Nachschlagen nebst kurzer Grammatik und Aufgaben. 4. Aufl. 8. (IV, 80 S.) Kiel 869, v. Maack's Verlag. *

Schlichting, M., ist Chemie in der Volksschule zu lehren? Ein Wort an die deutschen Lehrer. gr. 8. (17 S.) Altona 861, Hestermann.

—— Los von Dänemark? Warum? 1. und 2., überarb. Aufl. gr. 8. (36 S.) Kiel 864, [G. v. Maack's Verlag.] *

SCHLICHTING, M[ARCUS], Die deutschen Stammwörter und die gebräuchlichsten Fremdwörten, als Hülfsmittel für Schüler beim Unterricht in der Orthographie und bei ihren schriftlichen Arbeiten. Als vorläufiger Entwurf. Kiel. 1839. P.

—— chemische Versuche einfachster Art, ein erster Cursus in der Chemie, in der Schule und beim Selbstunterricht ausführbar ohne besondere Vorkenntnisse und mit möglichst wenigen Hülfsmitteln. Mit einem Vorwort von C. Himly. gr. 8. (XXV und 194 S. mit 1 Stnt.) Kiel (861)62, Homann. *

—— chemische Versuche einfachster Art, ein erster Cursus in der Chemie, in der Schule und beim Selbstunterricht ausführbar ohne besond. Vorkenntnisse und mit möglichst wenigen Hülfsmitteln. Mit einem Vorwort von C. Himly. 2., unveränd. Abdr. 8. (XXIV und 208 S. mit 1 Stnt.) Kiel 862, Homann. *

—— chemische Versuche einfachster Art, ein erster Cursus in der Chemie für höhere Schulen und zum Selbstunterricht, ausführbar ohne besondere Vorkenntnisse und mit möglichst wenigen Hülfsmitteln. Mit einem Vorwort von C. Himly. 3. Aufl. (XXIV, 216 S.) 1871. *M 2., und 4. Aufl. gr. 8. (XXIII, 240 S. mit 1 Holzschntaf.) Kiel 873, Homann. *

—— dass. — 5. Aufl., unter Berücksichtigung der neueren chemischen Ansichten bearb. von Th. Voigt. gr. 8. (VII, 272 S. mit 1 Taf. Abbildungen in Holzschn.) Ebendas. 876. *

Schlichting, M., chemische Versuche einfachster Art. Ein erster Cursus in der Chemie für höhere Schulen und zum Selbstunterricht, ausführbar ohne besondere Vorkenntnisse und mit möglichst wenigen Hülfsmitteln. Mit einem Vorwort von C. Himly. 6. Aufl., nach den neueren chem. Ansichten bearb. von A. Wilke. gr. 8. (XXIV, 270 S. mit 17 Abbild. in eingedr. Holzschn.) Kiel 878, Homann. 2 60

Schlichting, M., chemische Versuche einfachster Art, ein erster Kursus in der Chemie für höhere Schulen u. zum Selbstunterricht, ausführbar ohne besondere Vorkenntnisse u. mit möglichst wenigen Hülfsmitteln. 7. Aufl., mit einem organischen Teil, nach den neueren chemischen Ansichten bearb. von A. Wilke. Mit 17 (eingedr.) Abbildungen in Holzschn. gr. 8. (XVIII, 299 S.) Kiel 880. Homann. n. 2. 60

Schlichting, M., chemische Versuche einfachster Art, ein erster Kursus in der Chemie für höhere Schulen und zum Selbstunterricht, ausführbar ohne besond. Vorkenntnisse und mit möglichst wenigen Hülfsmitteln. 8. Aufl. mit einem organ. Teil, nach den neueren chem. Ansichten bearb. von A. Wilke. gr. 8. (VIII, 313 S. mit 17 Abbild. in Holzschn.) Kiel 885, Homann. *

Schlichting, M., chemische Versuche einfachster Art, e. erster Kursus in der Chemie, f. höhere Schulen u. zum Selbstunterricht, ausführbar ohne besond. Vorkenntnisse u. m. möglichst wenigen Hülfsmitteln. 9. Aufl. m. e. organ. Tl., nach den neueren chem. Ansichten bearb. v. A. Wilke. Mit 19 Abbildgn. in Holzschn. gr. 8. (VIII, 315 S.) Kiel 891. E. Homann. n. 2. 60

Schlichting, M., Wörterbuch für Schüler, enthalt. die deutschen Stammwörter mit vielen abgeleiteten u. zusammengesetzten Wörtern nebst den unentbehrlichsten Fremdwörtern. Ein Hülfsmittel bei den schriftl. Arbeiten. 2. vervollständ. Aufl. 12. Kiel 844, Bünsow. n. 1/12 Thlr.

Schlichting, M., Wörterbuch f. Schüler, enthalt. die deutschen Stammwörter m. viel. abgeleiteten u. zusammengesetzt. Wörtern nebst den unentbehrlichsten Fremdwörtern. Ein Hülfsmittel bei den schriftl. Arbeiten. 2., vervollständ. Aufl. 12. (1 B.) Kiel 844, [Naeck.] Thlr. *

Schlichting, Max, Staat u. Kunst in Preussen. (20 S.) gr. 8. Stuttgart 904. Union. n. — 60

Schlichting, Mich., Beiträge aus der Provinz zur Beurtheilung der Baltzer'schen Angelegenheit. (Aus dem „Sprechsaal" der „Breslauer Zeitung" abgedr.) Breslau 864. Trewendt. gr. 8. (34 S.) 6 ngr.

Schlichting, Paul

Schlichting, *Ernst* Paul [aus Schlawe i. Pomm.]: Pathologische Anatomie der Puerperal-Eklampsie unter Benutzg d. Sektionsberichte in d. Kgl. Frauenklinik zu Halle a. S. in d. Jahren 1887—1894 verstorbenen Eklampsiefälle ... Halle a. S., Hofbuchdr. v. C. A. Kaemmerer & C., 1896; 65 S., 1 Bl. 8.
Halle, Med. Fak., Inaug.-Diss. v. 16. Mai 1896

Schlichting, P[aul]: Die Ausweisung von Inländern durch die preussische Polizei. 8°
Aus: D. Polizei, Zeitschrift f. Polizeiwissenschaft. Jg 3, Nr 22. 1907.

Schlichting, Richard, appr. Arzt: Eklampsie und Witterung. Hadersleben 1909: Schütze. 21 S. 8°
Berlin, Med. Diss. v. 7. Juli 1909, Ref. Bumm
[Geb. 9. Febr. 84 Apenrade; Wohnort: Dessau; Staatsangeh.: Preußen; Vorbildung: Gymn. Hadersleben Reife O. 03; Studium: Berlin K. W. A. 10 S.; Coll. 2. Juli 09; Approb. 6. Juli 09.] [U 09. 103

Schlichting, Sigismund von

Schlichting, v., Gegensätze auf dem Gebiete der großen Truppenführg. gr. 8. (54 S.) München 902. Verlag der Allgemeinen Zeitg. n. —75
Sonderabdruck aus: „Beilage zur Allg. Zeitung".

[F.] Taktische und strategische Grundsätze der Gegenwart. Von [Sigismund] v. **Schlichting,** Gen. d. Inf. z. D. ... 2. Aufl. Th. 1. 2. *Berlin: E. S. Mittler & Sohn 1897/98.* 8. [98. 336]

Schlichting, taktische u. strategische Grundsätze d. Gegenwart. (In 2 Thln.) 1. Thl. u. 2. Thl. 1. Buch. gr. 8. Berlin, E. S. Mittler & Sohn. n. 9. —; geb. in Leinw. n.n. 12. —
1. Die Taktik d. Waffen im Lichte d. Heeresvorschriften. 2. Aufl. (XIV, 194 S.) 897. n. 4. —; geb. n.n. 5. 50
2. Truppenführung. 1. Buch: Die Operationen. (VIII, 272 S.) 898. n. 5. —; geb. n.n. 6. 50

Taktische u. strategische Grundsätze der Gegenwart. Von [Sigism.] v. **Schlichting.** 3. Aufl. Th. 1. *Berlin: E. S. Mittler & Sohn 1898.* 8° [F.] [98. 3262]

— taktische u. strategische Grundsätze der Gegenwart. 3. Thl. Truppenführg. (Fortsetzg). 2. Buch: Die Taktik im Dienste der Operationen. Mit 4 Kartenbeilagen in Steindr. gr. 8. (VI, 282 S.) Berlin 899. E. S. Mittler & Sohn. n. 6. —; geb. in Leinw. n.n. 7. 50; (kplt. n. 15. —; geb. n.n. 19. 50)

Moltke und Benedek. Eine Studie über Truppenführung zu den 'Takt. u. Strateg. Grundsätzen d. Gegenwart'. Zugl. e. Beitrag z. Kritik d. Werkes von Friedjung: 'Der Kampf um d. Vorherrschaft in Deutschland'. Von [Sigismund] v. **Schlichting.** Gen. d. Inf. z. D. *Berlin: E. S. Mittler & Sohn 1900.* (V, 154 S.) 8° [F.] [00. 10357

Moltkes Vermächtniss. Von [Sigismund] v. **Schlichting.** Gen. d. Inf. *Munchen: Allgem. Zeitung 1901.* (103 S.) 8° [F.] [01. 19730

— Moltkes Vermächtniß. gr. 8. (103 S.) München 901. (Leipzig, E. F. Steinacker.) n. 1. 50

Schlichting, (Wilh.), aus meinem Garten. Ausgewählte Gedichte. (118 S.) 8. Straßburg 910. J. Singer 2.—

— Gesunder Humor. Für Vortrag u. Lektüre. Eine Auswahl humorist. Gedichte alter u. neuer Autoren. Hrsg. u. vermehrt v. Sch. (VIII, 199 S.) 8. Bonn 908. A. Heidelmann. 1.50; geb. 2.—

Schlichtkrull, Aline v., der Agitator von Irland. 4 Bde. 8. (XVIII und 1043 S.) Berlin 859, Janke.

Schlichtkrull, Aline v., Chapelle Gaugain. Roman in 2 Abthlgn. Görlitz 855, 57. Heyn. 8. 6 ℛ. 22½ ngr.
1. Abth.: Der Cardinal von Richelieu. Roman. 4 Bde. (X, 344 S.; 2 Bl., 187 S.; 2 Bl., 180 S.; 2 Bl., 324 S.) 3 ℛ. 22½ ngr.
2. = Cordelia. Historischer Roman. 3 Bde. (2 Bl., 213 S.; 2 Bl., 176 S.; 2 Bl., 271 S.) 3 ℛ.

— Laterna magica. Original-Novellen. Berlin 860. Vogel & Co. 8. (4 Bl., 412 S.) 1 ℛ 15 ngr.

— eine verlorene Seele. Roman. 4 Bde. Görlitz 853. Heyn. 8. (2 Bl., 284 S.; 2 Bl., 255 S.; 2 Bl., 330 S.; 2 Bl., 193 S.) 3 ℛ.

Schlichtkrull, Aline v., Stein. Eine Biographie für's Volk. gr. 16. (215 S.) Berlin 862, F. Duncker. *

—— Morton Varney. Ein Roman. 2 Thle. gr. 8. (258 S.) Berlin 854(55,) Stubenrauch und Comp.

Schlichtkrull, Aline v., Wie ein Staat gerettet wird. Schwank in 4 Akten. [Den Bühnen gegenüber Mscr.] gr. 8. (64 S.) Berlin 871, Langmann und Comp. [Deutsches Verlags-Institut.] *

Chr. C. Schlichtkrull, Diss. de praediis tertialibus; cum progr. de obligatione tertialistarum ad solvendum debita ab ipsis contracta. Gryphisw. 1777.

Schlichtkrull, Christian Nikolaus [Praes.], s. Hagemeister, Emanuel Friedr.: De matrimonio illustris cum nobili avita.

Schlichtkrull, Christian Nikolaus [Praes.], s. Warnekros, David Wilhelm: Disputatio inauguralis iuridica sistens quaestionem: an actio pignoratitia directa contra tertium possessorem institui queat?

***Schlichtkrull*, (Cand.) O. N. C., de officinelle Planter ordnede efter De Candolles naturlige Plantesystem, tilligemed de vigtigste Characterer paa disse Planters Familier.** stor 8. Kopenhag. 832. Reitzel. 9 ℛ

Schlichtling, Aloys., s. Schlichting

Schlick. Meine kriegschirurgischen Erfahrungen während der chinesischen Wirren 1900. (Berlin 1901.) 8°. (Aus: Deutsche Militärärztl. Zeitschr.)

Schlick, Oraison funèbre de la Reine Douairière Elisabeth Christine, prononcée dans l'église françoise de Koenigsberg en Prusse le 29 Janvier 1797. Berlin 1797. 8. 24 S.

Schlick's, Arnolt, Spiegel der Orgelbauer u. Organisten. Heidelberg MDXI. (Mainz bei Peter Schoeffer.) [Aus den Monatsheften für Musikgeschichte.] Berlin 870. (Trautwein.) gr. 8. (38 S. mit 1 Holzschntaf.) n. 15 ngr.

Schlick, Curt, s. Schlick, Kurt

Schlick, Emil [aus Coburg]: Zwei Fälle von Lähmung nach Diphtherie... München, Buchdr. Kastner & Lossen, 1896; 28 S., 1 Tab. 8.
München, Med. Fak., Inaug.-Diss. v. 1896

Schlick, J., Anfangsgründe der franzöſ. Sprachlehre. 8. Königsb. 826. Unzer. 10 ℛ

Schlick, F. A., Schlos Maloportus. Erzählung. In stenographischer Uebertragung nach dem Systeme von Frz. X. Gabelsberger. Autogr. von Vinc. Zwiorzina in Wien. gr. 16. (27 S.) Leipzig 881. Robolsky in Comm. n. — 60

Schlick, Georg Rudolf, prakt. Arzt in Obernbreit: **Ueber die Behandlung des veralteten Dammrisses.** *Erlangen 1903: E. Th. Jacob.* (35 S.) 8°
Erlangen, Med. Diss. v. 21. Nov. 1902

Schlick, *Heinrich* [app. Arzt aus Schleiz]: Aus d. medicin. Klinik in Jena. Über die Behandlung der Erkrankungen des Nervensystems durch Suspension ... Jena, Univ.-Buchdr. G. Neuenhahn, 1895; 47 S. 8.
Jena, Med. Fak., Inaug.-Diss. v. [30. Mai] 1895

Schlick, Heinz, Wolfgang Dahlen, der Werdegang e. bosnischen Beamten. Roman. 2 Tle in 1 Bde. (VII, 283 u. 217 S.) 8. Dresden 909. E. Pierson. 5.—; geb. n 6.—

— Exzellenz Eva u. die Anderen. Skizzen a. d. Militärleben. (V, 386 S.) 8. Ebd. 908. 3.50; geb. n 4.50

Schlick, Hermann, Medizinalprakt. am hyg. Inst.: Aus d. hygien. Inst. d. Univ. Jena. Beeinflussung der Feuchtigkeit der Schulluft durch Verdampfungsschalen, welche von Heizfirmen den Heizkörpern der Ventilationskammern aufgesetzt zu werden pflegen. Hamburg & Leipzig: Voss 1909. 23 S. 8° ¶(Aus: Zeitschr. f. Schulgesundheitspflege. Bd 22.)
Jena, Med. Diss. v. 18. April 1909, Ref. Gärtner
[Geb. 24. Okt. 82 Koburg; Wohnort: Jena; Staatsangeh.: Sachsen-Koburg-Gotha; Vorbildung: Gymn. Koburg Reife O. 02; Studium: Heidelberg 3, Jena 4, München 2, Jena 3 S.; Coll. 28. Juli 08; Approb. 18. April 09.]
[U 09. 2149

Schlick, J. A., der heil. Gesang. Eine Samml. 4stimm. deutscher Kirchengesänge f. Sopran, Alt, Tenor u. Baßstimmen, mit Orgel-Begleitung. 1. Hft. gr. 4. (4¾ B.) Trier 836, [Gall's Brlsbuchh.]

Schlick, Jos., deutsches Sprachbuch mit Übungsaufgaben. 1. und 2. Thl. 2. verb. Aufl. 8. Preßburg, Hampsel's Hofbuchh. * cart. *

Inhalt:
Thl. 1. Für die zweite Volksschulklasse. (52 S.) 887. * 30 Pf.; cart. * 40 Pf.
= 2. Für die mittleren Volksschulklassen. (95 S.) 888. * 50 Pf.; cart. * 60 Pf.

Schlick, Josef. Deutsches Sprachbuch m. Uebungsaufgaben. 2 Thle. 3. Aufl. 8. Preßb., Stampfel. cart. * 1 —
1. Thl. Für die 2. Volksschulklasse. (52 S.) cart. * — 40. — 2. Thl. Für d. mittleren Volksschulklassen. (3. u. 4. Klasse). (88 S.) cart. * — 60.

Schlick, Karl, appr. Arzt aus Dalsheim ⟨Rheinhessen⟩, z. Z. Volontärassist. in d. Kgl. Univ.-Frauen-Klinik zu Bonn: **Die operative Behandlung der tuberkulösen Coxitis und ihre Enderfolge.** *Bonn 1903: C. Georgi.* (57 S.) 8°
Bonn, Med. Diss. v. 11. Febr. 1903

Schlick, Karl [aus Weimar]: (Aus d. physiolog. Institut zu Jena.) Zur Kenntniss der Strychninwirkung.... (Aus: Arch. f. d. ges. Phys. Bd. XLVII.) Bonn: Verl. v. Emil Strauss 1890. 1 Bl. + 19 S. 8°
Jena, Med. Fak., Inaug.-Diss. v. [17. März] 1890

Schlick, Kurt

Schlick, Curt, approb. Arzt aus Hamburg: **Aus d. städt. Krankenhause zu Kiel. Über Pneumonieen bei vom Ertrinkungstode Geretteten.** *Kiel 1899: H. Fiencke.* (27 S.) 8°
Kiel, Med. Diss. v. [9. Aug.] 1899

Schlick, Mor., Lebensweisheit. Versuch e. Glückseligkeitslehre. (VI, 341 S.) 8. München 908. C. H. Beck
Geb. in Leinw. 4. —

Schlick, Moritz, aus Berlin: Über die **Reflexion des Lichtes** in einer inhomogenen Schicht. *(Berlin 1904: G. Schade.)* (49 S.) 8°
Berlin, Phil. Diss. v. 20. Mai 1904

Schlick, Otto, Handbuch für den Eisenschiffbau. Darstellung der beim Bau eiserner und stählerner Handelsschiffe übl. Constructionen. Zum Gebrauch für Schiffbau-Techniker, Kapitäne, Schiffs-Inspectoren, Bau-Beaufsichtigende, Rheder und Assecuradeure. (In 3 Lfgn.) 1. Lfg. gr. 8. (160 S. mit einem Atlas von 10 autogr. Taf. in Imp.-4.) Leipzig 888, Felix. *

Schlick, Otto. Handbuch f. den Eisenschiffbau. Darstellung der beim Bau eiserner u. stählerner Handelsschiffe übl. Constructionen. 2. u. 3. (Schluss-)Lfg. gr. 8. Lpz., Felix. [2. Lfg. Mit 1 Atlas v. 10 autogr. Taf. (in Imp.-4.) (S. 161—320.) 889. * 9 —; 3. Lfg. Mit 1 Atlas v. 7 autogr. Taf. (in Imp.-4.) (XV, S. 321—495.) 890. * 10 —.] * 19 —
1. Lfg. Ebd. 1888. * 9 —.

Schlick, Otto, Handbuch f. den Eisenschiffbau. Darstellg. der beim Bau eiserner u. stählerner Handelsschiffe übl. Constructionen. Zum Gebrauch f. Schiffbau-Techniker, Kapitäne, Schiffs-Inspectoren, Baubeaufsichtigende, Rheder u. Assecuradeure. 2. erweit. Aufl. gr. 8. (XX, 562 S.) Mit e. Atlas v. 40 Taf. (in Fol.). Leipzig 901. 902. A. Felix. n. 33. —

Schlick, Otto, die Untersuchung der Vibrationserscheinungen v. Dampfern. An e. Beispiel erläutert. (49 S. m. 4 lith. Taf.) gr. 8. Leipzig 903. A. Felix. n. 2. 80

Schlicke, Arthur, a. Nieder-Schöneweide in Brandenburg: **Die dorsiventrale Ausbildung niederliegender Sprosse und ihre Abhängigkeit von äusseren Faktoren.** (Ober-Schöneweide-Berlin 1908: Baumann & Basedow.) (42 S.) 8°
Berlin, Phil. Fak., Ref. Schwendener, Diss. v. 4. Juli 1908
[Geb. 3. Nov. 83 Nieder-Schöneweide, Kr. Teltow; Wohnort: Nieder-Schöneweide; Staatsangeh.: Preußen; Vorbildung: Luisenstädt. Oberrealsch. Berlin Reife O. 03; Studium: Berlin 10 S.; Rig. 4. Juni 08.]

Schlickeisen — Einige Bemerkungen über die latein. Grammatik, namentlich über die Ellipse. 31 S.

Schlickeisen — Proponuntur pauca quaedam ad juventutem bonis artib. ac disciplinis erudiendam pertinentia. 16 S.
Progr. Mühlhausen 1835

Schlickeisen, Jo. Quaestionis grammaticae quae est de formis linguae latinae ellipticis pars II. 29 S.
Mühlhausen, Progr. 1843

Schlickeisen, (W.,) französ. Elementarbuch z. leichten u. gründl. Erlernung d. französischen Sprache. 8. Leipz. 825, Cnobloch.

Schlickenrieder, Geo, des Priesters Aufgabe u. Beruf. Predigt, geh. bei d. Primiz-Feier d. hochwürd. Hrn. Ludw. Schlickenrieder in der St. Michaels-Hofkirche zu München am 21. Juli 1895 v. dessen Bruder G. S. gr. 8. (16 S.) München 895. J. J. Lentner. n. — 20

Schlickenrieder, Geo., des Priesters Heimat. Predigt bei der Primiz des hochw. Hrn. Anton Schlickenrieder; geh. v. dessen Bruder G. Sch. 16. VII. 1905. (18 S.) 8. München (905). J. Pfeiffer. n. — 20

Schlickenrieder, Geo., auf Klosterwegen. Festpredigt, bei e. Profeß-Ablegg. im Kloster der Franziskanerinnen zu Au a. Inn, 14. IV. 1909, geh. (12 S.) 8. München (909). J. Pfeiffer. — 25

Schlickenrieder, Hans [cand. med. aus Uffing]: Untersuchungen über den Zusammenhang der Aussentemperatur mit den Magen- und Darmkrankheiten der Säuglinge ... München, Druck v. A. Huber, 1894; 1 Bl., 16 S., 1 Taf. 8.
München, Med. Fak., Inaug.-Diss. v. 1894

Schlickenrieder, I. I., chronologia diplom. univ. Viennensis, c. fig. 4. Vien. Trattner. 753.

Die Aufschlüsse der staatlichen Tiefbohrungen im Saarrevier in den Jahren 1891 bis 1904. Nach d. Bohrberichten u. d. Untersuchungen d. Landesgeol. Dr. Leppla u. Dr. Potonié u. d. rev. Markscheiders Müller zsgest. u. erl. von J[oh.] **Schlicker.** St. Johann-Saarbrücken 1906: Saardr. (235 S.) 8° 07. 16090

Schlickeysen, C., die Anerkennung d. geistigen Eigenthums, e. soziale Frage. gr. 8. (25 S.) Berlin 871. Berggold. n. — 80

Schlickeysen, C., Maschinen zur Fabrikation von Drain-Röhren in jeder Grösse, Wasserleitungs-Röhren etc., von vollen und hohlen Mauersteinen, Dachwerk aller Art und zur Präparation und Reinigung weicher, erdfeuchter, lufttrockener und gefrorener Thonmasse, sowie Farbe und Kohle. Construction, Preise, Leistungen. gr. 4. (13 S.) Berlin 857. Decker'sche geheime Ober-Hofbuchdruckerei.

Schlickeysen, C., die Maschinen zum Pressen von Ziegeln, Röhren, Torf u. Kohle, sowie zum Mischen, Kneten u. Formen aller anderen plastischen Substanzen. Berlin 866. Berggold. gr. 8. (66 S.) n. 10 ngr.

Schlickeysen, C., die Maschinen-Ziegelei. Mittheilungen über die praktische Begründung, den gegenwärtigen Stand u. die Wege zur Fortentwickelung der maschinenmässigen Herstellung von Ziegelwaaren aller Art durch die Schraube für plastische Körper. Berlin 860. Bosselmann in Comm. (Wiegandt & Hempel.) gr. 4. (30 S. mit Holzschn.) n. 1 $\mathcal{R}$

—— Mittheilungen über die Fabrication von Press-Torf durch die Patent-Universal-Ziegel- und Torf-Presse. gr. 8. (20 S. mit eingedr. Holzschn.) Berlin 864, Wiegandt und Hempel. *

Schlickeysen, F. W. A., Erklärung der Abkürzungen auf Münzen des Alterthums, des Mittelalters und der neueren Zeit, sowie auf Denkmünzen und münzartigen Zeichen. gr. 8. (XI und 268 S. mit 2 Kpfrt.) Berlin 855. [Schneider.] **

Schlickeysen, F. W. A., Erklärung der Abkürzungen auf Münzen der neueren Zeit, des Mittelalters und des Alterthums, sowie auf Denkmünzen und münzartigen Zeichen. 2. durchweg verb. und sehr verm. Aufl. von Rhold. Pallmann und H. Droysen. gr. 8. (VI, 438 S. mit 2 Kpfrt.) Berlin 882, F. und P. Lehmann. geb. *

Schlickeysen, F. W. A., Erklärg. d. Abkürzungen auf Münzen der neueren Zeit, d. Mittelalters u. des Alterthums, sow. auf Denkmünzen u. münzart. Zeichen. 3., verb. u. verm. Aufl. Bearb. v. Rhold. Pallmann. gr. 8. (VIII, 511 S. m. 2 Taf.) Berlin 896. W. Spemann. Geb. in Leinw. n. 20. —

Schlickeysen, F. W. A., Repertorium d. Gesetze u. Verordnn. f. d. k. Preuß. Rheinprovinzen. 8. Trier 814—29. (Linz). 1 $\mathcal{R}$

Schlickeysen, F. W. A.: Repertorium der Gesetze und Verordnungen für die königlich preußischen Rheinprovinzen, von 1814 bis 1829. Trier 1830.

Schlickeysen, Gust., Blut od. Frucht. Die Erlösg. d. Menschen u. seine Versöhng. m. sich, Natur u. Gott, durch neues Leben, neue Religion u. neue Ideale. In neuer Poesie. 8. (320 S.) Jersey City, N. J., 892. (Leipzig, H. Hartung & Sohn.) n. 6. —

Schlickeysen, Gust., die naturgemäße Lebensweise. Vortrag, geh. am 4. April 1872 im kaufmänn. Vereine zu Mannheim. gr. 8. (15 S.) Schwelm 872. Wortmann in Comm. n. — 50

Schlickeysen, Gust., Obst und Brod. Eine wissenschaftl. Diätetik. gr. 8. (167 S. mit 1 Taf. in Imp.-Fol. und mehreren eingedr. Holzschn.-Abbild.) [Berlin 875.] Leipzig, Grieben's Verlag. * 3 —

Schlickeysen, Gust., Obst u. Brod. Die wissenschaftl. Diätetik d. Menschen. 2., verm. Aufl. gr. 8. (310 S.) Jersey City, N. J., 893. (Leipzig, H. Hartung & Sohn.) n. 6. —

— dasselbe. 3. (Titel-)Aufl. 8. (310 S.) Ebd. 894. n. 3. -

Schlickeysen, Gust., Obst u. Brod. Die wissenschaftl. Diätetik des Menschen. 3. Aufl. (Neue [Titel-]Ausg.) (310 S.) 8. Leipzig [894] (908). [H. Hartung & Sohn.] K. Lontze. Geb. in Leinw. n. 3. —

Schlickeysen, Joan. Car. Leop. (geb. Potsdam 7. 2. 1807): De empyemate spurio morbi historia illustrato. Berolini (1832). (29 S.) 8°
Berlin, Med. Diss. v. 31. Jan. 1832

Schlickinger, Max, der Helmbrechtshof u. seine Umgebung. Eine literarhistor. Untersuchung. [Aus: „51. Jahresbericht d. Museum Francisco - Carolinum in Linz".] gr. 8. (31 S. m. 1 Karte.) Linz 893. (Leipzig, G. Fock.) n. 1. 20

Schlickum, Alex., s. Schlickum, P. Ph. Alex.

Schlickum, Aug., Einführung in die Chemie u. Mineralogie. Für d. Untersekunda d. Oberrealschule. (IV, 70 S. m. 100 Fig.) gr. 8. Essen 908. G. D. Baedeker. Kart. 1. —

— Lehrbuch der Chemie u. Mineralogie sowie der Elemente der Geologie. Für die oberen Klassen der Oberrealschule u. Realgymnasien bearb. Mit 260 in den Text gedr. Fig. u. e. mehrfarb. Taf. d. Spektren verschiedener Elemente u. Himmelskörper. (X, 267 S.) gr. 8. Ebd. 907. Geb. 3. —

Schlickum, August [aus Winningen an d. Mosel]: Morphologischer und anatomischer Vergleich der Kotyledonen und ersten Laubblätter der Keimpflanzen der Monokotylen ... *Marburg, Druck v. F. Scheel, Cassel,* 1895; 1 Bl., 80 S., 1 Bl. 4.
Marburg, Phil. Fak., Inaug.-Diss. v. (18. Jan.) 1896

Schlickum, Aug., morphologischer u. anatom. Vergleich der Kotyledonen u. ersten Laubblätter d. Keimpflanzen der Monokotylen, s. a. Bibliotheca botanica. Hft. 35.

Morphologischer und anatomischer Vergleich der Kotyledonen und ersten Laubblätter der Keimpflanzen der Monokotylen. Von Dr. August Schlickum. M. 6 [vielm. 5] Taf. *Stuttgart: E. Nägele 1896.* (2 Bl., 88 S., 5 Taf.) 4.
= Bibliotheca botanica. H. 35. [96. 1739

Schlickum, C., neuestes Panorama des Rheins von Cöln bis Mainz. Neu aufgenommen und nach der Natur gezeichnet. Mit 61 Randbildern. Stahlst. 5' 10" lang und 1' breit. (Mit Text: Kurzgefaßte Beschreibung des Rheinthales von Köln bis Mainz. hoch 4. 48 S. oder 3½ Bog.) Bonn 851, Habicht. *

Schlickum, C., neuestes Panorama des Rheins von Cöln bis Mainz. Neu aufgenommen und nach der Natur gez. Mit 64 Randbildern. Orig.-Ausg. Stahlst. und Farbendr. 6' 4" lang und 1' breit. (Mit Text: Kurzgefaßte Beschreibung des Rheinthales von Köln bis Mainz. 2., verm. und verb. Aufl. hoch 4. (IV und 62 S. oder 4½ Bog.) Bonn 853, Habicht.

Schlickum, C., neuestes Panorama des Rheins von Köln bis Mainz. Neu aufgenommen und nach der Natur gez. Mit 64 Randbildern. Stahlst. 6' 4" lang und 1' breit. (Mit Text: Kurzgefaßte Beschreibung des Rheinthales von Köln bis Mainz. 3., bedeutend verm. und großentheils umgearb. Aufl. hoch 4. IV und 88 Sp.) Bonn 861, Habicht. *

Schlickum, Emil: Ueber Graviditas extrauterina mit besonderer Berücksichtigung der Graviditas tubaria. *Greifswald 1898: J. Abel.* (26 S.) 8°
Greifswald, Med. Diss. v. 9. Apr. 1898

Schlickum, Engelb.

Schlickum, E., De sympathia. 64 pp. Duisb. 4°. 1788

Schlickum, Engelb., de Sympathia. 8. Frkf. a. M. 788. Andreä. 4 gl.

Schlickum, Jul., die Wortstellung in der altfranzösischen Dichtung „Aucassin et Nicolete", s. a. Studien, französische.

Die Wortstellung in der altfranzösischen Dichtung 'Aucassin et Nicolete'. Von Julius **Schlickum.** Heilbronn: Gebr. Henninger 1882. (45 S.) 8°
— **Studien,** Französische. Bd 3, H. 3. [c6. 6039

Schlickum, Oskar

Schlickum, O., der chemische Analytiker. Gründliche Einführung in die qualitative chem. Analyse unorgan., wie organ. Stoffe, durch Fragen und Antworten, nebst abgekürzten Untersuchungsmethoden für ärztl., pharmaceut., techn. und landwirthschaftl. Zwecke. gr. 8. (VI und 179 S. mit 11 Tab. in 4. und Fol.) Neuwied 864, Heuser's Verlag.

Schlickum, Osk., der chemische Analytiker. Die qualitative chem. Analyse in Fragen und Antworten. Nebst abgekürzten Methoden zu pathologisch- und gerichtlich-chem. Untersuchungen, sowie zur Prüfung der Chemikalien, natürl. Wasser und Ackererde. 2. verb. Aufl. gr. 8. (X, 191 S.) Leipzig 875, E. Günther's Verlag. *

Schlickum, Osk. (Hrsg.), s. Apothekerkalender f. d. Deutsche Reich.

Schlickum, O., pharmaceutischer Atlas. Bildliche Darstellung der pharmaceutisch wicht. Gegenstände: Apparate, Instrumente, Droguen, arzneil. Gewächse und Thiere in (eingedr.) Holzschn. gr. 8. (VII, 240 S.) Leipzig 876, E. Günther's Verlag. * 9 —

Schlickum, O., die Ausbildung d. Apothekerlehrlings u. seine Vorbereitung zum Gehilfenexamen. 5., umgearb. Aufl. gr. 8. (XIII, 898 S) Leipzig 890. E. Günther. n. 12. —; geb. n. 14. —

— die Ausbildung d. Apothekerlehrlings u. seine Vorbereitung zum Gehilfenexamen. Nebst e. tabellar. Repetitorium der Chemie u. Pharmakognosie. 6. Aufl. Durchgesehen u. nach den Anfordergn. der III. Ausg. d. Deutschen Arzneibuchs ergänzt v. G. Vulpius. gr. 8. (XIV, 926 S. m. Abbildgn.) Leipzig 891. E. Günther. n. 12. – ; geb. in Halbfrz. n. 14. —

— dasselbe. 7., durchgeseh. u. verm. Aufl., m. Rücksicht auf die neuesten Anforderungen bearb. von R. Schlickum u. G. Vulpius. gr. 8. (V, 920 S.) Ebd. 893. n. 12. —; geb. in Halbfrz. n. 14. —

'([Otto] Schlickums)' Ausbildung des Apothekerlehrlings und seine Vorbereitung z. Gehilfenexamen. Nebst e. tabellar. Repetitor. d. Chemie u. Pharmakognosie. 8., m. Rücks. auf d. neuesten Anfordergn durchaus umgearb. u. verm. Aufl. Hrsg. v. Dr. C[hristian] Gaenge, Doc. d. Phys. '(Jena)', Dr. C. Jehn, Apotheker '(Geseke)', u. R. Schlickum, Apotheker '(Winningen)'. *Leipzig: E. Günther 1896.* (4 Bl., 933 S.) 1 Bd 8. [illegible]

— Ausbildg. d Apothekerlehrlings u. s Vorbereitg. zum Gehilfenexamen. Nebst e. tabellar Repetitorium d. Chemie u. Pharmakognosie. 9., m. Rücksicht auf d. neuesten Anfordergn. gänzl. umgearb. u. verm. Aufl. Hrsg. v. C. Gaenge, C. Jehn u. R. Schlickum. gr. 8. (V, 938 S.) Leipzig 899. E. Günther. n. 12. —

Schlickum's Ausbildung des jungen Pharmazeuten u. seine Vorbereitung zur Gehilfenprüfung. 10. vollständig umgearb. u. bedeutend verm. Aufl. des „Apothekerlehrling". 6 Tle. gr. 8. Leipzig 905. E. Günther. n. 15.; in 1 Leinw.-Bd. n. 16. —

A. Physik, bearb. v. W. Arnold. (III, 110 S. m. Abbildgn.) n. 3. —. — B. Chemie, bearb. v. C. Jehn. (III, 233 S. m. Abbildgn.) n. 4. —. — C. Botanik, bearb. v. R. L. Schlickum. (III, 127 S.) n. 2. —. — D. Pharmakognosie, bearb. v. Rich. Schlickum. (III, 96 S. m. Abbildgn.) n. 2. —. — E. Spezielle Pharmazie u. amtliche Bestimmungen, bearb. v. A. Roderfeld. (III, 60 S. m. Abbildgn.) n. 2. —. — F. Tabellarisches Repetitorium der Chemie u. Pharmakognosie, bearb. v. C. Jehn u. R. L. Schlickum. (107 S.) n. 2. —

Schlickum's Ausbildung des jungen Pharmazeuten u. seine Vorbereitung zur Gehilfenprüfung. 11. vollst. umgearb. u. bedeutend verm. Aufl. des „Apothekerlehrlings". Hrsg. v. W. Arnold, C. Jehn, A. Roderfeld, L. R. Schlickum, unter Red. v. W. Böttger. (X, 832 S. m. 546 Abbildgn. u. 2 farb. Taf.) Lex. 8. Leipzig 909. J. A. Barth. 18.50; geb. in Leinw. 20. —

Schlickum, Osk., die wissenschaftliche Ausbildung des Apothekerlehrlings u. seine Vorbereitung zum Gehülfenexamen. Mit Rücksicht auf die neuesten Anforderungen bearb. Mit zahlreichen (eingedr.) Holzschn. gr. 8. (XIV, 592 S.) Leipzig 878. E. Günther. n. 10. —

Schlickum, O., die wissenschaftliche Ausbildung des Apothekerlehrlings und seine Vorbereitung zum Gehülfenexamen. Mit Rücksicht auf die neuesten Anforderungen bearb. 2. verb. und stark verm. Aufl. gr. 8. (XII, 764 S. mit 560 eingedr. Holzschn. und 1 chromolithogr. Vegetations-Karte.) Leipzig 880, E. Günther's Verlag. **M* 12.; geb. *

—— dass. — 3. umgearb. und verb. Aufl. gr. 8. (X, 708 S. mit 560 eingedr. Holzschn.) Ebendas. 884. **M* 10.; geb. *

Schlickum, O., die wissenschaftliche Ausbildung des Apothekerlehrlings und seine Vorbereitung zum Gehilfenexamen. Mit Rücksicht auf die neuesten Anforderungen bearb. 4. unveränd. Aufl. gr. 8. (X, 708 S. mit 560 Holzschn.) Leipzig 885, E. Günther's Verlag. *

— Bereitung u. Prüfung der in der Pharmacopoea germanica nicht enthaltenen, in den deutschen Apotheken gebräuchlichen Arzneimittel. Ein Supplement zu allen Ausgaben u. Kommentaren der deutschen Pharmacopöe. 8. (IV, 180 S.) Ebend. 874. n. 3. —

—— Bereitung und Prüfung der in der Pharmacopoea germanica edit. II. nicht enthaltenen Arzneimittel. Zugleich ein Suppl. zu allen Ausgaben und Kommentaren der deutschen Reichs-Pharmacopoe. Zum prakt. Gebrauche bearb. 5 Lfgn. gr. 8. (520 S. mit zahlreichen eingedr. Holzschn.) Ebendas. 884. à Lfg. **M* 2. *

— der junge Chemiker. Gründliche Einfuhrung in das Studium der Chemie für angehende Chemiker u. Pharmaceuten, Gewerb- u. Realschüler, Berg- u. Hüttenleute etc. Ebend. 863. 16. (XV, 184 S. mit Holzschn.) n. 10 ngr.

— der junge Chemiker. Gründliche Einführung in das Studium der Chemie für angehende Chemiker u. Pharmaceuten, Gewerb- u. Realschüler etc. nebst einem physikal.-chem. Taschenwörterbuche. 3. Aufl. Ebend. 867. 16. (XV, 374 S. mit vielen eingedr. Holzschn.) n. 25 ngr.

— der junge Chemiker. Gründliche Einführg. in das Studium der Chemie durch Experimente. Mit e. kurzen Darlegg. der neuesten chem. Theorie u. e. physikalisch-chem. Wörterbuch. 2. Aufl. 16. (XV, 214 u. 190 S. m. eingedr. Holzschn.) Ebend. 875. n. 3. —

— Exkursionsflora von Deutschland. Kurze Charakteristik der daselbst wildwachsenden u. häufiger kultivierten Gefässpflanzen. Nebst einem illustrirten Anhang für Anfänger: Auffindung der Gattungen nach leicht erkennbaren Merkmalen. 12. (XX, 374 S. m. eingedr. Holzschn.) Leipzig 881. E. Günther. n. 5. —; geb. n. 6. —

— Kommentar z. Arzneibuch f. d. Deutsche Reich, s.: Vulpius, G.

— Kommentar zum Arzneibuch f. das Deutsche Reich, neue Aufl., s.: John, C., u. E. Crato.

— Kommentar zur 2. Aufl. der Pharmacopoea Germanica. Nebst Übersetzg. d. Textes, sowie e. Anleitg. zur Massanalyse. Zum prakt. Gebrauche bearb. Mit Holzschn. 2—4. (Schluss-)Lfg. gr. 8. (S. 129—519.) Ebend. 883. Subscr.-Pr. à n. 2. — (cplt.: n. 10. —; geb. n. 12. —)

—— Kommentar zur 2. Aufl. der Pharmacopoea Germanica. Mit Zugrundelegung des amtl. deutschen Textes, sowie einer Anleitung zur Maassanalyse. Zum prakt. Gebrauche bearb. 2. verb. Aufl. gr. 8. (V, 540 S. mit zahlreichen Holzschn.) Leipzig 886, E. Gunther's Verlag. *

— tabellar. Repetitorium d. Chemie u. Pharmakognosie. Zum Gebrauche bei d. Vorbereitg. zum Gehilfenexamen bearb. 2. Aufl. Durchges. u. nach den Anfordergn. d. III. Ausg. d. deutschen Arzneibuches ergänzt v. G. Vulpius. Zugl. als Anh. zur 6. Aufl des Apotheker-Lehrlings. gr. 8. (131 S.) Leipzig (891). E. Günther. n. 3. —

—— lateinisch-deutsches Special-Wörterbuch der pharmaceutischen Wissenschaften, nebst Erklärung der griech. Ausdrücke, sowie einem Autoren-Register der Botanik. Zum Gebrauche bei sämmtl. Pharmacopoeen, dem Hager'schen Manuale pharmaceuticum und anderen pharmaceut. wie botan. Schriften und Floren. 2 Hälften. gr. 8. Ebendas. 879. [1. Hälfte. (S. 1—320.) **M* 6.; 2. Hälfte. (IV, S. 321—612.) **M* 4.] **M* 10.; geb. * 12 —

—— lateinisch-deutsches Taschen-Buch medicinischer Fremdwörter. 8. (188 S.) Graz 882, Leuschner und Lubensky. geb. *

—— Taschenbuch der pharmaceutischen Receptur und Defectur. gr. 8. (VIII, 197 S. mit zahlreichen eingedr. Holzschn.) Ebendas. 874. *

—— Taschenkommentar zur Pharmacopoea germanica mit Uebersetzung des Textes und Hülfs-Tabellen. Zum Gebrauche bei der Bereitung und Prüfung der Arzneimittel. 8. (VI, 512 S. mit zahlreichen Holzschn.) Ebendas. 873. *

— botanisches Taschenwörterbuch. Kurzgefaßte Erklärung der botanischen Kunstausdrücke sowie Charakteristik der einheimischen u. wichtigeren ausländischen Pflanzengattungen. Ebend. 863. 16. (304 S. u. 2 Tab. in 8. u. Fol.) n. 20 ngr.

—— physikal-chemisches Taschenwörterbuch. Kurzgefasste Erklärung der in der Physik, Chemie und Mineralogie vorkommenden Stoffe und Ausdrücke. Zugleich als Ergänzung des jungen Chemikers. 16. (190 S.) Neuwied 863, Heuser's Verlag. *

—— chemische Untersuchungs-Methode für ärztliche, pharmaceutische, technische und landwirthschaftliche Zwecke. Gründliche Einführung in die qualitative chem. Analyse unorgan., wie organ. Stoffe durch Fragen und Antworten. gr. 8. (VII und 179 S. mit 10 Tab. in 4., Fol. und qu. Fol.) Neuwied 866, Heuser's Verlag.

— s.: Vulpius, G., u. E. Holdermann, Kommentar zum Arzneibuch f. das Deutsche Reich.

Schlickum, Osk., wie soll der junge Apotheker Botanik treiben? Kurze Anleitung zum Studium der Botanik, nebst einem vollständ. botanischen Taschenwörterbuche. Mit Rücksicht auf die Anforderungen der Neuzeit hrsg. 1. u. 2. Aufl. Neuwied 868. Heuser's Verl. 16. (386 S. mit zwei Tabb. in 4. u. Fol.) 22½ ngr.

Schlickum, Otto, s. Schlickum, Oskar

Schlickum, P. Ph. Alex.

Schlickum, Alex., Vocabolario italiano systematico. — Italienisches Vocabularium nach einer Anordnung, wodurch es als Hülfsbuch der Conversation brauchbar wird, für Schulen u. zum Privatgebrauche. Elberfeld 866. Reinhardt. 8. (IV, 176 S.) n. 15 ngr.

Schlickum, P. Ph. Alex., Vocabolario italiano sistematico. — Italienisches Wörterbuch nach einer Anordnung, wodurch es als Hülfsbuch der Conversation brauchbar wird. 2. verb. und stark verm. Aufl. 8. (VII, 448 S.) Paderborn 875, F. Schöningh. * 3 —

Merxheim (Nahe). Zur Geschichte d. Ortes. (Verf.: Wilhelm Schlickum.) (Merxheim): Ev. Gemeinde (1909). 56 S. 8°

Schlie, Arnold, arithmetische Aufgaben nebst Lehrbuch der Arithmetik f. Metallindustrieschulen, s.: Barben, E.

Schlie, D., Anton Rée. Zur Würdigg. seiner Bestrebgn. u. Verdienste. 12. (VII, 115 S. m. Lichtdr.-Bildnis.) Hamburg 891. E Kloss. n. — 60

Schlie, Friedrich

— Die Berliner Amazonenstatue. Archäologische Festgabe. Gel. 1877. 15 S. 4°.

Schlie, F., Die Ausgrabungen in Olympia. S.-A. 1876. 9 S.

Schlie, Frdr., die Darstellungen des Troischen Sagenkreises auf etruskischen Aschenkisten beschrieben u. nach den poetischen Quellen untersucht. Mit einem Vorworte v. H. Brunn. Stuttgart 868. Ebner & Seubert. gr. 8. (X, 197 S.) n. 28 ngr.

Schlie, F., s.: Denkmal, das, des Großherzogs Friedrich Franz II. v. Mecklenburg-Schwerin.

Schlie, F., Die Fortführung der Helena auf etruskischen Aschenkisten. 1867. 15 S.

Schlie, Frdr., üb. Nikolaus Knüpfer u. ein. s. Gemälde, bes. üb. s. „Jagd nach d. Glück" (sog. Contento) in München u. Schwerin. Zugl. e. Beitrag zur Elsheimer Frage. [Aus d. Schweriner Museum.] 4. (IV, 32 S. m. 13 Lichtdr.-Taf.) Schwerin 896. Bärensprung'sche Hofbuchdr. n. 8. —

Schlie, Frdr., d. Kunst- u. Geschichts-Denkmäler d. Grossherzogth. Mecklenburg-Schwerin. Im Auftrage des grossherzogl. Ministeriums d. Innern hrsg. v. d. Commission zur Erhaltg. d. Denkmäler. I. u. II. Bd. Lex.-8. Schwerin, Bärensprung'sche Hofbuchdr. à n. 6. 75; geb. à n.n. 9. 25
I. Die Amtsgerichtsbezirke Rostock, Ribnitz, Sülze-Marlow, Tessin, Laage, Gnoien, Dargun, Neukalen. (XVIII, 612 S. m. Abb. u. 41 Taf.) 896.
II. Die Amtsgerichtsbezirke Wismar, Grevesmühlen, Rehna, Gadebusch u. Schwerin. (XIV, 692 S. m. Abb. u. 74 Lichtdr.-Taf.) 898.

Die Kunst- und Geschichts-Denkmäler des Grossherzogthums Mecklenburg-Schwerin. Im Auftr. d. Grossh. Minist. d. Innern hrsg. von d. Comm. z. Erhaltung d. Denkm. Bearb. von Friedrich Schlie. Bd 1–3. *Schwerin i. M.: Bärensprung 1896–99.* 3 Bde 4°(8°)
1. Die Amtsgerichtsbez. Rostock, Ribnitz, Sülze-Marlow, Tessin, Laage, Gnoien, Dargun, Neukalen. 1896.
2. Wismar, Grevesmühlen, Rehna, Gadebusch u. Schwerin. 1898.
3. Hagenow, Wittenburg, Boizenburg, Lübtheen, Dömitz, Grabow, Ludwigslust, Neustadt, Crivitz, Brüel, Warin, Neubukow, Kröpelin u. Doberan. 1899.

Schlie, Frdr., die Kunst- u. Geschichts-Denkmäler des Grossherzogth. Mecklenburg-Schwerin. Im Auftrage des grossherzogl. Ministeriums des Innern hrsg. von der Commission zur Erhaltg. der Denkmäler. 4 Bde. Lex.-8. Schwerin (Bärensprung'sche Hofbuchdr.) à n. 12. —; geb. à n.n. 14. 50
I. Die Amtsgerichtsbezirke Rostock, Ribnitz, Sülze-Marlow, Tessin, Laage, Gnoien, Dargun, Neukalen. 2. verb. u. verm. Aufl. (XIV, 625 S. m. Abb. u. Taf.) 898.
II. Die Amtsgerichtsbezirke Wismar, Grevesmühlen, Rehna, Gadebusch u. Schwerin. 2. Aufl. (XIV, 668 S. m. Abb. u. Taf.) 899.
III. Die Amtsgerichtsbezirke Hagenow, Wittenburg, Boizenburg, Lübtheen, Dömitz, Grabow, Ludwigslust, Neustadt, Crivitz, Brüel, Warin, Neubukow, Kröpelin u. Doberan. 2. Aufl. (XII, 726 S. m. Abb. u. Taf.) 900.
IV. Die Amtsgerichtsbezirke Schwaan, Bützow, Sternberg, Güstrow, Krakow, Goldberg, Parchim, Lübz u. Plau. (XVIII, 635 S. m. Abb. u. Taf.) 901.

Schlie, Frdr., die Kunst- u. Geschichts-Denkmäler des Grossherzogth. Mecklenburg-Schwerin. Im Auftrage des grossherzogl. Ministeriums des Innern hrsg. v. der Commission zur Erhaltg. der Denkmäler. 4. u. 5. (Schluss-)Bd. Lex.-8. Schwerin, Bärensprung'sche Hofbuchdr. à n. 12. —; geb. à n.n. 14. 50
4. Die Amtsgerichtsbezirke Schwaan, Bützow, Sternberg, Güstrow, Krakow, Goldberg, Parchim, Lübz u. Plau. 2. Aufl. (XVIII, 635 S. m. Abbildgn. u. Taf.) 901.
5. Die Amtsgerichtsbezirke Teterow, Malchin, Stavenhagen, Penzlin, Waren, Malchow u. Röbel. 2. Aufl. Mit e. Anh. üb. einige ältere Denkmäler ausserhalb Landes u. e. Generalregister üb. alle 5 Bde. (XI, 650 S.) 902.

—— zu den Kyprien. Eine archaeolog. Abhandlung. gr. 4. (45 S.) Berlin 874, G. Reimer. *

Schlie, F, Das Leben Schliemanns. S.-A. 1876. 10 S.

— s.: Meister, d. Hamburger, v. J. 1435.

Schlie, Friedr., zwei populäre Vorträge aus dem Gebiet der Kunst- und Alterthumswissenschaft. I. Ueber alte und neue Kunst. Gehalten am 12. Decbr. 1874 in der Aula des Gymnasiums zu Schwerin. II. Ueber Einführung der Kunstgeschichte in den Lehrplan der Gymnasien. Gehalten am 28. Febr. 1875 in der Aula des Gymnasiums zu Waren. gr. 8. (52 S.) Rostock 875, Stiller'sche Hofbuchh. * 1 25

Schulwandkarte vom Stadt- u. Landkreis Kiel, gez. u. bearb. v. Hermann Schlie. Maßstab 1 : 25 000. Kiel und Leipzig. 1900. Lithogr., farbig. 6 Bl. Fol., 86/101 cm.

Schlie, Martin, appr. Arzt a. Schwerin: (Aus der chirurgischen Klinik zu Rostock.) Beitrag zur operativen Behandlung des Oesophagusdivertikel. Rostock 1905: Bärensprung, Schwerin i. M. (31 S.) 8°
Rostock, Med. Fak., Ref. Müller, Diss. v. 30. Juni 1905
[Geb. 9. Jan. 74 Waren i. M.; Wohnort: Schwerin; Staatsangeh.: Meckl.-Schw.; Vorbildung: Gymn. Schwerin Reife O. 94; Studium: München 3, Rostock 3, Kiel 3, Heidelberg 2, Halle 2 S.; Coll. 13. Febr. 04; Approb. 12. Febr. 04.]

Schlie, W[alter], Referendar a. Schwerin: Die L e i h e nach dem Bürgerlichen Gesetzbuche. Schwerin i. M. 1905: Bärensprung. (62 S.) 8°
Rostock, Jur. Fak., Ref. Bernhöft, Diss. v. 5. Aug. 1905
[Geb. 29. Dez. 77 Schwerin; Wohnort: Schwerin; Staatsangeh.: Mecklenburg-Schw.; Vorbildung: Gymn. Fridericianum Schwerin Reife M. 96; Studium: München 2, Berlin 1, Heidelberg 1, Berlin 1, Rostock 2 S.; Rig. 4. Juli 05.]

Schliebe, Alb., das alte Lied der Liebe. Ein Novellenkranz. (120 S.) kl. 8. Stuttgart 904. Strecker & Schröder.
n. 1. 50; geb. n. 2. 20

Schliebe, Alb., das Schönste auf der Welt. Ein Novellenkranz. (120 S.) kl. 8. Chemnitz (907). H. Thümmler. 1. —

Schliebe, ... De cantore fodinarum. Wittenberg. 1750. 32 S.

Schliebeck, Peter, Referendar: Die zeitliche S c h e i d u n g des Fruchtlebens vom Menschenleben im Strafrecht mit einem geschichtlichen Überblick von der peinlichen Gerichtsordnung Karls V. an und einer vergleichenden Darstellung des Zivilrechtes. Borna-Leipzig 1910: Noske. 67 S. 8°
Heidelberg, Jur. Diss. v. 24. Juli 1910, Ref. v. Lilienthal
[Geb. 23. Juli 80 Baal b. Aachen; Wohnort: Baal; Staatsangeh.: Preußen; Vorbildung: Gymn. M.-Gladbach Reife 0. 02; Studium: Bonn 6 S.; Rig. 7. Juni 10.] [U. 10. 2008

Schlieben [Schlagwort]

Schlieben, s.: Preussen. Messtischblätter.

Schlieben [Verfasser]

Schlieben. Anfangsgründe der Feldbefestigungskunst, nebst der Vertheidigung und dem Angriff der Schanzen etc. Zum Vortrag in Militär Akademien. 8. Leipzig 1811.

Schlieben, Gesundheitsbuch f. d. Phosphorzündwaarenfabrikation, s. a. Wegweiser d. Gewerbehygiene.

[5.] Gesundheitsbuch für die Phosphorzündwaarenfabrikation m. Berücks d. Hausindustrie. Von Dr. **Schlieben**, Arzt in Waldheim i. S. *Berlin: C. Heymanns 1898.* (4 Bl., 41 S.) 1 Bd 8.
= **Wegweiser** d. **Gewerbehygiene**. No 2. [58. 6973

Schlieben, v., Die Invaliditäts- u. Altersversicherung. Vortrag, geh. im Erziehungsverein der Amtshauptmannschaft Zittau am 9. Febr. 1890. gr. 8°. Zittau, Oliva, 1890.

Schlieben, v., die Invaliditäts- u. Altersversicherung. Vortrag. gr. 8. (20 S.) Zittau 890. (Oliva.) n. — 20

Schlieben, A., die reitende Artillerie u. ihre Verbindung m. der Cavallerie. gr. 8. (23 S.) Saarlouis 874. Stein.
— 60

Schlieben, A., die reitende Artillerie und ihre Verbindung mit der Cavallerie. gr. 8. (23 S.) Saarlouis 875, Stein. — 60

Schlieben, A. v, Bismarck-Lexikon. Zusammenstellg. der dauernd wertvollsten authent. Aussprüche Bismarcks, m. Quellenangaben, lexikalisch geordnet u. erweitert durch zahlreiche, zum größten Teil noch nicht veröffentlichte Privatgespräche Bismarcks u. Lothar Bucher. (In 6 Abtlgn.) 1. Abtlg. gr. 8. (S. 1—128.) Leipzig 899. Renger. n. 2. —

Schlieben, A. Geschichte der Steigbügel ... nebst Nachtrag
S. 165—231: 6 Taf. in Lithogr. Nachtrag: S. 45—52: 3 Taf. in Lithogr. 4°
Aus: Annalen des Vereins f. Nassauische Altertumskunde und Geschichtsforschung. Bd. 24. 1892
Nachtrag Bd. 25. 1893

Schlieben, A. S. G. v., Preußenworte, z. Verständigung üb. einige Lebensfragen d. innern Politik gesprochen. gr. 8. (2¾ B.) Magdeburg 835, (Heinrichshofen.)

Die an dem Huldigungs-Tage des Königs Friedrich — — — in Versammlung derer vom Herren-Stande — — — auf dem Schlosse zu Königsberg i. Pr. i. J. 1740 d. 20. Julii gehaltene Huldigungs-Rede von Ihro Exc. Hrn. Adam Ernst Grafen von S c h l i e b e n. 4.

Schlieben, Adph.. über den Einfluss d. a s i a t i s c h e n R e l i g i o n e n auf d. Lehren d. Christentums. gr. 8. (69 S.) Wiesbaden 895. R. Bechtold & Co. n. 1. —

Schlieben, Adph., der Esel u. der Mensch. Ein Beitrag zur Kulturgeschichte. gr. 8. (143 S.) Wiesbaden 894. R. Bechtold & Co. n. 1. —

Schlieben, Adph., die Pferde des Alterthums. Neuwied 867. Heuser's Verlag. gr. 8. (VIII, 231 S.)
1 ₰ 15 ngr.

S c h l i e b e n, Adph. Das Schwein in der Kulturgeschichte. 8. (63 S.) Wiesb. 890, Bechtold u. Comp. 1 —

Das Schwein in der Kulturgeschichte. Von A d o l p h **Schlieben**, Major a. D. *Wiesbaden: R. Bechtold & C. [1895].* (6. S., 2 Bl.) 1 Bd 8. [96. 8248

—— Ritterliche Übungen u. Cirkus-Belustigungen in alter u. neuer Zeit. 12. (104 S.) Lpz. 889, Siegismund u. Volkening. 1 50
geb. * 2 —

Schlieben, Ernst

Schlieben, E., G e l e g e n h e i t s g e d i c h t e f. Christenleute. 8. (256 S.) Groß-Lichterfelde 898. E. Runge. **n. 2. —**

Schlieben, E., pastorale Tischreden. Gesammelt u. hrsg. 8. (VIII, 224 S.) Gr. Lichterfelde-Berlin (899). E. Runge.
n. 2. —

BRIEF, E i n, ü b e r J e n a. Humoreske (von *Erwin Schlieben*). Leipzig 1877.
Anon.-Lex. V. p. 56 (nach Erman & Horn). — Zahm.

Schlieben, Erwin
Moderne Freier. Erzahlung. Berlin 1873.
In: Roman-Zeitung, Deutsche. Bd 1.

Schlieben, Erwin, moderne F r e i e r. Roman. 2 Bde. 8. (208 u. 212 S.) Berlin 873. Janke. 7. 50

Schlieben, Erwin, hinter der Front. Roman. 3 Bde. 8. (209; 212; 204 S.) Jena 875, Costenoble.

— Halbmenschen. Eine Historie. 2 Bde. 8. (IX, 238 u. 246 S.) Hamburg 871. Hoffmann & Campe Verl. 6. —

Schlieben, Erwin, Johanna. Ein ostpreuß. Idyll. (Oldenburg 868. Schulze. gr. 16. (141 S.) 15 ngr.

— das Judenschloß. Roman. 3 Bde. 8. (304, 320 u. 320 S.) Preßburg 876. Heckenast. n. 12. —

—— der Kirchenbau zu Hennersdorf. 8. (107 S. mit Holzschntaf.) Bremen 877. Nordwestdeutscher Volksschriften-Verlag. cart. *

Schlieben, Erwin, der Kirchenbau zu Hennersdorf. Eine Erzählg. Neue Ster.-Ausg. 12. (111 S. m. Titelbild.) Reutlingen (901). Enßlin & Laiblin. — 25

—— die Kronenbraut. Eine Erzählung. 8. (232 S.) [Leipzig 877. C. J. Günther.] Berlin, Nicolai'sche Buchh. *

—— drei Novellen. 8. (260 S.) Ebendas. 878.

Schlieben. [illegible]

— de antiqua Germanorum poesi aenigmatica. Dissertatio inauguralis. Berlin 866. Calvary u. Comp. gr. 8. (36 S.) n. 10 ngr.

Schlieben, Georg *Rudolf Albrecht* [aus Stargard i. Pomm.]: Ein Fall von Hemiplegie bedingt durch ein Sarkoma metastaticum cerebri ... Greifswald, Druck v. J. Abel, 1895; 31 S. 8.
Greifswald, Med. Fak., Inaug.-Diss. v. 2. März 1895

Schlieben, Frl. Gertr. v., s.: Robertus, Gerda v.

Schlieben, Rich. v., die Arbeiterfrage und die conservative Partei. Rede, gehalten in einer Versammlung conservativer Männer am 23. Febr. 1879 zu Chemnitz. gr. 8. (11 S.) Chemnitz 878, (Winter.)

Schlieben, Rich. v., die Arbeiterfrage u. die conservative Partei. Rede, geh. in einer Versammlung conservativer Männer am 23. Febr. 1879 zu Chemnitz. gr. 8. (11 S.) Chemnitz 879. (Winter.) n. — 15

Schlieben. W. A. von.
s. Schlieben, Wilhelm Ernst August von

SCHLIEBEN, Wilhelm Ernst August v.: Anleitung zur Praktik der niederen Messkunde als Instruktion für Civilingenieure bearb. - Dresden 1828. 2 Bd. m. 10 Kupf. - Neue Ausgabe u. d. T.: Die niedere Meßkunde als Instruction für Civilingenieure. Quedlinburg 1843. 2 Bd. m. 10 Kupf. - 3. umgearb. u. verm. Aufl. u. d. T.: Vollständiges Hand- und Lehrbuch der gesammten niederen Meßkunde. Quedlinburg 1845. Zum Selbstunterricht bearb. v. J. B. Montag. - 4. sehr verb. u. stark verm. Aufl. u. d. T.: Vollständiges Hand- und Lehrbuch der gesammten Feldmeßkunst, worin die Aufnahme, Berechnung und Theilung aller Felder, Wiesen, Gärten, Wege etc. ferner: das Höhenmessen, Nivellieren, Markscheiden, die Separation und das Planzeichnen etc. auf die einfachste und zuverlässigste Weise vorgetragen sind. Ein Nachschlagebuch für Vermessungs-Conducteurs, Forstbeamte, Oeconomen etc. ebd. 1857. XVI, 464 S., 1000 Fig. - 5. sehr verb. u. stark verm. Aufl. ebd. 1861. XV, 447 S., 1000 Fig. - 6. sehr verb. u. stark verm. Aufl. ebd. 1870. XVI, 482 S., 1000 Fig. - 7. sehr verb. u. verm. Aufl. ebd. 1875. XIV, 488 S., üb. 1000 Fig. - 8. sehr verb. u. verm. Aufl. ebd. 1879. XVI, 544 S., üb. 1000 Fig. - 9. vollst. umgearb. Aufl. u. d. T.: Vollständiges Hand- und Lehrbuch der gesammten Landmeßkunst mit besonderer Berücksichtigung der pr. Vermessungs-Vorschriften: Kat. Anw. VIII u. IX vom 25. Oct. 1881. Ein Nachschlagebuch für Landmesser, Geometer, Kulturtechniker, Ingenieure, Offiziere, Forstbeamte, Landwirte und Diejenigen, welche aus Beruf oder Neigung für praktische Flurvermessung sich interessieren. 1. Bd.: Vorstudien und Instrumentenkunde. 5 H. - 1. u. 2. H.: Halberstadt 1894. 192 S., m. Fig., 1 Taf. 3.-5. H.: Halberstadt, Leipzig 1895. XIV, S. 193-485, m. Fig. Allg. verständl. dargest. u. z. Selbst-Unterricht vollst. neubearb. u. hrsg. v. W. Caville

— Anleit. zur Praktik der niedern Meßkunde, als Instruktion f. Civilingenieure. 2 Bdchen. Mit 10 Kpft. 8. Dresd. 828. Hilscher. 18 gr. Hbg. Pr. 12 gr.

Schlieben, Wilh. Ernst Aug. v., Anleitung zur Praktik d. niedern Meßkunde, als Instruction f. Civilingenieure. 2 Bdchn. 8. (12 B. u. 10 Kpfrt.) Dresden 828. [Zittau, Nauwerck.] 12 Gr., hrbgs. Pr.

— Anleitung zur Practik der niedern Meßkunde für Civilingenieure bearbeitet. 2 Bdchen. Mit 10 Kpfrtaf. 16. Dresden 828. Quedlinburg, Ernst. 5/12 Rthlr.

—— Ansichten üb. Zweck u. Einrichtung statist. Sammln., od. Bureau's. Zur Beurtheil. vorgelegt. gr. 8. (3½ B.) Halle 830, Anton.

v. Schlieben, W. E. A., statistische Aphorismen in Beziehung auf Nationalökonomie u. Staatenkunde. 1e Abthl. gr. 8. Leipzig 837. Gerh. Fleischer. (Frohberger.) ½ Rthlr.

Schlieben, Wilh. Ernst Aug. v., statist. Aphorismen in Bezieh. auf Nationalökonomie u. Staatenkunde. 1. Abthl. gr. 8. (5 B.) Leipzig 837, [Kummer.]

—— Atlas von Amerika, in 30 (v. Werner lith.) Charten u. e. erläut. Texte. Fol. (15 B.) Leipzig 830, Göschen. 3 Thlr. 12 Gr., ill.

v. Schlieben, (W. E. A.) Atlas von Europa, nebst d. Kolonien. Mit e. alphab. einger. Texte. 1e bis 8te Liefg. qu. Fol. Leipz. 826—27, Göschen. 10 Rthl. — ill.

—— Atlas von Europa, nebst d. Kolonien. 9—15. (letzt.) Lfg. qu. Fol. Leipzig 828—30, Göschen. 9 Thlr., ill.
Lfg. 9., 10. Der preuß. Staat. 2 Abthln. [1. (14 Kart. u. 19 Bl. T.), 2. (12 Kart. u. 22 Bl. T.)] 2 Thlr. 4 Gr., ill. 2 Thlr. 20 Gr.
„ 11., 12. Der österr. Staat, od. d. Kaiserth. Oesterreich. 2 Abthln. (51 Kart. u. 31 Bl. T.) 8 Thlr., ill. 4 Thlr. 8 Gr.
„ 13. Das russ. Reich in Europa mit Ausschluß v. Polen. (23 Kart. u. 21 Bl. T.) 1 Thlr. 8 Gr., ill. 1 Thlr. 18 Gr.
„ 14. Das Königr. Polen, d. Republik Krakau, d. italien. Staaten. (14 Kart. u. 27 Bl. T.) 1 Thlr. 4 Gr., ill. 1 Thlr. 12 Gr.
„ 15. Das britische Reich. (27 Kart. u. 21 Bl. T.) 1 Thlr. 8 Gr., ill. 1 Thlr. 16 Gr.
1—8. Lfg. Ebendas. 1825—27. 7 Thlr., ill. 10 Thlr. 22 Gr.

Schlieben, W. E. A. von, die Elemente der reinen Mathematik; erläutert durch Beyspiele aus d. Naturlehre, Statistik u. Technologie. 1ste Abtheil.: die Rechenkunst u. Algebra. 1r u. 2r Thl. 8. Leipzig, Brockhaus. 817. 18. (1r Thl. die Rechenkunst 18 Gr. 2r Theil die Algebra 1 Thlr.)

— s. K. A. Engelhardt, Vaterlandskunde.

Schlieben, W. E. A. v., Encyklopädie d. f. den Infanterie-Officier vorzügl. nöthigsten Wissenschaften. 2r Band, die Anfangsgründe d. Feldbefestigungskunst enthaltend, mit 5 Kupfert. 8. Leipz. Barth. 811.

SCHLIEBEN, Wilhelm Ernst August v.: Der selbstlehrende Feldmesser, oder erster Unterricht in der Feldmeßkunst, für Amts- und Stadtfeldmesser, Oekonomen, Forstmänner. - Leipzig 1811. 358 S., 10 Taf. - 2. Abth. u. d. T.: Der selbstlehrende Feldmesser. Beiträge und Erfahrungen im Gebiete der Feldmeßkunst. ebd. 1836. 6 Taf.

— der selbstlehrende Feldmesser, od. erster Unterr. in d. Feldmeßkunst, f. Amts- u. Stadtfeldmesser, Oekonomen, Forstmänner. Mit 10 Kpf. 8. Leipz. 811. Barth. 1 Rthlr. 15 gr.

Schlieben, Wilh. Ernst Aug. v., der selbstlehr. Feldmesser. 2. Abthl. Beiträge u. Erfahrn. im Gebiete d. Feldmeßkunst. 8. (15¼ B. u. 6 Stnt.) Leipzig 836, Barth. Thlr.
1. Abthl. Ebendas. 1811. 1 Thlr. 15 Gr.

— Neuestes Gemälde d. deutschen Bundesstaaten.
s.a. Schütz. (J. B.): Erdkunde. 16. u. 20. Bd.

Schlieben, Wilh. Ernst Aug. v., Neuestes Gemälde der deutschen Bundesstaaten. Th. 1. 2. Wien 1831–32. 8.
A. u. d. T.: Schütz, (J. H.), Allgemeine Erdkunde. 16. u. 20. Bd. . . . . (D.)

—— neuestes Gemälde d. Preuß. Monarchie, s. Schütz, (J. B.), Erdkunde, 15. Bd.

—— Grundzüge e. allgem. Statistik aus d. Gesichtspunkte d. Nationalökonomie. gr. 8. (9½ B. u. 3 Tab. qu. ½ gr. Fol.) Wien 834, Wallishausser.

—— Hand- und Lehrbuch der gesammten Feldmeßkunst, enth. die Aufnahme, Berechnung und Theilung aller Felder, Wiesen, Gärten, Wege ꝛc. nach dem Metersystem; ferner das Abstecken der Eisenbahn-Curven, das Höhenmessen, Nivelliren ꝛc., nebst dem Wichtigsten vom Straßenbau und dem Planzeichnen; sowie eine Sammlung der vorzüglichsten Examinations- und Prüfungs-Aufgaben. Ein Nachschlagebuch für Geometer, Forstbeamte, Militairs, Oekonomen und Diejenigen, welche Feldgrundstücke zu vermessen haben. Zum Selbstunterricht hrsg. von J. B. Montag. 8. sehr verb. und verm., mit 10 (lithogr.) Taf. (in qu. Fol.) [über 1000 Fig.] verseh. Aufl. 8. (XIV, 488 S.) Ebendas. 875.

Schlieben, W. E. A. v., vollständiges Hand- und Lehrbuch der gesammten Feldmeßkunst, worin die Aufnahme, Berechnung und Theilung aller Felder, Wiesen, Gärten, Wege ꝛc. ferner: das Höhenmessen, Nivelliren, Markscheiden, die Separation und das Planzeichnen ꝛc. auf die einfachste und zuverlässigste Weise vorgetragen sind. Ein Nachschlagebuch für Vermessungs-Condukteurs, Forstbeamte, Oekonomen ꝛc. Zum Selbstunterrichte bearb. von J. B. Montag. 4. sehr verb. u. stark verm. Aufl. Mit mehr als 1000 Fig. auf 8 lith. Bgn. (in Fol.) Quedlinburg 857. Ernst. 8. (XVI, 464 S.) 1 ℛ. 15 ngr.

Schlieben, W. E. A. v., vollständiges Hand- u. Lehrbuch der gesammten Feldmeßkunst, worin die Aufnahme, Berechnung u. Theilungen aller Felder, Wiesen, Gärten, Wege ꝛc. ferner: das Höhenmessen, Nivelliren, Markscheiden, die Separation ꝛc. auf die einfachste u. zuverlässigste Weise vorgetragen sind. Zum Selbstunterricht herausg. von J. B. Montag. 5., sehr verb. u. mit 1000 Fig. auf 9 lith. Bog. (in gr. Fol.) stark verm. Aufl. Quedlinburg 861. Ernst. 8. (XV, 447 S.) 1 ℛ 20 ngr.

Schlieben, W. E. A. v., vollständiges Hand- und Lehrbuch der gesammten Feldmeßkunst, worin die Aufnahme, Berechnungen und Theilungen aller Felder, Wiesen, Gärten, Wege ꝛc., ferner das Höhenmessen, Nivelliren, Markscheiden, die Separation und das Planzeichnen, nebst einer Sammlung der vorzüglichsten Examinations- oder Prüfungs-Aufgaben auf die einfachste und zuverlässigste Weise vorgetragen sind. Zum Selbstunterricht hrsg. von J. B. Montag. 6. und 7. sehr verb. und mit 1000 Fig. auf 9 sauber lithogr. Bog. (in Fol.) stark verm. Aufl. br. 8. (XVI, 492 S.) Quedlinburg 870,73, Ernst'sche Buchh.

Schlieben's, W. A. v., vollständiges Hand- und Lehrbuch der gesammten niederen Feldmeßkunst, enth. die Aufnahme, Berechnung und Theilung aller Felder, Wiesen, Gärten ꝛc., ferner das Abstecken der Eisenbahn-Curven, das Höhenmessen, Nivelliren ꝛc., nebst dem Wichtigsten vom Straßenbau und dem Planzeichnen, sowie eine Sammlung der vorzüglichsten Examinations- oder Prüfungs-Aufgaben. Ein Nachschlagebuch für Forstbeamte, Militairs, Oekonomen und Diejenigen, welche Feldgrundstücke zu vermessen haben. Zum Selbstunterrichte bearb. von J. B. Montag. 8., sehr verb. und verm., mit 10 (lithogr.) Taf. [über 1000 Fig. enth.] verseh. Aufl. 8. (XVI, 544 S.) Quedlinburg 879, Ernst'sche Buchh.

Schlieben, W. E. A. v., vollständiges Hand- u. Lehrbuch der gesammten Landmesskunst m. besond. Berücksicht. der pr. Verm.-Vorschriften: Kat. Anw. VIII u. IX vom 25. Oct. 1881. Ein Nachschlagebuch f. Landmesser, Geometer, Kulturtechniker, Ingenieure, Offiziere, Forstbeamte, Landwirte u. Diejenigen, welche aus Beruf od. Neigg. f. prakt. Flurvermessg. sich interessieren. Allgemein verständlich dargestellt u. zum Selbst-Unterricht vollständig neu bearb. u. hrsg. v. W. Caville. 9., vollständig umgearb. Aufl. 1. Bd.: Vorstudien u. Instrumentenkunde. (In 5 Hftn.) 1. u. 2. Hft. Lex.-8. (192 S. m. Fig. u. 1 Taf.) Halberstadt 894. Ernst. à Hft. n. 2. —

Schlieben, W. E. A. v., vollst. Hand- u. Lehrbuch d. ges. Landmesskunst m. bes. Berücksicht. der pr. Verm.-Vorschriften: Kat.-Anw. VIII u. IX vom 25. Okt. 1881. Ein Nachschlagebuch f. Landmesser, Geometer, Kulturtechniker, Ingenieure, Offiziere, Forstbeamte, Landwirthe u. Diejenigen, welche aus Beruf od. Neigg. f. prakt. Flurvermessg. sich interessieren. Allgem. verständl. dargest. u. z. Selbst-Unterr. vollst. neu bearb. u. hrsg. v. W. Caville. 9., vollst. umgearb. Aufl. 1 Bd.: Vorstudien u. Instrumentenkunde. 3.—5. Hft. Lex.-8. (XIV u. S. 193—485 m. Fig.) Halberstadt 895. Leipzig, Ernst. à Hft 2. —
(1. Bd. kplt.: n. 10. —; geb. n. 12. 50)

Schlieben, Wilh. Ernst Aug. v., vollständ. Hand- u. Lehrbuch der gesammten niederen Meßkunde. 3., umgearb. u. verm. Aufl. Zum Selbstunterricht bearb. v. J. B. Montag. 8. (28 B. u. 28 Stnt.) Quedlinburg 845, Ernst'sche Buchh.

— neues geographisch-statistisches Handlexikon aller Länder der Erde. Zusammengestellt nach den neuesten bekannten Angaben. 11 Lfrgg. A. u. d. T.: Geographisch-statistische Supplemente zum Conversations-Lexikon nach den Bedürfnissen des Geschäftslebens. gr. 8. Weimar 835, 36. Hoffmann. (à ½ ℛ) 5 ℛ

— Kulturkarte d. Königr. Sachsen. Mit besond. Angabe d. vorfindl. Naturmerkwürdigkt. u. and. wichtiger Gegenstände. In gr. Colomb.-Form. Leipz., Göschen. 3 ℛ illum. 4 ℛ

—— Lehrgebäude d. Geographie mit histor., statist. u. geschichtl. Andeutungen ꝛc., zum öffentl. u. häusl. Unterr. in dies. Wissenschaft. 3 Thle. gr. 8. Leipzig, Göschen.
Thl. 1., 2. Die östl. u. westl. Hälfte v. Europa. (4 Abthln.) (78½ B., 1 Höhencharte u. 44 Specialchart.) 828., einzeln 14 Thlr.
" 3. Asien, Afrika, Amerika u. Australien, nebst 5 Generalcharten (Imp.-Fol. — u. e. genauen Register über alle 3 Thle.) (61 B.) 830., einzeln 8 Thlr.

SCHLIEBEN, W. E. A. v.: Encyclopädisches Lexicon der Erd-, Land- und Feldmessung nebst der Entwerfung der Charten und Risse etc. .. - Leipzig 1821. 311 S., 14 Taf.

— — encyklopädisches Lexicon der Erd-, Land- u. Feldmessung, nebst der Entwerfung der Charten und Risse, zunächst bearbeitet für Ingenieur, Cameralisten u. Civilgeometer. Mit 14 Kupfertaf. in Fol. und gr. 4. gr. 8. Leipzig, Hinrichs. 821.

—— die niedere Meßkunde als Instruction für Civilingenieure. 1. u. 2. Bdchn. Neue Ausg. 12. (9 B. u. 10 Kpfrt.) Quedlinburg 843, Ernst'sche Buchh.

- (Hrsg.). s. Monographien, Kriegsgeschichtliche und kriegswissenschaftliche, ...

Schlieben, W. E. A. v.: Praktik der niedern Messkunde. Dresden 1828. 2 Bde. 12°

— das Königreich Sachsen, als Wandkarte, zum Gebrauche beim Elementarunterrichte dargestellt. 4 lithogr. u. ill. Blätt. in Imp.-Fol. Leipzig 835. Barth. n. 1⅙ ℛ

— Situationszeichnenschule zum Unterr. f. Cameralisten, Oekonomen, Forstmänner ꝛc. Mit ill. u. schwarz. Planen. qu. Fol. Leipz. 817. 2e Aufl. 820. (Brockhaus). 2 ℛ 20 gr.

Schlieben, W. E. A. v., Situationszeichnenschule zum Unterricht für Cameralisten, Oekonomen, Forstmänner u. s. w. 2te verm. Aufl. Mit illum. u. schwarzen Planen. qu. Fol. Leipzig, Gleditsch. 819. Rthlr.

von Schlieben, W. E. A., Situations-Zeichenschule zum Unterricht für angehende Kameralisten und Oekonomen entworfen. Neue mit zwei Planen vermehrte Auflage. Mit drei colorirten und vier schwarzen Kupfertafeln. Leipzig 1820. VI, 28 S., 7 Tf. 8°.

—— Staatengeographie der Länder u. Reiche v. Europa, od. Uebersicht d. Lebens u. Wirkens d. Völker in d. einzelnen Staatsverbindungen. Bearb. als besond. Abtheilung d. Erdkunde u. mit Berücksichtig. d. neuesten Zustandes, zum Unterr. auf höh. Bildungsanstalten. gr. 8. (47¼ B.) Halle 833, Anton.

— Stellungen u. Bewegungen der kursächs. Infanterie nach d. neuen Exercier-Reglement v. 1804, nach taktisch. Grundsätzen gezeichnet u. mit Erklärr. versehen. Mit 10 Kpftaf. Altenb. 805. Schnuphase. 1 ∱ 12 ℊ; illum. 2 ∱ 12 ℊ

— Stellungen der chursächsischen Infanterie 1805. m. K. Altenb. Schnuphase.

illum.

Schlieben, W. E. A. v. Das Unentbehrlichste der Feldbefestigungskunst, der Verteidigung und des Angriffs der Schanzen, verschanzter Dörfer ꝛc. Mit Taf. Erfurt 1806. 198 S.

— das Unentbehrlichste d. Feldbefestigungskunst, d. Vertheidigung u. d. Angriffs d. Schanzen ꝛc. Mit 4 Kpft. gr. 8. Erfurt 806. Keyser. 1 ∱ 4 ℊ

Schlieben, W. E. A. v. Versuch einer Encyklopädie der für den Infanterie-Officier vorzüglichst nöthigen militärischen Wissenschaften. Mit Kupfern. (2 Bde.) 8. Leipzig 1809 und 1811.

v. Schlieben, Wlh. Er. Aug., Versuch e. Encyklopädie f. Infanteristen. Anfangsgr. d. reinen Taktik. 1r Bd. Mit 4 Kpft. 8. Leipz. 809. Barth. 15 ℊ 2r Bd. Feldbefestigungskunst. Mit 5 Kpft. 8. Ebd. 811. 18 ℊ

Schlieben, Wilhelmine Louise Elisabeth von

— [illegible]

Schlieben, Wilhelmine v., Gedichte mit Vorrede v. J. C. Troschel. 8. Berlin, Himburg. 795.

v. Schlieben, Wilh. Louise Elisab., Mitfeier denkwürd. Begebenheiten in d. J. 1813 bis 1816, ein Versuch in Predigten. gr. 8. Sulzb. 817. v. Seidel. 16 ℊ

Sachsens Mitgefühl beym Grabe des grossen Friedrichs. An die Karschin auf ihren Zuruf an den Fremdling gesagt durch Wilhelmine Louise von Schlieben aus der Niederlausitz. Im Augustmond 1786. Berlin, gedruckt bey G. J. Decker, Königl. Hofbuchdrucker. 8

Schliebitz, Eberhard. Referendar: Die Erwerbsgenossenschaften im weiteren Sinne mit Ausnahme der reinen Kapitalvereine. Breslau 1908: A. Stenzel. (VII, 54 S.) 8°

Breslau, Jur. Fak., Ref. Dahn-Leonhard, Diss. v. 18. Jan. 1908

[Geb. 25. Nov. 84 Breslau; Wohnort: Breslau; Staatsangeh.: Preußen; Vorbildung: König-Wilhelms-Gymn. Breslau Reife O. 04; Studium: Breslau 6 S.; Rig. 24. Juni 07.]

Schliebitz, Johs., s.: Jšo'dâdh's Kommentar zum Buche Hiob.

Schliebitz, Johannes, a. Breslau: Išo'dâdh's Kommentar zum Buche Hiob CC. 1—20. Leipzig 1906: W. Drugulin. (VII, 39 S.) 8° ¶(Aus: Zeitschrift f. alttestamentl. Wissenschaft Beih. 11.)

Tübingen, Phil. Fak., Ref. Seybold, Diss. v. 26. Jan. 1907

[Geb. 18. Mai 82 Breslau; Wohnort: Wittenberg; Staatsangeh.: Preußen; Vorbildung: König-Wilhelms-Gymn. Breslau Reife O. 01; Studium: Breslau 1, Berlin 2, Halle 3 S.; Coll. 10. Mai 06.]

1695 1895. Johann Christian Günther. Ein Lebensbild z. 200sten Wiederkehr von Günthers Geburtstage entworfen von Viktor Schliebitz. *Striegau: Ph. Tschorner 1895.* (50 S.) 8° [S.] [illegible]

Schliebitz, Viktor, Dr.: Leseübungen im französischen Unterricht. Breslau 1905: R. Nischkowsky. (26 S.) 4°

Breslau, k. Friedrichs-G OP 1905 (211)

Schliebitz, Victor [aus Striegau]: Die Person der Anrede in der französischen Sprache .... Breslau, Druck v. F. W. Jungfer (1886); 50 S. + 1 Bl. 8°.

Breslau, Phil. Fak., Inaug.-Diss. v. 9. Okt. 1886.

Schliebitz, Vict., die Person der Anrede in der französischen Sprache. Inaugural-Dissertation. gr. 8. (50 S.) Breslau 886, (Köhler.) *

Schliebs, Albert, Assistenzarzt b. 4. Westpr. Inf.-Reg. No. 140, a. Berlin: Neuere Behandlungsmethoden der Geschwülste des Nasenrachenraumes. Berlin 1908: Kroll. (28 S.) 8°

Greifswald, Med. Fak., Ref. Payr, Diss. v. 14. Mai 1908

[Geb. 16. Juni 81 Berlin; Wohnort: Hohensalza; Staatsangeh.: Preußen; Vorbildung: König-Albert-Gymn. Leipzig Reife O. 01; Studium: Kaiser-Wilhelms-Akad. Berlin 11 S.; Coll. 29. Febr. 08; Approb. 24. März 07.]

Schliebs, Georg *Walther* [aus Magdeburg]: Beiträge zur Kenntnis der organischen Metallverbindungen ... Erlangen, k. b. Hofbuchdr. v. A. Vollrath, 1893; 26 S., 1 Bl. 8.

Erlangen, Phil. Fak., Inaug.-Diss. v. 1893

Schliecker A, neue Aquarelle. (8 T) fol [VS] Wandsbeck 1892

Schlieckmann, die Aktiennovelle vom 18. Juli 1884. Ein Versuch, die Benutzg. d. Textes d. Handelsgesetzbuches, betr. die Kommanditgesellschaften auf Aktien u. die Aktiengesellschaften, durch Gegenüberstellg. zur erleichtern. gr. 8. (VIII, 104 S.) Berlin 894. C. Heymanns Verl. n. 2. —

Schlieckmann, die Gesellschaft mit beschränkter Haftg. Darstellg. dieser Gesellschaft z. Gebrauche in d. Praxis. gr. 8. (IV, 44 S.) Berlin 895. Siemenroth & Troschel. n. 1. —

Die Gesellschaft mit beschränkter Haftung und ihre Verwendbarkeit ... insbes. auch bei Zuckerfabriken von [Albert] Schlieckmann, Justizr. Mit e. Abdr. d. Gesetzes. *Halle 1893: Waisenhaus.* (63 S.) 8° [illegible] 3

Schlieckmann, Albrechtus Henricus Carolus de *[illegible] Magdeburg [illegible]*. De caussa Cn. Marcii Coriolani. Vratislaviae 1857. (54 S.) 8°

Breslau Jur. Diss. v. 7. Aug. 1857

Schlieckmann, E., Westfalens bemerkenswerte Bäume. Ein Nachweis hervorrag. Bäume u. Waldbestände, nebst Darstellg. der Standortsverhältnisse, des Verhaltens der einzelnen Baumarten u. deren histor. Bedeutg. Auf Grund amtl. u. sonst. Nachweise u. Mitteilgn. zusammengestellt u. bearb. Hrsg. auf Veranlassg. des Herrn Ministers f. Landwirtschaft, Domänen u. Forsten. (VIII, 96 S. m. 63 Abbildgn.) Lex.-8. Bielefeld 904. Velhagen & Klasing. Geb. in Leinw. n. 8. —

Schlieckmann, Emil

Schlieckmann, E., Handbuch der Staatsforstverwaltung in Preußen. Geordnete Darstellg. der bezügl. Gesetze, Kabinets-Ordres, Verordngn., Regulative u. Ministerial-Verfüggn. m. Quellenangabe. 2 Thle. in 1 Bd. [Neue Ausg.] gr. 8. (X, 281; VII, 340 u. Nachträge u. Veränderungen III, 58 S.) Berlin 883. Parey. n. 15. —

Schlieckmann, E., Handbuch der Staatsforstverwaltung in Preußen. Geordnete Darstellg. der bezügl. Gesetze, Kabinets-Ordres, Verordngn., Regulative u. Ministerialverfüggn. m. Quellenangabe. 2 Thle. gr. 8. Berlin 883. Grote. n. 13. 50; geb. n. 15. 50
1. Die Behörden u. Beamten. (VII, 340 S.) n. 6. ; geb. n. 7. -
2. Die Verwaltung. (VII, 340 S.) n. 7. 50; geb. n. 8. 50

— dasselbe. 2. Folge der Nachträge u. Verändergn. j. Thl. I. u. II. gr. 8. (III, 58 S.) Ebend. 886. n. 1. 20

Schlieckmann, E. Handbuch der Staatsforstverwaltung in Preußen. Geordnete Darstellg. der bezügl. Gesetze, Kabinets-Ordres, Verordngn., Entscheidgn. höchster Gerichtshöfe, Regulative, Staatsministerialbeschlüsse u. Ministerial-Verfüggn. m. Quellenangabe. 2., neubearb. Aufl. gr. 8. (XVIII, 772 S.) Berl. 889, Parey. geb. * 20 —

Schlieckmann, E., Handbuch der Staatsforstverwaltung in Preußen. Geordnete Darstellg. der bezügl. Gesetze, Kabinets-Ordres, Verordngn., Entscheidgn. höchster Gerichtshöfe, Regulative, Staatsministerialbeschlüsse u. Ministerial-Verfüggn. m. Quellenangabe. 3., neubearb. Aufl. gr. 8. (XV, 806 S.) Berlin 900. P. Parey. Geb. in Leinw. n. 22. —

Schlieckmann, Hans *Albrecht* [Referendar aus Halle a. S.]: Die Urkundenedition von Seiten Dritter nach der Reichs-Civilprocessordnung ... Halle a. S., Druck d. Buchdr. d. Waisenhauses, 1896; 2 Bl., 53 S., 2 Bl. 8.
Halle, Jur. Fak., Inaug.-Diss. v. 21. März 1896

Schlieder, A., Vierzig Tafeln turnerische Gruppierungen, 2. verm. u. verb. Aufl., Leipzig Gohlis, 4 S., 40 Taf., Quer 8°.

Schlieder, A., 40 Tafeln turnerische Gruppierungen (Freipyramiden u. Stuhlpyramiden f. 6—24 Turner). 6. unveränd. Aufl. (IV S. Text.) qu. kl. 8. Leipzig (904). Rauh & Pohle. n. 1. 50

Schlieder, H., s.: Pyramiden f. Turner.

Schlieder, Leopoldina, the principles of english grammar. gr. 8. (VI und 82 S.) Dessau 855, Neubürger.

Schlieder, Sophie Louise, die Majolika-Malerei. Anleitung für den Selbst-Unterricht. Lex.-8. (III, 24 S. mit 6 Taf.) Berlin 886, Bette.

Schlief, Eug., der Friede in Europa. Eine völkerrechtlich-polit. Studie. gr. 8. (XVI, 511 S.) Leipzig 892. Veit & Co n. 10. -

Schlief, Eug., die Verfassung der nordamerikanischen Union. gr. 8. (XX, 488 S.) Leipzig 880. Brockhaus. n. 9. —

Schlief, Eug., Zeitungskrieg u. Völkerfrieden! Eine kleine Lektion f. d. „Münchener Neuesten Nachrichten". 8. (26 S.) München 899. A. Schupp. n. — 20

Schlieffen, von, s. Erdenwandel. Der, unseres Herrn Jesu Christi.

Schlieffen, Graf von, Premierlieutenant im Regiment. Offizier Stammliste des königlich Preussischen Leib Garde-Husaren Regiments 1815 bis 1890 Im Auftrage des Regiments bearbeitet 8 Berlin 1890.

Schlieffen, Graf v., Theilnahme des königl. preußischen Garde-Schützen-Bataillons am Feldzuge d. J. 1866. Mit einer (lith.) Abbildg. Berlin 868. v. Decker. gr. 8. (39 S.) 7⅓ ngr.

Schlieffen, Heinr. Graf, d. Reichsbank b. e. nationalen Krisis. Ein Mahnwort an den deutschen Sparer. (46 S.) gr. 8. Leipzig 909. Dieterich. 1. —

Schlieffen, Martin Ernst: Einige Betreffnisse und Erlebungen Martin Ernst von Schlieffen. *Berlin: G. Reimer 1830—1840. XII, 1278 S.*

[SCHLIEFFEN, Martin Ernst von] 1732 - 1825
Von den Hessen in Amerika, ihrem Fürsten und den Schreyern.
Aus dem Französischen.
[Dessau: Buchhandlung der Gelehrten.] 1782. 22 S. 8°.
Staats- und Universitätsbibliothek Göttingen

Frankfurt-Leipziger Meßkatalog, Michaelismesse 1782, S. 426: mit Orts- und Verlagsangabe. Sabin 31617 u. Palmer: ohne Verfasser u. Ort.

[SCHLIEFFEN, Martin Ernst von] 1732 - 1825
Des Hessois en Amerique, de leur Souverain et des declamateurs.
o. O. 1782. 16 S. 8°.
Stadtbibliothek Schaffhausen
Johannes von Müller, der in diesen Jahren in Kassel lebte und gute Beziehungen zum Hof hatte, nennt Schlieffen als Vf. und nicht, wie vereinzelt vermutet worden ist, Luchet. Außerdem ist die Schrift wieder abgedruckt in Schlieffens Autobiographie.

(v. Schlieffen, Mart. Ernst.) Nachricht von dem pommerschen Geschlechte der von Sliwin oder Schlieffen. 4. s. l. (Cassel 1780.) — 2. verm. Aufl. 4. Cassel 1781.

v. Schlieffen, Frhrr. Mt. Er., s. Nachr. von e. Häusern d. Schlieffen.

(Schlieffen, Wilhelm Graf v.): Lungenseuche und Voigtländer. (Dresden 1857.) 108 S. 4°

Schlieffen-Wioska, Graf v., s.: Jahre, 100, braunschweig. Husaren.

Schlieker, Franz, Tierarzt in Engelskirchen: Beiträge zur Enterolithiasis und Untersuchung von Enterolithen des Pferdes und Rindes. (Aus dem Physiologischen Institute der Königl. Tierärztlichen Hochschule zu Hannover. Professor Tereg.) Cöln-Ehrenfeld 1910. 31 S. und zwei Tafeln. 8°. [18. II. 10.]
Bern, Vet.-med. Diss. 1909/10.

Schlieker, Franz. Beiträge zur Enterolithiasis und Untersuchung von Enterolithen des Pferdes und Rindes. Aus dem Physiologischen Institute der Königl. Tierärztlichen Hochschule zu Hannover.... Diss. Vet.-Med. Bern. Mit 2 Tafeln. 31 S. 8. Köln-Ehrenfeld, Hub. Schleypen, 1910.

Schlicker, Frdr., aus Höfen u. Katen. Heidegeschichten. (III, 113 S.) 8. Hannover (908). A. Sponholtz Verl. Geb. in Leinw. 2. 20

Schlicker, Frdr. u. With. Schlicker, s.: Kriut un Reuben, Calenbarger.

Buern un Stadtvolk. Humorist. Vortragsreime in Hoch- u. Plattdeutsch von Wilhelm **Schlicker**. Hannover: A. Sponholtz 1908. (48 S.) 8° [B.]
[08. 9999 9

Schlicker, Wilh., Buern un Stadtvolk. Humoristische Vortragsreime in Hoch- u. Plattdeutsch. 2. Aufl. (61 S.) kl. 8. Hannover 908. A. Sponholtz Verl. — 50

Schliemann. – Heinrich Schliemann

—— s. Gedächtnissfeier.

Schliemann d. j., s. Cheirisophos.

Schliemann, Adolph

Schliemann, A., kritische Bemerkungen zum Entwurfe eines allgemeinen deutschen Handelsgesetzbuches (nach den Beschlüssen der zweiten Lesung). Schwerin 858. Oertzen u. Schloepke. gr. 8. (84 S.) n. 15 ngr.

Schliemann, Adph., die Haftung des Cedenten. Ein Beitrag zur Lehre von der Cession. Eine von der rostocker juristischen Facultät gekrönte Preisschrift. 1. Ausg. 1848. und 2. Ausg. gr. 8. (V und 138 S.) Rostock 850, Stiller'sche Hofbuchh. *

Schliemann, Ad., die Clementinen nebst den verwandten Schriften u. der Ebionitismus, ein Beitrag zur Kirchen- u. Dogmengeschichte der ersten Jahrhunderte. gr. 8. (36½ B.) Hamburg 844, Fr. Perthes. *

—— die Lehre vom Zwange. Ein civilist. Abhandlung. gr. 8. (VIII und 207 S.) Rostock 861, Stiller'sche Hofbuchh.

Schliemann, und Lübker, Reden bei der Einführung des neuen Directors am großherzogl. Friedrich-Franz-Gymnasium zu Parchim am 28. April 1851 gehalten. 8. (25 S.) Parchim 851, (Wehdemann.) *

—— die clementinischen Recognitionen, eine Ueberarbeitung der Clementinen. gr. 8. (4⅞ B.) Kiel 843, Universitäts-Buchh.
Aus: Theologische Mitarbeiten 2c., besond. abgedruckt.

Schliemann, F., der Beruf des Lehrers, geschrieben für Eltern und Lehrer. Neubrandenburg 859. Brünslow. gr. 8. (XIV, 365 S.) n. 1 ℛ 10 ngr.

Schliemann, Ehrenrettung des Mecklenburgischen Landes-Katechismus. gr. 8. (56 S.) Wismar 880, Hinstorff'sche Hofbuchh. *

Schliemann, F., umschreibende Erklärg. d. mecklenburgischen Landeskatechismus. 2., nach Maßgabe der neuerlichst betr. d. religiösen Memorierstoffes getroffenen Verfügg., umgeänd. Aufl. gr. 8. (XVI, 226 S.) Wismar 891. Hinstorff's Verl. n. 3. —

Schliemann, F., die letzte Kirchenvisitation zu Meteln. Ein Culturgemälde aus der Mitte d. vor. Jahrh. 8. (61 S.) Waren 888. Kaibel's Nachf. n. 1. —

Schliemann, Gust., Herbstvision. Gelegenheitsgedicht gr. 16. (24 S.) Leipzig 873. Steinacker. n. 1. —

Schliemann, Heinr., trojanische Alterthümer. Bericht über die Ausgrabungen in Troja. gr. 8. (LVII, 319 S.) Leipzig 874, (Brockhaus' Sortiment und Antiq.) *

Schliemann, Heinr., Antiquités troyennes. Rapport sur les fouilles de Troie. Traduit de l'allemand par Alex. Rizos Rangabé. gr. 8. (LVII, 320 S.) Leipzig 874, (Brockhaus' Sortiment und Antiq.) * 6 —

—— Atlas trojanischer Alterthümer. Photographische Abbildungen zu dem Berichte über die Ausgrabungen in Troja. Fol. (57 S. Text und 218 Taf.) Ebendas. 874. In Mappe *

— **Atlas des antiquités Trojennes. Illustrations photographiques faisant suite au rapport sur les fouilles de Troie. Fol. (57 S. u. 218 Taf.) Ebend. 874. In Mappe.** n. 54. —

Schliemann, Heinr. Bericht üb. die Ausgrabungen in Troja im J. 1890. Mit e. Vorwort v. Sophie Schliemann u. Beiträgen v. Wilh. Dörpfeld. Mit 1 Plan, 2 Taf. u. 4 Abbildgn. gr. 8. (III, 60 S.) Lpz. 891, Brockhaus. · 2 50
Vgl.: Boettlcher, Ernst. — Schuchhardt, Carl.

Schliemann H. Bericht über seine Forschungen und Entdeckungen in Mykena. Leipzig 1878

Schliemann, Henri, Catalogue des trésors de Mycènes au musée d'Athènes. Avec un plan (lithogr.) de l'acropole de Mycènes, dans lequel toutes mes fouilles sont bien indiquées. 12. (III, 57 S.) Leipzig 882, (Brockhaus' Sortiment und Antiq.) cart. *

—— s. Fergusson, James, das Erechtheion und der Tempel der Athene Polias in Athen.

-- Ilios, Stadt u. Land der Trojaner. Forschungen u. Entdeckungen in der Troas u. besonders auf der Baustelle von Troja. Mit einer Selbstbiographie des Verf., einer Vorrede von Rud. Virchow u. Beiträgen von P. Ascherson, H. Brugsch-Bey, E. Burnouf, Frank Calvert, A. J. Duffield, J. P. Mahaffy, Max Müller, A. Postolaccas, A. H. Sayce u. R. Virchow. Mit ca. 1800 Abbildungen. Karten u. Plänen in Holzschn. u. Lith. Lex.-8. (XXIV, 880 S.) Leipzig 881. Brockhaus. cart. n. 42. —; geb. n. 45. —

—— **Ithaka, der Peloponnes und Troja. Archäologische Forschungen. gr. 8. (XX, 213 S. nebst 4 Lithogr. und 2 lithogr. Karten.) Leipzig 869, Giesecke und Devrient. [Brockhaus' Sortiment und Antiq.]** * 4 —

Schliemann, s. Methode Schl. zur Erlernung fremder Sprachen.

Schliemann, Heinr., Mykenae. Bericht über meine Forschungen und Entdeckungen in Mykenae und Tiryns. Mit einer Vorrede von W. E. Gladstone. Nebst zahlreichen Abbildungen (in Holzschn.), Plänen und Farbendr.-Taf., mehr als 700 Gegenstände enth. gr. 8. (LXVI, 447 S.) Leipzig 878, Brockhaus. * ℳ 30.; geb. -

Schliemann, Heinr., Orchomenos. Bericht über meine Ausgrabungen im böot. Orchomenos. gr. 8. (VI, 58 S. mit 9 eingedr. Holzschn.-Abbild. und 4 lithogr. Taf.) Ebendas. 881. * 3 —

—— **Reise in der Troas im Mai 1881. gr. 8. (V, 77 S. mit 1 lithogr. Karte.) Ebendas. 881.** * 2 —

— Selbstbiographie. [Aus: „Ilios".] Bis zu seinem Tode vervollständigt. Hrsg. v. Sophie Schliemann. Mit 1 Portr. in Heliograv. u. 10 Abbildgn. gr. 8. (V, 100 S.) Ebd. 892. n. 3. —; geb. n. 4. —

Schliemann, Heinr., Tiryns. Der prähistor. Palast der Könige v. Tiryns. Ergebnisse der neuesten Ausgrabgn. Mit Vorrede v. F. Adler u. Beiträgen v. W. Dörpfeld. Mit 188 Abbildgn., 24 Taf. in Chromolith., 1 Karte u. 4 Plänen. Lex.-8. (LXVIII, 487 S.) Leipzig 886. Brockhaus. n. 32. —; geb. n. 35. —

— Troja. Ergebnisse meiner neuesten Ausgrabgn. auf der Baustelle v. Troja, in den Heldengräbern, Bunarbaschi u. andern Orten der Troas im J. 1882. Mit Vorrede v. A. H. Sayce. Mit 150 Abbildgn. in Holzschn. u. 4 Karten u. Plänen in Lith. gr. 8. (XLV, 462 S.) Ebend. 884. n. 30. —; geb. n. 32. 50

— **Troia u. seine Ruinen. Vortrag, geh. in der Aula der Universität Rostock den 17. Aug. 1875. gr. 4. (21 S.) Waren 875. (Rostock, Stiller.)** n. 1. 20

Schliemann, Johannes [aus Linde (Westpr.)]: Ueber die Affinitätsgrössen der Säuren ... Stuttgart, Druck v. Glaser & Sulz, 1893; 78 S., 1 Tab. 8.
Tübingen, Naturw. Fak., Inaug.-Diss. v. 1893

Schliemann, M., Claus Hansen. Historische Erzählg. aus Mecklenburgs Vergangenheit. 8. (152 S.) Berlin 900. W. Süsserott. n. 2. —; geb. n.n. 2. 60; erm. Pr. n. 1. —; geb. n. 1. 60

Schliemann, W. Aus dem Wasser Siloah, das stille gehet. Hausandachten, nach der Ordnung d. Kirchenjahres bearb. Hrsg. v. H. Karsten u. G. Schliemann. gr. 8. (IV, 724 S.) [Gilstrow 891, Opitz u. Comp.] Gütersloh, Bertelsmann. geb. in Leinw. * 4 50 geb. m. Goldschn. * 5 50; in Chagrinldr. m. Goldschn. * 7 50

Schliemann, Wilhelm: Ueber die Cellobiose und die Acetolyse der Cellulose. 1910. 62 S. 8⁰ ¶ Vgl. J. Liebig's Annalen d. Chemie. Bd 378. 1911.
Hannover, Dr.-Ing.-Diss. v. 4. 7. 1910

Schlienbecker, Wilhelmine, Kochbuch. Hrsg. nach 50jähr. Wirksamkeit der Verf. in Frankfurt a/M. 2. verm. u. verb. Aufl. gr. 8. (IV, 199 S. m. photogr. Portr.) Frankfurt a/M. 877. Jäger. geb. n. 4. —

Schlienkamp, Christian (Düsseldorf)
Aschenanalyse der Kohlknospen (Rosenkohl) und Spargeln. [In: Annalen d. Chemie u. Pharmacie, Bd 70 (1849) 319.]
Dr. phil. Giessen 20.7.1849.

(**Schlienz, C. F.,**) auch Einiges im Blick auf die Sammlung des Volkes Gottes. Basel (855.) (Bahnmaier.) 8. (18 S.) n. 2 ngr.

— Rede gehalten in der St. Chrischona-Kirche am 28. Septbr. 1856 bei der Verabschiedung von neun Brüdern. Basel 856. Bahnmaier. gr. 8. (24 S.) n. 3 ngr.

Schliep, s.: Baden-Baden u. seine Kurmittel.

Schliep, H.: Mosel- & Sauer-Weinbau-Karte des Großherzogtums Luxemburg. 1:50 000. 35 x 93,5 cm. (Farbendr.) Trier: Lintz 1910. -- [Zit. nach Georg: Schlagwortkatalog]

Schliep, Henri Gustave Herman Ferdinand: Die doppelte Belagerung. (Episode aus der Belagerung von Luxemburg 1684.) Operette in 2 Akten. Musik von A. Zinnen. Zum ersten Male aufgeführt von der Gesellschaft Harmonie am 19. Juni 1866. Luxemburg: Th. Schroell 1866. 36 S. 8⁰

Schliep, Henri Gustave Herman Ferdinand: Den Hüterinnen der Sagen, den Frauen unseres Landes und den Herren Abgeordneten der Kammer gewidmet. Als Manuskript gedruckt. Luxemburg: P. Worré-Mertens 1895. 1 S. 8⁰

Schliep, Henri Gustave Herman Ferdinand: Das Gedenkblatt für Luxemburg. Eine Erinnerung an die Ausstellung von 1894. Luxemburg: Ch. Praum-Valentini 1894. 22 S. 8⁰

Schliep, Henri Gustave Herman Ferdinand: Licht! Was keiner geahnt! Ein Buch für alle Germanen. Erster Teil. München [1888]. 8. 184 S. 8⁰ [Mehr nicht erschienen.]

Schliep, H. H. G. F., Licht! Was Keiner geahnt! Ein Buch für alle Germanen. 1. Thl.: Das Urgermanenthum. Die Entdeckung des germanischen Sprachbaues. Die Zwiesage. gr. 8. (VIII, 181 S.) München 888, (Uebelen.) *

Schliep, Henri Gustave Herman Ferdinand: Ein Ritt von 67 englichen Meilen. [Luxemburg: Heintzé frères 1865.] 6 S. 8⁰

Schliep, Henri Gustave Herman Ferdinand: Die Schlange in der Mythe und in der Wirklichkeit. Luxemburg: P. Worré-Mertens 1900. 37 S. 8⁰

Schliep, Henri Gustave Herman Ferdinand: Die Schobermesse. [Luxemburg: Heintzé frères 1865.] 15 S. 8⁰

Schliep, Henri Gustave Herman Ferdinand: Die Sprache der Luxemburger. Auszug aus dem Werke „Ur-Luxemburg". Luxemburg: Joseph Beffort 1895. 32 S. 8⁰

Schliep, Henri Gustave Herman Ferdinand: Ur-Luxemburg. (I. Band.) Ein Beitrag zur Urgeschichte des Landes, des Volkes und der Sprache, der Ur-Religion, Sitten und Gebräuche etc. Luxemburg: Joseph Beffort 1895. 408 S. 12⁰

Schliep, Henri Gustave Herman Ferdinand: Ur-Luxemburg. II. Band. Die Siegfried- und Genovefa-Sage, der Siegfried-Herkules-Cult im Kimberreiche. Die Nibelungen- oder Heldengöttersagen, ihre wahre Bedeutung, mit ausführlichen Vergleichungen aus der Mythologie der Alten nebst anderen mythologischen Ueberlieferungen des Landes u. a. Luxemburg: Jos. Beffort 1896. 424 S. 8⁰

Schliep, Henri, Ur-Luxemburg. Ein Beitrag zur Urgeschichte d. Landes, d. Volkes u. d. Sprache, d. Ur-Religion, Sitten u. Gebräuche etc. 8. (408 S. m. Bildn. u. 2 Kart.) Luxemburg 895. Selbstverlag. n.n. 5.—

— dasselbe. II. Bd. Die Sigfrid- u. Genovefa-Sage, d. Sigfrid-Herkules-Cult im Kimberreiche, d. Nibelungen od. Heldengöttersagen, ihre wahre Bedeutg, m. ausführl. Vergleichgn. aus d. Mythologie d. Alten, nebst and. mytholog. Ueberlieferungen d. Landes u. a. 8. (424 S. m. 3 Taf.) Ebd. 896. n.n. 5.—

Schliep, Henri Gustave Herman Ferdinand: Das kleine Walserthal und seine Bewohner. Eine Burgunderniederlassung. Mit einem Eingangswort von Engelbert Kessler. Mit einer Uebersichtskarte der alten Burgunderreiche in Deutschland. Wien 1891. 27, 1 S. 8⁰

Schliep, Leopold, approb. Arzt aus Baden-Baden: **Aus d. Tübinger Universitäts-Augenklinik. Ueber Cataracta zonularis.** Nach d. Material d. Klinik. *Tübingen: F. Pietzcker 1902.* (17 S.) 8°
Tübingen, Med. Diss. v. 1902

Schliep, Ludwig, approb. Arzt aus Baden-Baden: **Die in der chirurgischen Klinik zu München operierten Blasenpapillome** 1890—1903. *München 1903: C. Wolf & Sohn.* (41 S.) 8°
München, Med. Diss. v. 1903

Wegweiser für unsere Mütter zumal vor und nach der Geburt. Von Dr. O[tto] Schliep ... *Halle a. S.: C. Marhold 1898.* (IV, 152 S.) 1 Bd 8.
[98. 11426 II]

Ⓑ **Schliep,** O., Wegweiser für Mütter. Jetzt: Berlin, S. Mode's Verl. Geb. 2.—.

Schliep, O., Wegweiser f. unsere Mütter zumal vor u. nach der Geburt. 2. Aufl. 8. (VIII, 152 S.) Halle 901. C. Marhold. n. 1.60

(B) **Schliep,** O., Wegweiser f. Mütter. 901. (KHL 32.) Jetzt: Leipzig, R. Mejo. Erh. Pr. 2.—

Schliepe u. Liedtke, christliche Familienabende. Gesammelte Vorträge. 1. Bdchn. gr. 8. (III, 123 S.) Gütersloh 895. C. Bertelsmann. n. 1.50

Schliepe u. Liedtke, christliche Familienabende. Gesammelte Vorträge. 2. Bdchn. gr. 8. (IV, 127 S.) Gütersloh 898. C. Bertelsmann. n. 1.50; geb. n. 1.80

Schliepe, u. Liedtke, christliche Familienabende. Gesammelte Vorträge. 1. Bdchn. 2. Aufl. gr. 8. (III, 123 S.) Gütersloh 901. C. Bertelsmann. n. 1.50; geb. n. 1.80

Schliepe, Liedtke u. G. Schmidt, Christliche Familienabende. Gesammelte Vorträge. 8. Bdchn. (IV, 117 S.) gr. 8. Gütersloh 908. C. Bertelsmann. n. 1.50; geb. n. 1.80

Schlieper, meine Kriegs-Erlebnisse in China. Die Expedition Seymour. Mit Karten, Photographien u. zahlr. nach Skizzen des Verf. entworfenen Illustr. v. C. Schön. 1. u. 2. Aufl. 1.—60. Taus. 8. (144 S.) Minden 901. 902. W. Köhler. n. 1.—

Schlieper, Adolf [aus Elberfeld]: Über Naphtindole .... Würzburg, Becker's Univ.-Buchdr., 1887; 34 S. 8°
Würzburg, Phil. Fak., Inaug.-Diss. v. 1887

Schlieper, Adolf, über Naphtindole. Diss. Würzburg 1887, Stahelsche Univ.-Buchh. 8°. 34 S.

Schlieper, C., s.: Holzbrand-Vorlagen, neue.

Schlieper, E., Gedichte. 8. (X, 79 S.) Halle 887. Alban. geb. n. 3.—

Schlieper, Friedrich Wolfgang [aus Elberfeld]: Ueber die Enthalogenierung aromatischer Körper durch Zinnchlorür ... Heidelberg, Univ.-Buchdr. v. J. Hörning, 1894; 29 S., 1 Bl. 8.
Heidelberg, Naturw.-math. Fak., Inaug.-Diss. v. [21. Nov.] 1893

Schlieper, Hans, der Rhythmus des Lebendigen. Zur Entdeckg. v. W. Fliess. (159 S.) 8. Jena 909. E. Diederichs. 2.50; geb. 3.50

Schlieper, Hans, aus Berlin: Emanuel Swedenborgs System der Naturphilosophie, besonders in seiner Beziehung zu Goethe-Herderschen Anschauungen. *Berlin (1901): G. Schade.* (48 S.) 8°
Berlin, Phil. Diss. v. 16. Febr. 1901

Schlieper, [illegible]

Schlieper, Jh. Paul

Schlieper, J. P., moral. Predigten f. gebild. Leser. 8. Elberfeld, Büschler. 803.

Schlieper, Jh. Paul, moral. Predigten f. gebild. Leser. 8. Elberf. 803. (Schönian). 16 gGr.

Schlieper, M. F., Elementar-Taktik, enthaltend die Waffenlehre, Befestigungskunst und reine Taktik fur Offiziere aller Waffen bearbeitet. 4 Hefte. Mit 4 Steintaf. 8. Neiße 834, Hennings. 2 1/2 Rthlr.

Schlieper, Paul Rudolph Karl [illegible]: Ueber eine seltenere Complication der Tabes dorsalis. Breslau: Preuss & Jünger in Comm. 1884 35 S. 8° [illegible]
Breslau, Med. Diss. v. 17. Dez. 1884

Schlieper, Willy, Approb. Arzt aus Dortmund: **Kephalhaematoma neonatorum.** *Greifswald 1903: J. Abel.* (24 S.) 8°
Greifswald, Med. Diss. v. 27. Febr. 1903

Schliephacke, *Friedrich*: Begriff und Umfang der Sonderrechte der deutschen Bundesstaaten nach Artikel 78 der Reichsverfassung ... Erlangen, k. b. Hofbuchdr. v. A. Vollrath, 1896; 42 S. 8.
Erlangen, Jur. Fak., Inaug.-Diss. v. 1. Aug. 1895

Schliephacke, Gerhard: Über die Mutarotation der Maltose. [1910.] 37 S., 2 Taf. 8° ¶ Vgl. J. Liebig's Annalen d. Chemie. Bd 377.
Hannover, Dr.-Ing.-Diss. v. 21. 3. 1910

Schliephacke, Jul. Über die griechischen Quellen zur catilinarischen Verschwörung. 37 S. **Progr.** *Goslar* 1877

Schliephacke K.: Rentable Wirtschaftsweise auf leichtem Boden, durch Bodenmelioration mit Torfmoor u. richtige Düngung. (Berl.) 1905. 8 S. (Sætr.). P.

Schliephake, über die Einwirkung des Muscarins auf das menschliche Auge, s. Mittheilungen aus der ophthalmiatrischen Klinik in Tübingen.

Schliephake, F. W. Th., Einleitung in das System der Philosophie. gr. 8. (VIII und 84 S.) Wiesbaden 856, Kreidel und Niedner. Thlr. *

Schliephake, F. W. Th., über Friedrich Fröbels Erziehungslehre, deren wissenschaftl. Begründung und Fortbildung. Nach den auf dem 2. allgemeinen Philosophen-Congresse zu Frankfurt a. M. im J. 1869 gepflogenen Verhandlungen. Mit ergänz. Ausführungen. 2. Aufl. br. 8. (50 S.) Berlin 871, Loewenstein. [Staude.] * — 60

Schliephake, F. W. Th., Geschichte von Nassau, von den ältesten Zeiten bis auf die Gegenwart, auf der Grundlage urkundl. Quellenforschung. 1.—4. Halbbd. gr. 8. Wiesbaden, Kreidel's Verlag. [1. Halbbd. (1. Bd. VII und S. 1—224.) 864. * 24 Ngr., 2. Halbbd. (1. Bd. IV und S. 225—486 mit 1 lithogr. und ill. Karte in Fol.) 866. * 1 Thlr. 4 Ngr., 3. Halbbd. (2. Bd. S. 1—232.) 867. * 24 Ngr., 4. Halbbd. (2. Bd. VII und S. 233—477.) 867. * 1 Thlr. 4 Ngr.] *

—— Geschichte von Nassau von den ältesten Zeiten bis auf die Gegenwart, auf der Grundlage urkundlicher Quellenforschung. Mit Einschluß der deutschen Reichsgeschichte unter König Adolf von Nassau. 5.—8. Halbbd. gr. 8. Wiesbaden, Kreidel's Verlag. [5. Halbbd. 3. Bd. (S. 1—224.) 869. *M 2,40.; 6. Halbbd. (IV, S. 225—504.) 870. *M 3,40.; 7. Halbbd. (4. Bd. S. 1—208.) 870. *M 2,40.; 8. Halbbd. (IV, S. 209—316.) 875. *M 2] * 10 20
1.—4. Halbbd. Ebendas. 1864—67. *M 11,60.

Schliephake, F. W. Th., Geschichte von Nassau von den ältesten Zeiten bis auf die Gegenwart, auf der Grundlage urkundlicher Quellenforschung. Fortgesetzt von Karl Menzel. 9. Halbbd.: Geschichte von Nassau von der Mitte des 14. Jahrh. bis zur Gegenwart. 1. Halbbd. (5. Bd. des ganzen Werks.) gr. 8. (S. 1—272.) Wiesbaden 879, Kreidel's Verlag. *
1.—8. Halbbd. Ebendas. 1866—75. *M 21,80.

Schliephake, F. W. Th., Geschichte von Nassau von den ältesten Zeiten bis auf die Gegenwart, auf der Grundlage urkundl. Quellenforschung. Fortgesetzt von Karl Menzel. 10. Halbbd.: Geschichte von Nassau von der Mitte des 14. Jahrh. bis zur Gegenwart. Von Karl Menzel. 2. Halbbd. gr. 8. (X, S. 273—623.) Wiesbaden 880, Kreidel's Verlag. * 4 —
1.—9. Halbbd. Ebendas. 1866—79. *M 24,80.

—— dass. — 6. Bd.: Geschichte von Nassau von der Mitte des 14. Jahrh. bis zur Gegenwart. Von Karl Menzel. 2. Bd. gr. 8. (XIV, 566 S.) Ebendas. 884. * 7 —

Schliephake, F. W. Th., Geschichte von Nassau von den ältesten Zeiten bis auf die Gegenwart, auf der Grundlage urkundlicher Quellenforschung. Fortgesetzt von Karl Menzel. 7. Bd. 1. Hälfte: Geschichte von Nassau von der Mitte des 14. Jahrh. bis zur Gegenwart. Von Karl Menzel. 3. Bd. 1. Hälfte. gr. 8. (352 S.) Wiesbaden 887, Kreidel's Verlag. *
1.—6. Bd. Ebendas. 1866—1884. *M 35.80.

Schliephake, F. W. Th. Geschichte v. Nassau von den ältesten Zeiten bis auf die Gegenwart. Auf der Grundlage urkundl. Quellenforschg. Fortgesetzt v. Karl Menzel. 7. Bd. 2. Hälfte. gr. 8. Wiesb. 889, Kreidel. * 10 —
Geschichte v. Nassau von der Mitte d. 14. Jahrh. bis zur Gegenwart. Von Karl Menzel. 3. Bd. (XV, S. 353—999.)
1. Bd.—7. Bd. 1. Hälfte. Ebd. 1866—87. * 40 80.

— die Grundlagen des sittlichen Lebens. Ein Beitrag zur Vermittlung der Gegensätze in der Ethik. Wiesbaden 855. Kreidel u. Niedner. gr. 8. (VIII, 128 S.) n. 15 ngr.

— von dem Ursprunge des Hauses Nassau. Gegenwärtiger Stand dieser Frage. Wiesbaden 857. Kreidel u. Niedner. gr. 8. (71 S.) n. 10 ngr.

Schliephake, Fritz [approb. Arzt aus Giessen]: Aus d. ophthalmolog. Universitätsklinik des Herrn Prof. Dr. von Hippel in Giessen. Ueber Verletzungen des n. opticus innerhalb der Orbita .... Giessen, C. v. Münchow, Univ.-Buch- u. Steindr., 1888; 86 S. u. 1 Taf. 8°
Giessen, Med. Fak., Inaug.-Diss. v. 1888

Schliephake, Richard, Gerichtsreferendar a. Cöln a. Rh.: Die Verantwortungsfreiheit der parlamentarischen Berichterstattung unter besonderer Berücksichtigung des in Deutschland durch die §§ 22, Abs. 2 der Reichsverfassung und 12 des Reichsstrafgesetzbuches geschaffenen Rechtszustandes. Cöln 1908: Kölner Verlags-Anstalt u. Druckerei, A.-G. (61 S.) 8°
Leipzig, Jur. Fak., Diss. v. 16. Juni 1908
[Geb. 12. Sept. 83 Schwetzingen; Wohnort: Cöln; Staatsangeh.: Preußen; Vorbildung: Gymn. an Marzellen Cöln Reife O. 02; Studium: Bonn 2, Heidelberg 3, Bonn 1 S.; Rig. 31. Juli 05.]

Schliephake, Thdr., Kaiser Heinrich der Vierte. Ein Trauerspiel. 8. Mannheim 841, Götz. Schwan- u. Götzische Hofbuchh. n. 1/3 ß

Schliepmann, Hans. Betrachtungen üb. Baukunst. Zum Verständniß moderner Architekturfragen. gr. 8. (110 S.) Berl. 891, Polytechn. Buchhandlg. * 2 —

Schliepmann, Hans: Der E i n b r e c h e r . Keine ernsthafte Geschichte. Berlin & Leipzig: Schuster & Loeffler 1898. (142 S.) 1 Bd 8°

[F.] Hans **Schliepmann.** Wir Gebildeten. Nachdenksame Geschichten ... *Berlin: Schuster & Loeffler 1896.* (3 Bl., 190 S.) 1 Bd 8. [96. 5653]

Schliepmann, Hans: Martin G r o p i u s in seiner Bedeutung für die Entwickelung von Architektur u. Kunstgewerbe. (Festrede etc.) Berlin 1892. 8°

Schliepmann, Hans, humorige Leutchen. Vier Geschichten ohne Liebe. 1.—3. Taus. (221 S.) 8. Berlin 905. [R. Eckstein Nachf.] Leipzig, G. Müller-Mann. n. 2. —; geb. n. 3. —

Humorige Leutchen. 4 Geschichten ohne Liebe von Hans **Schliepmann.** 2. Aufl. Leipzig: G. Müller-Mann [1905]. (221 S.) 8° [F.] [05. 7001]

— Rache, s.a. Eckstein's moderne Bibliothek Nr. 32.

Hans **Schliepmann.** Rache. 1. bis 10. Taus. *Berlin: R. Eckstein Nachf. [1903].* (96 S.) 8°
= Bibliothek, Ecksteins Moderne. No 32. [03. 13610]

Schliepmann, Hans, Volk—Staat—Presse, s.a. Wertung.

Schliepmann, H., Volk — Staat — Presse. (Allerlei) Anregungen. (24 S.) 8. Leipzig, F. Eckardt. 1903. —. 50.
Wertung. Schriften des Werdandibundes. 8. Heft.

Schlieps, Wilhelm, a. Kurland: Aus d. Königl. chirurg. Klinik zu Breslau. (Direktor: Prof. Dr. Küttner.) Ueber das primäre Carcinom des Jejunum u. Ileum. Tübingen 1908: H. Laupp jr. (41 S.) 8° ¶ (Aus: Beiträge z. klin. Chirurgie Bd 58, S. 722—61.)
Breslau, Med. Fak., Ref. Küttner, Diss. v. 16. Juli 1908
[Geb. 6. Nov. 75 Mitau; Wohnort: Dorpat; Staatsangeh.: Rußland; Vorbildung: Gymn. Mitau Reife Juni 94; Studium: Dorpat 6, München 1, Breslau 4 S.; Rig. 29. Febr. 08.]

Schliepstein, (E.,) was ist d. erhabene Plan Gottes mit d. Menschheit, u. wie führet er sie ihrem hohen Ziele entgegen? Predigt. 8. Soest. 824. (Halle, Hemmerde u. S.)

Schliepstein, E., was ist der erhabene Plan Gottes mit der Menschheit, u. wie führet er sie ihrem hohen Ziele entgegen? Predigt. 8. Soest. 824. (Halle, Schwetschke u. S.) 5 gr

Schliepstein, J. E. Quam primariam Soph. in componenda Antig. fab. persequutus sit sententiam. 42 S.
Soest, Progr. 1830

Schliepstein, Ioannes Ernestus: De serie et nexu sententiarum Pauli Apostoli in epistola ad Romanos.
Halle-Wittenberg, Phil. Diss. v. 13. Dez. 1820, nachgeliefert
Geb. [Lippstadt 15. 2. 1799]
Ms. fehlt. Tit. nach ALZ. 1821 III, 308 und Bullmann, Denkwürdige Zeitperioden. 1833. S. 183.

Schliepstein, S. L. A.

— Anwendung der Worte beim Propheten Daniel: Tekel, d. i. man hat dich in e. Waage gewogen u. zu leicht gefunden ꝛc. 8. Glückst. 799.

Schliepstein, S. L. A., Feier d. siegreichen Einzugs d. verbünd. Heere in die Hauptstadt des französ. Reichs, d. 31. März 1814. 8. Halle 814. Schwetschke u. S. 2 gr

— der Geist d. evangel. Kirche, dargestellt in krit. Beleuchtungen, in Reden u. Predigten ꝛc. 8. Lippstadt 817.

— über kirchl. Gottesverehrung u. sonntägl. Schulkonventikel ꝛc. 8. Lippst. 799.

Schliepstein, S. L. A., u. Hülsemann, die unsichtbare Kirche und ihr Ruf an uns. Ein Altargebet und eine Synodalpredigt. 8. Lippstadt. (Hamm, Schultz und W.) 820.

Schliepstein, S. L. A., Lehrb. d. Religion nach Vernunft u. Bibel. 8. Halle, Hemmerde u. Schw. 804.

— der glorreiche Sieg d. verbünd. Heere üb. Kais. Napoleon bei Leipzig, den 16. u. 18. Oct. 1813. Lippstadt. (Ebend.)

— der Weltfriede. Predigt am 18. Jan. 1816. 8. Lippst. 816. (Halle, Schwetschke u. S.) 3 gr

Schiller, Alwin, Gebührenordnung f. Zeugen u. Sachverständige v. 30. VI. 1878 in der Fassung der Bekanntmachg. v. 20. V. 1898 (R.-G.-Bl. S. 689), m. besond. Berücksicht. der Vorschriften über Tagegelder u. Reisekosten der Beamten u. öffentl. Diener sowie der wichtigeren einschläg. Entscheidgn. des k. Oberlandesgerichts München u. des Reichsgerichts hrsg. 8. (VII, 106 S.) Bamberg (902). C. C. Buchner's Verl. Kart. n. 2. 20

Schlier, Heinrich [aus Neuburg a. D.]: Ueber Laparotomie bei innerem Darmverschluss ... Neuburg a. D., Griessmayersche Buchdr., 1895; 91 S., 1 Tab. 8.
Würzburg, Med. Fak., Inaug.-Diss. v. 1895

Schlier, J. A.: „Ueber unterirdische Getreidemagazine, verbunden mit Assecuranz- und Creditanstalten; oder: Wie kann der verderblichen Wohlfeilheit und der drückenden Theuerung der verschiedenen Producte und Lebensmittel, zugleich auch dem verderblichen Mangel an Geld und Credit für jetzt und für alle Zeit sicherst abgeholfen werden?" 2 Hefte, Würzburg 1825 (Verfasser).

Schlier, Jos., König David. Bibelstunden für evangel. Gemeinden. Nördlingen 870. Beck. gr. 8. (VII, 455 S.) n. 1 ß 8 ngr.

Schlier, Jos., die Könige in Israel. Ein Handbüchlein zur heiligen Geschichte. Mit einem Vorwort von Wilh. Löhe. Stuttgart 859. S. G. Liesching. gr. 8. (VII, 236 S.) n. 16 ngr.

— die Könige in Israel. Ein Handbüchlein zur heil. Geschichte. 2., verm. u. verb. Aufl. Stuttgart 865. [Nördlingen, Beck'sche Buchh.] 8. (XIV, 232 S.) n. 16 ngr.

— Missionsstunden für evangelische Gemeinden. 1. u. 2. Bdchn. Ebend. 867,68. 8. [1. Bdchn. 1. u. 2. Aufl. (VIII, 171 S.) n. 16 ngr., 2. Bdchn. (XI, 228 S.) n. 18 ngr.] n. 1 ß 4 ngr.

—— Missionsstunden für evangelische Gemeinden. 1. Bdchn. 2. verb. und verm. Aufl. 8. (XIII, 170 S.) Ebendas. 869. * 1 60

—— dass. — 2. Bdchn. 2. Aufl. gr. 8. (XIII, 227 S.) Ebendas. 871. * 1 80

—— dass. — 3. und 4. Bdchn. gr. 8. (VII, 154; X, 148 S.) Ebendas. 871,74. à Bdchn. *M. 1,60. * 3 20

Schlier, Jos., Missionsstunden f. evangelische Gemeinden. 1—4. Bdchn. 8. Nördlingen 871—76. Beck. n. 6. 60
1. 3. durchgeseh. u. verb. Aufl. (V, 172 S.) n. 1. 80
2. 2. Aufl. (XIII, 227 S.) n. 1. 80
3. (VII, 154 S.) n. 1. 40
4. (X, 148 S.) n. 1. 60

Schlier, Jos., Missionsstunden für evangelische Gemeinden. 2. Bdchn. 3., durchgeseh. Aufl. 8. (VIII, 227 S.) Nördlingen 878. Beck. n. 1. 80

— dasselbe. 3. u. 4. Bdchn. 2., durchgeseh. Aufl. 8. (VIII, 151 u. X, 149 S.) Ebend. 877. 81. à n. 1. 60

— dasselbe. 5. Bdchn. gr. 8. (VI, 346 S.) Ebend. 883. n. 2. 80

Schlier, Missionsstunden f. evangelische Gemeinden. 1. Bdchn. 4., durchgeseh. u. verb. Aufl. 8. (V, 178 S.) München 894. C. H. Beck. n. 1. 80

Schlier, Jos., die zwölf kleinen Propheten. Ein Wegweiser zum Verständniß des Prophetenwortes für die Gemeinde. gr. 8. (VIII und 248 S.) Stuttgart 861, S. G. Liesching. Thlr. * –

— die zwölf kleinen Propheten. Ein Wegweiser zum Verständniß d. Prophetenwortes f. die Gemeinde. 2. durchgeseh. u. verb. Aufl. 8. (VII, 292 S.) Ebend. 876. n. 3. —

— der Römerbrief. Bibelstunden f. evangel. Gemeinden. gr. 8. (VIII, 293 S.) Ebd. 893. n. 4. – ; geb. n. 5. —

Schlier, Jos., König Saul. Bibelstunden für evangelische Gemeinden. 8. (VII und 167 S.) Nördlingen 867, Beck'sche Buchh. *

—— die Zerstörung Jerusalems. Vier Betrachtungen für den 10. Sonntag nach Trinitatis. 8. (45 S.) Ebendas. 870. * — 60

Schlier, Otto, die Thomasianischen Episteln. Ein Beitrag zur Einführg. in dieselben. gr. 8. (XI, 420 S.) Lichtenfels 899. (H. O. Schulze.) n. 5. 40; geb. n. 6. 70

Schlierbach, Martin von, an den Schulmeister Sebastian Käsborer in Ganslosen. Schlierbach u. Mukensturm März 1797. V: *Streim*, *Friedr*. (Kat. der ständ. Bibl. Stuttg. 1907. S. 282.) »An Sabina Käsbohrerin. Langen-Denzlingen April 1797.« V: *Streim*, *Friedr*. (Kat. der ständ. Bibl. Stuttg. 1907. S. 282.)

Schlierbach, J. A., Versuch u. Vorstellung z. Nutzen und Schaden d. Aderlassens b. allen Krankh. 8. Marb. Krieger. 747.

Schlierbach, Johann Jakob (Dodenau) A. S. 1229/2

Dissertatio inauguralis de aquae frigidae potu utili et nocivo in febribus ardentibus.
Präs. Johann Melchior Verdries.
Giessen (Vulpius) VI. 1723. 32 S. 30602

Schlierbach, Jh. Jak., († ...) prakt. Versuch u. Vorstellung z. Nutzen u. Schaden des Aderlasses bei allen Krankheiten. 8. Gießen 747. Mit neuem Titel. 8. Marb. 767. Krieger. 6 g;

Schlierbach, Max, Gedichte. 16. (VIII, 162 S.) Berlin 872. Mittler & Sohn. n. 2. —

Schlierbach, Max, Gedichte, 2. Ausg., s.: Seydel, Max v.

Schlierbach, Max, neue Gedichte. 16. (X, 262 S.) Berlin 879. Mittler & Sohn. n. 3. —

Schlierbach, Max, neue Gedichte. 16. (X, 262 S.) Berlin 880, Mittler und Sohn. * 3 —

(Schlierholz,) Handbuch zur Ermittlung der Bauhandwerksarbeiten und zur Anfertigung von Bauanschlägen. Hall 1846

Schlierholz, Vortrag über Errichtung von Gebäuden aus Beton. fol Stuttgart 1868

Schlierholz, J. v., Hochbauten der königl. Württembergischen Donau-Allgäu- u. Hohenzollern-Bahn. gr. Fol. (23 Steintaf.) Stuttgart 874. Wittwer. In Mappe. n. 15. —

Schlierholz, Josef A.

Schlierholz, J. A., Bauvorschriften f. die beim Hoch- u. Straßenbau vorkommenden Bauarbeiten, nebst einer Instruktion für Bauführer. Ein Handbuch für Baumeister, Verwaltungsbeamte, Baubeflissene rc. gr. 8. (VIII u. 123 S.) Stuttgart 847, Schweizerbart. 1/2 ß

Schliersee [Schlagwort]

Schliersee, s.a. Bayern. Karte.

Schliersee, s.a. Deutschland, Karte. (Abt. Bayern.)

Schliersee, s.a. München. Wenng, L.

— s. a.: Tegernsee.

Schliersee. Brunn's, Osc., Spezialkarte der Schlierseerberge u. des Kaisergebirges m. weiterer Umgebg. 1:100,000. 45,5×54,5 cm. Farbdr. München (909). O. Brunn. 1. 50

Schliersee. Dreselly, A., Gebirgs-Karte der Umgebung v. Schliersee (vom Tegernsee bis zum Innthale u. von Miesbach bis zum Achensee). 1:100,000. 30,5 × 37 cm. Lith. u. kolor. München 896. H. Hugendubel. n. — 80

— Schirouten-Karte der Schlierseer u. Tegernseer Berge. Östliches u. westl. Bl. 1:30,000. à 45×41,5 cm. Farbdr. Ebd. 909. à 1. 20
Östliches Blatt umfassend Breitenstein — Wendelstein — Rotwand — Jägerkamp — Brecherspitze etc. Bearb. u. hrsg. v. der Alpenvereinssektion Bayerland (E.V.)
Westliches Blatt umfassend Tegernsee — Schliersee — Valepp — Bad Kreuth, sowie Neureuth, Brecherspitze, Risserkogel etc. Bearb. u. hrsg. vom Club alpiner Skiläufer (E. V.).

Schliersee. Winkler's Karte f. die Gegend v. Schliersee, Tegernsee, Lenggries bis Achensee, Innthal. Terrain nach W.'s Relief. 1:200,000. Chromolith. qu. 4. München 887. Keller. — 50

Schlierseer, die, in Bild u. Wort. (Schlierseer Bauerntheater.) 32. (48 S.) München 894. Braun's Rubinverlag. — 20

Schliessleder, Heinr., nur hoch hinaus! s.: Theaterbibliothek.

Schliessmann, H., Gigerl's fünf Sinne. Ein Bilderscherz. (Leporello-Album.) 8. (5 Bl. m. Text.) Wien 893. R. Mohr. In Leinw.-Decke. 3. —

Schließmann, Hans. Wiener Schattenbilder. Text v. Ed. Poetzl. qu. 8. (173 S.) Wien 892. Mohr. geb. 3 60

Schliessmann, Hugo, Stuttgart: Beiträge zur Kenntnis der Stearolsäurereihe. Heidelberg [1904]: C. Pfeffer. (52 S.) 8°
Heidelberg, Naturw.-math. Diss. v. 1904

Schließmann-Album. gr. 4. (60 Bl. m. Illustr.) Wien 889. v. Waldheim. geb. n. 4. 50

Von vorsichtiger Schließung der Contracten oder von denen Cautelen, welche ein jeder im Handel und Wandel nothwendig inacht zu nehmen hat [usw.]. Von L. v. J. K. J. Franckfurth u. Leipzig 1727.

Schliestorff, A., Kirche u. Schule, s.: Abhandlungen, pädagog., 76. Heft.

Kirche und Schule. Von A. Schliestorff. Bielefeld: A. Helmich [1903]. (13 S.) 8°
(Abhandlungen, Pädagogische. H. 76.)

Schlieter, Kurt, Referendar: Der Besitz bei der Fundsache. Borna-Leipzig 1905: R. Noske. (IX, 46 S.) 8° [J.]
Breslau, Jur. Fak., Ref. Fischer, Diss. v. 5. Aug. 1905
[Geb. 9. Nov. 82 Rynarzewo, Kr. Schubin; Heimatsort: Rynarzewo; Staatsangeh.: Preußen; Vorbildung: Gymn. Bromberg Reife O. 01; Studium: Berlin 2, München 1, Breslau 3 S.; Rig. 1. Juli 04.]

Schlieter, Paul [app. Arzt aus Nedlitz in Anhalt]: Zur Lehre vom Muskelsarcom. . . . Würzburg, P. Scheiner's Buchdr., 1891; 20 S. 8°
Würzburg, Med. Fak., Inaug.-Diss. v. 1891

Die Albertina zu Königsberg. Rückblicke e. alten Studenten. Ausblicke - deutschen Füxen u. Burschen zu Nutz. [Verf.: Willy Schliewe.] Königsberg i. Pr.: Ver. f. Hebung d. Fremdenverkehrs 1909. 32 S. 8° 10

Schliferowitsch, P., General-Register, s.: Zeitschrift f. Ohrenheilkunde.

Schliferowitsch, P. [aus Odessa (in Russland), z. Z. Assistent d. acad. Ohrenklinik in Heidelberg]: Ueber Tuberculose der Mundhöhle. Gestützt auf eigene Beobachtungen in den chirurgischen und medicinischen Kliniken in Heidelberg und mit besonderer Rücksicht auf die betreffende Litteratur zusammengestellt ... Würzburg (1888); 2 Bl. + 67 S. 8°
Würzburg, Med. Fak., Inaug.-Diss. v. 1888

Schlik, Elise — Sammlung von Gedichten aus dem Nachlaß der Gräfin Elise Schlik. Ihren Verwandten und Freunden gewidmet. Prag, im Februar 1856. Druck der k. k. Hofbuchdruckerei von Gottlieb Haase Söhne. (80 S. 8.)

Schlikker, Gerhard, Gerichtsassessor in Berlin: Die völkerrechtliche Lehre von der Piraterie und den ihr gleichgestellten Verbrechen. Borna-Leipzig 1907: R. Noske. (VIII, 83 S.) 8°
Erlangen, Jur. Fak., Ref. Allfeld, Diss. v. 29. Nov. 1907
[Geb. 3. Dez. 74 Schüttorf; Wohnort: Berlin; Staatsangeh.: Preußen; Vorbildung: Gymn. Osnabrück Reife O. 94; Studium: Göttingen 1, Berlin 2, Lausanne 3 S.; Rig. 26. Okt. 07.]

Schlikker, Ludwig, approb. Arzt aus Schüttorf i. Han.: Aus d. patholog. Institute zu Kiel. Ein Fall von Magengeschwür mit tötlicher Blutung aus der Vena lienalis. *Kiel 1899: H. Fiencke.* (17 S.) 8°
Kiel. Med. Diss. v. [18. Juli] 1899

Schlimbach, Aug., politische Arithmetik, insbesondere Zinseszins-, Sparkassen-, Renten-, Anleihe-, Kurs- u. Rentabilitäts-Rechng., nebst Faktoren-Zusammenstellg. gr. 8. (XVI, 288 u. 117 S.) Frankfurt a/M. 902. F. B. Auffarth. n. 10. —; geb. in Leinw. n. 12. —

Schlimbach, Aug., die Frankfurter Effecten-Arbitrage. gr. 8. (111 S.) Frankfurt a. M. 873, Rommel. 2 75

Schlimbach, Aug., Wechselkurse, Wechsel- und Goldarbitrage, für den prakt. Gebrauch, sowie für den Unterricht zusammengestellt und an Beispielen erläutert. 8. (VIII, 128 S.) Frankfurt a. M. 880, Sauerländer's Verlag. geb. * 3 —

Schlimbach, G., Fibel. 2.—15. Aufl. 8. (62 S., wovon 38 lithogr., mit 42 in den Text eingedr. Abbild.) Gotha 868—74, Thienemann. * 40 Pf.; cart. * — 50

Schlimbach, G., Fibel. 16.—21. Aufl. 8. (73 S. mit 42 in den Text eingedr. Abbild.) Gotha 875—79, Thienemann. geb. *

Schlimbach, G., Fibel. Mit 42 in den Text eingedr. Abbild. 22.—31. Aufl. Ausg. B. Nach der neuen Rechtschreibung. 8. (73 S., wovon 38 lithogr.) Gotha 880—82, Thienemann. cart. * — 50

—— dass. — Mit 42 in den Text eingedr. Abbild. 32.—37. Aufl. Unter Zugrundelegung der Kehr-Schlimbach'schen Methodik des sprachl. Elementar-Unterrichtes. 7. umgearb. Aufl. von C. Kehr. 8. (77 S.) Ebendas. 883,84. cart. * — 50

Schlimbach, G. Fibel mit 42 in den Text eingedr. Abbildungen. 55. Aufl. 8. (77 S.) Gotha 892, Thienemann. * — 40; cart. * — 50

— dasselbe. (7., umgearb. Aufl.) Ausg. B. Steilschrift-Ausg., bearb. v. A. Wunderlich. gr. 8. (78 S. m. 42 Abbildgn.) Ebd. 893. n. — 40; kart. n. — 50

Schlimbach, G., Fibel. 58. Aufl. Unter Zugrundelegg. der Kehr-Schlimbach'schen Methodik des sprachl. Elementarunterrichtes. 8. Aufl. v. C. Kehr. Ausg. A (Schrägschrift). 8. (77 S. m. 42 Abbildgn.) Gotha 894. E. F. Thienemann's Verl. n. — 40; kart. n. — 50

Schlimbach, G., Fibel. 59. Aufl. Unt. Zugrundelegg. d. Kehr-Schlimbach'schen Methodik d. sprachl. Elementarunterrichtes. 8. Aufl. v. C. Kehr. Ausg. A (Schrägschrift). 8. (77 S. m. 42 Abb.) Gotha 895. E. F. Thienemann, Verl. Kart. n. — 50

— dasselbe, Aufgelegt in 486450 Expl. Neue Ausg. v. Ernst Linde u. Edwin Wilke. Unt. Zugrundelegg. d. v. denselben Verff. bearb. Schrift: D. deutsche Sprachunterricht im ersten Schuljahre. Von C. Kehr u. G. Schlimbach. Ausg. C (Schrägschrift). gr. 8. (82 S. m. 51 Abb.) Ebd. 898. Kart. n. — 50

Schlimbach, G., Fibel. Mit 42 in den Text gedr. Abb. Unter Zugrundelegg. der Kehr-Schlimbach'schen Methodik des sprachl. Elementarunterrichtes. 8. Aufl. v. C. Kehr. Ausg. A (Schrägschrift). 63. Aufl. gr. 8. (77 S.) Gotha 898. E. F. Thienemann. Kart. n. — 50

— dasselbe. Neue Ausg. v. Ernst Linde u. Edwin Wilke. Mit 51 in den Text gedr. Abb. 2. Aufl. Unter Zugrundelegg. der v. denselben Verff. bearb. Schrift: Der deutsche Sprachunterricht im ersten Schuljahre. Von C. Kehr u. G. Schlimbach. 9. Aufl. Ausg. C (Schrägschrift). gr. 8. (82 S.) Ebd. 899. Kart. n. — 50

— dasselbe. Ausg. B. Steilschrift-Ausg., bearb. v. A. Wunderlich. 3. Aufl. gr. 8. (78 S.) Ebd. 900. Kart. n. — 50

Schlimbach, G., Fibel. Ausg. A (Schrägschrift). 65. Aufl. 2. Abdr. Unter Zugrundelegg. der Kehr-Schlimbachschen Methodik des sprachl. Elementarunterrichtes. 8. Aufl. v. C. Kehr. (77 S. m. 42 Abbildgn.) 8. Gotha 904. E. F. Thienemann. Kart. n. — 50; roh n. — 40

— dasselbe. Ausg. B. (Steilschrift). Neue Ausg. v. Ernst Linde. Unter Zugrundelegg. v. C. Kehr u. G. Schlimbach, der deutsche Sprachunterricht im 1. Schulj. 9. Aufl., bearb. v. Ernst Linde u. Edwin Wilke. (81 S. m. 55 Abbildgn.) gr. 8. Ebd. 904. Kart. n. — 50

— dasselbe. Ausland-Ausg. Bearbeitung v. Ernst Linde. (81 S. m. 54 Abbildgn.) 8. Ebd. 904. Kart. n. — 50

— dasselbe. Bearbeitung v. Ernst Linde. Mit 55 in den Text gedr. Abbildgn. 6. Aufl. Unter Zugrundelegg. v. C. Kehr u. G. Schlimbach, der deutsche Sprachunterricht im ersten Schuljahre. 9. Aufl., bearb. v. Ernst Linde u. Edwin Wilke. Ausg. C. (Schrägschrift). (81 S.) 8. Gotha 905. E. F. Thienemann. Kart. n. — 50

Schlimbach's, (G.), Fibel. Bearbeitung v. Ernst Linde. Mit Bilderschmuck v. Ernst Liebermann. Steilschr.-Ausg. (81 S.) 8. Gotha 910. E. F. Thienemann. Geb. — 50

— dasselbe. Ausgabe C (Schrägschrift). 8. Aufl. (81 S.) 8. Ebd. Geb. — 50

— die Methodik des sprachlichen Elementarunterrichts, s. Kehr, C.

— der deutsche Sprachunterricht im 1. Schuljahre, s.: Kehr, C.

—— Wandtafeln zur Fibel. Unter Zugrundelegung der Kehr-Schlimbach'schen Methodik des sprachl. Elementar-Unterrichtes. 7. umgearb. Aufl. von C. Kehr. 4 Taf. in Chromolithogr. Imp.-Fol. Gotha 883, Thienemann.
Auf Shirting gedr. à Taf. * M 2. * 8 —

Schlimbach, Geo. Chr. Fr., Beschreib. seines neu erfund. Kochpultes, einer sehr holzerspar. u. bequemen Anlage zum Kochen, Braten ꝛc. Mit 2 Kpft. 4. Berl. 804. Schüppel. 12 gr.

— üb. die Structur, Erhaltung, Stimmung u. Prüfung d. Orgel. Mit 5 Kpft. u. 1 Bl. Noten. gr. 8. Leipz. 801. N. Aufl. 825. Breitkopf u. H. 1 Rthlr 8 gr.

Schlimbach, G. C. Fr., über die Struktur, Erhaltung, Stimmung u. Prüfung der Orgel. Durchges. u. verm. von C. F. Becker. 3. Aufl. Mit 5 Kupfertaf. gr. 8. Leipzig 843, Breitkopf u. Härtel. 1⅓ Rthlr

Schlimbach, J. S., Anleitung zum ersten Unterrichte in der Himmelskunde für Volksschulen. Mit einer Vorrede von J. H. T. Müller. Mit 58 eingedr. Holzschn. 12. Hamburg u. Gotha 843, Fr. u. Andr. Perthes. geb. n. ⅔ Rthlr

—— graphische Darstellung des Laufes der Planeten u. Kometen f. d. Jahr 1844, nebst ausführl. Anleitung zu deren Gebrauch f. Freunde u. Lehrer der Himmelskunde. Fol. (5 Bl. Text u. 5 Abbild.) Hamburg u. Gotha 843, Friedr. u. Andr. Perthes. *

Schlimbach, J. S., genealog. Tabellen üb. d. mehresten Familien d. Dorfes Werningshausen. gr. 4. ... Gotha 832, Becker.

—— Uebungsfragen f. d. Unterricht in der Himmelskunde. 12. (1½ B. m. 54 eingedr. Holzschn.) Hamburg u. Gotha 843, Friedr. u. Andr. Perthes. *

—— astronomische Veranschaulichungsapparate f. d. Jahr 1843. qu. Fol. (2 Stnt. u. 1½ B. Text.) Hamburg u. Gotha 843, Friedr. u. Andr. Perthes.

Schlimmbach, J. S., Veranschaulichungs-Tafel d. scheinbaren Laufes d. Sonne, d. Mondes u. d. Planeten am Himmel im J. 1841. Lithogr. qu. ½Fol. (¼ B. Erläut.) Leipzig 841. (Fr. Fleischer.) *

Schlimbach, P. C., die Artillerie, auf wahre Grundsätze basirt. 1. Abthl. gr. 8. (8¼ B., 1 Stnt. u. 3 Tab.) Magdeburg 836, (Baensch.)

Schlimbach, P. C., die Artillerie, auf wahre Grundsätze basirt. 1e Abthl. Mit 3 Tabellen u. 1 Steintaf. gr. 8. Magdeburg 836. (Richter.) ⅚ Rthlr

Schlimbach, P. C., die Artillerie, auf wahre Grundsätze basirt. Mit 3 Tabellen u. 1 lith. Taf. (Neue Ausg.) gr. 8. Magdeburg 842, Baensch. ½ Rthlr

Schlimm, C., die Gesinde-Ordnung vom 8. November 1810, nebst den dieselbe erläuternden und ergänzenden Verordnungen, unter Hinweisung auf die neueste Gesetzgebung. Als Anhang ist das revidirte Statut der Belohnungs- und Unterstützungs-Anstalt für das Gesinde in Berlin beigefügt. 3., verb. Aufl. 8. (VIII und 112 S.) Tilsit 857, (Stauffer.)

Schlimm, Karl: Das Grundstücksrecht in den deutschen Kolonien. Leipzig-Reudnitz 1905: A. Hoffmann. (VII, 126 S.) 8° [J.]
Tübingen, Jur. Fak., Ref. Heck, Diss. v. 4. Nov. 1905
[Geb. 1. Juni 73 Bruchsal; Wohnort: Mosbach; Staatsangeh.: Baden; Vorbildung: Gymn. Offenbach Reife M. 93; Studium: Straßburg 2, Freiburg i. B. 3, Heidelberg 2 S.; Coll. 14. April 05.]

Schlimm, Karl, das Grundstücksrecht in d. deutschen Kolonien. Diss. (VIII, 127 S.) Lex.-8. Leipzig-Reudnitz 905. A. Hoffmann. n. 2. 50

Schlimm, Karl: Der V. C. V e r b a n d farbentrag. akadem. Turnverein auf deutschen Hochschulen, u. e. Antwort an s. Gegner, s.a. C y k l u s akad. Broschüren, Hft. 12.

[F. u. Ant.] Der V. C. Verband farbentragender akademischer Turnvereine auf deutschen Hochschulen, u. e. Antwort an seine Gegner v. Karl Schlimm. *Leipzig: O. Gottwald 1897.* (23 S.) 8.
= Cyklus academischer Broschüren. H. 12. [98 88]

Schlimmbach, s. S c h l i m b a c h

Schlimmste, das, in der Welt. Von e. Evangelischen. 12. (36 S.) Altenburg 894. R. Hiller. — 60

Schlimper, Friedrich Wilhelm

Schlimper, Fr. Wilh., die deutsche H a n s a bis zu ihrer Blüte 1370. Ein Vortrag gehalten im Auftrage des Dresdener Flottenvereins. Lex.-8. (16 S.) Dresden 862, v. Boetticher.

—— die deutsche Hansa von 1370 bis zu ihrem Verfall. 2. Vortrag gehalten im Auftrage des Dresdner Flottenvereins. Lex.-8. (26 S.) Dresden 863, v. Boetticher.

— Was wollen die deutschen Arbeiter-Bildungsvereine? Zwei Reden gehalten am 1. u. 2. Stiftungsfeste des Dresdener Arbeiterbildungsvereins. Coburg 863. Streit. gr. 8. (24 S.) 1½ ngr.

Schlimper, J. A., Anekdoten u. besondere Charakterzüge aus d. Leben d. Könige v. Frankreich. 8. Pirna 804. 2e A. ... Friese. 8 gl.

Die Bekehrte. Tendenziöses Lustspiel zum Lesen mit vertheilen Rollen von A[lfred] Schlimpert. Meissen: Schlimpert [1882]. 15 S. 8°
Schildert die Aussöhnung einer Frau mit der Tatsache, dass ihr Mann ein Frmr ist.

Schlimpert. Gotth. Mor., s. S c h l i m p e r t , Moritz

Schlimpert, Johannes, Medizinalpraktikant a. Meißen: Aus der Universitäts-Frauenklinik zu Freiburg i. B. (Direktor: Prof. Dr. Krönig). Ueber den Einfluß des Skopolamin-Morphium-Dämmerschlafes auf die Wehentätigkeit. Meißen: H. W. Schlimpert 1906. (40 S.) 8°
Freiburg i. B., Med. Fak., Ref. Krönig, Diss. v. 1906
[Geb. 31. April 83 Meißen i. S.; Wohnort: Freiburg i. B.; Staatsangeh.: Sachsen; Vorbildung: Wettiner Gymn. Dresden Reife O. 01; Studium: München 1, Kiel 1, Freiburg i. B. 7 S.; Coll. 2. März 06.]

Schlimpert, Moritz

Schlimpert, Gthe. Mor., † (G. M. A. Dreihaupt,) kurze Anleitung zu e. zweckmäß. Vortrag d. bibl. Geschichte.— Allen Religionslehrern gewid. 8. (2¼ B.) Chemnitz 838. (Mittweyda, E. Billig.) *

Schlimpert, Mor., praktisches Aufgabenbüchlein zu deutschen Stylübungen für die Hand der Kinder. 2 Hefte. Meißen 867,68. Mosche. 8. Jedes Heft cart. n. 3 ngr.
Heft 1. Untere u. mittlere Stufe. 3—5. Aufl. (IV, 48 S.)
" 2. Für Oberklassen. 2. u. 3. Aufl. (48 S.)

Schlimpert, Mor., praktisches Aufgabenbüchlein zu deutschen Stilübungen für die Hand der Kinder. 2 Hefte. 8. Meißen 869—73, Schlimpert. cart. à Heft * 30 Pf. * — 60
Inhalt:
Heft 1. Untere und mittlere Stufe. 6.—10. Aufl. (IV, 48 S.)
" 2. Für Oberklassen. 4. und 5. Aufl. (48 S.)

Schlimpert, Mor., praktisches Aufgabenbüchlein zu deutschen Stilübungen für die Hand der Kinder. 1. Heft: Untere und mittlere Stufe. 11. Aufl. 8. (IV, 48 S.) Meißen 875, Schlimpert. cart. *
2. Heft. Ebendas. 1873. cart. * 30 Pf.

Schlimpert, Mor., praktisches Aufgabenbüchlein zu deutschen Stilübungen für die Hand der Kinder. 2 Hefte. 8. Meißen 881, Schlimpert. cart. à Heft * 30 Pf. * — 60
Inhalt:
Heft 1. Untere und mittlere Stufe. 11. Aufl. (IV, 49 S.)
" 2. Für Oberklassen. 6. Aufl. (48 S.)

— Valentin Duval, siehe: B i b l i o t h e k für meine Kinder. 2. Bdchn.

Schlimpert, Gotth. Mor., 79 E x e m p e l t a f e l n, oder 3000 Rechnungsaufgaben nach dem neuen Münz-, Maß- u. Gewichtssystem für sächs. Volksschulen. 8. (Nur auf einer Seite bedruckt.) Chemnitz 841, Goedsche Sohn. ⅜ Thlr

— Facitbuch hierzu. 8. Ebend. 841. ⅙ Thlr

Schlimpert, G. Mor., Facitbuch zu den 3000 Rechnungsaufgaben rc. f. sächs. Volksschulen u. zur Selbstbeschäftigung fleißiger Schüler. 2. unveränd. Aufl. 8. (IV u. 44 S.) Schneeberg 850, Goedsche. ⅙ Thlr

— G e s c h i c h t e von der Mutter Michel u. ihrer Katze. Nach E. de la Bedollierre für die deutsche Jugend bearbeitet. Mit Holzschn. 8. Leipzig 846, Teubner. ¾ Thlr geb. 1 Thlr

— Geschichte von der Mutter Michel u. ihrer Katze. Nach E. de la Bedollierre für die deutsche Jugend bearb. Mit Holzschn. 8. (128 S.) Leipzig 847, Teubner. ¾ Thlr

— Gillred, siehe: B i b l i o t h e k f. meine Kinder. 1. Bdchn.

— siehe: G r u n d i d e e n, die, des ewigen Evangeliums.

—— das K i r c h e n l i e d im Dienste der Schule. 50 der schönsten Kirchenlieder ausgewählt zum Gebrauche in der Schule und als Mitgabe für das ganze Leben und mit kurzen Anmerkungen bezüglich ihrer Dichter und ihres Inhaltes versehen. 8. (IV und 56 S.) Meißen 863, Mosche. *

— neues K o p f r e c h n e n b u c h, oder 2000 Aufgaben zum Denkrechnen in einem dreifachen Cursus für Unter-, Mittel- u. Oberklassen der Volksschulen systematisch geordnet, mit besond. Berücksichtigung des neuen Münz- u. Gewicht-Systemes, so weit dasselbe Anwendung im Kleinverkehr erleiden wird. 8. Meißen 841, Goedsche. ¼ Thlr

— praktischer Lehrgang zu einem wahrhaft bildenden Unterrichte in der deutschen Sprache, enth. Musterstücke mit daran geknüpften Winken, Erläuterungen u. Aufgaben, um die Schüler zur Festigkeit u. Sicherheit in d. Wort- u. Satzlehre, in Orthographie u. Stylistik, u. überhaupt zu größerer Gewandtheit im Sprechen u. Schreiben heranzubilden. Für Ober- u. gehobene Mittelklassen. gr. 8. (VIII u. 88 S.) Freiberg 852, Craz & Gerlach. n. ⅓ Thlr

—— Musterstücke daraus. Nebst den Hauptregeln der Wort- und Satzlehre. Kleines Handbüchlein für die Schüler zu stylistischen und deklamatorischen Uebungen. 8. (28 S.) Freiberg 852, Craz und Gerlach. *

Schlimpert, Mor., †(G. M. A. Dreihaupt,) neuer Leseapparat statt der zeitherigen zu einförmigen Wandfibeln u. der kostspieligen u. zeitraubenden Lesemaschinen, bestehend in diesem Handbüchlein f. Lehrer (1 B. gr. 8.) u. 12 großen Bogen z. Gebrauche f. Volksschulen. Bevorwort. v. (Joh. Carl Chrstph.) Vogel. Meißen 844, Goedsche.

— s. de Musset, P., der Windgeist.

—— Parabeln, od. geistige Saamenkörner u. Blumen. Der reif. Jugend, Jugendfreunden u. Lehrern dargeboten. gr. 12. (5 B.) Grimma 838, Verlags-Comptoir.

— 3000 Rechnungs-Aufgaben nach dem neuen Münz-, Maaß- u. Gewichts-System für Sächs. Volksschulen u. zur Selbstbeschäftigung fleißiger Schüler. 8. Chemnitz 841, Goedsche Sohn. 1/6 ℛ

Schlimpert, Gotth. Mor., Rechnungs-Aufgaben für sächsische Volksschulen, so wie auch für fleißige Schüler, die sich noch außer den Schulstunden gern nützlich beschäftigen wollen. 8. Mittweyda 836. Billig. 1/12 ℛ — 2e Aufl. 8. Ebd. 839. 1/12 ℛ (25 Exemplare für n. 1 1/2 ℛ) — Facit-Buch hierzu. 8. Ebd. 836. 1/4 ℛ

— Peter Dumont's Sclaverei, siehe: Bibliothek f. meine Kinder. 4. Bdchn.

—— und Thdr. Harig, das neue Testament. Zur Förderung der häuslichen Erbauung und Weckung christlichen Glaubens und Lebens mit schlichten Erläuterungen versehen. (In 10 Lfgn.) 1. Lfg. Lex.-8. (S. 1—64.) Meißen 857, Klinkicht und Sohn Verlagsbuchh.

—— Uebungsbuch zu dem neuen Leseapparate. gr. 8. (2 1/4 B.) Meißen 846, Gödsche.

—— Vorbilder der Vaterlandsliebe rc., s.a. Jugend- und Hausbibliothek, neue.

SCHLIMPERT, M., & FRANZ OTTO. *Vorbilder* der Vaterlandsliebe, des Hochsinns und der Thatkraft. Charakter-Gemälde aus der Jugendzeit und dem Wirken berühmter Helden, Dichter, Gelehrten, Künstler und Industriellen. 2 Bde. Leipzig, Spamer, 1860/61. Mit 2 handkolor. Frontispizen, 5 Tafeln und 135 Textabbildgn. 8°. Etw. verblaßter Orlwd. mit Goldpressung. SPJHB, 10.—
Biographien v. Washington, Prinz Eugen, Goethe, Schiller, Pestalozzi, Mozart, Lavater u. v. a. — Etw. fleckig.

—— und M. Heger, die Weltgeschichte, in hundert Abschnitten der Jugend erzählt, s. Heger, M.

Festgabe, seinen B.·. B.·. im Or.·. von Alzey zur Einweihungs-Feier ihres neuen Tempels am 20. Okt. 1839, und zum Eintritt in den eklektischen M.·. Bund gewidmet von ihrem B.·. Schlinck. Als Ms. gedr. o. O. [1839]. 4 Bl. 8° [Umschlagtit.]
Kl. 3018. Gedicht: Eine Stimme aus dem ewigen Osten.

Schlinck, Julius, aus Ludwigshafen a. Rh.: Zur Kenntnis des Pyrrolidins. Mannheim 1899: Haas. (31 S.) 8°
Giessen, Phil. Diss. v. 1899

Schlincke, L., die Juragewässer-Korrektion ausführbar ohne irgend ein Opfer Seitens des Bundes, der Kantone, Gemeinden oder Privaten. Anregung. Solothurn 860. Jent & Gaßmann. gr. 8. (68 S.) 12 ngr.

Schlincke, L., s. Mittheilungen aus den Verhandlungen des Lissaer landwirthschaftl. Vereines.

—— le Righi. Guide du voyageur. Elaboré sur les lieux mêmes. Traduit de l'allemand. Nouvelle Édition. gr. 16. (122 S. avec 6 vues lithogr., un panorama du Kulm et de la Scheideck et une carte lithogr. et ill. in fol.) Luzern 853, Kaiser'sche Buchh. *

Schlincke, L., der Rigi. Handbüchlein für Reisende. Nach eigener Anschauung und den besten Hülfsquellen bearb. 2., verm. Aufl. gr. 16. (103 S. mit 6 lithogr. Ansichten, einem lithogr. Panorama von Kulm und Scheideck, und einer Karte der Umgebungen in Fol.) Luzern 853, Kaiser'sche Buchh. *

Schling, Daniel v. Superville. Das Kanzleramt an der Universität Erlangen. Beitrag zur Universitätsgeschichte. Leipzig 893.

Schlingel, ein, s.a. Theaterstücke, sozialistische.

Schlingel (Ein). Sozialistische Theaterstücke. 8°. Zürich, Volksbuchhdlg, 1876.

Schlingel: Der Schlingel
⑤ 1. 10. 1909—22. 10. 1909 ⑥ 8° ⑦ Wochenblatt ⑧ Biel ⑫ humoristisch-satirisches Blatt ⑭ Be: L.

Schlingloff, Jh. Hnr., wöchentl. Lesebuch f. alle Stände. 2 Jahrgg. 8. Offenbach 787. Weiß. 1 ℛ

— tabellar. Vorstellung d. Rechtschreibung nach Anleit. d. besten deutschen Sprachlehrer. 4. Hanau 786.

Schlingloff, Konrad Georg

Schlingloff, Conr. Geo., Anweisung im Rechnen. Dem Schul- u. Selbstunterr. gewid. 2., verm. u. verb. Aufl. (Mit Beantwortn.) 8. (17 1/4 B.) Hanau 833, Edler.

— Aufgaben der Rechenkunst. Geeignet bei dem mündlichen Vortrage des Lehrers. 8. Ebd. 833. 5/12 ℛ

—— Aufgaben d. Rechenkunst. Geeignet bei d. mündl. Vortrage d. Lehrers. 2., verb. Aufl. 8. (8 1/4 B.) Hanau 833, Edler.

Schlingmann, Frau A., s. †Rättig, Agnes.

Schlink, Discussion der Curve $a^3(x+y)+xy(x^2+y^2)=a^4$. Jena. 4.
28 p. 1867.
Schul-/Univ.-Schrift

Schlink, J. Die Bestrebungen der technischen Lehr-Institute. und die Anforderungen des praktischen Lebens. Berlin. 1878.

Schlink, J., über Gebläse-Maschinen. Fol. (108 S. mit 209 eingedr. Holzschn.-Abbild.) Berlin 880, Polytechn. Buchhandlung. * 10 —
Aus: Annalen für Gewerbe und Bauwesen, besonders abgedruckt.

Schlink, J., Die Roheisenindustrie Deutschlands. Mülheim a. Ruhr. 1880. 32 S.

Schlink, J. Heinr., das französ. (rhein.) u. d. preuß. Executions-Verfahren in Civilsachen, dargest., krit. beleuchtet u. mit Tabn. üb. d. Kostenpunkt belegt. gr. 8. (13 3/8 B.) Trier 841, Lintz'sche Buchh.

Schlink, J. Heinr., Commentar üb. die französ. Civil-Proceß-Ordnung, m. Vorausschickung einer Abhandlung üb. die Organisation, Competenz u. Disciplin der Gerichte rc. 4 Bde. gr. 8. Coblenz, Hölscher. [1. (35 B.) 2. (36 B.) 3. (33 B.) 843., 4. (25 1/4 B.) 45. à * 1 Thlr. 22 1/2 Ngr.] *

Schlink, Nicolaus, approb. Arzt aus Darmstadt: Aus d. Universitäts-Augenklinik zu Giessen. Ein Beitrag zur Casuistik der Augenerkrankungen bei Diabetes mellitus. Neuwied 1901: Heuser. (38 S.) 8°
Giessen, Med. Diss. v. 1901

Schlink, R. [aus Schweinert-Hauland (Prov. Posen)]: Die Natur der Versicherung .... Würzburg, Becker's Univ.-Buchdr., 1887; 45 + 1 8 8°.
Leipzig, Phil. Fak., Inaug.-Diss. v. 9. Jun. 1887

Schlink, R., die Natur der Versicherung. Diss. Leipzig 1887. Gustav Fock. 8°. 45 S.

Schlink, Rudolf [Arzt aus Wodonga '(Australien)']: Zur Symptomatologie der Mediastinaltumoren ... Berlin, Buchdr. v. G. Schade, *1892;* 31 S., 1 Bl. 8.
Berlin, Med. Fak., Inaug.-Diss. v. 20. Okt. 1892

Schlink, Wilhelm, Grh. Hess. Reg.-Bauführer aus Darmstadt: Über die Deformation von Häuten rhombischer Struktur unter Einwirkung von Umfangskräften, die in der Ebene der Haut liegen. Neuwied & Leipzig: Heuser 1902. (77 S.) 8°
München, Phil. Diss. v. 1902

Schlink, Wilh., über die Deformation v. Häuten rhombischer Struktur unter Einwirkung v. Umfangskräften, die in der Ebene der Haut liegen. Diss. gr. 8. (77 S. m. 14 Taf.) Neuwied 902. Heuser's Verl. n. 2.—

Schlink, Wilhelm, Dr., Reg.-Bauführer a. D.: Stabilitäts- und Spannungsuntersuchungen von speziellen Fachwerksträgern mittels des erweiterten Systems. 1903. 36 S., 12 Taf. 8° ¶ Etwas gekürzt in: Zeitschrift f. Architektur u. Ingenieurwesen. Bd 49. N. F. Bd 8.
Darmstadt Te. H., Hab.-Schr. v. 16. 4. 1903

Schlink, Wilh., Statik der Raumfachwerke. (XIV, 390 S. m. 214 Abb. u. 2 Taf.) 8. Leipzig 907. B. G. Teubner. Geb. in Leinw. 9.—

Schlinke, Wilhelm [app. Arzt aus Brody, Prov. Posen]: Aus d. Kieler Augenklinik. Beiträge zur Choroiditis disseminata ... Kiel, Druck d. »Nord-Ostsee-Zeitg«, 1893; 21 S., 1 Bl. 8.
Kiel, Med. Fak., Inaug.-Diss. v. [29. Mai] 1893

Schlinzigk, Willy, Jugendträume. Dichtungen. (140 S.) 8. Berlin (908). Zehlendorf, R. Eckstein Nachf. 3.—

Schliomensun, B[enzion]. Über die Bindungsverhältnisse zwischen Herzmuskel und Digitalis. Aus dem pharmakologischen Institut der Universität Zürich .... Diss. Med. Univ. Zürich. 11 S. 8. Leipzig, F. C. W. Vogel, 1910.

Schliomowitsch, Ch(aim) David: Mammacarcinom mit Matastasen [!] im Magen und Knochensystem. München 1910: Victor. 30 S. 8°
München, Med. Diss. v. 16. Juli 1910, Ref. v. Bauer
[Geb. 21. Okt. 81 Kischineff; Wohnort: Odessa; Staatsangeh.: Rußland; Vorbildung: Gymn. Kischineff Reife Juni 01; Studium: Bern 3, Berlin 1, München 10 S.; Rig. 16. Juli 10.] [U 10. 3575

Schlipalius, Johann Christian, Diakonus an der Kirche zum heil. Kreuz in Dresden. [Aufzeichnungen seiner Wittwe.] Basel 869. Spittler. 8. (31 S.) 1⅕ ngr.

Schlipalius, Johann Christian

Schlipalius, J. Ch., († ...) wichtige Fragen für das Herz. 8. Dresd. 763. Gerlach. 6 gl.

— die Friedensgedanken Gottes, eine Bußpredigt. 4. Halle 762. Waisenhaus-B. 2 gl.

Schlipalius, Joh. Chri. Dissertatio de Herode Magno. 4. Wittebergae 1711.

Schlipalius, J. C. (praes. a Berger), de Herode M. (Romanis) inserviente. Viteb. 1711. 4.

Gerechte Thränen eines Hirten über die Noth seiner Heerde; in denen Angststunden der im Monath Julius 1760 geschehenen Preussischen Belagerung Dressdens, vergossen und entworfen von M. Johann Christian Schlipalius. Dresden 1760.

— die gött. Vorsehung n. ihrer Erhaltung u. Regierung, in heil. Reden. 8. Dresd. 753. Gerlach. 1 ℛ

Schlipf, C. A., wie kann bei d. Schulunterrichte dem unter d. Volke herrschenden Aberglauben auf die kräftigste Weise begegnet werden? 8. Ulm 818. Ebner. 9 gl.

— wie kann die Schuldisciplin als Erziehungsmittel angewendet werden? 8. Ulm 818. Ebner. 14 gl.

Schlipf, Johann A.

Schlipf, J. A., Abhandlung über die vollständ. Gewinnung u. Benützung des thierischen Düngers durch Erdeinstreu in die Stallungen, gegründet auf Theorie u. Praxis. Gekrönte Preisschrift. gr. 8. Reutlingen 843, Mäcken jun. ½ ℛ

— populäre Düngerlehre oder faßliche Beschreibung aller Düngerstoffe, einer zweckmäß. Anlage der Miststätten, der Behandlung u. Verwendung des Düngers u. der Beförderung u. Erhaltung der Reinlichkeit in den Straßen u. Gassen der Dörfer. Mit 14 Holzschn. 8. Pforzheim 846, Flammer u. Hoffmann. 8 ngl.

Schlipf, J. A., populäre Düngerlehre oder faßliche Beschreibung aller Düngerstoffe, eine zweckmäßige Anlage der Miststätten, der Behandlung u. Verwendung des Düngers rc. Mit 14 Holzschn. 2. Ausg. Pforzheim 861. Flammer. (Lahr, Schauenburg & Co.) 8. (V, 114 S.) n. 5 ngr.

Schlipf, (Lehrer) Jh. A., die Erziehungs-Anstalt für Kinder aus Vaganten-Familien in Weingarten, nach ihrem Umfange u. Zwecke beschrieben. Mit e. Vorrede v. M. G. A. Riecke. gr. 8. Göppingen 831. Grauß. (Leipz., Herbig). 7 gl.

Schlipf, J(ohann) A.: Populäres Handbuch der Landwirthschaft in besonderer Beziehung für den würdigen Bauernstand nach dem gegenwärtigen Standpunkte der Fortschritte im Acker-, Wiesen- und Weinbau, in der Obstbaumzucht, der Rindvieh-, Pferde-, Schweine- und Bienenzucht. 435 S., gbd., Abb. (mit 3 handschriftlichen Tabellen.)

Reutlingen: Mäcken 1841

JB 5.927

— populäres Handbuch der Landwirthschaft, in besond. Beziehung für den würdigen Bauernstand nach dem gegenwärt. Standpunkte der Fortschritte im Acker-, Wiesen- u. Weinbau, in der Obstbaumzucht, der Rindvieh-, Pferde-, Schweine- u. Bienenzucht. Eine gekrönte Preisschrift. Mit zwischen den Text gedruckten Zeichnungen. gr. 8. Reutlingen 841, Mäcken. 1½ ℛ — 2. verm. u. verb. Aufl. gr. 8. Ebend. 844. 1⅓ ℛ

Schlipf, J. A., populäres Handbuch der Landwirthschaft f. den prakt. Landwirth nach dem gegenwärt. Standpunkte der Fortschritte im Acker-, Wiesen- u. Weinbau, in der Obstbaumzucht, der Rindvieh-, Schaf-, Pferde-, Schweine- u. Bienenzucht. Gekrönte Preisschrift. 3., verm. u. verb. Aufl. Mit eingedr. Holzschn. gr. 8. (XVI u. 554 S.) Reutlingen 847, Mäcken. 1⅓ ℛ

Schlipf, J. A., populäres Handbuch der Landwirthschaft für den praktischen Landwirth nach dem gegenwärtigen Standpunkte der Fortschritte im Acker-, Wiesen- und Weinbau, in der Obstbaumzucht, der Rindvieh-, Schaf-, Pferde-, Schweine- und Bienenzucht. Eine gekrönte Preisschrift. 4. verm. und verb. Aufl. 853. (XV, 613 S.) — 5., verm. rc. Aufl. Mit zwischen den Text gedr. Zeichnungen (Holzschn.). Stuttgart 856. Mäcken. gr. 8. (XV, 609 S.) 1 ℛ. 22½ ngr

— populäres Handbuch der Landwirthschaft für den praktischen Landwirth u. für Fortbildungsschulen nach dem gegenwärtigen Standpunkte der Fortschritte im Acker-, Wiesen- u. Weinbau, in der Obstbaumzucht, der Rindvieh-, Schaf-, Pferde-, Schweine- u. Bienenzucht. Eine gekrönte Preisschrift. 6., verm. u. verb. Aufl. Mit zwischen den Text gedr. Zeichngn. (Holzschn.) Stuttgart 859. Mäcken. gr. 8. (XV, 672 S.) 2 ℛ

Schlipf's populäres Handbuch der Landwirthschaft. 7. vollständ. neu bearb. Aufl. Mit zahlreichen in den Text gedr. Abbildgn. (in Holzschn.) gr. 8. (XXXIV, 740 S.) Berlin 874. Wiegandt, Hempel & Parey. n. 6. —

Schlipf's populäres Handbuch der Landwirthschaft. Gekrönte Preisschrift. 8. neu bearb. Aufl. gr. 8. (XII, 672, XII S. mit 314 in den Text gedr. Holzschn.) Berlin 877, [Wiegandt, Hempel und Parey.] Parey. *

Schlipf's populäres Handbuch der Landwirthschaft. Gekrönte Preisschrift. 9. neu bearb. Aufl. gr. 8. (VIII, 706 S. mit 405 in den Text gedr. Holzschn.) Berlin 880, [Wiegandt, Hempel und Parey.] Parey. * 6 —

Schlipf's populäres Handbuch der Landwirthschaft. Gekrönte Preisschrift. 10. neu bearb. Aufl. gr. 8. (VIII, 670 S. mit 405 in den Text gedr. Holzschn.) Berlin 885, Parey. geb. *

Schlipf's populäres Handbuch der Landwirtschaft. Gekrönte Preisschrift. 11., neu bearb. Aufl. gr. 8. (VIII, 694 S. m. 440 eingedr. Holzschn.) Berlin 890. Parey. geb. n. 6. 50

Schlipf's populäres Handbuch der Landwirtschaft. Gekrönte Preisschrift. 12., neubearb. Aufl. gr. 8. (VIII, 644 S. m. 477 Holzschn.) Berlin 894. P. Parey. Geb. in Leinw. n. 6. 50

[F.] [J. A.] Schlipf's populäres Handbuch der Landwirtschaft. Gekr. Preisschr. 13., neubearb. Aufl. M. 415 in d. Text gedr. Abb. u. 17 Taf. in Farbendr. *Berlin: P. Parey 1898.* (VIII, 586 S., 17 Taf.) 1 Bd 8. [98. 3951

Schlipf's populäres Handbuch der Landwirtschaft. Gekrönte Preisschrift. 14., neubearb. u. verm. Aufl. Mit 466 in den Text gedr. Abbildgn. u. 17 Taf. in Farbendr. gr. 8. (VIII, 628 S.) Berlin 902. P. Parey. Geb. in Leinw. n. 7. —

Schlipf's populäres Handbuch der Landwirtschaft. Gekrönte Preisschrift. 15., neubearb. u. verm. Aufl. (VIII, 648 S. m. 524 Abbildgn. u. 20 farb. Taf.) gr. 8. Berlin 905. P. Parey. Geb. in Leinw. n. 7. —

Schlipf's populäres Handbuch d. Landwirtschaft. Gekrönte Preisschrift. 16., neubearb. u. verm. Aufl. (VIII, 662 S. m. 526 Abbildg. u. 20 farb. Taf.) gr. 8. Berlin 908. P. Parey. Geb. in Leinw. 7. —

— Lehr- u. Handbuch der gesammten Landwirthschaft für den Mittelstand, gestützt auf Theorie u. Praxis. 1. Bd. Bodenkunde, Urbarmachung, Düngerlehre u. s. w. Mit 45 eingedr. Holzschn. gr. 8. Stuttgart 846, Becher. ½ ℛ u. 2. Bd. 1. Abthl. Pflanzenkultur. gr. 8. Ebend. 846. 12 ngr
Daraus apart:
— Düngerlehre. Mit 14 Holzschn. 8. Ebend. 847. 4 ngr

Schlipf, J. A., Lehr- u. Handbuch d. gesammten Landwirthschaft f. den Mittelstand, gestützt auf Theorie u. Praxis. 2. Bd. [Allg. u. specielle Pflanzenkultur.] 2 u. 3. Abth. gr. 8. (XXIV S. u. S. 135—590 mit eingedr. Holzschn.) Stuttgart 847. 48, Becher. — 3. Bd.: Taxationslehre v. Süd- u. Norddeutschland, Ertrags-Berechnungen, Entwurf über Gutspacht-Contracte. gr. 8. (XII u. 243 S.) Ebd. 850. II, 2: 24 ngr II, 3: 18 ngr III: 11/12 ℛ (compl. 3 ℛ 6½ ngr)

— Lehr- und Handbuch der gesammten Landwirthschaft für den Mittelstand, gestützt auf Theorie u. Praxis nach dem gegenwärtigen Standpunkte der landwirthschaftlichen Fortschritte. 3. verm. u. verb. Aufl. 3 Bde. Stuttgart 860. Becher. gr. 8. 3 ℛ
1. Bd.: Bodenkunde, Urbarmachung, Düngerlehre u. Bearbeitung des Bodens. Mit 50 in den Text eingedr. Holzschn. (VIII, 142 S.)
2. Bd.: Allgemeine u. specielle Pflanzencultur. 3 Abthlgn. (XVIII, 573 S.)
1. Abthlg.: Allgemeine Pflanzencultur. Mit 25 Holzschn.
2. Abthlg.: Specielle Pflanzencultur. Mit 12 Holzschn.
3. Abthlg: Gewerbs- u. Handelspflanzen.
3. Bd.: Taxationslehre. Mit 6 in den Text gedr. Holzschn. (XII, 160 S.)

— der Pflanzenbau nach den Bedürfnissen der neuesten Zeit. Eine Anleitung zur Erzielung eines möglichst hohen Ertrages der Felder. Mit eingedr. Abbildgn. gr. 8. (171 S.) Reutlingen 847, Mäcken. 5/12 ℛ

—— Rathschläge zur zweckmäßigen Bereitung des Obstmostes. 2., von Schüle und Konzelmann nach den neuesten Erfahrungen ergänzte Aufl. gr. 8. (24 S. mit Abbildungen auf 1 Stnt. in qu. Fol.) Stuttgart 860, Ebner und Seubert.

Schlipf, Johs., Kirche u. Staat. Predigt am IV. Sonnt. nach Pfingsten zu Pforzheim (gehalt.). 8. (16 S.) Pforzheim 848, Flammer & Hoffmann. 3 ngr

Schlipf, Johs., Kirche und Staat. Predigt am IV. Sonnt. nach Pfingsten zu Pforzheim (gehalten.) 8. (16 S.) Pforzheim 848. [Stuttgart, Scheitlin's Vrlgsh.] Thlr.

Schlipköter, Aug., die beliebtesten Jugend-, Turn- u. Volksspiele f. Schule u. Haus, Turnvereine, Spielgesellschaften, höhere Lehranstalten u. s. w. 12. (VIII, 165 S.) Ansbach (899). C. Brügel & Sohn. Kart. n. 1. 20

— wie erwirbt sich der Lehrer die Liebe u. das Vertrauen seiner Schüler, s.a. Für die Schule aus der Schule.

Wie erwirbt sich der Lehrer die Liebe und das Vertrauen seiner Schüler und welcher hohe Wert liegt darin für die Wirksamkeit des Lehrers? Von August Schlipköter, Lehrer. *Neuwied & Leipzig: Heuser 1900.* (14 S.) 8° [F.]
= Schule, Aus der, für die Schule. H. 83. [01. 1963

Schlipköter, Gg., was sollen wir spielen? 380 d. beliebtesten Jugend-, Turn- u. Volksspiele f. Schule, Haus, Vereine u. Gesellschaftskreise. 2. Aufl. (6.—10. Taus.) (248 S. m. Abb. u. Noten.) kl. 8. Hamburg 910. Agent. d. Rauh. Hauses. 2.—; geb. 2.50

Schlipp, Friedrich, pr. Arzt: Laurentius Heister in seiner Bedeutung für die Augenheilkunde. Haarlem (1910): Dr. d. 'Janus'. 42 S. 8° (Aus: Janus. An. 15, Livr. 6.)
Göttingen, Med. Diss. v. 1. Juli 1910, Ref. v. Hippel
[Geb. 31. Mai 73 Schwerte; Wohnort: Hannover; Staatsangeh.: Preußen; Vorbildung: Gymn. Hagen Reife M. 93; Studium: Halle 4, Erlangen 9 S.; Coll. 2. Mai 10; Approb. 25. Jan. 00.] [U 10. 1384

Schlipp, Rudolf [aus Alzey] : Über spontane A o r t e n - R u p t u r e n ohne vorhergehende Aneurysmenbildung ... Freiburg i. B.: Buchdr. H. Epstein 1895. 35 S. 8°
Freiburg i. B., Med. Fak., Inaug.-Diss. v. 1895

Schlippe, A. O., die Fauna d. Bathonien im oberrheinischen Tieflande, s.: Abhandlungen zur geolog. Specialkarte v. Elsass-Lothringen.

Schlippe, August Oscar [aus Stahmeln bei Leipzig]: B e i t r ä g e zur Kenntniss des Bathonien im oberrheinischen Tieflande ... Strassburg: Buchdr. v. R. Schultz & Cie (Berger-Levrault's Nachf.) 1887. 3 Bl.+ 75 S. 8°
Freiburg i. B., Phil. Fak., Inaug.-Diss. v. 1887

Schlippe, C. E. Th., s. S c h l i p p e , K. E. Th.

Schlippe, Emil

Schlippe, E: Der Dampfkessel-Betrieb. Dresden 1890

Schlippe, E., der Dampfkessel-Betrieb. Allgemeinverständlich dargestellt. 2., umgearb. u. verm. Aufl. gr. 8. (XII, 267 S. m. Abbildgn.) Berlin 892. J. Springer. Geb. in Leinw. n. 5. —

Der D a m p f k e s s e l - B e t r i e b . Allgemeinverständl. dargest. von E[mil] **Schlippe**, Kgl. Gewerberath. Mit zahlr. in d. Text gedr. Abb. 3. verb. u. verm. Aufl. Berlin: J. Springer 1900. (XII, 273 S.) 8°

Schlippe, E., die Schule d. Dampfkessel-Betriebes. 4 Lfgn. gr. 8. (XII, 256 S. m. Fig.) Dresden 889. Baensch. à n. 1. — (cplt. geb.: n. 6. —)

Schlippe, F. L., über die Verfälschungen der Weine u. die Mittel zur Erkennung derselben. (Abgedruckt aus d. allgem. Zeitschrift für Landwirthschaft, herausgeg. v. C. Herberger.) gr. 8. Mainz 844, Kunze. 1/6 ℔

Schlippe, Henri, Hülfstabelle zu den Berechnungen, um nach Gall's System Most u. Wein zu veredeln, oder: Hülfsblätter für jeden Weinproduzenten. 3. vervollständigte Aufl. Mainz 857. Wirth'sche Sortbdlg. 8. (24 S.) 10 ngr.

Schlippe, K., Beitrag zur Kenntn. des zinnsauren Natrons, siehe: Bulletin de la Société Impér. des naturalistes de Moscou, tome XXIV. 1. partie.

Schlippe, K. E. Th.

Schlippe, C. E. Th., im Königr. Sachsen geltende gewerberechtl. Bestimmungen üb. die Errichtung, die Einrichtung u. den Betrieb v. Fabriken, Werkstätten usw., s.: Handbibliothek, jurist. 82. Bd.

Schlippe, K. E. Th.: Die im Königr. Sachsen geltenden B e s t i m m u n g e n üb. Dampfkessel, s. M o r g e n s t e r n , K.

Schlippe, C. E. Th., gewerbepolizeil. Gesetze u. Verordngn. über Errichtg., Betrieb u. Beaufsichtigg. v. Fabriken u. and. gewerbl. Anlagen im Königr. Sachsen, s. o. M e i n h o l d ' s jurist. Handbibliothek.

Schlippe CETh, gewerbepolizeiliche Gesetze und Verordnungen über Errichtung, Betrieb und Beaufsichtigung von Fabriken und anderen gewerblichen Anlagen im Königreich Sachsen. (415 S) Leipzig 1897

Schlippe, Konrad, appr. Arzt a. Mainz: Ein Fall von Akromegalie. München 1908: F. Straub. (15 S.) 8°
München, Med. Fak., Ref. v. Bauer, Diss. v. 14. Juli 1908
[Geb. 4. April 83 Mainz; Wohnort: Darmstadt; Staatsangeh.: Hessen; Vorbildung: Neues Gymn. Darmstadt Reife März 02; Studium: Freiburg i. B. 4, Gießen 1, Marburg 1, Berlin 1, Gießen 3 S.; Coll. 14. Juli 08; Approb. 1. Juli 08.]

Schlippe, Ludwig, a. Mainz: Die Kastration bei Myom des Uterus. Freiburg i. B.: Speyer & Kaerner 1907. (44 S.) 8°
Freiburg i. B., Med. Fak., Ref. Krönig, Diss. v. 1907
[Geb. 8. März 78 Mainz; Wohnort: Freiburg i. B.; Staatsangeh.: Hessen; Vorbildung: Gymn. Bensheim Reife 00; Studium: München 5, Freiburg i. B. 2, München 1, Freiburg i. B. 1 S.; Coll. 9. März 06; Approb. März 06.]

Schlippe, Osk.: W i n k e f. die Reise nach Montenegro, s. H a h n , Alban v.

Schlippe, Paul, prakt. Arzt aus Gross-Storkwitz: Ein F a l l von Wirbelkörperspalte. Groitzsch 1900: G. Reichardt. (27 S.) 8°
Leipzig, Med. Diss. v. (27. Juni) 1900

Schlippe, Paul, approb. Arzt aus Darmstadt: Physikalische U n t e r s u c h u n g e n bei der Anwendung des Magenschlauches. Naumburg a. S.: Lippert & Co. 1903. (24 S.) 8°
Heidelberg, Med. Diss. v. 1903

Schlippenbach, Albert Graf von: Die Entstehung u. Entwicklung des deutschen Adels, s. a. A r b e i t e n d. Uckermärk. Museums- u. Geschichtsvereins.

Die E n t s t e h u n g und Entwickelung des deutschen Adels mit bes. Berücks. der in d. Uckermark angesessenen Geschlechter. Vortr. geh. zu Prenzlau am 1. März 1900 von Albert Graf v. **Schlippenbach**. Prenzlau: A. Mieck 1900. (31 S.) 8°
(Arbeiten d. Uckermärk. Museums- u. Gesch.-Vereins. H. 5.)

Schlippenbach, Alb., Graf v. F e u e r s c h e i n u. andere Novellen. (III, 197 S.) 8. Dresden 905. E. Pierson. n. 2. —; geb. n. 3. —

Schlippenbach, Alb. Graf v., Gedichte. 8. (XII, 335 S.) Berlin 883. A. Duncker. n. 5.

— zur G e s c h i c h t e der hohenzollerischen Souveränität in Preußen. Diplomatischer Briefwechsel des Königs Karl Gustav v. Schweden u. des Gesandten Grafen Chr. K. v. Schlippenbach aus den Kriegsjahren 16?4—1657. Zusammengestellt von v. Sch. (XIII, 357 S. m. 2 Taf. u. 2 Faks.) gr. 8. Berlin 906. E. Fleischel & Co. n. 12. —

— die S c h w e d e n in Nürnberg. Unter Benutzg. alter Familienpapiere erzählt. 8. (III, 190 S.) Prenzlau 901. A. Mieck. n. 3 —; geb. in Leinw. n. 4. —

— als S t r o h w i t t w e r nach Afrika. Reiseerinnerungen. 8. (VII, 284 S.) Ebd. (899). n. 4. —; geb. in Leinw. n. 5. —

Schlippenbach, Freifrau Gabriele v., s. a.: R i v u l e t , Herb.

Schlippenbach, Gabriele von. Benita — die Gesegnete. Original-Erzählung von Freifrau Gabriele von Schlippenbach. 142 S. 8. Aarburg, Buchdr. Aarburg, 1901. (fr. —. 20)
Schweizer Familien-Bibliothek. Band 2.

— ums B r o t. Roman. 8. (182 S.) Berlin 899. Schriftenvertriebsanstalt. 1. 50; geb. in Leinw. 2. —

Schlippenbach, Freifr. G. v. (Herb. Rivulet), in Dur u. Moll, Wirrsale, s.: Hausschatz-Bibliothek.

— Subotins Erbe, s.: Kriminalromane aller Nationen. 4. Bd.

Schlippenbach, Freifrau G. v. (Herb. Rivulet), erkämpft. Roman. (117 S.) 8. Berlin (904). Schriftenvertriebsanstalt. Geb. in Leinw. n. 1. 50

– Höhenmenschen. Das Kind u. ich, s. Hausschatz-Bibliothek.

— ich will es sühnen. Roman. 8. (251 S.) Dresden 901. E. Pierson. n. 2. 50; geb. n. 3. 50

(B) — Ich will es sühnen. 901. (KVB 82.) Jetzt: Berlin, Verlag Berlin-Wien.

— Jugendschuld, s.: Für Herz u. Haus! 14. Bd.

— Lebensstrifen. Roman. (131 S.) 8. Berlin (906). Schriftenvertriebsanstalt. n. 1. —; geb. in Leinw. n. 1. 50

Ein Mutterherz. Ehre Vater u. Mutter. Unser erster Weihnachtsbaum. Erzählungen von Herbert Rivulet (G[abriele] v. Schlippenbach). Mit 4 Ill. Berlin: Schriftenvertriebsanst. 1903. (95 S.) 8° [F.]
— Volksbücher, Neue. Bdch. 73. [illegible]

— Verblutet, s.: Für Herz u. Haus! 22. Bd.

Schlippenbach, Otto Graf. Den armen hilfsbedürftigen Bewohnern Berlins! Druck von Marquardt u. Steinthal. 1 Bl. Fol.
Flugblatt. Berlin, 10. Sept. 1848.

Schlippenbach, Otto Graf. An Seine Königliche Hoheit den Prinzen Friedrich Karl. (Zur Erinnerung an den 20. Juni 1849.) Druck von G. Bernstein. 1 Bl. Fol.
Flugblatt. Berlin. 1848/49.

— Dem unbekannten [illegible] ein [illegible] Soldaten Gruß. — Druck von Marquardt u. Steinthal. 1 Bl. Fol.
Flugblatt. Berlin. 10. Sept. 1848.

— Den [illegible] und [illegible] des [illegible] — Druck von Marquardt u. Steinthal. 1 Bl. Fol.
Flugblatt. Berlin. 10. Sept. 1848.

Schlippenbach, Otto Graf. Worte des Dankes an diejenigen [illegible] welche in der [illegible] die [illegible] Armee in [illegible] zu ehren wußten. — Druck von Marquardt u. Steinthal. 1 Bl. Fol.
Flugblatt. Berlin. 5. Sept. 1848.

von Schlippenbach, Paul Frh.: Kann derjenige, welcher als Mieter oder Depositar auf Rückgabe der Sache belangt ist, der Klage die Einrede seines Eigentums entgegensetzen? ... Dresden, Druck v. H. Grünberg, 1896; 28 S. 8.
Erlangen, Jur. Fak., Inaug.-Diss. v. 1896

Schlippenbach, Ulrich Heinrich Gustav von

— Beitrr. z. Geschichte d. Kriegs zwischen Rußland u. Frankreich in d. J. 1812 u. 13. 4 Hefte 8. Mitau 813.

v. Schlippenbach, Frhrr. Ritter Ulr. Hnr. Gust., († d. 20. März 1826.) Erinnerungen von e. Reise nach St. Petersburg im Jahre 1814. 2 Thle. 8. Hamb. (1r Thl. 816. 2r Th. 818.) Perthes. 1 ₰ 20 gr (2r Thl. A. u. d. T.: Briefe aus Dorpat u. Riga 2c. 1 ₰)

— Erklär. d. Kurländ.-Piltenschen Ritterschaft üb. e. Stelle aus d. Bemerkk. d. Hrn. v. Sahlfeldt üb. d. Entwurf zu e. Proceßordnung im Kurländ. Gouvernement. 8. Mitau 810. (48 S.) (ohne s. Namen).

— Gedichte. 8. Mitau 812.

— nachgelassene Gedichte. 8. Mitau 828. (VIII. u. 215 S.)

Schlippenbach, U. v., Ikonologie d. jetzigen Zeitalters 2c. m. Holzschnitt. 8. Riga, Hartmann. 807. Schreibp.

— Ikonologie d. jetzigen Zeitalters. Mit Holzschn. 8. Riga 808. (Taubert in Leipz.) 1 ₰ 8 gr Schreibp. 1 ₰ 16 gr

— Kuronia; e. Samml. vaterländ. Gedichte. 3 Sammll. 8. Riga 806—9. (Schumann in Zwickau). 1 ₰ 12 gr

— s. Chr. Er. Langhansen, Gedichte.

– s.a. Lebensblüthen.

v. Schlippenbach, Frhrr. Ritter Ulr., Lebensblüthen in Süden u. Norden. 2 Thle. 8. Hamb. 816, 17. Fr. Perthes. 3 ₰

— Libau am 13. Oct. 1808. Ein Denkmal f. Freunde d. Menschheit u. d. Vaterlandes. 8. Mitau 808. (47 S.)

— maler. Wanderungen durch Kurland. Mit (3) Kpf. 8. Riga 809. (Taubert in Leipz.) 2 ₰

— Wega; e. poet. Taschenbuch f. d. Norden. (Der Kuronia 4e Samml.) 12. Mitau 809.

v. Schlippenbach, Ulr. Hnr. Gust., Edles Wirken. Vorspiel. 8. Mitau 824.

— die Wunderquelle. Ein Gedicht. 8. Königsb. 792. (20 S.)

Schlismann, Aloys Rob. [aus Mainz]: Beiträge zur Geschichte und Kritik des Naturalismus. Mit einer Einleitung: Ueber das Prinzip der künstlerischen Nachahmung. Kiel 1903. 199 + 1 S. 8°.
Zürich. Phil. Diss. 1. S. 1902/1903.

Schlismann, Aloys Robert, Beiträge zur Geschichte und Kritik des Naturalismus. Mit einer Einleitung: Über das Prinzip der künstlerischen Nachahmung. Diss. Phil. [I.] (Univ.) Zürich. VI + 201 S. 8. Kiel und Leipzig, Lipsius & Fischer. 1903.

Schlissleder, Joseph [pr. Arzt u. Stabsarzt d. Landwehr aus Kraiburg a/I. (Oberbayern)]: Ueber Verletzungen des Magens und der Gedärme. . . . München, k. Hof- u. Universitätsbuchdr. v. Dr. C. Wolf & Sohn, 1889; 81 + 1 S. 8°
München, Med. Fak., Inaug.-Diss. v. 1889

Die Männer der Finsterniss. Eine Enthüllung der Umtriebe geheimer Gesellschaften. Von Adam Schlitt. Baltimore. [Philadelphia: Schäfer & Koradi] 1859. 105 S. 3 Holzschn. 8°

°[Dasselbe.] 2. verm. Aufl. 1860.
cf. T. 15 (1869) S. 17—19 (E. Röhr); MW. Ser. 2 Jg. 6 (1869) No 12.
Enth. fast ausschliesslich nur Angriffe gegen die Frmrei vom Standpunkte eines besorgten Geistlichen aus, dass die Frmrei Religion u. Kirche vernichte.
[Heinsius: Allgem. Bücher-Lexikon. 13, 2 (1864) S. 335.]

Schlitt, Heinr., Stoffel und die bösen Buben. Eine Bubengeschichte in 55 Bildern. 4. (39 S. mit eingedr. color. Zinkogr.) München 882, Bassermann'sche Verlagsb. geb. * 4 —

Schlitt, Heinr., Stoffel und die bösen Buben. Eine Bubengeschichte in Bildern von H. S. 4. (28 S. mit color. Illustr.) Reutlingen 887, Enßlin und Laiblin. cart.

Schlitt, Heinrich. Die Wandmalerei im Rathskeller zu Wiesbaden, s. Kögler, Kaspar, u. Heinrich Schlitt.

Schlitt, Jo. Gerhard [Praes.], s. Farber, Georg Nikolaus: De eo, qui posterior tempore, posterior jure.

Schlitt, Jo. Gerhard [Praes.], s. Lange, Jo. Hieron.: De thesauro in fundo vendito ante traditionem reperto.

Schlitt, Jo. Gerhard [Praes.], s. Weinhagen, Johann Adolph: De negotiis in persona propria explicandis.

Schlitt, Jo. Gerhard [Praes.], s. Wiesenhaueren, August Justus: De negotiis in persona propria explicandis.

Schlitt, Jo. Gerhard [Praes.], s. Wilde, Gottfried: De eo quod iustum est circa ingratitudinem.

Schlitt, Ludwig [app. Arzt aus Cassel]: Über Herpes Zoster *Cassel, Druck v. F. Asshauer,* 1895; 23 S. 8.
Erlangen, Med. Fak., Inaug.-Diss. v. 1895

Schlitt, Rudolf, aus Hamburg: **Untersuchungen über einen Specialfall des Problems der drei Körper mit nahezu periodischer Lösung.** *Kiel 1903: P. Peters.* (30 S.) 8°
Kiel, Phil. Diss. v. [11. Juli] 1903

(SCHLITZ-GÖRTZ, Graf [ursprüngl. Frhr. v. Labes], ein mecklenburg. Edelmann.) Memoiren eines deutschen Staatsmannes aus den Jahren 1788—1816. Leipzig 1833. 8°. (7 Mk. 50 Pfg. Adolf Weigel, 1908:)
Enth. u. a. intime Mittheilungen über den Marquis *de Sade*. — Selten!

Schlitte, Einleit. z. Wechselprozeß. 4. Halle, Waisenhaus. 743.

Schlitte, A., kurze Charakteristik der parlamentarischen Beredtsamkeit Uhlich's. 8. (1 B.) Halberstadt 845, Lindequist u. Schönrock.
Aus: Blätter für den Harz, ꝛc., besond. abgedruckt.

Schlitte, Bruno: Die Durchführung der Zusammenlegung der Grundstücke im Regierungs-Bezirk Cassel. Halle a. S. 1885: (Unger in Berlin). 40 S. 8°
Halle-Wittenberg, Phil. Diss. v. [14. Nov.] 1885
Geb. Halberstadt 21. 1. 1847. V.
Erschien vollst. im Buchhandel u. d. T.: Die Zusammenlegung der Grundstücke in ihrer volkswirthschaftlichen Bedeutung u. Durchführung. 3 Abtlgn. Leipzig: Duncker & Humblot 1886. XVIII. 1385 S.

Schlitte, Bruno, die Zusammenlegung der Grundstücke in ihrer volkswirthschaftlichen Bedeutung und Durchführung. 3 Abtlgn. gr. 8. (XVIII, 1386 S.) Leipzig 886, Duncker und Humblot. *
Inhalt:
Abtl. 1. Allgemeiner Teil. (VIII, S. 1—152.) Einzelpr. *M 4.—.
" 2. Spezieller Teil. 1. Hälfte: Das Königreich Preußen. (S. 153—822.) Einzelpr. *M 16.—.
" 3. Spezieller Teil. 2. Hälfte: Die deutschen Mittel- und Kleinstaaten. Anhang: Außerdeutsche Staaten. (S. 823—1386.) Einzelpr. *M 11.—.

Schlitte, Fridericus: De Gaio Julio Caesare grammatico. Halae (1865): Ploetz. 36 S. 8°
Halle-Wittenberg. Phil. Diss. v. 28. Nov. 1865
Geb. Nordhausen 15. 11. 1843. V.
Im Buchhandel Halae (Berlin: Calvary) 1866. 38 S. 8°

Schlitte, Frid., de Gaio Julio Caesare grammatico. Dissertatio inauguralis philologica. Halae 866. (Berlin, Calvary u. Comp.) gr. 8. (38 S.) n. 10 ngr

Schlitte, Friedr. De C. Plinii Secundi studiis grammaticis. 16 S. **Progr.** G. *Nordhausen* 1883.

Schlitte, Fridericus Hermannus Albertus: De dignitate amputationum et resectionum, quae articulis albo tumore affectis instituuntur. Halae (1836): Scharre. X, 16 [vielmehr: 13] S. 8° (4°)
Halle-Wittenberg, Med. Diss. v. 15. Aug. 1836
Geb. Hornburg (Kr. Halberstadt) 29. 1. 1812. V.

Schlitte, Frid. (Guil. Alex. Armin. (geb. Gusten 28. 4. 1813): De epilepsia. Berolini (1830). (28 S.) 8°
Berlin, Med. Diss. v. 8. Okt. 1830

***Schlitte*, G. J. C., Diss. inaug. qua quaestio controversa num mota actione negatoria reus in possessione servitutis constitutus ab onere probandi immunis sit? expenditur. 4. Helmst. 808, Fleckeisen. 4 gr**

Schlitte, J. G.: „Anmerkungen zu J. F. Ludovicis Einleitung zum Wechsel-Process", Halle 1743. — Vorh.: Com. Bibl. Hamburg.

Schlitte, Johann Gerhard (Halberstadt) A. S. 72/15

Dissertatio juridica inauguralis de probabilitate ejusque effectu. Präs. Jakob Friedrich Ludovici. Halle (Orban) (23.) XI. 1714. 38 (richt.: 56) S.
30607

Schlitte, Johann Gerhard (Halberstadt) A. S. 106/27

Dissertatio juridica inauguralis de probabilitate ejusque effectu. Präs. Jakob Friedrich Ludovici. Rec. Halle (Grunert) 1739. 38 (richt.: 56) S.

Diss. 23. XI. 1714. 30608

Schlitte, Karl Theophil (Halberstadt) A. S. 1168/38

Quaestio politica an alchemistae sint in republica tollerandi? Präs. Johann Franz Budde. Halle (Henckel) VI. 1702. 86 S.

W. v.: Präs. 30609

Schlitte, Wilh., Anleitung zur Fleisch- u. Fettproduction unseres Hausgeflügels. Anleitung wie auf die wohlfeilste Weise und in kürzester Zeit die größte Menge Fleisch u. Fett bei Tauben, Hühnern, Gänsen ꝛc. zu erzielen u. dadurch ein billiges, nahrhaftes u. gesundes Fleisch zu liefern ist. Nebst einem Anh.: Das Verschneiden u. die am häufigsten vorkommenden Krankheiten des Geflügels betr. Nordhausen 868. Büchting. 8. (56 S.) 7½ ngr

— Anleitung zur vortheilhaftesten und zugleich billigsten Sommerstallfütterung des Rindviehes. Mit einem Anh.: Ueber den Anbau der billigsten und vortheilhaftesten Futterpflanzen für Sandboden. Auf Grund langjähr. Erfahrung bearb. 12. (62 S.) Nordhausen 864, Büchting.

— der Düngermangel und seine Beseitigung durch rationelle Samen-, Menge- und Gründüngung. Ein unentbehrl. Büchlein für jeden Landwirth, welcher seinen Düngermangel durch eine verständ. Benutzung der wirksamsten Samen- und Mengedünger, sowie durch Gründüngung beseitigen und die Erträge seines Grundbesitzes bedeutend vermehren, ja bis auf das Höchste bringen will. 12. (96 S.) Nordhausen 865, Büchting.

—— die Futterstoffe bei der Winterfütterung des Rindviehes und ihre vortheilhafteste und zweckmäßigste Zubereitung, Zusammensetzung und Verfütterung, durch welche jährlich Tausende von Centnern an Futter erspart und dessen ungeachtet der höchste Ertrag aus der Rindviehzucht erzielt wird. Mit Angabe vieler Fütterungsbeispiele aus der prakt. Viehzucht und mehreren Tab. zur prakt. Nutzanwendung. 12. (93 S. mit 1 lithogr. Abbild.) Nordhausen 865, Büchting.

Schlitten, 43 schöne. Sammlung ausgewählter Vorlage-Muster f. Schlitten- u. Chaisen-Fabrikanten etc. 2. Heft. 32 Taf. m. 43 resp. 50 schönen Schlitten. qu. gr. 4. Münch. 891, Meitinger. * 10 —
Das 1. Heft s.: Vorlage-Muster, 34 ausgewählte, f. Chaisen-Fabrikanten etc.

Schlitten, 43 schöne. Sammlung ausgewählter Vorlage-Muster f. Schlitten- u. Chaisen-Fabrikanten, Schmiede, Lackirer u. Sattler zum Vorlegen f. die Kundschaft bei Schlitten-Bestellgn. 2. Hft. 32 Taf. m. 43 resp. 50 schönen Schlitten. qu gr. 4. München 891. G. Meitinger. n. 10. —
Das 3. Hft. s.: Vorlage-Muster.

Schlittenbauer, Seb., Materialien zur latein. Stilistik. (31 S.) 16,5×21 cm. München (910). (H. Hugendubel.) Geb. — 80

Schlittenbauer, Sebastian. Gymnasialassist. aus Wolnzach: Die Tendenz von Ciceros Orator. Leipzig 1903: B. G. Teubner. (S. 183-221.) 8° (Aus: Jahrbücher f. class. Philol., Suppl. Bd 28.)
München, Phil. Diss. v. 1903

Schlittenbauer, Seb., die Tendenz v. Ciceros Orator. (S. 181—248.) gr. 8. Leipzig 903. B. G. Teubner. n. 2. 80
Sonderabdruck aus: „Jahrbb. f. class. Philol., 28. Suppl.-Bd."

— Lateinisches Übungsbuch, s.: Englmann, Lor.

Schlittenfahrt, Die. Kinderspiel in 2 A. Leipzig 1778. V: *Weisse, Chn Felix.* (GGr)

Schlittenfahrt, die. Kinderspi. 8. Lpz. Crusius. 778.

Schlittenfahrt, die; Kinderspiel. 8. Leipz. 778. (W. Vogel). 2 K

SCHLITTENFAHRT. Die famose. Starke Verspottung des Klerus. Gedruckt auf Kosten der Publicität mit Erlaubniss der Pressfreiheit. Amsterdam 1794. 8°. 1 Mk. 50 Pfg. Th. Ackermann. München. 1913.
Kayser's B.-L. II, 202. — Sehr selten !

—die famöse, im antiken Geschmack, darstellend: die meisten Gewerbe mit ihren Attributen u. symbol. Masken aus d. Fabellehre. Ein Bilderbuch f. Jung u. Alt. 8 Taf. mit 44 Scenen. 4. Augsb., Schlosser. ill. 6 K

Schlittenfahrt, Die, im Lande der Hinkenden und ihre gerade Widerlegung die Zielscheibe meiner Gedanken. Gedruckt in diesem Jahr, da kein Narr gescheid war … V: *Rittershausen, Jos. Sebast. von.* (KY 5/97) (biblPort)

Schlittenfahrt im Lande der Hinkenden. O. O. 1777. V: *Milbiller, Joseph.* (BB) (Ky)

Schlittenfahrt im Lande der Hinkenden (v. J. Milbiller). 8. Münch. 777. — Dies. (v. J. S. v. Rittershausen). 4. (ohne Druckort u. Jahrz.)

Schlittenfahrt, Die, im Lande der Hinkenden. [O. O. 1780.] V: *Rittershausen, Joseph Sebastian von.* (KD) (BB) (Ky)

Schlittenfahrt, Die maskirte. Ein komisches Burschengedicht, veranlaßt durch eine Schlittenfahrt der Hallischen Studenten. Am 1. Dezbr. 1788. (Halle, Hendel.) 8°.

Schlittenfahrt, Satyrische. München [ca. 1784]. V: *Blaimhofer (Blumhofer), Max.* (MGT)

Schlittenfahrt, die, zu Schmeile, Eugen u. Emilie u. d. schöne Georg. Erzählt v. Maria. (Besond. Abdruck aus d. Schneeglöcken. 8. Hamb. 823, Herold.

Der offenherzige Freymaurer über das Lustspiel die Freymaurer, [von Friedr. Ludw. Schröder] nebst dessen Anmerkungen übe [!] die heutige Freymaurerey überhaupt. Mit einigen Zusätzen verm. von dem Hrsg., Amad. **Schlittenthal,** keinem Freimaurer. [Wien:] 1784. 36 S. 8°
Recens: Post von Wien. 21 (1874) S. 164. cf. Z. 5 (1875) S. 61 (E. Besetzny).
Betrachtungen über Wesen, Geheimnis, Zeremonien der Frmr, die zu grosse Anzahl Logenbrr u. s. w.

Schlitter, Adolfo, C. SS. R., el apóstol del hogar. 2 ed. (XXV, 509 S. m. 22 Abb.) kl. 8. Freiburg i/B. 910. Herder. Geb. in Leinw. 2.40

Schlitter, Hanns, die Berichte d. ersten Agenten Österreichs in den Vereinigten Staaten v. Amerika Baron de Beelen-Bertholff an die Regierung der österreichischen Niederlande in Brüssel. s. Fontes rerum austriacarum.

— Die Berichte des ersten Agenten Österreichs in den Vereinigten Staaten von Amerika, Baron de Beelen-Bertholff, an die Regierung der österreichischen Niederlande in Brüssel 1784—1789. Siehe F. II. 45. Band. 2. Hälfte.

Schlitter, Dr. Hanns, die Berichte des k. k. Commissärs Bartholomäus Frhrn. v. Stürmer aus St. Helena zur Zeit der dortigen Internirung Napoleon Bonaparte's 1816—1818. [Aus: „Archiv f. österreich. Geschichte".] Lex.-8°. (210 S.) Wien, Gerold's Sohn. In Comm. fl. 1.50. 1886.

Schlitter, Hanns, die Berichte des k. k. Commissärs Bartholomäus Frhrn. von Stürmer aus St. Helena zur Zeit der dortigen Internirung Napoleon Bonaparte's 1816—1818. Lex.-8. (210 S.) Wien 886, (Tempsky.) *
Aus Archiv für österreichische Geschichte, besonders abgedruckt.

Schlitter, [illegible] Die Berichte d. k. k. Kommissärs Bartholomäus Freiherrn von Stürmer aus St. Helena zur Zeit der dortigen Internierung Napoleon Bonapartes 1816–1818. [illegible] 3 —
Separat[illegible]

Schlitter Hans: Die ersten Beziehungen Oesterreichs zu den Vereinigten Staaten von Amerika. 1778--1787.
1883 PN 311 Diss.Wien, Univ. 686

— die Beziehungen Osterreichs zu Amerika. 1. Thl.: Die Beziehgn. Österreichs zu den Vereinigten Staaten [1778–1787]. gr. 8. (XII, 236 S.) Innsbruck 885. Wagner. n. 4. 40

Schlitter, Hanns (Hrsg.), s.a. Briefe u. Denkschriften zur Vorgeschichte d. belg. Revolution.

Schlitter, Hanns, Briefe u. Denkschriften zur Vorgeschichte der belgischen Revolution. gr. 8. (XI, 125 S.) Wien 900. A. Holzhausen. n. 3. 40

— Briefe der Erzherzogin Marie Christine. Statthalterin der Niederlande, an Leopold II. Nebst einer Einleitung: Zur Geschichte der französischen Politik Leopolds II. Siehe F. II. 48. Band.

— s.: Correspondenz, geheime, Josefs II. m. usw. Ferdinand Grafen Trauttmansdorff.

Schlitter, H., Kaiser Franz I. u. die Napoleoniden vom Sturze Napoleon's bis zu dessen Tode, aus Schriftstücken d. k. u. k. Haus-, Hof- u. Staatsarchivs. [Aus: „Archiv f. österr. Geschichte".] Lex.-8. (281 S.) Wien 888. (Tempsky.) n. 4. —

— Kaiser Franz I. und die Napoleoniden vom Sturze Napoleons bis zu dessen Tode. Ar. 72 ... 4.—
Separatabdruck

Schlitter, Hanns, zur Geschichte der französ. Politik Leopolds II., s.a. Fontes rerum austriacarum 48.

Schlitter, Dr. Hans: Zur Geschichte der französischen Politik Leopold II. (Aus:) „Fontes rerum austriacarum". 48. Bd. Wien 1896.

— s.: Kaunitz, Cobenzl u. Spielmann, Briefwechsel.

Schlitter, H., Geheime Correspondenz Josefs II. mit seinem Minister in den österr. Niederlanden Ferdinand Grafen Trauttmansdorff. 1787—1789. Lex.-8⁰. (XXXIX, 826 S.) K 16.—
Wien: Holzhausen 1902.

– Pius VI. u. Josef II., von der Rückkehr des Papstes nach Rom bis zum Abschlusse des Concordats, s.a. Fontes rerum austriacarum.

— Pius VI. und Josef II. Von der Rückkehr des Papstes nach Rom bis zum Abschlusse des Konkordats. Ein Beitrag zur Geschichte der Beziehungen Josefs II. zur römischen Kurie von 1782—1784. s.a. F. II. 47. Band. 2. Hälfte.

Schlitter. Hans. Dr. Pius VI und Josef II von der Rückkehr des Papstes nach Rom bis zum Abschlusse des Concordats. Ein Beitrag zur Geschichte der Beziehungen Josefs II. zur römischen Curie von 1782 bis 1784. (Aus:) „Fontes rerum austriacarum." II. Abthlg. 47 Bd, 2 Hälfte 8. Wien 1894.

— die Regierung Josefs II. in den österreich. Niederlanden. 1. Thl. Vom Regierungsantritt Josefs II. bis zur Abberufg. des Grafen Murray. Lex.-8. (XI, 298 S.) Wien 900. A. Holzhausen. n. 7. —

– Die Reise des Papstes Pius VI nach Wien und sein Aufenthalt daselbst, s. Fontes rerum austriacarum.

— Die Reise des Papstes Pius VI. nach Wien und sein Aufenthalt daselbst. Ein Beitrag zur Geschichte der Beziehungen Josefs II. zur römischen Kurie. Siehe F. II. 47. Band. 1. Hälfte.

— die Stellung der österreichischen Regierung zum Testamente Napoleon Bonaparte's. [Aus: „Archiv f. österr. Geschichte".] Lex.-8. (248 S.) Wien 893. (F. Tempsky.) n. 4. 80

— Die Stellung der österreichischen Regierung zum Testamente Napoleon Bonapartes. Ar. 80. 1 ... 4.80
Separatabdruck

Schlitter, Hanns, a. d. Zeit Maria Theresias, s.: Khevenhüller-Metsch, Fürst Joh. Jos.

Schlittgen, H., s.: Bilder aus dem modernen Leben.

Das Urheberrecht an Werken der Literatur und der Tonkunst, das Verlagsrecht, und das Urheberrecht an Werken der bildenden Künste und der Photographie. Von Dr. J[ohannes] **Schlittgen,** Staatsanw. Leipzig: Göschen 1908. 143 S. 8°
(Sammlung Göschen. 361.) [10. 1494 11

– Dass., s.a. Sammlung Göschen.

Schlittgen & Haase: Katalog des Eisenhüttenwerks Marienhütte bei Kotzenau Actien-Gesellschaft. Berlin (1891?)

Schlittler, Emil. Ueber Herzleiden und Schwangerschaft. Nach Beobachtungen der Zürcher Frauenklinik. Diss. Med. Univ. Zürich. [Mit 7 Tabellen.] *Kopftitel:* Aus der Frauen-Klinik der Universität Zürich, Direktor: Herr Prof. Dr. Th[eodor] Wyder. 32 S. 8. Zürich, W. Steffen, 1907.

Schlittschuhfahren, das, e. prakt. Anleit. zum schnellen u. richtigen Selbsterlernen dieser Kunst. Mit Kpf. 8. Wien 827. Haas. 6 gl.

Schlittschuhlaufen, das (der Eissport), s.a. Miniatur-Bibliothek.

SCHLITTSCHUHLAUFEN. Über das –. Horbng, Wien 1790.

Das Schlittschuhlaufen. 1903. Leipzig. 8⁰. (32 S.) M. —.10

Schlitz, Dr. Hofrat. Heilbronn. Die Entwickelung der Erd- und Feuerbestattung in der Bronce- und Hallstattzeit.

Schlitz, des Grafen Hans v., Denkwürdigkeiten von d. letzten Lebensjahren Josephs d. II. bis zum Sturze Napoleon's I. Nach d. handschriftl. Werke bearb. u. hrsg. v. Alb. Rolf. gr. 8. (VII, 206 S.) Hamburg 898. G. A. Rudolph. n. 4. —; geb. n. 5. —; nebst Nachtrag: Unterdrückte Berichte aus Wien u. Paris vor 100 Jahren. (7 S.) Wird nur privatim u. gratis abgegeben.

Schlitz, J. C. von

— prakt. Behandlung d. Recrutirungsgeschäfts in Würtemberg. gr. 8. Stuttg. 821. Metzler. 5 gl.

v. Schlitz, J. C., Beitrr. zur Instruktion üb. die zweckmäß. Abhandl. d. Rug-Gerichte in Würtemberg, nebst angehängter Legende. 8. Heilbbronn 826. Drechsler. 8 gl.

Schliz, J. C. v., Leitfaden f. die förmliche Behandlung des Rekrutirungsgeschäfts in Württemberg. 8. (1 B.) Stuttgart 841, Hallbergersche Vrlgsh.

— üb. d. Reform-Antrag z. Immediatisirung d. Steuer-Einzugs in Würtemberg. 8. Heilbr. 827. Drechsler. 3 gl.

Schlitsberger, S., ein Beitrag zur Kenntnis der Pilzflora in der Umgegend von Cassel, s. Bericht, 32. und 33., des Vereines für Naturkunde zu Cassel.

Schlitzberger, S., d. prakt. Blumenfreund, s.: Michel, Ed.

Schlitzberger, S., e. Buch f. jedermann, enth. unsere häufigeren eßbaren u. die denselben ähnlichen giftigen Pilze, m. Anleitg. zum Sammeln, Verwendg. im Haushalte u. zur Kultur v. Pilzen. Zum Besten d. Volkswohles hrsg. 1.—5. Taus. schmal 8. (64 S. m. 24 farb. Taf.) Cassel 892. Th. Fischer. n. 1. 50

— e. Buch f. jedermann, enth. unsere häufigeren eßbaren u. die denselben ähnl. gift. Pilze, m. Anleitung zum Sammeln, Verwendung im Haushalte u. zur Kultur v. Pilzen. Zum Besten d. Volkswohles hrsg. 6.—10. Taus. schmal 8. (64 S. m. 24 farb. Taf.) (Cassel 895). Leipzig, Amthor. n. 1. 50

Schlitzberger, S., die Gift- u. Heilpflanzen. Ein Anleitg., die gift. u. heilkräft. Pflanzen leicht aufsuchen, ihre schädl. und heilkräft. Wirkgn. kennen zu lernen, u. Anweisg., wie man sie gegen allerlei Krankheiten benutzen kann. Mit 136 fein kolor. Abbildgn. (auf 24 Taf.). Taschen-Ausg. schmal 8. (XVI, 127 S.) Leipzig 899. Amthor. n. 2. 40

— unsere verbreiteten Giftpflanzen. 8 Wandtaf. in Farbendr. à 62×85,5 cm. Mit Text. gr. 8. (32 S.) Ebd. 892. à n. — 80;
Aufzug auf Leinw. à Taf. n.n. 1. —

1. Die Belladonna [Tollbeere, Tollkirsche], Atropa Belladonna. Der Aronstab [Zehrwurz, Kalbsfuss], Arum maculatum L.
2. Der Stechapfel [Stachelnuss, Dornkopf, Tollkraut, Krötenmelde], Datura Stramonium L. Das Bilsenkraut [Schlafkraut, Teufelsauge, Tollkraut], Hyoscyamus niger L.
3. Bittersüsser Nachtschatten. Solanum dulcamara L. Schwarzer Nachtschatten. Solanum nigrum L.
4. Herbstzeitlose. Colchicum autumnale L. Sellerieblätteriger Hahnenfuss. Ranunculus sceleratus L. Grosser Hahnenfuss. Ranunculus Lingua L.
5. Seidelbast, Kellerhals. Daphne Mezereum L. Christophskraut. Actaea spicata L.
6. Roter Fingerhut. Digitalis purpurea L. Germer (weisse Nieswurz). Veratrum album L.
7. Gartengleisse od. Hundspetersilie. Aethusa Cynapium L. Gefleckter Schierling (Gartenschierling). Conium maculatum L.
8. Wasserschierling. Cicuta virosa L. Echter Eisenhut. Aconitum Napellus L. Taumellolch. Lolium temulentum L.

— Hilfsbücher f. den naturkundl. Unterricht, s.: Henck, W.

Schlitzberger, S., die Kulturgewächse der Heimat m. ihren Freunden u Feinden. 1. Serie. Kernobstgewächse. Taf. I u. II. Farbendr. à 51×77,5 cm. Mit Text. gr. 8. (9 u. 20 S.) Cassel 892. Th. Fischer. à n. 1. —

I. Der Apfelbaum. — II. Der Birnbaum. Pyrus communis L.

— dasselbe. 2. Serie. Steinobstgewächse. Taf. III u. IV. Farbendr. à 51×77,5 cm. Mit Text. gr. 8. (23 S.) Ebd. 893. à n. 1. —

III. Hauspflaume, Prunus domestica L.
IV. Die Süsskirsche, Prunus avium L. Die Sauerkirsche, Prunus cerasus L.

— dasselbe. 3. Serie. Taf. I u. II. à 51×77,5 cm. Farbendr. Mit Text. gr. 8. (28 S.) Ebd. 894. à n. 1. —; Aufzug à Taf. n.n. — 80

I. Weinstock, Vitis vinifera L., u. Himbeere, Rubus idealis L.
II. Die Stachelbeere, Ribes grossularia L., die rote Johannisbeere, Ribes rubrum L., u. die schwarze Johannisbeere, Ribes nigrum L.

— die Kulturgewächse der Heimat m. ihren Freunden u. Feinden, in Wort u. Bild dargest. IV. Serie: Hülsenpflanzen. 2 Taf. (D. ganzen Sammlung 7. u. 8. Taf.) à 51×77,5 cm. Farbendr. M. Text. gr. 8. (22 S.) Ebd. 895. à n. 1. —; Aufzug à Taf. n.n. — 80; erhöht. Preis à Serie n. 2. 50; einz. Taf. à n. 1. 50

1. Die Erbse, Pisum sativum L., u. d. Linse, Ervum Lens L.
2. Die Stangenbohne, Phaseolus vulgaris L., u. d. Kruppbohne, Ph. nana L.

— dasselbe. V. Serie: Getreidepflanzen. 2 Taf. (D. ganzen Sammlg. 9. u. 10. Taf.) à 51×77,5 cm. Farbdr. Mit Text. gr. 8. (24 S.) Leipzig 897. Amthor. à n. n. 1.—; Aufzug auf Leinw. m. Oesen à Taf. n.n. 1. —; erhöht. Preis à Serie n. 2. 50; einz. Taf. à n. 1. 50

1. Der Roggen, Secale cereale L., u. der Weizen, Triticum vulgare VIII.
2. Der Hafer, Avena sativa L., u. d. Gerste, Hordeum distichum L.

— die Kulturgewächse der Heimat m. ihren Freunden u. Feinden, in Wort u. Bild dargestellt. VI. Serie: Kätzchenblütige Laubhölzer. 2 Taf. (Der ganzen Sammlg. 11. u. 12. Taf.) à 51×78 cm. Farbdr. Mit Text. gr. 8. (16 S.) Leipzig 901. Amthor. n. 3.—; einz. Taf. n. 1.80

Schlitzberger, S., die Kulturgewächse der Heimat m. ihren Freunden u. Feinden, in Wort u. Bild dargestellt. VII. Serie: Die Kohlpflanzen, die Schwarzwurzel u. die Zuckerrübe. 2 Taf. (Der ganzen Sammlg. 13. u. 14. Taf.) Je 51×78 cm. Farbdr. Mit Text. (15 S.) gr. 8. Leipzig (904). Amthor. n. 3. —; einz. Taf. n. 1. 80

Schlitzberger, S.: Die Kulturgewächse der Heimat. Fortsetzg., s. Hinterthür, L.

— kleine Naturgeschichte, s.: Henck, W.

— Pilzbuch. Ein Buch f. jedermann, enth. uns. häufigeren eßbaren u. die denselben ähnl. gift. Pilze, m. Anleitung z. Sammeln, zur Verwendung im Haushalte u. z. Kultur v. Pilzen. Zum Besten des Volkswohles hrsg. (Neue rev. Aufl.) schmal 8. (64 S. m. 24 Farbdr.) Ebd. 897. n. 1. 50

Schlitzberger, S., unsere häufigeren eßbaren Pilze in 22 naturgetreuen u. feinkolor. Abbildungen. (1 Taf. in qu. gr. Fol.) Nebst kurzer Beschreibg. u. Anleitg. zum Einsammeln u. zur Zubereitg. Im Auftrage d. königl. Regierg. zu Cassel dargestellt u. bearb. 1.—4. Aufl. gr. 8. (20 S.) Cassel 888. 889. Fischer. n. 1. 60

— — Unsere häufigeren eßbaren Pilze in 23 naturgetreuen u. feinkolor. Abbildungen, nebst kurzer Beschreibg. u. Anleitg. zum Einsammeln u. zur Zubereitg. Im Auftrage der königl. Regierung zu Cassel dargestellt u. bearb. 4.—8. Aufl. gr. 8. (20 S. m. 1 Taf. 49 × 77 cm.) Ebd. 889—92. * 1 60

— unsere verbreiteten giftigen Pilze, naturgetreu nach ihren Entwickelungsstufen in 18 fein kolor. Gruppenbildern. (1 Taf. in qu. gr. Fol.) Nebst Artbeschreibg. u. Anleitg. zur Pilzkenntnis, in chem. u. toxikolog. Hinsicht dargestellt u. bearb. gr. 8. (23 S.) Ebd. 889. n. 2. —

Schlitzberger S, unsere häufiger vorkommenden essbaren Pilze in kolorierten Abbildungen mit Beschreibung und Anleitung zum Einsammeln und zur Zubereitung. 1. und 8. Auflage. 1 Wandtafel mit Text 8° Kassel, Leipzig 1888. 92

— die einheimischen Schlangen, Echsen u. Lurche unter besond. Berücksicht. in ihrer Bedeutung f. die Landwirtschaft, auf grossen Wandtafeln dargestellt. Taf. 1—4. à 52×75 cm. Farbendr. Mit Text. gr. 8. (48 S.) Ebd. 892—894. à n. 1. —; Aufzug à Taf. n.n. — 80

Schlitzberger, S., Standpunkt und Fortschritt der Wissenschaft in der Mykologie. gr. 8. (80 S.) Berlin 881, Stubenrauch'sche Buchh. * 1 50

[J.] **Schlitzberger,** S.: Untersuchungen über die inneren Beziehungen der „imponderabeln Kräfte." E. Beitr. z. Reform d. physikal.-chem. Unterr. Cassel, Druck v. J. Has, 1892; 3 13 S. 4.
Cassel, st. Mädchen-Mittel-S, P 1892**

— was soll ich Dir ins Album schreiben? E. Auswahl v. gereimten u. ungereimten Stammbuch-Versen u. Sinnsprüchen geistl. u. weltl. Inhalts. Für d. deutsche Jugend. 16. (160 S.) Cassel 897. L. Döll. — 75

[J.] Ein guter Spruch, ein guter Freund! Was soll ich Dir ins Album schreiben? E. Auswahl v. gereimten u. und ungereimten Stammbuch-Versen u. Sinnsprüchen geistlichen u. weltl. Inhalts. F. d. deutsche Jugend v. S. Schlitzberger. *Cassel: L. Döll [1898?].* (160 S.) 1 Bd 8.
[98. 9631 Ma

† **SCHLITZER,** Amandus v. (ps.), Mittheilungen aus einer geheimen Sitzung des demokratischen Frauen-Clubbs zu Breslau. Mit Titelbild. Breslau, Klein (1849). 4°. 7 Seiten.
3 Auflagen von demselben Jahre (laut Weller). — Zuerst gedr. ebd. 1848. (2 Mk. Paul Neubner, Cöln, 1892.) Politisches Pamphlet obscönen Inhalts.

v. Schlitzer, Amandus, Mittheilungen aus einer geheimen Sitzung des demokrat. Frauen-Clubbs zu Breslau. 3. Aufl. Lex. 8. (7 S.) Breslau 849, Kohn. n. 1/12 ₰

Schlitzer, August, a. Großenlüder bei Fulda: Über das Wachstum der Bakterien auf wasserarmen Nährböden. Würzburg 1905: F. Staudenraus. (21 S.) 8°
Würzburg, Med. Fak., Ref. Lehmann, Diss. v. 2. Nov. 1905
[Geb. 30. Mai 76 Großenlüder; Wohnort: Würzburg; Staatsangeb.: Preußen; Vorbildung: Gymn. Hersfeld Reife O. 01; Studium: Würzburg 9 S.; Coll. 11. März 05; Approb. 6. März 05.]

Schlivian, C., mein Glücksstern, s. Bloch's, E., Theater-Correspondenz.

— siehe: Theater-Zeitung, Deutsche.

Schlivian, C., über die Thronfolge in Preußen, siehe: Blätter, fliegende.

S[illegible] v., Bericht der Gesetz-Vorbereitungs-Commission der Kammer der Abgeordneten [illegible] über den Gesetzes-Entwurf, die öffentl. Verhältnisse der israelit. Glaubensgenossen betreffend. O. O. u. J. (c. 1820 ?). 8°. 74 S. Cart.
[illegible]

Schliz, A., das steinzeitliche Dorf Grossgartach, seine Kultur u. die spätere vorgeschichtl. Besiedelung der Gegend. Mit 1 Karte, 12 Taf. u. 24 in den Text gedr. Abbildgn. gr. 4. (52 S.) Stuttgart 901. F. Enke. Kart. n. 8. —

Schliz, Alfred, Kgl. Württ. Justizref. 2. Kl. aus Heilbronn a. N.: Die Entstehung der Stadtgemeinde Heilbronn, ihre Entwicklung bis zum 14. Jahrhundert und das erste Heilbronner Stadtrecht. Tübingen 1903: H. Laupp jr. (94 S.) 8°
Leipzig, Jur. Diss. v. 1903

Schliz, Alfr., die Entstehung der Stadtgemeinde Heilbronn, ihre Entwicklung bis zum 14. Jahrh. u. das erste Heilbronner Stadtrecht. Diss. (94 S. m. 1 Plan.) gr. 8. Tübingen 903. (Leipzig, Buchh. G. Fock.) n. 1.20

Schliz, A., fränkische u. alamannische Kunsttätigkeit im frühen Mittelalter nach dem Bestand der schwäbischen Grabfelder. (42 S. u. S. 22—63 m. Abbildgn. u. 5 Taf.) gr. 8. Heilbronn 904. Histor. Verein. (Nur direkt.) n. 3. —
Sonderabdruck aus: „Berichte d. histor. Vereins Heilbronn u. Fundberichte aus Schwaben".

Die Sammlungen des historischen Museums. Hrsg. v. hist. Verein Heilbronn. (Verf.: Hofrat Dr. Alfred Schliz.) Heilbronn 1906: Schell. (125 S.) 8°
= Hist. Verein, Heilbronn. Bericht aus d. J. 1903 1906. [07. 1031

Urgeschichte Württembergs. Eine kurzgefaßte Darstellung von Hofrat Dr. A[lfred] Schliz. Mit e. erdgeschichtl. Einl. von Prof. Dr. E[berhard] Fraas. Mit 54 Textill. Stuttgart: Strecker & Schröder [1909]. VIII, 150 S. 8°

Schliz, J. C. von, s. Schlitz

Schlobach, v., zur Geschichte v. Finsterwalde. (78 S. m. Abb.) gr. 8. Finsterwalde 905. R. Espenhahn. (Nur noch direkt.) Geb. 1. —

Kolonial-Wirtschaftliches Komitee. — Mitteilungen über die geographischen, politischen und wirtschaftlichen Verhältnisse in der Grenzzone zwischen Viktoria-Nyanza und Kilimandjaro. 1906. Von Hauptmann SCHLOBACH. (ib. —.) 8°.

Schlochau [Schlagwort]

— s. a.: Forstkarten. — Marienwerder, Reg.-Bez.

Schlochau, Kreis. Baron, P., Wandkarte des Kreises Schlochau, entworfen nach den Generalstabskarten d. königl. preuss. Landes-Aufnahme. 1 : 50,000. 4 Blatt à 65×59,5 cm. Farbdr. Lissa (902). F. Ebbecke. Auf Leinw. n.n. 15. —

Schlochau. Karte des Kreises Schlochau im Reg.-Bez. Marienwerder. Hrsg. v. der kartogr. Abtheilg. der königl. preuss. Landesaufnahme 1880. Aufgenommen vom königl. preuss. Generalstab 1874—1875. Einzelne Nachträge 1897. 1 : 100,000. 69×61 cm. Farbdr. Berlin, (R. Eisenschmidt). n.n. 2. —; ermäss. Preis n.n. 1.50

Schlochau, Kreis. Spezialkarte des Kreises Schlochau. 1 : 100,000. Rev. v. den zuständ. Behörden. 66 59 cm. Farbdr. Lissa 909. O. Eulitz. — 50; auf Leinw. in Etui 1. —

Schlochauer, Valentin [illegible]
[illegible]
Berlin, Med. Diss. [illegible] Aug. 18[illegible]

Schlochoff, Paul, aus Lublinitz (Oberschlesien): Synthesen von Terpen-Oxyden. Breslau 1906. 66 S. 8°. [26. II. 06.]
Basel, Phil. Diss. 1905/1906.

Schlochoff, Paul. Synthesen von Terpen-Oxyden. Diss. Phil. Basel. 66 S. 8. Breslau, Breslauer Genossenschaft-Buchdr., 1906.

Schlock. [Riga 1786.] V: *Brotze, Johann Christoph.* (R-N)

Schlocker, Hermann, Ueber die Anomalieen des Pterion. Diss. Dorpat. 8°. 80 pp. mit 6 Tabellen und 15 Abbildungen. 1879.

Schlockow, die Gesundheitspflege u. medizinische Statistik beim preussischen Bergbau. Mit Unterstützung Sr. Exc. des Hrn. Ministers der öffentl. Arbeiten u. unter Zugrundelegung des Materials der preuss. Knappschaftsvereine dargestellt. Mit 7 graph. (lith.) Darstellungen. gr. 8. (VI, 310 S.) Berlin 881. C. Heymann's Verl. n. 11. —

Schlockow, Die Verbreitung der Tuberculose in Deutschland. Berlin 1881. 4.
(Sep.-Abdr.) . . . . (KGA.)

Schlockow, Arthur, aus Rosdzin: Zur A n a t o m i e der braunen Blüten. Mit 1 Taf. Berlin 1903: C. Rosen. (38 S.) 8°
Heidelberg, Naturw.-math. Diss. v. 1903

Schlockow, J., der oberschlesische Industrie-Bezirk m. besond. Rücksicht auf seine Kultur- u. Gesundheits-Verhältnisse. Nach amtl. Quellen dargestellt. gr. 8. (77 S.) Breslau 876. Korn. n. 1. 20

Schlockow, Isaac *(geb. Lublinitz in Oberschles. 29. 7. 1837)*: De Chinii sulfurici vi physiologica experimenta nonnulla. Vratislaviae (1860). (32, vielmehr 34 S.) 8°
Breslau, Med. Diss. v. 5. Dez. 1860

[I s a a c] **Schlockow**-Roth-Leppmann. Der Kreisarzt. (N. F. von: Der preussische Physikus.) Anleitung z. Kreisarztprüfung, z. Geschäftsführung d. Medizinalbeamten u. z. Sachverständigen-Thätigkeit d. Aerzte. Unter Berücks. d. Reichs- u. Landesgesetzgebung. 5. verm. Aufl. Bearb. von Dr. E[manuel] R o t h, Reg.R. in Potsdam, [u.] Dr. A[rth.] L e p p m a n n, Kreisarzt, Moabit. Bd 1. 2. *Berlin: R. Schoetz 1900–01.* 2 Bde 8°
1. Mediz.- u. Sanitätswesen. 1901
2. Gerichtl. Med. u. gerichtl. Psychiatrie. 1900. [01. 8308

Schlockow, E. Roth, A. Leppmann, der Kreisarzt. (Neue Folge v.: Der preuss. Physikus.) Anleitung zum Physikatsexamen, zur Geschäftsführg. der Medizinalbeamten u. zur Sachverständigen-Thätigkeit der Aerzte. Unter Berücksicht. der Reichs- u. Landesgesetzgebg. 5. verm. Aufl. Bearb. v. E. Roth u. A. Leppmann. 2 Bde. gr. 8. (X, 718 u. X, 321 S.) Berlin 900. R. Schoetz. n. 22. —; geb. n.n. 25. —; erhöht. Pr. n. 25. —; geb. n. 28. —

Schlockow, E. Roth, A. Leppmann, der Kreisarzt. (Neue Folge v.: der preuss. Physikus.) Anleitung zur Kreisarztprüfg., zur Geschäftsführg. der Medizinalbeamten u. zur Sachverständigen-Tätigkeit der Aerzte. Unter Berücksicht. der Reichs- u. Landesgesetzgebg. 6. verm. Aufl. Bearb. v. E. Roth u. A. Leppmann. 2 Bde. (X, 825 u. VIII, 391 S.) Lex.-8. Berlin 906. R. Schoetz. n. 30. —; geb. n. 33. 50

Schlockow, der preussische Physikus. Anleitung zum Physikatsexamen, zur Geschäftsführg. der Medizinalbeamten u. zur Sachverständigen-Thätigkeit der Aerzte überhaupt, zugleich e. Hilfsbuch f. Richter u. Verwaltungsbeamte. gr. 8. (XVII, 597 S.) Berlin 886. Th. Ch. F. Enslin. n. 15. —; geb. n.n. 16. 50

Schlockow, der preussische Physikus. Anleitung zum Physikatsexamen, zur Geschäftsführung d. Medizinalbeamten u. zur Sachverständigen-Thätigkeit d. Aerzte überhaupt, zugleich e. Hilfsbuch f. Verwaltungsbeamte u. Richter. 2. Aufl. 2 Bde. gr. 8. (XII, 438 u. VII, 319 S.) Berlin 889. Th. Ch. F. Enslin. n. 20. —; geb. n.n. 22. —

Schlockow, der preussische Physikus. Anleitung zum Physikatsexamen, zur Geschäftsführg. der Medizinalbeamten u. zur Sachverständigen-Thätigkeit der Aerzte. 3. Aufl. Bearb. v. E. Roth u. A. Leppmann. 2 Bde. gr. 8. (XV, 436 u. VIII, 305 S.) Berlin 892. R. Schoetz. n. 20. —; geb. in Leinw. n.n. 22. —; in Halbfrz. n.n. 23. —

[I s a a k] **Schlockow**: Der Preussische Physikus. Anleitg z. Physikatsexamen, z. Geschäftsführg der Medizinalbeamten u. z. Sachverständigen-Thätigkt d. Aerzte. 4. verm. Aufl. Bearb. v. Dr. E[manuel] R o t h, ... Medizinalr. in Oppeln. [&] Dr. A[rth.] L e p p m a n n, ... Arzt d. Kgl. Strafanst. Moabit ... Bd I. II. *Berlin: R. Schoetz 1895.* 2 Bde 8.
I. Medizinal- u. Sanitätspolizei. (XVI, 510 S.) II. Gerichtl. Medizin. (VIII, 311 S.) [96 6311

Schlockow, Isaak: Der preußische Physikus. Neue Folge. 1900
s. Schlockow, Der Kreisarzt. [00. 16112

Schlockwerder, Karl August (Löbau) A. S. 127/24

De lege Villia annali magistratuum Romanorum.
Präs. August Friedrich Schott.
Leipzig (Langenheim) 20.III.1765. 32 S. 30615

Schlockwerder, Karl August (Löbau) A. S. 84/12

Specimen continens caput iuris controversum de tutore aneclogisto hodie ad rationes reddendas obligato.
Präs. Christian Heinrich Breuning.
Leipzig (Langenheim) 5. X. 1764. 22 S.

Gew.: Wolf Christian von Schoenberg.
W. v.: Präs. 30614

Schlockwerder, Karl Theodor, Dr.: Das Konzil zu St. Basle, ein Beitrag zur Lebensgeschichte Gerberts von Aurillac. Magdeburg 1906: E. Baensch jun. (34 S.) 4°
Magdeburg, Pd z. Kloster U. L. Fr. P 1906 (296)

Schlockwerder, Theodor Karl ['(Quedlinburg)']: U n t e r s u c h u n g e n zur Chronologie der Briefe Gerberts v. Aurillac ... Halle a. S.: Druck v. Wischan & Wettengel 1893. 50 S., 1 Bl. 8°
Halle, Phil. Fak., Inaug.-Diss. v. [21. Aug.] 1893

Schloeder, Karl, approb. Arzt aus Augsburg: Über freie G e l e n k - K ö r p e r. Augsburg [1901]: Haas & Grabherr. (25 S.) 8°
München, Med. Diss. v. 1901

Schlodtmann, Ernst Wilhelm, s. S c h l o d t m a n n, Wilhelm

Schlodtmann, H. [Referendar]: Ueber die c a u t i o Muciana ... Göttingen: Druck d. Univ.-Buchdr. v. W. Fr. Kästner 1890. IV + 62 S. 8°
Göttingen, Jur. Fak., Inaug.-Diss. v. 20. Mai 1890

Schlodtmann, H., üb. die cautio Muciana. Inaug.-Diss. gr. 8. (IV, 62 S.) Göttingen 890. (Vandenhoeck & Ruprecht's Verl.) n. 1. 80

Schlodtmann, Hans, Referendar a. Hamburg: Die rechtliche Stellung des legitimierten Konnossementsbesitzers. Borna-Leipzig 1907: R. Noske. (VI, 71 S.) 8° [J.]
Erlangen, Jur. Fak., Ref. Sehling, Diss. v. 25. Nov. 1907
[Geb. 13. Dez. 79 Hamburg; Wohnort: Hamburg; Staatsangeh.: Hamburg; Vorbildung: Johanneum Hamburg Reife M. 98; Studium: Freiburg i. B. 4, Berlin 2, Göttingen 2 S.; Rig. 2. Nov. 07.]

Schlodtmann, Paula: Die gymnasiale Mädchenbildung. Vortrag, geh. auf d. Mitgliedervers. Frauenbildung – Frauenstudium in Göttingen am 2. Juni. — Gera: Hofmann 1905. 12 S. 8°
Aus: „Die Lehrerin". Jg. 21. Nr. 43.

Schlodtmann, Paula, s. M ä d c h e n b i l d u n g, Die höhere.

Schlodtmann, Walter

Schlodtmann, Walt., s.: Beiträge z. Augenheilkunde.

— über Exstirpation retrobulbärer Tumoren m. Erhaltung des Augapfels u. das klinische Verhalten der Bulbi nach der Operation. gr. 8. (68 S. m. 2 Taf.) Halle 900. C. Marhold. n. 2. —

Schlodtmann, Walter [pr. Arzt]: Ein Fall von Extrauterinschwangerschaft ... Königsberg i. Pr., Druck v. M. Liedtke, 1895; 1 Bl., 37 S., 2 Bl., 1 Taf. 8.
Königsberg, Med. Fak., Inaug.-Diss. v. 25. März 1895

Schlodtmann, Walt., ein Fall von Extrauterinschwangerschaft. Diss. gr. 8. (36 S. m. 1 Taf.) Königsberg 895. (W. Koch.) n. 1. —

Schlodtmann, Wilhelm

Schlodtmann, *Ernst* Wilhelm [pr. Arzt]: Die geburtshilfliche Universitäts-Poliklinik zu Königsberg während des Lustrums 1890—1894 ... Königsberg i. Pr., Druck v. M. Liedtke, 1895; 2 Bl., 47 S., 2 Bl. 8.
Königsberg, Med. Fak., Inaug.-Diss. v. 26. Apr. 1895

Schlöer, Cph. Frz.

— die Leidensgeschichte Jesu, in 14 Betrachtr., nebst einigen Passionsliedern. 12. Frankf. a. M. Wesché. 1½ ℛ

Schlöer, Cph. Frz., Religionsbuch f. meine Pfarrgenossen. 8 Würzb. 798. Stahel. 8 ℛ Schrbp. 16 ℛ

Schlöffel's des jüngeren Pressprozess verhandelt vor dem Kammergericht in Berlin. Mitgetheilt von ihm selbst. Dokumente der Revolutionen der Gegenwart; Kampf der jungen Pressfreiheit mit dem alten Beamtenthum. 8°. Berlin 1848.

Schlöffel, Rede gehalten in der National-Versammlung zu Frankfurt a. M. in der Sitzung v. 4. Oktbr. 1848 über Aufhebung der Feudallasten. 8. (8 S.) Grünberg 848, Levysohn. ½ ngl

(A. Schlöffel): Tausend Geistesblitze oder die Kunst, sich auf jedem Conversations-Gebiete durch originelle Einfälle, frappante Wortspiele, Vergleiche u. a. witzsprühende Redeplänkeleien hervorzuthun. 2. Aufl. Graz: A. Schlöffels Selbstverl. 1894. (58 S.) 8° [♂] [08. 13626

Schlöffel, A. F., s. Floda, F. E.

Schlöffel, Ad. jr. Vide: Volksfreund (Der).

Schlöffel, F(riedr.) W(ilh.): Denkschrift als Unterlage für die Petition dem 8. schlesischen Provinziallandtage überreicht. Leipzig 1845. 40 S. 8°

Schlöffel, Friedr. Wilh., Denkschrift als Unterlage f. die Petition dem achten hohen schlesischen Provinziallandtage überreicht. gr. 8. (2¼ B.) Leipzig 845, Otto Wigand.

—— mein Prozeß wegen Anklage auf Hochverrath. 16. (20¾ B.) Heidelberg 846, Groos. *

Schlöffel, Gustav Adolf

— Vide: Darstellung (Getreue) d. Processes Schlöffel.

Schlöffel, Gust. Adf., Dokumente der Revolutionen der Gegenwart. Kampf der jungen Preßfreiheit mit dem alten Beamtenthum. Schlöffels d. jüngeren Preßproceß verhandelt vor dem Kammergericht in Berlin. Vollständig aus den Akten, mitgetheilt von ihm selbst. gr. 16. (55 S.) Berlin 848, Stargardt. n. ⅙ ℛ

— s. Wahrlieb. Fr.: Schlöffel u. Wander.

Schlögel Johann: Wundts Erkenntnistheorie. M. 1910 PN 2877 Diss. Wien, Univ. 143

Schloegel Robert: Kaiser Heinrich VII. in Italien. H. 1904 PN 1785 Diss. Wien. Univ. 892

Schlögelhofer, Edm.: Compendium der Geschichte der Mathematik bei den Griechen und Römern. 55 S. 8° – Seitenstetten, Progr. 1873.

Schlögelhofer E.: Compendium der Geschichte der Math. im Mittelalter und in der neueren Zeit. 44. 53. Seitenstetten 75. 76. Progr.

Schlögl, Eman., die österreichisch-ungarische Bank. Kurzgefasste gemeinverständl. Darstellg. des Wesens u. der volkswirtschaftl. Bedeutung der Notenbank. (53 S.) 8. Tetschen 906. O. Henckel. n. — 60

Schlögl, F., Grammatica german. 8. Wien 787. Doll. (Schwegerr in Pressb.) 12 ℛ

Schlögl, Friedr., aus Alt- und Neu-Wien. [Nebst einem Stück Autobiographie.] Vortrag, gehalten Samstag 28. Jänner 1882 im Bösendorfer Saale zu Wien. Hrsg. vom Wiener Studenten-Club. 8. (32 S.) Wien 882, Teufen. * — 50

— **Wiener Blut**, s. a. Collection Hartleben.

Schlögl, Friedr., „Wiener-Blut". Kleine Culturbilder aus dem Volksleben der alten Kaiserstadt an der Donau. 1. und 2. Aufl. (VIII, 398 S.) 1873. *ℳ 5., und 3. Aufl. gr. 8. (VIII, 415 S.) Wien 874. Rosner. * 6 —

—— „Wiener Blut". Kleine Culturbilder aus dem Volksleben der alten Kaiserstadt an der Donau. 4. Aufl. gr. 8. (VIII, 415 S.) Wien 875, Rosner. *

—— das kuriose Buch. Eine Spende für Gleichgesinnte und für Gegner. Mit 24 (eingedr.) Orig.-Illustr. von Karl Klič. 8. (VIII, 167 S.) Wien 882, Hartleben's Verlag. 3 —

Schlögl, Frdr. Von den besten Büchern. Auch e. Gutachten. 1. u. 2. Aufl. gr. 8. (23 S.) Wien 889, Hartleben. * — 60

— **aus meinem Felleisen**, s.: National-Bibliothek, deutsch-österreichische.

Schlögl, Frdr., alte u. neue Historien v. Wiener Weinkellern, Weinstuben u. vom Weine überhaupt. Kleine Beiträge zur Sittengeschichte an der Donau. 8. (106 S.) Wien 875. Hartleben. n. 1. 25

Schlögl, Frdr., Wiener Luft, } s. a. Collection Hartleben, 3. Jahrg.

—— „Wiener Luft!" Kleine Culturbilder aus dem Volksleben der alten Kaiserstadt an der Donau. [Neue Folge von „Wiener-Blut".] 1. und 2. Aufl. gr. 8. (XVI, 351 S.) Ebendas. 875, 76. * 6 —

Schlögl, Frdr., üb. Ferdinand Sauter, den Dichter u. Sonderling. Erinnerungen u. Aufzeichngn. Mit F. Sauter's (Holzschn.-)Portr. 8. (31 S.) Wien 884. Engel. n. — 35

[F.] Friedrich Schlögl's Gesammelte Schriften. Bd 1 3. (Hrsg.: Fritz Lemmermayer.) *Wien, Pest, Leipzig: A. Hartleben (1893).* 3 Bde 8.
1. ... [A. T.:] Wiener Blut .. Von F. Schlögl (4 Bl., 360 S., 1 Portr.)
2. ... [A. T.:] Wiener Luft .. Von F. Schlögl. (4 Bl., 359 S.)
3. ... [A. T.:] Wienerisches .. Von F. Schlögl (4 Bl., 376 S., 1 Portr.) [99. 1439

Schlögl's, Frdr., gesammelte Schriften. Kleine Culturbilder aus dem Volksleben der alten Kaiserstadt an der Donau. 3 Bde. 8. Wien 893. A. Hartleben. Geb. in Leinw. n. 9. —
1. **Wiener Blut. (VIII, 364 S. m. Bildnis.) — 2. Wiener Luft. (VIII, 359 S.) — 3. Wienerisches. (VIII, 376 S.)**

— vom Wiener Volkstheater. Erinnerungen u. Aufzeichngn. 8. (IX, 173 S.) Teschen 884. Prochaska. n. 2. 50; Einbd. n.n. — 50

Schlögl's, Friedrich, Gesammelte Werke. Drei Bände. Inhalt: 1. Wiener Blut. — 2. Wiener Luft. — 3. Wienerisches. 8. (I. Band. 376 S. II. Band. 357 S. III. Band. 360 S.) In drei Originalbänden gebunden 5.—
Wien: Hartleben 1893.

Schlögl, F., Wien, s.a. **Städte-Bilder und Landschaften aus aller Welt.**

— — Wien. Mit 72 Illustr., 1 Plan u. 1 Karte, nebst e. *Anhange:* Führer von und durch Wien. Zürich 1887. 8⁰. (1 fl. 55 xr.) (1 fl. die vorige Firma, 1889.)

– Wienerisches, s.a. Collection Hartleben. 3. Jg.

— — Wienerisches. Kleine Culturbilder aus dem Volksleben der Kaiserstadt an der Donau. Mit Portr. Wien 1883. Gr. 8⁰. (4 fl.) (2 fl. 50 xr., Orig.-Lwdbd., J. Eisenstein & Co., 1889.)

— — Dasselbe. 2. Aufl. Wien u. Teschen 1883. 8⁰. (Kr. 8—.) (3 Kr., ohne Portr., Gilhofer & Ranschburg, 1908.)

— Wienerisches. Kleine Kulturbilder aus dem Volksleben der alten Kaiserstadt an der Donau. Neue Folge v. „Wiener Blut" u. „Wiener Luft". Mit dem (Holzschn.-)Portr. d. Verf. 2. Abdr. gr. 8. (X, 504 S.) Ebend. 883. n. 6 —

Schlögl, Ludw. Die Flora von Ung.-Hradisch und Umgebung. 18 S. [I: 1875.] **Progr.** *Ung.-Hradisch* 1876.

Schlögl, Ludw. Die Coleopterenfauna aus dem Marchthale bei Ung. Hradisch. 19, 30 SS. 8. **Progr.** *Ung. Hradisch* 1882. 1883.

Schlögl, Nivard, O. Cist., die Bücher Samuels od. erstes u. zweites Buch der Könige, s.a. **Commentar, kurzgef. wissenschaftlicher, zu den hl. Schriften des Alten Testamentes. I. 3.**

Schlögl, P. N, Die Bücher Samuels oder erstes und zweites buch der Könige. [Kurzgefaßter wissenschaftlicher Kommentar zu den heiligen Schriften des Alten Testaments. 1. Abt. 3. Bd. 1. Hälfte.] Gr.-8⁰. (XXI, 159 S.) Wien: Mayer 1904. K 10.—

Schloegl, Nivardus, O. Cist., Canticum canticorum. (Libri veteris testamenti ope artis criticae et metricae quantum fieri potuit, in formam originalem redacti et adiuvante facultate theologica Vindobonensi editi a. N. Schloegl aliisque.) Lex.-8. (XVIII, 8 S.) Wien 902. Mayer & Co. n. 1. 80

Schloegl, Nivardus, O. Cist., s.: Ecclesiasticus.

Schlögl, Nivard, Ord. Cist., Geist des hl. Bernhard. Geistl. Lesg. auf alle Tage d. Jahres aus d. Schriften des hl. Abtes u. Kirchenlehrers. 1. u. 2. Bd. Mit je 1 Bild. gr. 8. Paderborn 898. F. Schöningh. à n. 2. 40
1. Januar, Februar, März. (XII, 300 S.)
2. April, Mai, Juni. (VI, 308 S.)

— Geist des hl. Bernhard. Geistliche Lesg. auf alle Tage des Jahres aus den Schriften des hl. Abtes u. Kirchenlehrers. 3. u. 4. Bd. gr. 8. Paderborn 899. F. Schöningh. à n. 2. 80; (kplt. n. 10. 40)
3. Juli, August, September. Mit 2 Bildern. (VI, 335 S.)
4. October, November, December. Mit 1 Bilde. (VI, 357 S.)

— Libri Samuelis. (Libri veteris testamenti ope artis criticae et metricae, quantum fieri potuit, in formam originalem redacti a N. Schloegel aliisque.) (X, CXXXV, 66 S.) Lex.-8. Wien 905. Mayer & Co. n. 12. 80

SCHLÖGL, Nivardus: De meritis Benedictinorum et Cisterciensium circa studia biblica et orientalia usque ad P. Andreas Oberleitner. — (1894) 100 S. 4⁰ (Handschr.) Diss. 517
Diss. Wien, **Univ.**

De re metrica veterum Hebraeorum. Disputatio in universitate Vindobonensi praemio Lackenbacheriano ornata. Auctore P. **Nivardo Schloegl**, O. Cist. [Nebst] Appendix. *Vindobonae: Mayer & Soc. 1899.* (VIII, 53, 25 S.) 4⁰
Appendix carmina Hebraica continens. [00. 8825

– (Hrsg.), s. Testamentum vetus. Wien 1902.

Schlögl, **Quarin, († d. 24. Jan. 1788.) tabulae pro reductione quorumvis statuum barometri ad normalem quemdam caloris gradum publico usui datae. 4maj. Münch. 787. J. Lindauer. 1 ℳ 4 ℔**

Schlögl, **Vicel., († im Dec. 1811.) prima elementa analyseos infinitorum. 4. Ingolst. 783.**

— theses mathematicae, cum positionibus ex Logica. 4. Polling. 772.

Schlögl v. Ehrenkreutz, Frz., geograph.-statist. u. histor. Ueberblick d. Kaiserr. Rußland. Nach: Cannabich, Hassel, Galletti, Fabri, Bissinger, Schlötzer, Karamsin, Stritter, Evers, Rotteck u. neuern kriegsgeschichtl. Werken frei bearb. 2 Thle. 8. (29¾ B.) Wien 839, [Heubner's Verl.] *

Schloifer, Aug., Bouvardien. Calla, s.: Friedlaender, W.

Geschichte der Johannis-Loge „Drei Lichter im Felde" sowie der früheren Vorgänge maurerischen Lebens i. Or. Gross-Lichterfelde bis zum Jahre 1910. Als Ms. f. Brr. gedr. Im Auftr. der Loge zur Einweihung des Neubaues verf. von Ed[u.] **Schloifer.** [Berlin 1910: Denter & Nicolas.] 254 S. 4 Taf. 8⁰
S. 7—12 bringt Nachrichten üb. das mrische Kränzchen „Humanität u. Eintracht" (1878 bis 1882), S. 13—81 üb. den Bruderverein (1887—1897) daselbst.

Schloisnig, J. Bapt.: De jure eundi in partes. *Viennae*, 775. 4. Kurzböck.

SCHLOISSNIG, FRANZ KARL: Herr, bleib bei uns! Gebeth- und Erbauungsbuch für katholische Christen. Nach den bessern Werken der grösseren Kirchenlehrer verfasst. Agram o. J.: Franz Suppan. 2, 320 S. 1 t. - 12°

Alfred **Schlomann**, Ing. Der Eisenbeton im Hoch- und Tiefbau. Unter d. redakt. Mitarb. von Ing. Heinrich Becher, Berlin. Mit über 900 Abb. u. zahlr. Formeln. München & Berlin: R. Oldenbourg 1910. VII, 415 S. 8°
(Illustrierte Technische Wörterbücher. Bd 8.) [10. 13333

Hebemaschinen und Transport-Vorrichtungen. Unter redaktioneller Mitw. von Dipl.-Ing. Paul Stülpnagel. (Hrsg.: Alfred **Schlomann**.) Mit über 1500 Abb. u. zahlr. Formeln. München & Berlin: R. Oldenbourg 1910. VIII, 051 S. 8°
(Illustrierte technische Wörterbücher. Bd 7.) [10. 12208

Schlomann, Alfr., s.: Vortolibri, ilustrita tekuikal.

— s. Wörterbücher, illustr. technische.

Schlomann: Illustrierte technische Wörterbücher. s. Deinhardt.

Schlomann, Georg, Arzt: Ueber paraureterale Lymphcysten. Mit einer Tafel. Königsberg i. Pr. 1905: Karg & Manneck. (25 S.) 8°
Königsberg, Med. Fak., Ref. Benoke, Diss. v. 16. Nov. 1905
[Geb. 3. Nov. 79 Schirwindt, Ostpr.; Wohnort: Schirwindt; Staatsangeh.: Preußen; Vorbildung: Gymn. Tilsit Reife O. 00; Studium: München 1, Berlin 6, Königsberg 2 S.; Coll. 9. Nov. 05; Approb. 1. Aug. 05.]

Schloemann, Mokokotschana in Malokong, aus e. Zauberpriester e. Jünger Jesu, s.: Missionsschriften f. Kinder. Nr. 44.

Schloemann, Eduard, a. Höxter i. Westf.: Ueber p-methylierte Hydrobenzoine und verwandte Körper. Marburg 1906: Köster & Schell. (71 S.) 8°
Marburg, Phil. Fak., Ref. Zincke, Diss. v. 4. April 1906
[Geb. 9. Juli 81 Höxter; Wohnort: Marburg; Staatsangeh.: Preußen; Vorbildung: Gymn. Höxter Reife O. 01; Studium: Marburg 4, München T. H. 1, Marburg 4 S.; Rig. 13. Dez. 05.]

Geschichte von Gevelsberg bis in die Neuzeit. Nach Urkunden, Berichten von Zeitgenossen u. neueren Forschungen dargest. von Friedrich **Schloemann**, Pfarrer. Mit 28 Bild. u. 2 Uebersichtskarten. Gevelsberg: F. Baltin 1907. (85 S.) 8° [F.] [08. 3260 6

Schlömann, H., Salomo Koata, der Nationalhelfer v. Thutloane, s.: Missionsschriften, neue.

Schloemann, Rudolf [aus San Antonio de Bexar Texas U. S.]: Beitrag zur Lehre von der Pityriasis rubra pilaris Devergie ... Strassburg i. E., Buchdr. Ch. Müh & C., 1895; 78 S. 8.
Strassburg, Med. Fak., Inaug.-Diss. v. 1895

Schlömann, Wilhelm [aus Oldenburg i. Gr.]: Ueber die Oxydationsprodukte einiger Derivate des Piperidins und Tetrahydrochinolins ... Berlin: A. W. Schade's Buchdr. 1892. 35 S. 8°
Rostock, Phil. Fak., Inaug.-Diss. v. [21. März] 1892

Erinnerungen aus dem 'alten Moisling' von 1822-1860. Nach e. Vortrag von Eisak Jacob **Schlomer**. Lübeck: Werner & Hörnig 1909. 40 S. 8°

Schlomer, Georg: Die Jodoformgaze-Tamponade bei Blutungen ex atonia uteri unter gleichzeitiger Berücksichtigung der Aetiologie der Atonie. München: Steinebach 1909. 80 S. 8°
München, Med. Diss. v. 26. Febr. 1910, Ref. Döderlein
[Geb. 5. April 80 Hamburg; Wohnort: Hamburg; Staatsangeh.: Hamburg; Vorbildung: Wilhelm-Gymn. Hamburg Reife O. 99; Studium: Jura Genf 1, München 1, Med. München 1, Leipzig 1, München 2, Berlin 1, München 6 S.; Coll. 26. Febr. 10; Approb. 7. Febr. 10.] [U 10. 3576

Schlomer, Ignaz: Aus der medizinischen Klinik zu Kiel. Ueber traumatische Erkrankungen des untersten Rückenmarksabschnitts. *Kiel 1898: P. Peters.* (29 S.) 8°
Kiel, Med. Diss. v. [9. Juni] 1898

Schlömer, Heinrich: Der Ausschnitt aus der Urkundenfälschung, der zur Geldfälschung gezogen ist, und die Folgen, die dieses hat. Borna-Leipzig 1909: Noske. VIII, 56 S. 8°
Leipzig, Jur. Diss. v. 30. Juli 1909
[Geb. 6. April 87 Ruhrort; Wohnort: Duisburg-Ruhrort; Staatsangeh.: Preußen; Vorbildung: Realgymn. Ruhrort Reife M. 05; Studium: Berlin 6 S.; Rig. 20. Juli 09.] [U 09. 3670

Schlömilch, M., geb. Kanitz, d. beste bürgerl. Kochbuch, — kleines Kochbuch, } s.: Allestein, Emma.

Schlömilch, Oskar, mathematische Abhandlungen. Mit 1 (lith.) Figurentaf. gr. 8. (151 S.) Dessau 850, Katz. 1 Thlr 6 Ngr

Schlömilch, Oskar, Abhandlungen der Fries'schen Schule, s. Abhandlungen.

Schlömilch, Oscar: Algebraische Analysis. Jena 1845.

Schlömilch, Oscar: Algebraische Analysis. 4. Aufl. Jena 1868.

— der Attractionscalcül. Eine Monographie. Mit 1 (lith.) Figurentaf. gr. 8. (58 S.) Halle 851, Schmidt. n. 2/3 Thlr

Schlömilch, O.: Ueber die Auflösung von Funktionsgleichungen. Leipzig 1853.

Schlömilch, Oskar, Beiträge zur Theorie bestimmter Integrale. gr. 4. Jena 843, Frommann. n. 1 1/3 Thlr

Schlömilch, O(sc.), über die Bestimmung der Massen und der Trägheitsmomente symmetrischer Rotationskörper von ungleichförmiger Dichtigkeit. hoch 4. (17 S.) Leipzig 854, Hirzel. *
Aus: Abhandlungen der mathematisch-phys. Classe der k. sächs. Gesellschaft der Wissenschaften, besonders abgedruckt.

— die Differenzial-Rechnung. (In 2 Liefg.) 1. Liefg. gr. 8. Greifswald 847, (816,) Otte. n. 1 Thlr

—— Festrede am 14. Mai 1871 zum 25jährigen Jubiläum des sächsischen Ingenieurvereins gehalten. gr. 8. (13 S.) Dresden 871, Türk's Verlag. — 50

Schlömilch, Oscar: Über die Bessel'sche Function. 1857.

— analytische Geometrie d. Raumes, s.: Fort, O.

—— Grundzüge einer wissenschaftl. Darstellung der Geometrie des Maasses. Ein Lehrbuch. 1. Thl.: Geometrie der Ebene. gr. 8. (XXIII und 216 S. mit 5 Stnt. in qu. 4.) Eisenach 849, Baerecke.

—— Grundzüge einer wissenschaftlichen Darstellung der Geometrie des Maasses. Ein Lehrbuch. 1. Thl. 2. Aufl. und 2. Thl. (Geometrie der Ebene. — Geometrie des Raumes.) gr. 8. (VII und 247, XII und 256 S. mit in den Text gedr. Holzschn.) Eisenach 854, Baerecke. à Thl. 1 Thlr. 7½ Ngr.

— Grundzüge einer wissenschaftlichen Darstellung der Geometrie des Maasses. Ein Lehrbuch. 2 Thle. Eisenach 859, 62. Baerecke. gr. 8. (VIII, 261 S.; VII, 275 S.) Jeder Thl. 1 Thlr 7½ ngr.
1. Theil: Planimetrie u. ebene Trigonometrie. 3. Aufl. mit in den Text gedr. Holzschn.
2. Theil: Geometrie des Raumes. 2. Aufl. Mit in den Text gedr. Holzschn.

—— Grundzüge einer wissenschaftlichen Darstellung der Geometrie des Maasses. Ein Lehrbuch. 2 Thle. gr. 8. Eisenach, Baerecke. à Thl. 1 Thlr. 7½ Ngr.
Inhalt:
Thl. 1. Planimetrie und ebene Trigonometrie. 4. Aufl. (VII und 261 S. mit in den Text gedr. Holzschn.) 868.
» 2. Geometrie des Raumes. 2. Aufl. (VII und 275 S. mit in den Text gedr. Holzschn.) 862.

—— Grundzüge einer wissenschaftlichen Darstellung der Geometrie des Maasses. Ein Lehrbuch. 2 Thle. Mit in den Text gedr. Holzschn. gr. 8. Eisenach 873, Bacmeister. [Leipzig 874, Teubner.] à Thl. (*M. 3,75.) *M. 4. * 8 —
Inhalt:
Thl. 1. Planimetrie und ebene Trigonometrie. 5. Aufl. (VII, 254 S.)
» 2. Geometrie des Raumes. 3. Aufl. (VII, 266 S.)

Schlömilch, Osk., Grundzüge e. wissenschaftlichen Darstellung der Geometrie d. Masses. Ein Lehrbuch. 1. u. 2. Hft. 6. Aufl. gr. 8. Leipzig 883. Teubner. n. 3. 60
1. Planimetrie. Mit in den Text gedr. Holzschn. (VI, 162 S.) n. 2. —
2. Ebene Trigonometrie. Mit in den Text gedr. Holzschn. (VI, 97 S.) n. 1. 60

Schlömilch, O., Grundzüge e. wissenschaftlichen Darstellung der Geometrie d. Maasses. Ein Lehrbuch. 1. Hft.: Planimetrie. 7. Aufl. Mit in den Text gedr. Holzschn. gr. 8. (VI, 163 S.) Leipzig 888. Teubner. n. 2. —

Schloemilch, Dr. O.: Handbuch der algebr. Analysis. Mit 2 Kpfrtfln. Jena 1845. 8°

— Handbuch der algebraischen Analysis. 2. völlig umgearb. Aufl. Mit 1 (lith.) Figurentaf. (in gr. 4.) gr. 8. (VIII u. 344 S.) Jena 850, Frommann. 2⅔ ₰

—— Handbuch der algebraischen Analysis. 2., völlig umgearb. Aufl. gr. 8. (VIII und 344 S. mit 1 Stnt. in gr. 4.) Jena 851, Frommann.

Schlömilch, Osk., Handbuch der algebraischen Analysis. 3., verb. und durch einen Anhang verm. Aufl. gr. 8. (VIII und 414 S. mit in den Text gedr. Holzschn.) Jena (861)62, Frommann. *

— Handbuch der algebraischen Analysis. 4. Aufl. Mit in den Text gedr. Holzschn. Jena 868. Fr. Frommann. gr. 8. (VII, 424 S.) n. 2 ₰ 20 ngr.

— Handbuch der algebraischen Analysis. 5. Aufl. Mit in den Text gedr. Holzschn. gr. 8. (VIII, 428 S.) Jena 873. Fr. Frommann. n. 9. —

—— Handbuch der algebraischen Analysis. 6. Aufl. gr. 8. (VIII, 413 S. mit in den Text gedr. Holzschn.) Jena 881, F. Frommann. * 9 —

Schlömilch, O., Handbuch der algebraischen Analysis. 6. Aufl. 2. Druck. Mit in den Text gedr. Holzschn. gr. 8. (VIII, 413 S.) Stuttgart 889. F. Frommann. n. 9. —

—— Handbuch der mathemat. Analysis. 1. Thl.: Algebraische Analysis. gr. 8. (23½ B. u. 2 Kpfrt.) Jena 845, Frommann. *

—— Handbuch der Differenzial- u. Integralrechnung. 1. Thl. Die Differenzial-Rechnung. (2 Lfgn.) gr. 8. (22½ B. u. 2 Kpfrt.) Greifswald 846, (47,) Otte. à Lfg. * 1 Thlr. *

— Handbuch der Differenzial- u. Integralrechnung. 2 u. 3. Lfg. gr. 8. 1. Thl. Differenzialrechnung. 2. Lfg. Mit 2 Kpfrtaf. in 4. (VIII S. u. S. 174—327.) Integralrechnung. 1. Hälfte. (214 S. mit 1 Kpfrtaf. in 4.) Greifswald 847. 48, Otte. à n. 1 ₰ (1—3: n. 3 ₰)

—— Handbuch der Differenzial- und Integralrechnung. 3. Lfg. Integralrechnung. 1. Hälfte. gr. 8. (214 S. und 1 Kpfrt. in 4.) Greifswald 848, Otte. *
1. und 2. Lfg. Ebendas. 1846. * 2 Thlr.

—— Handbuch der Mathematik, s. a. Encyklopädie der Naturwissenschaften.

Schlömilch u A, Handbuch der Mathematik. 2 Bde (Encyklopädie der Naturwissenschaften I, 2) Breslau 1879-81

Schlömilch: Handbuch der Mathematik. Bd I, II. Breslau 1880/81.

[Oskar] Schloemilchs Handbuch der Mathematik. 2. Aufl. hrsg. von Prof. Dr. R[ichard] Henke, Konrektor in Dresden, u. Dr. R[ichard] Heger, Hon.-Prof. in Dresden. Bd 1. *Leipzig: J. A. Barth 1904.* 4°(8°)
(0). 14]18

Schloemilch's, O., Handbuch d. Mathematik. 2. Aufl. Hrsg. v. R. Henke u. R. Heger. 3 Bde. Lex.-8. Leipzig 904. J. A. Barth. à n. 20. —; geb. in Halbfrz. à n. 22. 50
I. Elementarmathematik. Mit 321 Fig. (XII, 611 S.)
II. Höhere Mathematik, 1. Tl. Mit 281 Fig. u. 12 Taf. (VIII, 765 S.)
III. Dasselbe. II. Teil. Mit 94 Fig. u. 20 Taf. (VIII, 622 S.)

Schlömilch, Oscar: J. S. C. Schweigger ist der Entdecker des Electromagnetismus. Berlin 1874.

—— Compendium der höheren Analysis. gr. 8. (XVI und 550 S. mit 64 in den Text eingedr. Holzschn.) Braunschweig 853, Vieweg und Sohn. *

Schlömilch, Osk., Compendium der höheren Analysis. 2., völlig umgearb. und verm. Aufl. (In 2 Bdn.) 1. Bd. 1—3. Lfg. gr. 8. (XII und 559 S. mit in den Text gedr. Holzschn.) Braunschweig 861—62, Vieweg und Sohn. [1. Lfg. * 1 Thlr. 15 Ngr., 2. und 3. Lfg. à * 1 Thlr.] *

Schlömilch, Osk., Compendium der höheren Analysis. 2 Bde. Braunschweig, Vieweg u. Sohn. gr. 8. [1. Bd. 2 Hälften. 3., verb. Aufl. (XIV, 564 S. mit eingedr. Holzst.) 868,69. n. 2 ₰ 15 ngr.; 2. Bd. 2 Liefgn. 2., völlig umgearb. u. verm. Aufl. (VIII, 540 S. mit eingedr. Holzst.) 865,66. n. 3 ₰] n. 5 ₰ 15 ngr.

Schlömilch, Osc., Compendium der höheren Analysis. In 2 Bdn. Mit in den Text eingedr. Holzst. gr. 8. Braunschweig, Vieweg und Sohn. [1. Bd. 4. verb. Aufl. (XIII, 566 S.), und 2. Bd. 2. verb. Aufl. A. u. d. T.: Vorlesungen über einzelne Theile der höheren Analysis, gehalten an der k. sächs. polytechn. Schule zu Dresden. (VIII, 540 S.) 873.] à Bd. *M. 9. * 18 —

Schlömilch, Osc., Compendium der höheren Analysis. In 2 Bdn. Mit in den Text eingedr. Holzst. gr. 8. Braunschweig 874. Vieweg & Sohn. à n. 9. —
1. 4. verb. Aufl. (XIII, 566 S.)
2. 2. verb. Aufl. (VIII, 540 S.)

Schlömilch, Osk., Compendium der höheren Analysis. (In 2 Bdn.) 2. Bd. A. u. d. T.: Vorlesungen über einzelne Theile der höheren Analysis, gehalten am k. s. Polytechnicum zu Dresden. 3. Aufl. gr. 8. (VIII, 546 S. mit in den Text eingedr. Holzst.) Braunschweig 879, Vieweg und Sohn. *
1. Bd. Ebendas. 1874. *M. 9.

Schlömilch, Osk., Compendium der höheren Analysis. [In 2 Bdn.] 1. Bd. 5. verb. Aufl. gr. 8. (XIII, 566 S. mit in den Text eingedr. Holzst.) Braunschweig 881, Vieweg und Sohn. * 9 —

Schlömilch, Osk., Compendium der höh. Analysis. (In 2 Bdn.) 2. Bd. Vorlesgn. üb. einz. Theile d. höh. Analysis. Geh. am k. s. Polytechnikum zu Dresden. 4. Aufl. gr. 8. (X, 546 S. m. Holzst.) Braunschweig 895. F. Vieweg & Sohn. n. 9. —

Schlömilch, Oscar: Über die Krümmungshalbmesser der Kegelschnitte. 1857.

—— und O. Fort, Lehrbuch der analytischen Geometrie, s. Fort, O.

— neue Methode zur Summirung endlicher u. unendlicher Reihen. gr. 8. (37 S.) Greifswald 849, Koch. 9 ngr

—— über einige allgemeine Reihenentwickelungen und deren Anwendung auf die elliptischen Funktionen. hoch 4. (36 S.) Leipzig 854, Hirzel. *
Aus: Abhandlungen der mathemat.-phys. Classe der k. sächs. Gesellschaft der Wissenschaften, besonders abgedruckt.

— die Reihenentwickelungen der Differenzial- u. Integralrechnung. Mit 1 (lith.) Figurentaf. gr. 4. (39 S.) Dresden 851, Schönfeld. n. 18 ngr

— analytische Studien. 2 Abthlgn. gr. 8. 1. Abth. enth.: Theorie u. Tafel der Gammafunktionen nebst deren wichtigsten Anwendungen. (209 S.) 2. Abth. enth.: die Fourier'schen Reihen u. Integrale nebst deren wichtigsten Anwendungen: (IV u. 197 S.) Leipzig 848, W. Engelmann. (1: 1 1/2 ℛ 2: n. 1 1/3 ℛ) 2 5/6 ℛ

— fünfstellige logarithmische und trigonometrische Tafeln. 1. u. 2. verb. Aufl. Braunschweig 866. Vieweg u. Sohn. 8. (XXVI, 170 S.) n. 20 ngr

—— fünfstellige logarithmische und trigonometrische Tafeln. [Galvanoplastische Stereotypie.] 2. verb. Aufl. 1869, und 3. verb. Aufl. br. 8. (XXVII, 171 S.) Braunschweig 871, Vieweg und Sohn. * 2 —

—— dass. — Wohlfeile Schulausg. 1.—4. Aufl. 8. (IV, 151 S.) Ebendas. 872—75. * 1 —

—— fünfstellige logarithmische und trigonometrische Tafeln. Galvanoplast. Ster. Wohlf. Schulausg. 5. und 6. Aufl. 8. (IV, 151 S.) Braunschweig 876,78, Vieweg und Sohn. *

—— fünfstellige logarithmische und trigonometrische Tafeln. Galvanoplastische Stereotypie. Wohlf. Schulausg. 7. und 8. Aufl. 8. (IV, 151 S.) Braunschweig 880,82, Vieweg und Sohn. * 1 —

— fünfstellige logarithmische u. trigonometrische Tafeln. Galvanoplast. Ster. Wohlf. Schulausg. 9. Aufl 8. (IV, 151 S.) Braunschweig 886. Vieweg Sohn n. 1. —

— fünfstellige logarithmische u. trigonometrische Tafeln. Wohlf. Schulausg. 10., verb. Aufl. 12. (V, 151 S.) Braunschweig 890. Vieweg & Sohn. n. 1. —

— fünfstellige logarithmische u. trigonometrische Tafeln. Galvanoplastische Stereotypie. (Grosse Ausg.) 4., verb. Aufl. 8. (XXVI, 171 S.) Braunschweig 891. F. Vieweg & Sohn. n. 2. —

— dass. — (Grosse Ausg.) Mit physikalischen u. chemischen Constanten. 4. verb. Aufl. 8. (XXVI, 171 S.) Ebd. 891. * 2 —

—— Fünfstellige logarithmische u. trigonometrische Tafeln. Galvanoplast. Ster. Wohlf. Schulausg. 11. Aufl. 8. (IV, 151 S.) Braunschw. 892, Vieweg u. Sohn. * 1 —

— dasselbe. Wohlfeile Schulausg. 12. Aufl. 8. (IV, 151 S.) Ebd. 894. n. 1. —

— fünfstellige logarithmische u. trigonometrische Tafeln. Galvanoplast. Ster. Wohlfeile Schulausg. 14. Aufl. 8. (III, 151 S.) Ebd. 897. n. 1. —

Schlömilch, O., fünfstellige logarithmische u. trigonometrische Tafeln. Galvanoplastische Stereotypie. Wohlf. Schulausg. 15. Aufl. 8. (III, 151 S.) Braunschweig 899. F. Vieweg & Sohn. n. 1. —

— fünfstellige logarithmische u. trigonometr. Tafeln. Galvan. Stereotypie. 5. verm. Aufl. (XXVI, 178 S.) 8. Braunschweig 904. F. Vieweg & Sohn. n. 2. —

Schlömilch, O., fünfstellige logarithmische u. trigonometrische Tafeln. Wohlfeile Schulausg. 22. Aufl. (V, 152 S.) kl. 8. Braunschweig 910. F. Vieweg & Sohn. 1.—; geb. n 1.30

Theorema Taylorianum. Dissertatio quam 1844 publice defendet Oskar Schloemilch. Jenae. (1844.) 4°

—— die Theorie der Differenzen und Summen. gr. 8. (VI und 241 S.) Halle 848, Schmidt's Verlag. *

Schloemilch, Dr. O.: Theorie der Kettenbrückenlinien. (Dresdener Polyt. Progr.) 1855. 4°

—— Uebungsbuch zum Studium der höheren Analysis. Mit Holzschn. im Texte. 2 Thle. gr. 8. Leipzig, Teubner. * 13 60
Inhalt:
Thl. 1. Aufgaben aus der Differentialrechnung. 1. Aufl. (VII, 264 S.) 1868. *M. 4,80., und 2. Aufl. (VII, 287 S.) 873. *M. 6.
» 2. Aufgaben aus der Integralrechnung. 1. Aufl. (VII, 338 S.) 1870. *M. 6., und 2. Aufl. (VII, 356 S.) 874. *M. 7,60.

—— Uebungsbuch zum Studium der höheren Analysis. Mit Holzschn. im Texte. 1. Thl.: Aufgaben aus der Differentialrechnung. 3. Aufl. gr. 8. (VII, 308 S.) Leipzig 878, Teubner.
2. Thl. Ebendas. 1874. *M. 7,60.

—— Übungsbuch zum Studium der höheren Analysis. 2. Thl.: Aufgaben aus der Integralrechnung. 3. Aufl. gr. 8. (VII, 384 S. mit Holzschn. im Texte.) Leipzig 883, Teubner. * 7 60

— Übungsbuch zum Studium der höheren Analysis. 1. Thl.: Aufgaben aus der Differentialrechng. 4. Aufl. Mit Holzschn. im Texte. gr. 8. (VII, 336 S.) Leipzig 888. Teubner. n. 6. —

— Ubungsbuch zum Studium der höhern Analysis. 2. Tl.: Aufgaben aus der Integralrechnung. 4. Aufl. Bearb. v. R. Henke. gr. 8. (VIII, 448 S. m. Holzschn.) Leipzig 900. B. G. Teubner. n. 9. —

— Uebungsbuch zum Studium der höheren Analysis. 1. Tl.: Aufgaben aus der Differentialrechng. 5. Aufl. Bearb. v. E. Naetsch. (VIII, 372 S. m. 85 Fig.) gr. 8. Leipzig 904. B. G. Teubner. Geb. in Leinw. n. 8. —

Schlömilch, Oskar, die allgemeine Umkehrung gegebener Funktionen. Eine Monographie. gr. 8. (57 S.) Halle 849, Schmidt's Verlag. Thlr.

Vorlesungen über einzelne Theile der höheren Analysis geh. am K. S. Polytechnicum zu Dresden von Dr. Oskar Schlömilch. 4. Aufl. Mit in d. Text eingedr. Holzstichen. *Braunschweig: F. Vieweg & Sohn 1895.* (X, 546 S.) 8°
= Schlömilch: Kompendium d. höh. Analysis. Bd 2. [co ›› 7

— s.: Zeitschrift f. Mathematik u. Physik.

Schlomka, Ernst, Kurfürst Moritz u. Heinrich II. v Frankreich von 1550—1552. gr. 8. (46 S.) Halle 884 Niemeyer. n. 1. 20

Schlomka, Johannes *Gotthilf Hermann* [app. Arzt aus Dahme]: Exostosen im äusseren Gehörgang ... Halle a. S.: Hofbuchdr. v. C. A. Kaemmerer & C. 1891. 23 S., 1 Bl. 8°
Halle, Med. Fak., Inaug.-Diss. v. 9. Nov. 1891

Schloemp, Fel., der gekitzelte Aeskulap. Eine kräft. Dosis der medicynischsten Witze u. Schnurren v. Aerzten, Patienten u. lust. Studenten. Unter Accouchement v. Roda Roda. 5. Aufl. (III, 146 S. m. Abb.) 8. München 910. G. Müller. 2.—; geb. 3.—

Der gekitzelte Aeskulap. Eine kräftige Dosis d. medicynischsten Witze u. Schnurren von Aerzten ... verordnet durch Felix **Schloemp**. Unter Accouchement von [Alexander] Roda Roda. 6. Aufl. München & Leipzig: G. Müller 1910. 145 S. 8° [11. 6858

SCHLOEMP, Felix (in Stuttgart, geb. 5. Sept. 1880 zu Leipzig), Die meschuggene Ente. Die 200 ulkigsten Enten, die im Blätterwalde deutscher Zeitungen unfreiwillig ausgebrütet worden sind. In Freiheit dressiert und vorgeführt von —. Mit einem Vor- und Nachwort von Otto Julius Bierbaum. Mit lustigen Zeichnungen u. Umschlag von C. O. Petersen. München u. Leipzig, Verlag von Georg Müller (1909). 8°. (Br. Mk. 2—: gebd. 3—.)

Innerhalb 3 Monaten erschienen 16 Auflagen. — U. a.: Caruso in der Badewanne. — Die elastische Cousine. — Die Kuh mit den höheren Absichten. — Die leichtfertigen Bullen. — Aepfel des Pegasus. — Lona Barison im Negligée. — Der „bockende" Otto Erich. — Der Knabe mit de Schwimmfieß, etc.

Schloemp, Fel., die meschuggene Ente. Die 200 ulkigsten Enten, die im Blätterwalde deutscher Zeitungen unfreiwillig ausgebrütet worden sind. In Freiheit dressiert u. vorgeführt. Mit Geleit- u. Nachwort v. Otto Jul. Bierbaum. 1.—7. Aufl. (130 S. m. Abb.) 8. München 909. G. Müller. 2.—; geb. 3.—

Die meschuggene Ente. Die 200 ulkigsten Enten, die im Blätterwalde deutscher Zeitungen unfreiwillig ausgebrütet worden sind. In Freiheit dressiert u. vorgeführt von Felix **Schloemp**. Mit Geleit- u. Nachwort von Otto Julius Bierbaum. 13. Aufl. München & Leipzig: Müller 1909. 124 S. 8° [11. 10449

— Der tolle Koffer. Eine ff. prima Musterkollektion der besten Witze, Schnurren u. Anekdoten v. Reisenden u. Kaufleuten. Mit e. Leitgedicht v. Frank Wedekind. (160 S.) 8. Ebd. 910. 2.—; geb. 3.—

Der tolle Koffer. Eine ff. prima Musterkollektion der besten Witze, Schnurren u. Anekdoten von Reisenden u. Kaufleuten. Offeriert von Felix **Schloemp** ... Mit e. Leitgedicht von Frank Wedekind. 7. Aufl. München & Leipzig: Müller 1910. 160 S. 8° [11. 10448

— Lorbeerkranz u. Firlefanz. Ein gar lust. Kränzelein Ruhmesgemüse aus den besten Witzen u. Anekdoten v. Dichtern, Schauspielern, Musikern, Malern u. Artisten gewunden. (150 S. m. eingedr. Bildnissen.) 8. Ebd. 911. 2.—; geb. 3.—

— — Der perverse Maikäfer. Galante und ungalante Satiren. Mit einem Leitgedicht von Rudolf Presber. Mit seltsamem Umschlag von E. O. Petersen und zahlreichen ganzseitigen Original-Kunstblättern von Franz von Bayros. Ebd. (1910). 8°. 104 S. (Mk. 3,50.) (2 Mk. J. Schindler, 1912.)

Confiscirt Frühjahr 1912, soweit es die Gedichte: „Das impotente Knickebein", S. 23, „Das Weihnachtsgeschenk", S. 56 u. 59, und die 4. Strophe des Gedichts „Moral", S. 73, enthält, nebst dem vorderen Umschlag der Broschüre.

Aus d. Prospekt: „Scharfe Satiren gegen die Thorheiten unserer Zeit, lustige Schilderungen galanter Liebesabenteuer und feingeschliffene literarische Parodien."

Der perverse Maikäfer. Galante u. ungalante Satiren von Felix **Schloemp**. Mit e. Leitgedicht von Rudolf Presber. Ill. von Franz v. Bayros. 3. Aufl. München & Leipzig: G. Müller 1910. 104 S. 8° [11. 2387

Schloemp, Fel., der perverse Maikäfer. Beschlagnahmt.

Die Über-Ente. Ein lustigtoller Rekordflug von 300 neuen, meschuggenen Enten, so von allerlei Zeitungen unfreiwillig losgelassen wurden. Arrangiert unter Protektorat von Felix **Schloemp**. 4. Aufl. München & Leipzig: G. Müller 1910. 152 S. 8°
(Schloemp: Die meschuggene Ente. Folge 2.). [11. 2385

— Die Über-Ente. Ein lustigtoller Rekordflug v. 300 neuen, meschuggenen Enten, so v. allerlei Zeitgn. unfreiwillig losgelassen wurden. Arrangiert unt. Protektorat. 5. Aufl. (III, 152 S. m. Abb. u. 2 Vollbildern.) 8. Ebd. 910. 2.—; geb. 3.—

Die Über-Ente. Ein lustigtoller Rekordflug von 300 neuen, meschuggenen Enten, so von allerlei Zeitungen unfreiwillig losgelassen wurden. Arrangiert unter Protektorat von Felix **Schloemp**. 6. Aufl. München & Leipzig: G. Müller 1910. 152 S. 8° [10. 16144 7

Schloms, E., der Schnittholzberechner. Hilfsbuch f. Käufer u. Verkäufer v. Schnittmaterial, Zimmermeister, Holzspediteure rc. gr. 16. (IV, 174 S.) Weimar 890. B. F. Voigt. geb. 1. 80

Schloms, E., der Schnittholzberechner. Hilfsbuch f. Käufer u. Verkäufer v. Schnittmaterial, Zimmermeister u. Holzspediteure. 2. Aufl. 12. (IV, 174 S.) Leipzig 902. B. F. Voigt. Geb. 2.—

Schloenbach: Unpartheyische Prüfung der Mindenschen Wittwengesellschaft. Minden 1775.

Schlönbach, A.: Beitrag zur genauen Niveau-Bestimmung des auf der Grenze zwischen Keuper und Lias im Hannoverischen und Braunschweigischen auftretenden Sandsteins. 1862.

Schloenbach, Arnold, s. Schloenbach, Karl Arnold

Schlönbach, Karl, (†...) kurze Beschreib. d. Schönebeckschen Gradirwerks u. der dabei angelegten Dampfmaschine. Mit 1 Kpft. 8. Magdeb. 800. Heinrichshofen. 4 gl.

Schlönbach, Karl, Unpartheiische Prüfung der Mündenschen Wittwenverpflegschaft. 8°. Minden 1775.

— Versuch e. Vorschlags zu einer Bauart bei wirthschaftl. Gebäuden auf d. Lande. Berl. 768.

Schloenbach, Karl Arnold

Schloenbach, C. A., das Deutsche Bauernbuch od.: So lebt das Volk! Dorfgeschichten. gr. 16. (VIII u. 359 S.) Berlin 848, Hirschfeld. 1 ₰

—— **Aus der Blumenwelt**, s. Aus der Blumenwelt.

— der junge Demagoge, eine tragi-komische Geschichte. gr. 16. (335 S.) Hamburg 847, Schuberth u. Co. 1 ₰

— zwölf Frauenbilder aus der Goethe-Schiller-Epoche. Hannover 856. Rümpler. 8. (255 S.) n. 1 ₰ 10 ngr.

Schloenbach, Arn., der Stedinger Freiheitskampf. Ein vaterländ. Gedicht in 18 Gesängen. 16. (VII und 166 S.) Bremen 864, Müller. 22½ Ngr.; geb. mit Goldschn.

—— Garibaldi-Lieder. 16. (16 S.) Hamburg 862, Hoffmann und Campe.

—— Geschichte. Gegenwart. Gemüth. — Gedichte. gr. 16. (XII und 356 S.) Hamburg 847, Schuberth und Comp.

Schloenbach, Arnold, Handbuch der deutschen Literatur der Neuzeit. 2. Aufl. 7 Bde. Hildburghausen 870. Bibliogr. Institut. br. 8. (728, 712, 744, 732, 735, 720 u. 874 S.) 3 ₰ 15 ngr.; geb. 5 ₰ 7½ ngr.

Ist eine neue Ausg. des 19—25. Bds. der in d. J. 1863—64 erschienenen „Bibliothek der deutschen Klassiker."

Schloenbach, Arnold, Ulrich v. Hutten. Ein vaterländ. Gedicht in 20 Gesängen. gr. 16. (XI und 238 S.) Berlin (861)62, Nicolai'sche Verlagsh.

Schloenbach, Arnold, tausend Jahre thüringischer Geschichte. Ein Buch für Schule und Haus. gr. 8. (XVI und 320 S.) Leipzig 855, Engelmann. Thlr.

— der letzte König von Thüringen. Vaterländisches Trauerspiel in fünf Acten. Jena 854. Mauke. 16. (VIII, 127 S.) 15 ngr.

— Menschen und Parteien. Ein Roman. 4 Bde. 8. (XVI und 828 S.) Leipzig 864, O. Wigand.

— Novellen und Erzählungen. 2 Bde. 8. (VI und 449 S.) Leipzig 854(55,) [Matthes.] *

— Originale. Genrebilder aus der Wirklichkeit. 2 Bde. 8. (VIII und 377 S.) Breslau 853, [Trewendt]

Schloenbach, Karl Arnold
Der Strafsoldat Erzahlung Stuttgart 1860.
In Hausblatter. Bd 2.

Schloenbach, Arn., Aus Vergangenheit und Gegenwart. Novellen Hannover 856. Rümpler 8. (3 Bl., 370 S.) 1 ₰ 15 ngr.

— was sich der Wein erzählt. 16. (43 S.) München (861)62. Fleischmann's Separat-Conto. cart. *
cart. mit Goldschn. *

— Weltseele Dichtungen. 8. (XII und 161 S.) Leipzig 854(55,) W. Engelmann.

Schloenbach, Arnold, dramatische Werke. (König Gustav III. Burgund und Waldmann. Ein spanischer Eid.) 16. (VI und 328 S.) Dresden 852, Schaefer's Verlag. *

Schloenbach, Urban, Beiträge zur Paläontologie der Jura- u Kreide-Formation im nordwestlichen Deutschland. 1 u. 2. Stück. [Aus Palaeontographica.] Cassel 865,66. Fischer. gr 4. Jedes Stück n. 4 ₰
1 Stück Ueber neue u. weniger bekannte jurassische Ammoniten (16 S mit 6 Stnt. Abbild)
2. Stück Kritische Studien über Kreide-Brachiopoden (66 S. mit 3 Stnt. Abbild)

— über die **Brachiopoden, s. Beiträge**, geognostisch-paläontologische.

Schlönbach, U[rbanus] Ueber den Eisenstein des mittleren Lias im nordwestlichen Deutschland, mit Berücksichtigung der älteren und jüngeren Lias Schichten.
Halle Wittenberg, Phil Diss. v 23 Juni 1863
Geb [Salzgitter (Kr Liebenburg, Hann) 10. 3 1841]
Ersch mit Taf 12 und 13 Berlin 1863 Starcke S 465—566 1 Tabelle, 2 Taf Aus Zeitschrift d Deutschen geologischen Gesellschaft Bd 15 Berlin 1863

— über die norddeutschen **Galeriten-Schichten** u. ihre Brachiopoden-Fauna. [Mit 3 lith. Taff. u. 1 (eingedr.) Holzschn. [Aus den Sitzungsber. der k. Akad. der Wiss.] Wien 868 (Gerold's Sohn.) Lex.-8. (44 S.) n. 14 ngr.

Schloenbach, U Über die norddeutschen Galeriten-Schichten und ihre Brachiopoden-Fauna (mit 3 lithogr Tafeln und 1 Holzschnitte). S. 57 I 181
Separatabdruck

Schlöpke, Ch., Chronik u. Beschreib. d. Stadt u. d. Stifts Bardewick, m. K. 4. Lübeck. (Helwing in Hannover.) 704.

Schlöpken. Chronicon od Beschreibung d. Stadt Bardowick vor und nach d Zerstörung 4 Lübeck 1704

Schlöpken, Christian

SCHLÖPKEN, CHR., Historische Nachricht von dem Heydenthum, ersten Christenthum und Reformation des Fürstenthums Lauenburg. Aus alten Autoribus und glaubwürdigen Documenten zusammengetragen, nachhero in Ordnung gebracht und in etwas vermehrt von dessen Sohne JOH. HENR. SCHLÖPKEN. Lubeck. 1724. 8°

Schlör, Aloys, Andacht auf sechs Sonntage zur Ehre des heiligen Aloysius von Gonzaga, enthaltend: Die Lebensgeschichte des Heiligen, Betrachtungen, Gebethe rc. 2e verm. Aufl. Mit 1 Titelkpfr. 12. Gratz 840. Kienreich. 1/6 ₰

Schlör, Alois, Andacht auf 6 Sonntage zur Ehre des hl Aloysius v. Gonzaga, enth. die Lebensgeschichte des Heiligen, Betrachtgn., Gebete, Tagzeiten u. Litanei, nebst Morgen-, Abend-, Meß-, Beicht- und Communion-Andacht. 7. verm. Aufl. gr. 16 (116 S) Graz 894 (U Moser) Geb. n.n. – 60

Schlör, Alois, Andacht auf 6 Sonntage zur Ehre des hl. Aloisius von Gonzaga, enth. die Lebensgeschichte des Heiligen, Betrachtgn., Gebete, Tagzeiten u. Litanei, nebst Morgen-, Abend-, Meß-, Beicht- u. Kommunion-Andacht. 8., durchgeseh. Aufl. (112 S.) kl. 8. Graz 905. U. Moser. Geb. in Leinw. n. — 50

Schlör, Aloys, Andachtsbüchlein zur Verehrung der 7 heil. Zufluchte. 2. Aufl. 12. (Mit 1 Kupf.) Grätz 843. (Kienreich.) 8 ngr.

— Beichtspiegel zur Generalbeichte. 12. (1½ B.) Wien 839, Mayer u. Comp.
Aus: Deff., Spiegel d. Buße, besond. abgedruckt.

Schlör, A, Betrachtungen f. Priester u. Cleriker üb. den Inhalt d. heil. Evangelien. Neu hrsg. v. A. Stradner 3 Bde. gr. 8. (XXIV, 462; VIII, 480 u VIII, 411 S.) Graz 889. Moser. n. 10. —

— Betrachtungen f. Priester u. Cleriker üb. den Inhalt der heiligen Evangelien Neue Ausg. v Alois Stradner 3 Bde. gr 8 Ebd. 900. n 10 –
1. 2. durchgeseh. Aufl. (XXVIII, 495 S.)
2. 2 Aufl. (VIII, 512 S.)
3. Mit e homiletischen Wegweiser und Sachregister 2. Aufl (VII, 439 S.)

Schlör, Alois, Betrachtungsbuch für Kleriker u. Priester über den ganzen Inhalt des heiligen Evangeliums nach der Uebereinstimmung der vier Evangelisten in chronolog. Ordnung abgetheilt auf jeden Tag des Jahres 1 Bd 1 Lieg. 2 Aufl. Gratz 864. Kienreich. Lex-8 (170 S) n 24 ngr.

Schlör, Alois, der christliche Büßer. Ein Lehrbüchlein zur Vorbereitung auf eine gute Beichte. 5., durchgehends umgearb. Aufl. der „geistlichen Vorschule" von demselben Verf. Gratz 853. (Wien, Wendelin.) 16. (60 S u. 1 Stahlst) n 4 ngr.

Schlör, Alois, der christliche Büßer. Ein Lehrbüchlein zur Vorbereitung auf eine gute Beichte. 5., durchgehends umgearb. Aufl. der „geistlichen Vorschule" von demselben Verf. 16. (60 S. mit 1 Stahlst.) Gratz 853(58). (Wien, Mayer und Comp.) *

— **Clericus orans atque meditans.** Libellus precum, usui Seminariorum clericalium proxime destinatus, sed etiam omnibus clericis conveniens, cum permultis meditationibus adumbratis et instructionibus ad vitam pie instituendam. 12 maj. Graecii 841, Kienreich. 3/4 ₰

Schlör, Alois, Th. Dr., Clericus orans atque meditans, libellus precum usui seminariorum clerical, proxime destinatus etc. Neue Ausgabe. 8. (536 S.) Graz. Verlagsbuchh. Styria. 1 fl. Lederband 50 kr.
1883.

Schlör, Aloys, Th. Dr., Clericus orans atque meditans libellus precum usui seminarionum clericalum proxime destinatus, sed etiam omnibus clericis conveniens cum permultis meditationibus adumbratis et instructionibus ad vitam pie instituendam. 8. (586 S.) Graz, Verlagsbuchh. Styria. 1 fl., Lederbd. a parte netto 50 kr.
1884.

— Clericus orans atque meditans. Libellus precum usui seminariorum clericalium proxime destinatus, sed etiam omnibus clericis conveniens cum permultis meditationibus adumbratis et instructionibus ad vitam pie instituendam. Ed. VII, emendata. (XVI, 503 S.) kl. 8. Ebd. 906. Geb. in Ldr. n.n. 2. 50

— Ehrenkrone des englischen Jünglings Aloisius von Gonzaga. Ein Lehr- u. Erbauungsbüchlein für die kathol. Jugend. Mit Gebethen, Litaneien u. Liedern. 24. (Mit 1 Kupf.) Grätz 845. (Kienreich.) geb. $6\frac{1}{4}$ ngl

— Fastenpredigten. Neu hrsg. v. Sim. Katschner. (VI, 816 S.) 8. Ebd. 906. n. 2.—

Schlör, Aloys, Geistesübungen nach d. Weise d. h. Ignatius v. Loyola, f. Priester u. Candidaten d. Priesterthums. Mit e. Einleitungs- u. Schlußrede des ꝛc. Roman Zängerle, u. drey Vorträgen des ꝛc. Jos. Büchinger. 8. ($17\frac{3}{4}$ B.) Grätz 840, [Kienreich's Vrls.-Compt.] Thlr.

— Geistes-Übungen nach der Weise des hl. Ignatius v. Loyola hauptsächlich f. Priester u. Priester-Candidaten. Mit e. Anh.: Speculum cleri quod in sacris praecipuo exercitiis et alias utiliter adhiberi potest. Neu hrsg. v. Sim. Katschner. gr. 8. (XXIV, 327 S.) Ebd. 902. n. 2.—

—— Jesus mein Verlangen. Ein kathol. Gebethbuch, mit Belehr. u. Anleit. zu e. gläubig-frommen Lebenswandel. 3., verm. u. verb. Aufl. 12. ($12\frac{1}{2}$ B.) Grätz 841, [Kienreich's Vrls.-Compt.] *

—— Jesus mein Verlangen. Ein kathol. Gebetbuch m. Belehrung u. Anleitung zu einem gläubig frommen Lebenswandel. 4., verm. u. verb. Aufl. gr. 12. (14 B. u. 5 Stahlst.) Grätz 843, [Kienreich's Verlags-Compt.]

Schlör, Alois, Jesus mein Verlangen. Ein kathol. Gebetbuch m. Belehrung u. Anleitung zu e. gläubig frommen Lebenswandel. 9., verm. Aufl. (IV, 462 S. m. Titelbild.) 16. Graz (910). Styria. Geb. in Leinw. 1.50; in Ldr. m. Goldschn. 1.80

— s. v. Kempen, Th., de imitatione Christi.

—— der Kleriker in der Einsamkeit. Oder Ignatianische Exercitien. Mit zwei Anreden sr. fürstbischöfl. Gnaden des Herrn Roman Zängerle u. mit drei Vorträgen v. Jos. Büchinger. gr. 8. (20 B. u. 1 Tab.) Grätz 844, [Kienreich's Verlags-Empt.]

— der Kleriker in der Einsamkeit od. Ignatianische Exercitien. Neu hrsg. v. Sim. Katschner. gr. 8. (XX, 330 S. m. Bildnis.) Graz 902. Styria. n. 2. —; Einbd. n n.n. 1.—

— der hl. Kreuzweg unseres Herrn Jesu Christi. Zum Gebrauche f. Landkirchen, insbesondere in der hl. Fastenzeit. 4. Aufl. gr. 16. (90 S. m. Abbildgn.) Graz 902. U. Moser. Geb. in Leinw. n.n. — 50

— Lasset uns beten! Ein kathol. Gebetbuch mit Belehrung und Anleitung zu einem gläubig-frommen Lebenswandel. 2. neu revid. Aufl. von Jos. Büchinger. Gratz (857.) (Wien, Wendelin.) 12. (479 S. u. 1 Stahlst.) n. 18 ngr.; feine Ausg. mit 5 Stahlst. n. 1 ap.

—— Lasset uns beten! Ein kathol. Gebetbuch mit Belehrung und Anleitung zu einem gläubig-frommen Lebenswandel. 2., neu revid. Aufl. von Jos. Büchinger. 12. (479 S. mit 1 Stahlst. und in Stahl gest. Titel.) Gratz 858, (Mayer und Comp.) * Feine Ausg. mit 5 Stahlst. *

Schlör, Dr. Alois — Lasset uns beten! Ein katholisches Gebetbuch mit Belehrung und Anleitung zu einem gläubig-frommen Lebenswandel von — — 2te neu revidirte Aufl. von Josef Buchinger. Gratz, 1858. Verlag von Josef Sirolla. Dr. und Papier von Josef A. Kienreich. (479 S. 6 Bl. 8. Mit einem Titelbilde.)

— lasset uns beten! Katholisches Gebetbuch. Hrsg. v. e. Priester der Diözese Seckau. (IV, 411 S. m. Titelbild.) 16. Graz 904. Styria. Geb. in Leinw. n. — 70; in Ldr. n. 1. 20

— Lasset uns beten! Kathol. Gebetbuch. Hrsg. v. e. Priester der Diözese Seckau. 2., verb. Aufl. (440 S. m. Titelbild.) 16. Ebd. 908. Geb. in Leinw. — 85; in Ldr. 1. 20

Schlör, Dr. Alois —, Śest Nedélj pobožnosti v čast svetega Alojza od Gonzaga Svetega Alojza življenje, premišlovanje nja življenja etc. Po nemško spisal, — — poslovenil P. Placidus Javornik, Śtrti natis. 8. (96 S.) V Gradci. Na prodaj pri Jožefu Sirola bukouvezu. 1854. (Schlör Dr. Alois. Sechswöchentliche Andacht zu Ehren des heil. Alois von Gonzaga ꝛc. Deutsch verfaßt von — — ins Slovenische übersetzt von P. Placidus Javornik.)

—— die Parabel vom verlornen Sohne. Dargest. in zehn Predigten v. Septuagesima bis Ostern. gr. 8. ($9\frac{1}{4}$ B.) Grätz 840, [Kienreich's Vrls.-Compt.]

— die Parabel vom verlorenen Sohne. gr. 8. Grätz, erschien 1841.

—— Passionsblumen auf Golgatha od. Samml. auserles. Gebethe u. Gesänge f. d. heil. Charfreitag. 12. (.. B. u. 1 Kpfrt.) Grätz 839, [Kienreich's Vrls.-Compt.] *

—— die Philanthropie d. Glaubens, od. d. kirchl. Leben zu Verona in d. neuesten Zeit. Geschildert. Breit gr. 8. ($4\frac{3}{4}$ B.) Wien 839, Mayer u. Comp.

— die Philanthropie des Glaubens, oder das kirchl. Leben zu Verona in der neuesten Zeit. Geschildert. breit gr. 8. Wien 840. Mayer u. Comp. $\frac{1}{2}$ af

— rette deine Seele! Ein Betrachtungsbuch f. Christen in der Welt. Zum besond. Gebrauche f. ignatian. Exercitien. Mit e. Anh.: Die Schule des Kreuzes. Betrachtungen u. Gebete zu Ehren des Leidens Jesu Christi. Neu hrsg. v. Sim. Katschner. gr. 8. (XX, 350 S. m. Bildnis.) Graz 902. Styria. n. 2. —; Einbd. n.n.n. 1. —

— sacerdos sacris exercitiis vacans seu Ignatiana exercitia Strigonii 23—27. Augusti 1852. data. Cum duabus allocutionibus etc. domini principis Joannis Bap. Scitovszky et tribus considerationibus domini Jos. Büchinger. Pestini 853. Emich. (Pfeifer.) gr. 8. (270 S.) n. 28 ngr.

Schlör, Alois, Samenkörner des katholischen Glaubens oder Predigten über verschiedene religiöse Gegenstände und Feste. 1. und 2. Abthl. gr. 8. (84 und 95 S.) Gratz 851—52, Kienreich. (Leipzig, G. Wigand.) à Abthl. * 20 Ngr. *

— Samenkörner des katholischen Glaubens oder Predigten über verschiedene religiöse Gegenstände und Feste. Herausg. von Jos. Büchinger. 3. Abth. Gratz 853. Kienreich. (Leipzig, Häffel.) gr. 8. (90 S.) n. 20 ngr.

— der Schatz des Glaubens und der Weg, um ihn zu finden. Heilsame Erwägungen für denkende Christen, besonders für die studier. Jugend, um sich im heil. Glauben zu befestigen, u. vor dem Unglauben zu bewahren. gr. 8. Grätz 843, Kienreich. 24 ngl

— die Schule des Kreuzes in sieben Lectionen. Eine erbauliche Lectüre für die heil. Fastenzeit. 8. Grätz 836. Kienreich. 7/12 rtl

— Spiegel der Buße, od. kurze Anleitung zur Generalbeichte. Enthaltend: Belehrungen, Beichtspiegel, Betrachtungen nach Art der Ignazianischen Exerzitien für mehrere Tage der geistl. Einsamkeit und Bußgebethe. 12. Ebd. 839. 5 gl
Hieraus ist abgedruckt:

— Beichtspiegel zur Generalbeichte. 12. Ebd. 839. 1/8 rtl

Schlör, Aloys, Spiegel der Buße, oder kurze Anleit. zur Generalbeichte. 2. Aufl. 12. Wien 843, Mayer u. Co. 6¼ ngl

Schlör, Dr. Alois —. Spiegel der Buße. Enthaltend: Bekehrungen, Beichtspiegel, Betrachtungen nach Art d. r Ignatianischen Exercitien für mehrere Tage der geistlichen Einsamkeit und Bußgebete. Von — —. 3. Auflage. 8. (110 S.) Wien. Verlag von May. 1854.

—— Spiritus evangelii seu principia perfectionis. Lectiones et meditationes in usum clerici etc. 12. (11⅔ B.) Grätz 843, [Kienreich's Verlags-Compt.] —

—— heilige Tagesordnung und Lebensregel eines frommen Katholiken oder Grundzüge der wahren Gottseligkeit. 3. Aufl. 16. (51 S.) Wien 860, Mechitharisten-Congregations-Buchh.

— die Verehrung der heil. Reliquien, eine Frucht des Glaubens und ein Zeugniß für den Glauben. Dargestellt in einer Predigt bei Gelegenheit der feierl. Uebertragung der Leiber des hh. Blutzeugen Benignus und Donata mit ihrem Kinde am 4. Nov. 1838. 2e Aufl. Mit e. Vorberichte. 8. Grätz 839. (Wien, Mayer u Comp.) n. 5 gl

—— Vita S. Francisci Salesii, Principis et Episcopi Genevensis, in aedificationem cleri descripta. 12. (IV und 288 S.) Graecii 850, Kienreich.

—— warum bin ich Katholik? od.: Gilt es gleich, ob man diese od. jene Religion bekenne? Beantw. in populären Kanzelvorträgen. 1., u. 2., unveränd. Aufl. gr. 8. (à 7¼ B.) Grätz 840, [Kienreich's Vrls.-Compt.] à

Schlör, Alois, warum bin ich Katholik? oder: Gilt es gleich, ob man diese oder jene Religion bekenne? Beantwortet in einer Reihe von zwölf Predigten. 3. verm. u. verb. Aufl. mit mehreren Beigaben u. einem Anh. üb. das sogenannte Deutschkatholikenthum. gr. 8. (VIII u. 167 S.) Gratz 852. (Ferstl.) n. 26 ngr

— geistlicher Wegweiser für Kleriker, besonders in Seminarien, oder Unterricht über verschied. Erfordernisse u. Uebungen des religiösen u. klerikal. Lebens, nebst Anleitungen zur öffentl. u. stillen Abhaltung der Ignatianischen Exerzitien, zum Brevierbethen u. zur Gründung einer guten Handbibliothek für Seelsorger. 8. Grätz 842, Kienreich. ¾ rtl

Schlör, Carl, s. Schlör, Karl

Schloer, Friedrich, Geschichte des Turnvereins zu M.-Gladbach a. Anl. d. 35 jähr. Stiftungsf. 1883, M.-Gladbach 1883, 40 S., 8°.

Schloer, Friedrich, Geschichte des Turnvereins zu M.-Gladbach a. Anl. des 50. Stiftungsf. 1898, M.-Gladbach 1898, 65 S., 8°.

Schlör, G. v., die Entwickelung der bayerischen Ostbahnen auf Grundlage des Gesetzes vom 29. April 1869. 1. und 2. Aufl. gr. 8. (63 S. mit 1 Stnt.) München 873, Merhoff's Verlag. * — 75

Schlör, G. v., über Secundärbahnen in der nordöstlichen Oberpfalz. gr. 8. (19 S.) Weiden 881, Taubald'sche Buchh. *

— über Steuerreform in Bayern. gr. 8. (V, 153 S.) Nördlingen 881. Beck. n. 2. 40

Schloer, Johann Georg [Praes.], s. Anzmann, Johann: Vindiciae veritatis fidejussorem obtento a debitore principali rescripto moratorio a creditore conveniri haud posse.

Schloer, Jo. Ge.: Disceptatio juris publici ecclesiastici ad concordata Germaniae de alternativa mensium sive de reservatione beneficiorum ex qualitate temporis vacanticum juxta § de caeteris vero. Francofurti et Lipsiae 1776.

Schlör, Joh. Ge.: Disceptatio juris publici ecclesiastici ad concordata Germaniae de reservatione beneficiorum, et dignitatum ex qualitate personae, obitu tamen contingente in curia. Moguntiae 1765.

Schloer, Jo. Ge.: Disceptatio juris publici ecclesiastici ad concordata Germaniae de reservatione beneficiorum et dignitatum ex qualitate vacatione [!] per promotionem vel translationem. Heidelbergae 1779.

Schloer, Jo. Ge.: Disceptatio juris publici ecclesiastici ad concordata Germaniae de reservatione beneficiorum et dignitatum ex qualitate vacationis per resignationem. Francofurti et Lipsiae 1777.

Schlör, I. G., disceptatio jur. publ. eccles. ad concordata Germaniae. 4. Francf. Esslinger. 777.

Schlor, Jb. Geo., († im Nov .1783.) disceptatio jur. publ. eccles. ad concordata Germaniae de reservatione beneficiorum et dignitatum etc. 4. Frankf. 777. (Schäfer). 1 rtl 8 gl

Schlör, Joh. Ge.: Disceptatio juris publici ecclesiastici ad concordata Germaniae de reservatione beneficiorum et dignitatum apud sedem apostolicam, sive . . . ad literam concordatorum et textum cap. Licet. 2. de Praeb. in 6. Moguntiae 1762.

Schlör, Karl

Schlör, Carl [aus Swinemünde]: Ueber einige Derivate des Pyrogalloltrimethyläthers. . . . Berlin, Buchdr. v. Goedecke & Gallinek (1889); 46 S. + 1 Bl. 8°
Erlangen, Phil. Fak., Inaug.-Diss. v. 1889

Schlör, Carl (kath. Religionslehrer) „Die heilige Messe". (Ein Abschiedswort an die Abiturienten der Gewerbeschule.) pg. 3—14. 4°. Fried. Humann.
Bamberg. Progr. 1850/51

Schloer, Karl, zwei Tafeln der gesamten Weltgeschichte. Für den Schul- u. Selbstgebrauch zusammengestellt. gr. 8. Leipzig 894. W. Violet. à n. — 50
I. Urgeschichte der Menschheit nach der Bibel. Indien u. Lydien. Aegypten. Juden. Assyrien, Babylonien. Phönizier u. Karthager. Baktrer, Meder, Perser. Griechenland. Römer. Deutsche Geschichte. Preußen. (48 S.)
II. Oesterreich. Ungarn. Niederlande. Frankreich. England. Rußland. Polen. Skandinavien u. Dänemark. Spanien u. Portugal. Italien. Die Türken. Griechenland. Balkanstaaten. Die Araber. Die Mongolen. Amerika. (S. 49—94.)

Schlös, Heinr.: Zur Kenntniss der Geistesstörungen des Greisenalters. s. Klinik. Wiener. 1899. Hft. 9/10.

Schlosky, Arthur [Referendar]: Der Mundraub nach § 370[5] St.G.B. ... Breslau, Schletter'sche Buchh., 1897; IV S., 1 Bl., 44 S., 1 Bl. 8.
Breslau, Jur. Fak., Inaug.-Diss. v. 2. Aug. 1897

Schlosky, Arth.: Der Mundraub nach § 370[5] St. G. B., s.a. Abhandlungen, Strafrechtliche. Hft. 11.

Der Mundraub nach § 370[5] St. G. B. Von Arthur Schlosky, Dr. d. Rechte. Breslau: Schletter 1897. (IV, 44 S.) 8°
(Abhandlungen, Strafrechtliche. H. 11.)

Schloß

— s. auch: Gripsholm. — Norbury. — Wildon.

Schloß, das alte, v. Charlotte Smith, a. d. Engl. 3 Thle. 8. Lpz. Schwickert. 795. (I. 18 gr. II. 20 gr. III. 22 gr.)

Aus einem alten **Schloss**. 4 Erzählungen f. Kinder. Aus d. Engl. übers. von Freiin v. Welck. Lengerich i. W.: Bischof & Klein [1900?]. (78 S.) 8° [F.] [08. 4:83 6]

Schloss, Alvarino's, oder die Wirkungen der Rache; a. d. Franz. Leipzig 1800. Ü: *Müller, Carl Ludwig Methusalem.* (MGT) (NN) (Ky)

—— Avalon. Frei n. d. Engl. d. W. Scott, v. Uebersetzer (Verf.) d. „Walladmor" (†W. Alexis). 3 Bde. 8. (65 B.) Leipzig 827, Brockhaus.

Schloß Avon, s. Britannia.

Schloss, das Bruchsaler. Denkmal der Spät-Renaissance in Süddeutschland. 3. Aufl. gr. 8. (48 S. m. 1 Abbildg.) Bruchsal 896, O. Katz. —.50

—— Carrow, s. Carrow, Schloß.

Schloss, Das, in Celle. Celle 1894. V: *Nöldecke, C. & H. Dehning.* (Ky)

Schloß, das, in Celle. (Von C. Nöldecke u. Dehning.) [Aus: „Jahresbericht des Museums-Vereins in Celle".] gr. 8. (26 S. m. 2 Taf.) Celle 894. (Schulze.) n. —75

—— Dhaun, s. Dhaun.

Das Schloß des Freyherrn von Donnersburg. Leipzig, in der Sommerschen Buchhdlg., 1806. 8°. (3/4 Rthl.)
224 S. incl. Tit., 2 Bll. Vorw. u. 1 Bl. Nebentit.: „Reise der Thomas". — Zahm.

Schloß des Freiherrn v. Donnersburg, Roman. Neue Ausg. 8. Leipz. Sommer. 816.

Schloß, das, des Freiherrn v. Donnersburg. 8. Leipz. 806. N. A. 817. (Nauck). 21 gr

Schloß, das, des Freyherrn von Donnersburg. Neue Aufl. 8. Leipzig, Sommer. 817.

— Dunkam; od. d. unsichtbare Mann, a. d. Franz. 2 Thle. 8. Augsb. Daisenberger.

Schloss Eisgrub, s. Eisgrub.

Schloss des Herrn v. Farenheit. 48 Photographien. Berlin. Fol.

— das geheimnißvolle. 2 Thle. 8. Liegn. 800. N. A. 823. (Hinrichs in Leipz.) 1 ℛ 4 gr

— das geheimnißvolle. 2 Thle. 8. Liegnitz, Siegert. 800.

Schloss, Das geheimnisvolle, am See, oder die Verschwundenen. Ein Roman aus neuerer Zeit. Von dem Verfasser der Novantiken. Weimar 1832. V: *Gräbner, Karl.* (GGr X, 252) (Zeitschr. f. Büch. N.F. 15, 1923, S. 121)

Schloß, das geheimnißvolle, am See, od. die Verschwundenen. Ein Roman aus neuerer Zeit. Von d. Verf. d. „Novantiken" (K. Gräbner). 8. (9½ B.) Weimar 832, [Gräbner u. Comp.]

Schloß, das geheimnißvolle, am See, oder die Verschwundenen. 8. Weimar 832. (Hennings u. Hopf in Erfurt.) 11/12 ℛ

Schloß Goczyn. Aus den Papieren einer Dame von Stande. kl. 8. Breslau 841, Kern. 1½ ℛ

Schloss Gripsholm, d. schwedische, u. seine Kunstschätze. Für Geschichtsforscher, Kunstfreunde u. Reisende. Aus d. Franz. v. J. Günther. gr. 8. (2¾ B.) Eisenberg 842, Schöne'sche Buchh. *

Schloss, das, zu Heidelberg. Hrsg. von Friedr. Sauerwein. Mit Text von Marc. Rosenberg. Nach photogr. Aufnahmen in Lichtdr. ausgeführt. 20 Lfgn. gr. Fol. (95 Lichtdr.- und 5 Stnt. mit 8 S. Text.) Frankfurt a. M. 883, Keller. à Lfg. * ℳ 5.; in Mappe *

Schloß, das Heidelberger, in 14 Ansichten nebst einem Plan desselben, s. Walter, H.

——, das heidelberger, in 14 Ansichten nebst e. Plan dess. Der Text als Führer f. Fremde bearb. v. M. A. Fischer. qu. 16. (4 B.) Carlsruhe 841, Braun'sche Hofbuchh. *
Dieselben Ansichten auf 2 verziert. Blätt., Fol. apart * 1 Thlr. 8 Gr.

Schloss, Das Heidelberger, nebst einem Plan desselben u. Panorama vom Königstuhl aus gesehen. M. Text von M. A. Fischer. Carlsruhe 1852. Kl. Querfol.

— u. Hütte od.: Die Macht d. guten u. bösen Beispiele, s. a. Zehnpfennigbibliothek, Regensburger.

Schloß und Hütte oder die Macht der guten und bösen Beispiele. Eine Erzählung zur Befestigung religiöser und rechtlicher Gesinnungen. Der reiferen Jugend und dem deutschen Volke gewidmet. 2. sehr verb. Aufl. 8. (168 S. mit 1 Stahlst.) Regensburg 877, Manz.

Schloß und Hütte. Eine Erzählung für Jung und Alt von der Verf. des „Weihnachtsteppich". 12. (58 S. mit 1 Bilde in Farbendr.) Basel 881, Spittler. *

... Vor des Kaisers **Schloss**. Bei Beginn d. Allerhöchsten Geburtstages S. M. Kaiser Wilhelm's II. E. Prolog ... *Berlin: M. Rohm [1895].* 2 Bl. 8.

— d., in Kalabrien od. Cäcilie Karengi; Anh. z. Seeräuberköniginn Antonia della Roccini. 8. Brschw. Schröder. 803.

Schloss, Das königliche, zu Coblenz. Coblenz 1886. V: *Becker, Wilhelm.* (EB)

Schloß, das königl., u. der Lustgarten in d. Stadt Potsdam. gr. 8. Potsd. 820. Horvath u. S. 6 gr

Schloß Lowestein. Historisches Gemälde aus dem 16. Jahrhundert. 8. (328 S.) Münster 874, Aschendorff'sche Buchh. 1 50

— d., zu Mindheim; e. Gemälde nach d. Natur gezeichnet. 8. Lpz. Kleyb. 791.

—das, Montillo. (Frei nach d. Engl.) Von F. X. Habats. In 2 Thlen. 1r Thl. 8. Leipz. 823. Industr.-Compt. 1 ₰ 8 ₰ Hbg. Pr. 1 ₰

— das, Montillo. (Frei nach d. Engl.) Von F. X. Habats. In 2 Thln. 1r Thl 8. Leipz. 824, Ind.-Cptr.

Schloß, das neue, zu Hummelshain. 12. (20 S. m. 2 Holzschn.) Kahla 888. Heyl. n. — 10

—— Rorbury. 3 Bde. 8. (81³/₄ B.) Hamburg 840, Laeiß.

Schloss Rackreut, Das. Eine Erz. aus dem Engl. Erfurt 1802. V: *Edgeworth, Maria.* Vgl. Ersch, Hdb, II, 2 (1840), Nr. 2739a. (DARP)

Schloß Raunach. Erzählung von ***. Mit einem Vorwort von E. Frommel. gr. 8. (IV, 568 S.) Berlin 876, Wiegandt und Grieben. *

Das Schloss Reinhardsbrunn. 12 Taf. Potsdam. 1850. Fol.

Schloss, Das, zu Rieti. Ein romantisches Schauspiel in fünf Aufzügen. [Augsburg 1822.] V: *Bonafont, Carl Philipp.* (GGr)

Schloss, Das, des Grafen Roderich. Nach d. Engl. Leipz. 1795. V: *Michaelis, Christian Aug.* (MGT) (GGr) (Ky)

—das, des Grafen Roderich; aus d. Engl. (v. Chr. A. Michaelis). 8. Leipz. 796. Meyer. 18 ₰

Schloß Ronceaux, s.a. Ronceaux, Schloß.

Schloss Ronceaux

Schloß Ronceaux. Nach einem alten Manuskripte. Th. 1-3.
Breslau: Kern 1850. 8°

— St. Vallery; e. Gespenstermährchen a. d. Zeiten Richard Löwenherz. 8. Hannover, Hahn.

—St. Vallery; aus d. Engl. (v. D. M. Liebeskind). 8. Hannov., Hahn. 5 ₰

Schloß, das, am See, s. Barth, C. G.

Schloss, Das, im See. Eine Erzählung vom Vf. des ‚Armen Heinrich'. Stuttgart 1861. V: *Barth, Chn. Gtlo.* (DARP)

Schloß, das, im See. Eine Erzählung aus Schottland vom Verf. des „Armen Heinrich" (C. G. Barth). 16. (128 S.) Stuttgart 861, J. F. Steinkopf. *

(U.-Titel:) Die sieben heiligen Schloß. / (Fig.: Maria erscheint zwei Hirtenkindern, 57x55) / Zu Jerusalem. / beim heiligen Grab mit goldenen / Buchstaben geschrieben, gefunden. / Buchdruckerei von Fr. Wentzel in Weissenburg. o. J., 8 S., 140x105,8 Fig. im Text. Diöz.- B. Rottenburg.

— Sonnenberg, das gräfliche. 8. Gieß. 807. (Ferber). 1 ₰

Schloss Stern. Hrsg. von der K. K. Central-Commission zur Erforschung u. Erhaltung der Kunst- u. historischen Denkmale. Wien 1879. Fol.

—das, zu Tannenwalde. 2 Thle. 8. Nordh. 818. (Lauffer in Leipz.) 1 ₰ 8 ₰

SCHLOSS, Das, zu Tannewalde, oder merkwürdige Schicksale einer adlichen Familie. Eine durchaus wahre Geschichte neuester Zeit. 2 Thle. Nordhausen, bei Gottfried Wilhelm Happach 1818.
146 u. 144 S. — Einiges etwas frei.

Schloß, das versunkene, im Piburger See. Romantisches Märchen aus Tirol. Allegorie v. Siona. gr. 8. (V, 144 S.) München 892. (A. Buchholz.) n. 1. —

Schloß Wartburg, s. Wartburg.

Schloß Wildon. (Roman.) 3 Thle. 8. (48¹/₂ B.) Leipzig 814, Eisenach. Thlr.

—— Wolkenstein, s. Wolkenstein, Schloß

— das wunderbare. Ein Lehr-Mährchen. (Mit eingedruckten col. Abbild.) 8. Chur 845, Grubenmann. ¹/₃ ₰

Schloss, Albert [aus Witzenhausen]: Ueber die Einwirkung von Königswasser und Bromkönigswasser auf Anilide, sowie von Bromkönigswasser auf Salicylsäure. Leipzig 1901. 53 S. 8°.
Lausanne. Thèse sc. 1902/1903.

Schloss, Albert. Über die Einwirkung von Königswasser und Bromkönigswasser auf Anilide, sowie von Bromkönigswasser auf Salicylsäure. Diss. Phil. (Sci.) Lausanne. 55 S. 8. Leipzig, Gustav Fock, 1901.

Schloß, Dav. F., Methods of industrial remuneration, Bearbeitg., s.: Bernhard, Ludw., Handbuch der Löhnungsmethoden.

Schloß, Ernst, a. Trier: Über den Nachweis und die physiologische Bedeutung der Glyoxylsäure. Straßburg i. E. 1906: Elsässische Druckerei. (20 S.) 8°
Straßburg, Med. Fak., Ref. Hofmeister, Diss. v. 6. Juni 1906
[Geb. 26. Dez. 82 Trier; Wohnort: Trier; Staatsangeh.: Preußen; Vorbildung: Gymn. Trier Reife O. 01; Studium: Straßburg 6, München 3, Berlin 1 S.; Coll. 7. März 06; Approb. 10. Jan. 06.]

Schloß, Friedr., die Dotalprivilegien der Jüdinnen. Ein Beitrag zur Dogmengeschichte des gemeinen Civilrechts. gr. 8. (XV und 96 S.) Gießen 856, Ferber'sche Universitäts-Buchh. *

Schloß, H.: Zur Morphologie und Anatomie von Hydrostachys natalensis Wedd. (mit 4 Taf. und 10 Textfiguren). S. 122. I. 339
Separatabdruck

Schloß, Herm., Denkmäler am Lebenswege. Lose Blätter über Freundschaft, Lebensklugheit und Geselligkeit. Eine Freundschaftsgabe für Jung und Alt zum Nachdenken und für Stammbücher. 16. (VI und 121 S.) Mainz 862, Wirth'sche Sortimentsb.

Schloß, Hugo, Arzt a. Heidelberg: Über die Bottini'sche Operation der Prostata-Hypertrophie nach den Erfahrungen der chirurgischen Klinik zu Heidelberg. Heidelberg 1906: C. Pfeffer. (38 S.) 8°
Heidelberg, Med. Fak., Ref. Czerny, Diss. v. 1906
[Geb. 11. Febr. 79 Heidelberg; Wohnort: Heidelberg; Staatsangeh.: Baden; Vorbildung: Großh. Gymn. Heidelberg Reife Juli 96; Studium: Berlin 1, München 1, Berlin 4, Heidelberg 9 S.; Coll. 19. Jan. 06; Approb. 28. März 05.]

Schloß, J. S., u. L. Wallerstein, Börsen-Hülfsbuch, siehe: Wallerstein, L.

Schloss, Jos., nouvelle correspondance commerciale. Collection de lettres françaises. Wien 869. (Seidel & Sohn.) gr. 4. (100 lith. S.) n. 1 ℛ𝓈 10 𝓃𝑔𝓇

Schloß, Karl (Hrsg.), s. A l m a n a c h , Münchner.

— Gedichte. (110 S.) 8. München 905. R. Piper & Co. n. 2. —; geb. in Halbperg. n. 3. 50

Schloss, Ludwig [cand. med. aus Witzenhausen]: Aus d. Patholog. Institut zu München. Ueber einen F a l l von Aneurysma der Aorta thoracica descendens ... München: Buchdr. v. M. Ernst 1889. 37 S. 8°
München, Med. Fak., Inaug.-Diss. v. 1890

Schloss, M., zur antisyphilitischen Wirkung der Schwitzkur ohne primär gesteigerte Flüssigkeitszufuhr. Inaug.-Dissertation. gr. 8. (21 S.) Jena 880. (Neuenhahn.) — 60

Schloß, Marie, altmodische Geschichten. (76 S.) 8. Emmendingen 906. Druck- u. Verlags-Gesellschaft vorm. Dölter. n. 1. —

Schloß, Marie, der Herr Medikus u. andere Geschichten. (161 S.) 8. Karlsruhe (910). F. Gutsch. Kart. 2. —

— In der Sommerfrische od. Ein kleiner Irrtum, s. a. V o l g e r ' s Damen-Bühne, Nr. 4. — V o l g e r ' s Vereins-Bühne, Nr. 4.

In der Sommerfrische oder Ein kleiner Irrtum. Lustspiel in 1 Akt von Marie **Schloß**. Landsberg a. W.: Volger & Klein [1905]. (16 S.) 8° [J.]
= **Damen-Bühne**, Volger's. No 4. [07. 1710

In der Sommerfrische oder Ein kleiner Irrtum. Lustspiel in 1 Akt von Marie **Schloß**. Landsberg a. W.: Volger & Klein [1905]. (16 S.) 8° [J.]
= **Vereins-Bühne**, Volger's. No 4. [07. 1907

Schloss, Max, O e s t e r r e i c h - U n g a r n s Wacht zur See. Ein Mahnwort an alle meine Mitbürger. (62 S.) gr. 8. Hamburg 908. Grefe & Tiedemann. 1. —

— Die W a h r h e i t üb. die neuen österreich.-ungar. Schlachtschiffe. Ein Mahnruf in letzter Stunde. (32 S.) gr. 8. Hamburg 909. Grefe & Tiedemann. — 80

— Wem sind die österreich.-ungar. S e e i n t e r e s s e n anvertraut? Ein offener Brief an unseren Marinekommandanten Se. Exz. Admiral Grafen Montecuccoli. (41 S.) 8. Wien 909. C. Konegen. 1. —

Schloss. [illegible]

Schloss, Oscar [pr. Arzt aus Sarken]: Ein B e i t r a g zur Casuistik der Uterusfibrome mit kurzer Erwähnung der gebräuchlichsten Behandlungsweisen ... Greifswald: Druck v. Julius Abel 1889. 26 S. 8°
Greifswald, Med. Fak., Inaug.-Diss. v. 12. Apr. 1889

Schloss, Otto [aus Trier]: Aus d. Klinik f. Hautkrankheiten u. Syphilis zu Bonn. E l e p h a n t i a s i s congenita ... Bonn: Buchdr. J. Bach Wwe. 1890. 81 S., 1 Bl. 8°
Bonn, Med. Fak., Inaug.-Diss. v. 22. Dez. 1890

Schloss, Siegfried. aus Nürnberg. Rechtsprakt. am kgl. Amtsgericht Traunstein: Die R e c h t e der Versicherten an der Prämienreserve nach dem Gesetze über die privaten Versicherungsunternehmungen vom 12. Mai 1901. Bamberg 1904: Handels-Dr. (VII, 50 S.) 8°
Erlangen, Jur. Fak., Diss. v. 19. Juli 1904
[Geb. Nürnberg; Wohnort: Traunstein; Staatsangeh.: Bayern: Rig. 19. Juli 04.]

Schloss, Siegfr., die Rechte der Versicherten an der Prämienreserve nach dem Gesetze über die privaten Versicherungsunternehmungen vom 12. V. 1901. (Diss.) (V, 50 S.) gr. 8. Berlin 905. Struppe & Winckler. n. 1. 20

Schloss, Sieghard [aus Gemünden (Bayern)]: Über die Histogenese der Balkenblase ... Würzburg, Etlinger's Buchdr., 1892; 23 S. 8.
Würzburg, Med. Fak., Inaug.-Diss. v. 1892

Schloß, Th., Mutter u. Sohn. Erfahrungen e. Mutter bei der Erziehg. ihrer Söhne. (32 S.) kl. 8. Nürnberg (907). C. Koch. — 40

Schlöss, Heinr., s.: Eos.

— s.: Irrenpflege, die.

Zur K e n n t n i s s der Geistesstörungen des Greisenalters. Von Dr. Heinrich **Schlöss**, Dir. Primararzt in Ybbs. Berlin & Wien: Urban & Schwarzenberg 1899. (S. 277-322.) 8°
(Klinik, Wiener. 1899. H. 9. 10.)

Schlöss, Heinr., Leitfaden zum Unterricht f. das P f l e g e - P e r s o n a l an öffentl. Irrenanst. 8. (IV, 70 S.) Wien 898. F. Deuticke. n. 1. 40

Schlöss, Heinr., Leitfaden zum Unterricht f. das Pflege-Personal an öffentlichen Irrenanstalten. Vom nieder-österreich. Landes-Ausschuss f. den Unterricht des Pflege-Personales der Landes-Irrenanstalt bestimmtes Lehrbuch. 2., verm. u. verb. Aufl. 8. VII, 102 S.) Wien 901. F. Deuticke. Kart. n. 1. 25

— L e i t f a d e n zum Unterricht f. das Pflege-Personal an öffentlichen Irrenanstalten. Vom nieder-österreich. Landes-Ausschuss für den Unterricht des Pflege-Personales der Landes-Irrenanstalt bestimmtes Lehrbuch. 3., gänzlich umgearb., verm. u. verb. Aufl. m. zahlr. Textillustr. (VII, 112 S.) 8. Wien 903. F. Deuticke. Kart. n. 1. 50

— L e i t f a d e n zum Unterricht f. das Pflegepersonal an öffentl. Irrenanstalten. Vom niederösterr. Landesausschuß preisgekrönte Schrift. 4., gänzl. umgearb., verm. u. verb. Aufl. m. zahlr. Textillustr. (VII, 118 S.) 8. Wien 909. F. Deuticke. Geb. in Leinw. 1. 50

— P r o p ä d e u t i k der Psychiatrie f. Theologen u. Pädagogen. Mit e. Vorwort v. Heinr. Swoboda. (VIII, 125 S.) gr. 8. Wien 908. H. Kirsch. 3. —

— über die Ursachen der Idiotie, s.: B e i t r ä g e zur Schwachsinnigen-Fürsorge. 1. Hft.

— die V e r k ö s t i g u n g der Pfleglinge der niederösterreich. Landes-Irrenanstalten. Hrsg. vom n.-ö. Landesausschuß. (352 autogr. S.) Fol. Wien 902. F. Deuticke. n.n. 5. 50

Schlossar, Ant., steiermärkische B ä d e r u. Luft-Curorte. Topographisch-histor. Skizzen. gr. 8. (VII, 292 S.) Wien 883. Braumüller. n. 3. —

— B i b l i o t h e c a historico-geographica stiriaca. Die Litteratur der Steiermark in histor., geograph. u. ethnograph. Beziehg. Ein Beitrag zur österreich. Bibliographie. Mit Unterstützg. d. hohen steiermärk. Landtages u. d. hochlöbl. Gemeinderathes der Landeshauptstadt Graz. gr. 8. (XII, 171 S.) Graz 886. Goll. cart. n. 6. —

Schlossar, Ant., s.: B r i e f w e c h s e l zwischen Johann Baptist v. Oesterreich u. Anton Graf v. Prokesch-Osten.

Schlossar, Ant., Cornelia. Eine Herzensgeschichte in Versen. 16. (193 S.) Innsbruck 878, Wagner'sche Universitäts-Buchh. *M. 1,80.; geb. mit Goldschn. *

F e s t g r u ß an die Mitglieder der Sektion für Bibliothekswesen der 50. Versammlung deutscher Philologen u. Schulmänner in Graz 1909. (Verf.: Anton Schlossar.) (Graz: Verl. d. Verf. 1909.) 2 Bl. 8°
[Gedicht.]

Schlossar, A., Graz u. Umgebung, s.: Städtebilder u. Landschaften.

Schlossar, Ant., Anastasius Grün (Graf Anton Alexander Auersperg). Sein Leben u. Schaffen. Mit 6 Bildnissen, 6 Abb., 2 Titelkpfrn. der ersten Ausgaben u. e. Briefe als Handschriftprobe. [Aus: „Anast. Grüns sämtl. Werke in 10 Bdn. Hrsg. v. Ant. Schlossar".] (200 S.) kl. 8. Leipzig 907. Hesse & Becker Verl. 1.50; geb. 2.—

— dasselbe, s.a. Hesse's, Max, Volksbücherei.

—— Styrias Huldigung. Ein allegor. Festspiel zur Feier der Höchsten Anwesenheit Ihrer k. und k. Hoheiten des durchlauchtigsten Kronprinzen Herrn Erzherzog Rudolf und der durchlauchtigsten Kronprinzessin Frau Erzherzogin Stephanie in der Landeshauptstadt Graz im Octbr. 1887. Fol. (20 S.) Graz 887, Styria. *

Schlossar, Ant., 100 Jahre deutscher Dichtung in Steiermark 1785 bis 1885, s.a. Bibliothek, österreichische.

— hundert Jahre deutscher Dichtung in Steiermark 1785 bis 1885. M. 10 Abb. 2., unveränderte [Titel-] Aufl. 8. (XI, 193 S.) Wien (893) 898. C. Graeser. n. 1. —; geb. n. 1. 60

Vier Jahrhunderte deutschen Kulturlebens in Steiermark. Gesammelte Aufsätze von Dr. Anton **Schlossar**. Graz & Leipzig: Moser 1908. VII, 270 S. 8° (10. 328)

—— Erzherzog Johann Baptist von Österreich, s. Bibliothek, historische, für die Jugend.

— Erzherzog Johann v. Österreich, s.a. Geschichtsbibliothek, illustr., f. jung u. alt.

Erzherzog Johann von Österreich. Sein edles Leben u. segensreiches Wirken. Mit Benutzung d. hs. u. künstler. Nachlasses d. Erzherzogs dargest. von Anton **Schlossar**. Mit 52 Ill. u. 2 Faks. Graz & Wien: 'Styria' 1908. (XVI, 231 S.) 8° [F.]
(Ill. Geschichtsbibliothek f. jung u. alt.) (08. 14141

—— Erzherzog Johann von Oesterreich und sein Einfluß auf das Culturleben der Steiermark. Orig.-Briefe des Erzherzogs aus den J. 1810—1825. Beitrag zur Culturgeschichte Oesterreichs, mit einer Einleitung, Erläuterungen, Anmerkungen und einem Anhang urkundl. Beilagen zur Zeitgeschichte. Mit dem (rad.) Bildnisse des Erzherzogs Johann und 1 Facs. gr. 8. (XVI, 403 S.) Ebendas. 878. *

Schlossar, A. Ritter v. Kalchberg. Beitr. zur Literaturgeschichte des 18. Jahrhunderts. (S.-A.) 1878. 8°
(2 Mk. Gust. Fock, Lpz., 1909, ohne Ortsangabe.)

—— österreichische Cultur- und Literaturbilder mit besond. Berücksicht. der Steiermark. [Die Wiener Musen-Almanache im 18. Jahrh. — Ziegler's „Asiatische Banise" auf der Bühne. — Zur Geschichte des Grazer Theaters im 18. Jahrh. — Goethe und zwei niederösterreich. Theaterdirectoren im 18. Jahrh. — Der Schwerttanz in Obersteiermark. — Die deutschen Volkslieder in Steiermark.] gr. 8. (XI, 421 S.) Wien 879, Braumüller. *

— Cultur- u. Sittenbilder aus Steiermark. Skizzen, Studien u. Beiträge zur Volkskunde. 8. (IV, 220 S.) Ebend. 885. n. 3. —; geb. n. 4. —

— s.: Lenau's, Nik., Briefe an Emilie v. Reinbeck.

Schlossar, Dr. Anton, Custos der k. k. Universitäts-Bibliothek in Graz. Die Literatur der Steiermark in historischer, geographischer und ethnographischer Beziehung. Ein Beitrag zur österreichischen Bibliographie. Mit Unterstützung des hohen steiermärkischen Landtages und des hochlöblichen Gemeinderathes der Landeshauptstadt Graz. (Bibliotheca historico-geographica stiriaca.) 8. Graz 1886.

Schlossar, Anton: Die Literatur der Steiermark in historischer, geographischer und ethnographischer Beziehung. Bibliotheca historico-geographica Stiriaca. Ein Beitrag zur österreichischen Bibliographie. Graz 1886. XII, 171 S. 8°.

Schlossar, Ant., ein Märtyrer des Lebens, s.a. National-Bibliothek, allgemeine.

SCHLOSSAR, Anton
(F) Ein Märtyrer des Lebens. Erzählung aus dem 17. Jahrhundert. Von Anton Schlossar. [Allgemeine National-Bibliothek. Nr. 227.] Wien. [1899.] Daberkow. 8°. 64 S. fl. —.10

-- Johann Gabriel Seidl u. Carl Gottfried R. v. Leitner. Mit ungedruckten Briefen Seidls an Leitner. [Aus: „Zeitschr. f. d. österr. Gymnasien".] gr. 8. (28 S.) Wien 893. C. Gerold's Sohn. n. — 40

—— Speise und Trank vergangener Zeiten in Deutschland, s.a. Sammlung gemeinnütz. populär-wissenschaftl. Vorträge.

Schlossar, Ant., Speise und Trank vergangener Zeiten in Deutschland. Culturgeschichtlicher Vortrag. Wien 1877. 8.
Ist: Samml. gem. pop.-wiss. Vortr. H. 16. . . . . (D.)

Schlossar, Ant., s. Städtebilder u. Landschaften.

—— innerösterreichisches Stadtleben vor hundert Jahren. Eine Schilderung der Verhältnisse in der Hauptstadt Steiermarks im 18. Jahrh., zugleich Beiträge zur Literatur- und Culturgeschichte der Aufklärungsperiode. Mit 1 Ansicht der Stadt Graz in Lichtdr. gr. 8. (XII, 816 S.) Wien 877, Braumüller. *

—— Steiermark im deutschen Liede. Eine poet. Anthologie. 2 Thle. Mit biografisch-literarhistor. Anhang. 8. (VIII, 300; 353 S.) Graz 880, Verlagsb. „Leykam". (*M 6.) * geb. (*M 9.) *

—— deutsche Volkslieder aus Steiermark. Zugleich Beiträge zur Kenntniß der Mundart und der Volkspoesie auf bairisch-österreich. Sprachgebiete, mit Einleitung, Anmerkungen und ausgewählten Melodien hrsg. gr. 8. (XXXII, 482 S.) Innsbruck 881, Wagner'sche Universitäts-Buchh. *

— s. Volksschauspiele, deutsche.

—— ein Censurstreit aus Steiermark, s. Publikationen des Börsen-Vereins der deutschen Buchhändler.

Schlossar, Rich., Durchgerungen. Dramatisches Gedicht. 8. (70 S.) Dresden 901. E. Pierson. n. 1.—

— die beiden Freunde. Dramatisches Gedicht. 8. (III, 66 S.) Ebd. 902. n. 1.—

Schlossarek, Maximilianus: Temporum et modorum syntaxis Terentiana. P. 1: De temporum usu. Vratislaviae 1908: Schenkalowsky. 67 S. 8° ((P. 2: De modorum usu ersch. später.)
Breslau, Phil. Diss. v. 7. Okt. 1908, Ref. Skutsch
[Geb. 25. Sept. 84 Hultschin; Wohnort: Hultschin; Staatsangeh.: Preußen; Vorbildung: Gymn. Ratibor Reife O. 05; Studium: Breslau 7 S.; Rig. 29. Juli 08.] [U 09. 625

Schlossberg, Der, ein prosaisches Gedicht. Linz 1778. V: *Keller, Hch.* (KY 3/325) (BIblPort)

Schlossberg, Der, bei Burg, im Spreewald, Kreis Kottbus. [Braunschw. 1904.] V: *Dürst, Joh. Ulr.* (Zuwachsverz. d. Bibliotheken in Zürich 1898 ff. 8.)

Schlossberg, Hilel, aus Borbruisk [!]: Zur Verwendung des Wasserstoffsuperoxyds in der quantitativen Analyse der Schwermetalle. Berlin (1902): F. Cynamon. (38 S.) 8°
Berlin, Phil. Diss. v. 5. Juli 1902

Schlossberg, Israel: Aus d. chemischen Institut d. Universität Breslau. Breitrag zur Kenntniss einiger Racemkörper. Breslau 1900: R. Galle. (45 S.) 8°
Breslau, Phil. Diss. v. 21. Juli 1900

Schlossberg, Jul., zur Orientirung in der Frage von den Ersatzmitteln des Getreidemehls, besonders in der Brodbereitung nebst einigen analyt. Belegen zur Würdigung derselben. gr. 8. (52 S.) Stuttgart 847, Ebner & Seubert. 6 ngl

Schlossberg, Siegfried Samuel, Dipl. Chemiker aus Lodz: **Über das γ-Brom-α-Indon und einige seiner Derivate.** *Berlin (1901): G. Schade.* (91 S.) 8°
Berlin, Phil. Diss. v. 16. Febr. 1901

Schlossbergbauten, Keine.
Graz 1892. V: *Wastian, Heinrich.* (JOANSTYRA)

Schloßberger, v., neuaufgefundene Urkunden üb. Schiller u. seine Familie. 8. (VIII, 69 S.) Stuttgart 884. Cotta. n. 2. —

Schlossberger, A. v., s.a. Briefwechsel der Königin Katharina u. d. Königs Jerome v. Westphalen, sowie d. Kaisers Napoleon I. m. dem König Friedrich v. Württemberg.

Schlossberger Av, Briefwechsel der Königin Katharina und des Königs Jérome von Westphalen, sowie Napoleons I. mit dem König Friedrich von Württemberg. 3 Bde Stuttgart 1886-87

Schlossberger, A. v., **archivalische Nachlese zur Schillerlitteratur. gr. 8. (32 S.) Stuttgart 877, Krabbe.** *

Schloßberger, A., und Ed. Faber, die Vorarbeiten zum württembergischen Land-Rechte, s. Faber, Ed.

Schlossberger, August von

Prinz Karl v. Württemberg, Kaiserl. russischer Generallieutenant, geb. 1770, gest. 1791. Nach Briefen d. Prinzen Karl u. seiner Eltern etc. gr. 8. (XVI, 244 S.) Ebd. 889. n. 8. —

Schlossberger, A. v., politische u. militärische Correspondenz König Friedrich's von Württemberg mit Kaiser Napoleon I. 1805—1813. gr. 8. (VIII, 342 S.) Stuttgart 889. Kohlhammer. n. 10. —

Schlossberger, C. F. A. De avaria magna. D. Tübingen 1850.

Schlossberger, *Georg Peter Franz Emil* [aus Stuttgart]: Beiträge zur Lehre von der multiplen Neuritis. . . . Berlin, Buchdr. v. G. Schade, *1891;* 30 S., 1 Bl. 8°
Berlin, Med. Fak., Inaug.-Diss. v. 5. Aug. 1891

Schlossberger, Hans, **Pilocarpin als wehenerregendes und wehenbeförderndes Mittel. Inaugural-Dissertation. gr. 8. (30 S.) Tübingen 879, (Fues'sche Sortimentsh.)** *

Schloßberger, J. E., vergleichende chem. Untersuchungen üb. d. Fleisch verschied. Thiere. Eine von d. medicin. Fakultät zu Tübingen im J. 1838 gekr. Preisschr. Mit e. Vorw. v. L. G. Gmelin. gr. 8. (3½ B.) Stuttgart 840, (Ebner u. Seubert.) *

Schlossberger, Jul., s.a. Schlossberger, Julius Eugen

Schlossberger, Jul. Zur Orientirung in der Frage von den Ersatzmitteln des Getreidemehls besonders in der Brodbereitung. Stuttgart Ebner & Seubert 1847.

Schlossberger, Julius Eugen

Schlossberger J. E.: Die Chemie d. Gewebe d. gesammten Thierreichs. 2 Abth. (1 Vol.). Leipz. u. Heidelb. 1856-57.
(=: Erster Versuch einer allgem. u. vergleichenden Thier-Chemie. Bd. 1).

Schloßberger, Jul., Lehrbuch der organischen Chemie mit besonderer Rücksicht auf Physiologie u. Pathologie, auf Pharmacie, Technik u. Landwirthschaft. 3 Lfgn. 8. (IV u. 623 S.) Stuttgart 850, J. B. Müller. (1: 1 ℛ 12 ngl 2 u. 3: 1 ℛ 6 ngl) 2 ℛ 18 ngl — 2. durchaus rev. u. vielfach verm. Aufl. gr. 8. (XVI u. 547 S.) Ebd. 852. 2 ℛ 18 ngl

Schlossberger, J(ul.) E(ug.), Lehrbuch der organischen Chemie, mit besond. Rücksicht auf Physiologie und Pathologie, auf Pharmacie, Technik und Landwirthschaft. 3., durchaus umgearb. und verm. Aufl. gr. 8. (X und 722 S.) Stuttgart 854. [Leipzig und Heidelberg, C. F. Winter'sche Vrlgsh.]

—— dass. — 4., durchaus umgearb. und verm. Aufl. I. Hälfte. gr. 8. (S. 1—576.) Ebds. 856(57.) *

Schlossberger, J(ul.) E(ug.), Lehrbuch der organischen Chemie mit besond. Rücksicht auf Physiologie und Pathologie, auf Pharmacie, Technik und Landwirthschaft. 4., durchaus umgearb. und verm. Aufl. 2. Hälfte. gr. 8. (XII und S. 577—884.) Leipzig 857, C. F. Winter'sche Verlagsh. *
1. Hälfte. Ebendas. 1856. * 1 Thlr. 24 Ngr.

Schlossberger, J. E., Lehrbuch der organischen Chemie mit besonderer Rücksicht auf Physiologie u. Pathologie, auf Pharmacie, Technik u. Landwirthschaft. 5. durchaus umgearb. u. verm. Aufl. Leipzig 860. C. F. Winter. gr. 8. (VIII, 1047 S.) n. 4 ℛ 10 ngr.

—— erster Versuch einer allgemeinen und vergleichenden Thier-Chemie. I. Lfg.: Beginn der vergleichenden Gewebschemie. gr. 8. (VIII und 104 S. und 2. Abthl. S. 1—80.) Stuttgart 854. [Leipzig und Heidelberg, C. F. Winter'sche Vrlgsh.]

—— dass. — 2. und 3. Doppellfg.: Fortsetzung der vergleichenden Gewebschemie. gr. 8. (1. Abthl. S. 105—344, 2. Abthl. VI und S. 81—364.) Ebds. 855(56.) *

Schlossberger, Paul Heinrich (Esslingen) A. S. 330/30

Dissertatio inauguralis, de lege caducaria. .
Präs. Johann Peter von Ludewig.
Halle (Grunert) 23. V. 1733. 46 S.

W. v. : Präs. 30622

Schlossbrand, Der. [Braunschweig 1830?] V: *Pockels.* (Mitth. Dr. H. Bäsecke.)

Schlossbrand, Der, zu Braunschweig. 1865. V: *Krüger* (Frau Oberschulrat). (DBIBLGES II, Sp. 411)

Schloßbüchlein, das, s. Engelmann, J. B.

Schlossbüchlein, Das, oder: Kurze Geschichte und Beschreibung des Heidelberger Schlosses. . . . Heidelberg 18?? V: *Engelmann, Jul. Bernh.* (schles)

Schlosser, der, Singsp. m. Musik, a. d. Franz. 8. Frkft. Andreä. 772.

Schlosser. – Friedrich Christoph Schlosser

—— s. Kriegk, G. L., Fr. Chr. Schlosser.

Schlosser, der frohe. Ein Liedercyclus nach bekannten Volksmelodien. gr. 16. (16 S.) Barmen 864, Bornefeld'sche Steindruckerei.

Schlosser, Gust. Ein Lebensbild, s. Zeitfragen des christlichen Volkslebens Nr. 122. 123.

Schlosser

—— die, von Hanau, oder: Pionier und Steuerverweigerer. Kurhäßliches Verfassungs-Bild von Dietrich v. Brecheisen. 8. (15 S.) Berlin 862, Lassar's Buchh. *

Schlosser, Der, und Maschinenbauer. Hamburg: Expedition 1891. 8°

Schlosser, der moderne. Praktische Musterbücher in Taschenformat. II.—VII. Bd. gr. 8. Ravensburg, O. Maier. In Mappe à n. 4. —
II. 50 Türen u. Tore. Von W. Ehlerding. (31 Taf.) (902.)
III. 100 Füllungsgitter. Von Jos. Feller. (31 Taf.) (902.)
IV. 100 Brüstungs- u. Balkongitter. Von W. Ehlerding. (30 Taf. in Leporelloform.) (903.)
V. 100 Treppengeländer. Von Wilh. Ehlerding. (31 Taf. in Leporelloform.) (903.)
VI. 100 Grabgitter u. Grabkreuze. Von Wilh. Ehlerding. (31 Taf.) (903)
VII. 150 Kunstschmiedearbeiten für Aussenarchitektur. Vordächer, Windfahnen, Zieranker, Firmenschilder, Beleuchtungsträger. Von W. Ehlerding. (24 Taf.) 904.

Schlosser, der moderne. Praktische Musterbücher in Taschenformat. VIII. Bd. 8. Ravensburg, O. Maier. In Mappe 4. —
VIII. 88 Drahtgewebe, Gitter u. Tore. Von Jos. Feller. (25 Taf., 10 Detailbog. u. 6 S. Text.) (909.)

Schlosser, der vollkomm., od. deutliche u. auf Erfahr. gegründ. Anweisung, alle in dies. Fach einschlag. Arbeiten anzufertigen; dargest. auf 24 Stndr.-Taf., u. durch beigedr. Text erläut. gr. 4. Regensburg 834, Reitmayr.

Schlosser

— **Missions-Predigten, siehe: Burgstaller.**

Schlosser, vollständ. Rechenbuch f. Kauf- u. Gewerksleute, Bürger rc. gr. 8. München, Strobl. (Gräff in Leipzig.) 784.

STEIERMARK. — Schlosser, A., Innerösterreichisches Stadtleben vor 100 Jahren. Mit 1 Ansicht von Graz. Wien 1877. — *Derselbe*, Oesterreichische Cultur- und Literaturbilder mit Berücks. der Steiermark. Wien 1879. 8°. (Mk. 15—.) (In Wien, Hofbibl.)

Schlosser, A. und Skraup, Zdenko H.: Synthetische Versuche in der Chinolinreihe. 2. Mitteilung (mit 7 Holzschnitten). S. 84. II. 470.
Separatabdruck

Schlosser, Adm, († d. 23. Aug. 1812.) latein. Lesebuch zum Gebrauch d. chirurg. Pepiniere in Berlin, auch f. angehende Aerzte u. Wundärzte. 8. Berl. 798. Maurers B. 18 gr.

– latein. Sprachlehre, zum Gebrauch d. chirurg. Pepiniere in Berlin rc. gr. 8. Berl. 801. Maurers B. 16 gr. Schrbp. 20 gr.

Schlosser, Adf., Compass für Anfänger in der Mathematik, sammt Gebrauchsanweisung. gr. 8. (64 S.) Eichstätt 879, (Hornik. — Sillkrauth.) * 1 —
Aus: Geometrische Untersuchungen, besonders abgedruckt.

Schlosser, A., Rechenaufgaben aus der Kranken-, Unfall-, Invaliditäts- u. Altersversicherung. Eine Ergänzg. der Rechenhefte f. Volks- u. Fortbildungsschulen. gr. 8. (14 S.) Dresden 892. A. Huhle. n. — 10

Schlosser, A., Rechenaufgaben aus d. Kranken-, Unfall-, Invaliditäts- u. Altersversicherg. E. Ergänzg. d. Rechenhefte f. Volks- u. Fortbildungsschulen. 2. Aufl. gr. 8. (14 S.) Dresden 897. A. Huhle. n. — 10

Schlosser, A., Rechenaufgaben aus der Kranken-, Unfall-, Invaliditäts- u. Altersversicherung. Mit Berücksicht. des neuen Invalidenversicherungsgesetzes v. 13. VII. 1899. Eine Ergänzg. der Rechenhefte f. Volks- u. Fortbildungsschulen. 3., umgearb. u. verm. Aufl. gr. 8. (16 S.) Dresden 900. A. Huhle. n. — 12

— **Rechenübungen, s. a. Thieme, O.**

Schlosser, A., Rechenübungen für Fortbildungsschulen. Auf Grund des Lehrplanes vom 18. Oktbr. 1881 bearb. gr. 8. (72 S.) Dresden 882, Huhle. *
Facitbuch (24 S.) *

Schlosser, A., Rechenübungen für Fortbildungsschulen. Auf Grund des Lehrplanes vom 18. Oktbr. 1881 bearb. 5.—11. Aufl. gr. 8. (72 S.) Dresden 885—88, Huhle. *

— Rechenübungen f. Fortbildungsschulen. Auf Grund d. Lehrplanes vom 18. X. 1881 bearb. 27., unveränd. Aufl. gr. 8. (72 S. m. 13 Fig.) Ebd. 898. n. — 30

— Rechenübungen f. Fortbildungsschulen. Auf Grund des Lehrplanes vom 18. X. 1881 bearb. 31., unveränd. Aufl. gr. 8. (72 S. m. 15 Fig.) Ebd. 900. n. — 30

Schlosser's, A., Rechenübungen f. Fortbildungsschulen. Neu bearb. v. Rob. Felgner. 38. Aufl. (64 S. m. Abbildgn.) 8. Dresden 904. A. Huhle. n. — 30

— dasselbe. Lehrerheft. (24 S.) 8. Ebd. 904. n.n. — 40

— Rechenübungen f. Volksschulen, s.: Thieme, F. O.

— geometrische Untersuchungen [I. Thl.] mit Compass für Anfänger in der Mathematik, sammt Gebrauchs-Anweisung als Beigabe. Mathematische Studien. gr. 8. (64 S. m. 3 Steintaf.) Eichstätt 879. (Hornik. — Stillkrauth.) n. 3. —

Schlosser, Alex., kontrollirende Buch- und Rechnungsführung bei der Landwirthschaft als Mittel zur Sicherung des wahren Erträgnisses landwirthschaftlicher Güter und zur Hebung des Kredit's der Grundbesitzer. Faßlich dargestellt. 854. (232 S.) — 2., mit einem Anhang verm. Aufl. Pest 856. Heckenast. gr. 8. (229, 32 S.) n. 24 ngr.; der Anhang apart n. 8 ngr.

Schlosser, Alexander —. Anhang zur kontrolirenden Buch- und Rechnungsführung bei der Landwirthschaft als Mittel zur Sicherung des wahren Erträgnisses landwirthschaftlicher Güter und zur Hebung des Kredits der Grundbesitzer. Faßlich dargestellt von — —. Pest. 1855. Gedr. bei Landerer und Heckenast. Verlag von Gustav Heckenast. (32 S. 8.)

Schlosser, Andr. Marian, († d. 3. Juni 1815.) Gedichte, Satyren, Räthsel u. Charaden nebst e. Aufsätzen in Stammbücher. 1e Liefer. 8. Bamb. 807.

– die Schöpfung d. Welt nach d. Genesis d. Moses, u. der Untergang d. Welt nach Matthäus. Ein poet. Versuch. 8. Bamb. 812.

Schlosser Dr. Ant.: Leichtfassliche gründliche Ableitung der Gesetze der 7 Rechnungsoperationen (20). Böhm. Leipa R. 92.
Progr.

Schlosser A.: Bewegung eines Kreiscylinders in einer incompressiblen Flüssigkeit. 40. Prag R. II. 89.
Progr.

— Die größten Dreiecke der Ellipse. 21. Tetschen a. E. 00.
Progr.

— Die Dreieckssätze. 7. Teplitz-Schönau 97.
Progr.

Schlosser Dr. Anton: Über einige Fragen aus der analytischen Geometrie 14. Arnau 91.
Progr.

— Die 7 Rechenoperationen. 6. Teplitz-Schönau 97.
Progr.

— Verallgemeinerung der einfachen Theilbarkeitsregeln. 5. Arnau 91.
Progr.

Schlosser, Dr. Anton: Vorgeschichte der Anstalt. Tetschen a./E. 1900. 8° Progr.

Schlosser, Anton, Gerichtsreferendar in Wiesbaden: Wesen und Funktion des Zinsscheins. Borna-Leipzig 1906: R. Noske. (37 S.) [J.]
Marburg, Jur. Fak., Ref. André, Diss. v. 20. Juni 1906
[Geb. 27. Juni 80 Oberliefenbach; Wohnort: Wiesbaden; Staatsangeh.: Preußen; Vorbildung: Gymn. Hadamar Reife O. 00; Studium: Würzburg 1, München 1, Bonn 2, Marburg 2 S.; Rig. 28. Juli 05.]

Schlosser, Carl, s. Schlosser, Karl

Schlosser, Chr., König Philipp. Trauerspiel in 5 Akten. gr. 8. (IV, 84 S.) Frankfurt a/M. 881. Diesterweg. n. 2. —

Schlosser, Christian Friedrich, s. Schlosser, Friedrich Christoph

Schlosser, Edm., das Löthen und die Bearbeitung der Metalle. Eine Darstellung aller Arten von Loth, Löthmitteln und Löthapparaten, sowie der Behandlung der Metalle während der Bearbeitung. Handbuch für Praktiker. Nach eigenen Erfahrungen bearb. 8. (XVI, 232 S. mit 21 eingedr. Holzschn.-Abbild.) Wien 880, Hartleben's Verlag.

Schlosser, Edm., das Löthen u. die Bearbeitung der Metalle. Eine Darstellung aller Arten v. Loth, Löthmitteln u. Löthapparaten, sowie der Behandlg. der Metalle während der Bearbeitg. Handbuch f. Praktiker. Nach eigenen Erfahrgn. bearb. 2., sehr erweit. u. verb. Aufl. 8. (VIII, 246 S. m. 26 Abbildgn.) Wien 891. A. Hartleben. n. 3. —; geb. n. 3. 80

Schlosser, Edm., das Löten u. die Bearbeitung der Metalle. Anleitung zur Darstellg. aller Arten v. Lot, Lötmitteln u. Lötapparaten sowie zur Behandlg. der Metalle während der Bearbeitg. Handbuch f. Praktiker. Nach eigenen Erfahrgn. bearb. 3., sehr erweit. u. verb. Aufl. (VIII, 229 S. m. 36 Abbildgn.) 8. Wien 905. A. Hartleben. n. 3. —; geb. n. 3. 80

Schlosser, Erasmus Karl (Frankfurt/M.) A. S. 14/15

Dissertatio inauguralis iuridica, de praescriptione pacti de retrovendendo.
Präs. Johann Friedrich Kayser.
Giessen (Vulpius) 15. V. 1724. 32 S.

Gew.: Stadt Frankfurt/M. 30623

Schlosser, F. P., Meditatio de aestimatione heraldica. 8. Hannov. Helwing. 729.

Schlosser, *Friedrich* [aus Lauterbach in Hessen]: Beiträge zur Kenntnis alkylierter Bernsteinsäuren ... Heidelberg, Univ.-Buchdr. v. J. Hörning, 1895; 47 S. 8.
Heidelberg, Naturw.-math. Fak., Inaug.-Diss. v. [7. Okt.] 1895

Schlosser, Friedrich Christoph

F. Cp. **Schlosser**: Abälard u. Dulcin, Leben u. Meinungen e. Schwärmers u. e. Philosophen. *Gotha*, Keil. 807. 8° 18gl

Schlosser, Fr. Cph., Abälard u. Dulcin, od. Leben u. Meinungen eines Schwärmers u. eines Philosophen. 8. Gotha 807. Steudel (Starke in Chemnitz). 18 gl.

Schlosser, Friedr. Chrstph., Anzeige d. Aktenstücke zur Geschichte d. Regentschaft in Frankreich, die sich in d. franz. Hauptarchiv finden, verbund. mit e. Kritik v. Lemontey „histoire de la régence." gr. 8. (3 B.) Heidelberg 834, Winter.
Aus den „Heidelb. Jahrbüchern d. Lit." besond. abgedruckt.

Schlosser, Friedr. Chrstph., Archiv f. Geschichte u. Literatur, s. Archiv.
Ist jetzt Verlag v. Karl Winter in Heidelberg und nicht [Halle, Kersten] wie irrthümlich a. a. O. steht.

– s. Beauvais, Vinz. von: Hand- und Lehrbuch für königliche Prinzen...

—— zur Beurtheilung Napoleons u. sein. neuesten Tadler u. Lobredner, besond. in Bezieh. auf d. Zeit v. 1810—1813. 3 Abthln. Lex.-8. (44¼ B.) Frankfurt a. M. 832, 33, 35, Schmerber. à 1 Thlr. 12 Gr.
Aus dess. u. G. A. Bercht „Archiv f. Gesch. u. Lit." besond. abgedr.

— zur Beurtheilung Napoleons und seiner neuesten Tadler und Lobredner, besonders in Beziehung auf die Zeit von 1800—1813. 2e Abthl. (Aus dem Archiv für Geschichte und Literatur von Schlosser u. Bercht.) Lex.-8. Frankfurt 833. Schmerber. 1½ ₰ — 3e Abthl. gr. 8. Ebd. 835. 1½ ₰ (Alle 3 Abthl. 4½ ₰)

Schlosser, (F. C.,) über Dante. gr. 8. Heidelberg 825, Oswald.

Schlosser, F. Chr., Dante. Studien. Leipzig 855. C. F. Winter. 8. (IX, 313 S.) n. 1 ₰. 10 ngr.

– (Übers.). s. Fievée, Joseph: Über Staatsverfassung und Staatsverwaltung.

— Geschichte d. 18n Jahrhund., in gedrängt. Uebersicht, mit steter Beziehung auf die völlige Denk- u. Regierungsweise am Ende desselben. 2 Abtheill. gr. 8. Heidelb. 823. Mohr. 3 ₰

Geschichte des achtzehnten Jahrhunderts und des neunzehnten bis zum Sturz des französischen Kaiserreichs. Mit besonderer Rücksicht auf geistige Bildung. Von Friedrich Christoph **Schlosser.** Bd. 1—3. Heidelberg. 1836—43. 8°.
—— 3. Aufl. Bd. 5—7. (2. Aufl. Bd. 4—7.) ebd. 1844—48.

—— Geschichte d. 18. Jahrh. u. des neunzehnten bis z. Sturz d. französ. Kaiserreichs. Mit besond. Rücksicht auf geist. Bildung. 1—3. Bd. 1. u. 2. Abthl. gr. 8. Heidelberg, J. C. B. Mohr.
Bd. 1. Das 18. Jahrhundert b. zum belgrader Frieden. (41¼ B.) 836. 3 Thlr. 8 Gr.
" 2. Bis zum allgem. Frieden um 1763. (41¼ B.) 837. 3 Thlr. 8 Gr.
" 3. Bis 1788. 2 Abthln.
Abthl. 1. Bis auf d. Capitulation v. Yorktown. (40¼ B.) 842. 3 Thlr. 8 Gr.
" 2. Vom Anfange d. Seekriegs in Europa um 1778 bis z. Mai 1788. (35½ B.) 843. 2 Thlr. 18 Gr.

Schlosser, Friedr. Chrstph., Geschichte des 18. Jahrhunderts u. des 19. bis z. Sturz des französ. Kaiserreichs. M. besond. Rücksicht auf den Gang der Literatur. 3., verb. Aufl. 1—6. Bd. gr. 8. Heidelberg, J. C. B. Mohr.
Bd. 1., 2. Bis zum allgemeinen Frieden um 1763. (86¼ B.) 843. à 3 Thlr. 10 Ngr. 6 Thlr. 20 Ngr.
" 3. 2 Abthlgn.
Abthlg. 1. Bis auf den Anfang des Krieges zwischen Frankreich u. England um 1778. (42 B.) 844. 3 Thlr. 10 Ngr.
" 2. Vom Anfange des Seekrieges in Europa um 1778 bis zum Mai 1788. (35¼ B.) 843. 2 Thlr. 22½ Ngr.
" 4. Bis auf den gescheiterten Versuch der Auflösung der französ. Parlamente um 1788. 844. 2 Thlr. 22½ Ngr.
" 5. (Der 2. Aufl. 4. Bd.) Bis April 1797. Umarbeitung des 1823 erschienenen 2. Theils der Uebersicht. (48¼ B.) 844. 3 Thlr. 10 Ngr.
" 6. (Der 2. Aufl. 5. Bd.) Bis auf den tilsiter Frieden. (45½ B.) 846. 3 Thlr. 10 Ngr.

Schlosser, Frdr. Chrph., Geschichte des 18. Jahrh. u. des 19. bis zum Sturz des franz. Kaiserreichs. Mit besonderer Rücksicht auf geistige Bildung. 7. u. letzter Bd. 2 Abthgn. [Der 2. Aufl. 6. u. letzter Bd. 2 Abthgn.] gr. 8. (XII u. 1232 S.) Heidelberg 848. 50, J. C. B. Mohr. 1: 3 ℛ 2: 3⅔ ℛ (cmplt. 26¹/₁₂ ℛ) (Register dazu, siehe: Weber, Geo.)

Schlosser, F(riedr.) C(hrph.), Geschichte des 18. Jahrhunderts und des 19. bis zum Sturz des franzöſ. Kaiserreichs. Mit besond. Rücksicht auf den Gang der Literatur. 1—5. Bd. 4., durchaus verb. Aufl. gr. 8. Heidelberg, J. C. B. Mohr. à Bd. * 2 Thlr. 15 Ngr. Thlr. *

Inhalt:
Bd. 1. Bis zum belgrader Frieden. (XII und 623 S.) 853.
" 2. Bis zum allgemeinen Frieden. (IV und 606 S.) 853.
" 3. Bis auf den Anfang des Kriegs zwischen Frankreich und England um 1778. (IV und 566 S.) 853.
" 4. Bis auf den gescheiterten Versuch der Auflösung der französ. Parlamente um 1788. (IV und 524 S.) 853.
" 5. Bis April 1797. (XX und 686 S.) 856.

Schlosser, F(riedr.) C(hrph.), Geschichte des 18. Jahrhunderts und des 19. bis zum Sturz des französischen Kaiserreichs. Mit besonderer Rücksicht auf geistige Bildung. 6—8. (Schluß-)Bd. gr. 8. Heidelberg, J. C. B. Mohr. Subscr.-Pr. à Bd. * 2 Thlr. 15 Ngr. *

Inhalt:
Bd. 6. Bis zur Schlacht von Austerlitz. 4., durchaus verb. Aufl. (XII und 656 S.) 857.
" 7. Bis zum Frieden von Schönbrunn. 4., durchaus verb. Aufl. (VIII und 522 S.) 859.
" 8. Bis zum J. 1815. 4., durchaus verb. Aufl. (IX und 635 S.) 860

—— dass. — 4., durchaus verb. Aufl. Vollständiges Namen- und Sachregister. Mit einigen biograph. und chronolog. Notizen zur Erläuterung und Ergänzung. gr. 8. (189 S.) Ebendas. 861. *

1—5. Bd. 4. Aufl. Ebendas. 1853—56. * 12 Thlr. 15 Ngr.

Schlosser, F(riedr.) C(hrph.), Geschichte des 18. Jahrhunderts und des 19. bis zum Sturz des französischen Kaiserreichs. 5. Aufl. 8 Bde. in 32 Lfgn. gr. 8. (X und 623 S., IV und 606 S., 566 S., IV und 524 S., XX und 686 S., XII und 656 S., VIII und 519 S., VII und 635 S. und Register 189 S.) Heidelberg 864—66, J. C. B. Mohr. à Lfg. * 15 Ngr. *

Schlosser, Fr. Chr., Geschichte des 18. Jahrh. und des 19. bis zum Sturz des französischen Kaiserreichs, mit besond. Rücksicht auf geist. Bildung. 5. Aufl. Neue Ausg. 62 Lfgn. oder 8 Bde. und Register. gr. 8. (X, 623; IV, 606; 566; IV, 524; XX, 686; XII, 656; VIII, 519; VII, 635 S.) Berlin 879, Seehagen.
à Lfg. * 50 Pf.; à Bd. * 4 —
compl. 8 Bde. und Register * 33 —
geb. in 8 Calicobde. * 41 —

— dasselbe. 5. Aufl. Neue Ausg. 8 Bde. u. Registerbd. gr. 8. (I, 632; II, 610; III, 570; IV, 528; V, 702; VI, 666; VII, 528; VIII, 640 u. Registerbd. 190 S.) Ebend. 879. n. 41. —

— Geschichte d. bilderstürmenden Kaiser d. oström. Reichs, mit e. Uebersicht d. Geschichte d. frühern Regenten desselben. gr. 8. Frankf. 812. Varrentrapp; (a. Stenz in Mainz). 3 ℛ 12 ℊ

Neuere Geschichte. Von Friedrich Christoph Schlosser.
Th. 1—2: Geschichte des fünfzehnten Jahrhunderts. Frankfurt a. M. 1849.
Th. 3—4: Geschichte des sechszehnten Jahrhunderts. ebd. 1850—51.
Th. 5: Ende des sechszehnten und Anfang des siebenzehnten Jahrhunderts. ebd. 1852.
Th. 6—7: Geschichte des siebenzehnten Jahrhunderts. ebd. 1853—54.
Th. 8—9: Geschichte des achtzehnten Jahrhunderts. ebd. 1854—55.
Th. 10: Geschichte der ersten Zeit des neunzehnten Jahrhunderts. ebd. 1856.
= Friedrich Christoph Schlossers Weltgeschichte für das deutsche Volk. Bd. 9—18. 8°.

—— heidelberger Jahrbücher, s. Jahrbücher.

Schlosser, F. C., s. Klassiker, moderne.

— Leben des Theodor de Beza u. des Peter Martyr Vermilli; ein Beitr. z. Geschichte d. Zeiten d. Kirchenreformation. gr. 8. Heidelb. 809. Mohr. 2 ℛ 12 ℊ

Schlosser, Fr., s. Nakatenus, W., himml. Palmgärtlein.

[Schlosser, Friedrich Christoph.] (Napoleon und seine neusten Tadler und Lobredner. [Abtheilung 2....]) § 2. Schweiz. [A.] 8. [Frankfurt am Main 1833.]

— s. v. Rath, Fr., Napoleon Bonaparte.

Schlosser, C. F., über Staatsverfassung u. Staatsverwaltung ꝛc. s. Fievée.

Schlosser, Christian Friedrich: „Ueber Staatsverfassung und Staatsverwaltung", von Flevée, aus dem Französischen übersetzt und mit Anmerkungen begleitet", Frankfurt a. M. 1816 (Hermann).

—— Mad. de Staël et Mad. Roland, ou parallèle entre ces deux Dames, en présence de quelques événemens de la révolution. Traduit de l'allemand. 8. (8 B.) Francfort s. M. 830, Schmerber.

Aus dess. u. G. A. Bercht „Archiv f. Gesch. u. Lit.." besond. abgedr.

—— die Tochter u. d. Gemahlin e. Ministers d. Revolution, den Begebenheiten u. handelnden Personen d. Revolution gegenüber. — Ueber d. Entstehung der den Franzosen d. 18. Jahrh. vorgeworf. Widersetz. geg. die in Bezieh. auf Staatswesen u. Kirche in Europa gelt. Grundsätze. gr. 8. (8⅓ B.) Frankfurt a. M. 836. [Heidelberg, K. Winter.]

Aus: Archiv f. Gesch. u. Lit. v. Schlosser u. Bercht, besond. abgedruckt.

— die Tochter und die Gemahlin eines Ministers der Revolution, den Begebenheiten und handelnden Personen der Revolution gegenüber. — Ueber die Entstehung der den Franzosen des 18ten Jahrhunderts vorgeworfenen Widersetzung gegen die in Beziehung auf Staatswesen und Kirche in Europa geltenden Grundsätze. gr. 8. Frankfurt 836. Schmerber. ½ ℛ

— universalhistor. Uebersicht der Geschichte d. alten Welt u. ihrer Cultur. 3 Bde in 8 Abthll. gr. 8. Frankf. 826—32. Varrentrapp. 16 ℛ 12 ℊ Schrbp. 22 ℛ Velinp. 32 ℛ 22 ℊ

—— universalhistor. Uebersicht der Geschichte d. alten Welt u. ihrer Cultur. 2. Thl. 2 Abthln. u. 3. Thl. 4 Abthln. gr. 8. Frankfurt a. M., Varrentrapp. [2. 1. (31½ B.) 828. 2 Thlr. 8 Gr., Schrbp. 3 Thlr. 4 Gr., Postp. 4 Thlr. 16 Gr., 2. (36 B.) 829. 2 Thlr. 16 Gr., Schrbp. 3 Thlr. 14 Gr., Postp. 5 Thlr. 8 Gr., 3. 1. (28¼ B.) 830. 2 Thlr. 2 Gr., Schrbp. 2 Thlr. 18 Gr., Postp. 4 Thlr. 4 Gr., 2. (26 B.) 831. 2 Thlr., Schrbp. 2 Thlr. 16 Gr., Postp. 4 Thlr., 3. (28 B.) 832. 1 Thlr. 22 Gr., Schrbp. 2 Thlr. 12 Gr., Postp. 3 Thlr. 18 Gr., 4., mit Register üb. d. ganze Werk. (39 B.) 834. 2 Thlr. 12 Gr., Schrbp. 3 Thlr. 12 Gr., Postp. 5 Thlr. 6 Gr.]
13 Thlr. 12 Gr., Schrbp. 18 Thlr. 4 Gr., Postp.

1. Thl. 3 Abthln. Ebendas. 1826, 27. 5 Thlr. 12 Gr., Schrbp. 7 Thlr. 8 Gr., Postp. 11 Thlr.

— ständische Verfassung, ihr Begriff, ihre Bedingung. 8. Frankf. a. M. 817. Hermann. 16 ℊ Hbg. Pr. 8 ℊ

— Weltgeschichte in zusammenhäng. Erzählung. 1r Bd. alte Geschichte bis z. Untergang d. weström. Reichs. gr. 8. Frankf. a. M. 815. Varrentrapp. 3 ℛ Weiß Pap. 4 ℛ Velinpap. 6 ℛ 2r Bd. 1e u. 2e Abtheil. A. u. d. T.: Geschichte der Weltbegebenheiten vom Untergange d. weström. Reiches bis auf den Verfall d. Chalifats v. Bagdad in Asien, in Europa bis auf d. Tod Gregor VII. 1r u. 2r Thl. gr. 8. Frankf. a. M. 817. Varrentrapp. 5 ℛ 18 ℊ Weiß Pap. 7 ℛ 16 ℊ Velinp. 11 ℛ 12 ℊ 3n Bdes 1r u. 2r Thl. 1e u. 2e Abtheil. A. u. d. T.: allgem. Geschichte d. Zeiten d. Kreuzzüge von d. Zerspaltung des Chalifats bis auf die Zeiten d. Osman. Türken. 2 Thle. gr. 8. Ebd. 821—24. 6 ℛ 16 ℊ Weiß Pap. 8 ℛ 20 ℊ Velinp. 13 ℛ 8 ℊ 1r—3r Bd. 1r u. 2r Thl. 1e u. 2e Abtheil. 15 ℛ 10 ℊ Weiß Pap. 20 ℛ 12 ℊ Velinp. 30 ℛ 20 ℊ

— Weltgeschichte in zusammenhängender Erzählung. 4r Bd. 1r Thl. A. u. d. T.: Geschichte der Weltbegebenheiten des 14ten u. 15ten Jahrhunders. 1r Thl. Norden. — Mitteleuropa. — Italien vom Anfange des 14ten Jahrhunderts bis auf den Frieden von Bretigny u. Urbanus V. Rückkehr nach Rom um 1367. gr. 8. Frankfurt 839. Varrentrapp. 2½ ℛ (I—IV. 1. 7 Thle. 17¹¹/₁₂ ℛ weiß Druckp. 23¹/₂ ℛ)

— Weltgeschichte in zusammenhängender Erzählung. 4. Bd. 2. Thl. — A. u. d. T.: Geschichte der Weltbegebenheiten des 14. u. 15. Jahrhunderts. 2. Thl. Pyrenäische Halbinsel — Frankreich — England — Italien — Päbste — Deutschland — Ungarn, bis auf das Marbacher Bündniß in Deutschl. und bis auf das Concilium zu Pisa (1409) in Italien. gr. 8. Frankf. a/M. 841, Varrentrapp. $2^1/_2$ ₰ (I—III. 2. $12^3/_4$ ₰)

—— Weltgeschichte f. d. deutsche Volk. Unter Mitwirkung des Verf. bearb. v. G. L. Kriegk. 1—15. Lfg. gr. 8. (244 B.) Frankfurt a. M. 843—47, [Lizius.] à Lfg. * —

—— dass. 2., unveränd. Abdruck. Vollständig in 12 Bdn. (à 5 Hfte.) 1—22. Hft. gr. 8. ($149^1/_2$ B.) Ebds. 846, 47. à Hft. *

— Weltgeschichte f. das deutsche Volk. Unter Mitwirkung des Verfass. bearb. von G. L. Kriegk. 1.—10. Liefg. gr. 8. Ebend. 844—46. à n. $^5/_{12}$ ₰ — dies. 2. unveränd. Abdr. Vollständig in 12 Bdn. (à 5 Liefg.) 1.—10. Heft. gr. 8. Ebend. 846. à n. $^1/_6$ ₰

— Weltgeschichte f. das deutsche Volk. Verfaßt u. unter G. L. Kriegk's Mitwirkung bei der Redaction hrsg. 1—26. Lfg. gr. 8. (VI. Bd. IV u. 465 S. VII. Bd. IV u. 492 S. VIII. Bd. VI u. 589 S. IX. Bd. 484 S. X. Bd. 508 S. XI. Bd. IV u. 480 S. XII. Bd. 491 S. XIII. 484 S.) Frankfurt a. M. 847—52, Expedition. à Lfg. n. $^5/_{12}$ ₰ (1—26: n. $10^5/_6$ ₰)

— dies. 2. unveränd. Abdr. 11—45. Hft. gr. 8. (III. Bd. 566 S. IV. Bd. 605 S. V. Bd. XIV u. 443 S. VI. Bd. IV u. 465 S. VII. Bd. 492 S. VIII. Bd. VI u. 592 S. IX. Bd. VIII u. 480 S.) Ebd. 847—50. à Hft. n. $^1/_6$ ₰ (1—45: n. $7^1/_2$ ₰)

—— Weltgeschichte für das deutsche Volk. Unter Mitwirkung des Verf. bearb. von G. L. Kriegk. 19. Bd. A. u. d. T.: Vollständiges Namen- und Sach-Register zu Schlosser's Weltgeschichte für das deutsche Volk. Angefertigt von G. L. Kriegk. gr. 8. (279 S.) Frankfurt a. M. 857, Expedition. *
1—18. Bd. Ebendas. 1843—56. * 15 Thlr.

— Weltgeschichte für das deutsche Volk. 2. Ausg. 3. unverändert. Aufl. Mit Zugrundelegg. der Bearbeitg. v. G. L. Kriegk besorgt v. Osc. Jäger u. Th. Creizenach. Fortgeführt bis auf die Gegenwart. (In ca. 90 Liefgn.) 1—7. Liefg. Oberhausen 870. Spaarmann. gr. 8. (1. Bd. 540 S. u. 2. Bd. III u. S. 1—96. mit Portr. in Stahlst.) Jede Liefg. 5 nor

Schlosser, Frdr. Chr., Weltgeschichte f. das deutsche Volk. 2. Ausg. 3. unveränd. Aufl. Mit Zugrundelegg. der Bearbeitg. v. G. L. Kriegk besorgt v. Osc. Jäger u. Th. Creizenach. Fortgeführt bis auf die Gegenwart. 8—117. (Schluß-) Lfg. gr. 8. (2. Bd. S. 97—568, 3. Bd. 688, 4. Bd. 557, 5. Bd. 580, 6. Bd. 614, 7. Bd. 527, 8. Bd. 527, 9. Bd. 544, 10. Bd. 541, 11. Bd. 544, 12. Bd. 558, 13. Bd. 558, 14. Bd. 568, 15. Bd. 692, 16. Bd. 868, 17. Bd. 570, 18. Bd. 552 u. 19. Bd. 540 S.) Berlin 871—74. Seehagen. à — 50; cplt. geb. n. 71. 25

— Weltgeschichte für das deutsche Volk. 3. Ausg. Mit 26 historischen Karten in Farbendr. Mit der Fortsetzung bis auf die Gegenwart. Unter Zugrundelegung der Bearbeitung von G. L. Kriegk besorgt von Osk. Jäger u. Th. Creizenach. 18. Ster.-Aufl. 18 Bde. gr. 8. (540, 563, 688, 561, 577, X, 614, 527, 527, 544, 544, 546, 560, 560, 572, 692, 578, 574 u. 595 S. m. Stahlst.-Portr. d. Verf. u. 1 lith. u. color. Karte.) Berlin 881. Seehagen. n. 57. —; geb. in Callico n. 71. 25; in Halbfrz. n. 95. —

— dasselbe. 19. Ster.-Aufl. (In 54 Lfgn.) 1—34. Lfg. gr. 8. (1. Bd. 540, 2. Bd. 568, 3. Bd. 688, 4. Bd. 551, 5. Bd. 580, 6. Bd. X, 616, 7. Bd. 527, 8. Bd. 527, 9. Bd. 546, 10. Bd. 544, 11. Bd. 546 S. u. 12. Bd. S. 1—192 m. Portr. in Stahlst.) Ebend. 882. à n. 1. —

Schlosser's, Fr. Chr., Weltgeschichte f. das deutsche Volk. 3. Ausg. Mit 26 histor. Karten in Farbendr. Mit der Fortsetzg. bis auf die Gegenwart. Unter Zugrundelegg. der Bearbeitg. v. G. L. Kriegk besorgt v. Osc. Jäger u. Th. Creizenach. 19. Ster.-Aufl. 35—54. (Schluß-) Lfg. gr. 8. (12. Bd. S. 193—560; 13. Bd. 560, 14. Bd. 572, 15. Bd. 692, 16. Bd. 578, 17. Bd. 574 u. 18. Bd. 598 S.) Berlin 883. Seehagen. à n. 1. —

— dasselbe. 19. [Register-]Bd. gr. 8. (352 S.) Ebend. 883. n. 3. —

—— dass. — 4. Ausg. Mit zahlreichen Abbild. und Karten. Von neuem durchgesehen und ergänzt von Osk. Jäger und Frz. Wolff. 20. Aufl. (In ca. 75 Lfgn.) 1.—4. Lfg. gr. 8. (1. Bd. 554 S. mit Lichtdr.-Portr., 4 Taf. und 1 chromolithogr. Karte.) Ebendas. 884. à Lfg. *ℳ 1. *

Schlosser's, Fr. Chr., Weltgeschichte für das deutsche Volk. Mit zahlreichen Abbild. und Karten. Von neuem durchges. und ergänzt von Osk. Jäger und Frz. Wolff. 4. Ausg. 20. Aufl. 5.—76. (Schluß-)Lfg. oder 2.—18. und 19. (Register)-Bd. gr. 8. Berlin 885—88, Seehagen.
à Lfg. *ℳ 1.—. *
19 Bde. compl. *
19 Bde. compl. geb. *

Inhalt:
Bd. 2. Geschichte der alten Welt. 2. Bd. (580 S. mit 14 Taf. und 1 Karte.) *ℳ 4.—.: geb. *ℳ 5.25.
" 3. —— dass. — 3. Bd. (696 mit 17 Taf. und 2 Karten.) *ℳ 5.—.; geb. *ℳ 6.25.
" 4. Geschichte des Mittelalters. 1. Bd. (602 S. mit 15 Taf. und 2 Karten.) *ℳ 4.—.; geb. *ℳ 5.25.
" 5. —— dass. — 2. Bd. (522 S. mit 8 Taf. und 2 Karten.) *ℳ 4.—.; geb. *ℳ 5.25.
" 6. —— dass. — 3. Bd. (628 S. mit 18 Taf. und 1 Karte.) *ℳ 5.—.; geb. *ℳ 6.25.
" 7. —— dass. — 4. Bd. (528 S. mit 11 Taf. und 2 Karten.) *ℳ 4.—.; geb. *ℳ 5.25.
" 8. —— dass. — 5. Bd. (528 S. mit 16 Taf. und 1 Karte.) *ℳ 4.—.; geb. *ℳ 5.25.
" 9. Geschichte der neueren Zeit. 1. Bd. (556 S. mit 16 Taf. und 2 Karten.) *ℳ 4.—.; geb. *ℳ 5.25.
" 10. —— dass. — 2. Bd. (548 S. mit 16 Taf. und 1 Karte.) *ℳ 4.—.; geb. *ℳ 5.25.
" 11. —— dass. — 3. Bd. (610 S. mit 16 Taf. und 1 Karte.) *ℳ 4.—.; geb. *ℳ 5.25.
" 12. —— dass. — 4. Bd. (521 S. mit 16 Taf. und 1 Karte.) *ℳ 4.—.; geb. *ℳ 5.25.
" 13. —— dass. — 5. Bd. (560 S. mit 16 Taf. und 1 Karte.) *ℳ 4.—.; geb. *ℳ 5.25.
" 14. —— dass. — 6. Bd. (586 S. mit 16 Taf. und 2 Karten.) *ℳ 4.—.; geb. *ℳ 5.25.
" 15. —— dass. — 7. Bd. (713 S. mit 20 Taf. und 2 Karten.) *ℳ 5.—.; geb. *ℳ 6.25.
" 16. Geschichte der neuesten Zeit. 1. Bd. (588 S. mit 16 Taf. und 1 Karte.) *ℳ 4.—.; geb. *ℳ 5.25.
" 17. —— dass. — 2. Bd. (586 S. mit 16 Taf. und 1 Karte.) *ℳ 4.—.; geb. *ℳ 5.25.
" 18. —— dass. — 3. Bd. (642 S. mit 19 Taf. und 1 Karte.) *ℳ 5.—.; geb. *ℳ 6.25.
" 19. Namen- und Sachregister, bearb. von Eduard Langer. (IV, 484, 74 S.) *ℳ 3.—.; geb. *ℳ 4.25.
1.—4. Lfg. oder 1. Bd. Ebendas. 1884. *ℳ 4.—.; geb. *ℳ 5.25.

— dasselbe. 4. Ausg. Mit zahlreichen Abbildgn. u. Karten. Von neuem durchgesehen u. ergänzt v. Osk. Jäger u. Frz. Wolff. 21. Aufl. 79 Lfgn. gr. 8. (à 8—10 B.) Ebd. 888—890. à n. 1. —

— dasselbe. 19 Bde. gr. 8. (554, 580, 696, 602, 552, 628, 528, 527, 556, 548, 610, 521, 560, 585, 713, 588, 586, 647, VI 484 u. 74 S.) Ebd. 888—890. geb. n. 103. 75
1, 2, 4, 5, 7—14, 16, 17, 19. à n. 5. 25
3, 6, 15, 18. à n. 6. 25

Schlosser's, Fr. Chr., Weltgeschichte f. das deutsche Volk. Von neuem durchgesehen u. ergänzt v. Osk. Jäger u. Frz. Wolff. Orig.-Volks-Ausg. 23. Gesamt-Aufl. 19 Bde. gr. 8. (553, 579, 695, 602, 522, 628, 527, 527, 555, 547, 609, 520, 559, 585, 711, 587, 585, 646 u. VI, 484 u. 74 S.) Berlin 893. O. Seehagen. Geb. in Kaliko. à n. 2. —

Schlosser's, Frdr. Chrph., Weltgeschichte f. d. deutsche Volk. 4. Ausg. M. zahlreichen Abb. u. Karten. Von neuem durchges. u. ergänzt v. Osk. Jäger u. Frz. Wolff. 22. Ster. [Titel-] Aufl. (In 79 Lfgn. od. 19 Bdn.) 1.—8. Lfg. gr. 8. Berlin (1886—90) 899. O. Seehagen. n. 1. —
1. Geschichte d. alten Welt. Durchges. u. ergänzt v. Osk. Jäger. M. Schlossers Portr. v. G. Ph. Schmitt in Lichtdr., m. Abb. u. 2 Karten. 1. Bd. (554 S.)
2. Dasselbe. 2. Bd. M. Abb. u. 1 Karte. (580 S.)

Schlosser's, Frdr. Chrph., Weltgeschichte f. das deutsche Volk. 4. Ausg. Mit zahlreichen Abbildgn. u. Karten. Von neuem durchgesehen u. ergänzt v. Osk. Jäger u. Frz. Wolff. 22. Ster. [Titel-]Aufl. (In 79 Lfgn. oder 19 Bdn.) 9.—76. (Schluß-) Lfg. gr. 8. Berlin (886—890). 898. 899. [O. Seehagen.] Stuttgart, Deutsche Verlagsanstalt. à n. 1. —; (kplt. geb. in Halbfrz. n. 102. 75)

3. Bd. Geschichte der alten Welt. Durchgesehen u. ergänzt von Osk. Jäger. 3. Bd. (696 S.)
4. Bd. Geschichte des Mittelalters. Durchgesehen u. ergänzt v. Frz. Wolff. 1. Bd. Mit Abbildgn. u. 2 Karten. (602 S.)
5. Bd. Dasselbe 2. Bd. Mit Abbildgn. u. 2 Karten. (522 S.)
6. Bd. Dasselbe. 3. Bd. Mit Abbildgn. u. 1 Karte. (628 S.)
7. Bd. Dasselbe. 4. Bd. Mit Abbildgn. u. 2 Karten. (528 S.)
8. Bd. Dasselbe. 5. Bd. Mit Abbildgn. u. 1 Karte. (528 S.)
9. Bd. Geschichte der neueren Zeit. Durchgesehen u. ergänzt v. Osk. Jäger. 1. Bd. Mit Abbildgn. u. 2 Karten. (556 S.)
10. Bd. Dasselbe. 2. Bd. Mit Abbildgn. u. 1 Karte. (548 S.)
11. Bd. Dasselbe. 3. Bd. Mit Abbildgn. u. 1 Karte. (610 S.)
12. Bd. Dasselbe. 4. Bd. Mit Abbildgn. u. 1 Karte. (521 S.)
13. Bd. Dasselbe 5. Bd. Mit Abbildgn. u. 1 Karte (560 S.)
14. Bd. Dasselbe. 6. Bd. Mit Abbildgn. u. 2 Karten (586 S.)
15. Bd. Dasselbe. 7. Bd. Mit Abbildgn. u. 2 Karten. (718 S.)
16. Bd. Geschichte der neuesten Zeit vom Wiener Kongreß bis zur Gegenwart. Von Osk. Jäger. 3. durchgesehene u. ergänzte Ausg. 1. Bd. 1815—1848. Mit Abbildgn. u. 1 Karte. (588 S.)
17. Bd. Dasselbe. 2. Bd. 1848—1863. Mit Abbildgn. u. 1 Karte. (586 S.)
18. Bd. Dasselbe. 3. Bd. 1863—1897. Mit Abbildgn. u. 1 Karte. (668 S.)
19. Bd. Vollständiges Namen- u. Sachregister. Mit den Regententafeln der wichtigsten Länder. Bearb. v. Ed. Langer. (VI, 484 u. 77 S.)

— dasselbe. 2. Orig.-Volks-Ausg. 24. Gesamt-Aufl. In 19 Bdn. gr. 8. Ebd. 898.
Geb. in Leinw. à Bd. n. 2. —

1—3. Geschichte d. alten Welt. Durchges. u. ergänzt v. Osk. Jäger. 3 Bde. (553, 580 u. 695 S.)
4—8. Geschichte d. Mittelalters. Durchges. u. ergänzt v. Frz. Wolff. 5 Bde. (602, 522, 628, 527 u. 527 S.)
9—15. Geschichte der neueren Zeit. Durchges. u. ergänzt v. Osk. Jäger. 7 Bde. (555, 547, 609, 520, 559, 585 u. 711 S.)
16. Geschichte d. neuesten Zeit v. Wiener Kongreß bis zur Gegenwart. Von Osk. Jäger. 1. Bd. 1815—1848. (587 S.)
17. Dasselbe. 2. Bd. 1848—1863. (585 S.)
18. Dasselbe. 3. Bd. 1863—1897. (667 S.)
19. Vollst. Namen- u. Sachregister. M. d. Regententafeln der wichtigsten Länder. Bearb. v. Ed. Langer. (VII, 484 u. 77 S.)

— dasselbe. 5. Ausg. Mit zahlreichen Abbildgn. u. Karten. 25. Jubiläums-Aufl. (In 20 Bdn.) 1. Bd. gr. 8. Ebd. 901. n. 5. —; geb. in Leinw n. 6.25; in Halbfrz. n. 7. 50; auch in 100 Lfgn. à n. 1.—

Geschichte der alten Welt. Durchgesehen u. ergänzt v. Osk. Jäger. 1. Bd. (554 S.)

Schlosser's, Frdr. Christoph, Weltgeschichte f. das deutsche Volk. Von neuem durchgesehen u. ergänzt v. Osk. Jäger u. Frz. Wolff. 5. Ausg. Mit zahlr. Abbildgn. u. Karten. 25. Jubiläums-Aufl. 2.—20. (Schluß-)Bd. gr. 8. Stuttgart, Deutsche Verlags-Anstalt. à 5. —; geb. in Leinw. à 6. 25; in Halbfrz. à 7. 50; auch in 100 Lfgn. à 1. —

2, 3. Geschichte der alten Welt. Durchgesehen u. ergänzt v. Osk. Jäger. 2. u. 3. Bd. (580 u. 696 S.) 901.
4—8. Geschichte des Mittelalters. Durchgesehen u. ergänzt v. Frz. Wolff. 5 Bde. (604, 524, 630, 528 u. 528 S.) 901.
9—15. Geschichte der neueren Zeit. Durchgesehen u. ergänzt v. Osk. Jäger. 7 Bde. (566, 548, 611, 521, 562, 588 u. 714 S.) 902.904.
16. Geschichte der neuesten Zeit vom Wiener Kongreß bis zur Gegenwart. Von Osk. Jäger. 5. durchgeseh. u. ergänzte Ausg. 1. Bd. 1815—1848. (590 S.) 904.
17. Dasselbe. 2. Bd. 1848—1863. (588 S.) 904.
18. Dasselbe. 3. Bd. 1863—1871. (452 S.) 904.
19. Dasselbe. 4. Bd. 1871—1900. (VI, 485 S.) 904.
20. Namen- u. Sachregister. Register zu Bd. I—XV. Bis zum J. 1815. Bearb. v. Eduard Langer. (VII, 484 S.) 904.

— dasselbe. 3. Orig.-Volks-Ausg. 26. Gesamt-Aufl. 20 Bde. 8. Ebd.
Geb. in Leinw. à 2. —

1. Geschichte der alten Welt. Durchgesehen u. ergänzt v. Osk. Jäger. 1. Bd. (553 S.) 904.
2.3. Dasselbe. 2. u. 3. Bd. (579 u. 695 S.) Berlin 903.
4—8. Geschichte des Mittelalters. Durchgesehen u. ergänzt von Frz. Wolff. 5 Bde. (602, 522, 628, 527 u. 527 S.) Berlin 903.904.
9—15. Geschichte der neueren Zeit. Durchgesehen u. ergänzt von Osk. Jäger. 7 Bde. (555, 547 609, 520, 559, 585 u. 711 S.) 904.
16. Geschichte der neuesten Zeit vom Wiener Kongreß bis zur Gegenwart. Von Osk. Jäger. 1. Bd. 1815—1848. (588 S.) 904.
17. Dasselbe. 2. Bd. 1848—1863. (585 S.) 904.
18. Dasselbe. 3. Bd. (449 S.) 904.
19. Dasselbe. 4. Bd. 1871—1900. (VI, 484 S.) 904.
20. Namen- u. Sachregister. Register zu Bd. 1—15. Bis zum J. 1815. Bearb. v. Eduard Langer. (VII, 484 S.) 904.

Schlosser's, Fr. Chr., Weltgeschichte. Neu durchgesehen u. ergänzt v. Osk. Jäger u. Frz. Wolff. 20 Bde. 27. Aufl. 126.—130. Taus. 8. Berlin (909). Neufeld & Henius.
In 10 Leinw.-Bdn. 50 —

1—3. Altertum. 3 Bde. (553, 579 u. 695 S. m. je 1 Titelbild.)
4—8. Mittelalter. 5 Bde. (602, 522, 627, 527 u. 526 S. m. je 1 Titelbild.)
9—15. Neue Zeit. 7 Bde. (555, 547, 609, 519, 559, 585 u. 711 S. m. je 1 Titelbild.)
16—19. Neueste Zeit. 4 Bde. (587, 585, 449 u. 484 S. m. je 1 Titelbild.)
20. Register zu Bd. 1—15. Bearb. v. Eduard Langer. (484 S.)

— dasselbe. Mit ca. 680 Abbildgn. u. zahlreichen Karten. 8. Ebd. (909). In 20 Halbleinw.-Bdn. 120.—; in 20 Halbfrz.-Bdn. 150. —

1—3. Altertum. 3 Bde. (554, 580 u. 696 S.)
4—8. Mittelalter. 5 Bde. (607, 527, 630, 528 u. 528 S.)
9—15. Neue Zeit. 7 Bde. (556, 548, 611, 521, 560, 586 u. 712 S.)
16—19. Neueste Zeit. 4 Bde. (589, 587, 450 u. 485 S.)
20. Register zu Bd. 1—15. Bearb. v. Eduard Langer. (484 S.)

Schlosser, Friedrich Philipp [Praes.], s. Höfer, Adam Christoph: De Stratone Lampsaceno cognomento physico et atheismo hylozoico vulgo ipsi tributo.

Schlosser, Friedrich Philipp (Rheinhessen) A. S. 17/26

Tentamen philosophicum de curiositate.
Präs. Gottlieb Stolle.
Jena (Ritter) V. 1724. 34 S.

Gew.: Hermann Franz Boesch, Balthasar Menzer.
W. v.: Präs. 30624

Rüdiger, Joh. Barthol. [Präs.] u. Friedr. Phil. Schlosser (St. Goar) [Autor et Resp.]
Exercitatio theologica de radicatione fidelium in Christo, [ad] Ephes. III, 17. Giessae 15. April 1722: Joh. Müller. 26 S.

Schlosser, Friedrich Philipp (Rheinhessen)
A. S. 1392/31

Thesium philosophicarum de genuina libertatis notione decades tres. Präs. Ernst Christian Schroeder.
Wittenberg (Gerdes) V. 1725. 6 Bl. 30625

Schlosser, G. Pflicht u. Verantwortung der Eltern in betreff der Erziehung ihrer Kinder. Vortrag. 1.—3. Aufl. gr. 8. (32 S.) Berl. 889, Buchh. d. deutschen Lehrer-Zeitg. (Zillessen). * — 30
Aus: Denkschrift d. V. Evangel. Schulkongresses, besonders abgedruckt.

— die Totenfeier, die Gott seinem lieben Sohne bereitet. Passionsbetrachtung üb. Math. 27, 45, 51—54. Luk. 23, 48. [Aus: „Ohly's Passionspredigten".] 8. (24 S.) Leipzig 890. Strübig. n. — 40

Schlosser, Geo., die Fürsorge der Kirche f. die konfirmirte Jugend. Vortrag, geh. auf der Provinzial-Konferenz der evangel. Geistlichen u. s. w. Oberhessens zu Gießen am 2. Aug. 1892. gr. 8. (40 S.) Leipzig 892. F. W. Grunow. — 50

25 Jahre der inneren Mission in Oberhessen. Festbericht erstattet bei d. 25. Jahresfest d. Oberhess. Ver. f. innere Mission zu Gießen 1903 durch d. Schriftführer Pfarrer D. [Georg] Schlosser zu Gießen. Nebst Beilagen. *Gießen: J. Ricker in Komm. 1904.* (28 S.) 8° [F.] 04.988

Schlosser, 25 Jahre der inneren Mission in Oberhessen. Festbericht, erstattet bei dem 25. Jahresfest des oberhess. Vereins f. innere Mission zu Gießen am 10. XI. 1903. Nebst Beilagen. (28 S. m. 1 Tab.) gr. 8. Gießen 904. (A. Töpelmann.) n.n. — 50

Schlosser, Geo., der Marienmonat. Gebet- u. Betrachtungsbuch f. die Verehrer Mariens. Mit 1 Stahlst. 8. (IV, 286 S.) Freiburg i/Br. 874. Herder. 1. 50

Schlosser, G., der Marien-Monat. Gebet- und Betrachtungsbuch für die Verehrer Mariens. 2. Aufl. 16. (XII, 327 S. mit 1 Stahlst.) Freiburg i. Br. 881, Herder'sche Verlagsh. geb. *

Schlosser, G., S. J., der Marien-Monat. Betrachtungen m. e. Anh. v. Gebeten. 8. Aufl., m. e. Titelbild in Farbendruck. gr. 16. (XII, 326 S.) Freiburg i/B. 899. Herder. 1.50; geb. in Leinw. n. 2. —

Schlosser, Rober und Werdenberg, Missions-Vorträge, s. Rober.

Schlosser, Gust., üb. die Abnahme d. Studiums der Theologie. Vortrag auf der luther. Conferenz zu Leipzig d. 5. Juni 1873 geh. gr. 8. (58 S.) Leipzig 873. Hinrichs' Verl. 1. —

Schlosser, Gust., Bild und Bildung. Vortrag. gr. 8. (40 S.) Braunschweig 880, Grüneberg's Buchh. *

Schlosser, Gust., Bild u. Bildung. Vortrag. gr. 8. (40 S.) Braunschweig 880. Woltermann. n. 1. —

—— kurze Darstellung der Thätigkeiten der inneren Mission in Frankfurt a. M., s. Jahresfest, das, für innere Mission zu Frankfurt a. M.

—— dieser ist der wahrhaftige Gott und das ewige Leben. Predigt, am 3. Weihnachtsfeiertag 1885 gehalten in der St. Peterskirche zu Frankfurt a. M. über Evangelium St. Johannis 1, 1—18. 8. (16 S.) [Frankfurt a. M. 886, Drescher.] Leipzig, Wilh. Weber. *

—— über Einrichtung einer berufsmäßigen Armenpflege. Vortrag. Fol. (8 S.) Leipzig 877, Buchh. des Vereinshauses. * — 25

—— über Erholung im Lichte des Evangeliums. gr. 8. (38 S.) Frankfurt a. M. 879, Schriften-Niederlage des Evangel. Vereins. * — 50

— über nationale Erziehung, s.: Fragen, pädagogische

—— Fortschritt, Fortentwickelung, Fortbildung im Kulturleben, s. Zeitfragen des christlichen Volkslebens.

—— pädagogische Fragen. I. Ueber nationale Erziehung. gr. 8. (36 S.) Frankfurt a. M. 872, Zimmer'sche Buchh. *

Schlosser, G., evangelische Friedensgedanken. Eine Beleuchtg. der Schrift des Herrn Bischofs v. Ketteler zu Mainz über „die wahren Grundlagen des religiösen Friedens." Darmstadt 868. Würtz. gr. 8. (48 S.) n. 3 ngr.

— die Fürsorge f. die confirmirte weibl. Jugend d. Arbeiterstandes. [Vortrag auf der Conferenz f. innere Mission am 8—9. Octbr. 1874 zu Frankfurt a/M. geh.] gr. 8. (24 S.) Frankfurt a/M. 875. Zimmer. n. — 50

—— Heimatliebe, Heimweh, Heimgang. Vortrag im evangel. Verein zu Frankfurt a. M. gehalten. gr. 8. (33 S.) Ebendas. 876. * — 80

—— Göthes Iphigenie nach ihrem religiös-sittlichen Gehalt. Zwei Vorträge. gr. 8. (34 S.) [Frankfurt a. M. 875.] Homburg v. d. H., Heyder und Zimmer. * 1 —

— das goldne Kalb, Predigt auf dem Missionsfest zu Münzenberg am 29. Aug. 1872. gr. 8. (15 S.) Frankfurt a/M. 872. Zimmer in Comm. n. — 20

— die dermal. Lage der ev. Kirche im s.: Dieffenbach, Großherz. Hessen. C. G.

—— Liebe ist stark wie der Tod. Missions-Predigt über Hohelied Salomonis 8, 6—7. gr. 8. (16 S.) [Frankfurt a. M. 882, Schriftenniederlage des Evangel. Vereins.] Calw und Stuttgart, Vereinsbuchhandlung. *

—— Mir nach! spricht Christus. Predigt, am Sonntag Misericordias Domini 1880 in der St. Nikolaikirche zu Frankfurt a. M. gehalten über 1. Petri 2, 21—25. gr. 8. (16 S.) Ebendas. 880. *

—— Mittheilungen aus dessen Leben 2c., s. Stromberger, Chr. W.

—— Predigt über Ezechiel 36, 22—27, gehalten am Missionsfeste zu Nürnberg in der Kirche zu St. Lorenzen den 13. Juni 1882. 1. und 2. Aufl. gr. 8. (16 S.) Nürnberg 882, Raw'sche Buchh. *

— Reden im Freien. Freie Reden bei Jahresfesten u. Weihnachtsfeiern von Kleinkinder- u. Sonntags-Schulen, Rettungshäusern, Magdalenen-Asylen, Jünglings-Vereinen, Marthahäusern, Diakonissen-Anstalten 2c. 6 Hfte. gr. 8. Frankfurt a/M. 881. Schriftenniederlage des Evangel. Vereins. à n. — 80 (cplt.: n. 4. 50; geb. n. 6. —)

1. Reden bei Kleinkinderschul- u. Weihnachtsfesten. (67 S.)
2. Reden bei Maifesten u. Jahresfesten von Rettungshäusern. (S. 69—175.)
3. 4. Reden bei Jahresfesten von Jünglingsvereinen u. kaufmännischen Vereinen. (S. 177—291.) n. 1. 40
5. 6. Reden bei Jahresfesten von Diakonissenhäusern, des Marthahauses, des Magdalenen-Asyls u. bei der Weihnachtsfeier des Gefängnisses zu Frankfurt a/M. (IV, u. S. 293—423.) n. 1. 50

—— Reden im Freien. Freie Reden bei Jahresfesten und Weihnachtsfeiern von Kleinkinder- und Sonntags-Schulen, Rettungshäusern, Magdalenen-Asylen, Jünglings-Vereinen, Marthahäusern, Diakonissen-Anstalten 2c. 6 Hefte. gr. 8. [Frankfurt a. M. 882, Schriftenniederlage des Evangel. Vereins.] Calw und Stuttgart, Vereinsbuchhandlung. * geb. *

Inhalt:
Heft 1. Reden bei Kleinkinderschul- und Weihnachtsfesten. (S. 1—67.) 881. * 80 Pf.
„ 2. Reden bei Maifesten und Jahresfesten von Rettungshäusern. (S. 69—175.) 881. * 80 Pf.
„ 3. 4. Reden bei Jahresfesten von Jünglings-Vereinen und kaufmännischen Vereinen. (S. 177—291.) 881. * ℳ 1,40.
„ 5. 6. Reden bei Jahresfesten von Diakonissenhäusern, des Marthahauses, des Magdalenen-Asyls und bei der Weihnachtsfeier des Gefängnisses zu Frankfurt a. M. (IV, S. 293—423.) 882. * ℳ 1,50.

— Reden im Freien. Freie Reden bei Jahresfesten u. Weihnachtsfeiern von Kleinkinder- u. Sonntagsschulen, Rettungshäusern, Magdalenen-Asylen, Jünglings-Vereinen, Marthahäusern, Diakonissen-Anstalten 2c. 1. Hft.: Reden bei Kleinkinderschul- u. Weihnachtsfesten. 2., verm. Aufl. gr. 8. (IV, 92 S.) Frankfurt a/M. 887. [Drescher.] Leipzig, Wilh. Weber. n. 1. —

—— die Revolution von 1848. Erinnerungen. 8. (III, 212 S.) Gütersloh 883, Bertelsmann. *

Schlosser, Gust., soli Deo gloria! Gott allein die Ehre! Zum 50jähr. Amtsjubileum des Hrn. Frz. Jos. Helferich, evangel. Pfarrers zu Beedenkirchen im Odenwald am 27. Aug. 1879. gr. 8. (19 S.) Frankfurt a. M. 879, Schriften-Niederlage des Evangel. Vereins. ** — 35

Schlosser, Gust., das Alte Testament, in Predigten u. Bibelstunden ausgelegt. Nach seinem Heimgange hrsg. v. Otto Scriba. I. Das 1. Buch Mose. Mit Vorwort v. Heselel. gr. 8. (VI, 370 S.) Bielefeld 892. Velhagen & Klasing. n. 4. 50

—— Tod und Ewigkeit in den Liedern der Kirche, s. Sammlung von Vorträgen.

Schlosser, Gust., Vierfach ist das Ackerfeld! Mensch wie ist dein Herz bestellt? Predigt über Lucas 8, 4—15, gehalten am Sonntag Sexagesimä dem 8. Febr. 1885 in der St. Peterskirche zu Frankfurt a. M. 8. (22 S.) [Frankfurt a. M. 885, Schriften-Niederlage des Evangel. Vereins.] Leipzig, Wilh. Weber. *

— Vorträge. gr. 8. (III, 432 S.) Gütersloh 891. C. Bertelsmann. n. 5. —; geb. n. 6. —

— was ist Sünde? Vortrag. 8. (24 S.) Frankfurt a/M. 885. Drescher. n. — 40

—— Was ist Sünde? Vortrag. 8. (24 S.) [Frankfurt a. M. 885, Schriften-Niederlage des Evangel. Vereins.] Stuttgart, Vereinsbuchhandlung. — Leipzig, Wilh. Weber. *

—— Welche socialen Verpflichtungen erwachsen dem Christen aus seinem Besitz? Vortrag, gehalten auf dem Congreß für innere Mission zu Magdeburg am 14. Septbr. 1878. gr. 8. (60 S.) Ebendas. 879. * 1 50

– Die kirchlichen Zustände im Großherzogthum Hessen, s. Dieffenbach, C.G.

Schlosser, H. Über einige seltenere Vorkommnisse nach akuter Arsenvergiftung. Mit 1 Taf. In-8⁰. 44 S. Basel. These. 1896

H. P. S. (Schlosser) de divis obstetricantibus et circa partum recens editum occupatis ex antiquitate Romana nonnihil. Francof. a. M. 1767. 4.

Schlosser, Heinr., Johann Michael Moscherosch u. die Burg Geroldseck im Wasgau. [Aus: „Mitteilgn. d. Gesellsch. f. Erhaltg. d. geschichtl. Denkmäler im Elsass".] Lex.-8. (VI, 87 S. m. 1 Karte u. 2 Abbildgn.) Strassburg 893. (J. Noiriel's Buchh.) n. 2. 60

Schlosser, Heinrich, Pfarrer in Wiesbaden: Die Piscatorbibel, T. 1: Die Lutherbibel in der reformierten Kirche bis 1600 und die Entstehung der Piscatorbibel. Heidelberg: C. Winter 1908. (36 S.) 8°
Heidelberg, Theol. Fak., Ref. Deißmann, Diss. v. 1908
[Geb. 17. Okt. 74 Homburg v. d. Höhe; Wohnort: Wiesbaden; Staatsangeh.: Preußen; Vorbildung: Progymn. Homburg, Kaiser-Friedrich-Gymn. Frankfurt a. M. Reife O. 93; Studium: Leipzig 3, Berlin 4 S.; Rig. 13. Juli 07.]

Schlosser, Heinr., die Piscatorbibel. Ein Beitrag zur Geschichte der deutschen Bibelübersetzg. (IV, 122 S.) gr. 8. Heidelberg 908. C. Winter, Verl. 3. —

Schlosser, Heinr., das abgegangene Dorf Trimlingen im eigentlichen Eichelthale, s. Bausteine zur elsaß-lothringischen Geschichts- u. Landeskunde. 7. Hft.

Das abgegangene Dorf Trimlingen im eigentlichen Eichelthale mit e. Rückblick auf d. übrigen in jener Gegend verschwundenen Orte von Heinrich Schlosser. *Zabern: A. Fuchs 1903.* (64 S.) 8° [5.]
= Bausteine z. Elsaß-Lothr. Geschichts- u. Landeskunde. H. 7.

Schlosser, Hermann [aus Gotha]: Aus d. Augenklinik zu Jena. Ueber Netzhautatrophie nach grauer Degeneration des Opticus und nach Embolie der Centralarterie ... Jena, Druck v. A. Kämpfe, 1896; 22 S., 1 Taf. 8.
Jena, Med. Fak., Inaug.-Diss. v. [25. Jan.] 1896

Schlosser, Hieronymus Peter (Frankfurt/M.)
A. S. 358/12

Dissertatio iuris Germanici de aleatoribus.
Präs. Johann Heumann.
Altdorf (Hessel) 23. VII. 1757. 56 S. 30626

Schlosser, Hieronymus Peter (Frankfurt/M.)
A. S. 372/21

Dissertatio inauguralis iuridica de banno Iudaeorum, quo secundum leges S. R. I. liberae civitatis ad Moenum Francofurtensis res amissae ... recuperantur ... vulgo Vom Iuden-Schul-Bann.
Altdorf (Hessel) 28. VII. 1757. 54 S.

Gew.: Erasmus Karl Schlosser (Vater).
W. v.: Johann Bartholomaeus Riederer, Jo. Heumann.
30627

Schlosser, Hier. Pt., († d. 10. Sept. 1797.) poemata. 4. Frkf. 775. Eichenberg. 4 gr.

HOCHZEIT. — Von der verliebten Schwärmerei der Alten. Bei Gelegenheit der, ohne sonderbare Schwärmerei, am ersten November 1773 glücklich vollzogenen Schlosser- und Götheischen Vermälung von *H. P. S. b. R. D.* (*Hieronymus Peter Schlosser*, beider Rechte Doctor). Frankfurt am Main, mit Eichenbergischen Schriften. Titel und 35 S. Fol.

Schlosser, Hieronymus Peter (Frankfurt/M.)
A. S. 147/30

Semiotices advocatorum specimen. Dissertatio. Frankfurt/M. (Scheper) 1769. 43 S.

Gew.: Johann Georg Schlosser (Bruder). 30628

Schlosser, J., die freiere u. richtige Bewegung bei dem Anbau der Kulturpflanzen u. die naturgesetzliche Ernährung derselben, als die sichersten Mittel zur Erzielg. e. größeren Reinertrages bei stetiger Verbesserg. d. Bodens. Nach Maßgabe d. gegenwärt. Fortschrittes in den Naturwissenschaften, begleitet m. Erläutergn. u. Beispielen aus der Praxis. gr. 8. (IV, 140 S.) Breslau 887. Tülfer. n. 1. 80

Schlosser, J., zur Lösung der Arbeiterfrage, mit besond. Berücksicht. der naturgesetzl. Ernährung der Arbeiterbevölkerung u. die Mittel zur Verbesserg. der Lebensverhältnisse derselben. Leipzig 868. Grunow. gr. 8. (77 S.) n. 12 ngr.

Ode am Stiftungsfeste des Ordens der Hoffnung in der ger. und vollk. Minervenloge [in Jena?] vorgelesen von dem Br Aufseher [d. i. J. L. Schlosser]. Im Jänner des 1762sten Jahres. Jena [1762]: Marggraf. 4 Bl. 4⁰ [Umschlagtit.]
Selten. „Die du in glänzenden Reihn dir würdige Söhne versammlest, ..."

Schlosser, J. L., de *παιδονοΐα* Christi. Hamb. 1737. 4.

Schlosser, J. L., Vindicatio N. F. locorum ex libris historicis contra Marklandum. Hamb. 742. 4. 3 gr.

Schlosser, Joh., der kleine Liederschatz f. Kinder in Schule u. Haus. 8. Basel 843, Bahnmaier's Buchh. *

—— biblisches Spruchbüchlein, ein Gedächtnißschatz f. die Schule zur sicheren Grundlage f. d. späteren Religionsunterricht u. zur Erinnerung an die Lehren der heil. Schrift f. d. ganze Leben. 4. (4½ B.) Basel 843, Bahnmaier's Buchh. *

Schlosser, Joh. Aloys.

Schlosser, J. Aloys, Ludw. van Beethoven. Eine Biographie desselb., verbund. mit Urtheilen üb. seine Werke. 8. (..., B's. Portr. u. 1 lith. Brief.) Prag 828. [Augsburg, Schlosser.] 1 Thlr. 8 Gr., f. Pap. 2 Thlr., hrbgs. Pr. ohne Portr. 4 Gr., m. Portr.

Schlosser, Joh. Aloys.: W. A. Mozart's Biographie. 3. Auflage. Augsburg 1841.

——, Wolfg. Amad. Mozart. Eine begründ. u. ausführl. Biographie dess. Hrsg. zur Gründung e. Monuments f. den Verewigten. gr. 12. (8½ B., Portr., lith. Handschr. u. 1 Musikbeil.) Prag 828. [Augsburg, Schlosser.] Drckp. ohne Portr. 1 Thlr. 8 Gr., hrbgs. Pr. 6 Gr., Schrbp. 2 Thlr. 16 Gr., hrbgs. Pr.

— das Kaiserth. Oesterreich in maler. Ansichten rc. 1e—3e Lieferg. gr. Roy.-Fol. Prag 827. Buchler. Pr.-Preis 2 ℔

SCHLOSSER, Johann Baptist (Amberg): Ueber die Hypochondrie.- München: Giesser 1838. 27 S.
3.8.1836 - Urk (Titel: De hypochondria.); F 63
Diss. Ingolst.-Landsh.-Mchn.

Schlosser, Johann Friedrich Heinrich

— siehe: Dienstboten-Buch, das.

Über gemischte Ehen (von *Joh. Friedr. Heinr. Schlosser*). Heidelberg 1838.
Anon.-Lex. IV. p. 236 (nach Kehrein).

Schlosser, Joh. Friedr. Heinr., die Kirche in ihren Liedern durch alle Jahrhunderte. 1. und 2. Bd. gr. 8. Mainz, [Kirchheim.] [1. (VIII und 438 S. mit 1 radirten Blatt nach Steinle.) 851., 2. (XXIV und 478 S. mit dem radirten Portr. des Verf.) 852. à Bd. * 2 Thlr.] *

Schlosser, Joh. Friedr. Heinr., die Kirche in ihren Liedern durch alle Jahrhunderte. 2 Bde. 2., mit den Originaltexten verm. Aufl. gr. 8. (XXIV und 914 S. mit dem Bildn. des Verf. in Kpfrst.) Freiburg im Br. 863, Herder'sche Verlagsh.

Schlosser, Joh. Friedr. Heinr., die morgenländische orthodoxe Kirche Rußlands u. das europ. Abendland. gr. 8. (8¾ B.) Heidelberg 845, (J. C. B. Mohr.) *

Schlosser, Joh. Friedr. Heinr., die heilige Messe, s. Messe, die heilige.

Schlosser, Joh. Friedr., Aus (seinem) Nachlasse. Hrsg. von Sophie Schlosser. 1. Bd. A. u. d. T.: Wanderfrüchte. Sammlung auserlesener Poesien aller Zeiten in Uebertragungen. 16. (XII und 332 S.) Mainz 856, Kirchheim.

Schlosser, Joh. Friedr. Heinr., aus (seinem) Nachlasse. Hrsg. von Sophie Schlosser. 2—4. Bd. 16. Mainz 857—59, Kirchheim.

Inhalt:
Bd. 2. Gedichte. (IX und 164 S.) 37½ Ngr.
„ 3. Legenden. (VII und 135 S.) 22½ Ngr.
„ 4. Prosaische Schriften. (VII und 331 S.) 1 Thlr.; geb. 1 Thlr. 15 Ngr.
1. Bd. Ebendas. 1856. 1 Thlr. 10 Ngr.

Schlosser, Rath ..., Rathsgutachten üb. d. Recurs d. schlesw.-holstein. Ritterschaft etc., s.a. Würdigung, zur, des Strebens nach Verfassung.

Rechtsgutachten betreffend den Recurs der Schleswig-Holsteinischen Prälaten, Ritterschaft und Gutsbesitzer an den Deutschen Bundestag ausgestellt vom Rath Johann Friedrich Heinrich Schlosser unter dem 6ten Januar 1822. Zur Vertheilung an die Klöster und Güter. o. O. (1822.) 4°. in Fol. geb.
—— (Deutschland: [d. i.: Hamburg.] 1830. (1831.) 8°.

Rechtsgutachten betreffend den Recurs der Schleswig-Holsteinischen Prälaten, Ritterschaft und Gutsbesitzer an den Deutschen Bundestag ausgestellt vom Rath Johann Friedrich Heinrich Schlosser unter dem 6. Januar 1822. [Hamburg. 1831.] Bei: Zur Würdigung des Strebens nach Verfassung in Schleswig-Holstein. 8°.

Schlosser, Ih. Fr. Hnr., üb. d. Verhältniß der Justizverwaltung zu d. Ganzen der öffentl. Verwaltungszweige in Frankfurt. gr. 8. Frankf. a. M. 816. Hermann. 8 Gr.

Schlosser, J. Fr. Heinr.: Ueb. d. Verhältniss d. Justizverwalt. zu dem Ganzen d. öffentl. Verwaltungszweige in Frankf. *Frankf.* (Kettembeil.) 816. gr. 8. (8 Gr.)

Schlosser, Johann Georg

— s.a. Anti-Pope.

Schlosser, J. G., Antipope od. Versuch üb. d. natürl. Menschen. 8. Leipz. Weygand. 776.

— über d. Apologie d. Predigtamts, d. Deismus im Braunschweigischen Journal etc. 8. Frankf. Fleischer. (Guilhaumann.) 789.

Schlosser, Ih. Geo., († d. 17. Oct. 1799.) üb. die Apologie d. Predigtamts, des Deismus im Braunschweig. Journal etc. 8. Frankf. 789. (Guilhaumann). 9 Gr.

— s. Aristophanes, Frösche.

Schlosser, J.G. (Bearb.), s. Aristoteles: Fragment der Oekonon

Schlosser, J.G. (Bearb.), s. Aristoteles: Politik und Fragment der Oekonomik.

— s. Aeschylus, Prometheus.

— Platos Briefe, s. Plato.

— 4 Briefe über Gesetzgebung überh. u. d. Entw. d. preuß. Gesetzbuchs insbesondere. 8. Frankf. Fleischer. (Guilhaumann.) 789.

— 4 Briefe üb. Gesetzgebung überhaupt u. d. Entwurf d. preuß. Gesetzbuchs insbesondere. 8. Frankf. a. M. 789. (Guilhaumann). 1 Gr. 5r Brief üb. die preuß. Gesetzgebung; als Anh. 8. Ebd. 790. 12 Gr.

— — 5r Brief üb. d. Entw. d. preuß. Gesetzbuchs, insbesondere über dessen Apologie in d. Annalen d. preuß. Gesetzgebung. 8. Ebend. 790.

— üb. die Duldung d. Deisten. An d. Geheim. Rath Dohm in Berlin. 8. Basel 784. Serini. (Leipz., Rein). 3 Gr.

— Eutyphron, üb. die Gottseligkeit, nebst e. Uebersetz. d. Eutyphron aus d. Plato. 8. Basel 786. Serini. 12 Gr.

J. G. Schlosser: Eutyphron II. üb. d. Gottseligkeit, nebst einer Uebers. d. Eutyphron aus d. Plato. *Basel*, Serini. 787. 8° 12 Gr.

— Fortsetz. des Platon. Gesprächs von d. Liebe. 8. Hannov. 796. Hahn. 4 Gr.

— polit. Fragmente. 8. Leipz. 777. Weygand. 3 Gr.

— das Gastmal. 8. Königsberg, Nicolovius. 794.

— das Gastmahl. 8. Königsb. 794. (Schumann in Leipz.) 12 Gr.

Schlosser, Ih. Geo., das Gastmahl. .. (Leipzig 794. Künzel.) ½ gr

— s. Homer u. die Homeriden.

Instructionen zum Gebrauch der Loge zur edlen Aussicht im Or. Freyburg [i. B.]. [Von Joh. Georg Schlosser.] Freyburg i. B. [1785]: Satron.
[Abafi, L.: Geschichte d. Frmrei in Oesterreich-Ungarn. 5 (1899) S. 28.]

— s. Katechismus der christlichen Religion für das Landvolk.

J. G. Schlosser's Katechismus d. Sittenlehre f. d. Bürger u. Landm. nach d. Bedürfnissen d. Zeit. (*Frankf. a. M.*, Kessler. 771. 773.) Dann: m. e. Anh. z. Kindererzieh. u. z. fein. Bild. d. Landvolks v. J. H. Mt. Ernesti. *Cob.*, Sinner. B. 801. Die 4e vb. Ausg. m. e. Haustaf. f. d. christl. Landvolk u. e. Anh. z. Kindererz. v. *Eb. Eb.* 831. 8° *16 Gr.*

— Katechismus d. Sittenlehre f. d. Bürger u. Landmann nach d. Bedürfn. d. Zeit. N. A. Mit e. Anh. von J. H. M. Ernesti. 8. Coburg 801. 4e A. 831. Sinner. 16 gr. (vergl. Katechismus d. Sittenlehre).

Schlosser, Joh. Geo., Katechismus d. Sittenlehre, vornehml. f. den Bürger u. Landmann. Nach d. Bedürfnissen der Zeit. 4., verb. Ausg. mit e. Haustafel f. d. christl. Landvolk, u. e. Anh. zur Kindererziehung v. J. H. M. Ernesti. 8. (17½ B.) Coburg 831, Sinner. Thlr.

— s. Longinus, v. Erhabenen.

— s. Musäos, Hero u. Leander.

Schlosser, Johann Georg (Frankfurt/M.) A. S. 147/31

Dissertatio inauguralis iuridica de officio tutorum et curatorum circa lites pupillorum et minorum illustrandam reformat. Francofurtensem p. VII. t. IV. §. IV. et IX. et t. IX.
Altdorf (Meyer) 19. IV. 1762. 60 S.

W. v.: Wolfgang Albert Spies, Johann Bartholomaeus Riederer, Wilhelm Friedrich Link, Jo. Ludwig Alt (Opp.), Johann Friedrich Bauder (Opp.). 30629

— üb. Pedanterie u. Pedanten, als eine Warnung f. die Gelehrten d. 18n Jahrhund. 8. Basel 787. Serini. 2 gr.

— Plan u. Fragmente einer Weltgeschichte f. Frauenzimmer. 8. Basel 780. Serini. (Coppenrath in Münst.) 6 gr.

— s. a. Plato's Briefe mit Anmerkt.

— Rede auf Is. Iselin d. 4. Juni 1783 in d. helvet. Gesellsch. zu Olten. 8. Basel 783. Serini. 3 gr.

Freymäurerische Regeln. [Von Joh. Georg **Schlosser.** Freiburg i. B.] 1782: [Satron.]
[Abafi, L.: Gesch. d. Frmrei in Oesterreich-Ungarn. 5 (1899) S. 29.]

— 1s u. 2s Schreiben an e. jungen Mann d. d. krit. Philosophie studiren wollte. gr. 8. Lübeck, Bohn. (Niemann.) 797. 98. (à 14 gr.)

— Schreiben an Leuchsenring üb. Lavater. 8. Leipz. 787.

— kleine Schriften. 6 Thle. 8. Basel 779—94. Serini. 4 f 8 gr.

— — dieselben 6r Thl. 8. Frankfurt, Gebhardt und K. 794.

— — dieselben. 6 Thle. 8. Strasburg, König. 780—787.

— üb. die Seelenwanderung. 2 Stücke. 8. Basel 781 u. 782. Serini. 5 gr.

J. G. **Schlosser** üb. d. Seelenwanderung; 2 Gespräche. *Lpz.*, Weygand. 781-82. 8° 6 gr.

Schlosser, J. G., Seuthes, oder der Monarch. 8. Strasb. Akadem. Buchh. 788. Rthlr.

— Seuthes, od. der Monarch; an Jacobi. 8. Straßb. 788. (Coppenrath in Münst.) 12 gr.

Schlosser, J. G., Seuthes, oder der Monarch; an Jacobi 8°. Strassburg 1789.

— üb. Shaftsbury von der Tugend; an Born. 8. Basel 786. Serini. 10 gr.

— Vorschlag u. Versuch e. Verbesser. d. deutschen bürgerl. Rechts ohne Abschaffung d. röm. Gesetzbuches. 8. Leipz. 777. Weygand. 20 gr.

Schlosser, Joh. Georg. Die Wudbianer, eine nicht gekrönte Preisschrift über die Frage: Wie ist der Kindermord zu verhindern, ohne die Unzucht zu befördern? Basel, Serini, 1785. 8°.
Dänische Ueberstzg.: Kopenhagen 1789. 8°. (Jördens V, 540, Anmerkg.)

Schlosser, Jh. Geo. Xenokrates, oder über die Abgaben; an Goethe. 8°. Basel, Thurneisen, 1784.

Schlosser, Johann Ludwig

— Andenken a. e. v. 100 Jahren in Hamburg durch d. Sturmwind eingestürzten Kirchenthurm in 2 Predigt. 4. Hamb. Geisler. 748.

— erklärtes Eingehen der Hirten durch die Thür in den Schaafstall gegen d. Erinner. e. bericht. Gottesgelehrten vertheid. gr. 8. Ebend. 749.

Schlosser, Jh. Ldw. I., († d. 7. April 1754.) das Lamm Gottes in d. Vorbilde Isaacs z. Fasten- u. Osterzeit betrachtet. gr. 8. Hamb. 751. Hertel. 16 gr.

— Lutherus Lutheranus Luthero Reformato I. M. Momers oppositus. gr. 8. Hamb. Brand. 742.

Schlosser, Jh. Ldw. II., († d. 10. Febr. 1815.) Nachr. an das Publikum, Melch. Göz betreff. 8. Hamb. 770. Hoffmann. 3 gr.

– (Hrsg.), s. Oeder, Georg Ludwig: Abermalige Erinnerungen über das Eingehen des Hirten . . .

Schlosser, Joh. Ludw., Samml. heil. Amtsreden, nebst Cains u. Abels ungl. Gottesdienst. 8. Hamb. Brand. 743.

Schlosser, Jh. Ldw I., das Verlangen des Heiligen a. d. droben ist, u. Christen als Leute einer andern Welt. gr. 8. Hamb. 753. Brand. 12 gr.

Schlosser, Jh. Ldw., der Zweikampf. — Die Comödianten, s. Lustspiele, neue.

Schlosser, Jos. Calasanz, Anleitung, die im mährischen Gouvernement wildwachs. u. am häufigsten cultivirten phanerogamen Pflanzen nach der analyt. Methode durch eigene Untersuchungen zu bestimmen. gr. 8. (28½ B.) Brünn 843. (Wien, Beck'sche Universit.-Buchh.) * 3 Thlr. Schrbp. *

Schlosser, Jos. Calasanz. De Papilionaceis in Germania sponte crescentibus. Diss. Ticini regii 1836. 8.

Schlosser, Jul. v., Album ausgewählter Gegenstände der kunstindustriellen Sammlung des Allerhöchsten Kaiserhauses. Hrsg. m. Genehmigg. des hohen Oberstkämmerer-Amtes Sr. k. u. k. apostol. Majestät. 50 Taf. in Lichtdr. u. 3 Taf. in farb. Radierg. u. Heliogr. Fol. (VIII, 33 S. m. Abbildgn.) Wien 901. A. Schroll & Co. Kart. n. 25. —

Schlosser, Jul. v., dem Andenken Wolfgang Kallabs, s. a. Jahrbuch der kunsthistorischen Sammlungen des Allerhöchsten Kaiserhauses. 26, IV.

Dem Andenken Wolfgang Kallabs (geb. 5. Juli 1875; gest. 27. Febr. 1906). Von Julius v. **Schlosser**. Mit e. Fragmente aus Kallabs literar. Nachlasse über Caravaggio. Mit 22 Textfig. Wien: F. Tempsky 1907. (S. 225–292.) 2°
— **Jahrbuch** d. kunsthist. Sammlungen d. Allerhöchsten Kaiserhauses. Bd 26, H. 4. [07. 8555

Schlosser, Jul. v., über einige Antiken Ghibertis, s.a. Jahrbuch der kunsthistor. Sammlungen des allerh. Kaiserhauses. 24. IV.

Über einige Antiken Ghibertis von Julius v. **Schlosser**. 15 Textill. Wien: F. Tempsky; Leipzig: G. Freytag 1904. (S. 125–159.) 2°
— **Jahrbuch** d. kunsthist. Sammlungen d. Allerh. Kaiserhauses. Bd 24, H. 4. [05. 310

Schlosser, Jul. v., Beiträge zur Kunstgeschichte aus den Schriftquellen d. frühen Mittelalters. [Aus: „Sitzungsber. d. k. Akad. d. Wiss."] Lex.-8. (186 S. m. 2 Taf. u. 1 Tab.) Wien 891. (F. Tempsky.) n. 4. 50

Schlosser, Julius von: Beiträge zur Kunstgeschichte aus den Schriftquellen des frühen Mittelalters (mit 2 Taf.). S. 123/2
Separatabdruck

— Beschreibung der altgriechischen Münzen der kunsthistorischen Sammlungen d. allerhöchsten Kaiserhauses. I. Thessalien, Illyrien, Dalmatien u. die Inseln d. adriat. Meeres, Epeiros. gr. 8. (XI, 116 S. m. 5 Lichtdr.-Taf.) Wien 893. A. Holzhausen. n. 5. —

Schlosser, Jul. v., die Haggadah v. Sarajevo, s.: Müller, Dav. Heinr.

— zur Kenntnis der künstler. Ueberlieferung im späten Mittelalter, s.a. Jahrbuch der kunsthistor. Sammlungen des allerh. Kaiserhauses. 23. Bd. 5. Hft.

Zur Kenntnis der künstlerischen Überlieferung im späten Mittelalter. Defensorium inviolatae virgipitalis[!] B. Mariae V. Vademecum eines fahrenden Malergesellen. Giustos Augustinuskapelle u. d. Lehrgedicht des Bartolommeo De' Bartoli von Bologna. Von Julius v. **Schlosser**. Mit 14 Taf. u. 19 Textill. *Wien: F. Tempsky; Leipzig: G. Freytag 1903.* (S. 279–338.) 2°
— **Jahrbuch** d. kunsthist. Sammlungen d. Allerhöchsten Kaiserhauses. Bd 23, H. 5. [03. 3400

Schlosser, Jul. v. Die abendländische Klosteranlage d. früheren **Mittelalters.** 8. (VI, 83 S. m. Plänen.) Wien 889, Gerold's Sohn. * 4 —

– Die Kunst- u. Wunderkammern der Spätrenaissance, s.a. Monographien des Kunstgewerbes. XI.

Die Kunst- und Wunderkammern der Spätrenaissance. Ein Beitrag z. Geschichte d. Sammelwesens von Julius v. **Schlosser**. Mit 102 Abb. Leipzig: Klinkhardt & Biermann 1908. (146 S.) 4°(8°)
— **Monographien** d. Kunstgewerbes. Folge 11. [07. 13644

Schlosser, Jul. v., moderne Märchen. 8. (V, 144 S.) Leipzig 887, Unflad. *

– Materialien zur Quellenkunde der Kunstgeschichte. 1. Heft. Mittelalter. S. 177/3.
Separatabdruck

Schlosser Julius Ritter von: Der Ordo Farfensis und die Klosteranlagen des frühen Mittelalters im Abendlande. **Diss. Wien, Univ.**
D: Erschien unter dem Titel „Die Abendländische Klosteranlage des früheren Mittelalters". Wien 1889.
1888 PN 501 1858

Quellenbuch der Kunstgeschichte des abendländischen Mittelalters. Ausgew. Texte des 4. bis 15. Jhs gesammelt von Julius v. **Schlosser**. Mit 4 Abb. Wien: C. Graeser 1896. (XXIV, 406 S.) 8°
Sonder-Ausg. aus Eitelberger-Ilgs Quellenschriften f. Kunstgeschichte d. Mittelalters. [07. 17798 8

— dasselbe, s.a. Quellenschriften f. Kunstgeschichte u. Kunsttechnik d. Mittelalters u. d. Neuzeit, VII.

— Schriftquellen zur Geschichte der karolingischen Kunst, s.a. Quellenschriften f. Kunstgeschichte u. Kunsttechnik d. Mittelalters u. der Neuzeit.

— Schriftquellen zur Geschichte d. karoling. Kunst. Gesammelt u. erläutert von v. S. [Aus: „Eitelberger-Ilg's Quellenschriften".] gr. 8. (XVI, 482 S.) Wien (892). 896. C. Graeser & Co. n. 9. —

— Werke der Kleinplastik in der Skulpturensammlung des A. H. Kaiserhauses. Ausgewählt u. beschrieben. I. u. II. Bd. 36×28 cm. Wien, A. Schroll & Co. Geb. in Leinw. à 25. —
I. Bildwerke in Bronze, Stein u. Ton. (VIII, 22 S. m. 23 Abb. u. 56 Taf.) 910.
II. Bildwerke in Holz, Wachs u. Elfenbein. (17 S. m. 8 Abb. u. 55 Taf.) 910.

Schlosser's, Karl, neuester Geschichtskalender. 1869. 1. Jahrg. gr. 16. (187 S.) Frankfurt, Rommel. *

—— dass. — 1870. 2. Jahrg. gr. 16. 1. Abthl. [Januar — Juli.] (S. 1—216.) (* M 1,20.); 2. Abthl. [Aug. — Decbr.] Nebst einem Register der Verstorbenen 1869 und 1870 und einem chronolog. Register nach den Städten geordnet. (S. 217—427.) (* M 3.) Ebendas. *

—— dass. — 1871. 3. Jahrg. 1. Abthl.: Januar — August 1871 und 2. Abthl.: Septbr. — Decbr. 1871. 16. (S. 1—134; 135—212.) Ebendas. à Abthl. * M 1. *

—— dass. — 1872 und 1873. 4. und 5. Jahrg. 8. (286; 296 S.) Ebendas. à Jahrg. *

—— dass. — 6. Jahrg. [Ereignisse von 1874.] 8. (261 S.) Ebendas. 875. *

Schlosser's, Karl, neuester Geschichtskalender. 7. Jahrg.: Ereignisse von 1875. 8. (IV, 273 S.) Frankfurt a. M. 876, Rommel. * 3 —

—— dass. — 8. Jahrg.: Ereignisse von 1876. 8. (308 S.) Ebendas. 877. * 3 —

—— dass. — 9. Jahrg.: Ereignisse von 1877 und Nekrologe. 8. (IV, 335 S.) Ebendas. 878. * 3 —
Nicht weiter erschienen.

Schlosser, Karl, appr. Arzt aus Wiesbaden: Über Sarkomatose der Ovarien. München 1901: Kastner & Lossen. (18 S.) 8°
München, Med. Diss. v. 1901

Schlosser, Karl Friedrich (Pirna) A. S. 605/57

Super decis. el. Saxon. XVII. d. a. 1746. Dissertatio.
Präs. Heinrich Gottfried Bauer.
Leipzig (Langenheim) 1. VI. 1775. 8 S. 30630

Schlosser, Konrad, Ref. in Halle a. S.: Der § 833 des Bürgerlichen Gesetzbuches. Ein Beitrag zur Lehre von der Haftung für Tierschäden. Halle a. S. 1906: C. A. Kaemmerer. (XIII, 78 S.) 8°
Leipzig, Jur. Fak., Diss. v. 1. Mai 1906
[Geb. 17. März 79 Magdeburg; Wohnort: Halle a. S.; Staatsangeh.: Preußen; Vorbildung: Stadtgymn. Halle a. S. Reife O. 99; Studium: Halle 2, München 1, Halle 4 S.; Rig. 3. März 03.]

Schlosser, L., s. Schlosser. Ludwig Wilhelm

Schlosser, Ludwig Heinrich (Darmstadt) A. S. 280/15

De potestate principis circa symbola civium in religione ab ipso dissentientium.
Präs. Gottlieb Wernsdorf. Ed. 2.
Wittenberg (Gerdes) 1719. 14 Bl.

Diss. X. 1711. 30631

Schlosser, Ludwig Heinrich (Darmstadt) 4°Thl. I, 232/1, 9

Disputatio de potestate principis circa symbola civium in religione ab ipso dissentientium.
Präs. Gottlieb Wernsdorf.
In: Wernsdorf: Disputationes academicae, dogmatici, exegetici ... argumenti. Vol. I. Disp. IX. Wittenberg (Ahlfeld) 1736. S. 227 - 245.
Diss. X. 1711. 30632

Schlosser, Ldw. Wlh., (Pastor), Andachtsbüchlein für bußfertige gefangene Missethäter. Mit e. Vorr. v. J. G. A. Hacker. 8. Leipz. 815. Hartknoch. 9 gr.

Schlosser, L., kurze Betrachtungen über die Evangel. eines ganzen Jahres für Landleute, auch zum Vorlesen für Schullehrer auf Filialdörfern ꝛc. 4. Jena, Frommann. 802.

— bibl. Geschichte f. Kinder v. reifern Alter aus d. gebildeten Ständen aller christl. Confessionen. 2 Thle. gr. 8. Gotha 806. Perthes. 1 ₰ 12 gr. (1r Thl. ohne d. Verf. Namen. A. u. d. T.: die lehrr. Geschichten aus d. heil. Schriften d. jüd. Volks).

— Geschichte d. Familie des Herodes; ein merkwürd. Abschnitt aus d. alten Geschichte f. Liebhaber der Geschichte überhaupt u. der bibl. insonderheit. gr. 8. Leipz. 818. Engelmann. 20 gr.

— die Gleichnisse Jesu, z. Gebrauch f. Kinderlehrer erläutert. 8. Jena 810. Cröker. 8 gr.

– (Hrsg.), s. Heym, Johann Gottlob: Vollständige Sammlung von Predigten ...

— — historischer Jugendfreund oder Darstell. aus dem Leben merkwürdiger Personen. 16 Bändchen mit Titelk. 8. Ebend. 820.

Schlosser, Ludw. (Wilh.), histor. Jugendfreund, od. Darstellungen aus d. Leben merkwürd. Personen. 1. Bdchn. Alphons v. Albuquerque. — Eduard Pacheco Pereira. 2. Aufl. 8. (13½ B. u. Titlkpfr.) Leipzig 832, Engelmann.

– s. Tagebuch einer Reise eines Gallo-Amerikaners.

— orthograph. Uebungen. Ein Geschenk f. wißbegier. Kinder. 12. Rudolst. 812. Hofbuchh. 6 gr. — Dies.; ausgezogen als Vorlegeblätter, in Futteral. Ebd. 15 gr.

(Schlosser, Ludw. Wilh. Gottl.,) Erlebnisse e. sächs. Landpredigers, s. Erlebnisse.

— Sebastian König von Portugal. Ein hist. Gemälde für die reifere Jugend. 16. Leipzig 846. (Schrey.) ½ ₰

Schlosser, Ldw. Wlh. Gottl., Unterhaltungen mit solchen Israeliten, welche zur evangel. Kirche übertreten wollen. gr. 8. Leipzig 844, Teubner. ½ ₰

Schlosser, Max, die Affen, Lemuren, Chiropteren, Insectivoren, Marsupialier, Creodonten und Carnivoren des europäischen Tertiärs und deren Beziehungen zu ihren lebenden und fossilen aussereuropäischen Verwandten. 1. und 2. Tl. gr. 4. Wien, Hölder. [1. Tl. (226 S. mit 5 Taf. und 5 Bl. Erklärungen.) 887. *M 20.—.; 2. Tl. (162 S. mit 4 Taf. und 4 Bl. Erklärungen.) 888. *M 16.—.] *
Aus: Beiträge zur Paläontologie Oesterreich-Ungarns und des Orients, besonders abgedruckt.

Schlosser, Max [I.]. Die Affen, Lemuren, Chiropteren, Insectivoren, Marsupialier, Creodonten u. Carnivoren d. europäischen Tertiärs u. deren Beziehungen zu ihren lebenden u. fossilen aussereuropäischen Verwandten. 3. Tl. gr. 4. (106 S.) Wien 890, Hölder. * 8 —
Aus: Beiträge z. Paläontol. Oesterreich-Ungarns u. d. Orients, besonders abgedruckt.
1. u. 2. Tl. Ebd. 1888. * 36 —.

Schlosser, Max, über die Bären u. bärenähnlichen Formen des europäischen Tertiärs. gr. 4. (58 S. m. 2 Taf. u. 2 Bl. Erklärgn.) Stuttgart 899. E. Schweizerbart. n. 12.—
Sonderabdruck aus: „Palaeontographica".

Schlosser, Max, die Bären- od. Tischoferhöhle im Kaisertal bei Kufstein, unter Mitwirkg. v. F. Birkner u. H. Obermaier. (S. 387—506 m. Abb. u. 5 Taf.) Lex. 8. München 909. G. Franz' Verl. 6. —
Sonderabdr. aus: „Abhandlgn. d. k. bayer. Akad. d. Wiss."

– Beiträge zur Kenntniss der Säugethierreste aus den süddeutschen Bohnerzen, s.a. Abhandlungen, Geologische u. palaeontolog. N. F. V. 3.

Beiträge zur Kenntniss der Säugethierreste aus den süddeutschen Bohnerzen. Von M[ax] Schlosser. Mit 5 Taf. u. 3 Abb. Jena: G. Fischer 1902. (144 S.) 4°
(Abhandlungen, Geologische u. palaeontologische. N. F. Bd 5, H. 3.)

– Über die mittelliasische Brachiopodenfauna v. Südtyrol, s. Böse, Emil

Schlosser, Max, die Fauna des Kelheimer Diceras-Kalkes. 1. Abth.: Vertebrata, Crustacea, Cephalopoda u. Gastropoda. [Aus: „Palaeontographica".] gr. 4. (65 S. m. 6 Steintaf. u. 6 Bl. Taf.-Erklärgn.) Kassel 881. Fischer. n. 25. —

Schlosser, Max (I.), die Fauna des Kehlheimer Diceras-Kalkes. 1. Abthl.: Vertebrata, Crustacea, Cephalopoda und Gastropoda. gr. 4. (65 S. mit 6 Stnt. und 6 Bl. Taf.-Erklärungen.) [Kassel 881, Fischer.] Stuttgart, Schweizerbart'sche Verlagsh. *

Schlosser, Max, eine untermiocäne Fauna aus dem Teplitzer Braunkohlenbecken, m. Bemerkgn. über die Lagerungs- u. Altersverhältnisse der Braunkohlengebilde im Teplitzer Becken v. J. E. Hibsch. (30 S. m. 2 Taf.) gr. 8. Wien 902. (A. Hölder.) n. 1. 10
Sonderabdruck aus: „Sitzungsber. d. k. Akad. d. Wiss."

Schlosser, Max: Eine untermiozäne Fauna aus dem Teplitzer Braunkohlenbecken, von Max Schlosser. Mit Bemerkungen über die Lagerungs- und Altersverhältnisse der Braunkohlengebilde im Teplitzer Becken, von Josef E. Hibsch (mit 2 Taf.). S. 111. I. 1123.
Separatabdruck

Schlosser, M., u. E. Zink, Grabdenkmäler. Aufnahme u. Entwürfe v. leicht ausführbaren, modernen u. stilgerechten Grabmonumenten. Für Bildhauer u. Steinmetzen hrsg. 2. Aufl. (In 10 Lfgn.) 1. Lfg. hoch 4. (6 Steintaf.) Ravensburg 889. Dorn. n. — 90

Schlosser, Max, u. Eug. Zink, Grabdenkmäler. Aufnahme u. Entwürfe v. leicht ausführbaren, modernen u. stilgerechten Grabmonumenten. Für Bildhauer u. Steinmetzen hrsg. 2. Aufl. 2.—10. (Schluss-) Lfg. hoch 4. (à 6 Steintaf.) Ravensburg 889. 890. O. Maier. à n. — 90

– Zur Kenntnis d. Säugethierfauna der böhm. Braunkohlenformation, s.a. Abhandlungen des deutschen naturwiss.-medic. Vereines f. Böhmen „Lotos". II. 3.

Zur Kenntnis der Säugethierfauna der böhm. Braunkohlenformation. Von Dr. **Max Schlosser** in München. Mit 1 Taf. *Prag: J. G. Calve 1901.* (43 S.) 4°

— Beiträge z. Kenntnis d. Wirbelthierfauna d. böhm. Braunkohlenformation. 1

— **Abhandlungen** d. deutschen naturwiss.-med. Vereines f. Böhmen 'Lotos'. Bd 2, H. 3. [01. 10433]

Schlosser, Max „Landsberg zur Zeit der napoleonischen Kriege, besonders in den Jahren 1800—1806". pg. 3—39 8°. A Lechner'sche Buchd.
Straubing, Progr. 1885/86

Schlosser, Max „Moreau in Schwaben und Bayern im Jahre 1796 mit besonderer Berücksichtigung der Schicksale Landsbergs". pg 3—46 und 1 Bl. Druckf. 8°. Mit einer Karte. A. Lechner.
Straubing, Progr. 1884/85

—— **die Nager des europäischen Tertiärs, nebst Betrachtungen über die Organisation und die geschichtl. Entwicklung der Nager überhaupt. gr. 4. (143 S. mit 8 lithogr. Taf. und 10 Bl. Erklärungen.) Ebendas. 884.** *
aus: Palaeontographica, besonders abgedruckt.

– Parailurus anglicus u. Ursus Böckhi aus den Ligniten v. Baróth-Köpecz. s.: Mitteilungen aus d. Jahrbuche der königl. ungar. geolog. Anstalt. XIII. 2.

Die fossilen Säugethiere Chinas nebst einer Odontographie der recenten Antilopen. Von **Max Schlosser**. (Mit 14 Taf. u. 32 Textfig.) *(München: K. Akademie; G. Franz in Komm. 1903.)* (221 S.) 4°

— **Abhandlungen** der mathematisch-physikalischen Classe d. königl. Bayerischen Akad. d. Wiss. Bd 22, Abth. 1. [03. 14307]

Schlosser, Max, u. Rich. **Glocker,** Zeichnungen v. leicht ausführbaren, modernen u. stilgerechten Aufnahmen u. Entwürfen v. Grabdenkmälern, f. Bildhauer u. Steinmetzen hrsg. (In 10 Hftn.) 1—3. Hft. Fol. (à 6 Steintaf.) Ravensburg 884. Dorn. à 1. 50

— u. Eug. **Zink,** dasselbe. 4—10. (Schluss-)Hft. Fol. (à 6 Steintaf.) Ebend. 884. 85. à 1. 50
(cplt. in Mappe: n. 16. —)

SCHLOSSER, Max Joseph (Greifenberg): Ueber die Radikalbruchoperation nach Mösner.- München: Wolf 1853. 24 S.
14.7.1849 - Urk (Titel: De operatione herniarum radicali secundum Moesner.); F 67
Diss. Ingolst. Landsh.-Mchn.

Schlosser, **Mch , († 1809.) Canticum eucharisticum et triumphale Hannae matris Samuelis. 1. Sam. III, 1—10,** quod illustravit etc. 8maj. Erlang. **801. (Palm).** 8 gl. Edit. rep. 818. Bamb., Kunz. 6 gl.

Schlosser, M., Canticum eucharisticum et triumphale Hannae matris Samuelis. gr. 8. Erlang. Palm. 808.

Lange, Joh. Christian [Präs.] u. Phil. Casimir Schlosser (Weilburg) [Resp.] Dissertatio academica qua summas inter laudationes ac vituperationes olim hodieque versanti doctrinae metaphysicae, seposito partium studio, ea, quae justa sunt visa, modeste asseruntur, deque ipsius natura, usu, pretio et cultu, non nihil pro temporis conditione agitur.
Giessae Hassorum 24. März 1708: Henning Müller. 49, (3) S. 4°

Schlosserus, Philipp. Casimir., de Serpente Seductore non Naturali sed Diabolo. Jen. 713. 4.

Schlosser, W. (Hrsg.). s. Espinas. Alfred: Die thierischen Gesellschaften.

Schlosser, W., Reisen in Brasilien u. Algier od. Lebensschicksale Wendelin Schlossers, zuletzt gewesenen Bombaschi d. Achmed Bay von Constantine. 8. (..B. u. 6 Stnt.) Gotha 839, Hennings u. Hopf. Thlr.

Schlosser, W. L. G., s. Schlosser. Ludwig Wilhelm

Schlosser, Wilh., die Gebühren der k. k. österreichischen Armee im Felde. Wien **866.** Gerold's Sohn. 8. (XV, 240 S.) n. 1 Thlr 10 ngr.

Schlösser, Die beiden, zu **Baden, ehemals und jetzt.** Karlsruhe 1851. **V:** *Krieg v. Hochfelden, Gg Hnr.* (Zuwachsverz. d. **Bibliotheken in Zürich** 1898 ff.)

Schlösser, Burgen u. Ruinen in Würtemberg u. Hohenzollern. Lex.-8. (22 Ans. in Stahlst. u. 26 Bl. Text.) Ulm 842, Stettin'sche Vrlgsh. *

Schlösser, die Kaiserlichen, von Berlin und Potsdam in ihren inneren Einrichtungen. Photographische Aufnahmen von Jamrath & Sohn. (36 Bl) grfol Berlin

Schlösser, Die, in Spanien; ein psychologischer Roman. Ronneburg 1798—99. V: *Lüders, Ludwig.* (MGT) (Ky)

Schlösser, die, in Spanien, (von Edw. Lüders). 2 Thle. 8. Zwickau 798, 799. Neuer Titel 801. Schumann. 1 Thlr 12 gl.

Schloesser, Augustus [aus Manchester, England]: Condensation von Benzoylessigester mit bernsteinsaurem Natrium ...
Strassburg: Univ.-Buchdr. v. J. H. Ed. Heitz (Heitz & Mündel) 1889. 24 S. 8°
Strassburg, Math.-Naturw. Fak., Inaug.-Diss. v. 1889

Schloesser, Carl, s. Schloesser, Karl

Schlösser, E., die Münztechnik. Ein Handbuch f. Münztechniker, Medaillenfabrikanten, Gold- u. Silberarbeiter, Graveure u. techn. Chemiker. **Mit 121 Illustr.** gr. 8. (VIII, 251 S.) **Hannover 884. Hahn.** n. 7. —

— u. A. **Ernst,** Verfahren u. Vorrichtung zur Gewinnung d. Flugstaubes in den Rauchkanälen u. Condensationsräumen v. Hüttenwerken, Fabriken, Dampfkessel- u. sonstigen Feuerungs-Aulagen. gr. 8. (8 S. m. 1 Steintaf.) Hannover 885. (Freiberg, Craz & Gerlach.) n. 1. 25

Schlösser, Edmund, a. Ratingen: Der Einfluss unmagnetischer Metallkerne auf die Selbstinduktion und den wirksamen Widerstand einer Drahtspule. Münster i. W. 1908: G. Krebber. (42 S.) 8°
Münster, Phil. Fak., Ref. Heydweiller, Diss. v. 16. März 1908
[Geb. 3. Juli 83 Ratingen; Wohnort: Ratingen; Staatsangeh.: Preußen; Vorbildung: Gymn. Dusseldorf Reife O. 03; Studium: Marburg 2, Münster 7 S.; Rig. 9. Aug. 07.]

Schloesser, H., Anleitung zur statischen Berechnung v. Eisenconstruktionen. Mit Holzschn. u. 1 (lith.) Plan. gr. 8. (VI, 140 S.) Berlin 885. Springer. geb. n. 6. —

Schloesser, H., Anleitung zur statischen Berechnung v. Eisenkonstruktionen im Hochbau. 2., neu bearb. u. erweit. Aufl. gr. 8. (IX, 196 u. Tab. XVI S. m. Holzschn. u. 1 Plan.) Berlin 893. J. Springer. Geb. in Leinw. n. 7. —

Anleitung zur statischen Berechnung von Eisenkonstruktionen im Hochbau. Von H. **Schloesser**, Ing. Mit 160 Abb., 1 Beil. u. 1 Baupl. 3., verb. Aufl. bearb. u. hrsg. von W(ilhelm) Will, Ing. *Berlin: J. Springer 1903.* (IX, 236 S.) 8° [03. 7301]

Schlösser, H., und A. Tischbein, Denkmale Altdeutsch. Baukunst in Lübeck, s.u. Denkmale.

Denkmale altdeutscher Baukunst in Lübeck, aufgenommen, lithographiert u. hrgg. v. **H. Schlösser** und **A. Tischbein.** H. 1—3. (Lübeck 1832.) Fol.

Schlösser, H.: Tafeln zur Berechnung der Grundsteuer für alle zwischen 9 u. 10 liegenden Prozentsätze der Besteuerung. Oppeln 1866. 4°

Schlösser, H.: Tafeln zur Berechnung der Grundsteuer in der Reichsmarkwährung. Berlin 1874.

Schloesser, H., Tafeln zur Vergleichung der metrischen Masse und Gewichte mit den wichtigsten anderen und insbesondere den bisher. preuss. Massen und Gewichten. Nebst einer gemeinfassl. Anleitung zur Umrechnung der Massgrössen und Preise. Revid. Ster.-Aufl. 16. (VI, 45 S.) Berlin 871, Hermann.

—— Verzeichniss sämmtlicher Postorte des deutschen Post-Vereins mit Angabe ihrer Lage im Post-Tax-Quadratnetz nebst einer Anleitung zur einfachen Berechnung der Portotaxen für Packet-Sendungen von jedem Postort des deutschen Postvereins nach allen übr. Postorten desselben. Unter Benutzung amtl. Materialien hrsg. Mit einer (chromolithogr.) Situations-Karte des Taxquadrat- und Eisenbahnnetzes für das norddeutsche, bayerische, württembergische und badische Postgebiet (in Imp.-Fol.). gr. 8. (XV, 142 S. mit 1 Tab. in Fol.) Berlin 869, F. Lobeck. [Anders.] cart. *
Ohne Situations-Karte *
Die Karte apart *

Schlösser, H., methodische Winke für den biblischen u. liturgischen Unterricht, s.: Krings, P.

Schlösser, Jacob [app. Arzt aus Aachen]: Aus d. patholog. Institute zu Kiel. Beitrag zur Statistik der Uterusmyome ... Kiel: Druck v. Ch. Donath 1893. 11 S., 2 Bl. 8°
Kiel, Med. Fak., Inaug.-Diss. v. [19. Apr.] 1893

Schloesser, Karl

SCHLÖSSER, Carl (München): Zur vergleichenden pathologischen Anatomie und Ätiologie der Mastitis.- Leipzig: Hirschfeld 1883. 20 S.
5.3.1883 - Urk (Titel: De mastidis anatomia pathologia et aetiologia.); Chr 1882/83,18
Diss. Ingolst.-Landsh.-Mchn.

Schloesser, C.: Die für die Praxis beste Art der Gesichtsfelduntersuchung. s.a. Sammlung zwangloser Abhandlungen auf dem Gebiete der Augenheilkunde. III. 8.

Die für die Praxis beste Art der Gesichtsfelduntersuchung, ihre hauptsächlichsten Resultate u. Aufgaben. Von C[arl] Schloesser. *Halle a. S.: C. Marhold 1901.* (30 S.) 8°
= Sammlung zwangloser Abhandlungen aus d. Geb. d. Augenheilkunde. Bd 3, H. 8. [..., 97] 3

Schloesser, Carl, experimentelle Studie über traumatische Katarakt. gr. 8. (III, 48 S. mit 6 Taf. und 2 Holzschn.) München 887, Rieger'sche Universitäts-Buchh. *

Schlösser, Kurt, Referendar in Elberfeld: Die zukünftige Forderung und ihre Abtretbarkeit. Borna-Leipzig 1907: R. Noske. (VII, 39 S.) 8°
Leipzig, Jur. Fak., Diss. v. 14. Juni 1907
[Geb. 16. Juli 82 Elberfeld; Wohnort: Elberfeld; Staatsangeh.: Preußen; Vorbildung: Gymn. Elberfeld Reife O. 02; Studium: Lausanne 1, München 1, Heidelberg 1, Berlin 1, Bonn 2 S.; Rig. 14. Juni 06.]

Frauenliebe. Comp. von Louis Schlösser. [Unterz.: Heinr.] Schw[arzschild]. [Frankfurt a. M.] o. J. 2 Bl. 8° [Umschlagtit.]
Ohne Noten: „Wem ein Liedlein je gelungen ..."

Schlösser, P. Jac., die amerikanische Obstindustrie u. die Entwickelung des amerikanischen Obstexportes. (72 S. m. 1 graph. Taf.) gr. 8. Frankfurt a/O. 905. (Trowitzsch & Sohn.) n. 1.50

Schlösser, Paul [aus Düsseldorf]: Die Lautverhältnisse der Quatre Livres des Rois ... Bonn: Univ.-Buchdr. v. C. Georgi 1886. 94 S. 8°
Bonn, Phil. Fak., Inaug.-Diss. v. 15. Jul. 1886

Schlösser, Paul, die Lautverhältnisse der Quatre Livres des Rois. gr. 8. (94 S.) Leipzig 887, Fock. *

Schlösser, Paul: Die Temperkohle und der Einfluss von Kohlenstoff, Silicium, Mangan, Schwefel, Phosphor und Kupfer auf die Bildung derselben im Eisen. 1904. 40 S., 2 Taf. 4° ¶ Ausz. mit Änderungen in: Stahl u. Eisen. Jg. 24, Halbj. 2 u. in: Mitteilungen aus d. Eisenhüttenmänn. Institut d. Kgl. Techn. Hochschule Aachen. 1906 [Nr 99].
Aachen, Dr.-Ing.-Diss. v. 18. 4. 1904

Schlösser, Peter Rich. Norb., aus Düsseldorf (Preussen): Ueber die Derivate des α-Jodosonaphtalins, des α-Naphtylphenyljodiniumhydroxyds und über das p-p-Dijod-α-α-dinaphtyl. *Freiburg i. B. 1899: Ch. Lehmann's Nachf.* (46 S.) 8°
Freiburg i. B., Phil. Diss. v. 1899

Schlösser, Rudolf [aus Elberfeld]: Zur Geschichte und Kritik von Friedrich Wilhelm Gotter's Merope ... Leipzig: Druck v. J. B. Hirschfeld 1890. IV, 144 S. 8°
Leipzig, Phil. Fak., Inaug.-Diss. v. [29. Okt.] 1890

Schlösser, Rud., zur Geschichte u. Kritik v. Friedrich Wilhelm Gotter's Merope. gr. 8. (IV, 142 S.) Leipzig 890. Fock. n. 2.—

– Friedrich Wilhelm Gotter, s. Forschungen, Theatergeschichtliche. X.

Schlösser, Rud., Rameaus Neffe (Goethes Übersetzg. des Diderotschen Dialogs), s. a. Forschungen zur neueren Litteraturgeschichte. XV.

Rameaus Neffe. Studien u. Untersuchungen z. Einführung in Goethes Übersetzung d. Diderotschen Dialogs von Dr. Rudolf Schlösser, Privatd., Jena. Berlin: A. Duncker 1900. (292 S.) 8°
(Forschungen z. neueren Litteraturgeschichte. 15.)

Schlösser, Rud., August Graf v. Platen. Ein Bild seines geist. Entwicklungsganges u. seines dichter. Schaffens. (In 2 Bdn.) 1. Bd. 1796—1826. (XXIX, 767 S. m. Taf., Fkms. u. 1 Bildnis.) Lex. 8. München 910. R. Piper & Co. 14.—; geb. in Halbfrz. 17.—

Schlösser, Rud., vom Hamburger Nationaltheater zur Gothaer Hofbühne, s. a. Forschungen, theatergeschichtliche, XIII.

[F.] Schlösser, Rudolf: Vom Hamburger Nationaltheater zur Gothaer Hofbühne. 1767—1779. Dreizehn Jahre aus d. Entwickelg e. deutschen Theaterspielplans ... '(Hamburg, L. Voss, 1895.)'; 4 Bl., 80 S. 8.
Jena, Phil. Fak., Hab.-Schr. v. 1895

Schlösser, W. Die Siemens'schen Spiritus-Meßapparate u. ihre Verwendung bei der Versteuerung d. Branntweins. 8. (V, 64 S. m. Abbildgn.) Berl. 891, Parey. cart. * 1 50

Schlosser-Kalender f. d. J. 1891 u. 1892. Hrsg. v. der Red. der deutschen „Schlosser-Zeitg." m. zahlreichen Musterzeichngn. u. Illustr. 1. u. 2. Jahrg. gr. 16. (XVI, 41; IV, 114 S.) Dresd., Bloem. 1. Jahrg. cart. * 1 —; 2. Jahrg. geb. in Leinw. * 1 25

—— dass. — Für d. J. 1893. 3. Jahrg. gr. 16. (141 S.) Berl., C. Elsner. geb. in Leinw. * 1 25

Schlosser-Kalender f. d. J. 1895, verbunden m. dem Schmiede-Kalender. Hrsg. v. der Red. der „Deutschen Schlosser-Zeitg." m. zahlreichen Musterzeichngn. 6. Jahrg. gr. 16. (172 S.) Berlin, O. Elsner. Geb. in Leinw. n. 1. 25; m. Nickelschloß n. 1. 50

Schlosser-Kalender f. d. J. 1899, verbund. m. d. Schmiede-Kalender. Hrsg. v. der Red. der „Deutschen Schlosser-Zeitg." M. d. Bildniß v. Eduard Puls u. zahlr. Musterzeichngn. 9. Jahrg. 12. (201 S.) Berlin, Kahlenberg & Günther. Geb. in Leinw. n. 1. 25; m. Nickelschloß n. 1. 50

Schlosser-Kalender, Fortsetzg., s.: Schlosser- u. Schmiede-Kalender.

— allgemeiner, f. d. J. 1899. Notiz- u. Nachschlagebuch f. Schlosser, Maschinenbauer, Schmiede, Installateure, Monteure, Werkführer. Hrsg. v. d. Red. d. „Allgem. Schlosser-Zeitg." m. Musterzeichngn. 4. Jahrg gr. 16. (196 S.) Dresden, Gust Wolf. Geb. in Leinw. n.n. 1. 10

Schlosser-Kalender, allgemeiner, f. d. J. 1903. Notiz- u. Nachschlagebuch f. Schlosser, Maschinenbauer, Schmiede, Installateure, Monteure, Werkführer. Hrsg. v. der Red. der „Allgem. Schlosser-Zeitg." (m. Musterzeichngn.) 8. Jahrg. 12. (252 S.) Dresden, Gust. Wolf. Geb. in Leinw. 1. 10

Schlosser-Kalender, allgemeiner, f. d. J. 1907. Notiz- u. Nachschlagebuch f. Schlosser, Maschinenbauer, Schmiede, Installateure, Monteure, Werkführer. (Mit Musterzeichnungen.) Hrsg. v. d. Red. der „Allgemeinen Schlosser-Zeitung". 12. Jahrg. (294 S.) kl. 8. Dresden, Gust. Wolf. Geb. in Leinw. 1. 20

Schlosser-Kalender, allgemeiner, f. d. J. 1911. Notiz- u. Nachschlagebuch f. Schlosser, Maschinenbauer, Schmiede, Installateure, Monteure, Werkführer. (Mit 144 Musterzeichngn.) Hrsg. v. der Red. der „Allgemeinen Schlosser-Zeitg." 16. Jahrg. 2 Tle. (368 u. 71 S. m. 1 Vorlage.) kl. 8. Dresden, G. Wolf. Geb. in Leinw. u. geh. 1. 50

Schlosser- und Schmiede-Kalender, deutscher, für die J. 1882—1884. Praktisches Hilfs- und Nachschlagebuch für Schlosser, Schmiede, Werkführer, Monteure und Metallarbeiter aller Art. Bearb. unter Mitwirkung bewährter Fachleute von Ulrich R. Maerz. 1.—3. Jahrg. gr. 16. (XII, 196; XII, 228 S. mit 1 lithogr. Eisenbahnkarte; XII, 112, 120 S.) Berlin, Polytechn. Buchhandlung. geb. à Jahrg. *

—— dass. — 4. Jahrg. 1885. gr. 16. (IV, 128, 56 S. mit 1 Eisenbahnkarte und 111 Textfig.) Leipzig, Baumgärtner's Buchh. geb. *
In Portefeuillebd. *

Schlosser- und Schmiede-Kalender, deutscher. Ein prakt. Hilfs- und Nachschlagebuch für Schlosser, Schmiede, Werkführer, Monteure und Metallarbeiter aller Art. Hrsg. von Ulr. R. Maerz. 5.—7. Jahrg. 1886—1888. gr. 16. (IV, 132, 56 S. mit 111 Textfig.; IV, 151, 56 S. mit 124 Textfig.; IV, 168, 56 S. mit über 100 Textfig. und je 1 Eisenbahnkarte.) Leipzig, Baumgärtner's Buchh. geb. à Jahrg. *
In Portefeuillebd. à Jahrg. *

—— dass. — 8. Jahrg. 1889. gr. 16. (IV, 187, 56 S. mit über 150 Textfig., 3 Taf. in Lichtdr. und 1 Eisenbahnkarte.) Dresden, Kühtmann. geb. *
In Brieftascheneinbd. *

Schlosser- u. Schmiede-Kalender, deutscher. Hrsg. v. Ulr. R. Maerz. 9. Jahrg. 1890. Mit 1 Eisenbahnkarte, üb. 150 Textfig. u. 3 Taf. in Lichtdr. gr. 16. (IV, 203, 56 S.) Dresd., Kühtmann. geb. * 3 —; in Brieftascheneinbd. * 5 —

—— dass. — 10.—12. Jahrg. 1891—1893. Allgemeine Abtlg. 12. (IV, 10; IV, 124 S. m. je 1 Schreibkal., 1 Eisenbahnkarte u. vielen Textfig; IV, 137 S. u. Schreibkal. m. Fig. u. 8 Taf.) Ebd. geb. à Jahrg. * 1 50; in Brieftascheneinbd. 10. u. 11. Jahrg. à * 2 50
12. Jahrg. * 3 —

—— dass. — 10.—12. Jahrg. Abtlg. f. Bauschlosser. Sonderzubehör zur allgem. Abteilg. 12. (IV, 84; IV, 97; IV, 119 S. m. Fig.) Ebd. à Jahrg. * 1 —

—— dass. — 10.—12. Jahrg. Abteilg. f. Hufschmiede. Sonderzubehör z. allgem. Abteilg. 12. (IV, 83; IV, 88; IV, 88 S.) Ebd. à Jahrg. * 1 —

—— dass. — 10.—12. Jahrg. Abtlg. f. Kunstschlosser. Sonderzubehör z. allg. Abtlg. 12. (III, 69; III, 81; IV, 97 S. m. je 10 Taf. u. Textfig.) Ebd. à Jahrg. * 1 —

Schlosser- u. Schmiede-Kalender, deutscher, 1895. Ein prakt. Hilfs- u. Nachschlagebuch f. Schlosser, Schmiede, Werkführer, Monteure u. Metallarbeiter aller Art. Begründet v. Ulr. R. Maerz. Red.: Alfred Schubert. 14. Jahrg. (Sonderzubehör.) Abtlg. f. Bauschlosser. gr. 16. (IV, 141 S. m. Abbildgn. u. 9 Taf.) Dresden, G. Kühtmann. n. 1. —

— dasselbe. Abtlg. f. Hufschmiede. gr. 16. (88 S. m. Abbildgn.) Ebd. n. 1. —

— dasselbe 1897. (Sonderzubehör.) Abtlg. für Bauschlosser. 12. (IV, 141 S. m. Abb. u. 11 Taf.) Ebd. n. 1. —

— dasselbe. Abtlg. für Hufschmiede. 12. (88 S. m Abb.) Ebd. n. 1. —

— dasselbe. Abtlg. f. Kunstschlosser. 12. (IV, 126 S. m. Abb. u. 10 Taf.) Ebd. n. 1. —
Die Sonder-Ausgaben sind weiter nicht erschienen.

Schlosser- u. Schmiede-Kalender, deutscher, 1899. Ein prakt. Hilfs- u. Nachschlagebuch f. Schlosser, Schmiede, Werkführer, Monteure u. Metallarbeiter aller Art. Begründet von Ulr. R. Maerz. Red.: Alfr. Schubert 18. Jahrg. 12. (IV, 236 S. u. Schreibkal. m. Fig.) Dresden, G. Kühtmann. Geb. in Leinw. n. 2. —; in Brieftaschenldrbd. n. 4. —

— — deutscher, 1903. Ein prakt. Hilfs- u. Nachschlagebuch f. Bau- u. Kunstschlosser, Schmiede, Werkführer, Monteure u. Metallarbeiter aller Art. Begründet v. Ulr. R. Maerz. Red.: Alfr. Schubert. 22. Jahrg. 12. (IV, 296 S. u. Schreibkalender m. Fig.) Dresden, G. Kühtmann. Geb. in Leinw. n. 2. —; in Brieftaschenldrbd. n. 4. —

— — deutscher, 1906. Ein prakt. Hilfs- u. Nachschlagebuch für Bau- u. Kunstschlosser, Schmiede, Werkführer, Monteure u. Metallarbeiter aller Art. Begründet von Ulr. R. Maerz. Red.: H. Walter. 25. Jahrg. Jubiläums-Ausg. (VI, 371 S. u. Schreibkalender m. Fig.) kl. 8. Leipzig, H. A. L. Degener. Geb. in Leinw. 2. —; in Brieftaschenldrbd. 4. —
Fortsetzg., s.: Jahrbuch u. Kalender f. Schlosser u. Schmiede.

Schlosser- u. Schmiede-Kalender f. d. J. 1902. Hrsg. v. der Red. der „Deutschen Schlosser-Zeitg." Mit d. Bildniß v. Paul Marcus u. zahlr. Mustervorlagen nach dessen Werken. 12. Jahrg. 12. (VI, 246 S.) Berlin, Kahlenberg & Günther. Geb. in Leinw. n. 1. 25; m. Nickelschloß n. 1. 50

Schlosser- u. Schmiede-Kalender f. d. J. 1907. Hrsg. v. der Red. der „Deutschen Schlosser-Zeitg." Mit dem Bildnis Wilh. Ehlerding's u. zahlreichen Mustervorlagen nach Entwürfen des Künstlers. 17. Jahrg. (VI, 268 S.) kl. 8. Gr.-Lichterfelde, Kahlenberg & Günther. Geb. in Leinw. n.n. 1. 50

Schlosser- u. Schmiede-Kalender f. d. J. 1911. Begründet v. Gust. Ursin. Mit dem Bildnis Paul Heinrich's u. zahlr. Mustervorlagen Wilh. Ehlerding's. 20. Jahrg. (VI, 268 S.) kl. 8. Gr.-Lichterfelde, Kahlenberg & Günther. Geb. in Leinw. nn 1. 50

Schlosser-Lehrling, der, sein Verhalten u. seine Fortbildung während der Lehrzeit sowie seine Vorbereitung zur Gesellen-Prüfung. Hrsg. v. der Handwerkskammer f. das Herzogt. Braunschweig. (24 S. m. 21 Taf.) gr. 8. Braunschweig 907. (H. Sievers & Co. Nachf.) 1. 35

Schlossermappe, die. Zwanglose Hefte m. Entwürfen aus allen Gebieten der Bau- u. Kunstschlosserei. Hrsg. v. dem Verlag der illustr. Fachzeitschrift „Der Bau- u. Kunstschlosser" Lübeck. Serie A—C. je Heft 1; Serie D. Heft 1 u. 2; Serie E. Heft 1; Serie F. G. je Heft 1 u. 2; Serie H—M. je Heft 1 u. Serie N. Heft 1 u. 2. (à 2 S. Text auf dem Umschlag.) 33,5×24,5 cm. Lübeck, Ch. Coleman. à Heft 2. —

A. Einfriedigungsgitter. 1. Heft. Einfache, nicht zu reiche Garten- u. Frontgitter. (15 Taf.) (908.)
B. Brüstungsgitter. 1. Heft. Einfachere Balkon-, Brüstungs- u. Schaufenstergitter. (15 Taf.) (908.)
C. Treppengitter. 1. Heft. Nicht zu reiche Treppengitter. (15 Taf.) (908.)
D. Füllungsgitter. 1. Heft. Ganz einfache Haustürfüllgn. (15 Taf.) (908.)
Dasselbe. 2. Heft. Nicht zu reiche Haustürfüllungen. (15 Taf. [30 Abb.]) (909.)
E. Fenstergitter. 1. Heft. Fenstergitter in einfacher Ausführg. (15 Taf. [41 Abb.]) (909.)
F. Tore u. Turm. 1. Heft. Garten-, Hof- u. Parktore in einfacher Ausführg. (15 Taf.) (908.)
2. Heft. Dasselbe in reicherer Ausführg. (15 Taf.) (908.)
G. Grabgitter. 1. Heft. Grabgitter einfacher Ausführg. (15 Taf.) (908.)
2. Heft. Dasselbe besserer Ausführg. (15 Taf.) (908.)
H. Grabkreuze. 1. Heft. Grabkreuze, Grabdenkmäler u. Grablaternen in reicherer Ausführg. (15 Taf.) (908.)
I. Firmenschilder u. Wandarme. 1. Heft. Firmenschilder verschiedener Art. (15 Taf.) (908.)
K. Schmiedeeiserne Möbelstücke. 1. Heft. Schirmständer, Käfigständer, Blumentische, Büstenständer, Ofenständer, Garderoben. (15 Taf.) (908.)
L. Kleinere Hausgerätschaften. 1. Heft. Uhrgehäuse, Christbaumständer, Zierschalen, Bilderrahmen, Handleuchter, Schreibzeuge. (15 Taf.) (908.)
M. Drahtgitter-Arbeiten. 1. Heft. Frontgitter, Tore, Balkongitter, Brüstungsgitter, Treppengitter, Blumengitter, Grabgitter unter Verwendg. v. Streckmetall u. Drahtgeflechten. Entwürfe v. Karl Fischer. (16 Taf. [49 Abb.]) (908.)
N. Beleuchtungskörper. 1. Heft. Beleuchtungskörper f. die Strasse u. im Freien überhaupt. (15 Taf. [51 Abb.]) (910.)
2. Heft. Beleuchtungskörper f. Innenräume. (15 Taf. [41 Abb.]) (910.)

Schlosser-Zeitung, allgemeine. Praktisches Fachblatt f. Schlosserei, Maschinenbau u. verwandte Zweige. Central-Organ f. Schlosser, Maschinenbauer, Gas- u. Wasserleitungs-Installateure, Monteure u. Werkmeister Deutschlands u. Oesterreich-Ungarns. Hrsg.: Gust. Wolf. Schriftleitung unter Mitwirkg. v. Fachautoritäten durch Otto Vogel. 1. u. 2. Jahrg. 1891. 1892. à 36 Nrn. (1½ Bog. m. Abbildgn.) gr. 4. Dresden. Leipzig, B. Leitholdt. à Jahrg. n. 6. —

— dasselbe. Hrsg.: Gust. Wolf. Schriftleitung unter Mitwirkg. v. Fachautoritäten durch Adf. Gründel. 3. u. 4. Jahrg. 1893. 1894. à 36 Nrn. (1½ Bog. m. Abbildgn.) gr. 4. Ebd. à Jahrg. n. 6. —

Schlosser-Zeitung, allgemeine. Praktisches Fachblatt f. Schlosserei, Maschinenbau u. verw. Zweige. Central-Organ f. Schlosser, Maschinenbauer, Schmiede, Gas- u. Wasserleitungs-Installateure, Monteure Deutschlands u. Oesterreich-Ungarns. Hrsg.: Gust. Wolf. Schriftleitg. unter Mitwirkg. v. Fachautoritäten durch Adf. Gründel 5.—8. Jahrg. 1895—1898. à 36 Nrn. (à ca. 12 S. m. Taf. gr. 4. Dresden. (Leipzig, B. Leitholdt.) à Jahrg. n. 6. -
kann auch vierteljährlich bezogen werden.

Schlosser-Zeitung, allgemeine. Praktisches Fachblatt f. Schlosserei, Maschinenbau u. verwandte Zweige. Offizielles Organ des Verbandes deutscher Schlosser-Inngn. u. der deutschen Schlosser-Schule in Roßwein i. S. Hrsg.: Gust. Wolf. Schriftleitung durch M. B. Müller u. Karl Weinert. 9.—12. Jahrg. 1899—1902. Nebst Beiblatt: Zeitschrift f. Heizg. u. Beleuchtg. 3. u. 4. Jahrg. 1901 u. 1902. à 36 Nrn. gr. 4. (à ca. 12 u. 10 S. m. Abbildgn. u. Taf.) Dresden. (Leipzig, B. Leithold.) à Jahrg. n. 6. —

Schlosser-Zeitung, allgemeine. Praktisches Fachblatt f. Schlosserei, Maschinenbau u. verwandte Zweige. Offizielles Organ des Verbandes deutscher Schlosser-Inngn. u. der deutschen Schlosser-Schule in Roßwein i. S. usw. Hrsg. v. Gust. Wolf unter Mitwirkg. bedeut. theoretisch u. praktisch gebildeter Fachmänner. 13.—16. Jahrg. 1903—1906. à 36 Nrn. (VI, 436; VI, 452; VI, 448 u. VI, 472 S. m. Abbildgn. u. je 60 Taf.) gr. 4. Dresden, Allgemeine Schlosserzeitg. à Jhrg. n. 6. —

Schlosser-Zeitung, allgemeine. Praktisches Fachblatt f. Schlosserei, Maschinenbau u. verwandte Zweige. Offizielles Organ des Verbandes deutscher Schlosser Inngn. u. der deutschen Schlosser-Schule Roßwein i. S. usw. Hrsg. v. Gust. Wolf unter Mitwirkg. bedeut. theoretisch u. praktisch gebildeter Fachmänner. 17.—20. Jahrg. 1907—1910. à 36 Nrn. (à ca. 16 S. m. Abb. u. 2 Taf.) 31,5×24 cm. Dresden, G. Wolf. à Jahrg. 6. —

Schlosser-Zeitung, deutsche. Fachblatt für Maschinenbau, Schlosserei und verwandte Zweige. Organ der Schlosser-, Sporer-, Büchsen- und Windenmacher-Innung zu Berlin. Unter Mitwirkung bewährter Ingenieure und anderer Fachmänner hrsg. und redig. von E. Gubatz. 1. und 2. Jahrg. 1883 und 1884. à Jahrg. 24 Nrn. (à Nr. 2 Bog. mit Illustr.) gr. 4. Berlin. (Leipzig, Ehrlich.) à Jahrg. *

Schlosser-Zeitung, deutsche. Fachblatt für Maschinenbau, Schlosserei und verwandte Zweige. Organ der Schlosser-, Sporer-, Büchsen- und Windemacher-Innung zu Berlin. Unter Mitwirkung bewährter Ingenieure und anderer Fachmänner hrsg. und redig. von E. Gubatz. 3. Jahrg. 1885. 24 Nrn. (à Nr. 2 Bog. mit Illustr.) gr. 4. Berlin. (Leipzig, Ehrlich.) *

—— dass. — Redact.: E. Japing. 4. Jahrg. 1886. 24 Nrn. (à Nr. 2 Bog. mit Illustr.) gr. 4. Dresden, Bloem. *

—— dass. — Redact.: E. Japing. 5. Jahrg. 1887. 30 Nrn. (à Nr. 2 Bog. mit Illustr.) gr. 4. Ebendas. *

—— dass. — Fachblatt für Maschinenbau, Schlosserei und verwandte Zweige. Organ des Verbandes der Schlosser-Innungen Deutschlands. Unter Mitwirkung bewährter Ingenieure und anderer Fachmänner hrsg. Redact.: E. Japing. 6. Jahrg. 1888. 36 Nrn. (à Nr. 2 Bog. mit Illustr.) gr. 4. Ebendas. *

— dasselbe. Red.: H. Vögel. 7. Jahrg. 1889. 36 Nrn. (2 B. m. Illustr.) gr. 4. Ebd. n. 6. —

— dasselbe. Red.: U. R. Maerz. 8. Jahrg. 1890. 36 Nrn. (2 B. m. Illustr.) gr. 4. Ebd. n. 6. —

— deutsche. Illustrirtes Fachblatt f. Maschinenbau, Schlosserei u. verwandte Zweige. Central-Organ der Maschinenbauer, Schlosser, Gas- u. Wasserleitungs-Installateure 2c. Officielles Organ d. Verbandes der Schlosser-Inngn. Deutschlands. Schriftleitung d. fachl. Theiles durch Gust. Ursin. 9.—12. Jahrg. 1891—1894. à 36 Nrn. (2—3 Bog.) gr. 4. Berlin, O. Elsner. à Jahrg. n. 6. —

— deutsche. Illustr. Fachblatt f. Maschinenbau, Schlosserei u. verw. Zweige. Central-Organ der Maschinenbauer Schlosser, Gas- u. Wasserleitungs-Installateure ꝛc. Deutschlands u. Oesterreich-Ungarns. Offiz. Organ d. Verbandes d. Schlosser-Innungn. Deutschlands u. d. deutschen Schlosserschule zu Roßwein. Schriftleitg. d. fachl. Theiles durch Gust. Ursin. 13.—16. Jahrg. 1895—1898. à 36 Nrn (à ca. 20 S.) gr. 4. Berlin, Kahlenberg & Günther à Jahrg. n. 6. —; einz. Nrn. n. — 40
Kann auch vierteljährlich bezogen werden.

— deutsche. Illustr. Fachblatt f. Schlosserei, Maschinenbau u. verwandte Zweige. Offizielles Organ des Verbandes der Schlosser-Innungn. Deutschlands u. der deutschen Schlosserschule zu Roßwein. Schriftleitung des fachl. Theiles durch Gust. Ursin. 17. Jahrg. 1899. 36 Nrn. gr. 4. (à ca. 24 S.) Berlin, Kahlenberg & Günther. n. 6. —

— dasselbe. (Gegründet 1883 in Dresden.) Schriftleitung des fachl. Theiles durch Gust. Ursin. 18. u. 19. Jahrg. 1900 u. 1901. à 52 Nrn. Mit den Beiblättern: Der Fahrrad-Schlosser u. Der Installateur. à 26 Nrn. gr. 4. (à ca. 14 u. 4 S.) Ebd. à Jahrg. n. 8. —

— dasselbe. 20. Jahrg. 1902. 52 Nrn. Mit den Beiblättern: Der Fahrrad-Schlosser u. Der Installateur. à 26 Nrn. gr. 4. (à ca. 12 u. 4 S.) Ebd. n. 5. 30

— deutsche. Illustriertes Fachblatt f. Schlosserei, Maschinenbau u. verwandte Zweige. Gegründet 1883 in Dresden. Red.: Alb. Ohnstein. 21.—24. Jahrg. 1903—1906. à 52 Nrn. Beiblätter: Der Fahrrad-Schlosser u. Der Installateur, je 26 Nrn. (à ca. 12 u. 4 S.) gr. 4. Gr.-Lichterfelde, Kahlenberg & Günther. à Jhrg. n.n. 4. —

— deutsche. Illustr. Fachblatt f. Schlosserei, Maschinenbau u. verwandte Zweige. Gegründet 1883 in Dresden. Red.: B. Müllauer. 25.–28. Jahrg. 1907–1910. à 52 Nrn. Beiblätter: Der Fahrrad-Schlosser u. Der Installateur, je 26 Nrn. (à ca. 6 u. 2 S.) 31,5×23,5 cm. Gr.-Lichterfelde, F. Herrmann. à Jahrg. 4. —

— österreich-ungarische. Central-Organ d. Genossenschaften der Schlosser u. verwandten Branchen in Oesterreich-Ungarn. Officielles Organ der Wiener Schlosser-Genossenschaft. Fachblatt f. Schlosser, Maschinenbauer, Sporer ꝛc. Red.: E. Japing. 1. Jahrg. 1887. 9 Nrn. (1½ B. m. Illustr.) gr. 4. Wien. Dresden: Bloem.

— dasselbe. 2. Jahrg. 1888. 36 Nrn. (1½ B. m. Illustr.) gr. 4. Ebd. n. 9. 60

— dasselbe. 3. Jahrg. 1889. Nr. 1—5. (1½ B. m. Illustr.) gr. 4. Ebd. n. 2. 40
Erschien nicht weiter.

Schlosser-Zeitung, Wiener. Wien: R. Ratzeldorfer 1886-1900.

Schlosserzeitung, Wiener. 1901-07. 4° Wien 1901-07

Schlossgespenst, Das, auf Ulmensee ... Ein Gräuelgemälde der Sittenlosigkeit. Quedlinburg 1828. V: *Stahmann, Friedrich*. (GGr X, 344) (Zeitschr. f. Büch. N. F. 15, 1923, S. 121)

Schloßgespenst, das, auf Ulmensee, od. des Vatermordes schreckl. Blutschuld. Ein Gräuel-Gemälde d. Sittenlosigkeit. Vom Verf. d. Romans: „Der Mitternachtsgeist in d. Tempelherrngruft." 2 Thle. 8. (29 B.) Quedlinburg 823, Basse.

Schlosshauer, C. E., die Waisenpflege in Leipzig 1865—1876, s. Verwaltungsbericht der Stadt Leipzig.

Schlosshauer, Kuno, appr. Arzt: Über Brucheinklemmungen u. Bruchoperationen im Säuglingsalter. Greifswald 1908: Abel. 30 S. 8°
Greifswald, Med. Diss. v. 29. Dez. 1908, Ref. Payr
[Geb. 22. Sept. 82 Berlin; Wohnort: Potsdam; Staatsangeh.: Preußen Vorbildung: Askan. Gymn. Berlin Reife O. 01; Studium: Berlin 9 S.; Coll. 15. Dez. 08; Approb. 9. Juli 06.] [U 09. 1500

Schloßhenner, A., das einsame Haus, s.: Bibliothek, interessante.

Schlossherr, Der. [Berl. 1802.] V: *Neubert, Christiane Benedicte Eugenia geb. Hebenstreit.* (schl)

Schloßherr, der. Spiel mit Musik, Gesang u. Tanz in 1 Act von D. v. H. II Musik v. A. Ferron. 8. (51 S. m. 1 Dekorationsplan.) Graz 899. H. Wagner. n. 1. —

Schloessing, Carl, s. Schloessing, Karl

Schlössing, Friedr. Heinr., die deutsche doppelte Buchhaltung, dargestellt durch vollständige Ausarbeitung einer dreimonatlichen Geschäftsperiode nebst der dazu gehörigen Correspondenz. Zum Selbstunterricht für Lehrlinge und Gehülfen, und als Leitfaden für selbständige Kaufleute herausg. Heidelberg 853. Bangel u. Schmitt. 4. (VI, 240 S. u. 10 Bl. Formulare.) 1 Thlr. 18 ngr.

Schlössing, F. H., Hand- und Lehrbuch der deutschen Handelssprache als Norm zur Bildung grammatisch richtiger Geschäftsbriefe für angehende Kaufleute und Gewerbetreibende. Zum Comptoir-Gebrauch, wie für den Unterricht in Handels- und Gewerbeschulen unter Zugrundelegung der neuen Orthographie. gr. 8. (VIII, 139 S.) Berlin 881, Damköhler.
—— dass. — 2. Aufl. gr. 8. (VIII, 139 S.) [Berlin 884, Damköhler.] Stuttgart, R. Hahn.

Schlössing, F. H., Hand- u. Lehrbuch der deutschen Handelssprache. Eine Kontorgrammatik u. Norm zur Abfassg. grammatisch richt. Geschäftsbriefe f. angeh. Kaufleute u. Gewerbetreibende. Unter Zugrundelegg. der neuen Orthographie bearb. 3., verm. Aufl. gr. 8. (VIII, 148 S.) Stuttgart 894. R. Hahn. n. 1. 50; geb. n.n. 1. 75

Schlössing, Frdr. Heinr., Hand- u. Lehrbuch der Handelswissenschaft. Berlin 861. Th. Grieben. Lex.-8. (IV, 528 S.) n. 2 Thlr. 15 ngr.

Schlössing, F. H. Handbuch der Münz-, Mass- u. Gewichtskunde. s. Handbibliothek der gesamten Handelswissenschaften.

Schlössing FH. Handbuch der Münz-, Mass- und Gewichtskunde. 2. Auflage bearbeitet von H Belohlawek. (Handbibliothek der Handelsw. 4) Stuttgart 1890

Schlössing, Frdr. Heinr., praktisch-kaufmännisches Hand- u. Rechenbuch mit Münz-, Maaß- u. Gewichtsvergleichungen u. die Wechselkunde nebst der allgem. deutschen Wechselordnung f. angehende u. geschäftstreibende Kaufleute aller Handelsplätze Deutschlands bearb. gr. 8. (IV u. 143 S.) Frankfurt a. M. 851. Brönner. n. 16 ngr.

—— Handbuch der allgemeinen Warenkunde, s. Handbibliothek der gesamten Handelswissenschaften.

Schlössing FH. Handbuch der allgemeinen Warenkunde. 2. Auflage von Hanausek. (Handbibliothek der Handelswissenschaften 12) Stuttgart 1890

—— Handelsgeographie, s. Handbibliothek der gesammten Handelswissenschaften.

Schlössing, F. H., Handelsgeographie, Industrie- u. Kulturgeschichte. 5. Aufl., s. a. Regel, Fritz, Geographie f. Handels- u. Realschulen.

Schlössing, F. H., Handels-Geographie, Cultur- u. Industrie-Geschichte. Unter Berücksicht. v. volkswirthschaftl. Prinzipien. (In ca. 18 Liefgn.) 1—9. Liefg. Berlin 869,70. Deutsches Verlags-Institut. gr. 8. (S. 1—148.) Jede Liefg. 7½ ngr.

— Handels-Geographie, Cultur- u. Industrie-Geschichte. Unter Berücksicht. v. volkswirthschaftl. Prinzipien. 10—18. (Schluß-) Lfg. Lex.-8. Berlin 871—72. Deutsches Verlags-Institut. à n. — 50

Schlössing F H, Handelsgeographie. 2. Auflage. Stuttgart 1884

— Handelsgeographie. Kultur- und Industriegeschichte. 3. Auflage. (Handbibliothek der Handelswissenschaften 3) Stuttgart 1887

Schlössing, F. H., Handels-Correspondenz in 6 Sprachen. Deutsch, englisch, französisch, italienisch, spanisch, holländisch. Für den prakt. Gebrauch bearb. gr. 16. (VIII, 213 S.) Heilbronn 875. Gebr. Henninger n. 1. 80

— Handels-Correspondenz in 6 Sprachen, deutsch, englisch, französisch, italienisch, spanisch, holländisch. Für den praktischen Gebrauch bearb. 2. Aufl. 8. (VIII, 213 S.) Heilbronn 878. Henninger. n. — 80

—— Handelskorrespondenz in sechs Sprachen. Deutsch, englisch, französisch, italienisch, spanisch, holländisch. 3. vollständig neu bearb. Aufl. gr. 8. (156 S.) Berlin 887, Regenhardt. geb. *
Aus: Der Kaufmann auf der Höhe der Zeit, besonders abgedruckt.

Schlössing, Friedr. Heinr., die gesammte Handelswissenschaft. Hand- und Lehrbuch zum Selbstunterricht und für Handelsschulen. (4 Abthlgn. in 1 Bd.) 2. (Titel-)Aufl. Lex.-8. (528 S.) Berlin (861)63, Grieben. 1 Thlr. 18 Ngr.; geb.
Hieraus apart:
Handels- und Contor-Wissenschaft. 2. Aufl. 12 Ngr.
Kaufmännische Arithmetik. 2. Aufl. 12 Ngr.

—— Hülfsbuch der englischen Handels-Correspondenz für den Comptoirgebrauch, mit einem Anhang: Vergleichende Regeln über den Satzbau der deutschen und engl. Sprache. 8. (IV, 180 S.) [Berlin 884, Damköhler.] Stuttgart, R. Hahn.

—— der Kaufmann auf der Höhe der Zeit als Buchhalter, Börsenrechner und Correspondent der neueren Sprachen. 3. umgearb. Aufl. 8 Lfgn. 1860, und 4. Aufl. gr. 8. (XX, 399 S.) Berlin 871, Grieben. [Heilbronn, Gebr. Henninger.] à Lfg. 50 Pf. geb.

— der Kaufmann auf der Höhe der Zeit als Buchhalter, Börsenrechner u. Correspondent der neueren Sprachen. 5. Aufl. gr. 8. (VIII, 431 S.) Heilbronn 875. Gebr. Henninger. n. 4. —

—— der Kaufmann auf der Höhe der Zeit als Buchhalter, Börsenrechner und Correspondent der neueren Sprachen. 5. gänzlich umgearb. und verb. Aufl. 10 Lfgn. gr. 8. (VIII, 431 S.) Ebendas. 876. à Lfg. * 40 Pf. * geb. in Leinw. *

— der Kaufmann auf der Höhe der Zeit als Buchhalter, Börsenrechner u. Korrespondent der neueren Sprachen. Mit e. Anh.: Verdeutschung kaufmänn. Fremdwörter, sowie Regeln- u. Wörterverzeichnis f. die deutsche Rechtschreibg. 6. Aufl. (In 10 Lfgn.) 1—5. Lfg. gr. 8. S. 1—304.) Berlin 886. Regenhardt. à n. — 50

Schlössing, F. H., der Kaufmann auf der Höhe der Zeit als Buchhalter, Börsenrechner u. Korrespondent der neueren Sprachen. Mit e. Anh.: Verdeutschung kaufmänn. Fremdwörter, sowie Regeln- u. Wörterverzeichnis f. die deutsche Rechtschreibg. 6., umgearb. Aufl. 6.—10. (Schluß-)Lfg. gr. 8. (à 5 B.) Berlin 887. Regenhardt. à n. — 50

— dasselbe. 7.—10. Aufl. gr. 8. (VIII, 541 S.) Ebd. 887—889. n. 5. —; geb. n. 6. —

—— Der Kaufmann auf der Höhe der Zeit. Ein Lehrbuch in 4 Abschnitten. Mit e. Anh.: Verdeutschung kaufmänn. Fremdwörter, sowie Regeln- u. Wörterverzeichnis f. die deutsche Rechtschreibg. 10.—12. Aufl. gr. 8. (VIII, 541 S.) Berl. 889—92, Regenhardt. geb. 6 —
Auch in 10 Lfgn. à — 50

— der Kaufmann auf der Höhe der Zeit. Ein Lehrbuch in 4 Abschnitten. 1. Handels- u. Kontorwissenschaft, 2. Kaufmännisches Rechnen, 3. Handelskorrespondenz in 6 Sprachen, 4. Doppelte u. einfache Buchhaltg. Mit e. Anh.: Verdeutschung kaufmänn. Fremdwörter, sowie Regeln- u. Wörterverzeichnis f. die deutsche Rechtschreibg. 13. Aufl. gr. 8. (VIII, 541 S.) Berlin 894. C. Regenhardt. Geb. in Leinw. n. 6. —

[F.] Der Kaufmann auf der Höhe der Zeit. E. Lehrbuch ... M. e. Anh.: Verdeutschg kaufmänn. Fremdwörter, sowie Regeln u. Wörterverz. f. d. deutsche Rechtschreibg v. F[riedr.] H[einr.] Schlössing, ehem. Dir. ... in Berlin. 16., völlig neu bearb. Aufl. *Berlin: C. Regenhardt 1897.* (VIII, 649 S.) 1 Bd 8.

Schlössing, F. H., der Kaufmann auf der Höhe der Zeit. Ein Lehrbuch in 6 Abschnitten. 1. Geschichte d. Handels, 2. Handels- u. Kontorwissenschaft, 3. Kaufmännisches Rechnen, 4. Handelskorrespondenz in 3 Sprachen, 5. Doppelte u. einfache Buchhaltg., 6. Handelsgeographie. Mit e. Anh.: Verdeutschung kaufmänn. Fremdwörter, sowie Regeln u. Wörterverzeichnis f. die deutsche Rechtschreibg. 20. neu bearb. Aufl. gr. 8. (VIII, 654 S.) Berlin 900. C. Regenhardt. Geb. in Leinw. n. 6. —

[Friedrich Heinrich] Schlössing. Der Kaufmann auf der Höhe der Zeit. Ein Lehrbuch in 6 Abschnitten ... 25. Jubel-Aufl. vollst. bearb. u. einzelne Teile gänzlich erneut von D[avid] Haek. (In 10 Lfgen.) *Berlin: C. Regenhardt 1901.* (XVI, 772 S.) 8° [F.]

Schlössing, F. H., der Kaufmann auf der Höhe der Zeit. Ein Lehrbuch in 6 Abschnitten. 1. Geschichte des Handels. 2. Handelsgeographie. 3. Einfache u. doppelte Buchhaltg. 4. Handelskorrespondenz in 3 Sprachen. 5. Kaufmännisches Rechnen. 6. Handel u. Verkehr. 26. Aufl., vollständig bearb. u. einzelne Tle. gänzlich erneut v. D. Haek. (XVI, 772 S.) 8. Berlin 906. Regenhardtsche Verlagsanstalt. Geb. in Leinw. n. 6. —

— Der Kaufmann auf der Höhe der Zeit. Ein Lehrbuch in 8 Abschnitten. 1. Geschichte des Handels. 2. Handelsgeographie. 3. Einfache u. doppelte Buchhaltg. 4. Handelskorrespondenz in 3 Sprachen. 5. Kaufmänn. Rechnen. 6. Handel u. Verkehr. 7. Warenkunde. 8. Kaufmännische Fremdwörter u. Fachausdrücke. 27. Aufl., vollständig neu bearb. v. D. Haek. (XVI, 772 S.) 8. Berlin-Schöneberg (910). R. Jacobsthal & Co. Geb. in Leinw. 6. —

— kaufmännisches Rechnen, s. Haek, D.

— kaufmännisches Rechnen, enth. Waren-, Münz-, Zins-, Discont-, Wechsel- u. Effekten-Rechngn., Wechsel-, Münz- u. Effekten-Arbitragen, sowie die Buchstabenrechng. u. die Lehre v. den Logarithmen. Ein Lehrbuch f. Handelsschulen u. zum Selbstunterricht. 3., vollständig neu bearb. Aufl. [S.'s Kaufmann auf der Höhe der Zeit, II. Tl.] gr. 8. (VI, 168 S.) Ebd. 887. Kart. n. 2. —

Schlössing, F. H., Tabellen zur Vergleichung der neuen Maasse u. Gewichte des norddeutschen Bundes mit den bisher. Maassen u. Gewichten u. mit denen andrer Staaten. Berlin 870. Deutsches Verlags-Institut. 4. (12 S.) 5 ngr.

—— Taschenwörterbuch der englischen und deutschen Sprache für Techniker und Kaufleute mit Berücksicht. der neuesten Ausdrücke in Bezug auf Handel und Gewerbe, Baukunst, Artillerie etc. 2 Thle. (Englisch—deutsch. Deutsch—englisch.) 16. (V und 757 S.) Berlin 861, Th. Grieben. *

—— **Taschenwörterbuch** der englischen und deutschen Sprache für Techniker und Kaufleute mit Berücksichtigung der neuesten Ausdrücke in Bezug auf Handel und Gewerbe, Baukunst, Artillerie, Maschinenbau, Schiffbau, Schifffahrt, Mathematik, Physik, Chemie, Mineralogie etc. 2 Thle. 2. (Titel-)Aufl. 16. (757 S.) Berlin (861)63, Grieben. 1 Thlr. 6 Ngr.; geb.
Für Abnehmer eines andern Werks des Verf. geh. * 15 Ngr.; geb. * 18 Ngr.

—— **Unterrichts-Briefe** zur leichten und gründlichen Erlernung der kaufmännischen Wissenschaften. (In 6 Abthlgn.) 1. Abthl.: Buchhaltung für alle Geschäfts-Gattungen mit den dazu gehörigen Berechnungen im Rahmen einer dreimonatl. Geschäftsperiode des Waaren-, Wechsel-, Commissions- und Speditions-Handels in 20 Briefen. gr. 4. (82 S.) Berlin 862, Hickethier.

— **Unterrichts-Briefe** zum Selbststudium der neueren Sprachen, Wissenschaften u. Fächer. 1. Abthl.: Englisch. 50 Briefe. 1—4. Aufl. Berlin 866. Grieben. gr. 8. (414 S.) Jeder Brief n. 2½ ngr., oder in 4 Thln. Jeder Thl. n. 1 ₰

— — 2. Abthl.: Französisch. 50 Briefe. 1—4 Aufl. Ebend. 866. gr. 8. (410 S.) Jeder Brief n. 2½ ngr., oder in 4 Thln. Jeder Thl. 1 ₰

— — 3. Abthl.: Rechnen. 25 Briefe. Ebend. 868. gr. 8 (200 S. mit eingedr. Holzschn.) Jeder Brief n. 2½ ngr., oder in 2 Thln. Jeder Thl. 1 ₰

— — 4. Abthl.: Buchhaltung (einfache u. doppelte) für alle Geschäfts-Gattungen im Rahmen einer dreimonatl. Geschäftsperiode. 20 Briefe nebst Beilagen. (à 8 S.) Ebend. 868. 4. n. 2 ₰

— — 5. Abthl.: Schön- u. Schnellschreiben nach einem neuen System. 8 Briefe nebst Beilagen. (à 8 lith. S.) Ebend. 868. 4. n. 2 ₰
Zwei oder mehr Abtheilungen zusammengenommen um ein Viertheil billiger. Probebriefe jeder Abtheilung 5 ngr.

—— Unterrichts-Briefe zum Selbststudium. 4. und 5. Abthl. 4. Heilbron 874, Gebr. Henninger. à Abthl. * M. 6. –
Inhalt:
Abthl. 4. Doppelte und einfache Buchhaltung für alle Geschäfts-Gattungen im Rahmen einer dreimonatl. Geschäftsperiode. 20 Briefe nebst Beilagen. 5. umgearb. Aufl. (86 S.)
" 5. Schön- und Schnell-Schreiben nach einem neuen, an zahlreichen Schülern bewährten Liniensystem. 8 Briefe nebst Beilagen, Liniensystem und Schriftproben. 5. Aufl. (36 S. mit 2 Steint. in gr. 4.)
1. und 2. Abthl. à * M. 12., und 3. Abthl. * M. 6. [Ebendas.] 1866—68. — Probehefte jeder Abthl. à * 50 Pf.

—— Wörterbuch der englischen und deutschen Sprache für Techniker und Kaufleute mit Berücksichtigung der neuesten Ausdrücke in Bezug auf Handel und Gewerbe, Baukunst, Artillerie, Maschinenbau, Schiffbau, Schiffahrt, Mathematik, Physik, Chemie, Mineralogie etc. 2 Bde. 8. (757 S.) Berlin 872. Grieben. [Heilbronn, Gebr. Henninger.] * M. 1,75.; geb. *

Schloessing, Karl

Schloessing, Carl [aus Insterburg]: Über einen Fall von Fractur des Ringknorpels und Laryxstenose [!] ... Erlangen, Druck v. A. Vollrath's k. b. Hofbuchdr., 1891; 29 S. 8.
Erlangen, Med. Fak., Inaug.-Diss. v. 1891

Schloessing, Moritz

Schlössing, M., die prakt.-kaufmänn. deutsche Doppel-Buchhaltung mit gesetzl. u. a. Anmerkn. u. 3 Taf. A.B.C., enthalt.: Conto-Courant nebst Supporto's-Berechn., f. angeh. u. geschäftstreib. Kaufleute. Nebst e. Nachweis.: wie e. angeh. vereideter Waaren-, Wechsel-, Fonds- u. Geld-Makler d. gesetzl. bestimmte Mäkler-Journal u. Courtage-Buch ordnungsmässig einrichten u. controlliren kann. 1. Bd. gr. 4. (45½ B. u. 1 Kpfr.) Berlin 830, Hayn.

—— dass. 2. Bd. — A. u. d. T.: Die gedrängte vollständ. Handlungs-Terminologie, od. kaufmänn. Wörterbuch, worin d. vornehmsten im See- u. Land-Handel, besond. aber im merkantil. Waaren-, Geld-, Wechsel- u. Effekten-Verkehr u. a. Geschäfts-Betriebe gebräuchl. u. vorkomm. fremden Wörter etc., auf e. kurzgefaßte Weise erklärt sind. gr. 4. (47¼ B. u. 1 Kpfr.) Ebds. 832.

Schlössinger, Max: Ibn Kaisân's Commentar zur Mo'allaqa des 'Amr ibn Kultûm." *München 1902: F. Straub.* (32 S.) 8° ¶ (Erscheint vollst. in: Zeitschrift f. Assyriologie u. verw. Gebiete, Bd 16, H. 1.)
Berlin, Phil. Diss. v. 8. Jan. 1902

Schloessinger, Max, the ritual of Eldad ha-Dani, reconstructed and ed. from manuscripts and a Genizah fragment. With notes, an introduction and an appendix on the Eldad legends. (VIII, 132 S. m. 1 Taf.) gr. 8. Leipzig 908. R. Haupt. 10.—; geb. n 12. —

Schlossjungfer, Die. Eine Volkssage. [Ratzeburg] 1809. V: *Gottschalk, Joh. Martin Chn.* (LS)

Schloß-Kapelle, die, zu Klein-Heubach und ihre künstlerische Ausschmückung. gr. 16. (96 S.) Mainz 875, Kirchheim. cart. *

Schloß-Kirche, die, zu Schwerin und ihre Einweihung am 14. Octbr. 1855. Schwerin 857. (Stiller.) Fol. (1 Bl., 41 S., lith. Titel u. 12 Lithogr.) n. 2 ₰. 25 ngr.; Prachtausg. nn. 4 ₰. 15 ngr.

Schlossmacher, J., Zur Berichterstattung über den 1. deutschen Arbeiterkongress in Gera am 21. u. 22. Oct. 1877. gr. 8°. Greiz, Löffler u. Co., 1878.

— s.: Schriften d. Vereins f. Socialpolitik.

—— die öffentlich-rechtliche Unfallversicherung im Zusammenhange der Sozialreform, s. Zeitfragen, soziale.

Schlossmacher, Josef

Schlossmacher u. Behrend, Anleitung zur Gründung, Einrichtung u. Leitung kaufm. Fortbildungsschulen, s.a. Veröffentlichungen des deutschen Verbandes f. das kaufmänn. Unterrichtswesen. 11 Bd.

Anleitung zur Gründung, Einrichtung und Leitung kaufmännischer Fortbildungsschulen ... verf. von Syndikus [Jos.] Schlossmacher-Offenbach a. M. u. Syndikus Dr. [Martin] Behrend-Magdeburg. *Braunschweig: Braunschw. Verl. f. kaufm. Unterrichtsw. 1900.* (15 S.) 8°
= Veröffentlichungen d. Deutschen Verbandes f. d. Kaufmännische Unterrichtswesen. Bd 11.
[illegible]

Schlossmacher, J., die Entwicklung und Bedeutung Offenbach's als Industriestadt, s. Schmidt, L., Führer durch Offenbach a. M. und seine Umgebung.

Schlossmacher, Jul., Offenbach als Industriestadt, s.: Schmidt, Ludw., Führer durch Offenbach a/M.

Schloßmann, Arth., Arbeit u. Erholung, s.: Potthoff, Heinz.

Schlossmann, Arth, s.: Archiv f. Kinderheilkunde.

Schlossmann, Arthur [aus Dresden]: Beiträge zur Kenntnis der Rachitis. . . . München, Verl. v. J. F. Lehmann, 1891; 1 Bl., 31 S. 8°
München, Med. Fak., Inaug.-Diss. v. 1891

Schlossmann, Arth., Beiträge zur Kenntnis der Rachitis. gr. 8. (31 S.) München 891. J. F. Lehmann's Verl. n. 1. —

— Diphtherie u. Diphtheriebacillus, s.: Zeit- u. Streitfragen, klinische.

— über die Fürsorge f. kranke Zöglinge unter besond. Berücksicht. des neuen Dresdner Säuglingsheimes. Mit 12 Taf., 11 in den Text gedr. Abbildgn. u. 5 Curven. (94 S.) Lex.-8. Stuttgart 906. F. Enke. n. 4. —
Sonderabdruck aus: „Archiv f. Kinderheilkde."

— s.: Handbuch der Kinderheilkunde.

— Die Milch in Gesetz u. Rechtsprechung, s.: Veröffentlichungen des Vereins f. Säuglingsfürsorge im Reg.-Bez. Düsseldorf. 8. Heft. (Kremers.)

— Milchhandel u. Milchregulative. (S. 885—978.) Lex. 8. Wiesbaden 909. J. F. Bergmann. 2. —
Sonderabdruck aus: „Handb. d. Milchkde."

— Die Pflege des Kindes in den zwei ersten Lebensjahren, s.a. Veröffentlichungen des deutschen Vereins f. Volks-Hygiene. 13. Heft.

Die Pflege des Kindes in den zwei ersten Lebensjahren. Von Prof. Dr. Arthur **Schlossmann**, Düsseldorf. 1. Aufl. München & Berlin: R. Oldenbourg 1907. (40 S.) 8° [F.]
— **Veröffentlichungen** d. Dtsch. Vereins f. Volks-Hygiene. H. 13. (08. 1363

— Der Stall. (S. 1—39 m. Abb.) Lex. 8. Wiesbaden 909. J. F. Bergmann. 1. —
Sonderabdruck aus: „Handb. der Milchkde."

Schlossmann, Arthur, Dr. med. i. Dresden: Ueber einige bedeutungsvolle Unterschiede zwischen Kuh- und Frauenmilch in chemischer und physiologischer Beziehung mit besonderer Berücksichtigung der Säuglingsernährungsfrage. Leipzig: Teubner 1898. 36 S. 8°
Dresden Te. H., Hab.-Schr. v. S.-S. 1898

Schlossmann, A., s. Veröffentlichungen d. Vereins f. Säuglingsfürsorge.

— s.: Zeitschrift f. soziale Medizin.

Schloßmann, C. J., Johannes Ronge od. die Entstehung der neuen kathol. Kirche in Deutschland. 2. Aufl. 8. (5¼ B. u. R's. Portr.) Hannover 845, Pockwitz.

(Schloßmann, K. J.,) s.a. † Peregrin.

— s. Leben, aus dem, K. J. Schloßmann.

Schloßmann, K. J., Jacob Waldis. Erzählung, s. Peregrin.

Schlossmann, Siegm., der Besitzerwerb durch Dritte nach römischem und heutigem Rechte. Ein Beitrag zur Lehre von der Stellvertretung. gr. 8. (X, 176 S.) Leipzig 881, Breitkopf und Härtel.

— In iure cessio u. Mancipatio. Eine rechts- u. sprachgeschichtl. Untersuchung. (V, 79 S.) gr. 8. Kiel 904. Lipsius & Tischer. n. 1. —

Schlossmann, Siegmundus: Dissertatio patrio sermone scripta de in iure cessione et mancipatione. *Kiliae: Lipsius & Tischer 1904.* (79 S.) 8°
Kiel, Progr. zum Geburtstage d. Kaisers 1904

— Litis contestatio. Studien zum röm. Zivilprozess. (V, 211 S.) gr. 8. Leipzig 905. A. Deichert Nachf. n. 5. —

Bürgerliches Gesetzbuch und akademischer Rechtsunterricht. Rede z. Antritt d. Rektorates d. Christian-Albrechts-Univ. zu Kiel am 5. März 1896 v. Siegmund **Schlossmann**. Kiel, Druck v. Schmidt & Klaunig, 1896; 20 S. 8.

Schlossmann, Siegm., s.: Jhering, Rud. v. Festgabe.

Schloßmann, Siegm., der Irrtum üb. wesentliche Eigenschaften der Person u. der Sache nach dem BGB., s.a. Abhandlungen zum Privatrecht u. Civilprozeß des Deutschen Reiches. IX, 3.

Der Irrtum über wesentliche Eigenschaften der Person und der Sache nach dem Bürgerlichen Gesetzbuch. Zugleich e. Beitrag z. Theorie d. Gesetzesauslegung. Von Siegmund **Schloßmann**. *Jena: G. Fischer 1903.* (VIII, 96 S.) 8° [F.]
— **Abhandlungen** z. Privatrecht u. Civilprozeß d. Deutschen Reiches. Bd 9, H. 3. (03. 1304

— das Kontrahiren m. offener Vollmacht. [Aus: „Jhering. Festgabe f. ihn".] gr. 8. (41 S.) Kiel 892. Lipsius & Tischer. n. 1. 20

Schlossmann, Siegm., zur Lehre von der Causa obligatorischer Verträge. Eine Inaugural-Abhandlg. Breslau 869. (Mälzer.) gr. 8. (III, 88 S.) 15 ngr.

Schlossmann, Siegm., die Lehre v. der Stellvertretung, insbesondere bei obligatorischen Verträgen. Kritik u. wissenschaftl. Grundlegg. 2 Tle. gr. 8. Leipzig, A. Deichert Nachf. n. 18. 50
1. Kritik der herrsch. Lehren. (XIV, 382 S.) 900. n. 6. 50
2. Versuch e. wissenschaftl. Grundlegung. (XVI, 739 S.) 902. n. 12. —

Schlossmann, Siegm., zur Lehre vom Zwange. Eine civilist. Abhandlg. gr. 8. (IV, 151 S.) Leipzig 874. Breitkopf & Härtel. n. 3. —

Nexum. Nachträgliches z. Altröm. Schuldrecht. Von Dr. Siegmund **Schloßmann**, Prof., Kiel. *Leipzig: A. Deichert 1904.* (IX, 90 S.) 8° (04. 1111

Schlossmann, S., Persona und *πρόσωπον* im Recht und im christlichen Dogma. Gel. 1901. 128 S. 8. —

Schloßmann, Siegmund: Persona und Πρόσωπον im Recht und im christlichen Dogma. Kiliae: Lipsius & Tischer 1906. (128 S.) 8°
Kiel, Progr. zum Geburtstage d. Kaisers 1906

— Persona u. *Πρόσωπον* im Recht u. im christlichen Dogma. (IV, 128 S.) Lex.-8. Kiel 906. Lipsius & Tischer. n. 3. —
Sonderabdruck aus: „Festschr. d. Univ. Kiel zum Geburtstage S. M. des Kaisers am 27. I. 1906".

— Praescriptiones u. praescripta verba. Wider die Schriftformel des röm. Formularprozesses. (III, 50 S.) gr. 8. Leipzig 907. A. Deichert Nachf. n. 1. 40

Schlossmann, Siegmundus: De nonnullis quaestionibus ad juris Romani de metu doctrinam pertinentibus. Vratislaviae (1874). (22 S.) 8°

Breslau, Jur. Fak., Hab.-Schr. v. 9. Mai 1874

Altrömisches Schuldrecht und Schuldverfahren. Von Dr. Siegmund **Schloßmann,** Prof., Kiel. *Leipzig: A. Deichert 1904.* (VI, 206 S.) 8°

— **der Vertrag.** gr. 8. (VIII, 356 S.) Leipzig 876. n. 8. —

Schlossmann, Siegm., der Vortrag. gr. 8. (VIII, 356 S.) Leipzig 876, Breitkopf und Härtel. *

Schlossmann, Siegm., **Willenserklärung u. Rechtsgeschäft,** s.: **Festgabe der Kieler Juristen-Fakultät, Albert Hänel dargebracht.**

SCHLOSSMANN, THEODOR. Ueber die symmetrische Glycerylhydratdicarbonsäure. Ein Beitrag zur Kenntniss der höheren Homologen der Aepfelsäure. (Würzburg) Dresden, 1879.

Schloeßmann's Bücherei f. das christliche Haus. 1. Bd. 8. Hamburg 902. G. Schloeßmann. Geb. in Leinw. n. 2. —; Subskr.-Pr. f. 10 Bde. à n. 1.75

Geschichte der evangel. Kirche. Von Geo. Buchwald. (IV, 256 S.)

Schloeßmann's Bücherei f. das christl. Haus. 2.—8. Bd. 8. Hamburg, G. Schloeßmann. Geb. in Leinw. à n. 2. —; Subskr.-Pr. f. 10 Bde. à n. 1.75

2. Geschichte der geistlichen Musik. Von Herm. Barth. (188 S. m. Abbildgn.) 903.
3. Geschichte des deutschen evangelischen Kirchenliedes. Von Wilh. Nelle. (IX, 234 S. m. Abbildgn.) 904.
4. Geschichte des Gustav-Adolf-Vereins. Von Herm. v. Criegern. (276 S. m. 37 Abbildgn.) 903.
5.6. Bilder aus der Geschichte der bildenden Künste f. das christl. Haus. Von Mart. Pfannschmidt. (344 S. m. Abbildgn. u. Taf.) 905. Geschenkausg., geb. in Leinw. 5. —
7.8. Deutsche Literaturgeschichte. Von Ghold. Boettcher. Mit 141 Abbildgn. im Text. (VIII, 514 S.) 906.

Schloessmann, Heinrich, a. Dresden: Ueber Unterkieferresektion, prothetische Nachbehandlung und osteoplastische Operationen am Unterkiefer. Leipzig 1905: B. Georgi. (78 S.) 8°

Leipzig, Med. Fak., Ref. Trendelenburg, Diss. v. 28. Juli 1905

[Geb. 16. Juni 81 Dresden; Wohnort: Dresden; Staatsangeh.: Sachsen; Vorbildung: Kreuzgymn. Dresden Reife O. 00; Studium: München 2, Kiel 2, Straßburg 1, Berlin 2, Leipzig 3 S.; Coll. 4. Aug. 05; Approb. 18. März 05.]

Schloßrechnungen, kieler, des 17. Jahrh., hrsg. v. Johs. Biernatzki, s. a. **Mitteilungen der Gesellschaft f. kieler Stadtgeschichte.**

Kieler **Schloßrechnungen** des 17. Jahrhunderts hrsg. von Johannes Biernatzki, Pastor. Kiel 1906: A. F. Jensen. (116 S.) 8° [J.]
= **Mitteilungen** d. Gesellschaft f. kieler Stadtgeschichte. H. 32.

SCHLOSSRUINEN, Die, im Walde, oder Graf Rinaldo's fürchterliche Gestalt. Mit TKpfr. u. TVign. von v. Grüner. Wien und Prag, Haas, 1799. 8°. 200 S. (2 Mk. 50 Pfg. Taussig, 1906.)

Schlossruinen, Die, im Walde oder Graf Rinaldos fürchterliche Gestalt. Wien 1842. V (nicht): *Gleich, Joseph Alois.* (GGr VI/399, Nr. 1/87)

Schlosstein, B., Entwurf e. theoret.-prakt. Anleit. zur Einrichtung u. Erhalt. der Registraturen u. Archive d. Staats- u. Orts-Behörden. Mit einigen Registratur-Planen, e. alphabet. Register u. Uebersicht period. Berichte. Lex.-8. (7¾ B.) Schwäb. Hall 831. [Stuttgart, Beck u. Fränkel.]

Schlosstein, B., Entwurf einer theoret.-prakt. Anleit. z. Einrichtung u. Erhalt. d. Registraturen u. Archive der Staats- u. Orts-Behörden. Mit einigen Registratur-Planen, e. alphabet. Register u. Uebersicht period. Berichte. Lex.-8. Schwäb.-Hall 831. (Stuttg., Löflund u. S.) 9 gr.

* **SCHLOT,** Nathanael (geb. am 13. Febr. 1666 zu Danzig, 1699 Schulhalter des Waisenhauses zu St. Annen in Lübeck, † am 23. März 1703. — Goedeke III, 339, 32, nach Moller 2, 187), Eine Hand voll Poetischer Blätter, Auß selbst eigenem Vorrath mit Fleiß zusammen gelesen, und denen Liebhabern der reinen und ungezwungenen Dicht-Kunst zu geziemender Gemüths-Belustigung überreichet, Durch —. Lübeck, Zubekommen bey David Schultz 1702. 8°. 4 Bll. u. 87 S. (In Berlin 3 Expll.: Yk 501; an Yb 7363; an Yu 8651; auch in Göttingen: T. 3167.)

Weltliche und geistliche Poesien.

* — — Dasselbe. Ebd. 1706. 8°. (In Berlin: Yk 506.)

Schlote, Helene, die Geister der Schule. Festspiel zur Feier d. 25jähr. Bestehens der städt. höheren Töchterschule zu Göttingen. 1866—1891. 8. (29 S.) Göttingen 891. (R. Peppmüller.) n.n. — 50

Schlote, Helene, die Geister der Schule. Blumenlied. Festspiele f. Schulen. 2. Aufl. 8. (31 S.) Göttingen 898. R. Peppmüller. n. — 50

Schlote, Helene, die Geister der Schule. — Blumenlied. Festspiele f. Schulen. 3. Aufl. (26 S.) 8. Göttingen 903. R. Peppmüller. n. — 50

Schloetel, Joannes Henricus: Dissertatio ... exhibens potiora quaedam capita de ratione, qua potus spirituosi in organismum agant. Halae (1821): Schimmelpfennig. 34 S. 8°

Halle-Wittenberg. Med. Diss., nachgeliefert von dem am 5. Sept. 1821 auf Thesen promovierten Verf.

Geb. Hamburg [11. 3.] 1794. V.

Schloetel, Ioannes Henricus: Theses medicae loco dissertationis de delirio tremente mox edendae.

Halle-Wittenberg. Med. Thesen v. 5. Sept. 1821

Des Verf. Diss. de delirio tremente, die mit 2⅓ Bog. 8° in der ALZ 1822. I. S. 544, den Allg. med. Annalen 1822. S. 576 und bei Bullmann S. 189 angeführt ist, war beabsichtigt, aber wohl nie erschienen.

Schlötel, W., Zur Aesthetik. Inauguralabhandlung, zur Erlangung des Doctorgrades der philosoph. Facultät zu Göttingen. gr. 8. (57 S.) Göttingen 855, (Vandenhoeck und Ruprecht's Vrlgsh.) *

Schlötel, W., die Entstehung der Welt nach Dr. Cornelius. Tragikomödie e. Preisbewerbg. beleuchtet. gr. 8. (40 S.) Hamburg 871. Grüning. n. 1. —

—— **die Logik,** neu bearb. gr. 8. (XVII und 118 S.) Göttingen 855, (Vandenhoeck und Ruprecht's Vrlgsh.) *

Schlötel, W[ilhelm]. Reise-Abenteuer eines Deutschen in der Schweiz. 8. (Bern 1884.)

Schlötel, Z. A. D. Reiseabenteuer eines Deutschen in der Schweiz. In-8°. Bern, Paul Haller. 1885.

*** Als Manuscript gedruckt.

Schlöter, J. H., s. Schloetel, Johann Heinrich

Schlotfeldt, Ernst, die Aufzucht junger Hunde. s. a. **Lehrmeister-Bibliothek.**

Schlotfeldt, (E.): Die Aufzucht junger Hunde. (35 S.) (Lehrmeister-Bibliothek no. 6). Leipzig 1910. 8°

— **Der Hund, seine Rassen, Zucht u. Haltung,** s. a. **Bibliothek der gesamten Landwirtschaft.**

Der Hund, seine Rassen, Zucht und Haltung. Von Ernst **Schlotfeldt.** Hannover: M. Jänecke 1908. (184 S.) 8° [J.]
= **Bibliothek** d. gesamten Landwirtschaft. Bd 48.

Schlotfeld, Ernst, Jagd-, Hof- und Schäferhunde, s. Thaer-Bibliothek, Bd. 69.

Schlotfeldt, E., Jagd-, Hof- u. Schäferhunde. Praktisches Handbuch f. jeden Hundebesitzer. Mit in den Text gedr. Abbildgn. 8. (VI, 202 S.) Berlin 888. Parey. geb. n. 2. 50

Jagd-, Hof- und Schäferhunde. Prakt. Handbuch f. jeden Hundebesitzer. Von Ernst **Schlotfeldt**. 2. vollst. neubearb. Aufl. Mit 27 Textabb. Berlin: Parey 1909. VII, 189 S. 8°
(Thaer-Bibliothek. 69.) (10. 5625

— Taschenbuch f. Jäger, s. **Bibliothek nützlicher Taschenbücher.**

— **Taschenbuch für Jäger u. Jagdfreunde.** 16. (XII, 204 S.) Leipzig 889. Leiner. geb. n. 2. 70

Schlotfeldt, (E.): T a s c h e n b u c h f. Jäger und solche, die es werden wollen. 2. Aufl. (VII, 231 S.) Leipzig. 1909.

Schloth, Otto [pract. Arzt in Wasungen (Thüringen)]: Ueber Gallensteine .... Würzburg, Druck d. Stahel'schen Buchdr., 1887; 14 S. 8°
Erlangen, Med. Fak., Inaug.-Diss. v. [10.] Nov. 1886

Schlothane, Josef [app. Arzt aus Peckelsheim (Westf.)]: Ein Beitrag zur Pathologie der Schnürleber ... Würzburg, Druck v. A. Göb & C., 1894; 16 S. 8.
Würzburg, Med. Fak., Inaug.-Diss. v. 1894

Schlothauer, Karl Otto, Aetiologie der miasmatisch-contagiösen Krankheiten mit besond. Beziehg. zur Aetiologie der Cholera. Inauguraldissertation. Salzungen 868. Scheermesser in Comm. gr. 8. (56 S.) n. 10 ngr.

Schlotheim, Littegarde von, eine wahre Geschichte zur Erbauung aus der mittlern Zeit, 2 Theile, neue Aufl. 8. Daselbst, 790. Jacobäer. 2 Rtl.
vgl. Schlottheim

Schlotheim, Littegarde von. Eine wahre Geschichte aus der mittlern Zeit. Neue Ausgabe. 2 Thle. 8. Leipzig, Jacobäer. 817.

Schlotheim, Bericht von den Schlachten auf d. Marchfelde bey Wien, Groß-Aspern und deutsch Wagram, von einem Augenzeugen, nebst Planen. 4. Leipzig, Industrie-Comt.

v. **Schlotheim,** ..., Bericht v. d. Marchfelde bei Wien, Groß-Aspern u. deutsch Wagram, von e. Augenzeugen. Nebst 4 Pl. 4. Leipz. 809. Ind.-Compt. 1 ƒ 12 ℊ

Schlotheim, Frhr. v., General-Repertorium forstlich wichtiger Gesetze und Verwaltungs-Bestimmungen Preußens. Nebst einem Anhang, enthaltend einige solche Gesetze und Bestimmungen, welche in den diesem Repertorio zu Grunde liegenden Büchern nicht abgedruckt sind. gr. 8. (VIII, 314 S.) Berlin 880, Springer. *ℳ 4.; cart. *

Schlotheim, v., vier Monate in Grusien. Hermannsburg 869. (Leipzig, J. Naumann.) 8. (45 S.) 3 ngr.

Schlotheim, Albert Philipp von (Thür.) A. S. 80/38

Disputatio juridica de jure dotium Vom Recht der Ehe-Gelder. Präs. Erasmus Ungepaur.
Halle (Krebs) 1724. 24 S.

Diss. Jena VI. 1638. 30634

v. **Schlotheim,** Er. Fr., († ...) Beitrr. zur Flora d. Vorwelt, od. Beschreib. merkwürd. Kräuter-Abdrücke u. Pflanzen-Versteinerungen. 1e Abtheil. Mit 14 Kpf. Fol. Gotha 804. Becker. Velinp. 4 ƒ

— Beitrr. z. Naturgeschichte d. Versteinerungen in geognost. Hinsicht. Mit 8 Kpf. gr. 4. Münch. 820. (Franz). 12 ℊ (Auch in d. Denkschriften d. Akad. d. W.)

Schlotheim (E. F. v.), Beschreibung merkwürdiger Kräuterabdrücke und Pflanzenversteinerungen. Ein Beitrag zur Flora der Vorwelt. 1. Abth. Gotha 1804. 4. Mit 14 Tafeln Abb.

— Nachtrr. zur Petrefactenkunde. 1e u. 2e Abtheil. gr. 8. Mit 37 Kpft. in kl. Fol. Gotha 822, 23. Becker. 7 ƒ 6 ℊ Auf Velinp. mit ill. Kpf. 10 ƒ 12 ℊ (N. A.) Merkwürd. Versteinerungen aus dessen Samml. 2 Hefte. Mit 66 Kpft. in Fol. gr. 8. Ebd. 832. 7 ƒ

— die Petrefactenkunde auf ihrem jetzigen Standpunkte durch die Beschreib. seiner Samml. versteinerter u. fossiler Ueberreste d. Thier- u. Pflanzenreichs der Vorwelt erläutert. Mit 15 Kpft. gr. 8. Gotha 820. Becker. 5 ƒ

S c h l o t h e i m, Frh. E. v., merkwürd. Versteinerungen, s. a. **V e r s t e i n e r u n g e n.**

[SCHLOTHEIM (E. F. von).] Merkwuerdige Versteinerungen aus der Petrefactensammlung . . . Gotha, 1832. 8°.
Fasc. i. t. 1—27, and Fasc. ii. t. 4—7, are of Fossil Plants.

SCHLOTHEIM (E. F. von). Versteinerungen seiner Sammlung. Gotha, 1832. 8°. Plates, 4°.

Schlotke, C., Kleinkunst, s.: G r a d l, M. I.

Schlotke, Ferd., unser Hamburg, s.: M i e f e s e l l, J. Theobald.

Schlotke, Ferd., Senefelder-Album. Zum 6. Nov. 1871. Fol. (188 S. m. lith. Portr. Senefelder's, 20 Steintaf. u. 1 Aquarell-Imitation.) Hamburg (1871) 879. (Kriebel.) n. 20. —

Schlotke, Jul., s.: **A u s den Tagebüchern e. Künstlerin.**

Schlotke, Jul., stereoscopische **F i g u r e n.** Ein Anschauungsmittel zum Gebrauche beim Studium der Stereometrie u. sphaer. Trigonometrie. Hamburg 870. Friederichsen & Co. qu. 16. (32 Steintaff. u. 2 Bl. Text.) In Carton n. 1 ƒ 6 ngr.

Schlotke, J., analytische Geometrie der Ebene. Sammlung v. Lehrsätzen u. Aufgaben, nebst Erläutergn. u. Resultaten. gr. 8. (V, 217 S. m. 97 Fig.) Dresden 891. G. Kühtmann. n. 6. 80; kart. n. 7. —

Schlotke, Jul., die **H a u p t a u f g a b e n** der descriptiven Geometrie. In stereoskop. Figuren dargestellt u. hrsg. gr. 8. (30 Steintaf. m. 2 Bl. Text.) Hamburg. 871. Friederichsen & Co. n. 4. 20

Schlotke, J., die **K e g e l s c h n i t t e** u. ihre wichtigsten Eigenschaften in elementar-geometrischer Behandlung. (III, 96 S. m. 129 Fig.) gr. 8. Dresden 903. [G. Kühtmann.] Leipzig, H. A. L. Degener. n. 3. 20; kart. n. 3. 40

—— **K r y s t a l l o g r a p h i e.** Stereoscopische Darstellung einer Reihe der wichtigsten Krystalle, der Combination derselben etc. 8. (46 Stnt. mit 10 Bl. Text.) Ebendas. 873. *

— **Lehrbuch der Differential- u. Integralrechnung.** (VI, 256 S. m. 106 Fig.) gr. 8. Ebd. 903. n. 7. 80; geb. n. 8. 50
Auch die übrigen Werke dess. Verfassers aus dem Kühtmann'schen Verlage sind an obige Firma übergegangen.

— Lehrbuch der darstellenden Geometrie. Hamburg 867. B. S. Berendsohn. gr. 4. (IV, 36 S. mit eingedr. Holzschn. u. 25 Steintaff.) cart. n. 1 a℔ 6 ngr.

— Lehrbuch der darstellenden Geometrie. 1.—3. Tl. gr. 8. Ebd. 893. n. 10. —; kart. n. 10. 60
1. Spezielle darstell. Geometrie. 2., verb. u. erweit. Aufl. (IV, 142 S. m. 165 Fig.) n. 3. 60; kart. n. 3. 80
2. Schatten- u. Beleuchtungslehre. (IV, 60 S. m. 79 Fig.) n. 2. —; kart. n. 2. 20
3. Perspektive. (V, 133 S. m. 133 Fig.) 894. n. 4. 40; kart. n. 4. 60

Schlotke, J., Lehrbuch d. darstell. Geometrie. 1. u. 4. Tl. gr. 8. Dresden, G. Kühtmann. n. 8. 40; geb. n. 8. 80 (I.—IV.: n. 14. 80; geb. n. 15. 60)
1. Spec. darstell. Geometrie. 3., verb. Aufl. (IV, 154 S. m. 183 Fig.) 897. n. 3. 60; geb. n. 3. 80
4. Projektivische Geometrie. (V, 177 S. m. 223 Fig.) 898. n. 4. 80; geb. n. 5. —

Schlotke, J., Lehrbuch der darstellenden Geometrie. I.—III. Tl. gr. 8. Dresden, G. Kühtmann. n. 10. —; Einbde. à n. — 20
I. Specielle darstellende Geometrie. 5. [Titel-] Aufl. (IV, 167 S. m. 189 Fig.) [900.] 902. n. 3. 60
II. Schatten- u. Beleuchtungslehre. 3. Aufl. (60 S. m. 79 Fig.) 902. n. 2. —
III. Perspektive. 2. Aufl. (V, 133 S. m. 133 Fig.) 902. n. 4. 40

Schlotke, J., Lehrbuch der graphischen Statik. gr. 8. (IV, 163 S. mit eingedr. Fig.) [Hamburg 887, Nestler und Melle's Verlag.] Dresden, Kühtmann. cart. *

— Lehrbuch der graphischen Statik. Zum Gebrauch f. mittlere techn. Lehranstalten, Bau-, Maschinen- u. Gewerbeschulen. 2., verb. u. verm. Aufl. gr. 8. (IV, 163 S. m. 156 Fig.) Dresden: G. Kühtmann 1902.

—— Schriftproben zum Gebrauche für Architecten, Ingenieure etc. 1. und 2. Aufl. qu. gr. 4. (12 Stnt.) Hamburg 864, (Gassmann's Verlag.) In Couvert. *

—— Schriftproben zum Gebrauche für Architekten, Ingenieure etc. 5.—7. Aufl. qu. 4. (12 Stnt. und 1 S. Text.) Hamburg 872—75, Gassmann's Verlag. *

Schlotke, Otto, Blüten vom Wege. Gedichte. gr. 16. (88 S. m. Bildern.) Leipzig 893. A. Seemann. Geb. in Leinw. m. Goldschn. n. 3. —

— s.: Specker, Otto, neues Fabelbuch.

Schlotke, Otto, aus allen Zonen, s.: Krug, Arnold.

Schloetke, Johann Theodor (Hannover) A. S. 588/7

Dissertationes hebdomadales de iustitia et iure.
Präs. Johann Andreas Hannesen.
Göttingen (Hager) SS. 1750.

7 Resp. 30619

Schlötke, Rud. (geb. Berlin 23. 7. 1847): Ueber Hepatitis suppurativa. Berlin (1872). (40 S.) 8°
Berlin, Med. Diss. v. 10. Apr. 1872

Der Wirth vom goldenen Eimer im neuen Lerchenfeld an seinen Freund den Kanzelisten, N. Ein Schreiben durch die kleine Post. [Von Joh. v. Schlötmann? Wien: Wucherer] 1786. 18 S. 8⁰
Abgedr. in: Sammlung aller aus Gelegenheit d. k. k. Verordn. v. 16. Dez. 1785 z. Vorschein gekommenen Schriften d. Frmr. betr. 10 (1786) S. 147—160.
Selten. Veranlasst durch Kratter's Frmr-Auto-da-fé.

Schlott. Ber. üb. d. Organisation d. Militär-Sanitätsdienstes i. Felde, den Dienstbetrieb u. d. Ausstattg d. einzelnen Formationen während d. dtsch-franz. Krieges. (S.-A.) 1872.

Schlott, die Disziplinarstrafordnung f. das Heer, nebst Anh., enth. die Kriegsartikel u. diejenigen gerichtlichen Vergehen, welche in leichteren Fällen im Disziplinarwege geahndet werden können, erläutert. (160 S.) 8. Berlin 908. R. Eisenschmidt. 2. 50

Schlott, die Formation des Militär-Sanitäts-Wesen in den größeren Staaten, mit besond. Berücksichtigung der preuß. Verhältnisse im Hinblick auf Geschichte und Reform. Frankfurt a. M. 866. Boselli'sche Buchh. gr. 8. (III, 60 S.) n. 8 ngr.

Schlott, der Gerichtsherr der Militärstrafgerichtsordnung u. seine Berater. (XX, 162 S.) gr. 8. Berlin 906. R. Eisenschmidt. n. 2. 50; geb. n. 3. 50

Schlott, das standgerichtliche Verfahren u. das materielle Strafrecht des Standgerichts in Friedenszeiten. (VI, 140 S.) 8. Berlin 908. R. Eisenschmidt. 3.—; geb. 3. 80

— Verpflegung u. Regimen des Soldaten u. die Militär-Sanität. Ebend. 866. gr. 8. (VIII, 84 S. mit 1 Steintaff. in qu. 4.) Frankfurt a. M. n. 15 ngr.

Schlott, Adf., topographisch-statistische Uebersicht des Regierungsbezirks Königsberg nach amtlichen Quellen. Königsberg 861. (Gräfe & Unzer.) gr. 4. (260 S.) n. 2 a℔ 15 ngr.

Schlott, Carl Heinrich Otto, s. Schlott, Karl Heinrich Otto

Schlott, G., illustrierte biblische Geschichten. Unsern lieben Kindern in Haus und Schule erzählt. 8. (VIII, 64 S. mit eingedr. Holzschn. und 15 Chromolithogr.) Braunschweig 885, Wollermann. cart. *

Schlott, G., illustr. biblische Geschichten. Unseren lieben Kindern in Haus u. Schule erzählt. 2., verb. Aufl. 8. (VIII, 62 S. m. Abbildgn. u. 15 Farbendr.) Braunschweig 893. H. Wollermann. n. 1. —; kart. 1. 20

Schlott, G., das vereinigte Kopf- und Tafelrechnen. Dreistufige Rechenschule für einfache Schulverhältnisse [ein- bis sechsklass. Volksschulen]. 4 Hefte. 8. (40; 34; 36; 36 S.) Braunschweig 884, Wollermann. à Heft * 25 Pf. *

Schlott, G., das vereinigte Kopf- u. Tafelrechnen. Rechenbuch f. die Volksschule. 1.—4. Heft. 2. Aufl. 8. Braunschweig (906). H. Wollermann. à n. — 40
1. Die Zahlenreihen 1 bis 5, 1 bis 10 u. 1 bis 20. (76 S. m. Fig.)
2. Die Grundrechnungsarten von 1 bis 100. Anfang des Bruchrechnens. Einfache Preisberechngn. (62 S. m. Fig.)
3. Der Zahlenkreis bis 1000. Der höh. Zahlenraum. Rechnen m. benannten Zahlen u. angewandte Aufgaben. Münzen, Maße u. Gewichte. (68 S. m. Fig.)
4. Die Grundrechnungen m. gemeinen u. Dezimalbrüchen. Die wichtigsten bürgerl. Rechnungsarten. Aufgaben aus der Kranken- u. Unfall-, Invaliden- u. Altersversicherg. (76 S. m. Fig.)

Schlott, Karl Heinrich Otto

Schlott, Car. Henr. Otto (geb. Rotta bei Wittenberg): De cholera epidemica. Berolini (1852). (27 S.) 8°
Berlin, Med. Diss. v. 8. Nov. 1852

Schlott, Paul. Anton. (geb. Rotta bei Wittenberg a. E. 16. 8. 1843): De diabete mellito. Berolini 1866. (38 S.) 8°
Berlin, Med. Diss.
nachgeliefert v. dem am 15. Juni 1866 auf Grund gedruckter Thesen promov. Verf.

Schlott, Toni s. Familienbibliothek, Schweizer. No. 29.

Schlott, Toni, Max u. Moritz, s.: Weber's mod. Bibliothek.

Schlott v. Rottau, C., s.: Rottau, O. S. v.

Schlotte, Max, Referendar aus Chemnitz: **Die juristische Natur der Reederei.** *Leipzig 1902: R. Gerstäcker.* (VIII, 52 S.) 8°
Leipzig, Jur. Diss. v. 1902

Schlotter, Herm., üb. den Ausfluss aus horizontalen Ansatzröhren. Beweise f. die Energie d. Luftdruckes. gr. 8. (24 S. m. 2 Steintaf.) Gera 871. Griesbach's Verl. n. — 80

— üb. die rationelle Benutzung der Wasserkräfte vermittelst e. neuen Apparates zur Transmission derselben. Mit e. lith. Fig.-Taf. (in gr. 4.) gr. 8. (28 S.) Ebend. 873. n. 1. 20

— über die Bewegung d. Wassers in Leitungsröhren. Beweise f. die Energie d. Luftdruckes. gr. 8. (52 S. m. eingedr. Holzschn.) Ebend 871. n. 1. —

Schlotter, Herm., die Energie des Luftdruckes. Beitrag zu einem neuen Capitel der Mechanik. Gera 870. Griesbach. gr. 8. (31 S. mit eingedr. Holzschn.) n. 10 *ngr.*

— über das mechanische Princip d. Fluges u. dessen Anwendng. auf die Luftschifffahrt. gr. 16. (XIV, 82 S.) Gera 874. Griesbach's Verl. n. 2. 50

Schlotter, Paul

Die Rechtsstellung und der Rechtsschutz der Taubstummen. Eine jurist. Plauderei von Rechtsanw. Dr. P. **Schlotter**-Gera. (Leipzig: H. Dude 1907.) (48 S.) 8°
Aus: Blätter f. Taubstummenbildung. 1907, No 7. 8. [07. 10860

Schlotter, Paul, die Rechtsstellung u. der Rechtsschutz der Taubstummen. Eine jurist. Plauderei. (48 S.) 8. Leipzig (907). F. Jansa. — 75
Sonderabdruck aus: „Blätter f. Taubstummenbildg."

— Das Staats- u. Verwaltungsrecht der Fürstentümer Reuss älterer u. jüngerer Linie, s.a. Bibliothek d. öff. Rechts.

Das Staats- und Verwaltungsrecht der Fürstentümer Reuss älterer u. jüngerer Linie. Gemeinverständl. dargest. von Rechtsanw. Dr. Paul **Schlotter**. Hannover: Jänecke 1909. VIII, 158 S. 8°
(Bibliothek d. öffentlichen Rechts. Bd 8.)

Schlotter, Paul, aus Schleiz (Reuss j. L.): **Die unbestellte Ware.** *Schleiz 1899: E. Hoffmann.* (60 S.) 8° [Umschlagt.]
Erlangen, Jur. Diss. v. 9. Dez. 1898

Schlotter, Pet., die ländliche Arbeiterfrage in der Prov. Westfalen, s.a. Abhandlungen aus dem staatswissenschaftlichen Seminar zu Münster i. W.

Schlotter, Peter, Rüdesheim a. Rh.: **Die ländliche Arbeiterfrage in der Provinz Westfalen.** Leipzig 1907: J. B. Hirschfeld. (48 S.) 8° ¶ (Erscheint vollst. als: Abhandlungen a. d. staatsw. Seminar zu Münster i. W. H. 6.)
Münster, Rechts- u. staatsw. Fak., Ref. Schmöle, Diss. v. 4. Sept. 1907
[Geb. 22. Sept. 79 Rüdesheim; Wohnort: Frankfurt a. M.; Staatsangeh.: Preußen; Vorbildung: Gymn. Bensheim Reife O. 98; Studium: Marburg 1, Münster 7 S.; Rig. 30. Juli 06.]

Schlotter: Tabellarische Übersichten über die Bevölkerungsbewegung in den Stadtkreisen: Elberfeld, Barmen, Remscheid u. Solingen, sowie in d. Städten u. Landgemeinden d. Kreise: Mettmann, Lennep, Solingen, Hattingen u. Schwelm 1875–1905. Auf Grund d. vom Statist. Amte d. Stadt Elberfeld gesamm. Materials. Elberfeld 1910. 4°

Schlötter, Max, Galvanostegie, s.a. Monographien üb. angewandte Elektrochemie. 37. Bd.

Galvanostegie. Von Dr.-Ing. M[ax] Schlötter, Chemiker. T. 1. Halle a. S.: Knapp 1910. 8°
(Monographien über angewandte Elektrochemie. Bd 37.)

— Über die elektrolytische Gewinnung v. Brom u. Jod, s.: Monographien üb. angewandte Elektrochemie. 27. Bd.

Schlötter, Max: Ueber die elektrolytische Oxydation von Alkoholen der Fettreihe. 1902. 40 S. 8°
München, Dr.-Ing.-Diss. v. 19. 12. 1902

Schlotterbeck, A., s.: Einwohner-Verzeichniß der Stadt Heidelberg.

Schlotterbeck, B., Antworten zum practischen Rechnen. Heft 5, 6 und 8a. 8. Ebendas. [5. Heft. 5. Aufl. (15 S.) 880. * 25 Pf.; 6. Heft. 4. Aufl. (15 S.) 876. * 25 Pf.; 8a. Heft. 2. und 3. Aufl. (16 S.) 878,79. * 30 Pf.] *
1.–4., 7., 8b.–8d. Heft. Ebendas. 872–74. * M. 1,40.

Schlotterbeck, B., Aufgaben für das Kopfrechnen. Zum Gebrauch in mecklenburg. Schulen bearb. 1. u. 2. Heft. Schwerin 868. Hildebrand. 8. Jedes Heft n. 8 *ngr.*
1. Heft. Für Mittelklassen. (IV, 58 S.)
2. " Für Oberklassen. (64 S.)

Schlotterbeck, B., Aufgaben f. das Kopfrechnen. Zum Schulgebrauch bearb. 1. u. 2. Hft. 2. nach den neuen Münz- u. Maßverhältnissen umgearb. Aufl. 8. Schwerin 873. 74. Hildebrand. n. 2. 50
1. Für Mittelklassen. (77 S.) n. 1. 20
2. Für Oberklassen. (79 S.) n. 1. 30

Schlotterbeck, B., leichte algebraische Aufgaben f. das Kopfrechnen. Mit e. Anh.: Ganz leichte algebr. Aufgaben zum Kopfrechnen f. die Unterstufe. 8. (56 S.) Leipzig 894. E. Peter. n. — 60

— Aufgaben für das praktische Rechnen. 10 Hefte. Ebend. 865—67. 8. n. 1 *Thlr* 13¼ *ngr.*
1. Heft. Zahlraum von 1—10. (24 S.) n. 1½ *ngr.*
2. " Zahlraum von 1—100. (40 S.) n. 2 *ngr.*
3. " Zahlraum von 1—1000 und darüber. (40 S.) n. 2 *ngr.*
4. " Rechnen mit gemeinen Brüchen. (32 S.) n. 2 *ngr.*
5. " Erweiterungen. (48 S.) n. 2½ *ngr.*
6. " Geldwesen — soweit es für das bürgerliche Leben in Betracht kommt (48 S.) 3¼ *ngr.*
7. " Geometrische Aufgaben. (64 S. mit eingedr. Holzschn.) n. 4½ *ngr.*
8a. " Kaufmännisches Rechnen. (64 S.) n. 4½ *ngr.*
8b. " Gewerbliches Rechnen. (48 S.) n. 4 *ngr.*
8c. " Landwirthschaftliche Aufgaben. (52 S.) n. 4 *ngr.*
8d. " Hauswirthschaftliche Aufgaben (für größere Mädchen). (64 S.) n. 4 *ngr.*
9. " Geographische und physikalische Aufgaben. (38 S.) n. 4 *ngr.*
10. " Buchstabenrechnung u. Algebra. (44 S.) n. 5 *ngr.*

Schlotterbeck, B., Aufgaben für das praktische Rechnen. Antworten dazu. 2—10. Heft. Schwerin 865—67. Hildebrand. 8. [2. u. 3. Heft. (24 S.) n. 2½ *ngr.*, 4. u. 5. Heft. (28 S.) n. 2½ *ngr.*, 6. u. 7. Heft. (24 S.) n. 2½ *ngr.*, 8a. Heft. (19 S.) n. 2½ *ngr.*, 8b. Heft. (8 S.) n. 2 *ngr.*, 8c. Heft. (11 S.) n. 2 *ngr.*, 8d. Heft. (8 S.) 1½ *ngr.*, 9. Heft. (8 S.) n. 2 *ngr.*, 10 Heft. (9 S.) 3¼ *ngr.*] n. 20¾ *ngr.*

Schlotterbeck, B., Aufgaben für das practische Rechnen. Heft 1—7, 8a. b. c. d. Neue, nach den neuen Münz- und Maßverhältnissen umgearb. Aufl. 8. Schwerin 871—75, Hildebrand's Verlag. *

Inhalt:

Heft 1. Rechnen mit den Zahlen von 1—20. 2. Aufl. (24 S.) 870. * 15 Pf., und 3. Aufl. (32 S.) * 20 Pf.
„ 2. Rechnen mit den Zahlen von 1—100. 2.—5. Aufl. (40 S.) * 20 Pf.
„ 3. Rechnen mit den Zahlen von 1—1000 und darüber. 2.—5. Aufl. (40 S.) * 20 Pf.
„ 4. Rechnen mit Brüchen. 2.—5. Aufl. (32 S.) * 20 Pf.
„ 5. Erweiterungen. 2. Aufl. * 25 Pf., und 3. Aufl. (48 S.) * 30 Pf.
„ 6. Geldwesen, soweit es für das bürgerliche Leben in Betracht kommt, nebst Aufgaben aus der Theilungs-, Gesellschafts- und Mischrechnung. (47 S.) * 40 Pf.
„ 7. Geometrische Aufgaben. 2. Aufl. (64 S. mit eingedr. Holzschn.) * 45 Pf.
„ 8a. Kaufmännisches Rechnen. (64 S.) * 45 Pf.
„ 8b. Gewerbliches Rechnen. 2. Aufl. (48 S.) * 50 Pf.
„ 8c. Landwirthschaftliche Aufgaben. 2. Aufl. (48 S.) * 50 Pf.
„ 8d. Hauswirthschaftliche Aufgaben (für größere Mädchen). 3. Aufl. (64 S.) * 55 Pf.

—— dass. — Antworten. [Neue Ausg. nach Reichswährung.] Heft 1—7, 8 a. b. c. d. 8. Ebendas. 873. [1. und 2. Heft. (16 S.) * 25 Pf.; 3. und 4. Heft. (31 S.) * 30 Pf.; 5. und 6. Heft. (15; 12 S.) à Heft * 20 Pf.; 7. Heft. (16 S.) * 25 Pf.; 8. a. Heft. (15 S.) * 25 Pf.; 8. b. c. d. Heft. (à 12 S.) à Heft * 20 Pf.] *

Schlotterbeck, B., Aufgaben für das practische Rechnen. Heft 1—7 und 8a., 8d. Neue, nach den neuen Münz- und Maßverhältnissen umgearb. Aufl. 8. Schwerin, Hildebrand's Verlag. *

Inhalt:

Heft 1. Rechnen mit den Zahlen von 1—20. 4. verb. Aufl. (32 S.) 879. * 20 Pf.
„ 2. Rechnen mit den Zahlen von 1—100. 6. verb. Aufl. (40 S.) 879. * 20 Pf.
„ 3. Rechnen mit den Zahlen von 1—1000 und darüber. 6. verb. Aufl. (40 S.) 878. * 20 Pf.
„ 4. Rechnen mit Brüchen. 6. verb. Aufl. (32 S.) 878. * 20 Pf.
„ 5. Erweiterungen. 4. und 5. Aufl. (48 S.) 879,80. * 30 Pf.
„ 6. Geldwesen, soweit es für das bürgerliche Leben in Betracht kommt, nebst Aufgaben aus der Theilungs-, Gesellschafts- und Mischrechnung. 2.—4. Aufl. (48 S.) 879,80. * 40 Pf.
„ 7. Geometrische Aufgaben. 3. verb. Aufl. (64 S. mit eingedr. Holzschn.) 878. * 55 Pf.
„ 8a. Kaufmännisches Rechnen. 2. und 3. verb. Aufl. (64 S.) 879. * 60 Pf.
„ 8d. Hauswirthschaftliche Aufgaben (für größere Mädchen). 4. Aufl. (64 S.) 879. * 60 Pf.

8b. und 8c. Heft. Ebendas. à * 50 Pf.

Schlotterbeck, B., Aufgaben für das practische Rechnen. 2.—6. Heft. 8. Schwerin, Hildebrand's Verlag. *

Inhalt:

Heft 2. Rechnen mit den Zahlen von 1—100. 7. verb. Aufl. (40 S.) 883. * 20 Pf.
„ 3. Rechnen mit den Zahlen von 1—1000 und darüber. 7. verb. Aufl. (40 S.) 882. * 20 Pf.; 8. Aufl. (32 S.) 886. * 25 Pf.
„ 4. Rechnen mit Brüchen. 7. verb. Aufl. (32 S.) 882. * 20 Pf.
„ 5. Erweiterungen. 6. Aufl. (48 S.) 885. * 35 Pf.
„ 6. Geldwesen, soweit es für das bürgerliche Leben in Betracht kommt, nebst Aufgaben aus der Theilungs-, Gesellschafts- und Mischungsrechnung. 5. Aufl. (48 S.) 881. * 40 Pf.

1. Heft. Ebendas. 1879. * 20 Pf.

Schlotterbeck, B., Aufgaben f. d. prakt. Rechnen. Hft. 1—7, 8a—d, 9 u. 10. 8. Schwerin, Bärensprung'sche Hofbuchdr. n. 5. 50

1. 5., umgearb. Aufl. (47 S.) 891. n. — 25
2. 8., umgearb. Aufl. (48 S.) 891. n. — 25
3. 9., umgearb. Aufl. (47 S.) 891. n. — 25
4. 9., verb. u. verm. Aufl. (39 S.) 891. n. — 25
5. 7., verb. Aufl. (48 S.) 891. n. — 25
6. 6., verb. Aufl. (48 S.) 887. n. — 40
7. 4., verb. Aufl. (64 S.) 889. n. — 55
8a. 4., verb. Aufl. (64 S.) 891. n. — 60
8b. 3., verb. Aufl. (58 S.) 890. n. — 60
8c. 2., nach d. neuen Münz- u. Maßverhältnissen umgearb. Aufl. (48 S.) 874. n. — 60
8d. 5., umgearb. Aufl. (64 S. m. 1 Tab.) 890. n. — 60
9. 2., umgearb. Aufl. (44 S.) 887. n. — 40
10. (44 S.) 887. n. — 50

— dasselbe. Antworten zu Hft. 1—7 u. 8a—d. 8. Ebd. n. 2. 40

1. 2. (6. Aufl.) (16 S.) 890. n. — 25
3. 4. 9. Aufl. (20 u. 15 S.) 890. à n. — 25
5. 7. Aufl. (15 S.) 890. n. — 25
6. 5. Aufl. (15 S.) 887. n. — 25
7. 4. Aufl. (16 S.) 890. n. — 25
8a. 4. Aufl. (16 S.) 890. n. — 30
8b. 3. Aufl. (12 S.) 890. n. — 20
8c. (2. Aufl.) (11 S.) 874. n. — 20
8d. 5. Aufl. (11 S.) 890. n. — 20

— dasselbe. Ausg. a. 7 Hfte. (3. Aufl.) 8. (à 24 S.) Ebd. (892). à n. — 15

— dasselbe. Antworten. 8. (44 S.) Ebd. (892). n. — 50

Schlotterbeck, B., Friedrich Franz II., Großherzog v. Mecklenburg-Schwerin. Gedenkbüchlein f. Mecklenburgs Volk u. Jugend. 8. (56 S.) Schwerin 883. Hildebrand's Verl. n. — 60

—— einfache Gleichungen ersten Grades, nebst Anleitung zur Lösung derselben und einer großen Zahl von Uebungsaufgaben. Mit einem Anhang: Leichte quadrat. Gleichungen. 8. (IV, 192 S.) Wismar 876, Hinstorff'sche Hofbuchh. *

— theoretisch-praktisches Handbuch für den Unterricht im ersten Schuljahre. Für angehende Lehrer u. Erzieherinnen bearb. 3 Hefte. Wismar 868. Hinstorff. gr. 8. 1 ℛ 2½ ngr.

1. Heft. Die Heimathskunde im ersten Schuljahre oder Einführung des 6 bis 7jähr. Kindes in das Natur- u. Menschenleben. (VII, 131 S.) 15 ngr.
2. Heft. Der Schreibleseunterricht oder die ersten Sprach-, Lese- u. Schreibübungen in der Schule. (VII, 54 S.) 7½ ngr.
3. Heft. Uebungen zur Bildung der Sinne. (VIII, 63 S. mit 9 Steintaf.) n. 10 ngr.

— Handbuch f. den Verkehr m. dem neuen [metrischen] Maße u. Gewichte. In 4 Abthlgn. bearb. f. das Bedürfnis d. pract. Lebens. 8. Wismar 871. Hinstorff. à n. 1. —

1. Ausführliche Reductionstabellen der alten mecklenb. Maße u. Gewichte auf neue u. umgekehrt, nebst e. Anh., enth. Verhältnis- u. Reductionszahlen, vergleichende Zusammenstellg. der Maße anderer Länder, Formeln u. Beispiele zur Berechng. v. Linien, Flächen u. Körpern nach dem neuen Maße, Aussaat- u. Ertragstabellen 2c. (XII, 76 S.)
2. Kubiktabellen zur Bestimmung d. Inhalts v. kant. Hölzern nach metr. Maaße. Bearb. zum Gebrauch f. Kaufleute, Fabrikanten, Gewerbtreibende 2c. (III, 116 S.)
3. Kubik-Tabellen zur Bestimmg. d. Inhalts v. Rundhölzern in Cubikmetern u. Hunderttheilen d. Cubikmeters nach dem mittleren Durchmesser. Bearb. f. Forstmänner, Landwirthe, Gewerbtreibende 2c. (III, 87 S.)
4. Preistabellen zur Vergleichg. der Preise zwischen den alten mecklenburg. Maßen u. den neuen. Bearb. f. Geschäftsleute jeder Art u. f. den tägl. Hausgebrauch. (III, 76 S.)

—— drei Hefte für das schriftliche Rechnen. Zum Gebrauche für einfache Schulverhältnisse. 3 Hefte. 8. Ebendas. *

Inhalt:

Heft 1. 1. bis 3. Schuljahr: Rechnen mit den Zahlen von 1—10,000. 2 Hälften. (38; 36 S.) 879. * 25 Pf.
„ 2. 4. bis 6. Schuljahr. Die vier Species in größeren Zahlen und die Bruchrechnung. 2 Hälften. (70 S.) 880. * 25 Pf.
„ 3. 7. und 8. Schuljahr. Regeldetri und das bürgerliche Rechnen, (in neuer Rechtschreibung). (64 S.) 880. * 50 Pf.

—— dass. — Antworten zu allen 3 Heften. 8. (60 S.) Ebendas. 880. *

—— drei Hefte für das schriftliche Rechnen. Zum Gebrauch für einfache Schulverhältnisse entworfen. 1. Heft. 1. und 2. Hälfte und 2. Heft. 1. Hälfte. 2. Aufl. 8. (38; 36; 38 S.) Wismar 886,87, Hinstorff'sche Hofbuchh., Verlag. à Hälfte * 25 Pf. *

— 3 Hefte f. das schriftliche Rechnen. Zum Gebrauch f. einfache Schulverhältnisse entworfen. 1. Hft. 2. Hälfte u. 2. Hft. 1. Hälfte. 2. Aufl. 8. (36 u. 38 S.) Ebd. 890. à n. — 25

Schlotterbeck, B. Drei Hefte f. das schriftl. Rechnen. 2. Heft. 2. Aufl., u. 3. Heft. 2. Aufl. 8. Wismar, Hinstorff's Verlag. [2. Heft. 2. Hälfte. (S. 39—70.) 890. * — 25; 3. Heft. (64 S.) 893. * — 50.] * — 75

— drei Hefte f. das schriftliche Rechnen. Zum Gebrauch f. einfache Schulverhältnisse entworfen. I. Hft. 1.—3. Schulj.: Rechnen m. den Zahlen von 1—10000. 1. Hälfte. 3. Aufl. 8. (38 S.) Wismar 894. Hinstorff's Verl. n. — 25

Schlotterbeck, B., die Heimatkunde im ersten Schuljahre oder Einführung des sechs- bis siebenjährigen Kindes in das Natur- und Menschenleben. Ein Hilfsbuch beim sog. Anschauungsunterrichte für angehende Lehrer und Erzieherinnen. 2. verb. Aufl. gr. 8. (IV, 150 S. mit 3 Taf.) Wismar 888, Hinstorff'sche Hofbuchh., Verlag. *

Schlotterbeck, B., Knacknüsse für Freunde des Rechnens. (211 S.) 1880; 2. Aufl. 8. (IV, 212 S.) Langensalza 881, Schulbuchh. von Greßler.

—— Knacknüsse für Freunde des Rechnens. 3. Aufl. 8. (IV, 212 S.) Langensalza 886, Schulbuchhandlung.

— Knacknüsse f. Freunde des Rechnens. 4. Aufl. 8. (IV, 212 S.) Langensalza 895. Schulbuchh. 1. 60

Schlotterbeck, B., Knacknüsse f. Freunde des Rechnens. I. 100 arithmet. Rechenaufgaben m. elementaren Lösgn. II. 100 geometr. Rechenaufgaben m. elementaren Lösgn. III. 100 physikal. Rechenaufgaben m. elementaren Lösgn. IV. 100 algebraische Rechenaufgaben m. elementaren Lösgn. 5. Aufl. (IV, 212 S.) 8. Langensalza 905. Schulbuchhandlung. n. 2. —

— Commentar zu Heft 5, 6 u. 8a des neuen mecklenburgischen Rechenbuches. Ebend. 868. 8. (XVI, 104 S.) n. 18 ngr.

— das metrische Maß u. Gewicht. Erläuterungen u. Aufgaben über dasselbe für Jedermann besonders als Ergänzg. zum „Neuen mecklenburg. Rechenbuche." Schwerin 869. Hildebrand's Verl. 8. (16 S.) n. 2 ngr.

— – Materialien für den Rechenunterricht in Mittel- und Oberklassen. Im Anschluß an die „1050 Rechenaufgaben" für die Hand der Kinder entworfen. 8. (147 S.) Ebendas. 886. Antworten (18 S.)

— Quadrat-Figuren. Eine Spielgabe f. kleinere Kinder. qu. 4. (4 Steintaf. u. 4 S. Text in 8.) Stuttgart 871. Eger & Distler. 1. 50

—— 1050 Rechenaufgaben aus Schule und Leben, nebst einfachen Lösungen. Zum Gebrauch für alle, die denkend rechnen lernen oder einen zum Denken anregenden Rechenunterricht erteilen wollen. 8. (V, 386 S.) Ebendas. 883.

— 1050 Rechenaufgaben aus Schule u. Leben, nebst einfachen Lösgn. Zum Gebrauch f. alle, die denkend rechnen lernen oder e. zum Denken anreg. Rechenunterricht erteilen wollen. 2. Aufl. 8. (IV, 386 S.) Langensalza 886 Schulbuchh. 3. 30

—— Rechenbuch für die Oberklassen der Volksschule. 8. (124 S.) Schwerin 873, Hildebrand's Verlag. *
Antworten (31 S.) *

— Rechenbuch f. d. Oberklassen d. Volksschule. 2. Aufl. 8. (IV, 104 S.) Schwerin (891). Bärensprung'sche Hofbuchdr. n. 1. —; Antworten (30 S.) n. — 50

—— kleiner Rechenknecht für den täglichen Verkehr mit der neuen Münze und den neuen Maßen. 1. und 2. Aufl. schmal 12. (IV, 100 S.) Wismar 873,80, Hinstorff'sche Hofbuchh. cart.

— kleiner Rechenknecht f. den tägl. Verkehr m. der neuen Münze u. den neuen Maßen. 3. Aufl. schmal gr. 16. (100 S.) Wismar 890. Hinstorff's Verl. cart. n. — 50

—— drei Rechentabellen zur leichten und schnellen Beschäftigung verschiedener Abtheilungen. [Zum Aufkleben und Aufhängen in Schulstuben.] Imp.-Fol. Ebendas. 876. *

—— dass. — Aufgaben und Auflösungen zu den drei Rechentabellen. Ein Hülfsmittel beim Rechenunterrichte in der Schule zur leichten und schnellen Beschäftigung verschiedener Abtheilungen. gr. 16. (III, 63 S.) Ebendas. 876. *

—— Rechenvorteile. Eine leichtfaßl. Anleitg. in Beispielen zum Schnellrechnen zc. 16. (80 S.) Langens. 892, Schulbuchh. cart. — 60

— Rechenvorteile. Eine leichtfaßl. Anleitg. in Beispielen zum Schnellrechnen f. Geschäftsleute, Beamte, Lehrer zc. 2. Aufl. 16. (80 S.) Langensalza 893. Schulbuchh. Kart. — 60

— Rechenvorteile. E. leichtfaßl. Anleitg. in Beispielen z. Schnellrechnen für Geschäftsleute, Beamte, Lehrer zc. 3. Aufl. 16. (80 S.) Langensalza 896. Schulbuchh. Kart. — 60

Schlotterbeck, B., Rechenvorteile. Eine leichtfaßl. Anleitg. in Beispielen zum Schnellrechnen f. Geschäftsleute, Beamte, Lehrer zc. 4. Aufl. 16. (80 S.) Langensalza 899. Schulbuchh. Kart. — 60

Rechenvorteile. Eine leichtfaßl. Anleitung in Beispielen z. Schnellrechnen f. Geschäftsleute, Beamte, Lehrer etc. Von B. Schlotterbeck. 5. Aufl. *Langensalza: F. G. L. Greßler 1903.* (80 S.) 8° [3.] [–.60]

— der Schreiblescunterricht oder die ersten Sprech-, Lese- u. Schreibübgn. in der Schule. Ein Hilfsbuch f. angeh. Lehrer u. Erzieherinnen. 2., verb. Aufl. gr. 8. (IV, 58 S.) Ebd. 888. n. 1. —

—— kleine Schulgeographie. Heimatskunde des Großherzogth. Mecklenburg. gr. 8. (48 S.) Schleswig 870, Schulbuchh. [Halle, Buchh. des Waisenhauses.] *

—— orthographische Übungen. Nach den für die preuß. Schulen vorgeschriebenen Normen zusammengestellt für die Hand der Schüler. 2 Hefte. 8. Langensalza 882, Schulbuchh. von Greßler.

Inhalt:
Heft 1. Für Mittelklassen. (IV, 40 S.) 30 Pf.
" 2. Für Oberklassen. (VI, 24 S.) 25 Pf.

—— grundlegendes Wörterverzeichnis zur neuen deutschen Rechtschreibung. 2. erweit. Aufl. 8. (16 S.) Ebendas. 885. *

Schlotterbeck, Bernh., Aufsatzübungen für die Mittelclassen der Bürger- und die Oberclassen der Volksschule. Zunächst eine Fortsetzung der Sprach- und Aufsatzübungen in Burgwardt's erstem Schul- und Bildungsbuch. Zum Gebrauch für Schüler bearb. 8. (IV und 116 S.) Wismar 857, Hinstorff'sche Hofbuchh. *

—— Sinnenbildung. Versuch einer historisch-kritischen Darstellung des Anschauungsunterrichts, nebst Aufstellung eines Lehrganges für denselben auf Grundlage der Sinnenbildung. gr. 8. (IV und 72 S. mit 4 lithogr. Anlagen auf 5 Taf.) Glogau 860, Flemming's Verlag.

—— das Stäbchenlegen. Eine Spielgabe für Kinder von vier bis acht Jahren. hoch 4. (15 S. mit eingedr. Holzschn. und 5 Stnt.) Lübeck 859, Dittmer'sche Buchh. *
cart. *

—— Vorlagen zur Bildung des Auges und der Hand. 1—3. Heft. (à 25 Stnt.) qu. gr. 8. Glogau 860, Flemming's Verlag. à Heft 7½ Ngr. —

Schlotterbeck, Chr. G., vollständige franz. Grammatik. Nach e. ganz neuen Plane bearb. gr. 8. (27 B.) Stuttgart 842, Becher's Verl. —

Schlotterbeck, Fr., s. Schlotterbeck, Johann Fr.

Schlotterbeck, Fritz, aus Solothurn (Schweiz): Über das Anilin-azo-acetylaceton und seine Abkömmlinge. Ein Beitrag zur Kenntnis d. 'Gemischten Azoverbindungen'. *Tübingen: F. Pietzcker 1902.* (50 S.) 8°
Tübingen, Naturw. Diss. v. 1902

Schlotterbeck, Fritz, über das Anilin-azo-acetylaceton u. seine Abkömmlinge. Ein Beitrag zur Kenntnis der „gemischten Azoverbindgn." Diss. gr. 8. (50 S.) Tübingen 902. F. Pietzcker. n.n. 1.—

Schlotterbeck, Fritz, Dr.: Synthesen von Ketonen u. Ketonsäureestern aus Aldehyden. Würzburg 1909: F. Scheiner. 61 S. 8°
Würzburg, Phil. Hab.-Schr. v. 1909 [U 09. 4184

Schlotterbeck, Johann Fr.

Schlotterbeck, J. F., Fabeln u. Erzählungen n. Phädrus u. in eigener Manier. 1r Thl. 8. Stuttg. Erhard. (Löflund.) (a. Magaz. f. Lit.) 790.

— Samml. vermischter Gedichte. Mit 1 Kpf. gr. 8. Ulm 825. Stettin. 1 ₰ 16 ℊ.

Schlotterbeck, Johann Samuel (Durlach) A. S. 75/26

Decas errorum Boehmerianorum in doctrina de lege Falcidia et fideicommissis obviorum.
Präs. Michel Gottfried Wernher.
Erlangen (Walther) 8. XII. 1770. 41 S.

Gew.: Johann Jakob Reinhardt, Georg Ernst Ludwig Preuschen.
W. v.: Präs., Christian Masius (Opp.), David Loew (Opp.). 30636

Schlotterbeck, W. F., Conjugation der regelmäßigen, unregelmäßigen und Hülfszeitwörter der französischen Sprache. In allen möglichen Verbindungen mit Fürwörtern in bejahender, verneinender, fragender und fragend verneinender Form. Stuttgart 858. (Schaber.) gr. 8. (171 S.) n. 20 *ngr.*

[Schlotterbek, F.] — Der *Jahrmarkt*, Sehenswürdigkeiten und Scenen in bunter Reihe. Ein Bilderbuch mit Text von Zweien. [Titel von 3 lithogr. Vignetten umgeben]. Esslingen a. N. J. F. Schreiber [c. 1835]. Titelbl., 18 Texts. und 18 prächtige, handkolor. Lithographien. Quer-kl.-fol. Hlwd. d. Z. 90.—
Höchst selten. Von Rümann, Hobrecker, u. a. nicht zitiertes, sehr schönes u. anschauliches Bilderbuch m. großen Darstellungen verschied. Jahrmarktszenen wie: Der Guckkasten, d. Jongleur, d. Carussell, d. Menagerie, Seiltänzer, Kasperltheater, Wachsfiguren, Kunstreiter, Pferderennen usw. Mehrere Blätter sind signiert: F. Schlotterbek, als Lithographen sind genannt J. ELIAS u. G. MATTEN. — Einige Flecken u. geringfügige Gebrauchsspuren, eine Tafel ein wenig beschädigt, Einband innen etwas repariert, Name a. d. Titel. Im ganzen recht gutes Ex. ★★

Schlotterhausen, Karl, a. Bremen: Die Ovariotomien der letzten zehn Jahre a. d. Göttinger Universitäts-Frauenklinik. Göttingen 1906: L. Hofer. (28 S.) 8°
Göttingen, Med. Fak., Ref. Runge, Diss. v. 10. Aug. 1906
[Geb. 20. März 81 Hemelingen; Wohnort: Bremen; Staatsangeh.: Bremen; Vorbildung: Gymn. Bremen Reife M. 00; Studium: Göttingen 5, Bonn 1, Leipzig 2, Göttingen 2 S.; Coll. 5. März 06; Approb. 12. Jan. 06.]

SCHLOTTERHOSE, s. *Schulz*, H. J.

Schlotterhose u. seine Commilitonen, s. a. G. Paestello, Leben, Leiden ꝛc.

Schlotterhose u. seine Commilitonen, Schauspielerroman, als Seitenstück zu Marzeville Ripérapé, v. demf. Verfaſſ. m. 1 K. 8. Hamb. Vollmer. 812.
Auch unter dem Titel:
Leben der schönen Isabelle, s. Isabelle.

Schlotterose, Otto, s. a. Dichtung, die altengl., „Phoenix".

Schlotterose, Otto, a. Heyerode (Thür.): Die altenglische Dichtung 'Phoenix' (Bearb. Text m. Übers.). Halle a. S. 1908: E. Karras. (55 S.) 8° ¶ (Erscheint vollst. u. d. T.: „Die altengl. Dichtung 'Phoenix'" als: „Bonner Beiträge z. Anglistik" H. 25.)
Bonn, Phil. Fak., Ref. Trautmann, Diss. v. 11. März 1908
[Geb. 28. Jan. 82 Heyerode b. Mühlhausen; Wohnort: Bonn; Staatsangeh.: Preußen; Vorbildung: Gymn. Heiligenstadt Reife O. 02; Studium: München 1, Berlin 1, Bonn 7 S.; Rig. 15. Jan. 08.]

Schlotthauber, Aug. Fr., absolute u. definitive Entscheidung der Streitfrage über die Emancipation der Juden: aus wahrer Menschenliebe u. Unparteilichkeit, aus Religiosität u. Gerechtigkeitsliebe geschrieben. gr. 8. Hamburg 841. (Kittler.) n. 1/6 ₰

Schlotthauer, Ferd., die Instrumente des Orchesters u. der Militär-Musiken (m. besond. Rücksicht der bayerischen) wie sie klingen u. geschrieben werden, nebst kurzen fassl. Andeutungen, wie u. wo sie mit Effect verwendet werden können. Eine tabellar. Uebersicht. gr. Fol. (4 Bl. u. 2⅓ B. Text.) Passau 843, (Ambrosi's Buchh.) *

Schlotthauer, Ferd., über Wasserkraft- u. Wasserversorgungsanlagen, s. a. Oldenbourg's techn. Handbibliothek, 7. Bd.

Über Wasserkraft- und Wasser-Versorgungsanlagen. Prakt. Anleitung zu deren Projektierung, Berechnung u. Ausführung. Von Ferdinand Schlotthauer, Ingen. Mit 30 Abb. München & Berlin: R. Oldenbourg 1906. (XIV, 225 S.) 8°
= **Handbibliothek,** Oldenbourgs Technische. Bd 7. [06. 8319

Schlotthauer, Franz [aus Hochspeyer '(Rheinpfalz)']: Über den Einfluss der Schilddrüsenexstirpation auf den Stoffwechsel der Kaninchen ... Würzburg, P. Scheiner's Buchdr., 1896; 41 S. 8.
Würzburg, Med. Fak., Inaug.-Diss. v. 1896

Schlotthauer, J., Todtentanz nach H. Holbeins Holzschn. lith., s. Holbein, H.

Schlotthauer, Karl (kgl. Rektor) „Ueber deskriptive Geometrie und ihre Anwendung". pg. 1—16. 4°. Mit einer Tafel. Jos. Thomann'sche Off. (J. Bapt. v. Zabuesnig).
Landshut, Progr. 1853/54

Schlotthauer, Karl „Geschichte der königlichen Landwirthschafts- und Gewerbsschule zu Landshut während der ersten fünfundzwanzig Jahre ihres Bestehens. (1833/34—1857/58.)" pg. 1—23. 4°. Joh. Bapt. v. Zabuesnig.
Landshut, Progr. 1859/60

Schlotthauer, Karl „Ueber den Nutzen und die Nothwendigkeit des Zeichnens". pg. 17—24. 4°. Jos. Thomann'sche Off.
Landshut, Progr. 1846/47

Schlottheim, s. a. Littegarde.

Schlottheim, Littegarde v., e. wahre Gesch. aus den mittl. Zeiten. 2 Thle. 8. Lpz. Jacobäer. 790. 91.
vgl. Schlotheim

Schlottke, Jul., Krystallographie. Stereoscopische Darstellg. e. Reihe der wichtigsten Krystalle, der Combination derselben etc. 8. (46 Steintaf. m. 10 Bl. Text.) Hamburg 873. Friederichsen & Co. Jn Carton. n. 4. 50

Schlottmann. Politische Aphorismen, dem Congresse in Aachen empfohlen. Frankfurt 1818. V: *Ölsner, Conrad Engelbert.* (ADB 24. 339)

Schlottmann, Dr., (✝ d. 26. Juli 1833.) polit. Aphorismen z. Beherzigung vor d. Congreß in Aachen. gr. 8. Frankf. a. M. 818. Brönner 8 ℊ.

[Schlottmann,] Schîrê schachar le-îsch aschkenazî. Berlin 1847.

Schlottmann, Schrift (Schreibekunst) und Schriftzeichen. [Artikel aus Riehms Handwörterbuch des biblischen Altertums Band II.] [Bielefeld u. Leipzig 1884.]

Schlottmann, Adolph *Christian August* [app. Arzt aus Schwerin i. M.]: Drei Fälle von Pleura-Empyem mit Rippenresektion behandelt und geheilt ... Hamburg, Druck v. Gebr. Gimmerthal, 1895; 18 S., 1 Bl. 8.
Kiel, Med. Fak., Inaug.-Diss. v. [8. Juni] 1895

Schlottmann, Alexander *(geb. Pr.-Minden 29. 6. 1830)*: Kritische Geschichte der Theorieen des Galvanismus. Breslau 1856. (63 S.) 8°
Breslau, Phil. Diss. v. 31. Mai 1856

Schlottmann, Benno (geb. Berlin 21. 7. 1825): Nonnulla de lienis functione. Berolini 1848. (28 S.) 8°
Berlin, Med. Diss. v. 30. Dez. 1848

Schlottmann, Constantin, s. Schlottmann, Konstantin

Schlottmann, Friedrich, appr. Arzt: Schreck ⟨Notzuchtversuch⟩ und Geistesstörung. Rostock 1906: Adlers Erben. (26 S.) 8°
Rostock, Med. Fak., Ref. Schuchardt, Diss. v. 20. Nov. 1906
[Geb. 1. Juli 74 Schwaan i. M.; Wohnort: Sachsenberg b. Schwerin; Staatsangeh.: Mecklenburg; Vorbildung: Gymn. Rostock Reife O. 93; Studium: Rostock 10 S.; Coll. 3. Apr. 05; Approb. 14. Apr. 05.]

Schlottmann, Hermannus [Megalopolitanus]: Ars dialogorum componendorum quas vicissitudines apud Graecos et Romanos subierit. ... Rostochii, typ. acad. Adlerianis, 1889; 54 S. + 1 Bl. 8°
Rostock, Phil. Fak., Inaug.-Diss. v. 8. März 1889

Schlottmann, H., ars dialogorum componendorum, quas vicissitudines apud Graecos et Romanos subierit. Commentatio. gr. 8. (54 S.) Rostock 889. (Leipzig, Fock.) n. 1. 20

Schlottmann, Karl, kleine Erdkunde, s.: Tromnau, Adf.

Schlottmann (Karl): Heimatkunde der Stadt Brandenburg a. H. [T.] 2. Gewässerkunde. Brandenburg a. H. 1907: J. Wiesike. (S. 5—18.) 8° [J.]
Brandenburg a. H., st. HM P 1907 [33]

Schlottmann, Karl, Schulerdkunde, s. Tromnau, Adf.

Schlottmann, Konstantin

Schlottmann, Constantinus: De Romanarum et Germanicarum gentium consortio. Halae (1870): Hendel. 23 S. 8° (4°)
Halle-Wittenberg, Glückwunsch d. Univ. z. 50jähr. Doz.-Jubiläum v. Friedr. Aug. Tholuck am 2. Dez. 1870

Schlottmann, Constantinus: Erasmus redivivus sive de curia Romana hucusque insanabili partis prioris capita 3. Halis [1881]: Orphanotropheum. 152 S. 8°
Halle-Wittenberg, Oster-Progr. 1879/81
Vom vollständigen Werk des Verf. mit gleichem Titel erschien P. (1.) 2. 1883/89 beim Waisenhaus in Halle. Der Text dieses Oster-Programms ist in P. (1) S. 1—152 abgedruckt.
„Daraus in deutscher Übersetzung: Der Deutsche Gewissenskampf von J. Jakobi." (Schrader II 254 Anm.)

Schlottmann, Const., Erasmus redivivus sive de curia romana hucusque insanabili. I. gr. 8. (X, 355 S.) Halle 883, Buchh. des Waisenhauses. *

Schlottmann, K., Erasmus redivivus sive de curia Romana hucusque insanabili. II. gr. 8. (202 S.) Halle 889. Buchhandlg. d. Waisenhauses. n. 4. —
(cplt.: n. 10. —)

— der deutsche Gewissenskampf gegen den Vatikanismus. Aus dessen Erasmus Redivivus Kap. 2 ins Deutsche übers. von A. J. J. Jacobi. Mit einem Vorwort des Verf. 8. (LIV, 144 S.) Ebendas. 882. *

[Schlottmann, Konstantin,]: Ghaselen am Bosporus. [In: Europa. Chronik der gebildeten Welt. 1854. No 95.]

— und Riehm, über den Goel im Buche Ruth, s. Psalmen, die.

Schlottmann, Konstant., Joseph von Hammer-Purgstall. Ein kritischer Beitrag zur Geschichte neuerer deutscher Wissenschaft. Lex.-8. (VI und 73 S.) Zürich 857, Meyer und Zeller's Verlag. *
Aus: Monatsschrift des wissenschaftlichen Vereins in Zürich, besonders abgedruckt.

Schlottmann, Konst., das Buch Hiob. Verdeutscht u. erläutert. 2 Abthlgn. gr. 8. (X u. 507 S.) Berlin 850. 51, Wiegandt & Grieben. (à 1 1/4 ℛ) 2 1/2 ℛ

Schlottmann, Konstantin: Die Inschrift Eschmunazar's Königs der Sidonier. Halle 1867. Waisenhaus. 47 S. 8° (4°)
Halle-Wittenberg, Oster-Progr. 1867
Wiederabgedr. in des Verf. Buch: Die Inschrift Eschmunazars, Königs der Sidonier, geschichtlich u. sprachlich erklärt. Halle 1868. (X, 202 S. 3 Taf.) auf S. 35—79, 81 u. 83.

Schlottmann, Konstant., die Inschrift Eschmunazars, Königs der Sidonier, geschichtlich u. sprachlich erklärt. Halle 868. Buchh. des Waisenhauses. gr. 8. (XII, 202 S. mit 3 Steintaff. in qu. 4. und Fol.) n. 1 ℛ 10 ngr.

Schlottmann, Konst., Die Inschrift Mesa's. Transcription und Uebersetzung revidirt nach Ganneau's und Warren's letzten Textdarstellungen. (SA. aus: St. u. Kritiken 1871. IV.) 1871.

Schlottmann, Konst., wider Kliefoth und Luthardt. In Sachen der Lutherbibel. gr. 8. (108 S.) Halle 885, Strien. *
Vgl.: Haack, Ernst.

— Kompendium der biblischen Theologie d. Alten u. Neuen Testaments. Hrsg. v. E. Kühn. 8. (VI, 192 S.) Leipzig 889. Dörffling & Franke. n. 4. —

Schlottmann, Konst., Kompendium der biblischen Theologie d. Alten u. Neuen Testaments. Hrsg. v. Ernst Kühn. 2., durchgesch. u. mit ein. Zusätzen verm. Aufl. gr. 8. (VI, 200 S.) Leipzig 895. Dörffling & Franke. n. 4. —; geb. in Leinw. n. 5. —

Schlottmann, Konst., Kompendium der biblischen Theologie des Alten u. Neuen Testaments. Hrsg. v. Ernst Kühn. 3. Aufl. (VII, 221 S.) 8. Leipzig 907. Dörffling & Franke. 4.— ; geb. n 5. —

De Philippo Melanchthone reipvblicae litterariae reformatore commentatio, qva ad avdiendam orationem de idolis Baconicis sive de praeivdicatarvm opinionvm natvra et vi pro aditv mvneris prof. ord. in facvltate theol. ev. d. XIX m. Maii ... habendam ... invitat Constantinvs **Schlottmann** ... Bonnae, form. C. Georgi 1860. 1 Bl., 80 S. 8. ¶ Erschien zugleich selbständig bei Marcus in Bonn.

Schlottmann, Constant., de Philippo Melanchthone reipublicae litterariae reformatore. Bonn 860. Marcus. gr. 8. (80 S.) n. 16 ngr.

Sacram memoriam ... Friderici Gvilelmi III vniversitatis Fridericiae Gvilelmiae Rhenanae conditoris ... ab eadem vniversitate d. III m. Avg. a. 1861 ... recolendam victorvmqve renvntiationem e litt. certaminibvs prodevntivm ... indicit Constantinvs **Schlottmann,** ord. theol. ev. h. a. decanvs. — Inest de reipvblicae litterariae originibvs commentatio. Bonnae, form. C. Georgi (1861). 1 Bl., 26 S. 4.
¶ Erschien zugleich selbständig bei Marcus in Bonn.

Schlottmann, Konstantin [o. Prof. d. Theol.]: **Die Osterbotschaft und die Visionshypothese.** Halle, Druck d. Waisenhauses, 1886; 50 S. 8°.
Halle, Oster-Progr. v. 19. Apr. 1886.

— die Osterbotschaft u. die Visionshypothese. gr. 8. (49 S.) Halle 886. Buchh. d. Waisenhauses. n. 1.—

Schlottmann, Konstantin: Die Siegessäule Mesa's Königs der Moabiter. Halle: Waisenhaus 1870. 51 S. 8° (4°)
Halle-Wittenberg, Oster-Progr. 1870

Schlottmann, Konstant., die Siegessäule Mesa's, Königs der Moabiter. Ein Beitrag zur hebräischen Alterthumskunde. Lex.-8. (51 S.) Halle 870, Buchh. des Waisenhauses.

Schlottmannus, Constantinus: David Strauss als Romantiker des Heidenthums. Halis 1878: Hendel. S. 2—64. 4°
Halle-Wittenberg, Progr. z. akad. Preisverteilung 1878
Im Buchhandel 1878 beim Waisenhaus in Halle.

Schlottmann, Konst., David Strauss als Romantiker des Heidenthums. gr. 4. (64 S.) Halle 878, Buchh. des Waisenhauses. *

Schlottmann, Konstantin: Das Vergängliche und Unvergängliche in der menschlichen Seele nach Aristoteles. Halle (1873): Hendel. 37 S. 8°
Halle-Wittenberg, Oster-Progr. 1873
Im Buchhandel 1874 beim Waisenhaus in Halle.

Schlottmann, Konstantin, das Vergängliche u. Unvergängliche in der menschlichen Seele nach Aristoteles. gr. 8. (57 S.) Halle 874. Buchh. d. Waisenh. n. 1. —

Zum 5. Nov. 1903. Held Friedrich. Ein Gedenklied für Kaiser Friedrich. Komp. von Louis **Schlottmann.** [Berlin 1903: Unger.] 2 Bl. 4° [Kopftit.] Ohne Noten.

Schlottmann, Rudolf, Kammergerichtsref. aus Berlin: **Die Anfechtbarkeit** nach römischem Recht und dem Bürgerlichen Gesetzbuche. *Guben 1901: A. Koenig.* (83 S.) 8°
Rostock, Jur. Diss. v. [22. März] 1901

Schlottmann, Wilhelm

Schlottmann, R., dio Anfechtbarkoit nach römischem Rechte u. nach d. bürgerl. Gesetzbuche. gr. 8. (83 S.) Berlin (901). K. Hoffmann. n. 1. 50

Schlottmann, Gvillemvs [!] [Megalopolitanvs]: **De avctoribvs qvibvsdam in Plini natvralis historiae libro XVIII ...** Rostochii, typ. C. Boldtii, 1893; 45 S. 8.
Rostock, Phil. Fak., Inaug.-Diss. v. [15. Aug.] 1893

Schlottmann. [illegible]

Schlotz, J., s. Kinder d. Einsamkeit.

Schlotz, J., Kinder der Einsamkeit oder die Erstlinge mit ländlicher Muse. 8. Andernach, Lassaulx und H. 803.

Schlötzer, **Adolf,** Assist. f. Geodäsie an d. Techn. Hochsch. München: Der Heliotrop, seine Geschichte, Konstruktion und Genauigkeit. 1909. 58 S. 8° ¶ Aus: Zeitschrift d. Bayer. Geometervereins. Bd 13.
München, Dr.-Ing.-Diss. v. 29. 7. 1908

SCHLOETZER, Georg (Kusel): Pathologischer Zusammenhang der Epidemien.- München: Wolf 1843. 28 S.
28.8.1841 - Urk (Titel: De epidemiarum commercio pathologico.); F 65
Diss. Ingolst.-Landsh.-Mchn.

Schlotmann, C. F., das Soolbad zu Rothenfelde bei Dissen. Osnabrück 854. Rackhorst. 8. (XII, 132 S.) n. 15 *ngr.*

Schloz, Emil

— hie Stetten! Hie Hohenlohe! Wahrheit u. Dichtg. Erzählung aus dem 15. Jahrh. 8. (170 S.) Schw.-Hall 895. W. German's Verl. n. 1. 85

Schloz, E., d. Kampf um d. Stettenburg od. d. Hohenloher u. Graf Eberhard im Bart. Erzählung aus dem 15. Jahrh. 2., bill. Volks-[Titel-]Ausg. v. „Hie Stetten! hie Hohenlohe!" 8. (170 S.) Schwäb. Hall (895). 897. W. German's Verl. n. 1. —

Schloz, E., d. Kampf um d. Stettenburg. Erzählg. a. d. 15. Jahrh. 3. Ausg. 8. (170 S.) Schw. Hall 897. Göppingen, J. Dietler. n. 1.—; geb. n. 2.—

Schloz, Emil, der Meistertrunk zu Rothenburg. Ein Sang v. der Tauber. 12. (X, 52 S.) Künzelsau 891. (Rothenburg o/T., C. H. Trenkle.) n. —50

— Schwabenalb. Historien u. Sagen. Neue [Titel-]Ausg. 8. (166 S.) Göppingen [897.] 900. J. Dietler. n. 1. —

— „Was die Tannen rauschen". Schwarzwald-Geschichten. 1.—3. Aufl. 8. (92 S.) Ebd. 893. n. 1. 30

— „Was d. Tannen rauschen." Schwarzwald-Geschichten. 4. Aufl. 8. (IV, 92 S.) Ebd. 895.
Geb. in Leinw. m. Goldschn. n. 2. 20

Schlözer, Dorothea. Eine biographische Skizze, s. Reuter, Aug.

Schlözer, August Ludwig

AUGUST LUDWIG SCHLÖZER, Abhandlung über die Aufgabe aus der polnischen Geschichte »könnte nicht die Ankunft des Lechs in Polen zwischen den Jahren 550 und 560 u. s. w.« welcher von der Naturforschenden Gesellschaft in Danzig 1766 den 19 August der Fürstl. Jablonowskische Preis zuerkannt worden. — AUGUSTI LUDOVICI SCHLOEZER, Solutio problematis ex historia polona »possitne adventus Lechi in Poloniam circa ann. 550 & 560 &c.« quam Societas Physica Gedanensis praemio Jablonowskiano condecoravit d. 19 August. 1766. sermone latino donata. Danzig 1767. Bey Daniel Ludewig Wedel.

— Abhandl. aus d. poln. Geschichte von d. Ankunft d. Lechs in Polen. 4. Danzig 770. (Jacobäer in Leipz.) 3 gl.

Schloezer, A.L.von (Hrsg.), s. Achenwall, Gottfried: Abriss der neuesten Staatswissenschaft der vornehmsten Europ. Reiche u. Republiken.

— Beitrr. z. isländ. Geschichte u. Literatur. 1r Thl. 8. Götting. 773. Dieterich. 8 gl.

Schlözer, Aug. Ludw., Schwedische Biographie; enthaltend eine Sammlung von Lebensbeschreibungen berühmter Schwedischer Kriegs- und Staatsmänner. 1—2. Th. Altona und Lübeck, Lpz. 1760—68. (M. Portr. af Erik Dahlberg).

— schwed. Biographien, od. Lebensbeschreib. berühmter Kriegs- u. Staatsmänner. 2 Thle. gr. 8. Altona 760—68. (Brockhaus in Leipz.) 2 ∯ 8 gr

— schwedische Biographien, oder Lebensbeschr. berühmter Kriegs- u. Staatsmänner. 2 Thle. gr. 8. Altona. (Gleditsch in Leipz.) 760–68.

Schlözer, August Ludwig von (anonym): „Brief nach Eichstädt, zur Vertheidigung der Publizität überhaupt und der Schlözerschen Staatsanzeigen insbesondere", Frankfurt a. M. 1785.

– s. Briefe nach Eichstedt.

SCHLÖZER, August Ludwig 1735 - 1809
Vertrauliche Briefe aus Kanada und NeuEngland vom J. 1777. und 1778.
Aus Hrn. Prof. Schlözers Briefwechsel, Heft XXIII und XXIV.
Göttingen: Vandenhoeck. 1779. 84 S. 8°.
Staats- und Universitätsbibliothek Göttingen
Frankfurt-Leipziger Meßkatalog, Ostermesse 1779, S. 617.
Baginsky 618. Palmer.
Zuerst in A. L. Schlözer, Briefwechsel meist historischen und politischen Inhalts, 4. Tl. H. 23, 24, Göttingen 1779, S. 288-323, 341-387.

Schlözer, August Ludwig von: „Briefwechsel meist historischen und politischen Inhalts", 60 Hefte (10 Theile), nebst Anhang von G. C. H. List und Register von E. Ekkard, Göttingen 1776—1782 (Die ersten Hefte in Neuauflage; Vandenhöck & R.). Fortsetzung: Derselbe: „Staatsanzeigen", 72 Hefte; 3 Registerhefte von E. Ekkard, Göttingen 1782—1795 (Vandenhöck & R.). Fortsetzung: „Staatsarchil, als eine Folge der Schlözer'schen Staatsanzeigen angelegt und geordnet von K. F. Häberlin", 1. bis 18. Heft, Braunschweig 1796—1800 (Vieweg), 19.—60. Heft, Tübingen 1801—1806 (von Cotta), 61. u. 62. Heft, Helmstedt 1807, 1808 (Fleckeisen). Eine andere Fortsetzung: „Neueste Staatsanzeigen; gesammelt und herausgegeben von Freunden der Publicität und Staatskunde, als eine Fortsetzung der Schlözer'schen Staatsanzeigen", 6 Bände (je 4 Stücke) Hamburg 1796—1800 (Mutzenbrecher).

Schlözer, A. L. Brieiwechsel meist histor. u. polit. Inhalts. 11 Teile = 60 Hefte n. Anhang u. Register. (Alles, was erschienen.) Göttingen, Vandenhoek (1776—) 1780—1782. Br. 50.—

Diesch 292. Salomon I. 224—231: „der bedeutendste Publizist des 18. Jahrh.". Von außerordentlichem Werte für die politische und religiöse Geschichte von Deutschland, Österreich, Rußland, Schweden, Frankreich usw., Amerika, namentlich wegen des Nordamerik. Unabhängigkeitskrieges von 1775—1783. Schl., als Hannoveraner, war „gegen den Bruch der nordamerikanischen Kolonien mit dem Mutterlande England" u. entschuldigte sogar den schmachvollen Soldatenschacher der deutschen Fürsten. Er erwähnt gelegentlich B. Franklin (Verhör im Parlament 1766). — Mit Abhandlungen über Tabak, Tee, Kaffee usw. Der Anhang enthält: Kurze Geschichte des neuen Reichs der Britten am Ganges seit dem Jahre 1756. A. d. Engl.

— — Fortsetzung desselben sind seine Staatsanzeigen.

Schlözer, August Ludwig von: „Briefwechsel meist statistischen Inhalts, gesammelt und zum Versuch herausgegeben", Göttingen 1774, 1775 (Dieterich). (Dessen Fortsetzung s. lfd. Nr. 1194, S. 84).

– s. Caradeuc, Versuch.

– s. a. kl. Chronik v. Leipzig.

§ CHRONIK, Kleine von Leipzig (von *Aug. Ludw. Schlözer*). Th. 1 (bis 1466). Mit Titelvignette. Leipzig 1776. 8°. (In Dresden: Hist. univ. A. 84.) (2 Mk. 50 Pfg. Südd. Antiqu., München, 1907.)

Nichts Erotisches. — Anon.-Lex. I. p. 325 (nach Kayser, Meusel, Pohler).

— Entwurf zu e. Reisecollegio nebst Anzeige seines Zeitungscollegii. 2 Stcke. gr. 8. Götting. 777 u. 91. Vandenhöck u. R. 3 gr

– s. a. Erdbeschreibung v. Amerika.

--(comp and tr). Neue Erdbeschreibung v ganz Amerika. Aus d Eng. Göttingen, 1777.

– s. J. E. Fischer, quaestiones.

— allgem. Geschichte von d. Norden. gr. 4. Halle 771. Gebauer. 3 ∯ (Auch in d. allgem. Welthistorie).

– s. Gesch. d. Gelehrsamkeit in Schweden.

Schlözer, Aug. Ludw. v., isländische Geschichte u. Literatur. 1r Thl. 8. Göttingen, Dieterich. 773. Rthlr.

— Geschichte v. Litthauen, als einem eigenen Großfürstenthum bis z. J. 1569. gr. 4. Halle 785. Gebauer. 3 ∯ (Auch in der allgem. Welthistorie).

— Geschichte v. Rußland, s. : kl. Weltgeschichte, 2r Thl.

Schlözer, August Ludwig von: „Summarische Geschichte von Nordafrika, namentlich Marokko, Algier, Tunis und Tripolis", Göttingen 1775 (Dieterich).

Schlözer, August Ludwig von: „Handbuch der Geschichte des Kaiserthums Russland vom Anfang des Staats bis zum Tode Katharinas II.", Göttingen 1802 (Dieterich).

SCHLÖZER, August Ludwig - Johann Matthias SCHROECKH
Histoire universelle, continuée jusqu'a nos temps, et précédée d'un discours pour y préparer les enfans; deux ouvrages traduits de l'allemand de Mrs. Schloetzer et Schroeck [v. J. C. Schwab].
Tübingen: Cotta. 1781. 708 S. 8°.
Lippische Landesbibliothek Detmold
2. Aufl. 1796, s. Nr. 733.
Übers. v. August Ludwig Schlözer, Vorstellung der Universal-Historie, Göttingen: Dieterich. 1772 [Staats- und Universitätsbibliothek Göttingen], 2. Aufl. 1775 [Universitäts- und Stadtbibliothek Köln], 3. Aufl. u. d. T. WeltGeschichte, 2 Tle., Göttingen: Vandenhoek, 1785-1789, 2. Aufl. 1792-1801 [beide Staats- und Universitätsbibliothek Göttingen] [reicht nur bis in die Zeit der Völkerwanderung], u. Johann Matthias Schroeckh, Lehrbuch der allgemeinen Weltgeschichte, 1774, 1777, 1784, s. Nr. 60, 161, 359.
August Ludwig Schlözer, 1735-1809
Johann Matthias Schroeckh, 1733-1808
Johann Christoph Schwab, 1743-1821

SCHLÖZER, August Ludwig - Johann Matthias SCHROECKH
Histoire universelle, continuée jusqu'à nos temps, et précédée d'un discours pour y préparer les enfans; deux ouvrages traduits de l'allemand de Mrs. Schloetzer et Schroeck [von J. C. Schwab].
Edition seconde revue.
Tübingen: Cotta. 1796. 572 S. 8°.
Universitätsbibliothek Tübingen
1. Aufl. 1781, s. Nr. 253.
Übers. v. August Ludwig Schlözer, Vorstellung der Universal-Historie, Göttingen: Dieterich. 1772 [Staats- und Universitätsbibliothek Göttingen], 2. Aufl. 1775 [Universitäts- und Stadtbibliothek Köln], 3. Aufl. u. d. T. WeltGeschichte, 2 Tle., Göttingen: Vandenhoek, 1785-1789, 2. Aufl. 1792-1801 [beide Staats- und Universitätsbibliothek Göttingen] [reicht nur bis in die Zeit der Völkerwanderung], u. Johann Matthias Schroeckh, Lehrbuch der allgemeinen Weltgeschichte, 1774, 1777, 1784, s. Nr. 60, 161, 359.
August Ludwig Schlözer, 1735-1809
Johann Matthias Schroeckh, 1733-1808
Johann Christoph Schwab, 1743-1821

– s. le Jouet des petites filles.

– s. a. le Jouet des jolis petits garçons.

— le Jouet des jolis petits garçons. 8. Götting. Kübler. 783.

— le Joujou des petites filles. 8. ibid. 783.

– s. Katharina II. Instruktion.

– s. E. Laxmann, sibirische Briefe.

– s. Leben Ch. H. Heinecken

— öffentl. u. Privat-Leben, von ihm selbst beschrieben. 1s Fragm. Rußland vom Jahre 1761 — 65. gr. 8. Götting. 791. Vandenhöck u. R. 20 gr

August Ludwig von Schlözer's öffentl. und Privatleben, von ihm selbst beschrieben. I. Fragment. Aufenthalt und Dienste in Rußland vom Jahre 1761—1765. — Göttingen: Vandenhoeck & Ruprecht 1802. VI, 308 S.

— öffentl. u. Privatleben, aus Original-Urkunden u. mit wörtlicher Beifügung mehrerer dieser letztern, vollständ. beschrieben von dessen ältesten Sohne, Christian v. Schlözer. 2 Bde. gr. 8. Leipz. 828. Hinrichs. 4 rf

— Louis Ernest, Duc de Bronsvic Luneboura. trad. de l'allemand p. C. Jerome. II Vol. gr. 8. Gotha, Ettinger 788.

— Ludwig Ernst, Herzog zu Braunschweig u. Lüneburg, ein aktenmäßiger Bericht. gr. 8. Götting. 786. 2e u. 3e A. 787. Vandenhöck u. R. 2 rf — Dass. ins Französ. übers. von C. Jerome. II Voll. gr. 8. Gotha 788. Ettinger. 2 rf 12 gr

s. Mably, Art, die Geschichte zu schreiben.

s. K. Michaeler, breviar. histor. universale.

s. F. K. v. Moser, üb. die oberste Gewalt.

s. a. Münz-, Geld- u. Bergwerksgeschichte.

— Münz- Geld- u. Bergwerksgeschichte des Russischen Kaiserthums von 1700—89. gr. 8. Göttingen, Vandenhök u. R. 791.

Schlözer, August Ludwig von: „Kritisch-historische Nebenstunden, mit einer eingehenden Untersuchung der Origines Osmanicae", Göttingen 1797 (Vandenhoeck & R.).

— Nestor, Russ. Annalen, s. Nestor.

s. a. Neujahrsgeschenk aus Jamaika u. aus Westphalen.

— Neujahrsgeschenk aus Jamaika in Westindien für ein Kind in Europa. 12. Göttingen, Vandenhek u. R. 780.

Neujahrsgeschenk aus Westfalen für einen deutschen Knaben von *Aug. Ludw. Schlözer*. Stück 1 [illegible] Göttingen, Vandenhoeck 1784. 12°. VIII. 146 S. [illegible]

— Oskold u. Dir, eine russ. Geschichte, krit. beschrieben. 1e Probe russ. Annalen. 8. Götting. 773. Dieterich 4 gr

Schlözer, August Ludwig von „Praeparatio ad historiam in usum puerilis aetatis e germanico in latinum convertit. L. H. Teucher", Leipzig 1791 (Köhler).

v. Schlözer, Aug. Ldw., († d. 9 Sept. 1809.) Probe russ. Analekten. Mit Anmerk. 8. Bremen 768. Förster. 8. gr

Schlözer, August Ludwig von „Schwedische Protomathie". Göttingen 1772 (Dieterich).

— über Rußlands Reichsgrundgesetze. 8. Gotha, Ettinger. 776.

— neu verändertes Rußland, s. Joh. Jos. Haigold.

— neu verändertes Rußland, s. a. Rußland.

Haigold, Joh. Josef (d. i. *Aug. Ludw. v. Schlözer*). Neuverändertes Russland, oder Leben Katharina der Zweyten, Kayserinn von Russland. Aus authentischen Nachrichten beschrieben. 2 Bde. Mit 1 Portr. u. 2 Münztafeln. Riga u. Mietau bey J. Fr. Hartknoch 1770—71. Gr. 8°. Zus. 27 Bll. u. 1024 S. (In Hamburg, Commerz-Bibl.)

— Dasselbe. Ebd. 1769—80. (Im British Museum.) Anon.-Lex. III. p. 400.

Schlözer, August Ludwig von: „Kritische Sammlungen zur Geschichte der Deutschen in Siebenbürgen", 3 Stücke, Göttingen 1795 bis 1797 (Vandenhoeck & R.).

— Species Facti etc. (Gegen Gatterer). 8. Götting. 773. Dieterich. 1 gr

— Staatsanzeigen, als Fortsetz. des Briefwechsels 72 Hefte u. 3 Register-Hefte, v. Fr. Eckard. gr. 8. Götting. 782 — 795. Vandenhöck u. R. 28 rf 13 gr — Fortsetz., s. K. F. Häberlins Staatsarchiv. — Eine andere Fortsetz. d. Briefwechsels, s. Staatsanzeigen rc.

Schlözer, August Ludwig von: „Staatsgelehrsamkeit nach ihren Hauptteilen und Zusammenhang", 2 Teile, Göttingen 1793 bis 1804 (Vandenhöck & R.). — 1. Teil a. u. d. T.: „Allgemeines Staatsrecht und Staatsverfassungslehre; als Einleitung: Encyclopädie (der Staatswissenschaft), Metapolitik; als Anhang: Prüfung der Grundsätze des allgemeinen Staatsrechts"; 2. Teil, 1. Heft: „Theorie der Statistik, nebst Ideen über das Studium der Politik überhaupt, Einleitung, 1. (einziges) Heft". — Französische Uebersetzung des 2. Teils von D. Dounant, Paris 1805. Dasselbe in holländischer Uebersetzung von Henr. Will. Tijdemann, Groningen und Amsterdam 1807.

Schlözer, A. L.: Allgem. Staatsrecht u. Staatsverfassungslehre. *Gött.*, Vandenhöck. 793. 8. (8 Gr.)

Schlözer, August Ludwig von: „Systema politices, Umriss eines Systems der Staatswissenschaften", Göttingen 1772 (Dieterich).

Schlözer, August Ludwig von: „Tableau de l'histoire de Russie", Gotha und Göttingen 1769 (Dieterich).

Schlözer, August Ludwig von: „Theorie der Statistik. Nebst Ideen über das Studium der Politik überhaupt", 1. (einziges) Heft: „Einleitung (a. u. d. T.: „Staatsgelehrsamkeit nach ihren Hauptteilen und Zusammenhang 2. Theil"), Göttingen 1804. (Vandenhoeck & R.). — Dasselbe, in französ. Uebersetzung, von D. Donnant, Paris 1805. Dasselbe, holländisch von Henr. Will. Tijdemann, Groningen und Amsterdam 1807.

s. a. Unschädlichkeit der Pocken.

— v. d. Unschädlichk. d. Pocken in Rußland u. v. Rußlands Bevölkerung überhaupt. gr. 8. Ebend. 768.

— histor. Untersuchung üb. Rußlands Reichsgrundgesetze. 8. Gotha 776. Ettinger. 8 gr

s. a. Untersuchung über d. Geschlechtsregister.

Schlözer. Kritische Untersuchungen über das Geschlechtsregister der berüchtigten sogenannten Gräfin de la Motte, nebst einem actenmäßigen Bericht über die Halsbandgeschichte aus 51./52. Heft der Staatsanzeigen. 2 Hefte. Frankfurt u. Leipzig 1790. 8°.

Schlözer, August Ludwig von. Versuch einer allgemeinen Geschichte der Handlung; a. d. Schwed. . . . Rostock 1760. Ü: *Gadebusch, Thomas Hnr.* (MGT)

— Versuch einer Geschichte der Handlung u. Seefahrt; aus d. Schwed. übers. von Th. H. Gadebusch. gr. 8. Rostock 760. (Stiller). 14 gr

— Versuch e. Geschichte d. Handlung u. Seefahrt. gr. 8. Rostock, Koppe. (Stiller.) 761.

Schlözer, August Ludwig von: „Vorbereitung zur Weltgeschichte für Kinder", Göttingen 1779; 3. Auflage 1790; 4. Auflage 1797; 5. Auflage 1800 (anonym); 6. Auflage 1806. — 2. Teil Göttingen 1806 (Vandenhoeck & R.).

Schlözer, August Ludwig von: „Vorstellung seiner Universalhistorie", 2 Teile, Göttingen 1772, 1773 (Dieterich); 1. Teil 2. Auflage ebenda 1775. — Neue Auflage u. d. T.: „Weltgeschichte nach ihren Hauptheilen im Auszug und Zusammenhang", 2 Teile, Göttingen 1785, 1789 (Vandenhoeck); 2. Auflage ebenda 1792, 1801.

— Weltgeschichte nach ihren Haupttheilen im Auszug u. Zusammenhang. 2 Thle. Mit 1 ill. Tabelle. 8. Götting. 785 u. 89. 2e A. 792—801. Vandenhöck u. R. 20 gl

Schlözer, August Ludwig von: „Kleine Weltgeschichte Nr. I", a. u. d. T.: „Geschichte von Russland, 1. Theil bis auf die Eroberung Moskaus 1147", Göttingen 1769 (Vandenhoeck).

Schlözer, Christian von

— Anfangsgründe d. Staatswirthschaft, od. die Lehre von d. Nationalreichthum. 2 Thle. gr. 8. Riga 805 u. 7. (Taubert in Leipz.) 1 ß 16 gl

— Diss. inaug. de bonorum confiscatione. 8. Götting. 796.

— de nonnullis usque gravioribus, civitatum, pro praesenti earum conditione, cognitionis et descript., vulgo statistices dictae, defectibus. Oratio. 4. Moskau 822.

— Ebauche d'une histoire de la Sibérie. Avec 1 Carte historique. 8. Moska 809.

v. Schlözer, Chr., Erläuter. d. Gesch. der britt. Inseln durch Zeittafeln u. histor.-geograph. Karten. 1r u. 2r Bd. gr. 8. u. gr. Fol. Riga 805, 7. (Taubert in Leipz.) 2 ß Schreibp. 3 ß Holl. Pap. 4 ß

— Grundriß d. Gegenstände, welche in der Theorie d. Statistik, sowie in d. Geschichte, vorzügl. in Beziehung auf d. ethnograph. Theil d. letztgenannten Wissenschaft enthalten sind; aus dem Französ. übers. u. mit Zusätzen versehen. 8. Götting. 827. Deuerlich. 10 gl

— Comment. de jure suffragii in societate aequali d. 4. July 1795, praemio ab ord. philos. ornata. 4maj. Götting. 795. Dieterich. 4 gl

— primae lineae scientiarum politicarum, ductae in us. praelect. in Universitate Mosquensi habendarum. 8maj. Moskau 803.

— principes élémentaires du droit naturel. 8. Dorpat 804. Ed. II. 807.

— principes élémentaires du droit Romain. 8. Moskau 808.

— principes élémentaires d'économie politique. II Voll. gr. 8. Riga 804. Hartmann. 2 ß

— Principes élémentaires d'économie politique. II Vol. gr. 8. Riga, Hartmann. 805.

— de justi et sapientis ducis principio, causas subditorum non e propria sententia dijudicandi, sed semper foro legitimo cognoscendas submittendi. 4. Moskau 802.

Schlözer, Chrstn. v., Aug. Ludw. v. Schlözer's öffentl. u. Privatleben, aus Originalurkunden u. mit wörtl. Beifügung mehr. dieser letztern vollständig beschrieben ꝛc. 2 Bde. gr. 8. (48 B.) Leipzig 828, Hinrichs.

— Prospectus d'un institut d'éducation etc. 8. Moskau 808.

— f. A. L. v. Schlözer, Leben.

— kl. Schriften aus d. Fache d. Rechtsgelehrsamkeit, Geschichte u. Politik. 1r Thl. gr. 8. Götting. 807. Dieterich. 20 gl

— deux tables chronologiques sur l'histoire universelle d'après la méthode d'Auguste L. de Schlözer. gr. Fol. Dorpat 810.

— tables de matières contenues dans la science du droit des gens moderne de l'Europe, fondé sur les traités et la coutume. A l'usage de ses auditeurs. 8. Dorpat 804.

— der Thracierdichter, abermals ein Selbstvertrauter seltner Art, od. freimüthige Bemerkk. üb. zwei Aufsätze in d. 28n u. 29n Beitr. der Merkelschen Zuschauer. 8. Königsb. 811.

—— Versuch e. näheren Bestimmung d. allgem. Grundsätze, auf welchen d. natürl. Preis der Güter überh., u. insonderh. der der edlen Metalle beruht, u. demnächst Untersuchung d. Frage: inwiefern d. Platina fähig ist, den übr. edlen Metallen gleich als allgem. Werthzeichen, od. als Geld benutzt zu werden? gr. 8. (3 B.) Berlin 829, [Sander.]

Schlözer, Joseph. (geb. Miskót 1795): De transpiratione insensibili. Berolini (1825). (29 S.) 8°
Berlin, Med. Diss. v. 17. Dez. 1825

Schlözer, Karl v., aus Dur u. Moll. Concertstücke ohne Noten. Mit 54 Illustr. nach Orig.-Zeichngn. v. Paul Klette, Herm. Prell, Rich. Scholz u. e. Radirg. v. Max Klinger. gr. 8. (143 S.) Berlin 885. Stilke. n. 5. —; geb. m. Goldschn. n. 5. —

Schlözer, Karl v., seltsame Geschichten. 2., verm. Aufl. v. „Dur u. Moll". 12. (VI, 250 S.) Berlin 893. G. Stilke. n. 2. —; geb. n. 3. —

Schlözer, Kurd v.

— s. a. Abu Dolef Misaris Ben Mohalhal.

de Schloezer, Kurd [illegible] Abu Dolef Misaris Ben Mohalhal [illegible] Berolini (1845). (41 S.) 4°
Berlin, Phil. Diss. v. [illegible] Mai 1845

— Russlands älteste Beziehungen zu Scandinavien u. Constantinopel. gr. 8. (53 S.) Berlin 847, Bessers Verlag. (Frz. Duncker.) n. 1/3 ß

Schlözer, Kurd v., Chasot. Zur Geschichte Friedrichs des Großen und seiner Zeit. 1. Aufl. gr. 8. (VII und 122 S.) * 1 Thlr. 10 Ngr. und 2. Aufl. 16. (IV und 171 S.) Berlin 856(57,) Hertz. *

Schlözer, Kurd v., General Graf Chasot. Zur Geschichte Friedrichs des Großen und seiner Zeit. 2. umgearb. und verm. Aufl. gr. 8. (VI, 240 S.) Berlin 878, Hertz. *

Schlözer, Kurd v., Choiseul und seine Zeit. br. 8. (IV und 148 S.) Berlin 848, Besser's Vrlgsh.

— Choiseul und seine Zeit. 2. Aufl. Berlin 857. Hertz. 16. (2 Bl., 171 S.) n. 1 ß.

Schlözer, Kurd v., Friedrich der Große u. Katharina die Zweite. Berlin 859. Hertz. gr. 8. (VII, 278 S.) n. 1 ß 20 ngr.

de Schlözer, Kurd, les premiers habitants de la Russie: Finnois, Slaves, Scythes et Grecs. Essai historique et géograph. gr. in 8. Paris 846, Klincksieck. n. 12 ngl

— die Hansa u. der deutsche Ritter-Orden in den Ostseeländern. gr. 8. (VIII u. 192 S.) Berlin 851, Hertz. n. 1 1/3 ₰

— Neun Jahre in russischen Diensten unter Kaiser Alexander III. Erinnerungen e. preuß. Offiziers. Lpz. '07. XII, 281 S.

— — 2. Aufl. '11. XII, 281 S.

Schlözer, Kurd v., Livland und die Anfänge deutschen Lebens im baltischen Norden. gr. 8. (VIII und 190 S.) Berlin 850, Hertz. Thlr. *

— die Familie v. Meyern in Hannover und am Markgräflichen Hofe zu Baireuth. Berlin 855. Hertz. 8. (VIII, 93 S.) n. 20 ngr

— Verfall und Untergang der Hansa und des deutschen Ordens in den Ostseeländern. Berlin 853. Hertz. 8. (VIII, 227 S.) n. 1 ₰. 20 ngr

Schlözer, Leop. v., Beiträge zur Kenntnis der türkischen Armee. I u. II. gr. 8. Berlin, Militär-Verlag, R. Felix. n. 2. 50

I. Über Ursprung u. Entwicklg. des alttürk. Heeres. (68 S.) 900. n. 1. —

II. Das türk. Heer im 19. Jahrh. (Die Reformen bis 1869.) (71 S.) 901. n. 1. 50

Schlözer, Leop. v., das türkische Heer. Beiträge z. Kenntnis der türk. Armee. 1. Tl. (Neue Aufl.) (71 S.) gr. 8. Leipzig (910). Teutonia-Verlag. 2. 50

Lehm op! Manöver-Skizzen von Leopold v. Schlözer. *Bonn: F. Cohen 1902.* (87 S.) 8° [F.]

-- Villa Linotte. Gespräche. Zur Kultur v. heute. 2., veränd. Aufl. (III, 189 S.) 8. Berlin (910). Steglitz, E. Trewendt's Nachf. In Pappbd. 3. —

Über Ursprung und Entwicklung des alt-türkischen Heeres. Von Leopold v. Schlözer, Rittmeister. *Berlin: R. Felix 1900.* (68 S.) 8° [F.]

= Schlözer: Beiträge z. Kenntnis d. türk. Armee. 1.

Schlözer, Ludw. v., inneres Leben. 2. durchgeseh. u. verm. Aufl. (V, 84 S.) kl. 8. München 907. C. H. Beck.

1. Aufl. (V, 60 S.) 906. Kart. 1. 20. Kart. n. 1. 50

v. Schlözer, Wilh., grammatisch-praktischer Lehrgang zur schnellen u. leichten gründlichen Erlernung der engl. Sprache. Für den ersten Unterricht nach der Methode Seidenstücker's, Becker's u. Wurst's u. nach dem Muster v. Ahn's deutsch-französ. Lesebuche bearbeitet. 2. Aufl. v. des Verf. „deutsch-engl. Sprachdenkleitfaden". gr. 12. (VIII u. 160 S.) Leipzig 851, Wöller. n. 1/3 ₰

v. Schlözer, Wlh., theoret.-prakt. deutsch-engl. Sprach-denk-Leitfaden z. schnellen u. leichten Erlernung der engl. Sprache. Mit einer Anleitung über die Aussprache, einem Verzeichnisse solcher Länder, die im Plural kein s annehmen, und einem zweiten Theile: interessante engl. Leseübungen enthaltend. 12. Hamburg 845. (Altona, Blatt.) n. 1/2 ₰

Schlözer, Wilh. v., vollständige, die möglichste Erleichterung des Unterrichts u. des Sprechens bezweckende praktische deutsch-englische Sprachlehre. 2. Aufl. 12. (17 1/2 B.) Hamburg 843. (Altona, Blatt.) Thlr. *

—— vollständige praktische deutsch-englische Sprachlehre. Zur leichten und schnellen gründl. Erlernung der engl. Sprache für Lehrer und Schüler, sowie zum Selbstunterricht nach Becker's, Grotefend's und Wurst's Methode bearb. Mit mehr als 1200 alphabetisch geordneten Redensarten; einem alphabet. Verzeichnisse der deutsch-engl. und engl. unregelmäß. Zeitwörter 2c. 6. Aufl. gr. 12. (XII und 414 S.) Leipzig 851, Wöller. *

Schlu's, d. Bergenfahrer Joch., Comedia v. dem frommen, gottfürchtigen u. gehorsamen Isaac. Ein Schrift-Denkmal der deutschen Hansa m. Act IV u. V aus Geo. Rollenhagens Abraham. 2 Zeugnisse luther. Glaubens, hrsg. u. behandelt v. Alb. Freybe. 2., erweit. Aufl. gr. 8. (IX, 144 u. 81 S.) Norden 892. D. Soltau. n. 6. —

Schlub, Hans [prakt. Arzt von Basel]: Fibrombildung am Limbus der Cornea bei Frühjahrskatarrh. Wiesbaden 1897. 33 S. 2 Taf. 8°. (Sonder-Abdruck aus dem „Archiv für Augenheilkunde". Bd. 35.)

Basel. Med. Diss. 1897/98.

Schlubach, Paul [aus Güttland]: Beitrag zur Kenntniss der toxischen Hemiplegieen.... Berlin, Buchdr. v. Gustav Schade (Otto Francke) (1890); 31 + 1 S. 8°

Berlin, Med. Fak., Inaug.-Diss. v. 20. Jun. 1890

Schlucht [Schlagwort]

Schlucht-Gérardmer, s.: Vogesen.

Schlüchterer, Bernhard: Über den anatomischen Befund bei einseitigem Fehlen des Patellarreflexes (Tabes irregularis). Leipzig: Veit 1909. 8 S. 8° (Aus: Neurol. Centralblatt. Bd 28.)

Heidelberg, Med. Diss. v. 2. Dez. 1909, Ref. Krehl

[Geb. 16. Juni 84 Heilbronn; Wohnort: Karlsruhe i. B.; Staatsangeh.: Württemberg; Vorbildung: Gymn. Heilbronn Reife M. 02; Studium: München 3, Heidelberg 3, Berlin 2, Heidelberg 2 S.; Coll. 31. Juli 08; Approb. 5. Febr. 09.] [U 10. 2090

Schlüchterer, Heinrich

— Handbuch zur Vorbereitung auf die Prüfungen der Telegraphenbeamten, s.: Noebels, J.

— Telegraphie u. Telephonie, s.: Noebels, J.

Schlüchterer, Heinr., der Typus der Naiven im deutschen Drama des 18. Jahrh., s. a. Forschungen, literarhistorische. 42. Heft.

Schlüchterer, Heinrich: Der Typus der Naiven im deutschen Drama des 18. Jahrhunderts. Berlin: Felber [1910]. 90 S. 8° (Ersch. vollst. als: Literarhistorische Forschungen. H. 42.)

Heidelberg, Phil. Diss. v. 7. Juni 1910, Ref. v. Waldberg

[Geb. 9. Dez. 85 Heidelberg; Wohnort: Heidelberg; Staatsangeh.: Baden; Vorbildung: Gymn. Heidelberg Reife M. 04; Studium: München 2, Berlin 1, Heidelberg 1, Paris 2, Heidelberg 4 S.; Rig. 13. Juli 09.] [U 10. 2167

Festschrift zum 50jährigen Jubiläum der Loge Carl zum Brunnen des Heils im Or.: Heilbronn am 28. Mai 1905 verf. von J. Schlüchterer. [Heilbronn a. N. 1905: Weber.] 71 S. 8°

cf. BstF. 15 (1906) S. 13; L. 28 (1905) S. 144 (P. Fischer).

Kurze Gesch. der Loge; Verzeichn. der Mitgl. für 1905, Abdr. des 1855 hrsg. Berichtes üb. die Einweihung der Loge. (Nr 10677.)

Schlüchterer, Paul, aus Stuttgart: Neue Beiträge zu der Wirkung primärer und sekundärer Amine bei Kondensations- und Additions-Reaktionen. *Heidelberg 1904: J. Horning.* (53 S.) 8°

Heidelberg, Naturw.-math. Diss. v. 1904

Schluchtern [Schlagwort]

Schluchtern, s.: Geologische Karten. Spezialkarte. (Baden).

Schlüchtern [Schlagwort]

Schlüchtern, s.: Deutschland. Karte (Abt. Preussen). — Preussen. Messtischblätter.

Schluckebier, A., Handbuch zur Vorbereitung auf die Prüfungen der Postbeamten in der Telegraphie, s.: Noebels, J.

— Telegraphie u. Telephonie, s.: Noebels, J.

Schluckebier, J(ulius), a. Soest i. W.: **Einfluss des Futterfettes auf das Körperfett bei Schweinen ⟨mit besonderer Berücksichtigung des Verbleibs des Phytosterins⟩.** Münster i. W. 1908: Regensberg. (51 S.) 8° [J.]
Münster, Phil. Fak., Ref. König, Diss. v. 24. März 1908
[Geb. 24. Juli 82 Soest; Wohnort: Münster; Staatsangeh.: Preußen; Vorbildung: Oberrealsch. Halle a. S. Reife O. 02; Studium: Göttingen 2, München 1, Münster 8 S.; Rig. 2. Jan. 08.]

Schluckenau [Schlagwort]

Schluckenau, s.: Oesterreich-Ungarn. Spezialkarte.

Schluckenau. Pilz, H., **Karte des Bez. Schluckenau.** 1 : 50,000. 35,5×50 cm. Farbdr. Aussig (900). (A. Grohmann.) n. — 30

Schlucker, Thaddäus; e. Gemälde menschl. Thorheit am Ende des 18n Jahrhunderts. 8. Prag 800. Widtmann. 20 gr
vgl. Schlukker

Schluckwerder, Christian Gottlieb (Loebau) A. S. 107/4

De usu iuris naturalis in causis commerciorum.
Präs. Christian Heinrich Breuning.
Leipzig (Langenheim) 16. II. 1759. 15 S.

W. v. : Präs. 30637

Schlude, Ant., das Donau-Thal von Tuttlingen bis Sigmaringen mit seinen Städten, Dörfern, Ritterburgen u. s. w. historisch-topographisch geschildert. Mit 1 (lith.) Karte (in Fol.). Tuttlingen 858. Kling. 12. (VII, 119 S.) 12 ngr

Schlude, Ant., Gedichte. Mit einer biograph. Skizze von C. Reinhold. 2. Aufl. 16. (127 S.) Freiburg im Br. 856, Wangler. *

— Geschichte der Bergfestung Wildenstein im Donauthale. Nach authentischen Quellen bearbeitet. Mit 1 (lith.) Abbildg. Sigmaringen 856. Beck. 8. (VIII, 58 S.) 9 ngr

— Harfen-Töne zur Lobpreisung Gottes. 2. Aufl. Tuttlingen 856. (Kling.) 12. (52 S.) n. 4 ngr

Schluga, **Jh. Bapt., (+ ...) primae lineae cognitionis insectorum, cum fig. 8maj. Wien 757. Kraus. 5 gr**

Schluga, I. Bapt., primae lineae cognitionis insectorum, cum fig. gr. 8. Viennae, Kraus. 767.

Schluiferer, Sepp, **fern v. Europa.** Kurze Geschichten aus finsteren Breiten m. 38 Bildern nach Zeichngn. v. Eugenie Dunstsa u. vom Autor. (VII, 120 S.) 8. München 910. L. Joachim. 2.50

* **SCHLUKKER**, Thadeus, oder Der Tituskopf. Ein Gemälde menschlicher Thorheit am Ende des Achtzehenden Jahrhunderts. (Ziemlich zahmer Roman von *Störchel*.) Mit Titelkpfr. (Schubert del., J. Berka sc.), gestoch. Titel u. Titelvign. (Bergler del., J. Berka sc.). Leipzig(,) bey Caspar Widtmann. 1801. 8°. 271 S. (4 Mk., etwas wasserfl., Gust. Fock, Lpz.) vgl. Schlucker.

— — Dasselbe. Ebd. 1806. 8°.
Fehlt im Anon.-Lex.

Schlumb, s. Jäger, Aug.

SCHLÜMBACH, Friedrich Alexander v.: **Abbildung der hauptsächlichsten in- und ausländischen Nadelbäume, welche besonders in dem Königreich Baiern wild gefunden werden; nebst den sich am häufigsten dabey aufhaltenden schädlichsten Insekten; mit mit Anzeige der zweckmäßigsten Verbauungs- und Ausrottungs-Mittel der Insekten; dann mit einigen Fragen und Antworten aus der Forstwissenschaft, und mit einer Anleitung zu amtlichen Berichten nach dem Baierischen Geschäftsgang; ingleichen mit einer dem Ersten Theil beiliegenden Holzsamen-Tabelle. - Nürnberg 1810 u. 1811.** 2 Tl. - Tl. 1: VI, 76 S., 9 Abb. - Tl. 2: VII, S. 77-131, 9 Abb.

v. Schlümbach, F. A., Abbild. der hauptsächlichsten in- u. ausländ. Nadelbäume, nebst denen dabei sich aufhaltenden Insekten. 2 Thle. Mit 18 Kpf. gr. 4. Nürnb. 810 u. 811. (Stein). 2 ℛ 21 gr, illum. 7 ℛ 6 gr

Schlumberger, C.: Die Aufhebung d. öffentlichen Häuser zu Colmar im Jahre 1881. Mit amtl. Dokumenten. Nebst d. Bericht d. Section f. Gesundheitspflege d. Britisch-Continentalen u. Allg. Bundes. — Berlin: Dolfuss 1884. 24 S. 8°

Schlumberger, C., Note sur deux espèces de Lepidocyclina des Indes Néerlandaises, s.: Sammlungen des geolog. Reichsmuseums in Leiden. VI. 3. 4.

Schlumberger, Edouard, a. Mülhausen i. Els.: **Vergleichende Beobachtungen über den Einfluß des Credé'schen und des expectativen Verfahrens auf die Nachgeburt und das Wochenbett.** Zusammenstellung a. d. J. 1901—07 d. Straßburger Univ.-Frauenklinik. Straßburg i. E. 1907: Müh & Cie. (83 S.) 8°
Straßburg, Med. Fak., Ref. Fehling, Diss. v. 7. Febr. 1908
[Geb. 1. Mai 82 Mülhausen i. Els.; Wohnort: Mülhausen i. Els.; Staatsangeh.: Elsaß-Lothringen; Vorbildung: Gymn. Mülhausen i. Els. Reife Juni 01; Studium: Straßburg 10 S.; Coll. 20. Dez. 07; Approb. 10. Dez. 07.]

Schlumberger, Ernst von, a. Gutenbrunnen, Gem. Altweiler ⟨Elsaß⟩: **Abgrenzung von Zubehör und Bestandteil nach B.G.B.** Straßburg 1907: E. van Hauten. (84 S.) 8°
Heidelberg, Jur. Fak., Ref. Bekker, Diss. v. 1907
[Geb. 28. Sept. 85 Schloß Guten-Brunnen, Gemeinde Altweiler (Elsaß); Wohnort: Schloß Guten-Brunnen; Staatsangeh.: Elsaß-Lothringen; Vorbildung: Gymn. Saargemünd Reife Juni 03; Studium: Bonn 3, Berlin 1, Straßburg 2 S.; Rig. 7. Juni 07.]

Schlumberger, Gottfried, aus Colmar, Elsass: Über n-dimensionale lineare und quadratische Kugelsysteme. Zür. Orell Füssli Dr. 1896. 3 Bl., 78 S., 1 Taf. 8°.
Zürich, Phil. Diss. [v. 16. Juli 1896].

Schlumberger, Jean, Cäsar und Ariovist oder Versuch den Ort zu bestimmen, wo Ariovist von Cäsar geschlagen wurde, in 4 Vorträgen. gr. 8. (192 S.) Colmar 877. (Gebweiler, Boltze.) *

Schlumberger, Joh. v., s.: Dietler, Seraphin, Gebweiler Chronik.

— s.: Dietler's, Seraphin, Chronik des Klosters Schönensteinbach.

Schlumberger, Johann Georg

— Lieutenant von Katt, oder des Kronprinzen Flucht. Trauerspl. in 5 Aufz. Mit Katt's Bildniß. 8. Ulm 834. (Leipzig, Jakowitz.) $^1/_4$ ß

Schlumberger, Joh. Geo., Lieutenant v. Katt, od. des Kronprinzen Flucht. Trauersp. in 5 Aufz. 8. (6 B. u. K's. Bildn.) Ulm 834. (Leipzig, Nestosky.)

Schlumberger, Jh. Geo., Leicht ausführbare Vorschläge zur Höherhebung sämmtl. Gewerbetreibenden, des Landbauers, Fabrikanten u. Handelnden. Nebst fasslicher Erklärung der Begriffe Staat u. Staatswirthschaft. 2. Aufl. gr. 16°. Stuttgart, Becker, 1836.

Schlumberger, Jh. Geo., leicht ausführbare Vorschläge zur Höherhebung sämmtl. Gewerbenden, des Landbauers, Fabrikanten u. Handelnden. Nebst faßlicher Erklärung der Begriffe Staat u. Staatswirthschaft. 2e Aufl. gr. 16. Stuttgart 837. Beter. $^3/_8$ ß

Schlumberger, J. G., leicht ausführbare Vorschläge z. Höherhebung sämmtl. Gewerbenden, des Landbauers, Fabrikanten u. Handelnden. Nebst faßl. Erklär. d. Begriffe Staat u. Staatswirthschaft. 2. Aufl. gr. 16. ($5^1/_4$ B.) Stuttgart 837, [Rommelsbacher.]

[F.] Kurze geschichtliche Mittheilungen über das Feuerlöschwesen der Stadt Mülhausen '(1262—1897)'. Hrsg. v. Peter Schlumberger, Branddir. in Mülhausen. *Colmar: Buchdr. J. B. Jung & C.*; ([übergekl.:] *Mülhausen i. E.: C. Baby*) *1897.* (71 S.) 1 Bd 8. [97. 7326

Schlumberger, Vict., filature du coton, s. Dupont, Paul.

Schlumberger-Vischer, E)milie

Schlumberger-Vischer, E., s.a. Aus den Zeiten der Basler Revolution v. 1798.

Schlumberger-Vischer, [Frau] E[milie]. Aus den Zeiten der Basler Revolution von 1798: Briefe und Tagebuchblätter zweier baslerischer Staatsmänner. Aus dem Familienarchiv hrg. Mit den Porträts von Oberstzunftmeister Peter Ochs und Ratsherr Peter Vischer [Tafeln]. IV + 85 S. gr.-8. Frauenfeld, Huber & Co., 1906. [fr. 4. —]

Schlumbohm, Heinr., u. Adf. Meyer, Lehrplan f. d. Zeichenunterricht an der gewerblichen Fortbildungsschule u. an dem m. der Schule verbundenen Zeichenkursus f. Knaben zu Stade. Zugleich eingerichtet f. den Gebrauch an kleinen — ländl. — gewerbl. Fortbildungsschulen. Bearb. nach den ministeriellen Bestimmgn. vom 28. I. 1907. Hrsg. unter Mitwirkg. d. gesamten Zeichenlehrer-Kollegiums. (24 S. u. 5 Bl. m. Text auf der Rückseite.) gr. 8. Stade 908. F. Schaumburg. 2. —

Schlummergesang eines Skalden bey der Wiege der Dänischen Prinzessinn Maria Louise. Altona 1793. V: *Klausen, Gottl. Ernst.* (Bruun, Bibl. Danica III, 595.) (Collin, Anonymer. Kiobenh. 1869.)

Schlumpf. † Franz Schl' (1790–1870). (Nekrolog.) [A.] 8. [St. Gallen 1870.]

Schlumpf, Carl, s. Schlumpf, Karl

Schlumpf, Frz., Anleitung für den Schuldentrieb im Kanton St. Gallen. Worin auf eine leichtfaßl. Art schnell ersehen u. gefunden werden kann, was die Gläubiger u. die Schuldner u. auch die Amtsmänner zu thun u. zu beobachten haben, sowohl in Betreff der lauf. Schuldforderungen als auch wegen Pfandschulden u. Zinsen, u. wegen Faustpfändern. Mit 27 Mustern zu Briefen, Rechtsvorschlägen, Bürgscheinen 2c. Nebst dem Gesetz und der Vollziehungsverordnung über den Schuldentrieb. gr. Lex.-8. St. Gallen 842, Scheitlin u. Zollikofer. $^3/_8$ ß

Schlumpf, Frz., der Zinsknecht. Enthltd.: Berechnung der Zinsen von 279 Kapitalsummen in Franken franzöf. und neuer Schweizerwährung 2c., zu 5, $4^3/_4$, $4^1/_2$, $4^1/_4$, 4 Prozent. Für 15 Zeitfristen, nämlich: für $^1/_4$, $^1/_2$, $^3/_4$ u. 1 bis 12 Monate. St. Gallen 855. (Köppel.) gr. 8. (2 Bl., 79 S.) n. 16 ngr.

(Schlumpf, Gallus.) Der beleidigte Toggenburger s. [Dudli, Johann Georg.] Die verdeckte Brut eines Jacobiner-Komplotts.... 1795.

(Schlumpf, G[allus].) Was ist dem Ex-Repräsentant Schl' begegnet? und Wie hat er sich dabey benommen? 8. St. Gallen *o. J.* [ca. 1803].

Schlumpf, J., Gesellschaftsübungen für Turnvereine, Flach-, Rund- und Gerätpyramiden, Winterthur (Schweiz). 48 Taf. m. 70 Gruppen, kl. 8°.

Schlumpf, J. Handkarte (Umschlag Reise-Karte) d. Kt. Zürich u. seiner Umgebung. Bearb. nach d. neuen Wandkarte des Kt. Zürich. 1 : 150,000. 59,5×46 cm. Farbdr. Zürich, J. Meier. 1899 —

Plan der Stadtwaldung Eschenberg auf Grundlage d. Vermessungen durch d. städt. techn. Bureau hrsg. von d. Topogr. Anst. Winterthur J. **Schlumpf**. (Massst. 1:10.000.) [Bern & Leipzig: Geogr. Kartenverl. Bern in Komm.] 1897. (1 Kartenbl. 30×45 cm) 8° [lith.] [kol.] [96. 1917

Plan der Stadtwaldung Eschenberg auf Grundlage d. Vermessungen durch d. städt. Forstamt hrsg. von d. Top. Anst. Winterthur J. **Schlumpf**. Maßst. 1:10.000. (Winterthur: J. Schlumpf; [Geogr. Kartenverl. Bern in Komm.] 1906.) (1 Kartenbl. 37×46 cm.) [lith.] [kol.] [07. 877

Schlumpf, J[acob]. Schweizerischer Schul-Atlas zum Gebrauche an Gymnasien, Sekundar, Real und Bezirksschulen. Unter Mitwirkung von Dr W[ilhelm] Götzinger ... bearb. von J. Sch'. Hrg. von der Topograph. Anstalt Winterthur. 1. Aufl. 1903. II + 72 S. 4. (Winterthur, J. Schlumpf.) [geb. fr. 3.50]

Schlumpf, J[acob]. Schweizerischer Volksschul-Atlas für den Gebrauch in den Klassen des 6ten, 7ten, u. 8ten Schuljahres, unter Mitwirkung von Dr W[ilhelm] Götzinger ... bearb. von J. Sch'. Hrg. von der Topograph. Anstalt Winterthur. 1. Aufl. 1903. II + 40 S. 4. (Winterthur, J. Schlumpf.) [geb. fr. 2.50]

Schlumpf, Jacques. Der Schweizerische Typographenbund. Festschrift zum 50jährigen Jubiläum. Darstellung der Geschichte und des Wirkens des Typographenbundes von 1858 bis 1908. Bearb. von J' Sch', Verbandssekretär. [Mit 4 Tabellen und 6 Tafeln.] VIII + 336 S. 8. (Basel, Buchdr. des Schweizerischen Typographenbundes, 1908.)

Schlumpf, Karl, Neutoggenburg u. Yberg. Historisches Schauspiel in 6 Aufzügen. (92 S.) 8. St. Gallen (906). [Zweifel-Weber.] Zürich, Hug & Co. n. 2. —

Schlumpf, Carl. Der Taubstumme in der Gesellenherberge zum «Raben». Lustspiel in vier Aufzügen von K' Sch' in Rorschach. 58 S. 8. St. Gallen, Zweifel-Weber, [1906]. fr. 1.25

Schlumpf, Marie, das verlorene Kind, } s.a. Bibliothek vaterländ. Schauspiele.

[F.] Das verlorne Kind. Vaterländ. Schausp. in 5 Akt. Nach d. gleichn. Erz. v. Jakob Frey f. d. Bühne bearb. v. Marie **Schlumpf.** *Aarau: H. R. Sauerländer & C. 1898.* (87 S.) 1 Bd 8.
= Bibliothek vaterländischer Schauspiele. Bdch. 57. [97. 8701

— das Ländermädchen,
s.a. Bibliothek vaterländ. Schauspiele.

[F.] Das Ländermädchen. Schauspiel in 5 Akten aus d. Tagen d. französ. Internierung 1871 v. Marie **Schlumpf**, Nach deren Erzählg 'Die Samariterin'. *Aarau: H. R. Sauerländer & C. 1899.* (75 S.) 1 Bd 8.
= Bibliothek vaterländischer Schauspiele. Bd 62. [98. 11663

Schlumpf, Marie, Remigius, s.a. Verein für Verbreitung guter Schriften, Zürich. Nr. 64.

Schlumpf, Marie. Remigius. Erzählung. 128 S. 8. Zürich, Jacques Bollmann, November 1906. fr. —.25
Verein für Verbreitung guter Schriften. (Zürich) No. 64. 1906.

Schlumpf, Marie. Der Weibermann. Roman von Maria Sch'. ([Mit Vorwort von] Ernst Zahn.) VI + 230 [+ 14] S. 8. Berlin, Egon Fleischel & Co., 1908. [M. 3. —, geb. 4. 50]
(... letztes Werk der zugerischen Schriftstellerin M' Sch', gest. 10. 8. 07.)

Schlumpf. Melchior. Beschwerdeschrift an den hohen Grossen Rath des Kantons Luzern, von Professor M' Schl' eingereicht den 27. Oktober 1835. 8. Luzern 1835.

Schlumpf, Paul: De monopoliis, s. Burckhardt, Jakob (Praes.)

Schlumpf, Walter. Beitrag zur Kenntniss des angeborenen Lymphangioma colli cysticum. Diss. Med. Univ. Zürich. [Mit 2 Tafeln.] *Kopftitel:* Aus dem Kinderspital Zürich. 50 S. 8. Zürich, Gebr. Leemann & Co., 1905.

Schlun, Franz. Vergleichende Untersuchung der isomeren Chlorbenzoesäuren. Göttingen, *n. d.* [1863?]

Schlunck, Johannes, a. Walsleben: Die Jurabildungen der Weserkette bei Lübbecke und Preußisch-Oldendorf. Berlin 1904: A. W. Schade. (25 S.) 8°
Göttingen, Phil. Fak., Ref. v. Koenen, Diss. v. 7. Dez. 1904
[Geb. 9. Febr. 1876 Walsleben, i. Kr. Osterburg; Wohnort: Halle a. S.; Staatsangeh.: Preußen; Vorbildung: Gymn. Dortmund Reife O. 98; Studium: Munchen 5, Göttingen 3 S.; Rig. 20. Jan. 04.]

Schlund, Flüchtlings Sinn u. Sein. 16. (IV u. 444 S. m. 1 lith. Portr.) Frankfurt a. M. 849, Auffarth. n. 1 ß 2 ngl

SCHLUND, Alois (Wallerstein): Über die Giltigkeit der Hausgesetze des hohen deutschen Adels nach deutschem Staatsrecht.- München: Franz 1842. 31 S.
24.7.1839 - Urk; F 49
Diss.Ingolst.-Landsh.-Mchn.

Schlundius, Johann (Lonnerstadt) Altd. Phs. 41/9

Dissertatio logica de ideis universalibus sistens earundem naturam generati, consideratam.
Präs. Johann Wilhelm Golling.
Altdorf (Meyer) 27. VIII. 1726. 16 S. 30650

Schlundt, A. Über die Bewegung eines Punktes, welcher mit der Kraft $\frac{k}{r^4}$ von einem festen Centrum angezogen wird. Diss. Schleusingen. 1871.

Schlundt, *August* und *Friedrich* Ludwig Die wichtigsten Sätze der Planimetrie. 8 (20 S.).
Progr. G. mit Realabteil. u. Vorsch. *Greiz* 1886 (648).

Schlundt, **August: 5. Verzeichnis der Abiturienten.** Nicht im Tauschverkehr.
Progr.

Schlung, W.

Schlung, ..., Anweis. z. Planzeichnen, f. Feld- u. Landmesser. Mit 6 Kpf. gr. 8. Düsseld., Dänzer. (Barth in Leipz.) 1 ß
vgl. Schlungs.

Schlungbaum, Arnold, prakt. Arzt aus Berlin: (Aus d. Kgl. Universitäts-Frauenklinik zu Berlin.) Wiederholte Laparotomieen an derselben Person. *Berlin (1901): G. Schade.* (28 S.) 8°
Berlin, Med. Diss. v. 30. Juli 1901

Schlungs, W: Anweisung zum Plan-Zeichnen für Feld- und Landmesser sowohl in als ausser dem Grossherzogthum Berg wie auch für Liebhaber dieser Wissenschaft. Düsseldorf 1814. 75 S. 6 Tf. 8°.
vgl. Schlung

Schlungs, W. Karte des nordwestlichen Deutschlands, enthaltend die Königlich Preussischen Provinzen zwischen der Weser und der Maas. Düsseldorf. 1 Bl. L. Ff.

Schlunk, Wasserversorgung in Brandfällen, s.a. Jung's deutsche Feuerwehrbücher. 9. Heft.

Schlunk. Wasserversorgung in Brandfällen. München 1908.

Die Berliner Arbeiter-Kolonie, ihre Entwicklung u. Arbeit. Zum 20. Jahrestage ihrer Begründung, d. 1. Mai 1903 von A. F. **Schlunk**, Dir. d. Anst. *Berlin: Berl. Arbeiter-Kolonie 1903.* (38 S.) 8° [F.] [03. 5701

Schlunk, A. F., die Berliner Arbeiter-Kolonie, ihre Entwicklung u. Arbeit. Zum 20. Jahrestage ihrer Begründg. den 1. V. 1903. (38 S. m. Abbildgn.) gr. 8. Berlin 903. (G. Nauck.) n.n. 1.—

Schlunk, A. F., die Berliner Arbeiter-Kolonie, ihre Entwickelung u. Arbeit. Zum 25. Jahrestage ihrer Begründung, dem 1. V. 1908, im Auftrage des Vorstandes in 2. Aufl. hrsg. (50 S. m. Abb.) 8. Berlin (908). (G. Nauck.) —80

Schlunk, C., die Bedeutung u. richtige liturgische Behandlung der Confirmation. Vortrag gehalten auf der Gnadauer Pastoralconferenz am 5. April 1864. Eisleben 866. Kuhnt'sche Buchh. 8. (35 S.) n. 5 ngr.

—— Missions-Stunden für das ganze Kirchenjahr. 1. Aufl. 1865. und 2. Aufl. 4 Hefte. gr. 8. (IV und 215 S.) Eisleben 868, Kuhnt'sche Buchh. *

Schlunk, Friederike, Fragepeter u. anderes f. kleine Leute. 8. (VI, 150 S. m. Abbildgn.) Hamburg (902). Agentur des Rauhen Hauses. Geb. n. 2.—

Schlunk, Friederike, Heimatwärts, s.a. Aus lichten Höhen.

Heimatwärts. Erzählung von Friederike **Schlunk.** L[engerich i. W.]: B[ischof] & K[lein 1903]. (16 S.) 8° [Umschlagt. F.]
— **Höhen,** Aus lichten. No 12. [04. 3988

Fünfundsiebzig Jahre des Vereins zur Beförderung der Klein-Kinder-Bewahr-Anstalten zu Berlin (Verf.: Julius **Schlunk.**) ... 1833–1908. (Berlin: Selbstverl. d. Ver. 1908.) (32 S.) 8° [F.] [08. 17308

Schlunk, Mart., François Coillard u. die Mission am oberen Sambesi. Mit Portr., 13 Abbildgn. u. 1 Karte. (III, 211 S.) 8. Gütersloh 904. C. Bertelsmann. n. 2. 50; geb. n. 3.—

— Die norddeutsche Mission in Togo. 1. Bd.: Meine Reise durchs Eweland. (VIII, 176 S. m. Abb. u. 1 Karte.) 8. Bremen 910. Verlag der norddeutschen Missionsgesellschaft. 1.—

Schlunk, Mart., durch Chinas Südprovinz, s.: Sauberzweig-Schmidt.

Schlunkes, Ferdinand, s. Schlünkes.

Schlünkes, F., De Tacito Tiberi rerum auctore. Diss. 1866. 64 S.

Schlünkes, Ferdin., Das Christentum eine von Gott übernatürlich geoffenbarte und von der katholischen Kirche richtig und vollständig verkündigte Religion. Köln, Du-Mont-Schauberg, 1865, gr. 8°, VII, 139 S., 1,50 Mk.

Schlünkes, Ferd., Epistolae, quae secundo Maccabaeorum libro Cap. I. V. V. 1—9. legitur, explicatio. Commentatio exegetica. 8maj. (3½ B.) Coloniae ad Rhenum 841, Bachem. *

Schlunkes, F. Difficiliorum Epistolae, quae II. Macc. 1, 10—2, 18. legitur, locorum explicatio. 19 S.
Köln, F. W., Progr. 1847

Schlünkes, Ferd., die Lehren der katholischen Religion dargestellt für die oberen Klassen höherer Unterrichts-Anstalten u. für Gebildete überhaupt. 2 Bdchn. Köln 865,70. Du Mont-Schauberg'sche Buchh. gr. 8. n. 25 ngr.
1. Bdchn. Das Christenthum eine von Gott übernatürlich geoffenbarte u. von der katholischen Kirche richtig u. vollständig verkündigte Religion. (VIII, 139 S.) n. 15 ngr.
2. Bdchn. Gott in seinen Vollkommenheiten u. seiner Dreipersönlichkeit, sowie in seinen Beziehgn. zum Weltall. (VI u. S. 141—217.) n. 10 ngr.

Schlünkes, Ferd., die Lehren der katholischen Religion dargestellt für die oberen Klassen höherer Unterrichts-Anstalten und für Gebildete überhaupt. 1. Thl.: Die katholische Glaubenslehre. 2.—4. Bdchn. gr. 8. Köln, DuMont-Schauberg'sche Buchh. *
Inhalt:
Bdchn. 2. Gott in seinen Vollkommenheiten und seiner Dreipersönlichkeit, sowie in seinen Beziehungen zum Weltall. (VI, S. 141—217.) 870. *ℳ 1.
» 3. Gott der Schöpfer des Menschen insbesondere und sein Erlöser. (VIII, S. 219—309.) 873. *ℳ 1.
» 4. Gott der Gnadenspender und Vergelter. (IX, S. 311—486.) 875. *ℳ 1,80.
1. Bdchn. Ebendas. 1865. *ℳ 1,50.

Schlünkes, Ferd., die Nächstenliebe als Staatsreligion. (IV, 48 S.) gr. 8. Berlin (903). A. Schall. n. 1.—

— der deutsche Pilgerzug nach dem heiligen Lande im J. 1864. Drei Vorträge in der städt. Tonhalle zu Düsseldorf am 13., 20. u. 27. März 1865 gehalten. Düsseldorf 865. Kampmann. 8. (71 S.) n. 5 ngr.

—— Rede üb. die Kirche Jesu Christi, gehalten bei Gelegenheit der Patrociniumsfeier, Sonntag den 11. October 1846. 12. (1⅙ B. m. Vign.) Crefeld, Klein.

Schlünkes, Ferd., das Wesen der Erbsünde nach dem Concilium von Trient, unter gleichzeitiger Berücksichtigung der heiligen Schrift u. der Väter der Kirche, insbesondere der heiligen Augustinus, Thomas von Aquin u. Bonaventura. Regensburg 863. Manz. gr. 8. (XII, 361 S.) n. 1 ₰ 15 ngr.

Schlünkes, Franz, Dir. Dr.: Bericht über die Feier des 50jährigen Bestehens der Anstalt am 19. u. 20. Oktober 1902. *Rheinbach 1903: Raabe.* (S. 3—8.) 4°
Rheinbach, st. PG, P 1903 (533)

Schlünkes, Franz: Feier des 50jährigen Bestehens der Anstalt am 19. und 20. October 1902. (Umschlagtitel: Bericht über die Feier ....) S. 3—8. 4. Städt. Progymn. *Rheinbach* 1903 (533).
Progr.

Schlunz, Elsabe, s. Jobsiade.

Schlup, Erwin. Harfenlieder. Gedichte von E' Sch', Lengnau. 63 S. 8. Im Selbstverlag des Verfassers; Grenchen, Buchdr. A. Niederhäuser, 1910. [geb. fr. 1.30]

SCHLUPFWINKEL der Prostitution. Enthüllungen aus den dunkelsten Winkeln und Lasterhöhlen. (190*.) 8°. (1 Mk. 50 Pfg. O. Rauthe, Berlin, 1909, ohne Orts- u. Jahresangabe:)
Aus dem Inhalt: Separés. Animierkneipen. Absteigequartiere, Kaschemmen. Asyle, Armenhäuser, Laubenkolonien, Hafenplätze und allerlei Winkel etc.

Schlüpmann, Ernst, approb. Arzt aus Gütersloh: Aus d. Tübinger Universitäts-Augenklinik. Zwei Fälle von pulsierendem Exophthalmus geheilt durch Unterbindung der Carotis communis. *Tübingen: F. Pietzcker 1904.* (27 S.) 8°
Tübingen, Med. Diss. v. 1904

Schlüpmann, Ernst, zwei Fälle v. pulsierendem Exophthalmus geheilt durch Unterbindung der Carotis communis. Diss. (28 S.) gr. 8. Tübingen 904. F. Pietzcker. n.n. — 70

Schlupp, der böse Hund, s. Bilderbücher, Münchener.

Schlupper, J. N. Bemerkungen über die Biertaxe nach örtlichen Tax-Ordnungen und allgemeinen Tax-Regulationen, nebst einem Anhang über Bierpolizei. 8°. Erlangen, Palm, 1820.

Schlupper, J. N. Ueber Staats-Finanz-Rechnungswesen. Mit Rechnungsformularen. gr. 8°. Erlangen, Palm u. E., 1817.

Schlür, Ant., vollständiges Verzeichnis der gehobenen Zahlen vom 1. I. 1860 bis Ende Dezbr. 1904 v. Wien, Linz, Prag, Brünn, Graz, Triest, Lemberg u. Innsbruck. (à 47 S.) kl. 8. Wien (905). Th. Daberkow. à n. 1.—; in 1 Leinw.-Bd. n. 5.—

Schlüren, Karl Frdr., Postanarchie im deutschen Reiche! Ein Mahnwort an alle Reichsbürger. gr. 8. (40 S.) Berlin 886. Bartels. n. — 30

Schlurick, Friedrich Julius Hermann

Schlurick, F. J. H., Ansprache zur Eröffnung der ersten Diöcesanversammlung in Pirna am 22. Juni 1869 im Saale der Bürgerschule daselbst gehalten. Pirna 869. Diller & Sohn. 8. (11 S.) n. 2 ngr.

— die Kirchenvorstands- u. Synodalordnung für die evangelisch-lutherische Kirche d. Königr. Sachsen, vom 30. März 1868. Ein Wort zur Verständigung den evangelischen Gemeinden Sachsens dargeboten. Ebend. 868. gr. 8. (22 S.) n. 2½ ngr.

— die Stimme des Herrn an Seine Gemeinde am Bibelfeste. Predigt über Jesaias 55, 6—12. bei der 51. Jahresfeier der sächs. Haupt-Bibelgesellschaft am 19. Septbr. 1865 in der Frauenkirche zu Dresden gehalten. [Aus der homiletischen Monatsschrift: Gesetz u. Zeugniß.] Leipzig 866. (Dresden, Naumann.) gr. 8. (11 S.) n.n. 2½ ngr.

— Trost u. Mahnung in schwerer Zeit. Drei Predigten am 4., 5. u. 9. Sonntage nach Trinitatis 1866 in der Stadtkirche zu Pirna gehalten. Pirna 866. Diller & Sohn. gr. 8. (24 S.) n. 5 ngr.

Schlurick, Frdr. Jul. Herm., Warum dürfen wir in unserer Theilnahme an dem Vereinswerke der Gustav-Adolph-Stiftung nicht ermüden? Predigt bei der kirchlichen Jahresfeier des Dresdner Hauptvereins der evangel. Gustav-Adolph-Stiftung am 7. Aug. 1861 in der Stadtkirche zu Radeberg gehalten. Dresden 861. (Adler &) Dietze. 8. (14 S.) n. 2½ ngr.

Schlurick, H., De Simonis magi fatis Romanis commentatio historica et critica. Pr. 1844. 86 S. 4°. 1.20

Schlurick, Hermann Walter: Aus großer Zeit. (Für d. Sedanfeier d. Rochlitzer Realsch. bearb.) Rochlitz i. S. 1910: Meltzer. S. 8—12. 4°
Rochlitz, st. R m. PG P 1910 (804) [S 10. 379

Schlurick, [Johannes]: [Poetisches Abschiedswort anlässlich der Trauerfeier für S. M. König Albert.] S. 22—23 d. Schuln. 4.
Progr. König Albert-Gymn. *Leipzig* 1903 (617).

Schlurick, Johannes: Schiller und die Bibel. Leipzig, Druck v. A. Edelmann, Univ.-Buchdr., 1895; 1—33 S. 4.
Leipzig, k. G, OP 1895 (551)

Schlurick, Johs., Schiller u. d. Bibel. Progr. 4. (33 S.) Leipzig 895. (J. C. Hinrichs' Sort.) n. 1. 80

Schlurick, [Walter]: Aus großer Zeit. (Für die Sedanfeier der Rochlitzer Realschule bearbeitet.) S. 8—12. 4.
Progr. Städt. Realschule mit Progymn. *Rochlitz i. Sa.* 1910 (804).

Schluss von der Beschreibung der Belagerung Corfu u. nachgehends beschehenen Eroberung des Forts Butrinto. 4. Regenspurg (1716.)

Schluss. Endtlicher Schluß, und Gutachten Der Löbl. Cathol. Herren Mediatoren, Uber Die Toggenburgische Streitigkeit. Proponiert, und abgelesen Vor allgemeiner Löbl. Eydtgnoßischer Session In Baden den 14. Septembr. Anno 1709. 4. *o. O.*

Erziehungs- und Unterrichts-Anstalt, kgl. baier., für Studirende. — Feyerlicher Schluss d. Schuljahres in der —. 1818. München, gedr. bey Frz. Seraph Hübschmann. 8°. Cart.*), wie neu.
85 S. Ausführl. Jahresbericht; voran: Vollendung der Verfassung u. der Einrichtung der Anstalt im verfloss. Schuljahre.

Der höchst erwünschte u. beglückte Schluss des dritten Feldzugs auf dem Hungar. u. Venetian. Kriegs- u. Friedens-Theater oder Beschreibung, was sich in dem zw. Röm. Kays. Maj. u. Republik Venedig, dann der Ottoman. Pforte geführten Krieges 1718 Merkw. begeben. M. K. Leipzig (1718—19.)

Schluss des ersten Jahrs der gelehrten Lesegesellschaft zu Mainz 1782 nebst einem Kalender vor das Jahr 1783. Mainz 1882. V: *Graccher, H. W. F.* (BMARSCH 705)

Schluss einer Rede, gehalten am 10. Sept. O. O. 1831. V: *Kloss, Gg.* (KL)

Ständischer **Schluss** der Landes-Versammlung des Margrafthums Niederlausitz vom 17. 20. März 1872—11. 13. Januar 1880 und 9. 11. April 1893. Lübben. (1872)—80 u. 1893. 4°.

Schlussakte

Die Schlussacte des Aufstandes in der Bocche di Cattaro 1869—1870. (Aus:) „Streffleur. Österr. milit. Zeitschrift" 2. Heft. 8. Wien 1902.

Schlußacte der, üb. Ausbildung u. Befestigung des deutschen Bundes zu Wien gehaltenen, Ministerial-Conferenzen. gr. 4. Frankf. a. M. 820. Andreä. 5 ℛ

— — des Wiener Congresses v. 9. Juny 1815, und Bundesacte oder Grundvertrag des deutschen Bundes vom 8. Juny 1815. Beyde in der Ursprache, kritisch berichtigt rc. Herausgeg. von Joh. Ludw. Klüber. 2te Aufl. gr. 8. Erlangen, Palm u. Enke. 818.

Schlusz-Akte ü. innere Organisation des 9. deutsch. A.-K. Mit Tab. Frankfurt a. M. 1835. 96 S.

Schlußacte zur Regulirung der inneren Verhältnisse des 10. Bundes-Armeecorps. (Frankfurt a. M. 1835.) 8°.

Schlußacte zur Regulirung der inneren Verhältnisse der 1. Division des 10. Bundes-Armeecorps. (Hannover 1843.) 8°.

Schlußacte zur Regulirung der inneren Verhältnisse der 2. Division des 10. Bundes-Armeecorps. (Frankfurt a. M. 1835.) 8°.

Schlußakten des Haager Kongresses vom J. 1899. Ein diplomat. Traum v. X. Y. gr. 16. (16 S.) Danzig 899. (A. W. Kafemann.) —15

Schlussanträge der Subkommission II betreff. Kultus und Schulwesen. Gr. in-8°, 4 S. 1884
Aargauischer Verfassungsrath. Aarau: Sauerländer 1884.

Schlussantwort, Nach allen ... Rechten und Geschichten besser gegründete Vohensteinische, wegen Adelmannsfelden ... Tübingen 1750. V: *Hofmann, Gottfried Daniel.* (ML) (Holz)

Schlußbemerkungen des Magistrats in der Prozeßsache desselben gegen die Marcus- und Simeons-Kirchengemeinden. (Berlin [um 1903]: Gebr. Grunert.) (S. 613-622.) 4° [Kopft. F.] [05. 038

Schlussbericht an die Aktionärs über die Tieferlegung des Lungerer Sees. Luzern 1841.

Schluss-Bericht über den Bau des (ersten) Ferienheims auf der Alp Würzen im Eigental (für die Ferienversorgung der Stadt Luzern. Mai 1906). [Mit 1 Ansichts-Tafel.] II + 18 S. 8. Luzern, H. Keller, 1906.

Schlussbericht über die Realschule Bern, nebst einer kurzen Chronik... Bern 1880. V: *Lüscher, Alb.* (Cat. der Stadtbibl. Zürich. Zürich 1864—97.)

Schlussbericht der Bezirksschule in Muri f. d. Schuljahr 1873/74, ausgeg. v. J. Villiger, Rector. 36 Sn. 8. Muri, Druck v. J. B. Keller. 1874
*** Beigabe: Kurze Geschichte der Alemannen von J. Nüf.

Bezirksschule in Muri. Schlussbericht für das Schuljahr 1900—9001 [*d. i.* 1901] ausgegeben von W[ilhelm] Neuweiler, Rektor. [Mit Beilage.] IV + 26 + *Beilage* 46 S. 8. Muri, A. Schibli-Keller, 1901.
Beilage: [C]Katalog der Bezirksschul-Bibliothek Muri. Nachtrag 1. 1901.

Bezirksschule in Muri. Schlussbericht für das Schuljahr 1901—1902. Ausgegeben ... von Dr. S[iegfried] Schmid, Rektor. [Mit Beilage.] IV + 32 S. 8. Muri, A. Schibli-Keller, 1902.
Beilage s. Speidel, F[riedrich].

Bezirksschule in Muri. Schlussbericht für das Schuljahr 1902-1903. Ausgegeben ... von Dr. S[iegfried] Schmid, Rektor. ([Mit] Beilage.) IV + 40 S. 8. Muri, A. Schibli-Keller, 1903.
Beilage s. Müller, A[ugust].

Schlussbericht des Comité's der vereinigten Frankfurter Logen. [Dat.:] Frankfurt a. M. 1871. 2 Bl. 4° [Kopftit.]
Tt. 1242. Betr. Geldunterstützungen während d. Kriegs 1870—1871.

Schlussbericht der Herren [Leonz] Eder, (H[enri]) Drüey und (I[gnaz] E[dward]) Dorer, eidgenössischer Kommissarien im Kanton Basel, an den H. eidgenössischen Vorort, d. d. 31. Januar 1833. [SA.] fol. [Zürich 1833.]

Schluss-Bericht der III. Basler Gewerbe-Ausstellung 15. Mai—16. Oktober 1901. [Mit Illustrationen und 2 Tafeln.] 137 S. 4. [Basel,] Basler Druck- und Verlags-Anstalt. [fr. 3. —]

Schlussbericht des kantonalen Hülfskomite's für die Wasserbeschädigten des Kantons Graubünden im Herbst 1868 an den Hochl. Kleinen Rath. (Chur, 30. December 1869.) [Mit 4 Tabellen.] 8. Chur (1870).

Schluss-Bericht über die Liquidation der Eisenbahngesellschaft Bern-Luzern . . . 1876—79. [Bern 1879.] V: *Russenberger, Eduard.* (BSchwLk V 9 h) (Cat. Zür.)

Schlussbericht über die Realschule der Stadt Bern nebst einer kurzen Chronik der wichtigsten Ereignisse während ihres 50jährigen Bestandes, von Director A. Lüscher. — Nekrolog über Friedrich Meyer aus Bern, von B. St. — Statistische Tabellen. — In-4°, 75 S. Bern, Stämpfli'sche Buchdruckerei. 1880

Schlussbericht und Rechnungsstellung des Kantonalen Hülfskomite für die Hagelbeschädigten des Kantons Luzern im Jahre 1885. ([Vom] Ende März 1886.) [Mit Beilagen.] 4. Luzern 1886.

Schlussbericht über die Orientalische Rinderpest vom Jahre 1881. Hrsg. vom kgl. ungar. Ministerium für Ackerbau, Handel u. Gewerbe. Budapest 1882. 13 S. 4°

Schlussbericht über d. Schulen in Rheinfelden während des Schuljahres 1882 - 83. In-8°, 16 S. Rheinfelden, Herzog, 1883.

Landwirtschaftliche Winterschule des Kantons Luzern in Sursee. 17. und 18. Schlussbericht 1901/03. [Mit 1 Tabelle.] 33 S. 8. Luzern, H. Keller, 1903.
1. gedr. Bericht.

Schlussbericht über das Unternehmen der Schüsskorrektion von Bözingen bis zum Bielersee in den Jahren 1882-1900. (Berichterstatter: N[icolaus] Meyer. Präsident der Schwellenkommission, Biel. — 1901 August 1. [Mit] Anhang.) II + 132 S. 4. Biel, Buchdr. der Schreibbücher und Papierwarenfabrik, 1900 [*d. i.* 1901].

Schlussbericht zu den Untersuchungsakten gegen Carl Rudolph Corragioni..., wegen: A. Anstiftung zur Desertion, B. Intellektuelle Miturheberschaft am Meuchelmorde des Rathsherrn Joseph Leu von Unter-Ebersoll. 8. Zug 1847.

Schlußbericht zu den Untersuchungsakten gegen Carl Rud. Corragioni, Hauptmann u. Spezereihändler von Luzern, wegen A. Anstiftung zur Desertion, B. Intellektuelle Miturheberschaft am Meuchelmorde des Rathsh. Jos. Leu. gr. 8. (59 S.) Zug 847. (Lindau, Stettner.) n. 8 ngl

Schlussberichte zu den Untersuchungsakten gegen Rosa Felix (von Stechenrein) – Michael Ackermann (von Oberkirch) – Lorenz Schmidli (von Wezwyl) – Alt-Amtsrath (Andreas) Hüsler (von Eschenbach) – Ludwig Ineichen (genannt Thurmludi), wegen Mitschuld am Meuchelmorde des Rathsherrn [Joseph] Leu sel. etc. 8. Zug 1847.

— zu den Untersuchungsakten gegen Rosa Felix — Mich. Ackermann — Lorenz Schmidli — Alt-Amtsrath Hüsler — Ludw. Ineichen, wegen Mitschuld am Meuchelmorde des Rathsherrn Leu ꝛc. 8. (52 S.) Zug 847. (Lindau, Stettner.) n. 1/6 ₰

Schlussbericht d. Verwaltungsrathes der städt. Wasserwerke an den Rath der königl. Hauptstadt Prag üb. die Versuchsarbeiten zur Gewinnung v. Trinkwasser aus der Umgebung v. Klein - Lahovic u. Radotin. gr. 4. (III, 224 S. m. Tab. u. Karten.) Prag 891. (F. Řivnáč.) 6. —

Schlussbericht. Schl'-B' über die Wirksamkeit des Hülfsvereins zum Besten der am 6. September 1839 Verunglückten. Vorgelegt dem Zürcherischen Volke durch den Verein. 8. Zürich 1843.
(*Darin:* Schluss-Rechnung über die Verwaltung der Liebesgaben ... Von S[igmund] Spöndli ... Z', im April 1843.)
Ausg. A: S. 24 ohne Unterschriften.
Ausg. B: S. 24 mit Unterschriften.

Goldenes Jubiläum der Hanselmann□ in Cincinnati. Schlussbericht des Central Komitees.
[Nach hs. Katalog der Hanselmannloge, Cincinnati.]

Schlussbericht des Central-Comités der österreichischen Commission zur Ermittlung der zweckmässigsten Sicherheits-Maassregeln gegen die Explosion schlagender Wetter in Bergwerken, erstattet an Seine Excellenz den Herrn k. k. Ackerbau-Minister. Gr.-8. (139 S.) Wien: Hof- und Staatsdruckerei 1891. 1.—

Schlussbericht über d. Zwangsliquidation d. schweizer. Nationalbahngesellschaft an das schweiz. Bundesgericht, erstattet vom Masseverwalter *Albert Bärlocher*, Kantonsrichter in St. Gallen. 1878/81. In-4°, 254 S. St. Gallen, Zollikofer'sche Buchdruckerei. 1882

Schlußberichte, die, des Untersuchungsrichters betreffend die Mitschuldigen des Jak. Müller v. Stechenrain am Meuchelmorde des Rathsherrn Leu v. Ebersol. 2 Hfte. gr. 8. (70 u. 158 S.) Altdorf 847. (Lindau, Stettner.) (1: n. 8 ngl 2: n. 1/6 ₰) n. 13 ngl

Schlußbriefe, vier, an Napoleon den Dritten. Vom Verf. der „Sieben vertraulichen Briefe." Geschrieben im März 1860. 1—3. Aufl. München 860. Lentner. gr. 8. (16 S.) n. 2 ngr

Schluss-Deduction in Sachen des Grafen Rudolph Philipp Victor von Westphalen, Klägers, Appellanten, jetzt Revidenten gegen die Vormundschaft des Grafen Clemens August Wilhelm von Westphalen Verklagte, Appellatin, jetzt Revisin ... Berlin 1827. V: *Mantell, I.* (KGBerlin I, 809)

Schlüssel [Sachliches OW]

Schlüssel f. die Abkürzungen u. Bezeichnungen in den vom k. k. Hydrographischen Amte hrsg. See-Karten u. Plänen. Zusammengestellt u. ausgeführt v. H. Končicky. Mit deutschem u. italien. Text. Stahlst. qu. Fol. Triest 886. (Schimpff.) n.n. — 44

Schlüssel, allgem., zur einfachen u. doppelt. Buchhaltung. A. d. Engl. v. N. Levi, s.a. Courtin, Ch.

Schlüssel, allgemeiner, z. einfachen u. doppelten Buchhaltung. Aus d. Engl. v. N. Levi. 12. Stuttg. 827, Hoffmann. Rthlr.

Schlüssel, allgemeiner, z. einfachen u. doppelten Buchhaltung aus d. Engl. von N. Levi. 12. Stuttg. . . . 2e A. 827. 4e A 829. Hoffmann. 6 gr.

Schlüssel z. Apokalypse in einer Rede v. Rob. Flemming, gedruckt zu London 1701, a. d. Engl. m. K. 8. Stett. Kaffke. 802.

—— zu den Aufgaben in H. G. Ollendorff's neue Methode die italienische Sprache in sechs Monaten lesen, schreiben und sprechen zu lernen. (Neue Aufl.) 8. (186 S.) Frankfurt a. M. 851, Jügel's Verlag.

Schlüssel zu den Aufgaben in H. G. Ollendorff's neue Methode die italienische Sprache in sechs Monaten lesen, schreiben und sprechen zu lernen. 8. (186 S.) Frankfurt a. M. 854(56,) Jügel's Verlag.

Schlüssel zu den Aufgaben für den Unterricht in Arithmetik und Algebra an Sekundarschulen. 3 Hefte. 8. Zürich, Verlag der Erziehungsdirektion, beim kantonalen Lehrmittelverlag.
Heft 1. 30 S. 1899. [cart. fr. 1. —]
Heft 2. 36 S. 1904. [cart. fr. 1.30]
Heft 3 *u. d. T.:* Resultate der Aufgaben für den U' in der A' und A' an S'. Von J[ohann] J[acob] Bodmer. 47 S. 1893. [cart. fr. 1.50]

Schlüssel zur Ausscheidung der Umlagen aus den kumulirten Steuersummen. Klgft., Bertschinger, (1875). 16 S.

Schlüssel zur Berechnung der Grundsteuer à 22⁷/₁₀ % d. Reinertrages. schmal Fol. (7 S.) Wien 883. Hof- u. Staatsdruckerei. n. — 10

—— zur Berechnung der Grundsteuer in österreichischer Währung von dem in Conv.-Münze ermittelten Katastral-Reinertrage nach 16% in Conv.-Münze = 16.80% in österreichischer Währung. Fol. (12 S.) Korneuburg 861, Kühkopf. Thlr.

Schlüssel zu Berechnung des mittern Kurses von Wien auf Augsburg. Klgft., Leon, 1810. Folio. 2 Hefte.

Schlüssel zur Berechnung der Tarifsätze der Diensttersatztaxe (ad Bestimmungen des § 172, Absatz 3, d. Personalsteuergesetzes vom 25. X. 1896 [R.G.Bl. Nr. 220], bezw. des § 3 Punkt 1, Absatz 3, der Militärtaxgesetznovelle v. 10. II. 1907 [R.G.Bl. Nr. 30]). — Gesetz vom 10. II. 1907 (R.G.Bl. Nr. 30), womit mehrere Bestimmgn. des Gesetzes v. 13. VI. 1880 [R.G.Bl. Nr. 70], betr. die Militärtaxe, den Militärtaxfonds u. die Unterstützg. d. hilfsbedürft. Familien v. Mobilisierten, abgeändert werden. — Durchführungsbestimmungen vom 19. VIII. 1907 (R.G.Bl. Nr. 211) zu dem Gesetze v. 10. II. 1907 [R. G. B. Nr. 30] hinsichtlich der Militärtaxe. (149 S.) 8. Wien 908. Hof- u. Staatsdruckerei. 1. —

Schlüssel zur Berechnung der Verzugszinsen mit 1³/₁₀ Kreuzer für jeden Tag und für je hundert Gulden rückständiger directer Steuern 22. 4. (11 S.) Wien: Hof- und Staatsdruckerei 1892. — 05

Schlüssel zum Bestimmen der wichtigsten bei Elbing vorkommenden Pflanzen-Gattungen nach dem Linné'schen System. gr. 16. (50 S.) Elbing 867, Meissner.

Schlüssel, der bremer. Nr. 1—6. gr. 8. Bremen 848—49, Heyse. à Nr. 3¾ Ngr. —
Inhalt:
Nr. 1. Rückblick. (16 S.)
„ 2. Der Rückschritt. Das Volk. (16 S.)
„ 3. Die Demokratie. Briefwechsel von Hermannus Lismannus mit seinem Vetter. (20 S.)
„ 4. Die Bumänner. Erster Artikel. Briefwechsel von Hermannus Lismannus mit seinem Vetter. (28 S.)
„ 5. Gottlosigkeit. Bremer Chronik. Anhang. (23 S.)
„ 6. Bremen und die Schulfrage. Bremer Chronik. (22 S.)

Schlüssel, der, zur Bundeslade. No. I. gr. 8. (Frankf. a. M., Gebhardt u. Körber.) 817.

— der, zur Bundeslade. No. I. gr. 8. Frankf. a. M. 818. (Gebhardt u. K.) 6 gr.

Schlüssel, Deutscher, zu allen Sprachen, oder: Grundsätze der deutschen Sprache. Liegnitz 1728. V: *Max, Johann Maria.* (Reichard, Vers. e. deutsch. Sprachk. Hamb. 1747. S. 399.)

— der schweizer. Exempeltafeln, od. des Schul- u. Hausbedarfs für das Zifferrechnen. 3e verb. Aufl. 8. Zürich 825. Schulthess. 11 gr.

Schlüssel, Der, zu [Ign. Aurel] Fessler. (Fesslers sämtliche Schriften Bd. I, Berlin 1801) soweit als möglich vervollständigt und neu hrsg. von der Vermittlungs-Stelle (Ms. f. Frmr). [Brieg] 1900. V: *Reinhold, Emil.* (wolfstieg I, 73)

— der, zu dem neuesten allerhöchsten Finanzpatente, v. 20. Febr. 1811 angehängten Kurs-Skala. 8. Prag 812. Enders. 4 gr.

Schlüssel zu d. Nystädt. Frieden, welcher nebst ein. genealog. Tabelle derer Könige in Schweden u. Czaren in Moscau etc. die vornehmste Kriegs- u. Friedensgesch. d. beiden Reiche kürzl. u. unparth. eröffnet. *Nürnberg.* 722. 8. Mit Kupfern.

— der geheime, Salomonis, od. die Kunst, die menschl. Gemüther zu erkennen. 8. Wien 794. Schaumburg u. C. 8 gr.

— — derselbe. 8. Wien, Wucherer. 789.

— der, zu d. Geheimnissen d. Zukunft, eine Prophezeihung in d. Gräbern zu St. Denis gefunden. Mit 1 Kpf. 8. Neuburg 803. (Friese in Pirna). 6 gr.

— d., z. d. Geheimnissen d. Zukunft, e. Prophezeihung in d. Gräbern zu St. Denis gefunden. 8. Neuburg, Reichsbureau. 804.

— geometrischer, zur Rectification der Kreislinie. 8. (12 S. m. 1 Steintaf.) Meiningen 886. (Keyßner.) n. 1. 50

Schlüssel zum hessischen reformirten Gesangbuch oder Nachweis über die Verf. der in demselben vorkomm. Lieder, nebst einer Zugabe von 30 erbaul. Liederhistorien von C. K. gr. 8. (IV, 38 S.) Cassel [Leipzig und Berlin] 870, Luckhardt'sche Verlagsh. *

Schlüssel, der, zur Gesundheit od. e. warn. Freund f. Gesunde, welche sich ihre Gesundheit dauernd erhalten wollen u. zugleich e. zuverläss. Rathgeber f. alle Kranken, welche durch rationelle Unterstützg. der Natur schnell u. sicher ihre körperl. Leiden beseitigen wollen. 2. Aufl. gr. 16. (45 S.) Luxemburg 874. Richter. n. — 10

Schlüssel, goldener, zur Himmelspforte. Ein christkathol. Gebethbuch. 8. (18½ B. u. 1 Holzschn.) Linz 837, (Haslinger.)

Güldener Schlüssel zu dem Lichte der Natur. Handschrift. Nürnberg. 1745.

— d. grundmäss. Chirurgische, vermittelst dessen alle äusserlichen Gebrechen d. menschl. Körpers richtig zu erkennen und zu curiren sind. 24 Oeffnungen. 8. Leipz. 742.

— d. grundmäß. Medicinische, wid. alle Leibesbeschwerungen. 24 Thle. 8. Leipz. 726.

Schlüssel zur heutigen H i s t o r i e wodurch von allen merkwürdigen Staat-, Kriegs- u. Friedensbegebenheiten Europäischer Höffe exacte Relation ertheilet wird. o. O. 1713-14. 8°
(Hrsg.: Joh. Ehrenfried Zschackwitz?)

— z. heutigen H i s t o r i e v. allerh. Staats- Kriegs- u. Friedensbegebenheiten aufs Jahr 1713-15. 8.

Schlüssel des Buchs: Irrthümer und Wahrheit [von Louis Claude de Saint Martin] oder Rückwerts der Menschen zu dem allgemeinen Princip der Vernunft, von einem bekannten Schlosser. Hamb. und Leipzig 1790. V: *Suze, Charles de.* (wolfstieg II, 992)

— d. Buchs I r r t h ü m e r u. Wahrheit v. e. bekannt. Schlosser. 8. Hamb. Matthiesen. 790.

— des Buchs: Irrthümer u. Wahrheit, von e. bekannten Schlosser. 8. Hamb. 790. (Leipz., Wienbrack). 10 gr

Schlüssel zu dem Cabinet der geheimen Schatz-Cammer der Natur. Frankf. u. Leipz. 1722. V: *Wallich, Dorothea Juliana.* (EB) *Westi, J.* (Verz. Friedr. Wilh.-Inst. Berl. 1890.)

— der, zum Kalender, siehe: W o c h e n b ä n d e.

—— die kleinen g o l d e n e n. 16. (111 S.) Cleveland 871. (Philadelphia, Schäfer und Koradi.) geb. *

Schlüssel zur Kopierkunst, Zeichnern, Mahlern und Kupferstechern . . . mitgeteilt. Leipz. 1785. V: *Hoffmann, Joh. Leonhard.* (Fiker) (MGT) (Ky)

— der, zur Kopierkunst, Zeichnern, Kupferstechern u. Malern mitgetheilt (von J. L. Hoffmann). Mit Kpf. 8. Leipz. 785. Beer. 4 gr

* KURTZER DOCH DEUTLICHER SCHLÜSSEL derjenigen fremden Wörter, welche in Abraham dem Juden enthalten sind, wodurch denen Liebhabern der edlen hermetischen Wissenschaft ein sonderbahres Licht gegeben wird. *n. p., n. d.* [1735(?)]. pp. [xii].
My copy is bound with Baruch, Samuel, *q. v.*

Schlüssel zur Offenbarung St. Johannis oder Uebersetzung und Erklärung dieses heiligen Buchs . . . Carlsruhe 1833. V: *Meyer, Johann Friedrich von.* (zu)

—— zur Offenbarung St. Johannis, od. Uebersetz. u. Erklär. dies. heil. Buchs mit Rücksicht auf d. neuern Weltbegebenheiten, dargeboten durch e. Kreuzritter. gr. 12. (14 B.) Karlsruhe 833, Braun.

— zur O f f e n b a r u n g Johannis, von e. christgläubigen israelitischen Bürger zu Ehren Jesu Christi verfaßt. Gewidmet der Gemeinde d. Herrn in der Endzeit, zu welcher auch Israel gehören wird. gr. 8. (XVI, 328 S.) Emden 887. Gerhard. n. 3. —

Schlüssel zur Offenbarung Johannis, v. e. christgläubigen israelitischen Bürger zu Ehren Jesu Christi verfaßt. Gewidmet der Gemeinde d. Herrn in der Endzeit, zu welcher auch Israel gehören wird. 2. u. 3. Aufl. gr. 8. (XVI, 328 S.) Emden 888,90, Gerhard. * 3 —

Schlüssel Salomonis od. die Kunst, die menschl. Gemüther zu erkennen. Wien. 8°.
1794

Schlüssel zur heiligen Schrift. Bern 1731. V: *Zinzendorf und Pottendorf, Nic. Ludw. Graf von.* (Cat. d. Stadtbibl. Zürich. Zürich 1864—97.)

— der Träume, siehe: K u n s t, die, Träume auszulegen.

— zur Turnkunst, od. kurzer u. bündiger Leitfaden zunächst für Volksschullehrer rc. Mit Abbildd. 8. Stuttg. (832). Neff. 4 gr

—— zur Turnkunst, od. kurzer u. bündiger Leitfaden zunächst f. Volksschullehrer, Familienväter u. Erzieher, wie man ohne kostspiel. Vorrichtungen die Knaben in gymnast. Uebungen u. Spielen unterrichten u. dadurch zu gewandten u. kräft. Männern heranbilden kann. Mit Abbild. 8. (2¾ B.) Stuttgart 833, Neff.

— zu den Uebungen in Lloyd's engl. Sprachlehre, s. L l o y d.

Schlüssel zu den Uebungen in H. E. Lloyd's theoretisch-prakt. englischer Sprachlehre für Deutsche. 8. (60 S.) Leipzig 834, Brockhaus. Thlr. *

— zur annähernden Umrechnung der neuen Masse u. Gewichte in alte u. der alten in neue f. den praktischen Gebrauch. Von e. ausüb. Techniker. gr. 16. (17 S.) Prag 876. Mercy. n. — 80

Schlüssel, der verlorene. Aus dem Engl. übers. gr. 16. (159 S. mit 5 Holzschnt.) Cincinnati 859. (Philadelphia, Schäfer und Koradi.) geb. *

Der VERLORENE SCHLÜSSEL. Aus dem Englischen übersetzt. Cincinnati: L. Swormstedt & A. Poe. 1859. 159 S. m. 5 ganzseit. Holzschnitten. 12°. Orlwd. (Erbauliche Erzählung). 9.—

— u. **Vorlageblätter** f. den Situations-Zeichnungs-Unterricht in 4 Hftn. Mit Genehmigg. d. k. k. Reichs-Kriegs-Ministeriums zusammengestellt u. hrsg. vom k. k. militär-geograf. Institute. qu. Fol. Wien 882. (Lechner's Sort.) In Mappe. n.n. 20. —

1. Schlüssel zur Darstellung u. Beschreibung militärischer Aufnahmen, nebst Bezeichng. v. Kriegsbauten u. Truppen in 9 (lith., z. Thl. farb.) Blättern m. Erläuterg. 8. (19 S.) n.n. 4. —
2. Vorlagen f. das Situationszeichnen der Ebene in 5 (lith., z. Thl. farb.) Blättern. n.n. 4. —
3. Vorlagen zu den Uebungen f. die Darstellung d. Terrainunebenheiten in 7 (lith., z. Thl. farb.) Blättern. n.n. 4. —
4. Vorlagen f. das Situationszeichnen der verschiedenen Terrain-Charakteristiken in 9 (chromolith.) Blättern. n.n. 8. —

— d. wahren W e i s h e i t, unt. d. Gespr. e. wohlerfahr. Sophisten. 8., Leipz. Böhme. 787.

— der wahren Weisheit, unter d. Gespräch eines wohlerfahrenen Sophisten. 8. Leipz. 787. (Knobloch). 20 gr

— wiedergefundener, d. göttl. O f f e n b a r u n g u. Compaß aller ächten Weisen. 8. Cöthen, Glandenberg. 786.

Der Schlüssel zur Zukunft, oder: Die Prophezeiungen u. Weissagungen der Sibyllen in Vergleich mit jenen der ältern jüdischen u. christlichen Propheten u. der Offenbarung Johannis, sowie des hl. Malachias, des Russen Wernyhora u. anderer, nebst Angabe der Zeit ihrer Erfüllung. Augsburg, Schlosser, 185 . ., 12°, 3. Aufl., 40 Pf.

Schlüssel [Verfasser]

Schlüssel, das Wesen d. Geschlechts-Krankheiten. Wie heilt u. wie verhütet man sie? E. Ratgeber f. Geschlechtskranke u. solche, die es nicht werden wollen, nach wissenschaftl. Grundsätzen u. in gemeinverständl. Darstellung bearb. gr. 8. (30 S.) Mannheim 898. Berlin, H. Bermühler. n. — 75

Das Wesen der Geschlechts-Krankheiten, ihre Verhütung u. Heilung. Nach wiss. Grundsätzen u. in gemeinverständl. Darst. bearb. von Dr. Schlüssel. 2. Aufl. *Berlin: H. Bermühler 1900.* (30 S.) 8° [F.] [01. 8755

Schlüsselblumen von L. H. Gesammelt für Freunde. (Gedichte.) 8. Berlin 842, C. H. Jonas. 1¼ ngr

Schlüsselblumen. Eine Sammlung lehrreicher und moralischer Erzählungen vom Verf. des Büchleins Wunderschön. Frankfurt a. M. 856. Krebs-Schmitt. 12. (48 S. u. 11 color. Lithogr.) n. 8 ngr.

Schlüsselpraktika, oder neueste Art zu Rechnen, in welcher eine bishero unbekannte Methode angegeben wird, der Jugend die 3 Hauptpuncte der Regel Detri leicht, kurz und einfach beyzubringen, von *J. G. U.* Leipzig und Budissin, verlegts Deinzer. 8. 140 Seiten. 1781.

Schlusser - Gallenweiler: Landwirtschaftliche Genossenschaften. Karlsruhe 1898.

Schlusser, Gustav

Schlusser, G., Pfarrer Jeremias Gmelin zu Auggen. Ein Bild aus dem Markgräflerland nach dem 30jähr. Krieg. (111 S.) 8. Freiburg i/B. 909. J. Bielefeld. 1.25; geb. in Leinw. 1. 75

Schlusser, G., das badische Polizeistrafrecht, enth. das bad. Polizeistrafgesetzbuch, den allgemeinen Theil u. Abschnitt XXIX d. besonderen Theils d. Reichsstrafgesetzbuchs, sowie die sonst einschlag. Gesetzesbestimmgn., nebst den zu deren Vollzug erlassenen Verordngn. u. Erläutergn. Als neue Bearbeitg. des II. Theils d. Bingner-Eisenlohr'schen „Badischen Strafrechts" hrsg. gr. 8. (XIX, 659 S.) Tauberbischofsheim 888. Lang. n. 8. —

Schlusser, Gust., d. badische Polizeistrafrecht, enth. d. bad. Polizeistrafgesetzbuch, d. allg. Theil u. Abschn. XXIX. d. besond. Theils d. Reichsstrafgesetzbuchs, sow. d. sonst. einschlag. Gesetzesbestimmgn., nebst d. zu deren Vollzug erlass. Verordngn. — nach d. Stande v. 1. VI. 1897 — u. Erläutergn. Als neue Bearbeitg. des II. Thls. des Bingner-Eisenlohr'schen „bad. Strafrechts" hrsg. 2. Aufl. Mit Anh.: Das Polizeistrafverfahren im Großherzogth. Baden v. C. Baur. gr. 8. (XVIII, 703 u. VI, 158 S.) Karlsruhe 897. J. Lang. n. 10. —; geb. n. 11. —

Schlusser, Gust., das badische Polizeistrafrecht, enth. das bad. Polizeistrafgesetzbuch, den allgemeinen Teil u. Abschnitt XXIX des besonderen Teils des Reichsstrafgesetzbuchs, sowie die sonst einschlag. Gesetzesbestimmgn., nebst den zu deren Vollzug erlassenen Verordngn. nach dem Stande vom 1. IV. 1908 u. Erläutergn. 3. Aufl. Bearb. v. Ernst Müller. (XX, 821 S.) Lex. 8. Karlsruhe 908. J. Lang. 15.50; geb. 17. -

Schlusser, G., Sonntags-Betrachtungen. 8. (115 S.) Heidelberg 901. Ev. Verlag. Geb. in Leinw. n. 1. 20

Schlusser, G., die bau- u. feuerpolizeilichen Vorschriften im Großherzogth. Baden. Nach dem Stand vom 1. Jan. 1888 zum prakt. Gebrauch zusammengestellt aus dem „bad. Polizeistrafrecht". 12. (V, 192 S.) Tauberbischofsheim 889. Lang. geb. n. 1. 20

Schlusser, Gust. Die bau- u. feuerpolizeilichen Vorschriften im Großherzogth. Baden. Nach dem Stand vom 1. Jan. 1888 zum prakt. Gebrauch zusammengestellt aus dem „bad. Polizeistrafrecht". 12. (V, 192 S.) [Tauberbischofsheim 889.] Karlsr., Lang. geb. * 1 20

Schlusser, Gust., die bau- u. feuerpolizeilichen Vorschriften im Großherzogth. Baden. Zum prakt. Gebrauch zusammengestellt aus dem „bad. Polizeistrafrecht". 2., erweit. u. nach dem Stand vom 1. Jan. 1894 bericht. Aufl. 12. (VII, 375 S.) Tauberbischofsheim 894. Karlsruhe, J. Lang. Geb. in Leinw. n. 2. —

Schlusser, Gust., die bau- u. feuerpolizeilichen Vorschriften im Großherz. Baden. Zum prakt. Gebrauch zusammengestellt. 3., erweit. u. nach dem Stande vom 1. XI. 1903 bericht. Aufl. Hrsg. v. Carl Baur. (VI, 832 S.) 8. Karlsruhe 904. J. Lang. Geb. in Leinw. n. 3. —

[Gustav] **Schlusser**'s Bau- und feuerpolizeiliche Vorschriften im Großh. Baden. ⟨Zum prakt. Gebr. zsgest.⟩ 4., nach d. Stand v. Sept. 1907 erg. Aufl., enthaltend d. Landesbauordnung v. 1. Sept. 1907 nebst Vollzugsbestimmungen. Neubearb. von Oberamtmann F[ranz] M[ax] Franz. Karlsruhe: J. Lang 1907. (VIII, 460 S.) 8° [F.] [07. 14473

Schlusser's bau- u. feuerpolizeiliche Vorschriften im Großh. Baden. (Zum prakt. Gebrauch zusammengestellt.) 5., nach dem Stand vom Septbr. 1909 ergänzte Aufl., enth. die Landesbauordng. vom 1. IX. 1907 nebst Vollzugsbestimmgn. Neubearb. v. F. M. Franz. (VIII, 552 S.) kl. 8. Karlsruhe 909. J. Lang. Geb. in Leinw. 3. 60

Schlusser, Gust., die deutsche Wehrordnung, s. das Großherzogth. Baden hrsg., s. a. Lang's Sammlung deutscher u. bad. Gesetze. 6.

Schlusser, Gustav: Die deutsche Wehrordnung mit den auf die Wehrverfassung bezüglichen Gesetzen . . . für das Großherzogthum Baden. Karlsr. 1901.

S(chlüsser,) A. Geschichte des Lützowschen Freikorps. Berlin 1826. 8°.

Schlüsser, Adf. v., Einleitung in die Bücher der Könige, s. Einleitung.

S(chlüsser)., Ad., über d. Kavallerie, s. Ueber etc.

Schluesser, Guil., de Petromyzontum et Anguillarum sexu. Dissertatio inaug. 8maj. (42 S. und 1 Stnt.) Dorpati 848. (Gläser's Verlag.) *

Schlüsser, W., und Th. Koch, kurze Uebersicht der im J. 1851 im Petri - Pauls - Hospitale in St. - Petersburg angestellten pathologisch - anatomischen Beobachtungen, s. Koch, Th.

Schlussfolgerungen aus der Abhandlung über den Flächeninhalt und die Volksdichtigkeit Europas. [Berlin 1903.] V: *Juraschek, Frz. v.* (Berl)

Schlussfolgerungen, Culturgeschichtliche, aus patronymischen Ortsbezeichnungen. [Bern 1888.] V: *Meyer v. Knonau, Gerold.* (Cat. d. Stadtbibl. Zürich. Zürich 1864—97.)

Schlussgesang. o. O. u. J. 1 Bl. 8⁰ [Kopftit.]
Ohne Noten: „Durch Nacht zum Licht führt dich, o Herz, . . .“
Rekt. Kneisner, Hamburg.

Schlussgesang. Von E. A. ›Soweit des Weltalls Grenze reicht . . .‘ V: *Anschütz, Ernst.* (wolfstieg II, 826)

Schluss-Gesang. [Hamburg: 1872.] 1 Bl. 8⁰ [Kopftit.]
Ohne Noten: „Holde Eintracht! bester Segen, . . .“

Schlussgesang bei der am 12. Oct. 1877 stattfindenden Feier des Tages, an welchem vor hundert Jahren das gegenwärtige Haus der Loge Minerva zu den drei Tempeln eingeweiht wurde. Gedichtet vom Br. W. G. zum 23. Sept. 1816 als an dem Tage an welchem das durch Umbau erneuerte Logenhaus gerichtet wurde. Den gel. Brn. zur freundlichen Erinnerung O. M. Leipzig 1877. V: *Gerhard, Wilhelm.* H: *Marbach, Oswald.* (wolfstieg I, 578)

Schluss-Lied. o. O. u. J. 1 Bl. 8⁰ [Kopftit.]
Ohne Noten: „Freundliche Weihnachtszeit!...“

[Andere Ausg. u. d. Tit.:]
Schluss - Lied am 6. Jan. [Leipzig] o. J.: [Wassermann]. 1 Bl. 8⁰ [Kopftit.]

[Dasselbe.] [Leipzig] o. J.: [Leiner]. 1 Bl. 8⁰

Schluss-Lied am 6. Jan. o. O. u. J. 1 Bl. 8⁰ [Kopftit.]
Ohne Noten: „Wie lieblich ist's hienieden, . . .“

Schlusslied. [Naumburg] o. J.: [Sieling]. 1 Bl. 8⁰ [Kopftit.]
Ohne Noten: „Füllet den Becher mit perlendem Weine, . . .“

Schlusslied. Den 24. Sept. 1868. [Unterz.] Ppr. o. O. 1868.
Ohne Noten: „Der Wahrheit Keim verbreiten . . .“ Rekt. Kneisner, Hamburg.

Schlusslied. Den 24. Sept. 1868. Von Ppr. [Hamb. 1868.] V: *Pepper, Peter Otto Heinrich.* (wolfstieg I, 534)

Schlusslied. [Aus der Loge „Karl zu den drei Schlüsseln“ in Regensburg.] [Regensburg] o. J. 1 Bl. 8⁰. [Kopftit.]
Ohne Noten: „So schliesst euch nun ihr angenehmen Stunden“ . . .
Vielleicht identisch mit W. 41162.

Freiberg i. S.: **Schlusslied** zur Confirmanden-Bekleidung in der Loge [zu den drei Bergen] zu Freiberg. Freiberg o. J.: Gerlach. 1 Bl. 8⁰ [Kopftit.]
Ohne Noten: „Der Gott, der mächtig Euch erhalten . . .“

Schlusslied, dem Durchlauchtigsten Hochw. Grossmeister [Karl Alexander von Thurn und Taxis] und der Hochw. Mutter-Loge Carl zu den drei Schlüsseln gewidmet. ›Lasst uns froh den Tag beschliessen . . .‹, von W. Regensburg o. J. V: *Westerholt, Alexander Graf von.* (wolfstieg I, 625)

Schlussprotokoll über die Verhandlungen der vom Allgemeinen Deutschen Lehrerinnenverein zur Beratung der Oberlehrerinnen-Bildung und -Prüfung eingesetzten Kommission. [Unterzeichn.:] (Helene Lange) [u. a.] -- Berlin 1896.) 16 S. 8⁰ [Kopft.]

Akademische **Schlussprüfungs-Ordnung** der Grossh. Badischen Technischen Hochschule Fridericiana zu Karlsruhe. Vom 31. 5. 1904. 1904.

Schlussrede in der feierlichen Versammlung der Freimaurer zu Regensburg am Johannisfeste des 5. 7. 74.·. Jahres, gehalten von dem Br. v. F. [Regensburg 1774.] S. 23—27. 4⁰ [Umschlagtit.]
Ausschnitt. Selten. Üb. die Freude, welche aus dem Bewusstsein mrischer Pflichten entsteht u. Gelegenheitsworte.

Schluss- und Festsitzung des Kultus-Ausschusses der israelitischen Kultusgemeinde Floridsdorf... Wien [1907]. V: *König, Jac.* (EB)

Schlusssteinlegung und die definitive Übergabe des neuen Gymnasialgebäudes in die Verwaltung der Gymnasialdirection.
8 (S. 65—76). **Progr.** Gr.-or. Ober-G. *Suczawa* 1896.
Nicht im Tauschverkehr.

Schlussstück, Die, zu Hans Kiekindiewelts Reisen und zu Ludwig Wagehals. Leipzig und Gera 1799. V: *Rebmann, Andreas Georg Friedrich von.* (stadtBiblBerlin IX, S. 56) S. a. VII, 8609.

Schlussverhandlung in der zwischen dem Kammerherrn von Neergaard auf Eckholt und dem Professor Hegewisch in Kiel anhängigen Streitsache. (Kiel. 1815.) Fol.

Schlußverhandlung, die, des Processes Brunner-Kuranda, beleuchtet von einem österreichischen Rechtsfreunde für gebildete Leser. 8. Wien 860, Mayer und Comp.

Schlusswort bezüglich der Aktienunternehmung zur Erzeugung der Ziegel . . . [Wien 1837.] V: *Miesbach, Alois.* (WFM)

Schlußwort, ernstes, an Pastor L. Diestelkamp. Eine gemessene Nachrede auf die maßlose Vorrede der 6. Aufl. d. „Mein lieber Pius." Von einem „Römischen." [Aus der 4. Aufl. von „Pius IX. u. die kathol. Kirche."] Paderborn 869. Junfermann. 8. (16 S.) 1½ ngr.

Schlusswort zur Ortsnamenforschung in Kärnten. Klgft., St. Hermagoras-Druck., 1891. 28 S.

Schlusswort zur Ortsnamenforschung in Kärnten. Herausgegeben und verlegt vom kath.-polit. und landwirthschaftlichen Vereine für die Slovenen Kärntens. 8. (28 S.) * —.30
Klagenfurt: Ferd. v. Kleinmayr 1891.

Schluet v. Schluetenberg, Sigm., magnetische Aufnahme v. Bosnien u. der Herzegowina, s.: Kesslitz, Wilh.

Schlüter's, Andr., Biographie u. Charakteristik, s. Dohme, R.

Schlüter, Andreas, s. Gurlitt, Cornelius.

Schlüter's, Karl, Lebensbild, s.: Lehrs, M.

Schlüter. Le conditionnel français; sa théorie et son emploi. Hildesheim, G., 1861. 30 S. 4. Progr.

Schlüter, d. Erziehung des weiblichen Geschlechts, ein Handbuch für Erzieher, Eltern 2c. 2 Bde. 8. Hamb. Vollmer. 800.

Schlüter, französische Gedichte. F. d. Schulgebrauch ausgew. I. Tl.: Text u. Anhang. II. Tl.: Anmerkgn. u. Wörterverzeichnis. 8. (VIII, 184 S.) Leipzig 897. G. Freytag. Geb. in Leinw. n. 1.40; Ausg. f. Mädchenschulen n. 1.40

Schlüter, Dr. Französische Gedichte. Für den Schulgebrauch ausgewählt. I. Theil. Text und Anhang. II. Theil. Anmerkungen und Wörterverzeichnis. 8. (VIII, 184 S.) geb. —.90
Prag: Tempsky 1897.

Schlüter, die Heilkraft des Wassers, s. a. Licht—Luft—Wasser. 27. Hft.

[F.] Die Heilkraft des Wassers. Von Dr. med. Schlüter . . . (Vorr.: Reinh. Gerling.) Berlin W. Möller [1899]. (23 S.) 8°
= Licht – Luft – Wasser. Bd 2. H. 27.

Schlüter, A., s.a. Schlüter, Anton Alois

Schlüter, A., Heimatkunde der Prov. Westfalen, Anh., s.: Plümer, Haupt u. Bachmann, deutsches Lesebuch f. höh. Mädchenschulen.

A. Schlüter. Provinzialrecht der Provinz Westfalen. Herausg. von F. H. v. Strombeck. Leipzig, 1829 bis 33. 3 Bde.

Schlüter, A., und H. Carl, statistische Uebersicht von Harburg's Handels- 2c. Verkehr, s. Carl, H.

Schlüter, Albert [cand. med. aus Minden, Westf.]: Beitrag zur Casuistik der Pankreascarcinome . . . München, kgl. Hof-Buchdr. Kastner & Lossen, 1897; 25 S. 8.
München, Med. Fak., Inaug.-Diss. v. 1897

Schlüter, Alfred, aus Berlin: Die staatsrechtliche Stellung des Reichskanzlers. *Rostock 1903: H. Winterberg.* (89 S.) 8°
Rostock, Jur. Diss. v. [31. Okt.] 1903

Schlüter, Andr., die Masken sterbender Krieger im Hofe des ehemaligen Zeughauses zu Berlin. 24 Taf. in Lichtdr. vom Berliner phototyp. Institut (Jacobi & Prager), Text von R. Dohme. Fol. (6 S.) Berlin 877. Polytechn. Buchh. In Mappe. n. 25. —

Schlüter, Andr., die Masken sterbender Krieger im Lichthofe des königl. Zeughauses zu Berlin. 24 Taf. in Lichtdr. 2. Aufl. Fol. Berlin 883. P. Botto. In Mappe. n. 16. —

— die Masken sterbender Krieger. 22 direct nach den Originalen gefertigte photograph. Aufnahmen v. A. Halwas. Fol. Berlin 894. F. Stahn. In Mappe. n. 25. —

Schlüter, Andr., die Masken sterbender Krieger im Lichthofe d. kgl. Zeughauses zu Berlin. 24 Taf. in Lichtdr. 3. Aufl. M. Benutzg. d. Textes d. 1. Aufl. v. R. Dohme. gr. 8. (8 S.) Berlin 895. P. Botto. In Mappe 6. —

Schlüter, Anton [aus Westfalen]: Beitrag zur Pathologie der Fallopischen Tuben . . . Greifswald, Druck v. J. Abel, 1892; 24 S. 8.
Greifswald, Med. Fak., Inaug.-Diss. v. 16. März 1892

Schlüter, Anton Alois

Schlüter, A. Veterum Latinorum alliteratio cum nostratium alliteratione comparata. 26 S. . . . .
Arnsberg, Progr. 1840

Schlueter, Ant. Al., De Aesculapii cultu a Romanis adscito. Arnsberg 1833, Abhandlung zu dem Jahresber. d. Gymn.
War des Verf. Inauguraldiss.

Schlüter, Ant. Aloys, Mittheilungen aus dem Leben Dr. Johann Christoph Schlüters, gewes. Prof. an der Universität resp. Akademie zu Münster 2c. Mit einem (lith.) Bildnisse des J. C. Schlüter. gr. 8. Münster 845, Theissing'sche Buchh. 5/6 ℛ

Schlüter, Ant. A. Rede zur feierlichen Entlassung der Abiturienten am 30. Aug. 1848 [Über den Spruch ora et labora.] 9 S. .
Coesfeld, Progr. 1849

Schlüter, A. Ueber die Theorie der Dichtungsarten, als Gegenstand des Gymnasial-Unterrichtes. 21 S. . . . .
Progr. Arnsberg 1831

Schlüter, Arnold

Schlüter, v., u. A. Georgs, brandenburgisches Hengstregister der seit 1870 in der Prov. Brandenburg stationiert gewesenen Warmblut-Beschäler. Im Auftrage d. Landwirtschaftskammer f. die Prov. Brandenburg zusammengestellt. (IV, 110 S. m. 1 Stammbaumtaf.) kl. 8. Prenzlau 910. A. Mieck. Geb. in Leinw. 2. —

Schlüter, Arnold, Training d. Pferdes f. Sport-, Zucht- u. Gebrauchszweck. 8. (VIII, 148 S. m. Abb. u. 16 Taf.) Berlin 896. P. Parey. Geb. in Leinw. n. 6. —

[F.] Training des Pferdes für Sport-, Zucht- und Gebrauchszwecke. Von Arnold **Schlüter**, Kgl. Gestütsdir. in Gudwallen ... 2., durchges. Aufl. M. 18 Taf. *Berlin: P. Parey 1898.* (VIII S., 1 Bl., 162 S., 18 Taf.) 1 Bd 8. [98. 9389

Schlüter, [August]: Die bevorstehende Reform der höheren Mädchenschule. Minden i. W. 1908: Bruns. S. 2—9. 8°
Minden, st. ev. HM u. Lehrerinnen-Sm P 1908 [101] [S 08. 412

Schlüter, August *(geb. Minden in Westf. 12. 3. 1857)*: **Über** die Sprache und Metrik der mittelenglischen weltlichen und geistlichen lyrischen Lieder des Ms. Harl. 2253. **Braunschweig** 1884. (34 S.) 8° *(Vollst. in: Archiv f. d. Stud. d. neuer. Sprachen. Bd 71. [1884.])*
Breslau, Phil. Diss. v. 4. März 1884

Schlüter, Bernhard, approb. Arzt aus Greven i. Westf.: **Aus d. chirurg. Klinik zu Kiel.** Ein **Fall** von Carcinom des Pharynx und Larynx und Exstirpation des Pharynx und Larynx. *Kiel 1902: H. Fiencke.* (29 S.) 8°
Kiel, Med. Diss. v. [24. Mai] 1902

Schlüter, C., Leben Leibnitz, od. Aufruf an Leibnitzens Monumente zu Hannover, zum Besten seiner unglückl. Enkelin zu Möttern bei Magdeburg. 8. Leipz. 783. Schwickert. 2 gl.

Schlüter, C., De accusativi et dativi usu Terentiano. Diss. 1874. 43 S. 6.—

Schlüter, Carl, s. Schlüter, Karl

Schlüter, Chr., s. Dom, der, seine Gemälde und Bildwerke.

Schlueter, Christoph Andreas: „Gründlicher Unterricht von Hütte-Werken, worin gezeiget wird, wie man Hütten-Werke, auch alle dazu gehörige Gebäude und Oefen aus dem Fundament recht anlegen solle, auch wie sie am Hartz und anderen Orten angelegt sind. Und wie darauf die Arbeit bey Gold-, Silber-, Kupfer- und Bley-Ertzen, auch Schwefel-, Vitriol- und Aschen-Werken geführet werden müsse. Nebst einem vollständigen Probierbuch, darin enthalten, wie allerley Ertze auf alle Metalle zu probieren. ... Mit verschiedenen zu beyden Theilen gehörigen und nach dem Mass-Stabe verfertigten Kupfern, auch nöthigen Registern herausgegeben", Braunschweig 1738 (Meyer). — Vorh.: Preuß. Oberbergamt Dortmund — F. f. 19 — und Westfäl. Landesbibl. Dortmund — Wt. 20

Schlüter, Christoph Bernhard

Schlüter, C. B., Aussprüche der philosophirenden Vernunft u. des gläubigen Herzens aus den Schriften des heil. Augustinus. In Sinnsprüchen. Münster 859. Coppenrath. 16. (VIII, 201 S.) 15 ngr.

Schlüter, C. B., von dem wahren u. falschen Begriff der Dreieinigkeit in der Philosophie. gr. 8. (36 S.) Münster 851, Theissing. 1/6 th.

Schlüter, C. B., Blumenkranz religiöser Poesien, s. Blumenkranz.

— s. Erigena, de divisione naturae libri quinque.

Schlüter, C. B., s. Keleph Ben Nathan, die himmlische Philosophie.

Schlüter, C. B., die Lehre d. Spinosa in ihren Hauptmomenten geprüft u. dargestellt. gr. 8. (7½ B.) Münster 836, Theissingsche Buchh.

Schlüter, Chrph. Bernh., Marienbilder. Hrsg. v. Frz. Hipler. 8. (XII, 189 S. m. Bildn. u. 4 Taf.) Steyl 894. Missionsdruckerei.
Geb. in Leinw. m. Goldschn. n.n. 1. 70

Schlüter, Christoph Bernh., Der neueste deutsche Materialismus. Civilta cattolica (deutsche Ausg. Münster, Coppenrath), Jahrg. 1856, Bd. 2 S. 399 ff., 590 ff.; Bd. 3 S. 114 ff., 769 ff.

Schlüter, Christoph Bern., Aristoteles' Metaphysik eine Tochter der Sankhya-Lehre des Kapila. Eine indisch-griechische Studie. Münster, Russell, 1874, gr. 8°, 96 S., 1,50 Mk.
Vgl. dazu Katholik 1885, S. 379—404 (Die theol. Studien des Prof. Dr. Schlüter in Münster).

Schlüter, C. B., die himmlische Philosophie von Keleph Ben Nathan, s. Keleph, Ben Nathan.

Schlüter, Chrph. B., Schwert u. Palme. Ein Sonettenkranz aus den J. 1847—1860. Hrsg. v. J. Hertkens u. E. Dehne. Mit dem Bildniß Schlüter's. 8. (XIII, 413 S.) Steyl 886. Missionsdruckerei. 4. —

Schlüter, C. B., Sinnsprüche aus den Psalmen-Erklärungen des heiligen Augustinus. Münster 865. Coppenrath'sche Buchh. 16. (X, 296 S.) 25 ngr.

Schlüter, C. B., Sinnsprüche aus den Psalmen-Erklärungen des heil. Augustinus. Neue Ausg., verm. durch einen Anhang sehr bedeutender Aussprüche aus den wichtigsten Schriften desselben Autors. 16. (X, 296 S.; Anhang VIII, 48 S.) Münster 881, Coppenrath'sche Buchh. *

Schlüter, Christ. Bernh., Sinnsprüche aus den Psalmenerklärungen des heiligen Augustinus. Münster, Coppenrath, 1882, 16°, 296 und 48 S., 1,20 Mk.

(Schlüter, Christoph Bern.,) Walhalla deutscher Materialisten. Münster, Coppenrath, 1861, 16°, 2 Bl., 156 S., 1,80 Mk.

Schlüter, Clemens, s. Schlüter, Klemens

Schlüter, Clemens August, s. Schlüter, Klemens August

Schlüter, Constantin, s. Schlüter, Konstantin

Schlüter, David (Hamburg) **A. S. 127/22**

Dissertatio inauguralis iuridica de iure reluitionis, ex pacto de retrovendendo competente, praescriptioni obnoxio.
Göttingen (Dieterich) 28. V. 1783. 38 S.

Gew.: Stadt Hamburg. **30643**

Schlüter, Dav., **Dissert. inaug. jur. de jure reluitionis** ex pacto de retrovendendo competente, praescriptioni obnoxio. 4. Götting. 783. Dieterich. 2 gl.

Schlüter, E. [aus Altona]: Beitrag zur Phosphortherapie der Rhachitis .... Göttingen, Druck d. Univ.-Buchdr. v. E. A. Huth, 1887; 33 S. 8°.
Göttingen, Med. Fak., Inaug.-Diss. v. 2. Febr. 1887.

Schlüter, E., Beitrag zur Phosphortherapie der Rhachitis. Inaug.-Diss. gr. 8. (33 S.) Göttingen 887. (Vandenhoeck & Ruprecht's Verl.) n. — 80

Schlüter E.: Handbuch f. Kataster- u. Vermessungsbeamte, Landmesser etc. in Preussen. Stralsund 1901. 783 S. 4°.

Schlüter, E., Handbuch f. Kataster- u. Vermessungsbeamte, Landmesser ꝛc. in Preußen. Gesetze, Verordngn., Erlasse, Entscheidgn. höchster Gerichtshöfe, Ausführungsbestimmgn., Ministerialverfüggn. u. dergl. in geordneter u. m. vielen Erläutergn. versehener Zusammenstellg. 2., bedeutend erweit. u. vervollständ. Aufl. (XV, 978 S.) gr. 8. Liebenwerda (908). R. Reiß. nn 12.50; geb. nn 14.—

Schlüter, E. W. H., s. Schlüter, Ernst Wilhelm Gustav

Schlüter, Egon, Medizinal-Praktikant: Aus d. Königl. Universitäts-Frauenklinik zu Breslau. Direktor: Geheimrat Prof. Dr. Küstner. Über Schwangerschaft und Geburt bei Duplicität des Uterus. Breslau 1907: Breslauer Genossenschafts-Buchdruckerei. (38 S.) 8°
Breslau, Med. Fak., Ref. Küstner, Diss. v. 10. Okt. 1907
[Geb. 29. Juli 81 Ostrowo; Wohnort: Gnesen; Staatsangeh.: Preußen; Vorbildung: Gymn. Ostrowo Reife O. 01; Studium: Breslau 9 S.; Coll. 18. Juli 07; Approb. 8. Okt. 07.]

Schlüter, Ernst, wilde Blumen. Gediohte. (VIII, 188 S.) 8. Dresden 906. E. Pierson. n. 3.—; geb. n. 4.—

Schlüter, Ernst Wilh. Gust., Beiträge f. d. Hannover. Landes-Recht, s. Beiträge.

Schlüter, Ernst Wilh. Gust., Commentar zur allgemeinen bürgerlichen Proceß-Ordnung für das Königr. Hannover. 1—7. Heft. gr. 8. (1. Bd. XVI und 535 S.) Stade 857. 58, Pockwitz. à Heft * 10 Ngr. *

—— dass. — 2. Bd. 1—4. Heft. gr. 8. (320 S.) Ebendas. 862. à Heft * 10 Ngr. *

Schlüter, Ernst Wilh. Gust., Commentar zur allgemeinen bürgerlichen Prozeß-Ordnung des Königr. Hannover. 2. Bd. 5. und 6. Heft. gr. 8. (IV und S. 321—475 und Suppl. 20 S.) Stade 863, Pockwitz. à Heft * 10 Ngr. *

Schlüter, Ernst, allgem. Criminalgesetzbuch, s.a. Criminalgesetzbuch.

Schlüter, E.: Allgemeines Criminal-Gesetzbuch für das Königreich Hannover, sammt den Gesetzen über die Bes‸trafung des Wilddiebstahls und des Fisch- und Krebsdiebstahls . . . mit erl. Anm. Lüneburg 1842.

Schlüter, Ernst Wilh. Gust., neueste vaterländ. Literatur. Eine Fortsetz. d. älteren, die vaterländ. Bücherkenntniß betreff., Arbeiten v. Baring, Erath, v. Praun u. v. Ompteda, bis zu Ende d. J. 1829. gr. 8. (22 B.) Celle 830, Schulze. Thlr.

—— die Ordnung d. Kgl. Hof-Gerichts d. Hrzgth. Bremen u. Verden, s. Ordnung.

—— Prozeß-Ordnung f. das Königr. Hannover, s. Prozeß-Ordnung.

— Repertorium juris Hannoverani, s.a. Repertorium.

Schlüter, E. W. G., Repertorium juris hannoverani, oder Nachweisungen der wichtigsten Erläuterungen der bewährtesten hannover. Practiker zu dem im Königreich Hannover geltenden Rechte, welche in deren Werken und Zeitschriften zerstreuet sind. Ein Beitrag zur Literatur des gesammten hannov. Rechts. gr. 8. (XXXVI und 448 S.) Stade 854, Pockwitz. *

—— Sammlung sämmtlicher in dem Herzogth. Bremen und Verden in Beziehung auf das Meierrecht erlassenen Gesetze, Verordnungen, Ausschreiben und Resolutionen von der ältesten bis auf die neueste Zeit, nebst einem literarischen Anhang. gr. 16. (VIII und 126 S.) Stade 861, Steudel. *

Schlüter, E. W. Gust.: Samml. d. Wolfenbütt. Landesverordnn. 3 Bde. *Wolfenb.* 729—31.

(——) neue Samml. der in d. Kgl. Großbrit.-Hannov. Gerichten üblichen Eidesformeln, s. Sammlung.

—— das Wietzenmühlenrecht von 1570. Ein altes autonom. Rechtsbuch im Fürstenth. Lüneburg, erläutert und mit den einschlagenden Zugaben von Neuem hrsg. 8. (74 S.) Stade 862, (Pockwitz.) *

—— und L. Wallis, jurist. Zeitung f. d. Königr. Hannover, s. Zeitung.

Schlüter, Eugen [pr. Arzt z. Z. in Mutzig]: Über den Krampf im Bereiche des nervus accessorius Willisii. . . . Strassburg, Univ.-Buchdr. v. J. H. Ed. Heitz (Heitz & Mündel), 1889; 67 S. 8°
Strassburg, Med. Fak., Inaug.-Diss. v. 1889

Schlüter, F: Die Moniersche Bauweise. Düsseldorf 1892

Schlüter, Frz., Humor in Rede u. Lied. Eine Sammlg. Orig.-Vorträge u. Couplets. 1. u. 2. Bdchn. (48 u. 41 S.) kl. 8. Mülheim a/R. (905). F. Bagel. à —25

Schlüter, Frz., Humor in Rede u. Lied. Eine Sammlg. Orig.-Vorträge u. Couplets. 3. u. 5. Bdchn. (39 u. 48 S.) kl. 8. Mülheim-Ruhr 909. 10. F. Bagel. à —25

— u. Karl **Helmerstein,** Humor in Rede u. Lied. Eine Sammlg. v. Orig.-Vorträgen u. Couplets. 4. Bdchn. (47 S.) kl. 8. Ebd. (909). —25

Schlüter, Frz., List ist d. Studenten Talisman, s.a. Theater, kleines.

List ist des Studenten Talisman. Schwank in 1 Akt von Franz Schlüter. (3. Aufl.) *Paderborn: B. Kleine [1901].* (31 S.) 8° [F.]
— Theater, Kleines. H. 310. [03. 9048

Schlüter, F., Onkel Max od. „Es giebt ja keine Kinder mehr", s.a. Theater, kleines. 343. Hft.

Onkel Max oder 'Es giebt ja keine Kinder mehr'. Schwank in 1 Akt. Von F[ranz] Schlüter. *Paderborn: B. Kleine [1903].* (25 S.) 8° [F.]
— Theater, Kleines. H. 343. [04. 5995

Schlüter, Franz, approb. Arzt in Rostock: Die Reizleitung im Säugethierherzen. ⟨Mit 13 Textfig.⟩ *Rostock 1902.* (S. 87—111.) 8° ¶ (Aus: Pflüger's Archiv f. Physiol., Bd 89.)
Rostock, Med. Diss. v. [25. Febr.] 1902

— Strohwittwer, s.a. Theater. Kleines.

Strohwittwer. Schwank in 1 Akt von F[ranz] Schlüter. (3. Aufl.) *Paderborn: B. Kleine [1901].* (20 S.) 8° [F.]
— Theater, Kleines. H. 309. [03. 9047

Schlüter, Franz, aus Knehlinghausen: Studien über die Reimtechnik Wielands. *Marburg 1900: C. L. Pfeil.* (65 S.) 8°
Marburg, Phil. Diss. v. [7. Nov.] 1900

— per Telephon, s.a. Theater, kleines. 332. Hft.

'Per Telephon'. Schwank in 1 Akt von F[ranz] Schlüter. (3. Aufl.) *Paderborn: B. Klein [1902].* (24 S.) 8° [F.]
— Theater, Kleines. H. 332. [03. 9047

Schlüter, Friedrich (Hrsg.):

s.: Cornaro, Luigi: Erprobte Mittel, gesund und lange zu leben. (Trattato della vita sobria. Dt.) Grätz: 1798

JB 2.910

Schlüter, Friedrich (Hrsg.):

s.: Cornaro, Luigi: Erprobte Mittel gesund und lange zu leben. Ein heilsames Hausbuch für alle Menschen. (Trattato della vita sobria. Dt.) Aufs neue herausgeg. u.mit Anmerkungen versehen. Wien: 1799

JB 2.911

Friedrich Schlueter

Immerwährender Gesundheits-Kalender oder Hausbuch zur Kenntniß und Erhaltung der Gesundheit. Von Friedrich Schlüter. Braunschweig: Schulbuchh. 1799. XLII, 826 S. 8°

— üb. d. Magenkrampf. dessen Ursache u. Heilung. 8. Braunschw. 796. 2e A. 797. Schulbuchh. 12 gr.

— Mittel, gesund u. lange zu leben, s. L. Cornaro.

Schlueter, Frid. (Ferd.) (geb. Levern in Westf. 15. 10. 1821): De morbo Brightii. Berolini (1848). (31 S.) 8°

Berlin, Med. Diss. v. 21. Dez. 1848

Schlüter, Friedrich: Pockenbuch oder höchstnöthiger und bewährter Unterricht an alle Ältern deren Kinder die Pocken noch nicht gehabt haben. 176 S., gbd.

Braunschweig: 1798

JB 4.895

— Pockenbuch, od. Unterricht an Eltern, deren Kinder die Pocken noch nicht gehabt haben. 8. Braunschw. 798. Schulbuchh. 12 gr.

Friedrich Schlueter

Tischbuch zur Erhaltung und Verbesserung der Gesundheit. Von F[riedrich] Schlüter. Braunschweig: Schulbuchh. 1800. 324 S. 8°

Schlüter. Fr., was muss der Läufer v. seinem Training wissen? Kurze Anleitg. f. Mitglieder v. Fussball- u. Laufsportvereinen üb. das Trainiren f. Laufen. (44 S.) kl. 8. Hannover 904. C. Meyer. Kart. n. — 50

Schlüter (Fr.). Was muss der Läufer von seinem Training wissen? Anleitung für Mitglieder von Fussball- u. Laufsportspielen. 1909. Hannover. 8°. 44 S.

Schlüter, Friedrich Joachim (Hamburg) A. S. 837/24

De beneficio excussionis possessori hypothecae generalis et specialis.
Göttingen (Rosenbusch) 27. X. 1775. 36 S.

Gew.: Stadt Hamburg. 30644

Schlüter, Fritz (geb. Schlakendorf in Meckl. 3. 3. 1853): Ueber Neuritis optica. Berlin (1882). (54 S.) 8°

Berlin, Med. Diss. v. 28. Febr. 1882

Schlüter, G.: Argumentum et structura Isocrateae de permutatione bonorum orationis explanatur. 13 S. Hildesheim A., Progr. 1869.

Schlüter, Georg [aus Melle]: Über die Einwirkung von Phosphenylchlorid auf Piperidin, Tetrahydrochinolin und Chinon ... Rostock, C. Hinstorffs Buchdr., 1896; 38 S., 1 Bl. 8.

Rostock, Phil. Fak., Inaug.-Diss. v. [21. Mai] 1896

Schlüter, Gerhard, Referendar: Die Antwortpflicht des Kaufmanns nach § 302 HGB. Heidelberg 1910: Geisendörfer. 57 S. 8°

Heidelberg, Jur. Diss. v. 7. Juli 1910, Ref. Schröder

[Geb. 18. April 84 Dorpat; Wohnort: Frankfurt a. M.; Staatsangeh.: Baden u. Preußen; Vorbildung: Gymn. Heidelberg Reife M. 02; Studium: Heidelberg 1, Genf 1, München 4, Kiel 2, Göttingen 2 S.; Rig. 26. April 10.]
[U 10. 2009

Schlüter, Gustav [aus Jörnsdorf]: Das Wachsthum der Bakterien auf saurem Nährboden ... Jena, G. Fischer, 1892; 16 S. 8.

Rostock, Med. Fak., Inaug.-Diss. v. [7. Juni] 1892

Schlüter, H., Über die hauptsächlichsten Apparate für Mineralölprüfung. Berlin, 1907. 10 S. mit 15 Abb.

— s. B. G. Denzel's, Lehrgang des Zahlunterrichts.

Schlüter, H., der Frühschoppen, s.a. Heidelmann's, A., Theaterbibliothek. 121. Hft.

Der Frühschoppen. Schwank in 1 Akt von H. **Schlüter.** Bonn: A. Heidelmann [1904]. (21 S.) 8° [F.]
= **Theaterbibliothek**, A. Heidelmann's. H. 121. [16. 2665

Schlüter, H., Geschichte d. Königr. Dänemark rc., s. Jacobsen, H. J.

Schlüter, H., Woitebrakers Hoff od. Die Liebe läßt sich nicht regieren, s.: Theaterbibliothek.

Schlüter, H., Lehrgang d. Zahlenunterrichts, s. Denzel, B. G.

—— der Rechenmeister unt. seinen Schülern. Ein Handb. f. Lehrer, so wie f. Aeltern, die ihre Kinder selbst in diesem Zweige d. Unterr. anleiten wollen. 1. Thl. — A. u. d. T.: Vorschule d. Rechnens, in Unterredungen, mit besond. Rücksicht auf d. wechselseit. Schuleinrichtung. 8. (16 B.) Schleswig 828, Koch.

— u. J. v. Essen, prakt. Rechnenschule. Ein Exempelbuch für Rechnenschüler in Volksschulen. 2 Thle. 3e Aufl. 8. Rehorst 825. Lübeck, v. Rohden. 12 gr.

—— und J. v. Essen, pract. Rechnenschule. Ein Uebungsb. f. Rechnenschüler in Volksschulen, auch bei d. wechselseit. Schuleinrichtung. 2 Thle. 4., verm. Aufl. 8. (18 B.) Lübeck 829, v. Rohden. [1., 4 Gr., 2., 7 Gr.]

—— und J. v. Essen, pract. Rechnenschule. Ein Exempelb. f. Rechnenschüler in Volksschulen. 2 Thle. 5. Aufl. 8. (18 B.) Lübeck 840, 43, v. Rohden. [1. * 5 Gr., 2. * 7 Gr.] *

Schlüter, H., u. J. v. **Essen**, praktische Rechnenschule. Ein Uebungsbuch für Rechnenschüler in Volksschulen, auch bei der wechs. Schuleinrichtung. 2. Thl. 6. verm. Aufl. 8. (160 S.) Lübeck 847, v. Rohden. 1/3 ℛ (1. 2.: 16 1/2 ngr)

—— Versuch einer ins Einzelne gehend. Darstellung der wechselseit. Schuleinricht. in e. gemischt. Volksschule v. reichlich 100 schulpflicht. Kindern, mit einiger Abänderung geformt nach d. gegeb. Vorbilde d. Normalschule zu Eckernförde. gr. 8. (5 1/2 B. u. 4 Tab.) Schleswig 829, Taubstummen-Institut.

Schlüter, Hans, a. Loschwitz: Aus dem Städtischen Krankenhause zu Kiel. Zur Kenntnis der Anguillula-Erkrankung beim Menschen. Kiel 1905: A. F. Jensen. (35 S.) 8°

Kiel, Med. Fak., Ref. Hensen, Diss. v. 14. Nov. 1905

[Geb. 26. Juli 81 Dresden; Wohnort: Loschwitz; Staatsangeh.: Sachsen; Vorbildung: Mathias-Claudius-Gymn. Wandsbeck Reife O. 00; Studium: Heidelberg 3, Kiel 2, Leipzig 2, Kiel 2 S.; Coll. 25. Sept. 05; Approb. 23. Febr. 05.]

Schlüter, Hans [aus Wewelsburg in Westphalen]: **Ein Myxom der Niere. Beitrag zur Casuistik der Nierengeschwülste.** . . . Greifswald, Druck v. Julius Abel, 1890; 28 S. 8°
Greifswald, Med. Fak., Inaug.-Diss. v. 17. März 1890

Schlüter, (Johannes Baptista) Henricus *(geb. Lengerich im Bland 11. I. 1840)*. Disquisitiones microscopicae et physiologicae de glandulis salivalibus. Vratislaviae (1865). (34 S.) 8°
(Unters. aus Breslauer gekr. Preisschr.)
Breslau, Med Diss v. 18 Aug 1865

Schlüter, Heinrich: Über Jugendlektüre. Buxtehude, Druck v. J. Vetterli, 1893; 33 S. 4.
Buxtehude, RPG, P 1893 (322)

Schlüter, Heinrich: **Katalog der Schüler-Bibliothek des Realprogymnasiums zu Buxtehude, zusammengest. u. m. e. Vorworte vers.** Buxtehude, Druck v. J. Vetterli, 1891; 22 S., 1 Bl. 4°
Buxtehude, RPG, OP 1891 (323)

Schlüter, Heinrich, aus Hannover: **Eine Synthese des z-Methylhypoxanthins.** *(Berlin 1904: G. Schade.)* (36 S.) 8°
Berlin, Phil. Diss. v. 13. Febr. 1904

Schlüter, Herm., die Anfänge der deutschen Arbeiterbewegung in Amerika. (X, 214 S.) gr. 8. Stuttgart 907. J. H. W. Dietz Nachf. 3.—; geb. 4.—

— Die Brau-Industrie und Brauarbeiter-Bewegung in Amerika. Cincinnati: Internationaler Verband der Vereinigten Brauerei-Arbeiter von Amerika, 1910.

Schlüter, Hermann: Die Schlütersche Buchdruckerei von 1749 bis 1899. Festschrift zur 150jähr. Jubelfeier am 3. Mai 1899 von Hannover (1899): Schlüter. (73 S.) 2° (4°)

Schlüter, Hermann: Die Erfolge der Uterusspülungen bei Fieber im Wochenbett. Strassburg i. E. 1910: Müh. 46 S. 8°
Straßburg, Med. Diss. v. 26. Jan. 1910, Ref. Fehling
[Geb. 4. Juli 83 Gütersloh; Wohnort: Straßburg; Staatsangeh.: Preußen; Vorbildung: Gymn. Gütersloh Reife O. 04; Studium: Tübingen 5, München 2, Berlin 1, Straßburg 2 S.; Coll. 21. Dez. 09; Approb. 22. Mai 09.] [U 10. 4060

Schlütor, Hermann *Franz Anton Carl* [pr. Arzt aus Paderborn]: Sechs Fälle von Wassersucht behandelt mit Calomel und Digitalis ... Marburg, Univ.-Buchdr. '(R. Friedrich)', 1893; 30 S., 1 Bl. 8.
Marburg, Med. Fak., Inaug.-Diss. v. [9. Febr.] 1893

— **Municipale Forderungen der Socialdemokratie. 8°. New York, Socialist. Cooper. Public. Assoc., 1901. (Volkszeitung Library, 3, 4.)**

Schlüter, Herm. Zur Geschichte der deutschen Spruchdichtung im Zeitalter der Minnesänger. 23 S. **Progr.** *Stargard* 1883

Schlüter, Herm., Vorlagen f. den gewerblichen Fachunterricht an technischen Lehranstalten, s.: Kircher, Phpp.

Schlüter, Hermann Karl, s. Schlüter, Karl

SCHLÜTER, H[INRICH], Deuzel's Lehrgang des Zahlunterrichts in seinem ersten Elemente; practisch ausgeführt, mit Hinzufügung einer Anweisung fürs Zifferrechnen (Tafelrechnen); oder Darstellung eines bildenden und gründlichen Rechenunterrichts. 1. Cursus. Altona (Oldenburg). 1839. (Mere udkom ikke).

Schlüter, J. H., Hand-Tabellen üb. Umrechnung d. bremischen Getreide- u. Flüssigkeits-Maßes in das Meter-Maß u. umgekehrt. Zum allgemeinen prakt. Gebrauch bearb. 8. (15 S.) Bremen 872. Kühtmann & Co. n. — 50

— Hand-Tabellen üb. Umrechnung d. bremischen Holz-, Steinkohlen-, Torf-, Kalk- u. Sandballast-Maßes in das Meter-Maß u. umgekehrt. Zum allgemeinen prakt. Gebrauch bearb. 8. (16 S.) Ebend. 872. n. — 50

— Hand-Tabellen üb. Umrechnung d. bremischen, preußischen, hannoverschen u. englischen Längen-, Flächen- u. Körper-Maaßes in das Meter-[Bundes-]Maaß, nebst Vergleichg. d. Zoll-Gewichtes m. dem Meter-Gewicht u. umgekehrt. Zum allgemeinen prakt. Gebrauch bearb. 8. (24 S.) Ebend. 872. n. — 50

Schlüter, J. H., und L. W. Brennecke, Vergleichungs-Tabelle der preußischen Währung mit der süddeutschen Währung, s. **Brennecke, L. W.**

Schlüter, J. W., poetische Versuche. 16. (80 S.) Recklinghausen 853(57). [Münster, Coppenrath'sche Buchh.]

Schlüter, Jo. V., Ueb. d. Magenkrampf, dessen Ursache u. Heilung. Braunschw. 1796. 1797. 8°. Salzb. Zt. 1796, III, 187. A. L. Z. 96, n. 169. N. A. D. B., XLVII, 314.
1796

Schlüter, **Joach., erster evangel. Prediger zu Rostock.** Ein Beitr. zur Reformationsgeschichte, aus d. „Historia van der Lere, Levende u. Dode M. J. Slüters gestellet u. geordenet dorch Nicolaum Grysen," zur Erneuerung d. Andenkens an den vor 300 Jahren gestorb. Zeugen d. Wahrheit, jetzt aufs Neue hrsg. mit Erläutern. v. K. Fr. L. Arndt. 8. (6 B. u. 1 Stndr.) Lübeck 832, v. Rohden.

Schlüter, Jh., **Vorschule zu Lehmann's Vorlegeblättern zum Situationszeichnen für Berg-, Militair- und Gewerbe-Schulen.** (22 Vorlegeblätter zum Planzeichnen u. 10 Blätter Kartenschrift nebst Text.) qu. fl. 4. Essen 845, Bädeker. n. 2 ℛ

Schlüter, Johann Baptista Heinrich, s. Schlüter, Heinrich

Schlüter, Jh. Cph., s. 1) **Fenelon's Dialogen.** 2) **Ovid,** Briefe d. Heldinnen, — Kunst zu lieben, — Lieder d. Liebe — Ibis, — Verwandlungen. 3) **Petronius** Werke. 4) **Sallust,** röm. Geschichte, — Catalina, — Jugurtha, — Werke. 5) **Samml.** aller Uebersetzungen d. Griechen u. Römer. 6) **Tacitus,** Agricola — Annalen, — Germania.

Schluter, Jh. Cph., s. Tacitus Geschichtsbücher.

— s. Terenz, Lustspiele.

Schlüter, Jh. Geo. Karl, das Ehrenweib; ein Origin.-Schspl. in 5 Aufz. 8. Frankf. u. Leipz. 784.
(NB. Meusel schreibt es auch Sal. Fr. Schletter zu, welcher ist d. wahre Verfasser?)

Schlüter, J[ohann] G[eorg] Karl: Die Erziehung des weiblichen Geschlechts. Ein Handbuch für Erzieher, Eltern u. alle die, denen d. Wohlfahrt d. ganzen Menschengeschlechts am Herzen liegt. — Bd 1. 2. —Mainz: Vollmer 1799. 8°

Schlüter, Jh. Geo. Karl, die Erziehung d. weibl. Geschlechts; ein Handb. f. Erzieher, Eltern rc. 2 Bde. 8. Mainz u. Hamb. 800. (Herold jun.) 1 ₰ 12 ℊ

— s. Hagemeister, d. Graf v. Deutschland.

— Universitäten-Revolution. 8. Cöthen 794. Aue. 8 ℊ

SCHLÜTER, J. G. Karl. (D. d. Arzneywissenschaft u. d. Weltweisheit). Wie ist die Unschuld unsrer Frauenzimmer zu erhalten u. ein jedes Mägdchen an einen Mann zu bringen? Ein aufgelösstes (sic!) Problem. 2 Bde. Altona, Verlagsgesellsch., 1796. 8°.
Interess. u. rar! 287 u. 272 S. (3½ Mk., Leihbibl.-Expl., Kühl; 5 Mk., gutes Ex., Damköhler 7. no. 1518. 4 Mk. R. Bertling, 1888.) Manches ziemlich frei.

— wie ist die Unschuld unserer Jungfrauen zu bewahren u. ein jedes Mädchen an einen Mann zu bringen? e. aufgegeb. Problem. 2 Thle. 8. Hamb. 796. (Herold jun.) 1 ₰ 12 ℊ

Schlüter, Johs., himmelschreiende Sünden! Ein kurzes Wort zu der großen Frage: Woher kommt die Entartg. u. Verrohg. unserer Jugend? gr. 8. (15 S.) Kiel 900. Lipsius & Tischer. n. — 20

Schlüter, Jos. Antrittsrede. S. 9—11. **Progr.** *Andernach* 1879.

Schlüter, Jos., Fürst Bismarck, der deutsche Reichskanzler. Ein Lebens- u. Charakterbild, dargestellt in e. Festrede zum 60. Geburtstage d. Fürsten, geh. im Saale der Lesegesellschaft zu Köln am 1. April 1875. Mit e. Anh. v. Liedern u. Gedichten. gr. 8. (40 S.) Bremen 875. Kühtmann & Co. n. 1. — auf Velinpap. n. 1. 50

— dasselbe. 2. Aufl. gr. 8. (32 S.) Ebend. 875. n. — 40

Schlüter, Jos., Fürst Bismarck, der deutsche Reichskanzler. Ein Lebens- u. Charakterbild, dargestellt in e. Festrede zum 60. Geburtstage d. Fürsten, geh. im Saale der Lesegesellschaft zu Köln am 1. Apr. 1875. 3. Ausg. 8. (32 S.) Norden 885. Fischer Nachf. n. — 40; große Ausg., m. e. Anh. v. Liedern u. Gedichten. 2. Ausg. (40 S.) n. 1. —

Schlüter, Jos., aus Beethovens Briefen. Zur Charakteristik des Meisters. Leipzig 870. Engelmann. 8. (III, 112 S.) 22½ ngr.

Schlüter, Jos. Festrede zum Geburtstage Sr. Majestät des Kaisers. 22. März 1879. 8 S. **Progr.** *Andernach* 1879.

Schlüter, Jos. C. Caecili Stati fabularum fragmenta comparatis Graecorum comicorum reliquiis illustrata. 22 S. *Andernach* 1881. **Progr.**

— Germania. Die deutsche Kriegsdichtg. 1870/71. Auswahl f. Schule u. Haus. 8. (XXVII, 227 S.) Münster 872. Coppenrath in Comm. n. 2. —

Schlüter, Joseph, Referendar in Bonn: Über den Geschäftsanteil bei Gesellschaften mit beschränkter Haftung. Bonn 1904: E. Eisele. (99 S.) 8°
Leipzig, Jur. Fak., Diss. v. 13. Aug. 1904
[Geb. 9. Okt. 79 Bonn a. Rh.; Wohnort: Bonn; Staatsangeh.: Preußen; Vorbildung: Gymn. Bonn Reife O. 98; Studium: Bonn 2, München 1, Berlin 1, Bonn 2 S.; Rig. 25. Juli 01.]

Schlüter, Jos., allgemeine Geschichte der Musik in übersichtlicher Darstellung. Leipzig 863. Engelmann. Lex.-8. (VIII, 205 S.) 1 ₰ 12 ngr.

— für Kaiser u. Reich. Drei Festreden. 8. (VII, 96 S.) Bremen 876. Kühtmann & Co. n. 1. —

— für Kaiser u. Reich. Drei Festreden. 2. Ausg. 8. (VII, 96 S.) Ebend. 885. n. 1. —

Schlüter, Jos. Fünf Kaiserlieder. S. 11—14. **Progr.** *Andernach* 1882.

— der deutsche Krieg von 1870/71 im deutschen Lied. Festrede zum Geburtstage d. Kaisers Wilhelm, geh. auf der Aula d. Gymnasiums zu Hadamar am 22. März 1872. gr. 8. (24 S.) Coblenz 872. Denkert & Groos in Comm. n. — 50

—— die französische Kriegs- und Revanchedichtung. Eine zeitgeschichtl. Studie. 8. (VII, 86 S.) Heilbronn 878, Gebr. Henninger. *

Schlüter, Joseph De satirae Persianae natura et indole. 4 (S. 3—14). **Progr.** Prg. *Andernach* 1886 (386).

— Das Niederwald-Denkmal, seine ideale und nationale Bedeutung. Festrede zum 22. März 1884. 8 S. **Progr.** *Andernach* 1885.

Schlueter, Jos., Quaestiones Persianae. Dissertatio philologica. gr. 8. (III und 49 S.) Münster 858, (Theissing'sche Buchh.) *

— Minister Falk's Rheinfahrt. gr. 8. (16 S.) Ebend. 875. n. — 40

Schlüter, Joseph, Arzt a. Kellinghausen (Preußen): Thrombose und Embolie im Wochenbett. Emmendingen: Druck- u. Verlagsges. vorm. Dölter 1907. (33 S.) 8°
Freiburg i. B., Med. Fak., Ref. Krönig, Diss. v. 1907
[Geb. 2. Nov. 74 Kellinghausen; Wohnort: Freiburg i. B.; Staatsangeh.: Preußen; Vorbildung: Gymn. Weilburg Reife O. 01; Studium: Marburg 1, München 1, Leipzig 2, Freiburg i. B. 5 S.; Coll. 3. Aug. 06; Approb. 26. Juli 06.]

Tacitus. Übersetzung des allgemeinen (Cap. 1—27) u. des besonderen Teils der Germania von Jos. Schlüter. 12, 10 SS. **Progr.** *Andernach* 1880. 1882.

Schlüter, Jos.: Vestigia poetarum Graecorum. 37 S. – Hadamar, Progr. 1870

—— die Wacht am Rhein. Die deutsche Kriegsdichtung 1870/1871. Neue Auswahl für Schule und Haus. 8. (VIII, 166 S.) Münster 874, Coppenrath'sche Buchh. *

Schlüter, Jos., Kaiser Wilhelm. Fünf Festreden. gr. 8. (VII, 106 S.) Gotha 880, F. A. Perthes. *
geb. *

Schlüter, K., braunschweigische Fibel, s.: Baumgarten, H.

Schlüter, Karl, und Wilh. Rausch, vollständiges Handbuch für Sattler und Riemer, s. a. Schauplatz, neuer, der Künste und Handwerke.

Schlüter, Karl, u. Wilh. Rausch, vollständiges Handbuch f. Sattler u. Riemer. Enth. e. ausführl. Beschreibg. aller in diesen Fächern vorkomm. Arbeiten. 9. Aufl. Mit e. Atlas v. 30 (lith.) Foliotaf. gr. 8. (XIV, 171 S.) Weimar 884. B. F. Voigt. 9. —

Schlüter, K., u. W. Rausch, vollständiges Handbuch für Sattler, Riemer u. Täschner. Enth. e. ausführl. Beschreibung aller in diesen Fächern vorkomm. Arbeiten, nebst e. besonderen Abhandlg. üb. Buchführg. u. Preisberechng. 10., verm. Aufl. Mit e. Atlas v. 30 Fol.-Taf. gr. 8. (XIII, 185 S.) Weimar 890. B. F. Voigt. 9. —

— u. Wilh. Rausch, vollst. Handbuch f. Sattler, Riemer u. Täschner. Enth. e. ausführl. Beschreibg. aller in diesen Fächern vorkomm. Arbeiten an Stallausrüstungs-Gegenständen, Longier- u. Reitutensilien. Satteln, Kutsch-, Schlitten- u. Arbeitsgeschirren, des Ausschlagens u. der Ausstattg. der Wagen, Reise- u. Jagdeffekten rc. Unter Angabe genauer Maße nach Metern, sow. d. renommiertesten Firmen zur Beschaffg. d. Materialien u. fert. Waren, nebst e. besond. Abhandlg. üb. Buchführg. u. Preisberechng. 11., verm. u. verb. Aufl. M. e. Atlas v. 32 Foliotaf. gr. 8. (XII, 216 S.) Weimar 897. Ebd. 9. —

Schlüter, Carl [aus Minden i. Westfalen]: Ueber den heutigen Stand der Lupustherapie .... Breslau, Druck v. Anton Schreiber (1887); 52 S. [-1 Bl. 8°.
Breslau, Med. Fak., Inaug.-Diss. v. 18. Aug. 1887.

Schlüter, Carl, über den heutigen Stand der Lupustherapie. Inaugural-Dissertation. gr. 8. (52 S.) Breslau 887, (Köhler.) *

Schlüter, Karl, zur Statistik u. Aetiologie der Pleuritis. Diss. gr. 8. (23 S. m. 1 Tab.) Kiel 891. (Gnevkow & v. Gellhorn.) n. 1. 50

Schlüter, *Hermann* Karl [pr. Arzt zu Parey a. d. Elbe]: Zur Statistik und Aetiologie der Pleuritis. . . . Kiel, Druck v. L. Handorff, 1891; 23 S., 1 Taf. 8°
Kiel, Med. Fak., Inaug.-Diss. v. [28. Jun.] 1891

Schlüter, Karl, d. Zuschneiden aller Sattler- u. Täschner-Arbeiten. Enth. 322 Abb. auf 11 Foliotaf. u. 122 Modellzeichngn. in natürl. Grösse auf 12 Schnittmusterbog., sow. erläut. Text. gr. 4. (18 S.) Leipzig 898. B. F. Voigt. In Mappe 7. 50

Schlüter, Klemens

Schlüter (Clemens), Ueber einige Anthozoen des Devon. (Verb. d. nat. Vereins. 38. Jahrg., 4. Folge. 8. Band.) 8.

Schlüter, C., Anthozoen des rheinischen Mittel-Devon, s.: Abhandlungen zur geolog. Specialkarte v. Preussen u. den Thüringischen Staaten.

Schlüter, Clem., Beitrag zur Kenntniss der jüngsten Ammoneen Norddeutschlands. 1. Heft: Ammoniten der Senon-Bildungen. Bonn 867. Henry. gr. 4. (36 S. mit 6 Steintaff.) n. 2 ₰

Schlüter, Clemens, Cephalopoden der oberen deutschen Kreide. gr. 4. (III, 120 S. mit 35 Stnt.) Cassel 872, Fischer. *

Schlüter, Clemens, Cephalopoden der oberen deutschen Kreide. 2. (Schluss-)Thl. (4 Lfgn.) gr. 4. (X, S. 121—263 mit 20 Stnt.) Kassel 876, Fischer. *

Schlüter, Clem., Cephalopoden der oberen deutschen Kreide. 2. Thl. 4. Lfg. gr. 4. (X u. S. 205—263.) Kassel 877. Fischer. n. 9. — (cplt.: n. 128. —)

Schlueter, Clemens (August) (*geb. Coesfeld in Westf. 1836*): De macruris decapodibus quae e saxis senonicis atque cenomanics Guestfaliae proveniunt. Vratislaviae (1863). (18 S.) 4°
Breslau, Phil. Diss. v. 27. März 1863

Schlüter, Clem., die regulären Echiniden der norddeutschen Kreide, s. a. Abhandlungen zur geologischen Specialkarte von Preussen und den Thüringischen Staaten.

Die regulären Echiniden der norddeutschen Kreide von Dr. Clemens Schlüter, Prof. zu Bonn. 1. 2. *Berlin: S. Schropp 1883-1892.* 2 Bde 8°
1. Glyphostoma (Latistellata). 1883.
2. Cidaridae. Salenidae. Mit 14 Taf. 1892
= Abhandlungen d. Kgl. Preuss. geol. Landesanstalt. Bd 4, H. 1. N. F., H. 5. [... 2707

—— Kreide-Bivalven. Zur Gattung Inoceramus. gr. 4. (41 S. mit 4 lithogr. Taf.) Ebendas. 877. *

Schlüter, Clemens, Gerichtsreferendar: Die rechtliche Natur und Bedeutung der Approbation und Konzession, insbesondere nach der Gewerbeordnung. Borna-Leipzig 1909: Noske. VIII, 50 S. 8°
Breslau, Jur. Diss. v. 29. März 1909. Ref. Brie-Meyer
[Geb. 27. Juni 86 Ostrowo, Kr. Ostrowo; Wohnort: Gnesen; Staatsangeh.: Preußen; Vorbildung: Gymn. Ostrowo Reife O. 05; Studium: Breslau 3, Münster 1, Breslau 3 S.; Rig. 16. Nov. 08.] [U 09. 518

———— Ueber Spongitarienbänke. Siehe: Dechen, Geologische und mineralogische Litteratur der Rheinprovinz und der Provinz Westfalen, S. 261.

Schlüter, Clem. Aug. Natur u. Gnade. Gedichte. 8. (IV, 268 S.) Paderb. 890, F. Schöningh. * 3 —: geb. * 4 —

Schlüter, Clem. Aug., Provinzialrecht d. Provinz Westphalen, s. a. Provinzialrechte rc., 2. Thl.

Schlüter, Clem. Aug.: Provinzialrecht der Provinz Westphalen. Leipzig.
3 Bde
Bd 1. Provinzialrecht des Fürstenth. Münster u. der ehemals zum Hochstift Münster gehörigen Besitzungen der Standesherren, ingleichen der Grafschaft Steinfurt u. der Herrsch. Anholt u. Gehmen. 1829.
2. Provinzialrecht der Grafschaft Tecklenburg u. d. Obergrafschaft Lingen. 1830.
3. Provinzialrecht d. ehemal. Kurköln. Grafschaft Recklinghausen. 1833.
(Strombeck: Provinzialrechte aller zum Preuß. Staat gehör. Länder. Th. 2.)

Schlüter, *Konstantin: Direktor Dr. Hubert Beckhaus, gestorben am 8. Januar 1900.* 4 (S. 17—18). Kgl. G. *Ostrowo* 1900
Progr.

Schlüter, Constantin [Prof. Dr.]: Olympia. Ein Vortrag. *Ostrowo, Druck v. Th. Hoffmann, 1895;* 25—37 S. 4.
Ostrowo, k. G, Festschr. 1895 (163)

Schlüter, Matthias

— de resignatione, v. Verlassungsrecht. 4. Ebend. 703.

Schlüter, Matth., Tractat v. unbewegl. Gütern. 4. Hamburg. 709.

Schlüter, Matth.: Tractat v. d. Verlassungsrechte, wie solches nicht nur in Hamburg u. Lübeck, sond. a. in Landen, wo Sachsenr. gilt, eingef. worden. *Hamb.* 703.

Schlüter, O. [app. Arzt]: Ueber die Knieresection im höheren Alter, ausgeführt wegen Tuberculose. . . . Göttingen, Druck d. Dieterichschen Univ.-Buchdr. W. Fr. Kaestner, 1889; 72 S. 8°
Göttingen, Med. Fak., Inaug.-Diss. v. 5. Jun. 1889

Schlüter, O., üb. die Knieresection im höheren Alter, ausgeführt wegen Tuberculose. Inaug.-Diss. gr. 8. (72 S.) Göttingen 889. (Vandenhoeck & Ruprecht's Verl.) n. 1. 50

Schlüter, Otto: Bemerkungen zur Siedelungsgeographie. ([S.-A.] Geographische Zeitschrift. Jahrg. 5.) Leipzig 1899. 20 S. 8°.

Schlüter, Otto, eine Brief-Bekanntschaft, s. a. Bloch's, Ludw., Herren-Bühne, Nr. 49.

Schlüter, Otto: Eine Brief-Bekanntschaft. Komische Scene für drei Herren von —. Berlin: E. Bloch (1898). (14 S.) 8°
= Herren-Bühne, Ludwig Blochs. No 49.

— e. verkannte Grösse, s.a. Solo-Scenen.

Eine verkannte Grösse. Humor. Solospiel von Otto Schlüter. *Berlin: E. Bloch (1896).* (11 S.) 8° [F.]
— Solo-Scene. No 14. [93. 3310

— Liebesglut im Kaufmannsladen, s.a. Solo-Scenen

Liebesglut im Kaufmannsladen. Humor. Solospiel von Otto Schlüter. *Berlin: E. Bloch (1896).* (11 S.) 8° [F.]
— Solo-Scene. No 16. [93. 3314

Schlüter, Otto, vor der Pfändung, s.a. Solo-Scene.

Vor der Pfändung. Humor. Solo-Scene für 1 Herrn von Otto Schlüter. *Berlin: E. Bloch (1894).* (11 S.) 8° [F.]
— Solo-Scene. No 12. [93. 3310

Schlüter, Otto, s.: **Richthofen's**, Ferd. v., Vorlesungen üb. allgem. Siedlungs- u. Verkehrsgeographie.

Schlüter, Otto, die Siedelungen im nordöstlichen Thüringen. Ein Beispiel f. die Behandlg. siedelungsgeograph. Fragen. (XIX, 453 S. m. 6 Karten u. 2 Taf.) gr. 8. Berlin 903. Jena, H. Costenoble. n. 18. —; geb. n.n. 21. —

[F.] **Schlüter,** Otto *Ludwig Karl* [aus Witten a. d. Ruhr]: **Siedlungskunde des Thales der Unstrut von der Sachsenburger Pforte bis zur Mündung** … Halle a. S., Druck v. **Wischan & Wettengel**, 1896; 3 Bl., 64 S., 1 Bl. 8.
Halle, Phil. Fak., Inaug.-Diss. v. 10. Jan. 1896

Schlüter, Otto: Zur Therapie des Prolapsus funiculi umbilicalis. Halle 1880 Karras. 36 S. 8°
Halle-Wittenberg, Med. Diss. v. 30. Sept. 1880
Geb. Grabow a. d. Oder bei Stettin 10. 9. 1855. V.

— die Ziele der Geographie des Menschen. (64 S.) 8. München 906. R. Oldenbourg. n. 1. 20

Schlüter, Paul. Beiträge zur Kenntnis der Morphologie und postembryonalen Entwicklung des Schädels bei Tapirus americanus, mit besonderer Berücksichtigung des Zahnsystems. Diss. Phil. Bern. [Mit 2 Tafeln.] 47 S. 8. Kiel, H. Fiencke, 1906.

Schlüter, Paul, bacc. jur. a. Schmerleke: **Die Gelddelikte des Reichsstrafgesetzbuchs.** Borna-Leipzig 1906: **R. Noske. (VIII, 98 S.) 8° [F.]**
Leipzig, Jur. Fak., Diss. v. 5. Juli 1906
[Geb. 3. Mai 75 Schmerleke i. W.; Wohnort: Hovestadt i. W.; Staatsangeh.: Preußen; Vorbildung: Gymn. Petrinum Brilon i. W. Reife O. 97; Studium: Würzburg 4, Berlin 1, Kiel 1, Marburg 2 S.; Rig. 26. Sept. 05.]

Schlüter, R., aus und über Italien. Briefe an eine Freundin. 2 Bde. gr. 8. (724 S.) Hannover 857, C. Rümpler. [1. Bd. 2 Thlr., 2. Bd. 1 Thlr. 22½ Ngr.] 3

Schlüter, R., aus und über Italien. Briefe an eine Freundin. 2 Bde. 2. (Titel-)Ausg. gr. 8. (724 S.) Hannover (857)63, Rümpler.

Schlüter, R., das Schwurgericht in Preußen. Ein pract. Handbüchlein f. Geschworne, mit einem Anhang enth. die Verordnung v. 3. Jan. 1849. 8. (71 S.) Heiligenstadt 851, Delion.
¼ ℛ︎

Schlüter, Richard, Assistenzarzt am Luisenhosp.: **Fehlen der** Sehnenreflexe bei Multipler Sklerose. Dorpat 1910: Mattiesen. 29 S. 8°
Heidelberg, Med. Diss. v. 12. Mai 1910, **Ref. Krehl**
[Geb. 2. Juni 82 Dorpat; Wohnort: Aachen; Staatsangeh.: Baden; Vorbildung: Oberrealsch. Mannheim Reife M. 02, Erg. Realgymn. Mannheim M. 03; Studium: Heidelberg 1, München 4, Kiel 2, München 1, Heidelberg 3 S.; Coll. 14. Dez. 09; Approb. 9. Febr. 09.] [U 10. 1091

Die Erlahmung des hypertrophierten Herzmuskels. Mit patholog.-anat. Untersuchungen. Von Dr. med. et phil. Robert **Schlüter**, Spezialarzt. Leipzig & Wien: F. Deuticke 1906. (111 S.) 8° [06. 8185

Schlüter, Robert, Dr. phil., approb. Arzt aus Gandersheim a. H.: **Die fötale Infektion der Tuberkulose.** *Leipzig & Wien: F. Deuticke 1902.* **(38 S.) 8°**
Rostock, Med. Diss. v. [2. Sept.] 1902

Schlüter, Rob., die fötale tuberkulöse Infektion. gr. 8. (38 S.) **Wien 902. F. Deuticke.** n. 1. 25

Schlüter, Rob., **kurzgefasstes Lehrbuch der inneren** Krankheiten. **Mit e. Vorwort v. Martius. (XIV, 380 S.** m. Abb. u. Bildn.) 8. **Wien 909. F. Deuticke.** 5. —

Schlüter, Robert, aus Gandersheim a. H.: **Schopenhauers Philosophie in seinen** Briefen. Eine **kritische Untersuchung.** *Naumburg a. S. [1900]: Lippert & Co.* (26 S.) 8° [F.] ¶(Erschien vollst. 1900 bei J. A. Barth in Leipzig.)
Rostock, Phil. Diss. v. [5. März] 1900

Schlüter, Rob., Schopenhauers Philosophie in seinen Briefen. gr. 8. (125 S.) Leipzig 900. J. A. Barth. n. 3. —

Zwei **Bruchstücke** einer mittelniederdeutschen Fassung des Wisbyschen Stadtrechtes aus d. 13. Jh. Hrsg. u. mit sprachl. Erl. vers. von Dr. W. Schlüter. Mit 1 Taf. Riga 1907: W. F. Häcker. (S. 483–553.) 8°
Aus: Mitteilungen d. Gesellsch. f. Gesch. u. Alterthumskunde d. Ostseeprovinzen Russlands. Bd 15. [08. 1329 B

Schlüter, W., **zwei** Bruchstücke **e. mittelniederdeutschen** Fassung des **Wisbyschen Stadtrechtes aus dem** 13. Jahrh. Hrsg. u. m. **sprachl. Erläutergn. versehen.** (III u. S. 487–553 m. 1 Lichtdr.-Taf.) 8. Riga 907. (Göttingen, R. Peppmüller.) nn 2. 50
Sonderabdruck aus: „Mitth. d. Gesellsch. f. Gesch. u. Alterthumskde. d. Ostseeprovinzen Russlands“.

Schlüter, W., Glossar, s.: **Stephan's**, Meister, Schachbuch.

Schlüter, W., Glossar zu Meister Stephans Schachbuch, s.: Verhandlungen der gelehrten estnischen Gesellschaft zu Dorpat.

Schlüter, W., Franz Göbel als Soldat. Ein Festspiel f. Feste u. Feiern in christl. Vereinen. (32 S.) 8. Siegen (903). Westdeutsche Verlagsanstalt. n n. — 50

Schlüter, W., s.: **Laut- u. Formenlehre** der altgermanischen Dialekte.

— die Nowgoroder Skra, nach der Rigaer Handschrift hrsg. [Aus: „Acta et commentationes Imp. Universitatis Jurievensis (olim Dorpatensis)“.] gr. 8. (40 S.) Jurjew (Dorpat) 893. (Norden, D. Soltau.) — 75

— Untersuchungen zur Geschichte der altsächsischen Sprache. I. Thl. **Die schwache Declination in der** Sprache d. **Heliand u. der kleineren alts. Denkmäler. gr. 8. (XV, 263 S.) Göttingen 892. R. Peppmüller. n. 6. —**

(B) — Untersuchungen z. Geschichte d. altsächsischen Sprache. 892. Erm. Pr. 4. —

Des Handwerksburschen **Weihnachtsabend.** Ein Weihnachtsfestspiel in 3 Aufz. von **W. Schlütor.** *Siegen: Westdeutsche Verlagsanst. 1903.* (16 S.) 8° [F.] [04. 9372

Schlüter, Wilh., allgemeines Berggesetz f. die preußischen Staaten v. 24. VI. 1865, s. **Weithoff, Wilh.**

Schlueter. Guil. (geb. Hörde in Westf. 13. 12. 1844): De gangraena nosocomiali. Berolini (1867). (32 S.) 8°
Berlin, Med. Diss. v. 4. Apr. 1867

Schlüter, **Wilhelm (Hamburg)** **A. S. 127/23**

Dissertatio inauguralis iuris publici de iure delectus in sacro Romano imperio.
Göttingen (Dieterich) 30. V. 1783. 69 S.

Gew. : Stadt Hamburg. **30648**

Schlüter, Wilh., Käfer-Etiketten, zusammengestellt nach dem Handbuch v. Alex. Bau. 8. (VIII S. u. 88 Bl.) Halle 894. W. Schlüter. n. 1. —

Schlüter, Wilhelm, Assist. d. Geophysikal. Inst. in Göttingen: **Schwingungsart und Weg der Erdbebenwellen.** T. 1: Neigungen. *Göttingen 1901: W. F. Kästner.* (60 S.) 8°
Göttingen, Phil. Diss. v. [22. Mai] 1901

Schlüter, Wilh., Schwingungsart u. Weg der Erdbebenwellen. 1. Tl: Neigungen. Diss. gr. 8. (60 S. m. 1 Taf.) Göttingen 901. (Vandenhoeck & Ruprecht.) n. 1. 60

Schlüter, Willy, also sprach Lodfafner, s.: Flugschriften, junggermanische. Nr. 2.

Schlüter, Willy, Jesus am Urdabronnen, s.: Flugschriften, junggermanische.

Der Regenerationsgedanke als das Heilsprinzip der Edda. Von Willy **Schlüter**. Köln: Volkskraft 1905. (12 S.) 8° [J.] [illegible]

— **der Regenerationsgedanke als das Heilprinzip der Edda** (12 S.) kl. 8. Köln(-Lindenthal) 906. „Volkskraft"-Verlag. n.n. — 10

Schlüter, Willy, psychosophisches Skizzenbuch. gr. 8. (VIII, 106 S.) Berlin 901. Herm. Walther. n. 1. 50

(B) — Psychologisches Skizzenbuch. 901 Jetzt: Lorch, K. Rohm.

Über die Beeinflussung des Estnischen durch das Deutsche, m. besond. Berücks. d. Niederdeutschen. Vortrag geh. 1909 von Dr. W[olfgang] **Schlüter**. Jurjew 1910: Mattiesen. 45 S. 8°
Aus: Sitzungsber. d. Gel. Estn. Gesellsch. f. 1909. [illegible]

Schlüter, Wolfg., die m. dem Suffixe ja gebildeten deutschen Nomina. gr. 8. (239 S.) Göttingen 875. Deuerlich. n. 4. 50

Schluterius, Wilibald, Leb. u. Abenteuer. 3. Halle, Hendel. 779.

Historisch- und Rechtsbegründeter Tractat von dem Verlassungs-Recht, ans Licht gegeben v. **Matthaeo Schlütern.** Hamburg. 1703. 4° k.

SCHLUTIUS, Kurt (Mayen): Ueber den Einfluss des salicylsauren Natron auf den Verlauf des Rheumatismus art.ac. mit Zugrundelegung von 126 im Militärlazarett zu Oberwiesenfeld beobachteten Fällen.- München: Ernst 1885. 60 S.
19.6.1885 - Urk (Titel: De effectu quam natrum salicylicum in curandum rheumatismum articulorum acutum exerceat.); Chr 1884/85,22
Diss. Ingolst.-Landsh.-**Mchn.**

Schlutius, Kurt, die Nordseebäder der Insel Amrum, nebst belehr. Anh. üb. Wirkg. u. Gebrauch der Nordseebäder im Allgemeinen. 12. (VIII, 77 S. m. 20 Abbildgn. u. 2 Karten.) Hamburg 893. Verlagsanstalt u. Druckerei, A.-G. n. 2. —

Schlutow, Heinrich: Gewissheit. Schauspiel in 3 Aufz. von –. München: Rubinverl. [1899]. (104 S.) 8°
(Rubin-Bibliothek.)

Schlütte, Hnr., die Cigarrenfabrikation. Oder: Ausführliche u. praktische Anweisung, alle Sorten Cigarren zu verfertigen, außer amerikanischen, auch deutsche Tabaksblätter dazu anzuwenden u. letztere auf eine einfache Weise zu veredeln. Ein vortheilh. Erwerbszweig für kleinere Unternehmer u. ein beachtenswerthes Nebengeschäft f. Kaufleute u. Materialisten. Nebst 1 Taf. Abbild. 8. Quedlinburg 846, Basse. 1/2 ℔

Schlutter, Herm., Beitrag zur Geschichte d. syntaktischen Gebrauchs d. Passé défini u. d. Imparfait im Französischen. gr. 8. (50 S.) Halle 884. (Jena, Dabis.) n. — 80

Schlutter, Herm., Beitrag zur Geschichte des syntaktischen Gebrauchs des Passé défini und des Imparfait im Französischen. Inaugural-Dissertation. gr. 8. (50 S.) Halle 884. (Jena, Deistung's Buchh.) *

Schlutter, Otto Bernh., **a study of the earliest letters of** Caspar Schwenckfeld v. Ossig, s.: Corpus Schwenckfeldianorum. I. (Hartranft, Chester Dav.)

Schlutter, Th., kurzgefaßter Lehrgang nebst Pensenverteilung für die einklassige Volksschule. gr. 4. (125 S.) Hannover 888. Helwing's Verl. n. 2. —

Schlütter, Carl, s. Schlütter, Karl

Schlütter, Ernst, Referendar: Die Stellung des gutgläubigen unentgeltlichen Erwerbers nach preußischem Recht und nach bürgerlichem Gesetzbuch. Greifswald 1905: J. Abel. (64 S.) 8° [J.]
Greifswald, Jur. Fak., Ref. Stampe, Diss. v. 3. Jan. 1906
[Geb. 20. Okt. 84 Pyritz; Wohnort: Pyritz; Staatsangeh.: Preußen; Vorbildung: Gymn. Pyritz Reife O. 03; Studium: Marburg 1, Berlin 1, München 1, Greifswald 3 S.; Rig. 1. Nov. 05.]

Schlütter, Karl

Schlütter, Carl, neuester Haussekretär, s. Adlerjung, J. C.

Schlütter, Wilhelm *(geb. Labes in Pomm. 15. 9. 1844)*: Thesen. Breslau 1870. *[Ein Exemplar nicht nachweisbar]*
Breslau, Med. Thesen v. 3. Aug. 1870

Schluttig, 80 Jahre Gottesarbeit an e. Menschenseele. Der brennende Busch. Heiliges Land. Und Moses verhüllte sein Angesicht. Predigt üb. 2. Mose 3, 1—16, geh. am 26. II. 1905. (11 S.) Bremen 905. J. Morgenbesser. n. — 20

Schluttig, „Ich will euch trösten, wie einen seine Mutter tröstet". Predigt üb. Jesaias 66, 13, am 22. p. Trinitatis 1894 geh. 8. (12 S.) Bremen 894. J. Morgenbesser. n. — 20

— oft Gesagtes u. oft Vergessenes. Predigt üb. Luk. 2, 41—52, am 9. I. 1898 im Dom zu Bremen geh. 8. (13 S.) Ebd. 898. n. — 20

Schluttig, A., „Ein neues Lied". Romanze. 8. (IV, 83 S.) Dresden 899. E. Pierson. n. 1. 60; geb. n. 2. 50

Schluttig, K. W., († 1830) s. **Cicero Cato** major von J. D. Büchling, u. bemerke hinter 2e Aufl.: (Von K. W. Schluttig.) Jahrg. 1824, nicht 1825.

Schluttig, Osw., u. G. S. **Neumann,** die Eisengallustinten. Grundlagen zu ihrer Beurtheilg. Im Auftrage der Firma Aug. Leonhardi in Dresden, chem. Fabrik f. Tinten, bearb. Mit 2 Holzschn., 1 schwarzen u. 2 farb. Taf. gr. 8. (VI, 97 S.) Dresden 890. v. Zahn & Jaensch geb. n. 4. —

Schlyter, Gust. Ragn., de initio capitis V Platonis apologiae Socratis recte constituendo. Disputatio philologica. Lundae 868. (Berlin, Calvary & Co.) n. 20 *ngr.*